中国科学院大学研究生
教学辅导书系列

Graduate Reference Books of
University of Chinese Academy of Sciences

偏微分方程引论

Introduction to Partial Differential Equations

Peter J.Olver　著

马石庄　译

中国教育出版传媒集团
高等教育出版社·北京

图字: 01-2018-7100 号

First published in English under the title
Introduction to Partial Differential Equations
by Peter J. Olver, edition: 1

图书在版编目 (C I P) 数据

偏微分方程引论 / (美) 彼得 • J. 奥尔弗 (Peter J. Olver) 著 ; 马石庄译. -- 北京 : 高等教育出版社, 2024.8

书名原文: Introduction to Partial Differential Equations

ISBN 978-7-04-061729-0

I. ①偏… II. ①彼… ②马… III. ①偏微分方程 IV. ①O175.2

中国国家版本馆 CIP 数据核字 (2024) 第 039112 号

Pianweifen Fangcheng Yinlun

策划编辑	田　玲	责任编辑	田　玲	特约编辑	张建军	封面设计	王　鹏
版式设计	杨　树	责任绘图	黄云燕	责任校对	高　歌	责任印制	赵义民

出版发行	高等教育出版社	网　　址	http://www.hep.edu.cn
社　　址	北京市西城区德外大街 4 号		http://www.hep.com.cn
邮政编码	100120	网上订购	http://www.hepmall.com.cn
印　　刷	北京市白帆印务有限公司		http://www.hepmall.com
开　　本	787mm×1092mm 1/16		http://www.hepmall.cn
印　　张	44.25		
字　　数	790 千字	版　　次	2024 年 8 月第 1 版
购书热线	010-58581118	印　　次	2024 年 8 月第 1 次印刷
咨询电话	400-810-0598	定　　价	98.00 元

本书如有缺页、倒页、脱页等质量问题，请到所购图书销售部门联系调换

物 料 号　61729-00

译 者 序

1993 年，译者在中国科学院地球物理研究所尝试建立地球外核磁流体力学方程组的 Hamilton 形式，研读过 Springer 出版社出版的 *Applications of Lie Groups to Differential Equations* 第一版，作者就是 P. J. Olver。

2002 年迄今，译者在中国科学院大学的地球科学学院、物理科学学院和工程科学学院先后开设“应用偏微分方程与科学计算”课程。2015 年，译者读到 Springer 出版社出版的 P. J. Olver 的这本新作，不仅与之有共同的教学追求，还有故友重逢之感，2018 年信手译出，作为重要课程参考材料推介给学生。其间，Springer 出版社于 2016 年和 2020 年两次重印该书。P. J. Olver 与夫人 C. Shakiban 合著 *Applied Linear Algebra*，第二版亦由 Springer 出版社出版，这与本书是姊妹篇。

数学名词翻译主要参考张鸿林、葛显良编订的《英汉数学词汇》，外文人名仍保留原文拼写；原书加重的名词同时括注原文，便于读者对照掌握。参照作者个人网页上发布的勘误表，译者对原书内容做了相应的订正。书末给出按汉语拼音为序的中文名词索引，还给出中英文名词对照。好书翻译过来，希望有益于读者读好原著。

对于中国科学院大学巩馥洲、乔从丰、倪明玖、孙应飞、余永亮、郭田德、邓富声、陈玉福诸教授的鼓励支持，中国科学院大学教材编审委员会专家的匿名审阅，高等教育出版社田玲编辑的认真校勘，中国科学院大学教材出版中心的鼎力资助，一并致谢。感谢恩师北京大学肖佐教授和中国科学院地球物理所原所长徐文耀教授的鼓励支持！

马石庄

2023 年 12 月

谨此纪念我的父亲 Frank W. J. Olver (1924—2013) 和母亲 Grace E. Olver (Smith 氏，1927—1980)，他们的爱、耐心和指引构成这一切的核心。

序　言

Newton 微积分引发的重大科学革命，很快揭示了偏微分方程在数学以及众多方面应用中的中心地位。基本物理现象以偏微分方程为模型的著名例子，大多是以其发现者或早期支持者的名字命名的，包括量子力学的 Schrödinger 方程和 Dirac 方程，相对论的 Einstein 方程，电磁学的 Maxwell 方程组，光学的程函方程、Maxwell-Bloch 方程和非线性 Schrödinger 方程，流体力学的 Euler 方程、Korteweg-de Vries 方程（即 KdV 方程）和 Kadomstev-Petviashvili 方程，超导的 Ginzburg-Landau 方程，等离子体的 Vlasov 方程，磁流体力学的 Navier-Stokes 方程组和 Maxwell 方程组，弹性力学的 Lamé 方程和 von Kármán 方程，热力学（热学）化学反应的 Kolmogorov-Petrovsky-Piskunov 方程，金融学的 Black-Scholes 方程，神经科学的 FitzHugh-Nagumo 方程，其实还有许多。它们都是作为经典的、量子的或相对论的物理模型推导出来的，在很大程度上已经是公认的[57,69]，挑战在于得到的偏微分方程大多数很难求解，可以完全理解的只占一小部分。许多情况下，计算和理解它们的解的唯一方式是要设计复杂的数值逼近方法，而这本身就是一个重要而活跃的主题。然而，如果不深入了解基本的分析性质，也就无法在其数值方面取得重大进展，因此对这一主题的分析方法和数值方法是不可分割地交织在一起的。

本书涵盖了偏微分方程的基本原理，面向数学、其他科学、工程的高年级本科生和研究生新生一学年课程设计。不要求读者在这个主题上有以前的经验，着手学习这门课程的先修数学知识将在下面列出。多年来我一直在教授这门课程，学生来自数学、物理学、工程、统计学和化学领域，近年还有生物学、金融学、经济学等其他领域。随着时光的流逝，我意识到确实需要精心编写一本系统而现代的引论，介绍在数学及其应用中遇到的主要类型偏微分方程的基本理论、求解方法、定性性质和数值逼近方法。我希望本书能满足这样的需求，从而有助于培育和启发下一代学生、研究者和参与者。

虽然这一入门课程的核心仍然由经典的分离变量、Fourier 分析、Green 函数和特殊函数构成，但也要涵盖非线性方程、激波动力学、色散、对称性与相似性方法、最大值原理、Huygens 原理、量子力学与 Schrödinger 方程以及金融数学，才能使得这本书比较符合最近的发展趋势。数值逼近方法亦应在本入门课程中扮演重要角色，本书包含两种最基本的方法：有限差分和有限元。

另一方面，从物理现象、原理建立模型和导出方程，虽没有完全省略但还是淡化了，这并非不重要，而是课时确实有限，为期一学年的课程可以合理覆盖的内容是有限的。我的个人想法是，偏微分方程课程的主要目的是学习主要的求解方法和理解基础的数学分析。因此，在建立模型上花费时间会明显减少课程其余部分所能覆盖的内容。有鉴于此，建立模型最好是留给涵盖较广数学范围的单独课程，尽管是在一个较为初浅的水平上（值得参考的建立模型的书籍包括 [57,69]）。然而，本书不断地涉及相关偏微分方程的物理应用，借助物理直觉和日常现象来理解其数学属性、求解和应用程序。我不企图涵盖随机微分方程这个日益重要的领域，见 [83]，尽管附带着求解了重要的 Black-Scholes 方程，这是现代金融的基础。我一直努力在严谨和直觉之间寻求平衡，从而在求解方法与理论发展之间的相对重点和时间上，给教师以灵活性。

在过去的六年里，本课程的材料一直在美国 Minnesota 大学编写、试用和修订，并且美国以及其他国家的一些大学也使用过。本书共十二章，连同复习复数基础和线性代数基础知识的两个附录。有关章节内容及其依赖性的更多详细信息，参见下文；下文也对用本书可能讲授的学期课程和全年课程提出建议。

预备知识

初始的先决条件是合理水平的数学难度，其中包括吸收抽象构造及其在具体情况下运用的能力。一定的物理洞察力和力学、连续介质物理、热力学以及偶尔涉及量子力学的基础知识也很有帮助，但不是必要的。

由于偏微分方程涉及函数的偏导数，最基本的先决条件是一元微积分和多元微积分。熟练的微积分和向量分析基础绝对是必要的。因此，学生对包括单侧极限在内的极限、连续性、微分、积分及其基本定理应该烂熟于心。关键技巧包括微分链式法则、乘积和商的微分法则、分部积分和积分变量变换。此外，我还假定学生对数列和级数的收敛有一些基本理解，包括比检验、根检验、积分检验等标准检验方法，以及 Taylor 定理和幂级数的初等性质。（另一方面，将从零开始发展 Fourier 级数。）

在处理多个空间维度时，二维向量和三维向量微积分中的一些关键构造和结果的知识是有益的：直角坐标、极坐标、柱坐标和球坐标、点积和叉积、偏导数、多元链式法则、梯度、散度和旋度、参数化曲线和曲面、二重积分和三重积分、线积分和面积分以及 Green 定理和散度定理。还有非常基本的点集拓扑学知识：Euclid 空间的开集、闭集、有界集和紧子集的概念，区域边界及其法线方向等。然而，本书将在适当时机快速回顾所有必需的概念和结果：6.3

节涵盖二维空间的材料，而 12.1 节处理三维相应的内容。

偏微分方程的许多解法，如分离变量方法和对称性方法，有赖于将偏微分方程化简为一个或多个常微分方程。因此，为了进一步的发展，对于齐次和非齐次的一阶线性方程组，可分离非线性一阶方程、线性常系数方程，学生应该已经知道如何求得通解，尤其是二阶线性常系数方程组和一阶常系数矩阵线性方程组，要特别弄清楚本征值的作用和基本解的构造。学生也应该熟悉初值问题，包括基本的存在性和唯一性定理的陈述，但不一定能证明它们。基础参考书包括 [18,20,23]，而进一步的主题可在 [52,54,59]中找到。另一方面，虽然常微分方程的边值问题在偏微分方程的分析中起着中心作用，但本书不要求读者事先有任何经验，我们将从一开始就发展求解方法。

学生还应该熟悉复数的基础知识，包括实部和虚部、模和相位（或辐角）、复指数函数和 Euler 公式。这些都在附录 A 中加以回顾。在有关数值方法的章节中，假定学生已熟悉基本的计算机算术，也就是浮点误差和舍入误差。有时还有基本的数值求根搜索算法，比如 Newton 法；数值线性代数，比如 Gauss 消去法和基本迭代法；还有书中提到的常微分方程的数值求解方法，如 Runge-Kutta 方法。忘记了细节的学生可以查阅初等数值分析教科书，例如 [24,60]或多卷本的参考书，例如 [94]。

最后，有关现代线性代数所提供的基本结果和概念架构的知识，在本书中都是必不可少的。学生应该已经熟悉向量空间的基本概念，包括有限维与无穷维、线性无关、张成与基、内积、正交性、范数、Cauchy-Schwarz 不等式与三角不等式、本征值与本征向量、行列式与线性方程组。这些都包含在附录 B 中；较全面且推荐的参考书是我和夫人 Cheri Shakiban 以前合写的教科书 [89]①，它提供了现代应用线性代数的关键思想、结果和方法的牢固基础。实际上，本书的第 9 章可以看成下一阶段的一般线性代数架构，已证明现代分析和数值方法不仅对于线性偏微分方程如此不可或缺，实际上对当代所有的纯粹数学和应用数学都是必不可少的。

虽然应用程序和求解技巧是最重要的，但本书不回避对定理及其证明的准确表述，尤其当这些阐述有助于揭示主题的应用和发展的时候。另一方面，超出在此水平上合理假设的那些较高深需要分析技巧的结果，将推迟到后续研究生水平的课程解决。特别地，本书并没有假定学生修读过实分析课程，故而在 Fourier 分析背景下解释 Hilbert 空间基本思想的基础，既不预设也不使用测度论和 Lebesgue 积分知识。因此，对 Hilbert 空间和广义函数（分布）的

① 译注：该书已有第二版，OLVER P. J., SHAKIBAN C., Applied Linear Algebra, 2nd ed., Springer, 2018，简记为 [OS18]。

确切定义势必显得有些模糊，这与基础物理量子力学课程中所展示的细节水平相当。事实上，课程的目标之一是启发数学学生（以及其他读者）去修读严谨的实分析课程，因为它对建立在本书引介的材料基础上的偏微分方程的进一步理论和应用，都是如此地不可或缺。

各章概览

第 1 章是用于简短地铺垫基础，引入一些基本的符号和描述什么是一个偏微分方程的（经典）解。然后借助于附录 B 中总结的线性代数基本架构，描述了一般意义上线性问题的基本结构和性质。特别是齐次和非齐次的线性方程和方程组的基本叠加原理，将贯穿本书始终。

第 2 章的前三节从简单的线性情形开始，专门讨论两个变量，即时间和单一空间坐标的一阶偏微分方程。常系数方程易于求解，引出了特征线和行波的重要概念。把特征线方法先拓展到一阶线性变系数方程，再拓展到非线性情形，其中大多数解崩溃成间断激波，其后续的动力学依赖于基础物理学。有关激波内容的难度可能比教师希望在课程早期处理的稍高一些，因此可能会被淡化甚至省略，也许会在以后的阶段再回来，比如在 8.4 节研究 Burgers 方程时，或者第 10 章介绍弱解的概念时。第 2 章的最后一节是必要的，说明如何将二阶波方程简化为两个一阶偏微分方程，从而得到著名的 d'Alembert 解公式。

第 3 章介绍了 Fourier 级数的要点，这是我们分析库中最重要的工具。通过将常微分方程组的本征值解法改造用于热方程，激发学生对该主题的兴趣，本章的其余部分发展了实数形式和复数形式的基本 Fourier 级数分析。最后一部分研究了 Fourier 级数的几种收敛方式：逐点收敛、一致收敛和范数收敛。在此进程中，以适度的严谨引入 Hilbert 空间和完备性。虽然比起大部分内容来说这部分理论性较强，但还是要把它强烈推荐给即使面向应用的学生，以此作为高水平分析的一个出发点。

第 4 章借助分离变量，直接探讨运用 Fourier 方法构造三类两个自变量的二阶偏微分方程的解，即热方程、波方程、Laplace 方程与 Poisson 方程。对于动力学问题，分离变量方法强化了本征函数的重要性。在 Laplace 方程情形，分离变量是在直角坐标和极坐标下完成的，从而建立起解的平均性质，带来的重要结果是最大值原理。本章最后简要讨论了两个自变量的二阶偏微分方程的分类，将其分为抛物型、双曲型和椭圆型，强调它们的特征线具有完全不同的性质和作用。

第 5 章首次讨论偏微分方程的数值逼近方法。这里重点是有限差分方法。

讨论了上述所有情形：热方程、输运方程、波方程、Laplace 方程与 Poisson 方程。学生要懂得这一点，与常微分方程领域不同，数值方法必须特别适应所论偏微分方程的特殊性，除非满足一定的稳定性约束条件，否则很可能不会收敛。

第 6 章介绍了第二个重要的求解方法，这是建立在 Green 函数概念基础上的。我们的发展依赖于使用分布（广义函数），注意力集中在非常有用的“δ – 函数”，它们的表征借助于普通函数的非常规极限，或更严格但也更抽象地借助于函数空间对偶性。与 Hilbert 空间一样，我们并不假定学生熟悉发展广义函数完全严格理论所需的分析工具，目的是让学生从实例中领会基本思想并能熟练使用它。掌握了广义函数之后，我们先在常微分方程边值问题背景中发展 Green 函数方法，然后再考虑平面上的 Poisson 方程椭圆型边值问题。

第 7 章回到 Fourier 分析，如今在整条实线上而导致 Fourier 变换。在运用于边值问题之后，进一步阐述 Hilbert 空间及其在现代量子力学中的作用。我们讨论的尾声是 Heisenberg 不确定原理，这可看成是 Fourier 变换的数学性质。篇幅和课时的考虑说服我不打算继续触及 Laplace 变换，那是 Fourier 变换的一个特例，尽管可以用它研究常微分方程和偏微分方程的初值问题。

第 8 章整合并进一步发展了在线性和非线性动力学①发展方程分析中出现的几个不同的主题。第一部分介绍热方程的基本解方法，并描述了著名的 Black-Scholes 方程在数学金融中的应用。第二部分简要讨论偏微分方程对称性方法，这是作者及其研究生水平专著 [87]的主要研究课题。8.3 节介绍了热方程的最大值原理，灵感来自物理学，这是深入分析抛物型问题的重要工具。最后两个部分研究了两个最重要的高阶非线性方程。Burgers 方程将耗散效应和非线性效应结合起来，可以看作是黏性流体力学的简化模型。有趣的是，可以将 Burgers 方程变换为线性热方程而得到显式解。解的收敛性是非线性输运方程激波解的基础，是现代黏性流体解析方法的基础。最后一部分处理基本的三阶线性和非线性的演化方程，例如出现在表面波的模拟中，线性方程引入了色散现象，不同的 Fourier 模以不同的速度运动，产生了在水波中常见的那些物理效应。我们还突出了最近发现的令人着迷的色散量子化 Talbot 效应及其周期性区域分形。非线性 KdV 方程有许多非比寻常的性质，包括 20 世纪 60 年代首次发现的局部孤子解，就是其作为完全可积系统的结果所致。

在继续深入之前，第 9 章花些时间建立一个一般的抽象架构，作为进一步深入分析线性偏微分方程的基础。这些内容的抽象程度稍高了些（尽管用具

---

① 译注：dynamic(al) 的中文译法有动态的、动力学的、动力的等几种，需要根据上下文具体而定。本书一般译为动力学的，有专有名称规定的，例如 dynamical system 译为动力系统。

体例子作了充分说明)，因此，面向计算的多数读者可能会跳到最后两章，而后回过头参考特定内容所需的相关概念和一般结果。不过我还是强烈建议至少涵盖本章的部分内容，因为这个架构不仅对于理解各种具体实例之间的共性很重要，而且彰显了分析数学的普遍威力，即便对于那些以应用为最终目标的读者也是如此。这一发展始于内积空间线性算子之间的伴随性，对矩阵转置的强有力而广泛的推广，自然引出考虑自伴算子和正定算子，所有例子都用有限维线性代数方程组和一般偏微分方程支配的边值问题来说明。通过极小化原理表征正定边值问题的解，这是特别重要的构造，形成了有限元数值方法的基础。其次，建立了自伴算子和正定算子的本征值和本征函数的一般结果，诠释了 Fourier 本征函数以及更一般的本征函数级数展开所具有的实值性、正交性和完备性等关键特征。基于 Green 函数性质对完备本征函数系的一般描述，将本章重要的两个主题密切地联系在一起。

第 10 章重返偏微分方程的数值分析，引入了强大的有限元方法。在概述了基于前述抽象极小化原理的一般结构的基础上，给出了它的实际实现。首先是关于一维常微分方程的边值问题，之后是关于平面上的 Laplace 和 Poisson 方程支配的椭圆型边值问题。最后一节是基于具有独立兴趣的偏微分方程弱解的思想，发展出的另外一种方法。2.3 节中遇到的非经典激波解实际上可以恰当地定性为弱解。

最后两章，第 11 章和第 12 章，分别集中分析了二维空间和三维空间中的偏微分方程。如前，集中于 Laplace 方程、热方程和波方程。大部分的分析都依赖于分离变量，在曲线坐标中引出了新的一类特殊函数，它们是某些二阶线性常微分方程的解。由于我们没有要求学生事先熟悉这一主题，故详细地叙述了常微分方程的幂级数解法。我们还介绍了 Green 函数方法和基本解方法，包括它们的定性性质以及各种应用。内容按空间维数而不是按方程类型编排。因此，第 11 章讨论了平面中的热方程和波方程（平面 Laplace 方程和 Poisson 方程已在较早的第 4 章和第 6 章处理过）。第 12 章涵盖了所有的三维情形的相应内容。这种安排可以更有序地处理所需的特殊函数种类。因此，Bessel 函数在第 11 章中起主导作用，而球谐函数、Legendre/Ferrers 函数和 Laguerre 多项式则在第 12 章中担当主角。最后一章还给出了求解三维空间波方程的 Kirchhoff 公式，其中一个重要的结果是关于空间扰动局部化 Huygens 原理的有效性，令人惊讶的是它在二维宇宙中不成立。本书收尾于氢原子 Schrödinger 方程的分析。其束缚态就是作为周期表、原子光谱学和分子化学基础的原子能级。

课程大纲和章节间的依赖性

充分谋划、适当准备和课堂参与，本书大部分内容可以在一学年内完成。典型的单学期课程可以完成六章。一些教学建议如下：

第 1 章：快速掠过，主要是线性和叠加原理。

第 2 章：大部分是值得覆盖和后面需要的，尽管有关激波的 2.3 节是可选的，或可以推迟到课程稍后部分再讲。

第 3 章：已经学过 Fourier 分析基础课程的学生可以直接进入下一章。最后关于收敛的一节是重要的，但比较偏于应用的课程可以缩短或省略。

第 4 章：第一学期课程的核心。在 4.1 节末尾的一些材料：Robin 边界条件和窖藏问题是备选的，最后关于特征线的一节也是如此。

第 5 章：包括数值计算（正如我强烈推荐的）的课程应该从 5.1 节开始，然后至少包括随后的两三节，视学生和教师的兴趣而定。

第 6 章：关于分布和 δ – 函数的内容对于学生的通识数学教育很重要，无论是纯粹数学还是应用数学，特别是在设计 Green 函数中的作用。Green 表示公式 (6.107) 的证明对某些学生可能有些繁重，可以省略而只是覆盖自由空间 Green 函数的对数公式的不严格论证。

第 7 章：7.1 节和 7.2 节是必不可少的，7.3 节中卷积也很重要。关于 Hilbert 空间和量子力学的 7.4 节，无疑可以省略。

第 8 章：所有五节或多或少是相互独立的，除了基本解和热方程的最大值原理之外，后续不再使用。因此，教师可以根据兴趣和时间安排选择。

第 9 章：本章的内容比本书绝大部分都抽象一些，可以完全跳过（在需要时引用），如果打算涵盖有限元方法，那么在前三节中导出极小化原理的内容是必需的。如果需要的话，第 11 章和第 12 章可以在第 8 章后或第 7 章和第 8 章有关热方程内容后直接推出。

第 10 章：同样，对于包含数值计算的课程来说，有限元是非常重要的，值得涵盖。最后关于弱解的 10.4 节是备选的，尤其是激波重提，尽管在课程的早期部分跳过了，现在可是重温 2.3 节的好时机。

第 11 章和第 12 章：构成了经典偏微分方程课程的另一个重要组成部分。常微分方程级数解的迂回是值得遵循的，除非这已在课程中的其他地方完成了。我建议尽可能多地涵盖，尽管在期末之前可能会耗尽时间，果真如此的话，可以考虑省略 11.6 节末尾的 Chladni 图和结点曲线、关于 Kirchhoff 公式和 Huygens 原理的 12.6 节以及氢原子的 12.7 节。当然，如果省略了第 6 章关于 Green 函数的内容和关于基本解法的 8.1 节，也可以在这里省略掉这些方面；即使覆盖这些内容，也没有一个令人信服的理由在更高的维度来重新审视这些主题，你可能会喜欢跳转到在最后一节出现的更新颖的内容。

习题和软件

习题几乎在每一节末尾都会出现，并且有各种各样的类型。大多数习题集开始于一些简单的计算问题，以发展和巩固主要的新技术和新思想。解决这些基本问题的能力是成功消化内容的最低要求。稍后给出的更高级的习题，有些是常规的，但其他涉及有挑战性的计算、基于计算机的课题、额外的实践和理论的发展等。有些题目甚至能挑战最优秀的读者。一些直接的技术性证明以及对内容的有趣和有用的扩展，已经下放到习题里以助于保持叙述的连贯性，特别是在后面的章节。

不要怕去完成几道含多个部分的习题。我发现是非题对测试学生的理解水平特别有用。一个完整的答案不只是对与错，还必须包括一个详细解释的原因，例如证明或举出反例，或者引用书中的结果。习题中包括许多计算课题，特别是在数值计算章节，这对学习实用技术是必要的。然而，基于计算的习题并不与任何特定的语言或软件选择相关；在我自己的课程中，首选的编程平台是 MATLAB①。一些习题可以通过使用计算机代数系统（如 Mathematica 和 Maple）来简化或增强，但总的来说，我已经避开了对任何符号软件的访问。

作为一个粗略的指导，一些习题注明了特殊的标志：

♦ 表示在正文中提到的习题，或者是重要的进一步发展或应用的主题。这些包括理论细节、省略的证明或新的重要方向。

♥ 表示课题，通常是较长的习题，其多个部分是相互关联的。

♠ 表示需要（或至少强烈推荐）使用计算机的习题。要求学生写他们自己的计算机代码，比方说 MATLAB，Maple，或 Mathematica，或利用预先存在的软件包。

♣ = ♠ + ♥ 表示一个更广泛的计算课题。

动画

在写作这本书的过程中，我制作了许多动画来说明解的动态行为及其数值逼近。我发现它们是非常有效的教学工具，强烈建议在课堂上展示并加以适当

① 译注：特别推荐开源软件 Scilab，与 MATLAB 兼容性好，可访问其官方网站，或参考 Wouwer, A. V., et al., Simulation of ODE/PDE Models with MATLAB®, OCTAVE and SCILAB: Scientific and Engineering Applications, Springer, 2014.

的评论和讨论。它们是一个理想的媒介，培养学生深入理解和洞察那些有时不好理解的公式显示的现象，比印在书中图里的各个快照好很多。

显然不可能将动画直接包含在打印文本中，但电子书版本将包含直接链接。另外，我已经在我的 Minnesota 大学数学系个人主页网站上放置了所有的动画，以及生成它们的 Mathematica 代码。当有动画可用时，在图题中显示符号 ⊎。

惯例和符号

在书的末尾出现的符号索引中可以找到一个完整的符号列表。

等式在章内连续编号，因此，例如 (3.12) 是第 3 章提到的第 12 个式子，而与在哪一节出现无关。

定理、引理、命题、定义和例子也使用一个方案，在每章中连续编号。因此，在第 1 章中，定义 1.2 跟在例 1.1 之后且在命题 1.3 和定理 1.4 之前。我发现这个编号系统有助于本书的快速浏览。

参考文献（书籍、论文等）按字母顺序列在本书末尾，并按数字引用。因此，[89]是第 89 本参考书，即我的那本《应用线性代数》(*Applied Linear Algebra*)[①] 教材。

Q.E.D. 表示证明完毕，是拉丁语“quod erat demonstrandum”（证毕）的首字母缩写[②]。

在整本教材中出现的变量将遵循一致的符号约定。因此 t 总是表示时间，而 x, y, z 表示空间直角坐标。在需要时还会使用极坐标 r, θ，柱坐标 r, θ, z 和球坐标 r, θ, φ，并且我们的约定会在正文叙述的适当位置出现；后一种情形特别要小心，因为角变量 θ, φ 在文献中容易遇到矛盾的约定。在偏微分方程的研究中，以上所述几乎总是作为自变量；因变量或未知数将主要用 u, v, w 表示，而 f, g, h 和 F, G, H 表示已知函数，作为强迫条件或边界数据出现。参见我们第 4 章的约定，在微分几何中用 $u(x, y)$ 与 $u(r, \theta)$ 表示不同坐标系中的函数。

按照标准的现代数学符号，“黑板黑体”字母 $\mathbb{R}$ 表示实数轴，$\mathbb{C}$ 表示复数域，$\mathbb{Z}$ 表示正、负整数的集合，而 $\mathbb{N}$ 表示自然数的集合，即包括 0 在内的非负整数。同样，$\mathbb{R}^n$ 和 $\mathbb{C}^n$表示相应的 n 维实的和复的向量空间，分别由 $\mathbb{R}$ 和 $\mathbb{C}$ 中元素的 n 元组构成。每个的零向量用 $\mathbf{0}$ 表示。

黑体小写字母，例如 $\boldsymbol{v}, \boldsymbol{x}, \boldsymbol{a}$，通常表示向量（几乎总是列向量），其分量由下标标明：v_1, x_i 等。矩阵用普通大写字母表示，例如 A, C, K, M 等，但并

① 译注：原书中出现字体加黑强调的文字，第一次出现时都以中英文同时呈现，以求准确无歧义。

② 译注：中译本直接以 [证毕] 表示。

非所有这些字母都指矩阵；例如 V 通常指向量空间，而 F 通常是强迫作用函数。矩阵如 A 的元素，由对应的行指标 i 和列指标 j 作为下标的小写字母 a_{ij} 表示。

角度总是以弧度来度量的，虽然在描述性句子中偶尔会提到度数。所有三角函数都是按弧度计算的。按照 [85,86]中所提倡的约定，我们使用 $\mathrm{ph}\, z$ 表示复数 $z \in \mathbb{C}$ 的相位 (phase)，通常称为辐角 (argument)，用 $\arg z$表示。在选择“相位”的众多原因中，有一个就是为了避免可能与函数 $f(x)$ 的自变量 x 混淆[①]，以及与第 8 章中提到的“定常相方法”相一致。

我们用 $\{f \mid C\}$ 表示集合，其中 f 给出集合的元素的公式，C 是一个（可能为空的）条件列表。例如，$\{x \mid 0 \leqslant x \leqslant 1\}$ 表示（从 0 到 1 ）单位闭区间，也写为 $[0,1]$，而 $\{ax^2+bx+c \mid a,b,c \in \mathbb{R}\}$ 是实二次多项式的集合，并且 $\{0\}$ 是仅包含数字 0 的集合。我们使用 $x \in S$ 表示 x 是集合 S 的一个元素，而 $y \notin S$ 表示 y 不是 S 的元素。集合论的并集和交集分别用 $S \cup T$ 和 $S \cap T$ 表示。子集符号 $S \subset U$ 包括集合 S 和 U 相等的可能性，虽然有时写成 $S \subseteq U$ 以作强调。另一方面，$S \subset U$ 特别表示两个集合不相等。我们使用 $U \backslash S = \{x \mid x \in U,\ x \notin S\}$ 表示集合的差集，意味着 U 的不属于 S 的全体元素。我们使用缩写 max 和 min 分别表示一组实数或实变函数的极大元素和极小元素。

符号 $\equiv$ 用来强调两个函数是恒同的，所以 $f(x) \equiv 1$ 意味着 f 是常数函数，对所有的 x 值都等于 1。它偶尔也用于模算术，$i \equiv j \bmod n$ 意味着 $i-j$ 可由 n 除尽。符号 $:=$ 将定义一个量，例如 $f(x) := x^2-1$。箭头有两种含义：一种是指示序列的收敛，例如当 $n \to \infty$ 时，$x_n \to x_\star$；另一种是指示函数，因此 $f: X \to Y$ 表示函数 f 以公式 $y=f(x)$ 将域集 (domain set) X 映射到像集或靶集 (target set) Y，函数的复合由 $f \circ g$ 表示，而 f^{-1} 表示反函数。同样，A^{-1} 表示矩阵 A 的逆。

本书中*初等函数* (elementary function) 指的是有理函数、代数函数、三角函数、指数函数、对数函数和双曲函数的组合。假定读者已熟悉它们的基本属性。我们总是使用 $\log x$ 表示自然对数（以 e 为底），而不用符号 $\ln x$。另一方面，所需的各种特殊函数的性质，如误差函数与余误差函数、Γ-函数、Airy 函数、Bessel 函数与球 Bessel 函数、Legendre 函数和 Ferrers 函数、Laguerre 函数、球面调和函数等将根据需要阐述。求和号始终使用，所以 $\sum_{i=1}^{n} a_i$ 表示有限和 $a_1+a_2+\cdots+a_n$ 或者如果上限是 $n=\infty$ 就表示一个无穷级数。当然，

① 译注：argument 一词有多种用法，译为辐角、自变量、变元等。

下限不必一定是 1；如果它是 $-\infty$ 且上限是 $+\infty$，结果就是一个双无穷级数，例如第 3 章中的复 Fourier 级数。

我们使用 $\lim\limits_{n\to\infty} a_n$ 表示序列 a_n 的通常极限。同样 $\lim\limits_{x\to a} f(x)$ 表示函数 $f(x)$ 在 a 点的极限，而 $f\left(a^-\right)=\lim\limits_{x\to a^-} f(x)$ 和 $f\left(a^+\right)=\lim\limits_{x\to a^+} f(x)$ 是单侧（分别是左侧、右侧）极限，两者相等当且仅当 $\lim\limits_{x\to a} f(x)$ 存在。

我们使用导数的各种标准记号。在通常导数的情况下，最基本的是 Leibniz 符号，$\dfrac{\mathrm{d}u}{\mathrm{d}x}$ 为 u 关于 x 的导数。至于偏导数，Leibniz 表示法 $\dfrac{\partial u}{\partial t}, \dfrac{\partial u}{\partial x}, \dfrac{\partial^2 u}{\partial x^2}, \dfrac{\partial^3 u}{\partial t\partial x^2}$ 和较为紧凑的下标符号 $u_t, u_x, u_{xx}, u_{txx}$ 等将在全书中交替使用；另见第 1 章。除非特别指出，本书所给的函数都是足够光滑的，任意给出的导数都存在且相关的混合偏导数是相等的。通常导数也可以用 Newton 符号 u' 和 u'' 分别代替 $\dfrac{\mathrm{d}u}{\mathrm{d}x}$ 和 $\dfrac{\mathrm{d}^2u}{\mathrm{d}x^2}$，$u^{(n)}$ 表示 n 阶导数 $\dfrac{\mathrm{d}^nu}{\mathrm{d}x^n}$。如果变量是时间 t 而不是空间变量 x，那么导数记号可以使用点而不是撇：$\dot{u}, \ddot{u}$。

定积分用 $\displaystyle\int_a^b f(x)\mathrm{d}x$ 表示，而 $\displaystyle\int f(x)\mathrm{d}x$ 是对应的不定积分或原函数。我们只假定具备 Riemann 积分理论知识即可，虽然学过 Lebesgue 积分的学生可能希望利用这一机会，例如在讨论 Hilbert 空间的时候。

历史典故

数学既是历史的又是社会的活动，许多著名的算法、定理和公式都是以有名（偶尔也可能不太出名）的数学家、科学家和工程师的名字命名的，通常是但不一定是发现者。本书包括对许多命名参与者的简洁描述。对更广泛的历史细节、完整的传记、肖像或照片感兴趣的读者，可能的话，请登录访问 St. Andrews 大学的传记网站。

早期突出的贡献者包括 Bernoulli 家族，Euler，d'Alembert，Lagrange，Laplace，特别是 Fourier，其卓越的方法部分激发了 19 世纪数学分析的严格化，然后一般的数学发展，如 Cauchy，Riemann，Cantor，Weierstrass 和 Hilbert 所追求的那样。20 世纪，偏微分方程的主体达到了成熟，产生了越来越多的理论和应用研究论文。然而，它仍然是最具挑战性和最活跃的数学研究领域之一，从某种意义上说，我们只是触及了这个深奥而引人入胜的学科的表面。

关于偏微分方程的教科书在很久以前就开始出现了。在应用数学的发展中特别值得注意的是，一般来说 Courant 和 Hilbert 不朽的两卷著作 [34,35] 起了中心作用，尤其对于偏微分方程。事实上，包括本书在内的所有现代著作以及大量研究，都直接受到这一鸿篇巨制的影响，这并非夸张。现代本科生教科书值得参考的包括 [50,91,92,114,120]，它们或多或少是在同一数学水平上但观点和主题选择各有不同。推荐研究生水平参考书 [38,44,61,70,99]作为更高年级的读者和入门的研究人员阅读。我们将在适当的地方提到更多专门的专著和论文。

本书始于 1999 年实施的全面介绍应用数学计划的一部分，大部分启发来自 Gilbert Strang 神妙的著作 [112]。经过一段时间和大量努力，意识到当初的愿景太过雄心勃勃，所以我和妻子 Cheri Shakiban 重写第一部分作为我们的应用线性代数教科书 [89]。我后来决定，剩下的大部分可以改编成一本偏微分方程引论，在经过一段时间和课堂测试之后，就成了你现在正在读的这本书。

最后一点评论

对学生：你将深入研究偏微分方程的广阔而重要的领域。我希望你在未来的学习和事业中，无论它们带你去了哪里，都能享受到其经验和益处。请给我你的意见。你觉得这些解释有用还是令人迷惑？是否包含了足够的例子？是否有足够类型和适当水平的习题，使你能够学好这些内容？你是否有建议将改进纳入新版本？

对教师：谢谢你采用了这本教材！我希望你喜欢教书就像我喜欢写它那样。无论你有什么经验，我都想听到。让我知道你喜欢哪些部分，你不喜欢哪些部分。哪些章节有用，哪些并不成功。你的学生喜欢哪些部分，他们觉得哪些部分难学，哪些部分不喜欢。怎样才能改善？

对所有读者：像每一位作者一样，我衷心希望我已经消除了课文中的所有错误。但是，更现实地说，我知道无论校对多少次，错误（或者更糟的是，在编辑过程中产生）仍然能溜过。关于你的问题、本书的错字和数学错误、意见和建议等，请给我发电子邮件。本书有专门的网站（在我的 Minnesota 大学数学系个人主页下）用以积极维护一个完整的已知的更正、评论、反馈和资源列表，以及上面提到的动画和 Mathematica 代码的链接。

致谢

多年来，我从学生和数学家的许多评论、更正、建议和注解中获益良多，要特别感谢 Minnesota 大学我现在和以前的同事们——Markus Keel, Svitlana Mayboroda, Willard Miller, Jr., Fadil Santosa, Guillermo Sapiro, Hans Weinberger，和已故的 James Serrin——奉献出宝贵的建议和提供的帮助。过去几

年里，Ariel Barton, Ellen Bao, Stefanella Boatto, Ming Chen, Bernard Deconinck, Greg Pierce, Thomas Scofield 和 Steven Taylor 在教学中都使用了这些材料，指出我的一些错误，提出宝贵的建议，分享他们课堂上的经验。我要感谢为我提供参考文献和解惑答疑的 Kendall Atkinson, Constantine Dafermos, Mark Dunster 和 Gil Strang。幸有给我发送评论和更正的那些人们：Steven Brown, Bruno Carballo, Gong Chen, Neil Datta, René Gonin, Zeng Jianxin, Ben Jordan, Charles Lu, Anders Markvardsen, Cristina Santa Marta, Carmen Putrino, Troy Rockwood, Hullas Sehgal, Lubos Spacek, Rob Thompson, Douglas Wright 和 Shangrong Yang。以下这些同学在各种课程中发现了拼写错误：Dan Brinkman, Haoran Chen, Justin Hausauer, Matt Holzer, Jeff Gassmann, Keith Jackson, Binh Lieu, Dan Ouellette, Jessica Senou, Mark Stier, Hullas Seghan, David Toyli, Tom Trogdon 和 Fei Zheng。虽然我并不总是同意或遵循他们的建议，但我特别要感谢这本书的许多审稿人对早期草稿的深刻评论和有价值的建议。

要感谢 Achi Dosanjh 鼓励我把这本书交由 Springer 出版，并感谢她在成书过程中的热情鼓励和帮助。我感谢 David Kramer 对手稿进行彻底的文字编辑工作。虽然我并不总是遵循他的建议作更改，为了清晰起见我还选择故意违背某些语法和文体惯例，但这都是都经过了深思熟虑的，结果是大大改进了阐述。

最后但绝非不重要，我的数学家庭——我的夫人 Cheri Shakiban，我的父亲 Frank W.J. Olver 和我的儿子 Sheehan Olver——多年来，他们的许多评论、帮助和建议都给我以深远的影响。我很难过的是，家父于 2013 年 4 月 23 日去世，享年 88 岁，因此从未见过这最终的印本。我把这本书献给他和我的母亲 Grace，她于 1980 年去世，因为他们对我的生活产生了惊人的影响。

Peter J. Olver
Minnesota 大学
olver@umn.edu
2013 年 9 月

目　录

第 1 章　何为偏微分方程

现在开始划定我们的研究领域. *微分方程* (differential equation) 是这样一个方程, 它与一个或多个变量 (标量) 函数的导数有关. 例如,

$$\frac{\mathrm{d}^4u}{\mathrm{d}x^4}+\frac{\mathrm{d}^2u}{\mathrm{d}x^2}+u^2=\cos x \tag{1.1}$$

是一元函数 $u(x)$ 的微分方程, 而

$$\frac{\partial u}{\partial t}=\frac{\partial^2u}{\partial x^2}+\frac{\partial^2u}{\partial y^2}-u \tag{1.2}$$

是一个三元函数 $u(t,x,y)$ 的微分方程.

如果函数 $u(x)$ 只依赖于一个变量, 那么称为*常微分方程* (ordinary differential equation), 而*偏微分方程* (partial differential equation) 依赖于多于一个的变量. 通常 (但不是很经常) u 的依赖性可以从微分方程中出现的导数推断出来. 微分方程的阶 (order) 就是方程中出现的最高阶导数的阶数. 因此 (1.1) 是四阶常微分方程, 而 (1.2) 是二阶偏微分方程.

注记[①]: 如果微分方程不包含函数 $u(x)$ 的导数, 那么就称为 0 阶的. 这些作为*代数方程* (algebraic equation)[②]对待更合适, 尽管它们本身就很有趣, 但不是本书的主题. 一个真正的*微分方程* (differential equation) 必须至少包含 u 的一个导数, 因此阶不小于 1. 偏导数有两种常用的记号, 我们将互换使用. 一种用于 (1.1) 和 (1.2) 的是常见的 Leibniz 符号, 使用 d 表示一元函数的通常导数 (ordinary derivative), 以及符号 ∂ (通常也发音 "迪") 表示二元及以上的多元函数的*偏导数* (partial derivative). 另一种比较紧凑, 用下标来表示偏导数. 例如 u_t 表示 $\partial u/\partial t$, u_{xx} 表示 $\partial^2u/\partial x^2$, u_{xxy} 表示 $\partial^3u/\partial x^2\partial y$. 因此, 在下标表示法中, 偏微分方程 (1.2) 可写为

$$u_t=u_{xx}+u_{yy}-u. \tag{1.3}$$

类似地, 我们将把偏微分算子缩写, 有时把 $\partial/\partial x$ 记为 ∂_x, 而 $\partial^2/\partial x^2$ 可以写成 ∂_x^2 或 ∂_{xx}, $\partial^3/\partial x^2\partial y$ 记为 $\partial_{xxy}=\partial_x^2\partial_y$. 需要指出的是, 出现在应用、科学、工程和数学本身中的微分方程大多是一阶的和二阶的, 而且迄今为止最为常见的是二阶微分方程. 当模拟色散介质中的波, 如水波或等离子体波时, 会产生三阶方程. 四阶方程出现在弹性力学中, 特别是板和梁的力学以及图像处

---

① 译注: 本书随处出现的 Remark 和 Warning 很有特色. Remark 译为注记, Warning 译为注意.

② 在这里, 术语 "代数方程" 仅用于区分这些方程与真正的 "微分方程". 它并不意味着定义的函数必然是代数的, 例如多项式. 例如, 在 (4.50) 中出现的超越方程 $\tan u=u$ 仍然认为是本书中的一个代数方程.

理中. 阶不小于 5 的方程极为罕见.

学习这本教材的基本前提是会求解简单的常微分方程: 一阶方程组、齐次和非齐次的线性常系数方程, 以及线性系统. 此外, 我们假定读者熟悉初值问题解的存在性和唯一性的基本定理. 有许多好的介绍性书籍如 [18,20,23]; 更深入的论著如 [31,52,54,59]. 而偏微分方程的要求更高, 甚至可以挑战最有成就的数学家的分析技巧. 许多最有效的求解策略都有赖于将偏微分方程化简为一个或多个常微分方程. 因此, 在研究偏微分方程的过程中, 我们要从头开始发展更进一步的常微分方程理论, 其中包括边值问题、本征值问题、级数解、奇点和特殊函数等.

在本章的开场白过后, 我们开始认真地讲解简单的一阶方程, 集中在那些出现波动现象的模型. 本书其余大部分篇幅将致力于理解和求解在一个、两个和三个空间维度①中的三类基本的二阶线性偏微分方程: *热方程* (heat equation), 模拟连续介质的热力学, 以及动物种群和化学污染物的扩散; *波方程* (wave equation), 模拟振动的杆、弦、板和固体, 以及声学、流体和电磁振荡; Laplace *方程* (Laplace equation) 及其非齐次形式 Poisson *方程* (Poisson equation), 支配物体的力学平衡和热平衡, 以及流体力学势和电磁势.

每增加一个维度就会增加数学的复杂性, 就需要发展更多的分析工具, 尽管关键的思想当我们到达物理三维宇宙时才会出现. 热方程、波方程、Laplace 方程与 Poisson 方程这三个极为典型的例子, 不仅应用广泛而且必不可少, 还可作为抛物型、双曲型、椭圆型这三种主要类型线性偏微分方程的典型范例. 我们也会讨论一些有趣的非线性偏微分方程, 包括模拟激波的一阶输运方程, 支配简单非线性扩散过程的二阶 Burgers 方程, 以及支配色散波的三阶 KdV 方程. 但是, 在本书这样一本导引性质的教材中, 非线性偏微分方程广阔领域的进一步延伸势必是无法考虑在内的, 有待读者去作更深入的数学探究.

更一般地, *微分方程组* (system of differential equations) 是一个及以上有关一个或多个函数导数方程的集合. 方程组中出现的所有函数都依赖于同一组变量 (depend on the same set of variables), 这一点非常必要. 表示这些函数的符号称为*因变量* (dependent variable), 而它们所依赖的变量称为*自变量* (independent variable). 微分方程组是称为*常微分方程组*还是*偏微分方程组*, 取决于含有一个自变量还是多个自变量. 方程组阶数就是其任一个方程中出现的导数最高阶.

① 对我们来说, 维度 (dimension) 总是指空间维度. 时间, 虽然理论上也是一个维度, 但是扮演非常不同的物理角色, 因此 (至少在非相对论性系统) 将以单独地位对待.

例如, 三维 Navier-Stokes *方程组* (Navier-Stokes equations)

$$\begin{aligned}
&\frac{\partial u}{\partial t}+u\frac{\partial u}{\partial x}+v\frac{\partial u}{\partial y}+w\frac{\partial u}{\partial z}=-\frac{\partial p}{\partial x}+\nu\left(\frac{\partial^2 u}{\partial x^2}+\frac{\partial^2 u}{\partial y^2}+\frac{\partial^2 u}{\partial z^2}\right),\\
&\frac{\partial v}{\partial t}+u\frac{\partial v}{\partial x}+v\frac{\partial v}{\partial y}+w\frac{\partial v}{\partial z}=-\frac{\partial p}{\partial y}+\nu\left(\frac{\partial^2 v}{\partial x^2}+\frac{\partial^2 v}{\partial y^2}+\frac{\partial^2 v}{\partial z^2}\right),\\
&\frac{\partial w}{\partial t}+u\frac{\partial w}{\partial x}+v\frac{\partial w}{\partial y}+w\frac{\partial w}{\partial z}=-\frac{\partial p}{\partial z}+\nu\left(\frac{\partial^2 w}{\partial x^2}+\frac{\partial^2 w}{\partial y^2}+\frac{\partial^2 w}{\partial z^2}\right),\\
&\frac{\partial u}{\partial x}+\frac{\partial v}{\partial y}+\frac{\partial w}{\partial z}=0
\end{aligned}\tag{1.4}$$

是一个二阶微分方程组, 涉及四个函数 $u(t,x,y,z)$, $v(t,x,y,z)$, $w(t,x,y,z)$, $p(t,x,y,z)$, 每个函数都依赖于四个变量, 而 $\nu\geqslant 0$ 是固定常数 (函数 p 必然依赖于 t, 即使方程组中没有它关于 t 的导数). 自变量 t 表示时间, x,y,z 表示空间坐标. 因变量是 u,v,w,p, 其中 $\boldsymbol{v}=(u,v,w)$ 表示不可压缩流体 (例如水) 的流动速度矢量场, 而 p 表示伴生的压强. 参数 ν 度量流体的黏性, Navier-Stokes 方程组是流体力学的基础[12], 难以求解是众所周知的, 无论是解析的还是数值的. 事实上, 在未来所有的时间里, 确立解的存在与否仍是数学中一个悬而未决的问题, 解决它将会赢得 100 万美元的奖金, 参见 Clay 数学研究所网站. Navier-Stokes 方程组最早出现在 1800 年代初法国应用数学家、工程师 Claude-Louis Navier 以及后来英国应用数学家 George Stokes 的著述中, 至于后者你应该已经知道同名的多元微积分 Stokes 定理①. 无黏 $\nu=0$ 情形的方程称为 Euler *方程*, 以纪念它们的发现者, 有着无与伦比影响的 18 世纪瑞士数学家 Leonhard Euler.

在我们的微分方程中出现的变量将使用一些基本的符号约定. 我们总是用 t 表示时间, 而 x,y,z 将表示空间直角坐标②. 需要时还将使用极坐标 r,θ, 柱坐标 r,θ,z 和球坐标 r,θ,φ③. *平衡方程* (equilibrium equation) 模拟一个恒常的物理系统, 因此只涉及空间变量. 时间变量在模拟*动力* (dynamical) 过程时出现, 意味着时间变化的过程. 时间和空间坐标 (通常) 都是自变量. 因变量主要用 u,v,w 表示, 偶尔也使用其他字母, 特别是在表示特定物理量时, 例如 (1.4) 中的压强 p. 另一方面, 字母 f,g,h 通常表示自变量的给定函数, 例如强迫作用、边界条件或初始条件.

---

① 有趣的是, Stokes 定理取自 1850 年 Kelvin 勋爵写给 Stokes 的一封信, Stokes 把它变成了英国剑桥大学 Smith 奖的本科生试题. 然而两人都不知晓的是, 事实上该结果早已被 George Green(即 Green 定理以及 Green 函数之父) 发现, 这将是第 6 章的主题.

② 译注: 原书 Cartesian space coordinates, 其实是直角坐标. Cartesian coordinates 也包含仿射坐标. 本书则特指空间直角坐标.

③ 符号约定见 12.2 节.

在这本导论性质的课本中，我们必须把注意力集中在几个精选的最重要的偏微分方程的最基本的解析解法和数值解法上. 包括所有的偏微分方程组在内更进一步的主题，只得留待给研究生和研究层次的书籍 (如 [35,38,44,61,99]). 事实上，许多重要的问题仍未得到完全解决甚至知之甚少，这使得偏微分方程成为当代数学研究中最活跃、最激动人心的领域之一. 我的目标之一是，通过阅读本书，你将会得到启发并掌握知识，去深入地探索这一迷人且基本的数学领域，及其在科学、工程学、经济学、生物学等更多方面的广泛运用.

习题

1.1. 将下列微分方程归类为常微分方程或偏微分方程，平衡方程或动力学方程；然后写出它们的阶.

(a) $\dfrac{\mathrm{d}u}{\mathrm{d}x} + xu = 1.$

(b) $\dfrac{\partial u}{\partial t} + u\dfrac{\partial u}{\partial x} = x.$

(c) $u_{tt} = 9u_{xx}.$

(d) $\dfrac{\partial u}{\partial t} = \dfrac{\partial^2 u}{\partial x^2} + \dfrac{\partial u}{\partial x}.$

(e) $-\dfrac{\partial^2 u}{\partial x^2} - \dfrac{\partial^2 u}{\partial y^2} = x^2 + y^2.$

(f) $\dfrac{\mathrm{d}^2 u}{\mathrm{d}t^2} + 3u = \sin t.$

(g) $u_{xx} + u_{yy} + u_{zz} + \left(x^2 + y^2 + z^2\right) u = 0.$

(h) $u_{xx} = x + u^2.$

(i) $\dfrac{\partial u}{\partial t} + \dfrac{\partial^3 u}{\partial x^3} + u\dfrac{\partial u}{\partial x} = 0.$

(j) $\dfrac{\partial^2 u}{\partial x^2} + \dfrac{\partial^2 u}{\partial y \partial z} = u.$

(k) $u_{tt} = u_{xxxx} + 2u_{xxyy} + u_{yyyy}.$

1.2. 在两个空间维度中, Laplace 算子 (Laplacian) 定义为二阶偏微分算子 $\Delta = \partial_x^2 + \partial_y^2$. 写出下列偏微分方程的 (i) Leibniz 记法和 (ii) 下标符号:

(a) Laplace 方程 $\Delta u = 0$. (b) Poisson 方程 $-\Delta u = f$. (c) 二维热方程 $u_t = \Delta u$. (d) von Kármán 板方程 $\Delta^2 u = 0$.

1.3. 对三维 Laplace 算子 $\Delta = \partial_x^2 + \partial_y^2 + \partial_z^2$, 解答习题 1.2.

1.4. 确定以下偏微分方程系统的自变量、因变量和阶:

(a) $\dfrac{\partial u}{\partial x} = \dfrac{\partial v}{\partial y}, \quad \dfrac{\partial u}{\partial y} = -\dfrac{\partial v}{\partial x}.$

(b) $u_{xx} + v_{yy} = \cos(x + y), \quad u_x v_y - u_y v_x = 1.$

(c) $\dfrac{\partial u}{\partial t} = \dfrac{\partial v}{\partial x}, \quad \dfrac{\partial^2 v}{\partial t^2} = \dfrac{\partial^2 u}{\partial x^2}.$

(d) $u_t + uu_x + vu_y = p_x, \quad v_t + uv_x + vv_y = p_y, \quad u_x + v_y = 0.$

(e) $u_t = v_{xxx} + v(1 - v), \quad v_t = u_{xxy} + vw, \quad w_t = u_x + v_y.$

经典解

我们现在把注意力集中在单一的微分方程, 依赖于一个或多个自变量的标量函数 u. 函数 u 通常是实值的, 虽然复值函数也可能在分析中扮演个好角色. 我们在本节中所述一切, 做些适当的修改也都适用于微分方程组.

说到解 (solution), 我们的意思是自变量的一个足够光滑的函数 u 在其定义域的每一点上满足微分方程. 我们不一定要求为自变量的所有可能取值定义解. 事实上, 微分方程通常是强加在包含于自变量空间的定义域 D 中, 我们求的解只在 D 上定义. 一般来说, 区域 (domain) D 将是一个开子集, 通常是连通的, 尤其是在平衡方程中通常有界且有一个相当好的边界, 记为 ∂D.

我们称一个函数是*光滑的* (smooth), 是指它可以足够多次地求导, 至少使得在方程中出现的全部导数在所论区域 D 中是唯一定义的. 具体说来, 如果微分方程是 n 阶的, 那么我们要求解 u 是 C^n-类 (class C^n) 的, 这意味着它及其所有阶不大于 n 的导数都是 D 中的连续函数, 把 u 的导数联系起来的微分方程在整个 D 上成立. 然而, 有时我们要考虑更为普遍类型的解, 例如当处理激波的时候. 最重要的是 10.4 节介绍的所谓 "弱解" 组成的那一类. 为了以示区别, 上面叙述的光滑解通常称为*经典解* (classical solution). 在本书中, "解" 这一术语在没有额外限定时通常指的是经典解.

例 1.1　热方程

$$\frac{\partial u}{\partial t}=\frac{\partial^2 u}{\partial x^2} \tag{1.5}$$

的经典解是定义在区域 $D\subset\mathbb{R}^2$ 上的函数 $u(t,x)$, 使得所有的函数

$$u(t,x),\ \frac{\partial u}{\partial t}(t,x),\ \frac{\partial u}{\partial x}(t,x),\ \frac{\partial^2 u}{\partial t^2}(t,x),\ \frac{\partial^2 u}{\partial t\partial x}(t,x),\ \frac{\partial^2 u}{\partial x\partial t}(t,x),\ \frac{\partial^2 u}{\partial x^2}(t,x)$$

在所有的 $(t,x)\in D$ 都唯一定义且连续①, 所以 $u\in C^2(D)$, 而且 (1.5) 在所有的 $(t,x)\in D$ 上成立, 即使只有 u_t 和 u_{xx} 显式地出现在热方程, 我们仍需要所有不大于 2 阶的偏导数连续, 以便 u 可以作为一个经典解. 例如,

$$u(t,x)=t+\frac{1}{2}x^2 \tag{1.6}$$

是在全域 $D=\mathbb{R}^2$ 上定义的热方程的解, 因为它是 C^2 的②, 而且,

$$\frac{\partial u}{\partial t}=1=\frac{\partial^2 u}{\partial x^2}.$$

---

① 混合偏导数相等由多元微积分一般定理得出[8,97,108]. 经典解享有所有相关的混合偏导数自动相等.

② 事实上, 函数 (1.6) 是 C^∞ 的, 意味着在整个 $\mathbb{R}^2$ 上是无穷次可微的.

热方程另一个较复杂但非常重要的解是

$$u(t,x)=\frac{\mathrm{e}^{-x^2/(4t)}}{2\sqrt{\pi t}}.\tag{1.7}$$

很容易验证 $u\in C^2$, 而且在区域 $D=\{(t,x)\mid t>0\}\subset\mathbb{R}^2$ 上满足热方程. 请读者通过计算 $\partial u/\partial t$ 和 $\partial^2u/\partial x^2$ 验证这一点, 然后检查它们是否相等. 最后, 用 $\mathrm{i}=\sqrt{-1}$ 表示虚数单位, 我们注意到

$$u(t,x)=\mathrm{e}^{-t+\mathrm{i}x}=\mathrm{e}^{-t}\cos x+\mathrm{i}\,\mathrm{e}^{-t}\sin x,\tag{1.8}$$

第二个表达式从 Euler 公式 (A.11) 得出, (1.8) 定义了热方程的一个复值解. 这可以直接验证, 因为复指数函数的微分运算规则与它们实值对应函数的相同:

$$\frac{\partial u}{\partial t}=-\mathrm{e}^{-t+\mathrm{i}x},\quad \frac{\partial u}{\partial x}=\mathrm{i}\mathrm{e}^{-t+\mathrm{i}x},\quad 所以\frac{\partial^2 u}{\partial x^2}=-\mathrm{e}^{-t+\mathrm{i}x}=\frac{\partial u}{\partial t}.$$

需要指出的是, 复值解 (1.8) 的实部 $\mathrm{e}^{-t}\cos x$ 和虚部 $\mathrm{e}^{-t}\sin x$ 分别都是实数解, 这表明了一个相当普遍的性质.

顺便说一句, 在物理应用中出现的大部分偏微分方程是实的, 虽然复值解通常有助于对它们的分析, 但我们要求的还是具有物理意义的实值解. 值得注意的一个例外是量子力学, 这是一种内在复值的物理学理论. 例如支配复值波函数 $u(t,x)$ 动力学演化的一维 Schrödinger *方程* (Schrödinger equation)

$$\mathrm{i}\hbar\frac{\partial u}{\partial t}=-\frac{\hbar}{2m}\frac{\partial^2 u}{\partial x^2}+V(x)u,\tag{1.9}$$

其中 $\hbar$ 表示 Planck *常数* (Planck's constant), 这是实的. 波函数 $u(t,x)$ 描述一个质量为 m 的具有量子行为的粒子, 例如一个电子, 在 (实的) 势函数① $V(x)$ 所规定力场中运动的概率分布. 当解 u 是复值时, 表示时间和空间的自变量 t,x 仍然是实的.

初始条件与边界条件

一个偏微分方程有多少个解? 总的说来多得很. 即使常微分方程也有无穷多个解. 实际上一个 n 阶常微分方程的通解依赖于 n 个任意常数. 然而, 偏微分方程解的数目更多, 因为它们依赖于*任意函数* (arbitrary function). 概括地说, 我们可以预期 m 个自变量的 n 阶偏微分方程的解依赖于 $m-1$ 个自变量

① 译注: 在力学和电磁学中, 势函数 $V(x)$ 就是单位质量 (电荷) 具有的力学 (静电学) 势能 (potential energy), 因此可作同义语引用.

的 n 个任意函数[①]. 但是, 这话还得有所保留, 只在一些特殊的情况下我们才能把解实际上按任意函数表达.

动力常微分方程的解要通过规定初始条件挑选出来, 从而产生*初值问题* (initial value problem). 另一方面, 模拟平衡现象的方程需要边界条件来唯一地指定它们的解, 从而产生*边值问题* (boundary value problem). 我们假定读者已经熟悉常微分方程初值问题的基本知识. 但在第 6 章中我们需要花些精力发展常微分方程边值问题这一可能不大熟悉的情形.

对于偏微分方程亦有类似的辅助条件需要运用. 模拟平衡现象的方程由强加在所论区域边界上的边界条件加以补充. 在有利的情况下, 边界条件用于挑选出唯一解. 例如, 物体的平衡温度是由其边界行为唯一决定的. 如果区域是无界的, 那么还必须在很远的距离上限制解的性质, 例如要求它保持有界. 偏微分方程与适当的边界条件相结合, 构成了*边值问题*.

在大多数应用中出现的边值问题主要有三种类型. 在区域边界上给定解的值称为 Dirichlet *边界条件* (Dirichlet boundary condition), 以纪念 19 世纪分析数学家 Johann Peter Gustav Lejeune Dirichlet. 沿边界给定解的法向导数, 会引出 Neumann *边界条件* (Neumann boundary condition), 以 Dirichlet 同时代的 Carl Gottfried Neumann的名字命名. 沿部分边界给定函数和沿余下部分边界给定法向导数, 给出一个*混合边值问题* (mixed boundary value problem). 例如在热平衡中, Dirichlet 边值问题给定了一个物体沿其边界的温度, 我们的任务是通过求解一个适当的偏微分方程求得内部温度分布. 同样 Neumann 边值问题也规定了通过边界的热流. 特别地, 绝热[②]边界没有热流, 因此在边界上温度的法向导数为零. 混合边值问题规定了沿部分边界的温度和余下边界上的热流. 同样, 我们的任务是确定物体内部的温度.

对于模拟动力过程的偏微分方程, 其中时间是一个自变量, 解是由一个或多个初始条件指定的. 所需初始条件的个数取决于方程中出现的最高阶时间导数. 例如在热力学中只涉及温度的一阶时间导数, 初始条件要在初始时刻上给定物体的温度. Newton 力学描述了运动的加速度或二阶时间导数, 因此需要两个初始条件: 系统的初始位置和初始速度. 在有界区域上, 还必须规定适当的边界条件, 以便唯一地表征解以及此后物理系统的后续动态行为. 偏微分方程、初始条件和边界条件结合起来, 就产生了*初 – 边值问题* (initial-boundary value problem). 在本书的进程中, 我们将会遇到并求解该问题的许多重要

---

① 译注: 从上下文分析, 这是第 2 章中提到的 “计数原理”.

② 译注: 原文 insulated 表示不准确, 因为后文数次出现 fully insulated, 这才是绝热, 物理上称为 adiabatic.

例子.

注记: 除了偏微分方程在区域内要求的光滑性之外, 另有一个考虑是在任一初始条件或边界条件下给定的解及其任一导数, 也应在初始时刻上或施加条件的边界点处连续. 例如, 如果初始条件给定 $a < x < b$ 的函数值 $u(0,x)$, 且边界条件对 $t > 0$ 给定导数 $\dfrac{\partial u}{\partial x}(t,a)$ 和 $\dfrac{\partial u}{\partial x}(t,b)$, 那么除了在区域 $\{a < x < b, t > 0\}$ 中连续之外, 我们还要求 u 在所有初始点 $(0,x)$ 连续并且它的导数 $\dfrac{\partial u}{\partial x}$ 在所有边界点 (t,a) 和 (t,b) 连续, 以便 $u(t,x)$ 有资格作初–边值问题的经典解.

习题

1.5. 证明以下函数 $u(x,y)$ 定义了二维 Laplace 方程 $\dfrac{\partial^2 u}{\partial x^2}+\dfrac{\partial^2 u}{\partial y^2}=0$ 的经典解, 注意指定适当的定义域:

(a) $\mathrm{e}^x\cos y$. (b) $1+x^2-y^2$. (c) x^3-3xy^2.

(d) $\log\left(x^2+y^2\right)$. (e) $\arctan\left(\dfrac{y}{x}\right)$. (f) $\dfrac{x}{x^2+y^2}$.

1.6. 求出二维 Laplace 方程 $u_{xx}+u_{yy}=0$ 的所有解 $u=f(r)$, 该解只依赖于径向坐标 $r=\sqrt{x^2+y^2}$.

1.7. 求二维 Laplace 方程 $u_{xx}+u_{yy}=0$ 所有形如 $u=\log p(x,y)$ 的 (实值) 解, 其中 $p(x,y)$ 是二次多项式.

1.8. (a) 求三维 Laplace 方程 $\dfrac{\partial^2 u}{\partial x^2}+\dfrac{\partial^2 u}{\partial y^2}+\dfrac{\partial^2 u}{\partial z^2}=0$ 所有的二次多项式解. (b) 求所有的齐次三次多项式解.

1.9. 求热方程 $u_t=u_{xx}$ 所有的阶 $\deg p\leqslant 3$ 的多项式解 $p(t,x)$.

1.10. 证明以下函数 $u(t,x)$ 是波方程 $u_{tt}=4u_{xx}$ 的解:

(a) $4t^2+x^2$. (b) $\cos(x+2t)$. (c) $\sin 2t\cos x$. (d) $\mathrm{e}^{-(x-2t)^2}$.

1.11. 求波方程 $u_{tt}=u_{xx}$ 所有的多项式解 $p(t,x)$:

(a) $\deg p\leqslant 2$. (b) $\deg p=3$.

1.12. 设 $u(t,x)$ 和 $v(t,x)$ 是在 $\mathbb{R}^2$ 上定义的 C^2–函数, 它满足一阶偏微分方程组 $u_t=v_x, v_t=u_x$.

(a) 证明 u 和 v 都是波方程 $u_{tt}=u_{xx}$ 的经典解. 证明结论的合理性需要多元微积分的结果吗?

(b) 相反, 给定一个波方程的经典解 $u(t,x)$, 你能构造一个函数 $v(t,x)$ 使 $u(t,x)$ 和 $v(t,x)$ 形成一阶方程组的解吗?

1.13. 求三维 Laplace 方程 $u_{xx}+u_{yy}+u_{zz}=0$ 的所有解 $u=f(r)$, 该解只依赖于径向坐标 $r=\sqrt{x^2+y^2+z^2}$.

1.14. 设 $u(x,y)$ 定义在区域 $D\subset\mathbb{R}^2$ 上. 已知所有的二阶偏导数 u_{xx} , u_{xy},u_{yx},u_{yy} 在整个 D 上都有定义且连续. 能断定 $u\in C^2(D)$ 吗?

1.15. 写出这样的一个偏微分方程:
(a) 无实值解. (b) 恰好有一个实值解. (c) 恰好有两个实值解.

1.16. 设对 $(x,y)\neq(0,0)$ 而言, $u(x,y)=xy\dfrac{x^2-y^2}{x^2+y^2}$ 且 $u(0,0)=0$. 证明

$$\frac{\partial^2 u}{\partial x\partial y}(0,0)=1\neq -1=\frac{\partial^2 u}{\partial y\partial x}(0,0).$$

解释为什么这个例子与混合偏导数相等定理不矛盾.

线性方程与非线性方程

与代数方程和常微分方程一样, 线性和非线性的偏微分方程之间是有关键性区别的, 在涉足非线性的领域之前, 必须牢牢把握线性理论. 虽然线性代数方程 (数值方法求解困难的除外) 有各种方法可解, 但阶不小于 2 的线性常微分方程已经提出了挑战, 因为大部分解都不能按照初等函数表示. 事实上, 正如我们在第 11 章中要学的那样, 求解应用中出现的许多方程都需要引入新类型的 “特殊函数”, 这些函数通常在基本微积分课程中没有遇到过. 线性偏微分方程的难度更大, 只有一小部分特定方程可以完全求解. 不仅如此, 显式解往往只有无穷级数的形式可用, 需要微妙的分析工具来理解它们的收敛和性质. 对于绝大多数的偏微分方程而言, 唯一可行的方法是通过数值逼近来产生通解. 在本书中, 我们将研究两种最基本的数值方法: 有限差分和有限元. 记住, 为了发展和理解偏微分方程的数值结果, 必须对它们的分析性质有很好的理解.

线性的显著特征是, 它使我们能够借助普遍的叠加原理, 直接将解组合成新的解. 线性叠加原理普遍适用于所有的线性方程和线性方程组, 包括线性代数方程组、线性常微分方程、线性偏微分方程组、线性的初值问题与边值问题, 以及线性积分方程、线性控制系统等. 我们将在单一微分方程背景中介绍其基本思想.

微分方程称为*齐次线性的* (homogeneous linear), 是指它只涉及因变量 u 或其导数的一次幂的各项之和; 另一方面, 对这些项涉及自变量的方式不加限

制. 因此,

$$\frac{\mathrm{d}^2u}{\mathrm{d}x^2}+\frac{u}{1+x^2}=0$$

是一个齐次线性二阶常微分方程. 齐次线性偏微分方程的例子包括热方程 (1.5)、偏微分方程 (1.2) 以及方程

$$\frac{\partial u}{\partial t}=\mathrm{e}^x\frac{\partial^2 u}{\partial x^2}+\cos(x-t)u.$$

另一方面, Burgers 方程

$$\frac{\partial u}{\partial t}+u\frac{\partial u}{\partial x}=\frac{\partial^2 u}{\partial x^2} \tag{1.10}$$

不是线性的, 因为第二项涉及 u 与其导数 u_x 的乘积. 相似的术语用于偏微分方程系统. 例如, Navier-Stokes 方程组 (1.4) 不是线性的, 因为 uu_x, vu_y 等项, 尽管最后那个连续性方程是线性的.

对齐次线性微分方程的一个更准确的定义是从*线性微分算子* (linear differential operator) L 的概念入手. 这些算子是对带有常系数或更一般依赖自变量系数的最简单偏导数算子求和而成. 算子作用在相关独立变量充分光滑的函数上. 根据定义 B.32, *线性* (linearity) 性质施加的两个关键要求是: 对于任意两个 (足够光滑的) 函数 u, v 和任一常数 c 而言,

$$L[u+v]=L[u]+L[v],\quad L[cu]=cL[u]. \tag{1.11}$$

定义 1.2 *齐次线性微分方程* (homogeneous linear differential equation) 形如

$$L[u]=0, \tag{1.12}$$

其中 L 是线性微分算子.

作为一个简单的例子, 对任一 C^2 – 函数 $u(x,y)$, 考虑二阶微分算子

$$L=\frac{\partial^2}{\partial x^2},\quad 凭此\ L[u]=\frac{\partial^2 u}{\partial x^2}.$$

线性要求 (1.11) 直接来自微分的基本性质: 对任意的 C^2 – 函数 u, v 和任意常数 c,

$$L[u+v]=\frac{\partial^2}{\partial x^2}(u+v)=\frac{\partial^2 u}{\partial x^2}+\frac{\partial^2 v}{\partial x^2}=L[u]+L[v],$$
$$L[cu]=\frac{\partial^2}{\partial x^2}(cu)=c\frac{\partial^2 u}{\partial x^2}=cL[u]$$

成立. 相应的齐次线性微分方程 $L[u]=0$ 是

$$\frac{\partial^2 u}{\partial x^2}=0.$$

热方程 (1.5) 基于线性偏微分算子

$$L=\partial_t-\partial_x^2,\quad 有L[u]=\left(\partial_t-\partial_x^2\right)u=u_t-u_{xx}=0. \tag{1.13}$$

如上所述的线性性质:

$$L[u+v]=\partial_t(u+v)-\partial_x^2(u+v)=\left(\partial_t u-\partial_x^2 u\right)+\left(\partial_t v-\partial_x^2 v\right)=L[u]+L[v],$$
$$L[cu]=\partial_t(cu)-\partial_x^2(cu)=c\left(\partial_t u-\partial_x^2 u\right)=cL[u].$$

同样, 线性微分算子

$$L=\partial_t^2-\partial_x\left(\kappa(x)\partial_x\right)=\partial_t^2-\kappa(x)\partial_x^2-\kappa'(x)\partial_x,$$

其中 $\kappa(x)$ 给定且只是 x 的 C^1 – 函数, 定义了齐次线性偏微分方程

$$L[u]=\partial_t^2 u-\partial_x\left(\kappa(x)\partial_x\right)u=\partial_{tt}u-\partial_x\left(\kappa(x)\partial_x\right)u$$
$$=\partial_{tt}u-\kappa(x)\partial_{xx}u-\kappa'(x)\partial_x u=0,$$

用于模拟非均匀一维介质中的振动.

线性算子的定义属性 (1.11) 意味着所有的齐次线性 (微分) 方程所共有的关键性质.

命题 1.3　*齐次线性微分方程的两个解之和是一个解, 解与任何常数的乘积同样也是解.*

证明　设 u_1,u_2 是解, 意味着 $L[u_1]=0, L[u_2]=0$. 那么, 由于线性,

$$L[u_1+u_2]=L[u_1]+L[u_2]=0,$$

因此它们的和 u_1+u_2 是一个解. 同样, 如果 c 是任一常数且有任一解 u, 那么

$$L[cu]=cL[u]=c0=0,$$

因此标量积 cu 也是一个解.　[证毕]

因此, 从齐次线性微分方程的若干解开始, 通过多次相加和乘常量的运算, 我们能够构造大量的解. 在热方程 (1.5) 的情形, 我们已经有了两个解, 即 (1.6) 和 (1.7). 乘常数后就产生两个含无穷多解的解族:

$$u(t,x)=c_1\left(t+\frac{1}{2}x^2\right),\quad u(t,x)=c_2\frac{\mathrm{e}^{-x^2/(4t)}}{2\sqrt{\pi t}},$$

其中 c_1, c_2 是任意常数. 此外可将这两种解加在一起, 生成含两个参数的解族

$$u(t,x) = c_1\left(t+\frac{1}{2}x^2\right) + c_2\frac{\mathrm{e}^{-x^2/(4t)}}{2\sqrt{\pi t}},$$

对任意选择的常数 c_1, c_2 成立.

前面构造的是下述齐次线性方程组普遍叠加原理 (superposition principle) 的特例:

定理 1.4 如果 $u_1, u_2, \cdots, u_k$ 是一般齐次线性方程组 $L[u]=0$ 的解, 那么对于任意选择常数 $c_1, c_2, \cdots, c_k$ 的线性组合, 亦即线性叠加 $u = c_1u_1 + c_2u_2 + \cdots + c_ku_k$ 也是解.

证明 反复应用线性要求 (1.11), 我们发现

$$\begin{aligned} L[u] &= L\left[c_1u_1 + c_2u_2 + \cdots + c_ku_k\right] \\ &= L\left[c_1u_1 + c_2u_2 + \cdots + c_{k-1}u_{k-1}\right] + L\left[c_ku_k\right] \\ &= \cdots = L\left[c_1u_1\right] + L\left[c_2u_2\right] + \cdots + L\left[c_ku_k\right] \\ &= c_1L\left[u_1\right] + c_2L\left[u_2\right] + \cdots + c_kL\left[u_k\right]. \end{aligned} \tag{1.14}$$

特别地, 如果这些函数是解, 那么 $L\left[u_1\right]=0$, $L\left[u_2\right]=0$, $\cdots$, $L\left[u_k\right]=0$, 于是 (1.14) 的右端为零, 证明 u 也是方程 $L[u]=0$ 的解. [证毕]

在附录 B 的线性代数表述中, 定理 1.4 告诉我们, 齐次线性偏微分方程的解组成一个向量空间. 这对于线性代数方程组[89]和线性常微分方程[18,20,23,52]同样成立. 在后两种情形, 一旦找到足够数量的独立解, 就会得到其线性组合作为通解. 在线性代数的表述中, 解空间是有限维的. 相比之下, 大多数线性偏微分方程组都容许无穷多个独立的解, 这意味着解空间是无穷维的, 因此不能指望有限线性组合构建通解. 相反, 需要更微妙的操作形成与基本解有关的无穷级数. 这些考虑将引导我们很快进入 Fourier 分析的核心, 且需要用整整一章的篇幅来发展所需的分析工具.

定义 1.5 非齐次线性微分方程 (inhomogeneous linear differential equation) 形如

$$L[v] = f, \tag{1.15}$$

其中 L 是线性微分算子, v 是未知函数, f 是给定的且仅为自变量的非零函数.

例如, 热方程 (1.13) 的非齐次形式是

$$L[v] = \partial_t v - \partial_x^2 v = v_t - v_{xx} = f(t,x), \tag{1.16}$$

其中 $f(t,x)$ 是给定的函数. 该方程模拟一维介质在外部热源作用下的热力学.

基础常微分方程的学习中已有求解非齐次线性方程组的基本方法. 第一步是确定齐次方程的通解. 第二步是找到非齐次方程的一个特解. 然后两者相加得到非齐次方程的通解. 下面是这个过程的一般版本:

定理 1.6 设 $v_\star$ 为非齐次线性方程 $L[v_\star]=f$ 的一个特解. 那么 $L[v]=f$ 的通解由 $v=v_\star+u$ 给出, 其中 u 是相应的齐次方程 $L[u]=0$ 的通解.

证明 我们首先来证明, 当 $L[u]=0$ 时, $v=v_\star+u$ 也是一个解. 由线性性质,

$$L[v]=L[v_\star+u]=L[v_\star]+L[u]=f+0=f.$$

为了证明非齐次方程的每个解都可以用这种方式表示, 设 v 满足 $L[v]=f$. 令 $u=v-v_\star$. 那么由线性性质,

$$L[u]=L[v-v_\star]=L[v_\star]-L[v]=f-f=0,$$

所有的 u 是齐次微分方程的解. 因此 $v=v_\star+u$ 具有所需的形式. [证毕]

在物理应用中, 可以将特解 $v_\star$ 解释为系统对外部强迫作用函数的响应. 齐次方程的解 u 表示系统未受强迫作用时的内在行为. 因此, 非齐次线性方程的通解是外部响应与内部响应的组合, $v=v_\star+u$. 最后, 非齐次线性方程组的叠加原理容许将系统的响应与不同的外部强迫作用函数结合. 这个结果的证明, 留给读者作为习题 1.26.

定理 1.7 设 $v_1, v_2, \cdots, v_k$ 是同一个线性算子 L 的非齐次线性系统 $L[v_1]=f_1, L[v_2]=f_2, \cdots, L[v_k]=f_k$ 的解. 那么, 对于给定任意常数 $c_1, c_2, \cdots, c_k$ 而言, 线性组合 $v=c_1v_1+c_2v_2+\cdots+c_kv_k$ 是非齐次系统 $L[v]=f$ 的解, 其中强迫作用为组合 $f=c_1f_1+c_2f_2+\cdots+c_kf_k$.

这两个一般的叠加原理为我们提供了求解线性偏微分方程的强大工具, 我们将在这本书中反复运用它们. 相比之下, 非线性偏微分方程的难度要大得多, 而且, 通常情况下对几种解法的了解对于其他解的构造没什么帮助. 事实上, 找到非线性偏微分方程的一个解是相当困难的. 本书将主要集中分析一些最基本、最重要的线性偏微分方程的解及其性质. 我们将有机会短暂冒险进入非线性领域, 介绍这个迷人的当代研究领域中一些引人注目的最新发展.

习题

1.17. 将下列微分方程归类为 (i) 齐次线性的; (ii) 非齐次线性的; 或 (iii) 非线性的:

(a) $u_t = x^2 u_{xx} + 2x u_x$. (b) $-u_{xx} - u_{yy} = \sin u$. (c) $u_{xx} + 2y u_{yy} = 3$.

(d) $u_t + u u_x = 3u$. (e) $\mathrm{e}^y u_x = \mathrm{e}^x u_y$. (f) $u_t = 5u_{xxx} + x^2 u + x$.

1.18. 从习题 1.5 各解利用线性叠加构造, 写出 Laplace 方程的所有可能的解.

1.19. (a) 证明下列函数是波方程 $u_{tt} = 4u_{xx}$ 的解: (i) $\cos(x-2t)$; (ii) e^{x+2t}; (iii) $x^2 + 2xt + 4t^2$. (b) 写出波方程的至少四个其他解.

1.20. 用偏微分方程 $u_{tt} = 4u_{xx} + F(t,x)$ 模拟强制琴弦的位移 $u(t,x)$. 当弦受外部强迫作用 $F(t,x) = \cos x$ 作用时, 解是 $u(t,x) = \cos(x-2t) + \frac{1}{4}\cos x$, 而当 $F(t,x) = \sin x$ 时, 解是 $u(t,x) = \sin(x-2t) + \frac{1}{4}\sin x$. 求如下强迫作用函数 $F(t,x)$ 的解: (a) $\cos x - 5\sin x$. (b) $\sin(x-3)$.

1.21. (a) 证明偏导数 $\partial_x[f] = \dfrac{\partial f}{\partial x}$ 和 $\partial_y[f] = \dfrac{\partial f}{\partial y}$ 均为在连续可微函数 $f(x,y)$ 空间上定义的线性算子. (b) a, b, c, d 取何值时, 微分算子 $L[f] = a\dfrac{\partial f}{\partial x} + b\dfrac{\partial f}{\partial y} + cf + d$ 才是线性的?

1.22. (a) 证明 Laplace 算子 $\Delta = \partial_x^2 + \partial_y^2$ 定义一个线性微分算子. (b) 写出 Laplace 方程 $\Delta[u] = 0$ 和 Poisson 方程 $-\Delta[u] = f$.

1.23. 证明梯度、旋度和散度都是定义在 $\mathbb{R}^3$ 上的线性算子.

1.24. 设 L 和 M 为线性偏微分算子. 证明以下也是线性偏微分算子:
(a) $L - M$. (b) $3L$. (c) fL, 其中 f 是自变量的任意函数; (d) $L \circ M$.

1.25. 设 L 和 M 为线性微分算子, 令 $N = L + M$. (a) 证明 N 是线性算子. (b) 是/非: 如果 u 是 $L[u] = f$ 的解且 v 是 $M[v] = g$ 的解, 那么 $w = u + v$ 是 $N[w] = f + g$ 的解.

♦ 1.26. 证明定理 1.7.

1.27. 求解以下非齐次线性常微分方程:
(a) $u' - 4u = x - 3$. (b) $5u'' - 4u' + 4u = \mathrm{e}^x \cos x$. (c) $u'' - 3u' = \mathrm{e}^{3x}$.

1.28. 用叠加原理求解以下非齐次常微分方程:

(a) $u' + 2u = 1 + \cos x$.
(b) $u'' - 9u = x + \sin x$.
(c) $9u'' - 18u' + 10u = 1 + \mathrm{e}^x \cos x$.
(d) $u'' + u' - 2u = \sinh x$, 其中 $\sinh x = \frac{1}{2}\left(\mathrm{e}^x - \mathrm{e}^{-x}\right)$.
(e) $u''' + 9u' = 1 + \mathrm{e}^{3x}$.

第 2 章　线性波与非线性波

我们首次涉足包含偏微分方程的辽阔的数学新大陆, 将从一些基本的一阶方程起步. 在应用中, 一阶偏微分方程最常用来描述动力过程, 所以时间 t 是一个自变量. 我们的讨论将集中在一个空间维度的动力学模型, 记住所引入的大多数方法都可以扩展到高维情形. 一阶偏微分方程及其方程组模拟各类波动现象, 包括流体中污染物输运、洪水波、声学、气体动力学、冰川运动、色谱、交通流以及各种各样的生物系统和生态系统.

一个基本的解法有赖于富于灵感的变量变换, 它来自在运动坐标系中重写方程. 这自然地导出特征曲线的基本概念, 信号和物理扰动沿特征曲线传播. 作为结果的特征曲线求解方法, 能将一阶线性 (linear) 偏微分方程化简为一个或多个一阶非线性 (non-linear) 常微分方程求解.

在非线性过程中, 最重要的新现象是解在有限时间内可能破裂, 导致不连续形成的激波. 常见的例子是飞机突破声障时发出的超声速声爆. 信号持续沿着特征曲线传播, 但现在特征曲线可能相互交叉, 从而引发了激波间断. 随之而来的激波动力学不是由偏微分方程唯一确定的, 而是要依赖于附加的物理特性, 由适当的守恒律和因果性条件来确定. 对激波动力学的全面分析变得相当具有挑战性, 这里也只能打点基础.

在对一阶波动力学有了基本的认识之后, 我们将注意力集中在位列三类典型二阶偏微分方程之首的波方程, 用以模拟弹性杆、提琴弦、管乐器中空气柱的波动和振荡. 它的多维版本可用于模拟膜、固体、水波、电磁波 (包括光、无线电波、微波)、声波和许多其他物理现象的振荡.

一维波方程是为数不多的与物理学相关且有显式解公式的偏微分方程, 由 18 世纪法国数学家 (和百科全书撰稿人) Jean d’Alembert 最早发现. 他的求解方法是将二阶波方程 “因式化” 成两个一阶偏微分方程的结果, 这一类型的方程的解在本章第一部分中得到. 我们将研究 d’Alembert 解公式对整条实线上初值问题的影响; 有界区间上的解将会推迟到第 4 章. 遗憾的是, d’Alembert 方法的适用范围相当有限, 超不出一维情形, 也不适用于模拟非均匀介质振动的方程. 超过一个空间维度的波方程的分析可以在第 11 章和第 12 章中找到.

2.1 驻波

当进入数学的一个新学科, 在这里就是偏微分方程, 首先应该透彻分析和充分理解最简单的例子. 究其核心, 数学事实上是一项自举事业, 即在关于基本主题的知识和经验基础上取得进展, 眼下就要基于常微分方程. 首先从较简单类型偏微分方程入手, 发展并运用每一项新获得的洞察力和技术, 然后再到越来越复杂的情形.

最简单的关于两个变量函数 $u(t,x)$ 的偏微分方程是一阶齐次线性方程

$$\frac{\partial u}{\partial t}=0. \tag{2.1}$$

如果 (2.1) 仅仅是一个关于 t 的函数 $u(t)$ 的常微分方程①, 那么解将是显而易见的: $u(t)=c$ 必须是恒定的. 通过关于方程两端积分, 然后借助微积分基本定理, 就可以证明这一基本事实. 若求 $u(t,x)$ 作为偏微分方程 (2.1) 的一个解, 则我们对方程两端同时积分, 比方说从 0 到 t, 得到②

$$0=\int_0^t \frac{\partial u}{\partial s}(s,x)\mathrm{d}s=u(t,x)-u(0,x).$$

解具有 $u(t,x)=f(x)$ 形式, 其中

$$f(x)=u(0,x), \tag{2.2}$$

因而只是空间变量 x 的函数. 唯一的要求是 $f(x)$ 连续可微, 因此 $f\in C^1$, 以至于 $u(t,x)$ 是一阶偏微分方程 (2.1) 一个真正的经典解. 解 (2.2) 表示驻波 (stationary wave), 这意味着它不会随时间发生变化. 初始波形停留在原地不动, 系统保持平衡. 图 2.1 绘出在三个相继的时间上作为 x 的函数解的有代表性的图像.

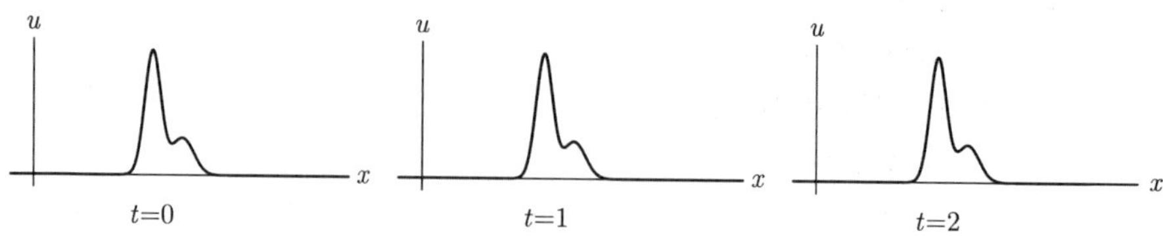

图 2.1 驻波 ⊞

前面的分析似乎很简单, 甚至有点乏味. 但是, 要做到完全严格, 我们需要

① 当然, 在这种情形, 我们将把方程写成 $\mathrm{d}u/\mathrm{d}t=0$.

② 译注: 原书积分号下 $\dfrac{\partial u}{\partial s}$ 误为 $\dfrac{\partial u}{\partial t}$.

多一点细心. 我们在推导中隐含地假定解 $u(t,x)$ 在 $\mathbb{R}^2$ 上的任何地方都有定义. 实际上, 如果解 $u(t,x)$ 只在子区域 $D\subset\mathbb{R}^2$ 中定义, 那么解公式 (2.2) 并不完全有效.

事实上, 对应于常微分方程 $\mathrm{d}u/\mathrm{d}t=0$ 的解 $u(t)$ 是恒定的, 只要它是在一个连通子区间 $I\subset\mathbb{R}$ 上定义. 在非连通子集 $D\subset\mathbb{R}$ 上定义的解只需在每个连通子区间 $I\subset D$ 上保持不变. 例如, 非常数函数

$$u(t)=\begin{cases}1, & t>0,\\ -1, & t<0,\end{cases} \text{满足 } \frac{\mathrm{d}u}{\mathrm{d}t}=0$$

在其定义域 $D=\{t\neq 0\}$ 中处处成立, 但只在连通的正半实轴和负半实轴上是常数.

在偏微分方程 (2.1) 的情况下, 可以构造类似的反例. 如果定义域是非连通的, 那么我们就不能希望 $u(t,x)$ 只依赖于 x, 只要从 D 的一个连通部分移动到另一个连通部分. 即便如此还不是事情的全部. 例如函数

$$u(t,x)=\begin{cases}0, & x>0,\\ x^2, & x\leqslant 0,\quad t>0,\\ -x^2, & x\leqslant 0,\quad t<0\end{cases}\tag{2.3}$$

在其定义域 $D=\mathbb{R}^2\backslash\{(0,x)\mid x\leqslant 0\}$ 上连续可微[①], 在 D 中处处满足 $\partial u/\partial t=0$, 但不再只是 x 的函数, 原因比如是 $u(1,x)=x^2\neq u(-1,x)=-x^2$.

一个完全正确的表达可以叙述如下: 如果 $u(t,x)$ 是 (2.1) 的一个经典解, 定义在区域 $D\subset\mathbb{R}^2$ 与任一水平线[②]的交集上, 即 $D_a=D\cap\{(t,a)\mid t\in\mathbb{R}\}$, 对于每个固定的 $a\in\mathbb{R}$ 而言, 交集要么是空的要么是连通的, 那么 $u(t,x)=f(x)$ 才是 x 的函数. 图 2.2 勾勒出了这样一个定义域的例子. 习题 2.1.9 要求证明这些陈述.

因此, 我们在解 (2.1) 时为一种完全琐碎的小事略有磨炼. 得到的教训是, 将来在解释这种 “通” 解公式时, 必须始终小心, 因为它们通常依赖于其基础定义域上未阐明的假设.

---

① 要在习题 2.1.10 严格证明之.

② 重要: 我们将采用 (稍微不寻常的) 约定. 时间变量 t 沿横轴和空间变量 x 沿纵轴来显示 (t,x)–平面. 这也符合我们的惯例, 在表述 $u(t,x)$ 时, 把 t 写在 x 之前. 后来的发展将充分证明我们采纳这项约定的便利.

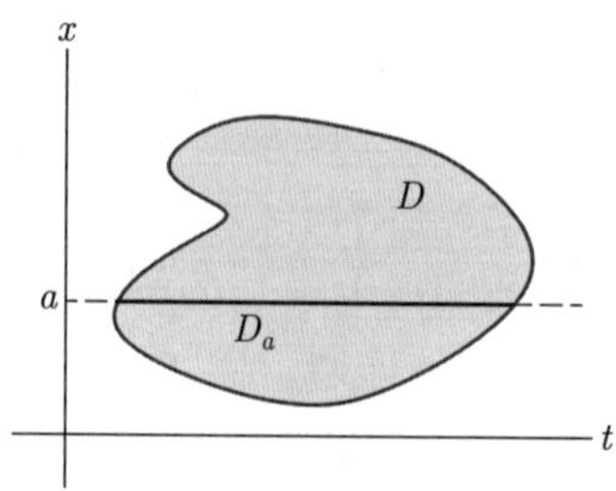

图 2.2 驻波解的定义域

习题

2.1.1. 关于 $u(t,x)$ 求解偏微分方程 $\dfrac{\partial u}{\partial t}=x$.

2.1.2. 关于 $u(t,x)$ 求解偏微分方程 $\dfrac{\partial^2 u}{\partial t^2}=0$.

2.1.3. 求以下偏微分方程的通解 $u(t,x)$:

(a) $u_x=0$. (b) $u_t=1$. (c) $u_t=x-t$. (d) $u_t+3u=0$. (e) $u_x+tu=0$. (f) $u_{tt}+4u=1$.

2.1.4. 设 $u(t,x)$ 对所有的 $(t,x)\in\mathbb{R}^2$ 有定义并求解 $\dfrac{\partial u}{\partial t}+2u=0$. 证明对所有的 x 而言, $\lim\limits_{t\to\infty}u(t,x)=0$.

2.1.5. 写出三元函数 $u(t,x,y)$ 偏微分方程 $\dfrac{\partial u}{\partial t}=0$ 的通解. 至于 u 的解公式成立的定义域, 应作如何假设?

2.1.6. 关于 $u(x,y)$ 求解偏微分方程 $\dfrac{\partial^2 u}{\partial x\partial y}=0$.

2.1.7. 关于 $u(x,y,z)$ 依赖于三个自变量 x,y,z 解答习题 2.1.6.

♥ 2.1.8. 设 $u(t,x)$ 是初值问题 $\dfrac{\partial u}{\partial t}+u^2=0, u(0,x)=f(x)$ 的解, 其中 $f(x)$ 是 $x\in\mathbb{R}$ 的一个有界 C^1-函数. (a) 证明: 如果对于所有的 x 有 $f(x)\geqslant 0$, 那么 $u(t,x)$ 对所有的 $t>0$ 有定义且 $\lim\limits_{t\to\infty}u(t,x)=0$. (b) 另一方面, 如果 $f(x)<0$, 那么解对所有的 $t>0$ 无定义, 实际上对于某个 $\tau\,(0<\tau<\infty)$ 而言, $\lim\limits_{t\to\tau^-}u(t,x)=-\infty$. 给定 x, 对应 τ 值是多少? (c) 在第 (b) 部分给定 $f(x), u(t,x)$ 对所有的 $x\in\mathbb{R}$ 有定义的最长时间 $0<t<t_\star$ 是多大?

♦ 2.1.9. 证明课文中的断言, 如果 $u(t,x)$ 是 $\dfrac{\partial u}{\partial t}=0$ 的解, 其定义的区域 $D\subset\mathbb{R}^2$ 具有 $D_a=D\cap\{(t,a)\mid t\in\mathbb{R}\}$ 的性质, 这个集合要么是空的要么是连通区间, 那么 $u(t,x)=v(x)$ 仅依赖于 $x\in D$.

♦ 2.1.10. 证明 (2.3) 中的函数在其定义域中的所有点 (t,x) 上都连续可微.

2.2 输运与行波

驻波方程 (2.1) 在许多方面并不完全符合偏微分方程的条件. 空间变量 x 在解中实际作为参数输入, 其实 (忽略与定义域有关的技术困难) 是一个非常简单的常微分方程.

我们转到一个更“真”的例子. 考虑函数 $u(t,x)$ 的一阶齐次线性偏微分方程

$$\frac{\partial u}{\partial t}+c\frac{\partial u}{\partial x}=0, \tag{2.4}$$

其中 c 是一个给定的非零常数, 称为*波速* (wave speed), 其原因将很快变得明晰. 我们将 (2.4) 称为*输运方程* (transport equation), 因为它模拟物质的输运, 例如污染物在均匀流体中以速度 c 流动的输运. 在这个模型中, 解 $u(t,x)$ 表示时间为 t、空间位置为 x 的污染物质的浓度. (2.4) 的常用名称是*一阶波方程* (first-order wave equation) 或*单向波方程* (unidirectional wave equation). 但为了简洁起见, 并且避免与双向的二阶波方程混淆, 我们坚持使用“输运方程”这个名称. 求解输运方程是有点挑战性的, 但正如我们将看到的, 也没有那么难.

由于输运方程涉及时间, 因此它的解由其初始值加以区别. 作为一阶方程, 我们只需要在初始时刻 t_0 给定解的值, 即得初值问题

$$u\left(t_0,x\right)=f(x), \text{ 对所有的 } x\in\mathbb{R}. \tag{2.5}$$

我们将证明, 只要 $f(x)\in C^1$, 即连续可微, 初始条件用来决定唯一的经典解. 此外, 通过时间变量 t 变换为 $t-t_0$, 我们可以不失一般性地取 $t_0=0$.

均匀输运

我们从波速 c 设定为常数开始. 当面对一个新的方程时, 一个求解策略通常是尝试把它转换成一个已知如何求解的方程. 倘若如此. 受到把 c 解释为整体输运速度的启示, 我们引入一个简单的变量变换, 实际上是在运动坐标系中重写方程.

如果 x 表示物体在固定坐标系中的位置, 那么

$$\xi=x-ct \tag{2.6}$$

表示物体相对于以速度 c 匀速运动的观察者的位置. 设想一列运行的火车上的

乘客, 静止物体似乎在以火车的速度 c 向后 (backwards) 移动. 为了在乘客参照系中建立一个物理过程, 我们用运动坐标 (t,ξ) 代替静止时空坐标 (t,x).

注记: 这些都是 Einstein 的狭义相对论所依据的参照系变换. 然而与 Einstein 不一样, 我们工作在一个纯经典非相对论的宇宙中. 事实上, 这种对运动坐标的变换是经典的, 称为 Galileo 提速 (Galilean boosts), 用捍卫 "相对论" 运动坐标系第一人 Galileo Galilei 的名字命名.

我们看看用运动坐标系来表达输运方程会发生什么. 特征变量 (characteristic variable) 按 $\xi = x - ct$ 表示, 连同时间 t 一起, 我们重新写为

$$u(t,x) = v(t, x - ct) = v(t,\xi). \tag{2.7}$$

为了写出 $v(t,\xi)$ 所满足的微分方程, 我们应用多元微积分的链式法则[8,108], 把 u 的导数用 v 表达:

$$\frac{\partial u}{\partial t} = \frac{\partial v}{\partial t} - c\frac{\partial v}{\partial \xi}, \quad \frac{\partial u}{\partial x} = \frac{\partial v}{\partial \xi}.$$

因此

$$\frac{\partial u}{\partial t} + c\frac{\partial u}{\partial x} = \left(\frac{\partial v}{\partial t} - c\frac{\partial v}{\partial \xi}\right) + c\frac{\partial v}{\partial \xi} = \frac{\partial v}{\partial t}. \tag{2.8}$$

我们得到, $u(t,x)$ 是输运方程 (2.4) 的解, 当且仅当 $v(t,\xi)$ 是驻波方程

$$\frac{\partial v}{\partial t} = 0 \tag{2.9}$$

的解. 因此, 使用运动坐标系的作用是将以速度 c 运行的波动转换为驻波. 再考虑一下火车上的乘客, 以相同速度移动的第二列火车似乎是静止的.

根据我们前面的讨论, 驻波方程 (2.9) 的解 $v = v(\xi)$ 只是特征变量的函数. (为了简单起见, 我们假定 $v(t,\xi)$ 具有一个适当的定义域, 比如它在 $\mathbb{R}^2$ 上处处有定义.) 回顾 (2.7), 我们得出结论, 输运方程的解 $u = v(\xi) = v(x - ct)$ 必定只是特征变量的函数. 我们因此已经证明了以下结果:

命题 2.1 如果 $u(t,x) = v(t, x - ct) = v(t,\xi)$ 是偏微分方程

$$u_t + cu_x = 0 \tag{2.10}$$

在整个 $\mathbb{R}^2$ 上定义的解, 那么

$$u(t,x) = v(x - ct), \tag{2.11}$$

其中 $v(\xi)$ 是特征变量 $\xi = x - ct$ 的 C^1 - 函数.

换言之, 特征变量的任何 (合理的) 函数, 例如 $\xi^2 + 1, \cos\xi$ 或 e^{ξ}, 将产生相应恒定波速为 c 的输运方程的解, $(x - ct)^2 + 1, \cos(x - ct)$ 或 e^{x-ct}. 并且根

据第 1 章的计数原理[①], 这个含两个自变量的一阶偏微分方程的通解依赖于单一自变量的一个任意函数.

对于静止的观察者, 解 (2.11) 呈现为以恒定速度 c 运动且波形不变的行波 (traveling wave). 当 $c>0$ 时, 波向右方运行, 如图 2.3 所示. 当 $c<0$ 时, 波向左方移动, 而 $c=0$ 对应于停留在它的原始位置的固定波形, 如图 2.1 所示.

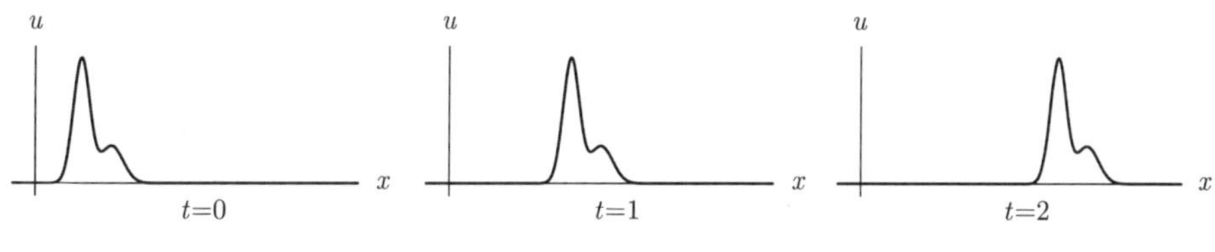

图 2.3 $c>0$的行波 ⊎

当 $t=0$ 时, 波有初始波形

$$u(0,x)=v(x), \tag{2.12}$$

所以 (2.11) 给出了初值问题 (2.4,12) 的 (唯一) 解, 例如, 特定初值问题

$$u_t+2u_x=0, \quad u(0,x)=\frac{1}{1+x^2}$$

有解 $u(t,x)=\dfrac{1}{1+(x-2t)^2}$.

因为仅依赖于特征变量 $\xi=x-ct$, 输运方程所有的解在斜率[②]为 c 的特征线 (characteristic line)

$$x=ct+k \tag{2.13}$$

上都是恒定的, 其中 k 是任意常数. 在任意给定的时间 t, 解在位置 x 的值只依赖于通过 (t,x) 的特征线上的初值. 这表明了这种波动模型的一个普遍事实: 信号总是沿特征线传播的 (signals propagate along characteristics). 事实上, 在初始点 $(0,y)$ 上的扰动只会沿着特征线 $x=ct+y$ 影响解在点 (t,x) 上的值, 如图 2.4 所示.

---

① 译注: 原文 "in accordance with the counting principle of Chapter 1", 参见前面的译注.

② 这使用了我们的惯例, t-轴是横平的而 x-轴是竖直的. 坐标轴对调就用斜率的倒数取代斜率.

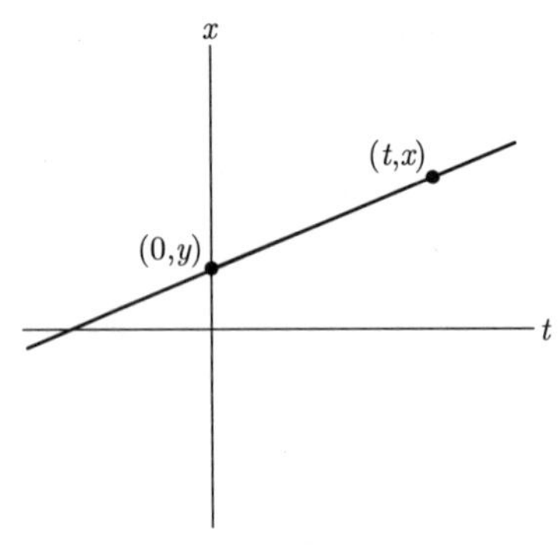

图 2.4 特征线

阻尼输运

设 $a>0$ 是一个正常数, c 是任意常数. 一阶齐次线性偏微分方程

$$\frac{\partial u}{\partial t}+c\frac{\partial u}{\partial x}+au=0 \tag{2.14}$$

可以模拟均匀流体中以波速 c 流动的放射性衰变溶质的输运. 系数 a 决定衰变率. 通过同样的变量变换转化为匀速运动坐标系, 可以求解这个变形的输运方程.

按照特征变量重写 $u(t,x)$, 如在 (2.7) 中那样, 然后回顾我们的链式法则计算 (2.8), 我们发现 $v(t,\xi)=u(t,\xi+ct)$ 满足偏微分方程

$$\frac{\partial v}{\partial t}+av=0.$$

结果实际上是一个一阶齐次线性常微分方程, 特征变量 ξ 只作为参数出现. 在初等常微分方程中所学到的标准求解技术[20,23]告诉我们用指数积分因子 (integrating factor) e^{at} 乘方程两端, 得到

$$\mathrm{e}^{at}\left(\frac{\partial v}{\partial t}+av\right)=\frac{\partial}{\partial t}\left(\mathrm{e}^{at}v\right)=0.$$

我们得出结论, $w=\mathrm{e}^{at}v$ 是驻波方程 (2.1) 的解. 所以,

$$w=\mathrm{e}^{at}v=f(\xi),\ 因此\ v(t,\xi)=f(\xi)\mathrm{e}^{-at},$$

其中 $f(\xi)$ 是特征变量的任意函数. 恢复到物理坐标, 我们得到公式

$$u(t,x)=f(x-ct)\mathrm{e}^{-at}, \tag{2.15}$$

满足初始条件 $u(0,x)=f(x)$. 它表示波以固定速度 c 运动的同时以系数 $a>0$

规定的指数速率衰减. 对于 $c>0$, 图 2.5 中绘制了三个接续时间上典型解的图像. 虽然解 (2.15) 在特征线上不再是常数, 但信号仍然继续沿其传播, 因为解在点 $(0, y)$ 的初值只会影响其在相关特征线 $x=ct+y$ 上后续 (衰减) 的值.

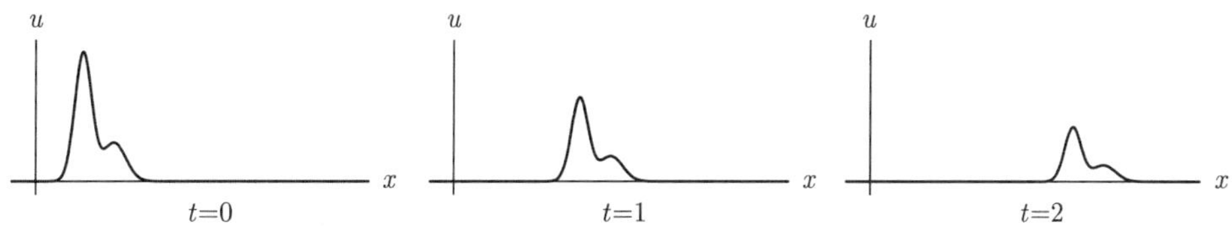

图 2.5 衰减的行波 ⊎

习题

2.2.1. 求初值问题 $u_t+u_x=0, u(1, x)=x/\left(1+x^2\right)$ 的解.

2.2.2. 求出以下初值问题当 $t=1,2$ 和 3 时的解并绘制解的图像①:

(a) $u_t-3u_x=0,\ u(0, x)=\mathrm{e}^{-x^2}$.

(b) $u_t+2u_x=0,\ u(-1, x)=x/\left(1+x^2\right)$.

(c) $u_t+u_x+\dfrac{1}{2}u=0,\ u(0, x)=\arctan x$.

(d) $u_t-4u_x+u=0,\ u(0, x)=1/\left(1+x^2\right)$.

2.2.3. 绘制下列方程的特征线图像, 并写出通解公式:

(a) $u_t-3u_x=0$. (b) $u_t+5u_x=0$.

(c) $u_t+u_x+3u=0$. (d) $u_t-4u_x+u=0$.

2.2.4. 解初值问题 $u_t+2u_x=1, u(0, x)=\mathrm{e}^{-x^2}$, 提示: 使用特征坐标.

2.2.5. 对初值问题 $u_t+2u_x=\sin x, u(0, x)=\sin x$, 回答习题 2.2.4.

♦ 2.2.6. 设 c 是常数. 令 $u(t, x)$ 是初值问题 $u_t+cu_x=0, u(0, x)=f(x)$ 的解. 证明 $v(t, x)=u\left(t-t_0, x\right)$ 是初值问题 $v_t+cv_x=0, v\left(t_0, x\right)=f(x)$ 的解.

2.2.7. 当把输运方程替换为阻尼输运方程 (damped transport equation)② (2.14) 时, 习题 2.2.6 的结论成立吗?

2.2.8. 设 $c \neq 0$. 证明若初始数据满足当 $x \rightarrow \pm\infty$ 时 $u(0, x)=v(x) \rightarrow 0$, 则对于每个固定的 x, 输运方程 (2.4) 的解满足当 $t \rightarrow \infty$ 时 $u(t, x) \rightarrow 0$.

---

① 译注: 原文 graph the solutions 的表述实际要求计算机绘图, 译成绘制解的图像. 在数学分析中, 函数 $f: X \rightarrow Y$ 的图像 (graph) 是直积 $X \times Y$ 的子集 Γ, 元素为 $(x, f(x))$, 即 $\Gamma:=\{(x, y) \in X \times Y \mid y=f(x)\}$.

② 译注: 值得强调, "阻尼输运" 这一小节标题原为 Transport with Decay, 有衰变的输运之意. 但是用阻尼输送 (damped transport) 更具一般性.

2.2.9. (a) 证明如果初始数据有界, 对所有的 $x \in \mathbb{R}$ 有 $|f(x)| \leqslant M$, 那么 $a > 0$ 的阻尼输运方程 (2.14) 的解满足当 $t \to \infty$ 时 $u(t,x) \to 0$. (b) 求 (2.14) 的解, 它满足关于所有的 (t,x) 有定义, 但当 $t \to \infty$ 时不满足 $u(t,x) \to 0$.

2.2.10. 设 $F(t,x)$ 是 $(t,x) \in \mathbb{R}^2$ 的 C^1 – 函数. (a) 写出非齐次偏微分方程 $u_t = F(t,x)$ 的通解 $u(t,x)$ 的公式; (b) 求解非齐次输运方程 $u_t + cu_x = F(t,x)$.

♥ 2.2.11. (a) 写出非线性偏微分方程 $u_t + u_x + u^2 = 0$ 的通解公式. (b) 证明: 若初始数据为正数且有界, $0 \leqslant u(0,x) = f(x) \leqslant M$, 则解对所有的 $t > 0$ 存在且当 $t \to \infty$ 时有 $u(t,x) \to 0$. (c) 另一方面, 若某处的初始数据为负, 即对某点 $x \in \mathbb{R}$ 有 $f(x) < 0$, 则解在有限时间内发生爆破 (blow up): 对于某时刻 $\tau > 0$、某点 $y \in \mathbb{R}$ 有 $\lim\limits_{t \to \tau^-} u(t,y) \to -\infty$. (d) 求最早爆破时间 $\tau_\star > 0$ 的公式.

2.2.12. 位于 $x = 1$ 的传感器对于 $t \geqslant 0$ 监测作为 t 的函数的污染物浓度 $u(t,1)$. 设污染物波速 $c = 3$, 在什么位置 x 可以确定初始浓度 $u(0,x)$?

2.2.13. 写出输运方程 $u_t + 2u_x = 0$ 定义在连通域 $D \subset \mathbb{R}^2$ 的解, 它不单是特征变量的函数.

2.2.14. 令 $c > 0$, 考虑均匀输运方程 $u_t + cu_x = 0$, 限于四分之一平面 $Q = \{x > 0, t > 0\}$, 对于 $x \geqslant 0$, 服从初始条件 $u(0,x) = f(x)$; 对于 $t \geqslant 0$ 服从边界条件 $u(t,0) = g(t)$. (a) 对于哪些初始条件和边界条件, 存在这种初 – 边值问题的经典解? 写出解的公式. (b) 初始条件对哪些区域产生了影响? 边界条件呢? 两者之间有什么相互作用吗?

2.2.15. 令 $c < 0$, 解答习题 2.2.14.

非均匀输运

非均匀输运方程 (nonuniform transport equation)

$$\frac{\partial u}{\partial t} + c(x)\frac{\partial u}{\partial x} = 0 \tag{2.16}$$

稍复杂些但仍是线性的, 现在容许其中的波速 $c(x)$ 依赖于空间位置. 特征线继续引导着解的行为, 但当波速 不再是常数时, 我们也就不能期望它们还是直线. 为了修正特征方法, 我们看看在 (t,x) – 平面上沿着一些规定的曲线, 解是如何变化的. 假设这些曲线是用函数 $x = x(t)$ 的图像表示, 并令

$$h(t) = u(t, x(t))$$

是解的值. 我们通过关于 t 微分 h 来计算沿这些曲线解的变化率. 引用多元链式法则, 得到

$$\frac{\mathrm{d}h}{\mathrm{d}t} = \frac{\mathrm{d}}{\mathrm{d}t}u(t,x(t)) = \frac{\partial u}{\partial t}(t,x(t)) + \frac{\partial u}{\partial x}(t,x(t))\frac{\mathrm{d}x}{\mathrm{d}t}. \tag{2.17}$$

特别地, 如果 $x(t)$ 满足

$$\frac{\mathrm{d}x}{\mathrm{d}t}=c(x(t)),\ \text{那么}\frac{\mathrm{d}h}{\mathrm{d}t}=\frac{\partial u}{\partial t}(t,x(t))+c(x(t))\frac{\partial u}{\partial x}(t,x(t))=0,$$

既然我们假设, 对于包括在那些曲线上点 $(t,x(t))$ 在内所有的 (t,x) 而言, $u(t,x)$ 是输运方程 (2.16) 的解, 因为它的导数为零, 所以 $h(t)$ 必须是一个常数, 这就促成了以下定义.

定义 2.2 自治①(autonomous) 常微分方程

$$\frac{\mathrm{d}x}{\mathrm{d}t}=c(x) \tag{2.18}$$

解的图像 $x(t)$, 称为波速为 $c(x)$ 的输运方程的*特征曲线* (characteristic curve).

换言之, 在每点 (t,x) 处, 特征曲线的斜率等于那里的波速 $c(x)$. 特别地, 若 c 是常数, 则特征曲线是斜率为 c 的直线, 与我们此前的阐述一致.

命题 2.3 *线性输运方程 (2.16) 沿特征曲线的解是常数.*

特征曲线方程 (2.18) 是一阶自治常微分方程. 因此, 它立即可以用分离变量法[20,23]求解. 设 $c(x)\neq 0$, 我们用 $c(x)$ 除以等式的两边, 然后将得到的方程积分:

$$\frac{\mathrm{d}x}{c(x)}=\mathrm{d}t,\ \text{凭此}\ \beta(x):=\int\frac{\mathrm{d}x}{c(x)}=t+k, \tag{2.19}$$

这里 k 表示积分常数. 对于每个固定 k 值, (2.19) 隐式地定义一条特征曲线, 即

$$x(t)=\beta^{-1}(t+k),$$

这里 β^{-1} 表示反函数. 另一方面, 若 $c(x_\star)=0$, 则 $x_\star$ 是常微分方程 (2.18) 的一个*不动点* (fixed point), 而水平线 $x=x_\star$ 是驻定特征曲线.

因为解 $u(t,x)$ 沿特征曲线是恒定的, 因此它必须只是*特征变量* (characteristic variable)

$$\xi=\beta(x)-t \tag{2.20}$$

的函数, 因而形如

$$u(t,x)=v(\beta(x)-t), \tag{2.21}$$

其中 $v(\xi)$ 是任意 C^1 – 函数. 事实上容易直接验证, 只要 $\beta(x)$ 是由 (2.19) 定义的, 对任意选择的 C^1 – 函数 $v(\xi)$ 而言, $u(t,x)$ 都是偏微分方程 (2.16) 的解. (但要记住, 代数解公式 (2.21) 在波速为零即 $c(x_\star)=0$ 的点可能失效.)

---

① 译注: 指微分方程右端函数 $c(x)$ 不显含时间, 译者特别强调的.

注意: 这里使用的特征变量的定义与恒定波速情形略有不同, 由 (2.20), $\xi = x/c - t = (x - ct)/c$. 显然, 特征变量的标度变换 $1/c$ 是对我们的原始定义一点无关紧要的修改.

为了找到满足给定初始条件

$$u(0,x) = f(x) \tag{2.22}$$

的解, 我们只用通解公式 (2.21) 代入. 由此可得函数 $v(\xi) = f \circ \beta^{-1}(\xi)$ 的隐式方程 $v(\beta(x)) = f(x)$. 得到解的公式

$$u(t,x) = f \circ \beta^{-1}(\beta(x) - t), \tag{2.23}$$

虽没有什么特别的启示, 但有一个简单的形象化解释: 为了求得解值 $u(t,x)$, 我们考虑通过点 (t,x) 的特征曲线. 如图 2.6 所示, 如果特征曲线与 x – 轴在点 $(0,y)$ 相交. 那么 $u(t,x) = u(0,y) = f(y)$, 因为沿特征曲线该解必保持恒定. 另一方面, 如果通过 (t,x) 的特征曲线与 x – 轴不交, 解值 $u(t,x)$ 就不是由初始数据决定的了.

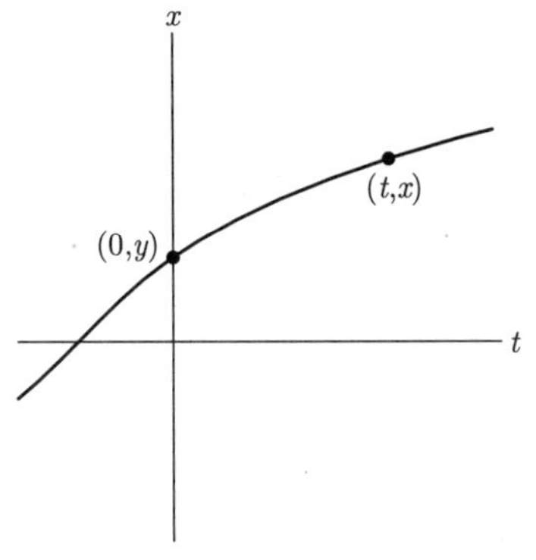

图 2.6 特征曲线

例 2.4 用特征线方法求解非均匀输运方程

$$\frac{\partial u}{\partial t} + \frac{1}{x^2+1}\frac{\partial u}{\partial x} = 0. \tag{2.24}$$

根据 (2.18), 特征曲线是一阶常微分方程

$$\frac{\mathrm{d}x}{\mathrm{d}t} = \frac{1}{x^2+1}$$

解的图像, 分离变量并积分, 我们得到

$$\beta(x) = \int \left(x^2+1\right) \mathrm{d}x = \frac{1}{3}x^3 + x = t + k, \tag{2.25}$$

其中 k 是积分常数. 图 2.7 绘制了有代表性的特征曲线. (在这种情形中, 求函数 β 的反函数, 即 x 作为 t 的函数从 (2.25) 解出, 没有特别的启发性.)

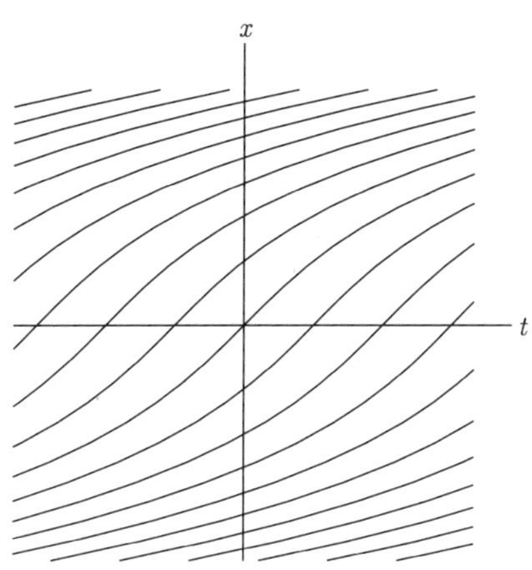

图 2.7 $u_t+\left(x^2+1\right)^{-1} u_x=0$ 的特征曲线

根据 (2.20), 特征变量是 $\xi=\frac{1}{3} x^3+x-t$, 因而方程的通解形如

$$u=v\left(\frac{1}{3} x^3+x-t\right), \tag{2.26}$$

其中 $v(\xi)$ 是任意的 C^1 – 函数. 对应于初始数据

$$u(0, x)=\frac{1}{1+(x+3)^2}, \tag{2.27}$$

在指定的时间绘制一些解的典型图像①, 如图 2.8 所示. 尽管解在每个单独的曲线上保持不变, 当波在非均匀介质中移动时, 静止的观察者将观察到一个动态变化的波形. 在这个例子中, 既然处处 $c(x)>0$, 波总是从左向右移动的; 它的速度是由通过点 x 的 $c(x)=\left(x^2+1\right)^{-1}$ 的大小确定. 使得各部分从左侧加速接近原点, 且一旦通过原点后又随 $c(x)$ 下降减慢后退. 对于静止的观察者而言, 波以通过原点的速度传播出来, 然后逐渐变得越来越狭窄且越来越缓慢, 随后它逐步移动到 $+\infty$ 处.

例 2.5 考虑非均匀输运方程

$$u_t+\left(x^2-1\right) u_x=0. \tag{2.28}$$

① 在 (2.26) 中所需的函数 $v(\xi)$ 隐含的方程 $v\left(\frac{1}{3} x^3+x\right)=u(0, x)$, 所以 $u(t, x)$ 的显式公式没有多大启示意义或者说没有什么用处. 实际为了绘图, 我们反而在均匀间隔点集 $y_1<y_2<\cdots<y_n$ 中对初始数据 (2.27) 采样. 由于解沿着过各样本点 $(0, y_i)$ 的特征曲线 (2.25) 是恒定的, 我们可以找到此后任何时间的非均匀间隔上的样本值 $u\left(t, x_i\right)$. 然后对这些样本值运用样条插值逼近光滑解曲线 $u(t, x)$[89; §11.4].

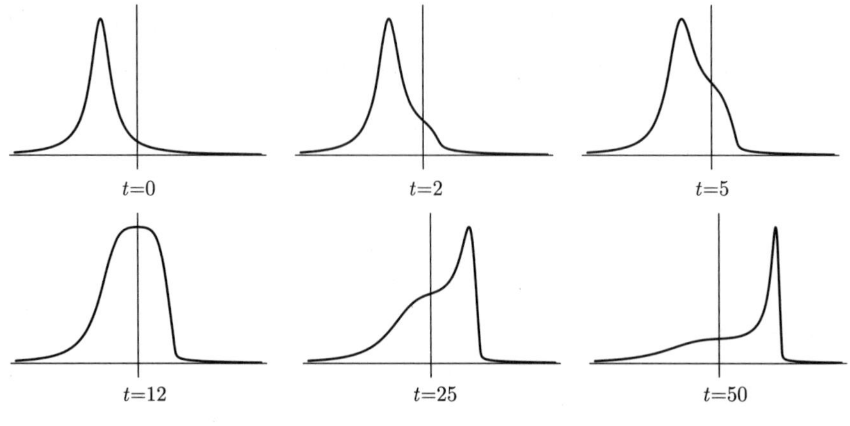

图 2.8 $u_t+\left(x^2+1\right)^{-1}u_x=0$ 的解 ⊎

此时特征曲线是

$$\frac{\mathrm{d}x}{\mathrm{d}t}=x^2-1$$

的解, 因此

$$\beta(x)=\int\frac{\mathrm{d}x}{x^2-1}=\frac{1}{2}\log\left|\frac{x-1}{x+1}\right|=t+k. \tag{2.29}$$

还须包括 $c(x)=x^2-1$ 的根对应的水平线 $x=x_\pm=\pm1$. 特征曲线如图 2.9 所示. 注意那些从 $x_+=1$ 开始的曲线随 $t\to\infty$ 聚集到 $x_-=-1$, 而那些从 $x_+=1$ 开始的曲线在有限的时间内偏移到 ∞. 由于 $c(x)=x^2-1$ 的符号, 在 $u(0,x)$ 图像上的点, 位于 $|x|<1$ 的向左移动而位于 $|x|>1$ 的将向右移动.

图 2.9 彩图

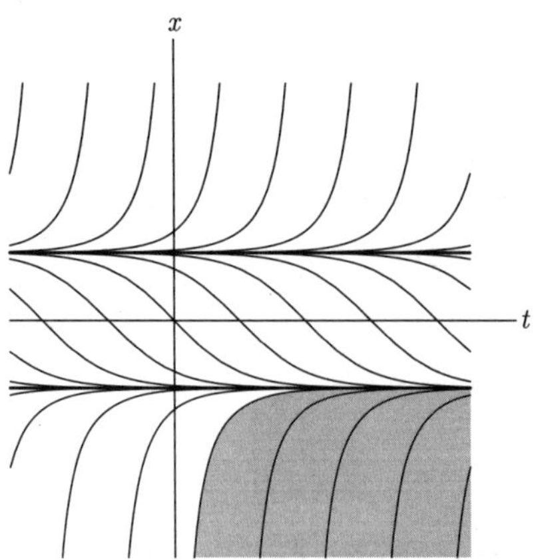

图 2.9 $u_t+\left(x^2-1\right)u_x=0$ 的特征曲线

在图 2.10 中, 我们绘制了几幅解的快照, 其初值为钟形的 Gauss 剖面

$$u(0,x)=\mathrm{e}^{-x^2}.$$

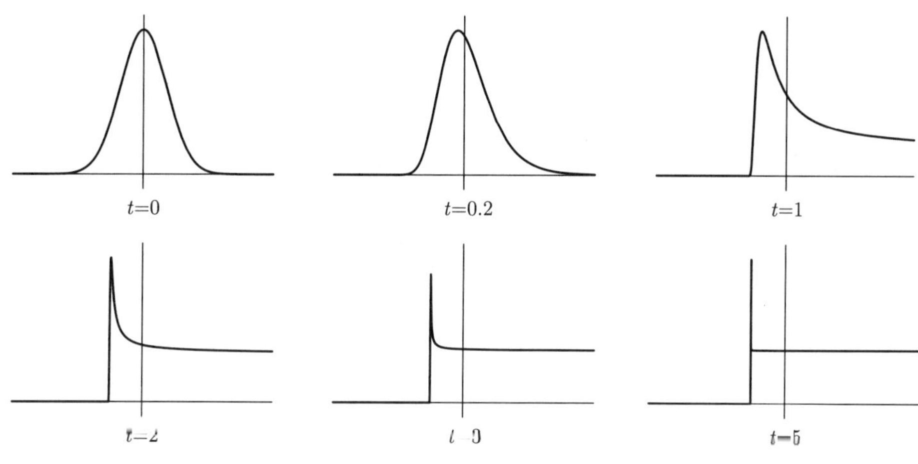

图 2.10 $u_t+\left(x^2-1\right)u_x=0$ 的解 ⊕

初始条件唯一地决定了沿与 x – 轴相交的特征曲线解的值. 另一方面, 如果

$$x\leqslant\frac{1+\mathrm{e}^{2t}}{1-\mathrm{e}^{2t}},\quad t>0,$$

通过 (t,x) 的特征曲线与 x 轴不相交, 因此位于图 2.9 阴影区中点上的解值, 不是由初始数据确定的. 在这样的点处我们将解任意地取为 $u(t,x)=0$. 当 $t\geqslant 0$ 时点 (t,x) 上的解 (2.23) 是

$$u(t,x)=\exp\left\{-\left[\frac{x+1+(x-1)\mathrm{e}^{-2t}}{x+1-(x-1)\mathrm{e}^{-2t}}\right]^2\right\}. \tag{2.30}$$

(导出此解公式留作习题 2.2.23.) 随着 t 的增大, 解的峰值变得越来越集中于 $x_-=-1$ 附近, 同时波在 $x>x_+=1$ 以右的部分迅速扩展到 ∞. 很长时间 $t\to\infty$ 后, 解收敛 (尽管非一致地) 到高度为 1/e 的阶跃函数:

$$u(t,x)\to s(x)=\begin{cases}1/\mathrm{e}\approx 0.367\,879, & x\geqslant -1,\\ 0, & x<-1.\end{cases}$$

对波速 $c(x)$ 仅依赖位置 x 的输运方程的特征曲线作几点一般性观察, 我们就此打住. 根据关于自治常微分方程基本存在唯一性理论[20,23,52], 并假设 $c(x)$ 是连续可微的①:

① 对于那些熟知这些知识[18,52]的读者, 这种假设可以减弱, 只需 Lipschitz 连续.

- 通过每个点 $(t,x)\in\mathbb{R}^2$ 有唯一的特征曲线.
- 特征曲线不能相互交叉.
- 如果 $t=\beta(x)$ 是一条特征曲线, 那么对任一 k, 它的所有的平移 $t=\beta(x)+k$ 也是特征曲线.
- 每条非水平的特征曲线都是严格单调函数的图像. 因此, 波上的每个点总是朝着相同的方向移动, 并且其运行方向永远不能逆转.
- 随着 t 的增加, 特征曲线要么当 $t\to\infty$ 时趋向 $c(x_\star)=0$ 的点: $x(t)\to x_\star$, 要么经过有限或无限的时间趋于 $\pm\infty$.

这些陈述留待读者在习题 2.2.25 中予以证明.

习题

2.2.16. (a) 求一阶方程 $u_t+\dfrac{3}{2}u_x=0$ 的通解. (b) 求满足初始条件 $u(1,x)=\sin x$ 的解. 你的解是否唯一?

2.2.17. (a) 解初值问题 $u_t-xu_x=0, u(0,x)=\left(x^2+1\right)^{-1}$. (b) 绘制 $t=0,1,2,3$ 时解的图像. (c) $\lim\limits_{t\to\infty}u(t,x)$ 是什么呢?

2.2.18. 假设非均匀输运方程 (2.28) 的初始数据 $u(0,x)=f(x)$ 连续, 满足当 $|x|\to\infty$ 时 $f(x)\to 0$. 解 $u(t,x)$ 的极限剖面是什么样子呢: 当 (a) $t\to\infty$? (b) $t\to-\infty$?

♥ 2.2.19. (a) 求出并绘制方程 $u_t+(\sin x)u_x=0$ 的特征曲线. (b) 用初始数据 $u(0,x)=\cos\dfrac{1}{2}\pi x$ 写出解. (c) 绘制时刻 $t=0,1,2,3,5$ 和 10 的解的图像. (d) 当 $t\to\infty$ 时解的极限剖面是什么?

2.2.20. 考虑线性输运方程 $u_t+\left(1+x^2\right)u_x=0$. (a) 求出并绘制特征曲线. (b) 写出通解公式. (c) 求出初值问题 $u(0,x)=f(x)$ 的解, 并讨论当 t 增加时解的行为.

2.2.21. 证明: 在例 2.4 中, 对于 $t\gg 0$ 而言, 波速渐近正比于 $t^{-2/3}$.

2.2.22. 直接验证公式 (2.21) 定义了微分方程 (2.16) 的解.

♦ 2.2.23. 解释如何推导解公式 (2.30). 证明它定义了方程 (2.28) 的解.

2.2.24. 设 $c(x)$ 是一个有界 C^1 – 函数, 故对于所有的 x 有 $|c(x)|\leqslant c_\star<\infty$. 设 $f(x)$ 为任一 C^1 – 函数. 证明初值问题 $u_t+c(x)u_x=0, u(0,x)=f(x)$ 的解 $u(t,x)$ 对所有的 $(t,x)\in\mathbb{R}^2$ 是唯一定义的.

♥ 2.2.25. 设对所有的 $x\in\mathbb{R}, c(x)\in C^1$ 是连续可微的. (a) 证明输运方程 (2.16) 的特征曲线不能相互交叉. (b) 使得 $c(x_\star)=0$ 成立的点 $x_\star$ 称为特征方程 $\mathrm{d}x/\mathrm{d}t=c(x)$ 的不动点 (fixed point). 解释为什么通过一个不动点 $(t,x_\star)$ 的特征曲线是一条水平直线. (c) 证明如果 $x=g(t)$ 是特征曲线, 那么对任何的 δ 而言, 所有的水平平移曲线 $x=g(t+\delta)$ 也是特

征曲线. (d) 是/非: 对某些固定的函数 $g(t)$, 每一条特征曲线都形如 $x=g(t+\delta)$. (e) 证明: 每个非水平特征曲线图像 $x=g(t)$ 都是严格单调函数. (f) 解释为何波的传播方向不能逆转. (g) 证明非水平特征曲线从遥远的过去: $t\to-\infty$, 始于一个不动点或 $-\infty$, 当 $t\to+\infty$ 时在下一个更大的不动点或 $+\infty$ 处结束.

♥ 2.2.26. 考虑输运方程 $\dfrac{\partial u}{\partial t}+c(t,x)\dfrac{\partial u}{\partial x}=0$ 的波速随时间变化. 定义相应的特征常微分方程为 $\dfrac{\mathrm{d}x}{\mathrm{d}t}=c(t,x)$, 其解 $x(t)$ 的图像是*特征曲线* (characteristic curve). (a) 证明在每条特征曲线上, 偏微分方程的任何解 $u(t,x)$ 都是常数. (b) 设特征方程的通解形如 $\xi(t,x)=k$, 其中 k 是任意常数. 证明 $\xi(t,x)$ 定义了一个特征变量, 这意味着, 对区域中任一连续可微标量函数 $f\in C^1$, 时变的输运方程的解是 $u(t,x)=f(\xi(t,x))$.

2.2.27. (a) 应用习题 2.2.26 的方法求方程 $u_t+t^2u_x=0$ 的特征曲线. (b) 求解初值问题 $u(0,x)=\mathrm{e}^{-x^2}$, 并讨论其动态行为.

2.2.28. 对方程 $u_t+(x-t)u_x=0$, 解习题 2.2.27.

♥ 2.2.29. 考虑一阶偏微分方程 $u_t+(1-2t)u_x=0$. 利用习题 2.2.26: (a) 求出并绘制特征曲线. (b) 写出通解. (c) 求解初值问题 $u(0,x)=\dfrac{1}{1+x^2}$. (d) 描述你由 (c) 得出的解 $u(t,x)$ 当 $t\to\infty$ 时的行为, 当 $t\to-\infty$ 时呢?

2.2.30. 讨论习题 2.2.25 中哪些结论对时变波速的输运方程的特征曲线成立, 如习题 2.2.26.

♦ 2.2.31. 考虑二维输运方程 $\dfrac{\partial u}{\partial t}+c(x,y)\dfrac{\partial u}{\partial x}+\mathrm{d}(x,y)\dfrac{\partial u}{\partial y}=0$, 它的解 $u(t,x,y)$ 依赖时间 t 和空间变量 x,y. (a) 定义特征曲线, 并证明沿特征曲线该解是常数. (b) 应用特征方法求解初值问题 $u_t+yu_x-xu_y=0, u(0,x,y)=\mathrm{e}^{-(x-1)^2-(y-1)^2}$. (c) 描述解的行为.

2.3 非线性输运与激波

一阶非线性偏微分方程

$$u_t+uu_x=0 \tag{2.31}$$

有输运方程 (2.4) 的形式, 但波速 $c=u$ 现在不是依赖于所在位置 x, 而是依赖于扰动 u 的大小. 波越强移动速度越快, 并赶上较慢移动较弱的波. 波的隆起部分 $u>0$ 向右方移动, 而波的凹陷部分 $u<0$ 则向左方移动. 求解这一方程比线性输运模型更具挑战性, 为 19 世纪早期有影响的法国数学家 Siméon-Denis Poisson 和德国集大成数学家 Bernhard Riemann[①]首次系统研究. 这一

① 除了对偏微分方程、复分析和数论的基础贡献之外, Riemann 还是 Riemann 几何的发现者, 这对 70 年后 Einstein 的广义相对论来说是绝对必要的!

输运方程及其多维和多分量的推广形式, 在气体动力学、声学、管道激波、河流洪水波、色谱、化学反应或交通流等的模拟中起着至关重要的作用. 虽然我们将会写出一个解公式, 但完整的分析绝非易事, 而且我们还需要面对不连续激波的可能性. 就进一步细节, 有主动性的读者可以去读 Whitham 的书 [122].

所幸的是, 为求解线性输运方程开发的特征线方法在此情形也能工作, 并且可得到完整的数学解. 仿照我们以前的构造 (2.18), 但现在取波速 $c = u$, 我们定义非线性波方程 (2.31) 的**特征曲线** (characteristic curve) 是常微分方程

$$\frac{\mathrm{d}x}{\mathrm{d}t} = u(t, x) \tag{2.32}$$

的解 $x(t)$ 的图像. 因此, 特征曲线依赖于解 u, 反过来解又由它的特征曲线确定. 我们似乎陷入一个循环论证中.

难题的解决之道在于, 正如线性情形那样, 解 $u(t, x)$ 沿其特征曲线保持不变, 这一事实将容许我们同时确定两者. 为了证明这一论断, 设 $x = x(t)$ 是与给定解 $u(t, x)$ 相关的参量化特征曲线. 我们的任务是证明沿特征曲线求得解值 $h(t) = u(t, x(t))$ 是恒定的, 一如既往, 通过验证它的导数等于零来证明. 重复我们的链式法则计算 (2.17), 并使用 (2.32), 我们得到

$$\begin{aligned}\frac{\mathrm{d}h}{\mathrm{d}t} &= \frac{\mathrm{d}}{\mathrm{d}t}u(t, x(t)) = \frac{\partial u}{\partial t}(t, x(t)) + \frac{\mathrm{d}x}{\mathrm{d}t}\frac{\partial u}{\partial x}(t, x(t)) \\ &= \frac{\partial u}{\partial t}(t, x(t)) + u(t, x(t))\frac{\partial u}{\partial x}(t, x(t)) = 0,\end{aligned}$$

既然设 u 在所有的 (t, x) 值上解出非线性输运方程 (2.31), 当然也包括在特征曲线上的那些值, 我们得出 $h(t)$ 是恒定的结论, 因此在特征曲线上 u 确实是恒定的.

现在到了关键点, 我们知道, 只要 $x = x(t)$ 定义为特征曲线, 特征常微分方程 (2.32) 右端就是常数. 这意味着导数 $\mathrm{d}x/\mathrm{d}t$ 是个常数, 即 u 在特征曲线上取固定值. 因此特征曲线必须是一条**直线** (straight line)

$$x = ut + k, \tag{2.33}$$

其斜率等于解 u 在特征线上的取值.

如前, 因为解沿每条特征线是恒定的, 它一定是**特征变量** (characteristic variable)

$$\xi = x - tu \tag{2.34}$$

的一个函数, 从而

$$u = f(x - tu), \tag{2.35}$$

其中 $f(\xi)$ 是任一 C^1 – 函数. 应该把公式 (2.35) 看作是一个代数方程, 它将解 $u(t,x)$ 隐含地定义为 t 和 x 的函数. 验证由此产生的函数确实是 (2.31) 的解, 内容留作习题 2.3.14.

例 2.6 设

$$f(\xi)=\alpha\xi+\beta,$$

其中 α,β 是常数. 那么 (2.35) 成为

$$u=\alpha(x-tu)+\beta,\ 因此\ u(t,x)=\frac{\alpha x+\beta}{1+\alpha t} \tag{2.36}$$

是相应非线性输运方程的解. 对每个固定的 t, 解的图像是一条直线. 如果 $\alpha>0$, 解变得平缓: 当 $t\to\infty$ 时 $u(t,x)\to 0$. 另一方面, 如果 $\alpha<0$, 直线随着 t 接近临界时间 $t_\star=-1/\alpha$ 迅速变为垂直, 在这一点上解将不存在. 图 2.11 给出两个有代表性的解的图像. 顶部一行取 $\alpha=1,\beta=0.5$ 绘制时间 $t=0,1,5$ 和 20 的解, 底部一行取 $\alpha=-0.2,\beta=0.1$ 绘制时间 $t=0,3,4$ 和 4.9 的解. 在第二种情况下, 当 $t\to 5$ 特征线变成垂线时解发生爆破 (blow up).

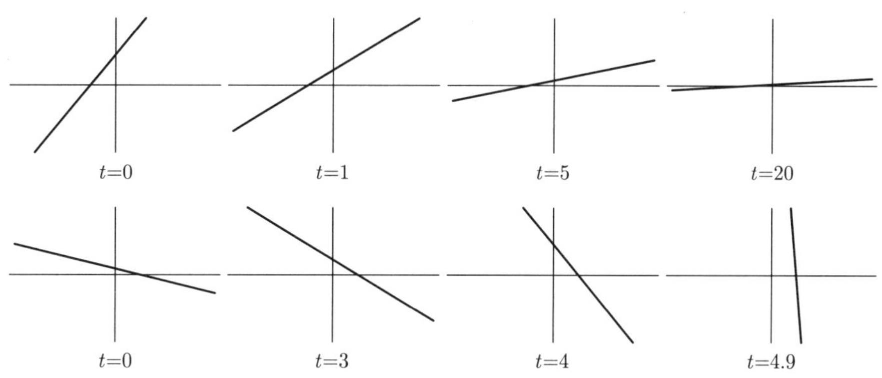

图 2.11 $u_t+uu_x=0$ 的两个解 ⊎

注记: 虽然 (2.36) 在爆破后的时间 $t>5$ 内仍然是有效的解[①], 但这不能视为原解的一部分. 随着这种奇性的出现, 物理解已经崩溃, 我们不必再遵循它.

为了求解一般初值问题

$$u(0,x)=f(x), \tag{2.37}$$

我们注意到, 隐式解公式 (2.35) 当 $t=0$ 时化简为 (2.37), 因此函数 f 与初始数据等同. 然而, 因为我们的解公式 (2.35) 是一个隐式方程, 下述这些并非一

① 译注: 这里指的是 $\alpha=-0.2$, $\beta=0.1$ 的第二种情形.

目了然:

(a) 解是否可以由唯一定义的函数 $u(t,x)$ 给定.

(b) 即便有幸如此, 如何描述解的定性特征和动态行为.

更有启发性的一个方法是建立在如下几何结构上. 通过 x-轴上各点 $(0,y)$ 绘制特征线

$$x = tf(y) + y, \tag{2.38}$$

其斜率即为 $f(y) = u(0,y)$, 等于该点上初始数据 (2.37) 的值. 根据前面的讨论, 解在整条特征线 (2.38) 上将具有相同的值. 由此对所有的 t,

$$u(t, tf(y) + y) = f(y). \tag{2.39}$$

如若 $f(y) = y$, 则当 $x = ty + y$ 时, $u(t,x) = y$, 消去 y 得到 $u(t,x) = x/(t+1)$, 与我们的直线解 (2.36) 一致.

现在, 这样构造的问题在图 2.12 中立即显现出来, 图中绘制了与初始数据

$$u(0,x) = \frac{1}{2}\pi - \arctan x$$

相关的特征线. 不平行的两条特征线必定在某处相互交叉. 该解的值应等于过该点的特征线斜率. 照此, 解在此交点上就要取两个不同的值, 每个值对应于一条特征线. 显然这有些不大对劲, 我们必须解决这个明显的悖论.

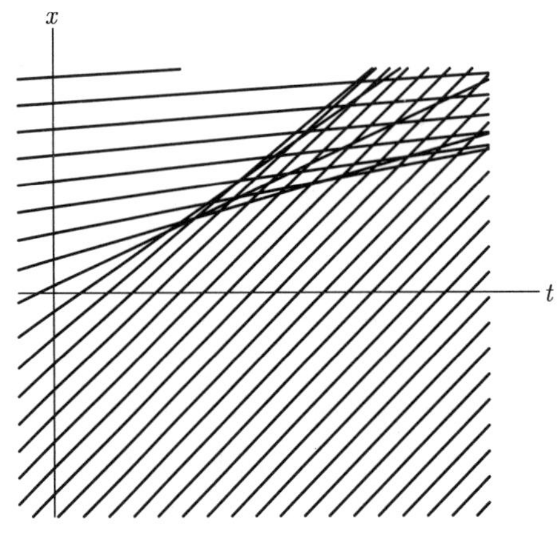

图 2.12 $u(0,x) = \frac{1}{2}\pi - \arctan x$ 的特征线

重要的情形有三种, 第一种平凡情形发生, 所有的特征线是平行的, 所以困难不出现. 此时, 它们都有相同的斜率, 比如说 c, 这意味着每条特征线上的解都有相同的值. 因此, $u(t,x) \equiv c$ 是一个恒定的解.

下一种最简单情形是初始数据处处不减 (nondecreasing), 所以当 $x \leqslant y$ 时有 $f(x) \leqslant f(y)$, 如果其导数从来是非负的: $f'(x) \geqslant 0$, 那么这是有保证的. 这种情形如图 2.13 所示, 从 x 轴出发的特征线呈扇形进入右半平面, 因此在未来任何时间 $t > 0$ 都不会相互交叉. $t \geqslant 0$ 的各点 (t, x) 位于唯一的特征线上, 并且解在 (t, x) 的值等于特征线的斜率. 我们的结论是, 在所有的未来时间 $t \geqslant 0$ 解 $u(t, x)$ 都是唯一定义的. 在物理上, 这样的解表示稀疏波 (rarefaction wave), 随着时间的推移而展布. 一个典型的例子, 对应于初始数据

$$u(0, x) = \frac{1}{2}\pi + \arctan(3x),$$

它的特征线绘在图 2.13 中, 而图 2.14 绘制了一些有代表性的解的波形.

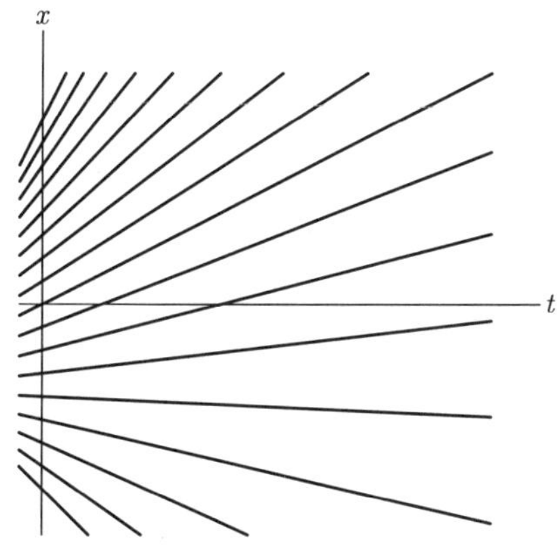

图 2.13 稀疏波的特征线

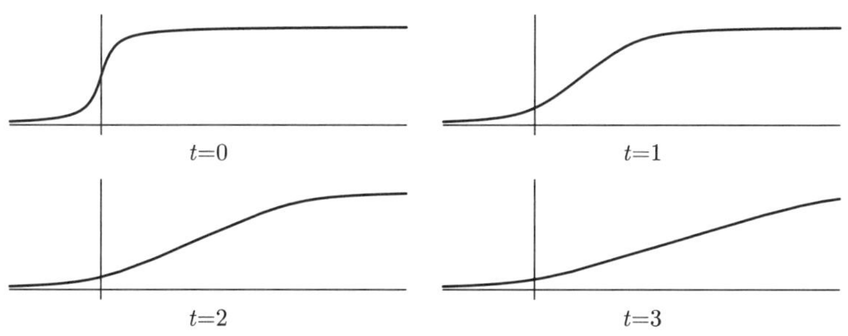

图 2.14 稀疏波 ⊎

更有趣的情形当初始数据是递减函数时发生, 因而 $f'(x) < 0$. 如图 2.12 所示, 从 $t = 0$ 开始的一些特征线将在未来的某个时刻相交. 如果一点 (t, x) 位于两条或多条不同的特征线上, 应等于特征线斜率的解值 $u(t, x)$ 不再唯一

地确定. 虽然, 纯粹数学可能倾向于容许这种多值解, 但从物理学角度看却是不可接受的. 解 $u(t,x)$ 应该表示一个可测的量, 如浓度、速度或压强, 因此必须在各点都有唯一的值. 数学模型实际上不再符合物理真实, 已经失效了.

然而, 在面对这一困难之前首先从纯粹理论观点出发, 如果我们以多值函数的方式继续求解, 试着理解将会发生什么, 为确定起见, 考虑呈现在图 2.15 第一图中的初始数据

$$u(0,x) = \frac{1}{2}\pi - \arctan x, \tag{2.40}$$

相应的特征线显示在图 2.12 中. 最初它们不会相交, 解仍是唯一定义的单值函数. 然而一段时间后达到临界时间 $t_\star > 0$, 两条特征线首次相交. 随后, 在 (t,x) – 平面上出现一个楔形区, 由不同斜率区别开来的三条特征线相交处的点构成: 在这样的点上数学解要取三个不同的值. 在楔形区外单条特征线的点上, 该解仍然是单值的. 楔形区边界由刚好相交两条特征线的点组成.

为了充分理解正在发生的情形, 现在看看图 2.15 中在六个接续时间上绘制的系列多值解图. 由于初始数据为正值 $f(x) > 0$, 所有的特征线斜率均为正. 因此, 解曲线上的每个点都向右移动, 其速度大小等于其高度大小. 因为初始数据是一个递减函数. 所以在图上左侧点移动得要比右侧点稍快并最终超越它们. 起初, 解只是变得陡峭形成压缩波 (compression wave). 在临界时间 $t_\star$, 两条特征线比如说在位置 $x_\star$ 处首次相交, 因此 $(t_\star, x_\star)$ 是上述楔形区的尖端, 解图变成垂直的:

$$当\ t \to t_\star\ 时,\ \frac{\partial u}{\partial x}(t, x_\star) \to \infty,$$

而 $u(t,x)$ 不再是经典解, 一旦出现这种情况, 解图就不再是单值函数, 并且它的波形重叠地处于属于楔形区的点 (t,x) 上.

临界时间 $t_\star$ 实际上可以由隐式解公式 (2.35) 确定. 事实上, 如果对 x 微分, 我们得到

$$\frac{\partial u}{\partial x} = \frac{\partial}{\partial x} f(\xi) = f'(\xi)\frac{\partial \xi}{\partial x} = f'(\xi)\left(1 - t\frac{\partial u}{\partial x}\right),\ 其中\ \xi = x - tu.$$

求解

$$\frac{\partial u}{\partial x} = \frac{f'(\xi)}{1 + tf'(\xi)},$$

我们看到, 斜率爆破:

$$当\ t \to -\frac{1}{f'(\xi)}\ 时,\ \frac{\partial u}{\partial x} \to \infty.$$

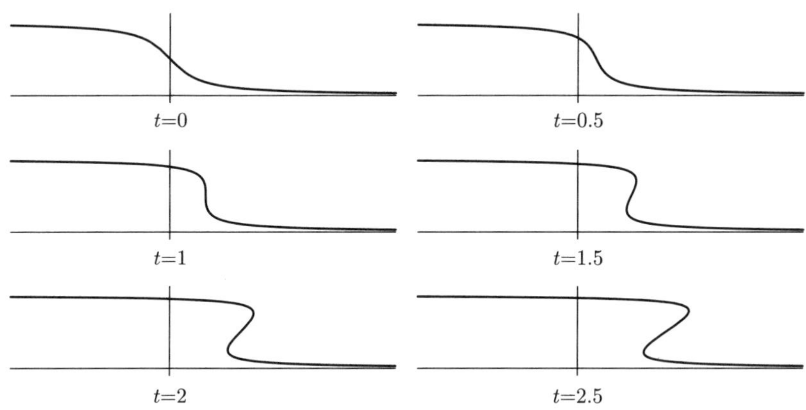

图 2.15 多值压缩波 ⊎

换言之, 如果初始数据在位置 x 处斜率为负, 故有 $f'(x) < 0$, 那么沿着从点 $(0,x)$ 出发的特征线的解将无法在时间 $-1/f'(x)$ 保持光滑. 因此, 最早临界时间为

$$t_\star := \min\left\{-\frac{1}{f'(x)} \mid f'(x) < 0\right\}. \tag{2.41}$$

如果 x_0 是产生最小 $t_\star$ 的 x 值, 那么解波形的斜率将在时刻 $t_\star$ 首先在始于 x_0 的特征线上变为无限, 即

$$x_\star = x_0 + f\left(x_0\right) t_\star. \tag{2.42}$$

例如, 对于图 2.15 中表示的特定初始波形 (2.40),

$$f(x) = \frac{\pi}{2} - \arctan x,\ f'(x) = -\frac{1}{1+x^2},$$

因此临界时间是

$$t_\star := \min\left\{1+x^2\right\} = 1,\ x_\star = f(0)t_\star = \frac{1}{2}\pi,$$

因为极小值发生在 $x_0 = 0$.

现在数学上固然貌似有理, 实际上这样一个多值解是站不住脚的. 那么在临界时间 $t_\star$ 之后到底发生了什么? 需要确定可能的解值中哪些 (如果有) 是符合实际的. 仅凭数学模型本身不能摆脱这个两难境地. 因此, 我们必须重新审视基础物理, 并追问我们试图模拟的究竟是什么样的现象.

激波动力学

为确定起见, 我们把输运方程 (2.31) 视作单一空间变量可压缩流体流动模型, 例如在一条长管道中气体的运动. 我们如果把活塞推入管道, 气体就会向前移动从而被压缩. 然而, 如果活塞移动过快, 那么气体就会堆积在活塞顶部, 形成激波并向管道下方传播. 从数学上说, 激波是由解值突然改变的不连续性表示的. 式 (2.41) 和 (2.42) 决定了激波间断性的起始时间和位置. 现在我们的目标是预测其随后的行为, 这要基于适当的物理守恒律. 质量守恒事实上是可以指望的, 因为即便穿过激波的间断面, 气体原子既不能生成也不能消灭. 而且正如我们将看到的, 质量守恒 (几乎) 足以确定随后的激波运动.

在研究质量守恒的含义之前, 我们先要说服自己, 它对于非线性输运模型的有效性. (仅仅因为数学方程模拟物理系统, 并不意味该方程自动会继承它的任何一个物理守恒律.) 如果 $u(t,x)$ 表示密度, 那么时间 t 处, 在区间 $a \leqslant x \leqslant b$ 内的总质量通过积分计算为

$$M_{a,b}(t)=\int_a^b u(t,x)\mathrm{d}x. \tag{2.43}$$

假设 $u(t,x)$ 是非线性输运方程 (2.31) 的经典解, 我们可以通过求导来确定这个区间上质量的变化率:

$$\begin{aligned}\frac{\mathrm{d}}{\mathrm{d}t}M_{a,b}(t)&=\frac{\mathrm{d}}{\mathrm{d}t}\int_a^b u(t,x)\mathrm{d}x=\int_a^b\frac{\partial u}{\partial t}(t,x)\mathrm{d}x=-\int_a^b u(t,x)\frac{\partial u}{\partial x}(t,x)\mathrm{d}x\\&=-\int_a^b\frac{\partial}{\partial x}\left[\frac{1}{2}u(t,x)^2\right]\mathrm{d}x=-\left.\frac{1}{2}u(t,x)^2\right|_{x=a}^{b}\\&=\frac{1}{2}u(t,a)^2-\frac{1}{2}u(t,b)^2.\end{aligned}\tag{2.44}$$

最后的等式表示通过区间端点的净质量通量 (mass flux). 因此, 区间 $[a,b]$ 上质量改变的唯一途径是通过其端点; 在区间内部, 质量既不能生成也不能消灭, 这就是连续介质力学质量守恒律的确切含义. 特别地, 如果净质量通量为零, 那么总质量恒定, 因此是守恒的. 比如, 若初始数据 (2.37) 使总质量有限,

$$\left|\int_{-\infty}^{\infty}f(x)\mathrm{d}x\right|<\infty, \tag{2.45}$$

它要求当 $|x|\to\infty$ 时相当迅速地有 $f(x)\to 0$, 则至少直到激波间断形成的时候, 解的总质量都是保持恒定并等于它的初始值:

$$\int_{-\infty}^{\infty}u(t,x)\mathrm{d}x=\int_{-\infty}^{\infty}u(0,x)\mathrm{d}x=\int_{-\infty}^{\infty}f(x)\mathrm{d}x. \tag{2.46}$$

类似地, 如果 $u(t,x)$ 表示高速公路上在时间 t 位于 x 的车辆密度, 那么守恒律 (2.44) 告诉我们, 假定这段高速公路没有其他出口或入口的话, 在 a 与 b 之间路段上车辆数量的变化率等于 a 点驶入数减去 b 点驶出数. 因此, (2.44) 在交通流模型中表示车辆数的守恒.

前面的计算依赖于被积函数可以写成 x 导数的事实. 这是连续介质力学中物理守恒律的一个共同特征, 它促成了下面的普遍性定义.

定义 2.7 守恒律 (conservation law), 在一维空间中是形如

$$\frac{\partial T}{\partial t}+\frac{\partial X}{\partial x}=0 \tag{2.47}$$

的方程, 函数 T 称为守恒密度 (conserved density), 而 X 是相关的通量 (flux).

在最简单的情形, 守恒密度 $T(t,x,u)$ 和通量 $X(t,x,u)$ 依赖于时间 t、空间位置 x 和物理系统的解 $u(t,x)$. (高阶守恒律, 还会依赖于 u 的导数, 在可积偏微分方程的分析中出现: 参见 8.5 节和 [36,87].) 例如非线性输运方程 (2.31) 本身就是一个守恒律, 因为它可以改写为

$$\frac{\partial u}{\partial t}+\frac{\partial}{\partial x}\left(\frac{1}{2}u^2\right)=0, \tag{2.48}$$

因而守恒密度是 $T=u$ 且通量是 $X=\frac{1}{2}u^2$. 事实上, 正是这个恒等式使得我们可以完成计算 (2.44). 普遍结果可以由类似的计算完成, 证明把 (2.47) 称为守恒律是成立的.

命题 2.8 给定一个守恒律 (2.47), 那么在任一闭区间 $a\leqslant x\leqslant b$ 中,

$$\frac{\mathrm{d}}{\mathrm{d}t}\int_a^b T\mathrm{d}x=-X\Big|_{x=a}^{b}. \tag{2.49}$$

证明 命题的证明是微积分基本定理的直接推论, 假设足够光滑容许在积分符号内求导数:

$$\frac{\mathrm{d}}{\mathrm{d}t}\int_a^b T\mathrm{d}x=\int_a^b\frac{\partial T}{\partial t}\mathrm{d}x=-\int_a^b\frac{\partial X}{\partial x}\mathrm{d}x=-X\Big|_{x=a}^{b}.$$ [证毕]

我们把 (2.49) 称为守恒律 (2.47) 的*积分形式* (integrated form). 它指出, 在区间上积分的总密度变化率, 等于通过该区间的两个端点处的通量. 特别地, 如果在区间没有净通量进出, 那么积分密度是守恒的, 这意味着时间上它保持恒定. 对于偏微分方程支配的系统而言, 所有的物理守恒律, 无论质量、动量还是能量等, 都具有这样的形式或其在多维情形的扩展[87].

有了这些, 我们再回到非线性输运方程的物理含义. 根据定义, *激波* (shock) 是解 $u(t,x)$ 的间断性. 我们将会做出物理学上合理的假设, 即质量 (或车

辆数) 守恒, 甚至在间断性内部也是继续保持的. 记得时间 t 处的总质量是曲线 $u(t,x)$ 下的面积[①], 一定是守恒的, 即使数学解变成多值也是如此, 此时, 使用线积分 $\int_C u\mathrm{d}x$ 以计算质量/面积, 其中 C 表示解的图像. 因此, 构造一个质量相等的不连续激波解, 可以用竖直激波线取代图像的多值部分, 从而得出的函数是单值的, 并且在其图像下具有相等的面积. 参照图 2.16, 可以看到激波图像下面的区域, 是通过删除上部阴影区并追加下部阴影区, 从多值解图像下得到的. 因此, 产生的区域将是相等的, 只要作出的激波线能使两片阴影部分的面积相等. 这种构造称为等面积定则 (equal area rule); 它确保激波解的总质量与多值解的总质量相等, 又依次等于初始质量, 这是物理守恒律所要求的.

图 2.16 彩图

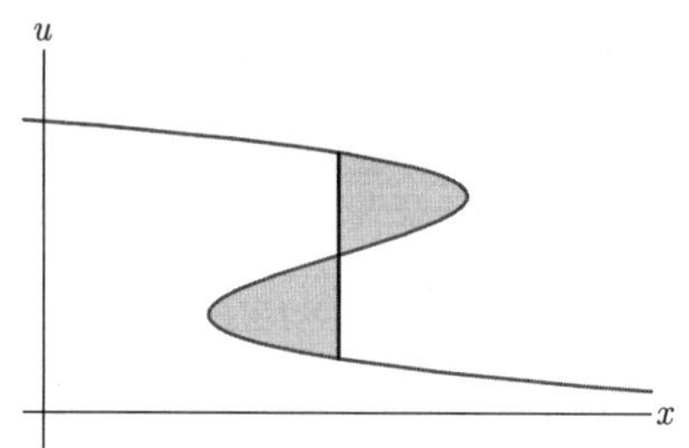

图 2.16 等面积定则

例 2.9 初始数据有阶跃函数 (step function) 形式:

$$u(0,x) = \begin{cases} a, & x < 0, \\ b, & x > 0. \end{cases} \tag{2.50}$$

这在原点处存在单一间断性, 是富于启发性的特殊情形. 如果 $a > b$, 那么初始数据已经是激波形式了. 当 $t > 0$ 时, 沿着特征线继续构造的数学解在区域 $bt < x < at$ 中是多值的, 它取值为 a 或 b; 见图 2.17. 此外, 初始垂直的间断线已成为一条斜线, 因为它上面每个点 $(0,u)$ 沿相关特征线移动了一段距离 ut. 等面积定则告诉我们在 $x = \frac{1}{2}(a+b)t$ 作出激波线, 以便保证两个三角形有相同的面积. 我们得出激波具有移动速度 $c = \frac{1}{2}(a+b)$, 等于阶梯处两个速度的平均. 由此产生的激波解是

$$u(t,x) = \begin{cases} a, & x < ct, \\ b, & x > ct, \end{cases} \quad 其中 c = \frac{1}{2}(a+b). \tag{2.51}$$

图 2.18 显示了其特征线的图像. 可以看到一对特征线在激波线上相遇, 激波线

---

① 我们隐含地假设质量是有限的. 如 (2.45). 虽然整体构建不依赖于这一限制.

斜率为它们各个斜率的平均.

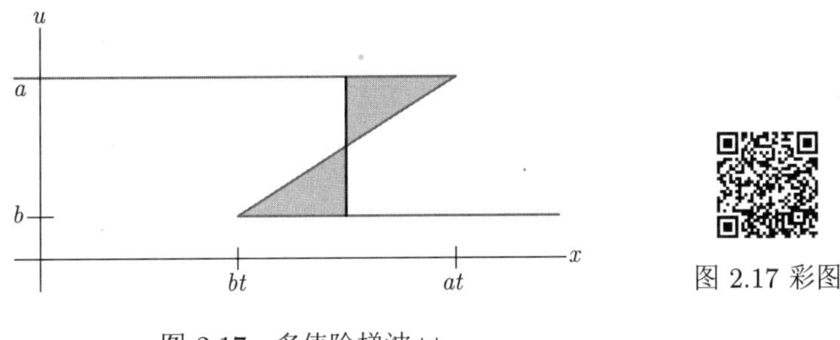

图 2.17 彩图

图 2.17 多值阶梯波

激波速度等于其两侧解值平均 (average) 这个事实, 实际上是普遍成立的, 称为 Rankine-Hugoniot 条件 (Rankine-Hugoniot condition), 以 19 世纪苏格兰物理学家 William Rankine和法国工程师 Pierre Hugoniot的名字命名, 虽然历史上这些条件首先于 1849 年在 George Stokes的论文中出现[109]. 然而, 畏于同时代应用数学家 Kelvin 和 Rayleigh 的批评, Stokes 承认是错的, 以至于最终在 1883 年发表的论文集中删去了相关内容[110]. 删去部分在 1966 年重新发表时重见天日[111].

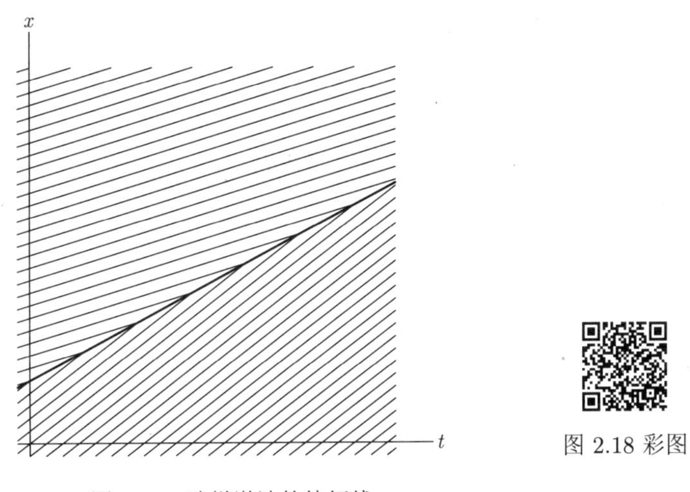

图 2.18 彩图

图 2.18 阶梯激波的特征线

命题 2.10 设非线性输运方程的解 $u(t,x)$ 在位置 $x=\sigma(t)$ 处有一个间断性, 且在激波间断两侧的左极限和右极限:

$$\begin{aligned} u^-(t) &= u\left(t,\sigma(t)^-\right) = \lim_{x\to\sigma(t)^-} u(t,x), \\ u^+(t) &= u\left(t,\sigma(t)^+\right) = \lim_{x\to\sigma(t)^+} u(t,x) \end{aligned} \tag{2.52}$$

大小有限且不相等. 那么, 为了保持质量守恒, 激波速度必须等于间断性两侧解值的平均:

$$\frac{\mathrm{d}\sigma}{\mathrm{d}t} = \frac{u^-(t) + u^+(t)}{2}. \tag{2.53}$$

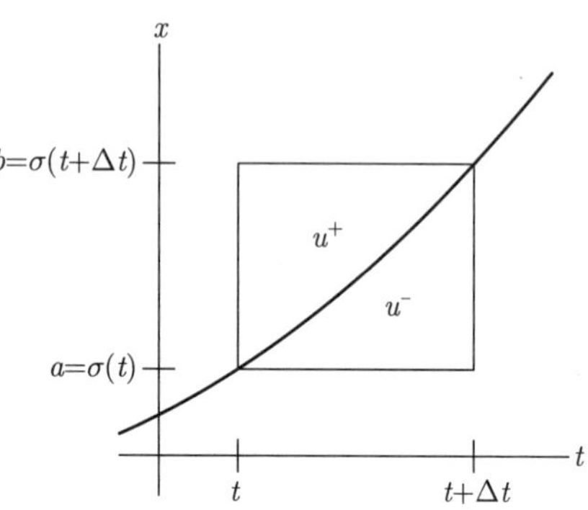

图 2.19 激波附近的质量守恒

证明 参照图 2.19, 考虑从 t 到 $t+\Delta t$ 的小时间间隔且 $\Delta t > 0$. 在此期间, 激波的空间位置从 $a = \sigma(t)$ 移动到 $b = \sigma(t+\Delta t)$. 在激波扫过之前, 区间 $[a, b]$ 上包含的总质量是

$$M(t) = \int_a^b u(t, x)\mathrm{d}x \approx u^+(t)(b-a) = u^+(t)[\sigma(t+\Delta t) - \sigma(t)],$$

我们假设 $\Delta t \ll 1$ 很小, 因此极限值 (2.52) 是对被积函数的很好近似. 同样, 激波扫过之后, 区间上的总质量是

$$\begin{aligned} M(t+\Delta t) &= \int_a^b u(t+\Delta t, x)\mathrm{d}x \\ &\approx u^-(t+\Delta t)(b-a) = u^-(t+\Delta t)[\sigma(t+\Delta t) - \sigma(t)]. \end{aligned}$$

因此, 在时刻 t 处穿越激波的质量变化率就是

$$\begin{aligned} \frac{\mathrm{d}M}{\mathrm{d}t} &= \lim_{\Delta t \to 0} \frac{M(t+\Delta t) - M(t)}{\Delta t} \\ &= \lim_{\Delta t \to 0} \left[u^-(t+\Delta t) - u^+(t)\right] \frac{\sigma(t+\Delta t) - \sigma(t)}{\Delta t} = \left[u^-(t) - u^+(t)\right] \frac{\mathrm{d}\sigma}{\mathrm{d}t}. \end{aligned}$$

另一方面, 对任意的 $t < \tau < t + \Delta t$, 通过区间 $[a, b]$ 端点进入区间的质量通量由 (2.44) 右端给出:

$$\text{当 } \Delta t \to 0 \text{ 时 } \tau \to t,\ \frac{1}{2}\left[u(\tau, a)^2 - u(\tau, b)^2\right] \to \frac{1}{2}\left[u^-(t)^2 - u^+(t)^2\right].$$

质量守恒要求质量变化率等于质量通量:

$$\frac{\mathrm{d}M}{\mathrm{d}t} = \left[u^-(t) - u^+(t)\right]\frac{\mathrm{d}\sigma}{\mathrm{d}t} = \frac{1}{2}\left[u^-(t)^2 - u^+(t)^2\right],$$

由此解出 $\mathrm{d}\sigma/\mathrm{d}t$, 即得 (2.53). [证毕]

例 2.11 作为对比我们研究这样一个情形, 初始数据仍是阶跃函数 (2.50) 但 $a < b$, 所以是向上跃升的. 此时, 特征线从初始间断处发散, 数学解在整个楔形区域 $at < x < bt$ 上无法确定, 我们的任务是决定如何在这两个区域之间 "填充" 解值, 其中解是唯一和恒定的.

第一种可能的连接就是一条直线. 事实上, 合理解 (2.36) 的一个简单修改产生相似解 (similarity solution)①:

$$u(t,x) = \frac{x}{t},$$

这不仅解得微分方程, 而且还具有楔形两侧所需的值 $u(t,at) = a$ 和 $u(t,bt) = b$. 这可用于构造分段仿射稀疏波 (rarefaction wave)

$$u(t,x) = \begin{cases} a, & x < at, \\ \dfrac{x}{t}, & at \leqslant x \leqslant bt, \\ b, & x > bt \end{cases} \tag{2.54}$$

四个典型时刻解的波形, 如图 2.20.

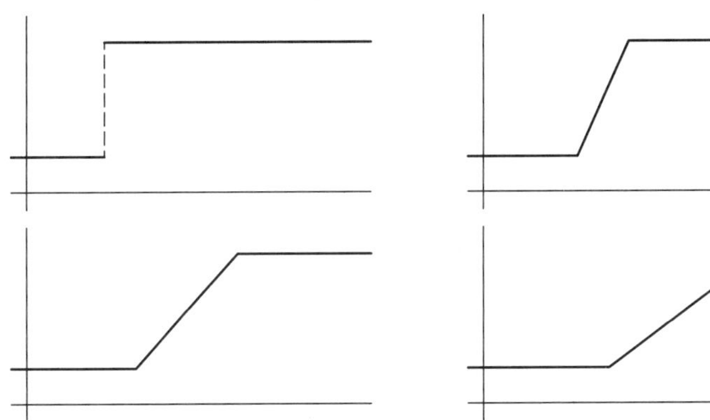

图 2.20 稀疏波 ⊎

第二种可能性是将间断连续成激波, 其速度由 Rankine-Hugoniot 条件给出, 导致一个与公式 (2.51) 相同的间断解. 我们应该使用这两种解中的哪一个呢? 首先, (2.54) 有更好的物理意义; 事实上, 如果我们打算光滑掉间断性, 那

① 有关构造偏微分方程的相似 (标度不变) 解的一般方法, 参见 8.2 节.

么得到的解将收敛到稀疏波而不是反向激波; 参阅习题 2.3.13. 此外, 间断解 (2.51) 的特征线发端自间断处, 这意味着激波为沿特征线移动的解产生新值, 事实上, 这可以通过多种方式完成. 换言之, 间断解违反因果性 (causality), 这意味着在任何给定时间内, 解的波形都能唯一地决定其后续的运动. 因果性要求, 当特征线可能终止在激波间断时, 也就不可能从那里开始, 因为它们的斜率不会由激波波形唯一地决定, 并且激波左侧的特征线因此必须有较大斜率 (或速度), 而右侧的那些斜率必须较小. 因为激波速度是两个特征线斜率的平均, 这要求熵条件 (entropy condition):

$$u^-(t) > \frac{\mathrm{d}\sigma}{\mathrm{d}t} = \frac{u^-(t) + u^+(t)}{2} > u^+(t). \tag{2.55}$$

进一步分析可以证明[57], 稀疏波 (2.54) 是满足熵条件 (2.55) 的初值问题的唯一解①.

这些原型解成为非线性输运方程模拟的基本现象的缩影: *稀疏波* (rarefaction wave), 从初始数据满足 $f'(x) > 0$ 的区域出发, 解随时间的推移而展开; 而*压缩波* (compression wave), 从 $f'(x) < 0$ 的区域出发, 解逐渐变陡并最终进入激波间断. 任何为交通堵塞所困的人都认得压缩波, 在那里车辆几乎静止地被捆绑在一起, 而散开的稀疏波对应于自由移动的交通. (聪明的司机会利用稀疏波向后移动切换车道通过拥堵!) 司空见惯但令人沮丧的交通堵塞现象, 纵然既无事故也无施工, 非线性输运模型的固有效应因此支配着高速公路交通流[122].

例 2.12 *三角波* (triangular wave): 设初始数据有三角形剖面

$$u(0,x) = f(x) = \begin{cases} x, & 0 \leqslant x \leqslant 1, \\ 0, & \text{其他}, \end{cases}$$

如图 2.22 第一图所示. 在 $x = 1$ 处的初始间断像激波那样传播, 而斜线则像稀疏波那样传播. 为了找到时间 t 的波形图, 我们首先通过将 f 上的每个点移到右侧的图上, 得到一个等于 t 乘其高度的多值解. 如上所述, 这个移动保持直线. 因此, x-轴上的点保持固定, 现在对角线从 $(0,0)$ 拉到 $(1+t,1)$, 这是在 f 的图像最高点 $(1,1)$ 移动形成的, 因此有斜率 $(1+t)^{-1}$, 与此同时, 初始激波垂线已成为从 $(1,0)$ 到 $(0,1+t)$ 的斜线. 现在我们要找到满足等面积定则的激波线位置 $\sigma(t)$, 即使得图 2.21 中的两个阴影区的面积相等. 请读者自己来确定这个几何位置; 我们改为引用 Rankine-Hugoniot 条件 (2.53). 在激波线 $x = \sigma(t)$

① 虽然不是一个经典解, 但是一个弱解, 根据 10.4 节.

处, 左极限和右极限值分别是

$$u^-(t)=u\left(t,\sigma(t)^-\right)=\frac{\sigma(t)}{1+t},\quad u^+(t)=u\left(t,\sigma(t)^+\right)=0.$$

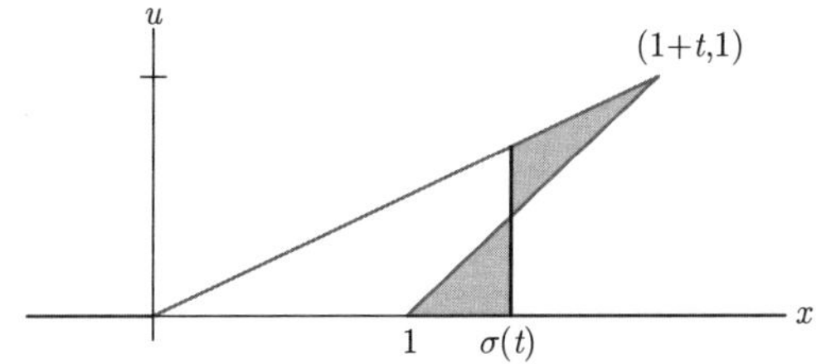

图 2.21 彩图

图 2.21 三角波的等面积定则

因此 (2.53) 决定的激波速度为

$$\frac{\mathrm{d}\sigma}{\mathrm{d}t}=\frac{1}{2}\left(\frac{\sigma(t)}{1+t}+0\right)=\frac{\sigma(t)}{2(1+t)},$$

这个可分离常微分方程很容易求解. 因为激波在 $\sigma(0)=1$ 开始, 我们得到

$$\sigma(t)=\sqrt{1+t},\quad 有\ \frac{\mathrm{d}\sigma}{\mathrm{d}t}=\frac{1}{2\sqrt{1+t}}.$$

此外, 激波强度就是它的高度,

$$u^-(t)=\frac{\sigma(t)}{1+t}=\frac{1}{\sqrt{1+t}}.$$

我们得出结论, 随着 t 的增大, 解保持为三角波, 其斜率稳步减小, 激波以越来越慢的速度和越来越小的高度移动到 $x=+\infty$ 处. 激波在 (t,x)–平面上的轨迹形成一条抛物线. 有代表性的三角波解见图 2.22, 图 2.23 给出了特征线和激波轨迹.

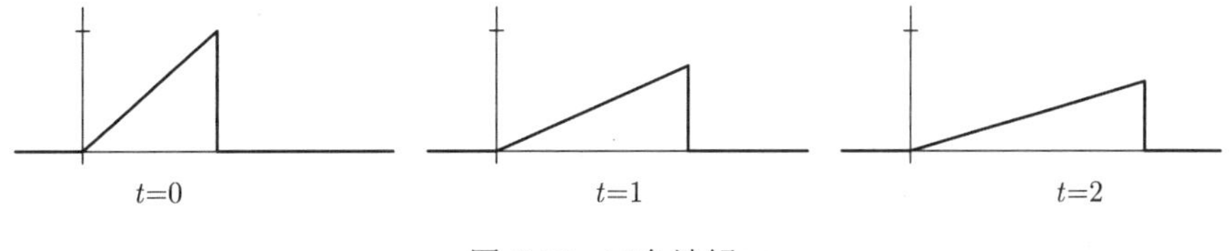

图 2.22 三角波解

在较一般的情形, 激波初始形成后总能持续, 其他特征线可能开始交叉, 从而产生新的激波. 激波自身通常以不同的速度继续传播. 当一个快速移动的激波追上一个缓慢移动的激波时, 必须决定激波如何合并以保留有物理意义的解. Rankine-Hugoniot (等面积) 条件和熵条件继续唯一决定动力学. 然而, 在

这一点上, 任何进一步追求都会让数学细节变得过于复杂, 有兴趣的读者参考 Whitham 的书 [122]. 以下是非线性输运方程激波解的存在性定理, 它的证明参见 [57].

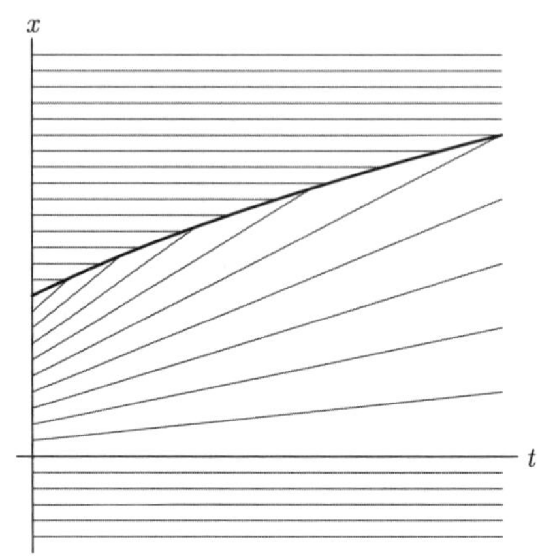

图 2.23 彩图

图 2.23 三角波激波的特征线

定理 2.13 如果初始数据 $u(0,x)=f(x)$ 是分段[①] C^1 的且跳跃间断有有限多个, 那么对于 $t>0$ 而言, 非线性输运方程 (2.31) 存在唯一的 (弱) 解, 满足 Rankine-Hugoniot 条件 (2.53) 和熵条件 (2.55).

注记: 我们的 Rankine-Hugoniot 激波速度条件 (2.53) 的推导依赖于这样的事实, 即可以用守恒律形式写出原来的偏微分方程. 但实际上, 还有其他方法能做到这一点. 例如, 将非线性输运方程 (2.31) 乘 u 容许我们用另一种守恒形式表示:

$$u\frac{\partial u}{\partial t}+u^2\frac{\partial u}{\partial x}=\frac{\partial}{\partial t}\left(\frac{1}{2}u^2\right)+\frac{\partial}{\partial x}\left(\frac{1}{3}u^3\right)=0. \tag{2.56}$$

在此式中, 保持守恒密度是 $T=\dfrac{1}{2}u^2$, 并且伴随的通量是 $X=\dfrac{1}{3}u^3$. 守恒律 (2.56) 的积分形式 (2.49) 是

$$\frac{\mathrm{d}}{\mathrm{d}t}\int_a^b\frac{1}{2}u(t,x)^2\mathrm{d}x=\frac{1}{3}\left[u(t,a)^3-u(t,b)^3\right]. \tag{2.57}$$

在某些物理模型中, 左端的积分表示区间 $[a,b]$ 中的能量, 守恒律告诉我们, 能量只能通过其端点进入区间. 如果我们假设能量在激波处是守恒的, 那么, 重复我们以前的论点, 就会得出激波速度的另一个表示式

① 意思是除了一组离散点外处处连续, 且连续可微; 有关准确定义, 参见下面的定义 3.7.

$$\frac{\mathrm{d}\sigma}{\mathrm{d}t}=\frac{\frac{1}{3}\left[u^-(t)^3-u^+(t)^3\right]}{\frac{1}{2}\left[u^-(t)^2-u^+(t)^2\right]}=\frac{2}{3}\frac{u^-(t)^2+u^-(t)u^+(t)+u^+(t)^2}{u^-(t)+u^+(t)}. \tag{2.58}$$

因此, 能量守恒的激波会以不同于质量守恒的速度移动! 激波的演化不仅依赖于基本的微分方程, 而且还依赖于决定守恒律适当选择的物理假设.

较一般波速

我们考虑一个非线性输运方程

$$u_t+c(u)u_x=0, \tag{2.59}$$

其波速是扰动 u 的较一般函数. (进一步扩展, 容许 c 也依赖于 t 和 x 将在习题 2.3.20 中论及.) 虽然激波动力学确实需要多些小心, 但大部分的发展是直接平行于上面讨论的特殊情形 (2.31), 所以细节留给读者补写. 在此情形下, 特征曲线 (characteristic curve) 方程是

$$\frac{\mathrm{d}x}{\mathrm{d}t}=c(u(t,x)). \tag{2.60}$$

与以前一样, 解 u 在特征线上是恒定的, 且特征线因此是直线, 现在斜率为 $c(u)$. 因此, 为了求解通过 x–轴各点 $(0,y)$ 的初值问题

$$u(0,x)=f(x), \tag{2.61}$$

可以作出斜率 $c(u(0,y))=c(f(y))$ 的特征线. 直至激波间断出现之前, 解沿着特征线都保持其初值 $u(0,y)=f(y)$.

每当两条特征线交叉时, 就会形成激波. 与前面一样, 数学方程不再唯一地确定随后的动力学, 而且需要借助适当的守恒律. 我们把输运方程写成形式

$$\frac{\partial u}{\partial t}+\frac{\partial}{\partial x}C(u)=0, \quad 其中C(u)=\int c(u)\mathrm{d}u \tag{2.62}$$

是波速的任一反导数, 亦即原函数. 因此, 按照与 (2.44) 相同的计算, 我们发现质量守恒现在采取积分形式

$$\frac{\mathrm{d}}{\mathrm{d}t}\int_a^b\frac{1}{2}u^2\mathrm{d}x=C(u(t,a))-C(u(t,b)). \tag{2.63}$$

其中 $C(u)$ 扮演质量通量的角色. 要求在解图像中的面积守恒, 即等面积定则仍然有效. 然而, Rankine-Hugoniot的激波速度条件必须根据新的动力学作调整. 仿照前面的论点, 但根据修改的质量通量, 我们发现, 这里的激波速度由

$$\frac{\mathrm{d}\sigma}{\mathrm{d}t}=\frac{C\left(u^-(t)\right)-C\left(u^+(t)\right)}{u^-(t)-u^+(t)} \tag{2.64}$$

给出. 注意如果

$$c(u)=u, \quad 那么C(u)=\int c(u)\mathrm{d}u=\frac{1}{2}u^2.$$

因此 (2.64) 化简到我们前面的公式 (2.53). 而且, 当激波幅度接近零时, 极限 $u^-(t)-u^+(t)\to 0$, (2.64) 的右端收敛到导数 $C'(u)=c(u)$, 因此找回激波速度, 理应如此.

习题

2.3.1. 对以下初始数据, 讨论非线性输运方程 (2.31) 的解的行为:

(a) $u(0,x)=\begin{cases}2, & x<-1,\\ 1, & x>-1.\end{cases}$ (b) $u(0,x)=\begin{cases}-2, & x<-1,\\ 1, & x>-1.\end{cases}$

(c) $u(0,x)=\begin{cases}1, & x<1,\\ -2, & x>1.\end{cases}$

2.3.2. 求解下列初值问题:

(a) $u_t+3uu_x=0,\ u(0,x)=\begin{cases}2, & x<1,\\ 0, & x>1.\end{cases}$

(b) $u_t-uu_x=0,\ u(1,x)=\begin{cases}-1, & x<0,\\ 3, & x>0.\end{cases}$

(c) $u_t-2uu_x=0,\ u(0,x)=\begin{cases}1, & x<1,\\ 0, & x>1.\end{cases}$

2.3.3. 令 $u(0,x)=\left(x^2+1\right)^{-1}$, 由此得到非线性输运方程 (2.31) 的解能否产生激波? 若能, 求激波发生的时间, 并绘制出激波发生之前和之后不久解的图像. 若不能, 解释 t 增大时解中出现的现象.

2.3.4. 当 (a) $u(0,x)=-\left(x^2+1\right)^{-1}$, (b) $u(0,x)=x\left(x^2+1\right)^{-1}$ 时, 回答习题 2.3.3.

2.3.5. 考虑初值问题 $u_t-2uu_x=0, u(0,x)=\mathrm{e}^{-x^2}$. 得到的解产生激波吗? 若能, 找出激波发生的时间及其最初形成位置. 若不能, 解释 t 增大时解中出现的现象.

2.3.6. (a) $\alpha,\beta,\gamma,\delta$ 取何值, 可以使得 $u(t,x)=\dfrac{\alpha x+\beta}{\gamma t+\delta}$ 是 (2.31) 的一个解? (b) α, β, γ, δ, λ, μ 取何值, 可以使 $u(t,x)=\dfrac{\lambda t+\alpha x+\beta}{\gamma t+\mu x+\delta}$ 成为 (2.31) 的一个解?

2.3.7. 三角波 (triangular wave) 是 (2.31) 初始数据为 $u(0,x)=\begin{cases}mx, & 0\leqslant x\leqslant \ell,\\ 0, & 其他\end{cases}$ 的初值问题激波解. 设 $m>0$, 写出 $t>0$ 时三角波解公式. 讨论随着时间的推移三角波的变化.

2.3.8. 求解当 $m<0$ 时的习题 2.3.7.

2.3.9. 用以下初始条件求解 $t>0$ 的方程 (2.31), 并绘制一些代表性时间上你的解的图像. 你的解在何种意义上质量守恒?

(a) $u(0,x)=\begin{cases}1, & 0<x<1,\\ 0, & 其他.\end{cases}$ (b) $u(0,x)=\begin{cases}x, & -1<x<1,\\ 0, & 其他.\end{cases}$

(c) $u(0,x)=\begin{cases}-x, & -1<x<1,\\ 0, & 其他.\end{cases}$ (d) $u(0,x)=\begin{cases}1-|x|, & -1<x<1,\\ 0, & 其他.\end{cases}$

2.3.10. N – 波是非线性输运方程 (2.31) 在初始条件

$$u(0,x)=\begin{cases}mx, & -\ell\leqslant x\leqslant \ell,\\ 0, & 其他\end{cases}$$

下的一个解, 其中 $m>0$. (a) 写出 $t>0$ 时 N – 波解公式. (b) 若 $m<0$ 又如何?

♦ 2.3.11. 设 $u(t,x)$ 和 $\widetilde{u}(t,x)$ 是非线性输运方程 (2.31) 的两个解, 对于某个 $t_\star>0$, 它们关于所有的 x 相等: $u(t_\star,x)=\widetilde{u}(t_\star,x)$. 这些解是否必须具有相同的初始条件: $u(0,x)=\widetilde{u}(0,x)$? 用你的答案讨论非线性输运方程解的唯一性.

2.3.12. 设 $x_1<x_2$, (2.31) 过 $(0,x_1)$ 和 $(0,x_2)$ 的特征线与激波相交于 $(t,\sigma(t))$, 且激波左侧和右侧的值 (2.52) 分别为 $f(x_1)=u^-(t), f(x_1)=u^+(t)$. 解释为什么在 $f(x)$ 的图像与从 $(x_1,f(x_1))$ 到 $(x_2,f(x_2))$ 的连接割线之间的带号区域为零.

♦ 2.3.13. 考虑非线性输运方程 (2.31) 的初值问题 $u^\varepsilon(0,x)=2+\arctan(x/\varepsilon)$. (a) 证明: 当 $\varepsilon\to0^+$ 时, 初始条件收敛到阶跃函数 (2.51). a,b 的值是多少? (b) 进一步证明, 所得非线性输运方程的解 $u^\varepsilon(0,x)$ 收敛到相应极限初始条件产生的稀疏波 (2.54).

♦ 2.3.14. (a) 在什么条件下可以对方程 (2.35) 关于单值函数 $u(t,x)$ 求解? 提示: 使用隐函数定理. (b) 使用隐式微分证明得到的函数 $u(t,x)$ 是非线性输运方程的解.

2.3.15. 当 $\alpha,\beta,\gamma,\delta,k$ 取何值时, $u(t,x)=\left(\dfrac{\alpha x+\beta}{\gamma t+\delta}\right)^k$ 是输运方程 $u_t+u^2u_x=0$ 的一个解?

2.3.16. (a) 用特征线方法解初值问题 $u_t+u^2u_x=0, u(0,x)=f(x)$. (b) 讨论解的行为, 并与 (2.31) 对照和比较.

2.3.17. (a) 基于质量守恒, 确定方程 $u_t+u^2u_x=0$ 激波速度的 Rankine-Hugoniot 条件. (b) 当 (i) $|a|>|b|$, (ii) $|a|<|b|$ 时, 求解初值问题 $u(0,x)=\begin{cases}a, & x<0,\\ b, & x>0.\end{cases}$ 提示: 使用习题 2.3.15 确定稀疏波的形状.

2.3.18. 当波速 (i) $c(u)=1-2u$, (ii) $c(u)=u^3$, (iii) $c(u)=\sin u$ 时, 解习题 2.3.17.

♦ 2.3.19. 证明激波速度公式 (2.58).

♦ 2.3.20. 考虑一般的拟线性一阶偏微分方程

$$\frac{\partial u}{\partial t}+c(t,x,u)\frac{\partial u}{\partial x}=h(t,x,u).$$

我们定义抬升特征曲线 (lifted characteristic curve) 是常微分方程组 $\dfrac{\mathrm{d}x}{\mathrm{d}t}=c(t,x,u)$, $\dfrac{\mathrm{d}u}{\mathrm{d}t}=h(t,x,u)$ 的解 $(t,x(t),u(t))$. 投影到 (t,x)–平面, 得到相应的特征曲线 (characteristic curve) $(t,x(t))$. 证明: 如果 $u(t,x)$ 是偏微分方程的一个解, 而且 $u\left(t_0,x_0\right)=u_0$, 那么通过 (t_0,x_0,u_0) 的抬升特征曲线是 $u(t,x)$ 的图像. 结论: 初值问题 $u\left(t_0,x\right)=f(x)$ 的解的图像是所有的通过初始数据点 $(t_0,x_0,f\left(x_0\right))$ 抬升特征曲线的并集.

2.3.21. 设 $a>0$. (a) 应用习题 2.3.20 的方法求解阻尼输运方程 (damped transport equation) 初值问题: $u_t+uu_x+au=0, u(0,x)=f(x)$. (b) 阻尼能否消除激波?

2.3.22. 应用习题 2.3.20 方法求解初值问题

$$u_t+tu_x=u^2,\quad u(0,x)=\frac{1}{1+x^2}.$$

2.4 波方程: d'Alembert 公式

Newton 第二定律指出力等于质量乘加速度, 形成了描述全部经典动力学的数学模型的基石. 当把该定律运用到一维介质时, 如提琴弦的横向位移或弹性杆的纵向形变[①], 导出支配小振动的模型为二阶偏微分方程

$$\rho(x)\frac{\partial^2 u}{\partial t^2}=\frac{\partial}{\partial x}\left(\kappa(x)\frac{\partial u}{\partial x}\right), \tag{2.65}$$

这里 $u(t,x)$ 表示弦或杆在时间 t 和位置 x 的位移, $\rho(x)>0$ 表示密度且 $\kappa(x)>0$ 表示刚度或张力, 假定两者都不随 t 变化. 等式的右端表示介质偏离平衡 (小) 位移引起的恢复力, 而左端是单位长度质量和加速度的乘积. 从第一个原理正确导出模型要作一个大有讲究的迂回, 我们推荐读者到 [120,124]中找到细节.

我们将简化一般模型, 假定相关介质是均匀的, 因此它的密度 ρ 和刚度 κ 都是均匀的 (uniform). 从而 (2.65) 简化为一维波方程 (wave equation)

$$\frac{\partial^2 u}{\partial t^2}=c^2\frac{\partial^2 u}{\partial x^2},\quad \text{其中常数 } c=\sqrt{\frac{\kappa}{\rho}}>0 \tag{2.66}$$

称为波速 (wave speed), 原因很快会显现.

一般情况下, 要唯一确定由 Newton 第二定律支配的任何动力学系统的解, 包括波方程 (2.66) 和更一般的振动方程(2.65), 都必须同时规定其初始位置和

① 译注: 原文为 motion, 实际上是指 deformation, 见后文.

初始速度. 因此, 初始条件形如

$$u(0,x)=f(x), \quad \frac{\partial u}{\partial t}(0,x)=g(x), \tag{2.67}$$

为简单起见, 其中我们设初始时刻 $t_0=0$. (也见习题 2.4.6.) 相应的初值问题 (initial value problem) 就是求出作为波方程 (2.66) 解的 C^2 – 函数 $u(t,x)$, 且具有所需的初值 (2.67). 在本节中, 我们将学习如何求解整条实线 $-\infty<x<\infty$ 上的初值问题. 对有界区间波方程的分析分别延后至第 4 章和第 7 章. 二维的和三维的波方程分别在第 11 章和第 12 章中处理.

d'Alembert 解

现在我们来导出二阶波方程 (2.66) 解的显式公式, 这是 d'Alembert 首先发现的. 起点是用启发性形式写出偏微分方程

$$\square u=\left(\partial_t^2-c^2\partial_x^2\right)u=u_{tt}-c^2u_{xx}=0, \tag{2.68}$$

其中

$$\square=\partial_t^2-c^2\partial_x^2$$

是波算子 (wave operator) 的通用数学记号, 这是一个二阶线性偏微分算子. 将其类比于初等多项式的因式分解

$$t^2-c^2x^2=(t-cx)(t+cx),$$

我们可把波算子因式化成两个一阶偏微分算子的乘积[①]:

$$\square=\partial_t^2-c^2\partial_x^2=\left(\partial_t-c\partial_x\right)\left(\partial_t+c\partial_x\right). \tag{2.69}$$

现在, 如果第二个因式将函数 $u(t,x)$ 零化, 意味着

$$\left(\partial_t+c\partial_x\right)u=u_t+cu_x=0, \tag{2.70}$$

那么由

$$\square u=\left(\partial_t-c\partial_x\right)\left(\partial_t+c\partial_x\right)u=\left(\partial_t-c\partial_x\right)0=0,$$

u 自动就是波方程的解, 我们把 (2.70) 视为恒定波速 c 的一阶输运方程 (2.4). 命题 2.1 告诉我们它的解是波速 c 的行波:

$$u(t,x)=p(\xi)=p(x-ct), \tag{2.71}$$

① 交叉项由于混合偏导数相等而消去: $\partial_t\partial_x u=\partial_x\partial_t u$. 这里波速 c 恒定是必不可少的.

这里 p 是特征变量 $\xi = x - ct$ 的任意函数. 只要 $p \in C^2$ (即两阶连续可微), 得到的函数 $u(t,x)$ 是波方程 (2.66) 的一个经典解, 这很容易验证.

现在, 算子分解 (2.69) 同样可以按相反顺序写成:

$$\square = \partial_t^2 - c^2\partial_x^2 = (\partial_t + c\partial_x)(\partial_t - c\partial_x). \tag{2.72}$$

同样的论证告诉我们, 任何恒定波速 $-c$ 的“向后”输运方程

$$u_t - cu_x = 0 \tag{2.73}$$

的解, 也为波方程提供了一个解. 用 c 代替 $-c$, 再次通过命题 2.1, (2.73) 的通解形如

$$u(t,x) = q(\eta) = q(x + ct), \tag{2.74}$$

其中 q 是另一个特征变量 $\eta = x + ct$ 的任意函数. 解 (2.74) 表示行波以恒定速度 $c > 0$ 向左 (left) 移动. 只要 $q \in C^2$, 函数 (2.74) 为波方程提供第二个解族.

这样, 我们得到结论, 与一阶输运方程不同, 波方程 (2.68) 是**双向的** (bidirectional), 因为它同时容许左行波解和右行波解. 此外由于线性性质, 两个任意解之和仍然是一个解, 因此, 我们可以把左行波与右行波叠加直接构造解. 令人瞩目的事实是, 波方程的每个解都可以如此表示.

定理 2.14 *波方程 (2.66) 的每个解都可以写成左行波与右行波的叠加,*

$$u(t,x) = p(\xi) + q(\eta) = p(x - ct) + q(x + ct). \tag{2.75}$$

这里 $p(\xi)$ 和 $q(\eta)$ 是任意 C^2-函数, 分别只依赖于各自的特征变量

$$\xi = x - ct, \quad \eta = x + ct. \tag{2.76}$$

证明 如同我们对输运方程的处理, 通过一个启发的变量变换简化波方程. 此时, 新的自变量是 (2.76) 定义的特征变量 ξ, η. 我们设

$$u(t,x) = v(x - ct, x + ct) = v(\xi,\eta), \text{ 因此 } v(\xi,\eta) = u\left(\frac{\eta - \xi}{2c}, \frac{\eta + \xi}{2}\right). \tag{2.77}$$

然后, 运用链式法则计算偏导数,

$$\frac{\partial u}{\partial t} = c\left(-\frac{\partial v}{\partial \xi} + \frac{\partial v}{\partial \eta}\right), \quad \frac{\partial u}{\partial x} = \frac{\partial v}{\partial \xi} + \frac{\partial v}{\partial \eta}, \tag{2.78}$$

进一步地,

$$\frac{\partial^2 u}{\partial t^2} = c^2\left(\frac{\partial^2 v}{\partial \xi^2} - 2\frac{\partial^2 v}{\partial \xi \partial \eta} + \frac{\partial^2 v}{\partial \eta^2}\right), \quad \frac{\partial^2 u}{\partial x^2} = \frac{\partial^2 v}{\partial \xi^2} + 2\frac{\partial^2 v}{\partial \xi \partial \eta} + \frac{\partial^2 v}{\partial \eta^2}.$$

因此

$$\Box u = \frac{\partial^2 u}{\partial t^2} - c^2 \frac{\partial^2 u}{\partial x^2} = -4c^2 \frac{\partial^2 v}{\partial \xi \partial \eta}. \tag{2.79}$$

我们的结论是 $u(t, x)$ 是波方程 $\Box u = 0$ 的解, 当且仅当 $v(\xi, \eta)$ 是二阶偏微分方程

$$\frac{\partial^2 v}{\partial \xi \partial \eta} = 0$$

的解, 我们写成形式

$$\frac{\partial}{\partial \xi}\left(\frac{\partial v}{\partial \eta}\right) = \frac{\partial w}{\partial \xi} = 0, \text{ 其中 } w = \frac{\partial v}{\partial \eta}.$$

因此, 应用 2.1 节的方法 (并对 w 的定义域做出适当的假设), 我们得到

$$w = \frac{\partial v}{\partial \eta} = r(\eta)$$

r 是特征变量 η 的任意函数. 一个关于 η 的微分方程两端积分后, 我们发现

$$v(\xi, \eta) = p(\xi) + q(\eta), \quad \text{其中 } q(\eta) = \int r(\eta) \mathrm{d}\eta,$$

而 $p(\xi)$ 表示 η 积分 "常量". 再按照 t 和 x 的公式替换特征变量, 证明即完成. [证毕]

我们看看如何用解公式 (2.75) 求解初值问题 (2.67). 代入初始条件, 我们得到

$$u(0, x) = p(x) + q(x) = f(x), \quad \frac{\partial u}{\partial t}(0, x) = -cp'(x) + cq'(x) = g(x). \tag{2.80}$$

为了求解这关于函数 p 和 q 的两个方程, 我们微分第一式

$$p'(x) + q'(x) = f'(x),$$

然后减去除以 c 的第二式; 结果是

$$2p'(x) = f'(x) - \frac{1}{c} g(x).$$

因此,

$$p(x) = \frac{1}{2} f(x) - \frac{1}{2c} \int_0^x g(z) \mathrm{d}z + a,$$

其中 a 是个积分常量. 然后由 (2.80) 第一式得到

$$q(x) = f(x) - p(x) = \frac{1}{2} f(x) + \frac{1}{2c} \int_0^x g(z) \mathrm{d}z - a.$$

将这两个表达式代回到我们的解公式 (2.75), 得到

$$\begin{aligned} u(t,x) = p(\xi) + q(\eta) &= \frac{f(\xi)+f(\eta)}{2} - \frac{1}{2c}\int_0^{\xi} g(z)\mathrm{d}z + \frac{1}{2c}\int_0^{\eta} g(z)\mathrm{d}z \\ &= \frac{f(\xi)+f(\eta)}{2} + \frac{1}{2c}\int_{\xi}^{\eta} g(z)\mathrm{d}z, \end{aligned}$$

其中 ξ,η 是特征变量 (2.76). 以这种方式, 我们已经得到实线上波方程初值问题的 d'Alembert 解 (d'Alembert solution).

定理 2.15 *初值问题*

$$\frac{\partial^2 u}{\partial t^2} = c^2\frac{\partial^2 u}{\partial x^2}, \quad u(0,x) = f(x), \quad \frac{\partial u}{\partial t}(0,x) = g(x), \quad -\infty < x < \infty \tag{2.81}$$

的解为

$$u(t,x) = \frac{f(x-ct)+f(x+ct)}{2} + \frac{1}{2c}\int_{x-ct}^{x+ct} g(z)\mathrm{d}z. \tag{2.82}$$

注记: 为了使 (2.82) 定义波方程的经典解, 我们需要 $f \in C^2$ 和 $g \in C^1$. 但是, 公式本身对于更一般的初始条件是有意义的. 我们仍然将由此产生的函数视为解, 尽管是非经典的, 因为它们符合更普遍意义下的 "弱解", 这在 10.4 节中予以阐述.

例 2.16 设无初始速度, 所以 $g(x) \equiv 0$, 因此波动纯粹是初始位移 $u(0,x) = f(x)$ 的结果. 此时, (2.82) 简化为

$$u(t,x) = \frac{1}{2}f(x-ct) + \frac{1}{2}f(x+ct). \tag{2.83}$$

结果是初始位移分裂成两个波, 一个向右移动, 另一个向左移动, 每个波都有恒定速度 c, 且波形与 $f(x)$ 完全相同但只有一半高度. 例如, 如果初始位移是以原点为中心的局部脉冲, 即

$$u(0,x) = \mathrm{e}^{-x^2}, \quad \frac{\partial u}{\partial t}(0,x) = 0,$$

那么解

$$u(t,x) = \frac{1}{2}\mathrm{e}^{-(x-ct)^2} + \frac{1}{2}\mathrm{e}^{-(x+ct)^2}$$

由两个离开原点半高脉冲组成, 速度同为 c 但在相反方向运行. 在图 2.24 中可以看到几个相继时间的解的图像.

如果我们最初选取的两个脉冲分立, 比如中心分别在 $x=0$ 和 $x=1$ 处,

$$u(0,x) = \mathrm{e}^{-x^2} + 2\mathrm{e}^{-(x-1)^2}, \quad \frac{\partial u}{\partial t}(0,x) = 0,$$

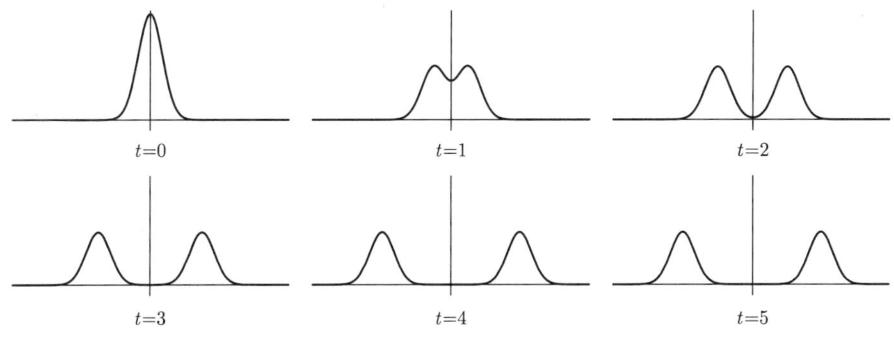

图 2.24 波的分裂 ⊎

那么解

$$u(t,x)=\frac{1}{2}\mathrm{e}^{-(x-ct)^2}+\mathrm{e}^{-(x-1-ct)^2}+\frac{1}{2}\mathrm{e}^{-(x+ct)^2}+\mathrm{e}^{-(x-1+ct)^2}$$

将由四个脉冲组成, 两个向右运行, 两个向左运行, 都具有相同的速度. 一个重要的观察是, 当一个右行脉冲与一个左行脉冲相碰时, 它们脱离碰撞后而保持不变, 这是波方程内在线性的结果. 在图 2.25 中, 第一图绘制了初始位移. 在第二和第三图中, 两个局部凸起分成两个不同的方向运行. 在第四和第五图中, 较大的右行凸起与较小的左行凸起处于相互作用中. 最后, 在末尾一图中, 相互作用完成, 一对左行波和一对右行波各自在相反的方向上移动, 没有发生进一步碰撞.

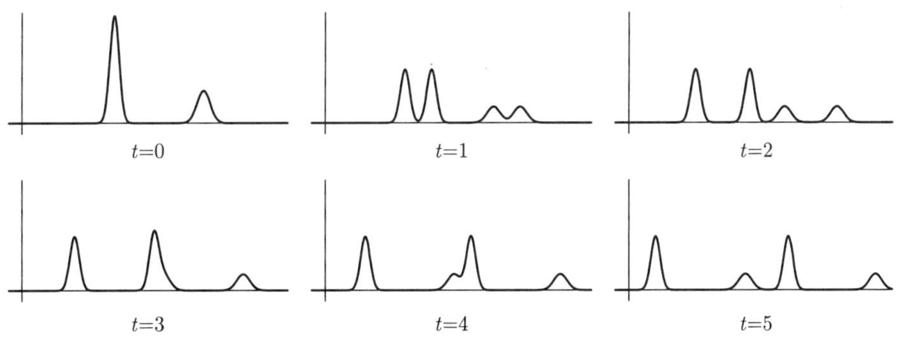

图 2.25 波的相互作用 ⊎

一般来说, 如果初始位移是局部化的, 使得对于 $|x|\gg 0$, 有 $|f(x)|\ll 1$, 那么经过有限时间后, 左行波与右行波就会分开, 观察者将看到两个一半大小的副本, 速度为 c 且在相反的方向上运行. 如果位移不是局部的, 那么左行波与右行波将永远不会完全分离, 大概很难辨识出解的复杂图像实际上只是两个简

单行波的叠加. 例如考虑初等三角函数解

$$\cos ct \cos x = \frac{1}{2}\cos(x - ct) + \frac{1}{2}\cos(x + ct), \tag{2.84}$$

等式左端表达的, 观察者将看到一个以频率 c 上下振动的余弦驻波. 然而, 等式右端的 d'Alembert 形式解却说, 这只是左行余弦波与右行余弦波之和! 它们的峰值和波谷的相互作用再现了驻波. 因此, 同一解可以用两种看似不相容的方式来解释. 事实上, 这个悖论就是量子物理学中令人费解的波粒二象性的核心.

例 2.17 作为对比, 假设无初始位移, 所以 $f(x) \equiv 0$, 波动纯粹是初始速度 $u_t(0, x) = g(x)$ 的结果. 物理上, 这是一根静止琴弦在初始时刻受到 "敲击" 的情形. 此时, d'Alembert 公式 (2.82) 化简为

$$u(t, x) = \frac{1}{2c}\int_{x-ct}^{x+ct} g(z)\mathrm{d}z. \tag{2.85}$$

例如当 $u(0, x) = 0, u_t(0, x) = \mathrm{e}^{-x^2}$, 得到的解 (2.85) 是

$$u(t, x) = \frac{1}{2c}\int_{x-ct}^{x+ct} \mathrm{e}^{-z^2}\mathrm{d}z = \frac{\sqrt{\pi}}{4c}[\operatorname{erf}(x + ct) - \operatorname{erf}(x - ct)], \tag{2.86}$$

其中

$$\operatorname{erf} x = \frac{2}{\sqrt{\pi}}\int_0^x \mathrm{e}^{-z^2}\mathrm{d}z \tag{2.87}$$

称为误差函数 (error function), 由于其许多应用遍及概率和统计[39]. 误差函数积分不能用初等函数写出; 然而, 人们详细研究了它的性质并将取值列表[86]. 误差函数的图形如图 2.26 所示. 选择积分 (2.87) 前面的常数以保证误差函数具有渐近值

$$\lim_{x\to\infty} \operatorname{erf} x = 1, \qquad \lim_{x\to-\infty} \operatorname{erf} x = -1, \tag{2.88}$$

这是从一个众所周知的积分公式求得, 见习题 2.4.21.

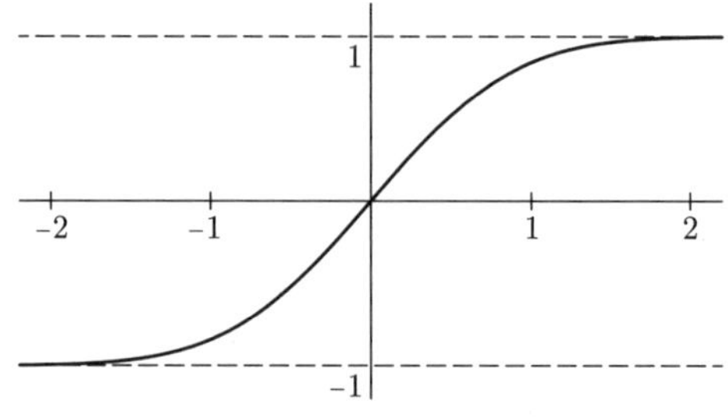

图 2.26 误差函数 $\operatorname{erf} x$

解 (2.86) 在相继时间上的图像如图 2.27 所示. 第一图显示零初始位移. 随着这两个波前从原点开始传播, 均以速度 c 但沿相反方向, 初始敲击的影响沿着弦逐渐地且越来越远地感受到. 因此, 不像图 2.24 中非零初始位移那样, 波动扫过后解最终回到平衡位置 $u = 0$, 非零初始速度会使弦永久形变.

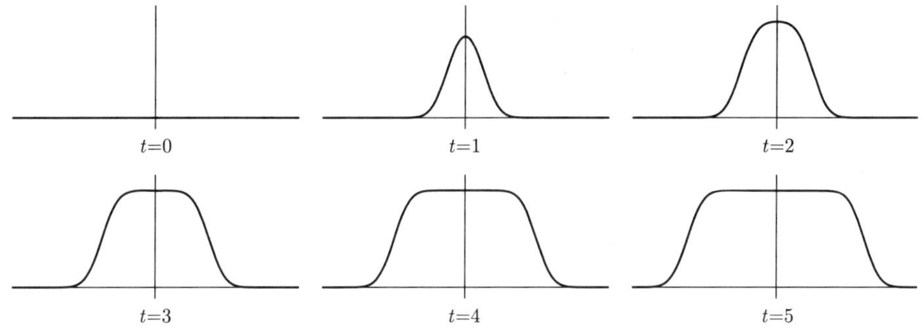

图 2.27 波方程的误差函数解 ⊎

一般说来, 斜率为 $\pm c$ 的直线, 所在之处各个特征变量

$$\xi = x - ct = a, \quad \eta = x + ct = b \tag{2.89}$$

是恒定的, 称为波方程的特征线 (characteristics). 因此, 通过 (t, x) – 平面各点处二阶波方程有两条不同的特征线.

注记: Minkowski 时空光锥在狭义相对论中扮演主角[70,75], 特征线是其一维情形. 有关详细信息, 参见 12.5 节.

在图 2.28 中, 我们绘制了通过 x 轴上一点 $(0, y)$ 的两条特征线. 它们之间的楔形区域 $\{y - ct \leqslant x \leqslant y + ct, t \geqslant 0\}$ 称为点 $(0, y)$ 的影响域 (domain of influence), 因为一般而言, 在某个点上初始数据的值将只影响其影响域中的后续解. 事实上, 初始位移的影响沿点 y 的两条特征线传播, 而初始速度的影响会在三角楔形中各点上都能感受到.

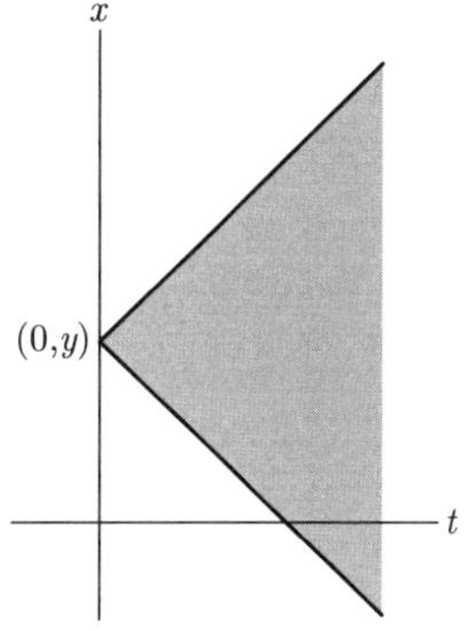

图 2.28 特征线与影响域

外部强迫和谐振

当均匀振动介质受到外部强迫作用时, 需要给波方程加上一个非齐次项:

$$\frac{\partial^2 u}{\partial t^2} = c^2 \frac{\partial^2 u}{\partial x^2} + F(t,x), \tag{2.90}$$

其中 $F(t,x)$ 表示时间 t 时在空间位置 x 上施加的力. 再做点工作, d'Alembert 解方法可以很容易地适应包括强迫项在内的情形.

为了简单起见, 我们给微分方程添加齐次初始条件,

$$u(0,x) = 0, \quad u_t(0,x) = 0, \tag{2.91}$$

意味着既没有初始位移也没有初始速度. 为了求解初值问题 (2.90—91), 我们转换到与 (2.76) 相同的特征坐标, 设

$$v(\xi,\eta) = u\left(\frac{\eta-\xi}{2c}, \frac{\eta+\xi}{2}\right).$$

运用链式法则公式 (2.79), 我们发现强迫波方程 (2.90) 变为

$$\frac{\partial^2 v}{\partial \xi \partial \eta} = -\frac{1}{4c^2} F\left(\frac{\eta-\xi}{2c}, \frac{\eta+\xi}{2}\right). \tag{2.92}$$

对等式两端在区间 $\xi \leqslant \zeta \leqslant \eta$ 上关于 η 积分:

$$\frac{\partial v}{\partial \xi}(\xi,\eta) - \frac{\partial v}{\partial \xi}(\xi,\xi) = -\frac{1}{4c^2}\int_\xi^\eta F\left(\frac{\zeta-\xi}{2c}, \frac{\zeta+\xi}{2}\right) \mathrm{d}\zeta. \tag{2.93}$$

但是记得 (2.78) 有,

$$\frac{\partial v}{\partial \xi}(\xi,\eta) = \frac{1}{2c}\frac{\partial u}{\partial t}\left(\frac{\eta-\xi}{2c}, \frac{\eta+\xi}{2}\right) + \frac{1}{2}\frac{\partial u}{\partial x}\left(\frac{\eta-\xi}{2c}, \frac{\eta+\xi}{2}\right),$$

所以特别有,

$$\frac{\partial v}{\partial \xi}(\xi,\xi) = \frac{1}{2c}\frac{\partial u}{\partial t}(0,\xi) + \frac{1}{2}\frac{\partial u}{\partial x}(0,\xi) = 0,$$

等于零是由于我们选取的齐次初始条件 (2.91). 事实上, 初始速度条件说, $u_t(0,x) = 0$, 对初始位移条件 $u(0,x) = 0$ 关于 x 微分, 就意味着对包括 $x = \xi$ 在内所有的 x 成立 $u_x(0,x) = 0$. 因此, (2.93) 化简为

$$\frac{\partial v}{\partial \xi}(\xi,\eta) = -\frac{1}{4c^2}\int_\xi^\eta F\left(\frac{\zeta-\xi}{2c}, \frac{\zeta+\xi}{2}\right) \mathrm{d}\zeta.$$

现在我们将这一方程在区间 $\xi \leqslant \chi \leqslant \eta$ 上关于 ξ 积分, 得到

$$-v(\xi,\eta) = v(\eta,\eta) - v(\xi,\eta) = -\frac{1}{4c^2}\int_\xi^\eta \int_\chi^\eta F\left(\frac{\zeta-\chi}{2c}, \frac{\zeta+\chi}{2}\right) \mathrm{d}\zeta \mathrm{d}\chi.$$

既然 $v(\eta,\eta)=u(0,\eta)=0$, 再次得益于初始条件. 以这种方式, 我们已经导出了一个显式公式, 是齐次初始条件下强迫波方程用特征变量表示的解. 恢复到原始物理坐标, 这个等式的左端成为 $-u(t,x)$. 对于右端的二重积分, 它在三角形区域

$$T(\xi,\eta)=\{(\chi,\zeta)\mid \xi\leqslant\chi\leqslant\zeta\leqslant\eta\} \tag{2.94}$$

中进行. 我们通过设

$$\chi=y-cs,\quad \zeta=y+cs$$

引入 “物理” 积分变量. 三角形定义不等式 (2.94) 变为

$$x-ct\leqslant y-cs\leqslant y+cs\leqslant x+ct,$$

因此, 在物理坐标中, 三角形积分区域形如

$$D(t,x)=\{(s,y)\mid x-c(t-s)\leqslant y\leqslant x+c(t-s),\quad 0\leqslant s\leqslant t\}, \tag{2.95}$$

如图 2.29 所示. 二重积分变量变换公式要求我们计算 Jacobi 行列式

$$\det\begin{pmatrix}\partial\chi/\partial y & \partial\chi/\partial s\\ \partial\zeta/\partial y & \partial\zeta/\partial s\end{pmatrix}=\det\begin{pmatrix}1 & -c\\ 1 & c\end{pmatrix}=2c,$$

故有 $\mathrm{d}\zeta\mathrm{d}\chi=2c\mathrm{d}s\mathrm{d}y$. 因此,

$$u(t,x)=\frac{1}{2c}\iint_{D(t,x)}F(s,y)\mathrm{d}s\mathrm{d}y=\frac{1}{2c}\int_0^t\int_{x-c(t-s)}^{x+c(t-s)}F(s,y)\mathrm{d}y\mathrm{d}s \tag{2.96}$$

给出齐次初始条件下强迫波方程的求解公式.

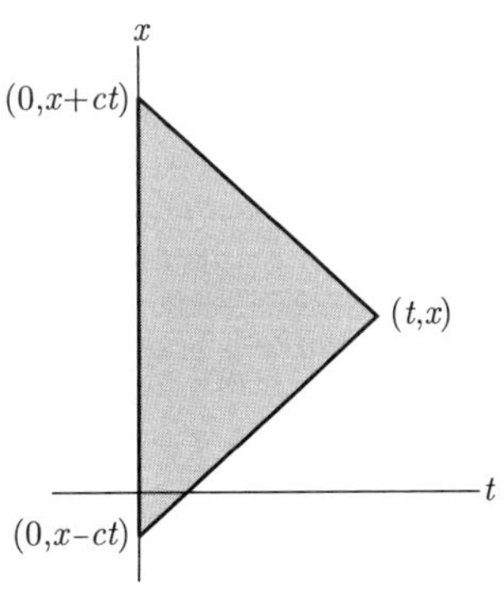

图 2.29 依赖域

为了求解一般初值问题, 我们借助于线性叠加原理, 把它的解写为齐次初

始条件强迫波方程的解 (2.96) 与非齐次初始条件[①]非强迫波方程 d'Alembert 解 (2.82) 之和.

定理 2.18 受外部强迫作用波方程的一般初值问题

$$\begin{aligned}&u_{tt}=c^2u_{xx}+F(t,x),\\&u(0,x)=f(x),\ u_t(0,x)=g(x),\end{aligned}\qquad -\infty<x<\infty,\ t>0$$

的解为

$$\begin{aligned}u(t,x)=&\frac{f(x-ct)+f(x+ct)}{2}+\frac{1}{2c}\int_{x-ct}^{x+ct}g(y)\mathrm{d}y+\\&\frac{1}{2c}\int_0^t\int_{x-c(t-s)}^{x+c(t-s)}F(s,y)\mathrm{d}y\mathrm{d}s.\end{aligned}\tag{2.97}$$

可以看到, 解是初始位移、初始速度和强迫作用各个影响的线性叠加. 三角形积分区域 (2.95), 位于 $x-$轴和由 (t,x) 回溯的两条特征线之间, 称为点 (t,x) 的依赖域 (domain of dependence). 这是因为对于任意的 $t>0$, 解值 $u(t,x)$ 仅依赖于初始数据的值和依赖域 $D(t,x)$ 内点上的强迫作用函数. 实际上, 解公式 (2.97) 第一项只需要角点 $(0,x+ct),(0,x-ct)$ 处的初始位移; 第二项只需要 $x-$轴上 $D(t,x)$ 竖边各点处的初始速度; 而最后一项需要整个三角形区域上外部强迫作用的值.

例 2.19 我们来求解初值问题

$$u_{tt}=u_{xx}+\sin\omega t\sin x,\quad u(0,x)=0,\quad u_t(0,x)=0,$$

其中波方程有单位波速且为强迫作用函数正弦式, 强迫振幅呈频率 $\omega>0$ 的时间周期变化. 根据公式 (2.96), 解是

$$\begin{aligned}u(t,x)&=\frac12\int_0^t\int_{x-t+s}^{x+t-s}\sin\omega s\sin y\mathrm{d}y\mathrm{d}s\\&=\frac12\int_0^t\sin\omega s[\cos(x-t+s)-\cos(x+t-s)]\mathrm{d}s\\&=\begin{cases}\dfrac{\sin\omega t-\omega\sin t}{1-\omega^2}\sin x, & 0<\omega\neq1,\\ \dfrac{\sin t-t\cos t}{2}\sin x, & \omega=1.\end{cases}\end{aligned}$$

注意到当 $\omega\neq1$ 时解是有界的, 是两种振动模的组合: 一个频率 ω 的外部诱发模和一个频率 1 的内在模. 如果 $\omega=p/q\neq1$ 是个有理数, 那么解将在时间上周期性变化. 另一方面, 如果 ω 是无理数, 那么解只能是拟周期的

① 译注: 原书误为非齐次边界条件.

(quasiperiodic), 而且永远不会完全重复. 最后, 如果 $\omega = 1$, 那么解随 t 增大而无限制增长, 表明这是一个**谐振频率** (resonant frequency). 我们将在第 4 章和第 6 章较详细研究动力学偏微分方程中的外部强迫作用和导致谐振的机制.

例 2.20 为了理解周期性和拟周期振动之间的区别, 考虑初等三角函数

$$u(t) = \cos t + \cos \omega t,$$

这是频率分别为 1 和 ω 的两个单一周期性振动的线性组合. 如果 $\omega = p/q$ 是有理数, 那么 $u(t)$ 是周期为 $2\pi q$ 的周期函数, 因而 $u(t + 2\pi q) = u(t)$. 但是如果 ω 是一个无理数, 那么 $u(t)$ 不是周期性的, 也不会重复. 我们鼓励认真审视图 2.30 中的曲线. 第一条是周期性的, 能发现它开始重复的地方吗? 而第二条只是拟周期的. 我们将在本书中遇到的唯一拟周期函数是周期三角函数的线性组合, 它们的频率彼此不是有理数倍. 对于外行人来说, 这种拟周期的运动看似是随机的, 尽管它们是由几个简单的周期性成分构成的. 虽然表面上复杂, 拟周期运动不是真正的**混沌** (chaos), 那是一种固有的非线性现象[77].

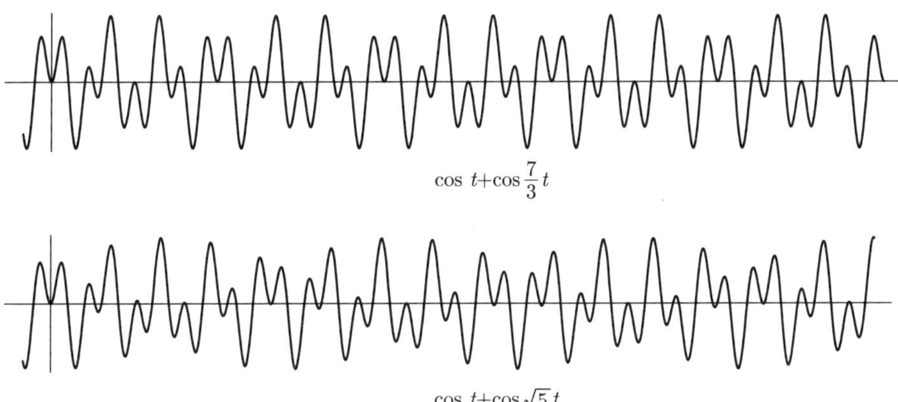

图 2.30 周期函数和拟周期函数

习题

2.4.1. 解初值问题 $u_{tt} = c^2 u_{xx}, u(0,x) = \mathrm{e}^{-x^2}, u_t(0,x) = \sin x$.

2.4.2. (a) 求解波方程 $u_{tt} = u_{xx}$, 初始位移为盒子函数

$$u(0,x) = \begin{cases} 1, & 1 < x < 2, \\ 0, & \text{其他}, \end{cases}$$

而初始速度为 0 .

(b) 画出若干典型时间解的示意草图.

2.4.3. 当初始速度为盒子函数时, 初始位移为零, 回答习题 2.4.2.

2.4.4. 将下列波方程 $u_{tt}=u_{xx}$ 的解写成 d'Alembert 形式 (2.82). 提示: 什么样的初始数据是适当的?

(a) $\cos x\cos t$. (b) $\cos 2x\sin 2t$. (c) e^{x+t}. (d) t^2+x^2. (e) t^3+3tx^2.

♥ 2.4.5. (a) 求解溃坝问题 (dam break problem), 即初始位移为单位阶跃函数

$$\sigma(x)=\begin{cases}1, & x>0,\\ 0, & x<0,\end{cases}$$

且无初始速度的波方程.

(b) 分析无初始位移而初始速度为阶跃函数的情形.

(c) 你的解是经典解吗? 解释你的答案.

(d) 证明阶跃函数是 $n\to\infty$ 时函数 $f_n(x)=\dfrac{1}{\pi}\arctan nx+\dfrac{1}{2}$ 的极限.

(e) 证明在这两种情形中, 用函数 $f_n(x)$ 作初始位移或初始速度的初值问题的解, 取 $n\to\infty$ 的极限, 阶跃函数解就可以实现.

♦ 2.4.6. 设 $u(t,x)$ 是波方程 (2.66) 初值问题 $u(0,x)=f(x),u_t(0,x)=g(x)$ 的解. 证明初值问题 $u\left(t_0,x\right)=f(x),u_t\left(t_0,x\right)=g(x)$ 的解是 $u\left(t-t_0,x\right)$.

2.4.7. 在固定 $\omega,k>0$ 的外部强迫作用函数 $F(t,x)=\sin\omega t\sin kx$ 作用下, 求波速为 c 的波方程的全部谐振频率.

2.4.8. 考虑初值问题 $u_{tt}=4u_{xx}+F(t,x),u(0,x)=f(x),u_t(0,x)=g(x)$. 确定 (a) 点 $(0,2)$ 的影响域. (b) 点 $(3,-1)$ 的依赖域. (c) 点 $(3,-1)$ 的影响域.

2.4.9. (a) 波方程 $u_{tt}=2u_{xx}$ 的解是由集中在位置 $x_0=1$ 且时刻 $t_0=0$ 的初始位移但无初始速度产生的. 位于 $x_1=5$ 的观察者未来何时感觉到这个位移的影响? 观察者未来是否会继续感受到影响? (b) 当初始速度集中在位置 $x_0=1$ 且时刻 $t_0=0$ 但无初始位移时, 回答 (a) 部分.

2.4.10. 设初值问题 $u_{tt}=4u_{xx}+\sin\omega t\cos x,u(0,x)=0,u_t(0,x)=0$ 的解是 $u(t,x)$. $h(t)=u(t,0)$ 是周期函数吗?

♥ 2.4.11. (a) 写出下列初值问题解的显式公式:

$$\frac{\partial^2 u}{\partial t^2}-4\frac{\partial^2 u}{\partial x^2}=0,\quad u(0,x)=\sin x,\quad \frac{\partial u}{\partial t}(0,x)=\cos x,\quad -\infty<x<\infty,t\geqslant 0.$$

(b) 是/非: 解是 t 的周期函数.

(c) 现在求解强迫初值问题

$$\frac{\partial^2 u}{\partial t^2}-4\frac{\partial^2 u}{\partial x^2}=\cos 2t,\quad u(0,x)=\sin x,\quad \frac{\partial u}{\partial t}(0,x)=\cos x,\quad -\infty<x<\infty,t\geqslant 0.$$

(d) 是/非: 强迫方程展现出谐振. 解释之.

(e) 如果强迫作用函数是 $\sin 2t$, 对 (d) 的答案是否有变?

2.4.12. 给定波方程的一个经典解 $u(t,x)$, 设 $E=\frac{1}{2}\left(u_t^2+c^2u_x^2\right)$ 是相关的能量密度 (energy density) 而 $P=u_tu_x$ 为动量密度 (momentum density).

(a) 证明波方程的 E 和 P 都是波方程的守恒密度.

(b) 证明 $E(t,x)$ 和 $P(t,x)$ 均满足波方程.

♦ 2.4.13. 设 $u(t,x)$ 是波方程 $u_{tt}=c^2u_{xx}$ 的经典解. 总能量 (total energy)

$$E(t)=\int_{-\infty}^{\infty}\frac{1}{2}\left[\left(\frac{\partial u}{\partial t}\right)^2+c^2\left(\frac{\partial u}{\partial x}\right)^2\right]\mathrm{d}x \tag{2.98}$$

表示当时间 t 时位移 $u(t,x)$ 的动能和势能之和. 假设当 $x\to\pm\infty$ 时 $\nabla u\to\mathbf{0}$ 足够迅速; 更确切地说, 能找到 $\alpha>\frac{1}{2}$ 和 $C(t)>0$ 使得对于每个固定的 t 和足够大的 $|x|\gg 0$ 而言, $|u_t(t,x)|,|u_x(t,x)|\leqslant C(t)/|x|^{\alpha}$. 对于这类解, 通过证明 $E(t)$ 有限且恒定, 建立能量守恒律 (law of conservation of energy). 提示: 不需要解的公式.

♦ 2.4.14. (a) 运用 2.4.13 证明初值问题 $u_{tt}=c^2u_{xx},u(0,x)=0,u_t(0,x)=0$ 的唯一经典解, 满足给出衰减假设的是平凡解 $u(t,x)\equiv 0$. (b) 建立波方程的唯一性定理 (uniqueness theorem): 初值问题 $u_{tt}=c^2u_{xx},u(0,x)=f(x),u_t(0,x)=g(x)$ 至多有一个解.

2.4.15. *电报方程* (telegrapher's equation) $u_{tt}+au_t=c^2u_{xx}$ 且 $a>0$, 模拟有摩擦阻尼弦的振荡. (a) 证明: 在习题 2.4.13 的衰减假设下, 经典解的波能量 (2.98) 是 t 的不增函数. (b) 证明电报方程初值问题的这种解的唯一性.

2.4.16. 如果 $c=0$, 定理 2.14 的证明会发生什么?

2.4.17. (a) 解释为什么当波速 $c(x)$ 依赖于空间变量 x 时, d'Alembert 因式化方法不再有效. (b) 当 $c(t)$ 仅依赖于时间 t 时, 它是否有效?

2.4.18. Poisson-Darboux *方程* (Poisson-Darboux equation) 是

$$\frac{\partial^2 u}{\partial t^2}-\frac{\partial^2 u}{\partial x^2}-\frac{2}{x}\frac{\partial u}{\partial x}=0.$$

求解初值问题 $u(0,x)=0,u_t(0,x)=g(x)$, 其中 $g(x)=g(-x)$ 是偶函数. 提示: 设 $w=xu$.

♥ 2.4.19. (a) 求解初值问题 $u_{tt}-2u_{tx}-3u_{xx}=0,u(0,x)=x^2,u_t(0,x)=\mathrm{e}^x$. 提示: 将相关线性微分算子因式化. (b) 确定点 $(0,x)$ 的影响域. (c) 确定点 (t,x) 且 $t>0$ 的依赖域.

♦ 2.4.20. (a) 利用极坐标证明: 对于任一 $a>0$, 有

$$\iint_{\mathbb{R}^2}\mathrm{e}^{-a\left(x^2+y^2\right)}\mathrm{d}x\mathrm{d}y=\frac{\pi}{a}. \tag{2.99}$$

(b) 解释为什么

$$\int_{-\infty}^{\infty}\mathrm{e}^{-ax^2}\mathrm{d}x=\sqrt{\frac{\pi}{a}}. \tag{2.100}$$

♦ 2.4.21. 使用习题 2.4.20, 证明误差函数公式 (2.88).

第 3 章　Fourier 级数

在 19 世纪到来之前, 法国数学家、物理学家、工程师 Jean Baptiste Joseph Fourier 有个惊世骇俗的发现[42]. 通过深入分析模拟物体内热传导的偏微分方程, Fourier 强调 “每一个” 函数都可以表示为初等三角函数 (正弦函数和余弦函数) 的一个无穷级数. 例如, 考虑像钢琴、提琴、小号或鼓之类乐器发出的声响. 将信号分解成三角函数分量, 就能揭示出乐器独特音色的基频①(fundamental frequency)(音调、泛音等). 这种 Fourier 分解位于现代电子音乐的核心; 合成器把纯正弦和纯余弦的音调结合起来, 以再现各种器物的声音, 无论是自然的和人工的, 依据的都是 Fourier 开出的万能药方.

Fourier 的主张如此非同凡响且又违反直觉, 以致当时大多数顶尖数学家难以置信. 然而, 不久之后科学家们开始见识到 Fourier 方法的威力和广泛的适用性, 从而开辟了数学、物理学、工程学和其他领域的广阔的新领域. 事实上, Fourier 的发现很容易排进有史以来数学进展 “前十”, 这个排行榜还包括 Newton 发明的微积分, 以及 70 年后成为 Einstein 广义相对论基础的 Gauss 和 Riemann 的微分几何. Fourier 分析是现代应用 (和纯粹) 数学的重要组成部分. 它形成了求解各式各样线性偏微分方程非常强大的分析工具. 在物理学、工程学、生物学和金融学等领域的应用几乎不胜枚举: 在现代科学图书馆的主题索引中键入 “Fourier” 一词, 就能颇具戏剧性地证实这些方法何等地无处不在. Fourier 分析位于信号处理的核心, 这包括音频、语音、图像、视频、地震数据和无线电传输等. 许多现代技术进步, 包括电视、音乐 CD和 DVD、手机、电影、计算机图形学、图像处理、指纹分析和存储, 以这样或那样的形式, 都是建立在 Fourier 理论的诸多分支上的. 在作为数学家、科学家或工程师的职业生涯中, 会发现 Fourier 理论像微积分和线性代数一样, 是数学武库中最基本的武器之一, 这一主题非得掌握不可.

此外, 令人惊讶的是, 现代数学的很大一部分有赖于随后将 Fourier 级数建立在坚实数学基础上的尝试. 因此, 许多现代分析中最基本的概念, 包括函数的定义、极限和连续性的 $\varepsilon-\delta$ 定义、函数空间的收敛性、现代积分和测度理论、广义函数如 δ – 函数以及其他许多方面, 这一切都要归功于为建立严格 Fourier 分析架构付诸的长期努力. 更为引人注目的是, 现代的集合论从而现代数学和逻辑的基础, 都可以直接追溯到 19 世纪德国数学家 Georg Cantor的尝试, 那就是为了理解 Fourier 级数收敛所在的集合!

---

① 译注: 原书这个音乐名词以及音调 (tone)、泛音 (overtone) 多次出现, 值得强调.

从解释当试图求解一维热方程时 Fourier 级数何以会自然出现, 我们开启 Fourier 方法的阐述. 对这种动机不感兴趣的读者大可放心地省略这第一个部分, 因为同样的材料第 4 章中会再次出现, 那里我们应用 Fourier 方法求解几个重要的线性偏微分方程. 从 3.2 节开始, 我们将介绍最基本的 Fourier 级数计算技术. 最后一节是对分析背景的简略介绍, 为建立 Fourier 级数方法打下坚实的基础. 虽然这一节比到目前为止所出现的在数学上要复杂得多, 仍强烈鼓励学生深入钻研, 以获得更多的洞察力并看到进一步的发展, 包括一些在应用中的直接重要性.

3.1 线性发展方程的本征解

第 2 章研究一阶偏微分方程之后, 下一个值得我们研究的重要例子是二阶线性方程

$$\frac{\partial u}{\partial t}=\frac{\partial^2 u}{\partial x^2}, \tag{3.1}$$

称为*热方程* (heat equation), 因为它模拟 (在其他扩散过程中) 如金属杆那样的一维介质中的热量流动. 为了简单起见, 我们将物理参数取为 1, 以便将重点放在求解方法上. 第 4 章将有包括从物理原理简单推导在内较为完整的讨论. 与第 2 章中考虑的波方程不同, 对于热方程的通解没有类似的基本公式可言, 反而我们将解写成某些简单显式解的无穷级数. 这个由 Fourier 倡导的求解方法, 立即将我们引导到 Fourier 级数的定义. 本章的其余部分致力于阐述 Fourier 级数的基本性质和微积分. 一旦掌握了这些基本的数学技巧, 我们就着手把它们应用到第 4 章的偏微分方程中.

我们从把热方程 (3.1) 写成一个较为抽象但富有建设性的*线性发展形式* (evolutionary form)

$$\frac{\partial u}{\partial t}=L[u] \tag{3.2}$$

开始, 其中

$$L[u]=\frac{\partial^2 u}{\partial x^2} \tag{3.3}$$

是二阶线性微分算子. 回顾 (1.11), 线性要求算子对于任一函数[①] u, v 和任意常数 c, 满足两个条件

① 我们自始至终假设函数是足够光滑的, 以便给出的导数是唯一定义的.

$$L[u+v]=L[u]+L[v], \quad L[cu]=cL[u]. \tag{3.4}$$

此外, 由于 L 只涉及 x 的微分, 对于任何不依赖于 x 的函数 $c(t)$, 它也满足

$$L[c(t)u]=c(t)L[u]. \tag{3.5}$$

当然, 还有许多其他可能的线性微分算子, 所以我们的抽象线性发展方程 (3.2) 可以表示各种不同的线性偏微分方程. 如若

$$L[u]=-c(x)\frac{\partial u}{\partial x}, \tag{3.6}$$

其中 $c(x)$ 是表示非均匀介质波速的函数, 则 (3.2) 成为我们在第 2 章中研究过的输运方程

$$\frac{\partial u}{\partial t}=-c(x)\frac{\partial u}{\partial x}. \tag{3.7}$$

如果

$$L[u]=\frac{1}{\sigma(x)}\frac{\partial}{\partial x}\left(\kappa(x)\frac{\partial u}{\partial x}\right), \tag{3.8}$$

其中 $\sigma(x)>0$ 表示热容量 (heat capacity) 且 $\kappa(x)>0$ 表示热导率 (thermal conductivity), 那么 (3.2) 成为*广义热方程* (generalized heat equation)

$$\frac{\partial u}{\partial t}=\frac{1}{\sigma(x)}\frac{\partial}{\partial x}\left(\kappa(x)\frac{\partial u}{\partial x}\right), \tag{3.9}$$

支配非均匀杆中的热扩散. 如果

$$L[u]=\frac{\partial^2 u}{\partial x^2}-\gamma u, \tag{3.10}$$

$\gamma>0$ 是正常数, 那么 (3.2) 成为*阻尼热方程* (damped heat equation)

$$\frac{\partial u}{\partial t}=\frac{\partial^2 u}{\partial x^2}-\gamma u, \tag{3.11}$$

可以模拟因热辐射而冷却的杆的温度. 我们甚至可以把 u 取为一个以上空间变量的函数, 例如 $u(t,x,y)$ 或 $u(t,x,y,z)$, 在这种情况下 (3.2) 就把板和固体的高维热方程囊括其中, 我们会在适当的时候加以研究. 在所有的情况下, 对算子 L 的关键要求是 (a) 线性, 以及 (b) 只容许对空间变量的求导.

为求解这样的线性发展方程, Fourier 富有创造力的想法就是直接改造一阶线性常微分方程组的本征解方法[20,23,89], 现在我们对此做些回顾. 起点是简单的标量常微分方程

$$\frac{\mathrm{d}u}{\mathrm{d}t}=\lambda u. \tag{3.12}$$

通解是一个指数函数

$$u(t)=c\mathrm{e}^{\lambda t}, \tag{3.13}$$

系数 c 是任意常数. 这一初步观察促成了求解一阶齐次线性常微分方程组

$$\frac{\mathrm{d}\boldsymbol{u}}{\mathrm{d}t}=A\boldsymbol{u} \tag{3.14}$$

的方法, 其中 A 是 $n\times n$ 常数矩阵. 通过类比, 我们寻求指数形式

$$\boldsymbol{u}(t)=\mathrm{e}^{\lambda t}\boldsymbol{v} \tag{3.15}$$

的解, 其中 $\boldsymbol{v}\in\mathbb{R}^n$ 是一个常数向量. 我们把这个*拟设* (ansatz)[①]代入方程. 一方面,

$$\frac{\mathrm{d}\boldsymbol{u}}{\mathrm{d}t}=\frac{\mathrm{d}}{\mathrm{d}t}\left(\mathrm{e}^{\lambda t}\boldsymbol{v}\right)=\lambda\mathrm{e}^{\lambda t}\boldsymbol{v}.$$

另一方面, 由于 $\mathrm{e}^{\lambda t}$ 是一个标量, 它可与矩阵乘法交换, 所以

$$A\boldsymbol{u}=A\mathrm{e}^{\lambda t}\boldsymbol{v}=\mathrm{e}^{\lambda t}A\boldsymbol{v}.$$

因此, $\boldsymbol{u}(t)$ 是方程组 (3.14) 的解, 当且仅当 $\boldsymbol{v}$ 满足

$$A\boldsymbol{v}=\lambda\boldsymbol{v}. \tag{3.16}$$

我们认出这就是求矩阵 A 本征值的*本征方程* (eigenequation). 即 (3.16) 有一个非零解 $\boldsymbol{v}\neq\mathbf{0}$ 当且仅当 λ 是一个*本征值* (eigenvalue) 且 $\boldsymbol{v}$ 是相应的*本征向量* (eigenvector). 每个本征值 λ 和本征向量 $\boldsymbol{v}$ 产生线性常微分方程组的一个指数变化的非零*本征解* (eigensolution) (3.15).

注记: 对于任何 $c\neq 0$ 而言, 本征向量的非零标量倍数 $\widehat{\boldsymbol{v}}=c\boldsymbol{v}$ 自动是同一本征值 λ 的另一个本征向量. 然而, 唯一的效果是本征解乘标量 c. 因此, 要获得独立解的完备系统, 我们只需要独立的本征向量.

为了简单起见, 也是因为我们将探讨的全部线性偏微分方程都有类似的性质, 设 $n\times n$ 矩阵 A 有实本征值 $\lambda_1,\lambda_2,\cdots,\lambda_n$ 且相应的线性无关实本征向量 $\boldsymbol{v}_1,\boldsymbol{v}_2,\cdots,\boldsymbol{v}_n$ 组成*完备* (complete) 系, 因此形成*基础空间* (underlying space)[②] $\mathbb{R}^n$ 的*本征向量基* (eigenvector basis). (我们容许本征值可能重复, 但要求所有的本征向量是独立的, 以避免多余的解.) 例如, 根据定理 B.26 (也见 [89; 定理 8.20]), 全体实对称矩阵 $A=A^\top$ 都是完备的. 复本征值导致复指数

① 德语 ansatz, 是指通过假定的特殊形式找到复杂方程一个解的方法. 通常, 假定将取决于一个或多个自由参数, 目前是属于标量 λ 的向量 $\boldsymbol{v}$ 的分量, 这有点碰运气, 可以调整以满足方程强加的要求. 因此, "ansatz" 合理的英语翻译是 "启发猜测". 译注: 译成拟设.

② 译注: 值得强调.

解, 其实部和虚部可用于构造相关的实数解. 不完备矩阵的本征向量数量不够且比较棘手, 求解相应的线性系统需要使用 Jordan 典范形式[89; §8.6]. 幸而我们这里不需要处理它, 技术上有点啰唆.

基于我们的完备性假设, 可以得到线性方程组 (3.14) 的 n 个独立的实指数本征解

$$\boldsymbol{u}_1(t)=\mathrm{e}^{\lambda_1 t}\boldsymbol{v}_1,\quad \boldsymbol{u}_2(t)=\mathrm{e}^{\lambda_2 t}\boldsymbol{v}_2,\quad \cdots,\quad \boldsymbol{u}_n(t)=\mathrm{e}^{\lambda_n t}\boldsymbol{v}_n.$$

定理 1.4 的线性叠加原理告诉我们, 对于任意标量 $c_1,c_2,\cdots,c_n$ 而言, 线性组合

$$c_1\boldsymbol{u}_1(t)+c_2\boldsymbol{u}_2(t)+\cdots+c_n\boldsymbol{u}_n(t)=c_1\mathrm{e}^{\lambda_1 t}\boldsymbol{v}_1+c_2\mathrm{e}^{\lambda_2 t}\boldsymbol{v}_2+\cdots+c_n\mathrm{e}^{\lambda_n t}\boldsymbol{v}_n \tag{3.17}$$

也是解. 一阶常微分方程组的基本存在性和唯一性定理[18,23,52], 意味着 (3.17) 形成了原线性方程组的通解 (general solution), 因此本征解构成解空间的基.

现在我们将这个开创性的想法用于构造出热方程 (3.1) 的指数变化解, 实际上适用于任意形式的线性发展方程 (3.2). 为此, 我们引入了一个类似的指数拟设:

$$u(t,x)=\mathrm{e}^{\lambda t}v(x), \tag{3.18}$$

这里用函数 $v(x)$ 替换了 (3.15) 中向量 $\boldsymbol{v}$. 我们将表达式 (3.18) 代入动态方程 (3.2). 一方面, 这个函数的时间导数是

$$\frac{\partial u}{\partial t}=\frac{\partial}{\partial t}\left[\mathrm{e}^{\lambda t}v(x)\right]=\lambda\mathrm{e}^{\lambda t}v(x).$$

另一方面, 根据 (3.5) 有

$$L[u]=L\left[\mathrm{e}^{\lambda t}v(x)\right]=\mathrm{e}^{\lambda t}L[v].$$

令两个表达式相等且消去相同的指数因子, 我们得出结论, $v(x)$ 必须满足线性微分算子 L 的*本征方程* (eigenequation)

$$L[v]=\lambda v, \tag{3.19}$$

其中 λ 是*本征值* (eigenvalue), 而 $v(x)$ 是相应的*本征函数* (eigenfunction). 每一对本征值和本征函数为偏微分方程 (3.2) 给出一个指数变化的本征解 (3.18). 随后, 我们借助线性叠加原理将由此产生的本征解组合起来, 形成另一个解. 关键的问题是, 偏微分方程容许无穷多个独立的本征解, 因此不能指望把通解写成一个有限的线性组合. 与之相反, 势必尝试着把解构造为本征解的*无穷级*

数 (infinite series). 然而, 证明这类级数解公式的合理性需要新的分析技巧与娴熟运用. 不是每个无穷级数都能收敛到一个真正的函数. 此外, 可微函数的收敛级数不一定收敛到可微函数, 因此该级数也许不能表示偏微分方程的 (经典) 解. 这再次提醒我们, 偏微分方程比起相对温顺的常微分方程表兄而言, 要狂放不羁得多.

为确定起见, 我们把注意力集中在由热方程 (3.3) 给出的线性算子 L 上. 如果 $v(x)$ 只是 x 的函数, 那么

$$L[v] = v''.$$

因此, 我们的方程 (3.19) 成为

$$v'' = \lambda v, \tag{3.20}$$

这是一个 $v(x)$ 的二阶线性常微分方程, 因而有两个线性无关的解. 显式解公式取决于本征值 λ 的符号, 可在任何一本常微分方程的基础教材中找到, 例如 [20,23]. 下表总结了实本征值 λ 的结果; 复数 λ 情形留给读者解习题 3.1.3. 由此产生的指数本征解也称为**可分离解** (separable solution), 以表明它们是只关于 t 的函数与只关于 x 的函数的乘积. 分离变量的一般方法是我们求解线性偏微分方程的主要工具之一, 将在第 4 章中详细展开.

热方程的实本征解

λ	本征函数 $v(x)$	本征解 $u(t,x)=\mathrm{e}^{\lambda t}v(x)$
$\lambda=-\omega^2<0$	$\cos\omega x,\quad \sin\omega x$	$\mathrm{e}^{-\omega^2 t}\cos\omega x,\quad \mathrm{e}^{-\omega^2 t}\sin\omega x$
$\lambda=0$	$1,\quad x$	$1,\quad x$
$\lambda=\omega^2>0$	$\mathrm{e}^{-\omega x},\quad \mathrm{e}^{\omega x}$	$\mathrm{e}^{\omega^2 t-\omega x},\quad \mathrm{e}^{\omega^2 t+\omega x}$

注记: 因此, 在边界条件空缺的情况下, 每个实数 λ 都有资格作为线性微分算子 (3.3) 的本征值, 而且有两个线性无关的本征函数, 从而热方程有两个线性无关的本征解. 与本征向量一样, 具有相同本征值的本征函数 (本征解) 的任意 (非零) 线性组合也是一个本征函数 (本征解). 因此, 前面的表只列出了独立的本征函数和本征解.

如上所述, 这些最基本的本征函数的任何*有限的* (finite) 线性组合自动都是解. 因此, 例如对于任意选择的常数 c_1,c_2,c_3,c_4 而言, 很容易验证

$$u(t,x) = c_1\mathrm{e}^{-t}\cos x + c_2\mathrm{e}^{-4t}\sin 2x + c_3 x + c_4$$

是热方程的一个解. 但是, 由于有无穷多个独立的本征函数, 我们不能指望能

将热方程的每个解都表示成本征解的一个有限线性组合. 因此, 我们必须学会如何处理本征解的*无穷级数* (infinite series).

注记: 第一类本征解 ($\lambda < 0$) 是指数衰减的, 这符合我们的物理直觉, 物体的温度应当如此. 第二类本征解在时间上是恒定的, 在物理上也是合理. 然而, 那些对应于正本征值 $\lambda > 0$ 的第三类本征解, 时间上是指数增长的. 在没有外部热源的情况下, 物体应该接近某种热平衡, 当然温度就不会是呈指数增长的! 但是要注意后一种本征解 (以及解 x) 在空间中是无界的, 因此包含无限量的热能从无穷远处向系统供热. 我们很快就会明白, 物理上正确的边界条件, 要么是在有界区间上给定, 要么是在很长距离上规定解的渐近行为, 这将把物理上合理的解与从数学上有效但与物理无关的解区分开来.

加热圆环

目前为止我们还没有关注到边界条件. 如上所述, 这些边界条件将没有物理意义的本征解排除在外, 从而简化为虽然是无穷多个但易于掌握的集合. 在本小节中, 我们将讨论一个特别重要的例子, 遵循 Fourier 的推理思路将我们直接引向 Fourier 级数的核心.

考虑区间 $-\pi \leqslant x \leqslant \pi$ 上服从*周期边界条件* (periodic boundary condition) 的热方程

$$\frac{\partial u}{\partial t} = \frac{\partial^2 u}{\partial x^2}, \quad u(t,-\pi) = u(t,\pi), \quad \frac{\partial u}{\partial x}(t,-\pi) = \frac{\partial u}{\partial x}(t,\pi), \tag{3.21}$$

其中 x 表示角向坐标, 模拟的物理问题是绝热圆环的热力学行为. 边界条件确保温度保持连续可微, 在连接点处角度从 $-\pi$ 切换到 π. 给定圆环的初始温度分布

$$u(0,x) = f(x), \quad -\pi \leqslant x \leqslant \pi. \tag{3.22}$$

我们的任务是确定后续各个时间 $t > 0$ 圆环的温度 $u(t,x)$.

我们看看前述的本征解是如何满足边界条件的. 将指数拟设 (3.18) 代入微分方程及其边界条件 (3.21), 我们得到函数 $v(x)$ 必须满足的周期边值问题

$$v'' = \lambda v, \quad v(-\pi) = v(\pi), \quad v'(-\pi) = v'(\pi). \tag{3.23}$$

我们的任务是找到使得 (3.23) 有*非零解* (nonzero solution) $v(x) \not\equiv 0$ 的那些 λ 值. 这就是本征值和本征函数.

如上所述, 有取决于 λ 的符号的三种情形. 首先, 假设 $\lambda = \omega^2 > 0$. 微分

方程的通解是

$$v(x) = a\mathrm{e}^{\omega x} + b\mathrm{e}^{-\omega x},$$

其中 a, b 是任意常数. 以边界条件代入, 我们发现 a, b 必须满足线性方程组

$$a\mathrm{e}^{-\omega\pi} + b\mathrm{e}^{\omega\pi} = a\mathrm{e}^{\omega\pi} + b\mathrm{e}^{-\omega\pi}, \quad a\omega\mathrm{e}^{-\omega\pi} - b\omega\mathrm{e}^{\omega\pi} = a\omega\mathrm{e}^{\omega\pi} - b\omega\mathrm{e}^{-\omega\pi}.$$

由于 $\omega \neq 0$, 第一式意味着 $a = b$, 第二式要求 $a = -b$. 因此, 满足两个边界条件的唯一方式是 $a = b = 0$, 所以 $v(x) \equiv 0$ 是一个平凡解. 结论是没有正的本征值.

其次, 如果 $\lambda = 0$, 那么常微分方程化简为 $v'' = 0$, 有解

$$v(x) = a + bx,$$

代入边界条件要求

$$a - b\pi = a + b\pi, \quad b = b,$$

第一式意味着 $b = 0$, 但这是唯一的条件. 由此, 任意常数函数 $v(x) \equiv a$ 是边值问题的解, 因而 $\lambda = 0$ 是一个本征值. 我们取 $v_0(x) \equiv 1$ 作为唯一的独立本征函数, 考虑到本征函数的任何常数倍也自动是本征函数. 我们将称 1 为零本征函数 (null eigenfunction), 表示它与零本征值 $\lambda = 0$ 相对应. 相应的本征解 (3.18) 是 $u(t, x) = \mathrm{e}^{0t} v_0(x) = 1$, 热方程的一个恒定解.

最后, 我们需要处理 $\lambda = -\omega^2 < 0$ 的情形. 现在, (3.23) 中微分方程的通解是三角函数:

$$v(x) = a\cos\omega x + b\sin\omega x. \tag{3.24}$$

由于

$$v'(x) = -a\omega\sin\omega x + b\omega\cos\omega x,$$

代入边界条件, 我们得到

$$a\cos\omega\pi - b\sin\omega\pi = a\cos\omega\pi + b\sin\omega\pi,$$
$$a\sin\omega\pi + b\cos\omega\pi = -a\sin\omega\pi + b\cos\omega\pi,$$

其中在第二式中已经消去了共同因子 ω. 这些方程化简为

$$2b\sin\omega\pi = 0, \quad 2a\sin\omega\pi = 0.$$

如果 $\sin\omega\pi \neq 0$, 那么 $a = b = 0$. 所以我们只有平凡解 $v(x) \equiv 0$. 因此, 要得到非零本征函数 (nonzero eigenfunction)[①], 我们必须有

① 译注: 值得强调.

$$\sin \omega\pi = 0,$$

这要求 $\omega = 1, 2, 3, \cdots$. 对于这样的 $\omega_k = k$, 每个 (every) 解

$$v(x) = a\cos kx + b\sin kx, \quad k = 1, 2, 3, \cdots$$

满足两个边界条件, 从而 (除非恒等于零) 可以作为边值问题的本征函数. 因此, 本征值 $\lambda_k = -k^2$ 容许一个二维函数空间, 基为 $v_k(x) = \cos kx$ 和 $\widetilde{v}_k(x) = \sin kx$.

因此, 初等三角函数

$$1, \quad \cos x, \quad \sin x, \quad \cos 2x, \quad \sin 2x, \quad \cos 3x, \quad \cdots \tag{3.25}$$

形成了周期边值问题 (3.23) 的独立本征函数系. 相应的指数变化的本征解是①

$$u_k(t, x) = \mathrm{e}^{-k^2 t}\cos kx, \quad \widetilde{u}_k(t, x) = \mathrm{e}^{-k^2 t}\sin kx, \quad k = 0, 1, 2, \cdots. \tag{3.26}$$

其中, 按照拟设每一个都是热方程 (3.21) 的解, 并且满足周期边界条件. 注意我们将 $\lambda_0 = 0$ 纳入 (3.26), 记住当 $k = 0$ 正弦函数是平凡解, 因此 $\widetilde{u}_0(t, x) \equiv 0$ 是不需要的. 所以零本征值 $\lambda_0 = 0$ 仅规定一个 (相差一个恒定倍数) 本征解, 而每个严格负的本征值 $\lambda_k = -k^2 < 0$ 规定有两个独立本征解.

注记: 为了完整起见, 还应考虑复本征值的可能性. 如果 $\lambda = \omega^2 \neq 0$, 其中 ω 现在容许是复值的, 则微分方程 (3.23) 的所有的解都形如

$$v(x) = a\mathrm{e}^{\omega x} + b\mathrm{e}^{-\omega x}.$$

周期边界条件要求

$$a\mathrm{e}^{-\omega\pi} + b\mathrm{e}^{\omega\pi} = a\mathrm{e}^{\omega\pi} + b\mathrm{e}^{-\omega\pi}, \quad a\omega\mathrm{e}^{-\omega\pi} - b\omega\mathrm{e}^{\omega\pi} = a\omega\mathrm{e}^{\omega\pi} - b\omega\mathrm{e}^{-\omega\pi}.$$

如果 $\mathrm{e}^{\omega\pi} \neq \mathrm{e}^{-\omega\pi}$, 或者等价地 $\mathrm{e}^{2\omega\pi} \neq 1$, 那么第一个条件意味着 $a = b$, 但是第二个条件意味着 $a = b = 0$, 故而 $\lambda = \omega^2$ 不是一个本征值. 因此, 本征值仅在 $\mathrm{e}^{2\omega\pi} = 1$ 时发生. 这意味着 $\omega = k\mathrm{i}$, 其中 k 是一个整数, 所以 $\lambda = -k^2$, 导致返回到已知的三角函数解. 我们将在稍后的 9.5 节中了解到, 基础边值问题的 "自伴" 结构意味着它的全部本征值都必须是实数且为正的. 因此, 上述分析的相当部分实际上有点多余.

我们的结论是, 热方程周期边值问题 (3.21)②有无穷多个独立本征解 (3.26). 如定理 1.4 所述线性叠加原理告诉我们的那样, 任何本征解的有限线性组合自

---

① 译注: 原文是 $u_k(x) = \cdots, \widetilde{u}_k(x) = \cdots$.

② 译注: 原文 periodic heat equation 实际上是热方程周期边值问题 (3.21) 的一个不确切简称, 因为是有周期性系数的微分方程的. 为此, 将后文出现的 periodic heat equation 改译为 "热方程周期边值问题".

动是热方程的解. 然而, 只有初始数据 $u(0,x)=f(x)$ 恰好是三角函数 (三角多项式) 的有限线性组合, 解才能有如此表示. Fourier 试图解决一般的初值问题, 绝妙的想法是建议采取无穷多个本征解的 "线性组合". 因此, 我们尝试将热方程满足周期边界条件 (3.21) 的通解表示为无穷级数形式[①]

$$u(t,x)=\frac{a_0}{2}+\sum_{k=1}^{\infty}\left(a_k\mathrm{e}^{-k^2t}\cos kx+b_k\mathrm{e}^{-k^2t}\sin kx\right). \tag{3.27}$$

其中系数 $a_0,a_1,a_2,\cdots,b_1,b_2,\cdots$ 是常数, 由初始条件确定. 事实上, 把我们建议的解 (3.27) 代入 (3.22), 得到

$$f(x)=u(0,x)=\frac{a_0}{2}+\sum_{k=1}^{\infty}(a_k\cos kx+b_k\sin kx). \tag{3.28}$$

因此, 我们必须将初始温度分布 $f(x)$ 表示为初等三角函数的无穷 Fourier 级数 (Fourier series). 一旦确定了 Fourier 系数 (Fourier coefficient) $a_0,a_1,a_2,\cdots,b_1,b_2,\cdots$, 我们期望相应的本征函数级数 (3.27) 为热方程的周期初–边值问题的解提供一个显式公式.

然而, 无穷级数比起有限求和来要微妙得多, 所以构造这种形式需要作严谨的数学分析使之处于严格的基础上. 关键问题是:

- 无穷三角 Fourier 级数何时收敛?
- 什么类型的函数 $f(x)$ 可以用收敛 Fourier 级数表示?
- 给定这样的函数, 我们如何确定它的 Fourier 系数 a_k,b_k?
- 我们可以微分一个 Fourier 级数吗?
- 结果是否实际形成了热方程初–边值问题的解?

这是 Fourier 分析中的一些基本问题, 在我们能够从实际求解热方程方面取得任何重大进展之前, 必须正确处理. 因此, 我们将暂时搁置偏微分方程, 开始详细研究 Fourier 级数的数学.

习题

3.1.1. 对于下列各微分算子, (i) 证明其线性性质; (ii) 证明 (3.5); (iii) 写出相应的线性发展方程 (3.2):

(a) $\dfrac{\partial}{\partial x}$. (b) $\dfrac{\partial}{\partial x}+1$. (c) $\dfrac{\partial^2}{\partial x^2}+3\dfrac{\partial}{\partial x}$. (d) $\dfrac{\partial}{\partial x}\mathrm{e}^x\dfrac{\partial}{\partial x}$. (e) $\dfrac{\partial^2}{\partial x^2}+\dfrac{\partial^2}{\partial y^2}$.

① 由于技术原因, 一个基本的零本征函数是 1/2 而不是 1. 作此选择的原因将在后续章节中显示.

3.1.2. 求热方程 $u_t=u_{xx}$ 在区间 $0\leqslant x\leqslant \pi$ 上所有的可分离本征解:

(a) 齐次 Dirichlet 边界条件 $u(t,0)=0, u(t,\pi)=0$. (b) 混合边界条件 $u(t,0)=0$, $u_x(t,\pi)=0$. (c) Neumann 边界条件 $u_x(t,0)=0, u_x(t,\pi)=0$.

♦ 3.1.3. 不必考虑边界条件, 通过容许本征值 λ 是复的, 完善热方程的本征解表.

3.1.4. 求出以下偏微分方程所有的可分离本征解:

(a) $u_t=u_x$. (b) $u_t=u_x-u$. (c) $u_t=xu_x$.

3.1.5. (a) 求阻尼热方程 $u_t=u_{xx}-u$ 的实本征解. (b) 哪些解满足周期边界条件 $u(t,-\pi)=u(t,\pi)$, $u_x(t,-\pi)=u_x(t,\pi)$?

3.1.6. 关于扩散输运方程 $u_t+cu_x=u_{xx}$, 解答习题 3.1.5, 模拟溶质在恒定波速 c 的均匀流动中扩散和输运的联合作用.

♥ 3.1.7. (a) 求半直线 $x>0$ 上扩散方程 $u_t=\left(x^2u_x\right)_x$ 的实本征解, 模拟在非均匀介质中的扩散. (b) 哪些解满足 Dirichlet 边界条件 $u(t,1)=u(t,2)=0$?

3.2 Fourier 级数

上一节有助于激励我们开发 Fourier 级数作为求解偏微分方程的工具. 我们的直接目标是将给定函数 $f(x)$ 表示为初等三角函数的收敛级数:

$$f(x)=\frac{a_0}{2}+\sum_{k=1}^{\infty}\left(a_k\cos kx+b_k\sin kx\right). \tag{3.29}$$

首要任务是确定 Fourier 系数 a_k, b_k 的公式, 只有这样, 我们才能去处理收敛问题.

解锁 Fourier 宝箱的关键是正交性. 回想在 Euclid 空间中的两个向量, 如果它们以直角相交, 就称作*正交的* (orthogonal). 更确切地说, $\boldsymbol{v},\boldsymbol{w}$ 是正交的当且仅当它们的点积为零: $\boldsymbol{v}\cdot\boldsymbol{w}=0$. 正交性, 尤其是正交基, 有许多深刻结果支撑着现代计算算法. 关于基参见 B.4 节, 有限维研究结果的充分细节参见 [89]. 在无穷维函数空间中, 如果没有正交性, 那么 Fourier 理论会更复杂, 果真如此的话, 应用就是完全不切实际的.

出发点是在函数空间上引入一个适当的内积, 担负起有限维情形中点积所起的作用. 至于经典 Fourier 级数, 对定义在区间 $[-\pi,\pi]$[①] 上的连续函数空间,

① 我们选择使用区间 $[-\pi,\pi]$ 纯为图个方便. 常见选择是在区间 $[0,2\pi]$ 上发展 Fourier 级数. 事实上, 由于初等三角函数是 2π–周期的, 任何长度为 2π 的区间同样也适用. 3.4 节讨论将 Fourier 级数与其他区间相适应的问题.

我们使用标度变换[①] L^2-内积 (rescaled L^2 inner product)

$$\langle f,g\rangle=\frac{1}{\pi}\int_{-\pi}^{\pi}f(x)g(x)\ \mathrm{d}x. \tag{3.30}$$

不难证明 (3.30) 满足定义 B.10 中所列基本内积公理. 相应的范数是

$$\|f\|=\sqrt{\langle f,f\rangle}=\sqrt{\frac{1}{\pi}\int_{-\pi}^{\pi}f(x)^2\mathrm{d}x}. \tag{3.31}$$

引理 3.1 *在标度变换 L^2 - 内积 (3.30) 下, 三角函数* $1,\cos x,\sin x,\cos 2x$, $\sin 2x,\cdots$ *满足以下正交关系:*

$$\begin{aligned}\langle\cos kx,\cos lx\rangle=\langle\sin kx,\sin lx\rangle=0,&\quad k\neq l,\\ \langle\cos kx,\sin lx\rangle=0,&\quad \text{所有的 } k,l,\\ \|1\|=\sqrt{2},\quad \|\cos kx\|=\|\sin kx\|=1,&\quad k\neq 0,\end{aligned} \tag{3.32}$$

其中 k 和 l 表示非负整数.

证明 公式直接由初等积分恒等式得到, 即对于所有的非负整数 k,l 成立

$$\int_{-\pi}^{\pi}\cos kx\cos lx\mathrm{d}x=\begin{cases}0, & k\neq l,\\ 2\pi, & k=l=0,\\ \pi, & k=l\neq 0;\end{cases}$$

$$\int_{-\pi}^{\pi}\sin kx\sin lx\mathrm{d}x=\begin{cases}0, & k\neq l,\\ \pi, & k=l\neq 0;\end{cases} \tag{3.33}$$

$$\int_{-\pi}^{\pi}\cos kx\sin lx\mathrm{d}x=0.$$

[证毕]

引理 3.1 意味着初等三角函数形成一个*正交系* (orthogonal system), 换句话说, 任何一对不同的三角函数在选定的内积下是正交的. 如果我们用 $1/\sqrt{2}$ 替换常数函数 1, 那么得到的函数将形成一个*规范正交系* (orthonormal system), 即它们都有范数 1. 然而, 额外的 $\sqrt{2}$ 还是有点累赘, 最好省略掉.

注记: 与所有的基本数学事实一样, 三角函数的正交性绝非偶然, 而是表明有更为深刻的东西正在发生. 实际上, 正交性是三角函数为 "自伴" 边值问题 (3.23) 的本征函数这个事实的推论, 这些本征函数形成与对称矩阵的正交本征向量相对应的函数空间, 参见定理 B.26. 一般架构将在 9.5 节中详细介绍, 然后我们运用于处理高维偏微分方程时遇到的更复杂的本征函数系.

我们如果不考虑收敛性问题, 那么用三角正交关系就可以确定 Fourier 系数: 在 (3.29) 两端与 $l>0$ 的 $\cos lx$ 取内积, 并运用内积的线性性质, 得到

① 译注: 值得强调.

$$\langle f, \cos lx \rangle = \frac{a_0}{2}\langle 1, \cos lx \rangle + \sum_{k=1}^{\infty} \left(a_k \langle \cos kx, \cos lx \rangle + b_k \langle \sin kx, \cos lx \rangle\right)$$
$$= a_l \langle \cos lx, \cos lx \rangle = a_l,$$

因为根据正交关系 (3.32), 除了第 l 项外所有的项都为零. 这是用来确定 Fourier 系数 a_l 的. 用 $\sin lx$ 作类似的运算得到 $b_l = \langle f, \sin lx \rangle$, 而与常数函数 1 的内积给出

$$\langle f, 1 \rangle = \frac{a_0}{2}\langle 1, 1 \rangle + \sum_{k=1}^{\infty} \left(a_k \langle \cos kx, 1 \rangle + b_k \langle \sin kx, 1 \rangle\right) = \frac{a_0}{2}\|1\|^2 = a_0,$$

这与前面当 $l = 0$ 时 a_l 的公式一致, 并且解释了我们为何在恒定项中额外添加因子 1/2. 因此, 若 Fourier 级数收敛到函数 $f(x)$, 则它的系数通过与基本三角函数取内积来确定.

定义 3.2 在 $-\pi \leqslant x \leqslant \pi$ 上定义的函数 $f(x)$ 的 Fourier 级数 (Fourier series) 为

$$f(x) \sim \frac{a_0}{2} + \sum_{k=1}^{\infty} \left(a_k \cos kx + b_k \sin kx\right), \tag{3.34}$$

其系数由内积公式

$$\begin{aligned} a_k &= \langle f, \cos kx \rangle = \frac{1}{\pi}\int_{-\pi}^{\pi} f(x) \cos kx \mathrm{d}x, \quad k = 0, 1, 2, \cdots, \\ b_k &= \langle f, \sin kx \rangle = \frac{1}{\pi}\int_{-\pi}^{\pi} f(x) \sin kx \mathrm{d}x, \quad k = 1, 2, \cdots \end{aligned} \tag{3.35}$$

确定.

函数 $f(x)$ 不能是完全任意的, 因为系数公式中的积分必须至少唯一定义且有限. 即便系数 (3.35) 是有限的, 也不能保证得到的无穷级数收敛; 即便无穷级数收敛也不能保证收敛于原函数 $f(x)$. 由于这些原因, 我们写出一个 Fourier 级数时, 往往用符号 ~ 而不用等号. 在解决这些关键问题之前, 我们先来研究一个基本例子.

例 3.3 考虑函数 $f(x) = x$. 利用分部积分求积分, 我们可以直接计算其 Fourier 系数:

$$a_0 = \frac{1}{\pi}\int_{-\pi}^{\pi} x \mathrm{d}x = 0,$$
$$a_k = \frac{1}{\pi}\int_{-\pi}^{\pi} x \cos kx \mathrm{d}x = \frac{1}{\pi}\left[\frac{x \sin kx}{k} + \frac{\cos kx}{k^2}\right]_{x=-\pi}^{\pi} = 0, \tag{3.36}$$

$$b_k = \frac{1}{\pi}\int_{-\pi}^{\pi} x\sin kx\mathrm{d}x = \frac{1}{\pi}\left[-\frac{x\cos kx}{k} + \frac{\sin kx}{k^2}\right]_{x=-\pi}^{\pi} = \frac{2}{k}(-1)^{k+1}.$$

由此得到的 Fourier 级数为

$$x \sim 2\left(\sin x - \frac{\sin 2x}{2} + \frac{\sin 3x}{3} - \frac{\sin 4x}{4} + \cdots\right). \tag{3.37}$$

建立这个无穷级数的收敛性远不是初等的, 使用包括比检验和根检验在内的标准微积分判据都无法确定. 即使我们知道级数 (对所有的 x) 收敛, 也肯定不清楚它收敛到什么样的函数. 事实上, 它不能处处收敛到函数 $f(x) = x$. 例如, 如果 $x = \pi$, 那么在 Fourier 级数中的各项都是零, 所以它收敛到 0, 这与 $f(\pi) = \pi$ 是不等的.

回想一下, 无穷级数收敛性是基于其*部分和* (partial sum) 序列收敛性的, 此时

$$s_n(x) = \frac{a_0}{2} + \sum_{k=1}^{n}(a_k\cos kx + b_k\sin kx). \tag{3.38}$$

根据定义, 当且仅当它的部分和有一个极限时, Fourier 级数在一点 x *收敛* (converge):

$$\lim_{n\to\infty} s_n(x) = \widetilde{f}(x), \tag{3.39}$$

它可能等于也可能不等于原函数 $f(x)$ 的值. 因此, 一个关键的要求是找到关于函数 $f(x)$ 的条件, 以保证 Fourier 级数收敛, 甚至更重要的是, 极限和函数重现原函数: $\widetilde{f}(x) = f(x)$. 下面将详细说明这一点.

注记: 形如 (3.38) 的有限 Fourier 和, 又称*三角多项式* (trigonometric polynomial). 这是因为借助三角恒等式, 可以用余弦函数和正弦函数将其重新表述为多项式 $P(\cos x, \sin x)$; 反之亦然, 每一个这样的多项式都可以唯一地写成这样的和; 有关详细信息, 参见 [89].

从三角多项式到 Fourier 级数的历程与从多项式到幂级数类似. 回想一下无穷次可微函数 $f(x)$ 在点 $x = 0$ 的 Taylor 级数是

$$f(x) \sim c_0 + c_1x + c_2x^2 + \cdots + c_nx^n + \cdots = \sum_{k=0}^{\infty} c_kx^k.$$

在那里, 根据 Taylor 公式, 系数 $c_k = \dfrac{f^{(k)}(0)}{k!}$ 是用点 $x = 0$ 处的导数而不是内积来表示的. 幂级数的部分和

$$s_n(x) = c_0 + c_1x + c_2x^2 + \cdots + c_nx^n = \sum_{k=0}^{n} c_kx^k$$

是一个普通多项式, 出现同样基本的收敛性问题.

表面上尽管似曾相识, 这两种理论实际上迥然不同. 的确, 虽然幂级数理论在微积分早期就已经确立, 但 Fourier 理论时至今日仍然存在悬而未决的基本问题. 实变量 x 的幂级数的收敛所在之处, 要么是处处, 要么是以 0 为中心的区间, 要么是在 0 以外的地方. 另一方面, Fourier 级数可以在相当奇特的集合上收敛. 其次, 幂级数收敛就收敛于解析函数, 其导数由幂级数求导表示. Fourier 级数可以收敛, 不仅可以收敛到连续函数, 而且还可以收敛到很多种不连续函数甚至更一般的某个形式. 因此, Fourier 级数的逐项微分是一个重要的问题.

一旦认识到两大主题的完全不同, 就会明白 Fourier 的惊人论断为什么最初广泛不被接受. 在此之前, 所有的函数都被视为是解析的. 事实上, Fourier 级数可能收敛到一个非解析甚至不连续函数, 这令人极其不安, 引发了对基础函数理论和微积分深刻的重新认识, 以函数和收敛性的现代定义为终结, 也就是今天在第一门分析课程学习到的那些[8,96,97]. 正是经过 19 世纪众多顶尖数学家的共同努力, 才坚实地建立了 Fourier 级数的严谨理论. 3.5 节只包含了最重要的细节, 而更全面的处理可以在高级书籍 [37,68,128]中找到.

习题

3.2.1. 求下列函数的 Fourier 级数: (a) $\operatorname{sign} x$. (b) $|x|$. (c) $3x-1$. (d) x^2. (e) $\sin^3 x$. (f) $\sin x\cos x$. (g) $|\sin x|$. (h) $x\cos x$.

3.2.2. 求下列函数的 Fourier 级数:

(a) $\begin{cases} 1, & |x|<\frac{1}{2}\pi, \\ 0, & \text{否则}. \end{cases}$ (b) $\begin{cases} 1, & \frac{1}{2}\pi<|x|<\pi, \\ 0, & \text{否则}. \end{cases}$ (c) $\begin{cases} 1, & \frac{1}{2}\pi<x<\pi, \\ 0, & \text{否则}. \end{cases}$

(d) $\begin{cases} x, & |x|<\frac{1}{2}\pi, \\ 0, & \text{否则}. \end{cases}$ (e) $\begin{cases} \cos x, & |x|<\frac{1}{2}\pi, \\ 0, & \text{否则}. \end{cases}$

3.2.3. 不用直接计算 Fourier 系数, 求出 $\sin^2 x$ 和 $\cos^2 x$ 的 Fourier 级数. 提示: 使用标准的三角恒等式.

♦ 3.2.4. 设 $g(x)=\frac{1}{2}p_0+\sum_{k=1}^{n}(p_k\cos kx+q_k\sin kx)$ 是三角多项式. 解释为什么它的 Fourier 系数对 $k\leqslant n$ 是 $a_k=p_k$ 和 $b_k=q_k$, 而对 $k>n$ 是 $a_k=b_k=0$.

3.2.5. 是/非: (a) 函数 $2f(x)$ 的 Fourier 级数是通过在 $f(x)$ 的 Fourier 级数中逐项乘 2 得到的. (b) 在 $f(x)$ 的 Fourier 级数中, 用 $2x$ 代替 x, 得到函数 $f(2x)$ 的 Fourier 级

数. (c) 通过 $f(x)$ 和 $g(x)$ 相应的 Fourier 系数相加, 可以求得 $f(x)+g(x)$ 的 Fourier 系数. (d) $f(x)g(x)$ 的 Fourier 系数, 可以通过 $f(x)$ 和 $g(x)$ 的相应 Fourier 系数相乘得到.

周期延拓

Fourier 级数的三角函数组成部分 (3.25) 都是周期为 2π 的周期函数. 因此, 如果级数收敛, 极限函数 $\widetilde{f}(x)$ 也必须是周期为 2π 的:

$$\text{对所有的 } x \in \mathbb{R}, \quad \widetilde{f}(x+2\pi)=\widetilde{f}(x).$$

Fourier 级数只能收敛到 2π– 周期函数 (periodic function). 因此, 期望 Fourier 级数 (3.37) 处处收敛到非周期函数 $f(x)=x$ 是不合理的. 相反地, 应该会收敛到它的 “周期延拓 (periodic extension)”, 这是我们现在定义的

引理 3.4 如果 $f(x)$ 是定义在 $-\pi<x\leqslant\pi$ 中的任意函数, 那么有唯一的 2π– 周期函数 $\widetilde{f}$, 称为 f 的 2π– 周期延拓, 对于所有的 $-\pi<x\leqslant\pi$ 满足 $\widetilde{f}(x)=f(x)$.

证明 形象地说, 函数 $f(x)$ 周期延拓的图像, 是通过不断将 $-\pi$ 和 π 之间函数图像部分复制到相邻长度为 2π 的区间上得到的; 图 3.1 给出了一个简单例子. 较为正式地说, 给定 $x\in\mathbb{R}$, 有唯一的整数 m 使得 $(2m-1)\pi<x\leqslant(2m+1)\pi$. $\widetilde{f}$ 的周期性导致我们定义

$$\widetilde{f}(x)=\widetilde{f}(x-2m\pi)=f(x-2m\pi). \tag{3.40}$$

特别地, 如果 $-\pi<x\leqslant\pi$, 那么 $m=0$, 因此对于这样的 x 有 $\widetilde{f}(x)=f(x)$. 得到的函数 $\widetilde{f}$ 是 2π– 周期的证明, 留下作为习题 3.2.8. [证毕]

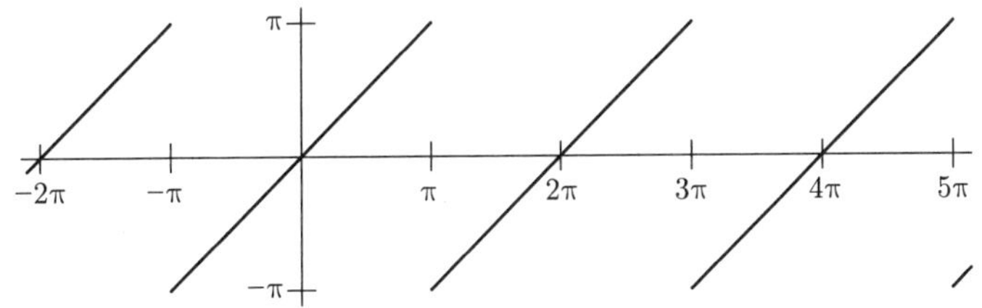

图 3.1 x 的 2π– 周期延拓

注记: 在引理 3.4 中, 构造周期延拓用的是右端点值 $f(\pi)$, 且要求 $\widetilde{f}(-\pi)=\widetilde{f}(\pi)=f(\pi)$. 另外, 还可以要求 $\widetilde{f}(\pi)=\widetilde{f}(-\pi)=f(-\pi)$, 如果 $f(-\pi)\neq f(\pi)$, 那么得到的函数 2π– 周期延拓略有不同. 没有先验理由决定哪一种更好. 事实

上, 我们会发现, Fourier 周期延拓 $\widetilde{f}(x)$ 的首选是取两个值的平均:

$$\widetilde{f}(\pi)=\widetilde{f}(-\pi)=\frac{1}{2}[f(\pi)+f(-\pi)], \tag{3.41}$$

然后修正奇数倍 π 上的函数值.

例 3.5 $f(x)=x$ 的 2π–周期延拓是图 3.1 中的“锯齿”函数 $\widetilde{f}(x)$. 在 $-\pi$ 和 π 之间的 x 处它们是相同的. 由于 $f(\pi)=\pi, f(-\pi)=-\pi$, 对于任意奇数 k 而言, 可令 Fourier 展开 (3.41) 中 $\widetilde{f}(k\pi)=0$. 即

$$\widetilde{f}(x)=\begin{cases} x-2m\pi, & (2m-1)\pi<x<(2m+1)\pi, \\ 0, & x=(2m-1)\pi, \end{cases} \text{其中} m \text{ 是任一整数.}$$

根据这个约定, 可以证明 Fourier 级数 (3.37) 处处收敛到 2π–周期延拓 $\widetilde{f}(x)$. 特别地,

$$2\sum_{k=1}^{\infty}(-1)^{k+1}\frac{\sin kx}{k}=\begin{cases} x, & -\pi<x<\pi, \\ 0, & x=\pm\pi. \end{cases} \tag{3.42}$$

这个例子虽然简单却有显然而非凡的推论. 例如, 我们若把 $x=\frac{1}{2}\pi$ 代入 (3.42) 再除以 2, 我们得到 Gregory 级数 (Gregory's series)

$$\frac{\pi}{4}=1-\frac{1}{3}+\frac{1}{5}-\frac{1}{7}+\frac{1}{9}-\cdots. \tag{3.43}$$

虽然这个惊人的公式早于 Fourier 理论 —— 事实上, 是 Leibniz最先发现的 —— 直接证明却非易事.

注记: 数值上 Gregory 级数虽然很迷人, 但是实践上很少用于 π 的实际计算, 因为它的收敛速度慢得难以容忍. 读者可能希望尝试加项, 以了解如何才能准确地计算出 π 的前两位十进制数字. 舍入误差[①](round-off error) 最终会困扰在任何合理精确度上数值计算求和的尝试.

习题

3.2.6. 绘出下列函数的 2π–周期延拓的图像. 哪些延拓是连续的? 哪些是可微的? (a) x^2. (b) $\left(x^2-\pi^2\right)^2$. (c) e^x. (d) $\mathrm{e}^{-|x|}$. (e) $\sinh x$. (f) $1+\cos^2 x$. (g) $\sin\frac{1}{2}\pi x$. (h) $\frac{1}{x}$. (i) $\frac{1}{1+x^2}$.

3.2.7. 绘制习题 3.2.2 中各函数的 2π–周期延拓图像.

① 译注: 值得强调.

♦ 3.2.8. 完善引理 3.4 的证明, 证明 $\widetilde{f}(x)$ 是 2π–周期的.

♦ 3.2.9. 设 $f(x)$ 是周期为 ℓ 的周期可积函数. 证明: 对于任意一个 a 而言,
(a) $\int_a^{a+\ell} f(x)\mathrm{d}x = \int_0^{\ell} f(x)\mathrm{d}x$. (b) $\int_0^{\ell} f(x+a)\mathrm{d}x = \int_0^{\ell} f(x)\mathrm{d}x$.

♥ 3.2.10. 设 $f(x)$ 是一个足够好的 2π–周期函数. (a) 证明 $f'(x)$ 是 2π–周期的. (b) 证明如果 $f(x)$ 是零均值 (mean zero) 的, 即 $\int_{-\pi}^{\pi} f(x)\mathrm{d}x = 0$, 那么 $g(x) = \int_0^x f(y)\mathrm{d}y$ 是 2π–周期的. (c) (b) 部分的结果是否依赖于 $g(x)$ 的积分下限为 0? (d) 更一般地, 证明如果 $f(x)$ 有均值 $m = \frac{1}{2\pi}\int_{-\pi}^{\pi} f(x)\mathrm{d}x$, 则函数 $g(x) = \int_0^x f(y)\mathrm{d}y - mx$ 是 2π–周期的.

♦ 3.2.11. 给定一个对 $0 \leqslant x \leqslant \ell$ 定义的函数 $f(x)$, 证明存在周期为 ℓ 的唯一周期函数, 在区间 $[0,\ell)$ 上与 f 相等. 如果 $\ell = 2\pi$, 那么与我们在本书中构造的周期延拓是否相同? 解释得到的答案. 尝试情形 $f(x) = x$ 作为示例.

3.2.12. 使用习题 3.2.11 中的方法构造和绘制下列函数的 1–周期延拓图像:
(a) x^2. (b) e^{-x}. (c) $\cos \pi x$. (d) $\begin{cases} 1, & |x| < \frac{1}{2}\pi, \\ 0, & \text{否则}. \end{cases}$

♠ 3.2.13. (a) 要计算 π 的前两位十进制数字, 要用 Gregory 级数 (3.43) 中的多少项? (b) 计算前 10 位十进制数字要用多少项? *提示*: 利用它是一个交替级数的事实. (c) 对于 (a) 部分, 尝试总结计算机上所需的项数, 并检查你是否获得了准确的结果.

分段连续函数

正如我们将看到的, 所有的连续可微的 2π–周期函数都可以表示为收敛的 Fourier 级数. 更广泛地说, 我们可以容许函数具有简单的不连续性.

定义 3.6 函数 $f(x)$ 称为在区间 $[a,b]$ 上分段连续的 (piecewise continuous), 是指可能除有限个点 $a \leqslant x_1 < x_2 < \cdots < x_n \leqslant b$ 外, 它都是有定义和连续的. 而且在每一个间断点上, 我们要求左极限和右极限

$$f\left(x_k^-\right) = \lim_{x \to x_k^-} f(x), \quad f\left(x_k^+\right) = \lim_{x \to x_k^+} f(x) \tag{3.44}$$

存在①.

图 3.2 中给出有代表性的分段连续函数的图像. 点 x_k 称为 $f(x)$ 的跳跃间断 (jump discontinuity), 且左极限值与右极限值之差

① 在端点 a, b 处只需存在单侧极限, 即 $f(a^+)$ 和 $f(b^-)$. 注意我们不要求 $f(x)$ 在 x_k 处有定义. 即使定义了 $f(x_k)$, 它也不一定等于左极限或右极限.

$$\beta_k = f\left(x_k^+\right) - f\left(x_k^-\right) = \lim_{x \to x_k^+} f(x) - \lim_{x \to x_k^-} f(x) \tag{3.45}$$

是跳跃幅度 (magnitude). 注意在间断处的函数值, 即甚至可能 $f\left(x_k\right)$ 没有定义, 对确定跳跃幅度不起任何作用. 如果函数 (当从左向右移动) 在 x_k 处跃升, 那么跳跃幅度是正的; 如果是跌落的, 那么跳跃幅度是负的. 如果跳跃幅度为零, $\beta_k = 0$, 左极限和右极限相等, 那么间断性是*可去的* (removable), 由此可以重新定义 $f\left(x_k\right) = f\left(x_k^+\right) = f\left(x_k^-\right)$ 使 $f(x)$ 在 $x = x_k$ 处连续. 因为可去间断性在理论或应用上没有任何作用, 所以它们总是可以无代价地去除掉.

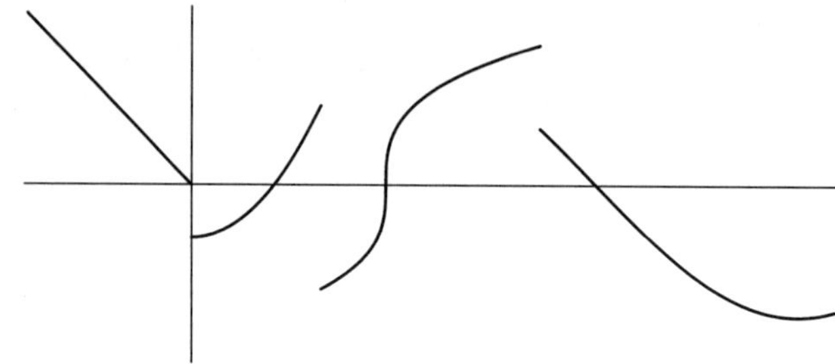

图 3.2 分段连续函数

分段连续函数最简单的例子是*单位阶跃函数* (unit step function)

$$\sigma(x) = \begin{cases} 1, & x > 0, \\ 0, & x < 0, \end{cases} \tag{3.46}$$

如图 3.3 所示. 在 $x = 0$ 处有幅度为 1 的跳跃间断:

$$\sigma\left(0^+\right) - \sigma\left(0^-\right) = 1 - 0 = 1,$$

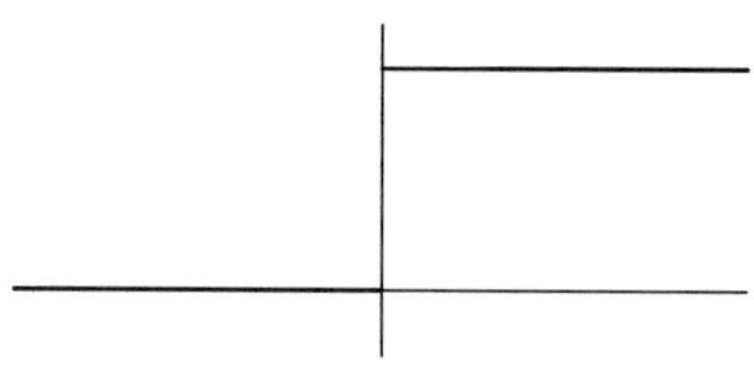

图 3.3 单位阶跃函数

而在其他地方处处连续, 而且确实是局部恒定的. 如果对阶跃函数作平移和标度变换, 我们得到函数

$$h(x)=\beta\sigma(x-\xi)=\begin{cases}\beta, & x>\xi,\\ 0, & x<\xi,\end{cases} \tag{3.47}$$

在 $x=\xi$ 处有幅度为 β 的跳跃间断.

如果 $f(x)$ 是 $[-\pi,\pi]$ 上的任一分段连续函数, 那么它的 Fourier 系数唯一定义, 积分 (3.35) 存在并且是有限的. 然而, 连续性不足以保证相关 Fourier 级数的收敛性.

定义 3.7 函数 $f(x)$ 称为区间 $[a,b]$ 上分段 (piecewise) C^1 的, 是指除了在有限个点 $a\leqslant x_1<x_2<\cdots<x_n\leqslant b$ 处, 它是有定义的, 连续且连续可微的. 在每个例外点上, 函数及其导数的左极限和右极限[①]都存在:

$$f\left(x_k^-\right)=\lim_{x\to x_k^-}f(x),\qquad f\left(x_k^+\right)=\lim_{x\to x_k^+}f(x),$$

$$f'\left(x_k^-\right)=\lim_{x\to x_k^-}f'(x),\quad f'\left(x_k^+\right)=\lim_{x\to x_k^+}f'(x).$$

有代表性的图像参见图 3.4. 对于分段 C^1 – 函数, 在某个例外点 x_k 上,

- 要么是左导数和右导数存在的一个跳跃间断 (jump discontinuity), 或者
- 要么存在一个拐角 (corner), 意味着在一点上 f 连续, $f(x_k^-)=f(x_k^+)$, 但左导数和右导数不等: $f'(x_k^-)\neq f'(x_k^+)$.

因此, 在包括跳跃间断性在内的各点上, $f(x)$ 的图像有唯一定义的左切线和右切线. 例如函数 $f(x)=|x|$ 是分段 C^1 的, 因为它处处连续且在 $x=0$ 有一个拐角, 而 $f'(0^+)=1$, $f'(0^-)=-1$.

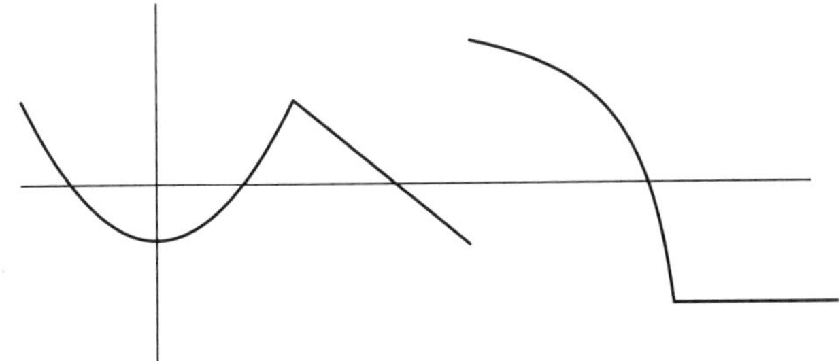

图 3.4 分段 C^1 – 函数

分段 C^n – 函数的定义是类似的. 要求除了有限个点外函数均有 n 阶连续导数. 而且在每一点上, 该函数及其所有的直到 n 阶导数都必须有唯一定义的左极限和右极限.

① 如前, 在端点处, 我们只需要适当的单侧极限 $f(a^+)$, $f'(a^+)$ 和 $f(b^-)$, $f'(b^-)$ 存在.

最后, 对所有的 $x \in \mathbb{R}$ 定义的函数 $f(x)$ 是分段 (C^1 或 C^n) 连续的, 前提是它在任何有界区间上是分段 (C^1 或 C^n) 连续的. 因此, $\mathbb{R}$ 上的分段连续函数可以有无穷多处间断, 但不容许它们在任何有限极限点上聚集. 特别地, 2π–周期函数 $\widetilde{f}(x)$ 是分段连续的, 当且仅当它在区间 $[-\pi,\pi]$ 上是分段连续的.

习题

3.2.14. 求出以下分段连续函数的间断性和跳跃幅度:
(a) $2\sigma(x)+\sigma(x+1)-3\sigma(x-1)$. (b) $\operatorname{sign}\left(x^2-2x\right)$. (c) $\sigma\left(x^2-2x\right)$. (d) $\left|x^2-2x\right|$. (e) $\sqrt{|x-2|}$. (f) $\sigma(\sin x)$. (g) $\operatorname{sign}(\sin x)$. (h) $|\sin x|$. (i) $\mathrm{e}^{\sigma(x)}$. (j) $\sigma\left(\mathrm{e}^x\right)$.(k)$\mathrm{e}^{|x-2|}$.

3.2.15. 绘制下列分段连续函数的图像, 列出所有的间断性和跳跃幅度.

(a) $\begin{cases} \mathrm{e}^x, & 1<|x|<2, \\ 0, & \text{否则}. \end{cases}$ (b) $\begin{cases} \sin x, & 0<x<\dfrac{1}{2}\pi, \\ 0, & \text{否则}. \end{cases}$ (c) $\begin{cases} \dfrac{\sin x}{x}, & 0<|x|<2\pi, \\ 1, & x=0, \\ 0, & \text{否则}. \end{cases}$

(d) $\begin{cases} x, & |x|\leqslant 1, \\ x^2, & |x|>1. \end{cases}$ (e) $\begin{cases} x, & -1<x<0, \\ \sin x, & 0<x<\pi, \\ 0, & \text{否则}. \end{cases}$ (f) $\begin{cases} -\dfrac{1}{x}, & |x|\geqslant 1, \\ \dfrac{2}{1+x^2}, & |x|<1. \end{cases}$

3.2.16. 习题 3.2.14 和习题 3.2.15 中的函数是分段 C^1 的吗? 如果是, 列出全部拐角.

3.2.17. 证明 n 阶斜坡函数 (ramp function) $\rho_n(x-\xi)=\begin{cases} \dfrac{(x-\xi)^n}{n!}, & x>\xi, \\ 0, & x<\xi, \end{cases}$ 对任何 $k\geqslant 0$ 是分段 C^k 的.

3.2.18. $x^{1/3}$ 是分段连续的吗? 是分段 C^1 的? 是分段 C^2 的?

3.2.19. 对下列函数回答习题 3.2.18:

(a) $\sqrt{|x|}$. (b) $\dfrac{1}{x}$. (c) $\mathrm{e}^{-1/|x|}$. (d) $x^3\sin\dfrac{1}{x}$. (e) $|x|^3$. (f) $|x|^{3/2}$.

3.2.20. (a) 给出一个连续但不是分段 C^1 函数的例子. (b) 给出一个分段 C^1 但不是分段 C^2 的例子.

3.2.21. (a) 证明两个分段连续函数之和 $f+g$ 是分段连续的. (b) $f+g$ 的跳跃间断在哪里? 跳跃幅度是多少? (c) 通过对习题 3.2.14 的 (a) 和 (b) 部分的函数进行总结, 检验你的结论.

3.2.22. 给出两个分段连续 (但不连续) 函数 f,g 的例子, 它们的和 $f+g$ 是连续的. 你能表征所有这样的一对函数吗?

♦ 3.2.23. (a) 证明若 $f(x)$ 在 $[-\pi,\pi]$ 上是分段连续的, 则其在 $\mathbb{R}$ 上所有的 2π–周期延拓是分段连续的. 它的跳跃间断在哪里? (b) 同样地, 证明如果 $f(x)$ 是分段 C^1 的, 则其周期延拓为分段 C^1 的. 拐角在哪里?

3.2.24. 是/非: (a) 如果 $f(x)$ 是一个分段连续函数, 它的绝对值 $|f(x)|$ 是分段连续的. 若是, 跳跃及其幅度是多少? (b) 如果 $f(x)$ 是分段 C^1 的, 那么 $|f(x)|$ 是分段 C^1 的. 若是, 拐角是多少?

收敛定理

现在我们可以陈述 Fourier 级数的基本收敛定理. 不过, 我们将有关证明的讨论押后至 3.5 节的末尾.

定理 3.8 如果 $\widetilde{f}(x)$ 是一个 2π–周期的分段 C^1–函数, 那么对于任何 $x\in\mathbb{R}$, 其 Fourier 级数收敛到

$$\begin{array}{ll} \widetilde{f}(x), & \text{如果 } \widetilde{f} \text{ 在 } x \text{ 处连续;} \\ \dfrac{1}{2}\left[\widetilde{f}\left(x^{+}\right)+\widetilde{f}\left(x^{-}\right)\right], & \text{如果在 } x \text{ 处有跳跃间断.} \end{array}$$

因此, 在所有的连续点上, Fourier 级数按预期收敛到 $\widetilde{f}(x)$. 在间断点上, 显然无法决定收敛到左极限还是右极限, 所以最终 “折中” 收敛到它们的平均, 见图 3.5. 如果我们重新定义 $\widetilde{f}(x)$ 在其跳跃间断上有极限值的平均, 因而

$$\widetilde{f}(x)=\frac{1}{2}\left[\widetilde{f}\left(x^{+}\right)+\widetilde{f}\left(x^{-}\right)\right] \tag{3.48}$$

等式在所有的连续点上自动成立, 那么定理 3.8 就说, Fourier 级数处处收敛到 2π–周期的分段 C^1–函数 $\widetilde{f}(x)$.

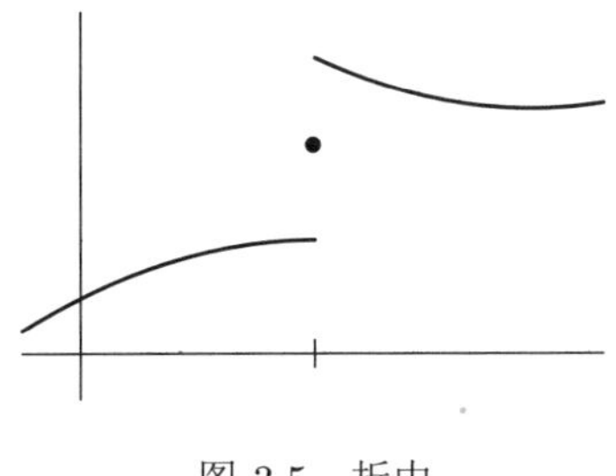

图 3.5 折中

例 3.9 设 $\sigma(x)$ 表示单位阶跃函数 (3.46). 它的 Fourier 系数容易计算:

$$a_0=\frac{1}{\pi}\int_{-\pi}^{\pi}\sigma(x)\mathrm{d}x=\frac{1}{\pi}\int_{0}^{\pi}\mathrm{d}x=1;$$

$$a_k = \frac{1}{\pi}\int_{-\pi}^{\pi} \sigma(x)\cos kx\mathrm{d}x = \frac{1}{\pi}\int_{0}^{\pi} \cos kx\mathrm{d}x = 0;$$

$$b_k = \frac{1}{\pi}\int_{-\pi}^{\pi} \sigma(x)\sin kx\mathrm{d}x = \frac{1}{\pi}\int_{0}^{\pi} \sin kx\mathrm{d}x = \begin{cases} \dfrac{2}{k\pi}, & k = 2l+1 \text{ 为奇数}, \\ 0, & k = 2l \text{ 为偶数}. \end{cases}$$

因此, 单位阶跃函数的 Fourier 级数为

$$\sigma(x) \sim \frac{1}{2} + \frac{2}{\pi}\left(\sin x + \frac{\sin 3x}{3} + \frac{\sin 5x}{5} + \frac{\sin 7x}{7} + \cdots\right). \tag{3.49}$$

根据定理 3.8, Fourier 级数将收敛到 2π– 周期延拓,

$$\widetilde{\sigma}(x) = \begin{cases} 0, & (2m-1)\pi < x < 2m\pi, \\ 1, & 2m\pi < x < (2m+1)\pi, \text{ 其中 } m \text{ 是任意整数}, \\ \dfrac{1}{2}, & x = m\pi, \end{cases}$$

图像绘制在图 3.6 中. 可以看到, 根据定理 3.8, $\widetilde{\sigma}(x)$ 在跳跃间断 0, $\pm\pi$, $\pm 2\pi$, $\cdots$ 上取中点值 $\dfrac{1}{2}$.

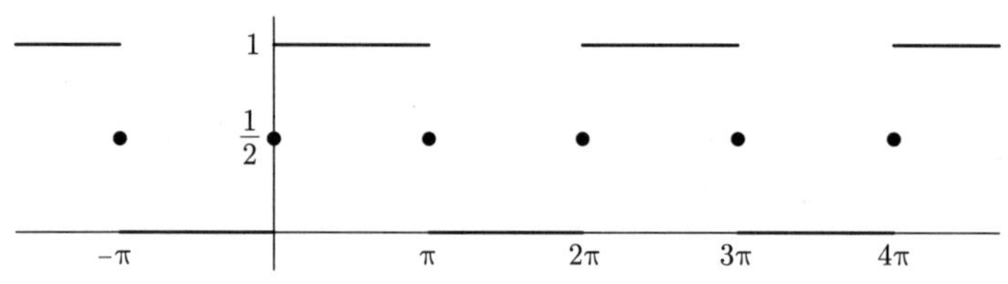

图 3.6 2π– 周期的阶跃函数

详细研究这一特定 Fourier 级数的收敛性, 具有一定的指导意义. 图 3.7 显示了前几个部分和的图像, 分别取 $n = 4, 10$ 和 20 项. 读者会注意到, 在远离间断性的地方这个级数的确似乎是在收敛, 尽管速度很慢. 然而, 在跳跃间断附近有一个过冲 (overshoot)[①], 跳跃幅度约 9% 且始终如一. 随着项数增加, 发生过冲的区域变得越来越窄, 但不管有多少项求和, 过冲幅度实际仍然保持不变. 这是美国物理学家 Josiah Gibbs最先提到的, 现在称为 Gibbs 现象 (Gibbs phenomenon). Gibbs 过冲显示了 Fourier 级数的微妙非一致收敛性.

① 译注: 强调号是译者加的, 鉴于 Gibbs 现象对理解 Fourier 级数的重要性.

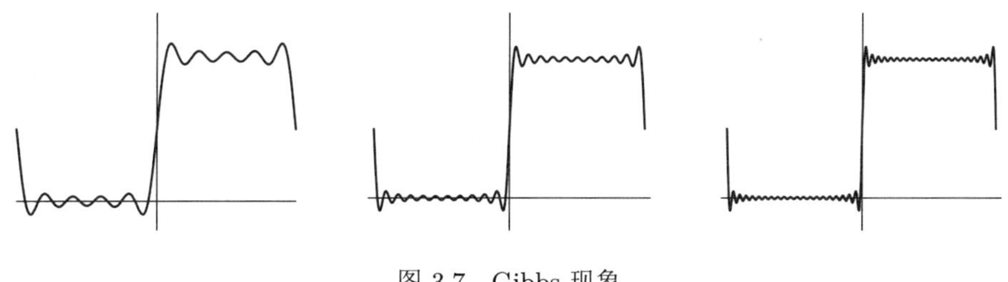

图 3.7 Gibbs 现象

习题

3.2.25. (a) 草绘 2π−周期半波 $f(x)=\begin{cases}\sin x, & 0<x\leqslant\pi,\\ 0, & -\pi\leqslant x<0.\end{cases}$ 的示意图. (b) 求其 Fourier 级数. (c) 绘制前五项 Fourier 级数图像并与函数比较. (d) 讨论 Fourier 级数的收敛性.

3.2.26. 对余弦半波 $f(x)=\begin{cases}\cos x, & 0<x\leqslant\pi,\\ 0, & -\pi\leqslant x<0,\end{cases}$ 解答习题 3.2.25.

3.2.27. (a) 求 $f(x)=\mathrm{e}^x$ 的 Fourier 级数. (b) 当 x 取何值时 Fourier 级数是收敛的? (c) 绘制它收敛的函数的图像.

♠ 3.2.28. (a) 使用绘图软件包研究函数 x 的 Fourier 级数 (3.37) 的 Gibbs 现象. 确定在间断处部分和的过冲幅度. (b) 在 $x=2.0$ 处, 逼近函数到两位小数需要用多少项? 在 $x=3.0$ 处呢?

3.2.29. 使用单位阶跃函数的 Fourier 级数 (3.49) 重新导出 Gregory 级数 (3.43).

♦ 3.2.30. 设 a_k, b_k 是函数 $f(x)$ 的 Fourier 系数. (a) Fourier 级数 $\dfrac{a_0}{2}+\sum\limits_{k=1}^{\infty}(a_k\cos 2kx+b_k\sin 2kx)$ 收敛到哪个函数? 提示: 答案不是 $f(2x)$. (b) 用 $f(x)=x$ 的 Fourier 级数 (3.37) 测试你的答案.

偶函数与奇函数

我们已经注意到函数 $f(x)=x$ 的 Fourier 余弦系数都是 0. 这不是偶然的, 相反地缘于 x 是一个奇函数这一事实. 首先回顾一下基本定义:

定义 3.10 函数称为偶的 (even), 是指 $f(-x)=f(x)$. 函数称为奇的 (odd), 是指 $f(-x)=-f(x)$.

例如, 函数 1, $\cos kx$ 和 x^2 都是偶函数, 而 x, $\sin kx$ 和 $\operatorname{sign} x$ 都是奇函数. 注意, 奇函数必须具有 $f(0)=0$. 我们需要三个基本引理, 它们的证明留给读者.

引理 3.11 两个偶函数之和 $f(x)+g(x)$ 是偶函数; 两个奇函数之和是奇函数.

注记: 每个函数都可以表示为偶函数和奇函数之和, 参阅习题 3.2.32.

引理 3.12 两个偶函数或两个奇函数的乘积 $f(x)g(x)$ 是偶函数. 偶函数与奇函数的乘积是奇函数.

引理 3.13 若 $f(x)$ 是奇函数并在对称区间 $[-a,a]$ 上可积, 则 $\int_{-a}^{a} f(x)\mathrm{d}x=0$. 若 $f(x)$ 是偶函数并且可积, 那么 $\int_{-a}^{a} f(x)\mathrm{d}x=2\int_{0}^{a} f(x)\mathrm{d}x$.

下一个结果是应用引理 3.12 和引理 3.13 的 Fourier 系数的积分公式[①](3.35) 的直接推论.

命题 3.14 若 $f(x)$ 是偶函数, 则它的 Fourier 正弦系数全部为零, $b_k=0$, 所以 $f(x)$ 可以用 Fourier 余弦级数表示:

$$f(x) \sim \frac{a_0}{2}+\sum_{k=1}^{\infty} a_k \cos kx, \tag{3.50}$$

其中

$$a_k=\frac{2}{\pi} \int_0^{\pi} f(x) \cos kx \mathrm{d}x, \quad k=0,1,2,3,\cdots. \tag{3.51}$$

若 $f(x)$ 是奇函数, 则它的 Fourier 余弦系数为零, $a_k=0$, 所以 $f(x)$ 可以用 Fourier 正弦级数表示:

$$f(x) \sim \sum_{k=1}^{\infty} b_k \sin kx, \tag{3.52}$$

其中

$$b_k=\frac{2}{\pi} \int_0^{\pi} f(x) \sin kx \mathrm{d}x, \quad k=1,2,3,\cdots. \tag{3.53}$$

反之, 收敛的 Fourier 余弦级数总是表示一个偶函数, 而收敛的 Fourier 正弦级数总是表示一个奇函数.

例 3.15 绝对值 $f(x)=|x|$ 是一个偶函数, 因此有 Fourier 余弦级数. 系数是

$$a_0=\frac{2}{\pi} \int_0^{\pi} x \mathrm{d}x=\pi, \tag{3.54}$$

---

① 译注: 原文为 Fourier integrals, 非常容易与后面的 Fourier 积分混淆.

$$a_k = \frac{2}{\pi}\int_0^{\pi} x\cos kx\mathrm{d}x = \frac{2}{\pi}\left[\frac{x\sin kx}{k} + \frac{\cos kx}{k^2}\right]_{x=0}^{\pi} = \begin{cases} 0, & 0 \neq k\text{为偶数}, \\ -\dfrac{4}{k^2\pi}, & k\text{为奇数}. \end{cases}$$

因此

$$|x| \sim \frac{\pi}{2} - \frac{4}{\pi}\left(\cos x + \frac{\cos 3x}{9} + \frac{\cos 5x}{25} + \frac{\cos 7x}{49} + \cdots\right). \tag{3.55}$$

根据定理 3.8, 该 Fourier 余弦级数收敛于 $|x|$ 的 2π–周期延拓成的“锯齿函数”, 如图 3.8 中所示.

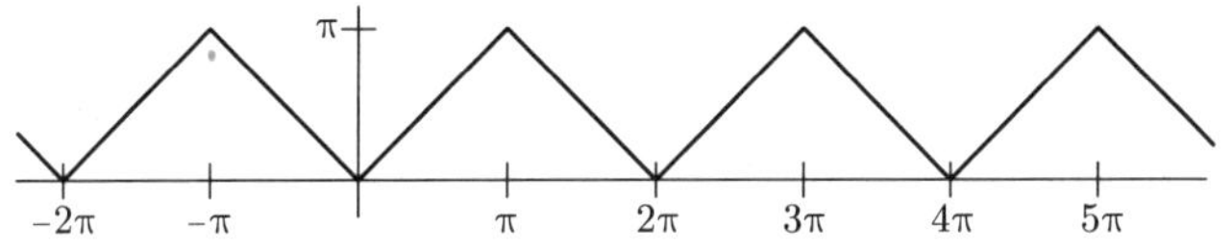

图 3.8 $|x|$ 的 2π–周期延拓

特别是当用 $x=0$ 代入时, 我们得到另一个有趣的级数:

$$\frac{\pi^2}{8} = 1 + \frac{1}{9} + \frac{1}{25} + \frac{1}{49} + \cdots = \sum_{j=0}^{\infty}\frac{1}{(2j+1)^2}. \tag{3.56}$$

它比 Gregory 级数 (3.43) 收敛得要快, 不仅如此, 虽然在这个方面远非最优, 但可用于计算 π 的合理逼近. 可以进一步运用这一结果来计算级数和

$$S = \sum_{k=1}^{\infty}\frac{1}{k^2} = 1 + \frac{1}{4} + \frac{1}{9} + \frac{1}{16} + \frac{1}{25} + \frac{1}{36} + \frac{1}{49} + \cdots.$$

我们注意到

$$\frac{S}{4} = \sum_{k=1}^{\infty}\frac{1}{4k^2} = \sum_{k=1}^{\infty}\frac{1}{(2k)^2} = \frac{1}{4} + \frac{1}{16} + \frac{1}{36} + \frac{1}{64} + \cdots.$$

因此, 由 (3.56),

$$\frac{3}{4}S = S - \frac{S}{4} = 1 + \frac{1}{9} + \frac{1}{25} + \frac{1}{49} + \cdots = \frac{\pi^2}{8},$$

由此得到结论

$$S = \sum_{k=1}^{\infty}\frac{1}{k^2} = 1 + \frac{1}{4} + \frac{1}{9} + \frac{1}{16} + \frac{1}{25} + \cdots = \frac{\pi^2}{6}. \tag{3.57}$$

注记: 数论中最著名的函数, 也是数学中最著名问题 Riemann 假设 (Riemann hypothesis) 的发端, 是 Riemann ζ–函数 (Riemann zeta function)

$$\zeta(s)=\sum_{k=1}^{\infty}\frac{1}{k^s}. \tag{3.58}$$

公式 (3.57) 表明 $\zeta(2)=\frac{1}{6}\pi^2$. 事实上, 任何正偶整数 $s=2j$ 的 ζ–函数的值是 π 的有理多项式[9]. 由于它对质数研究的重要性, 找出 ζ–函数的所有的复零点将赢得 100 万美元奖金, 详见 Clay 数学研究所网站.

在 $[0,\pi]$ 上定义的任一函数 $f(x)$ 都有到 $[-\pi,\pi]$ 上唯一的**偶延拓** (even extension), 通过对 $-\pi\leqslant x<0$ 设 $f(-x)=f(x)$, 而且还有唯一的**奇延拓** (odd extension), 这里 $f(-x)=-f(x)$ 和 $f(0)=0$. 这些依次可以周期性地延拓到整条实线上. $f(x)$ 的 Fourier **余弦级数**是由公式 (3.50—51) 定义的, 它表示 2π–周期偶延拓. 同样, 公式 (3.52—53) 定义了 $f(x)$ 的 Fourier **正弦级数**, 表示其 2π–周期奇延拓.

例 3.16 设 $f(x)=\sin x$. Fourier 余弦系数有

$$a_k=\frac{2}{\pi}\int_0^{\pi}\sin x\cos kx\,\mathrm{d}x=\begin{cases}\dfrac{4}{(1-k^2)\,\pi}, & k\ 为偶数,\\ 0, & k\ 为奇数.\end{cases}$$

由此产生的余弦级数表示 $\sin x$ 的 2π–周期偶延拓, 即

$$|\sin x|\sim\frac{2}{\pi}-\frac{4}{\pi}\sum_{j=1}^{\infty}\frac{\cos 2jx}{4j^2-1}.$$

另一方面, $f(x)=\sin x$ 已经是奇函数, 所以它的 Fourier 正弦级数与它的普通 Fourier 级数重合, 即 $\sin x$, 所有的其他的 Fourier 正弦系数为零; 换言之 $b_1=1$, 而对 $k>1$ 有 $b_k=0$.

习题

3.2.31. 以下函数是偶函数、奇函数抑或两者都不是?
(a) x^2. (b) e^x. (c) $\sinh x$. (d) $\sin\pi x$. (e) $\frac{1}{x}$. (f) $\frac{1}{1+x^2}$. (g) $\arctan x$.

♦ 3.2.32. 证明 (a) 两个偶函数之和是偶函数. (b) 两个奇函数之和是奇函数. (c) 所有的函数都是偶函数和奇函数之和.

♦ 3.2.33. (a) 证明引理 3.12. (b) 证明引理 3.13.

3.2.34. 如果 $f(x)$ 是奇函数, 那么 $f'(x)$ 是 (i) 偶函数? (ii) 奇函数? (iii) 两者都不是? (iv) 可以是两者吗?

3.2.35. 如果 $f'(x)$ 是偶函数, 是否 $f(x)$ 是 (i) 偶函数? (ii) 奇函数? (iii) 两者都不是? (iv) 可以是两者吗? 如何将你的答案与习题 3.2.34 相一致?

3.2.36. 对于 $f''(x)$ 回答习题 3.2.34

3.2.37. 是/非: (a) 如果 $f(x)$ 是奇函数, 它的 2π–周期延拓是奇函数. (b) 如果 $f(x)$ 的 2π–周期延拓是奇函数, 那么 $f(x)$ 是奇函数.

3.2.38. 令 $\widetilde{f}(x)$ 表示在 $[0,\pi]$ 上定义的函数 $f(x)$ 的 2π–周期 Fourier 奇延拓. 解释对任何整数 k 而言, 为什么 $\widetilde{f}(k\pi)=0$.

3.2.39. 构造和绘制函数 $f(x)=1-x$ 的 2π–周期奇延拓和偶延拓的图像. 它们的 Fourier 级数是什么? 讨论各自的收敛性.

3.2.40. 求 Fourier 级数并讨论收敛性:

(a) 盒子函数 $b(x)=\begin{cases} 1, & |x|<\dfrac{1}{2}\pi, \\ 0, & \dfrac{1}{2}\pi<|x|<\pi. \end{cases}$

(b) 帽子函数 $h(x)=\begin{cases} 1-|x|, & |x|<1, \\ 0, & 1<|x|<\pi. \end{cases}$

3.2.41. 求以下函数的 Fourier 正弦级数和 Fourier 余弦级数. 然后绘出级数收敛函数的图像. (a) 1. (b) $\cos x$. (c) $\sin^3 x$. (d) $x(\pi-x)$.

3.2.42. 求双曲函数 $\cosh mx$ 和 $\sinh mx$ 的 Fourier 级数.

3.2.43. (a) 求函数 $|\sin x|$ 的 Fourier 余弦级数. (b) 利用该级数求无穷和 $\sum\limits_{k=1}^{\infty}(4k^2-1)^{-1}$ 和 $\sum\limits_{k=1}^{\infty}(-1)^{k-1}\left(4k^2-1\right)^{-1}$.

3.2.44. 是/非: 函数 $f(x)$ 的 Fourier 正弦级数与余弦级数之和是 $f(x)$ 的 Fourier 级数. 如若不真, 那么组合的 Fourier 级数表示什么函数?

3.2.45. (a) 证明: 如果一个函数的周期是 π, 那么它的 Fourier 级数只包含偶数项, 即每当 $k=2j+1$ 是奇数时 $a_k=b_k=0$. (b) 如果周期是 $\dfrac{1}{2}\pi$ 呢?

3.2.46. 什么条件下 $f(x)$ 的 Fourier 正弦级数只包含偶数项, 也就是说, 每当 k 是奇数时它的 Fourier 正弦系数 $b_k=0$?

♠ 3.2.47. 绘制 Fourier 级数 (3.55) 的部分和 $s_3(x), s_5(x), s_{10}(x)$ 的图像. 注意到 Gibbs 现象了吗? 如果有, 过冲幅度是多大? 如果没有, 试解释之.

3.2.48. 在单位阶跃函数 $\sigma(x)$ 的情形, 解释为什么所有的 Fourier 余弦系数为零, $a_k=0$, 除 $a_0=1$ 之外.

♠ 3.2.49. 在 (3.56) 中要用多少项求和逼近 π 才能精确到两位小数? 精确到十位小数呢?

3.2.50. 证明

$$\sum_{k=1}^{\infty}\frac{(-1)^{k-1}}{k^2}=1-\frac{1}{4}+\frac{1}{9}-\frac{1}{16}+\frac{1}{25}-\frac{1}{36}+\frac{1}{49}-\cdots=\frac{\pi^2}{12}.$$

复 Fourier 级数

对 Fourier 级数的另一种处理通常更为方便, 用复指数函数取代正弦函数和余弦函数. 事实上, Euler 公式

$$\mathrm{e}^{\mathrm{i}kx} = \cos kx + \mathrm{i}\sin kx, \quad \mathrm{e}^{-\mathrm{i}kx} = \cos kx - \mathrm{i}\sin kx \tag{3.59}$$

表明可以按照复指数函数写出三角函数

$$\cos kx = \frac{\mathrm{e}^{\mathrm{i}kx} + \mathrm{e}^{-\mathrm{i}kx}}{2}, \quad \sin kx = \frac{\mathrm{e}^{\mathrm{i}kx} - \mathrm{e}^{-\mathrm{i}kx}}{2\mathrm{i}}. \tag{3.60}$$

所以, 我们可以很容易地在两种表示之间来回转换.

就像它们的前身三角函数那样, 复指数函数也被赋予了基本的正交性. 但在这里, 由于我们处理的是区间 $[-\pi, \pi]$ 上复值函数向量空间, 就要使用标度变换 L^2-Hermite 内积 (Hermitian inner product)

$$\langle f, g\rangle = \frac{1}{2\pi}\int_{-\pi}^{\pi} f(x)\overline{g(x)}\mathrm{d}x, \tag{3.61}$$

其中对第二个被积函数取复共轭, 用加上横线所示. 这是必不可少的, 以确保对于所有的非零复值函数 $f \not\equiv 0$, 相应的 L^2-Hermite 范数 (Hermitian norm)

$$\|f\| = \sqrt{\frac{1}{2\pi}\int_{-\pi}^{\pi} |f(x)|^2\mathrm{d}x} \tag{3.62}$$

是实的且正的: $\|f\| > 0$. 通过直接计算可以证明复指数函数的规范正交性:

$$\begin{aligned} \left\langle \mathrm{e}^{\mathrm{i}kx}, \mathrm{e}^{\mathrm{i}lx}\right\rangle &= \frac{1}{2\pi}\int_{-\pi}^{\pi} \mathrm{e}^{\mathrm{i}(k-l)x}\mathrm{d}x = \begin{cases} 1, & k = l, \\ 0, & k \neq l; \end{cases} \\ \left\|\mathrm{e}^{\mathrm{i}kx}\right\|^2 &= \frac{1}{2\pi}\int_{-\pi}^{\pi} \left|\mathrm{e}^{\mathrm{i}kx}\right|^2 \mathrm{d}x = 1. \end{aligned} \tag{3.63}$$

实或复 (分段连续) 的函数 f 的复 Fourier 级数 (complex Fourier series) 是二重无穷级数

$$f(x) \sim \sum_{k=-\infty}^{\infty} c_k\mathrm{e}^{\mathrm{i}kx} = \cdots + c_{-2}\mathrm{e}^{-2\mathrm{i}x} + c_{-1}\mathrm{e}^{-\mathrm{i}x} + c_0 + c_1\mathrm{e}^{\mathrm{i}x} + c_2\mathrm{e}^{2\mathrm{i}x} + \cdots. \tag{3.64}$$

规范正交性公式 (3.63) 意味着, 复 Fourier 系数 (complex Fourier coefficient) 是通过取内积得到的:

$$c_k = \left\langle f, \mathrm{e}^{\mathrm{i}kx}\right\rangle = \frac{1}{2\pi}\int_{-\pi}^{\pi} f(x)\mathrm{e}^{-\mathrm{i}kx}\mathrm{d}x. \tag{3.65}$$

特别要注意在被积的指数函数中出现的负号, 因为 Hermite 内积 (3.61) 中的第二个变元需要取复共轭.

必须强调的是, 实 Fourier 公式 (3.34) 和复 Fourier 公式 (3.64) 只是同一级数的两种不同写法. 实际上, 如果我们把 Euler 公式 (3.59) 代入 (3.65), 并将结果与实 Fourier 公式 (3.35) 进行比较, 我们就会发现实 Fourier 系数与复 Fourier 系数之间的联系

$$\begin{aligned} a_k &= c_k + c_{-k}, & c_k &= \frac{1}{2}(a_k - \mathrm{i}b_k), \\ b_k &= \mathrm{i}(c_k - c_{-k}), & c_{-k} &= \frac{1}{2}(a_k + \mathrm{i}b_k), \end{aligned} \qquad k = 0, 1, 2, \cdots. \tag{3.66}$$

注记: 我们已经看到了复 Fourier 公式的一个优点. 常数函数 $1 = \mathrm{e}^{0\mathrm{i}x}$ 不再是异类, 实 Fourier 级数 (3.34) 中恼人的因子 1/2 神奇地消失了!

例 3.17 对于例 3.9 中考虑过的单位阶跃函数 $\sigma(x)$, 复 Fourier 系数是

$$c_k = \frac{1}{2\pi}\int_{-\pi}^{\pi}\sigma(x)\mathrm{e}^{-\mathrm{i}kx}\mathrm{d}x = \frac{1}{2\pi}\int_{0}^{\pi}\mathrm{e}^{-\mathrm{i}kx}\mathrm{d}x = \begin{cases} \dfrac{1}{2}, & k = 0, \\ 0, & 0 \neq k\text{为偶数}, \\ \dfrac{1}{\mathrm{i}k\pi}, & k\text{为奇数}. \end{cases}$$

因此, 单位阶跃函数具有复 Fourier 级数

$$\sigma(x) \sim \frac{1}{2} - \frac{\mathrm{i}}{\pi}\sum_{l=-\infty}^{\infty}\frac{\mathrm{e}^{(2l+1)\mathrm{i}x}}{2l+1}. \tag{3.67}$$

应该说服自己, 这与实 Fourier 级数 (3.49) 是完全相同的级数. 我们只是用复指数函数而不是实的正弦函数和余弦函数将其重新写出而已.

例 3.18 求指数函数 e^{ax} 的 Fourier 级数. 复 Fourier 系数的积分计算更容易, 因此

$$\begin{aligned} c_k = \langle \mathrm{e}^{ax}, \mathrm{e}^{\mathrm{i}kx}\rangle &= \frac{1}{2\pi}\int_{-\pi}^{\pi}\mathrm{e}^{(a-\mathrm{i}k)x}\mathrm{d}x = \left.\frac{\mathrm{e}^{(a-\mathrm{i}k)x}}{2\pi(a-\mathrm{i}k)}\right|_{x=-\pi}^{\pi} \\ &= \frac{\mathrm{e}^{(a-\mathrm{i}k)\pi} - \mathrm{e}^{-(a-\mathrm{i}k)\pi}}{2\pi(a-\mathrm{i}k)} = (-1)^k\frac{\mathrm{e}^{a\pi} - \mathrm{e}^{-a\pi}}{2\pi(a-\mathrm{i}k)} = \frac{(-1)^k(a+\mathrm{i}k)\sinh a\pi}{\pi(a^2+k^2)}. \end{aligned}$$

于是, 所求的 Fourier 级数是

$$\mathrm{e}^{ax} \sim \frac{\sinh a\pi}{\pi}\sum_{k=-\infty}^{\infty}\frac{(-1)^k(a+\mathrm{i}k)}{a^2+k^2}\mathrm{e}^{\mathrm{i}kx}. \tag{3.68}$$

作为一个习题, 读者应该尝试把它写成一个实 Fourier 级数, 或者通过将复的级数分解成它的实部和虚部, 或者通过它们的积分公式 (3.35) 直接求实系数. 根据定理 3.8 (这对于复 Fourier 级数同样有效), Fourier 级数收敛于指数函数

的 $2\pi-$周期函数, 如图 3.9 所示. 特别是, 它在 π 的奇数倍处的值是极限值的平均, 即 $\cosh a\pi = \frac{1}{2}\left(\mathrm{e}^{a\pi} + \mathrm{e}^{-a\pi}\right)$.

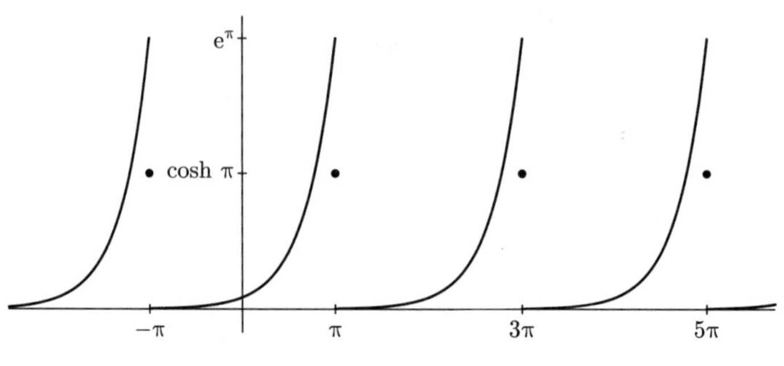

图 3.9 e^{ax} 的 $2\pi-$周期延拓

习题

3.2.51. 求以下函数的复 Fourier 级数: (a) $\sin x$. (b) $\sin^3 x$. (c) x. (d) $|x|$. (e) $|\sin x|$. (f) $\operatorname{sign} x$. (g) 斜坡函数 $\rho(x) = \begin{cases} x, & x \geqslant 0, \\ 0, & x < 0. \end{cases}$

3.2.52. 设 $-\pi < \xi < \pi$. 求移位阶跃函数 $\sigma(x-\xi)$ 的复 Fourier 级数, 绘出它收敛的函数图像.

3.2.53. 设 $a \in \mathbb{R}$, 求指数函数 e^{ax} 的 Fourier 级数的实数形式: (a) 将复的级数 (3.68) 分解成实部和虚部. (b) 通过其积分公式 (3.35) 直接求出实系数. 确保得到的结果是一致的!

3.2.54. 证明 $\coth\pi = \frac{1}{\pi} + \frac{2}{\pi}\left(\frac{1}{1+1^2} + \frac{1}{1+2^2} + \frac{1}{1+3^2} + \cdots\right)$, 其中 $\coth x = \frac{\cosh x}{\sinh x} = \frac{\mathrm{e}^x + \mathrm{e}^{-x}}{\mathrm{e}^x - \mathrm{e}^{-x}}$ 是双曲余切函数.

3.2.55. (a) 求 $x\mathrm{e}^{\mathrm{i}x}$ 的复 Fourier 级数. (b) 利用你的结果写出 $x\cos x$ 和 $x\sin x$ 的实 Fourier 级数.

♦ 3.2.56. 证明如果 $f(x) = \sum_{k=m}^{n} r_k \mathrm{e}^{\mathrm{i}kx}$ 是复三角多项式, 其中 $-\infty < m \leqslant n < \infty$, 那么它的 Fourier 系数是 $c_k = \begin{cases} r_k, & m \leqslant k \leqslant n, \\ 0, & \text{否则}. \end{cases}$

3.2.57. 是/非: 如果复变函数 $f(x) = g(x) + \mathrm{i}h(x)$ 有 Fourier 系数 c_k, 那么 $g(x) = \operatorname{Re} f(x)$ 和 $h(x) = \operatorname{Im} f(x)$, 分别有复 Fourier 系数 $\operatorname{Re} c_k$ 和 $\operatorname{Im} c_k$.

♦ 3.2.58. 设 $f(x)$ 是 $2\pi-$周期的. 解释如何从 $f(x)$ 的复 Fourier 级数构造 $f(x-a)$ 的复 Fourier 级数.

♦ 3.2.59. (a) 证明如果 c_k 是 $f(x)$ 的复 Fourier 系数, 那么 $\widetilde{f}(x) = f(x)\mathrm{e}^{\mathrm{i}x}$ 的 Fourier 系数是 $\widetilde{c}_k = c_{k-1}$. (b) 设 m 为整数. 哪个函数有复 Fourier 系数 $\widehat{c}_k = c_{k+m}$? (c) 如果 a_k, b_k 是函数 $f(x)$ 的实 Fourier 系数, 那么 $f(x)\cos x$ 和 $f(x)\sin x$ 的 Fourier 系数是什么?

♦ 3.2.60. 通过观察它的复 Fourier 系数能识别一个函数是不是实的吗?

♦ 3.2.61. 能描述一个偶函数的复 Fourier 系数吗? 奇函数呢?

♦ 3.2.62. 二重无穷级数 $\sum\limits_{k=-\infty}^{\infty} c_k$ 收敛的意思是什么? 把它弄准确!

3.3 微分与积分

在适当的假设之下, 如果函数的级数收敛, 那么就能够对它逐项积分或逐项微分, 得到的级数应该收敛到对原级数和的积分或导数. 例如, 幂级数的积分和微分在收敛范围内总是成立的, 在微分方程级数解的构造、非初等函数积分的级数等方面得到了广泛的应用 (有关详细信息参阅 11.3 节). Fourier 级数的收敛性要微妙得多, 因此在微分或积分时必须小心行事. 然而, 在有利的情况下, 这两种运算都会导致合理的结果, 对于构造更复杂的 Fourier 级数非常有用.

Fourier 级数的积分

积分是一种光滑化运算, 函数积分后的光滑性总是比原函数的要好. 因此, 我们应该能够期待积分 Fourier 级数没有多大困难. 然而, 有一个复杂的问题: 周期函数的积分不一定是周期的. 最简单的例子是常数函数 1, 这当然是周期的, 但它的积分, 即 x 不是周期的. 另一方面, 在 Fourier 级数中出现的其他所有的周期的正弦函数和余弦函数的积分都是周期的. 因此, 当我们尝试积分一个 Fourier 级数 (3.34) 时, 只有常数项

$$\frac{a_0}{2} = \frac{1}{2\pi}\int_{-\pi}^{\pi} f(x)\mathrm{d}x \tag{3.69}$$

可能会让我们为难. 注意到 (3.69) 是函数 $f(x)$ 在区间 $[-\pi, \pi]$ 上的均值 (mean) 或平均 (average), 因此函数的 Fourier 级数中没有常数项, 即 $a_0 = 0$, 当且仅当它的均值为零. 这是很容易证明的, 比较习题 3.2.10, 零均值函数正是

那些在积分下保持周期性的函数. 特别是, 引理 3.13 意味着所有的奇函数自动有零均值, 因此具有周期积分.

引理 3.19 如果 $f(x)$ 是 2π– 周期的, 那么它的积分 $g(x)=\int_0^x f(y)\mathrm{d}y$ 是 2π– 周期的, 当且仅当 $\int_{-\pi}^{\pi} f(x)\mathrm{d}x=0$, 因此 f 在区间 $[-\pi,\pi]$ 上是零均值的.

鉴于初等积分公式

$$\int \cos kx\mathrm{d}x=\frac{\sin kx}{k},\qquad \int \sin kx\mathrm{d}x=-\frac{\cos kx}{k},\tag{3.70}$$

Fourier 级数逐项积分后没有常数项是显而易见的.

定理 3.20 如果 f 是分段连续的, 并且在区间 $[-\pi,\pi]$ 上有零均值, 那么它的 Fourier 级数

$$f(x)\sim\sum_{k=1}^{\infty}(a_k\cos kx+b_k\sin kx)$$

可以逐项积分, 得到 Fourier 级数

$$g(x)=\int_0^x f(y)\mathrm{d}y\sim m+\sum_{k=1}^{\infty}\left(-\frac{b_k}{k}\cos kx+\frac{a_k}{k}\sin kx\right).\tag{3.71}$$

常数项

$$m=\frac{1}{2\pi}\int_{-\pi}^{\pi} g(x)\mathrm{d}x\tag{3.72}$$

是积分函数的均值.

例 3.21 函数 $f(x)=x$ 是奇函数, 所以均值为零: $\int_{-\pi}^{\pi} x\mathrm{d}x=0$. 积分它的 Fourier 级数

$$x\sim 2\sum_{k=1}^{\infty}\frac{(-1)^{k-1}}{k}\sin kx,\tag{3.73}$$

这是我们在例 3.3 中得到的. 结果是 Fourier 级数

$$\begin{aligned}\frac{1}{2}x^2&\sim\frac{\pi^2}{6}-2\sum_{k=1}^{\infty}\frac{(-1)^{k-1}}{k^2}\cos kx\\&=\frac{\pi^2}{6}-2\left(\cos x-\frac{\cos 2x}{4}+\frac{\cos 3x}{9}-\frac{\cos 4x}{16}+\cdots\right).\end{aligned}\tag{3.74}$$

其常数项是左端函数的均值:

$$\frac{1}{2\pi}\int_{-\pi}^{\pi}\frac{x^2}{2}\mathrm{d}x=\frac{\pi^2}{6}.$$

从稍有不同的角度重温一下对 Fourier 级数的积分. 如果我们将在 Fourier 级数 (3.34) 对各个三角函数从 0 到 x 积分, 得到

$$\int_0^x \cos ky \mathrm{d}y = \frac{\sin kx}{k}, \quad 然而 \int_0^x \sin ky \mathrm{d}y = \frac{1}{k} - \frac{\cos kx}{k},$$

额外的 $1/k$ 项来自正弦函数定积分, 并没有显式地出现在我们前述积分 Fourier 级数 (3.71) 的第一个表达式中, 因此必须隐藏在常数项 m 中. 通过公式推导出积分函数的均值可以用 f 的 Fourier 正弦系数计算:

$$\frac{1}{2\pi}\int_{-\pi}^{\pi} g(x)\mathrm{d}x = m = \sum_{k=1}^{\infty} \frac{b_k}{k}. \tag{3.75}$$

例如, 将 $f(x) = x$ 的 Fourier 级数 (3.73) 的两端从 0 到 x 积分, 得到

$$\frac{x^2}{2} \sim 2\sum_{k=1}^{\infty} \frac{(-1)^{k-1}}{k^2}(1 - \cos kx).$$

常数项的总和产生积分函数的均值:

$$2\left(1 - \frac{1}{4} + \frac{1}{9} - \frac{1}{16} + \cdots\right) = 2\sum_{k=1}^{\infty} \frac{(-1)^{k-1}}{k^2} = \frac{1}{2\pi}\int_{-\pi}^{\pi} \frac{x^2}{2}\mathrm{d}x = \frac{\pi^2}{6}, \tag{3.76}$$

它再现了在习题 3.2.50 中建立的公式.

更一般地说, 如果 $f(x)$ 没有零均值, 它的 Fourier 级数就包含一个非零常数项,

$$f(x) \sim \frac{a_0}{2} + \sum_{k=1}^{\infty} \left(a_k \cos kx + b_k \sin kx\right).$$

此时, 积分的结果是

$$g(x) = \int_0^x f(y)\mathrm{d}y \sim \frac{a_0}{2}x + m + \sum_{k=1}^{\infty} \left(-\frac{b_k}{k}\cos kx + \frac{a_k}{k}\sin kx\right), \tag{3.77}$$

其中 m 在 (3.75) 中给出. 严格来说, 右端不是一个 Fourier 级数. 在 Fourier 架构中有两种方法解释这个公式. 通过习题 3.2.10(d), 我们可以改写 (3.77) 为差的 Fourier 级数

$$g(x) - \frac{a_0}{2}x \sim m + \sum_{k=1}^{\infty} \left(-\frac{b_k}{k}\cos kx + \frac{a_k}{k}\sin kx\right) \tag{3.78}$$

是一个 2π– 周期函数. 另一方面, 我们可以用 Fourier 级数 (3.37) 代替 x, 结果是积分 $g(x) = \int_0^x f(y)\mathrm{d}y$ 的 2π– 周期延拓的 Fourier 级数.

Fourier 级数的微分

微分的作用反过来, 它使函数的光滑性变坏. 因此, 为了证明对 Fourier 级数求导的合理性, 我们需要知道导函数 (derived function)[①]仍然是相当好的. 既然运用收敛定理 3.8 要求导数 $f'(x)$ 是分段 C^1 的, 那么我们就要求 $f(x)$ 本身是连续和分段 C^2 的.

定理 3.22 如果 $f(x)$ 是分段 C^2 的且其 $2\pi-$周期延拓连续, 那么它的 Fourier 级数可以逐项微分, 得到其导数的 Fourier 级数

$$f'(x) \sim \sum_{k=1}^{\infty} (kb_k \cos kx - ka_k \sin kx) = \sum_{k=-\infty}^{\infty} \mathrm{i}kc_k \mathrm{e}^{\mathrm{i}kx}. \tag{3.79}$$

例 3.23 绝对值函数 $f(x) = |x|$ 的导数 (6.31) 是符号函数:

$$\frac{\mathrm{d}}{\mathrm{d}x}|x| = \operatorname{sign} x = \begin{cases} 1, & x > 0, \\ -1, & x < 0. \end{cases} \tag{3.80}$$

因此, 如果对它的 Fourier 级数 (3.55) 求导, 我们得到符号函数的 Fourier 级数

$$\operatorname{sign} x \sim \frac{4}{\pi}\left(\sin x + \frac{\sin 3x}{3} + \frac{\sin 5x}{5} + \frac{\sin 7x}{7} + \cdots\right). \tag{3.81}$$

注意, $\operatorname{sign} x = \sigma(x) - \sigma(-x)$ 是两个阶跃函数之差. 实际上, 从在 x 处阶跃函数的 Fourier 级数 (3.49) 中减去 $-x$ 处的同一级数就得到 (3.81).

习题

3.3.1. 从单位阶跃函数 $\sigma(x)$ 的 Fourier 级数 (3.49) 入手, 使用积分:

(a) 求斜坡函数 $\rho(x) = \begin{cases} x, & x > 0, \\ 0, & x < 0 \end{cases}$ 的 Fourier 级数.

(b) 求二阶斜坡函数 $\rho_2(x) = \begin{cases} \frac{1}{2}x^2, & x > 0, \\ 0, & x < 0 \end{cases}$ 的 Fourier 级数.

3.3.2. 求函数 $f(x) = x^3$ 的 Fourier 级数. 如果对得到的级数求导, 能得到 $f'(x) = 3x^2$ 的 Fourier 级数吗? 如果不是, 解释为什么.

3.3.3. 当 $f(x) = x^4$ 解答习题 3.3.2.

3.3.4. 运用定理 3.20 构造下列函数的 Fourier 级数: (a) x^3. (b) x^4.

---

① 译注: 值得强调.

3.3.5. 在 Fourier 级数 (3.74) 中分别代入 $x=0,\frac{1}{2}\pi$ 和 $\frac{1}{3}\pi$ 后, 写出得到的恒等式.

♦ 3.3.6. 假设 $f(x)$ 是复 Fourier 系数为 c_k 的 $2\pi-$周期函数, $g(x)$ 是复 Fourier 系数为 d_k 的 $2\pi-$周期函数.

(a) 求其周期卷积 (periodic convolution) $f(x)*g(x)=\int_{-\pi}^{\pi}f(x-y)g(y)\mathrm{d}y$ 的 Fourier 系数 e_k.

(b) 求 $\cos 3x$ 和 $\sin 2x$ 的周期卷积的复 Fourier 级数.

(c) 关于函数 x 和 $\sin 2x$ 回答 (b).

♦ 3.3.7. 设 f 在 $[-\pi,\pi]$ 上分段连续. 证明积分函数的均值 $g(x)=\int_0^x f(y)\mathrm{d}y$ 等于 $\frac{1}{2}\int_{-\pi}^{\pi}\left(\operatorname{sign}x-\frac{x}{\pi}\right)f(x)\mathrm{d}x$.

3.3.8. 设 $f(x)$ 的 $2\pi-$周期延拓是连续和分段 C^1 的. 直接从公式 (3.35) 证明其导数 $\widetilde{f}(x)=f'(x)$ 的 Fourier 系数分别为 $\widetilde{a}_k=kb_k$ 和 $\widetilde{b}_k=-ka_k$, 其中 a_k,b_k 是 $f(x)$ 的 Fourier 系数.

♦ 3.3.9. 解释如何对复 Fourier 级数 (3.64) 求积分. 在什么条件下公式成立?

♥ 3.3.10. 初值问题 $\frac{\mathrm{d}^2u}{\mathrm{d}t^2}+u=f(t),u(0)=0,\frac{\mathrm{d}u}{\mathrm{d}t}(0)=0$, 描述最初静止不动地系在单位弹簧上单位质量的强迫运动.

(a) 当 $f(t)=\cos kt$ 和 $f(t)=\sin kt$ $(k=0,1,\cdots)$ 时, 解初值问题.

(b) 设强迫作用函数 $f(t)$ 是 $2\pi-$周期的, 写出它的 Fourier 级数, 然后使用 (a)[①]得到的结果写出解 $u(t)$ 的级数.

(c) 在什么条件下得到的 Fourier 级数收敛, 因此解 $u(t)$ 保持 $2\pi-$周期的?

(d) 解释为什么 $f(t)$ 诱导质量–弹簧系统 (mass-spring system) 的谐振, 当且仅当它的一阶 Fourier 系数不全为零: $a_1^2+b_1^2\neq 0$.

3.4 标度变换

到目前为止, 我们只处理了在长度为 2π 的标准区间上的 Fourier 级数. 为了方便起见, 我们选择了 $[-\pi,\pi]$, 但是所有的结果和公式都很容易适应长度相同的任何其他区间, 例如 $[0,2\pi]$. 然而, 诸如杆和弦之类的物理对象并非都是以这个特定的长度出现, 所以我们需要了解如何使公式适应较一般的区间.

通过变量的线性变换

$$x=\frac{\ell}{\pi}y,\ \text{使得}\ -\pi\leqslant y\leqslant\pi\ \text{同时}\ -\ell\leqslant x\leqslant\ell, \tag{3.82}$$

① 译注: 原文误为 (b).

任意长度为 2ℓ 的对称区间 $[-\ell,\ell]$ 可以通过标度 (拉伸) 变换到标准区间 $[-\pi,\pi]$. 给定在 $[-\ell,\ell]$ 上定义的函数 $f(x)$, 标度变换函数 (rescaled function) $F(y)=f\left(\frac{\ell}{\pi}y\right)$ 定义在 $[-\pi,\pi]$ 上. 令

$$F(y)\sim\frac{a_0}{2}+\sum_{k=1}^{\infty}(a_k\cos ky+b_k\sin ky)$$

为 $F(y)$ 的标准 Fourier 级数, 使得

$$a_k=\frac{1}{\pi}\int_{-\pi}^{\pi}F(y)\cos ky\mathrm{d}y,\quad b_k=\frac{1}{\pi}\int_{-\pi}^{\pi}F(y)\sin ky\mathrm{d}y. \tag{3.83}$$

然后, 回到未作标度变换的变量 x, 我们得到区间 $[-\ell,\ell]$ 上的 $f(x)$ 的 Fourier 级数

$$f(x)\sim\frac{a_0}{2}+\sum_{k=1}^{\infty}\left(a_k\cos\frac{k\pi x}{\ell}+b_k\sin\frac{k\pi x}{\ell}\right). \tag{3.84}$$

事实上, Fourier 系数 a_k,b_k 可以直接计算而不必借助标度变换. 将 (3.83) 中的积分变量变换为 $y=\pi x/\ell$, 并注意到 $\mathrm{d}y=(\pi/\ell)\mathrm{d}x$, 我们对于 $[-\ell,\ell]$ 上的 $f(x)$ 的 Fourier 级数, 的确可以推导出标度变换公式

$$a_k=\frac{1}{\ell}\int_{-\ell}^{\ell}f(x)\cos\frac{k\pi x}{\ell}\mathrm{d}y,\quad b_k=\frac{1}{\ell}\int_{-\ell}^{\ell}f(x)\sin\frac{k\pi x}{\ell}\mathrm{d}x. \tag{3.85}$$

所有在区间 $[-\pi,\pi]$ 上成立的收敛结果、积分和微分公式等, 对于非标准区间上的 Fourier 级数基本无须改变. 特别地, 修改基本收敛定理 3.8, 我们的结论是, 如果 $f(x)$ 是分段 C^1 的, 那么它的标度变换 Fourier 级数 (3.84) 收敛到它的 $2\ell-$周期延拓 $\widetilde{f}(x)$, 前提是 $\widetilde{f}(x)$ 在所有的跳跃间断点上取中值.

例 3.24 我们计算区间 $-1\leqslant x\leqslant 1$ 上函数 $f(x)=x$ 的 Fourier 级数. 因为 f 是奇函数, 所以只有正弦系数是非零的. 我们有

$$b_k=\int_{-1}^{1}x\sin k\pi x\mathrm{d}x=\left[-\frac{x\cos k\pi x}{k\pi}+\frac{\sin k\pi x}{(k\pi)^2}\right]_{x=-1}^{1}=\frac{2(-1)^{k+1}}{k\pi}.$$

由此得出的 Fourier 级数是

$$x\sim\frac{2}{\pi}\left(\sin\pi x-\frac{\sin 2\pi x}{2}+\frac{\sin 3\pi x}{3}-\cdots\right).$$

级数收敛于函数 x 的 2−周期延拓, 即

$$\widetilde{f}(x)=\begin{cases}x-2m, & 2m-1<x<2m+1,\\ 0, & x=m,\end{cases}\quad \text{其中 } m\in\mathbb{Z} \text{ 是任意整数.}$$

图像如图 3.10 所示.

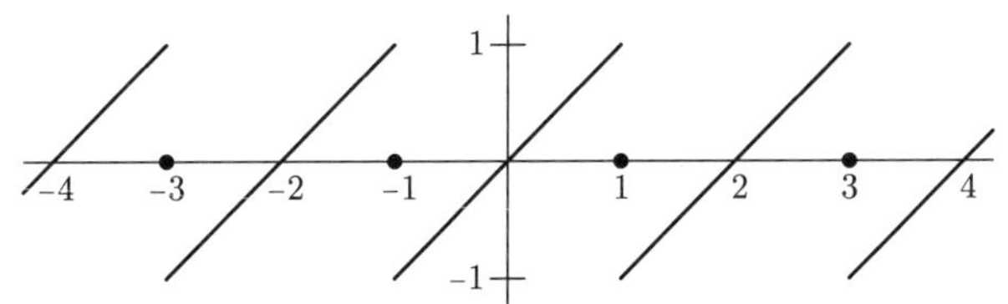

图 3.10 x 的 2–周期延拓

我们同样可以在非标准区间 $[-\ell,\ell]$ 上相应修改复 Fourier 级数. 使用 (3.82) 对 (3.64) 中的变量作标度变换, 我们得到

$$f(x) \sim \sum_{k=-\infty}^{\infty} c_k \mathrm{e}^{\mathrm{i}k\pi x/\ell}, \text{ 其中 } c_k = \frac{1}{2\ell}\int_{-\ell}^{\ell} f(x)\mathrm{e}^{-\mathrm{i}k\pi x/\ell}\mathrm{d}x. \tag{3.86}$$

再说一遍, 这只是把实的 Fourier 级数 (3.84) 写成另一种的方式.

在处理较一般的区间 $[a,b]$ 时, 可能有两种选择. 一种方法是取对于 $a \leqslant x \leqslant b$ 定义的函数 $f(x)$, 且将它周期延拓到函数 $\widetilde{f}(x)$, 在 $[a,b]$ 上与 $f(x)$ 一致, 并且具有周期 $b-a$. 然后就能对它在对称区间 $[-\ell,\ell]$ 的周期延拓 $\widetilde{f}(x)$ 计算 Fourier 级数 (3.84), 宽度 $2\ell = b-a$; 由此产生的 Fourier 级数将 (在适当的假设下) 收敛到 $\widetilde{f}(x)$, 因此与 $f(x)$ 在原区间上一致. 另一种方法是将区间平移 $\dfrac{1}{2}(a+b)$, 使其关于原点对称; 这是由变量变换 $\widehat{x} = x - \dfrac{1}{2}(a+b)$ 完成的, 再由标度变换将区间转换为 $[-\pi,\pi]$. 这两种方法本质上是等价的, 细节留给读者.

习题

3.4.1. 设 $0 \leqslant x \leqslant 1$ 上 $f(x) = x^2$. 求它的 (a) Fourier 正弦级数; (b) Fourier 余弦级数.

3.4.2. 求以下在区间 $[0,1]$ 上定义的函数的 Fourier 正弦级数和 Fourier 余弦级数, 然后绘出级数收敛函数的图像: (a) 1. (b) $\sin \pi x$. (c) $\sin^3 \pi x$. (d) $x(1-x)$.

3.4.3. 在给定区间内求以下函数的 Fourier 级数, 并绘出 Fourier 级数收敛函数的图像.

(a) $|x|$, $-3 \leqslant x \leqslant 3$. (b) x^2-4, $-2 \leqslant x \leqslant 2$. (c) e^x, $-10 \leqslant x \leqslant 10$.

(d) $\sin x$, $-1 \leqslant x \leqslant 1$. (e) $\sigma(x)$, $-2 \leqslant x \leqslant 2$.

3.4.4. 对于习题 3.4.3 中的各个函数, 写出 Fourier 级数的微分, 并确定它是否收敛到原函数的导数.

3.4.5. 对习题 3.4.3 中各函数的积分求 Fourier 级数.

♦ 3.4.6. 写出在 $[-\ell,\ell]$ 上偶函数和奇函数的 Fourier 级数公式.

3.4.7. 设 $f(x)$ 是一个在 $[0,\ell]$ 上连续的函数. (a) 在什么条件下它的 2ℓ–周期奇延拓也连续? (b) 在什么条件下它的奇延拓也连续可微?

3.4.8. (a) 写出在区间 $0\leqslant x\leqslant 2\pi$ 上定义的函数 $f(x)$ 的 Fourier 级数公式. (b) 对 $f(x)=x$ 运用你的公式. 结果是否与 (3.37) 相同? 加以解释, 如果不同, 讨论两个 Fourier 级数之间的关系.

3.4.9. 使用本节最后一段中描述的两种不同方法, 在区间 $1\leqslant x\leqslant 2$ 上求函数 $f(x)=x$ 的 Fourier 级数. 你的 Fourier 级数是一样的吗? 解释之. 绘出 Fourier 级数收敛函数的图像.

3.4.10. 当区间 $\pi\leqslant x\leqslant 2\pi$ 上 $f(x)=\sin x$ 时, 回答习题 3.4.9.

3.5 Fourier 级数的收敛性

最后这一节的目标是为 Fourier 级数建立一些最基本的收敛性结果. 这不是纯粹理论上的进取, 因为收敛性的考量将直接影响到应用. 一个特别重要的结果是, 函数的光滑程度与它的高阶 Fourier 系数衰减率之间的联系, 从信号图像的去噪和偏微分方程解的解析性质角度加以探究.

这一节写得比你目前读到的稍具理论性层次. 然而, 对 Fourier 分析适用范围和局限性的理解需要对基本理论有一定的了解. 此外, 必要的技巧和证明可以作为对现代数学分析的一些最重要工具很好的引介. 消化这些材料所花费的努力, 将会在本书和今后的无论应用还是纯粹的数学研究中充分受益.

幂级数收敛于收敛区间上的解析函数, 并在别处发散 (唯一的棘手之处是在端点上是否收敛). Fourier 级数的收敛性与之相反, 是个非常微妙而且仍然没有完全理解的问题. 很大一部分困难来源于无穷维函数空间中收敛的复杂性. 因此, 我们首先简要地概述这些关键问题.

我们假定你已熟悉对实数序列极限的通常微积分定义: $\lim\limits_{n\to\infty} a_n = a^\star$. 在任一有限维向量空间中, 例如 $\mathbb{R}^m$, 向量序列 $\boldsymbol{v}^{(0)},\boldsymbol{v}^{(1)},\boldsymbol{v}^{(2)},\cdots\in\mathbb{R}^m$ 基本只有一种方式收敛, 由以下任一等价判据来保证:

- 向量收敛: 当 $n\to\infty$ 时 $\boldsymbol{v}^{(n)}\to\boldsymbol{v}^\star\in\mathbb{R}^m$.

- $\boldsymbol{v}^{(n)} = \left(v_1^{(n)}, v_2^{(n)}, \cdots, v_m^{(n)}\right)$ 的各个分量收敛, 所以对于所有的 $j = 1,2,\cdots,m$ 有 $\lim\limits_{n\to\infty} v_j^{(n)} \to v_j^\star$.
- 差的范数趋于零: 当 $n \to \infty$ 时 $\left\|\boldsymbol{v}^{(n)} - \boldsymbol{v}^\star\right\| \to 0$.

最后一条要求, 称为*依范数收敛* (convergence in norm), 实际上并不依赖于选择哪种范数. 在有限维向量空间中, 所有的范数实际上都是等价的, 如果一个范数趋于零, 那么其他任何范数也一样[89; 定理 3.17].

另一方面, 在无穷维空间中, 类似的收敛准则肯定是不同的. 实际上, 函数空间中的收敛机制有多种, 包括逐点收敛、一致收敛、依范数收敛、弱收敛等. 每一种收敛机制在高等数学分析中都起着重要的作用, 因此都值得研究. 在这里, 我们将只论及 Fourier 级数收敛的最基本方面及其在偏微分方程中的应用, 将完整的阐述留给更专门的书籍, 例如 [37,128].

逐点收敛与一致收敛

函数序列中最常见的收敛机制是*逐点收敛* (pointwise convergence), 要求每个点上的函数值按通常的意义收敛:

$$\lim_{n\to\infty} v_n(x) = v_\star(x), \text{ 对所有的 } x \in I, \tag{3.87}$$

其中 $I \subset \mathbb{R}$ 表示包含在它们共同定义域中的区间. 更准确地说, 逐点收敛要求对于每个 $\varepsilon > 0$ 和每点 $x \in I$, 存在一个依赖于 ε 和 x 的整数 N, 使得

$$\text{对所有的 } n \geqslant N, \ |v_n(x) - v_\star(x)| < \varepsilon. \tag{3.88}$$

逐点收敛可以看成是向量依分量收敛的函数空间翻版. 我们已经阐明了关于 Fourier 级数的逐点收敛的基本定理 3.8; 证明将推迟到本节结尾.

另一方面, 建立一个 Fourier 级数的一致收敛性并不困难, 因此我们将从这里开始. 一致收敛的基本定义看起来与逐点收敛非常相似, 但是有微妙而重要的区别.

定义 3.25 函数序列 $v_n(x)$ 在一个子集 $I \subset \mathbb{R}$ 上*一致* (uniformly) 收敛到函数 $v_\star(x)$, 是指对于每个 $\varepsilon > 0$, 存在一个仅依赖于 ε 的整数 N, 使得

$$\text{对所有的 } x \in I \text{ 和所有的 } n \geqslant N, \ |v_n(x) - v_\star(x)| < \varepsilon. \tag{3.89}$$

显而易见, 一致收敛的函数序列也是逐点收敛的, 反之不真. 关键的区别是整数 N 只依赖于 ε 而与点 $x \in I$ 无关, 这也是术语“一致收敛”的理由. 根据 (3.89), 序列一致收敛, 当且仅当对每个小 ε, 函数的图像最终位于以极限函

数图像为中心、宽度为 2ε 的带状区域内, 如图 3.11 第一图所示. 图 3.7 所示的 Gibbs 现象是非一致收敛的原型例子: 对于给定的 $\varepsilon > 0, x$ 越接近间断点, 保持 (3.89) 中不等式成立选择的 n 就必须越大. 因此, 没有一致选择的 N 使不等式 (3.89) 对所有的 x 和所有的 $n \geqslant N$ 成立.

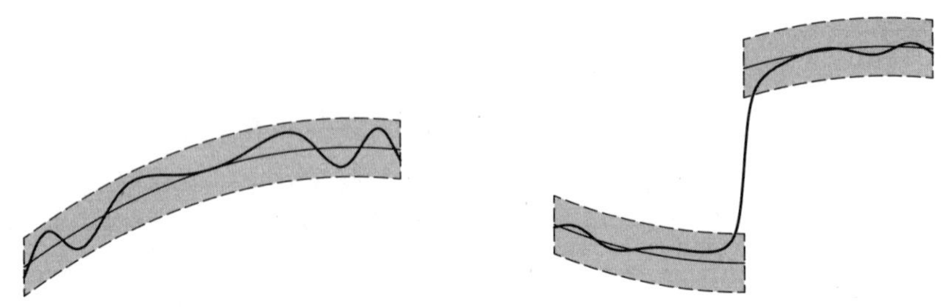

图 3.11 函数的一致收敛和非一致收敛

一致收敛的一个关键特征是它保持了连续性.

定理 3.26 *如果每个 $v_n(x)$ 连续并且一致收敛: $v_n(x) \to v_\star(x)$, 那么 $v_\star(x)$ 也是一个连续函数.*

证明 用反证法. 直觉上如果 $v_\star(x)$ 有一个不连续性, 那么, 如图 3.11 第二个图所示, 围绕其图像的足够窄带状区域就无法连通起来, 这也使得任何连续函数如 $v_n(x)$ 的连通图像不可能完全留在带状区域内. 关于这些问题的详细讨论, 包括基本定理的证明, 可以在任何介绍实分析的书 ([8,96,97]) 中找到.

注意: 连续函数序列可以非一致收敛到连续函数. 例如, 序列

$$v_n(x) = \frac{2nx}{1+n^2x^2}$$

逐点收敛到 $v_\star(x) \equiv 0$ (为什么?) 但是非一致收敛, 因为

$$\max |v_n(x)| = v_n\left(\frac{1}{n}\right) = 1,$$

这意味着 (3.89) 当 $\varepsilon < 1$ 时不能成立.

无穷级数 $\displaystyle\sum_{k=1}^{\infty} u_k(x)$ 的 (逐点、一致等) 收敛性, 顾名思义, 取决于其部分和 (partial sum)

$$v_n(x) = \sum_{k=1}^{n} u_k(x) \tag{3.90}$$

序列的收敛. 函数序列一致收敛最有用的检验方法就是 Weierstrass M – 检验 (Weierstrass M-test), 以纪念享有 “现代分析之父” 之誉的 19 世纪德国数学家

Karl Weierstrass[①].

定理 3.27 设 $I \subset \mathbb{R}$, 对于每个 $k=1,2,3,\cdots$, 函数 $u_k(x)$ 是有界的:

$$\text{对所有的 } x \in I,\ |u_k(x)| \leqslant m_k, \tag{3.91}$$

其中 $m_k \geqslant 0$ 是一个非负常数. 如果常数级数

$$\sum_{k=1}^{\infty} m_k \tag{3.92}$$

收敛, 那么函数序列

$$\sum_{k=1}^{\infty} u_k(x) = f(x) \tag{3.93}$$

对所有的 $x \in I$ 一致且绝对收敛[②]到函数 $f(x)$. 特别地, 如果被加数 $u_k(x)$ 是连续的, 那么总和 $f(x)$ 亦然.

注意: M – 检验失效强烈表明, 但不能排除, 逐点收敛级数非一致收敛的可能性.

需要点细心, 我们可以像处理有限和一样巧妙对待一致收敛级数. 因此, 如果 (3.93) 是个一致收敛级数, 那么它与任一有界函数 $|g(x)| \leqslant C$ 的逐项乘积

$$\sum_{k=1}^{\infty} g(x)u_k(x) = g(x)f(x) \tag{3.94}$$

对所有的 $x \in I$ 一致收敛. 我们可以对一致收敛级数逐项积分[③], 由此产生的积分级数

$$\int_a^x \left[\sum_{k=1}^{\infty} u_k(y)\right] \mathrm{d}y = \sum_{k=1}^{\infty} \int_a^x u_k(y)\mathrm{d}y = \int_a^x f(y)\mathrm{d}y \tag{3.95}$$

是一致收敛的. 微分也是容许的, 但只有当微分级数一致收敛时.

命题 3.28 设 $\sum\limits_{k=1}^{\infty} u_k(x) = f(x)$ 逐点收敛. 如果微分级数 $\sum\limits_{k=1}^{\infty} u_k'(x) = g(x)$ 一致收敛, 那么原级数也一致收敛, 且有 $f'(x) = g(x)$.

我们最感兴趣的是 Fourier 级数的收敛性, 为了便于阐述, 我们采用复形式

---

① 译注: Weierstrass 成为数学家之前确实在中学教过体育.

② 回想一下, 级数 $\sum\limits_{n=1}^{\infty} a_n = a^\star$ 是绝对收敛的, 如果 $\sum\limits_{n=1}^{\infty} |a_n|$ 收敛.

③ 假设各个函数都是可积的.

$$f(x) \sim \sum_{k=-\infty}^{\infty} c_k \mathrm{e}^{\mathrm{i}kx}. \tag{3.96}$$

由于 x 是实数, $\left|\mathrm{e}^{\mathrm{i}kx}\right| \leqslant 1$, 因此各被加数都是有界的:

$$\text{对于所有的 } x,\ \left|c_k \mathrm{e}^{\mathrm{i}kx}\right| \leqslant |c_k|,$$

运用 Weierstrass M–检验, 我们立即导出 Fourier 级数一致收敛的基本结果.

定理 3.29 如果函数 $f(x)$ 的 Fourier 系数 c_k 满足

$$\sum_{k=-\infty}^{\infty} |c_k| < \infty, \tag{3.97}$$

那么 Fourier 级数 (3.96) 一致收敛于 Fourier 系数相同的连续函数 $\widetilde{f}(x) : c_k = \left\langle f, \mathrm{e}^{\mathrm{i}kx} \right\rangle = \left\langle \widetilde{f}, \mathrm{e}^{\mathrm{i}kx} \right\rangle$.

证明 极限函数的一致收敛和连续性遵循定理 3.27. 为了证明 c_k 实际上是无穷和的 Fourier 系数, 我们将 Fourier 级数乘 $\mathrm{e}^{-\mathrm{i}kx}$, 并从 $-\pi$ 到 π 逐项积分. 在 (3.94, 95) 中, 这两种操作都是成立的, 这要归功于级数的一致收敛. [证毕]

注记: 与 Weierstrass M–检验一样, 条件 (3.97) 失效确实强烈暗示 Fourier 级数不是一致收敛的, 但也不能完全排除; 没有提到任何或者说缺少关于非一致收敛的问题.

定理 3.29 不能保证的一点是, 用于计算 Fourier 系数 c_k 的原函数 $f(x)$ 与通过 Fourier 级数求和得到的函数 $\widetilde{f}(x)$ 相同! 事实上, 情况可能并非如此. 我们知道, 级数收敛的函数必然是 2π–周期的. 因此, 至少应该是 $f(x)$ 的 2π–周期延拓. 但即使这样也不够. Fourier 系数相同的两个函数 $f(x)$ 和 $\widehat{f}(x)$ 除了有限个点 $x_1, x_2, \cdots, x_m$ 之外确实具有相同的值. (为什么?) 例如, 不连续函数 $f(x) = \begin{cases} 1, & x = 0 \\ 0, & \text{其他} \end{cases}$ 的 Fourier 系数都是零, 因此它的 Fourier 级数收敛于连续零函数. 更普遍地说, 除 “零测度” 集合外任一处都一样的两个函数有相同的 Fourier 系数. 这样, 一个收敛的 Fourier 级数本质上从等价的 2π–周期函数的集合中选拔出一个突出的代表.

注记: “测度” 一词是区间长度概念对更一般子集 $S \subset \mathbb{R}$ 的严格推广. 特别地, S 有零测度 (measure zero), 是指它可由总长度任意小的区间覆盖. 例如, 任何由有限多个点组成的集合, 甚至如有理数那样的可数多个点的集合都是零测度的; 参见习题 3.5.19. 测度概念的发展以及相应的 Lebesgue 积分理论, 适宜在实分析课程中学习[96,98].

作为定理 3.26 的结果, 当不连续性存在时, Fourier 级数不能一致收敛. 然而, 可以证明[128], 即使函数不是处处连续的, 它的 Fourier 级数在任何连续闭子集中一致收敛.

定理 3.30 设 $f(x)$ 是 $2\pi-$周期分段 C^1 的. 如果 $f(x)$ 在开区间 $a<x<b$ 中是连续的, 那么在任何闭区间 $a+\delta\leqslant x\leqslant b-\delta$ 上它的 Fourier 级数一致收敛到 $f(x)$, 其中 $0<\delta\leqslant\frac{1}{2}(b-a)$.

例如, 单位阶跃函数的 Fourier 级数 (3.49) 一致收敛, 我们如果离开不连续性, 例如, 对任何 $0<\delta\leqslant\frac{1}{2}\pi$, 通过限制到形如 $[\delta,\pi-\delta]$ 或 $[-\pi+\delta,-\delta]$ 区间上. 这再次证实了我们的观察, 在间断点上的非一致 Gibbs 行为逐渐地越来越局部化.

习题

3.5.1. 考虑下列平面向量序列 $\boldsymbol{v}^{(n)}=\left(1-\frac{1}{n},\mathrm{e}^{-n}\right), n=1,2,3,\cdots$. 当 $n\to\infty$ 时 $\boldsymbol{v}^{(n)}$ 收敛于 $\boldsymbol{v}^{\star}=(1,0)$, 证明: (a) 各分量收敛. (b) 依 Euclid 范数收敛: $\|\boldsymbol{v}^{(n)}-\boldsymbol{v}^{\star}\|_2\to 0$.

3.5.2. 下列哪一个向量序列当 $n\to\infty$ 时收敛? 极限是什么?
(a) $\left(\frac{1}{1+n^2},\frac{n^2}{1+2n^2}\right)$. (b) $(\cos n,\sin n)$. (c) $\left(\frac{\cos n}{n},\frac{\sin n}{n}\right)$.
(d) $\left(\cos\frac{1}{n},\sin\frac{1}{n}\right)$. (e) $\left(\frac{1}{n}\cos\frac{1}{n},\frac{1}{n}\sin\frac{1}{n}\right)$. (f) $(\mathrm{e}^{-n},n\mathrm{e}^{-n},n^2\mathrm{e}^{-n})$.
(g) $\left(\frac{\log n}{n},\frac{(\log n)^2}{n^2},\frac{(\log n)^3}{n^3}\right)$. (h) $\left(\frac{1-n}{1+n},\frac{1-n}{1+n^2},\frac{1-n^2}{1+n^2}\right)$.
(i) $\left(\left(1+\frac{1}{n}\right)^n,\left(1-\frac{1}{n}\right)^{-n}\right)$. (j) $\left(\frac{\mathrm{e}^n-1}{n},\frac{\cos n-1}{n^2}\right)$.
(k) $\left(n\left(\mathrm{e}^{\frac{1}{n}}-1\right),n^2\left(\cos\frac{1}{n}-1\right)\right)$.

3.5.3. 下列关于 $x\in\mathbb{R}$ 的函数序列中哪些当 $n\to\infty$ 时逐点收敛? 极限是什么?
(a) $1-\frac{x^2}{n^2}$. (b) e^{-nx}. (c) e^{-nx^2}. (d) $|x-n|$. (e) $\frac{1}{1+(x-n)^2}$.
(f) $\begin{cases}1, & x<n,\\ 2, & x>n.\end{cases}$ (g) $\begin{cases}n^2, & \frac{1}{n}<x<\frac{2}{n},\\ 0, & \text{否则}.\end{cases}$ (h) $\begin{cases}x, & |x|<n,\\ nx^{-2}, & |x|\geqslant n.\end{cases}$

3.5.4. 证明序列 $v_n(x)=\begin{cases}1, & 0<x<\frac{1}{n},\\ 0, & \text{否则}\end{cases}$ 逐点收敛但非一致收敛到零函数.

3.5.5. 以下函数序列中的哪些对所有的 $x\in\mathbb{R}$ 逐点收敛到零函数? 哪些一致收敛?

(a) $-\dfrac{x^2}{n^2}$. (b) $\mathrm{e}^{-n|x|}$. (c) $x\mathrm{e}^{-n|x|}$. (d) $\dfrac{1}{n(1+x^2)}$. (e) $\dfrac{1}{1+(x-n)^2}$. (f) $|x-n|$.

(g) $\begin{cases} \dfrac{1}{n}, & 0<|x|<n, \\ 0, & \text{否则}. \end{cases}$ (h) $\begin{cases} n, & 0<|x|<\dfrac{1}{n}, \\ 0, & \text{否则}. \end{cases}$ (i) $\begin{cases} \dfrac{x}{n}, & |x|<1, \\ \dfrac{1}{nx}, & \text{否则}. \end{cases}$

3.5.6. 序列 $v_n(x)=nx\mathrm{e}^{-nx^2}$ 关于 $x\in\mathbb{R}$ 逐点收敛到零函数吗? 是否一致收敛?

3.5.7. 对以下函数序列, 解习题 3.5.6:

(a) $v_n(x)=x\mathrm{e}^{-nx^2}$. (b) $v_n(x)=\begin{cases} 1, & n<x<n+1, \\ 0, & \text{否则}. \end{cases}$

(c) $v_n(x)=\begin{cases} 1, & n<x<n+\dfrac{1}{n}, \\ 0, & \text{否则}. \end{cases}$ (d) $v_n(x)=\begin{cases} \dfrac{1}{n}, & n<x<2n, \\ 0, & \text{否则}. \end{cases}$

(e) $v_n(x)=\begin{cases} \dfrac{1}{\sqrt{n}}, & n<x<2n, \\ 0, & \text{否则}. \end{cases}$ (f) $v_n(x)=\begin{cases} n^2x^2-1, & -\dfrac{1}{n}<x<\dfrac{1}{n}, \\ 0, & \text{否则}. \end{cases}$

3.5.8. (a) 当 $n\to\infty$ 时函数 $v_n(x)=\arctan nx$ 的极限是什么? (b) 对整个 $\mathbb{R}$ 都一致收敛吗? (c) 在区间 $[-1,1]$ 上呢? (d) 在子集 $\{x\geqslant 1\}$ 上呢?

3.5.9. 是/非: 如果 $p_n(x)$ 是一个多项式序列, 逐点收敛到多项式 $p_\star(x)$, 则也是一致收敛的.

3.5.10. 设 $v_n(x)$ 是连续函数且在整个 $\mathbb{R}$ 上逐点收敛: $v_n\to v_\star$. 是/非: (a) $v_n-v_\star\to 0$ 是逐点收敛的. (b) 如果对所有的 x, $v_\star(x)\neq 0$, 那么 $\dfrac{v_n}{v_\star}\to 1$ 是逐点收敛的.

3.5.11. 以下哪些级数满足 M–检验, 因此在区间 $[0,1]$ 上一致收敛?

(a) $\displaystyle\sum_{k=1}^{\infty}\frac{\cos kx}{k^2}$. (b) $\displaystyle\sum_{k=1}^{\infty}\frac{\sin kx}{k}$. (c) $\displaystyle\sum_{k=1}^{\infty}x^k$. (d) $\displaystyle\sum_{k=1}^{\infty}\left(\frac{x}{2}\right)^k$.

(e) $\displaystyle\sum_{k=1}^{\infty}\frac{\mathrm{e}^{kx}}{k^2}$. (f) $\displaystyle\sum_{k=1}^{\infty}\frac{\mathrm{e}^{-kx}}{k^2}$. (g) $\displaystyle\sum_{k=1}^{\infty}\frac{\mathrm{e}^{x/k}-1}{k}$.

3.5.12. 证明幂级数 $\displaystyle\sum_{k=1}^{\infty}\frac{x^k}{k(k+1)}$ 关于 $-1\leqslant x\leqslant 1$ 一致收敛.

♦ 3.5.13. (a) 证明: 对所有的 $x\in I$ 设有 $|g(x)|\leqslant M$. 如果 (3.93) 是一个在 I 上一致收敛的级数, 那么逐项乘积 (3.94) 也是. (b) 当 $g(x)$ 不是一致有界的时, 找出一个反例.

♦ 3.5.14. 设每个 $u_k(x)$ 连续且级数 $\displaystyle\sum_{k=1}^{\infty}u_k(x)=f(x)$ 在有界区间 $a\leqslant x\leqslant b$ 上一致收敛. 证明积分级数 (3.95) 是一致收敛的.

♦ 3.5.15. 证明: 如果 $\displaystyle\sum_{k=1}^{\infty}\sqrt{a_k^2+b_k^2}<\infty$, 那么实 Fourier 级数 (3.34) 一致收敛于一个连续的 2π–周期函数.

3.5.16. 假设 $\displaystyle\sum_{k=1}^{\infty}|a_k|<\infty$ 和 $\displaystyle\sum_{k=1}^{\infty}|b_k|<\infty$. 习题 3.5.15 的结论仍然成立吗?

3.5.17. 解释为什么使用 Weierstrass M – 检验, 只需对于所有的足够大的 $k \gg 0$ 检验不等式 (3.91).

3.5.18. 我们说一个向量序列 $\mathbf{v}^{(k)} \in \mathbb{R}^m$ 一致收敛到 $\mathbf{v}^\star \in \mathbb{R}^m$, 是指对于每个 $\varepsilon > 0$, 有一个仅依赖于 ε 的 N, 使得对于所有的 $k \geqslant N$ 和所有的 $i = 1, 2, \cdots, m$, 有 $\left| v_i^{(k)} - v_i^\star \right| < \varepsilon$. 证明向量的所有的收敛序列一致收敛.

♦ 3.5.19. (a) 设 $S = \{x_1, x_2, x_3, \cdots\} \subset \mathbb{R}$ 是一个可数集. 通过证明, 对于每个 $\varepsilon > 0$, 存在一个开区间集合 $I_1, I_2, I_3, \cdots \subset \mathbb{R}$, 区间长度依次为 $\ell_1, \ell_2, \ell_3, \cdots$, 使得 $S \subset \cup I_j$, 而总长度 $\sum \ell_j = \varepsilon$. 证明 S 有零测度. (b) 解释为什么有理数 $\mathbb{Q} \subset \mathbb{R}$ 是稠密的, 但也有零测度.

光滑性与衰减

保证 Fourier 级数一致收敛的判据 (3.97), 至少要求 Fourier 系数趋于零: 当 $k \to \pm\infty$ 时 $c_k \to 0$. 它们不能衰减太慢. 例如, 当 $\alpha > 0$ 时, 无穷级数

$$\sum_{0 \neq k = -\infty}^{\infty} \frac{1}{|k|^\alpha} \tag{3.98}$$

的通项当 $k \to \pm\infty$ 时趋于零, 但级数仅当 $\alpha > 1$ 时收敛. (这是标准积分收敛检验的直接推论 [8,97,108].) 因此, 如果我们对某个指数 $\alpha > 1$ 和某个正数 $M > 0$ 可以控制 Fourier 系数,

$$\text{对所有的 } |k| \gg 0,\ |c_k| \leqslant \frac{M}{|k|^\alpha}; \tag{3.99}$$

那么, Weierstrass M – 检验将保证 Fourier 级数一致收敛于连续函数.

Fourier 级数的微分公式 (3.79) 的一个重要推论是, 通过观察其 Fourier 系数衰减到零的速度, 可以检测函数的光滑性. 更严格地说:

定理 3.31 设 $0 \leqslant n \in \mathbb{Z}$. 如果 $f(x)$ 的 Fourier 系数满足

$$\sum_{k=-\infty}^{\infty} |k|^n \, |c_k| < \infty, \tag{3.100}$$

那么 Fourier 级数 (3.64) 一致收敛于 n 次连续可微函数 $\widetilde{f}(x) \in C^n$, 这是 $f(x)$ 的 2π – 周期延拓. 此外, 对于任何 $0 < m \leqslant n$ 而言, 对 Fourier 级数 m 次求导将一致收敛到相应的导数 $\widetilde{f}^{(m)}(x)$.

证明 重复使用 (3.79), 函数的 n 阶导数的 Fourier 级数是

$$f^{(n)}(x) \sim \sum_{k=-\infty}^{\infty} \mathrm{i}^n k^n c_k \mathrm{e}^{\mathrm{i}kx}. \tag{3.101}$$

如果 (3.100) 成立, Weierstrass M – 检验意味着微分级数 (3.101) 一致收敛到连续的 2π – 周期函数. 命题 3.28 保证极限是原 Fourier 级数的 n 阶导数.

[证毕]

高频Fourier 系数越小, 函数就越光滑, 上述结果使我们能够将这一经验法则量化.

推论 3.32 如果 Fourier 系数对某个 $\alpha > n+1$ 满足 (3.99), 那么 Fourier 级数一致收敛到一个 n 次连续可微的 2π – 周期函数.

如果 Fourier 系数趋于零的速度比 k 的任何幂次都快, 例如指数式速度, 那么函数是无穷次可微的. 解析性是比较微妙的, 细节我们建议读者参考 [128].

例 3.33 函数 $|x|$ 的 2π – 周期延拓连续且有分段连续的一阶导数. 它的 Fourier 系数 (3.54) 满足 $\alpha = 2$ 的估计 (3.99), 但这还不够快到以确保连续的二阶导数. 另一方面, 单位阶跃函数 $\sigma(x)$ 的 Fourier 系数 (3.36) 趋于零, 仅为 $\dfrac{1}{|k|}$, 故而 $\alpha = 1$, 反映它的周期延拓是分段连续但不连续的事实.

习题

3.5.20. (a) 证明复 Fourier 级数 $f(x) = \displaystyle\sum_{k=1}^{\infty} \frac{1}{k^2} e^{ikx}$ 在区间 $[-\pi, \pi]$ 上一致收敛. (b) 无穷和 $f(x)$ 是否连续? 为什么? (c) $f(x)$ 是否连续可微? 为什么?

3.5.21. 估计下列函数的 Fourier 系数, 先不要确切地求出, 随 $k \to \infty$ 其趋于零会有多快? 然后再求出系数来证明你的判断.

(a) $x - \pi$. (b) $|x|$. (c) x^2. (d) $x^4 - 2\pi^2 x^2$. (e) $\sin^2 x$. (f) $|\sin x|$.

3.5.22. 运用定理 3.31 的判据, 确定由以下 Fourier 级数表示的函数有几阶连续导数:

(a) $\displaystyle\sum_{k=-\infty}^{\infty} \frac{e^{ikx}}{1+k^4}$. (b) $\displaystyle\sum_{0\neq k=-\infty}^{\infty} \frac{e^{ikx}}{k^2+k^5}$. (c) $\displaystyle\sum_{k=-\infty}^{\infty} e^{ikx-k^2}$.

(d) $\displaystyle\sum_{k=0}^{\infty} \frac{e^{ikx}}{k+1}$. (e) $\displaystyle\sum_{k=-\infty}^{\infty} \frac{e^{ikx}}{|k|!}$. (f) $\displaystyle\sum_{k=1}^{\infty} \left(1 - \cos\frac{1}{k^2}\right) e^{ikx}$.

♣ 3.5.23. 讨论下列 Fourier 级数的收敛性. 无穷和的光滑性如何? 绘制用级数部分和图像得到对无穷和图像的合理逼近. 需要多少被加数才能在整个区间中得到两位十进制数字精度? 指出观察到的间断性、拐角以及其他特征.

(a) $\displaystyle\sum_{k=0}^{\infty} e^{-k} \cos kx$. (b) $\displaystyle\sum_{k=0}^{\infty} \frac{\cos kx}{k+1}$. (c) $\displaystyle\sum_{k=0}^{\infty} \frac{\sin kx}{k^{3/2}}$. (d) $\displaystyle\sum_{k=1}^{\infty} \frac{\sin kx}{k^3+k}$.

3.5.24. 证明如果对某个 $M > 0$ 和 $\alpha > n+1$ 而言有 $|a_k|, |b_k| \leqslant M k^{-\alpha}$, 那么实 Fourier 级数 (3.34) 一致收敛到一个 n 次连续可微的 2π – 周期函数 $f \in C^n$.

3.5.25. 给出简单解释, 为何若对所有足够大的 $k \gg 0$, Fourier 系数 $a_k = b_k = 0$, 则 Fourier 级数收敛到解析函数.

Hilbert 空间

为了进一步前行, 我们不得不绕点路. Fourier 级数严格理论的合适背景环境是现代数学分析和现代物理学中最重要的函数空间——Hilbert 空间 (Hilbert space), 它以 19 世纪晚期、20 世纪早期伟大的德国数学家 David Hilbert的名字命名. 这个无穷维内积空间的精确定义高度专门化, 但简略些的版本如下:

定义 3.34 复值函数 $f(x)$ 称为在区间 $[-\pi, \pi]$ 上平方可积的 (square-integrable), 是指它的 L^2 – 范数

$$\|f\|^2 = \frac{1}{2\pi}\int_{-\pi}^{\pi} |f(x)|^2 \mathrm{d}x < \infty \tag{3.102}$$

有限. Hilbert 空间 $L^2 = L^2[-\pi, \pi]$ 是由全体复值平方可积函数组成的向量空间.

三角不等式

$$\|f + g\| \leqslant \|f\| + \|g\|$$

意味着, 如果 $f, g \in L^2$, 从而 $\|f\|, \|g\| < \infty$, 那么 $\|f + g\| < \infty$, 因此有 $f + g \in L^2$. 对于任一复常数 c, 进一步有,

$$\|cf\| = |c|\|f\|,$$

也就有 $cf \in L^2$. 如所宣称, Hilbert 空间是一个复向量空间. Cauchy-Schwarz 不等式

$$|\langle f, g\rangle| \leqslant \|f\|\|g\|$$

意味着两个平方可积函数的 L^2-Hermite 内积

$$\langle f, g\rangle = \frac{1}{2\pi}\int_{-\pi}^{\pi} f(x)\overline{g(x)}\mathrm{d}x \tag{3.103}$$

唯一定义且有限. 特别地, 函数 $f \in L^2$ 的 Fourier 系数由其与复指数函数 (由 (3.63), 复指数函数在 L^2 中) 的内积给定:

$$c_k = \left\langle f, \mathrm{e}^{\mathrm{i}kx}\right\rangle = \frac{1}{2\pi}\int_{-\pi}^{\pi} f(x)\mathrm{e}^{-\mathrm{i}kx}\mathrm{d}x,$$

因此都是唯一定义且有限的.

当试图精确地规定在 Hilbert 空间中有哪些函数时, 就遇到一些有趣的分析微妙之处. 每个分段连续函数都属于 L^2 – 空间. 但一些有奇性的函数也位列其中. 例如, 幂函数 $|x|^\alpha$ 对于任何 $\alpha<\dfrac{1}{2}$ 属于 L^2 – 空间, 但若 $\alpha\geqslant\dfrac{1}{2}$ 则不然.

分析依赖于极限过程, 而 Hilbert 空间必须“完备”的意义是, 适当收敛[①]的函数序列有一个极限. 完备性要求不是初等的, 依赖于更精致的 Lebesgue 积分理论的发展, 这是法国数学家 Henri Lebesgue在 20 世纪早期提出的. Lebesgue 意义上的任一平方可积函数都许可进入 L^2 – 空间. 这包括诸如 $\sin\dfrac{1}{x}$ 和 $x^{-1/3}$ 等非分段连续函数, 以及奇怪函数

$$r(x)=\begin{cases}1, & x\ \text{是有理数},\\ 0, & x\ \text{是无理数}.\end{cases}\tag{3.104}$$

因此, 虽然在某些方面表现良好, 平方可积函数在其他方面可能相当狂野.

注记: Hilbert 空间的完备性可以看作实线 $\mathbb{R}$ 的*完备性* (completeness) 的无穷维类比, 这意味着每个收敛的实数 Cauchy 序列在 $\mathbb{R}$ 上都有一个极限. 另一方面, 有理数 $\mathbb{Q}$ 不是完备的, 因为一个收敛的有理数序列可能有一个无理数的极限, 但形成 $\mathbb{R}$ 的一个稠密 (dense) 子集, 因为每个实数可以用有理数任意紧密地逼近, 例如它的截尾十进制展开. 确实如此, 完全严密的实数 $\mathbb{R}$ 定义相当微妙[97,96].

类似地, 连续函数空间 $C^0[-\pi,\pi]$ 是不完备的, 因为 (非一致) 连续函数的收敛级数一般是不连续的, 但它确实形成了 Hilbert 空间 $L^2[-\pi,\pi]$ 的一个稠密子空间, 因为每个 L^2 – 函数都可以用连续函数 (例如, 逼近它的三角多项式) 任意地 (依范数) 逼近. 因此, 正如 $\mathbb{R}$ 可以看作是 $\mathbb{Q}$ 在 Euclid 范数下的完备化, Hilbert 空间可以看作是连续函数空间在 L^2 – 范数下的完备化, 与 $\mathbb{R}$ 一样, 其完全严格的定义是非常微妙的.

第二件复杂的事情是, 一旦容许把不连续函数纳入考虑范围, 严格说来 (3.102) 不能定义一个范数. 例如, 分段连续函数

$$f_0(x)=\begin{cases}1, & x=0,\\ 0, & x\neq 0\end{cases}\tag{3.105}$$

有零范数 $\|f_0\|=0$, 即使它不是在所有地方都为零. 实际上, 任意一个除零测集之外都是零的函数都有零范数, 包括函数 (3.104). 因此, 为了使 (3.102) 成为一个合格的范数, 必须同意任何两个除了零测集外取值相等的函数是相同

① 精确的技术要求是每个函数的 Cauchy 序列 $v_k\in L^2$ 收敛到函数 $v_\star\in L^2$; 参见 [37,96,98] 而细节见习题 3.5.42.

的. 因此, 零函数 0 以及前面的例子 (3.104) 和 (3.105) 都要视作在 Hilbert 空间中定义了同一个元素. 因此, Hilbert 空间的一个元素实际上不是一个函数, 而是一个函数等价类, 它们在零测集上是不同的. 所有这些, 对应用导向的读者来说可能变得有点过于抽象和晦涩. 在实践中, 如果说 "函数" 总是分段连续和平方可积的, 像使用普通函数那样使用 L^2 中的元素, 失去不会太多反而更好. 尽管如此, Hilbert 空间理论的充分解析能力只有通过涵盖完全一般的平方可积函数才能释放出来.

在 20 世纪之交它由纯数学家发明之后, 物理学家在 1920 年代突然意识到 Hilbert 空间是现代量子力学理论的理想背景[66,72,115]. 量子力学波函数 (wave function) 是一个元素①$\varphi \in L^2$, 有单位范数: $\|\varphi\| = 1$. 因此, 波函数集合仅仅是 Hilbert 空间中的 "单位球面". 量子力学为每个物理波函数赋予概率解释. 设波函数表示单个亚原子粒子——光子、电子等. 那么波函数的模的平方 $|\varphi(x)|^2$ 表示概率密度, 将粒子处于位置 x 的机会量化. 确切地说, 粒子驻留在给定区间 $[a,b] \subset [-\pi,\pi]$ 的概率等于 $\sqrt{\dfrac{1}{2\pi}\displaystyle\int_a^b |\varphi(x)|^2 \mathrm{d}x}$. 特别地, 波函数有单位范数,

$$\|\varphi\| = \sqrt{\frac{1}{2\pi}\int_{-\pi}^{\pi} |\varphi(x)|^2 \mathrm{d}x} = 1, \tag{3.106}$$

因为粒子肯定地, 即以概率 1 在某处!

依范数收敛

现在可以讨论 Fourier 级数的依范数收敛问题. 我们从基本定义开始, 这对任何赋范向量空间都是有意义的.

定义 3.35 设 V 为赋范向量空间. 序列 $s_1, s_2, s_3, \cdots \in V$ 依范数收敛 (converge in norm) 到 $f \in V$, 是指当 $n \to \infty$ 时, $\|s_n - f\| \to 0$.

正如我们前面提到的, 在如 $\mathbb{R}^m$ 那样的有限维向量空间中, 依范数收敛等价于普通收敛. 另一方面, 在无穷维函数空间上, 依范数收敛与逐点收敛不同. 例如, 可以构造一个依范数收敛到 0 的函数序列, 但并不是处处 (anywhere) 逐点收敛! (参见习题 3.5.43.)

虽然我们关心的是平方可积函数 $f \in L^2[-\pi,\pi]$ 的 Fourier 级数的收敛, 这里阐述的方法有非常普遍的效用. 事实上, 在后面的章节中, 我们将要求对

① 在这里, 我们的行为就好像物理宇宙是由一维区间 $[-\pi,\pi]$ 来表示的. 三维物理空间的更贴切的含义类似, 在所有 $\mathbb{R}^3$ 上三重积分取代了一重积分. 另见 7.4 节.

偏微分方程的其他类型的级数解有类似的收敛结果, 包括多重 Fourier 级数以及涉及 Bessel 函数、球面调和函数、Laguerre 多项式的级数, 等等. 因为它将关键性问题提炼为本质且普遍而抽象的形式, 实际上更容易消化而且可直接应用, 不仅仅是基本的 Fourier 级数, 而是非常一般的 “本征函数级数”.

设 V 为无穷维内积空间, 比如 $L^2[-\pi,\pi]$. 假设 $\varphi_1,\varphi_2,\varphi_3,\cdots$ 是 V 中元素的规范正交 (orthonormal) 集合, 即

$$\langle\varphi_j,\varphi_k\rangle=\begin{cases}1, & j=k,\\ 0, & j\neq k.\end{cases} \tag{3.107}$$

一个直截了当的论证可以证明 φ_k 是线性无关的, 参见习题 3.5.33. 给定 $f\in V$, 我们建立其广义 Fourier 级数 (generalized Fourier series)

$$f\sim\sum_{k=1}^{\infty}c_k\varphi_k,\ 其中\ c_k=\langle f,\varphi_k\rangle. \tag{3.108}$$

通过取级数与 φ_k 的内积, 并援引规范正交性条件 (3.107), 就得到上述系数 c_k 的公式. 两个主要的例子是实 L^2 – 空间和复 L^2 – 空间:

- V 由定义在 $[-\pi,\pi]$ 上实的平方可积函数组成, 有标度变换 L^2 – 内积 $\langle f,g\rangle=\dfrac{1}{\pi}\displaystyle\int_{-\pi}^{\pi}f(x)g(x)\mathrm{d}x$. 规范正交系 $\{\varphi_k\}$ 由初等三角函数组成, 排序如下:

$$\varphi_1=\frac{1}{\sqrt{2}},\ \varphi_2=\cos x,\ \varphi_3=\sin x,$$
$$\varphi_4=\cos 2x,\ \varphi_5=\sin 2x,\ \varphi_6=\cos 3x,\ \cdots.$$

- V 由定义在 $[-\pi,\pi]$ 上复的平方可积函数组成, 有 Hermite 内积 (3.103). 规范正交系 $\{\varphi_k\}$ 由复指数函数组成, 我们按如下排序:

$$\varphi_1=1,\ \varphi_2=\mathrm{e}^{\mathrm{i}x},\ \varphi_3=\mathrm{e}^{-\mathrm{i}x},\ \varphi_4=\mathrm{e}^{2\mathrm{i}x},\ \varphi_5=\mathrm{e}^{-2\mathrm{i}x},\ \varphi_6=\mathrm{e}^{3\mathrm{i}x},\ \cdots.$$

在不同情况下, 广义 Fourier 级数 (3.108) 化简为普通 Fourier 级数, 不过排序方式稍作变化. 稍后些, 当我们将分离变量技术推广到多空间维度偏微分方程时, 将会遇到许多其他的重要例子, 其中 φ_k 是自伴线性算子的本征函数.

对于本节的其余部分, 为了简化随后的证明, 我们假定 V 是实的 (real) 内积空间. 然而, 所有的结果把它们表示成也适用于复内积空间的形式; 复内积空间情形那些比较复杂的证明, 留到习题里解决.

根据定义, 广义 Fourier 级数 (3.108) 依范数收敛于 f, 是指其部分和 (partial sum)

$$s_n = \sum_{k=1}^{n} c_k \varphi_k \tag{3.109}$$

给出的序列满足定义 3.35 的判据. 我们的第一个结果阐明, Fourier 部分和 (3.109) 的 c_k 由内积公式 (3.108) 给出, 实际上是最小二乘 (least squares) 意义上对 $f \in V$ 的最佳逼近 (best approximation)[89].

定理 3.36 设 $V_n = \operatorname{span}\{\varphi_1, \varphi_2, \cdots, \varphi_n\} \subset V$ 是由规范正交系的前 n 个元素张成的 n 维子空间. 那么 Fourier 前 n 项部分和 $s_n \in V_n$ 是对属于子空间的 f 的最小二乘最佳逼近, 这意味着对于所有可能的 $p_n \in V_n$ 而言 $p_n = s_n$ 使得 $\|f - p_n\|$ 极小.

证明 给定任一元素

$$p_n = \sum_{k=1}^{n} d_k \varphi_k \in V_n,$$

鉴于规范正交性关系 (3.107), 我们有

$$\begin{aligned} \|p_n\|^2 &= \langle p_n, p_n \rangle \\ &= \left\langle \sum_{j=1}^{n} d_j \varphi_j, \sum_{k=1}^{n} d_k \varphi_k \right\rangle = \sum_{j,k=1}^{n} d_j d_k \langle \varphi_j, \varphi_k \rangle = \sum_{k=1}^{n} |d_k|^2, \end{aligned} \tag{3.110}$$

上式重现了关于规范正交基范数公式 (B.27). 因此, 由实的内积的对称性,

$$\begin{aligned} \|f - p_n\|^2 &= \langle f - p_n, f - p_n \rangle = \|f\|^2 - 2\langle f, p_n \rangle + \|p_n\|^2 \\ &= \|f\|^2 - 2\sum_{k=1}^{n} d_k \langle f, \varphi_k \rangle + \|p_n\|^2 = \|f\|^2 - 2\sum_{k=1}^{n} c_k d_k + \sum_{k=1}^{n} |d_k|^2 \\ &= \|f\|^2 - \sum_{k=1}^{n} |c_k|^2 + \sum_{k=1}^{n} |c_k - d_k|^2. \end{aligned}$$

最后的等式是加上且减去部分和 (3.109) 范数的平方得到的,

$$\|s_n\|^2 = \sum_{k=1}^{n} |c_k|^2, \tag{3.111}$$

这是 (3.110) 的一个特殊情形. 我们的结论是

$$\|f - p_n\|^2 = \|f\|^2 - \|s_n\|^2 + \sum_{k=1}^{n} |c_k - d_k|^2. \tag{3.112}$$

(3.112) 右端的第一项和第二项是由 f 唯一确定的, 因此不能通过选择 $p_n \in V_n$ 去改变, 这只影响最后的求和. 既然最后一项是非负量之和, 使其极小就将所有的被加数设置为零, 即对所有的 $k = 1, 2, \cdots, n$ 取 $d_k = c_k$. 我们得到结论,

当且仅当 $d_k = c_k$, 即 $p_n = s_n$ 是 Fourier 部分和 (3.109) 时, $\|f - p_n\|$ 对所有的 $p_n \in V_n$ 达到其极小值. [证毕]

例 3.37 考虑普通的实 Fourier 级数, 对于 $0 \leqslant k \leqslant n$ 而言, 三角函数 $\cos kx$, $\sin kx$ 张成子空间 $\mathcal{T}^{(n)} \subset L^2$, 由全体次数不大于 n 的三角多项式 (trigonometric polynomial) (有限 Fourier 和)

$$p_n(x) = \frac{r_0}{2} + \sum_{k=1}^{n} (r_k \cos kx + s_k \sin kx) \tag{3.113}$$

组成. 定理 3.36 意味着前 n 项 Fourier 部分和 (3.38) 在最小二乘意义上是 $f(x)$ 的最佳逼近, 意即在所有的这些三角多项式 (3.113) 中, 它使得差的 L^2–范数

$$\|f - p_n\| = \sqrt{\frac{1}{\pi}\int_{-\pi}^{\pi} |f(x) - p_n(x)|^2 \, \mathrm{d}x} \tag{3.114}$$

极小.

回到一般架构, 如果在 (3.112) 中取 $p_n = s_n$, 那么 $d_k = c_k$, 我们的结论是 Fourier 部分和使得最小二乘误差

$$0 \leqslant \|f - s_n\|^2 = \|f\|^2 - \|s_n\|^2 = \|f\|^2 - \sum_{k=1}^{n} |c_k|^2 \tag{3.115}$$

极小. 因此, 函数 f 的广义 Fourier 系数必须满足不等式

$$\sum_{k=1}^{n} |c_k|^2 \leqslant \|f\|^2. \tag{3.116}$$

我们看看在 $n \to \infty$ 极限中发生了什么. 由于我们正在对非负级数求和, 部分和一致有界, 故求和极限必然存在并且受到同样的约束. 因此, 我们建立了 Bessel 不等式 (Bessel inequality), 这是通往理论之路的关键一步.

定理 3.38 $f \in V$ 的广义 Fourier 系数的平方和

$$\sum_{k=1}^{\infty} |c_k|^2 \leqslant \|f\|^2. \tag{3.117}$$

现在, 如果 Bessel 不等式 (3.117) 左端那样的级数是收敛的, 各被加数必须趋于零. 因此, 我们立即得到:

推论 3.39 $f \in V$ 的广义 Fourier 系数满足当 $k \to \infty$ 时 $c_k \to 0$.

在三角 Fourier 级数的情况下, 推论 3.39 导致以下称为 Riemann-Lebesgue 引理 (Riemann-Lebesgue Lemma) 的简化形式:

引理 3.40 如果 $f \in L^2[-\pi, \pi]$ 是平方可积的, 那么它的 Fourier 系数

满足

$$\text{当 } k \to \infty \text{ 时}, \quad \left.\begin{aligned} a_k &= \frac{1}{\pi}\int_{-\pi}^{\pi} f(x)\cos kx\mathrm{d}x \\ b_k &= \frac{1}{\pi}\int_{-\pi}^{\pi} f(x)\sin kx\mathrm{d}x \end{aligned}\right\} \to 0. \tag{3.118}$$

注记: 此结果等同于任何复平方可积函数的复 Fourier 系数

$$c_k = \frac{1}{2\pi}\int_{-\pi}^{\pi} f(x)\mathrm{e}^{-\mathrm{i}kx}\mathrm{d}x \to 0, \text{ 当 } |k| \to \infty \text{ 时} \tag{3.119}$$

的衰减.

和式 (3.117) 的收敛要求系数 c_k 趋于零不能太慢. 例如要求幂次约束 (3.99) 的某些 $\alpha > \frac{1}{2}$ 足以确保 $\sum_{k=-\infty}^{\infty} |c_k|^2 < \infty$. 因此, 正如我们预料的那样, Fourier 级数的依范数收敛性对 Fourier 系数衰减施加的限制要求比一致收敛的低, 如果是那样就需要 $\alpha > 1$. 事实上, 一个系数缓慢衰减的 Fourier 级数可能很好地依范数收敛到不连续的 L^2 – 函数, 这在一致收敛下是不可能的.

完备性

向量空间中的计算依赖于指定一个基, 也就是一组张成空间的线性无关元素. 基的选择是用于引入空间中的一个局部坐标系, 即将元素表达为基的线性组合的系数. 正交基和规范正交基尤为便利, 因为坐标是直接取内积计算得到的, 而一般的基则需要求解线性系统. 在有限维向量空间中, 所有的基都包含相同数量的元素, 根据定义, 这个数量就是该空间的维数 (dimension). 因此, 如果向量空间包含无穷多个线性无关的元素, 它就是无穷维的. 然而, 当这样的集合构成空间的基时, 问题也就变得比较微妙, 仅仅计数就不够了. 实际上, 从无穷大集合中略去有限数目元素仍然会留下无穷多个, 但后者必不能张成空间. 不仅如此, 根本就不能指望将无穷维空间的一般元素写成基元素有限的线性组合. 因此, 我们如果要正确地建立这个概念, 就必须解决微妙的无穷级数收敛性问题.

无穷维向量空间基的定义取决于完备性的概念. 我们将讨论一般抽象设置中的完备性, 但关键的例子当然还是 Hilbert 空间 $L^2[-\pi,\pi]$ 以及三角函数系或复指数函数系. 为简单起见. 我们在这里按照规范正交系定义完备性. (相似的论证显然适用于正交系, 但规范性有助于简化表示.)

定义 3.41 规范正交系 $\varphi_1, \varphi_2, \varphi_3, \cdots \in V$ 称为完备的 (complete), 是指

对于每个 $f \in V$ 而言, 其广义 Fourier 级数 (3.108) 依范数收敛于 f:

$$\text{当 } n \to \infty \text{ 时}, \ \|f - s_n\| \to 0, \text{ 其中 } s_n = \sum_{k=1}^{n} c_k \varphi_k, \ c_k = \langle f, \varphi_k \rangle \tag{3.120}$$

是广义 Fourier 级数 (3.108) 的前 n 项部分和.

因此, 完备性要求 V 的全体元素都可以用基元素的有限线性组合 (依范数) 任意逼近. 完备规范正交系应该看作是有限维向量空间规范正交基的无穷维版本. 一个正交系称为*完备的* (complete), 是指元素除以范数后得到相应的规范正交系完备. 完备规范正交系的存在性与基础 Hilbert 空间的完备性直接紧密地联系着.

给定正交函数系或规范正交函数系, 确定其是否完备绝非易事, 需要对其性质进行详细分析. 对经典 Fourier 级数的主要结果是三角函数系, 或等价地说复指数函数形成一个完备系; 证明将在下面给出. 完备规范正交本征函数系的一般性质可以去 9.4 节找到.

定理 3.42 *三角函数* $1, \cos kx, \sin kx$, $k = 1, 2, 3, \cdots$ *在* $L^2 = L^2[-\pi, \pi]$ *中形成一个完备正交系. 换言之, 如果* $s_n(x)$ *表示平方可积函数* $f(x) \in L^2$ *的 Fourier 级数的前* n *项部分和, 那么* $\lim_{n\to\infty} \|f - s_n\| = 0$.

为了更好地理解完备性, 我们阐述一些等价的描述及其结果. 一个是向量范数 (B.27) 的无穷维的对应, 它的坐标与规范正交基有关.

定理 3.43 *规范正交系* $\varphi_1, \varphi_2, \varphi_3, \cdots \in V$ *是完备的, 当且仅当 Plancherel 公式*

$$\|f\|^2 = \sum_{k=1}^{\infty} |c_k|^2 = \sum_{k=1}^{\infty} \langle f, \varphi_k \rangle^2 \tag{3.121}$$

对所有的 $f \in V$ *成立.*

证明 定理 3.43 称函数系是完备的, 当且仅当 Bessel 不等式 (3.117) 实际上是一个等式. 事实上, 在 (3.115) 中令 $n \to \infty$, 我们发现

$$\lim_{n\to\infty} \|f - s_n\|^2 = \|f\|^2 - \lim_{n\to\infty} \sum_{k=1}^{n} |c_k|^2 = \|f\|^2 - \sum_{k=1}^{\infty} |c_k|^2.$$

因此, 完备性条件 (3.120) 成立当且仅当上式右端为零, 换言之 Plancherel 恒等式 (3.121) 成立. [证毕]

类似结果对两个元素间的内积也成立, 我们一般以其复形式表述, 虽然这里给出证明是实形式版本; 在习题 3.5.35 中, 要求读者给出稍复杂些复形式的证明.

推论 3.44 对任何 $f,g \in V$ 而言, Fourier 系数 $c_k = \langle f,\varphi_k \rangle$, $d_k = \langle g,\varphi_k \rangle$, 满足 Parseval 公式

$$\langle f,g \rangle = \sum_{k=1}^{\infty} c_k \overline{d}_k. \tag{3.122}$$

证明 因为对于一个实内积,

$$\langle f,g \rangle = \frac{1}{4}\left(\|f+g\|^2 - \|f-g\|^2\right), \tag{3.123}$$

Parseval 公式是应用 Plancherel 公式 (3.121) 到右端各项的结果:

$$\langle f,g \rangle = \frac{1}{4}\sum_{k=1}^{\infty}\left[(c_k+d_k)^2-(c_k-d_k)^2\right] = \sum_{k=1}^{\infty} c_k d_k,$$

上式与 (3.122) 一致, 因为我们假设 $d_k = \overline{d}_k$ 都是实的. [证毕]

注意, Plancherel 公式是 Parseval 公式[①]的特殊情况, 设 $f=g$ 即得. 在 $L^2[-\pi,\pi]$ 的复指数基 $\mathrm{e}^{\mathrm{i}kx}$ 的特殊情形, Plancherel 公式和 Parseval 公式分别为

$$\frac{1}{2\pi}\int_{-\pi}^{\pi}|f(x)|^2\mathrm{d}x = \sum_{k=-\infty}^{\infty}|c_k|^2, \quad \frac{1}{2\pi}\int_{-\pi}^{\pi}f(x)\overline{g(x)}\mathrm{d}x = \sum_{k=-\infty}^{\infty}c_k\overline{d}_k, \tag{3.124}$$

其中 $c_k = \left\langle f,\mathrm{e}^{\mathrm{i}kx}\right\rangle$, $d_k = \left\langle g,\mathrm{e}^{\mathrm{i}kx}\right\rangle$ 分别是复值函数 $f(x)$ 和 $g(x)$ 的普通 Fourier 系数. 在习题 3.5.38 中, 要求写出实 Fourier 系数的相应公式.

完备性还告诉我们, 一个函数是由其 Fourier 系数唯一确定的.

命题 3.45 如果规范正交系 $\varphi_1,\varphi_2,\cdots \in V$ 完备, 那么全部 Fourier 系数为零 $(0=c_1=c_2=\cdots)$ 的唯一元素 $f\in V$ 是零元素: $f=0$. 更一般地, 两个元素 $f,g\in V$ 有相同的 Fourier 系数, 当且仅当它们是相等的: $f=g$.

证明 证明是 Plancherel 公式的直接结果. 确实如此, 如果 $c_k=0$, 那么 (3.121) 意味着 $\|f\|=0$, 因此 $f=0$. 第二条断言通过把第一条应用到它们的差 $f-g$ 即得. [证毕]

另一种说明这个结果的方法是, 与完备规范正交系的每个元素正交的唯一函数就是零函数[②]. 换句话说, 一个完备规范正交系是最大的, 意思是说再无规范正交元素可以添加.

现在我们讨论 Fourier 三角函数和复指数函数的完备性. 我们将仅为充分光滑的函数建立完备性性质, 较为困难的一般证明留给参考书 [37,128].

---

① 奇怪的是, Marc-Antoine Parseval des Chênes 的贡献略早于 Fourier, 而 Michel Plancherel的工作则出现在近一个世纪之后.

② 或者从技术上准确地说, 在零测集之外为零的任一函数.

根据定理 3.30, 如果 $f(x)$ 是连续 2π–周期且分段 C^1 的, 那么其 Fourier 级数一致收敛,

$$f(x)=\sum_{k=-\infty}^{\infty} c_k \mathrm{e}^{\mathrm{i}kx}, \text{ 对所有的 } -\pi \leqslant x \leqslant \pi.$$

对它的复共轭 $\overline{f(x)}$ 同样成立. 因此, 由 (3.94),

$$|f(x)|^2=f(x)\overline{f(x)}=f(x)\sum_{k=-\infty}^{\infty}\overline{c}_k \mathrm{e}^{-\mathrm{i}kx}=\sum_{k=-\infty}^{\infty}\overline{c}_k f(x)\mathrm{e}^{-\mathrm{i}kx}$$

也一致收敛. 公式 (3.95) 容许我们从 $-\pi$ 到 π 积分, 得到

$$\begin{aligned}\|f\|^2&=\frac{1}{2\pi}\int_{-\pi}^{\pi}|f(x)|^2\mathrm{d}x\\&=\sum_{k=-\infty}^{\infty}\frac{\overline{c}_k}{2\pi}\int_{-\pi}^{\pi}f(x)\mathrm{e}^{-\mathrm{i}kx}\mathrm{d}x=\sum_{k=-\infty}^{\infty}c_k\overline{c}_k=\sum_{k=-\infty}^{\infty}|c_k|^2.\end{aligned}$$

因此, Plancherel 公式 (3.121) 适用于任何连续函数和分段 C^1–函数.

再额外做些技术工作, 该结果可用于对全体 $f\in L^2$ 建立 Plancherel 公式有效性, 关键步骤是用这种连续函数和分段 C^1–函数适当地逼近 f. 在这一方面, 完备性是定理 3.43 的直接结果.

逐点收敛性

最后我们回到三角 Fourier 级数的逐点收敛定理 3.8. 目的是要证明, 在关于 $f(x)$ 的适当假设下, 即 2π–周期和分段 C^1 的, 其 Fourier 部分和的极限是

$$\lim_{n\to\infty}s_n(x)=\frac{1}{2}\left[f\left(x^+\right)+f\left(x^-\right)\right]. \tag{3.125}$$

首先, 我们把复 Fourier 系数公式 (3.65) 代入前 n 项部分和公式 (3.109):

$$\begin{aligned}s_n(x)&=\sum_{k=-n}^{n}c_k\mathrm{e}^{\mathrm{i}kx}=\sum_{k=-n}^{n}\left[\frac{1}{2\pi}\int_{-\pi}^{\pi}f(y)\mathrm{e}^{-\mathrm{i}ky}\mathrm{d}y\right]\mathrm{e}^{\mathrm{i}kx}\\&=\frac{1}{2\pi}\int_{-\pi}^{\pi}f(y)\left[\sum_{k=-n}^{n}\mathrm{e}^{\mathrm{i}k(x-y)}\right]\mathrm{d}y.\end{aligned} \tag{3.126}$$

为更进一步, 我们需要计算最后一个等式中的求和

$$\sum_{k=-n}^{n}\mathrm{e}^{\mathrm{i}kx}=\mathrm{e}^{-\mathrm{i}nx}+\cdots+\mathrm{e}^{-\mathrm{i}x}+1+\mathrm{e}^{\mathrm{i}x}+\cdots+\mathrm{e}^{\mathrm{i}nx}.$$

它实际上有几何级数和的形式,

$$\sum_{k=0}^{m} ar^k = a + ar + ar^2 + \cdots + ar^m = a\frac{r^{m+1}-1}{r-1}, \tag{3.127}$$

共 $m+1=2n+1$ 个被加数, 初始项 $a=\mathrm{e}^{-\mathrm{i}nx}$ 和比值 $r=\mathrm{e}^{\mathrm{i}x}$. 因此

$$\begin{aligned}\sum_{k=-n}^{n} \mathrm{e}^{\mathrm{i}kx} &= \mathrm{e}^{-\mathrm{i}nx}\frac{\mathrm{e}^{\mathrm{i}(2n+1)x}-1}{\mathrm{e}^{\mathrm{i}x}-1} = \frac{\mathrm{e}^{\mathrm{i}(n+1)x}-\mathrm{e}^{-\mathrm{i}nx}}{\mathrm{e}^{\mathrm{i}x}-1} \\ &= \frac{\mathrm{e}^{\mathrm{i}\left(n+\frac{1}{2}\right)x}-\mathrm{e}^{-\mathrm{i}\left(n+\frac{1}{2}\right)x}}{\mathrm{e}^{\mathrm{i}\frac{x}{2}}-\mathrm{e}^{-\mathrm{i}\frac{x}{2}}} = \frac{\sin\left(n+\frac{1}{2}\right)x}{\sin\frac{1}{2}x}.\end{aligned} \tag{3.128}$$

在这个计算中, 从第一行到第二行, 我们在分子和分母上同乘 $\mathrm{e}^{-\mathrm{i}\frac{x}{2}}$, 然后我们使用按照复指数函数表示正弦函数的公式 (3.60). 顺便说一句, (3.128) 等价于有趣的三角求和公式

$$1 + 2(\cos x + \cos 2x + \cos 3x + \cdots + \cos nx) = \frac{\sin\left(n+\frac{1}{2}\right)x}{\sin\frac{1}{2}x}. \tag{3.129}$$

因此, 代回 (3.126), 得到

$$\begin{aligned} s_n(x) &= \frac{1}{2\pi}\int_{-\pi}^{\pi} f(y)\frac{\sin\left(n+\frac{1}{2}\right)(x-y)}{\sin\frac{1}{2}(x-y)}\mathrm{d}y \\ &= \frac{1}{2\pi}\int_{-\pi-x}^{\pi-x} f(x+\widehat{y})\frac{\sin\left(n+\frac{1}{2}\right)\widehat{y}}{\sin\frac{1}{2}\widehat{y}}\mathrm{d}\widehat{y} \\ &= \frac{1}{2\pi}\int_{-\pi}^{\pi} f(x+y)\frac{\sin\left(n+\frac{1}{2}\right)y}{\sin\frac{1}{2}y}\mathrm{d}y. \end{aligned}$$

第二个等式是积分变量变换 $\widehat{y}=x-y$ 并消去三角分式负号的结果; 最后等式的被积函数是 2π–周期的, 因此其在任一长度为 2π 的区间上的积分都具有相同的值; 参见习题 3.2.9.

因此, 为了证明 (3.125), 只需证明

$$\begin{aligned} \lim_{n\to\infty}\frac{1}{\pi}\int_{0}^{\pi} f(x+y)\frac{\sin\left(n+\frac{1}{2}\right)y}{\sin\frac{1}{2}y}\mathrm{d}y &= f\left(x^+\right), \\ \lim_{n\to\infty}\frac{1}{\pi}\int_{-\pi}^{0} f(x+y)\frac{\sin\left(n+\frac{1}{2}\right)y}{\sin\frac{1}{2}y}\mathrm{d}y &= f\left(x^-\right). \end{aligned} \tag{3.130}$$

这两个公式的证明是相同的, 所以我们集中在建立第一式. 利用被积函数是偶函数这一事实, 把我们的求和公式 (3.128) 反过来, 得到

$$\frac{1}{\pi}\int_{0}^{\pi}\frac{\sin\left(n+\frac{1}{2}\right)y}{\sin\frac{1}{2}y}\mathrm{d}y = \frac{1}{2\pi}\int_{-\pi}^{\pi}\frac{\sin\left(n+\frac{1}{2}\right)y}{\sin\frac{1}{2}y}\mathrm{d}y = \frac{1}{2\pi}\int_{-\pi}^{\pi}\sum_{k=-n}^{n}\mathrm{e}^{\mathrm{i}ky}\mathrm{d}y = 1,$$

因为只有常数项的积分非零. 将此公式乘 $f\left(x^{+}\right)$, 然后从 (3.130) 中的第一个公式中减去结果, 将得到

$$\lim_{n\to\infty}\frac{1}{\pi}\int_0^{\pi}\frac{f(x+y)-f\left(x^{+}\right)}{\sin\frac{1}{2}y}\sin\left(n+\frac{1}{2}\right)y\mathrm{d}y=0, \tag{3.131}$$

这是我们现在要证明的.

我们断言, 对于每个固定的 x 值, 函数

$$g(y)=\frac{f(x+y)-f\left(x^{+}\right)}{\sin\frac{1}{2}y}$$

对所有的 $0\leqslant y\leqslant\pi$ 是分段连续的. 由于我们关于 $f(x)$ 的假设, 唯一有问题的点在 $y=0$, 然而由 (单侧极限) l'Hôpital[①]法则,

$$\lim_{y\to0^{+}}g(y)=\lim_{y\to0^{+}}\frac{f(x+y)-f\left(x^{+}\right)}{\sin\frac{1}{2}y}=\lim_{y\to0^{+}}\frac{f'(x+y)}{\frac{1}{2}\cos\frac{1}{2}y}=2f'\left(x^{+}\right).$$

因此, 如果我们能证明

$$\lim_{n\to\infty}\frac{1}{\pi}\int_0^{\pi}g(y)\sin\left(n+\frac{1}{2}\right)y\mathrm{d}y=0, \tag{3.132}$$

那么每当 g 是分段连续的, (3.131) 将建立起来. 如果不是额外的 $\frac{1}{2}$, 这将立即由简化的 Riemann-Lebesgue 引理 3.40 得出. 老实说, 我们可以利用 $\sin\left(n+\frac{1}{2}\right)y$ 的加法公式得

$$\begin{aligned}&\frac{1}{\pi}\int_0^{\pi}g(y)\sin\left(n+\frac{1}{2}\right)y\mathrm{d}y\\&=\frac{1}{\pi}\int_0^{\pi}\left[g(y)\sin\frac{1}{2}y\right]\cos ny\mathrm{d}y+\frac{1}{\pi}\int_0^{\pi}\left[g(y)\cos\frac{1}{2}y\right]\sin ny\mathrm{d}y,\end{aligned}$$

第一个积分是分段连续函数 $g(y)\sin\dfrac{1}{2}y$ 的第 n 个 Fourier 余弦系数, 而第二个积分是分段连续函数 $g(y)\cos\dfrac{1}{2}y$ 的第 n 个 Fourier 正弦系数. 引理 3.40 意味着这两个系数当 $n\to\infty$ 时收敛到 0, 因此 (3.132) 成立. 这就完成了证明, 从而建立了 Fourier 级数的逐点收敛. [证毕]

注记: 证明最后部分的另一种方法是利用普遍的 Riemann-Lebesgue 引理, 其证明可以在 [37,128]中找到.

引理 3.46 设 $g(x)$ 在 $[a,b]$ 上是分段连续的. 那么

① 译注: 原书正文为 l'Hôpital, 但在索引中列为 Hôpital 条目, 实际上应为 l'Hôpital 或按英文写为 l'Hospital.

$$\begin{aligned}0 &= \lim_{\omega\to\infty}\int_a^b g(x)\mathrm{e}^{\mathrm{i}\omega x}\mathrm{d}x \\ &= \lim_{\omega\to\infty}\int_a^b g(x)\cos\omega x\mathrm{d}x + \mathrm{i}\lim_{\omega\to\infty}\int_a^b g(x)\sin\omega x\mathrm{d}x.\end{aligned} \tag{3.133}$$

直觉上, Riemann-Lebesgue 引理说, 随着频率 ω 越来越大, 被积函数的快速振荡趋于相互抵消.

注记: 虽然一个单纯连续函数的 Fourier 级数不必逐点收敛, 但 1966 年由瑞典数学家 Lennart Carleson 证明的一个深刻定理[28]指出, 它不收敛的点集有零测度, 因此, 例外点形成一个非常小的子集.

习题

3.5.26. 以下哪个序列依范数收敛到 $x\in\mathbb{R}$ 的零函数?

(a) $v_n(x)=\dfrac{nx}{1+n^2x^2}$. (b) $v_n(x)=\begin{cases}1, & n<x<n+1,\\ 0, & 否则.\end{cases}$

(c) $v_n(x)=\begin{cases}1, & n<x<n+\dfrac{1}{n},\\ 0, & 否则.\end{cases}$ (d) $v_n(x)=\begin{cases}\dfrac{1}{n}, & n<x<2n\\ 0, & 否则.\end{cases}$

(e) $v_n(x)=\begin{cases}\dfrac{1}{\sqrt{n}}, & n<x<2n,\\ 0, & 否则.\end{cases}$ (f) $v_n(x)=\begin{cases}n^2x^2-1, & -\dfrac{1}{n}<x<\dfrac{1}{n},\\ 0, & 否则.\end{cases}$

3.5.27. 讨论以下序列在区间 $[0,1]$ 上的逐点收敛和 L^2 收敛:

(a) $1-\dfrac{x^2}{n^2}$. (b) $\begin{cases}n, & \dfrac{1}{n^2}<x<\dfrac{1}{n},\\ x, & 否则.\end{cases}$ (c) e^{-nx}. (d) $\sin nx$.

3.5.28. 直接从定义证明, 单位阶跃函数的 Fourier 级数 (3.49) 依范数收敛.

3.5.29. 设 $f(x)\in L^2[a,b]$ 是平方可积的. 哪种常数函数 $g(x)\equiv c$ 在最小二乘意义下最接近 $f(x)$?

3.5.30. 假设序列 $f_n(x)$ 在区间 $[a,b]$ 上逐点收敛到函数 $f_\star(x)$, 并在 $[a,b]$ 上依 L^2–范数收敛到 $g_\star(x)$. 在 $a\leqslant x\leqslant b$ 的各点, $f_\star(x)=g_\star(x)$ 吗?

3.5.31. 在习题 3.5.20 和习题 3.5.22 中, 求出 Fourier 级数 L^2–范数的公式.

3.5.32. 在什么条件下函数 $f(x)$ 与 Fourier 级数前 n 项部分和之间的最小二乘误差等于零: $\|f-s_n\|=0$?

♦ 3.5.33. 设 V 是一个内积空间. 证明 (有限或无穷) 正交系的元素 $\varphi_1,\varphi_2,\cdots\in V$ 是线性独立的, 意味着任何有限线性组合为零, $c_1\varphi_1+c_2\varphi_2+\cdots+c_n\varphi_n=0$, 当且仅当系数均为零: $c_1=c_2=\cdots=c_n=0$.

♦ 3.5.34. 设 V 是一个复内积空间. 证明: 对于所有的 $f,g\in V$, 有

(a) $\|f+g\|^2=\|f\|^2+2\operatorname{Re}\langle f,g\rangle+\|g\|^2$.

(b) $\langle f,g\rangle=\dfrac{1}{4}\left(\|f+g\|^2-\|f-g\|^2+\mathrm{i}\|f+\mathrm{i}g\|^2-\mathrm{i}\|f-\mathrm{i}g\|^2\right)$.

♦ 3.5.35. 设 V 是无穷维复内积空间, $\varphi_k\in V$ 是完备正交系. 证明相应的 Plancherel 公式和 Parseval 公式. 提示: 使用习题 3.5.34 中的恒等式.

3.5.36. 有限维向量空间的 Plancherel 公式 (3.121) 告诉我们什么? Parseval 公式 (3.122) 呢?

3.5.37. 设 $f(x)=x, g(x)=\operatorname{sign}x$. (a) 写出 f 的复 Fourier 系数的 Plancherel 公式. (b) 写出 g 的复 Fourier 系数的 Plancherel 公式. (c) 写出 f,g 的复 Fourier 系数的 Parseval 公式.

♦ 3.5.38. (a) 关于实函数 $f(x)$ 的三角 Fourier 系数, 求证 Plancherel 公式的实数形式

$$\frac{1}{\pi}\int_{-\pi}^{\pi}|f(x)|^2\mathrm{d}x=\frac{1}{2}a_0^2+\sum_{k=1}^{\infty}\left(a_k^2+b_k^2\right). \tag{3.134}$$

(b) Parseval 公式的实数形式是什么?

3.5.39. 给出公式 (3.129) 的另一种证明, 它不需要复函数, 首先要乘 $\sin\dfrac{1}{2}x$, 然后再对乘积项使用一个适当的三角恒等式.

3.5.40. (a) 证明函数 $\varphi_n(x)=\sin\left(n-\dfrac{1}{2}\right)x, n=1,2,3,\cdots$ 在区间 $[0,\pi]$ 上形成关于 L^2 – 内积 $\langle f,g\rangle=\displaystyle\int_0^{\pi}f(x)g(x)\mathrm{d}x$ 的一个正交序列. (b) 求函数 $f(x)$ 关于正交序列 $\varphi_n(x)$ 的 Fourier 系数公式. (c) 在这种情况下, 叙述 Bessel 不等式和 Plancherel 公式. 仔细说明你的公式成立可能需要的所有假设.

♦ 3.5.41. 证明向量 $\boldsymbol{v}^{(n)}\in\mathbb{R}^m$ 的序列依 Euclid 范数收敛, 当 $n\to\infty$ 时 $\|\boldsymbol{v}^{(n)}-\boldsymbol{v}^\star\|\to 0$, 当且仅当各自分量收敛: 对于 $i=1,2,\cdots,m$, 有 $v_i^{(n)}\to v_i^\star$.

♦ 3.5.42. 设 V 为赋范向量空间. 序列 $\boldsymbol{v}_n\in V$ 称为 *Cauchy 序列* (Cauchy sequence), 是指对于每个 $\varepsilon>0$ 存在一个 N, 每当 $m,n\geqslant N$ 都有 $\|\boldsymbol{v}_m-\boldsymbol{v}_n\|<\varepsilon$. 证明一个序列依范数收敛, 当 $n\to\infty$ 时 $\|\boldsymbol{v}_n-\boldsymbol{v}^\star\|\to 0$, 必然是 Cauchy 序列. *注记*: 如果所有的 Cauchy 序列依范数收敛, 那么该赋范向量空间称为*完备的*. 可以证明[96,98], 任一有限维赋范向量空间是完备的, 但在无穷维情形这可未必. 比如, 由全部三角多项式和全部多项式组成的向量空间依 L^2 – 范数就不完备. 完备的无穷维向量空间最重要的例子是 Hilbert 空间 L^2.①

♦ 3.5.43. 对于每个 $n=1,2,\cdots$, 定义函数 $f_n(x)=\begin{cases}1, & \dfrac{k}{m}\leqslant x\leqslant\dfrac{k+1}{m},\\ 0, & \text{其他},\end{cases}$ 其中 $n=\dfrac{1}{2}m(m+1)+k$ 且 $0\leqslant k\leqslant m$. 首先证明 m,k 是由 n 唯一决定的. 然后证明, 在区间 $[0,1]$ 上, 序列 $f_n(x)$ 依范数收敛于 0, 但不是处处 (anywhere) 逐点收敛的!

♥ 3.5.44. 设 $u(t,x)$ 是初值问题

① 译注: 完备的赋范空间称为 Banach 空间.

$$\frac{\partial^2 u}{\partial t^2} = c^2 \frac{\partial^2 u}{\partial x^2}, \quad u(0,x) = f(x), \quad \frac{\partial u}{\partial t}(0,x) = 0, \quad -\infty < x < \infty$$

的解, 其中当 $|x| \to \infty$ 时 $f(x) \to 0$, 是/非: 当 $t \to \infty$ 时, (a) 解 $u(t,x)$ 逐点收敛到一个平衡解. (b) 解 $u(t,x)$ 一致收敛到一个平衡解. (c) 解 $u(t,x)$ 依范数收敛到一个平衡解.

♥ 3.5.45. 对于初始条件 $u(0,x) = 0, \dfrac{\partial u}{\partial t}(0,x) = g(x)$, 当 $|x| \to \infty$ 时 $g(x) \to 0$, 解答习题 3.5.44.

第 4 章　分离变量

三种最基本的线性二阶偏微分方程共同推动了整个学科的发展. 我们已经遇到过前两种: *波方程*描述连续介质中的振动和波, 包括声波、水波、弹性波、电磁波等. *热方程*模拟扩散过程, 包括固体中的热能、液体中的溶质以及生物种群. 第三种方程是 Laplace *方程*及其非齐次形式 Poisson *方程*, 从多个角度看这两个方程在所有这些方程中是最重要的, 它们支配平衡力学. 这两个方程在种类繁多的数学和物理学背景中出现, 范围横跨弹性和固体力学、流体力学、电磁学、位势理论、热力学、几何学、概率论、数论以及诸多其他领域. Laplace 方程的解称为*调和函数* (harmonic function)[①], 而且它们许多卓越性质的发现构成了数学史上最著名的篇章. 所有的这三类方程, 连同它们的高维家族一道, 将在本书反复出现.

本章的目的是, 针对这些关键偏微分方程的两个自变量化身, 发展求解的分离变量方法. 对于波方程和热方程来说, 变量是时间 t 和一个空间坐标 x, 模拟一维介质动力学行为的初–边值问题. 对于 Laplace 和 Poisson 方程来说, 两个变量表示空间坐标 x 和 y, 相关的边值问题模拟平面体的平衡结构, 例如膜的形变. 分离变量寻求可以写为单一变量函数乘积的特解, 从而将偏微分方程化简为两个常微分方程. 更一般的解可以表示为适当可分离解的无穷级数. 对于这里所考虑的两个变量的方程, 这将导致解的 Fourier 级数表示. 在波方程情形, 分离变量可以用来聚焦解的振动特性, 而先前的 d'Alembert 方法则强调它的粒子性方面. 遗憾的是, 对于 Laplace 方程而言, 分离变量只适用于诸如矩形和圆盘这些特殊几何形状中的边值问题. 进一步发展求解三个或更多变量偏微分方程的分离变量方法, 可在第 11 和 12 章中找到.

在最后一节中, 我们借机总结平面二阶偏微分方程的三种基本类型. 三个典型方程中的每一个都集中体现了其中一类: 如波方程那样的*双曲型* (hyperbolic), 如热方程那样的*抛物型* (parabolic), 以及如 Laplace 方程和 Poisson 方程那样的*椭圆型* (elliptic). 每种类型都有其独特的性质和特征, 实际上无论在分析上还是数值上都形成了数学的不同分支.

---

① 译注: 值得强调.

4.1 扩散方程与热方程

我们从物理学第一原理开始简要地导出热方程. 考虑一根杆 (bar), 它意味着一个细长的热导体. 谓之“细长”就是可以把杆看作一维连续介质①, 温度无明显的横向变化. 我们假定沿杆长方向杆是完全隔热的, 因此热量只能通过其非绝热的端点流入 (或流出). 我们用 t 表示时间, 而 $a \leqslant x \leqslant b$ 表示沿杆长的空间位置, 杆占据着区间 $[a,b]$. 我们的目标是求出时间 t、位置 x 处杆的温度 $u(t,x)$.

支配温度的动力学方程建立在三个基本物理学原理基础上. 第一个是热能守恒律. 回顾一般定义 2.7 , 这个特殊的守恒律采取形式

$$\frac{\partial \varepsilon}{\partial t}+\frac{\partial w}{\partial x}=0, \tag{4.1}$$

其中 $\varepsilon(t,x)$ 表示在时间 t 和位置 x 的热能密度 (thermal energy density), 而 $w(t,x)$ 表示热流密度 (heat flux), 即沿杆长方向的热能流动速率. 我们的约定符号 $w(t,x)>0$ 表示该位置处能量沿 x 增加方向 (从左向右) 流动. 守恒律的积分形式 (2.49) 即为

$$\frac{\mathrm{d}}{\mathrm{d}t}\int_a^b \varepsilon(t,x)\mathrm{d}x = w(t,a)-w(t,b), \tag{4.2}$$

表明杆中热能变化率等于通过其非绝热端点的总热流量. 边界项的符号保证进入杆的热流导致温度上升.

第二个物理学原理是关于杆物理性质的*本构假设* (constitutive assumption). 根据观察, 在适当的条件下热能与温度成正比:

$$\varepsilon(t,x)=\sigma(x)u(t,x). \tag{4.3}$$

因子

$$\sigma(x)=\rho(x)\chi(x)>0 \tag{4.4}$$

是材料的*密度* ρ 与其*比热容* χ 的乘积, 比热容是单位质量材料温度升高一度所需的热能. 注意, 我们假设介质不随时间发生变化, 因此密度和比热容等物理量只依赖于位置 x. 我们还假设杆的物质性质与温度无关, 在物理学上这也许不大合理; 不然的话, 我们就得处理一个非常复杂的非线性扩散方程[70, 99].

第三个物理学原理涉及热流和温度. 物理实验表明, 热能从热到冷的移动

---

① 译注: continuum, 数学上译为连续统, 物理上译为连续介质.

速率与温度梯度成正比, 在一维情形就是它的导数 $\partial u/\partial x$. 由此产生关系

$$w(t,x) = -\kappa(x)\frac{\partial u}{\partial x}, \tag{4.5}$$

称为 Fourier *冷却定律* (Fourier's law of cooling). 比例因子 $\kappa(x) > 0$ 是位置 x 处杆的*热导率* (thermal conductivity), 负号反映了热能从热到冷移动的日常观察. 比如银那样的良导体有高导热性, 而玻璃那样的不良导体有低导热性.

将这三条物理学原理 (4.1, 3, 5) 结合起来, 得到支配着一维介质热力学的*线性扩散方程* (linear diffusion equation)

$$\frac{\partial}{\partial t}(\sigma(x)u) = \frac{\partial}{\partial x}\left(\kappa(x)\frac{\partial u}{\partial x}\right), \quad a < x < b. \tag{4.6}$$

它还可以用于模拟各种各样的扩散过程, 包括化学扩散、液体和气体中污染物的扩散、种群弥散和传染疾病流行. 如果沿杆长有一个外部热源, 那么扩散方程有另外给定的非齐次项:

$$\frac{\partial}{\partial t}(\sigma(x)u) = \frac{\partial}{\partial x}\left(\kappa(x)\frac{\partial u}{\partial x}\right) + h(t,x), \quad a < x < b. \tag{4.7}$$

为了唯一地确定解 $u(t,x)$, 我们必须给定一个初始温度分布

$$u(t_0,x) = f(x), \quad a \leqslant x \leqslant b. \tag{4.8}$$

此外, 我们必须在杆的每一端规定适当的边界条件, 常见类型有三种. 第一种是 Dirichlet *边界条件* (Dirichlet boundary condition), 其端点保持给定温度. 例如,

$$u(t,a) = \alpha(t) \tag{4.9}$$

固定 (可能是时间相关的) 左端温度. 另外, Neumann *边界条件* (Neumann boundary condition)

$$\frac{\partial u}{\partial x}(t,a) = \mu(t) \tag{4.10}$$

规定那里的热流密度 $w(t,a) = -\kappa(a)u_x(t,a)$. 特别是, 齐次 Neumann 条件 $u_x(t,a) \equiv 0$ 模拟防止热能流入或流出的绝热端点. Robin① *边界条件* (Robin boundary condition)

$$\frac{\partial u}{\partial x}(t,a) + \beta(t)u(t,a) = \tau(t) \tag{4.11}$$

模拟杆末端置于温度 $\tau(t)$ 的热浴(热库) 中的热交换.

---

① 因为以 19 世纪法国分析学家 Victor Gustave Robin 的名字命名, 它的发音得带点法国口音.

杆的每一端都需要满足这些边界条件之一. 例如, 两端温度给定:

$$u(t,a)=\alpha(t),\quad u(t,b)=\beta(t) \tag{4.12}$$

的杆受两个 Dirichlet 边界条件的约束, 而两端绝热的杆要求两个齐次 Neumann 边界条件

$$\frac{\partial u}{\partial x}(t,a)=0,\quad \frac{\partial u}{\partial x}(t,b)=0. \tag{4.13}$$

混合边界条件, 一端温度给定且另一端绝热, 类似的公式化形如

$$u(t,a)=\alpha(t),\quad \frac{\partial u}{\partial x}(t,b)=0. \tag{4.14}$$

最后, *周期边界条件* (periodic boundary condition)

$$u(t,a)=u(t,b),\quad \frac{\partial u}{\partial x}(t,a)=\frac{\partial u}{\partial x}(t,b), \tag{4.15}$$

相应于杆两端对接得到的环 (ring). 如前, 我们假设热量只容许沿环的周长流动, 绝热防止环的一侧热辐射影响它的另一侧.

热方程

在本书中我们保留术语 "热方程", 特指均匀材料杆的情形, 因此杆的密度 ρ、热导率 κ 以及比热容 χ 都是正常数. 我们也排除外部热源 (除了端点), 这意味着杆沿其整个长度都保持绝热. 在这些假设下, 一般扩散方程 (4.6) 简化为

$$\frac{\partial u}{\partial t}=\gamma\frac{\partial^2 u}{\partial x^2}, \tag{4.16}$$

关于时间 t 和位置 x 的温度 $u(t,x)$ 的齐次*热方程* (heat equation). 其中常数

$$\gamma=\frac{\kappa}{\sigma}=\frac{\kappa}{\rho\chi} \tag{4.17}$$

称为*热扩散系数* (thermal diffusivity), 它包含杆的全部相关物理属性. 一旦我们给定初始条件 (4.8) 及在其端点上适当的边界条件, 解 $u(t,x)$ 就是唯一确定的.

正如我们在 3.1 节中学过的, 热方程的可分离解是基于指数拟设[①]

$$u(t,x)=\mathrm{e}^{-\lambda t}v(x), \tag{4.18}$$

其中 $v(x)$ 只依赖于空间变量. 这种 "分离" 成 t 的函数与 x 的函数乘积的函

① 预测本征值的最终符号, 并为以后的讨论提供便利, 我们现在在指数项中包括一个负号.

数形式, 称为**可分离解** (separable solution). 把 (4.18) 代入 (4.16) 并消去共同的指数因子, 我们求 $v(x)$ 就必须解二阶线性常微分方程

$$-\gamma\frac{\mathrm{d}^2v}{\mathrm{d}x^2}=\lambda v.$$

非平凡解 $v(x)\not\equiv 0$ 均为线性微分算子 $L[v]=-\gamma v''(x)$ 的**本征函数** (eigenfunction), 连带的**本征值** (eigenvalue) 为 λ, 使用可分离的本征解 (4.18), 我们将能够用它们的线性组合, 确切地说是无穷级数, 重建起希望得到的解 $u(t,x)$.

我们把注意力放在最简单的情形: 一根长度为 ℓ 的均匀绝热杆的两端温度保持为零. 我们指定 $t_0=0$ 时其初始温度为 $f(x)$, 所以, 相关初始条件和边界条件分别是

$$\begin{aligned}&u(t,0)=0,\quad u(t,\ell)=0,\quad t\geqslant 0,\\&u(0,x)=f(x),\quad 0\leqslant x\leqslant \ell.\end{aligned}\tag{4.19}$$

要找到本征解 (4.18) 就得求解 Dirichlet 边值问题

$$\gamma\frac{\mathrm{d}^2v}{\mathrm{d}x^2}+\lambda v=0,\quad v(0)=0,\quad v(\ell)=0.\tag{4.20}$$

通过直接计算 (留作习题 4.1.19—20) 会发现, 如果 λ 是复的或实的且非负, 那么边值问题 (4.20) 的唯一解是平凡解 $v(x)\equiv 0$. 这意味着所有的本征值必须是实的且为正. 事实上, 不需要显式地检验本征值的实数性和正定性. 相反地, 它们是正定边值问题的非常普遍性质的结果, (4.20) 只是一个特例. 基础理论参见 9.5 节, 而相关结果见定理 9.34.

当 $\lambda>0$ 时, 微分方程的通解是三角函数

$$v(x)=a\cos\omega x+b\sin\omega x,\ \text{其中}\ \omega=\sqrt{\lambda/\gamma},$$

且 a 和 b 是任意常数. 第一个边界条件要求 $v(0)=a=0$. 这用以去掉余弦项, 而第二个边界条件要求

$$v(\ell)=b\sin\omega\ell=0.$$

因为我们要求 $b\neq 0$, 否则解是平凡的, 没有资格作为一个本征函数, $\omega\ell$ 必须是 π 的整数倍, 所以

$$\omega=\frac{\pi}{\ell},\quad \frac{2\pi}{\ell},\quad \frac{3\pi}{\ell},\quad \cdots.$$

我们得出结论, 边值问题 (4.20) 的本征值和本征函数分别是

$$\lambda_n=\gamma\left(\frac{n\pi}{\ell}\right)^2,\quad v_n(x)=\sin\frac{n\pi x}{\ell},\quad n=1,2,3,\cdots,\tag{4.21}$$

相应的本征解 (4.18) 是

$$u_n(t,x)=\exp\left(-\frac{\gamma n^2\pi^2}{\ell^2}t\right)\sin\frac{n\pi x}{\ell},\quad n=1,2,3,\cdots,\tag{4.22}$$

各表示一个振荡的三角函数温度剖面, 在以指数速率衰减到零的过程中保持着形状.

为了解决一般的初值问题, 我们将本征解组合成一个无穷级数,

$$u(t,x)=\sum_{n=1}^{\infty}b_nu_n(t,x)=\sum_{n=1}^{\infty}b_n\exp\left(-\frac{\gamma n^2\pi^2}{\ell^2}t\right)\sin\frac{n\pi x}{\ell},\tag{4.23}$$

其系数 b_n 将由初始条件确定. 事实上, 假定级数收敛, 初始温度剖面是

$$u(0,x)=\sum_{n=1}^{\infty}b_n\sin\frac{n\pi x}{\ell}=f(x).\tag{4.24}$$

这具有区间 $[0,\ell]$ 上 Fourier 正弦级数 (3.52) 的形式. 因此, 系数是由 Fourier 公式 (3.53) 确定, 故有

$$b_n=\frac{2}{\ell}\int_0^{\ell}f(x)\sin\frac{n\pi x}{\ell}\mathrm{d}x,\quad n=1,2,3,\cdots.\tag{4.25}$$

这样得到的公式 (4.23) 描述后续时间 $t\geqslant 0$ 杆的温度 $u(t,x)$ 的 Fourier 正弦级数.

例 4.1 考虑长度为 1 的杆, 其初始温度分布为

$$u(0,x)=f(x)=\begin{cases}-x, & 0\leqslant x<\dfrac{1}{5},\\ x-\dfrac{2}{5}, & \dfrac{1}{5}\leqslant x<\dfrac{7}{10},\\ 1-x, & \dfrac{7}{10}\leqslant x\leqslant 1.\end{cases}\tag{4.26}$$

如图 4.1 中第一图所示. 运用 (4.25), (通过精确或数值积分) 计算 $f(x)$ 的前几个 Fourier 系数为

$$\begin{aligned}&b_1\approx 0.0897,\quad b_2\approx -0.1927,\quad b_3\approx -0.0289,\quad b_4=0,\\&b_5\approx -0.0162,\quad b_6\approx 0.0132,\quad b_7\approx 0.0104,\quad b_8=0,\quad \cdots.\end{aligned}$$

由此产生的热方程的 Fourier 级数解是

$$\begin{aligned}u(t,x)&=\sum_{n=1}^{\infty}b_nu_n(t,x)=\sum_{n=1}^{\infty}b_n\mathrm{e}^{-\gamma n^2\pi^2t}\sin n\pi x\\&\approx 0.0897\mathrm{e}^{-\gamma\pi^2t}\sin\pi x-0.1927\mathrm{e}^{-4\gamma\pi^2t}\sin 2\pi x-0.0289\mathrm{e}^{-9\gamma\pi^2t}\sin 3\pi x-\cdots.\end{aligned}$$

在图 4.1 中, 绘制了一些典型时间上 $\gamma=1$ 解的图像. 观察到初始剖面中的

拐角会立即被光滑掉. 随着时间的推移, 解以最快的指数速率 $\mathrm{e}^{-\pi^2 t} \approx \mathrm{e}^{-9.87t}$ 迅速衰减, 一致达到零温度, 即齐次边界条件的平衡温度分布. 随着解向热平衡衰减, 较高阶 Fourier 模迅速消失, 而解逐渐呈现出单一对称的正弦弧形状, 且其振幅迅速变小.

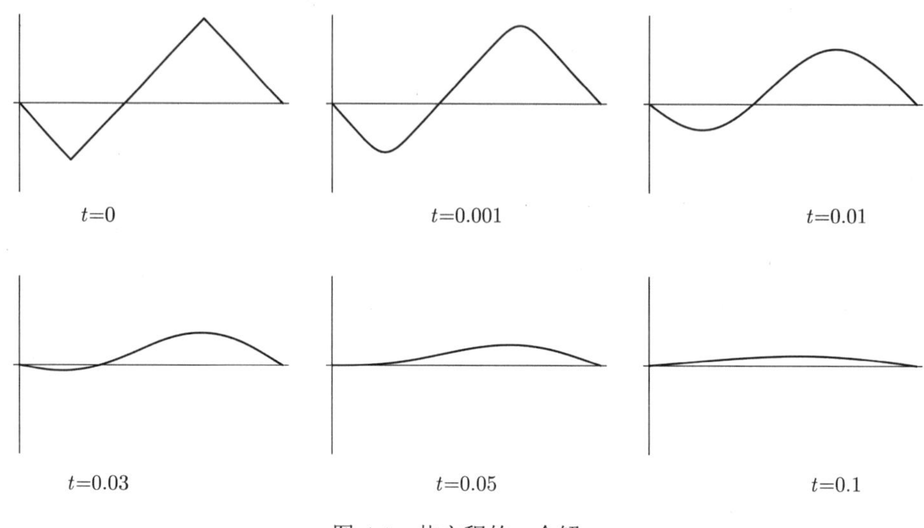

图 4.1 热方程的一个解

光滑化与长时间行为

我们可以将初–边值问题的解用无穷级数 (4.23) 的形式写出, 事实上是一种进步. 但是, 由于我们无法将级数求和表示成闭合形式, 因此这个 "解" 比起直接的显式公式不大令人满意. 然而, 从这样的级数展开可以很容易地弄清楚解的重要的定性和定量特征.

如果初始数据 $f(x)$ 是可积 (比如分段连续) 的, 那么它的 Fourier 系数是一致有界的; 事实上, 对任意 $n \geqslant 1$ 而言,

$$|b_n| \leqslant \frac{2}{\ell}\int_0^\ell \left| f(x)\sin\frac{n\pi x}{\ell}\right| \mathrm{d}x \leqslant \frac{2}{\ell}\int_0^\ell |f(x)|\mathrm{d}x \equiv M. \tag{4.27}$$

这个性质甚至适用于相当不规则的数据. 在这些条件下, 级数解 (4.23) 中的各项都受到一个指数衰减函数的限制:

$$\left| b_n \exp\left(-\frac{\gamma n^2\pi^2}{\ell^2}t\right)\sin\frac{n\pi x}{\ell}\right| \leqslant M\exp\left(-\gamma\frac{n^2\pi^2 t}{\ell^2}\right).$$

这意味着只要 $t > 0$, 大部分 $n \gg 0$ 的高频项将都是非常小的. 果然只有前几

个项是可以觉察得到的, 因此解基本上衰减为前几个 Fourier 模的有限和. 随着时间的推移, 越来越多的 Fourier 模变得微不足道, 且级数之和进一步衰减为越来越少的主要项. 当 $t \to \infty$ 时, 所有的 Fourier 模最终都衰减为零. 因此, 解指数式快速收敛到零温度剖面: 当 $t \to \infty$ 时, $u(t,x) \to 0$, 表明杆最终处于一致的热平衡. 其平衡温度为零的事实是杆的两端温度固定为零的结果, 任何初始热能最终会被两端耗尽. 小尺度的温度扰动往往由于热能的扩散而迅速消除, 最后消失的是衰减最慢的项, 即

$$u(t,x) \approx b_1 \exp\left(-\frac{\gamma\pi^2}{\ell^2}t\right)\sin\frac{\pi x}{\ell}, \text{ 其中 } b_1 = \frac{2}{\ell}\int_0^\ell f(x)\sin\frac{\pi x}{\ell}\mathrm{d}x. \tag{4.28}$$

对于一般的初始数据, 系数 $b_1 \neq 0$ 且该解以最小的本征值 $\lambda_1 = \gamma\pi^2/\ell^2$ 规定的指数速率趋于热平衡, 速率与热扩散系数成正比且与杆长平方成反比. 杆越长或扩散系数越小, 在温度为零情况下保持两端的效果沿其全长传播所需的时间越长. 同样, 再给定 $b_1 \neq 0$, 温度剖面的渐近形状是一个指数衰减的小正弦弧, 正如我们在例子 4.1 中观察到的. 在 $b_1 = 0$ 的特殊情形, 解的衰减速度甚至更快, 速率等于对应 Fourier 级数第一个非零项 $b_k \neq 0$ 的本征值 $\lambda_k = \gamma k^2\pi^2/\ell^2$; 此时解的渐近形状在区间上振荡 k 次.

另一个密切相关的观察是, 在初始时刻后的任何固定时间 $t > 0$, Fourier 正弦级数 (4.23) 的系数随着 $n \to \infty$ 以快速指数衰减. 根据 3.3 节末尾的讨论, 这意味着*无论初始温度剖面多么不光滑*, 各个正的时间 t 的 Fourier 级数都收敛于 x 的无穷次可微函数. 我们已经发现了热流的基本光滑特性, 这是关于一般初始时刻 t_0 表述的.

定理 4.2 *如果 $u(t,x)$ 是热方程满足分段连续初始数据 $f(x) = u(t_0,x)$ 的一个解, 或更一般地说初始数据满足 (4.27), 那么对于任何 $t > t_0$, 解 $u(t,x)$ 是 x 的一个无穷次可微函数.*

换言之, 由于高频模的迅速阻尼, 热方程*即刻* (instantaneously) 光滑掉初始温度剖面中的任何间断和拐角. 热方程对不规则初始数据的影响是对信号的光滑化和去噪的有效性的原因. 我们取初始数据 $u(0,x) = f(x)$ 为有噪声信号, 然后将热方程向前演化到规定的时间 $t^\star > 0$. 得到的函数 $g(x) = u(t^\star,x)$ 将是原始信号 $f(x)$ 的一个光滑化版本, 其中大部分高频噪声已被消除. 当然我们如果让热流运行过长, 所有的低频特性也将被抹平, 结果是一致恒定的信号. 因此, *停机时间* (stopping time) $t^\star$ 的选择对该方法的成功至关重要. 图 4.2 显示 $\gamma = 1$ 的热方程[①]运行对随机噪声污染信号的效果, 观察到噪声是如何快速

① 为了避免在区间端点的人为性影响, 实际上我们在图中使用周期边界条件. 远离两端, 运行 Dirichlet 边界条件的方程, 得到的结果几乎相同.

地去除的. 在最后的时间, 热流的整体光滑效应使得原始信号明显变得模糊. 热方程除噪方法的优点是不需要对 Fourier 系数进行显式计算, 也不需要重构光滑后信号. 第 5 章将讨论热方程的基本数值解法.

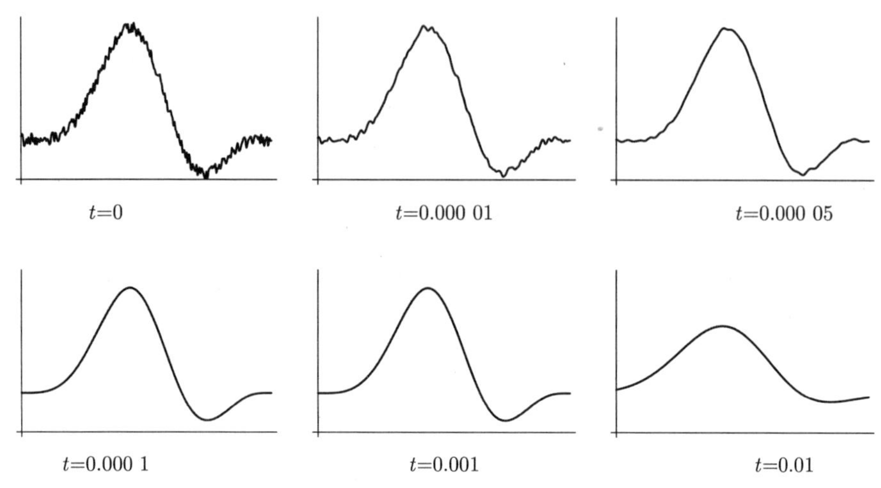

图 4.2 用热方程给信号除噪 ⊎

光滑化特性的一个重要的理论结果是, 扩散是单向过程, 不能向后运行也不能准确地推断出过去的温度分布. 特别是, 如果初始数据 $u(0,x)=f(x)$ 是不光滑的, 那么对任何 $t<0$ 不能定义 $u(t,x)$. 因为如果 $u\left(t_0,x\right)$ 在某个 $t_0<0$ 定义且可积, 那么由定理 4.2, 在随后包括 $t=0$ 在内的时刻 $t>t_0, u(t,x)$ 将会是光滑的, 这与我们的假设相矛盾. 此外, 对于大多数初始数据而言, 解公式 (4.23) 中的 Fourier 系数在任意 $t<0$, 随 $n\to\infty$ 呈指数*增长* (growing), 表明高频噪声将会完全把解淹没其中, 从而排除了 Fourier 级数的任何类型的收敛性.

数学上, 我们可以通过把 t 改变为 $-t$ 实现未来与过去的反转. 这在微分方程中只是反转了时间导数的符号; x 的导数不受影响. 因此, 根据上述论证, 初始数据的微小变化, 比如一个高频模的小扰动, 解可以在任意接近初始时刻上产生任意大的变化. 从这个意义上说, *向后热方程* (backwards heat equation)

$$\frac{\partial u}{\partial t}=-\gamma\frac{\partial^2 u}{\partial x^2},\quad \text{负扩散系数}-\gamma<0 \tag{4.29}$$

是一个*不适定问题* (ill-posed problem). 换言之, 解不能连续地依赖于初始数据. 更糟的是, 向前时间 $t>0$ 的解对于非光滑的初始数据甚至没有定义 (虽然它是适定的, 如果我们将 t 向后的话). 更一般的扩散过程, 例如 (4.6) 亦是如此. 在所有的物理相关情形中, 如果 u_{xx} 系数处处为正, 那么初值问题对于

$t>0$ 是适定的, 但对于 $t<0$ 是不适定的. 另一方面, 如果系数处处为负, 那么结论反过来成立. 改变符号的系数会导致微分方程在两个方向上都是不适定的.

向后热方程的去光滑化效应虽在理论上是不可取的, 却在某种含义上具有潜在的用途. 例如在图像处理中, 通过高频模式衰减将使图像逐渐模糊. 图像增强是向后过程, 可以基于以某种稳定方式向后运行热流. 法医根据尸体的当前温度来确定死亡时间, 也需要运行支配热量耗散的方程. 一种选择是将向后演化限制在最前的几个 Fourier 模上, 这样可以防止小尺度扰动淹没计算. 不适定问题也出现在地下剖面的地震数据重建, 这是石油和天然气工业的一个中心问题. 这些以及其他应用正在推动当代研究, 如何巧妙地绕过反向扩散过程的不适定性.

注记: 热方程的*不可逆性* (irreversibility)①, 以及在 2.3 节讨论的激波存在时非线性输运的不可逆性, 彰显出偏微分方程与常微分方程的一个关键区别. 常微分方程总是可逆的, 解的存在性、唯一性和连续依赖性在反向时间上是同样成立的 (尽管它们的详细的定性及定量特性当然取决于时间是向前还是向后运行的). 偏微分方程的不可逆性和不适定性模拟着我们宇宙中热力学、生物和其他扩散过程, 可以解释为什么*时间之箭* (time's arrow) 只能指向未来.

再论加热环

接下来我们考虑模拟绝热圆环热流的周期边值问题. 我们选定圆环周长为 $\ell=2\pi$, 以 $-\pi\leqslant x\leqslant\pi$ 表示围绕圆环的 “角向” 坐标. 为了简单起见, 我们还取热扩散系数 $\gamma=1$. 因此, 我们求解热方程

$$\frac{\partial u}{\partial t}=\frac{\partial^2 u}{\partial x^2},\quad -\pi<x<\pi,\quad t>0,\tag{4.30}$$

服从周期边界条件

$$u(t,-\pi)=u(t,\pi),\quad \frac{\partial u}{\partial x}(t,-\pi)=\frac{\partial u}{\partial x}(t,\pi),\quad t\geqslant 0,\tag{4.31}$$

当角坐标从 $-\pi$ 变化到 π 时以确保证解的连续性. 初始温度分布为

$$u(0,x)=f(x),\quad -\pi<x\leqslant\pi.\tag{4.32}$$

从而得到的温度 $u(t,x)$ 总是以 2π 为周期的 x 的周期函数.

① 译注: 值得强调.

将可分离解拟设 (3.15) 代入热方程和边界条件, 导致周期本征值问题

$$\frac{\mathrm{d}^2 v}{\mathrm{d}x^2} + \lambda v = 0, \quad v(-\pi) = v(\pi), \quad v'(-\pi) = v'(\pi). \tag{4.33}$$

正如我们在 3.1 节中已经指出的, 这个特定边值问题的本征值是 $\lambda_n = n^2$, 其中 $n = 0, 1, 2, \cdots$ 是非负整数; 相应的本征函数是三角函数

$$v_n(x) = \cos nx, \quad \widetilde{v}_n(x) = \sin nx, \quad n = 0, 1, 2, \cdots.$$

注意, $\lambda_0 = 0$ 是单重本征值, 具有恒定本征函数 $\cos 0x = 1$, 正弦解 $\sin 0x \equiv 0$ 是平凡的, 而正的本征值事实上是二重的, 每个本征值具有两个线性无关的本征函数. 加热环方程 (4.30—31) 相应的本征解为

$$u_n(t, x) = \mathrm{e}^{-n^2 t} \cos nx, \quad \widetilde{u}_n(t, x) = \mathrm{e}^{-n^2 t} \sin nx, \quad n = 0, 1, 2, 3, \cdots.$$

由此产生的无穷级数解是

$$u(t, x) = \frac{a_0}{2} + \sum_{n=1}^{\infty} \left(a_n \mathrm{e}^{-n^2 t} \cos nx + b_n \mathrm{e}^{-n^2 t} \sin nx \right), \tag{4.34}$$

系数 a_n, b_n 待定. 初始条件要求

$$u(0, x) = \frac{a_0}{2} + \sum_{n=1}^{\infty} (a_n \cos nx + b_n \sin nx) = f(x), \tag{4.35}$$

这正是初始温度剖面 $f(x)$ 的完备的 Fourier 级数 (3.34). 因此

$$a_n = \frac{1}{\pi} \int_{-\pi}^{\pi} f(x) \cos nx \mathrm{d}x, b_n = \frac{1}{\pi} \int_{-\pi}^{\pi} f(x) \sin nx \mathrm{d}x \tag{4.36}$$

是它的通常 Fourier 系数 (3.35).

如同 Dirichlet 问题那样, 在初始瞬间之后, 级数 (4.34) 中的高频项变得非常小, 因为对于 $n \gg 0$ 而言 $\mathrm{e}^{-n^2 t} \ll 1$. 因此, 一旦 $t > 0$, 解瞬间变得光滑, 并迅速衰减成实质上前几个 Fourier 模的有限和. 此外, 当 $t \to \infty$ 时, 除了与零本征值 $\lambda_0 = 0$ 相关的恒定模外, 所有的 Fourier 模都将衰减为零. 因此, 解将以指数速率收敛为恒定的温度剖面

$$u(t, x) \to \frac{1}{2} a_0 = \frac{1}{2\pi} \int_{-\pi}^{\pi} f(x) \mathrm{d}x,$$

等于初始温度剖面的平均. 在物理方面, 由于绝热阻止任何热能逃出圆环, 重新迅速自我调整, 使得圆环达到一致的恒定温度, 即它的最终平衡状态.

在达到平衡之前, 只有最低频的 Fourier 模仍然是显著的, 因此, 解将渐近地形如

$$u(t,x) \approx \frac{1}{2}a_0 + \mathrm{e}^{-t}\left(a_1 \cos x + b_1 \sin x\right) = \frac{1}{2}a_0 + r_1 \mathrm{e}^{-t} \cos\left(x + \delta_1\right), \quad (4.37)$$

其中

$$a_1 = r_1 \cos \delta_1 = \frac{1}{\pi}\int_{-\pi}^{\pi} f(x) \cos x \mathrm{d}x, \quad b_1 = r_1 \sin \delta_1 = \frac{1}{\pi}\int_{-\pi}^{\pi} f(x) \sin x \mathrm{d}x.$$

因此, 对于大多数初始数据而言, 解以指数 e^{-t} 的速率趋于热平衡. 例外是当 $a_1 = b_1 = 0$ 时, 收敛速度甚至更快, 即以速率 $\mathrm{e}^{-k^2 t}$ 收敛, 其中 k 是最小非零整数, 使得第 k 个 Fourier 系数 a_k, b_k 至少有一个非零.

事实上, 一旦我们确信当 $t \to \infty$ 时杆必定趋向热平衡, 无须显式的解公式就可以预测最终的温度. 我们在 4.1 节中的推导意味着热方程具有守恒律 (4.1) 的形式, 其守恒密度为温度 $u(t,x)$. 如同 (4.2), 守恒律的积分形式

$$\begin{aligned}\frac{\mathrm{d}}{\mathrm{d}t}\int_{-\pi}^{\pi} u(t,x)\mathrm{d}x &= \int_{-\pi}^{\pi} \frac{\partial u}{\partial t}(t,x)\mathrm{d}x = \gamma \int_{-\pi}^{\pi} \frac{\partial^2 u}{\partial x^2}(t,x)\mathrm{d}x \\ &= \gamma\left[\frac{\partial u}{\partial x}(t,\pi) - \frac{\partial u}{\partial x}(t,-\pi)\right] = 0,\end{aligned}$$

由于周期边界条件 (4.31), 通量条件相互抵消. 从物理上来说, 环形杆一端任何流出的热量都立即进入比邻的另一端, 因此不存在热能的净损耗. 我们得出结论是, 对于周期边值问题, 总的热能 (thermal energy)

$$E(t) = \int_{-\pi}^{\pi} u(t,x)\mathrm{d}x = \text{常数} \quad (4.38)$$

对于所有的时间保持不变. (相反地, Dirichlet 边值问题热能不保持恒定, 由于杆的末端热量外流而逐渐衰减到 0; 了解更多详细信息可参阅习题 4.1.13.)

注记: 准确点说, 根据 (4.3), 热能是温度与 $\sigma = \rho\chi$ 的乘积, 其中 ρ, χ 分别是物体的密度和比热容, 对于热方程而言, 两者都是常数, 所以物理热能等于 $\sigma E(t)$. 数学上, 我们可以安全地忽略这个额外的常数系数, 或者等价地在 $\sigma = 1$ 的物理单位中工作. 但是, 这不能延伸到非均匀物体情形, 非均匀物体热能由 $E(t) = \int_{-\pi}^{\pi} \sigma(x) u(t,x)\mathrm{d}x$ 给定, 其恒定性在适当的边界条件下, 遵循线性扩散方程的守恒律形式 (4.6).

一般来说, 一个系统处于 (静态) 平衡 (equilibrium), 是指随着时间的推移它保持不变. 因此, 任何平衡构形都有形式 $u = u^\star(x)$, 因此满足 $\partial u^\star/\partial t = 0$. 此外, 如果 $u^\star(x)$ 是热方程周期边值问题 (4.30—33)[①] 的平衡解, 则它必须满足

$$\frac{\partial u^\star}{\partial t} = 0 = \frac{\partial^2 u^\star}{\partial x^2}, \quad u^\star(\pi) = u^\star(-\pi), \quad \frac{\partial u^\star}{\partial x}(\pi) = \frac{\partial u^\star}{\partial x}(-\pi). \quad (4.39)$$

① 译注: 循前注, periodic heat equation 译为热方程周期边值问题.

换言之, $u^\star$ 是零本征值 $\lambda=0$ 周期边值问题 (4.33) 的一个解. 因此, 零本征函数 (null eigenfunction) (包括零解 (zero solution)) 是所有可能的平衡解. 特别是对于周期边值问题而言, 零本征函数是常数, 因此热方程周期边值问题的解趋于恒定的平衡温度.

现在, 一旦我们知道当 $t\to\infty$ 时解趋于一个常数: $u(t,x)\to a$, 那么当 $t\to\infty$ 时它的热能趋于

$$E(t)=\int_{-\pi}^{\pi}u(t,x)\mathrm{d}x\to\int_{-\pi}^{\pi}a\mathrm{d}x=2\pi a.$$

另一方面, 正如我们刚才论述的, 热能是恒定的, 所以

$$E(t)=E(0)=\int_{-\pi}^{\pi}u(0,x)\mathrm{d}x=\int_{-\pi}^{\pi}f(x)\mathrm{d}x.$$

将两者结合, 我们得出结论.

$$\int_{-\pi}^{\pi}f(x)\mathrm{d}x=2\pi a,$$

从而平衡温度 $a=\dfrac{1}{2\pi}\displaystyle\int_{-\pi}^{\pi}f(x)\mathrm{d}x$ 等于平均初始温度. 这重申了我们早期的结论, 但无须知道一个明确的级数解公式. 因此, 上述方法可以应用于更大的范围.

非齐次边界条件

到目前为止, 我们都将注意力集中在齐次边界条件上. 有个简单技巧, 可以把一个常值的非齐次Dirichlet 边界条件的边值问题

$$\frac{\partial u}{\partial t}=\gamma\frac{\partial^2 u}{\partial x^2},\quad u(t,0)=\alpha,\quad u(t,\ell)=\beta,\quad t\geqslant 0 \tag{4.40}$$

转换成一个齐次 Dirichlet 问题. 我们从求解平衡温度剖面开始. 在 (4.39) 中, 平衡解确实不依赖于 t, 因此满足边值问题

$$\frac{\partial u^\star}{\partial t}=0=\gamma\frac{\partial^2 u^\star}{\partial x^2},\quad u^\star(0)=\alpha,\quad u^\star(\ell)=\beta.$$

求解常微分方程产生 $u^\star(x)=a+bx$, 其中常数 a,b 由边界条件确定. 我们得到平衡解是连接边界值的一条直线:

$$u^\star(x)=\alpha+\frac{\beta-\alpha}{\ell}x, \tag{4.41}$$

而差值

$$\widetilde{u}(t,x)=u(t,x)-u^{\star}(x)=u(t,x)-\alpha-\frac{\beta-\alpha}{\ell}x \tag{4.42}$$

则量度解对平衡解的偏离. 显然, 它在两端满足齐次边界条件:

$$\widetilde{u}(t,0)=0=\widetilde{u}(t,\ell).$$

此外, 既然 $u(t,x)$ 和 $u^{\star}(x)$ 都是热方程的解, 由于线性, 故 $\widetilde{u}(t,x)$ 也是解. 初始数据必须类似地改写为

$$\widetilde{u}(0,x)=u(0,x)-u^{\star}(x)=f(x)-\alpha-\frac{\beta-\alpha}{\ell}x\equiv\widetilde{f}(x). \tag{4.43}$$

求解所得齐次初–边值问题, 我们将 $\widetilde{u}(t,x)$ 写成 Fourier 级数形式 (4.23), 其中 Fourier 系数由 (4.43) 中修正的初始数据 $\widetilde{f}(x)$ 给定. 因此, 非齐次边值问题的解具有级数形式

$$u(t,x)=\alpha+\frac{\beta-\alpha}{\ell}x+\sum_{n=1}^{\infty}\widetilde{b}_n\exp\left(-\frac{\gamma n^2\pi^2}{\ell^2}t\right)\sin\frac{n\pi x}{\ell}, \tag{4.44}$$

其中

$$\widetilde{b}_n=\frac{2}{\ell}\int_0^{\ell}\widetilde{f}(x)\sin\frac{n\pi x}{\ell}\mathrm{d}x,\quad n=1,2,3,\cdots. \tag{4.45}$$

由于 $\widetilde{u}(t,x)$ 随着 $t\to\infty$ 以指数速率衰减为零, 实际温度剖面 (4.44) 渐近地衰减到平衡剖面

$$u(t,x)\to u^{\star}(x)=\alpha+\frac{\beta-\alpha}{\ell}x,$$

指数式衰减速率与 $\widetilde{u}(t,x)$ 相同, 取决于第一本征值 $\lambda_1=\pi^2/\ell^2$, 除非 $\widetilde{b}_1=0$, 而此时衰减速率甚至更快.

当边界条件与时间有关时

$$u(t,0)=\alpha(t),\quad u(t,\ell)=\beta(t),$$

上述方法显然无能为力. 试图模仿前面的技术, 我们发现差值[①]

$$\widetilde{u}(t,x)=u(t,x)-u^{\star}(t,x),\ \text{其中}\ u^{\star}(t,x)=\alpha(t)+\frac{\beta(t)-\alpha(t)}{\ell}x, \tag{4.46}$$

满足齐次边界条件, 但现在求解非齐次的也就是强迫热方程:

$$\frac{\partial\widetilde{u}}{\partial t}=\frac{\partial^2\widetilde{u}}{\partial x^2}+h(t,x),\ \text{其中}\ h(t,x)=-\frac{\partial u^{\star}}{\partial t}(t,x)=-\alpha'(t)-\frac{\beta'(t)-\alpha'(t)}{\ell}x. \tag{4.47}$$

① 这种情形 $u^{\star}(t,x)$ 不是平衡解. 事实上, 如果它的端点温度不断变化, 那么我们就不要指望杆会达到平衡.

这一微分方程的求解技术将在后面的 8.1 节中讨论.

Robin 边界条件

考虑一根单位长度、单位热扩散系数的杆, 沿杆长绝热, 两端有一端温度保持 0 而另一端置于热浴. 由此产生的热力学模拟由热方程、端点 $x=0$ 处的 Dirichlet 边界条件以及端点 $x=1$ 处的 Robin 边界条件:

$$\frac{\partial u}{\partial t}=\frac{\partial^2 u}{\partial x^2},\quad u(t,0)=0,\quad \frac{\partial u}{\partial x}(t,1)+\beta u(t,1)=0 \tag{4.48}$$

构成. 其中, $\beta\neq 0$ 是量度热能输运率的常数①, 且当 $\beta>0$ 时热浴是冷的, 因此有能量从杆流出. 与以前一样, 根据我们通常的指数拟设 $u(t,x)=\mathrm{e}^{-\lambda t}v(x)$, 可以用可分离本征解组合出初–边值问题的通解. 将此表达式代入 (4.48), 我们发现函数 $v(x)$ 必须满足边值问题

$$-\frac{\mathrm{d}^2 v}{\mathrm{d}x^2}=\lambda v,\quad v(0)=0,\quad v'(1)+\beta v(1)=0. \tag{4.49}$$

为了求出 (4.49) 的非平凡解 $v(x)\not\equiv 0$, 我们首先假设 $\lambda=\omega^2>0$, 且不失一般性取 $\omega>0$. 满足端点 $x=0$ 处 Dirichlet 边界条件的常微分方程的解是 $v(x)=\sin\omega x$ 的常数倍. 将此函数代入端点 $x=1$ 处的 Robin 边界条件, 我们发现

$$\omega\cos\omega+\beta\sin\omega=0,\ \text{或等价地}\ \omega=-\beta\tan\omega. \tag{4.50}$$

不难看出这个超越方程有无穷多个实的正解 $0<\omega_1<\omega_2<\omega_3<\cdots\to\infty$. 的确, 可以把它们描写为两个函数 $f(\omega)=\omega$ 和 $g(\omega)=-\beta\tan\omega$ 图像交点的横坐标 $\omega_n>0$, 如图 4.3 第一图所示. 每个根 ω_n 规定了边值问题 (4.49) 的一个正本征值 $\lambda_n=\omega_n^2>0$ 以及 Robin 边值问题 (4.48) 的一个指数衰减的本征函数

$$u_n(t,x)=\mathrm{e}^{-\lambda_n t}\sin\omega_n x. \tag{4.51}$$

虽然没有显式公式, 但通过数值求根器②(numerical root finder), 如 Newton 法[24,94]可以很容易地找到本征值的数值逼近. 特别对于 $\beta=1$, 前三个本征值分别是 $\lambda_1=\omega_1^2\approx 4.1159, \lambda_2=\omega_2^2\approx 24.1393, \lambda_3=\omega_3^2\approx 63.6591$.

那么零本征值呢? 在 (4.49) 中如果 $\lambda=0$, 则满足 Dirichlet 边界条件的常微分方程的解是 $v(x)=x$ 的常数倍. 这个函数满足 Robin 边界条件

---

① 情形 $\beta=0$ 简化为混合边值问题, 分析留给读者.

② 译注: 值得强调.

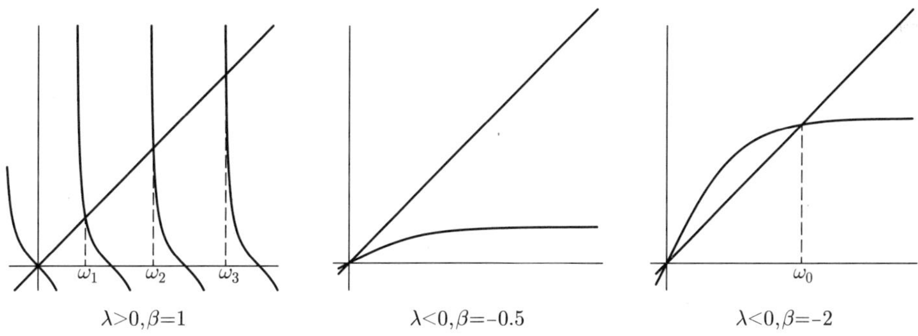

图 4.3 Robin 边界条件的本征值方程

$v'(1)+\beta v(1)=0$, 当且仅当 $\beta=-1$. 在这个特殊情形中, 热方程容许本征值 $\lambda_0=0$ 的与时间无关的本征解 $u_0(t,x)=x$. 从物理上来说, 通过热浴末端进入杆中的热能输运率刚好与通过 Dirichlet 端部的热损失相互抵消, 从而产生稳态解. 所有的其他本征模都对应于正的本征值, 因此呈指数衰减. 通解将衰减为稳态, 是零本征解的常数倍: 当 $t\to\infty$ 时有 $u(t,x)\to cx$, 一般地, 其指数衰减速率由正的第一本征值 $\lambda_1>0$ 给定.

然而, 与更为常见的 (即 Dirichlet 的、Neumann 的、混合的、周期的) 边界条件类型相比, 我们不能从 Robin 情形中自动排除负本征值的存在. 假设 $\lambda=-\omega^2<0$ 且 $\omega>0$. 现在满足 (4.49) 在 $x=0$ 上 Dirichlet 边界条件的解, 为双曲正弦函数 $v(x)=\sinh\omega x$ 的常数倍. 将此表达式代入 $x=1$ 处 Robin 边界条件, 得到

$$\omega\cosh\omega+\beta\sinh\omega=0,\ \text{或等价地}\ \omega=-\beta\tanh\omega, \tag{4.52}$$

其中

$$\tanh\omega=\frac{\sinh\omega}{\cosh\omega}=\frac{e^{\omega}-e^{-\omega}}{e^{\omega}+e^{-\omega}} \tag{4.53}$$

是双曲正切. 在这种情况下, 所有的本征值都是严格正的, 热方程所有的解都是指数衰减的. 如果 $\beta>-1$, 这个超越方程没有满足 $\omega>0$ 的解; 另一方面, 如果 $\beta<-1$, 只有单解 $\omega_0>0$, 产生单重的负本征值 $\lambda_0=-\omega_0^2$. 图 4.3 给出了两种可能的典型的图像; 当 $\omega>0$ 时, $f(\omega)=\omega$ 的图像先与 $g(\omega)=\dfrac{1}{2}\tanh\omega$ 的图像不交, 而后与 $\widehat{g}(\omega)=2\tanh\omega$ 的图像相交于一点, 横坐标为 $\omega_0\approx 1.915\,0$, 产生负本征值 $\lambda_0=-\omega_0^2\approx-3.667\,3$. 因此, 当 $\beta<-1$, 除了所有与正本征值相关的指数衰减本征模之外, 存在一个不稳定指数增长 (growing) 的本征模

$$u_0(t,x)=e^{\lambda_0 t}\sinh\omega_0 x. \tag{4.54}$$

物理上, $\beta < -1$ 意味着热能自 Robin 边界端进入杆中的速度, 比通过 Dirichlet 边界端消耗的速度更快, 杆的整体温度因此随指数上升.

注记: 尽管有些 Robin 边界条件容许指数增长的解, 从而导致不稳定 (unstable) 动力学, 初–边值问题仍是适定的, 因为解存在且由初始数据唯一决定, 另外, 初始条件的微小变化在有限时间内只会引起解相对较小的变化.

窖藏问题

最后一个例子, 讨论分析半无限区间上热方程的问题. 问题是: 地窖该挖多深合适? 在前制冷时代, 地窖用于夏季保持食物凉爽和冬季保持食物不冻. 我们假设地球内部的温度只取决于深度和一年的不同时间. 设 $u(t,x)$ 表示 $x>0$ 深度处 t 时间温度相对于年平均的偏差. 我们假定地球表面 $x=0$ 处温度周期性地起伏; 具体说来, 我们设

$$u(t,0) = a\cos\omega t, \tag{4.55}$$

其中振荡频率

$$\omega = \frac{2\pi}{365.25\ \mathrm{d}} = 2.0\times 10^{-7}\ \mathrm{s}^{-1} \tag{4.56}$$

指年度温度变化. 在这个模型中, 我们忽略温度日变化不计, 因为它们只作用在非常浅的地表层且不显著. 假设在大深度下温度是不变的:

$$\text{当 } x\to\infty \text{ 时}, \ u(t,x)\to 0. \tag{4.57}$$

其中 0 指平均温度.

因此, 我们必须求解半无限长杆 $0<x<\infty$ 的热方程, 且在杆的两端满足时间相关的边界条件 (4.55, 57). 我们如果用复指数函数代替余弦函数, 那么分析将会简化, 故而我们寻找一个具有边界条件的复解

$$u(t,0) = a\mathrm{e}^{\mathrm{i}\omega t}, \qquad \lim_{x\to\infty} u(t,x) = 0. \tag{4.58}$$

我们尝试可分离形式

$$u(t,x) = v(x)\mathrm{e}^{\mathrm{i}\omega t} \tag{4.59}$$

将此表达式代入热方程 $u_t = \gamma u_{xx}$, 得到

$$\mathrm{i}\omega v(x)\mathrm{e}^{\mathrm{i}\omega t} = \gamma v''(x)\mathrm{e}^{\mathrm{i}\omega t}.$$

消去共同的指数因子, 我们认为应该求解 $v(x)$ 的边值问题

$$\gamma v''(x) = \mathrm{i}\omega v(x), \quad v(0) = a, \quad \lim_{x\to\infty} v(x) = 0.$$

常微分方程的解是

$$v_1(x) = \mathrm{e}^{\sqrt{\mathrm{i}\omega/\gamma}x} = \mathrm{e}^{\sqrt{\omega/(2\gamma)}(1+\mathrm{i})x}, \quad v_2(x) = \mathrm{e}^{-\sqrt{\mathrm{i}\omega/\gamma}x} = \mathrm{e}^{-\sqrt{\omega/(2\gamma)}(1+\mathrm{i})x}.$$

第一解当 $x \to \infty$ 时是指数增长的, 故与我们的问题无关. 因此, 边值问题的解必须是指数衰减解的倍数:

$$v(x) = a\mathrm{e}^{-\sqrt{\omega/(2\gamma)}(1+\mathrm{i})x}.$$

代回 (4.59), 我们发现窖藏问题的 (复) 解是

$$u(t,x) = a\mathrm{e}^{-x\sqrt{\omega/(2\gamma)}}\mathrm{e}^{\mathrm{i}\left[\omega t - \sqrt{\omega/(2\gamma)}x\right]}. \tag{4.60}$$

取实部得到相应的实解

$$u(t,x) = a\mathrm{e}^{-x\sqrt{\omega/(2\gamma)}}\cos\left(\omega t - \sqrt{\frac{\omega}{2\gamma}}x\right). \tag{4.61}$$

(4.61) 的第一个因子是作为深度的函数指数衰减. 因而, 越是深入地下, 地表温度波动作用越不明显. 第二个因子是周期性的, 具有相同的年频率 ω. 有趣的特性是, 温度变化 (4.61) 特点是与地表温度波动不同步, 有整体的相位滞后 (phase lag),

$$\delta = \sqrt{\frac{\omega}{2\gamma}}x$$

线性依赖于深度 x, 特别地, 建在 δ 是 π 的奇数倍深度上的地窖, 完全反相 (out of phase), 冬季最热且夏季最冷. 因此, 地窖的 (最浅) 理想深度是取 $\delta = \pi$, 对应的深度为

$$x = \pi\sqrt{\frac{2\gamma}{\omega}}. \tag{4.62}$$

地球的典型土壤有 $\gamma \approx 10^{-6}\ \mathrm{m}^2/\mathrm{s}$, 把 (4.56) 给出的 ω 代入, 得到 $x \approx 9.9$ m. 然而, 在这个深度上振荡的相对振幅是

$$\mathrm{e}^{-x\sqrt{\omega/(2\gamma)}} = \mathrm{e}^{-\pi} = 0.04,$$

因此只有 4% 的温度起伏. Minneapolis[①]的温度从 −40 ℃ 到 40 ℃ 变化, 因此我们 10 m 深的地窖每年冬天只会经历 3.2 ℃ 的温度偏差, 它是最暖和的, 到了夏天它又是最凉爽的. 建造两倍深地窖会导致 0.2% 的温度起伏, 且与地面同位相变化, 意味着地窖全部实用之处在于常年恒温.

① 译注: 著者任教大学所在美国城市.

习题

4.1.1. 设长度为 1 的杆的热扩散系数 $\gamma=1$, 其两端分别保持温度 0° 和 10°.

(a) 确定平衡温度剖面.

(b) 确定接近平衡温度剖面的速率.

(c) 温度剖面接近平衡时是什么样子?

4.1.2. 长 1 m 的均匀绝热杆于 20 ℃ 室温存放. 实验者将杆的一端置于沸水中, 另一端放在冰水中.

(a) 建立一个初–边值问题, 模拟杆中的温度变化.

(b) 找到平衡温度分布.

(c) 讨论你的答案如何依赖于杆的材料属性.

4.1.3. 考虑热方程初–边值问题

$$\frac{\partial u}{\partial t}=\frac{\partial^2 u}{\partial x^2},\qquad \begin{array}{ll} u(t,0)=0=u(t,10), & t>0,\\ u(0,x)=f(x), & 0<x<10.\end{array}$$

其中, 初始数据形如:

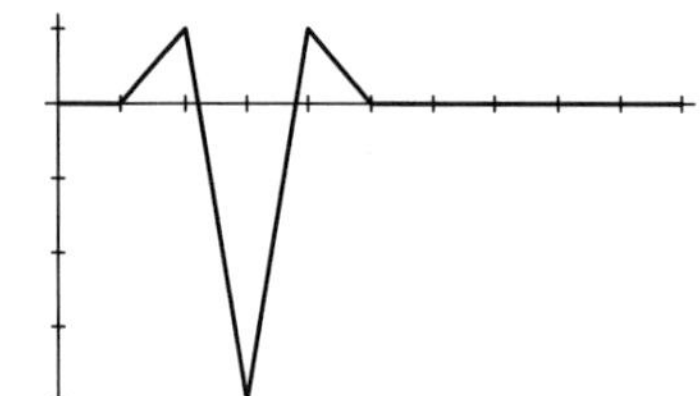

$$f(x)=\begin{cases} x-1, & 1\leqslant x<2,\\ 11-5x, & 2\leqslant x<3,\\ 5x-19, & 3\leqslant x<4,\\ 5-x, & 4\leqslant x\leqslant 5,\\ 0, & \text{其他}.\end{cases}$$

讨论当 t 增加时, 解会发生什么变化. 不需要写出显式公式, 但为了充分可信, 必须 (草图可有助于) 解释随着时间的推移, 在解中发生的至少三四件有趣的事儿.

4.1.4. 对于 $0<x<1$ 求解热方程 $u_t=u_{xx}$ 初–边值问题的级数解. 杆的一端保持 0°, 另一端绝热. 讨论解当 $t\to\infty$ 时的渐近行为.

4.1.5. 当杆两端都是绝热的, 回答习题 4.1.4.

4.1.6. 金属杆的长度 $\ell=1$ m, 热扩散系数 $\gamma=2$, 从 100° 烤箱中取出, 一端完全隔热, 另一端置于 0° 的冰块中.

(a) 写出描述所有后续时间的温度 $u(t,x)$ 的初–边值问题.

(b) 对时间 $t>0$ 的温度分布 $u(t,x)$ 写出级数公式.

(c) 杆的平衡温度分布是多少, 即对 $t\gg 0$ 而言? 解达到平衡的速度有多快?

(d) 温度分布即将达到平衡时, 它是怎样的? 画一幅草图并讨论之.

4.1.7. 长度 $\ell=1$, 热扩散系数 $\gamma=1$ 的金属杆完全隔热, 包括其端点. 设有初始温度分布 $u(0,x)=\begin{cases} x, & 0\leqslant x<\dfrac12,\\ 1-x, & \dfrac12\leqslant x\leqslant 1.\end{cases}$

(a) 用 Fourier 级数写出时间 $t>0$ 的温度分布.

(b) 杆的平衡温度分布是多少, 即对 $t\gg 0$ 而言?

(c) 解达到平衡的速度有多快?

(d) 温度分布即将达到平衡时, 它是怎样的? 画一幅草图并讨论之.

4.1.8. (a) 求热方程 $u_t = u_{xx}$ 在 $-2 < x < 2,\ t > 0$ 的级数解, 服从边界条件 $u(t,-2)=u(t,2)=0$ 和初始条件 $u(0,x)=\begin{cases} x, & |x|<1, \\ 0, & 其他. \end{cases}$ (b) 勾画某些代表性时刻该解的草图. (c) 温度接近热平衡的速率是多少?

4.1.9. 设单位长度的杆右端固定恒温 α 而左端绝热, 求解其热方程. 讨论解的渐近行为.

4.1.10. 对于以下各初始温度分布:

(a) $\cos x$, (b) $\sin^3 x$, (c) $|x|$, (d) $\begin{cases} 1, & -\pi<x<0, \\ 0, & 0<x<\pi. \end{cases}$

(i) 写出加热环 (4.30—32) 的 Fourier 级数解, (ii) 求由此产生的当 $t\to\infty$ 时的平衡温度.

♦ 4.1.11. 设均匀杆的温度 $u(t,x)$ 满足热方程. 证明相关热流密度 $w(t,x)$ 也是同一热方程的一个解.

♦ 4.1.12. 证明热方程任一解的时间导数 $v=u_t$ 也是一个解. 如果 $u(t,x)$ 满足初始条件 $u(0,x)=f(x), v(t,x)$ 传承的初始条件是什么?

♦ 4.1.13. 解释为什么在区间 $[0,\ell]$ 上热方程的 Dirichlet 初–边值问题热能 $E(t)=\int_0^\ell u(t,x)\mathrm{d}x$ 不是恒定的.

♦ 4.1.14. (a) 证明区间 $[0,\ell]$ 上热方程的 Neumann 边值问题热能 $E(t)=\int_0^\ell u(t,x)\mathrm{d}x$ 是常量. (b) 利用 (a) 部分, 证明齐次 Neumann 边值问题的恒定平衡解等于初始温度 $u(0,x)$ 的平均值.

4.1.15. 设 $u(t,x)$ 为热方程周期边值问题 (4.30—31) 的任一非恒定解. 证明解的 L^2–范数的平方 $N(t)=\int_{-\pi}^{\pi} u(t,x)^2\mathrm{d}x$ 是 t 的严格递减函数. 注意: 有趣的是, 与公式 (4.38) 比较这个结果可以发现, 对于周期边值问题, u 的积分是常数, 但 u^2 的积分是严格递减的. 这怎么可能?

♥ 4.1.16. *电缆方程* (cable equation) $v_t=\gamma v_{xx}-\alpha v, \gamma,\alpha>0$, 也称*损耗热方程* (lossy heat equation), 是由 19 世纪苏格兰物理学家 William Thomson导出的跨大西洋电缆信号传输模型. 后来, 为了表彰他在热力学方面的工作, 其中包括确定绝对零度值, Victoria 女王授之以 Kelvin勋爵. 电缆方程后来还用以模拟神经元的电活性.

(a) 证明电缆方程的通解由 $v(t,x)=\mathrm{e}^{-\alpha t}u(t,x)$ 给出, 其中 $u(t,x)$ 是热方程 $u_t=\gamma u_{xx}$ 的解.

(b) 求初–边值问题

$$v_t = \gamma v_{xx} - \alpha v, \quad v(0,x) = f(x), \quad v(t,0) = 0 = v(t,1), \quad 0 \leqslant x \leqslant 1, \quad t > 0$$

的 Fourier 级数解, 得到的解是否接近平衡值? 如果是, 那么有多快?

(c) 对于 Neumann 问题

$$v_t = \gamma v_{xx} - \alpha v, \quad v(0,x) = f(x), \quad v_x(t,0) = 0 = v_x(t,1), \quad 0 \leqslant x \leqslant 1, \quad t > 0,$$

回答 (b) 部分.

♦ 4.1.17. *对流–扩散方程* (convection-diffusion equation) $u_t + cu_x = \gamma u_{xx}$ 是污染物在以恒速 c 流动的流体中扩散的简单模型. 证明 $v(t,x) = u(t,x+ct)$ 是热方程的解. 这个变量变换的物理解释是什么?

4.1.18. 结合习题 4.1.16—17, 求解*损耗对流–扩散方程* (lossy convection-diffusion equation) $u_t = \gamma u_{xx} + cu_x - \alpha u$.

♦ 4.1.19. 设 $\gamma > 0$ 且 $\lambda \leqslant 0$.

(a) 求微分方程 $\gamma v'' + \lambda v = 0$ 的全部解.

(b) 证明满足边界条件 $v(0) = 0, v(\ell) = 0$ 的唯一解是零解 $v(x) \equiv 0$.

♦ 4.1.20. 当 λ 是非实的复数时, 解答习题 4.1.19.

4.2 波方程

我们回到一维波方程

$$\frac{\partial^2 u}{\partial t^2} = c^2 \frac{\partial^2 u}{\partial x^2}, \tag{4.63}$$

波速 $c > 0$ 恒定, 用于模拟杆和弦的振动. 第 2 章里, 我们学会如何用 d'Alembert方法显式求解波方程. 遗憾的是, d'Alembert 方法无法扩展到我们感兴趣的其他方程. 因此, 替代求解技术势在必行, 尤其是那些基于 Fourier 方法的技术. 实际上, 由此产生的级数解为有界区间上的波动力学提供了有价值的见解.

分离变量与 Fourier 级数解

分离变量 (separation of variables) 是一个最古老但仍然最广泛使用的技术, 是构造许多种不同的线性偏微分方程显式解析解的方法. 事实上, 我们已

经运用过该方法的简化版本, 将热方程的各个本征解构造为 t 的指数函数与 x 的函数乘积. 在一般情况下, 分离变量法寻求偏微分方程的解, 可以写成各自变量的函数的乘积. 对于波方程, 我们寻求形如

$$u(t,x)=w(t)v(x) \tag{4.64}$$

的解, 写成只是 t 的函数与只是 x 的函数乘积. 当该方法成功时 (事先得不到保证), 这两个因子作为某些常微分方程的解求得. 我们看看这样的表示求解波方程能否做得到.

首先, 我们有

$$\frac{\partial^2 u}{\partial t^2}=w''(t)v(x), \quad \frac{\partial^2 u}{\partial x^2}=w(t)v''(x),$$

加撇表示求导数. 将这些表达式代入波方程 (4.63), 得到

$$w''(t)v(x)=c^2 w(t)v''(x),$$

再除以 $w(t)v(x)$ (我们假设它们不能为零, 如若不然解是平凡的), 得到

$$\frac{w''(t)}{w(t)}=c^2\frac{v''(x)}{v(x)}.$$

它有效地将 t 和 x 变量 "分离" 在等式的两端, 由此得名 "分离变量".

如此一来, 一个 t 的函数怎样才能等于一个 x 的函数呢? 片刻的思考应该说服读者, 这是可能发生的, 当且仅当两个函数是常值时①, 从而

$$\frac{w''(t)}{w(t)}=c^2\frac{v''(x)}{v(x)}=\lambda. \tag{4.65}$$

我们用 λ 来表示共同的*分离常数* (separation constant). 因此如所承诺, 各个因子 $w(t)$ 和 $v(x)$ 必须分别满足常微分方程

$$\frac{\mathrm{d}^2 w}{\mathrm{d}t^2}-\lambda w=0, \quad \frac{\mathrm{d}^2 v}{\mathrm{d}x^2}-\frac{\lambda}{c^2}v=0.$$

我们已经知道如何用初等方法来求解这两个常微分方程. 存在三种情形, 取决于分离常数 λ 的符号不同而不同. 因此, 每个 λ 值将导致波方程四种独立的可分离解, 如附表所示.

① 技术细节: 应该假设基础定义域是连通的, 如上所述才是有效的. 在实践中, 这种技术细节可以安全地忽略不计.

波方程的可分离解

λ	$w(t)$	$v(x)$	$u(t,x)=w(t)v(x)$
$\lambda=-\omega^2<0$	$\cos\omega t, \sin\omega t$	$\cos\dfrac{\omega x}{c}, \sin\dfrac{\omega x}{c}$	$\cos\omega t\cos\dfrac{\omega x}{c}, \cos\omega t\sin\dfrac{\omega x}{c}$, $\sin\omega t\cos\dfrac{\omega x}{c}, \sin\omega t\sin\dfrac{\omega x}{c}$
$\lambda=0$	$1, t$	$1, x$	$1, x, t, tx$
$\lambda=\omega^2>0$	$\mathrm{e}^{-\omega t}, \mathrm{e}^{\omega t}$	$\mathrm{e}^{-\omega x/c}, \mathrm{e}^{\omega x/c}$	$\mathrm{e}^{-\omega(t+x/c)}, \mathrm{e}^{\omega(t-x/c)}$, $\mathrm{e}^{-\omega(t-x/c)}, \mathrm{e}^{\omega(t+x/c)}$

到目前为止, 我们还没有考虑边界条件. 先来考虑一根长度为 ℓ 的弦两端固定的情形, 从而服从齐次 Dirichlet 边界条件

$$u(t,0)=0=u(t,\ell).$$

代入可分离拟设 (4.65), 我们发现 $v(x)$ 必须满足

$$\frac{\mathrm{d}^2v}{\mathrm{d}x^2}-\frac{\lambda}{c^2}v=0, \quad v(0)=0=v(\ell). \tag{4.66}$$

可以在 (4.21) 中找到这个边值问题的 (非平凡) 解的完备系:

$$v_n(x)=\sin\frac{n\pi x}{\ell}, \quad \lambda_n=-\left(\frac{n\pi c}{\ell}\right)^2, \quad n=1,2,3,\cdots.$$

根据附表, 对应的可分离解因此是

$$u_n(t,x)=\cos\frac{n\pi ct}{\ell}\sin\frac{n\pi x}{\ell}, \quad \widetilde{u}_n(t,x)=\sin\frac{n\pi ct}{\ell}\sin\frac{n\pi x}{\ell}. \tag{4.67}$$

现在我们使用这些解, 构造波方程服从给定边界条件的一个级数解

$$u(t,x)=\sum_{n=1}^{\infty}\left(b_n\cos\frac{n\pi ct}{\ell}\sin\frac{n\pi x}{\ell}+d_n\sin\frac{n\pi ct}{\ell}\sin\frac{n\pi x}{\ell}\right) \tag{4.68}$$

作为备选. 因此, 解是振动频率为

$$\omega_n=\frac{n\pi c}{\ell}=\frac{n\pi}{\ell}\sqrt{\frac{\kappa}{\rho}}, \quad n=1,2,3,\cdots, \tag{4.69}$$

固有 Fourier 模的线性组合, 其中第二个等式来自 (2.66). 可以看到, 弦长 ℓ 越长或密度 ρ 越高, 振动越慢; 而增加其刚度或张力 κ 则振动加快, 这与我们的物理直觉完全符合.

在 (4.68) 中的 Fourier 系数 b_n 和 d_n 由初始条件

$$u(0,x)=f(x), \quad \frac{\partial u}{\partial t}(0,x)=g(x), \quad 0<x<\ell$$

唯一确定. 逐项微分, 我们发现须将初始位移和初始速度表示为 Fourier 正弦

级数

$$u(0,x)=\sum_{n=1}^{\infty}b_n\sin\frac{n\pi x}{\ell}=f(x),\quad \frac{\partial u}{\partial t}(0,x)=\sum_{n=1}^{\infty}d_n\frac{n\pi c}{\ell}\sin\frac{n\pi x}{\ell}=g(x).$$

因此

$$b_n=\frac{2}{\ell}\int_0^{\ell}f(x)\sin\frac{n\pi x}{\ell}\mathrm{d}x,\quad n=1,2,3,\cdots \tag{4.70}$$

是初始位移 $f(x)$ 的 Fourier 正弦系数 (3.85), 而

$$d_n=\frac{2}{n\pi c}\int_0^{\ell}g(x)\sin\frac{n\pi x}{\ell}\mathrm{d}x,\quad n=1,2,3,\cdots \tag{4.71}$$

是初始速度 $g(x)$ 的重新调整 Fourier 正弦系数.

例 4.3 一单位长度的弦两端固定, 在中心拉紧后释放. 我们的任务是描述随之而来的振荡. 选择物理单位以使 $c^2=1$, 于是我们要求解初–边值问题

$$u_{tt}=u_{xx},\quad u(0,x)=f(x),\quad u_t(0,x)=0,\quad u(t,0)=u(t,1)=0. \tag{4.72}$$

具体而言, 我们假定弦的中心平移半个单位, 所以初始位移是

$$f(x)=\begin{cases}x, & 0\leqslant x<\dfrac{1}{2},\\ 1-x, & \dfrac{1}{2}\leqslant x\leqslant 1.\end{cases}$$

振动频率 $\omega_n=n\pi$ 是 π 的整数倍, 所以固有振动模为

$$\cos n\pi t\sin n\pi x \text{ 和 } \sin n\pi t\sin n\pi x,\quad n=1,2,3,\cdots.$$

因此, 边值问题的通解是

$$u(t,x)=\sum_{n=1}^{\infty}\left(b_n\cos n\pi t\sin n\pi x+d_n\sin n\pi t\sin n\pi x\right),$$

其中

$$\begin{aligned}b_n&=2\int_0^1 f(x)\sin n\pi x\mathrm{d}x\\&=\begin{cases}4\displaystyle\int_0^{1/2}x\sin n\pi x\mathrm{d}x=\frac{4(-1)^k}{(2k+1)^2\pi^2}, & n=2k+1,\\ 0, & n=2k,\end{cases}\end{aligned}$$

同时 $d_n=0$. 因此, 解是 Fourier 级数

$$u(t,x)=\frac{4}{\pi^2}\sum_{k=1}^{\infty}(-1)^k\frac{\cos(2k+1)\pi t\sin(2k+1)\pi x}{(2k+1)^2}, \tag{4.73}$$

波形如图 4.4 所示. 当时间 $t=1$ 时, 初始位移完全重现但倒扣过来. 随后动力学继续如前, 但以镜像的形式. 初始位移当时间 $t=2$ 时再现, 在这段时间后, 运动周期性重复. 有趣的是, 当 $t_k=0.5,1.5,2.5,\cdots$ 时位移都是零, $u(t_k,x)\equiv 0$, 但速度不是零, $u_t(t_k,x)\neq 0$. 看来解是分段仿射的, 即它的图形是直线的集合. 事实上, 可以证明这是 d'Alembert 公式的推论; 参阅习题 4.2.13. 与热方程不同, 可以看到波方程并不能光滑掉初始数据的间断和拐角. 而且, 尽管我们泛泛地把这种分段 C^2 – 函数称为"解", 但实际上它们并不是经典解. (不过, 它们作为弱解的地位可以使用 10.4 节的方法来建立.)

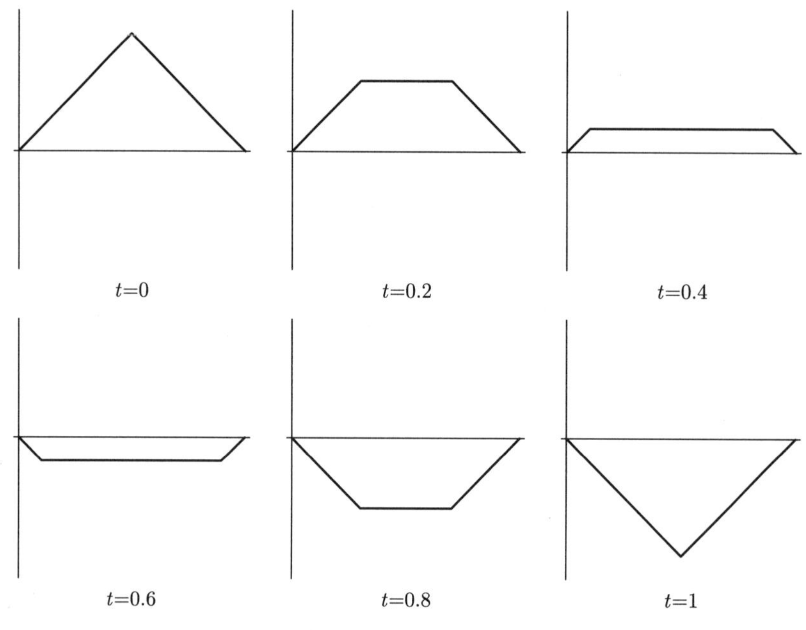

图 4.4 波方程的拨弦解 ⊎

虽然对解的级数形式 (4.68) 的满意程度可能比不上 d'Alembert 公式, 我们仍然可以用它推断重要的定性性质. 首先, 由于每项关于 t 都是周期为 $2\ell/c$ 的, 整个解是时间周期的: $u(t+2\ell/c,x)=u(t,x)$. 事实上, 经过半周期, 解减小为

$$\begin{aligned} u\left(\frac{\ell}{c},x\right) &= \sum_{n=1}^{\infty}(-1)^n b_n \sin\frac{n\pi x}{\ell} = -\sum_{n=1}^{\infty} b_n \sin\frac{n\pi(\ell-x)}{\ell} \\ &= -u(0,\ell-x) = -f(\ell-x). \end{aligned}$$

一般地,

$$u\left(t+\frac{\ell}{c},x\right)=-u(t,\ell-x),\quad u\left(t+\frac{2\ell}{c},x\right)=u(t,x). \tag{4.74}$$

因此, 初始波形被重现, 首先在时间 $t=\ell/c$ 是以其倒置镜像, 然后在时间 $t=2\ell/c$ 还原初始波形. 这有重要的推论, 即一维 (均匀) 介质振动是有固有周期的, 因为基频 (4.69) 都是最低频率的整数倍: $\omega_n=n\omega_1$.

注记: 上述讨论有重要的音乐推论. 对于人耳来说, 单一频率的整数倍的声波振动是周期性的, 因此声音和谐, 而那些与无理数相关的频率, 因而经历非周期性的振动, 声音不和谐. 这就是为何大多数调性乐器都依赖于一维振动, 无论是提琴弦还是钢琴弦, 管乐器中的空气柱 (长笛、单簧管、小号或者萨克斯管), 木琴杆或者三角铁. 另一方面, 大多数打击乐器依赖于二维介质的振动, 比如鼓和钹, 或三维固体, 比如双头木鱼. 正如我们将在第 11 和第 12 章中看到的, 后者的频率比是无理数的, 因此它们的振动只是拟周期的, 如例 2.20 . 出于某种原因, 我们的音乐欣赏其实就是, 从心理上调和有理数相关/周期振动和无理数相关/拟周期振动之间的差异[105].

接下来考虑两端自由的弦, 因此服从 Neumann 边界条件

$$\frac{\partial u}{\partial x}(t,0)=0=\frac{\partial u}{\partial x}(t,\ell). \tag{4.75}$$

现在, (4.66) 满足 $v'(0)=0=v'(\ell)$ 条件的解是

$$v_n(x)=\cos\frac{n\pi x}{\ell},\quad \omega_n=\frac{n\pi c}{\ell},\quad n=0,1,2,3,\cdots.$$

得到采取 Fourier 余弦级数形式

$$u(t,x)=a_0+c_0t+\sum_{n=1}^{\infty}\left(a_n\cos\frac{n\pi ct}{\ell}\cos\frac{n\pi x}{\ell}+c_n\sin\frac{n\pi ct}{\ell}\cos\frac{n\pi x}{\ell}\right) \tag{4.76}$$

的解, 前两项来自 $\omega_0=0$ 的零本征函数 $v_0(x)=1$. 弦以基频 (4.69) 振动, 这与固定端的情形相同. 但是, 这里多了一个额外的不稳定模 (unstable mode) c_0t, 不是周期的反而随时间线性增长. 一般说来, 零本征函数存在意味着波方程容许不稳定模.

将 (4.76) 代入初始条件

$$u(0,x)=f(x),\quad \frac{\partial u}{\partial t}(0,x)=g(x),\quad 0<x<\ell,$$

如前, 我们发现 Fourier 系数是由初始位移和初始速度:

$$a_n=\frac{2}{\ell}\int_0^{\ell}f(x)\cos\frac{n\pi x}{\ell}\mathrm{d}x,\quad c_n=\frac{2}{n\pi c}\int_0^{\ell}g(x)\cos\frac{n\pi x}{\ell}\mathrm{d}x,\quad n=1,2,3,\cdots$$

决定的. 零阶系数[①]

$$a_0 = \frac{1}{\ell}\int_0^\ell f(x)\mathrm{d}x, \quad c_0 = \frac{1}{\ell}\int_0^\ell g(x)\mathrm{d}x$$

等于弦的平均初始位移和平均初始速度. 特别当 $c_0 = 0$ 时, 没有净初始速度, 不稳定模不激发. 解在这种情形是时间周期的, 围绕平均初始位移给定的位置振动. 另一方面, 若 $c_0 \neq 0$, 则弦以恒定的平均速度 c_0 移开, 同时以相同的基频进行振动.

类似的考虑也适用于圆环上波方程的周期边值问题. 细节留给读者作为习题 4.26.

习题

4.2.1. 在音乐中, 八度音阶对应于声波的频率加倍. 钢琴中央 C 的弦长为 0.7 m, 而八度高音 C 的弦长为 0.6 m. 设它们密度相同, 那根短弦调音需要调多紧?

4.2.2. 钢琴弦在拉紧两倍的时候, 要发出同样的声音, 这要多长?

4.2.3. 用 Fourier 级数的形式写出波方程的以下初–边值问题的解:

(a) $u_{tt} = u_{xx}, \quad u(t,0) = u(t,\pi) = 0, \quad u(0,x) = 1, \quad u_t(0,x) = 0.$

(b) $u_{tt} = 2u_{xx}, \quad u(t,0) = u(t,\pi) = 0, \quad u(0,x) = 0, \quad u_t(0,x) = 1.$

(c) $u_{tt} = 3u_{xx}, \quad u(t,0) = u(t,\pi) = 0, \quad u(0,x) = \sin^3 x, \quad u_t(0,x) = 0.$

(d) $u_{tt} = 4u_{xx}, \quad u(t,0) = u(t,1) = 0, \quad u(0,x) = x, \quad u_t(0,x) = -x.$

(e) $u_{tt} = u_{xx}, \quad u(t,0) = u_x(t,1) = 0, \quad u(0,x) = 1, \quad u_t(0,x) = 0.$

(f) $u_{tt} = 2u_{xx}, \quad u_x(t,0) = u_x(t,2\pi) = 0, \quad u(0,x) = -1, \quad u_t(0,x) = 1.$

(g) $u_{tt} = u_{xx}, \quad u_x(t,0) = u_x(t,1) = 0, \quad u(0,x) = x(1-x), \quad u_t(0,x) = 0.$

4.2.4. 求波方程 $u_{tt} = u_{xx}$ 在区间 $0 \leqslant x \leqslant \pi$ 上所有的可分离解, 服从:

(a) 混合边界条件 $u(t,0) = 0, u_x(t,\pi) = 0.$

(b) Neumann 边界条件 $u_x(t,0) = 0$, $u_x(t,\pi) = 0.$

4.2.5. (a) 在什么条件下 Neumann 边值问题 (4.75) 的解是 t 的周期函数? 周期是多少? (b) 建立形式 (4.74) 的显式周期公式. (c) 在什么条件下速度 $\partial u/\partial t$ 是 t 的周期函数?

♥ 4.2.6. (a) 在区间 $-\pi \leqslant x \leqslant \pi$ 上建立波方程的周期初–边值问题, 模拟圆环的振动. (b) 用 Fourier 级数的形式写出问题解的公式. (c) 解是不是 t 的周期函数? 如果是, 周期是多少? (d) 设初始位移如图 4.6 所示, 而初始速度为零. 描述解随时间的推移会发生什么变化.

---

① 注意, 我们在 Fourier 级数 (4.76) 中不包括通常的 $\frac{1}{2}$ 因子.

4.2.7. 证明任何波方程解的时间导数 $v = \partial u/\partial t$ 也是一个解. 如果已知 u 的初始条件, v 满足的初始条件是什么?

4.2.8. 求恢复力作用波方程 $u_{tt} = u_{xx} - u$ 的全部可分离实解, 并讨论它们的长期行为.

♥ 4.2.9. 设常数 $a, c > 0$. *电报方程* (telegrapher's equation) $u_{tt} + au_t = c^2 u_{xx}$ 是波方程的有阻尼变形. 考虑区间 $0 \leqslant x \leqslant 1$ 上的 Dirichlet 边值问题 $u(t,0) = u(t,1) = 0$, 初始条件 $u(0,x) = f(x), u_t(0,x) = 0$.

(a) 求满足边界条件的电报方程的所有可分离解. (b) 写出初–边值问题的级数解. (c) 讨论得到的解的长期行为. (d) 说明过阻尼与欠阻尼的判据.

4.2.10. 四阶偏微分方程 $u_{tt} = -u_{xxxx}$ 是振动弹性梁的一个简单模型.

(a) 求梁方程所有的可分离实解.

(b) 证明 Schrödinger 方程 $\mathrm{i}u_t = u_{xx}$ 的任一 (复数) 解也是梁方程的解.

4.2.11. 初–边值问题

$$u_{tt} = -u_{xxxx}, \quad \begin{array}{ll} u(t,0) = u_{xx}(t,0) = u(t,1) = u_{xx}(t,1) = 0, & 0 < x < 1, \\ u(0,x) = f(x), \quad u_t(0,x) = 0, & t > 0 \end{array}$$

模拟末端简支 (with simply supported ends)、单位长弹性梁的振动, 且有非零初始位移 $f(x)$ 和零初始速度.

(a) 梁的振动频率是多少? (b) 将初–边值问题的解写成 Fourier 级数.

(c) (i) 在所有的初始条件下, (ii) 在某些初始条件下, (iii) 在没有初始条件下, 梁是否周期性振动?

4.2.12. *多选题*: 关于 (a) $t > 0$, (b) $t < 0$, (c) 所有的 t, (d) 无 t, 初–边值问题

$$u_{tt} = -u_{xxxx}, \quad \begin{array}{ll} u(t,0) = u_{xx}(t,0) = u(t,1) = u_{xx}(t,1) = 0, & 0 < x < 1, \\ u(0,x) = f(x), \quad u_t(0,x) = g(x), & t > 0 \end{array}$$

是适定的. 解释你的答案.

有界区间的 d'Alembert 公式

在定理 2.15 中我们导出了显式 d'Alembert 公式

$$u(t,x) = \frac{f(x-ct) + f(x+ct)}{2} + \frac{1}{2c}\int_{x-ct}^{x+ct} g(z)\mathrm{d}z \tag{4.77}$$

是无穷区间上波方程的基本初值问题:

$$\frac{\partial^2 u}{\partial t^2} = c^2 \frac{\partial^2 u}{\partial x^2}, \quad u(0,x) = f(x), \quad \frac{\partial u}{\partial t}(0,x) = g(x), \quad -\infty < x < \infty$$

的解. 在本节中, 我们阐述如何修改这个公式, 以便求解有界区间上的初–边值问题, 从而将 Fourier 级数解有效地求和.

最容易处理的情形是 $0 \leqslant x \leqslant \ell$ 上的周期性问题, 边界条件为

$$u(t,0) = u(t,\ell), \quad u_x(t,0) = u_x(t,\ell). \tag{4.78}$$

如果将初始位移 $f(x)$ 和初始速度 $g(x)$ 延拓成周期为 ℓ 的周期函数, 对于所有的 $x \in \mathbb{R}$, 有 $f(x+\ell) = f(x)$ 和 $g(x+\ell) = g(x)$, 那么得到的 d'Alembert 解 (4.77) 关于 x 也是周期的, 因此 $u(t, x+\ell) = u(t,x)$. 特别地, 它满足边界条件 (4.78), 因此与所期望的解一致. 细节在习题 4.2.27 – 28 提供.

接下来, 假设我们有固定的 (Dirichlet) 边界条件

$$u(t,0) = 0, \quad u(t,\ell) = 0, \tag{4.79}$$

得到的解可以写成 Fourier 正弦级数 (4.68), 是关于 x 的 2ℓ – 周期奇函数. 因此, 要把解写成 d'Alembert 形式 (4.77), 我们将初始位移 $f(x)$ 和初始速度 $g(x)$ 延拓成周期为 2ℓ 的奇函数:

$$f(-x) = -f(x), \quad f(x+2\ell) = f(x), \quad g(-x) = -g(x), \quad g(x+2\ell) = g(x).$$

这将确保 d'Alembert 解也保持是奇函数和周期性. 因此, 对于所有的 t 而言, 它都满足齐次 Dirichlet 边界条件 (4.79), 参见习题 4.2.31. 要记住, 虽然解 $u(t,x)$ 是对所有的 x 定义的, 但唯有在区间 $0 \leqslant x \leqslant \ell$ 上出现的值才有物理意义. 然而, 当行波通过物理区间时, 最终会感受到非物理状态的位移效应.

例如, 考虑对于某个 $0 < \xi < \ell$ 集中在 $x = \xi$ 附近的初始位移. 它的 2ℓ – 周期奇延拓包括两套副本: 一套以相同的波形在位置 $\xi \pm 2\ell, \xi \pm 4\ell, \cdots$ 上出现, 另一套与之倒置镜像在中间位置 $-\xi, -\xi \pm 2\ell, -\xi \pm 4\ell, \cdots$ 上出现. 一个典型的例子如图 4.5 所示. 由此产生的解以每个脉冲开始, 无论是正是负都分裂成两个半大的副本, 以速度 c 在相反方向上传播. 当左行脉冲与右行脉冲相遇时, 它们依然能从交互中按原样显露出来. 这个过程周期性地重复, 一列无尽的右行半大脉冲与一列无尽的左行半大脉冲神奇地相互作用着.

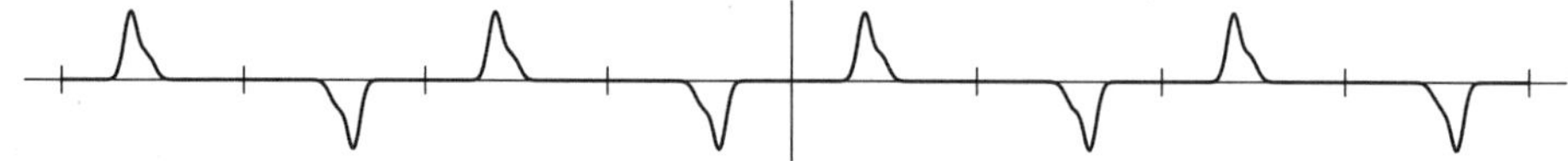

图 4.5 集中脉冲的周期奇延拓

然而, 这个解只有在 $0 \leqslant x \leqslant \ell$ 上的部分才是实际观察到的物理弦. 其效果仿佛一个人通过长度为 ℓ 的窗口在看完整的解. 这样的观察者会解释他们所看到的有点不同. 就是说, 位于 $0 < \xi < \ell$ 的原始脉冲分裂成两个半大的副本, 沿相反方向出发. 每个半大脉冲到达弦的一端时, 就会遇到一个从非物理区域

迎头传来的镜像脉冲. 脉冲在区间端点处反射, 并成为反方向的倒置镜像. 原来的正脉冲离开弦的末端, 正当它的镜像刚进入了物理区域. (一种常见的物理实现是在末端固定的绳索跳跃传播向下的脉冲; 反射的脉冲倒置向上返回.) 类似的反射发生在另一半大小的脉冲撞击物理区间的另一端时, 之后的解由两个上下一半大小的脉冲相互移动. 在时间 $t=\ell/c$ 它们在点 $\ell-\xi$ 瞬间再组合成一个全尺寸的脉冲, 但原始扰动的倒置镜像, 与 (4.74) 一致. 重组后的脉冲分裂成两个上下颠倒的半尺寸脉冲, 当每次碰撞时, 反射并返回到原来的直立形式. 当 $t=2\ell/c$ 时脉冲重组, 以准确再现原来的位移. 此后, 该过程将重复, 并且该解在时间周期为 $2\ell/c$ 期间定期运行.

在图 4.6 中, 第一图显示初始位移. 在第二图中, 它已经分裂成一半大小的左行的克隆和右行的克隆. 在第三图中, 左行凸起与弦的左端处于碰撞过程中. 第四图中, 它已经从碰撞中浮现出来, 现在倒置反射并向右移动. 同时, 右行脉冲开始与区间右端相撞. 在第五图中, 两个脉冲均已经完成了它们的碰撞, 现在它们相互移动, 在最后一张图中, 它们重新组合成了原始脉冲的倒置镜像. 然后, 这个过程会在镜像中重复自己, 最后重组合成原始脉冲, 此时整个过程重新开始.

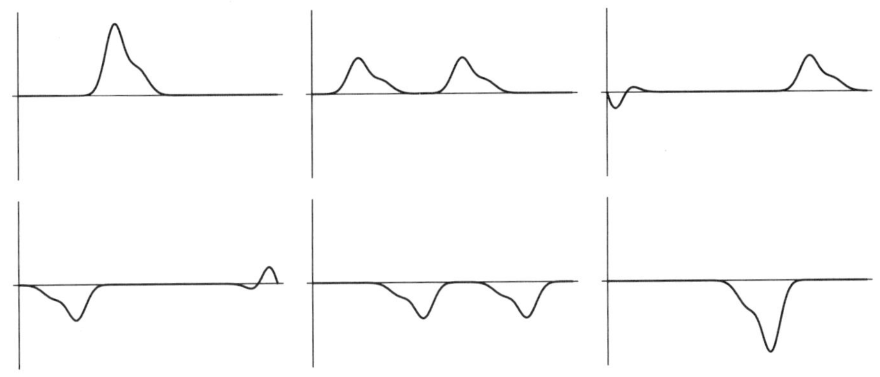

图 4.6 端点固定波方程的解 ⊎

Neumann(自由) 边值问题

$$\frac{\partial u}{\partial x}(t,0)=0, \quad \frac{\partial u}{\partial x}(t,\ell)=0 \tag{4.80}$$

同样处理. 由于解的形式为 x 的 Fourier 余弦级数, 我们将初始条件偶延拓为 $2\ell-$周期函数

$$f(-x)=f(x), \quad f(x+2\ell)=f(x), \quad g(-x)=g(x), \quad g(x+2\ell)=g(x).$$

所得到的 d'Alembert 解 (4.77) 也是关于 x 的 2ℓ–周期偶函数, 因此满足边界条件, 参见习题 4.2.31(b). 此时, 当一个脉冲撞击端点时, 它的反射保持直立, 但成为原始脉冲的镜像; 一个熟悉的物理例证是水波从坚实墙壁反射. 进一步细节在习题 4.2.22 留给读者.

总之, 我们现在已经探讨了求解一维波方程两种非常不同的方法. 第一, 基于 d'Alembert 公式, 强调它们的粒子特征, 其中各个波包相互碰撞, 或在边界反射, 所有的同时保持其整体形式. 第二, 基于 Fourier 分析, 强调解的振动或波动特征. 但是, 就像谚语中描述大象的盲人一样, 这些只是同一个解答的两个侧面. Fourier 级数公式显示了粒子解如何分解为组成它的振动模, 而 d'Alembert 公式则说明了振动解如何组合成移动的波包.

粒子特征和波动特征共存, 不禁令人联想到关于光的性质的长期历史论争. Newton 和他的门徒提出了基于粒子的理论, 预测了现代的光子概念. 然而, 直到 20 世纪初, 大多数物理学家都提倡波动或振动的观点. Einstein 对光电效应的解释使粒子的解释复活. 只有随着量子力学的建立, 争论才得以解决. 事实上, 光以及所有的亚原子粒子都表现出粒子特征和波动特征, 这依实验的和物理的情形而定. 但是, 在经典波方程的 Fourier 解与 d'Alembert 公式的相互矛盾中, 已经发现了令人着迷的波粒二象性的理论基础!

习题

♦ 4.2.13. (a) 用例子 4.3 中 d'Alembert 方法求解初–边值问题. (b) 验证得到的解与前面导出的 Fourier 级数解是否一致. (c) 证明我们早先的观察, 即在各时间 t 上, 解 $u(t,x)$ 是一个 x 的分段仿射函数.

4.2.14. 当初始位移为盒子函数

$$u(0,x)=\begin{cases}1, & 1<x<2,\\ 0, & \text{否则},\end{cases}$$

且初始速度为 0 时, 画出波方程 $u_{tt}=u_{xx}$ 解的草图, 并描述以下各种情形中解的行为:

(a) 全直线 $-\infty<x<\infty$;

(b) 半直线 $0\leqslant x<\infty$, 端点处有齐次 Dirichlet 边界条件;

(c) 半直线 $0\leqslant x<\infty$, 端点处有齐次 Neumann 边界条件;

(d) 有界区间 $0\leqslant x\leqslant 5$, 齐次 Dirichlet 边界条件;

(e) 有界区间 $0\leqslant x\leqslant 5$, 齐次 Neumann 边界条件.

4.2.15. 当初始速度为盒子函数而初始位移为零时, 回答习题 4.2.14.

4.2.16. 考虑波方程的初–边值问题

$$\frac{\partial^2 u}{\partial t^2}=\frac{\partial^2 u}{\partial x^2},\quad \begin{array}{ll} u(t,0)=0=u(t,10), & t>0, \\ u(0,x)=f(x), u_t(0,x)=0, & 0<x<10, \end{array}$$

其中初始数据有以下形式:

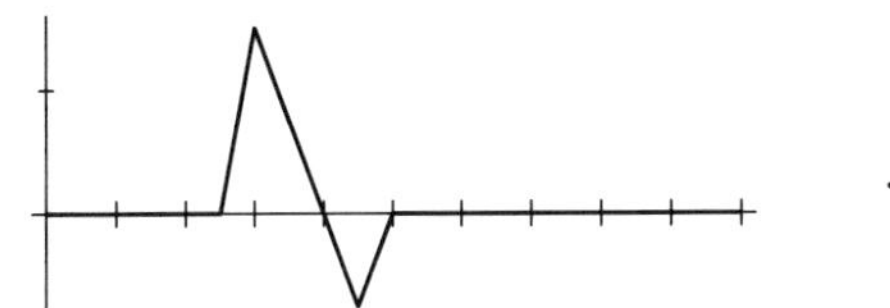

$$f(x)=\begin{cases} 3x-7.5, & 2.5\leqslant x<3, \\ 6-1.5x, & 3\leqslant x<4.5, \\ 1.5x-7.5, & 4.5\leqslant x\leqslant 5, \\ 0, & \text{其他}; \end{cases}$$

讨论解中发生的情况. 不需要明确写出解的公式 (可以借助草图), 但为了完全确信无疑, 要解释随着时间的推移在解中至少发生的三四件有趣事情.

4.2.17. 对 Neumann 边界条件, 重复习题 4.2.16.

4.2.18. 设一长度为 ℓ 的弦的初始位移如下图所示. 假设弦的两端是固定的, 分别画出 $t=\ell/c$ 和 $t=2\ell/c$ 时弦的剖面.

♣ 4.2.19. 考虑在区间 $0\leqslant x\leqslant 1$ 上的波方程 $u_{tt}=u_{xx}$, 两端有齐次 Dirichlet 边界条件.

(a) 用 d'Alembert 公式显式求解初值问题 $u(0,x)=x-x^2, u_t(0,x)=0$.

(b) 绘制某些代表性时刻解的图形, 并讨论所观察到的.

(c) 求你的解在各 t 时的 Fourier 级数, 并将两者进行比较.

(d) 要多少个项求和才能得到精确解一个合理的逼近?

♣ 4.2.20. 对初始条件 $u(0,x)=0, u_t(0,x)=x^2-x$, 解习题 4.2.19.

♣ 4.2.21. 当解服从齐次 Neumann 边界条件时, 求解 (i) 习题 4.2.19, (ii) 习题 4.2.20.

♦ 4.2.22. 在什么条件下有界区间 $[0,\ell]$ 上波方程的 Neumann 边值问题的解是时间的周期函数? 周期是多少?

4.2.23. 讨论和概述 Neumann 边值问题 $u_{tt}=4u_{xx}$, $0<x<1$, $u_x(t,0)=0=u_x(t,1)$, $u(0,x)=f(x)$, $u_t(0,x)=g(x)$ 解的行为. 其中

(a) 局部初始位移: $f(x)=\begin{cases} 1, & 0.2<x<0.3, \\ 0, & \text{其他}, \end{cases}\quad g(x)=0$.

(b) 局部初始速度: $f(x)=0, g(x)=\begin{cases} 1, & 0.2<x<0.3, \\ 0, & \text{其他}. \end{cases}$

4.2.24. (a) 解释如何求解在区间 $0\leqslant x\leqslant 1$ 上的 Neumann 初–边值问题

$$\frac{\partial^2 u}{\partial t^2}=\frac{\partial^2 u}{\partial x^2},\ \frac{\partial u}{\partial x}(t,0)=0=\frac{\partial u}{\partial x}(t,1),\ u(0,x)=f(x),\ \frac{\partial u}{\partial t}(0,x)=g(x).$$

(b) 设

$$f(x)=\begin{cases} x-\dfrac{1}{4}, & \dfrac{1}{4}\leqslant x<\dfrac{1}{2},\\ \dfrac{3}{4}-x, & \dfrac{1}{2}\leqslant x\leqslant\dfrac{3}{4},\\ 0, & \text{其他}, \end{cases}\qquad g(x)=0.$$

绘制几个代表时间解的图形, 并讨论正在发生的事情. 解是否周期运行? 如果是, 周期是多少?

(c) 当 $f(x)=0$ 和 $g(x)=x$ 时重做上述问题.

4.2.25. (a) 写出初–边值问题

$$\frac{\partial^2 u}{\partial t^2}-4\frac{\partial^2 u}{\partial x^2}=0,\quad \begin{aligned} &u(0,x)=\sin x,\ \frac{\partial u}{\partial t}(0,x)=0,\\ &\frac{\partial u}{\partial x}(t,0)=\frac{\partial u}{\partial x}(t,\pi)=0, \end{aligned}\quad 0<x<\pi,\ t>0$$

解 $u(t,x)$ 的公式.

(b) 求 $u\left(\dfrac{\pi}{2},\dfrac{\pi}{2}\right)$.

(c) 证明 $h(t)=u\left(t,\dfrac{\pi}{2}\right)$ 是 t 的周期函数, 并找到其周期.

(d) $\dfrac{\partial u}{\partial x}$ 是否有任何不连续之处? 如果是, 讨论它们的行为.

4.2.26. 就混合边界条件 $u(t,0)=0=u_x(t,\pi)$ 解答习题 4.2.25.

♥ 4.2.27. (a) 解释如何使用 d'Alembert 公式 (4.77) 求解习题 4.2.6 中给定的波方程的周期初–边值问题. (b) d'Alembert 公式与 Fourier 级数公式是否表示相同的解? 如果是, 能给出解释吗? 如果不是, 解释为什么它们是不同的.

♦ 4.2.28. 证明在区间 $[0,\ell]$ 上服从周期边界条件 $u(t,0)=u(t,\ell), u_x(t,0)=u_x(t,\ell)$ 的波方程的解 $u(t,x)$ 是 t 的周期函数, 当且仅当无净初始速度: $\displaystyle\int_0^\ell g(x)\mathrm{d}x=0$.

4.2.29. (a) 解释如何在半直线 $x>0$ 上 Dirichlet 边界条件 $u(t,0)=0$ 下求解波方程. (b) 设 $c=1$, 求满足 $u(0,x)=(x-2)\mathrm{e}^{-5(x-2.2)^2}, u_t(0,x)=0$ 的解. (c) 画出某些代表性时刻所得解的图形, 并讨论正在发生的情况.

4.2.30. 在 $x=0$ 处有齐次 Neumann 边界条件, 求解习题 4.2.29.

♦ 4.2.31. (a) 给定 $f(x)$ 是 2ℓ–周期奇函数, 解释为什么 $f(0)=0=f(\ell)$. (b) 给定 $f(x)$ 是 2ℓ–周期偶函数, 解释为什么 $f'(0)=0=f'(\ell)$.

♦ 4.2.32. (a) 证明若对于所有的 x 都有 $f(-x)=-f(x), f(x+2\ell)=f(x)$, 则 $u(t,x)=\dfrac{1}{2}[f(x-ct)+f(x+ct)]$ 满足 Dirichlet 边界条件 (4.79). (b) 证明若对于所有的 x 都有 $g(-x)=-g(x)$, $g(x+2\ell)=g(x)$, 则 $u(t,x)=\dfrac{1}{2c}\displaystyle\int_{x-ct}^{x+ct}g(z)\mathrm{d}z$ 也满足 Dirichlet 边界条件.

4.2.33. 如果 $u(0,x)=f(x)$ 和 $u_t(0,x)=g(x)$ 都是偶函数, 证明波方程的解 $u(t,x)$ 对所有的 t 是 x 的偶函数.

4.2.34. (a) 证明对于 $x \in \mathbb{R}$, 波方程的解 $u(t,x)$ 是 t 的偶函数, 当且仅当 $t=0$ 时初速度为零. (b) 在什么条件下 $u(t,x)$ 是 t 的奇函数?

♦ 4.2.35. 设 $u(t,x)$ 是波方程 $u_{tt}=c^2u_{xx}$ 在区间 $0<x<\ell$ 上的经典解, 满足齐次 Dirichlet 边界条件. u 在时间 t 的总能量 (total energy) 是

$$E(t)=\int_0^\ell \frac{1}{2}\left[\left(\frac{\partial u}{\partial t}\right)^2+c^2\left(\frac{\partial u}{\partial x}\right)^2\right]\mathrm{d}x. \tag{4.81}$$

通过证明 $E(t)=E(0)$ 是一个常数函数, 建立能量守恒律 (law of conservation of energy).

♦ 4.2.36. (a) 用习题 4.2.35, 证明初–边值问题 $v_{tt}=c^2v_{xx}$, $v(t,0)=v(t,\ell)=0$, $v(0,x)=0$, $v_t(0,x)=0$ 的唯一 C^2-解是平凡解 $v(t,x)\equiv 0$. (b) 建立波方程解的唯一性定理 (uniqueness theorem): 给定 $f(x),g(x)\in C^2$, 初–边值问题 $u_{tt}=c^2u_{xx}$, $u(t,0)=u(t,\ell)=0$, $u(0,x)=f(x)$, $u_t(0,x)=g(x)$ 至多有一个 C^2-解 $u(t,x)$.

4.2.37. 参照习题 4.2.35 和 4.2.36:

(a) 能量守恒是否对齐次 Neumann 初–边值问题成立?

(b) 能为 Neumann 问题建立一个唯一性定理吗?

4.2.38. 解释如何求解区间 $[0,\ell]$ 上外部强迫作用波方程的 Dirichlet 初–边值问题

$$u_{tt}=c^2u_{xx}+F(t,x),\quad \begin{array}{l} u(0,x)=f(x),\ u_t(0,x)=g(x),\\ u(t,0)=u(t,\ell)=0. \end{array}$$

4.3 平面 Laplace 方程与 Poisson 方程

二维 Laplace 方程是二阶线性偏微分方程

$$\frac{\partial^2 u}{\partial x^2}+\frac{\partial^2 u}{\partial y^2}=0, \tag{4.82}$$

以有影响力的 18 世纪法国数学家 Pierre-Simon Laplace的名字命名, 连同它的高维版本一道, 可以说是全部数学中最重要的微分方程. Laplace 方程的实值解 $u(x,y)$ 称为调和函数 (harmonic function). 因此, 二阶线性偏微分算子

$$\Delta=\frac{\partial^2}{\partial x^2}+\frac{\partial^2}{\partial y^2} \tag{4.83}$$

称为 Laplace 算子 (Laplace operator, 亦即 Laplacian), 调和函数空间可以视为该算子的核. 而方程的非齐次的或强迫作用情形, 即

$$-\Delta[u]=-\frac{\partial^2 u}{\partial x^2}-\frac{\partial^2 u}{\partial y^2}=f(x,y), \tag{4.84}$$

称为 Poisson 方程, 以曾受教于 Laplace 的 Siméon-Denis Poisson的名字命名. 包含负号的数学和物理原因将逐渐变得清晰.

除了它们的理论重要性, Laplace 方程和 Poisson 方程作为基本平衡方程, 出现在各式各样的物理系统中. 例如, 可以把 $u(x,y)$ 解释为鼓面那样的膜 (membrane) 的位移; Poisson 方程中的非齐次项 $f(x,y)$ 表示膜表面的外部强迫作用. 另一个例子是平板的热平衡; 这里 $u(x,y)$ 表示温度而 $f(x,y)$ 表示外部热源. 在流体力学中, $u(x,y)$ 表示势函数, 它的梯度 $\boldsymbol{v}=\nabla u$ 是稳态流体平面流动的速度矢量场. 类似的考虑也适用于二维静电势和引力势. Laplace 方程的动力学对应的是热方程和波方程的二维版本, 将在第 11 章中进行分析.

由于 Laplace 方程和 Poisson 方程都描述平衡构型, 它们几乎总是作为边值问题出现. 我们求这些偏微分方程的解 $u(x,y)$ 是定义在属于有界开区域 $\Omega \subset \mathbb{R}^2$ 的点 (x,y) 上的. 解要满足区域边界上适当的条件, 区域边界表示为 $\partial\Omega$, 由一条或多条简单闭合曲线组成, 如图 4.7 所示. 正如一维边值问题那样, 边界条件有几种特别重要的类型.

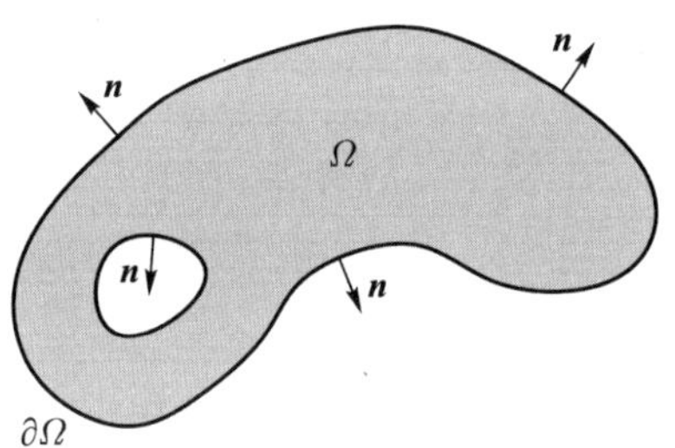

图 4.7　在其边界上具有单位外法向的平面区域

第一种是固定的 (fixed) 或 Dirichlet 边界条件, 在边界上指定函数 u 的值:

$$u(x,y)=h(x,y),(x,y)\in\partial\Omega. \tag{4.85}$$

在关于定义域 Ω、边界值 h 和强迫作用函数 f 的适当正则性条件下, Dirichlet 条件 (4.85) 用于唯一地给定 Laplace 方程或 Poisson 方程的解 $u(x,y)$. 在物理上, 对于自由膜或强迫膜的情形, 边界条件对应于将膜的边缘黏附在每个边界点 $(x,y)\in\partial\Omega$ 的高度为 $h(x,y)$ 的金属丝上, 如图 4.8 所示. 在肥皂溶液中浸没金属丝, 物理上很容易实现; 如果金属丝相当接近平面形状①, 紧绷在金属

① 更普遍地, 由肥皂膜形成的极小曲面是复杂得多的非线性极小曲面方程 (minimal surface equation) $\left(1+u_x^2\right)u_{xx}-2u_xu_yu_{xy}+\left(1+u_y^2\right)u_{yy}=0$ 的解, 对小变动的曲面, 即 $\|\nabla u\|\ll 1$, 这个方程可以由 Laplace 方程近似.

丝上的肥皂膜就形成了一个极小曲面 (minimal surface), 这就是由金属丝规定的 Dirichlet 问题的解. 同样, 在热平衡的模拟中, 边界条件表示施加在板边缘上由函数 h 表示的给定温度分布.

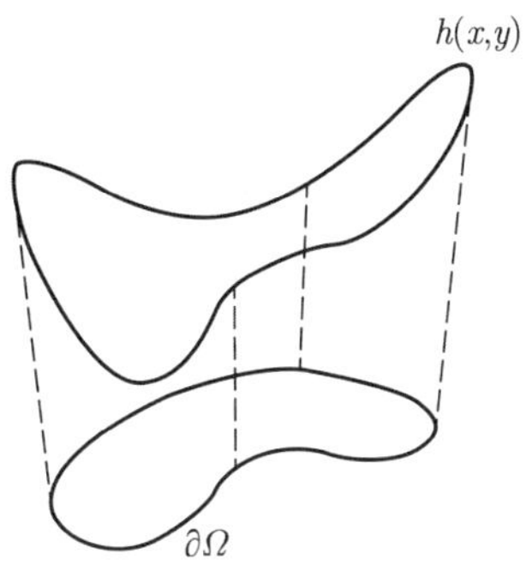

图 4.8 Dirichlet 边界条件

第二种重要类型为 Neumann 边界条件

$$\text{在 } \partial\Omega \text{ 上}, \ \frac{\partial u}{\partial \boldsymbol{n}} = \nabla u \cdot \boldsymbol{n} = k(x, y), \tag{4.86}$$

其中 u 的法向导数 (normal derivative) 在边界上给定. 一般而言, $\boldsymbol{n}$ 表示边界 $\partial\Omega$ 上的单位外法向量 (unit outwards normal), 即该向量有单位长度 $\|\boldsymbol{n}\| = 1$, 与边界切向正交且指向远离区域的方向; 见图 4.7. 例如, 在热力学中 Neumann 边界条件通过它的边界指定给定通过板的边缘流出的热流. "无热流" 即齐次 Neumann 边界条件 $k(x, y) \equiv 0$, 对应于一个完全隔热的边界. 在膜的情形中, 齐次 Neumann 边界条件对应于一个自由的与边缘无连接的鼓. 在流体力学中, Neumann 条件规定了流经边界的流量; 特别是, 齐次 Neumann 边界条件对应于流体无法穿透的固壁边界. 更一般地, Robin 边界条件

$$\text{在 } \partial\Omega \text{ 上}, \ \frac{\partial u}{\partial \boldsymbol{n}} + \beta(x, y)u = k(x, y),$$

用于模拟隔热板的热浴或者连接到弹簧上的膜, 由于其在电磁学中的应用, 亦称为阻抗边界条件 (impedance boundary conditions).

最后, 我们可以把前述的各种边界条件混合起来, 比方说, 在部分边界上规定 Dirichlet 条件和其余部分边界上规定 Neumann 条件. 典型的混合边值问题形如

$$\text{在 } \Omega \text{ 中 } -\Delta u = f, \text{ 在 } D \text{ 上 } u = h, \text{ 在 } N \text{ 上 } \frac{\partial u}{\partial \boldsymbol{n}} = k, \tag{4.87}$$

其中, D 表示边界的 "Dirichlet 部分" 而 N 表示边界的 "Neumann 部分", 边

界 $\partial\Omega = D \cup N$ 是它们不相交的并集. 例如, 如果 u 表示板中的平衡温度, 那么 Dirichlet 部分边界是温度固定处, 而 Neumann 部分是绝热处, 或者更一般地规定有热流的地方. 同样, 当模拟膜的位移时, 给定的 Dirichlet 部分是鼓边附着处, 而齐次 Neumann 部分则是鼓边悬空处.

习题

4.3.1. (a) 直接求解边值问题 $\Delta u = 1, x^2 + y^2 < 1$ 及 $u(x,y) = 0, x^2 + y^2 = 1$. 提示: 解是一个简单的多项式. (b) 绘制解的图形, 将其解释为恒定重力作用下圆鼓的平衡位移.

4.3.2. 建立对应于圆膜平衡的边值问题, 受恒定向下的重力作用, 其边界的一半附着平面半圆线上, 另一半则是未附着的.

4.3.3. 建立与矩形板热平衡对应的边值问题, 两侧绝热且顶边为 0°, 底边为 100°. 在哪里希望找到最大温度? 它的值是多少? 能为板中的温度找到一个公式吗? 提示: 该解沿水平线恒定不变.

4.3.4. 建立对应于单位直径绝热半圆板热平衡的边值问题, 其圆弧边保持 0° 且直边保持 50°.

4.3.5. 解释为什么 Laplace 方程的齐次 Neumann 边值问题的解不是唯一的.

4.3.6. 写出 Laplace 方程的 Dirichlet 边值问题, 在单位正方形 $0 \leqslant x, y \leqslant 1$ 上满足 $u(x,y) = 1 + xy$.

4.3.7. 写出 Poisson 方程的 Neumann 边值问题, 在单位圆盘 $x^2 + y^2 \leqslant 1$ 上满足 $u(x,y) = x^3 + xy^2$.

♦ 4.3.8. 设 $u(x,y)$ 是 Laplace 方程的解, 证明:

(a) 任何平移变换函数 $U(x,y) = u(x-a, y-b)$ 也是解, 其中 $a, b \in \mathbb{R}$.

(b) 转动变换函数 $U(x,y) = u(x\cos\theta + y\sin\theta, -x\sin\theta + y\cos\theta)$ 也是解, 其中 $-\pi < \theta \leqslant \pi$.

♦ 4.3.9. (a) 证明: 如果 $u(x,y)$ 是 Laplace 方程的解, 那么对任何常量 c, α 而言, 标度变换函数 $U(x,y) = cu(\alpha x, \alpha y)$ 也是一个解. (b) 讨论标度变换对 Dirichlet 边值问题的影响. (c) 对 x 和 y 使用不同的比例因子会发生什么情况?

分离变量

首先, 我们求解 Laplace 方程

$$\Delta u=\frac{\partial^2 u}{\partial x^2}+\frac{\partial^2 u}{\partial y^2}=0 \tag{4.88}$$

的方法将基于分离变量 (separation of variables) 方法. 如 (4.64) 那样, 要求解可以写成

$$u(x,y)=v(x)w(y), \tag{4.89}$$

只是 x 的函数与只是 y 的函数的乘积. 我们计算

$$\frac{\partial^2 u}{\partial x^2}=v''(x)w(y),\quad \frac{\partial^2 u}{\partial y^2}=v(x)w''(y).$$

所以

$$\Delta u=\frac{\partial^2 u}{\partial x^2}+\frac{\partial^2 u}{\partial y^2}=v''(x)w(y)+v(x)w''(y)=0.$$

我们将所有的与 x 有关的项放到等式一端, 并把所有的与 y 有关的项放在等式另一端, 从而将变量分离 (separate the variables); 就是用 $v(x)w(y)$ 同时除等式两端, 然后将结果方程写成分离形式

$$\frac{v''(x)}{v(x)}=-\frac{w''(y)}{w(y)}=\lambda. \tag{4.90}$$

正如我们在 (4.65) 中论证的那样, 一个只关于 x 的函数等于一个只关于 y 的函数的唯一方式, 是这两个函数等于一个共同的分离常数 λ. 因此, 因式 $v(x)$ 和 $w(y)$ 必然分别满足初等常微分方程 $v''-\lambda v=0, w''+\lambda w=0$. 与以前一样, 解公式依赖于分离常数 λ 的符号. 我们在下表列出可分离调和函数:

Laplace 方程的可分离解

λ	$v(x)$	$w(y)$	$u(x,y)=v(x)w(y)$
$\lambda=-\omega^2<0$	$\cos\omega x,\ \sin\omega x$	$\mathrm{e}^{-\omega y},\ \mathrm{e}^{\omega y},$	$\mathrm{e}^{\omega y}\cos\omega x,\ \mathrm{e}^{\omega y}\sin\omega x,$ $\mathrm{e}^{-\omega y}\cos\omega x,\ \mathrm{e}^{-\omega y}\sin\omega x$
$\lambda=0$	$1,\ x$	$1,\ y$	$1,\ x,\ y,\ xy$
$\lambda=\omega^2>0$	$\mathrm{e}^{-\omega x},\ \mathrm{e}^{\omega x}$	$\cos\omega y,\ \sin\omega y$	$\mathrm{e}^{\omega x}\cos\omega y,\ \mathrm{e}^{\omega x}\sin\omega y,$ $\mathrm{e}^{-\omega x}\cos\omega y,\ \mathrm{e}^{-\omega x}\sin\omega y$

由于 Laplace 方程是一个齐次线性系统, 任意解的线性组合也是一个解. 因此, 我们可以用可分离解的有限线性组合, 或者用它们的无穷级数建立起更

一般的解, 只需对收敛问题予以适当的注意. 我们的目标是求解边值问题, 因此必须确保得到的组合满足边界条件. 这可不是件简单的事情, 除非基础区域有一个相当特殊的几何形状.

实际上, 矩形是最适合用前述可分离解显式求解边值问题的有界区域. 因此, 我们将集中讨论 Laplace 方程

$$\Delta u = 0 \quad 在矩形 R = \{0 < x < a, 0 < y < b\} 上 \tag{4.91}$$

的边值问题. 为了有所进展, 我们容许在矩形的四边中只有一边上边界值非零. 为了说明这一点, 我们将关注以下的 Dirichlet 边界条件:

$$u(x,0) = f(x), \quad u(x,b) = 0, \quad u(0,y) = 0, \quad u(a,y) = 0. \tag{4.92}$$

一旦我们知道如何求解这类问题, 就可以利用线性叠加原理求解矩形上的一般边值问题; 有关详细信息参阅习题 4.3.12. 其他边界条件可以以相似的方式处理, 附带在矩形每条侧边上的要么完全是 Dirichlet 条件, 要么完全是 Neumann 条件, 或一般地为带恒定传输系数的 Robin 条件.

为了求解边值问题 (4.91—92), 第一步是将可分离解限制为只满足三条齐次边界条件的解. 分离函数 $u(x,y) = v(x)w(y)$ 将在矩形的顶边、右边和左边为零, 只要

$$v(0) = v(a) = 0 \ 和 \ w(b) = 0.$$

引用前表, 第一个条件 $v(0) = 0$ 要求

$$v(x) = \begin{cases} \sin \omega x, & \lambda = -\omega^2 < 0, \\ x, & \lambda = 0, \\ \sinh \omega x, & \lambda = \omega^2 > 0, \end{cases}$$

其中 $\sinh z = \dfrac{1}{2}\left(\mathrm{e}^z - \mathrm{e}^{-z}\right)$ 是通常的双曲正弦函数. 但是, 第二种情形和第三种情形都无法满足第二个边界条件 $v(a) = 0$, 因此舍弃它们. 第一种情形导致条件

$$v(a) = \sin \omega a = 0, \ 因此 \ \omega a = \pi, 2\pi, 3\pi, \cdots.$$

相应的分离常数以及解 (相差一个恒定的倍数) 是

$$\lambda_n = -\omega^2 = -\frac{n^2\pi^2}{a^2}, \quad v_n(x) = \sin\frac{n\pi x}{a}, \quad n = 1, 2, 3, \cdots. \tag{4.93}$$

注意: 到目前为止, 我们只是重新计算熟知的边值问题 $v'' - \lambda v = 0, v(0) = v(a) = 0$ 的本征值和本征函数.

接下来, 由 $\lambda = -\omega^2 < 0$, 对于常数 c_1, c_2 我们有 $w(y) = c_1 e^{\omega y} + c_2 e^{-\omega y}$. 第三个边界条件 $w(b) = 0$ 要求, 相差恒定倍数有,

$$w_n(y) = \sinh \omega(b-y) = \sinh \frac{n\pi(b-y)}{a}. \tag{4.94}$$

我们的结论是, 调和函数

$$u_n(x,y) = \sin \frac{n\pi x}{a} \sinh \frac{n\pi(b-y)}{a}, \quad n = 1, 2, 3, \cdots \tag{4.95}$$

完整地列出了满足三个齐次边界条件的可分离解. 尚需对矩形底边的非齐次边界条件进行分析. 为此, 我们尝试用相关可分离解线性叠加的无穷级数形式

$$u(x,y) = \sum_{n=1}^{\infty} c_n u_n(x,y) = \sum_{n=1}^{\infty} c_n \sin \frac{n\pi x}{a} \sinh \frac{n\pi(b-y)}{a},$$

其系数 $c_1, c_2, c_3, \cdots$ 是由余下的那个边界条件给定. 在底边 $y = 0$ 上, 我们发现

$$u(x,0) = \sum_{n=1}^{\infty} c_n \sinh \frac{n\pi b}{a} \sin \frac{n\pi x}{a} = f(x), \quad 0 \leqslant x \leqslant a, \tag{4.96}$$

形式为函数 $f(x)$ 的 Fourier 正弦级数. 令

$$b_n = \frac{2}{a} \int_0^a f(x) \sin \frac{n\pi x}{a} \mathrm{d}x \tag{4.97}$$

是它的 Fourier 正弦系数, 由此 $c_n = b_n / \sinh(n\pi b/a)$. 所以, 我们预期边值问题的解可以表示为无穷级数

$$u(x,y) = \sum_{n=1}^{\infty} \frac{b_n \sin \frac{n\pi x}{a} \sinh \frac{n\pi(b-y)}{a}}{\sinh \frac{n\pi b}{a}}. \tag{4.98}$$

这个级数实际上收敛于边值问题的解吗? Fourier 分析说, 对满足较弱条件的有关边界函数 $f(x)$, 答案是肯定的. 设它的 Fourier 系数是一致有界的,

$$\text{对所有的 } n \geqslant 1,\ |b_n| \leqslant M. \tag{4.99}$$

根据 (4.27), 每当 $f(x)$ 是分段连续或更一般地可积: $\int_0^a |f(x)| \mathrm{d}x < \infty$ 时上式成立. 此时, 正如在习题 4.3.20 中求证的, Fourier 正弦级数 (4.98) 的系数指数式快速地趋于零:

$$\text{当 } n \to \infty \text{ 时, 对所有的 } 0 < y \leqslant b,\ \frac{b_n \sinh \frac{n\pi(b-y)}{a}}{\sinh \frac{n\pi b}{a}} \to 0. \tag{4.100}$$

因此, 在矩形内的每个点上, 该级数都可以通过部分和去逼近. 定理 3.31 告诉我们, 对于每个 $0 < y \leqslant b$ 而言, 解 $u(x,y)$ 是 x 的一个无穷次可微函数. 此外,

对级数关于 y 逐项微分并且使用命题 3.28，我们还可以确定解关于 y 是无穷次可微的; 参见习题 4.3.21. (正如我们将看到的, Laplace 方程的解事实上在其定义域内总是解析的 (always analytic), 即便它们的边界值相当粗糙.) 由于各项都满足 Laplace 方程, 我们得出结论: 级数 (4.98) 确实是边值问题的经典解.

例 4.4 薄膜在一边中点打折的单位正方形金属丝上拉紧, 如图 4.9 所示. 分段边界条件是

$$u(x,y)=\begin{cases} x, & 0\leqslant x<\dfrac{1}{2}, & y=0,\\ 1-x, & \dfrac{1}{2}\leqslant x\leqslant 1, & y=0,\\ 0, & 0\leqslant x\leqslant 1, & y=1,\\ 0, & x=0, & 0\leqslant y\leqslant 1,\\ 0, & x=1, & 0\leqslant y\leqslant 1. \end{cases}$$

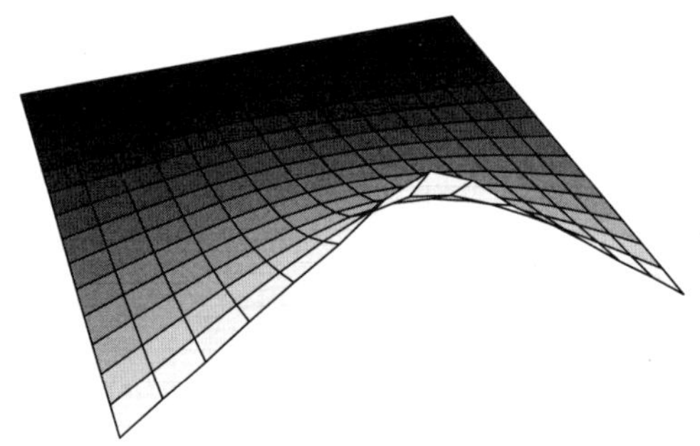

图 4.9 金属丝上的方形膜

非齐次边界函数的 Fourier 正弦级数易于计算:

$$\begin{aligned} f(x)&=\begin{cases} x, & 0\leqslant x<\dfrac{1}{2},\\ 1-x, & \dfrac{1}{2}\leqslant x\leqslant 1 \end{cases}\\ &=\frac{4}{\pi^2}\left(\sin\pi x-\frac{\sin 3\pi x}{9}+\frac{\sin 5\pi x}{25}-\cdots\right)\\ &=\frac{4}{\pi^2}\sum_{j=0}^{\infty}(-1)^j\frac{\sin(2j+1)\pi x}{(2j+1)^2}. \end{aligned}$$

在 (4.98) 中取 $a=b=1$, 我们得出的结论是, 边值问题的解可以表示为一个 Fourier 级数

$$u(x,y)=\frac{4}{\pi^2}\sum_{j=0}^{\infty}(-1)^j\frac{\sin(2j+1)\pi x\sinh(2j+1)\pi(1-y)}{(2j+1)^2\sinh(2j+1)\pi}.$$

在图 4.9 中, 我们绘制了级数中前 10 项之和的图形. 这给出了对真实解的一个相当好的逼近, 除非我们相当接近边界线的凸起拐角, 那里是膜的最大位移点.

习题

4.3.10. 求解正方形区域 $\Omega = \{0 \leqslant x \leqslant \pi, \quad 0 \leqslant y \leqslant \pi\}$ 上 Laplace 方程的以下边值问题:

(a) $u(x,0) = \sin^3 x, \quad u(x,\pi) = 0, \quad u(0,y) = 0, \quad u(\pi,y) = 0.$

(b) $u(x,0) = 0, \quad u(x,\pi) = 0, \quad u(0,y) = \sin y, \quad u(\pi,y) = 0.$

(c) $u(x,0) = 0, \quad u(x,\pi) = 1, \quad u(0,y) = 0, \quad u(\pi,y) = 0.$

(d) $u(x,0) = 0, \quad u(x,\pi) = 0, \quad u(0,y) = 0, \quad u(\pi,y) = y(\pi - y).$

♦ 4.3.11. (a) 解释如何使用线性叠加原理求解矩形区域 $R = \{0 < x < a, 0 < y < b\}$ 上的边值问题

$$\Delta u = 0, \quad u(x,0) = f(x), \quad u(x,b) = g(x), \quad u(0,y) = h(y), \quad u(a,y) = k(y).$$

通过把它分解为四个分开的边值问题, 其中每个问题的解在矩形的某三条边上为零.

(b) 写出最终解的级数公式.

4.3.12. 求解单位正方形 $S = \{0 < x, y < 1\}$ 上 Laplace 方程的以下 Dirichlet 问题:

(a) $u(x,0) = \sin \pi x, \quad u(x,1) = 0, \quad u(0,y) = \sin \pi y, \quad u(1,y) = 0.$

(b) $u(x,0) = 1, \quad u(x,1) = 0, \quad u(0,y) = 1, \quad u(1,y) = 0.$

(c) $u(x,0) = 1, \quad u(x,1) = 1, \quad u(0,y) = 0, \quad u(1,y) = 0.$

(d) $u(x,0) = x, \quad u(x,1) = 1 - x, \quad u(0,y) = y, \quad u(1,y) = 1 - y.$

提示: 使用习题 4.3.11 中的叠加方法.

4.3.13. 求解以下正方形 $S = \{0 < x, y < \pi\}$ 上 Laplace 方程 $\Delta u = 0$ 的混合边值问题:

(a) $u(x,0) = \sin \frac{1}{2}x, \quad u_y(x,\pi) = 0, \quad u(0,y) = 0, \quad u_x(\pi,y) = 0.$

(b) $u(x,0) = \sin \frac{1}{2}x, \quad u_y(x,\pi) = 0, \quad u_x(0,y) = 0, \quad u_x(\pi,y) = 0.$

(c) $u(x,0) = x, \quad u(x,\pi) = 0, \quad u_x(0,y) = 0, \quad u_x(\pi,y) = 0.$

(d) $u(x,0) = x, \quad u(x,\pi) = 0, \quad u(0,y) = 0, \quad u_x(\pi,y) = 0.$

4.3.14. 求解边值问题

$$\Delta u = 0, \quad \begin{aligned} & u_y(x,0) = u_y(x,2) = 0, && 0 < x < 1, \\ & u(0,y) = 2\cos \pi y - 1,\ u(1,y) = 0, && 0 < y < 2. \end{aligned}$$

4.3.15. 求解边值问题

$$\Delta u = 0, \quad \begin{aligned} & u(x,0) = 2\cos 7\pi x - 4,\ u(x,1) = 5\cos 3\pi x, \\ & u_x(0,y) = u_x(1,y) = 0, \end{aligned} \quad 0 < x, y < 1.$$

4.3.16. 设 $u(x,y)$ 是边值问题

$$\Delta u=0,\quad \begin{matrix} u(x,-1)=f(x), & u(x,1)=0, \\ u(-1,y)=0, & u(1,y)=0, \end{matrix} \quad -1<x<1,\ -1<y<1$$

的解.

(a) 是/非: 若 $f(-x)=-f(x)$ 为奇函数, 则对所有的 $-1\leqslant y\leqslant 1$ 有 $u(0,y)=0$.

(b) 是/非: 若 $f(0)=0$, 则对所有的 $-1\leqslant y\leqslant 1$ 有 $u(0,y)=0$.

(c) 在 $f(x)$ 的什么条件下, 对所有的 $-1\leqslant x\leqslant 1$ 有 $u(x,0)=0$?

4.3.17. 用分离变量求解以下边值问题:

$$u_{xx}+2u_y+u_{yy}=0, u(x,0)=0, u(x,1)=f(x), u(0,y)=0, u(1,y)=0.$$

4.3.18. 用分离变量求解单位正方形 $\{0<x,y<1\}$ 上的 Helmholtz 边值问题

$$\Delta u=u,\quad u(x,0)=0,\quad u(x,1)=f(x),\quad u(0,y)=0,\quad u(1,y)=0.$$

♦ 4.3.19. 给出导出 (4.94) 的详细信息.

♦ 4.3.20. 证明论断: 如果 $|b_n|\leqslant M$ 是一致有界的, (4.100) 中给出的系数对任何 $0<y\leqslant b$ 随 $n\to\infty$ 指数式地迅速趋于零.

♦ 4.3.21. 设 $u(x,y)$ 表示边值问题 (4.91—92) 的解.

(a) 写出 $\partial u/\partial y$ 的 Fourier 正弦级数.

(b) 证明 $\partial u/\partial y$ 是 x 的无穷次可微函数.

(c) 对每个 $k\geqslant 0$ 的函数 $\partial^k u/\partial y^k$ 证明相同的结果. 提示: 别忘了 $u(x,y)$ 是 Laplace 方程的解.

极坐标

分离变量方法还可以成功用于其他一些几何形状非常特殊的区域. 一个特别重要的例子是圆盘. 具体来说, 我们取半径为 1 的圆盘并以圆心为原点. 考虑 Dirichlet 边值问题

$$\Delta u=0, x^2+y^2<1,\ \text{和}\ u=h, x^2+y^2=1. \tag{4.101}$$

从而, 函数 $u(x,y)$ 满足单位圆盘中的 Laplace 方程和在单位圆上的给定的 Dirichlet 边界条件. 例如 $u(x,y)$ 表示圆鼓面的位移, 鼓边每点 $(x,y)=(\cos\theta, \sin\theta)$ 连接到高度为

$$h(x,y)=h(\cos\theta,\sin\theta)\equiv h(\theta),\quad -\pi<\theta\leqslant\pi \tag{4.102}$$

的金属丝上.

矩形区域上的可分离解在这种情形下并无大用, 因此我们得寻找更好地适应圆形几何的解. 这启发我们采用*极坐标* (polar coordinates)

$$x = r\cos\theta, \quad y = r\sin\theta, \text{或者 } r = \sqrt{x^2+y^2}, \quad \theta = \arctan\frac{y}{x}, \tag{4.103}$$

并将解写成它们的函数 $u(r,\theta)$.

注意: 在不同的坐标系中重写函数时, 我们通常会保留相同的符号, 例如 u. 这是张量分析、物理学和微分几何的惯例[3], 将函数 (标量场) 作为一个内在对象对待, 在任一选定的坐标系中通过它的公式具体地实现. 比如若在直角坐标系中 $u(x,y) = x^2+2y$, 则在极坐标中它的表达式是 $u(r,\theta) = (r\cos\theta)^2 + 2r\sin\theta$, 而不是 $r^2+2\theta$. 本约定避免了在变换坐标时必须设计新符号的不便.

我们需要把关于 x 和 y 的导数与关于 r 和 θ 的导数联系起来. 基于对 (4.103) 进行标准的多元链式法则计算, 我们得到

$$\begin{aligned}\frac{\partial}{\partial r} &= \cos\theta\frac{\partial}{\partial x} + \sin\theta\frac{\partial}{\partial y},\\ \frac{\partial}{\partial \theta} &= -r\sin\theta\frac{\partial}{\partial x} + r\cos\theta\frac{\partial}{\partial y},\end{aligned} \qquad \text{所以} \qquad \begin{aligned}\frac{\partial}{\partial x} &= \cos\theta\frac{\partial}{\partial r} - \frac{\sin\theta}{r}\frac{\partial}{\partial \theta},\\ \frac{\partial}{\partial y} &= \sin\theta\frac{\partial}{\partial r} + \frac{\cos\theta}{r}\frac{\partial}{\partial \theta}.\end{aligned} \tag{4.104}$$

将后一列微分算子的平方作用到 $u(r,\theta)$, 经过几次消项计算之后, 我们发现 *Laplace 方程的极坐标形式* (polar coordinate form of the Laplace equation):

$$\Delta u = \frac{\partial^2 u}{\partial x^2} + \frac{\partial^2 u}{\partial y^2} = \frac{\partial^2 u}{\partial r^2} + \frac{1}{r}\frac{\partial u}{\partial r} + \frac{1}{r^2}\frac{\partial^2 u}{\partial \theta^2} = 0. \tag{4.105}$$

边界条件在单位圆 $r=1$ 上施加, 且由 (4.102), 采取形式

$$u(1,\theta) = h(\theta). \tag{4.106}$$

记住为了成为 x, y 的单值函数, 解 $u(r,\theta)$ 及其边界值 $h(\theta)$ 都必须是角向坐标的 2π–周期函数:

$$u(r,\theta+2\pi) = u(r,\theta), \quad h(\theta+2\pi) = h(\theta). \tag{4.107}$$

极坐标分离变量 (polar separation of variables) 基于拟设

$$u(r,\theta) = v(r)w(\theta), \tag{4.108}$$

其中假设该解是单变量函数的乘积. 把 (4.108) 代入到 Laplace 方程极坐标形式 (4.105), 得到

$$v''(r)w(\theta) + \frac{1}{r}v'(r)w(\theta) + \frac{1}{r^2}v(r)w''(\theta) = 0.$$

现在, 我们将所有的与 r 有关的项移到等式的一端, 以及所有的与 θ 有关的项移到等式的另一端, 从而分离变量. 这是通过先将等式两端乘 $r^2/(v(r)w(\theta))$ 然后将最后一项移到等号右端来完成的:

$$\frac{r^2v''(r)+rv'(r)}{v(r)}=-\frac{w''(\theta)}{w(\theta)}=\lambda.$$

如同矩形情形那样, r 的函数可以等于 θ 的函数, 当且仅当它们等于一个共同的分离常数, 我们记为 λ. 因此, 偏微分方程分解成两个常微分方程

$$r^2v''+rv'-\lambda v=0,\ w''+\lambda w=0, \tag{4.109}$$

这将规定可分离解 (4.108). 观察两者都具有本征函数方程的形式, 其中分离常数 λ 起着本征值的作用. 和以前一样, 我们只对非零解感兴趣.

我们已经解决了 $w(\theta)$ 的本征值问题. 根据 (4.107), $w(\theta+2\pi)=w(\theta)$ 必须是一个 $2\pi-$周期函数. 因此, 根据我们先前的讨论, 这个周期边值问题有非零本征函数

$$1,\quad \sin n\theta,\quad \cos n\theta,\quad n=1,2,\cdots, \tag{4.110}$$

相应的本征值 (分离常数)

$$\lambda=n^2,\quad n=0,1,2,\cdots.$$

利用这个固定的 λ 值, 径向分量的线性常微分方程

$$r^2v''+rv'-n^2v=0 \tag{4.111}$$

并没有常系数. 幸运的是, 它具有二阶 Euler 常微分方程 (Euler ordinary differential equation) 的形式[23,89], 因此很容易用幂次拟设 $v(r)=r^k$ 求解.(参见习题 4.3.23.) 注意到

$$v'(r)=kr^{k-1},\quad v''(r)=k(k-1)r^{k-2},$$

代入微分方程得

$$r^2v''+rv'-n^2v=\left[k(k-1)+k-n^2\right]r^k=\left(k^2-n^2\right)r^k.$$

因而, r^k 是一个解当且仅当

$$k^2-n^2=0,\ \text{因此}\ k=\pm n.$$

当 $n\neq 0$ 时, 我们发现两个线性无关解

$$v_1(r)=r^n,\quad v_2(r)=r^{-n},\quad n=1,2,\cdots. \tag{4.112}$$

当 $n=0$ 时, 幂函数拟设只产生恒定解. 但在这种情况下, 方程 $r^2v''+rv'=0$ 等效于关于 v' 的一阶线性常微分方程, 因此容易积分. 这给出了两个独立的解

$$v_1(r)=1,\quad v_2(r)=\log r,\quad n=0. \tag{4.113}$$

把 (4.110) 和 (4.112–113) 结合起来, 我们得以完整列出 Laplace 方程的极坐标可分离解:

$$\begin{matrix} 1,\ r^n\cos n\theta,\ r^n\sin n\theta, \\ \log r,\ r^{-n}\cos n\theta,\ r^{-n}\sin n\theta, \end{matrix}\quad n=1,2,3,\cdots. \tag{4.114}$$

现在, (4.114) 第一行中的解在原点处 (那里 $r=0$) 是连续的 (实际上是解析的), 而第二行中的解当 $r\to 0$ 时有奇性. 在目前情况下后者是没用的, 因为我们要求即便在圆盘中心, 解也要保持有界和光滑. 因此, 我们应该只使用非奇异解来调配候选的级数解

$$u(r,\theta)=\frac{a_0}{2}+\sum_{n=1}^{\infty}\left(a_nr^n\cos n\theta+b_nr^n\sin n\theta\right). \tag{4.115}$$

系数 a_n,b_n 由边界条件 (4.106) 规定. 代入 $r=1$, 我们得到

$$u(1,\theta)=\frac{a_0}{2}+\sum_{n=1}^{\infty}\left(a_n\cos n\theta+b_n\sin n\theta\right)=h(\theta).$$

我们认识到这就是 (用 θ 替换 x)2π–周期函数 $h(\theta)$ 的标准 Fourier 级数 (3.29). 因此,

$$a_n=\frac{1}{\pi}\int_{-\pi}^{\pi}h(\theta)\cos n\theta\mathrm{d}\theta,\quad b_n=\frac{1}{\pi}\int_{-\pi}^{\pi}h(\theta)\sin n\theta\mathrm{d}\theta, \tag{4.116}$$

正是其 Fourier 系数, 参见 (3.35). 以这种方式, 我们已经得到了边值问题 (4.105–106) 的级数解 (4.115).

注记: 引入复变量

$$z=x+\mathrm{i}y=r\mathrm{e}^{\mathrm{i}\theta}=r\cos\theta+\mathrm{i}r\sin\theta, \tag{4.117}$$

我们可以写出

$$z^n=r^n\mathrm{e}^{\mathrm{i}n\theta}=r^n\cos n\theta+\mathrm{i}r^n\sin n\theta. \tag{4.118}$$

因此, 非奇异可分离解是调和多项式 (harmonic polynomial)

$$r^n\cos n\theta=\operatorname{Re}z^n,\quad r^n\sin n\theta=\operatorname{Im}z^n. \tag{4.119}$$

下表列出了前几项:

n	$\operatorname{Re} z^n$	$\operatorname{Im} z^n$
0	1	0
1	x	y
2	x^2-y^2	$2xy$
3	x^3-3xy^2	$3x^2y-y^3$
4	$x^4-4x^2y^2+y^4$	$4x^3y-4xy^3$

利用二项式公式得到它们的一般表达式:

$$\begin{aligned} z^n &= (x+\mathrm{i}y)^n \\ &= x^n + nx^{n-1}(\mathrm{i}y) + \binom{n}{2} x^{n-2}(\mathrm{i}y)^2 + \binom{n}{3} x^{n-3}(\mathrm{i}y)^3 + \cdots + (\mathrm{i}y)^n \\ &= x^n + \mathrm{i}nx^{n-1}y - \binom{n}{2} x^{n-2}y^2 - \mathrm{i}\binom{n}{3} x^{n-3}y^3 + \cdots, \end{aligned}$$

其中

$$\binom{n}{k} = \frac{n!}{k!(n-k)!} \tag{4.120}$$

是通常的二项式系数 (binomial coefficient). 将实数项和虚数项分开, 我们得到两个独立的 n 次调和多项式的显式公式

$$\begin{aligned} r^n \cos n\theta &= \operatorname{Re}\, z^n = x^n - \binom{n}{2} x^{n-2}y^2 + \binom{n}{4} x^{n-4}y^4 + \cdots, \\ r^n \sin n\theta &= \operatorname{Im}\, z^n = nx^{n-1}y - \binom{n}{3} x^{n-3}y^3 + \binom{n}{5} x^{n-5}y^5 + \cdots. \end{aligned} \tag{4.121}$$

例 4.5 考虑单位圆盘上的边值问题

$$u(1,\theta) = \theta, \quad -\pi < \theta < \pi. \tag{4.122}$$

边界数据可以解释为单位圆上一轮螺旋线形状的金属丝. 在边界点 $(-1,0)$ 处, 金属丝有一个幅度 2π 的跳跃间断. 所需的 Fourier 级数

$$h(\theta) = \theta \sim 2\left(\sin\theta - \frac{\sin 2\theta}{2} + \frac{\sin 3\theta}{3} - \frac{\sin 4\theta}{4} + \cdots\right)$$

在例子 3.3 已经计算过了. 因此, 调用我们的解公式 (4.115 – 116), 有期望的解

$$u(r,\theta) = 2\left(r\sin\theta - \frac{r^2\sin 2\theta}{2} + \frac{r^3\sin 3\theta}{3} - \frac{r^4\sin 4\theta}{4} + \cdots\right), \tag{4.123}$$

如图 4.10 所示. 事实上, 这个级数可以显式地求和. 考虑到 (4.119) 和复对数的通常公式 (A.13), 我们有

$$u = 2\,\mathrm{Im}\left(z - \frac{z^2}{2} + \frac{z^3}{3} - \frac{z^4}{4} + \cdots\right) = 2\,\mathrm{Im}\log(1+z) = 2\psi, \qquad (4.124)$$

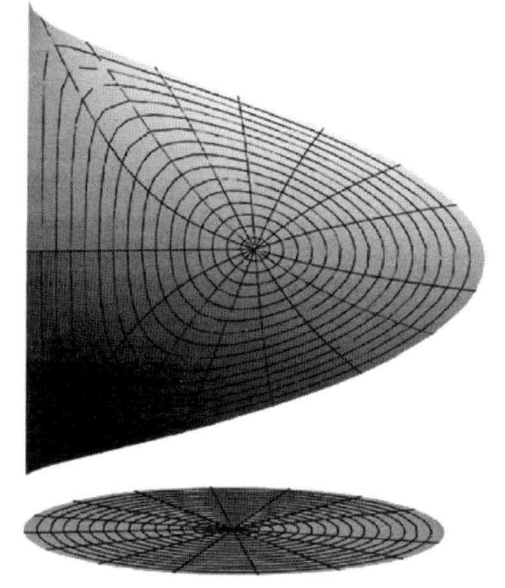

图 4.10 彩图

图 4.10 附着在螺旋线形状的金属丝上的膜

其中

$$\psi = \arctan\frac{y}{1+x}$$

是通过两点 (x, y) 和 $(-1, 0)$ 的直线与 $x-$轴的夹角, 如图 4.11 所示. 应该试着说服自己, 在单位圆上 $2\psi = \theta$ 具有正确的边界值. 注意即使边界值不连续, 解也是圆盘内部的解析函数.

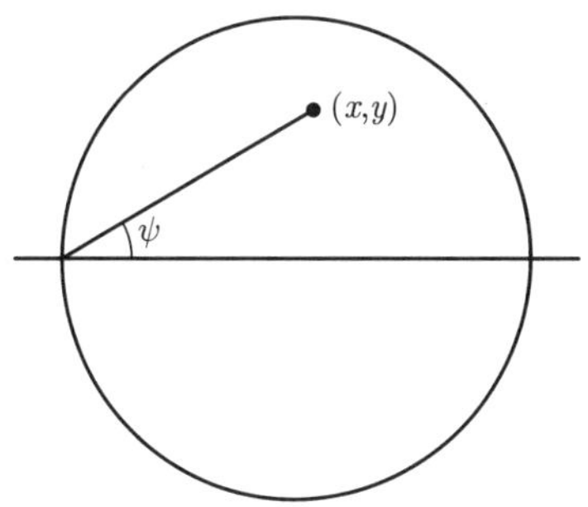

图 4.11 解的几何构造

事实上, 与矩形级数 (4.98) 不同的是, 一般极坐标级数求和解公式 (4.115)

实际可以写成封闭形式! 如果将显式 Fourier 公式 (4.116) 代入 (4.115), 记得将积分变量变更一下, 比如 ϕ, 以免符号冲突, 我们得到

$$\begin{aligned}
u(r,\theta) &= \frac{a_0}{2} + \sum_{n=1}^{\infty}\left(a_n r^n \cos n\theta + b_n r^n \sin n\theta\right) \\
&= \frac{1}{2\pi}\int_{-\pi}^{\pi} h(\phi)\mathrm{d}\phi + \sum_{n=1}^{\infty}\left[\frac{r^n \cos n\theta}{\pi}\int_{-\pi}^{\pi} h(\phi)\cos n\phi\,\mathrm{d}\phi + \right. \\
&\quad \left.\frac{r^n \sin n\theta}{\pi}\int_{-\pi}^{\pi} h(\phi)\sin n\phi\,\mathrm{d}\phi\right] \qquad (4.125)\\
&= \frac{1}{\pi}\int_{-\pi}^{\pi} h(\phi)\left[\frac{1}{2} + \sum_{n=1}^{\infty} r^n(\cos n\theta\cos n\phi + \sin n\theta \sin n\phi)\right]\mathrm{d}\phi \\
&= \frac{1}{\pi}\int_{-\pi}^{\pi} h(\phi)\left[\frac{1}{2} + \sum_{n=1}^{\infty} r^n \cos n(\theta-\phi)\right]\mathrm{d}\phi.
\end{aligned}$$

接下来我们将证明最后的级数如何求和. 利用 (4.118), 我们可以把它写成一个几何级数的实部:

$$\begin{aligned}
\frac{1}{2} + \sum_{n=1}^{\infty} r^n \cos n\theta &= \operatorname{Re}\left(\frac{1}{2} + \sum_{n=1}^{\infty} z^n\right) = \operatorname{Re}\left(\frac{1}{2} + \frac{z}{1-z}\right) = \operatorname{Re}\left(\frac{1+z}{2(1-z)}\right) \\
&= \operatorname{Re}\left(\frac{(1+z)(1-\overline{z})}{2|1-z|^2}\right) = \frac{\operatorname{Re}\left(1+z-\overline{z}-|z|^2\right)}{2|1-z|^2} \\
&= \frac{1-|z|^2}{2|1-z|^2} = \frac{1-r^2}{2\left(1+r^2-2r\cos\theta\right)},
\end{aligned}$$

称为 Poisson 核 (Poisson kernel). 将其代回 (4.125), 就建立了边值问题解的重要 Poisson 积分公式 (Poisson integral formula).

定理 4.6 单位圆盘中 Laplace 方程关于 Dirichlet 边界条件 $u(1,\theta) = h(\theta)$ 的解, 形如

$$u(r,\theta) = \frac{1}{2\pi}\int_{-\pi}^{\pi} h(\phi)\frac{1-r^2}{1+r^2-2r\cos(\theta-\phi)}\mathrm{d}\phi. \qquad (4.126)$$

例 4.7 一单位半径均匀金属圆盘的边界一半保持 1° 另一半保持 0°. 我们的任务是求平衡温度 $u(x,y)$. 换言之, 求解 Dirichlet 边值问题

$$\Delta u = 0, \quad x^2+y^2<1, \quad u(x,y) = \begin{cases} 1, & x^2+y^2=1, \quad y>0, \\ 0, & x^2+y^2=1, \quad y<0. \end{cases} \qquad (4.127)$$

在极坐标中, 边界数据是 (周期) 阶跃函数

$$h(\theta) = \begin{cases} 1, & 0 < \theta < \pi, \\ 0, & -\pi < \theta < 0, \end{cases}$$

因此, 根据 Poisson 积分公式[①] (4.126), 给出解[②]

$$\begin{aligned} u(r,\theta) &= \frac{1}{2\pi}\int_0^{\pi} \frac{1-r^2}{1+r^2-2r\cos(\theta-\phi)}\mathrm{d}\phi \\ &= \begin{cases} 1 - \dfrac{1}{\pi}\arctan\left(\dfrac{1-r^2}{2r\sin\theta}\right), & 0<\theta<\pi, \\ \dfrac{1}{2}, & \theta = 0, \pm\pi, \\ -\dfrac{1}{\pi}\arctan\left(\dfrac{1-r^2}{2r\sin\theta}\right), & -\pi<\theta<0, \end{cases} \end{aligned} \tag{4.128}$$

其中我们使用反正切的主支 $-\dfrac{\pi}{2} < \arctan t < \dfrac{\pi}{2}$. 回到直角坐标, 我们发现平衡温度有显式公式

$$u(x,y) = \begin{cases} 1 - \dfrac{1}{\pi}\arctan\left(\dfrac{1-x^2-y^2}{2y}\right), & x^2+y^2<1, y>0, \\ \dfrac{1}{2}, & x^2+y^2<1, y=0, \\ -\dfrac{1}{\pi}\arctan\left(\dfrac{1-x^2-y^2}{2y}\right), & x^2+y^2<1, y<0. \end{cases} \tag{4.129}$$

结果如图 4.12 所示.

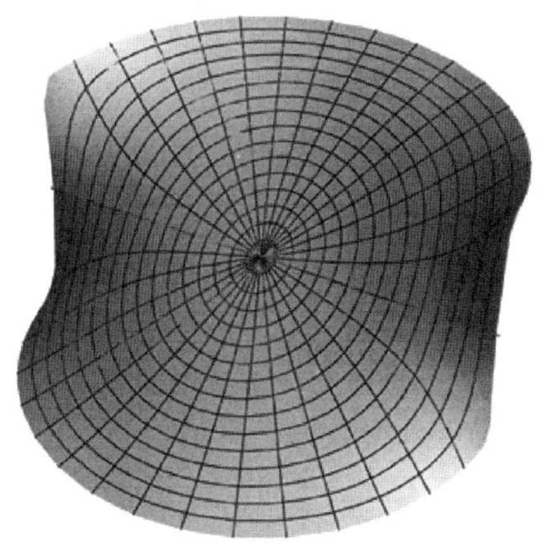

图 4.12 彩图

图 4.12　圆盘上的平衡温度

① 译注: 原文 Poisson formula 疑漏了 integral, 见后.

② 最后表达式的详细推导作为习题 4.3.40 留给读者.

平均, 最大值原理与解析性

我们来研究 Poisson 积分公式 (4.126) 的一些重要推论. 首先, 令 $r=0$ 得到

$$u(0,\theta)=\frac{1}{2\pi}\int_{-\pi}^{\pi}h(\phi)\mathrm{d}\phi. \tag{4.130}$$

左端是 u 在原点即圆盘中心的值, 因此与 θ 无关; 右端是它的边界值在单位圆上的平均. 这个公式是重要而普遍事实的一个特例.

定理 4.8 设 $u(x,y)$ 是半径为 a、中心为 (x_0,y_0) 的圆盘内部的调和函数, 在圆 $C=\left\{(x-x_0)^2+(y-y_0)^2=a^2\right\}$ 上边界值分段连续 (或更一般地, 可积). 那么, 它在圆盘中心的值等于它在边界圆上的平均:

$$u\left(x_0,y_0\right)=\frac{1}{2\pi a}\oint_C u\mathrm{d}s=\frac{1}{2\pi}\int_{-\pi}^{\pi}u\left(x_0+a\cos\theta,y_0+a\sin\theta\right)\mathrm{d}\theta. \tag{4.131}$$

证明 我们使用 Laplace 方程的标度对称性和平移对称性, 参见习题 4.3.8—9, 将以 (x_0,y_0) 为中心、半径为 a 的圆盘映射到以原点为中心的单位圆盘. 具体来说, 我们令

$$U(x,y)=u\left(x_0+ax,y_0+ay\right). \tag{4.132}$$

简单的链式法则计算表明, $U(x,y)$ 也满足单位圆盘 $x^2+y^2<1$ 中的 Laplace 方程, 其边界值为

$$h(\theta)=U(\cos\theta,\sin\theta)=u\left(x_0+a\cos\theta,y_0+a\sin\theta\right).$$

因此, 由 (4.130),

$$U(0,0)=\frac{1}{2\pi}\int_{-\pi}^{\pi}h(\theta)\mathrm{d}\theta=\frac{1}{2\pi}\int_{-\pi}^{\pi}U(\cos\theta,\sin\theta)\mathrm{d}\theta.$$

用它的公式 (4.132) 代替 U 就产生 Poisson 积分公式的结果. [证毕]

然而, 所有的解即全体调和函数都有如此形式的必要性, 并非事先清楚的. 这将最终从唯一性定理 4.10 得出; 然而唯一性定理的证明又依赖于 (4.131), 势必引起循环论证.

如下更好的证明不依赖于解公式 (4.115, 116). 给定调和函数 $u(x,y)$, 考虑到对于足够小的 $a>0$, 标量函数

$$g(a)=\frac{1}{2\pi}\int_{-\pi}^{\pi}u\left(x_0+a\cos\theta,y_0+a\sin\theta\right)\mathrm{d}\theta$$

是唯一定义的. 既然 $u \in C^2$ 的, 我们可以计算 g 的导数如下:

$$\begin{aligned} g'(a) &= \frac{1}{2\pi}\int_{-\pi}^{\pi}\left[\cos\theta\frac{\partial u}{\partial x}(x_0+a\cos\theta, y_0+a\sin\theta)+\right. \\ &\quad \left.\sin\theta\frac{\partial u}{\partial y}(x_0+a\cos\theta, y_0+a\sin\theta)\right]\mathrm{d}\theta \\ &= \frac{1}{2\pi a}\oint_C \frac{\partial u}{\partial \boldsymbol{n}}\mathrm{d}s, \end{aligned}$$

其中 $\boldsymbol{n} = (\cos\theta, \sin\theta)$ 是在点 $(x_0+a\cos\theta, y_0+a\sin\theta)$ 与 C 正交的单位法向, 且 $\mathrm{d}s = a\mathrm{d}\theta$ 是圆周上的弧元. 设 $D = \left\{(x-x_0)^2+(y-y_0)^2 \leqslant a^2\right\}$ 表示半径为 a 的圆盘而 $C = \partial D$ 是其边界, Green 定理的一个简单的推论, 散度恒等式 (6.89) 意味着最后一个积分等于

$$\oint_C \frac{\partial u}{\partial \boldsymbol{n}}\mathrm{d}s = \iint_D \Delta u \mathrm{d}x\mathrm{d}y = 0,$$

因为 u 是调和函数. 因此对于所有足够小的 $a>0$ 而言 $g'(a)=0$, 这就意味着 $g(a)=c$ 是常数. 但是, $g(a)$ 表示 $u(x,y)$ 在半径为 a 的圆 C 上的均值, 因此当 $a \to 0$ 时, $g(a) \to u(x_0,y_0)$. 我们得到结论, 对于所有的 $a>0$ 而言 $g(a) = u(x_0,y_0)$, 使得 $u(x,y)$ 在半径为 a 的圆盘内是调和函数, 对所有这样的调和函数就确立了 (4.131). [证毕]

积分公式 (4.131) 的一个重要推论是调和函数的强最大值原理 (strong maximum principle).

定理 4.9 设 u 是在有界区域 Ω 上定义的非恒定调和函数, 并在 $\partial\Omega$ 上连续. 那么, u 只能在区域的边界点上达到其最大值或最小值. 换句话说, 如果

$$m = \min\{u(x,y) \mid (x,y) \in \partial\Omega\}, \quad M = \max\{u(x,y) \mid (x,y) \in \partial\Omega\}$$

分别是 u 在边界上的最小值和最大值, 那么

$$m < u(x,y) < M \text{ 在所有的内点 } (x,y) \in \Omega.$$

证明 设 $M^\star \geqslant M$ 是在整个 $\overline{\Omega} = \Omega \cup \partial\Omega$ 上 u 的最大值, 并设在某个内点 $(x_0,y_0) \in \Omega$ 处有 $u(x_0,y_0) = M^\star$. 定理 4.8 意味着 $u(x_0,y_0)$ 等于在包含于 Ω 中任一中心为 (x_0,y_0) 的闭圆盘的圆周 C 上的平均. 因为 u 在 C 上连续且不大于 $M^\star$, 它的平均值一定严格地小于 $M^\star$, 除了在 C 上它是恒定和等于 $M^\star$ 的平凡的情形. 因此, 我们的假设意味着对所有的任何中心为 (x_0,y_0) 的圆 $C \subset \Omega$ 上的 (x,y), 都有 $u(x,y) = M^\star = u(x_0,y_0)$. 由于 Ω 是连通的, 我

们可以得出结论[①] 在 Ω 中 $u(x,y)=M^\star$ 到处都是恒定的, 与我们最初的假定相矛盾.

相似的论证对最小值成立; 或者可以通过用 $-u$ 替换 u 将最大和最小互换. [证毕]

物理上, 如果我们把 $u(x,y)$ 解释为覆于金属丝上膜的垂直位移, 那么定理 4.9 表明, 无外部强迫作用, 膜内部不能有任何凸起, 亦即它的最高点和最低点必然在区域边界上. 这重申了我们的物理直觉: 膜拉伸产生的恢复力将使任何凸起变得平坦, 因此有局部极大值或极小值的膜都不能处于平衡状态. 类似的解释也适用于热传导. 热平衡的物体, 只能在边界点上达到最高温度和最低温度. 实际上, 热能会从任何内部极大值流出, 或流向任何局部极小值. 因此, 如果该物体的内部含有局部极大值或极小值, 它就不能保持热平衡.

最大值原理直接隐含了 Laplace 方程和 Poisson 方程边值问题解的唯一性:

定理 4.10 *如果 u 和 $\widetilde{u}$ 都在有界区域 Ω 内满足相同的 Poisson 方程 $-\Delta u=f=-\Delta\widetilde{u}$, 且在 $\partial\Omega$ 上 $u=\widetilde{u}$, 那么在 Ω 中到处有 $u\equiv\widetilde{u}$.*

证明 由线性性质, 差 $v=u-\widetilde{u}$ 满足齐次边值问题: 在 Ω 内 $\Delta v=0$ 和在 $\partial\Omega$ 上 $v=0$. 我们的假设意味着 v 的最大和最小边界值都是 $0=m=M$. 定理 4.9 意味着对于所有的 $(x,y)\in\Omega$ 而言 $v\equiv 0$, 因此在 Ω 中到处有 $u\equiv\widetilde{u}$. [证毕]

最后, 我们讨论调和函数的解析性. 鉴于 (4.119), 极坐标级数解 (4.115) 中的 n 阶项, 即

$$a_n r^n\cos n\theta+b_n r^n\sin n\theta=a_n\operatorname{Re}z^n+b_n\operatorname{Im}z^n=\operatorname{Re}\left[(a_n-\mathrm{i}b_n)\,z^n\right],$$

实际上是关于 (x,y) 的一个 n 次齐次多项式. 这意味着, 用直角坐标 x 和 y 表示, (4.115) 就是一个调和函数 $u(x,y)$ 的幂级数. 这是众所周知的[8,23,97], 任何幂级数收敛到一个解析函数, 在这里就是 $u(x,y)$. 此外, 幂级数事实上必须是基于原点处 $u(x,y)$ 的 Taylor 级数, 所以它的系数是 u 在 $x=y=0$ 的导数的倍数. 细节放在习题 4.3.49.

我们可以调整这个论点来证明 Laplace 方程所有解的解析性. 特别注意与波方程作对比, 波方程有许多非解析解.

定理 4.11 *调和函数在其定义域内部的每点都是解析的.*

证明 设 $u(x,y)$ 是在开区域 $\Omega\subset\mathbb{R}^2$ 上 Laplace 方程的解. 令 $\boldsymbol{x}_0=(x_0,y_0)\in\Omega$, 并选择一个完全包含在 Ω 中以 $a>0$ 为半径且中心在 $\boldsymbol{x}_0$ 的闭

① 习题 4.3.42 要求给出细节.

圆盘:

$$D_a(\boldsymbol{x}_0) = \{\|\boldsymbol{x} - \boldsymbol{x}_0\| \leqslant a\} \subset \Omega,$$

其中 $\|\cdot\|$ 是通常的 Eucild 范数. 那么, (4.132) 定义的函数 $U(x,y)$ 是单位圆盘上的调和函数, 并定义了边界值. 因此, 在前面的证明中, $U(x,y)$ 在单位圆盘内每点上是解析的, 所以

$$u(x,y) = U\left(\frac{x-x_0}{a}, \frac{y-y_0}{a}\right)$$

在圆盘 $D_a(\boldsymbol{x}_0)$ 内部每点 (x,y) 也是解析的. 由于 $\boldsymbol{x}_0 \in \Omega$ 是任意的, 因而在整个区域中建立了 u 的解析性. [证毕]

就此结束对平面 Laplace 方程变量分离方法及其一些重要结果的讨论. 该方法可用于其他几种特殊坐标系. 完整的描述见 [78, 79], 包括与方程的基本对称性的迷人的关系.

习题

4.3.22. 用幂次拟设求解以下 Euler 微分方程:
(a) $x^2u'' + 5xu' - 5u = 0$. (b) $2x^2u'' - xu' - 2u = 0$. (c) $x^2u'' - u = 0$.
(d) $x^2u'' + xu' - 3u = 0$. (e) $3x^2u'' - 5xu' - 3u = 0$. (f) $\dfrac{\mathrm{d}^2u}{\mathrm{d}x^2} + \dfrac{2}{x}\dfrac{\mathrm{d}u}{\mathrm{d}x} = 0$.

♦ 4.3.23. (a) 证明: 若 $u(x)$ 是 Euler 微分方程 (Euler differential equation)

$$ax^2\frac{\mathrm{d}^2u}{\mathrm{d}x^2} + bx\frac{\mathrm{d}u}{\mathrm{d}x} + cu = 0 \tag{4.133}$$

的解, 则 $v(y) = u(\mathrm{e}^y)$ 是一个线性常系数微分方程的解.

(b) 利用该方法求解习题 4.3.22 中的 Euler 微分方程.

4.3.24. (a) 运用习题 4.3.23 中的方法求解其本征方程具有重根 $r_1 = r_2 = r$ 的 Euler 方程.

(b) 求解特定方程: (i) $x^2u'' - xu' + u = 0$. (ii) $\dfrac{\mathrm{d}^2u}{\mathrm{d}x^2} + \dfrac{1}{x}\dfrac{\mathrm{d}u}{\mathrm{d}x} = 0$.

4.3.25. 求解以下边值问题:

(a) $\Delta u = 0, \quad x^2 + y^2 < 1, \quad u = x^3, \quad x^2 + y^2 = 1$.
(b) $\Delta u = 0, \quad x^2 + y^2 < 2, \quad u = \log(x^2 + y^2), \quad x^2 + y^2 = 1$.
(c) $\Delta u = 0, \quad x^2 + y^2 < 4, \quad u = x^4, \quad x^2 + y^2 = 4$.
(d) $\Delta u = 0, \quad x^2 + y^2 < 1, \quad \dfrac{\partial u}{\partial \boldsymbol{n}} = x, \quad x^2 + y^2 = 1$.

4.3.26. 设 $u(x,y)$ 是边值问题 $u_{xx}+u_{yy}=0, x^2+y^2<1, u(x,y)=x^2$, $x^2+y^2=1$ 的解, 求 $u(0,0)$.

♥ 4.3.27. (a) 半径为 1 的圆盘, 如果边界一半保持 1° 另一半保持 −1°, 求平衡温度. (b) 半径为 1 的半圆盘, 温度在圆弧边保持 1° 且在直边保持 0°, 求平衡温度. (c) 半径为 1 的半圆盘, 圆弧边上保持 0° 且直边上保持 1°, 求平衡温度.

4.3.28. 求解半圆盘 $x^2+y^2<1, y>0$ 上 Laplace 方程 $u_{xx}+u_{yy}=0$, 满足边界条件 $u(x,0)=0, -1<x<1$ 且 $u(x,y)=y^3, x^2+y^2=1, y>0$.

4.3.29. 求半径为 1 的半圆盘的平衡温度, 温度在曲边保持 1°, 直边是绝热的.

4.3.30. 求解扇形楔 $W=\left\{0<\theta<\dfrac{1}{4}\pi, 0<r<1\right\}$ 上 Laplace 方程的 Dirichlet 边值问题, 仅在其边界的曲线部分有非零边界数据 $u(1,\theta)=h(\theta)$.

4.3.31. 求在圆环 $\dfrac{1}{2}<r<1$ 上定义的调和函数 $u(x,y)$, 满足恒定 Dirichlet 边界条件: 在 $r=\dfrac{1}{2}$ 处 $u=a$ 和在 $r=1$ 处 $u=b$.

4.3.32. 沸水流经一个长圆形金属管, 内半径 1 cm, 外半径 1.2 cm, 置于冰水中. 是/非: 中点半径 1.1 cm 处温度是 50°. 如若不真, 此处温度是多少?

4.3.33. 写出圆环 $1<r<2$ 上 Laplace 方程边值问题的级数解, 满足 $u(1,\theta)=0$, $u(2,\theta)=h(\theta)$.

提示: 使用 (4.114) 中列出的所有的可分离解.

4.3.34. 求解环 $1<r<2$ 上 Laplace 方程的下述边值问题:

(a) $u(1,\theta)=0,\ u(2,\theta)=1$. (b) $u(1,\theta)=0,\ u(2,\theta)=\cos\theta$.

(c) $u(1,\theta)=\sin 2\theta,\ u(2,\theta)=\cos 2\theta$. (d) $u_r(1,\theta)=0,\ u(2,\theta)=1$.

(e) $u_r(1,\theta)=0,\ u(2,\theta)=\sin 2\theta$. (f) $u_r(1,\theta)=0,\ u_r(2,\theta)=1$.

(g) $u_r(1,\theta)=2,\ u_r(2,\theta)=1$.

4.3.35. 求解半圆环区域 $D=\left\{1<x^2+y^2<2, y>0\right\}$ 上 Laplace 方程的下列边值问题:

(a) $u(x,y)=0,\quad x^2+y^2=1;\quad u(x,y)=1,\quad x^2+y^2=2;\quad u(x,0)=0.$

(b) $u(x,y)=0, x^2+y^2=1$ 或 2; $\quad u(x,0)=0, x>0;\quad u(x,0)=1, x<0.$

4.3.36. 求解边值问题:

$$\left(x^2+y^2\right)\left(u_{xx}+u_{yy}\right)+2xu_x+2yu_y=0, x^2+y^2<1;$$

$$u(x,y)=1+3x, x^2+y^2=1.$$

♦ 4.3.37. 证明链式法则计算 (4.104) 的合法性. 然后证明极坐标系中 Laplace 方程的公式 (4.105).

4.3.38. 设 $\displaystyle\int_{-\pi}^{\pi}|h(\theta)|\mathrm{d}\theta<\infty$. 证明在任何较小圆盘 $D_{r_\star}=\{r\leqslant r_\star<1\}\subsetneq D_1$ 上, (4.115) 一致收敛到边值问题 (4.101) 的解.

4.3.39. 直接证明 (4.124) 满足边界条件 (4.122).

♦ 4.3.40. 证明 (4.128) 中积分公式成立.

4.3.41. 给出完整的证明, (4.129) 确实是边值问题 (4.127) 的解.

♦ 4.3.42. 完成定理 4.9 的证明. 通过对所有的 $(x,y)\in\Omega$, 证明 $u(x,y)=M^{\star}$.

提示: 连接 (x_0,y_0) 到 (x,y) 的有限长度曲线 $C\subset\Omega$, 并使用前一部分的证明归纳, 存在一个有限点序列 $(x_i,y_i)\in C, i=0,1,\cdots,n$, 且 $(x_n,y_n)=(x,y)$, 使得 $u(x_i,y_i)=M^{\star}$.

♦ 4.3.43. 与 Poisson 积分公式类比, 推导单位圆盘上 Neumann 边值问题 $\Delta u=0, x^2+y^2<1, \partial u/\partial \boldsymbol{n}=h, x^2+y^2=1$ 的解. 注意你的处理中解的存在和唯一性.

4.3.44. 给出一个单位圆盘内点上 Poisson 方程达到极大的解的例子. 从物理上解释你的理解.

4.3.45. 令 $p(x,y)$ 是一个多项式 (未必是调和的). 假设 $u(x,y)$ 调和且在单位圆 $x^2+y^2=1$ 上等于 $p(x,y)$. 证明 $u(x,y)$ 是一个调和多项式.

4.3.46. 写出半径 $R>0$ 的圆盘上 Dirichlet 边值问题 $\Delta u=0, x^2+y^2<R^2; u=h, x^2+y^2=R^2$ 的解的积分公式.

4.3.47. 叙述和证明定理 4.8 的一维版本. 定理 4.9 的类比是否成立?

4.3.48. 单位面积方板的温度为上边 100°、其他三边 0°. 是 / 非: 中心温度等于边缘平均温度.

♦ 4.3.49. 设 $u(x,y)$ 是单位圆盘上的一个调和函数, 当 $r=1$ 时有边值 $h(\theta)$. 使用 (4.115) 是 $u(x,y)$ 在原点的 Taylor 级数的事实: (a) 求其偏导数 $u_x(0,0), u_y(0,0)$ 含边值 $h(\theta)$ 的积分公式. (b) 将 (a) 推广到二阶偏导数 $u_{xx}(0,0), u_{xy}(0,0), u_{yy}(0,0)$.

4.3.50. 证明如果 $u(x,y)$ 是定义在整个 $\mathbb{R}^2$ 上且有上界的调和函数, 那么 u 是恒定的.

提示: 首先概括习题 4.3.49(a), 把梯度值 $\nabla u(x_0,y_0)$ 按中心为 (x_0,y_0)、半径为 a 的圆上的 u 值表示, 然后看看当圆半径趋于 ∞ 时会发生什么.

4.4 线性偏微分方程的分类

最后, 我们给出三个两个自变量函数的线性二阶偏微分方程. 齐次情形是

(a) 波方程: $u_{tt}-c^2u_{xx}=0$, 双曲型 (hyperbolic).

(b) 热方程: $u_t-\gamma u_{xx}=0$, 抛物型 (parabolic).

(c) Laplace 方程: $u_{xx}+u_{yy}=0$, 椭圆型 (elliptic).

最后一列表示方程的类型 (type), 符合偏微分方程的标准分类法; 下面将立即给出解释. 波方程、热方程和 Laplace 方程是这三种基本类型的典型代表. 每

种类型都有其独特的分析特征、物理表现, 甚至数值求解算法. 支配振动的方程, 如波方程, 通常是双曲型的. 模拟扩散的方程, 如热方程, 是抛物型的. 双曲型和抛物型方程通常表示动力过程, 因此其中一个自变量确定为时间. 另一方面, 模拟平衡现象的方程, 包括 Laplace 和 Poisson 方程, 通常是椭圆型的, 只涉及空间变量. 椭圆型偏微分方程与边值问题相伴, 而抛物型方程和双曲型方程则需要初–边值问题.

标量值函数 $u(t,x)$ 取决于两个自变量[①], 其实线性二阶偏微分方程的分类理论如下. 最一般的方程形如

$$L[u] = Au_{tt} + Bu_{tx} + Cu_{xx} + Du_t + Eu_x + Fu = G, \tag{4.134}$$

其中系数 A, B, C, D, E, F 都可以是 (t,x) 的函数, 如非齐次性或强迫作用函数 $G(t,x)$ 那样. 方程是齐次的 (homogeneous), 当且仅当 $G \equiv 0$. 我们假设首项系数 A, B, C 至少有一个不恒等于零, 如若不然方程退化为一阶方程.

确定这种偏微分方程类型的关键量是它的判别式 (discriminant)

$$\varDelta = B^2 - 4AC. \tag{4.135}$$

这应该 (并有充分的理由) 提醒读者想起二次方程

$$Q(x,y) = Ax^2 + Bxy + Cy^2 + Dx + Ey + F = 0 \tag{4.136}$$

的判别式. 它的解描绘出一条平面圆锥曲线. 在非退化情况下, 判别式 (4.135) 确定其几何类型:

- 双曲线, 当 $\varDelta > 0$ 时;
- 抛物线, 当 $\varDelta = 0$ 时;
- 椭圆, 当 $\varDelta < 0$ 时.

这给出了选择二阶偏微分方程分类的术语的理由.

定义 4.12 在点 (t,x) 处线性二阶偏微分方程 (4.134) 称为

- 双曲型, 如果 $\varDelta(t,x) > 0$;
- 抛物型, 如果 $\varDelta(t,x) = 0$, 但 $A^2 + B^2 + C^2 \neq 0$;
- 椭圆型, 如果 $\varDelta(t,x) < 0$;
- 奇异型, 如果 $A = B = C = 0$.

特别地:

- 波方程 $u_{tt} - u_{xx} = 0$ 有判别式 $\varDelta = 4$, 且是双曲型的.
- 热方程 $u_{xx} - u_t = 0$ 有判别式 $\varDelta = 0$, 且是抛物型的.

---

① 对于平衡方程, 我们将 t 视同空间变量 y.

• Poisson 方程 $u_{tt}+u_{xx}=-f$ 有判别式 $\Delta=-4$, 且是椭圆型的.

例 4.13 当系数 A,B,C 变化时, 整个区域中偏微分方程的类型可能不会保持固定. 类型改变的方程不太常见, 而且分析和求解难度也更大, 无论是解析的还是数值的. 一个例子是在超声速空气动力学的理论[44]中出现的 Tricomi 方程 (Tricomi equation)

$$x\frac{\partial^2 u}{\partial t^2}-\frac{\partial^2 u}{\partial x^2}=0. \tag{4.137}$$

与 (4.134) 相比, 我们发现

$$A=x,\quad B=0,\quad C=-1,\quad D=E=F=G=0.$$

这个特殊情况下的判别式是

$$\Delta=B^2-4AC=4x,$$

因此方程当 $x>0$ 时是双曲型的, 当 $x<0$ 时是椭圆型的, 并且在过渡线 $x=0$ 上是抛物型的. 在物理模型中, 双曲型区域对应亚声速流, 而超声速区域为椭圆型. 过渡抛物型边界表示亚声速波和超声速波区域间的激波线, 也就是飞机越过声障时熟知的声爆.

虽然这种双曲型方程、抛物型方程和椭圆型方程的类型三分法最初出现在二元变量情形, 术语、基础属性及其相关物理模型在更高维的二阶偏微分方程仍然存在. 应用中出现的大部分偏微分方程属于这三种类型之一, 客观地讲, 偏微分方程领域分类成不同的三个分区. 或确切地说是四个分区, 最后这个分区包含所有的不适合前面分类的方程, 也包括高阶方程. (一个重要的例子在 8.5 节中给出.)

注记: 双曲型、抛物型、椭圆型和奇异型分类方法对拟线性 (quasilinear) 二阶方程也有效, 其系数 $A, B, \cdots, G$ 可以依赖于 u 及其一阶导数 u_t, u_x. 在这里, 方程的类型可以依据定义域中的点和所论及特定解的不同而不同. 更一般地, 对于一个完全非线性 (fully nonlinear) 二阶偏微分方程

$$H(t,x,u,u_t,u_x,u_{tt},u_{tx},u_{xx})=0, \tag{4.138}$$

可以定义它的判别式

$$\Delta=\left(\frac{\partial H}{\partial u_{tx}}\right)^2-4\frac{\partial H}{\partial u_{tt}}\frac{\partial H}{\partial u_{xx}}. \tag{4.139}$$

它的符号确定方程的类型, 还是依据定义域中的点和所论及的解而定.

习题

4.4.1. 绘制以下圆锥曲线并对其类型进行分类:
(a) $x^2+3y^2=1$. (b) $xy+x+y=4$. (c) $x^2-xy+y^2=x-2y$.
(d) $x^2+2xy+y^2+y=1$. (e) $x^2-2y^2=6x+8y+1$.

4.4.2. 确定以下偏微分方程的类型:
(a) $u_{tt}+3u_{xx}=0$. (b) $u_{tx}+u_t+u_x=u$. (c) $u_{tt}+u_t+u_x=0$.
(d) $u_{tt}-u_{tx}+u_{xx}=u$. (e) $u_{tt}+4u_{tx}+4u_{xx}=u_t$. (f) $u_{tx}+u_{xx}=0$.

4.4.3. 考虑偏微分方程 $xu_{tt}+(t+x)u_{xx}=0$, 在平面上什么点处方程是椭圆型的? 双曲型的? 抛物型的? 奇异的?

4.4.4. 对于下列方程, 回答习题 4.4.3:
(a) $x^2u_{xx}+xu_x+u_{yy}=0$. (b) $\partial_x(xu_x)=\partial_y(yu_y)$. (c) $u_t=\partial_x[(x+t)u_x]$.
(d) $\nabla\cdot(c(x,y)\nabla u)=u$, 其中 $c(x,y)$ 是给定函数.

4.4.5. 越过飞机的稳定气流的模型是偏微分方程 $\left(m^2-1\right)u_{xx}+u_{yy}=0$, 其中 x 是航向, y 是横向, $m\geqslant 0$ 是 Mach 数 (Mach number): 航速与声速之比. 证明该方程用于亚声速飞行时为双曲型的, 但用于超声速飞行时为椭圆型的.

4.4.6. 证明二阶偏微分方程

$$-\frac{\partial}{\partial x}\left(p(x,y)\frac{\partial u}{\partial x}\right)-\frac{\partial}{\partial y}\left(q(x,y)\frac{\partial u}{\partial y}\right)+r(x,y)u=f(x,y)$$

是椭圆型的, 当且仅当 $p(x,y)$ 和 $q(x,y)$ 非零且有相同符号.

♦ 4.4.7. 是/非: 线性二阶偏微分方程的类型不受自变量变换: $\tau=\varphi(t,x)$, $\xi=\psi(t,x)$ 的影响.

4.4.8. 令 $v(t,x)=a(t,x)u(t,x)+b(t,x)$, 其中 a,b 是固定的函数且 $a\neq 0$. 设 u 是二阶线性偏微分方程的一个解. 证明 v 也是同一类型线性偏微分方程的解.

♦ 4.4.9. 是/非: Laplace 方程的极坐标形式 (4.105) 为椭圆型.

4.4.10. 在抛物坐标 (parabolic coordinates) ξ,η 中重写 Laplace 方程 $u_{xx}+u_{yy}=0$, 根据定义 $x=\xi^2-\eta^2, y=2\xi\eta$. 得到的方程是不是椭圆型?

♦ 4.4.11. 证明变量 $x=x, t=\mathrm{i}y$ 的复变换将 Laplace 方程 $u_{xx}+u_{yy}=0$ 映射为波方程 $u_{tt}=u_{xx}$. 解释为什么偏微分方程的类型在复变量变换下不必保留.

♥ 4.4.12. 假设我们力排众议, 非要对椭圆型 Laplace 方程提出初值问题, 即

$$\begin{aligned}
&u_{tt}=-u_{xx}, && 0<x<1, && t>0;\\
&u(0,x)=f(x), && u_t(0,x)=0, && 0\leqslant x\leqslant 1,\\
&u(t,0)=0=u(t,1), && && t\geqslant 0.
\end{aligned}$$

(a) 证明对任何正整数 $n>0$, 函数 $u_n(t,x)=\dfrac{\sin n\pi t\cosh n\pi x}{n}$ 满足初值问题. 确定初始条件 $u_n(0,x)=f_n(x)$.

(b) 证明当 $n\to\infty$ 时, 初始条件 $f_n(x)\to 0$ 变得很小, 而且对于任何 $t>0$, 解值 $u_n\left(t,\dfrac{1}{2}\right)\to\infty$.

(c) 解释为什么这是一个不适定问题.

4.4.13. *极小曲面方程* (minimal surface equation)

$$\left(1+u_x^2\right)u_{xx}-2u_xu_yu_{xy}+\left(1+u_y^2\right)u_{yy}=0$$

是 (a) 双曲型, (b) 抛物型, (c) 椭圆型, (d) 奇异型, (e) 变化类型取决于区域中的点, 或 (f) 变化类型取决于解和点所在区域.

特征线与 Cauchy 问题

第 2 章中我们发现特征曲线引导一阶偏微分方程解的行为. 在更一般的双曲型偏微分方程和系统的分析中, 特征线同样起着根本性作用. 特别是, 它们提供了一种区分不同类型二阶偏微分方程的机理.

如上所述, 我们将把注意力集中在涉及两个自变量的偏微分方程上. 出发点是一般的初值问题, 也称为 Cauchy 问题, 以纪念多产的 19 世纪法国数学家 Augustin-Louis Cauchy在整个数学领域及其应用方面的广泛贡献, 包括 Cauchy-Schwarz 不等式、复分析的许多基本概念, 以及弹性学和材料学的基础. 一般的 *Cauchy 问题* (Cauchy problem) 特指, 沿光滑曲线[①] $\Gamma\subset\mathbb{R}^2$ 给定适当的初始数据, 求偏微分方程的一个解使之在 Γ 上满足给定的初始数据. 在我们所有的例子中, 所论曲线是一条直线, 例如 x-轴, 但是很容易设想出更一般的情形. 如果偏微分方程是 n 阶的, 那么 *Cauchy 数据* (Cauchy data) 由曲线 Γ 上因变量 u 值及其所有的 $n-1$ 阶偏微分方程组成. 对于大多数曲线而言, 偏微分方程有唯一解 $u(t,x)$ 沿 Γ 取给定的值. 更严格地说, 如果我们处于解析范畴[②] (analytic category), 这意味着偏微分方程、曲线和 Cauchy 数据都是由解析函数给定的, 那么基本的 *Cauchy-Kovalevskaya 定理* (Cauchy-Kovalevskaya Theorem) 保证 Cauchy 问题初始曲线上任一点附近解析解 $u(t,x)$ 的存在性. 这一重要定理的证明的叙述, 应归于 Cauchy 和颇富声名的 19 世纪俄国数学家 Sofia Kovalevskaya, 以一般形式为期望的解构建收敛幂级数, 这会把我们带

---

① 更一般地, 对于有 $m>2$ 个独立变量的偏微分方程, 该曲线由 $m-1$ 维的超曲面$S\subset\mathbb{R}^m$ 替换.

② 译注: 值得强调.

得有点太远. 我们建议感兴趣的读者参考 [35,44]. Cauchy-Kovalevskaya 存在性定理不适用的那些例外曲线, 就是相关偏微分方程的所谓特征线.

说得直白点, 称曲线 Γ 对给定的偏微分方程是非特征的 (non-characteristic), 是指由沿 Γ 给定的 Cauchy 数据可以确定 u 的所有高阶导数. 事实上, 沿着该曲线确定高阶导数值是建立 Cauchy-Kovalevskaya 存在性结果必不可少的初步步骤. 正如我们现在要展示的那样, 这一要求有助于区分我们已经遇到的例子的特征曲线和非特征曲线, 从而得到在更一般的情况下对它们的表征.

为了说明前面的需求, 我们从形如

$$\frac{\partial u}{\partial t}+c(t,x)\frac{\partial u}{\partial x}=f(t,x) \tag{4.140}$$

的一阶线性偏微分方程入手. 设 $\Gamma\subset\mathbb{R}^2$ 是由 $\boldsymbol{x}(s)=(t(s),x(s))^\top$ 参数化[①] 的光滑曲线, 光滑性要求其切向量不为零: $\boldsymbol{x}'(s)=(\mathrm{d}t/\mathrm{d}s,\mathrm{d}x/\mathrm{d}s)^\top\neq\mathbf{0}$. 由于该方程的阶为 $n=1$, Cauchy 数据要求只能沿 Γ 给出因变量的值, 换句话说对于函数

$$h(s)=u(t(s),x(s)), \tag{4.141}$$

如果我们能从

$$\frac{\partial u}{\partial t}(t(s),x(s)),\ \frac{\partial u}{\partial x}(t(s),x(s)) \tag{4.142}$$

开始沿 Γ 确定 u 的导数值, 那么曲线是非特征的. 为此, 我们对 Cauchy 数据 (4.141) 求导, 运用链式法则, 得到

$$h'(s)=\frac{\mathrm{d}}{\mathrm{d}s}u(t(s),x(s))=\frac{\partial u}{\partial t}(t(s),x(s))\frac{\mathrm{d}t}{\mathrm{d}s}+\frac{\partial u}{\partial x}(t(s),x(s))\frac{\mathrm{d}x}{\mathrm{d}s}. \tag{4.143}$$

另一方面, 我们假设 $u(t,x)$ 是定义域中所有的点上偏微分方程 (4.140) 的解, 特别是, 在曲线 Γ 上的点, 偏微分方程要求

$$\frac{\partial u}{\partial t}(t(s),x(s))+c(t(s),x(s))\frac{\partial u}{\partial x}(t(s),x(s))=f(t(s),x(s)). \tag{4.144}$$

我们可以把 (4.143–144) 看作是一对非齐次线性代数方程, 它可以唯一地解出未知量 (4.142), 除非它们的系数矩阵的行列式为零:

$$\det\begin{pmatrix}1 & c(t(s),x(s))\\ \mathrm{d}t/\mathrm{d}s & \mathrm{d}x/\mathrm{d}s\end{pmatrix}=\frac{\mathrm{d}x}{\mathrm{d}s}-c(t(s),x(s))\frac{\mathrm{d}t}{\mathrm{d}s}=0. \tag{4.145}$$

这个条件用于定义一阶偏微分方程 (4.140) 的特征曲线 (characteristic curve).

① 参数 s 可能是弧长, 但这不是必需的. 另请参阅习题 4.4.20.

特别是, 如果曲线是参数化的, $s=t$, 即可以用函数 $x=g(t)$ 的图像来确定, 那么特征条件 (4.145) 化简为

$$\frac{\mathrm{d}x}{\mathrm{d}t}=c(t,x), \tag{4.146}$$

从而再现了特征曲线的原始定义, 如在 (2.18) 和更一般地在习题 2.2.26 中那样. 另一方面, 如果行列式 (4.145) 是非零的, 那么就能沿 Γ 解出 (4.143–144) 得到一阶导数 (4.142) 的值. 事实上, 对这些条件进一步求导, 证明可以沿曲线确定解 u 的所有高阶导数值, 因此这条曲线是非特征线.

接下来, 考虑一个形如 (4.134) 的非奇异线性二阶偏微分方程. 因为方程的阶 $n=2$, 沿曲线 Γ 的 Cauchy 数据参数如上所述, 包括函数的值及其一阶导数:

$$u(t(s),x(s)),\quad \frac{\partial u}{\partial t}(t(s),x(s)),\quad \frac{\partial u}{\partial x}(t(s),x(s)). \tag{4.147}$$

但是, 一阶导数不能单独给定. 事实上, 给定沿 Γ 因变量的值 $h(s)=u(t(s),x(s))$ 及其一阶导数

$$h'(s)=\frac{\mathrm{d}}{\mathrm{d}s}u(t(s),x(s))=\frac{\partial u}{\partial t}(t(s),x(s))\frac{\mathrm{d}t}{\mathrm{d}s}+\frac{\partial u}{\partial x}(t(s),x(s))\frac{\mathrm{d}x}{\mathrm{d}s} \tag{4.148}$$

规定了两个一阶导数之间的特殊组合. 因此, 一旦在 Γ 上 u 的一个导数值是已知的, 另一个就由关系 (4.148) 自动确定. 例如若 $\mathrm{d}x/\mathrm{d}s\neq 0$, 我们通过已知 $u(t(s),x(s))$ 和 $u_t(t(s),x(s))$ 可由 (4.148) 确定 $u_x(t(s),x(s))$. 同样, 如果关于曲线参数对一阶导数值求导, 可以确定沿曲线 Γ 的二阶导数之间的两个组合:

$$\begin{aligned}\frac{\mathrm{d}}{\mathrm{d}s}\frac{\partial u}{\partial t}(t(s),x(s))&=\frac{\partial^2 u}{\partial t^2}(t(s),x(s))\frac{\mathrm{d}t}{\mathrm{d}s}+\frac{\partial^2 u}{\partial t\partial x}(t(s),x(s))\frac{\mathrm{d}x}{\mathrm{d}s},\\ \frac{\mathrm{d}}{\mathrm{d}s}\frac{\partial u}{\partial x}(t(s),x(s))&=\frac{\partial^2 u}{\partial t\partial x}(t(s),x(s))\frac{\mathrm{d}t}{\mathrm{d}s}+\frac{\partial^2 u}{\partial x^2}(t(s),x(s))\frac{\mathrm{d}x}{\mathrm{d}s}.\end{aligned} \tag{4.149}$$

另一方面, 偏微分方程 (4.134) 给出二阶偏导数 u_{tt},u_{tx},u_{xx} 之间的第三个关系. 这三个线性方程可以在 Γ 上唯一地解出这些导数的值, 当且仅当系数矩阵行列式非零:

$$\begin{aligned}&\det\begin{pmatrix}A(t,x) & B(t,x) & C(t,x)\\ \mathrm{d}t/\mathrm{d}s & \mathrm{d}x/\mathrm{d}s & 0\\ 0 & \mathrm{d}t/\mathrm{d}s & \mathrm{d}x/\mathrm{d}s\end{pmatrix}\\ &\quad =A(t,x)\left(\frac{\mathrm{d}x}{\mathrm{d}s}\right)^2-B(t,x)\frac{\mathrm{d}t}{\mathrm{d}s}\frac{\mathrm{d}x}{\mathrm{d}s}+C(t,x)\left(\frac{\mathrm{d}t}{\mathrm{d}s}\right)^2\neq 0.\end{aligned} \tag{4.150}$$

我们得到结论, 光滑曲线 $\boldsymbol{x}(s)=(t(s),x(s))^\top\subset\mathbb{R}^2$ 就是非奇异线性二阶偏微

分方程 (4.134) 的特征曲线, 只要其切向量 $\boldsymbol{x}'(s) = (\mathrm{d}t/\mathrm{d}s, \mathrm{d}x/\mathrm{d}s)^\top \neq \mathbf{0}$ 满足二次特征方程 (4.150). 反之, 如果曲线是非特征的, 意味着它的切线处处不满足 (4.150), 那么可以进一步地确定解 $u(t,x)$ 沿 $\varGamma$ 所有的高阶导数, 然后, 至少在解析范畴, 证明 Cauchy 问题解的存在性[35].

根据习题 4.4.20, 曲线是否作为特征线与参数化的选择无关. 特别是, 如果曲线由函数 $x = x(t)$ 的图像给出, 我们用 $s = t$ 参数化, 那么特征方程 (4.150) 采取二次非线性一阶常微分方程的形式

$$A(t,x)\left(\frac{\mathrm{d}x}{\mathrm{d}t}\right)^2 - B(t,x)\frac{\mathrm{d}x}{\mathrm{d}t} + C(t,x) = 0, \tag{4.151}$$

其解是二阶偏微分方程的特征曲线.

注意: 如果 $A(t,x) = 0$, 那么偏微分方程容许这样的特征曲线, 其垂线向切线不能用 $s = t$ 参数化. 例如如果 $A(t,x) \equiv 0$, 那么垂线, 即 $t =$ 常数, $x = s$, 是满足 (4.150) 的特征线, 但不作为 (4.151) 的解出现.

例如, 考虑双曲型波方程

$$u_{tt} - c^2 u_{xx} = 0.$$

根据 (4.151), 任何由 $x(t)$ 的图像给出的特征曲线必须是

$$\left(\frac{\mathrm{d}x}{\mathrm{d}t}\right)^2 - c^2 = 0 \text{ 意味着 } \frac{\mathrm{d}x}{\mathrm{d}t} = \pm c$$

的解. 因此, 根据我们先前的分析, 特征曲线是斜率为 $\pm c$ 的直线, 通过平面每点 (t,x) 有两条特征曲线. 另一方面, 椭圆型 Laplace 方程

$$u_{tt} + u_{xx} = 0$$

无 (实) 特征曲线, 因为特征方程 (4.150) 化简为

$$\left(\frac{\mathrm{d}x}{\mathrm{d}s}\right)^2 + \left(\frac{\mathrm{d}t}{\mathrm{d}s}\right)^2 = 0,$$

t_s 和 x_s 不容许同时为零. 最后, 对于抛物型热方程

$$u_{xx} - u_t = 0,$$

特征曲线方程 (4.150) 简单地为

$$\left(\frac{\mathrm{d}t}{\mathrm{d}s}\right)^2 = 0$$

(因为一阶导数项不起作用), 并且因此只有一条特征曲线通过各点, 即垂线 $t =$ 常数. 观察热方程的标准初值问题 $u(0,x) = f(x)$ 在一条特征曲线 $x-$

轴上发生，而没有采取 Cauchy 问题的形式，这将需要指定那里的一阶导数 $u_t(0,x), u_x(0,x)$. 实际上，标准初值问题在 $t<0$ 的特征线 $x-$轴附近是不适定的.

一般而言，非退化二次特征曲线方程 (4.150) 的实数解的个数取决于其判别式 $\Delta = B^2 - 4AC$: 在双曲型情形 $\Delta > 0$, 通过每个点有两条实的特征曲线; 在抛物型情形 $\Delta = 0$, 通过每个点只有一条实的特征曲线; 在椭圆型情形 $\Delta < 0$, 没有实的特征曲线. 以这种方式，椭圆型、抛物型和双曲型偏微分方程分别由通过一点的 (实) 特征曲线的条数 (即 0, 1 和 2) 来区分. 一阶偏微分方程也视为双曲型，因为它们总是容许实的特征曲线.

通过进一步的分析[35,70,122]，可以证明，就像波方程那样，信号和扰动沿特征曲线传播. 因此，双曲型方程与波方程分享许多定性性质，信号在两个不同的方向上运动. 例如，光线沿着特征曲线移动，从而受折射和聚焦这些光学现象的影响. 同样，由于抛物型热方程的特征曲线是条垂线，这表明在点 $(t,x)=(t_0,x_0)$ 处扰动的影响沿着整条同时期的垂线 $t=t_0$ 瞬时感受到，这就意味着热方程中的扰动以无限大速度传播，这个事实是违反直觉的，将在 8.1 节中进一步阐述. 椭圆型方程没有特征线，因此不支持信号传播; 事实上，局部扰动的影响在整个区域内立即感觉到. 例如，即使外部强迫集中在一个点附近，它也会牵动整个膜.

习题

4.4.14. 求习题 4.4.2 中每个偏微分方程的实特征曲线，并绘制其图像.

4.4.15. 绘制 Tricomi 方程 (4.137) 在其双曲型区域特征曲线的图像. 接近抛物型过渡边界的特征线会发生什么变化?

4.4.16. 是/非: Helmholtz 方程 $u_{xx}+u_{yy}-u=0$ 的特征曲线是圆.

4.4.17. (a) 在平面上何种点处偏微分方程 $xu_{xx}+yu_{yy}=0$ 是椭圆型的? 抛物型的? 双曲型的? (b) 通过 $(1,-1)$ 这一点有几条特征线? (c) 明确地找到它们.

4.4.18. 考虑偏微分方程 $u_{xx}+yu_{xy}=y^2$. (a) 方程在 $(x,y)-$平面的哪个区域是椭圆型的? 抛物型的? 双曲型的? (b) 求出双曲型区域的特征线. (c) 求出双曲型区域的通解. 提示: 使用特征坐标.

4.4.19. 求偏微分方程，具有如下特征曲线:

(a) 直线 $x-y=a, x+2y=b$, 其中 $a,b\in\mathbb{R}$ 是任意常数.

(b) 指数曲线 $y=ce^x$, 其中 $c\in\mathbb{R}$.

(c) 同心圆 $x^2+y^2=a$, 其中 $a \geqslant 0$, 以及射线 $y=bx$.

♦ 4.4.20. 证明: 对于给定的二阶线性偏微分方程, 其特征曲线的任何重新参数化还是特征曲线.

4.4.21. 是/非: 通过了解其所有的特征曲线, 可以唯一地重构二阶偏微分方程.

♦ 4.4.22. 证明任何可逆的变量变换, 如习题 4.4.7 那样的, 将原始线性偏微分方程的特征曲线映射到变换后方程的特征曲线. 因此, 特征曲线是内在的: 它们不依赖于参数化. 也不依赖于用来表示偏微分方程的坐标.

第 5 章　有限差分

毋庸赘言, 可用显式解析公式求解的微分方程是很少见的. 因此, 对于绝大多数偏微分方程解的可能行为而言, 要想提取定量信息同时获得定性理解, 发展正确的数值逼近方法是必不可少的手段. (另一方面, 对它们的基本分析特性有相当深刻的理解, 是数值算法成功设计之必需, 因此完全依赖数值是不行的.) 即便显式 (无论封闭形式还是无穷级数形式) 解公式存在的情况下, 如热方程和波方程, 运用数值方法仍然可以获益匪浅. 实际上, 新提出的数值算法只有在已知解上运行才可以正确地测试. 正如我们将看到的, 从设计和测试简单 “解” 例的数值算法中汲取的经验和教训, 当面对更具挑战性的问题时具有不可估量的价值.

对于偏微分方程来说, 许多基本的数值解都可以纳入两大主题. 第一类就是在本章中引介的*有限差分方法* (finite difference method), 以适当的数值微分公式替代方程中的导数. 因此, 我们首先简要讨论一些用于数值逼近函数的一阶导数和二阶导数的基本有限差分公式. 然后针对热方程、一阶输运方程、二阶波方程、Laplace 方程和 Poisson 方程, 建立并分析一些最基本的有限差分格式. 正如我们要知道的, 并非所有的有限差分格式都能获得正确的数值逼近, 必须面对稳定性和收敛性的问题, 以便把可靠的方法与无用的方法区分开. 实际上, 在 Fourier 分析的启发下, 关键的数值稳定性判据就是数值格式处理复指数函数的结果.

第二类数值求解技术由*有限元方法* (finite element method) 组成, 这将是第 10 章的内容. 这两章应该视为对这个广阔而活跃的当代研究领域的初步概览. 更复杂的变化和扩展以及其他种类的数值积分算法, 例如谱方法、拟谱方法、多重网格方法、多极子方法、概率 (Monte Carlo等) 方法、几何方法、辛方法和其他许多方法, 可以在如 [6,51,60,80,94] 那样专门的数值分析书籍以及研究论文中找到. 此外, 期刊《数值学报》(*Acta Numerica*) 是一个极好的来源, 可以纵览应用于广泛学科领域最前沿的数值方法.

5.1　有限差分逼近

一般说来, 标量函数 $u(x)$ 在 x_0 及其邻域内某些导数的取值, 比如 $u'(x_0)$ 或 $u''(x_0)$ 的*有限差分* (finite difference) 逼近依赖于邻近点函数抽样值的适当组合. 构造这些逼近公式的基础表述称为*有限差分演算* (calculus of finite difference), 它的发展具有漫长且有影响力的历史, 可以追溯到 Newton.

我们从一阶导数开始. 最简单的有限差分逼近就是通常的*差商* (difference quotient)

$$\frac{u(x+h)-u(x)}{h} \approx u'(x), \tag{5.1}$$

在导数的原始微积分定义中出现过. 事实上, 如果 u 在 x 是可微的. 那么根据定义, $u'(x)$ 是当 $h \to 0$ 时有限差商的极限. 几何上, 差商量度函数图像上通过两点 $(x, u(x))$ 和 $(x+h, u(x+h))$ 的割线的斜率. 对于足够小的 h, 这应该是对切线斜率 $u'(x)$ 的一个相当好的逼近, 如图 5.1 第一图所示. 在我们的讨论中, 假定 (可正可负) *步长* (step size) h 较小: $|h| \ll 1$. 当 $h > 0$ 时称为*向前差分* (forward difference), 当 $h < 0$ 时则产生一个*向后差分* (backward difference).

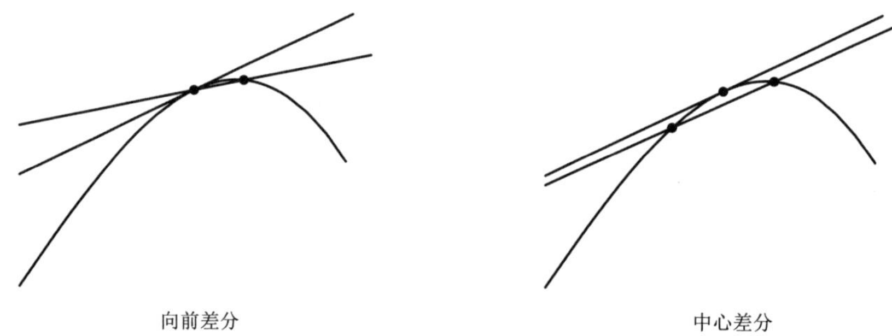

图 5.1 有限差分逼近

差商逼近到底有多么接近呢? 要回答这个问题, 我们假设 $u(x)$ 至少是两阶连续可微的, 并考察它在点 x 附近的一阶 Taylor 展开

$$u(x+h) = u(x) + u'(x)h + \frac{1}{2}u''(\xi)h^2. \tag{5.2}$$

我们已经使用 Lagrange 公式余项[8,97], 其中 ξ 依赖于 x 和 h, 是 x 和 $x+h$ 之间的某个点. 重新排列 (5.2), 我们得到

$$\frac{u(x+h)-u(x)}{h} - u'(x) = \frac{1}{2}u''(\xi)h.$$

因此, 有限差分逼近 (5.1) 中的*误差* (error) 可以由步长的倍数来界定:

$$\left|\frac{u(x+h)-u(x)}{h} - u'(x)\right| \leqslant C|h|,$$

其中 $C = \max \frac{1}{2}|u''(x)|$ 取决于所论区间上函数的二阶导数的大小. 由于误差

与 h 的一次幂成正比, 我们说有限差商 (5.1) 是导数 $u'(x)$ 的一阶 (first-order) 逼近. 当误差的精确公式不那么重要时, 我们将之写为

$$u'(x)=\frac{u(x+h)-u(x)}{h}+O(h). \tag{5.3}$$

"大 O" 符号 $O(h)$ 指的是与 h 成正比的项, 或更准确地说当 $h\to 0$ 时其绝对值是由 $|h|$ 的常数倍界定的.

例 5.1 设 $u(x)=\sin x$. 我们计算有限差商

$$\cos 1\approx\frac{\sin(1+h)-\sin 1}{h},$$

试着逼近

$$u'(1)=\cos 1=0.540\,302\,3\cdots.$$

下表列出对于越来越小 (正) 的 h 值的结果.

h	0.1	0.01	0.001	0.000 1
近似	0.497 364	0.536 086	0.539 881	0.540 260
误差	−0.042 939	−0.004 216	−0.000 421	−0.000 042

我们看到, 步长每缩小到原来的 1/10, 误差也缩小到大致相同的程度. 因此, 为了获得十位有效数字的精度, 我们预计需要的步长大小约为 $h=10^{-11}$. 误差与步长或多或少成正比的事实, 证实了我们正在与一阶数值逼近打交道.

为了逼近高阶导数, 我们需要求函数在两个以上点的取值. 一般说来, 逼近 n 阶导数 $u^{(n)}(x)$ 至少需要 $n+1$ 个不同的采样点. 为了简单起见, 我们将注意力集中在空间间距相等的采样点, 即便如此, 这里引入的方法也很容易扩展到更一般的构形.

例如, 我们尝试通过在特定点 $x, x+h$ 和 $x-h$ 取样 u 来逼近 $u''(x)$. 应该使用怎样的函数值 $u(x-h), u(x), u(x+h)$ 组合? 答案是考虑相关的 Taylor 展开①

$$\begin{aligned}u(x+h)&=u(x)+u'(x)h+u''(x)\frac{h^2}{2}+u'''(x)\frac{h^3}{6}+O\left(h^4\right),\\ u(x-h)&=u(x)-u'(x)h+u''(x)\frac{h^2}{2}-u'''(x)\frac{h^3}{6}+O\left(h^4\right),\end{aligned} \tag{5.4}$$

① 在整个过程中, 假定函数 $u(x)$ 是足够光滑的, 以便出现的任何导数都是唯一定义的, 并且展开公式有效.

其中误差项与 h^4 成正比. 两式相加, 得到

$$u(x+h)+u(x-h)=2u(x)+u''(x)h^2+O\left(h^4\right).$$

除以 h^2 并重新排列各项, 我们得到函数二阶导数的**中心有限差分逼近** (centered finite difference approximation):

$$u''(x)=\frac{u(x+h)-2u(x)+u(x-h)}{h^2}+O\left(h^2\right). \tag{5.5}$$

由于误差与 h^2 成正比, 这就形成了二阶逼近.

例 5.2 设 $u(x)=\mathrm{e}^{x^2}$, 有 $u''(x)=\left(4x^2+2\right)\mathrm{e}^{x^2}$. 使用有限差商 (5.5), 我们有

$$u''(1)=6\mathrm{e}\approx\frac{\mathrm{e}^{(1+h)^2}-2\mathrm{e}+\mathrm{e}^{(1-h)^2}}{h^2}$$

逼近

$$u''(1)=6\mathrm{e}=16.309\,690\,97\cdots.$$

下表列出了结果.

h	0.1	0.01	0.001	0.000 1
近似	16.482 898 23	16.311 412 65	16.309 708 19	16.309 691 15
误差	0.173 207 26	0.001 721 68	0.000 017 22	0.000 000 18

步长每缩小到原来的 1/10, 则误差缩小到约原来的 1/100, 从而获得新的两位十进制数字的精确性, 这证实了中心有限差分逼近是二阶的.

然而, 这种预测在实践中并没有完全证实. 如果我们采用 $h=0.000\,01$, 那么公式产生的近似值为 16.309 700 257 0, 误差为 0.000 009 286 3, 不如 $h=0.000\,1$ 的逼近精确. 问题在于计算机存储数字的精度有限 (在前面的计算中, 我们使用的是算术单精度浮点运算), 现在舍入误差已经开始影响计算. 这凸显了数值微分的固有困难: 有限差分公式不可避免地需要把数量划分得非常小, 所以舍入不精确性可能产生明显的数值误差. 因此, 虽然以适度小的步长通常能得到对导数相当不错的逼近, 实现高精度要求转换到高精度的计算机算法. 实际上, 类似的评论也适用于例 5.1 中的前一个计算. 事实上可能已经发现, 如果尝试一个非常小的步长, 我们对这个误差的期望并不是完全合理的.

提高有限差分逼近精度的另一种途径是采用更多的采样点. 例如, 如果基于两点 x 和 $x+h$ 对 $u'(x)$ 的一阶逼近 (5.3) 不够精确, 可以尝试组合三点上的函数值, 例如 $x, x+h$ 和 $x-h$. 为了找到函数值 $u(x-h), u(x), u(x+h)$ 的

适当组合, 我们回到 Taylor 展开 (5.4). 为了解出 $u'(x)$, 我们将两式相减, 得到

$$u(x+h)-u(x-h)=2u'(x)h+O\left(h^3\right).$$

重新排列各项, 我们得到著名的**中心差分公式** (centered difference formula)

$$u'(x)=\frac{u(x+h)-u(x-h)}{2h}+O\left(h^2\right), \tag{5.6}$$

这是对一阶导数的二阶逼近. 在几何意义上, 中心差商在 u 的图像上表示通过两点 $(x-h,u(x-h))$ 和 $(x+h,u(x+h))$ 的割线斜率, 是关于点 x 中心对称的. 图 5.1 说明了这两种逼近, 中心差分逼近在图像上的优势很明显. 高阶近似可以通过在更多的样本点上求出, 比如说 $x+2h, x-2h$ 等.

例 5.3 回到例 5.1 中考虑过的函数 $u(x)=\sin x$. 对它的导数 $u'(1)=\cos 1=0.540\,302\,3\cdots$ 的中心差分逼近是

$$\cos 1\approx\frac{\sin(1+h)-\sin(1-h)}{2h}.$$

结果如下:

h	1.0	0.01	0.001	0.000 1
近似	0.539 402 252 17	0.540 293 300 87	0.540 302 215 82	0.540 302 304 97
误差	−0.000 900 053 70	−0.000 009 004 99	−0.000 000 090 05	−0.000 000 000 90

如上所示, 结果比例 5.1 使用相同步长的单侧有限差分逼近要准确得多. 由于它是一个二阶近似, 步长每缩减到原来的 1/10 都导致新增两位小数精度, 直到在该点处舍入误差的影响开始起作用.

其他许多有限差分逼近可以通过类似的 Taylor 展开计算来构造, 但这几个非常基本的公式, 以及在习题中导出的一对公式, 将足以满足我们的目的. (对于有限差分演算的完全处理, 可以参考 [74].) 在下面的各节中, 我们采用有限差分公式设计各种偏微分方程的数值求解格式. 例如在 [24,60,63] 中, 可以找到对常微分方程的数值积分的应用.

习题

♣ 5.1.1. 用有限差分公式 (5.3) 分别采用步长 $h=0.1, 0.01$ 和 0.001 逼近以下函数 $u(x)$ 的导数 $u'(1)$. 讨论近似值的准确性.

(a) x^4. (b) $\dfrac{1}{1+x^2}$. (c) $\log x$. (d) $\cos x$. (e) $\arctan x$.

♣ 5.1.2. 用中心差分公式 (5.6) 重复习题 5.1.1. 将得到的近似值与前一习题中的公式进行比较, 这些数值是否符合要求的精度?

♣ 5.1.3. 用有限差分公式 (5.5) 分别使用步长 $h=0.1, 0.01$ 和 0.001 逼近习题 5.1.1 中函数的二阶导数 $u''(1)$. 讨论逼近的精确性.

5.1.4. 构造函数 $u(x)$ 的一阶导数和二阶导数的有限差分逼近, 使用在 $x-k$, $x, x+h$ 点上的函数值. 其中 $h, k \ll 1$ 大小可比但不一定相等. 关于近似值中的误差, 能说些什么?

♣ 5.1.5. 本题推导一些基本的单侧有限差分公式 (one-sided finite difference formula), 用于逼近定义域边界及其附近的函数的导数.(a) 在 $x, x+h$ 和 $x+2h$ 上使用 $u(x)$ 的值, 构造逼近导数 $u'(x)$ 的有限差分公式. 你的公式是几阶的? (b) 为 $u''(x)$ 找到同样的包含三点函数值的有限差分公式. 它的阶数是多少? (c) 用步长 $h=0.1, 0.01$ 和 0.001 计算 $u(x)=\mathrm{e}^{x^2}$ 在 $x=1$ 处的一阶导数和二阶导数, 检验你的逼近公式. 你的数值逼近有多大误差? 误差是否与有限差分公式阶数的理论相符? 讨论为什么是或为什么不是. (d) 在 $x=0$ 处回答 (c) 部分.

♣ 5.1.6. (a) 使用函数值 $u(x), u(x+h), u(x+3h)$, 构造导数 $u'(x)$ 的一个数值逼近. (b) 所得近似的精度是多少? (c) 用步长 $h=0.1, 0.01$ 和 0.001 检验函数 $u(x)=\cos x$ 在 $x=1$ 的近似值. 误差是否与在 (b) 部分中的答案一致?

♣ 5.1.7. 就二阶导数 $u''(x)$ 回答习题 5.1.6.

5.1.8. (a) 求五点中心有限差分逼近

$$u'(x) \approx \frac{-u(x+2h)+8u(x+h)-8u(x-h)+u(x-2h)}{12h}$$

的阶数. (b) 用 $h=0.1, 0.01, 0.001$ 检验函数 $\left(1+x^2\right)^{-1}$ 在 $x=1$ 处的结果.

5.1.9. (a) 用习题 5.1.8 中的公式作指引, 求逼近 (i) $u''(x)$, (ii) $u'''(x)$, (iii) $u^{(4)}(x)$ 的五点有限差分公式. 精度的阶数是多少? (b) 采用值 $h=0.1, 0.01, 0.001$, 对于函数 $\left(1+x^2\right)^{-1}$ 在 $x=1$ 处检验你的公式.

5.2 热方程的数值解法

考虑在长度为 ℓ 的区间上的热方程

$$\frac{\partial u}{\partial t}=\gamma \frac{\partial^2 u}{\partial x^2}, \quad 0<x<\ell, \quad t>0, \tag{5.7}$$

其中常定热扩散系数 $\gamma>0$. 我们使用时间相关的 Dirichlet 边界条件

$$u(t, 0)=\alpha(t), \quad u(t, \ell)=\beta(t), \quad t>0, \tag{5.8}$$

给定区间端点处的温度, 以及初始条件

$$u(0,x)=f(x),\quad 0\leqslant x\leqslant \ell, \tag{5.9}$$

给定初始温度分布. 关于数值逼近对这个初–边值问题解的影响, 我们着手引入结点 (node) $(t_j,x_m)\in\mathbb{R}^2$ 组成的矩形网格 (rectangular mesh)

$$0=t_0<t_1<t_2<\cdots \text{ 和 } 0=x_0<x_1<\cdots<x_n=\ell.$$

为简单起见, 在两个方向上我们都采用一致网格间距, 分别以

$$\Delta t=t_{j+1}-t_j,\quad \Delta x=x_{m+1}-x_m=\frac{\ell}{n}$$

表示时间步长和空间网格大小. 重要的是, 我们不能先验地要求两者是相等的. 我们将使用记号

$$u_{j,m}\approx u\left(t_j,x_m\right),\ \text{其中 } t_j=j\Delta t,\ x_m=m\Delta x \tag{5.10}$$

表示解在给定结点上的数值逼近值.

作为设计数值解的第一次尝试, 我们使用最简单的有限差分逼近方程中出现的导数. 空间二阶导数用中心差分公式 (5.5) 逼近, 因此

$$\begin{aligned}\frac{\partial^2 u}{\partial x^2}\left(t_j,x_m\right)&\approx\frac{u\left(t_j,x_{m+1}\right)-2u\left(t_j,x_m\right)+u\left(t_j,x_{m-1}\right)}{(\Delta x)^2}+O\left((\Delta x)^2\right)\\&\approx\frac{u_{j,m+1}-2u_{j,m}+u_{j,m-1}}{(\Delta x)^2}+O\left((\Delta x)^2\right),\end{aligned} \tag{5.11}$$

其中逼近误差与 $(\Delta x)^2$ 成正比. 同样, 用单侧有限差分逼近 (5.3) 近似时间导数, 如此

$$\frac{\partial u}{\partial t}\left(t_j,x_m\right)\approx\frac{u\left(t_{j+1},x_m\right)-u\left(t_j,x_m\right)}{\Delta t}+O(\Delta t)\approx\frac{u_{j+1,m}-u_{j,m}}{\Delta t}+O(\Delta t), \tag{5.12}$$

其中误差与 Δt 成正比. 一般情况下, 我们应该设法确保逼近有相似的精度阶, 这使得我们要求

$$\Delta t\approx(\Delta x)^2. \tag{5.13}$$

假设 $\Delta x<1$, 这意味着时间步长必须远远小于空间网格大小.

注记: 在这个阶段, 读者可能会用二阶中心差分逼近 (5.6) 取代 (5.12). 然而, 这会同时带来严重的问题, 得到的数值格式是不可用的; 参见习题 5.2.10.

将导数的有限差分近似 (5.11,12) 代入热方程 (5.7) 中, 重新排列各项, 我们最终得到线性系统

$$u_{j+1,m} = \mu u_{j,m+1} + (1-2\mu)u_{j,m} + \mu u_{j,m-1}, \quad \begin{array}{l} j = 0,1,2,\cdots, \\ m = 1,2,\cdots,n-1, \end{array} \tag{5.14}$$

其中

$$\mu = \frac{\gamma \Delta t}{(\Delta x)^2}. \tag{5.15}$$

得到的格式具有迭代形式, 时间 t_{j+1} 的解值 $u_{j+1,m} \approx u(t_{j+1}, x_m)$ 依据 (5.14) 从前一时间 t_j 接续计算求得.

初始条件 (5.9) 表明, 我们应该在结点上采样初始温度:

$$u_{0,m} = f_m = f(x_m), \quad m = 1,2,\cdots,n-1, \tag{5.16}$$

以初始化我们的数值数据. 与之类似, 边界条件 (5.8) 要求

$$u_{j,0} = \alpha_j = \alpha(t_j), \quad u_{j,n} = \beta_j = \beta(t_j), \quad j = 0,1,2,\cdots. \tag{5.17}$$

为了保持一致性, 我们应该假设初始条件和边界条件在区域拐角点上相等:

$$f_0 = f(0) = u(0,0) = \alpha(0) = \alpha_0, \quad f_n = f(\ell) = u(0,\ell) = \beta(0) = \beta_0.$$

(5.14, 16, 17) 这三个方程完全给定了求解初–边值问题 (5.7—9) 的数值逼近格式.

我们用矢量形式把前面的公式重新写得较为简洁些. 首先, 设

$$\boldsymbol{u}^{(j)} = (u_{j,1}, u_{j,2}, \cdots, u_{j,n-1})^\top \approx \big(u(t_j, x_1), u(t_j, x_2), \cdots, u(t_j, x_{n-1})\big)^\top \tag{5.18}$$

是一个向量, 其分量是时间 t_j 内部结点上解值的逼近. 我们略去边界结点 $(t_j, x_0), (t_j, x_n)$, 因为这些值是由边界条件 (5.17) 给定的. 那么 (5.14) 采取形式

$$\boldsymbol{u}^{(j+1)} = A\boldsymbol{u}^{(j)} + \boldsymbol{b}^{(j)}, \tag{5.19}$$

其中

$$A = \begin{pmatrix} 1-2\mu & \mu & & & & \\ \mu & 1-2\mu & \mu & & & \\ & \mu & 1-2\mu & \mu & & \\ & & \mu & \ddots & \ddots & \\ & & & \ddots & \ddots & \mu \\ & & & & \mu & 1-2\mu \end{pmatrix}, \quad \boldsymbol{b}^{(j)} = \begin{pmatrix} \mu\alpha_j \\ 0 \\ 0 \\ \vdots \\ 0 \\ \mu\beta_j \end{pmatrix}. \tag{5.20}$$

$(n-1)\times(n-1)$ 系数矩阵 A 是对称且三对角的, 这里只显示其非零矩阵元. 边界结点的贡献 (5.17) 在向量 $\boldsymbol{b}^{(j)}\in\mathbb{R}^{n-1}$ 中出现. 这种数值方法称为显格式 (explicit scheme), 因为每次迭代都直接从它的前趋算得, 而不必求解任何辅助方程, 不像接下来要讨论的隐格式.

例 5.4 我们取热扩散系数 $\gamma=1$ 和区间长度 $\ell=1$, 为便于说明, 采用空间间距 $\Delta x=0.1$. 我们使用前面例 4.1 中用过的初始数据

$$u(0,x)=f(x)=\begin{cases}-x, & 0\leqslant x<\dfrac{1}{5},\\ x-\dfrac{2}{5}, & \dfrac{1}{5}\leqslant x<\dfrac{7}{10},\\ 1-x, & \dfrac{7}{10}\leqslant x\leqslant 1.\end{cases}$$

以及 Dirichlet 边界条件, 因此有 $u(t,0)=u(t,1)=0$. 在图 5.2 中, 我们比较了两个 (稍有) 不同时间步长的数值解. 第一行使用 $\Delta t=(\Delta x)^2=0.01$, 并绘出给定时间的解. 数值解已经显示出不稳定的迹象 (最终图像窗口甚至装不下), 事实上, 不久之后它就变得完全失控. 第二行取 $\Delta t=0.005$. 尽管我们用的是相当粗糙的网格, 但数值解与初值问题的真实解相差不太远, 如图 4.1 所示.

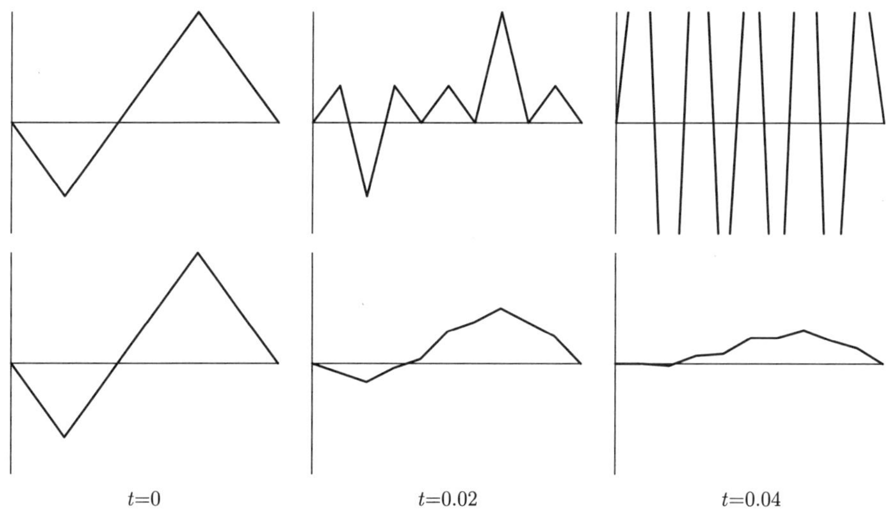

图 5.2 基于显格式的热方程数值解法 ⊎

稳定性分析

根据前面的计算，需要理解我们的数值格式给出的答案，为什么有时合理有时却完全失败. 为此，我们研究数值格式对简单函数的影响. 我们知道，热方程的通解可以分解成不同 Fourier 模之和. 因此，我们可以专注于理解的数值格式对单一复指数函数[①]的影响，记住通过用指数函数作适当线性组合，我们可以重建其对更一般初始数据的影响.

为此，设时间 $t=t_j$ 的解是对指数函数 $u(t_j,x)=\mathrm{e}^{\mathrm{i}kx}$ 的采样，所以

$$u_{j,m}=u(t_j,x_m)=\mathrm{e}^{\mathrm{i}kx_m}, \tag{5.21}$$

其中 k 是一个实参数. 将这个数值代入我们的数值方程 (5.14)，发现时间 t_{j+1} 的更新值仍然是对指数函数的一个采样:

$$\begin{aligned} u_{j+1,m} &= \mu u_{j,m+1}+(1-2\mu)u_{j,m}+\mu u_{j,m-1} \\ &= \mu\mathrm{e}^{\mathrm{i}kx_{m+1}}+(1-2\mu)\mathrm{e}^{\mathrm{i}kx_m}+\mu\mathrm{e}^{\mathrm{i}kx_{m-1}} \\ &= \mu\mathrm{e}^{\mathrm{i}k(x_m+\Delta x)}+(1-2\mu)\mathrm{e}^{\mathrm{i}kx_m}+\mu\mathrm{e}^{\mathrm{i}k(x_m-\Delta x)} \\ &= \lambda\mathrm{e}^{\mathrm{i}kx_m}, \end{aligned} \tag{5.22}$$

其中

$$\begin{aligned} \lambda =&\lambda(k)=\mu\mathrm{e}^{\mathrm{i}k\Delta x}+(1-2\mu)+\mu\mathrm{e}^{-\mathrm{i}k\Delta x} \\ =&1-2\mu[1-\cos(k\Delta x)]=1-4\mu\sin^2\left(\frac{1}{2}k\Delta x\right). \end{aligned} \tag{5.23}$$

因此，单步影响就是复指数函数 (5.21) 乘放大因子 (magnification factor) λ:

$$u(t_{j+1},x)=\lambda\mathrm{e}^{\mathrm{i}kx}. \tag{5.24}$$

换言之，线性算子支配数值格式的每一步，$\mathrm{e}^{\mathrm{i}kx}$ 扮演线性算子的本征函数 (eigenfunction) 的角色，放大因子 $\lambda(k)$ 是相应的本征值 (eigenvalue). 以这种方式继续，我们发现格式进行 p 步迭代的效果就是指数函数乘放大因子的 p 次幂:

$$u(t_{j+p},x)=\lambda^p\mathrm{e}^{\mathrm{i}kx}. \tag{5.25}$$

因此，稳定性是受放大因子的大小支配的: 如果 $|\lambda|>1$，那么 λ^p 指数式增长，数值解 (5.25) 因此随 $p\to\infty$ 变为无穷大，这显然与热方程的解析行为不相容. 因此，我们的数值格式稳定性的一个显然的必要条件是，其放大因子满足

$$|\lambda|\leqslant 1. \tag{5.26}$$

① 如常，复指数函数比实际的三角函数更容易运用.

这种稳定性分析方法是由 20 世纪中期的匈牙利/美国数学家和电子计算机之父 John von Neumann 提出的. *稳定性判据* (stability criterion) (5.26) 有效地将稳定有效的数值解法与不稳定无效的数值解法区别开来. 对于特定情形 (5.23), von Neumann 稳定性判据 (5.26) 要求

$$-1 \leqslant 1-4\mu\sin^2\left(\frac{1}{2}k\Delta x\right) \leqslant 1, \text{ 或等价地 } 0 \leqslant \mu\sin^2\left(\frac{1}{2}k\Delta x\right) \leqslant \frac{1}{2}.$$

由于这要求对所有可能的 k 都成立, 既然 $\gamma > 0$, 我们必须有

$$0 \leqslant \mu = \frac{\gamma\Delta t}{(\Delta x)^2} \leqslant \frac{1}{2}, \text{ 因此 } \Delta t \leqslant \frac{(\Delta x)^2}{2\gamma}. \tag{5.27}$$

因此, 空间网格大小一旦固定, 数值格式稳定性会限制容许的时间步长. 例如若取 $\gamma = 1$ 且空间网格大小 $\Delta x = 0.01$, 则我们必须采用很小的时间步长 $\Delta t \leqslant 0.000\,05$. 即使在不太长的时间, 比如 $t = 1$, 也需要用大量的时间步长来计算解值. 除此之外, 累积的舍入误差可能会导致最终解值整体精度显著降低. 由于不是空间步长和时间步长的所有的选择都能导致一个收敛的格式, 显格式 (5.14) 称为*条件稳定* (conditionally stable) 的.

隐式方法与 Crank-Nicolson 方法

一种不限制时间步长的无条件稳定方法, 可以用向后差分公式取代向前差分公式 (5.12) 来构造,

$$\frac{\partial u}{\partial t}(t_j, x_m) \approx \frac{u(t_j, x_m) - u(t_{j-1}, x_m)}{\Delta t} + O(\Delta t). \tag{5.28}$$

把 (5.28) 和相同的对 u_{xx} 中心差分逼近 (5.11) 代入热方程, 然后用 $j+1$ 替换 j, 得到迭代系统

$$-\mu u_{j+1,m+1} + (1+2\mu)u_{j+1,m} - \mu u_{j+1,m-1} = u_{j,m}, \quad \begin{array}{l} j = 0,1,2,\cdots, \\ m = 1,2,\cdots,n-1, \end{array} \tag{5.29}$$

其中参数 $\mu = \gamma\Delta t/(\Delta x)^2$ 如前. 初始条件和边界条件形式与 (5.16, 17) 相同. 上述方程组可以写成矩阵形式

$$\widehat{A}\boldsymbol{u}^{(j+1)} = \boldsymbol{u}^{(j)} + \boldsymbol{b}^{(j+1)}, \tag{5.30}$$

其中 $\widehat{A}$ 是通过用 $-\mu$ 替换矩阵 A (5.20) 中的 μ 得到, 这用来定义一个*隐格式* (implicit scheme), 因为我们每一步都必须求解一个代数线性系统, 以便算出下

一步迭代 $\boldsymbol{u}^{(j+1)}$. 然而, 因为系数矩阵 $\widehat{A}$ 是三对角的, 解答可以相当迅速计算得到[89], 因此它的计算对于隐格式实施不是实际上的障碍.

例 5.5 考虑与例 5.4 相同的初–边值问题. 在图 5.3 中, 我们作图表示使用隐格式得到的数值解. 我们没有显示初始数据, 绘出网格大小 $\Delta x = 0.1$ 在 $t = 0.02, 0.04, 0.06$ 的数值解的图像. 我们在顶部一行使用 $\Delta t = 0.01$ 的时间步长, 而在底部一行使用 $\Delta t = 0.005$. 与显格式相比, 两者差别很小, 事实上两者均比显格式更接近真实解. 即便实际使用较大的时间步长, 也能得到合理的数值逼近解.

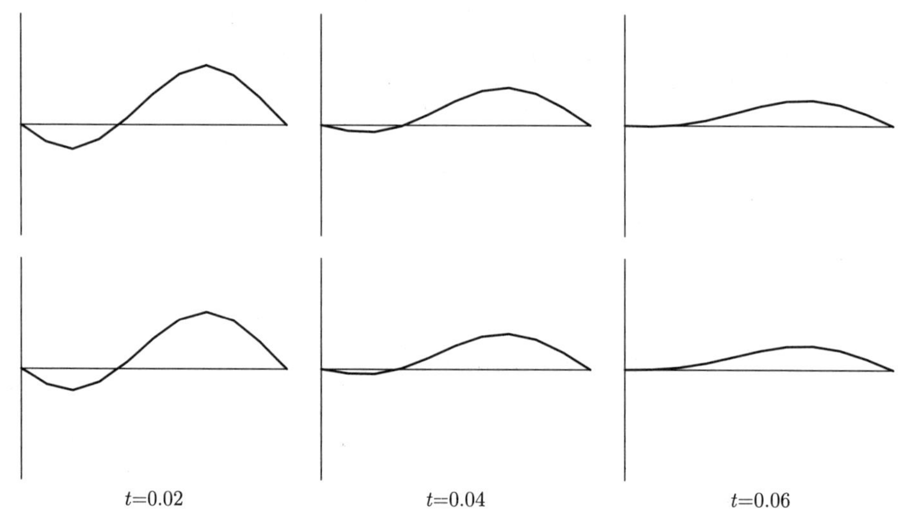

图 5.3 基于隐格式的热方程的数值解法 ⊎

我们运用 von Neumann 分析来研究隐格式的稳定性. 同样, 我们只需要关注这个格式对一个复指数函数的影响. 将 (5.21,24) 代入 (5.29) 并消去共同的指数因子, 得到等式

$$\lambda\left(-\mu e^{ik\Delta x} + 1 + 2\mu - \mu e^{-ik\Delta x}\right) = 1.$$

解出放大因子

$$\lambda = \frac{1}{1 + 2\mu[1 - \cos(k\Delta x)]} = \frac{1}{1 + 4\mu \sin^2\left(\frac{1}{2}k\Delta x\right)}. \tag{5.31}$$

既然 $\mu > 0$, 放大因子的绝对值总是小于 1 的, 所以稳定判据 (5.26) 对任意选择的步长 (for any choice of step sizes) 都能得到满足. 我们的结论是, 隐格式 (5.29) 是*无条件稳定的* (unconditionally stable).

求解热方程另一个常用数值格式是 Crank-Nicolson *方法* (Crank-Nicolson

method), 由英国的数值分析师 John Crank和 Phyllis Nicolson引入:

$$
\begin{aligned}
u_{j+1,m} - u_{j,m} = \frac{1}{2}\mu(&u_{j+1,m+1} - 2u_{j+1,m} + u_{j+1,m-1} + \\
&u_{j,m+1} - 2u_{j,m} + u_{j,m-1}),
\end{aligned}
\tag{5.32}
$$

这是取显格式 (5.14) 与隐格式 (5.29) 的平均得到的. 我们可以把 (5.32) 写为向量形式

$$
\widehat{B}\boldsymbol{u}^{(j+1)} = B\boldsymbol{u}^{(j)} + \frac{1}{2}\left[\boldsymbol{b}^{(j)} + \boldsymbol{b}^{(j+1)}\right],
$$

其中

$$
\widehat{B} = \begin{pmatrix} 1+\mu & -\frac{1}{2}\mu & & \\ -\frac{1}{2}\mu & 1+\mu & -\frac{1}{2}\mu & \\ & -\frac{1}{2}\mu & \ddots & \ddots \\ & & \ddots & \ddots \end{pmatrix}, \quad \widehat{B} = \begin{pmatrix} 1-\mu & \frac{1}{2}\mu & & \\ \frac{1}{2}\mu & 1-\mu & \frac{1}{2}\mu & \\ & \frac{1}{2}\mu & \ddots & \ddots \\ & & \ddots & \ddots \end{pmatrix} \tag{5.33}
$$

都是三对角的. 与前面一样应用 von Neumann 分析, 我们得出放大因子形如

$$
\lambda = \frac{1 - 2\mu \sin^2\left(\frac{1}{2}k\Delta x\right)}{1 + 2\mu \sin^2\left(\frac{1}{2}k\Delta x\right)}. \tag{5.34}
$$

由 $\mu > 0$, 我们看到对于步长的所有的选择都有 $|\lambda| \leqslant 1$, 因此 Crank-Nicolson 格式也是无条件稳定的. 基于对解的 Taylor 展开的详细分析揭示误差是阶 $(\Delta t)^2$ 和 $(\Delta x)^2$ 的, 因此选择时间步长与空间间距相同的量阶 $\Delta t \approx \Delta x$ 是合理的. 这使得 Crank-Nicolson 格式比前两种格式有明显的优势, 因为它可以更少的时间步长获得成功. 但是, 将其应用于上面考虑的初值问题会发现一个微妙的弱点. 图 5.4 中的第一行取空间间距和时间步长均为 $\Delta t = \Delta x = 0.01$, 解得以合理逼近但是拐角附近除外, 当解衰减时总有个烦人且显然不对的局部振荡存在. 底部一行用 $\Delta t = \Delta x = 0.001$ 运行得好些, 然而类似的振荡误差可以在更小的时间观察到. 与隐格式不同, Crank-Nicolson 格式实际上无法快速消除与小尺度特征相关的高频 Fourier 模, 如初始数据中的不连续性和拐角, 尽管它在光滑状态中表现得很好. 因此, 在处理不规则的初始数据时, 好的策略是先运行隐格式, 直到小规模的噪声消散, 再切换到 Crank-Nicolson 格式, 以较大时间步长来确定以后的大尺度动力学行为.

最后, 我们指出, 热方程的上述有限差分格式, 都可以很容易适应更一般的抛物型偏微分方程. 稳定性判据以及观察到的行为是很类似的, 在习题中可以找到几个例子.

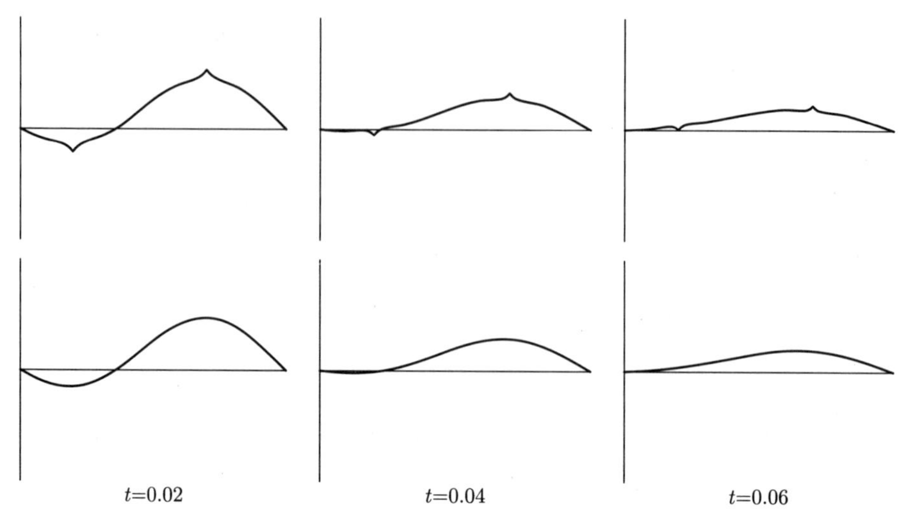

图 5.4 基于 Crank-Nicolson 格式的热方程的数值解法 ⊎

习题

5.2.1. 采用显格式 (5.14), 求初–边值问题

$$u_t = 5u_{xx}, \quad u(t,0) = u(t,3) = 0, \quad u(0,x) = x(x-1)(x-3), \quad 0 \leqslant x \leqslant 3$$

的逼近解.

(a) 给定空间网格大小 $\Delta x = 0.1$, 可用多长时间步长 Δt 得到精确的数值逼近?

(b) 使用容许范围内外各取一个 Δx 值来验证预测.

5.2.2. 求解以下初–边值问题

$$u_t = u_{xx}, \quad u(t,0) = u(t,1) = 0, \quad u(0,x) = f(x), \quad 0 \leqslant x \leqslant 1,$$

初始数据

$$f(x) = \begin{cases} 2\left|x - \dfrac{1}{6}\right| - \dfrac{1}{3}, & 0 \leqslant x < \dfrac{1}{3}, \\ 0, & \dfrac{1}{3} \leqslant x < \dfrac{2}{3}, \\ \dfrac{1}{2} - 3\left|x - \dfrac{5}{6}\right|, & \dfrac{2}{3} \leqslant x \leqslant 1, \end{cases}$$

使用 (i) 显格式 (5.14); (ii) 隐格式 (5.29); (iii) Crank-Nicolson 格式 (5.32). 采用空间间距 $\Delta x = 0.1$ 和 0.05, 适当选择的时间步长 Δt. 讨论在数值逼近中可以观察到解的哪些特点.

5.2.3. 再作习题 5.2.2, 解初–边值问题

$$u_t = 3u_{xx}, \quad u(0,x) = 0, \quad u(t,-1) = 1, \quad u(t,1) = -1,$$

使用空间间距 $\Delta x = 0.2$ 和 0.1.

5.2.4. (a) 解初–边值问题

$$u_t = u_{xx}, \quad u(t,-1) = u(t,1) = 0, \quad u(0,x) = |x|^{1/2} - x^2, \quad -1 \leqslant x \leqslant 1.$$

使用 (i) 显格式 (5.14); (ii) 隐格式 (5.29); (iii) Crank-Nicolson 格式 (5.32). 使用 $\Delta x = 0.1$ 和适当的时间步长 Δt, 比较在时间 $t = 0, 0.01, 0.02, 0.05, 0.1, 0.3, 0.5, 1.0$ 的数值解并讨论你的发现. (b) 重复 (a) 部分, 用 $\Delta x = 0.01$ 的隐格式和 Crank-Nicolson 格式. 为什么不要求执行显格式?

5.2.5. 用空间网格 $\Delta x = 0.1$ 和 0.05 隐格式, 适当选择时间步长 Δt 值, 求周期强迫边值问题 $u_t = u_{xx}, u(0,x) = 0, u(t,0) = \sin 5\pi t, u(t,1) = \cos 5\pi t$ 的解. 解是不是周期的?

♥ 5.2.6. (a) 要处理 Neumann 边界条件, 如何修改 (i) 显格式:(ii) 隐格式? 提示: 用在习题 5.1.5 中得到的单侧有限差分公式, 逼近边界上的导数. (b) 在边值问题

$$u_t = u_{xx}, \quad u(0,x) = \frac{1}{2} + \cos 2\pi x - \frac{1}{2}\cos 3\pi x, \quad u_x(t,0) = 0 = u_x(t,1)$$

测试你的建议. 分别采用空间间距 $\Delta x = 0.1$ 和 0.01 以及适当的时间步长. 比较时间 $t = 0.01, 0.03, 0.05$ 时的数值解和精确解, 并解释任意的差异.

5.2.7. (a) 设计一个数值显格式. 用于近似求解初–边值问题

$$u_t = \gamma u_{xx} + s(x), \quad u(t,0) = u(t,1) = 0, \quad u(0,x) = f(x), \quad 0 \leqslant x \leqslant 1,$$

其中 $s(x)$ 为热方程的源项 (source term). (b) 测试你的数值格式, 取

$$\gamma = \frac{1}{6}, \quad s(x) = x(1-x)(10-22x), \quad f(x) = \begin{cases} 2\left|x - \dfrac{1}{6}\right| - \dfrac{1}{3}, & 0 \leqslant x < \dfrac{1}{3}, \\ 0, & \dfrac{1}{3} \leqslant x < \dfrac{2}{3} \\ \dfrac{1}{2} - 3\left|x - \dfrac{5}{6}\right|, & \dfrac{2}{3} \leqslant x \leqslant 1 \end{cases}$$

使用空间间距 $\Delta x = 0.1$ 和 0.05 以及适当选择的时间步长 Δt. 两个数值解是否接近? (c) 解的长期行为是什么? 能找到一个最终解的剖面公式吗? (d) 为同一问题设计一个隐格式. 这是否会影响数值解的行为? 隐格式的优点是什么?

5.2.8. 考虑损耗扩散方程 (lossy diffusion equation) 的初–边值问题

$$\frac{\partial u}{\partial t} = \frac{\partial^2 u}{\partial x^2} - \alpha u, \quad u(t,0) = u(t,1) = 0, \quad u(0,x) = f(x), \quad \begin{array}{c} t \geqslant 0, \\ 0 \leqslant x \leqslant 1, \end{array}$$

其中 $\alpha > 0$ 是一个正常数. (a) 设计一个有限差分显式方法计算解的数值近似. (b) 预期格式的网格尺寸多大才能提供一个好的近似解? (c) 在 $\alpha < 0$ 时讨论前述问题.

5.2.9. 考虑扩散输运方程 (diffusive transport equation) 的初–边值问题

$$\frac{\partial u}{\partial t} = \frac{\partial^2 u}{\partial x^2} + 2\frac{\partial u}{\partial x}, \quad u(t,0) = u(t,1) = 0, \quad u(0,x) = x(1-x), \quad \begin{array}{c} t \geqslant 0, \\ 0 \leqslant x \leqslant 1. \end{array}$$

(a) 设计一个有限差分显格式, 用于计算解的数值近似. *提示*: 确保逼近阶数是可比较的. (b) 预期格式的多大范围的时间步长能为解提供相当好的近似值? (c) 在 (b) 部分中测试格式, 给定空间间距 $\Delta x = 0.1$.

♦ 5.2.10. (a) 证明: 用中心差分逼近 (5.6) 近似时间导数, 得到数值求解热方程的 Richardson *方法* (Richardson's method):

$$u_{j+1,m} = u_{j-1,m} + 2\mu\left(u_{j,m+1} - 2u_{j,m} + u_{j,m-1}\right), \qquad \begin{array}{l} j = 1,2,\cdots, \\ m = 1,2,\cdots,n-1, \end{array}$$

其中 $\mu = \gamma\Delta t/(\Delta x)^2$ 如 (5.15). (b) 讨论如何启动 Richardson 方法. (c) 讨论 Richardson 方法的稳定性. (d) 用习题 5.2.2 的初–边值问题测试 Richardson 方法. 数值解是否符合来自 (b) 部分的期望?

5.3 一阶偏微分方程的数值解法

接下来我们运用有限差分方法, 构造一阶偏微分方程的几个基本数值方法. 如 4.4 节所述, 一阶偏微分方程是双曲型方程的原型, 在这里所学到的许多经验都能运用到一般的双曲型情形, 包括我们在下一节要详细分析的二阶波方程.

考虑有恒定波速 c 的基本输运方程初值问题

$$\frac{\partial u}{\partial t} + c\frac{\partial u}{\partial x} = 0, \quad u(0,x) = f(x), \quad -\infty < x < \infty. \tag{5.35}$$

当然, 正如我们在 2.2 节中学过的, 解是一个简单的行波

$$u(t,x) = f(x - ct), \tag{5.36}$$

沿 (t,x) 平面上斜率为 c 的特征线是恒定的. 虽然解析解完全是基本的, 但我们尝试用数值逼近重现它将会得到宝贵的经验. 实际上, 下面发展的每个数值格式显然都适合可变波速 $c(t,x)$ 的输运方程, 甚至波速依赖于解 u 的非线性输运方程, 因此也容许激波解.

如前, 我们把注意力集中在一个矩形网格 (t_j, x_m) 上, 具有一致的时间步长 $\Delta t = t_{j+1} - t_j$ 和空间网格大小 $\Delta x = x_{m+1} - x_m$. 我们用 $u_{j,m} \approx u(t_j, x_m)$ 表示给定结点上解 $u(t,x)$ 的数值逼近. 最简单的数值格式是对时间和空间导数的一阶有限差分近似 (5.1), 得到

$$\frac{\partial u}{\partial t}(t_j, x_m) \approx \frac{u_{j+1,m} - u_{j,m}}{\Delta t} + O(\Delta t),$$
$$\frac{\partial u}{\partial x}(t_j, x_m) \approx \frac{u_{j,m+1} - u_{j,m}}{\Delta x} + O(\Delta x). \tag{5.37}$$

将这些表达式代入输运方程 (5.35), 得到数值显格式

$$u_{j+1,m} = -\sigma u_{j,m+1} + (\sigma + 1)u_{j,m}, \tag{5.38}$$

其中参数

$$\sigma = \frac{c\Delta t}{\Delta x} \tag{5.39}$$

取决于波速及时间步长与空间间距之比. 因为我们对两种导数使用的都是一阶近似, 所以我们应该选择步长与间距大小可比: $\Delta t \approx \Delta x$. 当在有界区间上求解时, 比如说 $0 \leqslant x \leqslant \ell$, 我们需要在区间右端为数值解给定一个值, 例如, 设 $u_{j,n} = 0$ 对应于施加边界条件 $u(t, \ell) = 0$.

在图 5.5 中, 我们绘制出时间 $t = 0.1, 0.2, 0.3$ 的数值解, 源自以下初始条件:

$$u(0, x) = f(x) = 0.4\mathrm{e}^{-300(x-0.5)^2} + 0.1\mathrm{e}^{-300(x-0.65)^2}. \tag{5.40}$$

我们取 $\Delta t = \Delta x = 0.005$, 并尝试四种不同波速值. 情形 $c = 0.5$ 和 $c = -1.5$ 清楚地显示出某种形式的数值不稳定. 当 $c = -0.5$ 时数值解比较合理. 该格式的精度却相对较低, 但已经可以观察到一些衰减, 这可以通过使用较小的步长来缓解. 情形 $c = -1$ 看起来格外好, 习题 5.3.6 要求给出一个解释.

CFL 条件

有两种方法可以理解观察到的数值不稳定性. 首先, 我们回顾 (5.36) 的精确解沿特征线 $x = ct + \xi$ 是恒定的. 因此 $u(t, x)$ 的值仅取决于点 $\xi = x - ct$ 上的初始值 $f(\xi)$. 另一方面, 在时间 $t = t_j$, 用 (5.38) 计算数值解 $u_{j,m} \approx u(t_j, x_m)$ 依赖于 $u_{j-1,m}$ 和 $u_{j-1,m+1}$ 的取值. 后面这两个数值是由此前的逼近 $u_{j-2,m}, u_{j-2,m+1}, u_{j-2,m+2}$ 计算得来的. 以此类推, 一直可以回溯到初始时刻 $t_0 = 0$, 我们发现 $u_{j,m}$ 依赖于位于区间 $x_m \leqslant x \leqslant x_m + j\Delta x$ 结点上的初始值 $u_{0,m} = f(x_m), \cdots, u_{0,m+j} = f(x_m + j\Delta x)$. 另一方面, 真实解 $u(t_j, x_m)$ 仅依赖于 $f(\xi)$ 的值, 其中

$$\xi = x_m - ct_j = x_m - cj\Delta t.$$

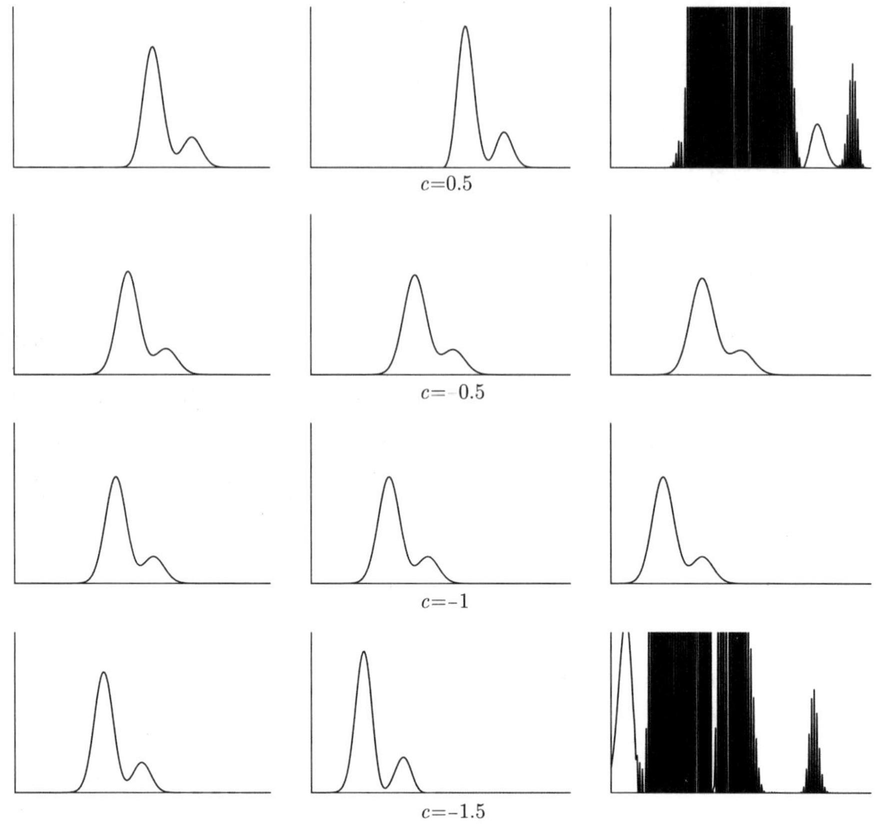

图 5.5 输运方程的数值解法 ⊎

因此, 如果 ξ 位于区间 $[x_m, x_m + j\Delta x]$ 之外, 那么在点 $x = \xi$ 附近的初始条件就会改变真实解的值 $u(t_j, x_m)$, 而改变不了其数值逼近 $u_{j,m}$! 故该数值格式不可能给出真实解值的精确逼近. 因此, 我们必须要求

$$x_m \leqslant \xi = x_m - cj\Delta t \leqslant x_m + j\Delta x, \text{ 于是 } 0 \leqslant -c\Delta t \leqslant \Delta x.$$

我们重写为

$$0 \geqslant \sigma = \frac{c\Delta t}{\Delta x} \geqslant -1, \text{ 或等价地 } -\frac{\Delta x}{\Delta t} \leqslant c \leqslant 0. \tag{5.41}$$

此即所谓的 Courant-Friedrichs-Lewy 条件的最简单表示, 简称 CFL 条件 (CFL condition), 这是建立在发展偏微分方程数值方法的三位先驱于 1928 年的开创性论文 [33]之上的: 德国 (不久后美国) 应用数学家 Richard Courant, Kurt Friedrichs和 Hans Lewy. 注意 CFL 条件要求波速为负, 时间步长不能太大. 因此, 对于容许的波速而言, 有限差分格式 (5.38) 是条件稳定的.

CFL 条件可以重写为如下几何上比较易懂的方式. 对于有限差分格式 (5.38), 点 (t_j, x_m) 的数值依赖域 (numerical domain of dependence) 是三角形

$$T_{(t_j,x_m)} = \{(t,x) \mid 0 \leqslant t \leqslant t_j, x_m \leqslant x \leqslant x_m + t_j - t\}. \tag{5.42}$$

正如我们刚刚看到的, 这样命名的原因是结点 (t_j, x_m) 上解的数值逼近取决于其数值依赖域内结点上的计算值; 参见图 5.6. CFL 条件 (5.41) 要求, 对于所有的 $0 \leqslant t \leqslant t_j$, 通过点 (t_j, x_m) 的特征线完全位于数值依赖域 (5.42) 内. 如果该特征线处于数值依赖域之外, 则该格式将是不稳定的. 利用这一几何重构, CFL 判据可以应用于非均匀波速线性输运方程和非线性输运方程的数值逼近.

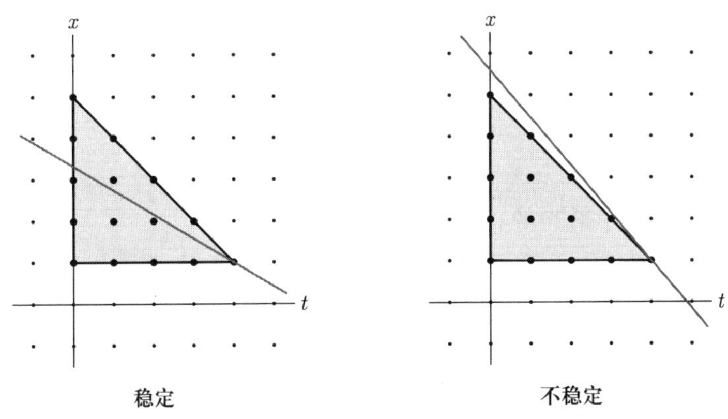

图 5.6 CFL 条件

CFL 判据 (5.41) 可用 von Neumann 稳定性分析再次确立. 如前, 我们用指数函数测试数值格式. 将

$$u_{j,m} = \mathrm{e}^{\mathrm{i}kx_m}, u_{j+1,m} = \lambda \mathrm{e}^{\mathrm{i}kx_m} \tag{5.43}$$

代入 (5.38), 得到

$$\lambda \mathrm{e}^{\mathrm{i}kx_m} = -\sigma \mathrm{e}^{\mathrm{i}kx_{m+1}} + (\sigma+1)\mathrm{e}^{\mathrm{i}kx_m} = \left(-\sigma \mathrm{e}^{\mathrm{i}k\Delta x} + \sigma + 1\right) \mathrm{e}^{\mathrm{i}kx_m}.$$

结果 (复的) 放大因子

$$\lambda = 1 + \sigma\left(1 - \mathrm{e}^{\mathrm{i}k\Delta x}\right) = [1 + \sigma - \sigma\cos(k\Delta x)] - \mathrm{i}\sigma\sin(k\Delta x)$$

要满足稳定判据 $|\lambda| \leqslant 1$, 当且仅当对于所有的 k, 有

$$|\lambda|^2 = [1 + \sigma - \sigma\cos(k\Delta x)]^2 + [\sigma\sin(k\Delta x)]^2$$

$$= 1 + 2\sigma(\sigma+1)\left[1-\cos(k\Delta x)\right] = 1 + 4\sigma(\sigma+1)\sin^2\left(\frac{1}{2}k\Delta x\right) \leqslant 1.$$

因此, 稳定性要求 $\sigma(\sigma+1) \leqslant 0$, 故有 $-1 \leqslant \sigma \leqslant 0$, 这与 CFL 条件 (5.41) 完全一致.

迎风格式与 Lax-Wendroff 格式

为了得到可用于正波速的有限差分格式, 可以将 $\partial u/\partial x$ 的向前有限差分逼近改为相应的向后差商, 即 (5.1) 取 $h = -\Delta x$, 得到替代的一阶数值格式

$$u_{j+1,m} = -(\sigma - 1)u_{j,m} + \sigma u_{j,m-1}, \tag{5.44}$$

这里 $\sigma = c\Delta t/\Delta x$ 与以前一样. 类似的分析, 留给读者. 得到相应的 CFL 稳定判据

$$0 \leqslant \sigma = \frac{c\Delta t}{\Delta x} \leqslant 1,$$

因此该格式可以用于适当的正波速.

以这种方式, 我们已经得到适用于负波速的数值格式, 以及适合正波速的替代格式. 这里出现了一个疑问, 特别当处理可变波速方程时, 是否可以设计一个对正的和负的波速全都 (条件) 稳定的格式. 有人也许试图使用中心差分逼近 (5.6):

$$\frac{\partial u}{\partial x}(t_j, x_m) \approx \frac{u_{j,m+1} - u_{j,m-1}}{2\Delta x} + O\left((\Delta x)^2\right). \tag{5.45}$$

将 (5.45) 和前面时间导数逼近 (5.37) 代入 (5.35), 得到数值格式

$$u_{j+1,m} = -\frac{1}{2}\sigma u_{j,m+1} + u_{j,m} + \frac{1}{2}\sigma u_{j,m-1}, \tag{5.46}$$

如常 $\sigma = c\Delta t/\Delta x$. 此时, 结点 (t_j, x_m) 的数值依赖域

$$\widetilde{T}_{(t_j,x_m)} = \{(t,x) \mid 0 \leqslant t \leqslant t_j, x_m - t_j + t \leqslant x \leqslant x_m + t_j - t\} \tag{5.47}$$

由三角形中的结点组成. CFL 条件要求, 当 $0 \leqslant t \leqslant t_j$ 时, 通过 (t_j, x_m) 的特征线要在这个三角形之内, 如图 5.7 所示, 规定条件

$$|\sigma| = \left|\frac{c\Delta t}{\Delta x}\right| \leqslant 1, \text{ 或等价地 } |c| \leqslant \frac{\Delta x}{\Delta t}. \tag{5.48}$$

遗憾的是, 尽管在这个范围中的波速满足 CFL 条件, 中心差分格式实际上总是不稳定的 (unstable)! 例如, 前述 $c = 1$ 的初值问题 (5.40) 数值解的不稳定性可以在图 5.8 中观察到. 这可以运用 von Neumann 分析加以证实: 把 (5.43)

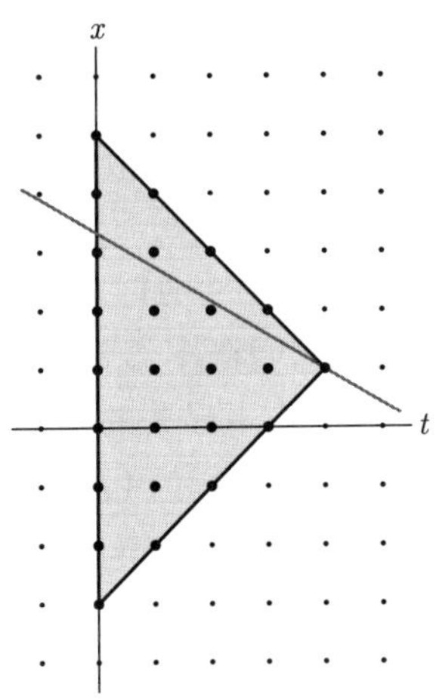

图 5.7 中心差分格式的 CFL 条件

代入 (5.46) 并消去共同的指数因子. 只要 $\sigma \neq 0$, 这意味着 $c \neq 0$, 得到放大因子

$$\lambda = 1 - \mathrm{i}\sigma \sin(k\Delta x)$$

对于所有的满足 $\sin(k\Delta x) \neq 0$ 的 k 而言, 都满足 $|\lambda| > 1$. 因此, 对于 $c \neq 0$ 来说, 中心差分格式 (5.46) 对于所有的 (非零) 波速都是不稳定的!

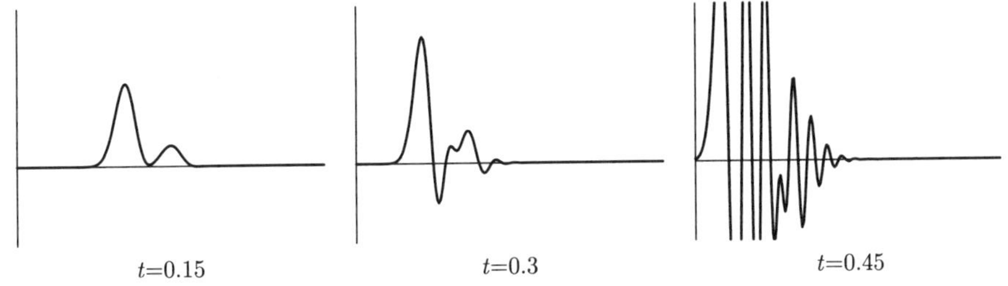

图 5.8 输运方程的中心差分数值解法 ⊎

一个可能克服波速符号限制的办法是, 当波速为负时使用向前差分格式 (5.38), 而当波速为正时使用向后差分格式 (5.44). 由此得到的格式, 对可变波速 $c(t,x)$ 有效, 形如

$$u_{j+1,m} = \begin{cases} -\sigma_{j,m} u_{j,m+1} + (\sigma_{j,m} + 1)\, u_{j,m}, & c_{j,m} \leqslant 0, \\ -(\sigma_{j,m} - 1)\, u_{j,m} + \sigma_{j,m} u_{j,m-1}, & c_{j,m} > 0, \end{cases} \tag{5.49}$$

其中

$$\sigma_{j,m}=c_{j,m}\frac{\Delta t}{\Delta x},\quad c_{j,m}=c\left(t_j,x_m\right). \tag{5.50}$$

这称为迎风格式 (upwind scheme), 因为相对于参考点 (t_j,x_m) 来说, 第二个结点始终位于“迎风的”位置, 即背离运动方向. 迎风格式在短时间内工作得相当好, 假定各个结点处空间间距足够小且时间步长满足 CFL 条件 $\Delta x/\Delta t\leqslant |c_{j,m}|$, 参见 (5.41). 然而, 正如我们在图 5.5 中已经观察到的, 在较长的时间内, 简单的迎风格式往往对波会产生显著的阻尼, 或者要求步长小到不可接受. 克服这种缺陷的一个方法是使用通行的 Lax-Wendroff 格式 (Lax-Wendroff scheme), 它是基于对导数的二阶逼近. 在恒定波速情形, 迭代步骤采取形式

$$u_{j+1,m}=\frac{1}{2}\sigma(\sigma-1)u_{j,m+1}-\left(\sigma^2-1\right)u_{j,m}+\frac{1}{2}\sigma(\sigma+1)u_{j,m-1}. \tag{5.51}$$

Lax-Wendroff 格式的稳定性分析留作习题. 对可变波速的扩展比较微妙, 详细推导建议读者见 [80].

习题

5.3.1. 在区间 $[-10,10]$ 上, 用迎风格式空间间距 $\Delta x=0.1$, 求解初值问题 $u_t=3u_x, u(0,x)=1/\left(1+x^2\right)$. 确定适当的时间步长, 并绘制你的数值解在时间 $t=0.5,1,1.5$ 处的图像. 讨论观察到的现象.

5.3.2. 关于下列非均匀输运方程, 解习题 5.3.1:
(a) $u_t+4\left(1+x^2\right)^{-1}u_x=0$. (b) $u_t=\left(3-2\mathrm{e}^{-x^2/4}\right)u_x$.
(c) $u_t+7x\left(1+x^2\right)^{-1}u_x=0$. (d) $u_t+\left(2\arctan\frac{1}{2}x\right)u_x=0$.

5.3.3. 考虑区间 $[-5,5]$ 上的初值问题

$$u_t+\frac{3x}{x^2+1}u_x=0,\quad u(0,x)=\left(1-\frac{1}{2}x^2\right)\mathrm{e}^{-x^2/3}.$$

使用空间间距 $\Delta x=0.1$ 和时间步长 $\Delta t=0.025$, 应用 (a) 向前格式 (5.38) (适当地修改为可变波速), (b) 向后格式 (5.44) (适当地修改为可变波速) 和 (c) 迎风格式 (5.49). 绘制在时间 $t=0.5,1,1.5$ 上得到数值解的图像. 并讨论在各情形中观察到的现象. 哪些格式是稳定的?

5.3.4. 采用中心差分格式 (5.46) 解习题 5.3.1 中的初值问题. 有没有观察到数值解的不稳定性?

5.3.5. 使用 Lax-Wendroff 格式 (5.51) 求解习题 5.3.1 中的初值问题. 与迎风格式进行比较, 讨论解的精度.

♦ 5.3.6. 对于图 5.5 中数值解, 能否解释为什么 $c=-1$ 的情形明显好于 $c=-0.5$ 的情形, 或者实际上比稳定范围任何其他的 c 都好.

5.3.7. 非线性输运方程通常以守恒律形式进行数值求解. 然后将有限差分公式直接应用于守恒密度和通量.

(a) 设计一个迎风格式, 数值求解我们最偏爱的非线性输运方程 $u_t+\frac{1}{2}\left(u^2\right)_x=0$.

(b) 对初值问题 $u(0,x)=\mathrm{e}^{-x^2}$ 测试格式.

5.3.8. (a) 为阻尼输运方程 $u_t+\frac{3}{4}u_x+u=0$ 设计一个稳定的数值解格式. (b) 用初值问题 $u(0,x)=\mathrm{e}^{-x^2}$ 测试格式.

♦ 5.3.9. 分析数值格式 (5.44) 的稳定性, 分别运用 (a) CFL 条件; (b) von Neumann 分析. 得到的结论是一样的吗?

♦ 5.3.10. 如何选择步长 $\Delta t, \Delta x$ 的大小, 使得 Lax-Wendroff 格式 (5.51) 稳定?

5.4 波方程的数值解法

现在, 我们为二阶波方程开发几个基本数值解法. 如上所述, 虽然我们拥有显式的 d'Alembert 解 (2.82), 但在设计可行格式时汲取的经验将会带到更复杂的情形, 包括非均匀介质问题和高维问题, 在那里获得解的解析公式可绝非易事.

考虑波速恒定 $c>0$、长度为 ℓ 的有界区间上的波方程

$$\frac{\partial^2 u}{\partial t^2}=c^2\frac{\partial^2 u}{\partial x^2}, \quad 0<x<\ell, \quad t\geqslant 0. \tag{5.52}$$

为确定起见, 我们规定 (可能与时间相关的) Dirichlet 边界条件

$$u(t,0)=\alpha(t), \quad u(t,\ell)=\beta(t), \quad t\geqslant 0, \tag{5.53}$$

以及通常的初始条件

$$u(0,x)=f(x), \quad \frac{\partial u}{\partial t}(0,x)=g(x), \quad 0\leqslant x\leqslant \ell. \tag{5.54}$$

如前, 我们采用均匀空间网格

$$t_j=j\Delta t, \quad x_m=m\Delta x, \text{ 其中 } \Delta x=\frac{\ell}{n}.$$

通过用标准差分逼近 (5.5) 替代波方程中的二阶导数, 实现离散化:

$$
\begin{aligned}
\frac{\partial^2 u}{\partial t^2}(t_j, x_m) &\approx \frac{u(t_{j+1}, x_m) - 2u(t_j, x_m) + u(t_{j-1}, x_m)}{(\Delta t)^2} + O\left((\Delta t)^2\right), \\
\frac{\partial^2 u}{\partial x^2}(t_j, x_m) &\approx \frac{u(t_j, x_{m+1}) - 2u(t_j, x_m) + u(t_j, x_{m-1})}{(\Delta x)^2} + O\left((\Delta x)^2\right).
\end{aligned} \tag{5.55}
$$

既然误差都是二阶的, 我们预计能选择大小相当的空间间距和时间步长: $\Delta t \approx \Delta x$. 将有限差分公式 (5.55) 代入偏微分方程 (5.52), 重新排列各项, 我们得到结点上解的数值逼近 $u_{j,m} \approx u(t_j, x_m)$ 的迭代系统

$$
\begin{gathered}
u_{j+1,m} = \sigma^2 u_{j,m+1} + 2\left(1-\sigma^2\right) u_{j,m} + \sigma^2 u_{j,m-1} - u_{j-1,m}, \\
j = 1, 2, \cdots, \quad m = 1, 2, \cdots, n-1.
\end{gathered} \tag{5.56}
$$

参数

$$
\sigma = \frac{c\Delta t}{\Delta x} > 0 \tag{5.57}
$$

依赖于波速和时间步长与空间间距之比. 边界条件 (5.53) 要求

$$
u_{j,0} = \alpha_j = \alpha(t_j), \quad u_{j,n} = \beta_j = \beta(t_j), \quad j = 0, 1, 2, \cdots. \tag{5.58}
$$

这容许我们把迭代系统重写为向量形式

$$
\boldsymbol{u}^{(j+1)} = B\boldsymbol{u}^{(j)} - \boldsymbol{u}^{(j-1)} + \boldsymbol{b}^{(j)}, \tag{5.59}
$$

其中

$$
\begin{gathered}
B = \begin{pmatrix}
2\left(1-\sigma^2\right) & \sigma^2 & & & \\
\sigma^2 & 2\left(1-\sigma^2\right) & \sigma^2 & & \\
 & \sigma^2 & \ddots & \ddots & \\
 & & \ddots & \ddots & \sigma^2 \\
 & & & \sigma^2 & 2\left(1-\sigma^2\right)
\end{pmatrix}, \\
\boldsymbol{u}^{(j)} = \begin{pmatrix} u_{j,1} \\ u_{j,2} \\ \vdots \\ u_{j,n-2} \\ u_{j,n-1} \end{pmatrix}, \quad
\boldsymbol{b}^{(j)} = \begin{pmatrix} \sigma^2 \alpha_j \\ 0 \\ \vdots \\ 0 \\ \sigma^2 \beta_j \end{pmatrix}.
\end{gathered} \tag{5.60}
$$

与 (5.18) 相同, $\boldsymbol{u}^{(j)} \in \mathbb{R}^{n-1}$ 的分量是在内部结点上解值的数值逼近. 注意 (5.59) 描述了一个二阶迭代格式 (second-order iterative scheme), 因为迭代计算后续的 $\boldsymbol{u}^{(j+1)}$ 需要已知两步前趋的值: $\boldsymbol{u}^{(j)}$ 和 $\boldsymbol{u}^{(j-1)}$.

如何使启动格式比较微妙. 我们已知 $\boldsymbol{u}^{(0)}$, 因为它的分量 $u_{0,m} = f_m =$

$f(x_m)$ 由最初的位置确定. 然而我们还需要已知 $\boldsymbol{u}^{(1)}$ 才能启动迭代和计算 $\boldsymbol{u}^{(2)}, \boldsymbol{u}^{(3)}, \cdots$, 它的分量 $u_{1,m} \approx u(\Delta t, x_m)$ 近似时间 $t_1 = \Delta t$ 的解, 而初始速度 $u_t(0,x) = g(x)$ 规定初始时刻 $t_0 = 0$ 的导数 $u_t(0, x_m) = g_m = g(x_m)$. 为了解决这个困难, 首先想到的可能是使用有限差分逼近

$$g_m = \frac{\partial u}{\partial t}(0, x_m) \approx \frac{u(\Delta t, x_m) - u(0, x_m)}{\Delta t} \approx \frac{u_{1,m} - f_m}{\Delta t} \tag{5.61}$$

计算所需的值 $u_{1,m} = f_m + g_m \Delta t$. 然而, 逼近 (5.61) 只有 Δt 阶精度, 而格式的其余部分却有正比于 $(\Delta t)^2$ 的误差. 其结果是在初始阶段就引入一个有点大得不能接受的误差, 使得解的精确性无法达到所需的阶数.

为了构造一个 $(\Delta t)^2$ 阶误差的初始逼近 $\boldsymbol{u}^{(1)}$, 我们需要比较深入地分析逼近 (5.61) 的误差. 注意到 Taylor 定理

$$\begin{aligned}\frac{u(\Delta t, x_m) - u(0, x_m)}{\Delta t} &= \frac{\partial u}{\partial t}(0, x_m) + \frac{1}{2}\frac{\partial^2 u}{\partial t^2}(0, x_m)\Delta t + O\left((\Delta t)^2\right) \\ &= \frac{\partial u}{\partial t}(0, x_m) + \frac{c^2}{2}\frac{\partial^2 u}{\partial x^2}(0, x_m)\Delta t + O\left((\Delta t)^2\right),\end{aligned}$$

既然 $u(t,x)$ 是波方程的解. 因此,

$$\begin{aligned}u_{1,m} = u(\Delta t, x_m) &\approx u(0, x_m) + \frac{\partial u}{\partial t}(0, x_m)\Delta t + \frac{c^2}{2}\frac{\partial^2 u}{\partial x^2}(0, x_m)(\Delta t)^2 \\ &= f(x_m) + g(x_m)\Delta t + \frac{c^2}{2} f''(x_m)(\Delta t)^2 \\ &\approx f_m + g_m \Delta t + \frac{c^2 (f_{m+1} - 2f_m + f_{m-1})(\Delta t)^2}{2(\Delta x)^2},\end{aligned}$$

其中最后一行, 使用二阶导数的有限差分逼近 (5.5), 用于无法知道 $f''(x)$ 的显式公式或者太复杂而无法直接求值的情形. 因此我们通过设

$$u_{1,m} = \frac{1}{2}\sigma^2 f_{m+1} + \left(1 - \sigma^2\right) f_m + \frac{1}{2}\sigma^2 f_{m-1} + g_m \Delta t \tag{5.62}$$

来启动该格式, 或写成向量形式,

$$\boldsymbol{u}^{(0)} = \boldsymbol{f}, \quad \boldsymbol{u}^{(1)} = \frac{1}{2}B\boldsymbol{u}^{(0)} + \boldsymbol{g}\Delta t + \frac{1}{2}\boldsymbol{b}^{(0)}, \tag{5.63}$$

其中 $\boldsymbol{f} = (f_1, f_2, \cdots, f_{n-1})^{\top}, \boldsymbol{g} = (g_1, g_2, \cdots, g_{n-1})^{\top}$ 是初始数据的采样值. 这是为了维持格式的二阶精度所必需的.

例 5.6 考虑特定的初值问题

$$u_{tt} = u_{xx}, \quad \begin{array}{ll} u(0,x) = \mathrm{e}^{-400(x-0.3)^2},\ u_t(0,x) = 0, & 0 \leqslant x \leqslant 1, \\ u(t,0) = u(t,1) = 0, & t \geqslant 0 \end{array}$$

在区间 $[0,1]$ 上服从齐次 Dirichlet 边界条件. 初始数据是中心在 $x = 0.3$ 处

相当集中的隆起. 随着时间的推移, 我们预计初始隆起分裂成两个半大的隆起, 然后与区间的端点相撞, 调转方向和定位.

对于我们的数值逼近, 空间离散由 90 个等距结点组成, 所以 $\Delta x = \dfrac{1}{90} = 0.0111\cdots$. 如果选择时间步长 $\Delta t = 0.01$, 从而 $\sigma = 0.9$, 那么我们获得在相当长的时间范围内都合理的解, 如图 5.9 所示. 另一方面, 如果加倍时间步长设 $\Delta t = 0.02$, 那么 $\sigma = 1.8$, 如图 5.10 所示, 这将导致不稳定乃至数值解最终崩溃. 因此, 前面的数值格式看起来只是条件稳定的.

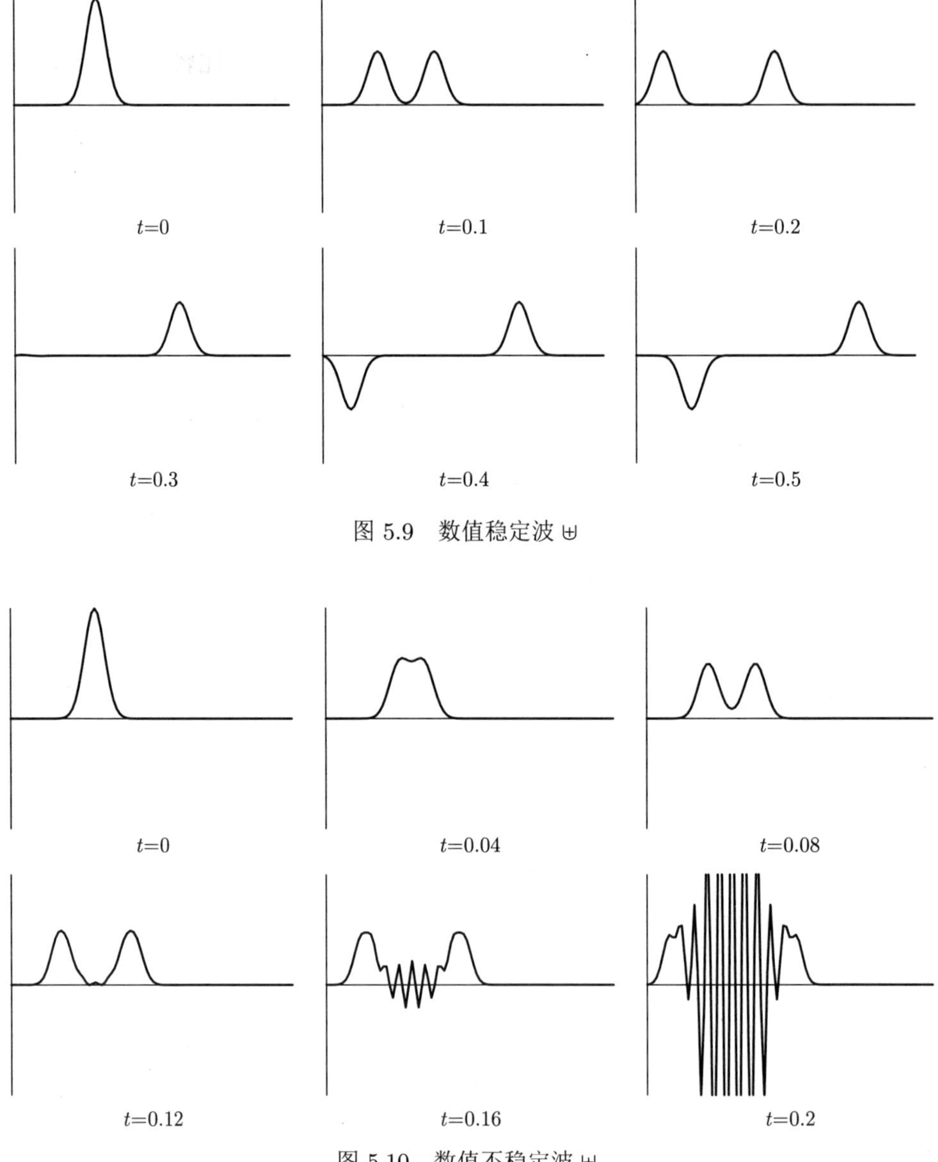

图 5.9 数值稳定波 ⊎

图 5.10 数值不稳定波 ⊎

稳定性分析沿着一阶情形同样的思路. 对于 $0 \leqslant t \leqslant t_j$, CFL 条件要求从结点 (t_j, x_m) 出发的特征线要保持在其数值依赖域中, 对于我们特定的数值格式, 它是同一个三角形

$$\widetilde{T}_{(t_j,x_m)} = \{(t,x) \mid 0 \leqslant t \leqslant t_j, x_m - t_j + t \leqslant x \leqslant x_m + t_j - t\},$$

现在绘制在图 5.11 中. 由于特征线是斜率为 $\pm c$ 的直线, CFL 条件与 (5.48) 一样:

$$\sigma = \frac{c\Delta t}{\Delta x} \leqslant 1, \text{ 或等价地 } 0 \leqslant c \leqslant \frac{\Delta x}{\Delta t}. \tag{5.64}$$

得到的稳定判据解释了观察到的数值稳定情形和不稳定情形之间的差异.

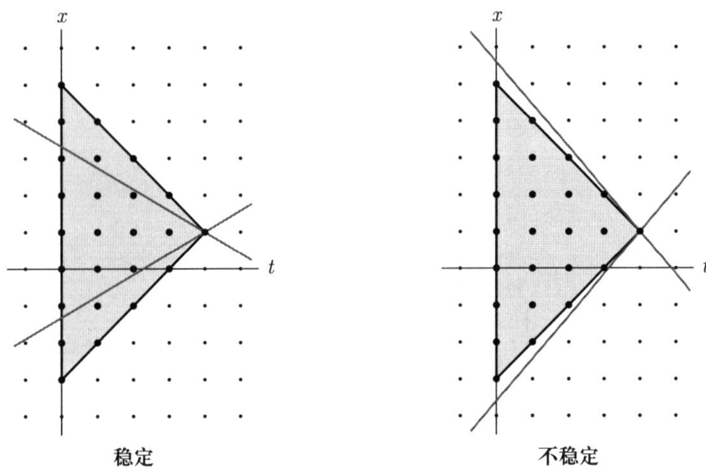

图 5.11 波方程的 CFL 条件

然而, 正如我们在前面提到的, 一般来说, CFL 条件只是数值格式稳定的必要条件: 充分性要求我们进行 von Neumann 稳定性分析. 为此, 我们特地就单一复指数函数 e^{ikx} 计算. 经过一个时间步长后, 格式的作用是将其乘放大因子 $\lambda = \lambda(k)$, 再经过一个时间步长放大因子为 λ^2, 以此类推. 为了确定 λ, 我们将相关的指数函数采样值

$$u_{j-1,m} = e^{ikx_m}, \quad u_{j,m} = \lambda e^{ikx_m}, \quad u_{j+1,m} = \lambda^2 e^{ikx_m} \tag{5.65}$$

代入格式 (5.56), 消去共同的指数后, 我们发现放大因子满足如下二次方程:

$$\lambda^2 = \left[2 - 4\sigma^2 \sin^2\left(\frac{1}{2}k\Delta x\right)\right]\lambda - 1,$$

由此

$$\lambda=\alpha\pm\sqrt{\alpha^2-1}, \text{ 其中 } \alpha=1-2\sigma^2\sin^2\left(\frac{1}{2}k\Delta x\right). \tag{5.66}$$

因此, 对于每一个复指数函数有两个不同的放大因子, 事实上这是格式为二阶的后果. 稳定性要求两个放大因子的模都不大于 1. 现在, 如果 CFL 条件 (5.64) 成立, 那么 $|\alpha|\leqslant 1$, 这意味着两个放大因子 (5.66) 是模 $|\lambda|=1$ 的复数, 因此该数值格式满足稳定判据 (5.26). 另一方面, 如果 $\sigma>1$, 那么在 k 的取值范围内 $\alpha<-1$, 这意味着两个放大因子 (5.66) 都是实数, 其中之一是小于 -1 的, 从而违反了稳定性准则. 有鉴于此, CFL 条件 (5.64) 确实把波方程有限差分的稳定格式与不稳定格式区分开了.

习题

5.4.1. 数值近似求区间 $0\leqslant x\leqslant 3$ 上的初–边值问题

$$\begin{aligned}&u_{tt}=64u_{xx}, \quad u(t,0)=u(t,3)=0,\\ &u(0,x)=\begin{cases}1-2|x-1|, & \dfrac{1}{2}\leqslant x\leqslant\dfrac{3}{2},\\ 0, & \text{其他},\end{cases} \quad u_t(0,x)=0\end{aligned}$$

的解, 使用 (5.56) 且空间间距 $\Delta x=0.1$. (a) 时间步长 Δt 的容许范围是多少? (b) 在 Δt 的容许范围内外各取一值运行数值解, 测试你的答案. 讨论在数值解中观察到的现象. (c) 在稳定范围内, 将数值解与使用较小步长 $\Delta x=0.01$ 和适当的时间步长 Δt 得到的结果进行比较.

5.4.2. 如习题 5.4.1, 解边值问题

$$\begin{aligned}&u_{tt}=64u_{xx}, \quad u(t,0)=u(t,3)=0, \quad u(0,x)=0,\\ &u_t(0,x)=\begin{cases}1-2|x-1|, & \dfrac{1}{2}\leqslant x\leqslant\dfrac{3}{2},\\ 0, & \text{其他}.\end{cases}\end{aligned}$$

5.4.3. 解区间 $0\leqslant x\leqslant 1$ 上的初–边值问题

$$u_{tt}=9u_{xx}, \quad u(t,0)=u(t,1)=0, \quad u(0,x)=\frac{1}{2}+\left|x-\frac{1}{4}\right|-\left|2x-\frac{3}{4}\right|, \quad u_t(0,x)=0.$$

使用数值格式 (5.56), 空间间距 $\Delta x=0.1, 0.01$ 和 0.001 并适当选择时间步长. 讨论在你的数值逼近中可以观察到解的哪些特征.

5.4.4. (a) 使用具有空间间距 $\Delta x=0.05$ 的数值积分器[①] (numerical integrator), 求解

① 译注: 值得强调.

周期强迫边值问题

$$u_{tt} = u_{xx}, \quad u(0,x) = u_t(0,x) = 0, \quad u(t,0) = \sin t, \quad u(t,1) = 0.$$

你的解是否周期的? (b) 用另一个边界条件 $u(t,0) = \sin \pi t$ 重复计算, 讨论观察到的两个问题之间的任何差异.

5.4.5. (a) 设计一个求解波方程初–边值问题

$$u_{tt} = c^2 u_{xx} + F(t,x), \quad u(t,0) = u(t,1) = 0, \quad u(0,x) = f(x), \quad \begin{array}{l} u_t(0,x) = g(x), \\ 0 \leqslant x \leqslant 1 \end{array}$$

的数值显格式, 其中 $F(t,x)$ 为外部强迫作用项 (forcing term). 指出对时间步长和空间间距要施加的稳定性条件. (b) 对 $c = \dfrac{1}{4}, F(t,x) = 3\,\mathrm{sign}\left(x - \dfrac{1}{2}\right) \sin \pi t, f(x) \equiv g(x) \equiv 0$ 的特定情形测试你的格式, 用空间间距 $\Delta x = 0.05$ 和 0.01 及适当选择的时间步长.

5.4.6. 令 $\beta > 0$. (a) 对区间 $0 \leqslant x \leqslant 1$ 上阻尼波方程初–边值问题

$$u_{tt} + \beta u_t = c^2 u_{xx}, \quad u(t,0) = u(t,1) = 0, \quad u(0,x) = f(x), \quad u_t(0,x) = g(x),$$

设计用于近似求解的有限差分格式. (b) 讨论你的格式的稳定性. 多大的步长可以保证稳定性? (c) 取 $c = 1, \beta = 1$ 测试你的格式, 使用初始数据 $f(x) = \mathrm{e}^{-(x-0.7)^2}, g(x) = 0$.

5.5 Laplace 方程与 Poisson 方程的有限差分解法

最后, 讨论椭圆型边值问题的有限差分数值方法的实现. 我们集中于最简单的例子: 二维 Laplace 方程和 Poisson 方程. 在这个特定的意义上, 基本问题已经很明显, 更一般的方程、更高的维数和高阶方案的扩展自然是直截了当的. 在第 10 章中, 我们将介绍与之匹敌的对手, 著名的有限元方法, 它在依赖更精密的数学机制[①](mathematical machinery) 的同时, 还拥有诸多优势, 包括对网格尺寸可变和复杂几何形状的更直接的适应性.

为确定起见, 我们集中在有界平面区域 $\Omega \subset \mathbb{R}^2$ 上的 Dirichlet 边值问题

$$\begin{aligned} -\Delta u = -u_{xx} - u_{yy} &= f(x,y), \quad && (x,y) \in \Omega, \\ u(x,y) &= g(x,y), && (x,y) \in \partial\Omega. \end{aligned} \tag{5.67}$$

① 译注: 本书作者多处用到这个形象说法, 大体指数学中成体系可以按部就班的方法. 后面再出现时都强调.

第一步是通过构造一个矩形网格来离散区域 Ω. 因此, 有限差分法特别适合边界与坐标轴平行的区域; 不然的话, 网格结点通常不能完全位于 $\partial\Omega$ 上, 使得边界数据的逼近更具挑战性, 尽管不是克服不了的.

为了简单起见, 研究区域是矩形

$$\Omega=\{a<x<b,c<y<d\}$$

的情形. 我们引入规则的矩形网格, 分别给出 x 和 y 方向的间距, 对于正整数 m,n 有

$$\Delta x=\frac{b-a}{m},\quad \Delta y=\frac{d-c}{n}.$$

因此, 矩形内部包含 $(m-1)(n-1)$ 个内部结点 (interior node)

$$(x_i,y_j)=(a+i\Delta x,c+j\Delta y),\quad 0<i<m,\quad 0<j<n.$$

此外, 矩形边界上有 $2m+2n$ 个边界结点 (boundary node) $(x_0,y_j)=(a,y_j)$,

$$(x_m,y_j)=(b,y_j),(x_i,y_0)=(x_i,c),(x_i,y_n)=(x_i,d).$$

在每个内部结点处, 我们用中心差分公式 (5.5) 逼近相关的二阶导数:

$$\begin{aligned}\frac{\partial^2 u}{\partial x^2}(x_i,y_j)&=\frac{u(x_{i+1},y_j)-2u(x_i,y_j)+u(x_{i-1},y_j)}{(\Delta x)^2}+O\left((\Delta x)^2\right),\\ \frac{\partial^2 u}{\partial y^2}(x_i,y_j)&=\frac{u(x_i,y_{j+1})-2u(x_i,y_j)+u(x_i,y_{j-1})}{(\Delta y)^2}+O\left((\Delta y)^2\right).\end{aligned}\tag{5.68}$$

把这些有限差分公式代入 Poisson 方程, 得到线性系统

$$-\frac{u_{i+1,j}-2u_{i,j}+u_{i-1,j}}{(\Delta x)^2}-\frac{u_{i,j+1}-2u_{i,j}+u_{i,j-1}}{(\Delta y)^2}=f_{i,j},\qquad \begin{aligned}i&=1,2,\cdots,m-1,\\ j&=1,2,\cdots,n-1,\end{aligned}\tag{5.69}$$

其中 $u_{i,j}$ 表示我们对结点上解值 $u(x_i,y_j)$ 的数值逼近, 而 $f_{i,j}=f(x_i,y_j)$. 若记

$$\rho=\frac{\Delta x}{\Delta y},\tag{5.70}$$

则 (5.69) 可以重写为形式

$$\begin{gathered}2\left(1+\rho^2\right)u_{i,j}-(u_{i-1,j}+u_{i+1,j})-\rho^2(u_{i,j-1}+u_{i,j+1})=(\Delta x)^2 f_{i,j},\\ i=1,2,\cdots,m-1,\quad j=1,2,\cdots,n-1.\end{gathered}\tag{5.71}$$

由于 (5.68) 中两个有限差分近似均为二阶, 应选择 Δx 和 Δy 大小可比, 从而使 ρ 大小保持约为 1.

线性方程组 (5.71) 形成了对内部结点上 Poisson 方程的有限差分逼近. 尚需补充离散化的边界条件

$$\begin{aligned} &u_{i,0} = g_{i,0}, \quad u_{i,n} = g_{i,n}, \quad i = 0, 1, \cdots, m, \\ &u_{0,j} = g_{0,j}, \quad u_{m,j} = g_{m,j}, \quad j = 0, 1, \cdots, n. \end{aligned} \tag{5.72}$$

可以把这些边界值直接代入方程组, 对 $1 \leqslant i \leqslant m-1, 1 \leqslant j \leqslant n-1$ 而言, (5.71) 是一个线性方程组, 由关于 $(m-1)(n-1)$ 个未知数 $u_{i,j}$ 的 $(m-1)(n-1)$ 个方程组成. 我们对这些矩阵元作了一些方便的排序, 例如先从左至右再自下而上, 形成未知列向量

$$\begin{aligned} \boldsymbol{w} &= \left(w_1, w_2, \cdots, w_{(m-1)(n-1)}\right)^\top \\ &= \left(u_{1,1}, u_{2,1}, \cdots, u_{m-1,1}, u_{1,2}, u_{2,2}, \cdots, u_{m-1,2}, u_{1,3}, \cdots, u_{m-1,n-1}\right)^\top. \end{aligned} \tag{5.73}$$

组合起来的线性方程组 (5.71—72) 可以重写为矩阵形式

$$A\boldsymbol{w} = \widehat{\boldsymbol{f}}, \tag{5.74}$$

其右端项是将列向量 $\boldsymbol{f} = (\cdots f_{i,j} \cdots)^\top$ 与 (5.72) 给出的边界数据出现在方程中的位置相结合. 我们具体演示一个小规模例子, 这些执行过程会变得较为清晰.

例 5.7 为了更好地理解这个过程是如何工作的, 我们看看单位正方形 $\Omega = \{0 < x < 1, 0 < y < 1\}$ 的情形. 为了写出全部细节, 我们从一个很粗的网格 $\Delta x = \Delta y = \dfrac{1}{4}$ 起步; 见图 5.12. 因此 $m = n = 4$, 得到总共九个内部结点. 此时, $\rho = 1$, 因此有限差分方程组 (5.71) 包括以下九个等式:

$$\begin{aligned} -u_{1,0} - u_{0,1} + 4u_{1,1} - u_{2,1} - u_{1,2} &= \frac{1}{16} f_{1,1}, \\ -u_{2,0} - u_{1,1} + 4u_{2,1} - u_{3,1} - u_{2,2} &= \frac{1}{16} f_{2,1}, \\ -u_{3,0} - u_{2,1} + 4u_{3,1} - u_{4,1} - u_{3,2} &= \frac{1}{16} f_{3,1}, \\ -u_{1,1} - u_{0,2} + 4u_{1,2} - u_{2,2} - u_{1,3} &= \frac{1}{16} f_{1,2}, \\ -u_{2,1} - u_{1,2} + 4u_{2,2} - u_{3,2} - u_{2,3} &= \frac{1}{16} f_{2,2}, \\ -u_{3,1} - u_{2,2} + 4u_{3,2} - u_{4,2} - u_{3,3} &= \frac{1}{16} f_{3,2}, \\ -u_{1,2} - u_{0,3} + 4u_{1,3} - u_{2,3} - u_{1,4} &= \frac{1}{16} f_{1,3}, \end{aligned} \tag{5.75}$$

$$-u_{2,2}-u_{1,3}+4u_{2,3}-u_{3,3}-u_{2,4}=\frac{1}{16}f_{2,3},$$
$$-u_{3,2}-u_{2,3}+4u_{3,3}-u_{4,3}-u_{3,4}=\frac{1}{16}f_{3,3}.$$

(注意四个拐角结点值 $u_{0,0},u_{4,0},u_{0,4},u_{4,4}$ 不出现.) 边界数据利用附加条件 (5.72), 即

$$u_{0,1}=g_{0,1},\ u_{0,2}=g_{0,2},\ u_{0,3}=g_{0,3},\quad u_{1,0}=g_{1,0},\ u_{2,0}=g_{2,0},\ u_{3,0}=g_{3,0},$$
$$u_{4,1}=g_{4,1},\ u_{4,2}=g_{4,2},\ u_{4,3}=g_{4,3},\quad u_{1,4}=g_{1,4},\ u_{2,4}=g_{2,4},\ u_{3,4}=g_{3,4}.$$

方程组 (5.75) 可以用矩阵的形式写成 $A\boldsymbol{w}=\widehat{\boldsymbol{f}}$, 其中

$$A=\begin{pmatrix} 4 & -1 & 0 & -1 & 0 & 0 & 0 & 0 & 0\\ -1 & 4 & -1 & 0 & -1 & 0 & 0 & 0 & 0\\ 0 & -1 & 4 & 0 & 0 & -1 & 0 & 0 & 0\\ -1 & 0 & 0 & 4 & -1 & 0 & -1 & 0 & 0\\ 0 & -1 & 0 & -1 & 4 & -1 & 0 & -1 & 0\\ 0 & 0 & -1 & 0 & -1 & 4 & 0 & 0 & -1\\ 0 & 0 & 0 & -1 & 0 & 0 & 4 & -1 & 0\\ 0 & 0 & 0 & 0 & -1 & 0 & -1 & 4 & -1\\ 0 & 0 & 0 & 0 & 0 & -1 & 0 & -1 & 4 \end{pmatrix}, \tag{5.76}$$

和

$$\boldsymbol{w}=\begin{pmatrix} w_1\\ w_2\\ w_3\\ w_4\\ w_5\\ w_6\\ w_7\\ w_8\\ w_9 \end{pmatrix}=\begin{pmatrix} u_{1,1}\\ u_{2,1}\\ u_{3,1}\\ u_{1,2}\\ u_{2,2}\\ u_{3,2}\\ u_{1,3}\\ u_{2,3}\\ u_{3,3} \end{pmatrix},\quad \widehat{\boldsymbol{f}}=\begin{pmatrix} \frac{1}{16}f_{1,1}+g_{1,0}+g_{0,1}\\ \frac{1}{16}f_{2,1}+g_{2,0}\\ \frac{1}{16}f_{3,1}+g_{3,0}+g_{4,1}\\ \frac{1}{16}f_{1,2}+g_{0,2}\\ \frac{1}{16}f_{2,2}\\ \frac{1}{16}f_{3,2}+g_{4,2}\\ \frac{1}{16}f_{1,3}+g_{0,3}+g_{1,4}\\ \frac{1}{16}f_{2,3}+g_{2,4}\\ \frac{1}{16}f_{3,3}+g_{4,3}+g_{3,4} \end{pmatrix}.$$

注意, 边界值已知, 即当 i 或 j 等于 0 或 4 时 $u_{i,j}=g_{i,j}$, 合并到有限差分线性方程组 (5.74) 的右端项 $\widehat{\boldsymbol{f}}$ 中. 得到的线性方程组容易用 Gauss 消去法求解[89].

网格划分越细相应线性方程组规模越大, 但具有共同的整体结构, 如下所述.

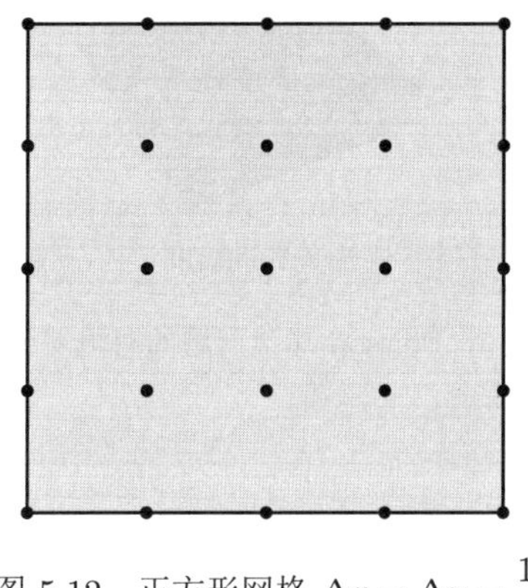

图 5.12 正方形网格 $\Delta x = \Delta y = \frac{1}{4}$

例如, 函数

$$u(x,y) = y\sin(\pi x)$$

是特定的边值问题

$$-\Delta u = \pi^2 y\sin(\pi x), \quad u(x,0) = u(0,y) = u(1,y) = 0, \quad \begin{array}{l} u(x,1) = \sin(\pi x), \\ 0 < x, y < 1 \end{array}$$

的解. 建立并求解线性方程组 (5.75) 得到有限差分解值

$$\begin{aligned} u_{1,1} &= 0.183\,1, \quad & u_{1,2} &= 0.258\,9, \quad & u_{1,3} &= 0.183\,1, \\ u_{2,1} &= 0.364\,3, \quad & u_{2,2} &= 0.515\,2, \quad & u_{2,3} &= 0.364\,3, \\ u_{3,1} &= 0.540\,9, \quad & u_{3,2} &= 0.764\,9, \quad & u_{3,3} &= 0.540\,9. \end{aligned}$$

得到的数值逼近绘制在图 5.13 的第一图①. 数值解和精确解之间的最大误差为 0.015 20 , 在正方形的中心出现. 在第二图和第三图中, 网格间距相继地减小一半, 所以在每个坐标方向分别有 $m = n = 8$ 和 16 个结点. 结点上的最大数值误差为 0.004 123 和 0.001 035 . 注意步长减小一半则误差减小 1/4, 这与二阶的数值格式是一致的.

注记: 前面的测试是*人工解方法* (method of manufactured solution) 的一个特例, 该方法是从一个预选函数开始, 这几乎肯定不是所论问题的解. 然而, 将预选函数代入微分方程以及相关的初始条件和/或边界条件, 得到与原问题相同特性的非齐次问题. 在对这个修正问题进行数值计算后, 通过将数值输出与预选函数进行比较, 即可以对精度进行测试.

---

① 我们使用平面三角形来插补结点数据. 平滑插值格式, 例如样条[102], 将再现一个更逼真的解析解图.

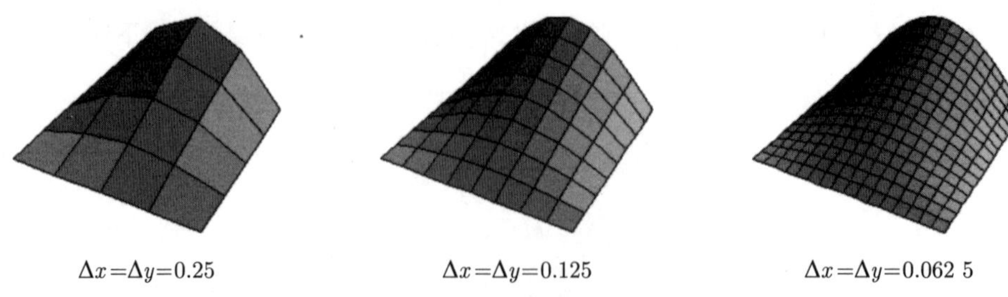

图 5.13 Poisson 边值问题的有限差分解法

求解策略

有限差分离散化产生的线性代数方程组规模可能会相当大, 因此我们必须设计出有效的求解策略. 一般有限差分系数矩阵 A 都有一个相当结构化的形式, 这从非常简单的例子 (5.76) 可以推断出来. 当基础区域是个矩形时, 它呈现出块三对角形式 (block tridiagonal form)

$$A=\begin{pmatrix} B_\rho & -\rho^2 I & & & & \\ -\rho^2 I & B_\rho & -\rho^2 I & & & \\ & -\rho^2 I & B_\rho & -\rho^2 I & & \\ & & \ddots & \ddots & \ddots & \\ & & & -\rho^2 I & B_\rho & -\rho^2 I \\ & & & & -\rho^2 I & B_\rho \end{pmatrix}, \tag{5.77}$$

其中 I 是 $(m-1)\times(m-1)$ 恒同矩阵, 而

$$B_p=\begin{pmatrix} 2(1+\rho^2) & -\rho^2 & & & & \\ -\rho^2 & 2(1+\rho^2) & -\rho^2 & & & \\ & -\rho^2 & 2(1+\rho^2) & -\rho^2 & & \\ & & \ddots & \ddots & \ddots & \\ & & & -\rho^2 & 2(1+\rho^2) & -\rho^2 \\ & & & & -\rho^2 & 2(1+\rho^2) \end{pmatrix} \tag{5.78}$$

本身是 $(m-1)\times(m-1)$ 三对角矩阵. (从今以后, 所有的未显示的矩阵元均为零.) 在行向和列向上均有 $n-1$ 个块矩阵.

当有限差分线性方程组的规模适中时, 可以通过 Gauss 消去法有效地求解, 因式化 $A=LU$ 有效地转化为上三角形矩阵与下三角形矩阵的乘积. (这

是因为 A 是对称和非奇异的, 如下面的定理 5.8 所保证.) 此时, 因式是块双对角 (block bidiagonal) 矩阵:

$$L=\begin{pmatrix} I & & & & & \\ L_1 & I & & & & \\ & L_2 & I & & & \\ & & \ddots & \ddots & & \\ & & & L_{n-3} & I & \\ & & & & L_{n-2} & I \end{pmatrix},$$
$$U=\begin{pmatrix} U_1 & -\rho^2 I & & & & \\ & U_2 & -\rho^2 I & & & \\ & & U_3 & -\rho^2 I & & \\ & & & \ddots & \ddots & \\ & & & & U_{n-2} & -\rho^2 I \\ & & & & & U_{n-1} \end{pmatrix}, \tag{5.79}$$

其中各个块矩阵的规模仍为 $(m-1)\times(m-1)$. 事实上, 作矩阵乘积 LU 并将之等于 (5.77), 得到迭代矩阵系统

$$U_1=B_\rho,\quad L_j=-\rho^2U_j^{-1},\quad U_{j+1}=B_\rho+\rho^2L_j,\quad j=1,2,\cdots,n-2, \tag{5.80}$$

生成各个块矩阵.

借助 LU 因式分解, 我们可以运用向前代换和向后代换, 解出块下三角形方程组和块上三角形方程组

$$L\boldsymbol{z}=\widehat{\boldsymbol{f}},\quad U\boldsymbol{w}=\boldsymbol{z} \tag{5.81}$$

来求解块三对角线性方程组 $A\boldsymbol{w}=\widehat{\boldsymbol{f}}$. 鉴于 L 和 U 的形式 (5.79), 若记

$$\boldsymbol{w}=\begin{pmatrix}\boldsymbol{w}^{(1)}\\ \boldsymbol{w}^{(2)}\\ \vdots\\ \boldsymbol{w}^{(n-1)}\end{pmatrix},\quad \boldsymbol{z}=\begin{pmatrix}\boldsymbol{z}^{(1)}\\ \boldsymbol{z}^{(2)}\\ \vdots\\ \boldsymbol{z}^{(n-1)}\end{pmatrix},\quad \widehat{\boldsymbol{f}}=\begin{pmatrix}\widehat{\boldsymbol{f}}^{(1)}\\ \widehat{\boldsymbol{f}}^{(2)}\\ \vdots\\ \widehat{\boldsymbol{f}}^{(n-1)}\end{pmatrix},$$

则各个 $\boldsymbol{w}^{(j)},\boldsymbol{z}^{(j)},\widehat{\boldsymbol{f}}^{(j)}$ 都是有 $m-1$ 个分量的向量. 然后我们必须先后解出

$$\begin{gathered}\boldsymbol{z}^{(1)}=\widehat{\boldsymbol{f}}^{(1)},\quad \boldsymbol{z}^{(j+1)}=\widehat{\boldsymbol{f}}^{(j+1)}-L_j\boldsymbol{z}^{(j)},\quad j=1,2,\cdots,n-2,\\ U_{n-1}\boldsymbol{w}^{(n-1)}=\boldsymbol{z}^{(n-1)},\quad U_k\boldsymbol{w}^{(k)}=\boldsymbol{z}^{(k)}-\rho^2\boldsymbol{w}^{(k+1)},\quad k=n-2,n-3,\cdots,1,\end{gathered} \tag{5.82}$$

按规定的顺序. 鉴于 L_j 为 U_j 逆的 $-\rho^2$ 倍, (5.82) 最后一组方程写为

$$\boldsymbol{w}^{(k)} = L_k\left(\boldsymbol{w}^{(k+1)} - \rho^{-2}\boldsymbol{z}^{(k)}\right), \quad k = n-2, n-3, \cdots, 1 \tag{5.83}$$

也许更好.

随着结点数量的增加, 前述消去/分解方法对线性方程组的求解效率变得越来越低, 通常转换到迭代求解方法, 如 Gauss-Seidel 迭代, Jacobi 迭代, 乃至更好的逐次超松弛迭代方法 (Successive-Over-Ralaxation) SOR; 实际上, SOR 最初就是为了加速求解椭圆型偏微分方程数值解产生的大规模线性方程组. 迭代矩阵方法的详细讨论可以在 [89]中找到. 迭代矩阵方法的详细讨论可以在 [89; 第 10 章] 和 [118]中找到, 对于 SOR 方法, 松弛参数的一个好选择是

$$\omega = \frac{4}{2+\sqrt{4-\cos^2(\pi/m)-\cos^2(\pi/n)}}. \tag{5.84}$$

迭代解法在处理不规则区域时更具吸引力, 其有限差分系数矩阵尽管仍然稀疏, 但结构化不如矩形情形, 因此不适宜快速 Gauss 消去算法.

最后, 我们讨论有限差分线性方程组的唯一可解性问题, 它是对有界区域 Dirichlet 边界条件的 Poisson 方程离散化得到的. 正如原边界值唯一性定理 4.10 那样, 容易从离散方程组建立最大值原理, 直接模仿定理 4.9 中 Laplace 方程的最大值原理即可.

定理 5.8 *设 Ω 是一个有界区域, 那么有限差分线性系统 (5.74) 有唯一解.*

证明 如果我们能证明相应的齐次线性方程组 $A\boldsymbol{w} = \boldsymbol{0}$ 的唯一解是平凡解 $\boldsymbol{w} = \boldsymbol{0}$, 结果必将得证. 齐次方程组对应于服从零边界条件的离散 Laplace 方程.

现在, 考虑到 (5.71), 齐次线性方程组中的每个等式都形如

$$u_{i,j} = \frac{u_{i-1,j} + u_{i+1,j} + \rho^2 u_{i,j-1} + \rho^2 u_{i,j+1}}{2\left(1+\rho^2\right)}. \tag{5.85}$$

如果 $\rho = 1$, 那么 (5.85) 表示结点 (x_i, y_j) 上的 $u_{i,j}$ 的值等于四个相邻结点上的平均值. 对于一般的 ρ 而言, $u_{i,j}$ 是四个相邻值的加权平均. 在这两种情况下, $u_{i,j}$ 的值都必须严格介于 $u_{i-1,j}, u_{i+1,j}, u_{i,j-1}, u_{i,j+1}$ 的极大值和极小值之间, 除非所有的这些值都相等, 此时 $u_{i,j}$ 也具有相同的值. 这一观察足以为 Laplace 方程的有限差分方程组建立起*最大值原理*, 即它的解不能在内部结点上达到局部极大值或极小值.

现在假设, 齐次有限差分方程组 $A\boldsymbol{w} = \boldsymbol{0}$ 在该区域有一个非平凡解 $\boldsymbol{w} \neq \boldsymbol{0}$. 设 $u_{i,j} = w_k$ 是所谓解的极大值. 最大值原理要求所有的四个相邻的值必须

具有相同的极大值. 但是, 同样的论点也适用于这些邻近矩阵元, 以及那些邻近的邻近, 如此等等. 最后一个邻近点就是边界结点, 既然我们处理的是齐次边值问题, 它的值就是零, 即意味着 $\boldsymbol{w}$ 的所有的分量必须为零, 这是个矛盾. [证毕]

严格建立有限差分解空间步长趋于零时对边值问题解析解的收敛性, 将不在此讨论, 读者参照 [6,80]可以得到准确的结果和证明.

习题

♠ 5.5.1. 求解 Dirichlet 问题 $\Delta u=0, u(x,0)=\sin^3 x, u(x,\pi)=0, u(0,y)=0, u(\pi,y)=0$, 数值上使用有限差分格式. 将你对解的逼近与在习题 4.3.10(a) 中得到的解进行比较.

♠ 5.5.2. 求解 Dirichlet 问题 $\Delta u=0, u(x,0)=x, u(x,1)=1-x, u(0,y)=y$, $u(1,y)=1-y$, 数值上使用有限差分格式. 将你对解的逼近与在习题 4.3.12(d) 中得到的解进行比较.

♠ 5.5.3. 考虑正方形 $\{0<x,y<\pi\}$ 上的 Dirichlet 边值问题: $\Delta u=0, u(x,0)=\sin x, u(x,\pi)=0, u(0,y)=0, u(\pi,y)=0$. (a) 求出精确解. (b) 建立并求解基于正方形网格的有限差分方程, 在整个正方形两边均有 $m=n=2$ 个方格. 这个值多大程度接近正方形中心的精确解: $u\left(\frac{1}{2}\pi,\frac{1}{2}\pi\right)$? (c) 当正方形每边有 $m=n=4$ 个方格时, 重复 (b) 部分. 你在单位正方形中心得到的逼近值更接近真解吗? (d) 使用计算机求 $u\left(\frac{1}{2}\pi,\frac{1}{2}\pi\right)$ 的有限差分逼近, 正方形每边 $m=n=8$ 和 16 个方格. 当网格变得越来越细时, 你的逼近收敛到精确解吗? 收敛速率与有限差分近似的阶数是否一致?

♠ 5.5.4. (a) 用有限差分近似求解单位正方形 $\{0<x,y<1\}$ 上的 Helmholtz 边值问题 $\Delta u=u, u(x,0)=u(x,1)=u(0,y)=0, u(1,y)=1$. (b) 用分离变量构造级数解. 解析解与数值解匹配吗? 解释任意的差异.

♠ 5.5.5. 如附图所示, 鼓形似 L, 其短边均长度为 1. (a) 用网格间距 $\Delta x=\Delta y=0.1$ 的有限差分格式, 当鼓受单位大小的向上作用力且所有的边都固定在 (x,y) – 平面时, 求得并绘制平衡构形, 最大挠度是多少, 在哪一点发生? (b) 在 (a) 部分中, 将步长减少一半: $\Delta x=\Delta y=0.05$ 来检查答案的精确性.

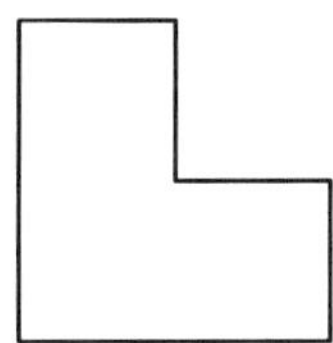

♣ 5.5.6. 金属板形状为 3 cm 的正方形, 中央开有 1 cm 的方孔. 加热该板使得内缘保持温度 100°、外缘保持 0°. (a) 用 $\Delta x=\Delta y=0.5$ cm 的网格宽度的有限差分求得 (近似)

平衡温度. 使用三维图形程序绘制你的近似解. (b) 令 C 表示位于板块内外方形边界中间的**正方回线** (square contour). 运用有限差分逼近, 确定在 C 上温度在哪些点上 (i) 极小; (ii) 极大; (iii) 等于两个边界温度的平均. (c) 用较小网格宽度 $\Delta x = \Delta y = 0.2$ 重复 (a) 部分. 这对你的答案 (b) 影响有多大?

♣ 5.5.7. 当板另外受到常定[①]热源

$$f(x, y) = 600x + 800y - 2\,400$$

作用时, 再解习题 5.5.6.

♠ 5.5.8. (a) 解释如何使有限差分法适用于求解有非齐次 Neumann 条件的矩形上的混合边值问题. **提示**: 使用适合阶数的单侧差分公式近似边界上的法向导数. (b) 将上述方法应用到问题

$$\Delta u = 0, \quad u(x,0) = 0, \quad u(x,1) = 0, \quad \frac{\partial u}{\partial x}(0,y) = y(1-y), \quad u(1,y) = 0.$$

分别使用网格间距 $\Delta x = \Delta y = 0.1, 0.01$ 和 0.001. 比较你的答案. (c) 通过分离变量求解边值问题, 并比较正方形中心处解值与数值逼近.

① 译注: 原著为 constant heat source, 根据上下文显然应为 steady heat source.

第 6 章　广义函数与 Green 函数

边值问题, 涉及常微分方程和偏微分方程, 将其视为有限维线性代数方程组的无穷维函数空间版本颇为受益. 因此, 线性代数不仅为我们提供了对其基础数学结构的重要见解, 同时也激发出分析和数值的求解技术. 在本章中我们阐述的 Green 函数方法, 用 19 世纪早期自学成才的英国数学家 (还是位磨坊主!) George Green命名, 在多元微积分中已经学过他的著名定理. 我们从常微分方程的简单情形开始, 然后继续求解二维 Poisson 方程, Green 函数提供了分离变量方法之外的另一个强有力的方法.

对于非齐次线性系统, 基本叠加原理说, 对外部强迫组合的反应是对各个外部强迫的同样反应的组合. 在有限维系统中, 任一强迫作用函数都可以分解为单位冲激力的线性组合, 每个强迫都作用于系统的单元上, 因此完整解可以通过将各个冲激问题的解结合起来获得. 这个简明的思想将适用于微分方程所支配的边值问题, 系统对集中冲激力的响应称为 Green 函数. 有了 Green 函数, 就可以通过适当比例的冲激作用的叠加重构一般强迫作用下非齐次系统的解. 理解这一构造方法必将变得越来越重要, 当我们进展到偏微分方程时直接的解析解技术要难得多.

阻挡这一思想直接实现的障碍是, 没有一个通常的函数能表示理想的集中冲激! 事实上, 虽然这种方法是由 Green 和 Cauchy 在 19 世纪早期率先提出, 之后由 Heaviside 在 19 世纪 80 年代发展成为一个有效的计算工具, 又过了 60 年的时间, 数学家才建立起来一套完全严谨的*广义函数* (generalized function) 理论, 亦称为*分布* (distribution) 理论. 在广义函数的语言中, 单位冲激用 δ–函数 (delta function)[①]表示. 我们虽然缺乏分析工具去完整发展广义函数的数学理论, 但仍将在第一节学习应用所需的基本概念并发展实用的计算技能, 包括 Fourier 方法在内. 第二节讨论了一维常微分方程边值问题的 Green 函数方法. 在最后一节中我们发展 Green 函数法, 用于求解作为一类平面上椭圆型边值问题缩影的二维 Poisson 方程基本边值问题.

① 注意: 我们遵循常见的做法, 并把 "δ – 分布" 作为一个函数, 正如我们所看到的, 即便它绝对不是通常意义上的函数.

6.1 广义函数

我们的目标是通过首先确定集中冲激力的效应去求解非齐次线性边值问题. 然后通过线性叠加发现对一般强迫作用函数的响应. 但在深入探究之前, 我们还是先来回顾一下代数方程线性系统的相关构造.

考虑 n 个未知数 $\boldsymbol{u}=(u_1,u_2,\cdots,u_n)^{\top}$①的线性方程组, 写成矩阵形式

$$A\boldsymbol{u}=\boldsymbol{f}. \tag{6.1}$$

这里 A 是给定的 $n\times n$ 矩阵, 假设是非奇异的, 对任给的右端 $\boldsymbol{f}=(f_1,f_2,\cdots,f_n)^{\top}\in\mathbb{R}^n$, 它确保存在唯一解 $\boldsymbol{u}$. 我们把线性方程组 (6.1) 视为表示某种物理系统的平衡方程, 例如弹簧连接的质点系统. 此时, 右端 $\boldsymbol{f}$ 表示外部强迫作用, 因此它的第 i 个分量 f_i 表示在第 i 个质点上施加的力的大小, 解向量的第 i 个分量 u_i 表示第 i 个质点的诱发位移.

令

$$\boldsymbol{e}_1=\begin{pmatrix}1\\0\\0\\\vdots\\0\\0\end{pmatrix},\quad \boldsymbol{e}_2=\begin{pmatrix}0\\1\\0\\\vdots\\0\\0\end{pmatrix},\quad \cdots,\quad \boldsymbol{e}_n=\begin{pmatrix}0\\0\\0\\\vdots\\0\\1\end{pmatrix} \tag{6.2}$$

表示 $\mathbb{R}^n$ 的标准基向量 (standard basis vectors), 因此, $\boldsymbol{e}_j$ 是第 j 个分量为 1 而其他分量均为 0 的向量. 我们把每个 $\boldsymbol{e}_j$ 解释为一个集中单位冲激力 (unit impulse force), 它只作用于我们物理系统中的第 j 个质点. 设 $\boldsymbol{u}_j=(u_{j,1},u_{j,2},\cdots,u_{j,n})^{\top}$ 是诱导的系统响应, 即

$$A\boldsymbol{u}_j=\boldsymbol{e}_j \tag{6.3}$$

的解. 假设我们已经计算出对每一个这样的冲激力的响应向量 $\boldsymbol{u}_1,\boldsymbol{u}_2,\cdots,\boldsymbol{u}_n$. 我们可以将任何其他强迫向量表示为冲激力的线性组合

$$\boldsymbol{f}=\begin{pmatrix}f_1\\f_2\\\vdots\\f_n\end{pmatrix}=f_1\boldsymbol{e}_1+f_2\boldsymbol{e}_2+\cdots+f_n\boldsymbol{e}_n. \tag{6.4}$$

① 所有向量都是列向量, 但我们有时会写成转置 (即行向量) 以节省空间.

定理 1.7 的叠加原理意味着非齐次方程组 (6.1) 的解, 是各个冲激响应完全相同的线性组合:

$$\boldsymbol{u} = f_1\boldsymbol{u}_1 + f_2\boldsymbol{u}_2 + \cdots + f_n\boldsymbol{u}_n, \tag{6.5}$$

因此, 知道了线性系统如何响应各个冲激, 我们就能立即计算它对一般外部强迫的响应.

注记: 敏捷的读者应该意识到 $\boldsymbol{u}_1, \boldsymbol{u}_2, \cdots, \boldsymbol{u}_n$ 是逆矩阵 A^{-1} 的列向量, 所以公式 (6.5) 实际上是通过对系数矩阵求逆: $\boldsymbol{u} = A^{-1}\boldsymbol{f}$ 重构线性方程组 (6.1) 的解. 因此, 这种观察不过是标准线性代数方程组求解方法的一个重新表述.

δ – 函数

本章的目的是将前面的代数求解方法运用到边值问题. 假设我们要求解的线性边值问题, 是由区间 $a < x < b$ 上的常微分方程与在端点上规定的边界条件支配的. 关键问题是如何描述集中在一点的冲激力.

一般而言, 位于 $a < \xi < b$ 的单位冲激 (unit impulse) 将用 δ – 函数描述, 并记为 $\delta_\xi(x)$. 由于冲激本该集中于 $x = \xi$ 处, 我们的第一个要求是

$$\delta_\xi(x) = 0, \quad x \neq \xi. \tag{6.6}$$

此外, 既然 δ – 函数表示一个单位 (unit) 冲激, 我们希望总力的大小是 1. 由于我们处理的是连续介质, 总力由在整个区间上的积分表示, 因此还要求 δ – 函数满足

$$\text{只要 } a < \xi < b, \ \int_a^b \delta_\xi(x)\mathrm{d}x = 1. \tag{6.7}$$

可惜的是, 这两个必备的属性没有哪个真实函数同时享有! 实际上, 根据 Riemann (甚至 Lebesgue) 积分的基本事实, 两个除了单个点外处处相等的函数都该有完全相等的积分[96,98]. 因此, 由于 δ_ξ 除了在一点外都是零, 它的积分就应该是 0 而不是 1. 数学的结论是, 两个要求 (6.6—7) 不自洽!

这个遗憾的事实令既有轨道上的数学家们绝望. 英国工程师 Oliver Heaviside不为缺乏严格的理由吓倒, 这激发了他的想象力, 在实际应用中开始有效地使用 δ – 函数. 尽管取得了成功, Heaviside 却遭到同时代数学家的奚落, 最终殁于精神疾患. 但是, 大约三十年后, 伟大的英国理论物理学家Paul Dirac在量子力学运用中复活了 δ – 函数, 最终让数学家们刮目相看 (事实上, “Dirac δ – 函数” 这一术语相当普遍, 但 Heaviside 应该有优先权.) 1944 年, 法国数学家

Laurent Schwartz终于建立了一个严谨的分布 (distribution) 理论[①], 包含了这些有用但非标准的对象[103]. 因此, 我们应该真正准确些称之为 δ – 分布 (delta distribution); 然而, 我们始终保留常见且直观的 "δ – 函数" 的名称. 发展完全严谨的分布理论, 这超出本教材的导论性范围. 与之相反, 秉承 Heaviside 精神, 我们通过计算和应用的实践, 集中学习如何有效地驾驭这些奇特的数学怪物.

引入 δ – 分布有两种可能的方法, 都是重要的且值得理解的.

方法 1. 极限 (limit): 第一种方法是将 δ – 函数 $\delta_\xi(x)$ 视为通常光滑函数[②] $g_n(x)$ 序列的一个极限. 它们表示逐渐越来越集中的单位力, 在极限下收敛到期望集中在点 $x=\xi$ 的单位冲激. 因此, 我们要求

$$\lim_{n\to\infty} g_n(x)=0, \quad x\neq\xi. \tag{6.8}$$

与此同时, 总力保持不变

$$\int_a^b g_n(x)\mathrm{d}x=1, \text{ 对于所有的 } n. \tag{6.9}$$

在形式意义上, 极限 "函数"

$$\delta_\xi(x)=\lim_{n\to\infty} g_n(x)$$

将满足关键属性 (6.6—7).

这类序列的一个显式例子用有理函数

$$g_n(x)=\frac{n}{\pi(1+n^2x^2)} \tag{6.10}$$

给出. 这些函数满足

$$\lim_{n\to\infty} g_n(x)=\begin{cases} 0, & x\neq 0, \\ \infty, & x=0, \end{cases} \tag{6.11}$$

且[③]

$$\int_{-\infty}^{\infty} g_n(x)\mathrm{d}x=\frac{1}{\pi}\arctan(nx)\bigg|_{x=-\infty}^{\infty}=1. \tag{6.12}$$

因此, 我们确定形式上的极限函数

---

① 译注: L. Schwartz 对广义函数贡献几何, 究竟过往参见 Arnold, V., Mathematical Understanding of Nature: Essays on Amazing Physical Phenomena and Their Understanding by Mathematicians, AMS, 2014: p123.

② 为了保持符号的简洁性, 我们假设在极限 δ – 函数集中的点 ξ 上函数 g_n 的依赖性.

③ 目前, 考虑稍微简单的整个实线 $-\infty<x<\infty$. 习题 6.1.8 讨论如何使结构适应有限区间.

$$\lim_{n\to\infty} g_n(x) = \delta(x) = \delta_0(x), \tag{6.13}$$

单位冲激 δ – 函数集中在 $x = 0$. 如图 6.1 所示, 随着 n 越来越大, 函数 $g_n(x)$ 逐渐形成一个越来越集中的尖峰, 同时保持其图像下方的总面积不变. 因此, 可以认为极限 δ – 函数是一个零宽度且完全集中于原点、无限高的尖峰.

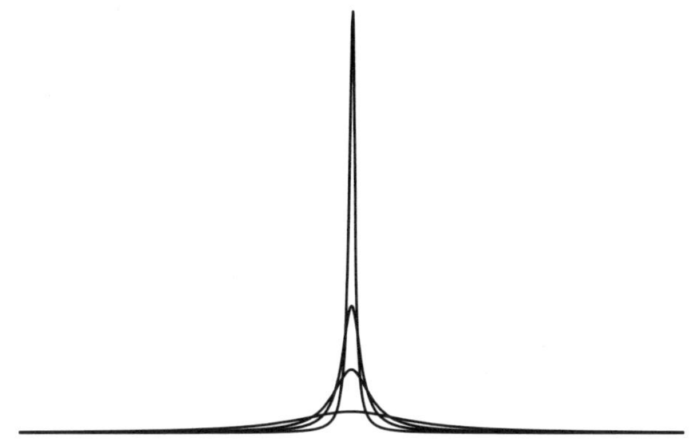

图 6.1 作为极限的 δ – 函数

注记: 极限函数 $g_n(x)$ 有许多其他可能的选择. 另一个重要例子参见习题 6.1.7.

注记: δ – 函数的这种构造突显未经严格论证极限与积分互换的极大危险. 在任何标准 (Riemann, Lebesgue 等) 积分理论中, 函数 $g_n(x)$ 的极限无法与零函数区分, 因此积分的极限 (6.12) 不等于极限的积分:

$$1 = \lim_{n\to\infty} \int_{-\infty}^{\infty} g_n(x)\mathrm{d}x \neq \int_{-\infty}^{\infty} \lim_{n\to\infty} g_n(x)\mathrm{d}x = 0.$$

在某种意义上, δ – 函数是规避这种分析不便的一个途径. 然而, 这些极限的全部影响和理论结构必须留给严格的实分析课程[96,98].

一旦定义了集中在原点上的基本 δ – 函数 $\delta(x) = \delta_0(x)$, 就可以通过简单的平移变换获得在任意其他位置 ξ 上集中的 δ – 函数:

$$\delta_\xi(x) = \delta(x - \xi). \tag{6.14}$$

因此, $\delta_\xi(x)$ 可以由平移函数

$$\widehat{g}_n(x) = g_n(x - \xi) = \frac{n}{\pi\left[1 + n^2(x - \xi)^2\right]} \tag{6.15}$$

取 $n \to \infty$ 的极限实现.

方法 2. 对偶性 (duality): 第二种方法比较抽象, 但在精神上更接近如

δ–函数这样的分布理论的适当严谨表述. 关键属性是, 如果 $u(x)$ 是任一连续函数, 那么

$$\int_a^b \delta_\xi(x)u(x)\mathrm{d}x = u(\xi), \quad a < \xi < b. \tag{6.16}$$

事实上, 既然当 $x \neq \xi$ 时 $\delta_\xi(x) = 0$, 被积函数只取决于 u 在 $x = \xi$ 的值, 所以

$$\int_a^b \delta_\xi(x)u(x)\mathrm{d}x = \int_a^b \delta_\xi(x)u(\xi)\mathrm{d}x = u(\xi)\int_a^b \delta_\xi(x)\mathrm{d}x = u(\xi).$$

方程 (6.16) 定义一个线性泛函[①]$L_\xi : C^0[a,b] \to \mathbb{R}$, 把连续函数 $u \in C^0[a,b]$ 映射到它在点 $x = \xi$ 的值:

$$L_\xi[u] = u(\xi). \tag{6.17}$$

对于任意函数 $u(x), v(x)$ 而言, 依据基本线性要求 (1.11), 立即建立:

$$L_\xi[u+v] = u(\xi) + v(\xi) = L_\xi[u] + L_\xi[v], \quad L_\xi[cu] = cu(\xi) = cL_\xi[u].$$

在广义函数的对偶方法中, δ–函数实际上定义 (defined) 为特定的线性泛函 (6.17). 函数 $u(x)$ 有时称为检验函数 (test function), 因为用它来 "检验" 线性泛函 L_ξ 的形式.

注记: 如果冲激点 ξ 位于积分区域之外, 那么

$$\int_a^b \delta_\xi(x)u(x)\mathrm{d}x = 0, \quad \xi < a \text{ 或 } \xi > b, \tag{6.18}$$

因为被积函数在整个区间上恒等于零. 出于技术原因, 如果冲激点 $\xi = a$ 或 $\xi = b$ 位于积分区间的边界上, 我们不会企图去定义积分 (6.18).

把线性泛函 L_ξ 解释为函数 $\delta_\xi(x)$ 的一种表示是基于以下思路. 根据推论 B.34, 有限维向量空间 $\mathbb{R}^n$ 上每一个标量值线性函数 $L : \mathbb{R}^n \to \mathbb{R}$, 是通过与一个固定元 $\boldsymbol{a} \in \mathbb{R}^n$ 的点积得到的, 所以

$$L[\boldsymbol{u}] = \boldsymbol{a} \cdot \boldsymbol{u}.$$

在这个意义上, $\mathbb{R}^n$ 上的线性函数与向量是 "等同" 的. 同样, 在无穷维函数空间 $C^0[a,b]$ 上, 与固定连续函数 $g \in C^0[a,b]$ 的 L^2–内积

$$L_g[u] = \langle g, u \rangle = \int_a^b g(x)u(x)\mathrm{d}x \tag{6.19}$$

定义了实值线性泛函 $L_g : C^0[a,b] \to \mathbb{R}$. 然而, 与有限维情形不同, 并非每一个

---

① "泛函 (functional)" 一词用来指一个线性函数, 其定义域是一个函数空间, 从而避免了与它作用的函数相混淆.

实值线性泛函都有这种形式! 特别是, 对每个连续函数 $u(x)$ 来说, 没有真实函数 $\delta_\xi(x)$ 能使得恒等式

$$L_\xi[u] = \langle \delta_\xi, u \rangle = \int_a^b \delta_\xi(x)u(x)\mathrm{d}x = u(\xi) \tag{6.20}$$

成立. 本质是每个 (连续) 函数定义一个线性泛函, 但不是每一个线性泛函都以这种形式出现.

但广义函数的对偶解释就像这是真的一样. **广义函数实际上是函数空间上的实值线性泛函, 但通过 L^2 – 内积直观地解释为一种函数** (generalized functions are, in actuality, real-valued linear functionals on function space, but intuitively interpreted as a kind of function via the L^2 inner product). 虽然这个认定不能太随意, 稍加小心就能把广义函数当作真实函数那样熟练地运用它们, 但总要记住这样计算的严格理由必须最终依赖于它们作为线性泛函的内在性质.

极限与对偶这两种解释方法完全是相容的. 事实上, 可以由函数 $u(x)$ 与满足 (6.8—9) 的近似集中冲激函数 $g_n(x)$ 的内积极限

$$u(\xi) = \lim_{n\to\infty} \langle g_n, u \rangle = \lim_{n\to\infty} \int_a^b g_n(x)u(x)\mathrm{d}x = \int_a^b \delta_\xi(x)u(x)\mathrm{d}x = \langle \delta_\xi, u \rangle \tag{6.21}$$

重新得到对偶公式 (6.20). 在这种方式下, 极限线性泛函表示 δ – 函数:

$$u(\xi) = L_\xi[u] = \lim_{n\to\infty} L_n[u], \text{ 其中 } L_n[u] = \int_a^b g_n(x)u(x)\mathrm{d}x^{①}.$$

选择 δ – 函数的广义解释, 至少在操作层面上有个品位的问题. 对于初学者来说, 刚入门时可能更容易消化极限解释. 然而, 对偶双线性泛函解释与严格理论的联系更为紧密些, 即便在应用中也具有一些显著的优势.

尽管 δ – 函数可能会令人觉得有点怪异, 但它在现代应用数学和数学物理中的效用不只是证实包含在分析工具箱的合理性. 虽然这两种定义可能都不能令人满意, 但建议先接受它并熟悉其基本属性. 稍加小心, 把它当作是一个真实函数对待通常不会有大错. 获得更多的实际经验之后, 如果有必要的话, 可以再来思考 δ – 函数的真实样子吧.

① 译注: 原文的积分限有误.

广义函数的微积分

为了运用 δ – 函数, 我们需要了解它在线性代数和微积分的基本运算下的行为. 首先, 我们可以取 δ – 函数的线性组合. 例如,

$$h(x)=2\delta(x)-3\delta(x-1)=2\delta_0(x)-3\delta_1(x)$$

表示一个在 $x=0$ 处幅度为 2 的集中冲激与一个在 $x=1$ 处幅度为 -3 的集中冲激的组合. 在对偶解释中, h 定义了线性泛函

$$L_h[u]=\langle h,u\rangle=\langle 2\delta_0-3\delta_1,u\rangle=2\langle\delta_0,u\rangle-3\langle\delta_1,u\rangle=2u(0)-3u(1),$$

或者更明确些, 只要 $a<0$ 和 $b>1$, 就有

$$\begin{aligned}L_h[u]&=\int_a^b h(x)u(x)\mathrm{d}x=\int_a^b[2\delta(x)-3\delta(x-1)]u(x)\mathrm{d}x\\&=2\int_a^b\delta(x)u(x)\mathrm{d}x-3\int_a^b\delta(x-1)u(x)\mathrm{d}x=2u(0)-3u(1).\end{aligned}$$

接下来, 因为对任何 $x\neq\xi$ 有 $\delta_\xi(x)=0$, δ – 函数乘一个普通函数等于乘常数:

$$g(x)\delta_\xi(x)=g(\xi)\delta_\xi(x),\tag{6.22}$$

只要 $g(x)$ 是在 $x=\xi$ 连续的. 例如, $x\delta(x)\equiv 0$ 与常量零函数恒同.

注意: 由于它们本质上是线性泛函, 因此 δ – 函数不容许相乘, 也不能应用于更复杂的非线性 (nonlinear) 运算. 像 $\delta(x)^2$, $1/\delta(x)$, $\mathrm{e}^{\delta}(x)$ 等表达式在广义函数理论中不能唯一定义, 不过这使得它们在非线性微分方程中的应用成了问题.

δ – 函数的积分是单位阶跃函数 (unit step function):

$$\int_a^x\delta_\xi(t)\mathrm{d}t=\sigma_\xi(x)=\sigma(x-\xi)=\begin{cases}0, & x<\xi,\\ 1, & x>\xi,\end{cases}\quad\text{只要 } a<\xi.\tag{6.23}$$

与 δ – 函数不同, 单位阶跃函数 $\sigma_\xi(x)$ 是一个普通函数. 除了点 $x=\xi$ 外它是连续而且的确是恒定的. 在间断点 $x=\xi$ 上的单位阶跃函数取值未定, 然而与 Fourier 理论相容的一个明智选择是设置为 $\sigma_\xi(y)=1/2$, 即其左极限和右极限的平均.

注意到, 积分公式 (6.23) 与我们把 δ – 函数表征成高度集中的力的极限是相容的. 积分近似函数 (6.10), 得到

$$f_n(x) = \int_{-\infty}^{x} g_n(t)\mathrm{d}t = \frac{1}{\pi}\arctan(nx) + \frac{1}{2}.$$

由于

$$\lim_{y\to\infty}\arctan y = \frac{1}{2}\pi, \quad \lim_{y\to-\infty}\arctan y = -\frac{1}{2}\pi.$$

这些函数 (非一致) 收敛到阶跃函数:

$$\lim_{n\to\infty} f_n(x) = \sigma(x) = \begin{cases} 0, & x < 0, \\ \dfrac{1}{2}, & x = 0, \\ 1, & x > 0. \end{cases} \tag{6.24}$$

图 6.2 描绘了这一极限过程.

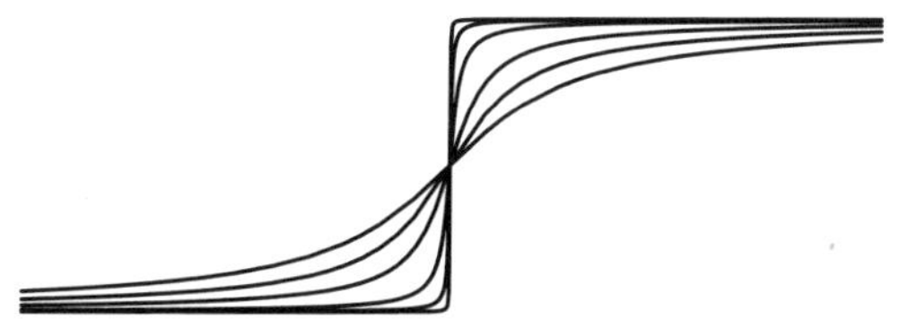

图 6.2 作为极限的阶跃函数

不连续的单位阶跃函数 (6.23) 的积分是连续的斜坡函数 (ramp function)

$$\int_a^x \sigma_\xi(t)\mathrm{d}t = \rho_\xi(x) = \rho(x-\xi) = \begin{cases} 0, & x < \xi, \\ x-\xi, & x > \xi, \end{cases} \quad \text{只要 } a < \xi, \tag{6.25}$$

如图 6.3 中所示. 注意 $\rho_\xi(x)$ 在 $x = \xi$ 处有一个拐角, 因此在那里是不可微的; 确实它的导数 $\rho'(x-\xi) = \sigma(x-\xi)$ 有跳跃间断性. 我们可以继续求积分; δ – 函数的第 $n+1$ 次积分是 n 阶斜坡函数

$$\rho_{n,\xi}(x) = \rho_n(x-\xi) = \begin{cases} 0, & x < \xi, \\ \dfrac{(x-\xi)^n}{n!}, & x > \xi. \end{cases} \tag{6.26}$$

注意, $\rho_{n,\xi} \in C^{n-1}$ 只有 $n-1$ 阶连续导数.

那么微分呢? 根据微积分的基本定理, 我们使用公式 (6.23) 可将单位阶跃函数的导数与 δ – 函数等同:

$$\frac{\mathrm{d}\sigma}{\mathrm{d}x} = \delta. \tag{6.27}$$

这一事实非常重要. 初等微积分不容许微分一个不连续函数. 在这里, 我们发现, 导数可以定义但不是定义为普通函数, 而是定义为广义函数的 δ – 函数!

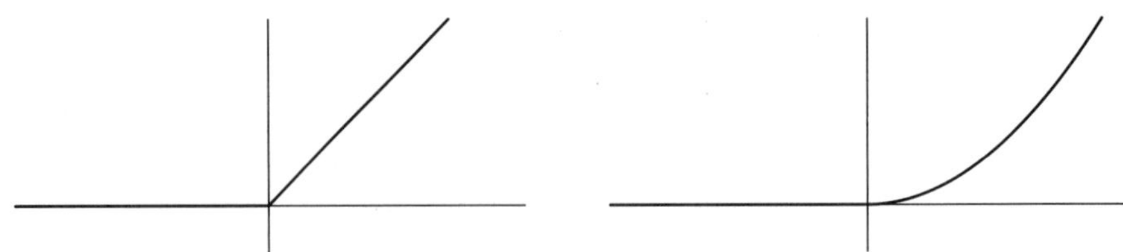

图 6.3 一阶和二阶的斜坡函数

一般而言, 有跳跃间断的分段 C^1 – 函数的导数是一个广义函数, 它包括集中于每个间断处的 δ – 函数, 其大小等于跳跃幅度. 确切地说, 在通常的微积分意义下, 假设 $f(x)$ 除点 ξ 处有幅度 β 的跳跃间断外处处可微. 使用阶跃函数 (3.47), 我们可以重新表达为

$$f(x) = g(x) + \beta\sigma(x-\xi), \tag{6.28}$$

其中 $g(x)$ 是处处连续的, 在 $x=\xi$ 处间断性可去除, 除可能跳跃处外都是可微的. 对 (6.28) 求导, 我们发现

$$f'(x) = g'(x) + \beta\delta(x-\xi) \tag{6.29}$$

在间断处有幅度为 β 的 δ – 尖峰. 因此, f 和 g 的导数除了间断处之外处处相同.

例 6.1 考虑函数

$$f(x) = \begin{cases} -x, & x<1, \\ \dfrac{1}{5}x^2, & x>1, \end{cases} \tag{6.30}$$

如图 6.4 所示. 我们注意到 f 在 $x=1$ 有一个跳跃间断, 幅度为

$$f\left(1^+\right) - f\left(1^-\right) = \frac{1}{5} - (-1) = \frac{6}{5}.$$

这意味着

$$f(x) = g(x) + \frac{6}{5}\sigma(x-1),$$

其中 $g(x) = \begin{cases} -x, & x<1, \\ \dfrac{1}{5}x^2 - \dfrac{6}{5}, & x>1 \end{cases}$ 是处处连续的, 因为它的左极限和右极限在原间断处相等: $g\left(1^+\right) = g\left(1^-\right) = -1$. 因此,

$$f'(x) = g'(x) + \frac{6}{5}\delta(x-1), \text{ 其中 } g'(x) = \begin{cases} -1, & x<1, \\ \dfrac{2}{5}x, & x>1, \end{cases}$$

与此同时 $g'(1)$ 和 $f'(1)$ 无定义. 在图 6.4 中, f 的导数中的 δ-尖峰是用一条垂直线表示的, 尽管这个图示方法无法显示它那 6/5 的幅度. 注意在这个特定的例子中, 可以通过直接微分 $f(x)$ 的公式来求 $g'(x)$. 事实上, 一般而言, 一旦我们确定 $f(x)$ 的跳跃间断性的大小和位置, 我们可以计算它的导数而不必引入辅助函数 $g(x)$.

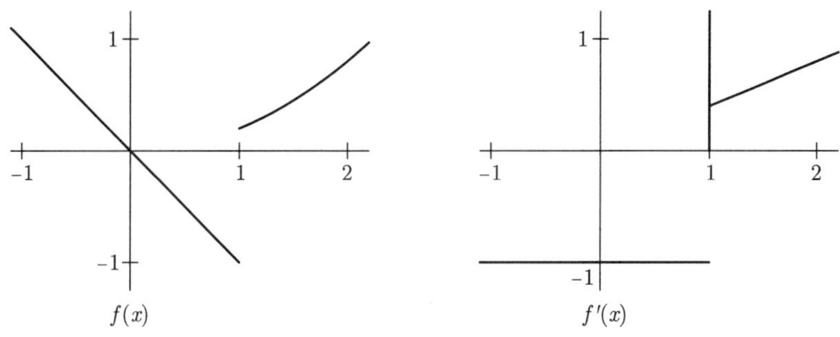

图 6.4 例 6.1 中不连续函数的导数

例 6.2 第二个例子比较简练些, 考虑函数

$$f(x)=\begin{cases}-x, & x<0,\\ x^2-1, & 0<x<1,\\ 2\mathrm{e}^{-x}, & x>1,\end{cases}$$

如图 6.5 所示. 函数在 $x=0$ 有一个幅度为 -1 的跳跃间断, 在 $x=1$ 有另一个幅度为 $2/\mathrm{e}$ 的跳跃间断, 因此根据前面的说法,

$$f'(x)=-\delta(x)+\frac{2}{\mathrm{e}}\delta(x-1)+\begin{cases}-1, & x<0,\\ 2x, & 0<x<1,\\ -2\mathrm{e}^{-x}, & x>1,\end{cases}$$

其中最后一项是直接微分 $f(x)$ 得到的.

例 6.3 绝对值函数

$$a(x)=|x|=\begin{cases}x, & x\geqslant 0,\\ -x, & x<0\end{cases}$$

的导数是符号函数

$$a'(x)=\operatorname{sign}x=\begin{cases}1, & x>0,\\ -1, & x<0.\end{cases}\tag{6.31}$$

请注意 $a'(x)$ 中没有 δ-函数, 因为 $a(x)$ 处处都是连续的. 既然 $\operatorname{sign}x$ 在原点

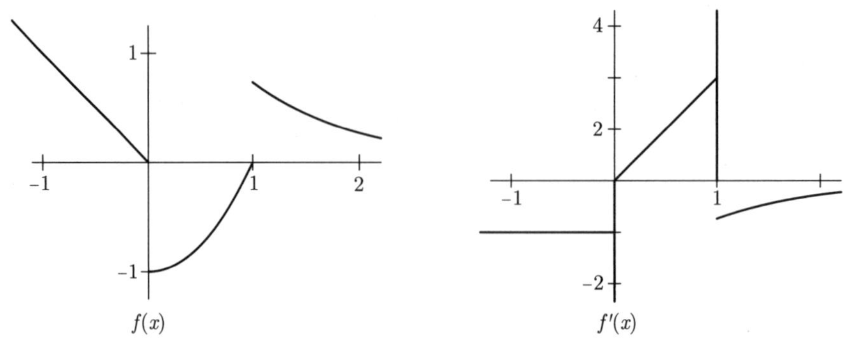

图 6.5 例 6.2 中不连续函数的导数

有幅度为 2 的跳跃且在其他处恒定, 它的导数是 δ – 函数的两倍:

$$a''(x) = \frac{\mathrm{d}}{\mathrm{d}x}\operatorname{sign} x = 2\delta(x).$$

例 6.4 对 δ – 函数求导. 它的一阶导数 $\delta'(x)$ 可以用两种方法来解释. 首先, 作为近似函数 (6.10) 导数的极限:

$$\frac{\mathrm{d}\delta}{\mathrm{d}x} = \lim_{n\to\infty}\frac{\mathrm{d}g_n}{\mathrm{d}x} = \lim_{n\to\infty}\frac{-2n^3x}{\pi\left(1+n^2x^2\right)^2}. \tag{6.32}$$

这些有理函数的图像有越来越集中的 “双峰” 形式, 如图 6.6 所示. 为确定导数对检验函数 $u(x)$ 的影响, 计算了极限积分

$$\begin{aligned}\langle\delta', u\rangle &= \int_{-\infty}^{\infty}\delta'(x)u(x)\mathrm{d}x = \lim_{n\to\infty}\int_{-\infty}^{\infty}g_n'(x)u(x)\mathrm{d}x \\ &= -\lim_{n\to\infty}\int_{-\infty}^{\infty}g_n(x)u'(x)\mathrm{d}x = -\int_{-\infty}^{\infty}\delta(x)u'(x)\mathrm{d}x = -u'(0).\end{aligned} \tag{6.33}$$

中间步骤是注意到在 $\pm\infty$ 处边界项为零作分部积分的结果, 只要当 $|x|\to\infty$ 时 $u(x)$ 是连续可微和有界的. 注意最后答案中出现的负号.

在对偶解释中, 广义函数 $\delta'(x)$ 对应于线性泛函

$$L'[u] = -u'(0) = \langle\delta', u\rangle = \int_a^b \delta'(x)u(x)\mathrm{d}x, \text{ 其中 } a<0<b, \tag{6.34}$$

把连续可微函数 $u(x)$ 映射成它在原点导数的负值. 我们注意到 (6.34) 与形式上的分部积分是相容的:

$$\int_a^b \delta'(x)u(x)\mathrm{d}x = \delta(x)u(x)\Big|_{x=a}^{b} - \int_a^b \delta(x)u'(x)\mathrm{d}x = -u'(0).$$

在 $x=a$ 和 $x=b$ 处的边界项自动为零, 因为对于 $x\neq 0$ 而言 $\delta(x)=0$.

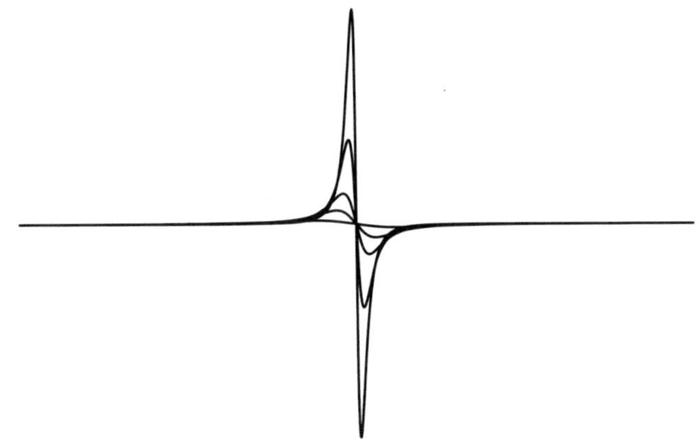

图 6.6 作为双峰极限的 δ-函数的导数

注记: 虽然可以用任何连续函数来检验 δ-函数, 但只能容许用连续可微函数检验它的导数. 为了避免纠缠这些技术性的问题, 通常检验函数只限于无限可微的函数.

注意: 函数 $\widetilde{g}_n(x) = g_n(x) + g_n'(x)$, 参见 (6.10, 32), 对于所有的 $x \neq 0$ 满足 $\lim\limits_{n\to\infty} \widetilde{g}_n(x) = 0$ 且 $\int_{-\infty}^{\infty} \widetilde{g}_n \mathrm{d}x = 1$. 然而, $\lim\limits_{n\to\infty} \widetilde{g}_n = \lim\limits_{n\to\infty} g_n + \lim\limits_{n\to\infty} g_n' = \delta + \delta'$. 因此, 原有条件 (6.8—9) 实际上并不足以描述一个函数序列是否有 δ-函数作为极限. 绝对可以肯定的是, 事实上必须验证更全面的极限公式 (6.21).

习题

6.1.1. 求以下积分:

(a) $\int_{-\pi}^{\pi} \delta(x)\cos x \mathrm{d}x$. (b) $\int_{1}^{2} \delta(x)(x-2)\mathrm{d}x$. (c) $\int_{0}^{3} \delta_1(x)\mathrm{e}^x \mathrm{d}x$.

(d) $\int_{1}^{\mathrm{e}} \delta(x-2)\log x \mathrm{d}x$. (e) $\int_{0}^{1} \delta\left(x-\frac{1}{3}\right)x^2\mathrm{d}x$. (f) $\int_{-1}^{1} \frac{\delta(x+2)\mathrm{d}x}{1+x^2}$.

6.1.2. 简化下列广义函数, 然后写出它们如何作用在适当的检验函数 $u(x)$ 上:

(a) $\mathrm{e}^x\delta(x)$. (b) $x\delta(x-1)$. (c) $3\delta_1(x) - 3x\delta_{-1}(x)$. (d) $\frac{\delta(x-1)}{x+1}$.

(e) $(\cos x)[\delta(x)+\delta(x-\pi)+\delta(x+\pi)]$. (f) $\frac{\delta_1(x)-\delta_2(x)}{x^2+1}$.

6.1.3. 定义广义函数 $\varphi(x) = \delta(x+1) - \delta(x-1)$: (a) 作为普通函数的极限; (b) 使用对偶性.

6.1.4. 求出并绘制以下函数 (在广义函数的意义上) 的导数的图像:

(a) $f(x)=\begin{cases} x^2, & 0<x<3, \\ x, & -1<x<0, \\ 0, & \text{其他}. \end{cases}$ (b) $g(x)=\begin{cases} \sin|x|, & |x|<\dfrac{1}{2}\pi, \\ 0, & \text{其他}. \end{cases}$

(c) $h(x)=\begin{cases} \sin\pi x, & x>1, \\ 1-x^2, & -1<x<1, \\ \mathrm{e}^x, & x<-1. \end{cases}$ (d) $k(x)=\begin{cases} \sin x, & x<-\pi, \\ x^2-\pi^2, & -\pi<x<0, \\ \mathrm{e}^{-x}, & x>0. \end{cases}$

6.1.5. 求出下列函数的一阶和二阶导数:

(a) $f(x)=\begin{cases} x+1, & -1<x<0, \\ 1-x, & 0<x<1, \\ 0, & \text{其他}. \end{cases}$ (b) $k(x)=\begin{cases} |x|, & -2<x<2, \\ 0, & \text{其他}. \end{cases}$

(c) $s(x)=\begin{cases} 1+\cos\pi x, & -1<x<1, \\ 0, & \text{其他}. \end{cases}$

6.1.6. 求下列函数 $f(x)$ 的一阶和二阶导数:

(a) $\mathrm{e}^{-|x|}$. (b) $2|x|-|x-1|$. (c) $|x^2+x|$. (d) $x\,\mathrm{sign}\,(x^2-4)$.

(e) $\sin|x|$. (f) $|\sin x|$. (g) $\mathrm{sign}(\sin x)$.

♦ 6.1.7. 解释为什么 Gauss 函数 $g_n(x)=\dfrac{n}{\sqrt{\pi}}\mathrm{e}^{-n^2x^2}$ 有 δ-函数 $\delta(x)$ 作为 $n\to\infty$ 的极限.

♦ 6.1.8. 本题我们把 δ-函数 $\delta_\xi(x)$ 作为有限区间 $[a,b]$ 上函数的极限实现. 设 $a<\xi<b$.

(a) 证明函数 $\widetilde{g}_n(x)=\dfrac{g_n(x-\xi)}{M_n}$, 其中 $g_n(x)$ 由 (6.10) 给出, $M_n=\displaystyle\int_a^b g_n(x-\xi)\mathrm{d}x$ 满足 (6.8—9), 因此 $\lim\limits_{n\to\infty}\widetilde{g}_n(x)=\delta_\xi(x)$.

(b) 或者可以把第二个条件 (6.9) 放宽为 $\lim\limits_{n\to\infty}\displaystyle\int_a^b g_n(x-\xi)\mathrm{d}x=1$. 证明在这个宽松定义下, $\lim\limits_{n\to\infty}g_n(x-\xi)=\delta_\xi(x)$.

♥ 6.1.9. 对于每个正整数 n, 设 $g_n(x)=\begin{cases} \dfrac{1}{2}n, & |x|<\dfrac{1}{n}, \\ 0, & \text{其他}. \end{cases}$ (a) 绘图示意 $g_n(x)$. (b) 证明 $\lim\limits_{n\to\infty}g_n(x)=\delta(x)$. (c) 求出 $f_n(x)=\displaystyle\int_{-\infty}^x g_n(y)\mathrm{d}y$ 并画图示意. 序列 $f_n(x)$ 随 $n\to\infty$ 收敛到单位阶跃函数 $\sigma(x)$? (d) 求导数 $h_n(x)=g_n'(x)$. (e) 序列 $h_n(x)$ 是否随 $n\to\infty$ 收敛到 $\delta'(x)$?

♥ 6.1.10. 对帽子函数 (hat function) $g_n(x)=\begin{cases} n-n^2|x|, & |x|<\dfrac{1}{n}, \\ 0, & \text{其他}. \end{cases}$ 回答习题 6.1.9.

6.1.11. 求证公式 $x\delta(x)=0$, 运用 (a) 极限; (b) 对偶性.

♦ 6.1.12. (a) 求证公式 $\delta(2x)=\dfrac{1}{2}\delta(x)$, 运用 (i) 极限; (ii) 对偶性. (b) 当 $a>0$ 时找到与 $\delta(ax)$ 类似的公式. (c) 当 $a<0$ 时会怎样?

6.1.13. (a) 对于任意 $\lambda>0$, 证明 $\sigma(\lambda x)=\sigma(x)$. (b) 当 $\lambda<0$ 时会怎样? (c) 利用 (a)(b) 部分, 对于任意 $\lambda\neq 0$, 证明 $\delta(\lambda x)=\dfrac{1}{|\lambda|}\delta(x)$.

6.1.14. 对于所有的 $x \in \mathbb{R}$, 设 $g(x)$ 是连续可微函数且 $g'(x) \neq 0$, 复合函数 $\delta(g(x))$ 具有分布意义吗? 若是的话能证明吗?

6.1.15. 设 $\xi < a$. 绘图示意 (a) $s(x) = \int_a^x \delta_\xi(z)\mathrm{d}z$; (b) $r(x) = \int_a^x \sigma_\xi(z)\mathrm{d}z$.

6.1.16. 求证 $\lim\limits_{n\to\infty} n\left[\delta\left(x - \frac{1}{n}\right) - \delta\left(x + \frac{1}{n}\right)\right] = -2\delta'(x)$.

6.1.17. 定义广义函数 $\delta''(x)$, (a) 作为普通函数的极限; (b) 运用对偶性.

6.1.18. 令 $\delta_\xi^{(k)}(x)$ 表示 δ – 函数 $\delta_\xi(x)$ 的 k 阶导数, 求证公式 $\left\langle \delta_\xi^{(k)}, u \right\rangle = (-1)^k u^{(k)}(\xi)$, 每当 $u \in C^k$ 是 k 阶连续可微的时.

6.1.19. 根据 (6.22), $x\delta(x) = 0$. 另一方面, 由 Leibniz 法则, $[x\delta(x)]' = \delta(x) + x\delta'(x)$ 似乎不是零. 你能解释这个悖论吗?

6.1.20. 如果 $f \in C^1$, 那么 $(f\delta)' = f\delta'$ 还是 $f'\delta + f\delta'$ 呢?

♦ 6.1.21. (a) 运用对偶性, 证明每当 $f \in C^1$ 时有公式 $f(x)\delta'(x) = f(0)\delta'(x) - f'(0)\delta(x)$ 成立. (b) 对足够光滑函数与 δ – 函数的 n 阶导数乘积 $f(x)\delta^{(n)}(x)$, 给出类似公式.

6.1.22. 利用习题 6.1.21, 化简下列广义函数; 写出它们如何作用在适当的检验函数 $u(x)$ 上:

(a) $\varphi(x) = (x-2)\delta'(x)$. (b) $\psi(x) = (1 + \sin x)\left[\delta(x) + \delta'(x)\right]$.

(c) $\chi(x) = x^2\left[\delta(x-1) - \delta'(x-2)\right]$. (d) $\omega(x) = \mathrm{e}^x\delta''(x+1)$.

♦ 6.1.23. 证明如果 $f(x)$ 是连续函数, 且对每个区间 $[a,b]$ 都有 $\int_a^b f(x)\mathrm{d}x = 0$, 那么处处 $f(x) \equiv 0$.

♦ 6.1.24. 写出严格证明, 不存在连续函数 $\delta_\xi(x)$ 使内积恒等式 (6.20) 对每个连续函数 $u(x)$ 成立.

♦ 6.1.25. 是/非: 序列 (6.24) 一致收敛.

6.1.26. 是/非: $\|\delta\| = 1$.

δ – 函数的 Fourier 级数

接下来研究 Fourier 级数表示广义函数的能力. 我们从基于原点的 δ – 函数 $\delta(x)$ 开始. 利用它的表征性质 (6.16), 其实 Fourier 系数

$$
\begin{aligned}
a_k &= \frac{1}{\pi}\int_{-\pi}^{\pi} \delta(x)\cos kx\,\mathrm{d}x = \frac{1}{\pi}\cos k0 = \frac{1}{\pi}, \\
b_k &= \frac{1}{\pi}\int_{-\pi}^{\pi} \delta(x)\sin kx\,\mathrm{d}x = \frac{1}{\pi}\sin k0 = 0.
\end{aligned}
\tag{6.35}
$$

因此, 它的 Fourier 级数至少在形式上是

$$\delta(x) \sim \frac{1}{2\pi} + \frac{1}{\pi}(\cos x + \cos 2x + \cos 3x + \cdots). \tag{6.36}$$

因为 $\delta(x) = \delta(-x)$ 是一个偶函数 (为什么), 它有一个余弦级数不足为奇. 或者我们可以重写为复形式级数

$$\delta(x) \sim \frac{1}{2\pi}\sum_{k=-\infty}^{\infty} \mathrm{e}^{\mathrm{i}kx} = \frac{1}{2\pi}\left(\cdots + \mathrm{e}^{-2\mathrm{i}x} + \mathrm{e}^{-\mathrm{i}x} + 1 + \mathrm{e}^{\mathrm{i}x} + \mathrm{e}^{2\mathrm{i}x} + \cdots\right), \tag{6.37}$$

其中复 Fourier 系数[①]计算如下:

$$c_k = \frac{1}{2\pi}\int_{-\pi}^{\pi} \delta(x)\mathrm{e}^{-\mathrm{i}kx}\mathrm{d}x = \frac{1}{2\pi}.$$

注记: 尽管我们说 Fourier 级数 (6.36) 表示 δ – 函数, 这并不完全正确. 记住, Fourier 级数收敛于原函数的 2π – 周期延拓. 因此, (6.37) 实际上表示 δ – 函数的周期延拓, 有时称为 Dirac 梳 (Dirac comb),

$$\widetilde{\delta}(x) = \cdots + \delta(x+4\pi) + \delta(x+2\pi) + \delta(x) + \delta(x-2\pi) + \delta(x-4\pi) + \cdots, \tag{6.38}$$

由集中在所有的 2π 整数倍数上的单位冲激周期阵列组成.

现在来研究在何种意义上 (如果有) Fourier 级数 (6.36), 或等价地 (6.37), 表示 δ – 函数. 第一个观察是, 因为它的被加数不趋于零, 在通常的微积分意义上级数肯定不收敛. 然而, 在一个 "弱" 的意义上, 可以把级数看成收敛到 δ – 函数 (周期延拓).

为了理解收敛性机制, 记得我们已经为部分和建立的公式 (3.129):

$$s_n(x) = \frac{1}{2\pi}\sum_{k=-n}^{n} \mathrm{e}^{\mathrm{i}kx} = \frac{1}{2\pi} + \frac{1}{\pi}\sum_{k=1}^{n}\cos kx = \frac{1}{2\pi}\frac{\sin\left(n+\frac{1}{2}\right)x}{\sin\frac{1}{2}x}. \tag{6.39}$$

图 6.7 显示了区间 $[-\pi, \pi]$ 上某些部分和的图像. 注意, 随着 n 的增大, 在 $x = 0$ 处的尖峰变得越来越高越来越细, 收敛到无限高的 δ – 尖峰. (最后两个图我们不得不截断; 尖峰伸到图外了.) 事实上, 根据 l'Hôpital 法则,

$$\lim_{x\to 0}\frac{1}{2\pi}\frac{\sin\left(n+\frac{1}{2}\right)x}{\sin\frac{1}{2}x} = \lim_{x\to 0}\frac{1}{2\pi}\frac{\left(n+\frac{1}{2}\right)\cos\left(n+\frac{1}{2}\right)x}{\frac{1}{2}\cos\frac{1}{2}x} = \frac{n+\frac{1}{2}}{\pi} \to \infty, \quad n\to\infty$$

(这个公式的一个基本证明是, 在 $x = 0$ 原和式 (6.36) 中的每项等于 1). 此外积分仍然是确定的,

① 或者我们可以使用 (3.66).

$$\int_{-\pi}^{\pi} s_n(x)\mathrm{d}x = \frac{1}{2\pi}\int_{-\pi}^{\pi} \frac{\sin\left(n+\frac{1}{2}\right)x}{\sin\frac{1}{2}x}\mathrm{d}x = \frac{1}{2\pi}\int_{-\pi}^{\pi}\sum_{k=-n}^{n} \mathrm{e}^{\mathrm{i}kx}\mathrm{d}x = 1, \quad (6.40)$$

根据需要收敛到 δ – 函数. 然而, 在远离尖峰处部分和并不趋于零! 相反地, 它们摆动越来越快, 而且保持固定的整体振幅

$$\frac{1}{2\pi}\csc\frac{1}{2}x = \frac{1}{2\pi\sin\frac{1}{2}x}. \quad (6.41)$$

如图 6.7 所示, 随着 n 增大, 可以看到振幅函数 (6.41) 是越来越快振荡的包络线. 因此大致说来, 收敛性 $s_n(x) \to \delta(x)$ 意味着 "无限快" 的振荡是以某种方式相互抵消, 净效应是离开 $x = 0$ 处尖峰就是零. 因此, Fourier 和收敛到 $\delta(x)$ 比原来极限定义 (6.10) 要微妙得多.

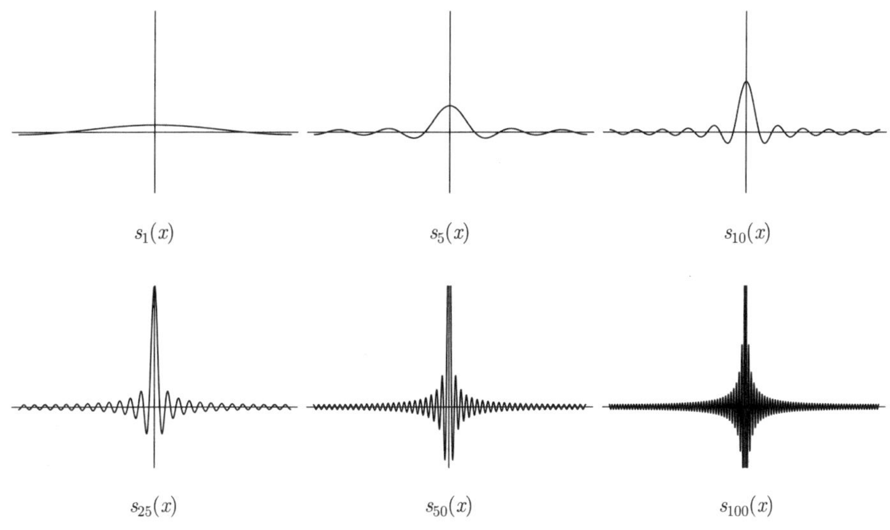

图 6.7 近似 δ – 函数的 Fourier 部分和

专门术语是*弱收敛性* (weak convergence), 它在高级的数学分析、信号处理、复合材料以及其他方面起着非常重要的作用.

定义 6.5 称函数序列 $f_n(x)$ 在区间 $[a,b]$ 上*弱收敛* (converge weakly) 到 $f_\star(x)$, 是指它们与各个连续检验函数 $u(x) \in C^0[a,b]$ 的 L^2 – 内积收敛:

$$\text{当 } n \to \infty \text{ 时}, \int_a^b f_n(x)u(x)\mathrm{d}x \to \int_a^b f_\star(x)u(x)\mathrm{d}x. \quad (6.42)$$

弱收敛通常用半个箭头表示: $f_n \rightharpoonup g$.

注记: 在无界区间上, 通常限制检验函数有*紧支撑集* (compact support), 即对于所有的足够大的 $|x| \gg 0$ 而言, $u(x) = 0$. 也可以仅限于光滑的检验函

数, 比如要求 $u \in C^\infty[a,b]$.

例 6.6 我们证明三角函数 $f_n(x) = \cos nx$ 弱收敛到零函数:

$$当\ n \to \infty\ 时, 在区间\ [-\pi,\pi]\ 上, \cos nx \rightharpoonup 0.$$

(实际上, 这在任何区间都成立; 参阅习题 6.1.38.) 根据定义, 我们需要证明, 对于任一连续函数 $u \in C^0[-\pi,\pi]$,

$$\lim_{n\to\infty}\int_{-\pi}^{\pi} u(x)\cos nx\mathrm{d}x = 0.$$

但这只是 Riemann-Lebesgue 引理 3.40 的重新表述, 即一个连续 (甚至平方可积) 函数 $u(x)$ 的高频Fourier 系数趋于零. 同样的表述建立了弱收敛 $\sin nx \rightharpoonup 0$.

我们观察到, 对于任何 x 值而言函数 $\cos nx$ 不能逐点收敛到 0. 事实上, 如果 x 是 2π 的整数倍, 那么对所有的 n 而言 $\cos nx = 1$. 如果 x 是 π 的任一其他有理数倍, $\cos nx$ 的值周期性循环地通过有限个不同值, 并且从不趋于 0, 而如果 x 是 π 的任一无理数倍, $\cos nx$ 非定期摆动于 -1 和 1 之间. 由于其 (标度变换) L^2 – 范数仍然确定为

$$对所有的\ n>0,\ \|\cos nx\| = \sqrt{\int_{-\pi}^{\pi}\cos^2 nx\mathrm{d}x} = \sqrt{\pi}.$$

函数也不能依范数收敛到 0. 高频极限下振荡的相互抵消是弱收敛的一个特有性质.

现在我们解释这个困惑. Fourier 级数 (6.36) 既不逐点收敛也不依范数收敛 (确实, $\|\delta\|$ 甚至没有定义!), 为什么它却在 $[-\pi,\pi]$ 上的弱收敛? 具体说来, 我们需要证明部分和 $s_n \rightharpoonup \delta$, 这意味着对于每一个足够好的函数 u 来说

$$\lim_{n\to\infty}\int_{-\pi}^{\pi} s_n(x)u(x)\mathrm{d}x = \int_{-\pi}^{\pi}\delta(x)u(x)\mathrm{d}x = u(0), \tag{6.43}$$

或等价地,

$$\lim_{n\to\infty}\frac{1}{2\pi}\int_{-\pi}^{\pi} u(x)\frac{\sin\left(n+\frac{1}{2}\right)x}{\sin\frac{1}{2}x}\mathrm{d}x = u(0). \tag{6.44}$$

但这只是恒等式 (3.130) 的一个特殊情形重述, 该恒等式用于证明 (分段) C^1 – 函数的 Fourier 级数的逐点收敛定理 3.8. 实际上, 对 (3.130) 中两个恒等式求和, 然后取 $x=0$ 就得到了 (6.44), 因为由连续性, $u(0) = \dfrac{1}{2}\left[u\left(0^+\right) + u\left(0^-\right)\right]$. 换句话说, C^1 – 函数的 Fourier 级数的逐点收敛等价于 δ – 函数的 Fourier 级数

的弱收敛性①!

例 6.7 如果我们对 Fourier 级数

$$x \sim 2\sum_{k=1}^{\infty}\frac{(-1)^{k-1}}{k}\sin kx = 2\left(\sin x - \frac{\sin 2x}{2} + \frac{\sin 3x}{3} - \frac{\sin 4x}{4} + \cdots\right)$$

求导, 会导致显而易见的矛盾:

$$1 \sim 2\sum_{k=1}^{\infty}(-1)^{k+1}\cos kx = 2\cos x - 2\cos 2x + 2\cos 3x - 2\cos 4x + \cdots. \tag{6.45}$$

但 1 的 Fourier 级数只包含一个常数项! (为什么?)

解决这个悖论并不难. Fourier 级数 (3.37) 不收敛于 x, 而是收敛于它的 2π–周期延拓 $\widetilde{f}(x)$, 它在 π 的奇数倍处有幅度为 2 的跳跃间断; 见图 3.1. 因此, 定理 3.22 不能直接应用. 不过我们可以对不同的级数给出一致的解释. 周期延拓的导数 $\widetilde{f}'(x)$ 不等于常数函数 1, 而是在每一个跳跃间断性上增加 δ–函数:

$$\widetilde{f}'(x) = 1 - 2\pi\sum_{j=-\infty}^{\infty}\delta[x-(2j+1)\pi] = 1 - 2\pi\widetilde{\delta}(x-\pi),$$

其中 $\widetilde{\delta}$ 表示 δ–函数的 2π–周期延拓, 亦即 δ–梳, 参见 (6.38). Fourier 级数的微分 (6.45) 实际上表示 $\widetilde{f}'(x)$. $\widetilde{\delta}(x-\pi)$ 的 Fourier 系数的确是

$$\begin{aligned} a_k &= \frac{1}{\pi}\int_0^{2\pi}\delta(x-\pi)\cos kx\,\mathrm{d}x = \frac{1}{\pi}\cos k\pi = \frac{(-1)^k}{\pi}, \\ b_k &= \frac{1}{\pi}\int_0^{2\pi}\delta(x-\pi)\sin kx\,\mathrm{d}x = \frac{1}{\pi}\sin k\pi = 0. \end{aligned}$$

注意到我们已经把积分区间更改为 $[0, 2\pi]$, 以避免在端点处的 δ–函数奇性. 因此,

$$\delta(x-\pi) \sim \frac{1}{2\pi} + \frac{1}{\pi}(-\cos x + \cos 2x - \cos 3x + \cdots), \tag{6.46}$$

可用来解决矛盾.

例 6.8 如果对例 3.9 求得的单位阶跃函数的 Fourier 级数

$$\sigma(x) \sim \frac{1}{2} + \frac{2}{\pi}\left(\sin x + \frac{\sin 3x}{3} + \frac{\sin 5x}{5} + \frac{\sin 7x}{7} + \cdots\right)$$

求微分, 看看是否能得到 δ–函数的 Fourier 级数 (6.36) 的结果. 我们计算

① 定义 6.5 只要求检验函数连续性, 而在 (6.44) 中它们必须是 C^1 的, 所以这里弱收敛的符号稍微精练一些. 一个经常约束进一步容许检验函数仅是 C^∞ 的.

$$\frac{\mathrm{d}\sigma}{\mathrm{d}x} \sim \frac{2}{\pi}(\cos x + \cos 3x + \cos 5x + \cos 7x + \cdots), \tag{6.47}$$

与 (6.36) 不相同, 项数少了一半! 解释类似于前面的例子: 单位阶跃函数的 2π–周期延拓 $\widetilde{\sigma}(x)$ 有两个跳跃间断性, 在 π 的偶数倍处幅度为 1 而在奇数倍处为 -1; 见图 3.6. 因此, 它的导数

$$\frac{\mathrm{d}\widetilde{\sigma}}{\mathrm{d}x} = \widetilde{\delta}(x) - \widetilde{\delta}(x-\pi)$$

是在 0 处的 δ–函数的 2π–周期延拓 (具有 Fourier 级数 (6.36)) 减去在 π 处的 δ–函数的 2π–周期延拓 (具有 Fourier 级数 (6.46)) 之差, 由此产生 (6.47).

这个事实显著而深刻, Fourier 分析与广义函数微积分是完全相容的[68]. 例如, 对分段 C^1–函数 Fourier 级数的逐项微分导致微分函数的 Fourier 级数, 包含每个跳跃间断处适当幅度的 δ–函数在内. 这一事实使我们进一步相信, 相当神秘的 δ–函数的构造及其推广, 确实是将微积分推广到不具有通常意义导数的函数的正确方法.

习题

6.1.27. 求 $\delta(x-\xi)$ 的实和复的 Fourier 级数, 其中 $-\pi < \xi < \pi$. 它们表示什么样的周期广义函数?

6.1.28. 求 $\delta(x-\xi)$ 的 Fourier 正弦级数和 Fourier 余弦级数, 其中 $0 < \xi < \pi$. 它们表示什么样的周期广义函数?

♥ 6.1.29. 令 n 为正整数. (a) 对于整数 $0 \leqslant j < n$, 求 δ–函数的 2π–周期延拓 $\widetilde{\delta}_j(x) = \widetilde{\delta}(x - 2j\pi/n)$ 的复 Fourier 级数. (b) 证明它们的 Fourier 系数满足周期性条件当 $k \equiv l \bmod n$ 时 $c_k = c_l$. (c) 相反, 给定的复 Fourier 系数满足周期性条件当 $k \equiv l \bmod n$ 时 $c_k = c_l$, 证明相应的 Fourier 级数表示如前是 δ–函数周期延拓 $\widetilde{\delta}_0(x), \widetilde{\delta}_1(x), \cdots, \widetilde{\delta}_{n-1}(x)$ 的线性组合. 提示: 使用例 B.22. (d) 对于 $j \in \mathbb{Z}$, 证明复 Fourier 级数表示在子区间 $2\pi j/n < x < 2\pi(j+1)/n$ 上恒定的 2π–周期函数, 当且仅当其 Fourier 系数满足条件

$$kc_k = lc_l,\ k \equiv l \not\equiv 0 \bmod n; \quad c_k = 0,\ 0 \neq k \equiv 0 \bmod n.$$

♣ 6.1.30. (a) 用系数公式直接计算, 求 δ–函数导数 $\delta'(x)$ 的复 Fourier 级数. (b) 验证所得级数能否通过对 $\delta(x)$ 级数的逐项微分得到. (c) 写出级数的第 n 部分和的公式. (d) 使用计算机图形软件包研究级数的收敛性.

6.1.31. 广义函数 $g(x) = x\delta(x)$ 的 Fourier 级数是什么样的? 通过 Fourier 级数 (3.37) 和 (6.37) 各项相乘的乘积, 能得到这个结果吗?

6.1.32. 应用习题 3.2.59 的方法求函数 $f(x)=\delta(x)\mathrm{e}^{\mathrm{i}x}$ 的复 Fourier 级数. 得到哪一个 Fourier 级数? 你能解释一下发生了什么吗?

6.1.33. 在习题 6.1.12 中我们建立了恒等式 $\delta(x)=2\delta(2x)$. 这用 Fourier 级数表达方式是否也成立? 你能解释一下原因吗?

6.1.34. 如何解释 δ – 函数的周期延拓公式 (6.38) (a) 作为极限? (b) 作为线性泛函?

6.1.35. 写出 e^x 的复 Fourier 级数. 逐项微分. 能得到同样的级数吗? 解释你的答案.

6.1.36. 是/非: 若将 δ – 函数 $\delta(x)$ 的 Fourier 级数逐项积分, 则获得单位阶跃函数 $\sigma(x)$ 的 Fourier 级数.

6.1.37. 求区间 $-1\leqslant x\leqslant 1$ 上函数 $\delta(x)$ 的 Fourier 级数. Fourier 级数表示哪个 (广义) 函数?

♦ 6.1.38. 证明在任何有界区间 $[a,b]$ 上, 当 $n\to\infty$ 时, 有弱收敛 $\cos nx\rightharpoonup 0$.

♦ 6.1.39. 证明如果依范数 $u_n\to u$, 那么有弱收敛 $u_n\rightharpoonup u$.

6.1.40. 是/非:

(a) 如果在 $[a,b]$ 上有一致收敛 $u_n\to u$, 那么有弱收敛 $u_n\rightharpoonup u$.

(b) 如果有逐点收敛 $u_n(x)\to u(x)$, 那么有弱收敛 $u_n\rightharpoonup u$.

6.1.41. 证明序列 $f_n(x)=\cos^2 nx$ 在 $[-\pi,\pi]$ 上弱收敛. 极限函数是什么?

6.1.42. 当 $f_n(x)=\cos^3 nx$ 时, 回答习题 6.1.41.

6.1.43. 讨论 δ – 函数的导数 $\delta'(x)$ 的 Fourier 级数的弱收敛性.

6.2 一维边值问题的 Green 函数

现在, 我们就将 δ – 函数学以致用, 发展求解非齐次线性边值问题的一般方法. 受上节一开头重提的线性代数方法的激励, 首先求解在单位 δ – 函数冲激作用下的系统, 得到 Green 函数. 然后, 我们运用线性叠加原理写出一般强迫非齐次线性系统的解. Green 函数方法具有广泛的适用性, 但将通过几个基本例子的内容加以阐述.

例 6.9 边值问题

$$-cu''=f(x),\quad u(0)=0=u(1) \tag{6.48}$$

模拟两端固定的弹性杆在外部强迫 $f(x)$ 作用下的纵向形变 $u(x)$, 且弹性杆有单位长度及恒定刚度 c. 相关的 Green 函数 (Green's function) 是解族

$$u(x)=G_\xi(x)=G(x;\xi),$$

它们是由集中于一点 $0 < \xi < 1$ 的单位冲激力引起的:

$$-cu'' = \delta(x-\xi), \quad u(0) = 0 = u(1). \tag{6.49}$$

对微分方程直接积分可以求解. 首先, 由 (6.23)

$$u'(x) = -\frac{\sigma(x-\xi)}{c} + a,$$

其中 a 是一个积分常数. 二次积分得到

$$u(x) = -\frac{\rho(x-\xi)}{c} + ax + b, \tag{6.50}$$

其中 ρ 是斜坡函数 (6.25). 积分常数 a, b 是由边界条件确定的; 既然 $0 < \xi < 1$, 我们有

$$u(0) = b = 0,\ u(1) = -\frac{1-\xi}{c} + a + b = 0,\ \text{因此}\ a = \frac{1-\xi}{c},\ b = 0.$$

我们得到该问题的 Green 函数是

$$G(x;\xi) = \frac{(1-\xi)x - \rho(x-\xi)}{c} = \begin{cases} (1-\xi)x/c, & x \leqslant \xi, \\ \xi(1-x)/c, & x > \xi. \end{cases} \tag{6.51}$$

如图 6.8 所示. 对每个固定的 ξ 而言, 函数 $G_\xi(x) = G(x;\xi)$ 连续依赖于 x; 它的图像包括两条连接的直线段, 在单位冲激力作用点处有一拐角.

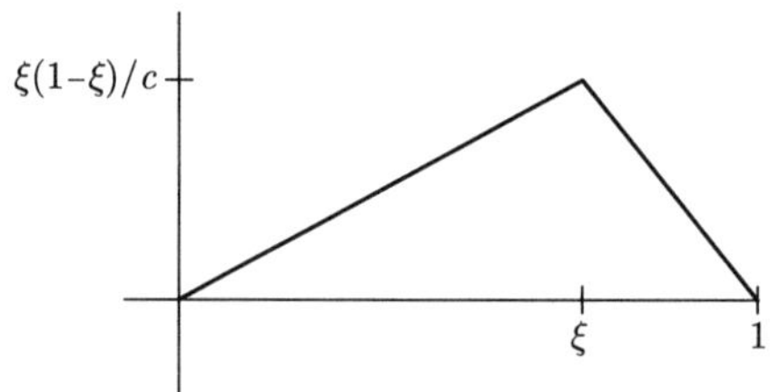

图 6.8 两端固定杆的 Green 函数

一旦确定了 Green 函数, 就可以借助线性叠加原理求解一般非齐次边值问题 (6.48). 我们先把强迫作用函数 $f(x)$ 表达为在沿杆各点处集中冲激的线性组合. 既然存在冲激力作用于可能位置 $0 < \xi < 1$ 的连续介质 (continuum)[①], 我们可以运用积分对其求和, 从而把外部力写为

$$f(x) = \int_0^1 \delta(x-\xi) f(\xi) \mathrm{d}\xi. \tag{6.52}$$

我们把 (6.52) 解释为无穷多个冲激 $f(\xi)\delta(x-\xi)$ 集合的 (连续) 叠加, 冲激幅

① 译注: 译者强调的, 数学上标准译为连续统.

度为 $f(\xi)$ 且集中于位置 ξ.

线性叠加原理表明, 非齐次项的线性组合产生解的完全同样的线性组合. 我们再次用积分取代求和, 使得线性叠加原理适合连续介质. 因此, 边值问题的解是各个单位冲激问题 Green 函数解的线性叠加

$$u(x)=\int_0^1 G(x;\xi)f(\xi)\mathrm{d}\xi. \tag{6.53}$$

对于特定的边值问题 (6.48), 我们运用 Green 函数公式 (6.51). 将得到的积分 (6.53) 分成在子区间 $0\leqslant\xi\leqslant x$ 和 $x\leqslant\xi\leqslant 1$ 上的两个部分, 我们得到显式的解公式

$$u(x)=\frac{1}{c}\int_0^x(1-x)\xi f(\xi)\mathrm{d}\xi+\frac{1}{c}\int_x^1 x(1-\xi)f(\xi)\mathrm{d}\xi. \tag{6.54}$$

例如, 在一个恒定单位力 f 作用下, (6.54) 产生解

$$\begin{aligned}u(x)&=\frac{f}{c}\int_0^x(1-x)\xi\mathrm{d}\xi+\frac{f}{c}\int_x^1 x(1-\xi)\mathrm{d}\xi\\&=\frac{f}{2c}(1-x)x^2+\frac{f}{2c}x(1-x)^2=\frac{f}{2c}\left(x-x^2\right).\end{aligned}$$

最后, 我们来说服自己, 叠加公式 (6.54) 确实给出了正确的解答. 首先,

$$\begin{aligned}c\frac{\mathrm{d}u}{\mathrm{d}x}&=(1-x)xf(x)+\int_0^x[-\xi f(\xi)]\mathrm{d}\xi-x(1-x)f(x)+\int_x^1(1-\xi)f(\xi)\mathrm{d}\xi\\&=-\int_0^1\xi f(\xi)\mathrm{d}\xi+\int_x^1 f(\xi)\mathrm{d}\xi.\end{aligned}$$

然后关于 x 微分我们看到, 第一项是恒定的, 所以 $-c\dfrac{\mathrm{d}^2u}{\mathrm{d}x^2}=f(x)$. 诚如斯言.

注记: 在计算 u 的导数时, 我们用了可变积分限积分导数的微积分公式

$$\frac{\mathrm{d}}{\mathrm{d}x}\int_{\alpha(x)}^{\beta(x)}F(x,\xi)\mathrm{d}\xi=F(x,\beta(x))\frac{\mathrm{d}\beta}{\mathrm{d}x}-F(x,\alpha(x))\frac{\mathrm{d}\alpha}{\mathrm{d}x}+\int_{\alpha(x)}^{\beta(x)}\frac{\partial F}{\partial x}(x,\xi)\mathrm{d}\xi. \tag{6.55}$$

这是微积分基本定理和链式法则的直接推论[8,108]. 如同以往, 在微分与积分交换时必须谨慎.

我们注意到以下基本属性, 用以表征 Green 函数的独有特征. 首先, 由于除点 $x=\xi$ 外 δ-强迫作用为零, Green 函数满足齐次微分方程①

$$\text{对所有的 } x\neq\xi,\ -c\frac{\partial^2G}{\partial x^2}(x;\xi)=0. \tag{6.56}$$

① 由于 $G(x;\xi)$ 是两个变量的函数, 我们切换到偏导数符号来表示它的导数.

第二, 依据构造, 它必须满足边界条件

$$G(0;\xi)=0=G(1;\xi).$$

第三, 对于每个固定的 ξ 而言 $G(x;\xi)$ 是 x 的连续函数, 但它的导数 $\partial G/\partial x$ 在冲激点 $x=\xi$ 处有幅度为 $-1/c$ 的跳跃间断. 结果那里的二阶导数 $\partial^2 G/\partial x^2$ 有一个 δ – 函数间断性, 从而是原冲激边值问题 (6.49) 的解.

最后, 必须注意 Green 函数 (6.51) 是关于两个变元的对称函数: $G(x;\xi)=G(\xi;x)$. 对称性引起有趣的物理后果, 由位于 ξ 处的集中冲激引起位于 x 处的位移, 与由位于 x 处相同幅度冲激引起位于 ξ 的位移完全相等. 这是一个相当普遍的现象, 尽管有点出乎意料. Green 函数的对称性是边值问题的基本对称性的推论, 或者更准确地说是 “自伴性” 的推论, 这一主题将在 9.2 节中详细阐述.

例 6.10 令 $\omega^2>0$ 是一个固定的常数. 我们通过构造 Green 函数求解非齐次边值问题

$$-u''+\omega^2 u=f(x),\quad u(0)=u(1)=0. \tag{6.57}$$

为此, 首先分析非齐次项 δ – 函数的影响,

$$-u''+\omega^2 u=\delta(x-\xi),\quad u(0)=u(1)=0. \tag{6.58}$$

我们借助 Green 函数的定义性质, 而不试图直接积分这个非齐次微分方程. 齐次方程的通解是两个初等指数函数 $\mathrm{e}^{\omega x}$ 和 $\mathrm{e}^{-\omega x}$, 或两个双曲函数

$$\cosh\omega x=\frac{\mathrm{e}^{\omega x}+\mathrm{e}^{-\omega x}}{2},\quad \sinh\omega x=\frac{\mathrm{e}^{\omega x}-\mathrm{e}^{-\omega x}}{2} \tag{6.59}$$

的线性组合. 满足第一边界条件的解是 $\sinh\omega x$ 的倍数, 而满足第二边界条件的是 $\sinh\omega(1-x)$ 的倍数. 因此, (6.58) 的解形如

$$G(x;\xi)=\begin{cases} a\sinh\omega x, & x\leqslant\xi,\\ b\sinh\omega(1-x), & x>\xi.\end{cases}$$

在 $x=\xi$ 处 $G(x;\xi)$ 的连续性要求

$$a\sinh\omega\xi=b\sinh\omega(1-\xi). \tag{6.60}$$

在 $x=\xi$ 处, 导数 $\partial G/\partial x$ 必须有一个幅度为 -1 的跳跃间断, 以使 (6.58) 中的二阶导数项与 δ – 函数匹配. ($\omega^2 u$ 项显然不能产生所需的奇性.) 因为

$$\frac{\partial G}{\partial x}(x;\xi)=\begin{cases} a\omega\cosh\omega x, & x<\xi,\\ -b\omega\cosh\omega(1-x), & x>\xi,\end{cases}$$

跳跃条件要求

$$a\omega\cosh\omega\xi - 1 = -b\omega\cosh\omega(1-\xi). \tag{6.61}$$

(6.60) 乘 $\omega\cosh\omega(1-\xi)$ 而 (6.61) 乘 $\sinh\omega(1-\xi)$, 然后相加, 我们得到

$$\begin{aligned}\sinh\omega(1-\xi) &= a\omega[\sinh\omega\xi\cosh\omega(1-\xi)+\cosh\omega\xi\sinh\omega(1-\xi)]\\ &= a\omega\sinh\omega,\end{aligned} \tag{6.62}$$

这里我们使用了双曲正弦函数的加法公式:

$$\sinh(\alpha+\beta) = \sinh\alpha\cosh\beta + \cosh\alpha\sinh\beta, \tag{6.63}$$

证明留作习题 6.2.13. 因此, 解 (6.61—62) 得到

$$a = \frac{\sinh\omega(1-\xi)}{\omega\sinh\omega}, \quad b = \frac{\sinh\omega\xi}{\omega\sinh\omega},$$

导出解的显式公式

$$G(x;\xi) = \begin{cases} \dfrac{\sinh\omega x\sinh\omega(1-\xi)}{\omega\sinh\omega}, & x \leqslant \xi, \\ \dfrac{\sinh\omega(1-x)\sinh\omega\xi}{\omega\sinh\omega}, & x > \xi. \end{cases} \tag{6.64}$$

图 6.9 中给出一个有代表性的图像. 如前, 在冲激作用点 $x=\xi$ 处出现表示一阶导数间断性的拐角. 此外, 如前例所示, $G(x;\xi)=G(\xi;x)$ 是一个对称函数.

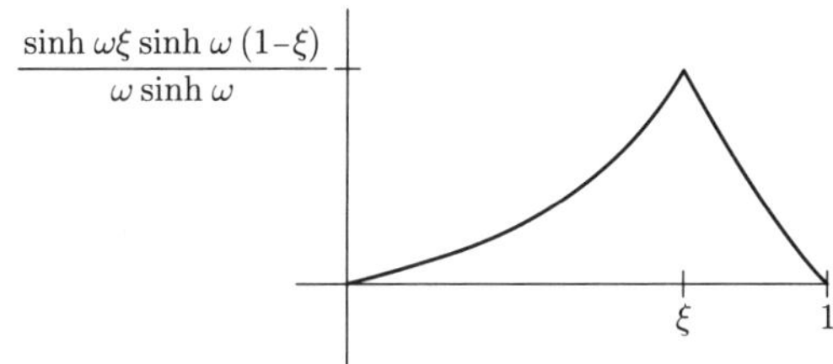

图 6.9 边值问题 (6.57) 的 Green 函数

非齐次边值问题 (6.57) 的通解由叠加公式 (6.53) 给出; 显式地写出

$$\begin{aligned}u(x) &= \int_0^1 G(x;\xi)f(\xi)\mathrm{d}\xi\\ &= \int_0^x \frac{\sinh\omega(1-x)\sinh\omega\xi}{\omega\sinh\omega}f(\xi)\mathrm{d}\xi + \int_x^1 \frac{\sinh\omega x\sinh\omega(1-\xi)}{\omega\sinh\omega}f(\xi)\mathrm{d}\xi.\end{aligned} \tag{6.65}$$

例如, 在恒定单位力 $f(x)\equiv 1$ 下, 解是

$$\begin{aligned}u(x) &= \int_0^x \frac{\sinh\omega(1-x)\sinh\omega\xi}{\omega\sinh\omega}\mathrm{d}\xi + \int_x^1 \frac{\sinh\omega x\sinh\omega(1-\xi)}{\omega\sinh\omega}\mathrm{d}\xi \\ &= \frac{\sinh\omega(1-x)(\cosh\omega x-1)}{\omega^2\sinh\omega} + \frac{\sinh\omega x[\cosh\omega(1-x)-1]}{\omega^2\sinh\omega} \\ &= \frac{1}{\omega^2} - \frac{\sinh\omega x+\sinh\omega(1-x)}{\omega^2\sinh\omega}.\end{aligned}$$

为了比较, 读者不妨直接计算得到这个特解, 而不借助 Green 函数.

例 6.11 最后考虑 Neumann 边值问题

$$-cu'' = f(x), \quad u'(0) = 0 = u'(1), \tag{6.66}$$

模拟外部强迫 $f(x)$ 作用下两端点自由的均匀杆的平衡形变. Green 函数应该满足强迫作用函数是一个集中冲激的特定情形

$$-cu'' = \delta(x-\xi), \quad u'(0) = 0 = u'(1).$$

如例 6.9 所示, 这个微分方程的通解是

$$u(x) = -\frac{\rho(x-\xi)}{c} + ax + b,$$

其中 a, b 是积分常数, ρ 是斜坡函数 (6.25). 然而, Neumann 边界条件要求

$$u'(0) = a = 0, \quad u'(1) = -\frac{1}{c} + a = 0,$$

两个不能同时满足. 我们得出在这种情形下没有 Green 函数的结论①.

难点在于 Neumann 边值问题 (6.66) 没有唯一解, 因此不能容许 Green 函数解公式 (6.53). 积分两次, 我们的确发现微分方程的通解是

$$u(x) = ax + b - \frac{1}{c}\int_0^x \int_0^y f(z)\mathrm{d}z\mathrm{d}y,$$

其中 a, b 是积分常数. 因为

$$u'(x) = a - \frac{1}{c}\int_0^x f(z)\mathrm{d}z,$$

边界条件要求

$$u'(0) = a = 0, \quad u'(1) = a - \frac{1}{c}\int_0^1 f(z)\mathrm{d}z = 0.$$

当且仅当

$$\int_0^1 f(z)\mathrm{d}z = 0 \tag{6.67}$$

① 译注: Poisson 方程 Neumann 边值问题可以有广义 Green 函数, 需要满足约束条件, 见下文.

时, 这些等式是相容的. 因此, 当且仅当在杆上没有净力作用时, 才容许 Neumann 边值问题有解. 实际上, 如果 (6.67) 不成立, 那么因为杆的末端没有任何支撑而不可能保持平衡, 而且将在净力方向上移动. 另一方面, 如果 (6.67) 成立, 那么解

$$u(x) = b - \frac{1}{c}\int_0^x \int_0^y f(z)\mathrm{d}z\mathrm{d}y$$

是不唯一的 (not unique), 因为 b 不受边界条件的约束, 因此可以假定取任意常值. 在物理上, 这意味着任何平衡杆可以自由平移到另一个有效的平衡.

注记: 约束 (6.67) 是 Fredholm 择一律 (Fredholm alternative) 的一种体现, 将在 9.1 节中详细阐述.

对于二阶线性常微分方程

$$p(x)\frac{\mathrm{d}^2u}{\mathrm{d}x^2} + q(x)\frac{\mathrm{d}u}{\mathrm{d}x} + r(x)u(x) = f(x), \tag{6.68}$$

及其区间 $[a,b]$ 两端给定的齐次边界条件支配的边值问题, 我们假定系数函数对所有的 $a \leqslant x \leqslant b$ 是连续的, $p,q,r,f \in C^0[a,b]$, 且有 $p(x) \neq 0$. 我们总结完全表征该边值问题的 Green 函数 $G(x;\xi)$ 的基本性质如下:

(i) 在所有的点 $x \neq \xi$ 上满足齐次微分方程.

(ii) 满足齐次边界条件.

(iii) 是其两个变元的连续函数.

(iv) 对每个固定的 ξ, 其导数 $\partial G/\partial x$ 是分段 C^1 的, 冲激点 $x = \xi$ 处有幅度为 $1/p(\xi)$ 的单一跳跃间断.

有了 Green 函数, 我们导出在适当齐次边界条件下, 一般边值问题 (6.68) 的解由 Green 函数叠加公式 (Green's function superposition formula)

$$u(x) = \int_a^b G(x;\xi)f(\xi)\mathrm{d}\xi \tag{6.69}$$

表示. Green 函数的对称性有些微妙, 因为它依赖于边值问题的自伴性质, 第 9 章会详细讨论这个问题. 在目前的情形, 自伴性要求 $q(x) = p'(x)$, 此时 $G(\xi;x) = G(x;\xi)$ 关于它的两个变元都是对称的.

最后, 如例 6.11 中看到的那样, 并不是每一个这样的边值问题都容许有一个解, 仅在解存在且唯一的情形才有找到 Green 函数的希望.

定理 6.12 *以下是等价的:*

- *齐次边值问题的唯一解是零函数.*
- *对于强迫作用函数的每一选择, 非齐次边值问题都有唯一解.*
- *边值问题容许 Green 函数.*

习题

6.2.1. 设 $c>0$, 求边值问题 $-cu''=f(x), u(0)=0, u'(1)=0$ 的 Green 函数, 用于模拟一端固定、另一端自由的单位长度均匀杆在外部强迫作用下的位移. 然后运用线性叠加原理来写出解的公式. 通过对微分方程和边界条件的直接微分和代换, 验证积分公式是否正确.

6.2.2. 长度 $\ell=4$ 的均匀杆有恒定刚性 $c=2$. 求下列情形的 Green 函数: (a) 两端固定; (b) 一端固定, 另一端自由. (c) 两端均为自由时为何没有 Green 函数?

6.2.3. 长 10 cm 的杆的 2 cm 处有位移 1 mm, 此时杆中点施加集中力 2 N. 当 1 N 集中力作用在沿杆长 2 cm 处时, 中点处偏移多大?

♥ 6.2.4. 边值问题 $-\dfrac{\mathrm{d}}{\mathrm{d}x}\left(c(x)\dfrac{\mathrm{d}u}{\mathrm{d}x}\right)=f(x), u(0)=u(1)=0$, 模拟 $0\leqslant x\leqslant 1$ 上刚度 $c(x)=\dfrac{1}{1+x^2}$ 的非均匀弹性杆的位移 $u(x)$. (a) 当杆受恒定外部强迫 $f\equiv 1$ 作用时, 求位移. (b) 求边值问题的 Green 函数. (c) 使用叠加公式检查 (a) 得到的解. (d) 在 $0<\xi<1$ 中哪个点处杆是 "最脆弱的", 即此处在单位集中冲激作用下杆的位移最大?

6.2.5. 当 $c(x)=1+x$ 时, 回答习题 6.2.4.

♥ 6.2.6. 考虑边值问题 $-u''=f(x)$, $u(0)=0$, $u(1)=2u'(1)$. (a) 求 Green 函数. (b) Green 函数满足哪些基本属性? (c) 写出边值问题解的显式积分公式, 并直接计算证明其正确性. (d) 解释为什么相关的边值问题 $-u''=f(x), u(0)=0, u(1)=u'(1)$ 没有 Green 函数.

♥ 6.2.7. 对于正整数 n, 设 $f_n(x)=\begin{cases}\dfrac{1}{2}n, & |x-\xi|<\dfrac{1}{n},\\ 0, & \text{其他}.\end{cases}$ (a) 求边值问题 $-u''=f_n(x)$, $u(0)=u(1)=0$ 的解 $u_n(x)$, 设 $0<\xi-\dfrac{1}{n}<\xi+\dfrac{1}{n}<1$. (b) 证明 $\lim\limits_{n\to\infty}u_n(x)=G(x;\xi)$ 收敛到 Green 函数 (6.51). 为什么? (c) 绘出在 $\xi=0.3$ 处 $u_5(x)$, $u_{15}(x)$, $u_{25}(x)$ 以及 $G(x;\xi)$ 的图像, 证实 (b) 部分的结果.

6.2.8. 求解边值问题 $-4u''+9u=0, u(0)=0, u(2)=1$. 你的解是唯一的吗?

6.2.9. 是/非: Neumann 边值问题 $-u''+u=1, u'(0)=u'(1)=0$ 有唯一解.

6.2.10. 设有强迫作用函数 $f(x)=\begin{cases}1, & 0\leqslant x<\dfrac{1}{2},\\ -1, & \dfrac{1}{2}<x\leqslant 1.\end{cases}$ 用 Green 函数 (6.64) 求解边值问题 (6.57).

6.2.11. 设 $\omega>0$. (a) 求混合边值问题

$$-u''+\omega^2u=f(x),\quad u(0)=0,\quad u'(1)=0$$

的 Green 函数. (b) 当 $f(x)=\begin{cases}1, & 0\leqslant x<\dfrac{1}{2},\\ -1, & \dfrac{1}{2}<x\leqslant 1\end{cases}$ 时, 使用你的 Green 函数求解.

6.2.12. 设 $\omega > 0$, Neumann 边值问题 $-u'' + \omega^2 u = f(x), u'(0) = u'(1) = 0$ 容许 Green 函数吗? 如果没有解释为什么. 如果有就找到它, 然后写出边值问题解的积分公式.

♦ 6.2.13. (a) 证明双曲正弦函数的加法公式 (6.63). (b) 求双曲余弦相应的加法公式.

♦ 6.2.14. 证明公式 (6.55).

6.3 平面 Poisson 方程的 Green 函数

本节研究二维 Poisson 方程 (4.84) 边值问题的 Green 函数求解方法. 与以往一样, Green 函数的特征是它的相应齐次边值问题的解, 而非齐次性是集中单位冲激 δ-函数. 于是, 一般强迫边值问题的解通过线性叠加原理得到, 即作为 Green 函数的卷积积分.

然而, 还是快速回顾平面向 (矢) 量微积分的一些基本事实, 我们再继续前行吧. 对于其他细节, 学生可参考标准的多元微积分教材, 例如 [8,108].

平面上的微积分

令 $\boldsymbol{x} = (x, y)$ 表示 $\mathbb{R}^2$ 上通常的直角坐标. 术语 "标量场 (scalar field)" 是在区域 $\Omega \subset \mathbb{R}^2$ 上定义的实值函数 $u(x, y)$ 的同义语. 矢量值函数

$$\boldsymbol{v}(\boldsymbol{x}) = \boldsymbol{v}(x, y) = \begin{pmatrix} v_1(x, y) \\ v_2(x, y) \end{pmatrix} \tag{6.70}$$

称为 (平面) *矢量场* (vector filed). 矢量 $\boldsymbol{v}(x, y) \in \mathbb{R}^2$ 为定义域每个点 $(x, y) \in \Omega$ 赋予一个矢量场, 从而定义了一个函数 $\boldsymbol{v} : \Omega \to \mathbb{R}^2$. 物理例子包括流体流动的速度矢量场、热力学中的热流以及引力场和静电场.

梯度 (gradient) 算子 ∇ 将一个标量场 $u(x, y)$ 映射到矢量场

$$\nabla u = \begin{pmatrix} \partial u / \partial x \\ \partial u / \partial y \end{pmatrix}. \tag{6.71}$$

标量场 u 常被称为其梯度矢量场 $\boldsymbol{v} = \nabla u$ 的*势函数* (potential function). 在连通域 Ω 上, 位势场当存在时, 它们在相差一个常数的意义上是唯一确定的.

平面矢量场 $\boldsymbol{v} = (v_1, v_2)^\top$ 的*散度* (divergence) 是标量场

$$\nabla \cdot \boldsymbol{v} = \operatorname{div} \boldsymbol{v} = \frac{\partial v_1}{\partial x} + \frac{\partial v_2}{\partial y}. \tag{6.72}$$

它的*旋度* (curl) 定义为

$$\nabla \times \boldsymbol{v} = \operatorname{curl} \boldsymbol{v} = \frac{\partial v_2}{\partial x} - \frac{\partial v_1}{\partial y}. \tag{6.73}$$

注意, 平面矢量场的旋度是标量场. (相反, 在三维空间中矢量场的旋度是另一个矢量场.) 给定一个光滑位势场 $u \in C^2$, 其梯度矢量场的旋度自动为零:

$$\nabla \times \nabla u = \frac{\partial}{\partial x}\frac{\partial u}{\partial y} - \frac{\partial}{\partial y}\frac{\partial u}{\partial x} \equiv 0,$$

由于混合偏导数是相等的. 因此, 矢量场 $\boldsymbol{v}$ *无旋* (irrotational) 是它容许位势的一个必要条件, 这意味着 $\nabla \times \boldsymbol{v} = 0$; 如果基础区域 Ω 是*单连通* (simply connected) 的, 即没有孔洞, 那么这个条件还是充分的. 另一方面, 梯度矢量场的散度等于 Laplace 算子作用在势函数上:

$$\nabla \cdot \nabla u = \Delta u = \frac{\partial^2 u}{\partial x^2} + \frac{\partial^2 u}{\partial y^2}. \tag{6.74}$$

矢量场*不可压缩* (incompressible), 是指其散度为零: $\nabla \cdot \boldsymbol{v} = 0$; 对于稳态流体流动的速度矢量场, 不可压缩意味着流体体积不会改变. (对于所有的实际目的, 水视同不可压缩流体.) 因此, 一个具有位势 u 的无旋矢量场是不可压缩的, 当且仅当位势是 Laplace 方程 $\Delta u = 0$ 的解.

注记: 由于公式 (6.74), Laplace 算子有时也被写成 $\Delta = \nabla^2$. Laplace 算子因式化为散度算子和梯度算子非常重要, 实际上是其 "自伴性" 的基础, 它的影响将在第 9 章中深入探讨.

设 $\Omega \subset \mathbb{R}^2$ 是一个有界区域, 其边界 $\partial\Omega$ 由一条或多条分段光滑闭合曲线组成. 我们对边界定向, 使得当沿边界曲线绕行时该区域始终位于左侧. 图 6.10 绘制了一个有两个孔的区域; 它的三条边界曲线是按照箭头方向定向的. 注意, 外边界曲线是以逆时针方向绕行的, 而两条内边界曲线是顺时针绕行的.

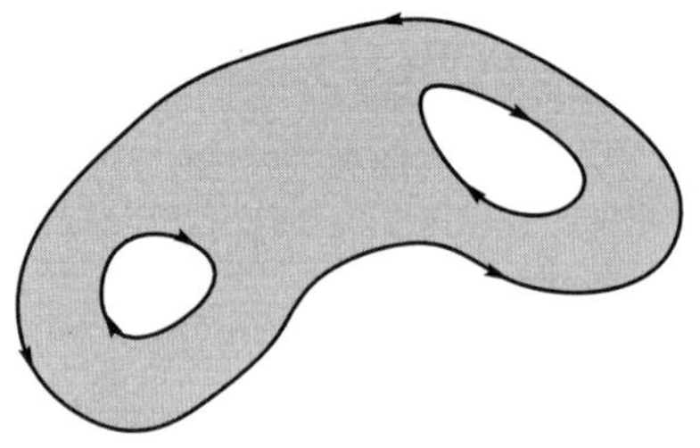

图 6.10 平面区域边界的定向

Green 定理 (Green's theorem) 把区域上的二重积分与围绕其边界的线积分联系起来, 应该看成是微积分基本定理的二重积分推广. George Green率先

用于他的偏微分方程和位势理论的开创性研究中的第一个公式.

定理 6.13 设 $\boldsymbol{v}(\boldsymbol{x})$ 是定义在有界区域 $\Omega \subset \mathbb{R}^2$ 上的光滑矢量场①. 那么 $\boldsymbol{v}$ 环绕边界 $\partial\Omega$ 的线积分等于其旋度在区域上的二重积分:

$$\iint_\Omega \nabla \times \boldsymbol{v}\mathrm{d}x\mathrm{d}y = \oint_{\partial\Omega} \boldsymbol{v} \cdot \mathrm{d}\boldsymbol{x}, \tag{6.75}$$

或全部详细写出

$$\iint_\Omega \left(\frac{\partial v_2}{\partial x} - \frac{\partial v_1}{\partial y}\right)\mathrm{d}x\mathrm{d}y = \oint_{\partial\Omega} v_1\mathrm{d}x + v_2\mathrm{d}y. \tag{6.76}$$

例 6.14 我们将 Green 定理 6.13 应用于特定的矢量场 $\boldsymbol{v} = (y, 0)^\top$. 由于 $\nabla\times\ \boldsymbol{v} \equiv -1$, 我们得到

$$\oint_{\partial\Omega} y\mathrm{d}x = \iint_\Omega (-1)\mathrm{d}x\mathrm{d}y = -\Omega \text{ 的面积}. \tag{6.77}$$

这表明通过计算环绕边界有向线积分的负值, 我们可以确定平面区域的面积.

为了今后使用, 我们把基本 Green 恒等式 (6.75) 重写成等效的散度形式 (divergence form). 给定一个平面矢量场 $\boldsymbol{v} = (v_1, v_2)^\top$, 令

$$\boldsymbol{v}^\perp = \begin{pmatrix} -v_2 \\ v_1 \end{pmatrix} \tag{6.78}$$

表示 "垂直" 矢量场. 我们注意到它的旋度

$$\nabla \times \boldsymbol{v}^\perp = \frac{\partial v_1}{\partial x} + \frac{\partial v_2}{\partial y} = \nabla \cdot \boldsymbol{v} \tag{6.79}$$

就是原矢量场的散度. 当我们用 $\boldsymbol{v}^\perp$ 代入 Green 恒等式 (6.75) 时, 结果是

$$\iint_\Omega \nabla \cdot \boldsymbol{v}\mathrm{d}x\mathrm{d}y = \iint_\Omega \nabla \times \boldsymbol{v}^\perp\mathrm{d}x\mathrm{d}y = \oint_{\partial\Omega} \boldsymbol{v}^\perp \cdot \mathrm{d}\boldsymbol{x} = \oint_{\partial\Omega} \boldsymbol{v} \cdot \boldsymbol{n}\mathrm{d}s,$$

其中 $\boldsymbol{n}$ 表示区域边界上的单位外法向 (unit outwards normal), 而 $\mathrm{d}s$ 则表示沿边界曲线的弧长元. 这就得到 Green 定理的散度形式

$$\iint_\Omega \nabla \cdot \boldsymbol{v}\mathrm{d}x\mathrm{d}y = \oint_{\partial\Omega} \boldsymbol{v} \cdot \boldsymbol{n}\mathrm{d}s. \tag{6.80}$$

在物理上, 如果 $\boldsymbol{v}$ 表示稳态流体流动的速度矢量场, 则 (6.80) 中的线积分表示该区域 Ω 的净流体通量. 因此, 散度 $\nabla \cdot \boldsymbol{v}$ 表示了每个点上流体区域的局部变化, 这证实了我们前面关于不可压缩性的断言.

考虑通过标量场 u 乘一个矢量场 $\boldsymbol{v}$ 得到的乘积矢量场 $u\boldsymbol{v}$. 初等计算证

---

① 确切地说, 我们要求 $\boldsymbol{v}$ 在区域内连续可微, 且在边界上连续, 因此 $\boldsymbol{v} \in C^0(\overline{\Omega}) \cap C^1(\Omega)$, 其中 $\overline{\Omega} = \Omega \cup \partial\Omega$ 表示区域 Ω 的闭包.

明, 它的散度是

$$\nabla \cdot (u\boldsymbol{v}) = u\nabla \cdot \boldsymbol{v} + \nabla u \cdot \boldsymbol{v}. \tag{6.81}$$

在散度公式 (6.80) 中用 $u\boldsymbol{v}$ 替换 $\boldsymbol{v}$, 我们推导出

$$\iint_{\Omega} (u\nabla \cdot \boldsymbol{v} + \nabla u \cdot \boldsymbol{v})\mathrm{d}x\mathrm{d}y = \oint_{\partial\Omega} u(\boldsymbol{v} \cdot \boldsymbol{n})\mathrm{d}s, \tag{6.82}$$

通常称之为 Green 公式 (Green's formula), 对于在任意有界区域 Ω 定义的任意 C^1-标量场和矢量场都是成立的. 重新排列各项得

$$\iint_{\Omega} \nabla u \cdot \boldsymbol{v}\mathrm{d}x\mathrm{d}y = \oint_{\partial\Omega} u(\boldsymbol{v} \cdot \boldsymbol{n})\mathrm{d}s - \iint_{\Omega} u(\nabla \cdot \boldsymbol{v})\mathrm{d}x\mathrm{d}y. \tag{6.83}$$

我们把这个恒等式看成是二重积分的积分公式. 确实, 与一维分部积分公式

$$\int_a^b u'(x)v(x)\mathrm{d}x = u(x)v(x)\Big|_{x=a}^{b} - \int_a^b u(x)v'(x)\mathrm{d}x \tag{6.84}$$

比较, 我们观察到一重积分已变成为二重积分; 导数换作矢量导数 (梯度和散度), 在区间端点的边界贡献由整个二维区域边界上的线积分所取代.

(6.82) 一个有用的特例是取 $\boldsymbol{v} = \nabla v$ 为标量场的梯度. 那么根据 (6.74), Green 公式 (6.82) 成为

$$\iint_{\Omega} (u\Delta v + \nabla u \cdot \nabla v)\mathrm{d}x\mathrm{d}y = \oint_{\partial\Omega} u\frac{\partial v}{\partial \boldsymbol{n}}\mathrm{d}s, \tag{6.85}$$

其中 $\partial v/\partial \boldsymbol{n} = \nabla v \cdot \boldsymbol{n}$ 是标量场 v 在区域边界上的法向导数. 特别当设 $v = u$ 时, 我们得出

$$\iint_{\Omega} \left(u\Delta u + \|\nabla u\|^2\right)\mathrm{d}x\mathrm{d}y = \oint_{\partial\Omega} u\frac{\partial u}{\partial \boldsymbol{n}}\mathrm{d}s. \tag{6.86}$$

作为应用, 我们建立 Poisson 方程边值问题解的基本唯一性定理:

定理 6.15 设 $\widetilde{u}$ 和 u 都满足有界连通域 Ω 上的 Poisson 方程的非齐次 Dirichlet 边值问题或混合边值问题. 则有 $\widetilde{u} = u$. 另一方面, 若 $\widetilde{u}$ 和 u 满足 Poisson 方程的 Neumann 边值问题, 则对于某个常数 c 有 $\widetilde{u} = u + c$.

证明 由假定 $-\Delta\widetilde{u} = f = -\Delta u$, 差 $v = \widetilde{u} - u$ 满足在 Ω 中 Laplace 方程 $\Delta v = 0$ 且服从齐次边界条件. 因此, 对 v 应用 (6.86), 我们发现

$$\iint_{\Omega} \|\nabla v\|^2\mathrm{d}x\mathrm{d}y = \oint_{\partial\Omega} v\frac{\partial v}{\partial \boldsymbol{n}}\mathrm{d}s = 0.$$

在边界上的每一点, 要么 $v = 0$ 或 $\partial v/\partial \boldsymbol{n} = 0$. 由于被积函数是连续的, 到处是非负的, 我们立即得出结论 $\|\nabla v\|^2 = 0$, 因此遍及 Ω 有 $\nabla v = \boldsymbol{0}$. 在连通域上, 由梯度算子作用为零的唯一函数是常数:

引理 6.16 如果 $v(x,y)$ 是定义在连通域 $\Omega \subset \mathbb{R}^2$ 上的 C^1-函数, 那么 $\nabla v \equiv \mathbf{0}$ 当且仅当 $v(x,y) \equiv c$ 为常数.

证明 设 $\boldsymbol{a}, \boldsymbol{b}$ 是在 Ω 中的任意两点. 那么由于连通性, 我们可以找到一条连接它们的曲线 C. 线积分的基本定理[8,108]表示

$$\int_C \nabla v \cdot \mathrm{d}\boldsymbol{x} = v(\boldsymbol{b}) - v(\boldsymbol{a}),$$

因此, 如果 $\nabla v \equiv \mathbf{0}$, 那么对所有的 $\boldsymbol{a}, \boldsymbol{b} \in \Omega$ 有 $v(\boldsymbol{b}) = v(\boldsymbol{a})$, 意味着 v 必须是常数.

回到我们的证明, 我们得出结论 $\widetilde{u} = u + v = u + c$, 证明了 Neumann 情形的结果. 在 Dirichlet 或者混合问题中, 边界上至少有一点处 $v = 0$, 因此唯一可能的常数是 $v = c = 0$, 证明了 $\widetilde{u} = u$. [证毕]

因此, Dirichlet 边值问题和混合边值问题至多容许一个解, 而 Neumann 边值问题要么没有解, 要么有无穷多的解. 证明解的存在性更具挑战性, 留给更深入的专著, 例如 [35,44,61,70].

如果我们在公式 (6.85) 中互换 u 和 v, 得到

$$\iint_\Omega (v\Delta u + \nabla v \cdot \nabla u)\mathrm{d}x\mathrm{d}y = \oint_{\partial\Omega} v\frac{\partial u}{\partial \boldsymbol{n}}\mathrm{d}s. \tag{6.87}$$

再与公式 (6.85) 相减, 我们得到恒等式①

$$\iint_\Omega (u\Delta v - v\Delta u)\mathrm{d}x\mathrm{d}y = \oint_{\partial\Omega} \left(u\frac{\partial v}{\partial \boldsymbol{n}} - v\frac{\partial u}{\partial \boldsymbol{n}}\right)\mathrm{d}s, \tag{6.88}$$

将在对 Poisson 方程的分析中起重要作用. 在 (6.87) 中设 $v = 1$, 得到

$$\iint_\Omega \Delta u\mathrm{d}x\mathrm{d}y = \oint_{\partial\Omega} \frac{\partial u}{\partial \boldsymbol{n}}\mathrm{d}s. \tag{6.89}$$

假设 u 是 Neumann 边值问题

$$\text{在 } \Omega \text{ 中 } -\Delta u = f, \quad \text{在 } \partial\Omega \text{ 上 } \frac{\partial u}{\partial \boldsymbol{n}} = h$$

的解, 那么 (6.89) 要求

$$\iint_\Omega f\mathrm{d}x\mathrm{d}y + \oint_{\partial\Omega} h\mathrm{d}s = 0. \tag{6.90}$$

因而形成非齐次 Neumann 边值问题解 u 存在的一个必要条件. 在物理上, 如果 u 表示一块板的平衡温度, 那么 (6.89) 中的积分分别量度外部热源以及通过边界的热流引起的热能净增益或净损耗. 方程 (6.90) 告诉我们, 为了保持板热平衡, 它的总热能不能有净变化.

① 译注: 文献中亦称为第三 Green 恒等式.

二维 δ – 函数

我们现在回到正题, 求解有界区域 $\Omega \subset \mathbb{R}^2$ 上的 Poisson 方程. 我们将要求它的解服从齐次 Dirichlet 边界条件或者齐次混合边界条件. (正如我们刚刚提到的, Neumann 边值问题不容许唯一解, 因此不具有 Green 函数.) 当强迫作用函数是集中在区域中单点上的单位冲激时, 就会产生边值问题的 Green 函数.

因此, 我们的第一个任务是在二维空间中建立一个适当形式的单位冲激. 集中于点 $\boldsymbol{\xi} = (\xi, \eta) \in \mathbb{R}^2$ 上的 δ – 函数为

$$\delta_{(\xi,\eta)}(x, y) = \delta_{\boldsymbol{\xi}}(\boldsymbol{x}) = \delta(\boldsymbol{x} - \boldsymbol{\xi}) = \delta(x - \xi, y - \eta), \tag{6.91}$$

且满足

$$\delta_{\boldsymbol{\xi}}(\boldsymbol{x}) = 0, \quad \boldsymbol{x} \neq \boldsymbol{\xi}, \quad \iint_{\Omega} \delta_{(\xi,\eta)}(x, y) \mathrm{d}x \mathrm{d}y = 1, \quad \boldsymbol{\xi} \in \Omega. \tag{6.92}$$

特别是 $\delta(x, y) = \delta_{\mathbf{0}}(x, y)$ 表示原点的 δ – 函数. 正如一维空间那样, 没有通常意义的函数能满足这两个标准; 相反, 将把 $\delta(x, y)$ 看成是越来越高度集中的函数序列 $g_n(x, y)$ 的极限,

$$\text{对于 } (x, y) \neq (0, 0), \ \lim_{n \to \infty} g_n(x, y) = 0, \text{ 同时 } \iint_{\mathbb{R}^2} g_n(x, y) \mathrm{d}x \mathrm{d}y = 1.$$

很好符合这些要求的一个例子是径向 Gauss 函数 (radial Gaussian function) 序列

$$g_n(x, y) = \frac{n}{\pi} \mathrm{e}^{-n\left(x^2 + y^2\right)}. \tag{6.93}$$

如图 6.11 所示, 随着 $n \to \infty$, Gauss 曲面在原点附近变得越来越集中, 同时在它们的曲面下方保持着单位体积不变. 它们在 $\mathbb{R}^2$ 上积分等于 1 的事实是 (2.99) 的推论.

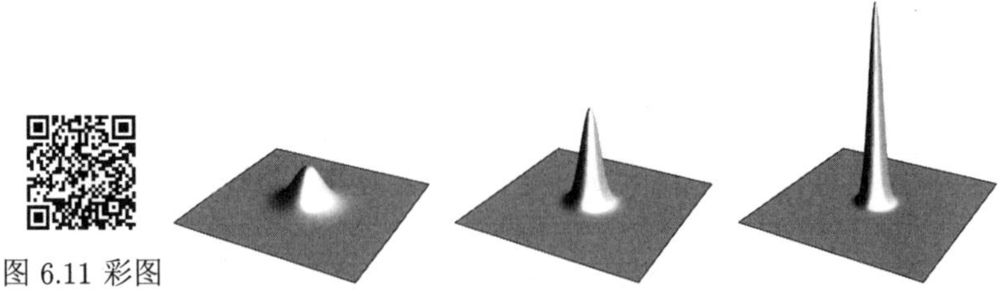

图 6.11 彩图

图 6.11　Gauss 函数收敛到 δ – 函数

或者可以把 δ – 函数对偶解释为线性泛函

$$L_{(\xi,\eta)}[u]=L_{\boldsymbol{\xi}}[u]=u(\boldsymbol{\xi})=u(\xi,\eta), \tag{6.94}$$

将每个连续函数 $u\in C^0(\overline{\Omega})$ 在点 $\boldsymbol{\xi}=(\xi,\eta)\in\Omega$ 处赋值. 然后, 使用标量场 $u,v\in C^0(\overline{\Omega})$ 之间的 L^2 – 内积

$$\langle u,v\rangle=\iint_{\Omega}u(x,y)v(x,y)\mathrm{d}x\mathrm{d}y, \tag{6.95}$$

对于任意的 $u\in C^0(\overline{\Omega})$, 就有积分

$$\left\langle\delta_{(\xi,\eta)},u\right\rangle=\iint_{\Omega}\delta_{(\xi,\eta)}(x,y)u(x,y)\mathrm{d}x\mathrm{d}y=\begin{cases}u(\xi,\eta), & (\xi,\eta)\in\Omega,\\ 0, & (\xi,\eta)\in\mathbb{R}^2\backslash\overline{\Omega},\end{cases} \tag{6.96}$$

形式上将线性泛函 $L_{(\xi,\eta)}$ 等同于 "δ – 函数". 像其一维版本那样, 当 δ – 函数集中在区域边界点时, 我们将避免定义积分. 由于二重积分可以作为两重一维积分来计算, 我们可以方便地视为两个一维 δ – 函数的乘积[①]

$$\delta_{(\xi,\eta)}(x,y)=\delta_{\xi}(x)\delta_{\eta}(y)=\delta(x-\xi)\delta(y-\eta). \tag{6.97}$$

的确, 如果冲激点包含在区域内的矩形

$$(\xi,\eta)\in R=\{a<x<b,\ c<y<d\}\subset\Omega$$

中, 那么

$$\begin{aligned}&\iint_{\Omega}\delta_{(\xi,\eta)}(x,y)u(x,y)\mathrm{d}x\mathrm{d}y=\iint_{R}\delta_{(\xi,\eta)}(x,y)u(x,y)\mathrm{d}x\mathrm{d}y\\ =&\int_a^b\left[\int_c^d\delta(x-\xi)\delta(y-\eta)u(x,y)\mathrm{d}y\right]\mathrm{d}x=\int_a^b\delta(x-\xi)u(x,\eta)\mathrm{d}x=u(\xi,\eta).\end{aligned}$$

Green 函数

正像一维情形那样, 在区域内指定点 $\boldsymbol{\xi}=(\xi,\eta)\in\Omega$ 处集中单位 δ – 冲激作用, Green 函数定义为相应非齐次微分方程的解. 在目前的情形中, Poisson 方程形如

$$-\Delta u=\delta_{\boldsymbol{\xi}},\ \text{或显式地}\ -\left(\frac{\partial^2u}{\partial x^2}+\frac{\partial^2u}{\partial y^2}\right)=\delta(x-\xi)\delta(y-\eta). \tag{6.98}$$

函数 $u(x,y)$ 还要服从某些齐次边界条件的约束, 比如在 $\partial\Omega$ 上的 Dirichlet 条件 $u=0$. 由此产生的解称为该边值问题的 Green 函数, 记为

① 这是我们早先 δ – 函数不相乘禁令的一个例外. 当它们依赖于不同的自变量时, 容许相乘.

$$G_{\boldsymbol{\xi}}(\boldsymbol{x}) = G(\boldsymbol{x};\boldsymbol{\xi}) = G(x,y;\xi,\eta). \tag{6.99}$$

我们一旦知道了 Green 函数, 一般 Poisson 边值问题

$$\text{在}\Omega\text{中} \quad -\Delta u = f, \quad \text{在}\partial\Omega\text{上} \quad u = 0 \tag{6.100}$$

的解可以重构如下. 我们将强迫作用

$$f(x,y) = \iint_{\Omega} \delta(x-\xi)\delta(y-\eta)f(\xi,\eta)\mathrm{d}\xi\mathrm{d}\eta$$

视作 δ – 冲激的叠加, 其强度为 f 在冲激点的取值. 线性意味着, 边值问题的解是对各冲激响应的 Green 函数的相应叠加. 最终结果是边值问题的基本叠加公式 (superposition formula)

$$u(x,y) = \iint_{\Omega} G(x,y;\xi,\eta)f(\xi,\eta)\mathrm{d}\xi\mathrm{d}\eta. \tag{6.101}$$

确实有

$$\begin{aligned} -\Delta u(x,y) &= \iint_{\Omega} \left[-\Delta G(x,y;\xi,\eta)f(\xi,\eta)\right]\mathrm{d}\xi\mathrm{d}\eta \\ &= \iint_{\Omega} \delta(x-\xi,y-\eta)f(\xi,\eta)\mathrm{d}\xi\mathrm{d}\eta = f(x,y), \end{aligned}$$

与此同时, 对所有的 $(x,y) \in \partial\Omega$ 而言, $G(x,y;\xi,\eta) = 0$, 这一事实意味着在边界上 $u(x,y) = 0$.

Green 函数关于它的变元互换必然对称:

$$G(\xi,\eta;x,y) = G(x,y;\xi,\eta). \tag{6.102}$$

如一维情形那样, 对称性是该边值问题自伴性的推论, 这将在第 9 章中给予充分解释. 对称性有以下有趣的物理解释: 令 $\boldsymbol{x},\boldsymbol{\xi} \in \Omega$ 是定义域中任意两点. 我们在薄膜上第一点施加集中单位力并在第二点测量它的挠曲 (deflection), 就好像我们在第二点施加冲激并在第一点测量挠曲一样, 两个结果完全相同. (在区域中其他点的挠曲通常彼此没有明显的关系.) 同样, 解 $u(x,y)$ 在静电学中解释为平衡电荷系统的静电势. δ – 函数对应于点电荷, 例如一个电子. 对称性质是说, 置于 $\boldsymbol{\xi}$ 的点电荷在 $\boldsymbol{x}$ 产生的静电势, 与置于 $\boldsymbol{x}$ 的点电荷在 $\boldsymbol{\xi}$ 产生的静电势完全相等. 读者可能会深思这些惊人物理事实的合理性.

可惜的是, 大多数 Green 函数不能以闭合形式写出来. 当定义域是整个平面: $\Omega = \mathbb{R}^2$ 时是个重要的例外. 此时, Poisson 方程 (6.98) 的解是自由空间 Green 函数 (free-space Green's function) $G_0(x,y;\xi,\eta) = G_0(\boldsymbol{x};\boldsymbol{\xi})$, 它量测集中于 $\boldsymbol{\xi}$ 处的单位冲激对整个二维空间的影响, 例如, 质点的引力势或点电荷的

静电势. 我们诉诸物理直觉以激发建设性. 首先, 由于集中冲激在 $\boldsymbol{x} \neq \boldsymbol{\xi}$ 处为零, 函数必然由齐次的 Laplace 方程

$$\text{对所有的 } \boldsymbol{x} \neq \boldsymbol{\xi},\ -\Delta G_0 = 0 \tag{6.103}$$

解得. 其次, 因为 Poisson 方程模拟均匀介质, 在边界条件空缺的情况下单位冲激的作用应该只依赖于到源点的距离. 因此, 我们期望 G_0 只是径向变量的函数:

$$G_0(x, y; \xi, \eta) = v(r),\ \text{其中 } r = \|\boldsymbol{x} - \boldsymbol{\xi}\| = \sqrt{(x-\xi)^2 + (y-\eta)^2}.$$

根据 (4.113), Laplace 方程的唯一径向对称解是

$$v(r) = a + b \log r, \tag{6.104}$$

其中 a 和 b 是常数. 常数项 a 的导数是零, 所以对 δ – 函数的奇性没有贡献. 因此, 我们期望所求的解是对数项的常倍数. 为了确定倍数, 考虑一个以 $\boldsymbol{\xi}$ 点为中心、半径 $\varepsilon > 0$ 的闭圆盘

$$D_\varepsilon = \{0 \leqslant r \leqslant \varepsilon\} = \{\|\boldsymbol{x} - \boldsymbol{\xi}\| \leqslant \varepsilon\},$$

有圆形边界

$$C_\varepsilon = \partial D_\varepsilon = \{r = \|\boldsymbol{x} - \boldsymbol{\xi}\| = \varepsilon\} = \{(\xi + \varepsilon\cos\theta, \eta + \varepsilon\sin\theta) \mid -\pi \leqslant \theta \leqslant \pi\}.$$

然后, 由 (6.74) 和 Green 定理的散度形式 (6.80),

$$\begin{aligned} 1 &= \iint_{D_\varepsilon} \delta(x, y)\mathrm{d}x\mathrm{d}y = -b \iint_{D_\varepsilon} \Delta(\log r)\mathrm{d}x\mathrm{d}y = -b \iint_{D_\varepsilon} \nabla \cdot \nabla(\log r)\mathrm{d}x\mathrm{d}y \\ &= -b \oint_{C_\varepsilon} \frac{\partial(\log r)}{\partial \boldsymbol{n}}\mathrm{d}s = -b \oint_{C_\varepsilon} \frac{\partial(\log r)}{\partial r}\mathrm{d}s = -b \oint_{C_\varepsilon} \frac{1}{r}\mathrm{d}s = -b \int_{-\pi}^{\pi} \mathrm{d}\theta = -2\pi b. \end{aligned} \tag{6.105}$$

因此 $b = -1/(2\pi)$. 我们得出结论, 自由空间 Green 函数应该有对数形式

$$G_0(x, y; \xi, \eta) = -\frac{1}{2\pi}\log r = -\frac{1}{2\pi}\log\|\boldsymbol{x} - \boldsymbol{\xi}\| = -\frac{1}{4\pi}\log\left[(x-\xi)^2 + (y-\eta)^2\right]. \tag{6.106}$$

虽然有点困难, 对 (6.106) 的一个完全严格证明来自以下重要的结果, 称为 Green 表示公式 (Green's representation formula).

定理 6.17 设 $\Omega \subset \mathbb{R}^2$ 是有界区域, 具有分段 C^1 的边界 $\partial\Omega$. 若令 $u \in C^2(\Omega) \cap C^1(\overline{\Omega})$. 那么, 对于任意的 $(x, y) \in \Omega$, 有

$$
\begin{aligned}
u(x,y) = &-\iint_\Omega G_0(x,y;\xi,\eta)\Delta u(\xi,\eta)\mathrm{d}\xi\mathrm{d}\eta+\\
&\oint_{\partial\Omega}\left[G_0(x,y;\xi,\eta)\frac{\partial u}{\partial \boldsymbol{n}}(\xi,\eta)-\frac{\partial G_0}{\partial \boldsymbol{n}}(x,y;\xi,\eta)u(\xi,\eta)\right]\mathrm{d}s,
\end{aligned}
\tag{6.107}
$$

其中边界上的 Laplace 算子和法向导数都是关于积分变量 $\boldsymbol{\xi}=(\xi,\eta)$ 的.

特别地, 如果 u 和 $\partial u/\partial \boldsymbol{n}$ 在 $\partial\Omega$ 上为零, 那么 (6.107) 化简为

$$
u(x,y) = -\iint_\Omega G_0(x,y;\xi,\eta)\Delta u(\xi,\eta)\mathrm{d}\xi\mathrm{d}\eta.
$$

等式左端调用 $\delta-$函数定义, 且形式上应用 Green 恒等式 (6.88) 于等式右端, 得到

$$
\iint_\Omega \delta(x-\xi)\delta(y-\eta)u(\xi,\eta)\mathrm{d}\xi\mathrm{d}\eta = \iint_\Omega[-\Delta G_0(x,y;\xi,\eta)u(\xi,\eta)]\mathrm{d}\xi\mathrm{d}\eta. \tag{6.108}
$$

正是在这种对偶意义上, 我们证明了所希望的公式

$$
-\Delta G_0(\boldsymbol{x};\boldsymbol{\xi}) = \frac{1}{2\pi}\Delta(\log\|\boldsymbol{x}-\boldsymbol{\xi}\|) = \delta(\boldsymbol{x}-\boldsymbol{\xi}). \tag{6.109}
$$

定理 6.17 的证明: 首先我们注意到, 即使 $G_0(\boldsymbol{x};\boldsymbol{\xi})$ 在 $\boldsymbol{x}=\boldsymbol{\xi}$ 处有一个对数奇点, (6.107) 中的二重积分仍是有限的. 事实上, 引入极坐标 $\xi = x+r\cos\theta$, $\eta=y+r\sin\theta$, 并记得 $\mathrm{d}\xi\mathrm{d}\eta = r\mathrm{d}r\mathrm{d}\theta$, 我们看到二重积分等于

$$
\frac{1}{2\pi}\iint(r\log r)\Delta u\mathrm{d}r\mathrm{d}\theta.
$$

乘积 $r\log r$ 是处处连续的, 即使在 $r=0$ 也是如此. 所以, 只要 Δu 的行为良好, 比如连续, 积分就有限. (6.107) 中的线积分当然没有问题, 因为积分周线不通过奇点.

现在为了避免直接处理奇性, 我们致力于子区域

$$
\Omega_\varepsilon = \Omega\backslash D_\varepsilon(\boldsymbol{x}) = \{\boldsymbol{\xi}\in\Omega \mid \|\boldsymbol{x}-\boldsymbol{\xi}\|>\varepsilon\}.
$$

这是通过挖去中心在 $\boldsymbol{x}$、半径 $\varepsilon>0$ 的小圆盘

$$
D_\varepsilon(\boldsymbol{x}) = \{\boldsymbol{\xi} \mid \|\boldsymbol{x}-\boldsymbol{\xi}\|\leqslant\varepsilon\}
$$

得到的. 我们选择 ε 足够小以保证 $D_\varepsilon(\boldsymbol{x})\subset\Omega$, 因此

$$
\partial\Omega_\varepsilon = \partial\Omega\cap C_\varepsilon, \text{ 其中 } C_\varepsilon = \{\|\boldsymbol{x}-\boldsymbol{\xi}\|=\varepsilon\}
$$

是该小圆盘的边界. 子区域 Ω_ε 表示为图 6.12 中的阴影区域. 由于二重积分是唯一定义的, 我们可以在 Ω_ε 上用积分:

$$
\iint_\Omega G_0(x,y;\xi,\eta)\Delta u(\xi,\eta)\mathrm{d}\xi\mathrm{d}\eta = \lim_{\varepsilon\to0}\iint_{\Omega_\varepsilon} G_0(x,y;\xi,\eta)\Delta u(\xi,\eta)\mathrm{d}\xi\mathrm{d}\eta \tag{6.110}
$$

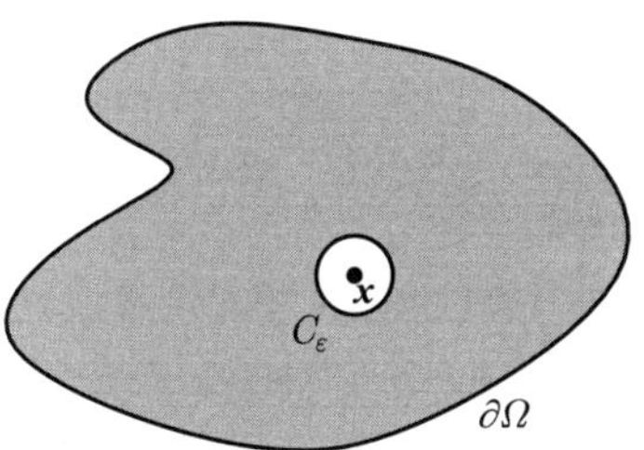

图 6.12 区域 $\Omega_\varepsilon = \Omega \backslash D_\varepsilon(\boldsymbol{x})$

近似它. 既然 G_0 在 Ω_ε 中没有奇点, 我们可以应用 Green 公式 (6.85), 然后用 (6.103) 求得

$$\begin{aligned}&\iint_{\Omega_\varepsilon} G_0(x,y;\xi,\eta)\Delta u(\xi,\eta)\mathrm{d}\xi\mathrm{d}\eta \\ =&\oint_{\partial\Omega}\left[G_0(x,y;\xi,\eta)\frac{\partial u}{\partial \boldsymbol{n}}(\xi,\eta)-\frac{\partial G_0}{\partial \boldsymbol{n}}(x,y;\xi,\eta)u(\xi,\eta)\right]\mathrm{d}s- \\ &\oint_{C_\varepsilon}\left[G_0(x,y;\xi,\eta)\frac{\partial u}{\partial \boldsymbol{n}}(\xi,\eta)-\frac{\partial G_0}{\partial \boldsymbol{n}}(x,y;\xi,\eta)u(\xi,\eta)\right]\mathrm{d}s,\end{aligned} \tag{6.111}$$

其中环绕 C_ε 的线积分采用通常的逆时针方向, 与其作为边界 Ω_ε 一部分而规定的方向相反. 现在圆 C_ε 上

$$G_0(x,y;\xi,\eta) = -\left.\frac{\log r}{2\pi}\right|_{r=\varepsilon} = -\frac{\log\varepsilon}{2\pi}, \tag{6.112}$$

与此同时, 参见习题 6.3.1,

$$\frac{\partial G_0}{\partial \boldsymbol{n}}(x,y;\xi,\eta) = -\left.\frac{1}{2\pi}\frac{\partial(\log r)}{\partial r}\right|_{r=\varepsilon} = -\frac{1}{2\pi\varepsilon}. \tag{6.113}$$

因此

$$\oint_{C_\varepsilon}\frac{\partial G_0}{\partial \boldsymbol{n}}(x,y;\xi,\eta)u(\xi,\eta)\mathrm{d}s = -\frac{1}{2\pi\varepsilon}\oint_{C_\varepsilon}u(\xi,\eta)\mathrm{d}s,$$

我们可将之视为 u 在半径为 ε 的圆周上平均的负值. 随着 $\varepsilon\to 0$, 这些圆周收缩为它们共同的圆心, 由于连续性, 均值趋于 $u(x,y)$ 在圆心上的值; 因此,

$$\lim_{\varepsilon\to 0}\oint_{C_\varepsilon}\frac{\partial G_0}{\partial \boldsymbol{n}}(x,y;\xi,\eta)u(\xi,\eta)\mathrm{d}s = -u(x,y). \tag{6.114}$$

另一方面, 使用 (6.112), 则由圆盘 D_ε 上的 (6.89), 我们有

$$\begin{aligned}\oint_{C_\varepsilon}G_0(x,y;\xi,\eta)\frac{\partial u}{\partial \boldsymbol{n}}(\xi,\eta)\mathrm{d}s &= -\frac{\log\varepsilon}{2\pi}\oint_{C_\varepsilon}\frac{\partial u}{\partial \boldsymbol{n}}(\xi,\eta)\mathrm{d}s \\ &= -\frac{\log\varepsilon}{2\pi}\iint_{D_\varepsilon}\Delta u(\xi,\eta)\mathrm{d}\xi\mathrm{d}\eta = -\left(\varepsilon^2\log\varepsilon\right)\overline{\Delta u_\varepsilon},\end{aligned}$$

其中

$$\overline{\Delta u_\varepsilon} = \frac{1}{2\pi\varepsilon^2}\iint_{D_\varepsilon} \Delta u(\xi,\eta)\mathrm{d}\xi\mathrm{d}\eta$$

是 Δu 在圆盘 D_ε 上的平均 (average). 如上所述, 当 $\varepsilon \to 0$ 时, 圆盘上的平均值收敛到它们共同的圆心上的值, $\overline{\Delta u_\varepsilon} \to \Delta u(x,y)$, 因此

$$\lim_{\varepsilon\to 0}\oint_{C_\varepsilon} G_0(x,y;\xi,\eta)\frac{\partial u}{\partial \boldsymbol{n}}(\xi,\eta)\mathrm{d}s = \lim_{\varepsilon\to 0}\left(-\varepsilon^2\log\varepsilon\right)\overline{\Delta u_\varepsilon} = 0. \tag{6.115}$$

基于 (6.110, 114, 115), $\varepsilon \to 0$ 的极限 (6.111) 确为 Green 表示公式(6.107).

[证毕]

如上所述, 自由空间 Green 函数 (6.106) 表示单位质点在二维空间中产生的引力势, 或等效地由位于 $\boldsymbol{\xi}$ 处单位点电荷产生的二维静电势. 相对应的引力或者静电力通过求梯度得到:

$$\boldsymbol{F} = \nabla G_0 = \frac{\boldsymbol{x}-\boldsymbol{\xi}}{2\pi\|\boldsymbol{x}-\boldsymbol{\xi}\|^2},$$

大小

$$\|\boldsymbol{F}\| = \frac{1}{2\pi\|\boldsymbol{x}-\boldsymbol{\xi}\|}$$

与质点或电荷的距离成反比, 这是 Newton 或 Coulomb 三维平方反比律的二维形式.

由形如区域 $\Omega\subset\mathbb{R}^2$ 的二维质量 (如平板) 引起的引力势, 通过叠加 $\delta-$函数源得到, 源点强度等于各点处材料密度. 结果是势函数

$$u(x,y) = -\frac{1}{4\pi}\iint_\Omega \rho(\xi,\eta)\log\left[(x-\xi)^2+(y-\eta)^2\right]\mathrm{d}\xi\mathrm{d}\eta, \tag{6.116}$$

其中 $\rho(\xi,\eta)$ 表示 $(\xi,\eta)\in\Omega$ 处的密度.

例 6.18 单位密度 $\rho\equiv 1$、单位半径的圆盘 $D=\left\{x^2+y^2\leqslant 1\right\}$ 产生的引力势为

$$u(x,y) = -\frac{1}{4\pi}\iint_D \log\left[(x-\xi)^2+(y-\eta)^2\right]\mathrm{d}\xi\mathrm{d}\eta. \tag{6.117}$$

直接求这个二重积分并不容易. 然而, 我们可以借助它是 Poisson 方程

$$-\Delta u = \begin{cases} 1, & \|\boldsymbol{x}\|<1, \\ 0, & \|\boldsymbol{x}\|>1 \end{cases} \tag{6.118}$$

的解, 写出闭合形式的位势. 此外显然 u 是径向对称的, 所以只是 r 的函数. 因此, 在 Laplace 算子极坐标表达式 (4.105) 中, 关于 θ 的导数项消失, 因而

(6.118) 化简为

$$\frac{\mathrm{d}^2u}{\mathrm{d}r^2}+\frac{1}{r}\frac{\mathrm{d}u}{\mathrm{d}r}=\begin{cases}-1, & r<1,\\ 0, & r>1,\end{cases}$$

等效于 $\mathrm{d}u/\mathrm{d}r$ 的一阶线性常微分方程. 在两个区间分别解得

$$u(r)=\begin{cases}a+b\log r-\dfrac{1}{4}r^2, & r<1,\\ c+d\log r, & r>1,\end{cases}$$

其中 a,b,c,d 是常数. $u(r)$ 和 $u'(r)$ 在 $r=1$ 连续意味着 $c=a-\dfrac{1}{4},d=b-\dfrac{1}{2}$. 此外, 非集中质量的位势在原点不能有奇性, 所以 $b=0$. 在 $x=y=0$ 处直接使用极坐标求 (6.117), 证实 $a=\dfrac{1}{4}$. 我们得到结论, 引力势 (6.117) 是由单位半径的均匀圆盘产生的, 因而总质量 (面积) 为 π, 显然有

$$u(x,y)=\begin{cases}\dfrac{1}{4}\left(1-r^2\right)=\dfrac{1}{4}\left(1-x^2-y^2\right), & x^2+y^2<1,\\ -\dfrac{1}{2}\log r=-\dfrac{1}{4}\log\left(x^2+y^2\right), & x^2+y^2\geqslant 1.\end{cases} \tag{6.119}$$

可以看到, 圆盘外的位势与一个位于原点、大小为 π 的质点的对数势完全相同. 因此, 一个均匀圆盘外的引力场与其质量都集中于原点的引力场是相等的.

有了自由空间对数势, 我们回到有界区域 $\Omega\subset\mathbb{R}^2$ 上求边值问题的 Green 函数的问题. 由于对数势 (6.106) 是 Poisson 方程 (6.98) 的一个特解, 根据定理 1.6, 通解由 $u=G_0+z$ 给出, 其中 z 为齐次方程 $\Delta z=0$ 的任一解, 也就是任一调和函数. 从而, Green 函数的构造归结为求调和函数 z 使得 $G=G_0+z$ 满足所需齐次边界条件的问题. 我们把 (非齐次) Dirichlet 问题的结果明确地表示出来.

定理 6.19 有界区域 $\Omega\subset\mathbb{R}^2$ 上 Poisson 方程 Dirichlet 边值问题的 Green 函数形如

$$G(x,y;\xi,\eta)=G_0(x,y;\xi,\eta)+z(x,y;\xi,\eta), \tag{6.120}$$

其中, 第一项是对数势 (6.106), 同时对于每点 $(\xi,\eta)\in\Omega$, 第二项是求解边值问题

$$\begin{aligned}&\Delta z=0, \quad (x,y)\in\Omega;\\ &z(x,y;\xi,\eta)=\frac{1}{4\pi}\log\left[(x-\xi)^2+(y-\eta)^2\right], \quad (x,y)\in\partial\Omega\end{aligned} \tag{6.121}$$

得到的调和函数. 如果 $u(x,y)$ 是非齐次 Dirichlet 边值问题

$$-\Delta u = f, \quad \boldsymbol{x} \in \Omega; \quad u = h, \quad \boldsymbol{x} \in \partial\Omega \tag{6.122}$$

的解, 那么

$$u(x,y) = \iint_{\Omega} G(x,y;\xi,\eta) f(\xi,\eta) \mathrm{d}\xi \mathrm{d}\eta - \oint_{\partial\Omega} \frac{\partial G}{\partial \boldsymbol{n}}(x,y;\xi,\eta) h(\xi,\eta) \mathrm{d}s, \tag{6.123}$$

其中 G 的法向导数取在 $(\xi,\eta) \in \partial\Omega$ 上.

证明 (6.120) 是 Green 函数, 我们注意到

$$\text{在 } \Omega \text{ 中, } -\Delta G = -\Delta G_0 - \Delta z = \delta_{(\xi,\eta)}, \tag{6.124}$$

且有

$$\text{在 } \partial\Omega \text{ 上, } G(x,y;\xi,\eta) = G_0(x,y;\xi,\eta) + z(x,y;\xi,\eta) = 0. \tag{6.125}$$

接下来, 建立解的公式 (6.123), 因为 z 和 u 都是 C^2 的, 我们可以使用 (6.88) (取 $v = z$, 记住 $\Delta z = 0$) 建立

$$\begin{aligned} 0 = & -\iint_{\Omega} z(x,y;\xi,\eta) \Delta u(\xi,\eta) \mathrm{d}\xi \mathrm{d}\eta + \\ & \oint_{\partial\Omega} \left[z(x,y;\xi,\eta) \frac{\partial u}{\partial \boldsymbol{n}}(\xi,\eta) - \frac{\partial z}{\partial \boldsymbol{n}}(x,y;\xi,\eta) u(\xi,\eta) \right] \mathrm{d}s. \end{aligned}$$

将其添加到 Green 表示公式 (6.107) 中, 并使用 (6.125), 我们得出

$$u(x,y) = -\iint_{\Omega} G(x,y;\xi,\eta) \Delta u(\xi,\eta) \mathrm{d}\xi \mathrm{d}\eta - \oint_{\partial\Omega} \frac{\partial G}{\partial \boldsymbol{n}}(x,y;\xi,\eta) u(\xi,\eta) \mathrm{d}s,$$

其中, 给定 (6.122), 就得到 (6.123). [证毕]

剩下一个微妙的问题是解的存在性. 仔细读读, 定理 6.19 指出如果经典解存在, 那么它必然由 Green 函数公式 (6.123) 给定. 证明解的存在性以及 Green 函数的存在性, 或者等价地 (6.121) 解 z 的存在性, 需要进一步地深入分析, 这超出了本教材的范围. 特别地, 为了保证存在性, 基础定义域必须有一个相当好的边界, 比如没有尖锐拐角的分段光滑曲线. 有趣的是, 称为 St. Elmo 之火 (St. Elmo's fire) 的电磁现象, 就是建立在缺乏正则性的锐利尖点边界基础上, 参见 [121]. 扩展到不规则的领域, 比如那些分形边界, 是当代研究的一个活跃领域. 此外, 与一维边值问题不同, 强迫作用函数 f 的连续性不足以保证 Poisson 方程边值问题经典解的存在性; 可微性固然足够, 然而这个假设还可以减弱. 参考 [61,70], Perron 方法的发展基于下解 (subsolution) 序列逼近解, 根据定义, 求解微分不等式 $-\Delta u \leqslant f$. 一个可供选择的证明在 [35] 中可以找到, 即使用变分的直接方法. 后一种证明依赖于通过极小化原理来表征解, 我们在第 9 章中对此进行了详细讨论.

习题

♦ 6.3.1. 设 C_R 是中心在原点、半径为 R 的圆, 其单位外法向量为 $\boldsymbol{n}$. 令 $f(r,\theta)$ 是用极坐标表示的函数. 证明在 C_R 上 $\partial f/\partial \boldsymbol{n} = \partial f/\partial r$.

6.3.2. 设 $f(x)$ 是区间 $a \leqslant x \leqslant b$ 上的一个连续正函数. 令 Ω 为位于区间 $[a,b]$ 上 $f(x)$ 的图像与 x-轴之间的区域. 解释为什么 (6.77) 化简为在 f 图像之下区域的通常积分公式.

6.3.3. 解释如果 Ω 不是连通域, 那么引理 6.16 的结论会发生什么变化.

6.3.4. 求常量 c_n 使得函数 $g_n(x,y) = c_n\left[1+n^2\left(x^2+y^2\right)\right]^{-1}$ 收敛到二维 δ-函数: 当 $n\to\infty$ 时 $g_n(x,y)\to\delta(x,y)$?

6.3.5. 解释为什么二维 δ-函数满足标度律

$$\delta(\beta x,\beta y) = \frac{1}{\beta^2}\delta(x,y), \quad \beta>0.$$

♦ 6.3.6. 写出二维 δ-函数 $\delta\left(x-x_0, y-y_0\right) = \delta\left(x-x_0\right)\delta\left(y-y_0\right)$ 按照 $\delta(r-r_0)$ 和 $\delta\left(\theta-\theta_0\right)$ 表示的极坐标公式.

6.3.7. 是/非: $\delta(\boldsymbol{x}) = \delta(\|\boldsymbol{x}\|)$.

♦ 6.3.8. 设有区域 $D\subset\mathbb{R}^2$ 和 $\Omega = \{(\xi,\eta) = (f(x,y),g(x,y)) \mid (x,y)\in D\}\subset\mathbb{R}^2$, 且 $\xi = f(x,y), \eta = g(x,y)$ 定义从 D 到 Ω 的一对一 C^1-映射, 对所有的 $(x,y)\in D$ 有非零 Jacobi 行列式: $J(x,y) = f_x g_y - f_y g_x \neq 0$. 再设对 $(x_0,y_0)\in D$ 有 $(0,0) = \left(f\left(x_0,y_0\right), g\left(x_0,y_0\right)\right)\in\Omega$. 求证该映射对二维 δ-函数影响的下述公式:

$$\delta(f(x,y),g(x,y)) = \frac{\delta\left(x-x_0,y-y_0\right)}{\left|J\left(x_0,y_0\right)\right|}. \tag{6.126}$$

6.3.9. 设 $f(x,y) = \begin{cases} 1, & 3x-2y>1, \\ 0, & 3x-2y<1. \end{cases}$ 在广义函数意义上计算偏导数 $\dfrac{\partial f}{\partial x}$ 和 $\dfrac{\partial f}{\partial y}$.

6.3.10. 当边界数据 $f(x) = \delta(x-\xi)$ 是 $0<\xi<a$ 的 δ-函数时, 求矩形边值问题 (4.91—92) 的级数解. 得到的解在矩形内是否无限可微?

6.3.11. 回答习题 6.3.10, 当 $f(x) = \delta'(x-\xi)$ 是 δ-函数导数.

6.3.12. 边长为 1 m 的方板的整个边界服从 Neumann 边界条件 $\partial u/\partial\boldsymbol{n} = 1$. 平衡温度是多少? 解释之.

6.3.13. 根据定义, 二维平衡系统的守恒律 (conservation law) 是对所有解而言散度为零

$$\frac{\partial X}{\partial x} + \frac{\partial Y}{\partial y} = 0. \tag{6.127}$$

(a) 根据 $\boldsymbol{v} = (X, Y)$ 规定的守恒律定义在简单连通域 D 上, 表示线积分 $\int_C \boldsymbol{v} \cdot \boldsymbol{n} \mathrm{d}s = \int_C X \mathrm{d}y - Y \mathrm{d}x$ 与路径无关, 这意味着它的值仅取决于曲线 C 的端点. (b) 证明 Laplace 方程可以写成守恒律, 并写出相应与路径无关的线积分. 注记: 在研究裂隙、位错和其他物质奇点时, 路径无关积分是重要的[49].

♦ 6.3.14. 在二维动力学中, 守恒律 (conservation law) 是形如

$$\frac{\partial T}{\partial t} + \frac{\partial X}{\partial x} + \frac{\partial Y}{\partial y} = 0 \tag{6.128}$$

的方程, 其中 T 为守恒密度 (conserved density), 而 $\boldsymbol{v} = (X, Y)$ 表示相关通量 (flux). (a) 求证在有界区域 $\Omega \subset \mathbb{R}^2$ 上, 守恒密度积分 $\iint_\Omega T \mathrm{d}x \mathrm{d}y$ 的变化速率只取决于通过边界 $\partial\Omega$ 的通量. (b) 把偏微分方程 $u_t + uu_x + uu_y = 0$ 写成守恒律形式, 守恒律的积分版本是什么样呢?

镜像方法

前面的分析揭示了 Green 函数的基本形式, 但我们仍须确定与对数势边界值相匹配的调和部分 $z(x, y)$, 参见 (6.121). 我们来讨论用于导出显式公式的两种主要分析技术. 第一种是对分离变量方法的改进, 从而导致无穷级数表达式. 这个方法在此不打算详述, 然而要求读者通过几个习题理解一些细节; 也参见导出 (9.110) 的讨论. 第二种是在本节中予以阐述的*镜像方法* (the method of image). 还有一种方法基于*共形映射* (conformal mapping) 理论, 可以在包括[53,98]在内的复分析教材中找到. 虽然前两种方法仅限于相当少的一类区域, 但它们可以扩展到高维问题以及某些其他类型的椭圆型边值问题, 共形映射则仅限于 Laplace 方程和 Poisson 方程的二维问题.

我们已经知道, 二维 Poisson 方程Green 函数的奇异部分是由对数势提供的. 此后的问题是构造调和部分, 在 (6.120) 中称为 $z(x, y)$, 使两部分之和满足正确的齐次边界值, 或等价地使 $z(x, y)$ 等于对数势的边界值. 在某些情形中, 可以把 $z(x, y)$ 看成由位于区域 Ω *外部* (outside) 的一个或多个假想电荷(或等效地, 引力质点) 引起的位势, 恰好与该区域边界上的对数势相等. 从而目标就是在适当位置放置适当强度的镜像电荷.

这里, 我们只考虑一个镜像电荷位于 $\boldsymbol{\eta} \notin \Omega$ 的情形. 用电荷强度标度对数静电势 (6.106), 并且为了增加灵活性, 包括一个附加常数, 即电荷位势基准:

$$z(x, y) = a \log \|\boldsymbol{x} - \boldsymbol{\eta}\| + b, \quad \boldsymbol{\eta} \in \mathbb{R}^2 \backslash \overline{\Omega}.$$

函数 $z(x,y)$ 在 Ω 内部是调和的, 因为对数势除外部的奇点 $\boldsymbol{\eta}$ 之外是调和的. 那么就 Dirichlet 边值问题来说, 对于每个点 $\boldsymbol{\xi} \in \Omega$, 我们必须找到一个相应的镜像点 $\boldsymbol{\eta} \in \mathbb{R}^2 \backslash \overline{\Omega}$ 和常数 $a, b \in \mathbb{R}$ 使得[①]

$$\text{对所有的 } \boldsymbol{x} \in \partial\Omega, \ \log\|\boldsymbol{x}-\boldsymbol{\xi}\| = a\log\|\boldsymbol{x}-\boldsymbol{\eta}\| + b,$$

或等价地,

$$\text{对所有的 } \boldsymbol{x} \in \partial\Omega, \ \|\boldsymbol{x}-\boldsymbol{\xi}\| = \lambda\|\boldsymbol{x}-\boldsymbol{\eta}\|^a, \tag{6.129}$$

其中 $\lambda = \mathrm{e}^b$. 对于每个固定的 $\boldsymbol{\xi}, \boldsymbol{\eta}, \lambda, a$, 方程 (6.129) 通常隐含地给定了一条平面曲线, 尚不清楚是否可以安排这些曲线始终与我们的区域边界保持一致.

为再进一步, 我们借助基于相似三角形的几何结构. 沿过 $\boldsymbol{\xi}$ 的射线取一点 $\boldsymbol{\eta} = c\boldsymbol{\xi}$. 选定它的位置使得顶点为 $\mathbf{0}, \boldsymbol{x}, \boldsymbol{\eta}$ 的三角形与顶点为 $\mathbf{0}, \boldsymbol{\xi}, \boldsymbol{x}$ 的三角形相似, 注意到它们在共同顶点 $\mathbf{0}$ 处角度相等, 参见图 6.13. 相似性要求三角形的对应边有共同比例, 因而

$$\frac{\|\boldsymbol{\xi}\|}{\|\boldsymbol{x}\|} = \frac{\|\boldsymbol{x}\|}{\|\boldsymbol{\eta}\|} = \frac{\|\boldsymbol{x}-\boldsymbol{\xi}\|}{\|\boldsymbol{x}-\boldsymbol{\eta}\|} = \lambda. \tag{6.130}$$

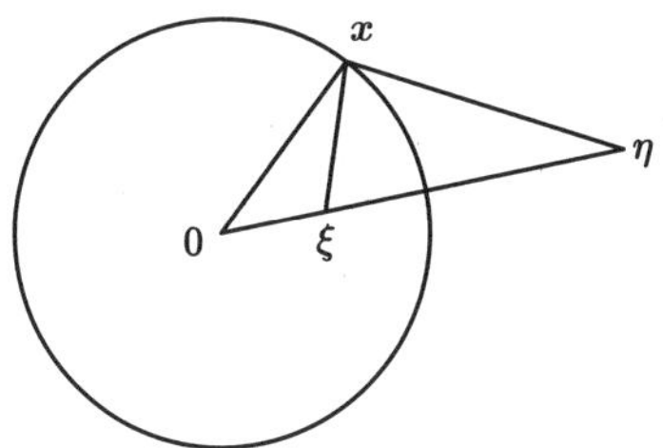

图 6.13 单位圆盘的镜像方法

最后的等式意味着在 (6.129) 中成立 $a = 1$. 因此, 如果我们选择

$$\|\boldsymbol{\eta}\| = \frac{1}{\|\boldsymbol{\xi}\|}, \text{ 从而 } \boldsymbol{\eta} = \frac{\boldsymbol{\xi}}{\|\boldsymbol{\xi}\|^2}, \tag{6.131}$$

那么有

$$\|\boldsymbol{x}\|^2 = \|\boldsymbol{\xi}\|\|\boldsymbol{\eta}\| = 1.$$

因此 $\boldsymbol{x}$ 位于单位圆上, 故有 $\lambda = \|\boldsymbol{\xi}\| = 1/\|\boldsymbol{\eta}\|$. 将圆内一点 $\boldsymbol{\xi}$ 对应到 (6.131) 定义的镜像点 $\boldsymbol{\eta}$ 的映射称为关于单位圆的反演 (inversion).

① 为了简化公式, 我们省略了 $1/(2\pi)$ 因子, 在分析结束时这可以很容易恢复.

我们现在已经证明了位势

$$\frac{1}{2\pi}\log\|\boldsymbol{x}-\boldsymbol{\xi}\| = \frac{1}{2\pi}\log(\|\boldsymbol{\xi}\|\|\boldsymbol{x}-\boldsymbol{\eta}\|) = \frac{1}{2\pi}\log\frac{\|\|\boldsymbol{\xi}\|^2\boldsymbol{x}-\boldsymbol{\xi}\|}{\|\boldsymbol{\xi}\|}, \quad \|\boldsymbol{x}\|=1 \tag{6.132}$$

在单位圆上具有相同的边界值. 因此对于单位圆盘上的 Dirichlet 问题, 它们的差

$$G(\boldsymbol{x};\boldsymbol{\xi}) = -\frac{1}{2\pi}\log\|\boldsymbol{x}-\boldsymbol{\xi}\| + \frac{1}{2\pi}\log\frac{\|\|\boldsymbol{\xi}\|^2\boldsymbol{x}-\boldsymbol{\xi}\|}{\|\boldsymbol{\xi}\|} = \frac{1}{2\pi}\log\frac{\|\|\boldsymbol{\xi}\|^2\boldsymbol{x}-\boldsymbol{\xi}\|}{\|\boldsymbol{\xi}\|\|\boldsymbol{x}-\boldsymbol{\xi}\|} \tag{6.133}$$

具有 Green 函数所需的属性. 用极坐标表示

$$\boldsymbol{x} = (r\cos\theta, r\sin\theta), \quad \boldsymbol{\xi} = (\rho\cos\phi, \rho\sin\phi),$$

并将余弦定律应用于图 6.13 中的三角形, 得到显式公式

$$G(r,\theta;\rho,\phi) = \frac{1}{4\pi}\log\left(\frac{1+r^2\rho^2-2r\rho\cos(\theta-\phi)}{r^2+\rho^2-2r\rho\cos(\theta-\phi)}\right). \tag{6.134}$$

在图 6.14 中, 我们给出了作用于中心与圆盘边之间一点上单位冲激的 Dirichlet 边值问题相应的 Green 函数. 我们还需要它的径向导数

$$\frac{\partial G}{\partial r}(r,\theta;1,\phi) = -\frac{1}{2\pi}\frac{1-r^2}{1+r^2-2r\cos(\theta-\phi)}, \tag{6.135}$$

在单位圆上与其法向导数相等. 因此, 应用 (6.123), 我们得到了在单位圆盘上 Poisson 方程的一般 Dirichlet 边值问题的解.

图 6.14 彩图

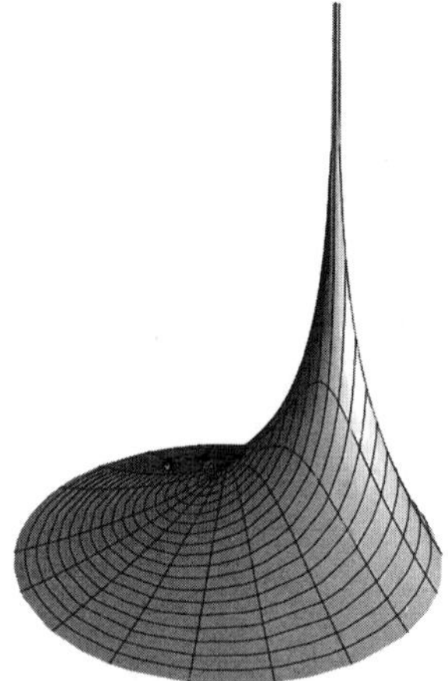

图 6.14 单位圆盘的 Green 函数

定理 6.20 非齐次 Dirichlet 边值问题

$$-\Delta u = f, \quad r = \|\boldsymbol{x}\| < 1; \quad u = h, \quad r = 1$$

的解, 极坐标表示为

$$u(r,\theta) = \frac{1}{4\pi}\int_{-\pi}^{\pi}\int_0^1 f(\rho,\phi)\log\left(\frac{1+r^2\rho^2-2r\rho\cos(\theta-\phi)}{r^2+\rho^2-2r\rho\cos(\theta-\phi)}\right)\rho\mathrm{d}\rho\mathrm{d}\phi + \frac{1}{2\pi}\int_{-\pi}^{\pi} h(\phi)\frac{1-r^2}{1+r^2-2r\cos(\theta-\phi)}\mathrm{d}\phi. \tag{6.136}$$

当 $f \equiv 0$ 时, 公式 (6.136) 恢复为 Laplace 方程Dirichlet 边值问题解的 Poisson 积分公式 (4.126). 特别是边界数据 $h(\theta) = \delta(\theta - \phi)$, 对应作用于边界上一点的集中单位热源, 得到 Poisson 核 (Poisson kernel)

$$u(r,\theta) = \frac{1-r^2}{2\pi\left[1+r^2-2r\cos(\theta-\phi)\right]}. \tag{6.137}$$

如图 6.15 所示[①], 读者可以验证, 这一函数确实是 Laplace 方程的解, 且在极限 $r \to 1$ 有正确的边界值.

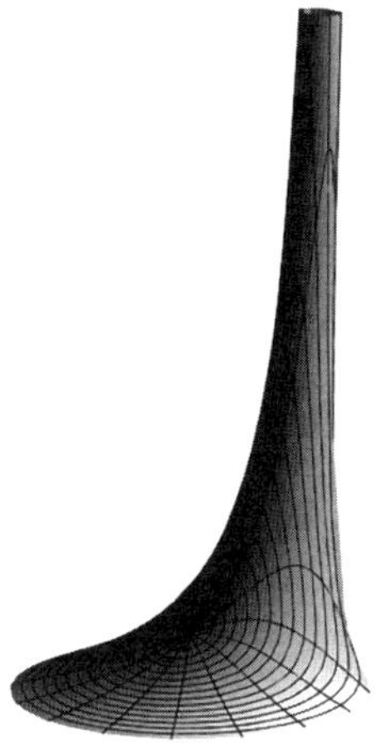

图 6.15 Poisson 核

图 6.15 彩图

习题

6.3.15. 半径为 1 的圆盘受子圆盘 $r \leqslant \frac{1}{2}$ 上单位热源的影响. 其边界保持 0°. (a) 写出

① 译注: 原书图 6.15 未引用.

平衡温度的积分公式. (b) 使用径向对称性求平衡温度的显式公式.

6.3.16. 半径为 1 m 的圆盘, 单位集中热源作用于中心, 边界完全隔热. 平衡温度是多少?

♥ 6.3.17. (a) 对于 $n > 0$, 求边值问题

$$-\Delta u = \frac{n}{\pi}\mathrm{e}^{-n\left(x^2+y^2\right)}, \quad x^2+y^2<1; \quad u(x,y)=0, \quad x^2+y^2=1$$

的解. (b) 讨论取极限 $n \to \infty$ 时发生的事情.

♥ 6.3.18. (a) 用镜像方法构造半平面 $\{y>0\}$ 上的 Green 函数, 且满足齐次 Dirichlet 条件. 提示: 镜像点是通过反射得到的. (b) 用你的 Green 函数求解边值问题

$$-\Delta u = \frac{1}{1+y}, \quad y>0, \quad u(x,0)=0.$$

6.3.19. 构造半圆盘 $\Omega = \left\{x^2+y^2<1, y>0\right\}$ 上的 Green 函数, 且服从齐次 Dirichlet 边界条件. 提示: 使用三个镜像点.

6.3.20. 直接证明对所有的 $r<1$ 而言, Poisson 核 (6.137) 都是 Laplace 方程的解.

♥ 6.3.21. 给出以下另一种方法的详细步骤, 求解单位正方形上 Poisson 方程的齐次 Dirichlet 边值问题:

$$-u_{xx}-u_{yy}=f(x,y), \quad \begin{array}{l} u(x,0)=0, u(x,1)=0, \\ u(0,y)=0, u(1,y)=0, \end{array} \quad 0<x,y<1.$$

(a) 将 $u(x,y)$ 和 $f(x,y)$ 写为 y 的 Fourier 正弦级数, 其系数依赖于 x. (b) 将这些级数代入微分方程, 并令 Fourier 系数相等, 得到一个关于 u 的依赖于 x 的 Fourier 系数的无穷多个边值问题系统. (c) 用 Green 函数对每个边值问题写出解, 从而为原边值问题提供一级数解. (d) 对下列强迫作用函数运用此方法:

(i) $f(x,y)=\sin\pi y$, (ii) $f(x,y)=\sin\pi x\sin 2\pi y$, (iii) $f(x,y)=1$.

♦ 6.3.22. 运用习题 6.3.21 的方法, 用级数表示单位正方形Dirichlet 边界条件的 Green 函数.

6.3.23. 写出如何从 (6.133) 导出 (6.134) 的详细步骤.

6.3.24. 是/非: 如果点 $\boldsymbol{a}$ 上的引力势值比在 $\boldsymbol{b}$ 点上的大, 那么在 $\boldsymbol{a}$ 上的引力值比在 $\boldsymbol{b}$ 处的大.

♠ 6.3.25. (a) 对单位密度 $\rho=1$ 的正方形板 $S=\{-1\leqslant x,y\leqslant 1\}$, 写出引力势和引力的积分公式. (b) 用数值积分计算点 $(2,0)$ 和 $(\sqrt{2},\sqrt{2})$ 处的引力值. 在开始之前, 试着预测哪个点处引力更强, 然后检验你的预测.

♠ 6.3.26. 单位面积的等边三角形板, 对离中心单位距离处观察者施加引力. 观察者处于三角形的顶点对面或者侧边对面, 哪里引力较强? 力大于还是小于同一面积圆板施加的作用力? 利用数值积分计算二重积分.

6.3.27. 考虑实线 $-\infty < x < \infty$ 上的波方程 $u_{tt} = c^2 u_{xx}$, 用 d'Alembert 公式 (2.82) 求解初值问题 $u(0,x) = \delta(x-a), u_t(0,x) = 0$. 能否认识到你的解是经典解的极限?

♦ 6.3.28. 考虑实线 $-\infty < x < \infty$ 上的波方程 $u_{tt} = c^2 u_{xx}$, 用 d'Alembert 公式 (2.82) 求解初值问题 $u(0,x) = \delta(x-a), u_t(0,x) = 0$, 模拟非常集中敲击弦 $x = a$ 处, 绘制解的图像. 讨论解中任何间断性的行为. 特别是, 证明在点 $(0,a)$ 的影响域上 $u(t,x) \neq 0$.

6.3.29. (a) 写出实线上波方程 $u_{tt} = 4u_{xx}$ 的解 $u(t,x)$, 其初始数据为

$$u(0,x) = \begin{cases} 1-|x|, & |x| \leqslant 1 \\ 0, & \text{其他}, \end{cases} \qquad \frac{\partial u}{\partial t}(0,x) = 0.$$

(b) 解释为什么 $u(t,x)$ 不是波方程的经典解. (c) 在分布 (广义函数) 意义上确定导数 $\partial^2 u/\partial t^2$ 和 $\partial^2 u/\partial x^2$, 并利用这一事实证明 $u(t,x)$ 在分布 (广义函数) 意义上是波方程的解.

♥ 6.3.30. 两端固定的钢琴弦长度 $\ell = 3$ 且波速 $c = 2$, 琴锤击中沿弦长 1/3 处. 产生弦振动的支配初–边值问题是

$$\frac{\partial^2 u}{\partial t^2} = 4\frac{\partial^2 u}{\partial x^2}, \quad u(t,0) = 0 = u(t,3), \quad u(0,x) = 0, \quad \frac{\partial u}{\partial t}(0,x) = \delta(x-1).$$

(a) 振动的基频是多少? (b) 用 Fourier 级数形式写出初–边值问题的解. (c) 把解的速度 $\partial u/\partial t$ 写成 Fourier 级数. (d) 写出解的 d'Alembert 公式, 并绘制四五个代表性时间弦的图像. (e) 是/非: 解是周期的. 如果是, 那么周期是多少? 如果不是, 解释当 t 增大时发生的情况.

6.3.31. (a) 写出一个 Fourier 级数, 用于求解初–边值问题

$$\frac{\partial^2 u}{\partial t^2} = \frac{\partial^2 u}{\partial x^2}, \quad u(t,-1) = 0 = u(t,1), \quad u(0,x) = \delta(x), \quad \frac{\partial u}{\partial t}(0,x) = 0.$$

(b) 写出解的解析公式, 也就是将你的级数求和. (c) 在 (a) 部分中的级数解在何种意义上收敛于真解? 部分和是否为真解提供一个很好的近似值?

6.3.32. 回答习题 6.3.31, 关于

$$\frac{\partial^2 u}{\partial t^2} = \frac{\partial^2 u}{\partial x^2}, \quad u(t,-1) = 0 = u(t,1), \quad u(0,x) = 0, \quad \frac{\partial u}{\partial t}(0,x) = \delta(x).$$

第 7 章 Fourier 变换

Fourier 级数及其扩展旨在求解有界区间上的边值问题. 将 Fourier 演算方法扩展到整条实线上自然导致 Fourier 变换 (Fourier transform), 这是分析非周期函数强有力的数学工具. Fourier 变换在非常广泛的应用领域中具有重要的基础性意义, 这些领域包括常微分方程和偏微分方程、概率论、量子力学、信号处理和图像处理以及控制理论, 只是略举数例.

在这一章中, 我们通过考察 (标度变换的)Fourier 级数在区间长度趋于无穷的行为以激发构造的动机. 由此产生的 Fourier 变换将在物理空间中定义的函数映射到在频率空间中定义的函数, 其值将原函数中包含在各周期性频率的 "体量" 定量化. 然后, Fourier 逆变换又从其变换的频率分量中重构原函数. 定义 Fourier 变换和其逆变换的积分显然几乎是相同的, 并且这种对称性经常被利用, 例如用来汇编 Fourier 变换表.

Fourier 变换最重要的特性之一, 是将微积分的微分积分运算转化成代数学的乘法除法. 这就奠定了它在线性常微分方程以及随后章节中偏微分方程的应用基础. 在工程应用中, Laplace 变换有时会比 Fourier 变换更醒目, 却是 Fourier 变换的一个特例. 利用 Fourier 变换对整条直线上边值问题进行分析. Laplace 变换更适合于求解初值问题[23], 本书不会再展开.

像 Fourier 级数那样, Fourier 变换与广义函数微积分完全兼容[68]. 最后一节简要介绍了该主题包括 Hilbert 空间基本知识在内的分析基础, 然而, 全面而严谨的阐述需要更强大的分析工具, 包括 Lebesgue 积分和复分析, 感兴趣的读者可以参考更专门的书籍, 包括 [37,68,98,117].

7.1 Fourier 变换

Fourier 变换作为 Fourier 级数的极限情形, 这是首先吸引我们的. 尽管严格的细节是微妙的, 但基本想法可以给予直接解释. 设 $f(x)$ 是对所有的 $-\infty < x < \infty$ 定义的函数, 目标是用初等三角函数构造 $f(x)$ 的 Fourier 展开. 显而易见的方法是, 在逐步变得越来越长的区间内构造它的 Fourier 级数, 然后取区间长度趋于无穷大极限. 这个极限过程将 Fourier 和数转换成了积分, 并将得到的函数表示更名为 Fourier 变换. 既然我们处理的是无穷区间, 因此对函数 $f(x)$ 不再作任何周期性要求. 不仅如此, 在 Fourier 变换中所表示的频

率不受区间长度的限制, 因此, 我们有效地将相当一般的非周期函数分解为所有可能频率三角函数的连续叠加.

我们以更具体的形式来介绍细节. 若一开始就使用 Fourier 级数的复数描述, 则计算会大大简化. 出发点是长度为 2ℓ 的对称区间 $[-\ell,\ell]$ 上的缩放变换 Fourier 级数 (3.86), 我们把它重写为适当的形式

$$f(x) \sim \sum_{\nu=-\infty}^{\infty} \sqrt{\frac{\pi}{2}} \frac{\widehat{f_\ell}(k_\nu)}{\ell} \mathrm{e}^{\mathrm{i}k_\nu x}. \tag{7.1}$$

求和是在离散频率集合

$$k_\nu = \frac{\pi\nu}{\ell}, \quad \nu = 0, \pm 1, \pm 2, \cdots \tag{7.2}$$

上进行的, 对应于那些周期为 2ℓ 的三角函数. 由于很快便知的原因, f 的 Fourier 系数现在表示为

$$c_\nu = \frac{1}{2\ell} \int_{-\ell}^{\ell} f(x) \mathrm{e}^{-\mathrm{i}k_\nu x} \mathrm{d}x = \sqrt{\frac{\pi}{2}} \frac{\widehat{f_\ell}(k_\nu)}{\ell}, \tag{7.3}$$

从而

$$\widehat{f_\ell}(k_\nu) = \frac{1}{\sqrt{2\pi}} \int_{-\ell}^{\ell} f(x) \mathrm{e}^{-\mathrm{i}k_\nu x} \mathrm{d}x. \tag{7.4}$$

由这些基本 Fourier 级数公式的重新表述, 我们可以很容易转换到区间长度 $\ell \to \infty$ 的极限.

在长度为 2ℓ 的区间内, Fourier 级数形式中表示函数所需的频率 (7.2) 均匀地分布, 频率间距

$$\Delta k = k_{\nu+1} - k_\nu = \frac{\pi}{\ell}. \tag{7.5}$$

当 $\ell \to \infty$ 时间距 $\Delta k \to 0$, 因此相关频率越来越密集地挤满实线 $-\infty < k < \infty$. 在此极限下, 我们因此预计所有可能的频率都将被表达. 事实上, 在 (7.4) 中的 $k_\nu = k$ 取法任意, 令 $\ell \to \infty$, 结果得到无穷积分

$$\widehat{f}(k) = \frac{1}{\sqrt{2\pi}} \int_{-\infty}^{\infty} f(x) \mathrm{e}^{-\mathrm{i}kx} \mathrm{d}x, \tag{7.6}$$

称为函数 $f(x)$ 的 Fourier 变换 (Fourier transform). 如果 $f(x)$ 是一个足够好的函数, 例如分段连续且随 $|x| \to \infty$ 相当快速地衰减到 0, 它的 Fourier 变换 $\widehat{f}(k)$ 对所有可能的频率 $k \in \mathbb{R}$ 定义. 前面的公式有时可以方便地缩写为

$$\widehat{f}(k) = \mathcal{F}[f(x)], \tag{7.7}$$

其中 $\mathcal{F}$ 是 Fourier 变换算子 (Fourier transform operator), 它将空间变量 x 的

每个 (足够好) 的函数映射为频率变量 k 的函数.

为了从 Fourier 变换中重构函数, 我们对 Fourier 级数 (7.1) 运用类似的极限过程, 我们利用 (7.5) 先把 (7.1) 重写为富有建设性的形式

$$f(x) \sim \frac{1}{\sqrt{2\pi}} \sum_{\nu=-\infty}^{\infty} \widehat{f}_{\ell}(k_{\nu}) \mathrm{e}^{\mathrm{i}k_{\nu}x} \Delta k. \tag{7.8}$$

对于每个固定的 x 值, 上式右端具有 Riemann 和形式, 逼近积分

$$\frac{1}{\sqrt{2\pi}} \int_{-\infty}^{\infty} \widehat{f}_{\ell}(k) \mathrm{e}^{\mathrm{i}kx} \mathrm{d}k.$$

当 $\ell \to \infty$ 时, 函数 (7.4) 收敛到 Fourier 变换: $\widehat{f}_{\ell}(k) \to \widehat{f}(k)$; 此外, 频率间隔 $\Delta k = \pi/\ell \to 0$, 因此可以期望 Riemann 和收敛到极限积分

$$f(x) \sim \frac{1}{\sqrt{2\pi}} \int_{-\infty}^{\infty} \widehat{f}(k) \mathrm{e}^{\mathrm{i}kx} \mathrm{d}k. \tag{7.9}$$

由此得到定义 Fourier 逆变换 (inverse Fourier transform) 的公式, 用于从 Fourier 变换中恢复原始信号. 以这种方式, Fourier 级数已变成把函数 $f(x)$ 重构为所有可能频率的复指数函数 $\mathrm{e}^{\mathrm{i}kx}$ (连续) 叠加的 Fourier 积分, 复频率 k 的指数函数的贡献量化为 $\widehat{f}(k)/\sqrt{2\pi}$. 公式 (7.9) 可以写成缩写形式

$$f(x) = \mathcal{F}^{-1}[\widehat{f}(k)], \tag{7.10}$$

从而定义了 Fourier 变换算子 (7.7) 的逆算子.

需要指出, Fourier 变换 (7.7) 及其逆变换 (7.10) 定义的是函数空间上的线性算子. 这意味着, 两个函数之和的 Fourier 变换是它们各自 Fourier 变换之和, 而乘一个常数的函数的 Fourier 变换则是同一个因子乘函数的 Fourier 变换:

$$\begin{gathered} \mathcal{F}[f(x)+g(x)] = \mathcal{F}[f(x)] + \mathcal{F}[g(x)] = \widehat{f}(k) + \widehat{g}(k), \\ \mathcal{F}[cf(x)] = c\mathcal{F}[f(x)] = c\widehat{f}(k). \end{gathered} \tag{7.11}$$

类似的论断也对 Fourier 逆变换 $\mathcal{F}^{-1}$ 成立.

综上所述, 通过取区间长度 ℓ 趋于 ∞, 离散的 Fourier 级数变为连续的 Fourier 积分, 而仅在可能频率的离散集合中定义的 Fourier 系数, 已经成为定义在全体频率空间上的完备函数 $\widehat{f}(k)$. 在适当的假设下, 通过 (7.9) 的 Fourier 变换 $\widehat{f}(k)$, 可以严格证明 $f(x)$ 的重构. 例如, 如果 $f(x)$ 在整个 $\mathbb{R}$ 上都是分段 C^1 的且迅速衰减, 那么当 $|x| \to \infty$ 时 $f(x) \to 0$. 因此, 它的 Fourier 积分 (7.6) 绝对收敛, 然后可以证明[37,117], 就像 Fourier 级数那样, Fourier 逆积分 (7.9) 在所有的连续点上将收敛到 $f(x)$ 并且在跳跃间断点上收敛到中值

$\dfrac{1}{2}\left[f\left(x^{+}\right)+f\left(x^{-}\right)\right]$. 特别是当 $|k|\to\infty$ 时它的 Fourier 变换 $\widehat{f}(k)\to 0$ 也必须衰减, 这意味着 (与 Fourier 级数一样) 甚高频模对重构此类信号的贡献可以忽略不计. 更精确的结果将表述在下面的定理 7.15 中.

例 7.1 宽度为 $2a$ 的矩形脉冲 (rectangular pulse)①

$$f(x)=\sigma(x+a)-\sigma(x-a)=\begin{cases}1, & -a<x<a,\\ 0, & |x|>a,\end{cases} \tag{7.12}$$

其 Fourier 变换容易计算:

$$\widehat{f}(k)=\frac{1}{\sqrt{2\pi}}\int_{-a}^{a}\mathrm{e}^{-\mathrm{i}kx}\mathrm{d}x=\frac{\mathrm{e}^{\mathrm{i}ka}-\mathrm{e}^{-\mathrm{i}ka}}{\sqrt{2\pi}\mathrm{i}k}=\sqrt{\frac{2}{\pi}}\frac{\sin ak}{k}. \tag{7.13}$$

另一方面, 通过逆变换 (7.9) 重构脉冲, 我们得知

$$\frac{1}{\pi}\int_{-\infty}^{\infty}\mathrm{e}^{\mathrm{i}kx}\frac{\sin ak}{k}\mathrm{d}k=f(x)=\begin{cases}1, & -a<x<a,\\ \dfrac{1}{2}, & x=\pm a,\\ 0, & |x|>a.\end{cases} \tag{7.14}$$

注意到在跳跃间断处 $x=\pm a$ 收敛到中值. 这个复积分的实部导致一个引人注目的三角积分恒等式 (trigonometric integral identity):

$$\frac{1}{\pi}\int_{-\infty}^{\infty}\frac{\cos xk\sin ak}{k}\mathrm{d}k=\begin{cases}1, & -a<x<a,\\ \dfrac{1}{2}, & x=\pm a,\\ 0, & |x|>a.\end{cases} \tag{7.15}$$

正如许多 Fourier 级数产生不寻常的求和公式那样, 函数从其 Fourier 变换的重构往往导致非同寻常的积分公式. 不能用微积分基本定理计算积分 (7.14), 因为没有初等函数的导数等于被积函数②. 在图 7.1 中, 我们给出 $a=1$ 时盒子函数的 Fourier 变换, 以及通过数值积分 (7.15) 对它的重构. 由于我们处理的是无穷积分, 我们必须限制在有限区间内将数值积分器 (numerical integrator)③截断. 第二行的第一图是从 $-5\leqslant k\leqslant 5$ 得到积分, 第二图是从 $-10\leqslant k\leqslant 10$ 得到的. 积分的非一致收敛导致了在两个间断点上出现 Gibbs 现象, 与我们在 Fourier 级数的非一致收敛中看到的现象类似.

① $\sigma(x)$ 是单位阶跃函数 (3.46).

② 可能使用 Euler 公式 (3.59) 把 (7.14) 化简成复的指数积分 $\displaystyle\int\left(\mathrm{e}^{\alpha k}/k\right)\mathrm{d}k$, 但可以证明[25], 这两个积分都不能按初等函数写出来.

③ 译注: 值得强调.

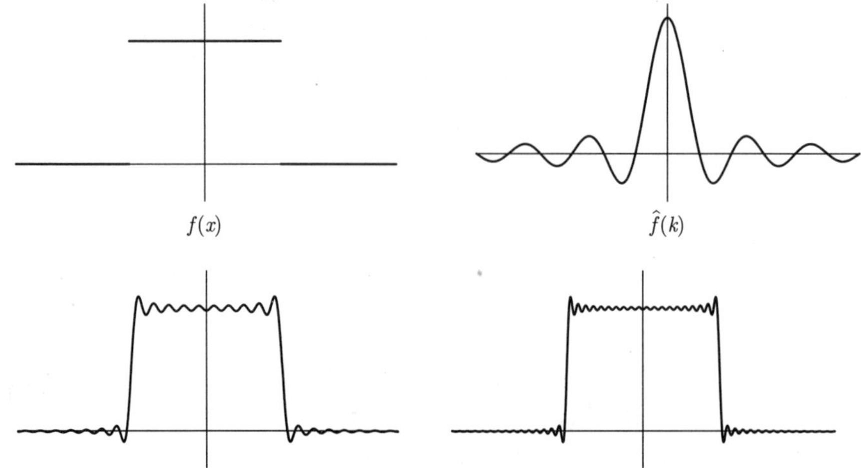

图 7.1 矩形脉冲的 Fourier 变换

另一方面, 从虚部得到的恒等式

$$\frac{1}{\pi}\int_{-\infty}^{\infty}\frac{\sin xk\sin ak}{k}\mathrm{d}k=0$$

貌似寻常, 因为被积函数是奇函数. 然而, 这两个积分收敛远没那么显然; 的确, 振荡的被积函数振幅以 $1/|k|$ 的速率衰减, 但后者的函数没有收敛积分, 所以通常的比较检验法[8,97]无法应用于这个无穷积分. 它们的收敛充其量勉强够格, 而三角振荡以某种方式设法改善了 $1/k$ 的衰减速度.

例 7.2 考虑一个指数衰减右偏脉冲①

$$f_r(x)=\begin{cases}\mathrm{e}^{-ax}, & x>0,\\ 0, & x<0,\end{cases}\tag{7.16}$$

这里 $a>0$ (图 7.2). 直接从定义式计算 Fourier 变换:

$$\widehat{f_r}(k)=\frac{1}{\sqrt{2\pi}}\int_0^{\infty}\mathrm{e}^{-ax}\mathrm{e}^{-\mathrm{i}kx}\mathrm{d}x=-\frac{1}{\sqrt{2\pi}}\left.\frac{\mathrm{e}^{-(a+\mathrm{i}k)x}}{a+\mathrm{i}k}\right|_{x=0}^{\infty}=\frac{1}{\sqrt{2\pi}(a+\mathrm{i}k)}.$$

如前例, Fourier 逆变换产生一个非平凡的恒等式

$$\frac{1}{2\pi}\int_{-\infty}^{\infty}\frac{\mathrm{e}^{\mathrm{i}kx}}{a+\mathrm{i}k}\mathrm{d}k=\begin{cases}\mathrm{e}^{-ax}, & x>0,\\ \dfrac{1}{2}, & x=0,\\ 0, & x<0.\end{cases}\tag{7.17}$$

① 注意: 我们不能对整个指数函数 e^{-ax} 作 Fourier 变换, 因为在 $\pm\infty$ 它不能趋于零, 这是积分 (7.6) 收敛所需要的.

类似地, 考虑一个指数衰减左偏脉冲

$$f_l(x)=\begin{cases}\mathrm{e}^{ax}, & x<0,\\ 0, & x>0,\end{cases}\tag{7.18}$$

这里 $a>0$ 仍是正数 (图 7.2), 有 Fourier 变换:

$$\widehat{f_l}(k)=\frac{1}{\sqrt{2\pi}(a-\mathrm{i}k)}.\tag{7.19}$$

这也可从一般事实 $f(-x)$ 的 Fourier 变换是 $\widehat{f}(-k)$ 得出; 参见习题 7.1.10. 指数衰减偶脉冲 (图 7.2)

$$f_e(x)=\mathrm{e}^{-a|x|}\tag{7.20}$$

就是左偏脉冲和右偏脉冲之和: $f_e=f_r+f_l$. 因此由线性性质,

$$\widehat{f_e}(k)=\widehat{f_r}(k)+\widehat{f_l}(k)=\frac{1}{\sqrt{2\pi}(a+\mathrm{i}k)}+\frac{1}{\sqrt{2\pi}(a-\mathrm{i}k)}=\sqrt{\frac{2}{\pi}}\frac{a}{k^2+a^2}.\tag{7.21}$$

由此产生的 Fourier 变换是实的偶变换, 因为 $f_e(x)$ 是一个实的偶函数; 参阅习题 7.1.12. Fourier 逆变换 (7.9) 产生另一个非平凡的积分恒等式:

$$\mathrm{e}^{-a|x|}=\frac{1}{\pi}\int_{-\infty}^{\infty}\frac{a\mathrm{e}^{\mathrm{i}kx}}{k^2+a^2}\mathrm{d}k=\frac{a}{\pi}\int_{-\infty}^{\infty}\frac{\cos kx}{k^2+a^2}\mathrm{d}k.\tag{7.22}$$

(积分的虚部为零, 因为它的被积函数是奇函数.) 另一方面, 指数衰减奇脉冲 (图 7.2)

$$f_o(x)=(\operatorname{sign}x)\mathrm{e}^{-a|x|}=\begin{cases}\mathrm{e}^{-ax}, & x>0,\\ -\mathrm{e}^{ax}, & x<0\end{cases}\tag{7.23}$$

就是左偏脉冲和右偏脉冲之差: $f_o=f_r-f_l$, 只有纯虚部和奇Fourier 变换

$$\widehat{f_o}(k)=\widehat{f_r}(k)-\widehat{f_l}(k)=\frac{1}{\sqrt{2\pi}(a+\mathrm{i}k)}-\frac{1}{\sqrt{2\pi}(a-\mathrm{i}k)}=-\mathrm{i}\sqrt{\frac{2}{\pi}}\frac{k}{k^2+a^2}.\tag{7.24}$$

逆变换为

$$(\operatorname{sign}x)\mathrm{e}^{-a|x|}=-\frac{\mathrm{i}}{\pi}\int_{-\infty}^{\infty}\frac{k\mathrm{e}^{\mathrm{i}kx}}{k^2+a^2}\mathrm{d}k=\frac{1}{\pi}\int_{-\infty}^{\infty}\frac{k\sin kx}{k^2+a^2}\mathrm{d}k.\tag{7.25}$$

最后一个例子, 考虑有理函数

$$f(x)=\frac{1}{x^2+a^2},\ 其中\ a>0,\tag{7.26}$$

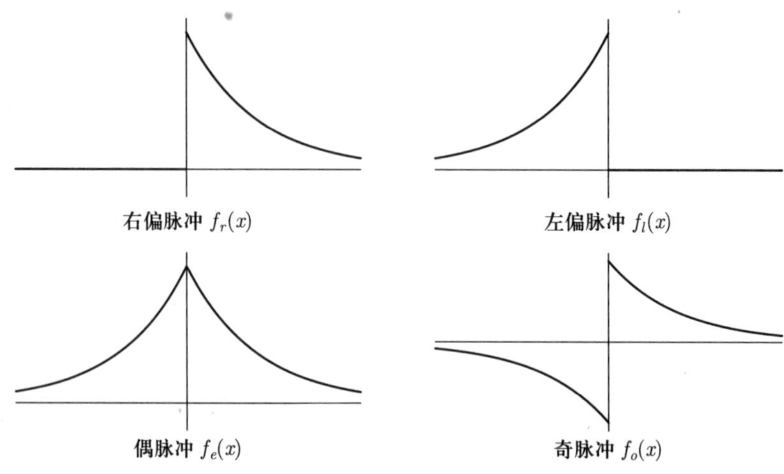

图 7.2 指数脉冲

其 Fourier 变换需要积分

$$\widehat{f}(k)=\frac{1}{\sqrt{2\pi}}\int_{-\infty}^{\infty}\frac{\mathrm{e}^{-\mathrm{i}kx}}{x^2+a^2}\mathrm{d}x. \tag{7.27}$$

这个不定积分 (原函数) 没有出现在基本积分表中, 事实上不能用初等函数完成. 然而, 我们刚刚成功地求出了这个特定的积分! 回头看看 (7.22) 吧. 如果我们变换 x 为 k 和变换 k 为 $-x$, 然后我们完全重新获得积分 (7.27), 只相差一个因子 $a\sqrt{2/\pi}$. 我们推出 (7.26) 的 Fourier 变换是

$$\widehat{f}(k)=\sqrt{\frac{\pi}{2}}\frac{\mathrm{e}^{-a|k|}}{a}. \tag{7.28}$$

最后这个例子表明了一个重要的一般事实. 读者无疑已经注意到了 Fourier 变换 (7.6) 和它的逆 (7.9) 之间的显著相似性. 事实上, 唯一的区别是前者在指数中有一个负号. 这意味着以下把 Fourier 变换和 Fourier 逆变换关联起来的**对称性原理** (symmetry principle).

定理 7.3 如果函数 $f(x)$ 的 Fourier 变换是 $\widehat{f}(k)$, 那么 $\widehat{f}(x)$ 的 Fourier 变换为 $f(-k)$.

对称性原理容许我们将 Fourier 变换表减少一半. 例如回顾例 7.1, 我们推断函数

$$f(x)=\sqrt{\frac{2}{\pi}}\frac{\sin ax}{x}$$

的 Fourier 变换

$$\widehat{f}(k) = \sigma(-k+a) - \sigma(-k-a)$$
$$= \sigma(k+a) - \sigma(k-a) = \begin{cases} 1, & -a < k < a, \\ \dfrac{1}{2}, & k = \pm a, \\ 0, & |k| > a. \end{cases} \tag{7.29}$$

注意, 通过线性性质, 我们可以将 $f(x)$ 和 $\widehat{f}(k)$ 都除以 $\sqrt{2/\pi}$ 来推导出 $\dfrac{\sin ax}{x}$ 的 Fourier 变换.

注意: 有些作者省略了 Fourier 变换 $\widehat{f}(k)$ 的定义 (7.6) 中的 $\sqrt{2\pi}$ 因子. 这个替代约定在 Fourier 变换表达式中具有消除诸多 $\sqrt{2\pi}$ 因子的微弱优势. 然而, 这在重构公式 (7.9) 中需要额外的因子. 用 2π 取代 $\sqrt{2\pi}$, 一个显著的缺点是, 由此产生的 Fourier 变换公式与它的逆公式不再相似, 所以定理 7.3 的对称性原理需要一些修改. (另一方面, 在下面讨论卷积, 若没有这个额外因子要容易得多.) 还有一个更近的约定可以在习题 7.1.18 中找到. 在参考任何特定书籍时, 读者总是要检查 Fourier 变换使用的是哪个版本.

例 7.2 中所有的函数都要求 $a > 0$ 的 Fourier 积分才能收敛. 当 a 趋于 0 的极限中出现的函数具有的特别意义. 我们从奇指数脉冲 (7.23) 开始. 当 $a \to 0$ 时, 函数 $f_o(x)$ 收敛到符号函数

$$f(x) = \operatorname{sign} x = \sigma(x) - \sigma(-x) = \begin{cases} 1, & x > 0, \\ -1, & x < 0. \end{cases} \tag{7.30}$$

而 Fourier 变换 (7.24) 的极限导致

$$\widehat{f}(k) = -\mathrm{i}\sqrt{\frac{2}{\pi}}\frac{1}{k}. \tag{7.31}$$

$\widehat{f}(k)$ 在 $k = 0$ 处不可积的奇异性质表明符号函数当 $|x| \to \infty$ 时不衰减的事实. 在这种情况下, 无论是 Fourier 变换积分还是它的逆变换积分, 都不能唯一地定义成标准 (Riemann, 甚至 Lebesgue) 积分. 然而, 在广义函数的架构内可以严格证明这些结果的合理性是可能的. 更有趣的是偶脉冲作用 $f_e(x)$ 在极限 $a \to 0$ 时成为常数函数

$$f(x) \equiv 1. \tag{7.32}$$

Fourier 变换 (7.21) 的极限是

$$\lim_{a\to 0} \sqrt{\frac{2}{\pi}} \frac{a}{k^2 + a^2} = \begin{cases} 0, & k \neq 0, \\ \infty, & k = 0. \end{cases} \tag{7.33}$$

这种极限行为应该提醒读者, 我们去构造 (6.10) 且将 δ-函数作为其函数极限

$$\delta(x)=\lim_{n\to\infty}\frac{n}{\pi\left(1+n^2x^2\right)}=\lim_{a\to 0}\frac{a}{\pi\left(a^2+x^2\right)}.$$

与 (7.33) 相比较, 我们得出常数函数 (7.32) 的 Fourier 变换是频率变量的 δ-函数的倍数:

$$\widehat{f}(k)=\sqrt{2\pi}\delta(k). \tag{7.34}$$

直接变换积分

$$\delta(k)=\frac{1}{2\pi}\int_{-\infty}^{\infty}\mathrm{e}^{-\mathrm{i}kx}\mathrm{d}x \tag{7.35}$$

严格来说没有定义, 因为振荡正弦函数和余弦函数的无穷积分都不收敛! 然而, 这种等式可以在弱收敛和广义函数架构内得到有效解释. 另一方面, 由逆变换公式 (7.9) 得到

$$\int_{-\infty}^{\infty}\delta(k)\mathrm{e}^{\mathrm{i}kx}\mathrm{d}k=\mathrm{e}^{\mathrm{i}k0}=1,$$

符合 δ-函数的基本定义 (6.16). 与前例一样, 在 $k=0$ 处 δ-函数的奇点表示常数函数缺乏衰减.

反过来, δ-函数 $\delta(x)$ 有常数 Fourier 变换

$$\widehat{\delta}(k)=\frac{1}{\sqrt{2\pi}}\int_{-\infty}^{\infty}\delta(x)\mathrm{e}^{-\mathrm{i}kx}\mathrm{d}x=\frac{\mathrm{e}^{-\mathrm{i}k0}}{\sqrt{2\pi}}\equiv\frac{1}{\sqrt{2\pi}}, \tag{7.36}$$

结果也遵循定理 7.3 的对称性原理. 要确定集中在 $x=\xi$ 处 δ-尖峰 $\delta_\xi(x)=\delta(x-\xi)$ 的 Fourier 变换, 我们计算

$$\widehat{\delta_\xi}(k)=\frac{1}{\sqrt{2\pi}}\int_{-\infty}^{\infty}\delta(x-\xi)\mathrm{e}^{-\mathrm{i}kx}\mathrm{d}x=\frac{\mathrm{e}^{-\mathrm{i}k\xi}}{\sqrt{2\pi}}. \tag{7.37}$$

结果是一个频率空间的纯指数函数. 应用 Fourier 逆变换 (7.9), 至少在形式上, 得到著名恒等式

$$\delta_\xi(x)=\delta(x-\xi)=\frac{1}{2\pi}\int_{-\infty}^{\infty}\mathrm{e}^{\mathrm{i}k(x-\xi)}\mathrm{d}k=\frac{1}{2\pi}\left\langle\mathrm{e}^{\mathrm{i}kx},\mathrm{e}^{\mathrm{i}k\xi}\right\rangle, \tag{7.38}$$

其中 $\langle\cdot,\cdot\rangle$ 表示复值函数 L^2-Hermite 内积, 这里 $k\in\mathbb{R}$. 因为当 $x\neq\xi$ 时 δ-函数为零, 这个恒等式告诉我们, 不同频率的复指数函数是相互正交的. 然而, 与 (7.35) 一样, 这只在广义函数语境中才有意义. 另一方面, 将 (7.38) 的两边乘 $f(\xi)$, 然后关于 ξ 积分得到

$$f(x)=\frac{1}{2\pi}\int_{-\infty}^{\infty}\int_{-\infty}^{\infty}f(\xi)\mathrm{e}^{\mathrm{i}k(x-\xi)}\mathrm{d}k\mathrm{d}\xi. \tag{7.39}$$

这是一个完全有效的公式，是将函数 $f(x)$ 的正向和逆向的 Fourier 变换基本公式 (7.6) 与 (7.9) 联系起来的一个重新表述 (或不如说是结合).

相反地，对称性原理告诉我们，一个纯指数函数 $\mathrm{e}^{\mathrm{i}\kappa x}$ 的 Fourier 变换是一个在频率 $k=\kappa$ 处集中的移位 δ–尖峰 $\sqrt{2\pi}\delta(k-\kappa)$. 这两个结果都是以下移位定理 (shift theorem) 的特殊情况，证明留作习题.

定理 7.4 如果 $f(x)$ 有 Fourier 变换 $\widehat{f}(k)$，那么移位函数 $f(x-\xi)$ 的 Fourier 变换是 $\mathrm{e}^{-\mathrm{i}k\xi}\widehat{f}(k)$. 类似地，对于实数 κ 而言，函数乘积 $\mathrm{e}^{\mathrm{i}\kappa x}f(x)$ 的变换是移位变换 $\widehat{f}(k-\kappa)$.

沿着类似的思路，膨胀定理 (dilation theorem) 给出 Fourier 变换的标度变换的作用. 同样，证明留给读者.

定理 7.5 如果 $f(x)$ 有 Fourier 变换 $\widehat{f}(k)$，那么对于 $0\neq c\in\mathbb{R}$ 而言，标度变换函数 $f(cx)$ 的 Fourier 变换为 $\dfrac{1}{|c|}\widehat{f}\left(\dfrac{k}{c}\right)$.

例 7.6 我们来确定 Gauss 函数 $g(x)=\mathrm{e}^{-x^2}$ 的 Fourier 变换. 为了求出其 Fourier 积分，先在指数中完全平方:

$$
\begin{aligned}
\widehat{g}(k) &= \frac{1}{\sqrt{2\pi}}\int_{-\infty}^{\infty}\mathrm{e}^{-x^2-\mathrm{i}kx}\mathrm{d}x = \frac{1}{\sqrt{2\pi}}\int_{-\infty}^{\infty}\mathrm{e}^{-(x+\mathrm{i}k/2)^2-k^2/4}\mathrm{d}x \\
&= \frac{\mathrm{e}^{-k^2/4}}{\sqrt{2\pi}}\int_{-\infty}^{\infty}\mathrm{e}^{-y^2}\mathrm{d}y = \frac{\mathrm{e}^{-k^2/4}}{\sqrt{2}}.
\end{aligned}
$$

倒数第二个等式使用了变量变换[①] $y=x+\mathrm{i}k/2$，而最后一步用了公式 (2.100).

更一般地，要找到 $g_a(x)=\mathrm{e}^{-ax^2}$ 的 Fourier 变换，这里 $a>0$，我们援引 $c=\sqrt{a}$ 的膨胀定理 7.5，推论得到 $\widehat{g}_a(k)=\mathrm{e}^{-k^2/(4a)}/\sqrt{2a}$.

由于 Fourier 变换唯一地将频率空间上函数 $\widehat{f}(k)$ 与在物理空间上各 (合理的) 函数 $f(x)$ 联系起来，可以通过它们的变换来表征函数. 许多实际应用依赖于变换表 (或更好的是，计算机代数系统，如 Mathematica和 Maple)，它们能够识别应用中重要的基本函数的各种变换. 附表列出了一些最重要的函数的例子和它们的 Fourier 变换，基于我们的约定 (7.6). 记住，通过应用定理 7.3 的对称性原理，每个条目都可以用来推断两个不同的 Fourier 变换. 更广泛的 Fourier 变换汇集参见 [82].

① 由于这表示了变量的复变换，因此这一步的完全严格的理由需要使用复的积分.

简明 Fourier 变换表

$f(x)$	$\widehat{f}(k)$
1	$\sqrt{2\pi}\delta(k)$
$\delta(x)$	$\dfrac{1}{\sqrt{2\pi}}$
$\sigma(x)$	$\sqrt{\dfrac{\pi}{2}}\delta(k)-\dfrac{\mathrm{i}}{\sqrt{2\pi}k}$
$\operatorname{sign} x$	$-\mathrm{i}\sqrt{\dfrac{2}{\pi}}\dfrac{1}{k}$
$\sigma(x+a)-\sigma(x-a)$	$\sqrt{\dfrac{2}{\pi}}\dfrac{\sin ak}{k}$
$\mathrm{e}^{-ax}\sigma(x)$	$\dfrac{1}{\sqrt{2\pi}(a+\mathrm{i}k)}$
$\mathrm{e}^{ax}[1-\sigma(x)]$	$\dfrac{1}{\sqrt{2\pi}(a-\mathrm{i}k)}$
$\mathrm{e}^{-a\|x\|}$	$\sqrt{\dfrac{2}{\pi}}\dfrac{a}{k^2+a^2}$
e^{-ax^2}	$\dfrac{\mathrm{e}^{-k^2/(4a)}}{\sqrt{2a}}$
$\arctan x$	$-\mathrm{i}\sqrt{\dfrac{\pi}{2}}\dfrac{\mathrm{e}^{-\|k\|}}{k}$
$f(cx+d)$	$\dfrac{\mathrm{e}^{\mathrm{i}kd/c}}{\|c\|}\widehat{f}\left(\dfrac{k}{c}\right)$
$\overline{f(x)}$	$\overline{\widehat{f}(-k)}$
$\widehat{f}(x)$	$f(-k)$
$f'(x)$	$\mathrm{i}k\widehat{f}(k)$
$xf(x)$	$\mathrm{i}\widehat{f}'(k)$
$f*g(x)$	$\sqrt{2\pi}\widehat{f}(k)\widehat{g}(k)$

注: 参数 a,c,d 是实数, $a>0$ 且 $c\neq 0$.

习题

7.1.1. 求以下函数的 Fourier 变换:

(a) $e^{-(x+4)^2}$. (b) $e^{-|x+1|}$. (c) $\begin{cases} x, & |x|<1, \\ 0, & \text{其他}. \end{cases}$ (d) $\begin{cases} e^{-2x}, & x>0, \\ e^{3x}, & x\leqslant 0. \end{cases}$

(e) $\begin{cases} e^{-|x|}, & |x|>1, \\ e^{-1}, & |x|\leqslant 1. \end{cases}$ (f) $\begin{cases} e^{-x}\sin x, & x>0, \\ 0, & x\leqslant 0. \end{cases}$ (g) $\begin{cases} 1-|x|, & |x|\leqslant 1, \\ 0, & \text{其他}. \end{cases}$

7.1.2. 求以下函数的 Fourier 逆变换:

(a) e^{-k^2}. (b) $e^{-|k|}$. (c) $\begin{cases} e^{-k}\sin k, & k>0, \\ 0, & k\leqslant 0. \end{cases}$

(d) $\begin{cases} 1, & \alpha<k<\beta, \\ 0, & \text{其他}. \end{cases}$ (e) $\begin{cases} 1-|k|, & |k|<1, \\ 0, & \text{其他}. \end{cases}$

7.1.3. 求函数 $1/(k+c)$ 的 Fourier 逆变换, 当 (a) $c=a$ 为实数时, (b) $c=\mathrm{i}b$ 为纯虚数时; (c) $c=a+\mathrm{i}b$ 是任意复数时.

7.1.4. 求 $1/\left(k^2-a^2\right)$ 的 Fourier 逆变换, 其中 $a>0$ 是实的. 提示: 使用习题 7.1.3.

♦ 7.1.5. (a) 求 $e^{\mathrm{i}\omega x}$ 的 Fourier 变换. (b) 利用得到结果求初等三角函数 $\cos\omega x$ 和 $\sin\omega x$ 的 Fourier 变换.

7.1.6. 从 (7.28) 的 Fourier 逆变换写出两个实的积分恒等式的结果.

7.1.7. 从 (7.17) 写出两个实的积分恒等式.

7.1.8. (a) 求帽子函数 $f_n(x)=\begin{cases} n-n^2|x|, & |x|\leqslant 1/n, \\ 0, & \text{其他} \end{cases}$ 的 Fourier 变换. (b) 当 $n\to\infty$ 时, $\widehat{f}_n(k)$ 的极限是多少? (c) $f_n(x)$ 的极限的 Fourier 变换是在什么意义上的极限?

7.1.9. (a) 证明 Fourier 变换的线性性质, 如 (7.11). (b) 陈述和证明 Fourier 逆变换的线性性质.

♦ 7.1.10. 如果 $f(x)$ 的 Fourier 变换为 $\widehat{f}(k)$, 那么证明: (a) $f(-x)$ 的 Fourier 变换为 $\widehat{f}(-k)$; (b) 复共轭函数 $\overline{f(x)}$ 的 Fourier 变换为 $\overline{\widehat{f}(-k)}$.

7.1.11. 是/非: 如果复值函数 $f(x)=g(x)+\mathrm{i}h(x)$ 有 Fourier 变换 $\widehat{f}(k)=\widehat{g}(k)+\mathrm{i}\widehat{h}(k)$, 那么 $g(x)$ 有 Fourier 变换 $\widehat{g}(k)$ 且 $h(x)$ 有 Fourier 变换 $\widehat{h}(k)$.

♦ 7.1.12. (a) 证明偶函数的 Fourier 变换是偶函数. (b) 证明实的偶函数的 Fourier 变换是实的偶函数. (c) 关于奇函数的 Fourier 变换, 又能说些什么? (d) 实的奇函数呢? (e) 一般的实函数如何?

♦ 7.1.13. 证明移位定理7.4.

♦ 7.1.14. 证明膨胀定理7.5.

7.1.15. 给定 $f(x)$ 的 Fourier 变换为 $\widehat{f}(k)$, 由第一原理中发现 $g(x)=f(ax+b)$ 的 Fourier 变换, 其中 a 和 b 是固定实常数.

7.1.16. 令 a 是实数. 给定 $f(x)$ 的 Fourier 变换 $\widehat{f}(k)$, 求

$$\text{(a) } f(x)\mathrm{e}^{\mathrm{i}ax}; \quad \text{(b) } f(x)\cos ax; \quad \text{(c) } f(x)\sin ax$$

的 Fourier 变换.

♦ 7.1.17. Fourier 变换的一种常见的惯例是定义

$$\widehat{f_1}(k) = \int_{-\infty}^{\infty} f(x)\mathrm{e}^{-\mathrm{i}kx}\mathrm{d}x.$$

(a) 相应的 Fourier 逆变换的公式是什么? (b) $\widehat{f_1}(k)$ 与我们的 Fourier 变换 $\widehat{f}(k)$ 有何关系?

♦ 7.1.18. Fourier 变换的另一个约定是定义

$$\widehat{f_2}(k) = \int_{-\infty}^{\infty} f(x)\mathrm{e}^{-2\pi\mathrm{i}kx}\mathrm{d}x,$$

就这个 Fourier 变换版本回答习题 7.1.17.

♥ 7.1.19. 实函数 $f(x)$ 的余弦变换和正弦变换 (cosine and sine transforms) 定义为

$$\widehat{c}(k) = \int_{-\infty}^{\infty} f(x)\cos kx\,\mathrm{d}x, \quad \widehat{s}(k) = \int_{-\infty}^{\infty} f(x)\sin kx\,\mathrm{d}x. \tag{7.40}$$

(a) 证明 $\widehat{f}(k) = \widehat{c}(k) - \mathrm{i}\widehat{s}(k)$. (b) 求习题 7.1.1 中各函数的余弦变换和正弦变换. (c) 证明 $\widehat{c}(k)$ 是一个偶函数, 而 $\widehat{s}(k)$ 是一个奇函数. (d) 证明: 若 f 是偶函数则 $\widehat{s}(k) \equiv 0$, 若 f 为奇函数则 $\widehat{c}(k) \equiv 0$.

♦ 7.1.20. 对 $(x,y) \in \mathbb{R}^2$ 定义函数 $f(x,y)$ 的二维 Fourier 变换 (two-dimensional Fourier transform)

$$\widehat{f}(k,l) = \frac{1}{2\pi}\int_{-\infty}^{\infty}\int_{-\infty}^{\infty} f(x,y)\mathrm{e}^{-\mathrm{i}(kx+ly)}\mathrm{d}x\mathrm{d}y. \tag{7.41}$$

(a) 计算下列函数的 Fourier 变换:

(i) $\mathrm{e}^{-|x|-|y|}$; (ii) $\mathrm{e}^{-x^2-y^2}$; (iii) $\delta-$函数 $\delta(x-\xi)\delta(y-\eta)$;

(iv) $\begin{cases} 1, & |x|,|y| \leqslant 1, \\ 0, & \text{其他}; \end{cases}$ (v) $\begin{cases} 1, & |x|+|y| \leqslant 1, \\ 0, & \text{其他}; \end{cases}$ (vi) $\cos(x-y)$.

(b) 证明如果 $f(x,y) = g(x)h(y)$, 那么 $\widehat{f}(k,l) = \widehat{g}(k)\widehat{h}(l)$.

(c) 何为二维 Fourier 逆变换的公式, 即如何从 $\widehat{f}(k,l)$ 中重构 $f(x,y)$?

7.2 求导与积分

将微积分运算转换成代数运算, 是 Fourier 变换最重要的特征之一! 更具体地说, 微积分中的两个基本运算, 函数的微分和积分, 在它们的 Fourier 变换上实现代数运算. (缺点是代数运算在频域中变得有点复杂.)

微分

我们从求导开始. 如果关于 x 对基本 Fourier 逆变换公式

$$f(x) \sim \frac{1}{\sqrt{2\pi}} \int_{-\infty}^{\infty} \widehat{f}(k) \mathrm{e}^{\mathrm{i}kx} \mathrm{d}k$$

求导[①], 我们得到

$$f'(x) \sim \frac{1}{\sqrt{2\pi}} \int_{-\infty}^{\infty} \mathrm{i}k\widehat{f}(k) \mathrm{e}^{\mathrm{i}kx} \mathrm{d}k. \tag{7.42}$$

由此产生的积分本身是一个 Fourier 逆变换的形式, 即 $\mathrm{i}k\widehat{f}(k)$, 这立即意味着下面的关键结果.

命题 7.7 函数的导数 $f'(x)$ 的 Fourier 变换是通过 $\mathrm{i}k$ 与其 Fourier 变换的乘法:

$$\mathcal{F}\left[f'(x)\right] = \mathrm{i}k\widehat{f}(k) \tag{7.43}$$

得到的. 同样地, 函数乘积 $xf(x)$ 的 Fourier 变换通过微分 $f(x)$ 的 Fourier 变换得到:

$$\mathcal{F}[xf(x)] = \mathrm{i}\frac{\mathrm{d}\widehat{f}}{\mathrm{d}k}. \tag{7.44}$$

第二条论断很容易从第一条借助定理 7.3 的对称性原理得到. 虽然这一结果是针对普通函数的, 但如前所述, 就像 Fourier 级数那样, Fourier 变换与广义函数微积分完全兼容.

例 7.8 偶指数脉冲 $f_e(x) = \mathrm{e}^{-a|x|}$ 的导数是奇指数脉冲 $f_o(x) = (\operatorname{sign} x)\,\mathrm{e}^{-a|x|}$ 的倍数:

$$f_e'(x) = -a(\operatorname{sign} x)\mathrm{e}^{-a|x|} = -af_o(x).$$

命题 7.7 表明, 它们的 Fourier 变换是相关的:

$$\mathrm{i}k\widehat{f}_e(k) = \mathrm{i}\sqrt{\frac{2}{\pi}}\frac{ka}{k^2+a^2} = -a\widehat{f}_o(k),$$

如前所述 (7.21, 24). 另一方面, 奇指数脉冲在 $x=0$ 处有一个幅度为 2 的跳跃间断, 所以它的导数包含一个 δ – 函数:

$$f_o'(x) = -a\mathrm{e}^{-a|x|} + 2\delta(x) = -af_e(x) + 2\delta(x).$$

这反映在它们的 Fourier 变换之间的关系. 如果我们用 $\mathrm{i}k$ 乘 (7.24), 得到

---

① 我们假设被积函数是足够好的, 以使在积分号下能求导; 完全严格的理由见 [37,117].

$$\mathrm{i}k\widehat{f}_o(k)=\sqrt{\frac{2}{\pi}}\frac{k^2}{k^2+a^2}=\sqrt{\frac{2}{\pi}}-\sqrt{\frac{2}{\pi}}\frac{a^2}{k^2+a^2}=2\widehat{\delta}(k)-a\widehat{f}_e(k).$$

高阶导数可以通过重复应用一阶公式 (7.43) 得到.

推论 7.9 $f^{(n)}(x)$ 的 Fourier 变换是 $(\mathrm{i}k)^n\widehat{f}(k)$.

这一结果还有一个重要的推论: 函数 $f(x)$ 的光滑性表现为其 Fourier 变换 $\widehat{f}(k)$ 的衰减速率. 我们已经注意到, (好的) 函数的 Fourier 变换在高频下必须衰减为零: 当 $|k|\to\infty$ 时 $\widehat{f}(k)\to 0$. (这一结果可以看作是 Riemann-Lebesgue 引理 3.46 的 Fourier 变换版本.) 如果 n 阶导数 $f^{(n)}(x)$ 也是一个合理的函数, 那么它的 Fourier 变换 $\widehat{f^{(n)}}(k)=(\mathrm{i}k)^n\widehat{f}(k)$ 必须当 $|k|\to\infty$ 时趋于零. 这就要求 $\widehat{f}(k)$ 趋于零的速度要比 $|k|^{-n}$ 大. 因此, 越光滑的 $f(x)$, 其 Fourier 变换的衰减速率就越快. 作为一般的经验法则, 如光滑度那样的 $f(x)$ 的局部特征表现为如以大的 $|k|$ 为衰减速率这样的 $\widehat{f}(k)$ 的全局特征. 对称性原理意味着反过来也是成立的: $f(x)$ 的全局特征与 $\widehat{f}(k)$ 的局部特征相互对应. 例如 $\widehat{f}(k)$ 的光滑性支配 $f(x)$ 当 $x\to\pm\infty$ 时的衰减速率. 这种局部–全局对偶性是 Fourier 理论的重要主题之一.

积分

积分是对微分的逆运算, 因此应该在频率空间上对应于 $\mathrm{i}k$ 的除法. 与 Fourier 级数一样这不是完全正确的; 涉及额外的一个常数, 这贡献了额外的 δ–函数.

命题 7.10 如果 $f(x)$ 有 Fourier 变换 $\widehat{f}(k)$, 那么积分 $g(x)=\int_{-\infty}^{x}f(y)\mathrm{d}y$ 的 Fourier 变换是

$$\widehat{g}(k)=-\frac{\mathrm{i}}{k}\widehat{f}(k)+\pi\widehat{f}(0)\delta(k). \tag{7.45}$$

证明 首先注意到

$$\lim_{x\to-\infty}g(x)=0,\quad \lim_{x\to\infty}g(x)=\int_{-\infty}^{\infty}f(y)\mathrm{d}y=\sqrt{2\pi}\widehat{f}(0).$$

因此, 如果我们从积分中减去单位阶跃函数的一个适当倍数, 得到的函数

$$h(x)=g(x)-\sqrt{2\pi}\widehat{f}(0)\sigma(x)$$

在 $\pm\infty$ 都衰减为 0. 查前面的 Fourier 变换表, 我们发现

$$\widehat{h}(k)=\widehat{g}(k)-\pi\widehat{f}(0)\delta(k)+\frac{\mathrm{i}}{k}\widehat{f}(0). \tag{7.46}$$

另一方面,

$$h'(x) = f(x) - \sqrt{2\pi}\widehat{f}(0)\delta(x).$$

既然当 $|x| \to \infty$ 时 $h(x) \to 0$, 我们可以运用微分规则 (7.43), 得出结论

$$\mathrm{i}k\widehat{h}(k) = \widehat{f}(k) - \widehat{f}(0). \tag{7.47}$$

把 (7.46) 和 (7.47) 结合, 就建立了所需的公式 (7.45). [证毕]

注记:① 由于 $k\delta(k) \equiv 0$, 命题 7.10 的证明是有缺陷的. 将方程 (7.47) 除以 $\mathrm{i}k$ 也可以引入 δ – 函数的倍数, 因此似乎很难消除这项. 更好的证明是使用卷积定理 7.13, 如下所示. 我们可以把 $f(x)$ 的积分写为阶跃函数的卷积:

$$g(x) = \int_{-\infty}^{x} f(\xi)\mathrm{d}\xi = \int_{-\infty}^{\infty} \sigma(x-\xi)f(\xi)\mathrm{d}\xi,$$

从而依据卷积公式 (7.55),

$$\widehat{g}(k) = \sqrt{2\pi}\widehat{\sigma}(k)\widehat{f}(k).$$

借助 Fourier 变换表, 我们发现

$$\begin{aligned}\widehat{g}(k) &= \sqrt{2\pi}\left(\sqrt{\frac{\pi}{2}}\delta(k) - \frac{\mathrm{i}}{\sqrt{2\pi}k}\right)\widehat{f}(k) \\ &= -\frac{\mathrm{i}}{k}\widehat{f}(k) + \pi\widehat{f}(k)\delta(k) = -\frac{\mathrm{i}}{k}\widehat{f}(k) + \pi\widehat{f}(0)\delta(k)\end{aligned}$$

即得所要.

例 7.11 考虑反正切函数

$$f(x) = \arctan x = \int_0^x \frac{\mathrm{d}y}{1+y^2} = \int_{-\infty}^{x} \frac{\mathrm{d}y}{1+y^2} - \frac{\pi}{2}$$

的 Fourier 变换, 结合命题 7.10 和 (7.28, 34), 计算:

$$\widehat{f}(k) = \left[-\frac{\mathrm{i}}{k}\sqrt{\frac{\pi}{2}}\frac{\mathrm{e}^{-|k|}}{k} + \frac{\pi^{3/2}}{\sqrt{2}}\delta(k)\right] - \frac{\pi^{3/2}}{\sqrt{2}}\delta(k) = -\frac{\mathrm{i}}{k}\sqrt{\frac{\pi}{2}}\frac{\mathrm{e}^{-|k|}}{k}.$$

在 $k=0$ 的奇性反映了当 $|x| \to \infty$ 时反正切函数衰减乏力.

习题

7.2.1. 求以下函数的 Fourier 变换:

① 译注: 著者在勘误中给出另外一种证明, 但是需要引入卷积知识, 附写于本注记中.

(a) $\mathrm{e}^{-x^2/2}$. (b) $x\mathrm{e}^{-x^2/2}$. (c) $x^2\mathrm{e}^{-x^2/2}$. (d) x. (e) $x\mathrm{e}^{-2|x|}$. (f) $x\arctan x$.

7.2.2. 求下列函数的 Fourier 变换:

(a) 误差函数 $\operatorname{erf} x = \dfrac{2}{\sqrt{\pi}}\displaystyle\int_0^x \mathrm{e}^{-z^2}\mathrm{d}z$.

(b) 余误差函数 $\operatorname{erfc} x = \dfrac{2}{\sqrt{\pi}}\displaystyle\int_x^\infty \mathrm{e}^{-z^2}\mathrm{d}z$.

7.2.3. 求以下函数的 Fourier 逆变换:

(a) k. (b) $k\mathrm{e}^{-k^2}$. (c) $\dfrac{k}{(1+k^2)^2}$. (d) $\dfrac{k^2}{k-\mathrm{i}}$. (e) $\dfrac{1}{k^2-k}$.

7.2.4. 将单位阶跃函数与 δ – 函数联系起来的惯例公式 $\sigma'(x)=\delta(x)$ 与它们的 Fourier 变换是兼容的吗? 证明得到的答案.

7.2.5. 以三种方法求 δ – 函数导数 $\delta'(x)$ 的 Fourier 变换: (a) 首先, 直接由 $\delta'(x)$ 的定义; (b) 其次, 使用函数导数的 Fourier 变换公式; (c) 第三, 作为习题 7.1.8 中函数导数的 Fourier 变换的一个极限. (d) 你的答案是否都一样? 如果不一样, 能解释其中的差异吗?

7.2.6. 通过下面的技巧, 可以得到 Gauss 函数 $f(x)=\mathrm{e}^{-x^2/2}$ 的 Fourier 变换. 首先, 证明 $\widehat{f}'(k)=-k\widehat{f}(k)$. 使用这推断对某些常数 c 而言 $\widehat{f}(k)=c\mathrm{e}^{-k^2/2}$. 而后, 用对称性原理确定 c.

7.2.7. 如果 $f(x)$ 有 Fourier 变换 $\widehat{f}(k)$, 那么哪个函数有 Fourier 变换 $\dfrac{\widehat{f}(k)}{k}$?

♦ 7.2.8. 如果 $f(x)$ 有 Fourier 变换 $\widehat{f}(k)$, 那么 $\dfrac{f(x)}{x}$ 的 Fourier 变换是什么?

7.2.9. 利用习题 7.2.8, 求下列函数的 Fourier 变换:

(a) $1/x$. (b) $x^{-1}\mathrm{e}^{-|x|}$. (c) $x^{-1}\mathrm{e}^{-x^2}$. (d) $\left(x^3+4x\right)^{-1}$.

7.2.10. 将相关的 Fourier 变换积分与分部积分相结合, 直接证明公式 (7.43). 需要对于大 $|x|$ 的 $f(x)$ 行为作哪些假设?

7.2.11. 给定 $f(x)$ 有 Fourier 变换 $\widehat{f}(k)$, 求从点 $a\in\mathbb{R}$ 开始的积分 $g(x)=\displaystyle\int_a^x f(y)\mathrm{d}y$ 的 Fourier 变换.

♦ 7.2.12. (a) 解释为什么 2π – 周期函数 $f(x)$ 的 Fourier 变换是 δ – 函数的线性组合, $\widehat{f}(k)=\sqrt{2\pi}\displaystyle\sum_{n=-\infty}^{\infty}c_n\delta(k-n)$, 其中 c_n 是在 $[-\pi,\pi]$ 上 $f(x)$ 的 (复) Fourier 系数 (3.65).
(b) 求下列周期函数的 Fourier 变换:
(i) $\sin 2x$; (ii) $\cos^3 x$; (iii) $f(x)=x$ 的 2π – 周期延拓; (iv) 锯齿函数 $h(x)=x \bmod 1$, 即 x 的小数部分.

7.2.13. 求函数 (a) $\cos x-1$; (b) $\dfrac{\cos x-1}{x}$; (c) $\dfrac{\cos x-1}{x^2}$ 的 Fourier 变换. 提示: 利用习题 7.2.8 和习题 7.2.12.

♦ 7.2.14. 写出习题 7.1.17 和习题 7.1.18 的替代 Fourier 变换的微分和积分公式.

7.2.15. (a) 两个变量函数的梯度 $\nabla f(x,y)$ 的二维 Fourier 变换 (7.41) 是什么? (b) 使用得到的公式求 $f(x,y)=\mathrm{e}^{-x^2-y^2}$ 梯度的 Fourier 变换.

7.3 Green 函数与卷积

将物理域中的微分运算转化为频率域中的乘法, 是 Fourier 变换最引人注目的特征之一. 极其重要的结果是, 它有效地将微分方程转化为代数方程, 从而易于通过初等代数求解. 首先, 将 Fourier 变换应用到所考虑的微分方程的两边. 求解由此产生的代数方程, 将产生要求的解 Fourier 变换的一个公式, 然后再通过 Fourier 逆变换直接重构. 在下面的章节中, 我们将使用这些技术来求解偏微分方程.

边值问题的解

Fourier 变换特别适合于整条实线上的边值问题. 取代有限区间上使用边界条件, 我们寻找当 $|x| \to \infty$ 时足够快地衰减到零的解, 以便于它们的 Fourier 变换 (在一般函数的含义下) 唯一地定义. 在量子力学中[66,72], 这些解称为*束缚态* (bound state), 它们对应于在一个空间区域中被束缚或局部化的亚原子粒子. 例如, 原子中的电子是被原子核的静电吸引局部化的束缚态.

作为一个具体的例子, 考虑边值问题

$$-\frac{\mathrm{d}^2 u}{\mathrm{d}x^2} + \omega^2 u = h(x), \quad -\infty < x < \infty, \tag{7.48}$$

其中 $\omega > 0$ 是常数. 边界条件要求解衰减: 当 $|x| \to \infty$ 时 $u(x) \to 0$. 将 Fourier 变换应用于微分方程的两边, 求解这一问题. 考虑到推论 7.9, 得到把 u 和 h 的 Fourier 变换联系起来的线性代数方程

$$k^2 \widehat{u}(k) + \omega^2 \widehat{u}(k) = \widehat{h}(k).$$

与微分方程不同, 变换后的方程可以立即解出

$$\widehat{u}(k) = \frac{\widehat{h}(k)}{k^2 + \omega^2}. \tag{7.49}$$

因此, 我们可以运用 Fourier 逆变换公式 (7.9) 重构解:

$$u(x) = \frac{1}{\sqrt{2\pi}} \int_{-\infty}^{\infty} \frac{\widehat{h}(k) \mathrm{e}^{\mathrm{i}kx}}{k^2 + \omega^2} \mathrm{d}k. \tag{7.50}$$

例如, 如果强迫作用函数是偶指数脉冲,

$$h(x) = \mathrm{e}^{-|x|}, \quad \widehat{h}(k) = \sqrt{\frac{2}{\pi}} \frac{1}{k^2 + 1},$$

然后用 (7.50) 写出作为 Fourier 积分的解答:

$$u(x)=\frac{1}{\pi}\int_{-\infty}^{\infty}\frac{\mathrm{e}^{\mathrm{i}kx}}{(k^2+\omega^2)(k^2+1)}\mathrm{d}k=\frac{1}{\pi}\int_{-\infty}^{\infty}\frac{\cos kx}{(k^2+\omega^2)(k^2+1)}\mathrm{d}k,$$

我们注意到, 复积分的虚部为零, 因为被积函数是一个奇函数. (实际上, 若强迫作用函数是实的, 则解也必须是实的.) Fourier 积分可以用部分分式重写

$$\widehat{u}(k)=\sqrt{\frac{2}{\pi}}\frac{1}{(k^2+\omega^2)(k^2+1)}=\sqrt{\frac{2}{\pi}}\frac{1}{\omega^2-1}\left(\frac{1}{k^2+1}-\frac{1}{k^2+\omega^2}\right),\quad \omega^2\neq 1.$$

因此, 根据我们的 Fourier 变换表, 这个边值问题的解是

$$\text{当 } \omega^2\neq 1 \text{ 时, } u(x)=\frac{\mathrm{e}^{-|x|}-\frac{1}{\omega}\mathrm{e}^{-\omega|x|}}{\omega^2-1}. \tag{7.51}$$

读者可能希望验证这个函数确实是一个解, 这意味着它是连续两次可微的 (从公式看并不那么直接), 当 $|x|\to\infty$ 时衰减为零, 并处处满足微分方程. "谐振"情形 $\omega^2=1$ 留作习题 7.3.6.

注记: 在大学一年级微积分中学到的部分分式方法通常是求这种有理函数的 Fourier (逆) 变换的有效工具.

一个特别重要的情形是, 强迫作用

$$h(x)=\delta_\xi(x)=\delta(x-\xi)$$

表示集中于 $x=\xi$ 处的单位冲激. 得到的解是用于边值问题的 Green 函数 $G(x;\xi)$. 根据 (7.49), 它关于 x 的 Fourier 变换是

$$\widehat{G}(k;\xi)=\frac{1}{\sqrt{2\pi}}\frac{\mathrm{e}^{-\mathrm{i}k\xi}}{k^2+\omega^2},$$

这个表示是 δ– 函数 $\delta_\xi(x)$ 的 Fourier 变换的指数因子 $\mathrm{e}^{-\mathrm{i}k\xi}$ 与偶指数脉冲 $\mathrm{e}^{-\omega|x|}$ 的 Fourier 变换的倍数的乘积. 我们应用移位定理 7.4, 得出这个边值问题的 Green 函数是中心为 ξ 的指数脉冲, 即

$$G(x;\xi)=\frac{1}{2\omega}\mathrm{e}^{-\omega|x-\xi|}=g(x-\xi),\ \text{其中 } g(x)=G(x;0)=\frac{1}{2\omega}\mathrm{e}^{-\omega|x|}. \tag{7.52}$$

可以看到, 与其他自伴边值问题一样, Green 函数在 x 和 ξ 的交换下是对称的, 所以 $G(x;\xi)=G(\xi;x)$. 作为 x 的函数, 它满足齐次微分方程 $-u''+\omega^2u=0$, 除了它的导数在点 $x=\xi$ 处有一个单位幅度的跳跃间断之外. 当 $|x|\to\infty$ 时它也衰减, 这是根据边界条件要求的. 事实上 $G(x;\xi)=g(x-\xi)$ 仅依赖于差值 $x-\xi$, 这是边值问题平移不变性的推论. 基于 Green 函数的叠加原理告诉我们, 在一般强迫作用下非齐次边值问题 (7.48) 的解, 可用积分形

式表示

$$\begin{aligned} u(x) &= \int_{-\infty}^{\infty} G(x;\xi)h(\xi)\mathrm{d}\xi = \int_{-\infty}^{\infty} g(x-\xi)h(\xi)\mathrm{d}\xi \\ &= \frac{1}{2\omega}\int_{-\infty}^{\infty} \mathrm{e}^{-\omega|x-\xi|}h(\xi)\mathrm{d}\xi. \end{aligned} \tag{7.53}$$

读者可以从这个积分公式体验重新发现特定指数解 (7.51).

习题

7.3.1. 用部分分式计算下列有理函数的 Fourier 逆变换. 提示: 首先解答习题 7.1.3. (a) $\dfrac{1}{k^2-5k-6}$. (b) $\dfrac{\mathrm{e}^{\mathrm{i}k}}{k^2-1}$. (c) $\dfrac{1}{k^4-1}$. (d) $\dfrac{\sin 2k}{k^2+2k-3}$.

7.3.2. 求函数 $\dfrac{1}{k^2+2k+5}$ 的 Fourier 逆变换: (a) 使用部分分式; (b) 通过完全平方. 你得到的答案是一样的吗?

7.3.3. 使用部分分式计算以下函数的 Fourier 变换:
(a) $\dfrac{1}{x^2-x-2}$. (b) $\dfrac{1}{x^3+x}$. (c) $\dfrac{\cos x}{x^2-9}$.

7.3.4. 用 Fourier 变换求微分方程 $-\dfrac{\mathrm{d}^2u}{\mathrm{d}x^2}+4u=\delta(x)$ 的解.

7.3.5. 用 Fourier 变换求解边值问题

$$-u''+u=\delta'(x-1), -\infty < x < \infty, \text{ 且 } u(x)\to 0, \text{ 当 } x\to\pm\infty \text{ 时}.$$

♦ 7.3.6. (a) 取 $h(x)=\mathrm{e}^{-|x|}$ 且 $\omega=1$, 用 Fourier 变换求解 (7.48). (b) 验证可以对 (7.51) 取 $\omega\to 1$ 的极限得到解.

7.3.7. 用 Fourier 变换求微分方程

$$u''''+u=\mathrm{e}^{-2|x|}$$

的有界解.

7.3.8. 用 Fourier 变换求 Airy 微分方程 $-\dfrac{\mathrm{d}^2u}{\mathrm{d}x^2}=xu$ 的有界解的积分公式.

♦ 7.3.9. 证明 (7.51) 是 x 的二阶连续可微函数, 满足微分方程 (7.48).

卷积

在我们求解的边值问题 (7.48) 中, 我们得到的 Fourier 变换公式 (7.49) 是两个已知 Fourier 变换的乘积. 最后通过应用 Fourier 逆变换得到的 Green 函

数公式 (7.53), 显示一个普遍性质, 由卷积 (convolution product) 给出.

定义 7.12 标量函数 $f(x)$ 和 $g(x)$ 的卷积 (convolution) 是标量函数 $h = f * g$, 定义为

$$h(x) = f * g(x) = \int_{-\infty}^{\infty} f(x-\xi)g(\xi)\mathrm{d}\xi. \tag{7.54}$$

我们列出卷积的基本属性, 将验证作为习题留给读者. 所有的这些假设, 隐含卷积积分收敛.

(a) 对称性 (symmetry): $f * g = g * f$,

(b) 双线性 (bilinearity): $\begin{cases} f * (ag + bh) = a(f * g) + b(f * h), \\ (af + bg) * h = a(f * h) + b(g * h), \end{cases}$ $a, b \in \mathbb{C}$.

(c) 结合律 (associativity): $f * (g * h) = (f * g) * h$.

(d) 零函数 (zero function): $f * 0 = 0$.

(e) δ – 函数 (delta function): $f * \delta = f$.

有点棘手的特征是, 常数函数 1 并不是卷积乘积的单位元; 确实

$$f * 1 = 1 * f = \int_{-\infty}^{\infty} f(\xi)\mathrm{d}\xi$$

是常数函数, 即 f 的全空间积分, 而不是原函数 $f(x)$. 实际上, 根据最后一条性质, δ – 函数扮演 "卷积单位元" 的角色:

$$f * \delta(x) = \int_{-\infty}^{\infty} f(x-\xi)\delta(\xi)\mathrm{d}\xi = f(x).$$

特别地, 我们的解答 (7.52) 在偶指数脉冲 $g(x) = (2\omega)^{-1}\mathrm{e}^{-\omega|x|}$ 和强迫作用函数之间有卷积的形式:

$$u(x) = g * h(x).$$

另一方面, 在相差一个因子的意义上, 它的 Fourier 变换 (7.49) 是 g 和 h 的 Fourier 变换的普通乘积:

$$\widehat{u}(k) = \sqrt{2\pi}\,\widehat{g}(k)\widehat{h}(k).$$

事实上, 这是 Fourier 变换的一般性质: 在物理域中的卷积对应于频率域中的乘法, 反之亦然.

定理 7.13 两个函数的卷积 $h(x) = f * g(x)$ 的 Fourier 变换, 是它们的 Fourier 变换乘积的倍数:

$$\widehat{h}(k) = \sqrt{2\pi}\,\widehat{f}(k)\widehat{g}(k). \tag{7.55}$$

相反地, 函数乘积 $h(x) = f(x)g(x)$ 的 Fourier 变换, 在相差一个倍数的意义上, 是它们 Fourier 变换的卷积:

$$\widehat{h}(k) = \frac{1}{\sqrt{2\pi}}\widehat{f} * \widehat{g}(k) = \frac{1}{\sqrt{2\pi}}\int_{-\infty}^{\infty}\widehat{f}(k-\kappa)\widehat{g}(\kappa)\mathrm{d}\kappa. \tag{7.56}$$

证明 结合 Fourier 变换定义和卷积公式 (7.54), 我们得到

$$\widehat{h}(k) = \frac{1}{\sqrt{2\pi}}\int_{-\infty}^{\infty} h(x)\mathrm{e}^{-\mathrm{i}kx}\mathrm{d}x = \frac{1}{\sqrt{2\pi}}\int_{-\infty}^{\infty}\int_{-\infty}^{\infty} f(x-\xi)g(\xi)\mathrm{e}^{-\mathrm{i}kx}\mathrm{d}x\mathrm{d}\xi.$$

在内层积分乘积应用变量变换 $\eta = x - \xi$,

$$\begin{aligned}
\widehat{h}(k) &= \frac{1}{\sqrt{2\pi}}\int_{-\infty}^{\infty}\int_{-\infty}^{\infty} f(\eta)g(\xi)\mathrm{e}^{-\mathrm{i}k(\xi+\eta)}\mathrm{d}\xi\mathrm{d}\eta \\
&= \sqrt{2\pi}\left[\frac{1}{\sqrt{2\pi}}\int_{-\infty}^{\infty} f(\eta)\mathrm{e}^{-\mathrm{i}k\eta}\mathrm{d}\eta\right]\left[\frac{1}{\sqrt{2\pi}}\int_{-\infty}^{\infty} g(\xi)\mathrm{e}^{-\mathrm{i}k\xi}\mathrm{d}\xi\right] \\
&= \sqrt{2\pi}\widehat{f}(k)\widehat{g}(k),
\end{aligned}$$

(7.55) 得证. 第二个公式可以用类似的方式证明, 或简单地说, 它直接遵循定理 7.3 的对称性原理. [证毕]

例 7.14 由 (7.29), 我们已经知道

$$f(x) = \frac{\sin x}{x}$$

的 Fourier 变换是盒子函数

$$\widehat{f}(k) = \sqrt{\frac{\pi}{2}}[\sigma(k+1) - \sigma(k-1)] = \begin{cases} \sqrt{\dfrac{\pi}{2}}, & -1 < k < 1, \\ 0, & |k| > 1. \end{cases}$$

我们还知道

$$g(x) = \frac{1}{x}$$

的 Fourier 变换是

$$\widehat{g}(k) = -\mathrm{i}\sqrt{\frac{\pi}{2}}\,\mathrm{sign}\,k$$

因此, 它们的乘积

$$h(x) = f(x)g(x) = \frac{\sin x}{x^2}$$

的 Fourier 变换可以通过卷积得到:

$$\widehat{h}(k) = \frac{1}{\sqrt{2\pi}}\widehat{f} * \widehat{g}(k) = \frac{1}{\sqrt{2\pi}}\int_{-\infty}^{\infty}\widehat{f}(\kappa)\widehat{g}(k-\kappa)\mathrm{d}\kappa$$

$$= -\mathrm{i}\sqrt{\frac{\pi}{8}}\int_{-1}^{1}\operatorname{sign}(k-\kappa)\mathrm{d}\kappa = \begin{cases} \mathrm{i}\sqrt{\dfrac{\pi}{2}}, & k<-1, \\ -\mathrm{i}\sqrt{\dfrac{\pi}{2}}k, & -1<k<1, \\ -\mathrm{i}\sqrt{\dfrac{\pi}{2}}, & k>1. \end{cases}$$

习题

7.3.10. (a) 求卷积 $h(x) = f_e * g(x)$, 其中偶指数脉冲 $f_e(x) = \mathrm{e}^{-|x|}$, Gauss 函数 $g(x) = \mathrm{e}^{-x^2}$. (b) $h(x)$ 是什么呢?

7.3.11. Gauss 核 e^{-x^2} 本身的卷积是什么? 提示: 使用 Fourier 变换.

7.3.12. 求 Fourier 变换为 $\widehat{f}(k) = \left(k^2+1\right)^{-2}$ 的函数.

♥ 7.3.13. (a) 写出盒子函数 $f(x) = \begin{cases} 1, & |x| < \dfrac{1}{2}, \\ 0, & |x| > \dfrac{1}{2} \end{cases}$ 的 Fourier 变换. (b) 绘制帽子函数 $h(x) = f * f(x)$ 的图像, 并找到其 Fourier 变换. (c) 确定三次 B–样条 (cubic B spline) $s(x) = h * h(x)$ 及其 Fourier 变换.

7.3.14. 令 $f(x) = \begin{cases} \sin x, & 0 < x < \pi, \\ 0, & \text{其他}, \end{cases}$ $g(x) = \begin{cases} \cos x, & 0 < x < \pi, \\ 0, & \text{其他}. \end{cases}$

(a) 求 $f(x)$ 和 $g(x)$ 的 Fourier 变换. (b) 计算卷积 $h(x) = f * g(x)$. (c) 求其 Fourier 变换 $\widehat{h}(k)$.

7.3.15. 使用卷积找到如下函数的 Fourier 变换的积分公式:

(a) $\dfrac{\mathrm{e}^{-k^2}}{k^2+1}$. (b) $\dfrac{\sin k}{k\left(k^2+1\right)}$. (c) $\dfrac{\sin^2 k}{k^2}$. (d) $\dfrac{\operatorname{sign} k}{1+\mathrm{i}k}$.

如果可能, 求出由此产生的卷积积分.

7.3.16. 设 $f(x)$ 是一个光滑函数. (a) 求其与 δ–函数导数的卷积 $\delta' * f$. (b) 更一般地, 求 $\delta^{(n)} * f$.

7.3.17. 根据命题 7.7, 通过 $\widehat{f}(k)$ 乘 $\mathrm{i}k$, 得到 $f(x)$ 导数的 Fourier 变换. 能将这个结果与卷积定理 7.13 协调一致吗?

♦ 7.3.18. 函数 $f(x)$ 的 Hilbert 变换 (Hilbert transform) 定义为积分

$$h(x) = \frac{1}{\pi}\,⨍_{-\infty}^{\infty}\frac{f(\xi)}{\xi - x}\mathrm{d}\xi. \tag{7.57}$$

求出按照 $\widehat{f}(k)$ 表示的 Fourier 变换 $\widehat{h}(k)$ 的公式. 备注: 积分号上的短横表示主值积分 (principal value integral)[2], 它是 $\lim\limits_{\delta\to 0^+}\left(\displaystyle\int_{-\infty}^{x-\delta}\frac{f(\xi)}{\xi-x}\mathrm{d}\xi + \int_{x+\delta}^{\infty}\frac{f(\xi)}{\xi-x}\mathrm{d}\xi\right)$, 避免在奇点 $x = \xi$ 处的积分发散.

7.3.19. 用 Fourier 变换求解积分方程 $\displaystyle\int_{-\infty}^{\infty} \mathrm{e}^{-|x-\xi|} u(\xi) \mathrm{d}\xi = f(x)$. 然后取 $f(x) = \mathrm{e}^{-2|x|}$ 验证你的解.

7.3.20. 设 $f(x)$ 和 $g(x)$ 对于所有的 $x < 0$ 恒为零, 证明其卷积 $h = f * g$ 化简为有限积分: $h(x) = \begin{cases} \displaystyle\int_0^x f(x-\xi) g(\xi) \mathrm{d}\xi, & x > 0, \\ 0, & x \leqslant 0. \end{cases}$

7.3.21. 给定 $f(x)$ 的支撑集包含在区间 $[a, b]$ 中且 $g(x)$ 的支撑集包含在 $[c, d]$ 中, 关于它们的卷积 $h(x) = f * g(x)$ 的支撑集, 可以说些什么呢?

♦ 7.3.22. 证明卷积性质 (a – e).

♦ 7.3.23. 本题中解释如何用卷积使原始的数据变光滑. 令 $g_\varepsilon(x) = \dfrac{\varepsilon}{\pi(\varepsilon^2 + x^2)}$. (a) 如果 $f(x)$ 是任意 (合理的) 函数, 证明对于 $\varepsilon \neq 0$, $f_\varepsilon(x) = g_\varepsilon * f(x)$ 是一个 C^∞ – 函数. (b) 证明 $\lim\limits_{\varepsilon \to 0} f_\varepsilon(x) = f(x)$.

7.3.24. 解释为什么移位定理 7.4 是卷积定理 7.13 的一个特殊情形.

♦ 7.3.25. 设 $f(x)$ 和 $g(x)$ 是 2π – 周期的, 分别有复 Fourier 系数 c_k 和 d_k. 证明乘积函数 $f(x)g(x)$ 的复 Fourier 系数由卷积和 (convolution summation) $e_k = \displaystyle\sum_{j=-\infty}^{\infty} c_j d_{k-j}$ 给出. *提示*: 将复 Fourier 系数的公式替换为求和, 确保使用两个不同的积分变量, 然后使用 (6.37).

7.4 Hilbert 空间上的 Fourier 变换

虽然我们尚不具备所有的分析工具, 着手对 Fourier 变换的数学理论进行完全严格的处理, 但它的一些更重要的特点还是值得概述的. 我们已经注意到, 依据定义, Fourier 变换是物理空间函数 $f(x)$ 与频率空间函数 $\widehat{f}(k)$ 之间的一个线性算子. 一个关键的问题是: 理论要准确地应用到哪个函数空间上? 不是每个函数都在经典的意义上[①]容许 Fourier 变换, Fourier 积分 (7.6) 是要求收敛的, 这对函数及其在远距离上的渐近行为加以限制.

必须指出, 严格理论的合理设置是复值平方可积函数的 Hilbert 空间, 这是位于现代量子力学核心的同一个无穷维向量空间. 在 3.5 节中, 我们已经在有限区间上引入了 Hilbert 空间 $L^2[a, b]$; 在这里, 我们使定义 3.34 适合于整条实线. 因此, Hilbert 空间 $L^2 = L^2(\mathbb{R})$ 是对所有的 $x \in \mathbb{R}$ 定义的全体复函数

① 我们把涉及广义函数的更深入的问题搁在一旁.

$f(x)$ 组成的无穷维向量空间, 并赋予有限 L^2 – 范数:

$$\|f\|^2=\int_{-\infty}^{\infty}|f(x)|^2\mathrm{d}x<\infty. \tag{7.58}$$

例如, 任何满足衰减判据的分段连续函数, 对于某些 $M>0$ 和 $\delta>0$,

$$\text{对所有足够大的 } |x|\gg 0,\ |f(x)|\leqslant\frac{M}{|x|^{1/2+\delta}}, \tag{7.59}$$

都属于 L^2. 然而正如 3.5 节所述, Hilbert 空间包含了更多的函数, 其元素的准确定义和识别相当微妙. 另一方面, 大多数非衰减函数是不属于 L^2 的, 包括常数函数 $f(x)\equiv 1$ 以及对于 $k\in\mathbb{R}$ 的振荡的复指数函数 $\mathrm{e}^{\mathrm{i}kx}$ 的全体.

复 Hilbert 空间 L^2 上的 Hermite 内积

$$\langle f,g\rangle=\int_{-\infty}^{\infty}f(x)\overline{g(x)}\mathrm{d}x \tag{7.60}$$

是以通常的方式规定的, 使得 $\|f\|^2=\langle f,f\rangle$. Cauchy-Schwarz 不等式

$$|\langle f,g\rangle|\leqslant\|f\|\|g\| \tag{7.61}$$

确保内积积分是有限的, 每当 $f,g\in L^2$ 时, 注意到 Fourier 变换 (7.6) 可以看成函数 $f(x)$ 与复指数函数内积的倍数:

$$\widehat{f}(k)=\frac{1}{\sqrt{2\pi}}\int_{-\infty}^{\infty}f(x)\mathrm{e}^{-\mathrm{i}kx}\mathrm{d}x=\frac{1}{\sqrt{2\pi}}\left\langle f(x),\mathrm{e}^{\mathrm{i}kx}\right\rangle. \tag{7.62}$$

然而, 在解释这个公式时, 我们必须牢记指数函数并不是 L^2 空间自己的元素.

我们陈述关于 Fourier 变换对 Hilbert 空间函数的影响的基本结果. 它可以看作是 Fourier 级数的逐点收敛定理 3.8 的直接类比.

定理 7.15 如果 $f(x)\in L^2$ 是平方可积的, 那么它的 Fourier 变换 $\widehat{f}(k)\in L^2$ 是频率变量 k 的唯一定义平方可积函数. 如果 $f(x)$ 在点 x 上连续可微, 那么 Fourier 逆变换积分 (7.9) 等于其值 $f(x)$. 更一般地, 如果左极限和右极限 $f\left(x^-\right),f\left(x^+\right),f'\left(x^-\right),f'\left(x^+\right)$ 都存在, 那么 Fourier 逆变换积分收敛到平均值 $\dfrac{1}{2}\left[f\left(x^-\right)+f\left(x^+\right)\right]$.

因此, Fourier 变换 $\widehat{f}=\mathcal{F}[f]$ 定义了从 x 的 L^2 – 函数到 k 的 L^2 – 函数之间的线性变换. 事实上, Fourier 变换保持内积不变. 这一重要的结果称为 Parseval 公式 (Parseval's formula), 其 Fourier 级数对应出现在 (3.122).

定理 7.16 如果 $\widehat{f}(k)=\mathcal{F}[f(x)]$ 和 $\widehat{g}(k)=\mathcal{F}[g(x)]$, 那么 $\langle f,g\rangle=\langle\widehat{f},\widehat{g}\rangle$, 即

$$\int_{-\infty}^{\infty}f(x)\overline{g(x)}\mathrm{d}x=\int_{-\infty}^{\infty}\widehat{f}(k)\overline{\widehat{g}(k)}\mathrm{d}k. \tag{7.63}$$

证明 我们勾勒出一个形式的证明以激发去探究结果有效性的原因. 我们使用 Fourier 变换定义 (7.6) 求

$$\int_{-\infty}^{\infty}\widehat{f}(k)\overline{\widehat{g}(k)}\mathrm{d}k=\int_{-\infty}^{\infty}\left[\frac{1}{\sqrt{2\pi}}\int_{-\infty}^{\infty}f(x)\mathrm{e}^{-\mathrm{i}kx}\mathrm{d}x\right]\left[\frac{1}{\sqrt{2\pi}}\int_{-\infty}^{\infty}\overline{g(y)}\mathrm{e}^{\mathrm{i}ky}\mathrm{d}y\right]\mathrm{d}k$$
$$=\int_{-\infty}^{\infty}\int_{-\infty}^{\infty}f(x)\overline{g(y)}\left[\frac{1}{2\pi}\int_{-\infty}^{\infty}\mathrm{e}^{-\mathrm{i}k(x-y)}\mathrm{d}k\right]\mathrm{d}x\mathrm{d}y.$$

现在根据 (7.38), 内层关于 k 的积分可以用 δ – 函数 $\delta(x-y)$ 替换, 因此

$$\int_{-\infty}^{\infty}\widehat{f}(k)\overline{\widehat{g}(k)}\mathrm{d}k=\int_{-\infty}^{\infty}\int_{-\infty}^{\infty}f(x)\overline{g(y)}\delta(x-y)\mathrm{d}x\mathrm{d}y=\int_{-\infty}^{\infty}f(x)\overline{g(x)}\mathrm{d}x.$$

这完成了我们的 “证明”; 对于严格证明, 参见 [37,68,117]. [证毕]

特别地, 满足 $\langle f,g\rangle=0$ 的正交函数, 将有正交的Fourier 变换 $\langle\widehat{f},\widehat{g}\rangle=0$. 在 Parseval 公式 (7.63) 中选取 $f=g$ 就会得到 Plancherel 公式 (Plancherel's formula)

$$\|f\|^2=\|\widehat{f}\|^2,\ \text{即显式地}\int_{-\infty}^{\infty}|f(x)|^2\mathrm{d}x=\int_{-\infty}^{\infty}|\widehat{f}(k)|^2\mathrm{d}k. \tag{7.64}$$

因此, Fourier 变换 $\mathcal{F}:L^2\to L^2$ 定义了 Hilbert 空间上一个保范的线性变换, 即酉 (unitary) 变换, 将物理变量 x 的 L^2 – 函数映射成频率变量 k 的 L^2 – 函数.

量子力学与测不准原理

以其通俗形式, Heisenberg 测不准原理现今已是个常见的哲学概念. 1920 年代由现代量子力学的创始人之一德国物理学家 Werner Heisenberg首先提出, 一个物理系统中某些物理量不能同时完全准确测量. 例如, 粒子的位置测量得越准, 测量它的动量就越不准; 反之, 动量的精确度越高, 其位置的确定性就越差. 成对的能量和时间也有类似的不确定性. 即使在相当简单的情况下, 也能发现测不准原理的实验验证. 考虑光束穿过一个小孔. 光子的位置受到小孔的约束; 它们的动量效果是在小孔另一侧放置的屏幕上, 观察到光条纹的扩散. 孔越小, 通过它的光子的位置越受约束. 因此, 根据测不准原理, 观察到的动量越不确定, 从而使得屏幕上显示出的条纹越宽越分散.

这里不是讨论 Heisenberg 原理的哲学和实验结果的地方. 实际上我们将要证明的是, 测不准原理是 Fourier 变换的一个数学性质! 在量子理论中, 每个配对的物理量, 例如位置和动量, 是相互关联的 Fourier 变换. 事实上, 命题 7.7 说, 表示动量的微分算子的 Fourier 变换是表示位置的乘法算子, 反之亦然. 这种位置与动量之间基于 Fourier 变换的对偶性, 即乘法与微分之间的对偶性,

处于测不准原理的核心.

在量子力学中, 量子系统的波函数表征为属于基础状态空间单位范数 $\|\varphi\| = 1$ 的元素, 在单粒子的一维模型中, 就是 x 的平方可积复函数组成的 Hilbert 空间 $L^2 = L^2(\mathbb{R})$. 正如我们在 3.5 节中已经提到的, 波函数的平方模数 $|\varphi(x)|^2$ 表示在位置 x 发现粒子的概率密度. 因此, 位置变量的任何函数 $f(x)$ 的均值 (mean) 或期望值 (expected value) 都是由它关于系统的概率密度的积分给出的, 记为

$$\langle f(x)\rangle = \int_{-\infty}^{\infty} f(x)|\varphi(x)|^2\mathrm{d}x. \tag{7.65}$$

特别地,

$$\langle x\rangle = \int_{-\infty}^{\infty} x|\varphi(x)|^2\mathrm{d}x \tag{7.66}$$

是粒子的期望测量位置, Δx 由方差 (variance)

$$(\Delta x)^2 = \langle (x-\langle x\rangle)^2\rangle = \langle x^2\rangle - \langle x\rangle^2 \tag{7.67}$$

定义, 是粒子位置测量与其均值的统计偏差. 我们注意到, 倒数第二项等于

$$\langle x^2\rangle = \int_{-\infty}^{\infty} x^2|\varphi(x)|^2\mathrm{d}x = \|x\varphi(x)\|^2. \tag{7.68}$$

另一方面, 通过 de Broglie 关系 (de Broglie relation) $p = \hbar k$, 动量变量 p 与 Fourier 变换频率有关, 其中

$$\hbar = \frac{h}{2\pi} \approx 1.055\times 10^{-34}\ \mathrm{J\cdot s} \tag{7.69}$$

是 Planck 常数 (Planck's constant), 这个数值支配物理量的量子化. 因此动量的任何函数 $g(p)$ 的均值或期望值, 由其积分对 Fourier 变换波函数的平方模量给出:

$$\langle g(p)\rangle = \int_{-\infty}^{\infty} g(\hbar k)|\widehat{\varphi}(k)|^2\mathrm{d}k. \tag{7.70}$$

特别是, 质点动量测量的均值是

$$\langle p\rangle = \hbar\int_{-\infty}^{\infty} k|\widehat{\varphi}(k)|^2\mathrm{d}k = -\mathrm{i}\hbar\int_{-\infty}^{\infty}\varphi'(x)\overline{\varphi(x)}\mathrm{d}x = -\mathrm{i}\hbar\langle\varphi',\varphi\rangle, \tag{7.71}$$

其中, 我们使用 Parseval 公式 (7.63) 把关于波数的积分转换为关于位置的积分, 且由 (7.43) 推断 $k\widehat{\varphi}(k)$ 是 $-\mathrm{i}\varphi'(x)$ 的 Fourier 变换. 同样地,

$$(\Delta p)^2 = \langle (p-\langle p\rangle)^2\rangle = \langle p^2\rangle - \langle p\rangle^2 \tag{7.72}$$

是动量的方差, 这里由 Plancherel 公式 (7.64) 和 (7.43),

$$\begin{aligned}\left\langle p^2\right\rangle &= \hbar^2\int_{-\infty}^{\infty}k^2|\widehat{\varphi}(k)|^2\mathrm{d}k=\hbar^2\int_{-\infty}^{\infty}|\mathrm{i}k\widehat{\varphi}(k)|^2\mathrm{d}k\\ &=\hbar^2\int_{-\infty}^{\infty}\left|\varphi'(x)\right|^2\mathrm{d}x=\hbar^2\left\|\varphi'(x)\right\|^2.\end{aligned}\tag{7.73}$$

通过这种解释, 可以说明位置和动量的测不准原理.

定理 7.17 如果 $\varphi(x)$ 是一个波函数, 使得 $\|\varphi\|=1$, 那么观察到位置和动量的方差满足不等式

$$\Delta x\Delta p\geqslant\frac{1}{2}\hbar.\tag{7.74}$$

请注意, 物理量的方差越小, 如位置或动量, 其测量就越准确. 因此, Heisenberg 不等式 (7.74) 有效地量化了这一表述, 即我们能够越准确地测量动量 p, 对它的位置 x 的测量准确度就会越低, 反之亦然. 有关详细信息以及物理和实验结果, 应该参考有关数学量子力学的介绍性文章, 例如 [66,72].

证明 对于实参数 t 的任意值,

$$\begin{aligned}0&\leqslant\left\|tx\varphi(x)+\varphi'(x)\right\|^2\\ &=t^2\|x\varphi(x)\|^2+t\left[\langle\varphi'(x),x\varphi(x)\rangle+\langle x\varphi(x),\varphi'(x)\rangle\right]+\left\|\varphi'(x)\right\|^2.\end{aligned}\tag{7.75}$$

最后表达式中的中间项可以按如下方式计算:

$$\begin{aligned}\langle\varphi'(x),x\varphi(x)\rangle+\langle x\varphi(x),\varphi'(x)\rangle&=\int_{-\infty}^{\infty}\left[x\varphi'(x)\overline{\varphi(x)}+x\varphi(x)\overline{\varphi'(x)}\right]\mathrm{d}x\\ &=\int_{-\infty}^{\infty}x\frac{\mathrm{d}}{\mathrm{d}x}|\varphi(x)|^2\mathrm{d}x=-\int_{-\infty}^{\infty}|\varphi(x)|^2\mathrm{d}x=-1,\end{aligned}$$

借助分部积分, 注意到边界条件为零, 只要 $\varphi(x)$ 满足 L^2 衰减准则 (7.59). 因此, 鉴于 (7.68) 和 (7.73), 在 (7.75) 中不等式为

$$\text{对于所有的 } t\in\mathbb{R},\ \left\langle x^2\right\rangle t^2-t+\frac{\left\langle p^2\right\rangle}{\hbar^2}\geqslant 0.$$

左端的最小值当 $t_\star=1/\left(2\left\langle x^2\right\rangle\right)$ 时发生, 其中取值为

$$\frac{\left\langle p^2\right\rangle}{\hbar^2}-\frac{1}{4\left\langle x^2\right\rangle}\geqslant 0,\ \text{意味着 } \left\langle x^2\right\rangle\left\langle p^2\right\rangle\geqslant\frac{\hbar^2}{4}.$$

为了得到测不准关系 (7.74), 进行同一演算, 但用 $x-\langle x\rangle$ 替换 x 和 $p-\langle p\rangle$ 替换 p, 结果是

$$\left\langle(x-\langle x\rangle)^2\right\rangle t^2-t+\frac{\left\langle(p-\langle p\rangle)^2\right\rangle}{\hbar^2}=(\Delta x)^2t^2-t+\frac{(\Delta p)^2}{\hbar^2}\geqslant 0.\tag{7.76}$$

代入 $t = 1/\big(2(\Delta x)^2\big)$ 推出 Heisenberg 不等式 (7.74). [证毕]

习题

7.4.1. (a) 写出方波脉冲$f(x) = \begin{cases} 1, & |x| < 1, \\ 0, & |x| > 1 \end{cases}$ 的 Plancherel 公式. (b) $\int_{\infty}^{0} \frac{\sin^2 x}{x^2} \mathrm{d}x$ 是多少?

7.4.2. 将 Plancherel 公式用于衰减偶脉冲 (7.20), 求积 $\int_{-\infty}^{\infty} \frac{1}{(a^2 + x^2)^2} \mathrm{d}x$. 用初等微积分如何计算这个积分?

♥ 7.4.3. (a) 求函数 $f_n(x) = \begin{cases} -n^2 \operatorname{sign} x, & |x| < \dfrac{1}{n}, \\ 0, & \text{其他} \end{cases}$ 的 Fourier 变换, 其中 n 为正整数. (b) 写出 $f_n(x)$ 的 Plancherel 公式. (c) 确定 $f_n(x)$ 的 Fourier 变换当 $n \to \infty$ 时的极限. (d) 解释为什么极限应该是 δ – 函数导数 $\delta'(x)$ 的 Fourier 变换.

7.4.4. 证明 Parseval 公式是 Plancherel 公式的推论. 提示: 使用习题 3.5.34(b) 中的恒等式.

♦ 7.4.5. 证明 Hilbert 空间 $L^2(\mathbb{R})$ 是一个复向量空间.

♦ 7.4.6. 当我们说 L^2 – 函数必须在很大距离上衰减时, 不能完全当真. 证明以下函数在 L^2 中, 但当 $|x| \to \infty$ 时不趋于零:

$$f(x) = \begin{cases} 1, & n - n^{-2} < x < n + n^{-2}, \\ 0, & \text{其他}, \end{cases} \qquad n = \pm 1, \pm 2, \cdots .$$

7.4.7. 修改习题 7.4.6 中的函数, 生成一个函数 $f \in L^2$, 但对于 $n \in \mathbb{Z}$ 满足 $\lim\limits_{n \to \pm\infty} f(n) = \infty$.

♦ 7.4.8. 假设 $f \in L^2$ 是连续可微的, $f \in C^1$, 并且对所有的 $x \in \mathbb{R}$, 导数有界: $\left|f'(x)\right| \leqslant M$. 证明当 $x \to \pm\infty$ 时 $f(x) \to 0$.

7.4.9. (a) 求常数 $a > 0$ 使得 $\varphi(x) = a\mathrm{e}^{-|x|}$ 是波函数. (b) 对于这个特殊的波函数验证 Heisenberg 不等式 (7.74).

7.4.10. 当 (a) $\varphi(x) = a\mathrm{e}^{-x^2}$; (b) $\varphi(x) = \dfrac{a}{1 + x^2}$ 时, 回答习题 7.4.9.

♦ 7.4.11. 写出最后一个不等式 (7.76) 的详细推导.

第 8 章 线性与非线性发展方程

术语*发展方程* (evolution equation) 是指一个与时间相关的[①]偏微分方程，它同时包含时间 t 和空间 $\boldsymbol{x} = (x_1, x_2, \cdots, x_n)$ 作为自变量，并采取形式

$$\frac{\partial u}{\partial t} = K[u], \tag{8.1}$$

其左端是因变量 u 的一阶时间导数，而右端既可以是线性的也可以是非线性的，只涉及 u 及其空间导数，但也可能涉及 t 和 $\boldsymbol{x}$. 已经遇到的例子包括第 2 章中的线性和非线性的输运方程和热方程. (但不是波方程或 Laplace 方程.) 在本章中，我们将要分析几个重要的发展方程，包括线性的和非线性的，但只涉及一个空间变量.

首先，我们重新审视热方程. 对于初始条件是一个集中 δ–冲激的动力学偏微分方程，我们引入了基本解，它呈现出 Green 函数的作用. 基本解导致了由更一般初始条件或外部强迫作用产生的解的积分叠加公式. 对于整条实线上的热方程，将 Gauss 滤波器作为基本解，我们能够运用 Fourier 变换构造一个显式公式. 接下来我们提出最大值原理，严格证明一个加热物体温度的熵减，并且为抛物型偏微分方程的许多高级数学分析奠定基础. 最后，我们讨论 Black-Scholes 方程，即典型的投资组合模型，最早在 1970 年代初提出，现在位于现代金融学的中心. 我们将发现 Black-Scholes 方程可以转化为线性热方程，运用热方程基本解建立起著名的期权定价 Black-Scholes 公式.

下一节简要介绍了求解线性和非线性偏微分方程的对称性方法. 知道一个偏微分方程的对称性，就可以随时从任何已知的解构造另外的解. 通过求解一个简化的常微分方程，可以发现关于单参数族对称性保持不变的解. 最重要的是平移对称性保持不变的行波解，以及标度对称性保持不变的相似解.

再接着出现的发展方程是 Burgers 方程，这是作为非线性扩散范式模型的. 可以把它看作是流体动力学中非常简化的一个模型，将非线性效应和黏性效应结合起来. 我们发现一个著名的非线性变量变换，将 Burgers 方程映射为线性热方程，从而便于对它进行分析，我们能够构造出显式解，并研究它们在无黏极限下非线性输运方程如何会聚成激波解的.

接下来，我们将注意力转向最简单的三阶线性发展方程，它作为波动力学的模型出现. 与一阶波方程和二阶波方程不同，这个方程的解不是简单的行波，

---

① 译注：原文为 dynamical，鉴于这个词在中文含义可以是动力学的、动态的、动力的，第一次正式出现似乎用 time-dependent 更准确.

而是展示出色散, 即频率不同振荡波的运行速度不同. 因此, 初始局部扰动将会扩散或弥散, 即便它们保持基础能量守恒. 色散意味着单个波速不同于量度系统能量传播速度的群速度. 这一现象的日常表现可以观察石子扔进池塘引发的涟漪: 个别波移动速度比整体扰动快. 最后, 我们提出了最近才发现的著名 Talbot 效应. 在这种情况下, 不连续初始数据和周期边界条件的解在有理时间和无理时间表现出截然不同的波形.

最后的例子是著名的 KdV 方程, 它最早出现在 19 世纪法国应用数学家 Joseph Boussinesq建立的浅水表面波模型, 它把线性色散和非线性输运的影响结合起来. 与线性色散模型不同, KdV 方程容许鲜明的局部行波解, 现在称为"孤子". 值得注意的是, 尽管它们的相互作用具有潜在的复杂的非线性性质, 但两个孤子摆脱碰撞后各自保持波形不变, 唯一的残余效应是相对的相移 (phase shift). KdV 方程是完全可积偏微分方程的原型, 其许多显著的性质在 1960 年代中期首次发现. 这种完全可积的非线性系统数量惊人, 出现在流体、等离子体、光学和固体力学模型等各种应用中. 对它们的分析仍然是当代研究的一个极其活跃的领域[2,36].

8.1 热方程的基本解

热方程的 Fourier 级数解的一个缺点是它在实际应用、数值计算乃至进一步理论研究和发展中不像预期的那样直截了当. 另一种方法基于*基本解* (fundamental solution) 的思想, 它在求解初值问题时起到 Green 函数的作用. 基本解用以量度集中瞬时冲激对系统的影响, 这个冲激要么在初始条件中, 要么为外部强迫作用于系统.

我们集中关注齐次边界条件, 记住这总可以通过线性叠加得以实现. 基本想法是分析初始数据是 δ-函数 $u(0,x)=\delta_\xi(x)=\delta(x-\xi)$ 的情形, 我们可以将其解释为瞬时施加在沿金属杆上位置为 ξ 处高度集中的单位热源, 比如烙铁或激光束. 热量将从初始集中处扩散开来, 由此产生的*基本解* (fundamental solution) 表示为

$$u(t,x)=F(t,x;\xi) \text{ 且 } F(0,x;\xi)=\delta(x-\xi). \tag{8.2}$$

对于每个固定的 ξ 而言, 基本解可以视为 $t>0$ 和 x 的函数, 必须满足基础偏微分方程, 即热方程

$$\frac{\partial F}{\partial t}=\gamma\frac{\partial^2 F}{\partial x^2} \tag{8.3}$$

以及给定的齐次边界条件.

与 Green 函数一样, 一旦确定了基本解, 就可以利用线性叠加原理重构初–边值问题的通解. 即首先如 (6.16) 把初始数据

$$u(0,x)=f(x)=\int_a^b \delta(x-\xi)f(\xi)\mathrm{d}\xi \tag{8.4}$$

写成 δ–函数的叠加. 线性意味着解可以表示为那些各集中 δ–函数相应响应的叠加:

$$u(t,x)=\int_a^b F(t,x;\xi)f(\xi)\mathrm{d}\xi. \tag{8.5}$$

假定我们可以在积分号下求导, $F(t,x;\xi)$ 满足微分方程和固定 ξ 的齐次边界条件, 立即意味着积分 (8.5) 也满足正确的初始条件和 (齐次) 边界条件的解.

遗憾的是, 大多数边值问题不能用封闭形式写出的基本解. 无限长均匀杆是一个重要的例外情形, 这需要在整条实线上解热方程:

$$\frac{\partial u}{\partial t}=\frac{\partial^2 u}{\partial x^2},\quad -\infty<x<\infty,\quad t>0. \tag{8.6}$$

为了简单起见, 我们选择单位使得热扩散系数 $\gamma=1$. 解 $u(t,x)$ 对所有的 $x\in\mathbb{R}$ 定义, 并且满足初始条件

$$u(0,x)=f(x),\quad -\infty<x<\infty. \tag{8.7}$$

为了唯一地确定解, 我们要求温度平方可积, 即在任何时候都是 L^2 的, 使得

$$\text{对于一切 } t\geqslant 0,\ \int_{-\infty}^{\infty}|u(t,x)|^2\mathrm{d}x<\infty. \tag{8.8}$$

大致说来, 平方可积性要求在很远的距离处温度小到可以忽略不计, 从而在这个意义上起着边界条件的作用.

为了求解初值问题 (8.6—7), 我们将关于 x 变量作 Fourier 变换, 应用到微分方程的两端. 鉴于 Fourier 变换对导数的影响, 参见 (7.43), 结果得到

$$\frac{\partial \widehat{u}}{\partial t}=-k^2\widehat{u}, \tag{8.9}$$

其中,

$$\widehat{u}(t,k)=\frac{1}{\sqrt{2\pi}}\int_{-\infty}^{\infty}u(t,x)\mathrm{e}^{-\mathrm{i}kx}\mathrm{d}x \tag{8.10}$$

是解的 Fourie 变换. 对于每个固定的 k 而言, (8.9) 可以看成是关于 $\widehat{u}(t,k)$ 的

一阶线性常微分方程, 初始条件

$$\widehat{u}(0,k)=\widehat{f}(k)=\frac{1}{\sqrt{2\pi}}\int_{-\infty}^{\infty}f(x)\mathrm{e}^{-\mathrm{i}kx}\mathrm{d}x \tag{8.11}$$

由初始数据 (8.7) 的 Fourier 变换给出. 初值问题 (8.9.11) 的解是直接得到的:

$$\widehat{u}(t,k)=\mathrm{e}^{-k^2t}\widehat{f}(k). \tag{8.12}$$

因此, 我们可以通过将 Fourier 逆变换应用到 (8.12) 重构初值问题 (8.6—7) 的解, 从而得到显式积分公式

$$u(t,x)=\frac{1}{\sqrt{2\pi}}\int_{-\infty}^{\infty}\mathrm{e}^{\mathrm{i}kx}\widehat{u}(t,k)\mathrm{d}k=\frac{1}{\sqrt{2\pi}}\int_{-\infty}^{\infty}\mathrm{e}^{\mathrm{i}kx-k^2t}\widehat{f}(k)\mathrm{d}k. \tag{8.13}$$

特别地, 为了构造基本解, 我们将初始温度剖面表示为在 $x=\xi$ 处集中的 δ-函数 $\delta_\xi(x)=\delta(x-\xi)$. 根据 (7.37), 其 Fourier 变换是

$$\widehat{\delta}_\xi(k)=\frac{\mathrm{e}^{-\mathrm{i}k\xi}}{\sqrt{2\pi}},$$

将其代入 (8.13), 然后引用我们的 Fourier 变换表, 给出以下基本解的显式公式:

$$F(t,x;\xi)=\frac{1}{2\pi}\int_{-\infty}^{\infty}\mathrm{e}^{\mathrm{i}k(x-\xi)-k^2t}\mathrm{d}k=\frac{1}{2\sqrt{\pi t}}\mathrm{e}^{-(x-\xi)^2/(4t)},\quad t>0. \tag{8.14}$$

正如可以验证的, 对于每个固定的 ξ 而言, 函数 $F(t,x;\xi)$ 确实是热方程对所有的 $t>0$ 的一个解. 另外

$$\lim_{t\to 0^+}F(t,x;\xi)=\begin{cases}0, & x\neq\xi,\\ \infty, & x=\xi.\end{cases}$$

进而, 它的积分

$$\int_{-\infty}^{\infty}F(t,x;\xi)\mathrm{d}x=1 \tag{8.15}$$

是常数, 这是符合热能守恒律的; 参阅习题 8.1.20. 因此, 当 $t\to 0^+$ 时, 基本解满足了 δ-函数的原始极限定义 (6.8—9), 因此 $F(0,x;\xi)=\delta_\xi(x)$ 具有所需的初始温度剖面.

在图 8.1 中, 我们绘制给定时间的 $F(t,x;0)$ 的图像. 它从一个集中在原点的 δ-尖峰开始演化, 然后立即光滑成一个中心在 $x=0$ 处高而窄的钟形曲线, 随着时间的推移, 解逐渐减小并扩展开来, 最终在所有的地方都衰减到零. 其振幅与 $t^{-1/2}$ 成正比, 而其整体宽度与 $t^{1/2}$ 成正比. 热能 (8.15) 即图像下方的面积保持固定, 同时逐渐展布在整条实线上.

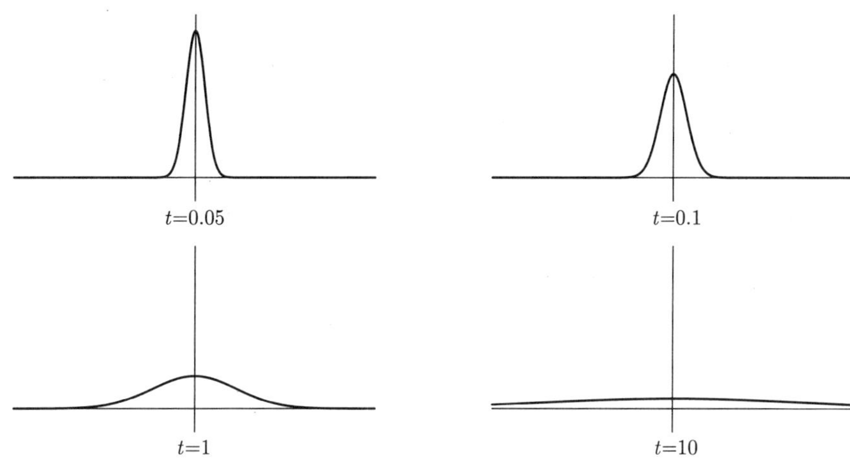

图 8.1 一维热方程的基本解 ⊎

注记: 在概率论中, 这些指数钟形曲线被称为正态 (normal) 分布或 Gauss 分布 (Gaussian distribution)[39]. 钟形曲线宽度的量度为其标准偏差 (standard deviation). 因此, 热方程的基本解有时也称为 Gauss 滤波器 (Gaussian filter).

注记: 基本解只依赖于差值 $x-\xi$, 因此在所有的 $\xi \in \mathbb{R}$ 处均具有相同的形状, 这是热方程平移不变性的结果, 反映了它模拟均匀介质热力学的事实. 有关热方程及其解的附加对称性质, 参见 8.2 节.

注记: 热方程的显著特性之一是热能以无限大速度传播. 事实上, 因为对任何 $t>0$, 基本解在所有的 x 点上是非零的, 初始集中热量的影响将立即沿整个长度无限长杆都能感受到. (图 8.1 中的图像有点误导性, 因为它们无法显示非常小但仍呈正的、指数递减的尾巴.) 这一效应虽然在很远的距离上可忽略不计, 但却明显地违反了物理直觉, 更不用说假定信号不能比光速传播得更快的相对论了. 尽管存在这种非真实的人为性, 热方程仍然是热传导和类似扩散现象的精确模型, 因此得以继续成功地应用.

有了基本解, 运用线性叠加公式 (8.5), 我们可以重构初值问题 (8.6) 的通解

$$u(t,x)=\frac{1}{2\sqrt{\pi t}}\int_{-\infty}^{\infty}\mathrm{e}^{-(x-\xi)^2/(4t)}f(\xi)\mathrm{d}\xi. \tag{8.16}$$

这个解的公式只是结合 Fourier 变换公式 (8.11) 对 (8.13) 的重新表述. 与 (7.54) 相比, 可以看到解是初始数据与渐宽渐矮的单参数族 Gauss 滤波器的卷积:

$$u(t,x)=F_0(t,x)*f(x),\ \text{其中}\ F_0(t,x)=F(t,x;0)=\frac{\mathrm{e}^{-x^2/(4t)}}{2\sqrt{\pi t}}.$$

由于 $u(t,x)$ 是热方程的解, 我们得知 Gauss 滤波卷积对初始信号 $f(x)$ 具有相同的光滑效果. 实际上, 卷积积分 (8.16) 将各初始值 $f(x)$ 替换为它附近的值的加权平均, 权重由 Gauss 分布确定. 这会平滑掉信号中的高频变化, 因此, Gauss 卷积公式 (8.16) 提供了对原始的信号和数据的一种有效去噪方法.

例 8.1 一根无限长杆最初将有限区间加热到单位温度. 因此初始温度剖面是盒子函数

$$u(0,x)=f(x)=\sigma(x-a)-\sigma(x-b)=\begin{cases}1, & a<x<b,\\ 0, & \text{其他}.\end{cases}$$

根据热方程解的积分公式 (8.16), 得到由此产生的温度:

$$u(t,x)=\frac{1}{2\sqrt{\pi t}}\int_a^b \mathrm{e}^{-(x-\xi)^2/(4t)}\mathrm{d}\xi=\frac{1}{2}\left[\operatorname{erf}\left(\frac{x-a}{2\sqrt{t}}\right)-\operatorname{erf}\left(\frac{x-b}{2\sqrt{t}}\right)\right], \quad (8.17)$$

其中 erf 表示误差函数, 如 (2.87) 所定义. 图 8.2 中绘制了 $a=-5$, $b=5$ 的解 (8.17) (在给定时间上) 的图像. 观察到瞬时光滑的尖锐界面和瞬时传播的扰动, 随后逐渐衰减为热平衡, 当 $t\to\infty$ 时 $u(t,x)\to 0$.

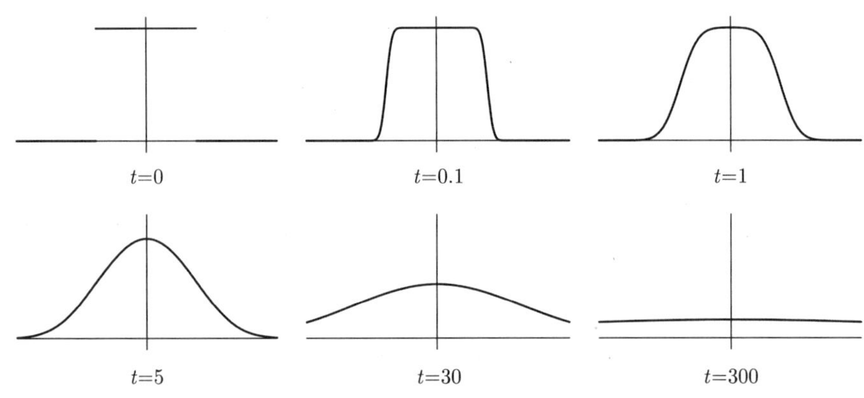

图 8.2 热方程的误差函数解

强迫热方程与 Duhamel 原理

基本解方法也可用于求解非齐次热方程

$$u_t=u_{xx}+h(t,x), \quad (8.18)$$

模拟外部热源 $h(t,x)$ 对杆的加热作用, 它可能与位置和时间有关. 我们从求解特定的情形

$$u_t = u_{xx} + \delta(t-\tau)\delta(x-\xi) \tag{8.19}$$

开始, 其中非齐次项表示一个单位大小的热源, 每当 $t=\tau>0$ 时集中施加在位置 $x=\xi$ 处. 在物理上, 这模拟烙铁瞬间施加到杆的一点上的效果. 我们还要给定齐次初始条件

$$u(0,x)=0, \tag{8.20}$$

以及我们的那些标准类型之一的齐次边界条件. 得到的解

$$u(t,x)=G(t,x;\tau,\xi) \tag{8.21}$$

称为热方程的广义基本解 (general fundamental solution). 由于在 τ 时刻施加的热源只在后续时间 $t\geqslant\tau$ 上影响解, 我们期望

$$\text{对所有的 } t<\tau,\ G(t,x;\tau,\xi)=0. \tag{8.22}$$

事实上, 由于无强迫热方程的解 $u(t,x)$ 在所有的时间 $t<\tau$ 服从齐次边界条件并且初始温度为零, 这就直接导致初–边值问题解的唯一性.

我们一旦知道了广义基本解 (8.21), 就能够解决一般外部热源问题 (8.18). 我们先把强迫作用写成集中瞬时热源的叠加:

$$h(t,x)=\int_0^\infty\int_a^b \delta(t-\tau)\delta(x-\xi)h(\tau,\xi)\mathrm{d}\xi\mathrm{d}\tau. \tag{8.23}$$

线性性质容许我们得出结论, 解由同样的叠加公式

$$u(t,x)=\int_0^t\int_a^b G(t,x;\tau,\xi)h(\tau,\xi)\mathrm{d}\xi\mathrm{d}\tau \tag{8.24}$$

给出. 我们只需要在 $0\leqslant\tau\leqslant t$ 上积分, 这一事实是 (8.22) 的推论.

注记: 我们如果有非零初始条件 $u(0,x)=f(x)$, 那么通过线性叠加原理, 有解

$$u(t,x)=\int_a^b F(t,x;\xi)f(\xi)\mathrm{d}\xi+\int_0^t\int_a^b G(t,x;\tau,\xi)h(\tau,\xi)\mathrm{d}\xi\mathrm{d}\tau \tag{8.25}$$

是将 (a) 无外部热源但非零初始条件的解与 (b) 齐次初始条件但非零热源的解结合起来.

我们显式地求解无穷区间 $-\infty<x<\infty$ 上的强迫热方程. 首先计算广义基本解. 与以前一样, 我们对偏微分方程 (8.19) 的两端关于 x 作 Fourier 变换. 鉴于 (7.37,43), 我们发现

$$\frac{\partial\widehat{u}}{\partial t}+k^2\widehat{u}=\frac{1}{\sqrt{2\pi}}\mathrm{e}^{-\mathrm{i}k\xi}\delta(t-\tau), \tag{8.26}$$

这是一个关于 $u(t,x)$ 的 Fourier 变换 $\widehat{u}(t,k)$ 的非齐次一阶常微分方程, 而 (8.20) 意味着初始条件

$$\widehat{u}(0,k)=0. \tag{8.27}$$

我们用通常的方法[18,23]求解初值问题(8.26—27). 用积分因子 e^{k^2t} 乘微分方程, 得到

$$\frac{\partial}{\partial t}\left(\mathrm{e}^{k^2t}\widehat{u}\right)=\frac{1}{\sqrt{2\pi}}\mathrm{e}^{k^2t-\mathrm{i}k\xi}\delta(t-\tau),$$

两端从 0 到 t 积分, 利用初始条件, 我们得到

$$\widehat{u}(t,k)=\frac{1}{\sqrt{2\pi}}\mathrm{e}^{-k^2(t-\tau)-\mathrm{i}k\xi}\sigma(t-\tau),$$

其中 $\sigma(s)$ 是通常的单位阶跃函数 (6.23). 最后, 运用 Fourier 逆变换公式 (7.9), 而后代入 (8.14), 导出

$$\begin{aligned}u(t,x)=G(t,x;\tau,\xi)&=\frac{\sigma(t-\tau)}{2\pi}\int_{-\infty}^{\infty}\mathrm{e}^{-k^2(t-\tau)+\mathrm{i}k(x-\xi)}\mathrm{d}k\\&=\frac{\sigma(t-\tau)}{2\sqrt{\pi(t-\tau)}}\exp\left[-\frac{(x-\xi)^2}{4(t-\tau)}\right]=\sigma(t-\tau)F(t-\tau,x;\xi).\end{aligned} \tag{8.28}$$

因此, 广义基本解是通过将初值问题基本解 $F(t,x;\xi)$ 的起始时间取为 $t=\tau$ 而不是 $t=0$ 得到的. 最后, 对有源项热方程和无限长杆上的零初始条件而言, 叠加原理 (8.24) 产生解

$$u(t,x)=\int_0^t\int_{-\infty}^{\infty}\frac{h(\tau,\xi)}{2\sqrt{\pi(t-\tau)}}\exp\left[-\frac{(x-\xi)^2}{4(t-\tau)}\right]\mathrm{d}\xi\mathrm{d}\tau. \tag{8.29}$$

而非零初始条件 $u(0,x)=f(x)$, 如在叠加公式 (8.25) 中, 导致在解公式中的形式 (8.16) 的附加项.

注记: 初始条件与瞬时施加相同强度热源具有相同的温度后效, 从而意味着两类基本解的恒等式 (8.28), 称为 Duhamel 原理, 以 19 世纪法国数学家 Jean-Marie Duhamel的名字命名. Duhamel 原理在一般线性发展方程中依然成立.

例 8.2 具有单位热扩散系数的无限长杆一致处于零度. 从时间 $t=0$ 开始, 在原点持续施加一个单位幅度集中的热源. 由此产生的温度 $u(t,x)$ 是初值问题

$$u_t=u_{xx}+\delta(x),\quad u(0,x)=0,\quad t>0,\quad -\infty<x<\infty$$

的解. 根据 (8.29), 给出的解为

$$u(t,x)=\int_0^t\int_{-\infty}^{\infty}\frac{\delta(\xi)}{2\sqrt{\pi(t-\tau)}}\exp\left[-\frac{(x-\xi)^2}{4(t-\tau)}\right]\mathrm{d}\xi\mathrm{d}\tau$$
$$=\int_0^t\frac{1}{2\sqrt{\pi(t-\tau)}}\exp\left[-\frac{x^2}{4(t-\tau)}\right]\mathrm{d}\tau$$
$$=\sqrt{\frac{t}{\pi}}\exp\left(-\frac{x^2}{4t}\right)+\frac{x\,\mathrm{erf}\left(\frac{x}{2\sqrt{t}}\right)-|x|}{2}.$$

图 8.3 中给出三张快照. 可以看到解是 x 的偶函数且随 $|x|\to\infty$ 单调递减, 此外, 它在原点有一个斜率为 $\pm1/2$ 的极限切线形成的尖角, 这意味着它关于 x 的二阶导数产生 δ-函数强迫项. 在各个时间 t, 解可以看作是连续基本解族的线性叠加, 对应于各自热源在之前的时间 $0\leqslant\tau\leqslant t$ 应用的累计作用. 此外, 不难看出, 在每个固定的 x 点处, 温度是随 t 单调增加, 当 $t\to\infty$ 时 $u(t,x)\to\infty$. 因此持续的热源最终在整个无限长杆产生一个无限的温度.

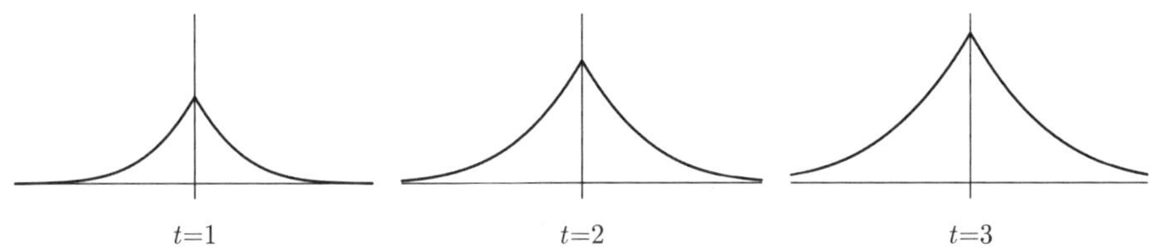

图 8.3 集中热源的作用 ⊎

Black-Scholes 方程与金融数学

著名的 Black-Scholes 方程

$$\frac{\partial u}{\partial t}+\frac{\sigma^2}{2}x^2\frac{\partial^2 u}{\partial x^2}+rx\frac{\partial u}{\partial x}-ru=0 \tag{8.30}$$

是金融模拟和投资中最重要和最具影响力的偏微分方程. 1973 年首先由美国经济学家 Fischer Black和 Myron Scholes[19] 以及 Robert Merton[71] 提出. 因变量 $u(t,x)$ 表示单笔金融期权 (option) 的货币值, 意味着在某一未来时间 $t_\star$ 在指定的行权价格 (exercise price) p 买入或卖出资产合同. 期权的价值 $u(t,x)$ 将取决于当前时间 $t\leqslant t_\star$ 和基础资产的当前价格 $x\geqslant 0$. 与许多金融模型一样, 假设*无套利* (absence of arbitrage)①, 这意味着没有办法获得无风险利润. 常数 $\sigma>0$ 表示资产*波动性* (volatility), 而 r 表示 (假定固定的) 银行*存款利率* (interest rate), 在那里投资者可以用他们的钱而不必购买期权以保证回报

① 译注: 值得强调, 无法套利, 参与者都是人而不是机器人.

率. (投资者借钱购买资产就使用 r 的负值.) Black-Scholes 方程是依据随机微分方程理论从基本的金融模拟导出的[83], 在这里我们需要解释的有点多; 相反, 我们建议有兴趣的读者转到 [123]去. Black-Scholes 方程及其推广是现代金融世界的基础, 也日益成为保险业的基础.

首先看到 Black-Scholes 方程是一个向后扩散过程, 因为要求解的

$$\frac{\partial u}{\partial t}=-\frac{\sigma^2}{2}x^2\frac{\partial^2 u}{\partial x^2}-rx\frac{\partial u}{\partial x}+ru \tag{8.31}$$

扩散项 u_{xx} 的系数是负的 (negative). 这意味着只有当时间向后 (backwards) 运行时, 初值问题才是适定的. 换言之, 在将来的某个特定时间给定该期权的指定值, 我们可以使用 Black-Scholes 方程来确定其当前值. 然而, 不适定性意味着, 我们不能预测未来价值的投资组合的当前价值.

Black-Scholes 方程的 “终值问题” 是在行权时间 $t_\star > t$ 上, 给定终值条件 (final condition)

$$u\left(t_\star, x\right)=f(x) \tag{8.32}$$

下, 确定当前时间 t 和资产价值 $x \geqslant 0$ 的期权的价值 $u(t, x)$. 对于所谓欧式看涨期权 (European call option), 资产将在指定的时间以行权价格 $p>0$ 买入. 最后状态是

$$u\left(t_\star, x\right)=\max \{x-p, 0\}, \tag{8.33}$$

表示当 $x>p$ 或当 $x \leqslant p$ 时, 投资者选择不行权避损. 类似地, 对于看跌期权 (put option), 资产将被出售, 最终状态是

$$u\left(t_\star, x\right)=\max \{p-x, 0\}. \tag{8.34}$$

对所有的 $t<t_\star$ 和 $x>0$ 定义解 $u(t, x)$, 在边界条件

$$u(t, 0)=0, \text{ 当 } x \rightarrow \infty \text{ 时 } u(t, x) \sim x,$$

的前提下, 渐近边界条件意味着比值 $u(t, x) / x$ 当 $x \rightarrow \infty$ 时趋于常数.

幸运的是, Black-Scholes 方程可以通过将其转换为热方程显式求解. 第一步是将其转换为正向扩散过程, 设

$$\tau=\frac{1}{2} \sigma^2\left(t_\star-t\right), \quad v(\tau, x)=u\left(t_\star-2 \tau / \sigma^2, x\right),$$

因此, 当实际时间 t 从 $t_\star$ 向后跑时 τ 等效地从 0 向前. 此替换有将终值条件 (8.32) 转换为初始条件 $v(0, x)=f(x)$ 的效果. 此外, 简单的链式法则计算表明, v 满足

$$\frac{\partial v}{\partial \tau}=x^2\frac{\partial^2 v}{\partial x^2}+\kappa x\frac{\partial v}{\partial x}-\kappa v,\ \text{其中}\ \kappa=\frac{2r}{\sigma^2}.$$

下一步是消除对自变量 x 的显式依赖性. 右端形似 Euler 常微分方程是个提示[23,89]. 根据习题 4.3.23, 这些项可以通过自变量变换 $x=\mathrm{e}^y$ 转换成常系数形式. 确实如此, 记

$$w(\tau,y)=v\left(\tau,\mathrm{e}^y\right)=v(\tau,x),\ \text{当}\ x=\mathrm{e}^y\ \text{时},$$

应用链式法则计算导数

$$\frac{\partial w}{\partial \tau}=\frac{\partial v}{\partial \tau},\quad \frac{\partial w}{\partial y}=\mathrm{e}^y\frac{\partial v}{\partial x}=x\frac{\partial v}{\partial x},\quad \frac{\partial^2 w}{\partial y^2}=\mathrm{e}^{2y}\frac{\partial^2 v}{\partial x^2}+\mathrm{e}^y\frac{\partial v}{\partial x}=x^2\frac{\partial^2 v}{\partial x^2}+x\frac{\partial v}{\partial x}.$$

因此, 我们发现求解 w 的偏微分方程

$$\frac{\partial w}{\partial \tau}=\frac{\partial^2 w}{\partial y^2}+(\kappa-1)\frac{\partial w}{\partial y}-\kappa w. \tag{8.35}$$

这越来越接近热方程. 事实上, 对于适当的常数 α,β, 可以变换成

$$w(\tau,y)=\mathrm{e}^{\alpha\tau+\beta y}z(\tau,y).$$

实际上, 求导并代入 (8.35) 得到

$$\frac{\partial z}{\partial \tau}+\alpha z=\frac{\partial^2 z}{\partial y^2}+2\beta\frac{\partial z}{\partial y}+\beta^2 z+(\kappa-1)\left(\frac{\partial z}{\partial y}+\beta z\right)-\kappa z.$$

通过令

$$\alpha=-\frac{1}{4}(\kappa+1)^2,\quad \beta=-\frac{1}{2}(\kappa-1) \tag{8.36}$$

可以消去与 $\partial z/\partial y$ 和 z 有关的项. 我们得到函数

$$z(\tau,y)=\mathrm{e}^{(\kappa+1)^2\tau/4+(\kappa-1)y/2}w(\tau,y) \tag{8.37}$$

满足热方程

$$\frac{\partial z}{\partial \tau}=\frac{\partial^2 z}{\partial y^2}. \tag{8.38}$$

铺展前面的论证, 我们已完成了对下列命题的证明.

命题 8.3 如果 $z(\tau,y)$ 是初值问题

$$\frac{\partial z}{\partial \tau}=\frac{\partial^2 z}{\partial y^2},\quad z(0,y)=h(y)=\mathrm{e}^{(\kappa-1)y/2}f\left(\mathrm{e}^y\right), \tag{8.39}$$

$\tau>0,-\infty<y<\infty$ 的解, 那么

$$u(t,x)=x^{-(\kappa-1)/2}\mathrm{e}^{-(\kappa+1)^2\sigma^2(t_\star-t)/8}z\left(\frac{1}{2}\sigma^2\left(t_\star-t\right),\log x\right) \tag{8.40}$$

是 Black-Scholes 方程当 $t < t_\star$ 和 $0 < x < \infty$ 时终值问题 (8.30, 32) 的解.

现在依据 (8.16), 初值问题(8.39) 的解可以写成初始数据和热方程基本解的卷积积分:

$$z(\tau, y) = \frac{1}{2\sqrt{\pi\tau}} \int_{-\infty}^{\infty} \mathrm{e}^{-\frac{(y-\eta)^2}{4\tau}} h(\eta) \mathrm{d}\eta = \frac{1}{2\sqrt{\pi\tau}} \int_{-\infty}^{\infty} \mathrm{e}^{-\frac{(y-\eta)^2}{4\tau} + \frac{(\kappa-1)\eta}{2}} f\left(\mathrm{e}^{\eta}\right) \mathrm{d}\eta. \tag{8.41}$$

将此公式与 (8.40) 相结合, 就得到 Black-Scholes 方程一般终值问题解的显式公式. 特别地, 对于欧式看涨期权 (8.33), 初始条件是

$$z(0, y) = h(y) = \mathrm{e}^{(\kappa-1)y/2} \max\left\{\mathrm{e}^y - p, 0\right\},$$

同时

$$z(\tau, y) = \frac{1}{2\sqrt{\pi\tau}} \int_{\log p}^{\infty} \mathrm{e}^{-(y-\eta)^2/(4\tau) + (\kappa-1)\eta/2} \left(\mathrm{e}^{\eta} - p\right) \mathrm{d}\eta.$$

积分可以通过把指数项完全平方求出, 得到

$$\begin{aligned} z(\tau, y) = \frac{1}{2}\Bigg\{ & \mathrm{e}^{(\kappa+1)^2\tau/4 + (\kappa+1)y/2} \operatorname{erfc}\left[\frac{\log p - (\kappa+1)\tau - y}{2\sqrt{\tau}}\right] - \\ & p\mathrm{e}^{(\kappa-1)^2\tau/4 + (\kappa-1)y/2} \operatorname{erfc}\left[\frac{\log p - (\kappa-1)\tau - y}{2\sqrt{\tau}}\right]\Bigg\}, \end{aligned} \tag{8.42}$$

其中

$$\operatorname{erfc} x = \frac{2}{\sqrt{\pi}} \int_x^{\infty} \mathrm{e}^{-z^2} \mathrm{d}z = 1 - \operatorname{erf} x \tag{8.43}$$

是*余误差函数* (complementary error function), 参见 (2.87). 将 (8.42) 代入 (8.40), 结果是著名的欧式看涨期权 *Black-Scholes 公式* (Black-Scholes formula):

$$\begin{aligned} u(t, x) = \frac{1}{2}\Bigg\{ & x \operatorname{erfc}\left[-\frac{\left(r + \frac{1}{2}\sigma^2\right)(t_\star - t) + \log(x/p)}{\sqrt{2\sigma^2(t_\star - t)}}\right] - \\ & p\mathrm{e}^{-r(t_\star - t)} \operatorname{erfc}\left[-\frac{\left(r - \frac{1}{2}\sigma^2\right)(t_\star - t) + \log(x/p)}{\sqrt{2\sigma^2(t_\star - t)}}\right]\Bigg\}. \end{aligned} \tag{8.44}$$

图 8.4 给出特定 $t_\star = 10, r = 0.1, \sigma = 0.2, p = 10$ 值时解的图像. 可以观察到, 期权价值随着时间越来越接近行权时间 $t_\star$ 而逐渐减少, 从而降低了期权潜在价格波动带来进一步利润的机会.

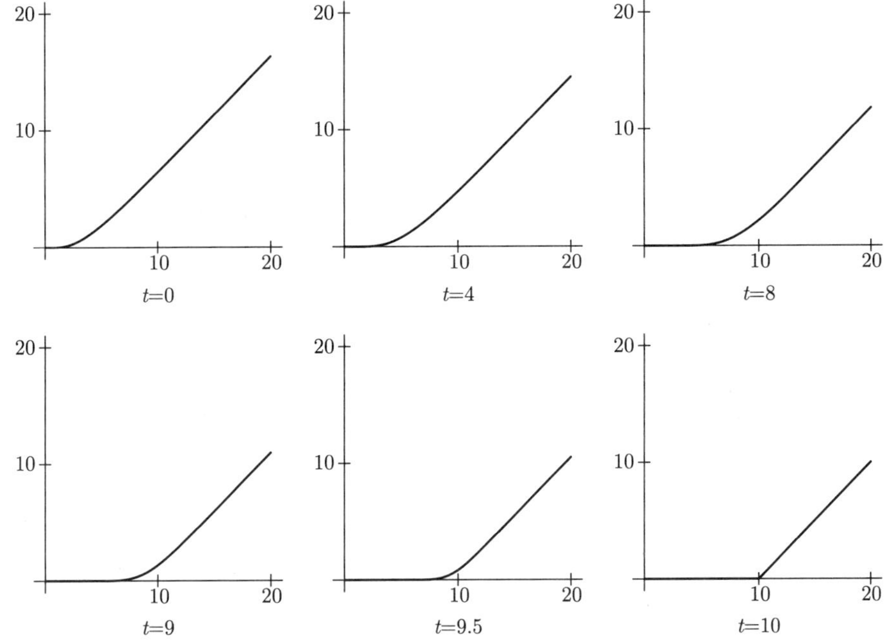

图 8.4 Black-Scholes 方程的解 ⊎

习题

8.1.1. 当时间 $t=0$ 时有以下实线上的初始条件, 求解热方程 $u_t=u_{xx}$. 然后, 画出时间 $t=0,1$ 和 5 时温度分布示意图.

(a) e^{-x^2}. (b) 单位阶跃函数 $\sigma(x)$. (c) $\mathrm{e}^{-|x|}$. (d) $\begin{cases} 1-|x|, & |x|<1, \\ 0, & \text{其他}. \end{cases}$

8.1.2. 对于具有单位热扩散系数的无限长杆, 当 $t=0$ 时原点处瞬时施加集中单位热源. 用热传感器测量沿杆长 $x=1$ 处随后的温度. 确定传感器测量的最高温度. 达到最高温度需用时多少?

8.1.3. (a) 求热方程 (8.6) 的解, 初始数据与一对置于 $x=\pm 1$ 的单位热源相对应. (b) 绘制时间 $t=0.1, 0.25, 0.5, 1$ 时解的图像. (c) 原点在何时经历整体温度的最大值? 原点处的最高温度是多少?

8.1.4. (a) 用 Fourier 变换求解初值问题

$$\frac{\partial u}{\partial t}=\frac{\partial^2 u}{\partial x^2}, \quad u(0,x)=\delta'(x-\xi), \quad -\infty<x<\infty, \quad t>0,$$

其初始数据是 δ – 函数在固定位置 ξ 处的导数. (b) 证明你的解可写成基本解 $F(t,x;\xi)$ 的导数 $\partial F/\partial x$. 解释为什么这个观察应该是有效的.

8.1.5. 设初始数据 $u(0,x)=f(x)$ 是实的. 解释为什么 Fourier 变换解公式 (8.13) 对所有的 $t>0$ 定义了一个实函数 $u(t,x)$.

8.1.6. (a) 基本解在时间 t 的最大值是多少? (b) 能否证明它的宽度与 $\sqrt{t}$ 成正比?

8.1.7. 直接证明 (8.5) 确实是热方程的一种解法, 而且具有正确的初始条件和边界条件.

8.1.8. 通过直接计算证明, (8.14) 中的最终公式是对所有 $t>0$ 的热方程的解.

♦ 8.1.9. 证明公式 (8.15) 的合理性.

8.1.10. 根据习题 4.1.11—12, 基本解关于 t 和 x 的偏导数都是热方程的解. (a) 写出这两种解满足的初值问题. (b) 设 $\xi=0$, 然后在几个选定的时间画出各解的示意图. (c) 将各解重构为 Fourier 积分.

8.1.11. 令 $u(t,x)=\dfrac{\partial F}{\partial x}(t,x;0)$ 表示基本解 (8.14) 关于 x 的导数. (a) 证明 $u(t,x)$ 是在区域 $\{-\infty<x<\infty, t>0\}$ 上热方程 $u_t=u_{xx}$ 的解. (b) 对于固定的 x, 证明 $\lim\limits_{t\to 0^+} u(t,x)=0$. (c) 尽管有 (a) 和 (b) 部分的结果, 解释为何 $u(t,x)$ 不是初值问题 $u_t=u_{xx}, u(0,x)=0$ 的经典解. 经典解是什么? (d) $u(t,x)$ 满足什么样的初值问题?

8.1.12. 证明例 8.2 中所有的论断.

♥ 8.1.13. (a) 当初始温度在 $|x|<1$ 处等于 1 而在别处均为 0 时, 在单位时间段 $0<t<1$ 将单位热源施加到杆上 $|x|<1$ 的同一部分, 求解无限长杆上的热方程. (b) 什么时间哪个点处杆是最热的? (c) 杆的最终平衡温度是多少?

8.1.14. 长 1 m、扩散系数 $\gamma=1$ 恒定的绝热杆, 从保存在 $-10°\mathrm{C}$ 的冷冻箱取出, 然后其两端保持室温 $20°\mathrm{C}$. 在杆的中点持续保持一个温度为 $350°\mathrm{C}$ 的烙铁. (a) 建立初值问题, 模拟杆中的温度分布. (b) 求相应的平衡温度分布.

♥ 8.1.15. 考虑区间 $0<x<1$ 上单位热扩散系数的热方程, 满足齐次 Dirichlet 边界条件.

(a) 求基本解 $\widehat{F}(t,x;\xi)$ 的 Fourier 级数表示法, 解初–边值问题

$$u_t=u_{xx},\quad t>0,\quad 0<x<1,\quad u(0,x)=\delta(x-\xi),\quad u(t,0)=0=u(t,1).$$

解应依赖于 t,x 和初始 δ–冲激作用点 ξ.

(b) 取 $\xi=0.3$, 使用计算机程序对级数中的前几项求和, 并计算出时间 $t=0.0001$, 0.001, 0.01 和 0.1 的结果. 确保已经包含了足够多的项, 以获得一个合理准确的图像.

(c) 将你的图像与同一时间无限长区间上基本解 $F(t,x;0.3)$ 的图像比较. 这两个解在整个区间 $0\leqslant x\leqslant 1$ 之间的最大偏差是多少?

(d) 用你的基本解 $\widehat{F}(t,x;\xi)$ 构造一般初值问题 $u(0,x)=f(x)$ 的一个级数解. 你的级数与通常 Fourier 级数解相同吗? 如果不是, 解释其中差异.

8.1.16. 是/非: 热方程在特定频率周期强迫下会产生谐振. 证明你的答案.

8.1.17. 求电缆方程 (cable equation) 的基本解, 即实线上 $v_t = \gamma v_{xx} - \alpha v$. 提示: 参阅习题 4.1.16.

8.1.18. 偏微分方程 $u_t + cu_x = \gamma u_{xx}$ 模拟流体流动中扩散污染物的输运. 假设速度 c 恒定, 写出初值问题 $u(0,x) = f(x), -\infty < x < \infty$ 的解. 提示: 看看习题 4.1.17.

♦ 8.1.19. 用 Fourier 变换求解实线 $-\infty < x < \infty$ 上一维 Schrödinger 方程初值问题 $\mathrm{i}u_t = u_{xx}, u(0,x) = f(x)$.

♦ 8.1.20. 设 $u(t,x)$ 是热方程的一个解, 热能有限: $E(t) = \displaystyle\int_{-\infty}^{\infty} u(t,x)\mathrm{d}x < \infty$, 并对所有的 $t \geqslant 0$ 满足当 $x \to \pm\infty$ 时 $u_x(t,x) \to 0$. 证明热能守恒律: $E(t) =$ 常数.

8.1.21. 用自己的话解释, 一个函数 $u(t,x)$ 满足当 $t \to \infty$ 时一致地有 $u(t,x) \to 0$, 同时对所有的 t 保持 $\displaystyle\int_{-\infty}^{\infty} u(t,x)\mathrm{d}x = 1$ 恒定. 讨论这对积分与极限互换意味着什么.

8.1.22. (a) 证明如果 $\widehat{f}(k) \in L^2$ 是平方可积的, 那么对任一 $a > 0$ 而言 $\mathrm{e}^{-ak^2}\widehat{f}(k)$ 也是平方可积的. (b) 证明当初始数据 $f(x) \in L^2$ 是平方可积的时, 对所有的 $t \geqslant 0$ 的 Fourier 积分解 (8.13) 也是平方可积的.

8.1.23. 求看跌期权Black-Scholes 方程 (8.34) 的解.

8.1.24. (a) 如果我们增加利率 r, 看涨期权的价值是否 (i) 增加; (ii) 减少; (iii) 保持不变; (iv) 可否回答上述任何一项? 证明你的答案. (b) 在利率保持固定但波动性 σ 增加时, 回答同样的问题.

♦ 8.1.25. 证明公式 (8.42) 的合理性.

8.2 对称性与相似性

运用偏微分方程的几何方法, 能够探讨它们的对称性以构造数学物理意义兼具的显式解. 与限于特殊类型线性偏微分方程①的分离变量法不同, 对称性方法还可以成功应用于各种非线性偏微分方程. 虽然我们没有发展各种对称技术的数学工具, 但我们将学习如何利用这些最基本的对称性: 平移对称性导致行波解, 标度对称性导致相似解, 在随后的章节中还有转动对称性.

总的说来, 方程的对称性 (symmetry) 指的是解到解的变换. 因此, 已知一种对称变换, 如果我们有了一个解, 那么就可以利用对称性构造出第二个解. 还可以再次应用对称性求解第三个问题, 等等. 如果我们知道很多对称性, 就可以通过这个简单的方法得到大量的解.

① 这有点失公允: 分离变量也可以应用到某些非线性偏微分方程, 如 Hamilton-Jacobi 方程[73].

注记: 一般对称性方法建立在 Lie 群 (Lie group) 理论的基础上, 以颇具影响力的 19 世纪挪威数学家 Sophus Lie (发音 "李") 的名字命名. Lie 的理论是群论和微分几何的深刻综合. 提供了一种完全确立给定微分方程全部 (连续) 对称性的算法. 虽然这一理论超出了本书引介的范围, 但直接验证和 (或) 物理直觉往往会引出系统最重要的对称性, 然后直接加以运用. Lie 对称性方法在物理和工程中产生的偏微分方程的现代应用, 可以追溯到作者本人的论文导师 Garrett Birkhoff那部著作 [17], 在流体力学中颇有影响. Lie 对称性方法完整而全面的阐述可以在本书著者的第一本书 [87]中找到, 更具介绍性层次的有新近专著 [27,58], 第一本特别强调流体力学的应用.

热方程是对一般方法做很好测试的基础, 因为它容许解到解的对称变换丰富多样. 最简单的是平移变换. 空间坐标和时间坐标都按固定大小平移,

$$t \mapsto t + a, \quad x \mapsto x + b, \tag{8.45}$$

其中 a, b 是常数, 将函数 $u(t, x)$ 改写为平移函数①

$$U(t, x) = u(t - a, x - b). \tag{8.46}$$

简单地运用链式法则, 表明 U 关于 t 和 x 的偏导数与 u 相应的偏导数相同, 因此

$$\frac{\partial U}{\partial t} = \frac{\partial u}{\partial t}, \quad \frac{\partial U}{\partial x} = \frac{\partial u}{\partial x}, \quad \frac{\partial^2 U}{\partial x^2} = \frac{\partial^2 u}{\partial x^2},$$

等等. 特别地, 只要函数 $u(t, x)$ 是热方程 $u_t = \gamma u_{xx}$ 的一个解, 函数 $U(t, x)$ 就是热方程 $U_t = \gamma U_{xx}$ 的一个解. 在物理上, 平移对称性形式化了热方程模拟均匀介质的性质, 于是该解不依赖于我们对坐标系参考点或原点的选择.

因此, 热方程的每个解都会产生无穷多个平移解族. 例如, 从可分离解

$$u(t, x) = \mathrm{e}^{-\gamma t} \sin x$$

开始, 我们直接得到另一个平移解

$$U(t, x) = \mathrm{e}^{-\gamma (t-a)} \sin(x - b)$$

对任意常数 a, b 都成立.

注意: 通常, 微分方程的对称性并没有顾及初始条件或边界条件. 例如, 如果 $u(t, x)$ 对 $t \geqslant 0$ 在区域 $0 \leqslant x \leqslant \ell$ 上定义, 那么它的平移变形 (8.46) 就对 $t \geqslant a$ 和在平移区域 $b \leqslant x \leqslant \ell + b$ 上定义, 因此要求解一个平移后的初–边值问题.

---

① 负号出现是因为当我们令 $\widehat{t} = t + a, \widehat{x} = x + b$, 然后平移函数是 $U(\widehat{t}, \widehat{x}) = u(t, x) = u(\widehat{t} - a, \widehat{x} - b)$. 去掉帽子就得到公式.

第二类重要的对称性由标度不变性组成. 我们已经知道, 如果 $u(t,x)$ 是一个解, 那么对于任何常数 c, 标量乘积 $cu(t,x)$ 也是解. 这是热方程线性性质的一个简单推论. 我们还可以对温度添加一个任意常数, 注意到对于任选常数 c,k 而言

$$U(t,x)=cu(t,x)+k \tag{8.47}$$

是一个解. 物理上, 变换 (8.47) 等于测量温度所用刻度的变化. 例如, 如果 u 是以摄氏度为单位测量的, 我们选取 $c=\frac{9}{5}$ 和 $k=32$, 那么 $U=\frac{9}{5}u+32$ 将以华氏度测量. 因此, 尽管放心, 热方程描述的物理过程与我们选择什么样的温度计并无关系.

更有意思的是, 假设我们对空间变量和时间变量作标度变换:

$$t\mapsto \alpha t,\quad x\mapsto \beta x \tag{8.48}$$

其中 $\alpha,\beta\neq 0$ 是非零常数. 标度变换的效果是函数 $u(t,x)$ 变换为标度变换函数①

$$U(t,x)=u\left(\alpha^{-1}t,\beta^{-1}x\right). \tag{8.49}$$

U 的导数与 u 的导数依据公式

$$\frac{\partial U}{\partial t}=\frac{1}{\alpha}\frac{\partial u}{\partial t},\quad \frac{\partial U}{\partial x}=\frac{1}{\beta}\frac{\partial u}{\partial x},\quad \frac{\partial^2 U}{\partial x^2}=\frac{1}{\beta^2}\frac{\partial^2 u}{\partial x^2}$$

关联. 因此, 如果函数 u 满足热方程 $u_t=\gamma u_{xx}$, 那么 U 满足标度变换热方程

$$U_t=\frac{1}{\alpha}u_t=\frac{\gamma}{\alpha}u_{xx}=\frac{\beta^2\gamma}{\alpha}U_{xx},$$

重新写为

$$U_t=\Gamma U_{xx},\quad \text{其中}\,\Gamma=\frac{\beta^2\gamma}{\alpha}. \tag{8.50}$$

因此, 空间和时间的标度变换的净效应只是扩散系数的标度变换. 在物理上, 标度对称性(8.48) 对应于测量时间和距离的物理单位的变化. 例如, 取 $\alpha=60$ 从分改为秒, 且取 $\beta=0.9144$ 从码改为米. 在扩散系数 γ 上的净效应 (8.50) 反映在它的物理单位上, 即距离^2/时间.

特别地, 如果我们选择

$$\alpha=\gamma,\quad \beta=1,$$

① 如前注, 令 $\widehat{t}=\alpha t,\widehat{x}=\beta x$, 得到的标度变换函数是 $U(\widehat{t},\widehat{x})=u(t,x)=u\left(\alpha^{-1}\widehat{t},\beta^{-1}\widehat{x}\right)$, 而后再去掉帽子.

则标度变换扩散系数 $\varGamma=1$. 这可以观察到有以下重要结果. 如果 $U(t,x)$ 是单位扩散系数 $\varGamma=1$ 的热方程的解, 那么

$$u(t,x)=U(\gamma t,x) \tag{8.51}$$

是扩散系数 $\gamma>0$ 的热方程的解. 因此, 扩散系数的唯一影响是加快或减慢时间. 扩散系数 $\gamma=2$ 的物体冷却速度是扩散系数 $\gamma=1$ 的物体的两倍 (同样的形状受类似的边界条件和初始条件的影响.) 注意, 这个特殊的标度变换没有改变空间坐标, 所以 $U(t,x)$ 在与 $u(t,x)$ 相同的一个空间区域中定义.

另一方面, 如果我们取 $\alpha=\beta^2$, 那么标度变换扩散系数与原系数完全相同: $\varGamma=\gamma$. 因此, 变换

$$t\mapsto\beta^2 t,\quad x\mapsto\beta x \tag{8.52}$$

并不改变方程, 故定义了热方程的*标度对称性* (scaling symmetry), 也称作*相似性变换* (similarity transformation). 把 (8.52) 与线性标度变换 $u\mapsto cu$ 结合, 我们有一个基本但重要的观察, 如果 $u(t,x)$ 是任何热方程的解, 那么函数

$$U(t,x)=cu\left(\beta^{-2}t,\beta^{-1}x\right) \tag{8.53}$$

对于相同扩散系数 γ 也是解. 例如, 标度变换解

$$u(t,x)=\mathrm{e}^{-\gamma t}\cos x \text{ 导致解 } U(t,x)=c\mathrm{e}^{-\gamma t/\beta^2}\cos\frac{x}{\beta}.$$

注意: 与平移情形一样, 因子 $\beta\neq1$ 的空间标度变换将改变解的定义域. 如果 $u(t,x)$ 定义在 $a\leqslant x\leqslant b$ 上, 那么 $U(t,x)$ 是对 $\beta a\leqslant x\leqslant\beta b$ (或者当 $\beta<0$, 对 $\beta b\leqslant x\leqslant\beta a$) 定义的, 如在 (8.53) 中给出的那样.

例如, 假设我们已经求解杆长为 1 的热方程得到温度 $u(t,x)$, 但前提条件是一定的初始条件和边界条件. 然后, 我们给定一材料相同的长度为 2 的杆. 由于扩散系数没有改变, 我们可以通过标度变换直接构造新解 $U(t,x)$. 设 $\beta=2$ 将用于长度的两倍. 若我们用因子 $\alpha=\beta^2=4$ 的标度变换时间, 则标度变换函数 $U(t,x)=u\left(\dfrac14 t,\dfrac12 x\right)$ 将在扩散系数相同但比较长的杆上求解热方程. 净效应是, 标度变换解的演化慢至原来解的 $\dfrac14$, 因此, 它等效于一根两倍长度的杆需要四倍长时间才能冷却下来.

相似解

偏微分方程的相似解 (similarity solution) 在单参数标度对称变换族①下保持不变 (不变性). 对于两个自变量 (比如 t 和 x) 的偏微分方程, 可以通过求解一个常微分方程 (ordinary differential equation), 找到相似解.

设我们的偏微分方程容许标度变换对称性

$$t \mapsto \beta^a t, \quad x \mapsto \beta^b x, \quad u \mapsto \beta^c u, \quad \beta \neq 0, \tag{8.54}$$

其中 a, b, c 是固定常数且 a, b 不同时为零. 如上所述, 这意味着, 如果 $u(t, x)$ 是微分方程的一个解, 那么对于所有的 $\beta \neq 0$, 标度变换函数

$$U(t, x) = \beta^c u\left(\beta^{-a} t, \beta^{-b} x\right) \tag{8.55}$$

也是解. 应用链式法则, 验证这确实定义了对称性并不难, 意味着导数依据

$$u_t \mapsto \beta^{c-a} u_t, \quad u_x \mapsto \beta^{c-b} u_x, \quad u_{tt} \mapsto \beta^{c-2a} u_{tt}, \quad u_{xt} \mapsto \beta^{c-a-b} u_{xt} \tag{8.56}$$

等作标度变换. 导数乘积的标度按乘法变换. 例如 $x^4 u u_{xt} \mapsto \beta^{2c-a+3b} x^4 u u_{xt}$. 为使一个 (多项式) 微分方程容许这样一个标度变换对称, 其各项都必须按 β 的同一总幂次标度.

根据定义, 称 $u(t, x)$ 为相似解, 是指它关于标度变换对称性 (8.54) 保持不变 (不变性), 对所有的 $\beta > 0$ 都有

$$u(t, x) = \beta^c u\left(\beta^{-a} t, \beta^{-b} x\right). \tag{8.57}$$

为确定起见设 $a \neq 0$, 情形 $a = 0, b \neq 0$ 留给读者在习题 8.2.13 完成. 由于 (8.57) 的左端与 β 无关, 可以将其值固定为② $\beta = t^{1/a}$, 并得出相似解必须形如

$$u(t, x) = t^{c/a} v(\xi), \text{ 其中 } \xi = x t^{-b/a} \text{ 和 } v(\xi) = u(1, \xi) \tag{8.58}$$

称为相似变量 (similarity variable), 因为它们在标度变换 (8.54) 下保持不变. 然后, 我们利用链式法则求出把 u 的偏导数按照 v 作为 ξ 通常导数的公式. 将这些表达式代入关于 $u(t, x)$ 的标度不变偏微分方程, 然后消去 t 的公共系数, 将它有效地化简为函数 $v(\xi)$ 的常微分方程 (ordinary differential equation). 由此产生的常微分方程的每个解, 通过相似性拟设 (8.58), 给出原始偏微分方程的标度不变解.

---

① 或者更准确地说, 单参数群 (one-parameter group)[87]. 译注: 值得强调.

② 这里假设 $t > 0$; 对于 $t < 0$ 而言, 只需用 $-t$ 替换 t.

例 8.4 作为第一个例子, 我们回到非线性输运方程

$$u_t + u u_x = 0, \tag{8.59}$$

曾在 2.3 节中研究过. 在变换 (8.54, 56) 下, 方程标度变换为

$$\beta^{c-a} u_t + \beta^{2c-b} u u_x = 0,$$

只要 $c - a = 2c - b$, 上述方程是不变的, 因此 $c = b - a$. 取 $a = 1, c = b - 1$, 我们得出结论, 如果 $u(t,x)$ 是任一解, 那么对于任意的 b 和 $\beta \neq 0$ 而言, 标度变换函数

$$U(t,x) = \beta^{b-1} u\left(\beta^{-1} t, \beta^{-b} x\right)$$

也是解.

为了找到相关的相似解, 我们用 (8.58) 引入拟设

$$u(t,x) = t^{b-1} v(\xi), \text{ 其中 } \xi = x t^{-b}. \tag{8.60}$$

求导, 得到

$$u_t = -bxt^{-2} v'(\xi) + (b-1) t^{b-2} v(\xi) = t^{b-2}\left[-b\xi v'(\xi) + (b-1) v(\xi)\right],$$
$$u_x = t^{-1} v'(\xi).$$

将这些表达式代入输运方程 (8.59), 得到

$$0 = u_t + u u_x = t^{b-2}\left[(v - b\xi) v' + (b-1) v\right],$$

从而

$$(v - b\xi)\frac{\mathrm{d}v}{\mathrm{d}\xi} + (b-1) v = 0. \tag{8.61}$$

这个非线性一阶常微分方程的任一解, 代入 (8.60) 就会产生非线性输运方程的相似解.

若 $b = 1$, 则要么 $v = b\xi$, 生成特定的相似解 $u(t,x) = x/t$, 这早先用来构造稀疏波 (2.54); 要么 v 是恒定的从而 u 也是一样. 如若不然, 我们事实上可以通过把 ξ 作为 v 的函数而将 (8.61) 线性化, 由此

$$(b-1) v \frac{\mathrm{d}\xi}{\mathrm{d}v} - b\xi = -v.$$

这个一阶线性常微分方程的通解可以用标准方法[18,23]求得

$$\xi = v + k v^{b/(b-1)},$$

其中 k 是积分常数. 回顾 (8.60), 我们发现相似解 $u(t,x)$ 是由一个隐式方程

$$x = ku^{b/(b-1)} + tu$$

定义的. 例如, 若 $b=2$, 则 (多值) 解是一条侧向移动的抛物线:

$$x = ku^2 + tu, \text{ 从而 } u = \frac{-t \pm \sqrt{t^2+4kx}}{2k}.$$

例 8.5 考虑线性热方程

$$u_t = u_{xx}. \tag{8.62}$$

在标度变换 (8.54) 下方程变成 $\beta^{c-a}u_t = \beta^{c-2b}u_{xx}$, 当且仅当 $a=2b$ 时 (8.54) 确实表示对称性. 因此, 如果 $u(t,x)$ 是任一解, 那么标度变换函数

$$U(t,x) = \beta^c u\left(\beta^{-2}t, \beta^{-1}x\right)$$

也是解. 当然, 首项标度变换因子来自方程的线性性质.

标度不变解用相似性拟设

$$u(t,x) = t^{c/2}v(\xi), \text{ 其中 } \xi = x/\sqrt{t}$$

构造. 求导

$$u_t = -\frac{1}{2}xt^{c/2-3/2}v'(\xi) + \frac{1}{2}ct^{c/2-1}v(\xi) = t^{c/2-1}\left[-\frac{1}{2}\xi v'(\xi) + \frac{1}{2}cv(\xi)\right],$$
$$u_{xx} = t^{c/2-1}v''(\xi).$$

将这些表达式代入热方程, 并消去共同的 t 幂次项, 我们发现 v 必须满足线性常微分方程

$$v'' + \frac{1}{2}\xi v' - \frac{1}{2}cv = 0. \tag{8.63}$$

如果 $c=0$, 那么 (8.63) 等效于 $v'(\xi)$ 的一阶线性常微分方程, 这很容易用通常方法求解, 从而得到

$$v(\xi) = c_1 + c_2\operatorname{erf}\left(\frac{1}{2}\xi\right),$$

其中 c_1, c_2 是任意常数, erf 是误差函数 (2.87). 相对应的热方程的相似解为

$$u(t,x) = c_1 + c_2\operatorname{erf}\left(\frac{x}{2\sqrt{t}}\right).$$

我们在 (8.17) 中遇到的误差函数解, 可以这种相似解平移的线性组合来构建.

如果 $c \neq 0$, 常微分方程 (8.63) 的大多数解都不是初等函数①. 求得其解需要更复杂的技术, 例如, 在 11.3 节中开发的幂级数方法, 从而得到热方程的相似解.

---

① 根据 [87; 例 3.3], 通解可以写成抛物柱面函数[86].

习题

8.2.1. 如果 2 cm 长的绝热杆冷却到室温需要 23 min, 那么 4 cm 长的绝热杆需要多长时间呢?

8.2.2. 如果 5 cm 长的绝热铁杆冷却 10 min 才不烫手, 用同样的材料制成的 20 cm 长的铁杆冷却到相同温度要多长时间?

♦ 8.2.3. (a) 给定 $\gamma > 0$, 用标度变换写出 $x \in \mathbb{R}$ 的常规的热方程$u_t = \gamma u_{xx}$ 的基本解公式. (b) 写出相应的积分公式, 以求解初值问题.

8.2.4. 用标度变换构造半径为 r、热扩散系数 γ 的加热圆环的级数解. 标度变换是否也按照初始温度分布给出了 Fourier 系数的正确公式?

8.2.5. 对热方程的 $u(t,x)$ 的解以华氏温度测量. 对应的 Kelvin温度是多少? 哪个对称变换把第一解变换到第二解, 它如何影响扩散系数?

8.2.6. 时间反演 $t \mapsto -t$, 热方程有对称性吗? 写出一个物理解释, 然后给出一个数学证明.

8.2.7. 根据习题 4.1.17, 偏微分方程 $u_t + cu_x = \gamma u_{xx}$ 模拟对流流动中的扩散过程. 演示如何使用标度变换将微分方程表示为 $u_t + u_x = P^{-1} u_{xx}$ 的形式, 其中 P 称为 Péclet 数 (Péclet number), 它支配混合速率. 是否有一个标度变换可以将问题化简为 $P = 1$ 的情形?

8.2.8. 设热方程的一个解 $u^\star(t,x)$ 已知, 满足 $u^\star(1,x) = f(x)$. 解释如何求解初值问题 $u(0,x) = f(x)$.

8.2.9. 解 $x \in \mathbb{R}$ 的热方程 $u_t = \gamma u_{xx}$ 的以下初值问题: (a) $u(0,x) = \mathrm{e}^{-x^2/4}$. 提示: 利用习题 8.2.8. (b) $u(0,x) = \mathrm{e}^{-4x^2}$. (c) $u(0,x) = x^2 \mathrm{e}^{-x^2/4}$. 提示: 利用习题 4.1.12.

8.2.10. 对于 $n = 0, 1, 2, \cdots$, 通过公式

$$\frac{\mathrm{d}^n}{\mathrm{d}x^n} \mathrm{e}^{-x^2} = (-1)^n H_n(x) \mathrm{e}^{-x^2} \tag{8.64}$$

定义函数 $H_n(x)$.

(a) 证明: $H_n(x)$ 是 n 次多项式, 称为 n 次 Hermite 多项式 (Hermite polynomial).

(b) 计算前四个 Hermite 多项式.

(c) 设 $\gamma = 1$, 给定初始数据 $u(0,x) = H_n(x)\mathrm{e}^{-x^2}$, 求热方程当 $-\infty < x < \infty$ 和 $t > 0$ 时的解. 提示: 结合习题 4.1.11, 8.2.8.

8.2.11. 求出以下偏微分方程的标度对称性及其相应的相似解:

(a) $u_t = x^2 u_x$. (b) $u_t + u^2 u_x = 0$. (c) $u_{tt} = u_{xx}$.

8.2.12. 证明波方程 $u_{tt} = c^2 u_{xx}$ 具有以下不变性: 如果 $u(t,x)$ 是一个解, 那么下列也是解: (a) 任意时间平移: $u(t-a, x)$, 其中 a 是固定的. (b) 任意空间平移: $u(t, x-b)$, 其中 b 是固定的. (c) 对于 $\beta \neq 0$ 的放大函数 $u(\beta t, \beta x)$. (d) 任意导数: 如 $\partial u/\partial x$ 或 $\partial^2 u/\partial t^2$, 只要 u 足够光滑.

♦ 8.2.13. 在标度变换 (8.57) 中取 $a=0, b\neq 0$.

(a) 讨论如何将偏微分方程简化为相应相似解的常微分方程.

(b) 用偏微分方程 $tu_t = uu_{xx}$ 说明所用的方法.

8.2.14. 是/非: (a) 偏微分方程的齐次多项式解总是一个相似解. (b) 偏微分方程的非齐次多项式解不可能是相似解.

8.2.15. (a) 找出二维 Laplace 方程 $u_{xx}+u_{yy}=0$ 所有的标度对称性. (b) 写出相似解的常微分方程. (c) 能找到相似解的显式公式吗? 提示: 看看习题 8.2.14 (a).

♥ 8.2.16. 除平移变换和标度变换外, Lie 对称性方法[87]产生热方程 $u_t = u_{xx}$ 两个其他类型的对称变换. 考虑到 $u(t,x)$ 是热方程的一个解:

(a) 证明对任一 $c\in\mathbb{R}$ 而言, $U(t,x) = \mathrm{e}^{c^2t-cx}u(t,x-2ct)$ 也是热方程的解. 如果 $u(t,x)=a$ 是一个恒定解, 你的解会是什么样子? 注记: 这种转换可以解释为以速度 c 移动坐标系的 Galileo 提速①(Galilean boost) 影响.

(b) 求证: 对于任一 $c\in\mathbb{R}$ 而言, $U(t,x) = \dfrac{\mathrm{e}^{-cx^2/[4(1+ct)]}}{\sqrt{1+ct}}u\left(\dfrac{t}{1+ct},\dfrac{x}{1+ct}\right)$ 是热方程的解, 如果 $u(t,x)=a$ 是常量, 会得到什么解?

8.3 最大值原理

我们已经注意到由热方程支配的温度随时间衰减到热平衡. 虽然物理介质中任一点处的温度都可能出现涨落, 视其他地方发生的情况而定, 但热力学告诉我们, 一个孤立物体的总热量必须持续下降, **最大值原理** (maximum principle) 是这一物理规律的数学表述, 指出在无外部热源的情况下, 物体的温度不能超过其初始值或边界值. 这可以看作 Laplace 方程最大值原理的动力学对应, 如定理 4.9 所述, 一个处于热平衡的物体的最高温度只能在其边界上实现.

我们如果分析从整个物体中持续不断地汲取热量的这一较普遍的情形, 就会促成最大值原理的证明.

定理 8.6 设 $\gamma>0$. 假定 $u(t,x)$ 是强迫热方程

$$\frac{\partial u}{\partial t} = \gamma\frac{\partial^2 u}{\partial x^2} + F(t,x) \tag{8.65}$$

在矩形区域

$$R = \{a<x<b,\quad 0<t<c\}$$

① 译注: boost 的译名, 与理论物理学乔从风教授讨论受益良多.

中的解. 假设强迫项无处为正: 对于所有的 $(t,x)\in R$ 恒有 $F(t,x)\leqslant 0$. 那么 $u(t,x)$ 在矩形闭区域 $\overline{R}$ 上的最大值当 $t=0$ 时或在 $x=a$ 或 $x=b$ 处达到.

换言之, 如果没有注入新的热量, 整体最高温度在初始时刻或在物体的边界上出现. 特别在完全隔热 $F(t,x)\equiv 0$ 的情形, (8.65) 简化成热方程, 而定理 8.6 适用如上所述.

证明 首先, 我们证明在较强假设 $F(t,x)<0$ 下的结果, 这意味着在矩形 R 的任何地方

$$\frac{\partial u}{\partial t}<\gamma\frac{\partial^2 u}{\partial x^2}. \tag{8.66}$$

先假设 $u(t,x)$ 在 R 的内部 $(t^\star,x^\star)$ 有一个 (局部) 极大值. 然后, 由多元微积分[8,108], 它的梯度在那里必须为零, $\nabla u\left(t^\star,x^\star\right)=\mathbf{0}$, 因此

$$u_t\left(t^\star,x^\star\right)=u_x\left(t^\star,x^\star\right)=0. \tag{8.67}$$

我们的假设意味着标量函数 $h(x)=u\left(t^\star,x\right)$ 的极大值处于 $x=x^\star$. 因此, 借助一元函数的二阶导数检验, 有

$$h''\left(x^\star\right)=u_{xx}\left(t^\star,x^\star\right)\leqslant 0. \tag{8.68}$$

但要求 (8.67—68) 显然与初设不等式 (8.66) 不相容. 我们得出结论, 解 $u(t,x)$ 在 R 的内部任何一点都不可能有局部极大值.

我们还要排除在非角点上出现极大值的可能性, 即在矩形的右边 $(t^\star,x^\star)=(c,x^\star),a<x^\star<b$ 上. 如若出现极大值, 则函数 $g(t)=u\left(t,x^\star\right)$ 将在 $t=c$ 处不减. 因此那里 $g'(t)=u_t\left(c,x^\star\right)\geqslant 0$. 前面的论点也意味着 $u_{xx}\left(c,x^\star\right)\leqslant 0$, 这两个要求与 (8.66) 是不相容的. 我们的结论是, 任何 (局部) 极大值一定出现在矩形其他三边之一上, 与定理的论断一致.

要将论述推广到包括热方程在内 $F(t,x)\leqslant 0$ 的情形, 需要一个小技巧. 从 (8.65) 的解 $u(t,x)$ 入手, 我们令

$$v(t,x)=u(t,x)+\varepsilon x^2,\ \text{其中}\ \varepsilon>0.$$

那么

$$\frac{\partial v}{\partial t}=\frac{\partial u}{\partial t}=\gamma\frac{\partial^2 u}{\partial x^2}+F(t,x)=\gamma\frac{\partial^2 v}{\partial x^2}-2\gamma\varepsilon+F(t,x)=\gamma\frac{\partial^2 v}{\partial x^2}+\widetilde{F}(t,x),$$

其中, 依据我们原来关于 $F(t,x)$ 的假设, 在 R 中处处有

$$\widetilde{F}(t,x)=F(t,x)-2\gamma\varepsilon<0.$$

因此, 在前面的论证中, 只有当 $t=0$ 时或在 $x=a$ 或 $x=b$ 处才能出现局部

极大值 $v(t,x)$. 现在我们令 $\varepsilon \to 0$ 和结论对 u 同样成立. 更严格地说, 设 M 表示 $u(t,x)$ 在矩形给定三边上的极大值. 则在那里有

$$v(t,x) \leqslant M + \varepsilon \max\left\{a^2, b^2\right\},$$

通过前面的论证, 因此有

$$\text{对于所有的 } (t,x) \in R,\ u(t,x) \leqslant v(t,x) \leqslant M + \varepsilon \max\left\{a^2, b^2\right\}.$$

如此, 令 $\varepsilon \to 0^+$ 证实在 R 中处处有 $u(t,x) \leqslant M$. [证毕]

对于无强迫热方程, 我们可以用边界温度和初始温度从上方和下方约束解:

推论 8.7 若设 $u(t,x)$ 是热方程 $u_t = \gamma u_{xx}, \gamma > 0$, 关于 $a < x < b, 0 < t < c$ 的解, 设

$$B = \{(0,x) \mid a \leqslant x \leqslant b\} \cup \{(t,a) \mid 0 \leqslant t \leqslant c\} \cup \{(t,b) \mid 0 \leqslant t \leqslant c\},$$

且令

$$M = \max\{u(t,x) \mid (t,x) \in B\}, \quad m = \min\{u(t,x) \mid (t,x) \in B\} \tag{8.69}$$

分别为初始温度及边界温度的最大值和最小值. 那么对所有的 $a \leqslant x \leqslant b$ 和 $0 \leqslant t \leqslant c$ 而言, 有 $m \leqslant u(t,x) \leqslant M$.

证明 上界 $u(t,x) \leqslant M$ 遵循定理 8.6 的最大值原理. 为了建立下界, 我们注意到 $\widetilde{u}(t,x) = -u(t,x)$ 也是热方程的解, 在 B 上满足 $\widetilde{u}(t,x) \leqslant -m$, 因此, 根据最大值原理, 这在矩形任何地方也成立. 但这就意味着 $u(t,x) = -\widetilde{u}(t,x) \geqslant m$. [证毕]

注记: 有时称定理 8.6 为热方程的弱最大值原理 (weak maximum principle). 强最大值原理 (strong maximum principle) 指出, 如果解 $u(t,x)$ 不是常数, 它在任一非初始点和非边界点 $(t,x) \in \widehat{R} = \{a < x < b, 0 < t \leqslant c\}$ 上的值, 都严格地小于它的最大初始值和最大边界值; 换言之, 对于 $(t,x) \in \widehat{R}$ 而言 $u(t,x) < M$, 其中 M 在 (8.69) 中给出. 同样, 强最大值原理意味着, 对于热方程的非恒定解, 推论 8.7 中的不等式是严格成立的: 对于所有的 $(t,x) \in \widehat{R}$ 而言, $m < u(t,x) < M$. 强最大值原理的证明比较微妙, 可以在 [38,61]中找到.

最大值原理的一个直接应用是证明热方程解的唯一性.

定理 8.8 强迫热方程的初–边值问题至多有一个解.

证明 假设 u 和 $\widetilde{u}$ 是任意两个具有相同初值和边值的解. 那么它们的差 $v = u - \widetilde{u}$ 是无强迫热方程齐次初–边值问题的解, 对于 $t = 0, a \leqslant x \leqslant b$ 且 $x = a$ 或 b, $0 \leqslant t \leqslant c$ 有极小边界值和极大边界值 $m = 0 \leqslant v(t,x) \leqslant$

$0 = M$. 但推论 8.7 意味着处处有 $0 \leqslant v(t,x) \leqslant 0$, 亦即 $u \equiv \widetilde{u}$, 从而建立唯一性. [证毕]

注记: 解的存在性源于我们 Fourier 级数的收敛性, 假设初始数据和边界数据及强迫作用函数都是足够好的.

习题

8.3.1. 是/非: 设无外部热源, 如果一维物体的初始温度和边界温度始终为正, 则物体内的温度必然是正的.

8.3.2. 假设 $u(t,x)$ 和 $v(t,x)$ 是热方程的两个解, 使得当 $t=0$ 时, 在 $x=a$ 或 $x=b$ 处有 $u \leqslant v$. 证明对于所有的 $a \leqslant x \leqslant b$ 和所有的 $t \geqslant 0$ 而言, 有 $u(t,x) \leqslant v(t,x)$. 给此结果以物理解释.

8.3.3. 对于 $t>0$, 设 $u(t,x)$ 是区间 $a<x<b$ 上无强迫热方程的一个解, 满足齐次 Dirichlet 边界条件. 证明 $M(t) = \max\{u(t,x) \mid a \leqslant x \leqslant b\}$ 是 t 的非增函数.

8.3.4. (a) 叙述并证明对流–扩散方程 (convection-diffusion equation) $u_t = u_{xx} + u_x$ 的最大值原理. (b) 方程 $u_t = u_{xx} - u_x$ 也容许最大值原理吗?

8.3.5. 考虑区间 $1<x<2$ 上抛物型偏微分方程 $\dfrac{\partial u}{\partial t} = x\dfrac{\partial^2 u}{\partial x^2} + \dfrac{\partial u}{\partial x}$, 有初始条件和边界条件 $u(0,x)=f(x), u(t,1)=\alpha(t), u(t,2)=\beta(t)$.

(a) 叙述并证明最大值原理关于这一问题的版本.

(b) 建立初–边值问题解的唯一性.

8.3.6. (a) 证明 $u(t,x) = -x^2 - 2xt$ 是扩散方程 $u_t = x u_{xx}$ 的解. (b) 解释为什么这个微分方程不容许最大值原理.

8.3.7. 设 $u(t,x)$ 是区间 $0<x<\ell$ 上热方程的一个非恒定解, 满足齐次 (a) Dirichlet 边界条件; (b) Neumann 边界条件; 或者 (c) 混合边界条件. 证明每当 $t_1 < t_2$ 时函数 $E(t) = \displaystyle\int_0^\ell u(t,x)^2 \mathrm{d}x$ 处处递减: $E(t_1) > E(t_2)$.

8.3.8. 是/非: 波方程 $u_{tt} = c^2 u_{xx}$ 满足最大值原理. 若属实, 则明确叙述原理; 若不真, 解释为什么不能满足.

8.4 非线性扩散

一阶偏微分方程用于模拟守恒波动, 我们从第 2 章中探究的基本一维标量输运方程开始, 再进展到更高维系统, 包括气体动力学方程、流体力学的典型 Euler 方程, 还有模拟等离子体、磁流体力学的更复杂的偏微分方程系统等. 然而, 这些系统无法解释摩擦和黏性的影响, 这些影响是用如热方程及其推广典型抛物型扩散方程模拟的, 可以是线性的也可以是非线性的. 在这一节中, 我们通过分析这种最简单的模型, 研究非线性波动与线性扩散相结合的结果. 我们将看到, 耗散项具有光滑激波突变不连续性的效果, 导致唯一确定的、光滑的、具有经典解的动力学过程. 此外, 在无黏极限情形, 光滑解 (非一致) 收敛到不连续的激波. 由此导致黏性求解方法, 已成功地用于分析这种非线性动力学过程.

Burgers 方程

最简单的非线性扩散方程是著名的 Burgers *方程* (Burgers' equation)①

$$u_t + uu_x = \gamma u_{xx}, \tag{8.70}$$

通过在非线性输运方程 (2.31) 添加简单的线性扩散项得到. 与热方程一样, 扩散系数 $\gamma \geqslant 0$ 必须是非负的, 以使时间向前的初值问题是适定的. 在流体和气体动力学中, 可将右端项解释为模拟黏性作用, Burgers 方程因此表示黏性流体流动方程非常简化的一个版本[122], 其中包括广泛应用的著名 Navier-Stokes 方程 (1.4) 在内. 当黏性系数为零即 $\gamma = 0$ 时, Burgers 方程简化为非线性输运方程 (2.31), 因此, 通常称为*无黏 Burgers 方程* (inviscid Burgers' equation).

由于 Burgers 方程关于 t 是一阶的, 我们期望它的解将由它的初值

$$u(0,x) = f(x), \quad -\infty < x < \infty \tag{8.71}$$

唯一给定. (为了简单起见, 我们忽略边界效应不计.) 小而缓慢变化的解, 具体地说那些 $|u(t,x)|$ 和 $|u_x(t,x)|$ 都小的解, 会像热方程的解那样随着时间的推移逐渐光滑并衰减到 0. 另一方面, 当解是大的或迅速变化的, 非线性项趋于扮演主导角色, 并且我们可能期望解像非线性输运波, 也许会变陡成为激波. 但是, 正如我们所学到的, 扩散项的光滑效应无论多么小, 最终都能防止不连续

① 方程以荷兰物理学家 Johannes Martinus Burgers 的名字命名[26]. 因此撇号在 "s" 之后. 显然, 20 世纪初英国 (后为美国) 的应用数学家 Harry Bateman 首先将 Burgers 方程作为一个物理模型研究过[13].

的激波出现. 事实上, 它可以证明, 在关于初始数据相当弱的假设下, 初值问题 (8.70—71) 的解, 对所有的后续时间仍然是光滑和唯一定义的[122].

最简单的显式解是行波 (traveling wave),

$$u(t,x)=v(\xi)=v(x-ct),\ 其中\ \xi=x-ct, \tag{8.72}$$

表示固定波形以恒定速度 c 向右移动. 根据链式法则,

$$\frac{\partial u}{\partial t}=-cv'(\xi),\quad \frac{\partial u}{\partial x}=v'(\xi),\quad \frac{\partial^2 u}{\partial x^2}=v''(\xi).$$

将这些表达式代入 Burgers 方程 (8.70), 我们得到 $v(\xi)$ 必须满足的二阶非线性常微分方程

$$-cv'+vv'=\gamma v''.$$

这个方程可以通过关于 ξ 对方程两端作首积分解出, 因此

$$\gamma v'=k-cv+\frac{1}{2}v^2,$$

其中 k 是一个积分常数. 沿用命题 2.3 之后的分析, 当 $\xi\to\pm\infty$ 时, 这种一阶自治常微分方程的有界解趋于右端二次多项式的根给出的不动点. 因此, 对于有界的 (bounded) 行波解 $v(\xi)$, 二次多项式必有两个实根, 要求 $k<\dfrac{1}{2}c^2$. 倘若如此, 我们重写方程形式

$$2\gamma\frac{\mathrm{d}v}{\mathrm{d}\xi}=(v-a)(v-b),\ 其中\ c=\frac{1}{2}(a+b),\ k=\frac{1}{2}ab. \tag{8.73}$$

为了得到有界解, 我们必须要求 $a<v<b$. 采用通常方法积分 (8.73), 如 (2.19), 我们发现

$$\int\frac{2\gamma\mathrm{d}v}{(v-a)(v-b)}=\frac{2\gamma}{b-a}\log\left(\frac{b-v}{v-a}\right)=\xi-\delta,$$

其中 δ 是另一个积分常数. 求得解为

$$v(\xi)=\frac{a\mathrm{e}^{(b-a)(\xi-\delta)/(2\gamma)}+b}{\mathrm{e}^{(b-a)(\xi-\delta)/(2\gamma)}+1},$$

回顾 (8.73), 我们得出的结论是, Burgers 方程有界的行波解都有显式形式

$$u(t,x)=\frac{a\mathrm{e}^{(b-a)(x-ct-\delta)/(2\gamma)}+b}{\mathrm{e}^{(b-a)(x-ct-\delta)/(2\gamma)}+1}, \tag{8.74}$$

其中 $a<b$ 和 δ 是任意常数. 观察我们的解是 x 的单调递减函数, 在很远距离上有渐近值

$$\lim_{x\to-\infty}u(t,x)=b,\ \lim_{x\to\infty}u(t,x)=a.$$

波向右移动, 波形不变, 速度 $c = \frac{1}{2}(a+b)$ 等于它的渐近值的平均. 特别地, 如果 $a=-b$, 结果是一个驻波解. 在图 8.5 中, 样本曲线对应于 $a=0.1$, $b=1$ 及三个不同扩散系数的值. 需要注意是, γ 越小解的两个渐近值之间的过渡层越陡峭.

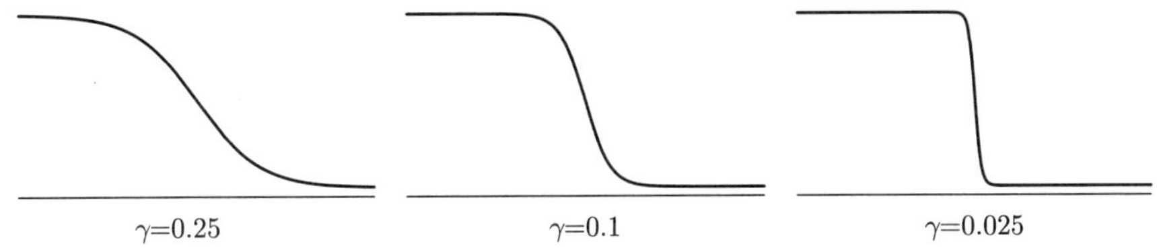

图 8.5 Burgers 方程的行波解 ⊎

在*无黏极限* (inviscid limit) 下, 扩散变得微乎其微, $\gamma \to 0$, 行波解 (8.74) 收敛成非线性输运方程的阶梯状激波解 (2.51). 事实上, 可以证明这是普遍成立的: 当 $\gamma \to 0$ 时, Burgers 方程 (8.70) 的解收敛到服从 Rankine-Hugoniot 条件和熵条件 (2.53, 55) 的非线性输运方程(2.31) 的相应解. 因此, *黏性消没方法* (method of vanishing viscosity)① 使得监测非线性输运方程的解成为可能, 当它们演变成多个激波相互作用和合并的状态时. 这种方法也重申了我们的物理直觉, 因为大多数物理系统都会保留着一个非常小的耗散部分, 它能缓和突变的不连续性, 这种突变可能在那些无法考虑摩擦或黏性效应在内的理论模型中出现. 在偏微分方程的现代理论中, 由此产生的*黏性解方法* (viscosity solution method) 已成功地用于将无黏非线性波方程的不连续解作为黏性正则化系统经典解的极限. 有兴趣的读者想了解更多细节, 可参考 [64,107,122].

Hopf-Cole 变换

非常难能可贵的是, 非线性 Burgers 方程可以转换成线性热方程, 从而显式地求解. 非线性 Burgers 方程的*线性化* (linearize) 变换首先出现在 19 世纪微分方程教科书一道不起眼的习题中 [41; vol.6, p.102]. 应用数学家 Eberhard Hopf[56] 和 Julian Cole[32] 旧事重提, 却成就了现代非线性偏微分方程时代的一个里程碑, 为了纪念他们, 命名为 Hopf-Cole 变换.

一般说来, *线性化* (linearization), 也就是将给定的非线性微分方程转换成线性方程, 是颇具挑战性的, 而且在大多数情况下是不可能的. 另一方面, 反

① 译注: 值得强调.

向过程, “非线性化” 一个线性方程则是平庸无奇的: 因变量的任何非线性变化都是可以的! 然而, 由此产生的非线性方程, 虽然通过反演变量变化而明显可线性化, 人们对此却很少有独立的兴趣. 但有一个幸运的意外, 由此产生物理相关的非线性微分方程的线性化可以深刻影响我们对更复杂的非线性系统的理解.

在目前的情况下, 我们的出发点是线性热方程

$$v_t = \gamma v_{xx}. \tag{8.75}$$

在因变量所有可能的非线性变换中, 能想到的最简单的一个就是指数函数. 因此, 我们来研究变量的指数变换

$$v(t,x) = \mathrm{e}^{\alpha\varphi(t,x)}, \text{ 所以 } \varphi(t,x) = \frac{1}{\alpha}\log v(t,x) \tag{8.76}$$

的影响, 其中 α 是一个非零常数. 函数 $\varphi(t,x)$ 是实函数. 设 $v(t,x)$ 是热方程的正数解. 幸运的是这并不难安排: 如果初始数据 $v(0,x)$ 是严格正的, 那么由最大值原理的结果推论 8.7, 对于所有的 $t>0$ 得到解 $v(t,x)$ 是正的.

为了确定函数 φ 满足的微分方程, 我们用乘积链式法则对 (8.76) 求导:

$$v_t = \alpha\varphi_t \mathrm{e}^{\alpha\varphi}, \quad v_x = \alpha\varphi_x \mathrm{e}^{\alpha\varphi}, \quad v_{xx} = \left(\alpha\varphi_{xx} + \alpha^2\varphi_x^2\right)\mathrm{e}^{\alpha\varphi}.$$

将第一式和最后一式代入热方程 (8.75), 并消去共同的指数因子, 我们得出结论, $\varphi(t,x)$ 满足非线性偏微分方程

$$\varphi_t = \gamma\varphi_{xx} + \gamma\alpha\varphi_x^2, \tag{8.77}$$

称为*位势 Burgers 方程* (potential Burgers' equation), 原因将很快变得明显.

非线性化过程的第二步是关于 x 对位势 Burgers 方程求导; 结果是

$$\varphi_{tx} = \gamma\varphi_{xxx} + 2\gamma\alpha\varphi_x\varphi_{xx}. \tag{8.78}$$

现在我们如果令

$$\frac{\partial\varphi}{\partial x} = u, \tag{8.79}$$

使得 φ 取得一个*势函数* (potential function)[①] 的地位, 从而得到偏微分方程

$$u_t = \gamma u_{xx} + 2\gamma\alpha u u_x,$$

再取 $\alpha = -1/(2\gamma)$, 刚好就是 Burgers 方程 (8.70). 以这种方式, 我们得到了著名的 *Hopf-Cole 变换* (Hopf-Cole transformation).

① 译注: 这里不是力学和静电学, 势函数不能作势能同义语.

定理 8.9 如果 $v(t,x) > 0$ 是线性热方程 $v_t = \gamma v_{xx}$ 的任一正解, 那么

$$u(t,x) = \frac{\partial}{\partial x}[-2\gamma \log v(t,x)] = -2\gamma \frac{v_x}{v} \tag{8.80}$$

是 Burgers 方程 $u_t + uu_x = \gamma u_{xx}$ 的解.

Burgers 方程的所有的解都这样出现吗? 为了回答这个问题, 我们反过来论证. 首先, 选择满足 (8.79) 的 $\widetilde{\varphi}(t,x)$ 的势函数; 例如,

$$\widetilde{\varphi}(t,x) = \int_0^x u(t,y)\mathrm{d}y.$$

如果 $u(t,x)$ 是 Burgers 方程的任一解, 那么 $\widetilde{\varphi}(t,x)$ 就满足 (8.78). 将后一个方程的两边关于 x 积分, 我们得出

$$\widetilde{\varphi}_t = \gamma \widetilde{\varphi}_{xx} + \gamma\alpha \widetilde{\varphi}_x^2 + g(t),$$

对于某些积分 "常量" $g(t)$. 因此, 除非 $g(t) \equiv 0$, 我们的势函数 $\widetilde{\varphi}(t,x)$ 不满足位势 Burgers 方程 (8.77), 但这是因为我们选择了 "错误" 的势函数. 事实上, 如果我们定义

$$\varphi(t,x) = \widetilde{\varphi}(t,x) - G(t), \text{ 其中 } G'(t) = g(t),$$

那么

$$\varphi_t = \widetilde{\varphi}_t - g(t) = \gamma \widetilde{\varphi}_{xx} + \gamma\alpha \widetilde{\varphi}_x^2 = \gamma \varphi_{xx} + \gamma\alpha \varphi_x^2,$$

因此, 修改后位势 $\varphi(t,x)$ 是 Burgers 方程 (8.77) 一个可能的解. 从此容易得到

$$v(t,x) = \mathrm{e}^{-\varphi(t,x)/(2\gamma)} \tag{8.81}$$

是热方程的一个正解, Burgers 方程的解 $u(t,x)$ 可以通过 (8.80) 获得. 我们得出结论, Burgers 方程所有的解通过 Hopf-Cole 变换来自热方程的一个正解.

例 8.10 作为一个简单的例子, 热方程的可分离解

$$v(t,x) = a + b\mathrm{e}^{-\gamma\omega^2 t} \cos \omega x$$

导致 Burgers 方程的以下解:

$$u(t,x) = \frac{2\gamma b\omega \sin \omega x}{a\mathrm{e}^{\gamma\omega^2 t} + b\cos \omega x}. \tag{8.82}$$

图 8.6 绘制了一个代表性例子的图像. 我们应该要求 $a > |b|$ 以保证 $v(t,x) > 0$ 是热方程在 $t \geqslant 0$ 时的一个正解; 否则, 得到的 Burgers 方程的解在 u 的根处将有奇点, 如图 8.6 第一图所示. 这一族解主要受黏性的影响, 并迅速衰减

为零.

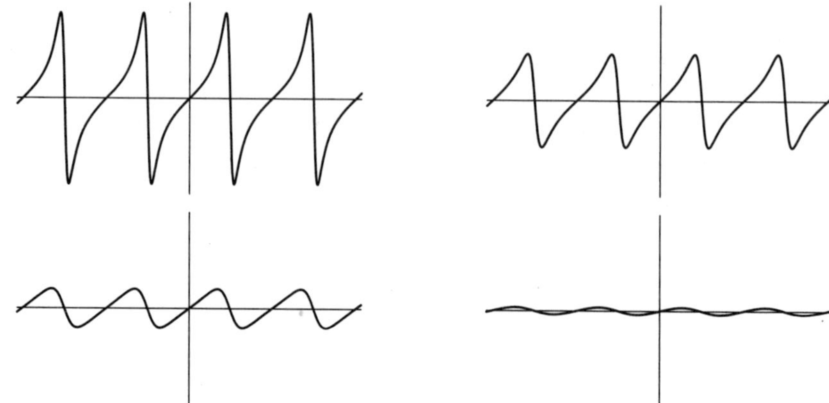

图 8.6 Burgers 方程的三角函数解 ⊎

为了求解 Burgers 方程的初值问题 (8.70 — 71), 我们注意到, 在 Hopf-Cole 变换 (8.80) 下,

$$v(0,x)=\exp\left[-\frac{\varphi(0,x)}{2\gamma}\right]=\exp\left[-\frac{1}{2\gamma}\int_0^x f(y)\mathrm{d}y\right]\equiv h(x). \tag{8.83}$$

注记: 积分下限可由 0 改为任何其他方便的值. 唯一的作用是 $v(t,x)$ 乘一个积分常数, 在 (8.80) 中 $u(t,x)$ 的最后形式不会改变.

根据公式 (8.16) (适应于一般扩散系数的, 如在习题 8.2.3 中), 热方程的初值问题 (8.75,83) 的解可以表示为基本解的卷积积分

$$v(t,x)=\frac{1}{2\sqrt{\pi\gamma t}}\int_{-\infty}^{\infty}\mathrm{e}^{-(x-\xi)^2/(4\gamma t)}h(\xi)\mathrm{d}\xi.$$

因此令 $\widehat{v}(t,x)=2\sqrt{\pi\gamma t}v(t,x)$, Burgers 初值问题 (8.70 — 71) 对 $t>0$ 成立的解为

$$u(t,x)=-\frac{2\gamma}{\widehat{v}(t,x)}\frac{\partial\widehat{v}}{\partial x}, \text{ 其中 } \begin{cases}\widehat{v}(t,x)=\displaystyle\int_{-\infty}^{\infty}\mathrm{e}^{-H(t,x;\xi)}\mathrm{d}\xi,\\ H(t,x;\xi)=\dfrac{(x-\xi)^2}{4\gamma t}+\dfrac{1}{2\gamma}\displaystyle\int_0^{\xi}f(\eta)\mathrm{d}\eta.\end{cases} \tag{8.84}$$

例 8.11 为了演示扩散项的光滑效果, 我们来看看阶跃函数形式的初始数据

$$u(0,x)=\begin{cases}a, & x<0,\\ b, & x>0\end{cases} \tag{8.85}$$

会发生什么变化. 我们假设 $a > b$ 对应于无黏极限 $\gamma = 0$ 的激波. (习题 8.4.4 要求读者分析对应于稀疏波 $a < b$ 的情形.) 此时,

$$H(t,x;\xi) = \frac{(x-\xi)^2}{4\gamma t} + \begin{cases} \dfrac{a\xi}{2\gamma}, & \xi < 0, \\ \dfrac{b\xi}{2\gamma}, & \xi > 0. \end{cases} \tag{8.86}$$

经过一些代数演算, 发现解 (8.84) 有显式形式

$$u(t,x) = a + \frac{b-a}{1 + \exp\left(\frac{b-a}{2\gamma}(x-ct)\right) \operatorname{erfc}\left(\frac{x-at}{2\sqrt{\gamma t}}\right) / \operatorname{erfc}\left(\frac{bt-x}{2\sqrt{\gamma t}}\right)}, \tag{8.87}$$

这里 $c = \dfrac{1}{2}(a+b)$ 而 $\operatorname{erfc} z = 1 - \operatorname{erf} z$ 表示余误差函数 (8.43). 在图 8.7 中, 绘制不同时间关于 $a = 1, b = 0.1$ 和 $\gamma = 0.03$ 解的图像. 可以观察到, 与热方程一样跳跃间断性会立即被光滑掉, 而解很快就会在它的两个原始高度之间形成光滑变化的过渡. 与阶跃幅度有关的扩散系数越大, 光滑作用越显著. 此外, 当 $\gamma \to 0$ 时, 解 $u(t,x)$ 收敛到输运方程的激波解 (2.51), 其中激波的速度 c 是阶跃高度的平均值, 符合 Rankine-Hugoniot 激波规则. 事实上, 按照 (2.88),

$$\lim_{z\to\infty} \operatorname{erfc} z = 0, \qquad \lim_{z\to-\infty} \operatorname{erfc} z = 2. \tag{8.88}$$

因此, 对于 $t > 0$ 而言, 当 $\gamma \to 0$ 时 (8.87) 中两个余误差函数之比, 当 $x < bt$ 时趋于 ∞; 当 $bt < x < at$ 时趋于 1; 当 $x > at$ 时趋于 0. 另一方面, 既然 $a > b$, 指数项当 $x < ct$ 时趋于 ∞; 当 $x > ct$ 时趋于 0. 这些结果合在一起, 意味着当 $x < ct$ 时解 $u(t,x) \to a$; 当 $x > ct$ 时解 $u(t,x) \to b$, 从而证明收敛到激波解.

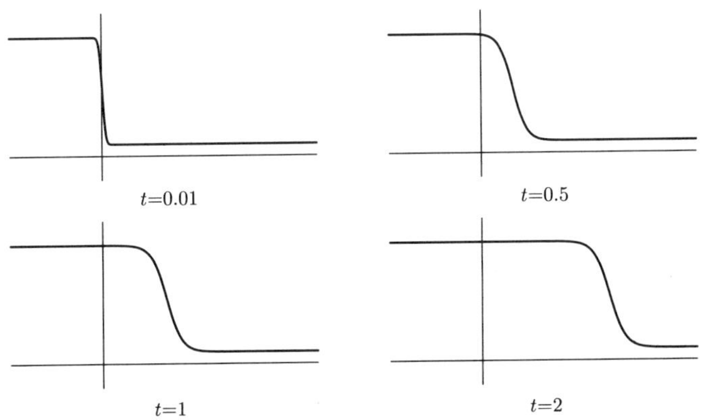

图 8.7 Burgers 方程的激波解 ⊎

例 8.12 考虑初始数据 $u(0,x)=\delta(x)$ 是一个集中于原点的 $\delta-$函数冲激情形. 在解公式 (8.84) 中, 从 0 开始的 $H(t,x;\xi)$ 的积分是有问题的, 但如前所述, 我们可以任意选择其他起点, 例如 $-\infty$. 因此, 我们取

$$H(t,x;\xi)=\frac{(x-\xi)^2}{4\gamma t}+\frac{1}{2\gamma}\int_{-\infty}^{\xi}\delta(\eta)\mathrm{d}\eta=\begin{cases}\dfrac{(x-\xi)^2}{4\gamma t}, & \xi<0,\\ \dfrac{1}{2\gamma}+\dfrac{(x-\xi)^2}{4\gamma t}, & \xi>0.\end{cases}$$

然后我们求出

$$\widehat{v}(t,x)=\int_{-\infty}^{\infty}\mathrm{e}^{-H(t,x;\xi)}\mathrm{d}\xi=\sqrt{\pi\gamma t}\left\{1-\operatorname{erf}\left(\frac{x}{2\sqrt{\gamma t}}\right)+\mathrm{e}^{-1/(2\gamma)}\left[1+\operatorname{erf}\left(\frac{x}{2\sqrt{\gamma t}}\right)\right]\right\}.$$

因此, 初值问题的解是

$$u(t,x)=-\frac{2\gamma}{\widehat{v}(t,x)}\frac{\partial\widehat{v}}{\partial x}=2\sqrt{\frac{\gamma}{\pi t}}\frac{\mathrm{e}^{-x^2/(4\gamma t)}}{\coth\left(\frac{1}{4\gamma}\right)-\operatorname{erf}\left(\frac{x}{2\sqrt{\gamma t}}\right)},\tag{8.89}$$

其中

$$\coth z=\frac{\cosh z}{\sinh z}=\frac{\mathrm{e}^{z}+\mathrm{e}^{-z}}{\mathrm{e}^{z}-\mathrm{e}^{-z}}=\frac{\mathrm{e}^{2z}+1}{\mathrm{e}^{2z}-1}$$

是双曲余切函数. $\gamma=0.02$ 和 $a=1$ 时解的图像在图 8.8 中给出. 正如看到的, 初始的聚集扩散开来, 但与热方程相比确实不能保持对称, 因为非线性平流 (advection)① 项致使波前陡化. 最终, 随着扩散效应的累积, 行进的三角波变得越来越小.

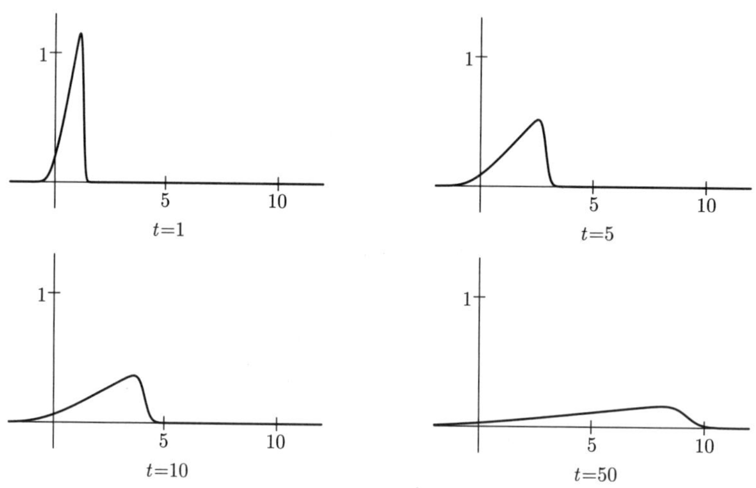

图 8.8 Burgers 方程的三角波解 ⊎

① 译注: 值得强调.

习题

8.4.1. 求 Burgers 方程的解, 有以下初始数据:

$$u(0,x) = \text{(a) } \sigma(x); \quad \text{(b) } \sigma(-x); \quad \text{(c) } \begin{cases} 1, & 0 < x < 1, \\ 0, & \text{其他}. \end{cases}$$

8.4.2. 由热方程的解 $v(t,x) = 1 + t^{-1/2}\mathrm{e}^{-x^2/(4\gamma t)}$, 求 Burgers 方程相应的解, 并讨论其行为.

8.4.3. 证明解公式 (8.87).

♦ 8.4.4. (a) 求证 $\lim\limits_{z\to\infty} z\mathrm{e}^{z^2}\operatorname{erfc} z = \dfrac{1}{\sqrt{\pi}}$. (b) 证明: 当 $a < b$ 时 Burgers 方程的解 (8.87) 的无黏极限 $\gamma \to 0^+$ 收敛到稀疏波 (2.54).

8.4.5. 是/非: 如果 $u(t,x)$ 是 Burgers 方程满足阶跃函数初始条件 $u(0,x) = \sigma(x)$ 的解, 那么 $v(t,x) = u_x(t,x)$ 是初值问题 $v(0,x) = \delta(x)$ 的解.

8.4.6. 是/非: 若 $\widehat{v}(t,x)$ 如 (8.84) 给定, 则

$$\frac{\partial \widehat{v}}{\partial x} = \int_{-\infty}^{\infty} \frac{\xi - x}{2\gamma t}\mathrm{e}^{-H(t,x;\xi)}\mathrm{d}\xi,$$

因此 Burgers 方程初值问题 (8.70—71) 的解可写成

$$u(t,x) = \frac{\int_{-\infty}^{\infty} \frac{x-\xi}{t}\mathrm{e}^{-H(t,x;\xi)}\mathrm{d}\xi}{\int_{-\infty}^{\infty} \mathrm{e}^{-H(t,x;\xi)}\mathrm{d}\xi}, \text{ 其中 } H(t,x;\xi) = \frac{(x-\xi)^2}{4\gamma t} + \frac{1}{2\gamma}\int_0^{\xi} f(\eta)\mathrm{d}\eta.$$

8.4.7. 证明如果 $u(t,x)$ 是 Burgers 方程的解, 那么 $U(t,x) = u(t, x-ct) + c$ 也是解. 这种对称性的物理解释是什么呢?

8.4.8. (a) 标度变换 $(t,x,u) \mapsto (\alpha t, \beta x, \lambda u)$ 对 Burgers 方程的影响是什么? (b) 用你的结果求解标度变换 Burgers 方程初值问题 $U_t + \rho U U_x = \sigma U_{xx}, U(0,x) = F(x)$.

♥ 8.4.9. (a) 找出 Burgers 方程式所有的标度对称性. (b) 确定相似解所满足的常微分方程. (c) 是/非: Hopf-Cole 变换将热方程的相似解映射为 Burgers 方程的相似解.

8.4.10. 如果用变量变换 (a) $v = \varphi^2$; (b) $v = \sqrt{\varphi}$; (c) $v = \log\varphi$ 将热方程 (8.75) 非线性化, 会发生什么?

8.4.11. 将变量的指数变换 (8.76) 运用到: (a) 波方程 $v_{tt} = c^2 v_{xx}$; (b) Laplace 方程 $v_{xx} + v_{yy} = 0$, 会得到什么样的偏微分方程呢?

8.5 色散与孤子

这一节, 我们终于要冒险超越眼下熟悉的二阶偏微分方程领域. 与那些一阶方程和二阶方程的共性不大, 在某些应用中会出现高阶方程, 尤其是波动的三阶色散模型[2,122]以及弹性板和壳的四阶系统模型[7]. 我们将把注意力集中在两个基本的三阶发展方程上. 第一个是有三阶导数项的简单线性方程. 它是单向波动的简化模型, 故而比起二阶耗散的热方程来说, 与一阶输运方程有更多的共同点. 三阶导数诱导了*色散* (dispersion) 过程, 其中不同频率的波以不同的速度传播. 与运行时保持初始波形的一阶的和二阶的波动方程不同, 色散波因此会出现散布和衰减, 即便还能保持能量守恒. 液体表面波是常见的色散波, 起初集中的扰动, 比如在池塘中投掷石块, 液体表面上不同的振动分量以不同的速度远离.

第二个例子是著名的非线性三阶发展方程, 所谓 KdV 方程, 它将色散效应与非线性输运结合起来. 如同 Burgers 方程 (但由于非常不同的数学原因) 那样, 色散项抑制解变为激波的倾向, 实际上对所有的时间来说经典解一直都存在. 此外, 一般的局部初始扰动会分解成有限数目个孤波; 波幅越高, 移动速度越快. 令人瞠目的是这些孤波的相互作用性质. 通常认为非线性会诱发非常复杂而不易预测的行为. 然而, 当 KdV 方程的两个孤波解对头碰撞时, 除去一个相移之外, 它们最终脱离相互作用后会保持不变. 这一现象惊世骇俗, 是在 1960 年代通过数值模拟发现的, 并冠以新名词*孤子* (soliton) 加以强调. 此后发现孤子出现在数量可观的基本非线性物理模型中. 对其数学性质的研究有很深远的影响, 不仅对于偏微分方程和流体力学, 而且对于应用数学和理论物理; 它甚至有助于解决复函数理论中长期未解决的问题. 可积孤子方程现代理论的进一步发展及其神奇性质可以在 [2,36]中找到.

线性色散

最简单且非平凡的三阶偏微分方程是线性方程

$$u_t + u_{xxx} = 0, \tag{8.90}$$

模拟线性色散波的单向①传播. 为了避免由边界条件引起的复杂问题, 我们先在整条直线上求解, 故而 $-\infty < x < \infty$. 由于这个方程只涉及时间的一阶导

① 双向传播需要二阶时间导数, 正如我们在波方程中看到的. 在二阶波方程的 d'Alembert 解中, 对单向模型的简化是基于双向算子的 (近似) 因式分解.

数, 预测它的解是由单一初始条件

$$u(0,x)=f(x),\quad -\infty<x<\infty \tag{8.91}$$

唯一确定. 在波动力学中, $u(t,x)$ 表示流体在时间 t 和位置 x 的高度, 初始条件 (8.91) 指定初始扰动.

与热方程(实际上, 任何线性常系数发展方程) 一样, Fourier 变换是求解实线上初值问题的有效工具. 假设对任意时间 t 而言, 解 $u(t,\cdot)\in L^2(\mathbb{R})$ 保持平方可积 (这是可以事先证实的, 参见习题 8.5.18 (b)), 设

$$\widehat{u}(t,k)=\frac{1}{\sqrt{2\pi}}\int_{-\infty}^{\infty}u(t,x)\mathrm{e}^{-\mathrm{i}kx}\mathrm{d}x$$

是它的空间 Fourier 变换. 由于其对导数的影响, Fourier 变换将偏微分方程 (8.90) 转化为一阶线性常微分方程:

$$\frac{\partial\widehat{u}}{\partial t}+(\mathrm{i}k)^3\widehat{u}=\frac{\partial\widehat{u}}{\partial t}-\mathrm{i}k^3\widehat{u}=0, \tag{8.92}$$

其中空间频率变量 k 作为参数出现. 相应的初始条件

$$\widehat{u}(0,k)=\widehat{f}(k)=\frac{1}{\sqrt{2\pi}}\int_{-\infty}^{\infty}f(x)\mathrm{e}^{-\mathrm{i}kx}\mathrm{d}x \tag{8.93}$$

由 (8.91) 的 Fourier 变换给出. 初值问题 (8.92—93) 的解是

$$\widehat{u}(t,k)=\widehat{f}(k)\mathrm{e}^{\mathrm{i}k^3t}.$$

再作 Fourier 逆变换, 得到色散波方程初值问题 (8.90—91) 解的显式公式

$$u(t,x)=\frac{1}{\sqrt{2\pi}}\int_{-\infty}^{\infty}\widehat{f}(k)\mathrm{e}^{\mathrm{i}\left(kx+k^3t\right)}\mathrm{d}k. \tag{8.94}$$

例 8.13 假设初始扰动具有 Gauss 函数形式

$$u(0,x)=f(x)=\mathrm{e}^{-x^2}.$$

根据我们的 Fourier 变换表 (见本书 288 页),

$$\widehat{f}(k)=\frac{\mathrm{e}^{-k^2/4}}{\sqrt{2}}.$$

因此, 色散波方程 (8.90) 相应的解是

$$u(t,x)=\frac{1}{2\sqrt{\pi}}\int_{-\infty}^{\infty}\mathrm{e}^{\mathrm{i}\left(kx+k^3t\right)-k^2/4}\mathrm{d}k=\frac{1}{2\sqrt{\pi}}\int_{-\infty}^{\infty}\mathrm{e}^{-k^2/4}\cos\left(kx+k^3t\right)\mathrm{d}k;$$

由于被积函数是奇函数, 虚部为零. (实际上解必须是实的, 因为初始数据是实的.) 图 8.9 显示了在不同时间下解的图像变化. 注意初始扰动快速振荡地

向后 (负 x) 传播. 色散导致振荡逐渐弥散且振幅减小, 当 $t\to\infty$ 时一致地有 $u(t,x)\to 0$, 即便如此, 根据习题 8.5.7, 质量 $M=\int_{-\infty}^{\infty}u(t,x)\mathrm{d}x$ 和能量 $E=\int_{-\infty}^{\infty}u(t,x)^2\mathrm{d}x$ 都是守恒的, 即随时间保持恒定的.

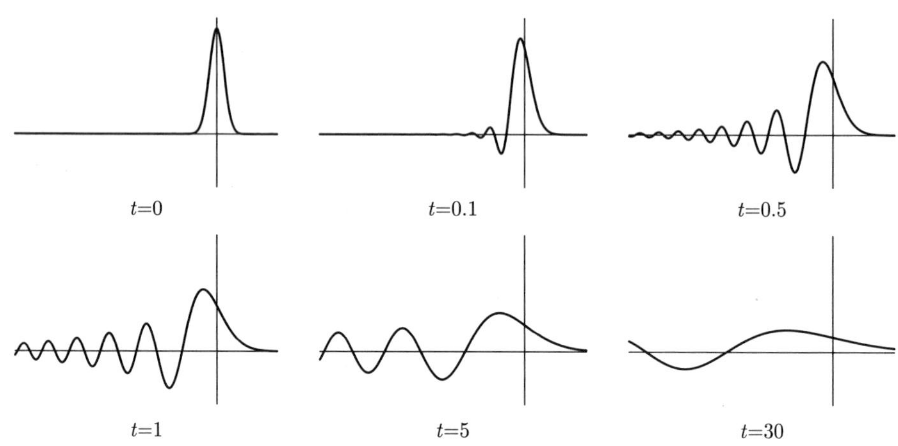

图 8.9 色散波方程的 Gauss 解 ⊎

例 8.14 色散波方程的基本解是由初始集中扰动

$$u(0,x)=\delta(x)$$

产生的. δ – 函数的 Fourier 变换是 $\widehat{\delta}(k)=1/\sqrt{2\pi}$. 因此, 对应于 (8.94) 的解是

$$u(t,x)=\frac{1}{2\pi}\int_{-\infty}^{\infty}\mathrm{e}^{\mathrm{i}\left(kx+k^3t\right)}\mathrm{d}k=\frac{1}{\pi}\int_0^{\infty}\cos\left(kx+k^3t\right)\mathrm{d}k, \tag{8.95}$$

因为解是实的 (或者等价地, 被积函数的虚部是奇的), 而被积函数的实部是偶的.

乍看起来, 积分 (8.95) 似乎不收敛, 因为当 $|k|\to\infty$ 时被积函数不趋于零. 然而, 由立方项引起的振荡越来越快地趋于相互抵消, 从而容许收敛. 为了证明这一点, 给定 $l>0$, 我们作一个 (并不显然的) 分部积分:

$$\begin{aligned}&\int_0^l\cos\left(kx+k^3t\right)\mathrm{d}k\\&=\int_0^l\frac{1}{x+3k^2t}\frac{\mathrm{d}}{\mathrm{d}k}\sin\left(kx+k^3t\right)\mathrm{d}k\\&=\left.\frac{\sin\left(kx+k^3t\right)}{x+3k^2t}\right|_{k=0}^{l}-\int_0^l\frac{\mathrm{d}}{\mathrm{d}k}\left(\frac{1}{x+3k^2t}\right)\sin\left(kx+k^3t\right)\mathrm{d}k\\&=\frac{\sin\left(lx+l^3t\right)}{x+3l^2t}+\int_0^l\frac{6kt\sin\left(kx+k^3t\right)}{\left(x+3k^2t\right)^2}\mathrm{d}k.\end{aligned} \tag{8.96}$$

只要 $t \neq 0$, 当 $l \to \infty$ 时右端第一项趋于零, 且最后那个积分由于被积函数迅速衰减而绝对收敛.

虽然解公式 (8.95) 中的积分不能用初等函数来计算, 但它与 Airy 函数 (Airy function) 的积分定义

$$\mathrm{Ai}(z) = \frac{1}{\pi}\int_0^\infty \cos\left(sz + \frac{1}{3}s^3\right)\mathrm{d}s \tag{8.97}$$

有关. 这个重要的特殊函数[86]首先由 19 世纪英国应用数学家 George Airy 在光学焦散 (聚焦光波通过透镜, 例如放大镜) 以及彩虹的研究[4]中使用. 事实上, 对 Airy 函数积分 (8.97) 运用变量变换

$$s = k\sqrt[3]{3t}, \quad z = \frac{x}{\sqrt[3]{3t}},$$

我们推论出色散波方程 (8.90) 的基本解可以写成

$$u(t,x) = \frac{1}{\sqrt[3]{3t}}\mathrm{Ai}\left(\frac{x}{\sqrt[3]{3t}}\right). \tag{8.98}$$

几个时间上解的图像参见图 8.10; 特别地, 当 $t = 1/3$ 时解刚好是 Airy 函数. 我们看到, 初始 δ – 冲激的直接影响是产生向 $-\infty$ 逐渐变小且强的振荡波. (与热方程一样, 信号以无限速度传播.) 随着时间的推移, 色散效应导致振荡散布, 其整体振幅随 $t^{-1/3}$ 成比例衰减. 另一方面, 当 $t \to 0^+$ 时, 负 x 的解振荡得越来越快, 所以弱 (weakly) 收敛于初始 δ – 函数. 我们还注意到 (8.98) 具有相似解的形式, 因为它在标度对称变换

$$(t,x,u) \mapsto \left(\lambda^{-3}t, \lambda^{-1}x, \lambda u\right)$$

下不变.

方程 (8.98) 给出了集中于原点的初始 δ – 函数的响应. 通过平移不变性, 我们立即推断出

$$F(t,x;\xi) = \frac{1}{\sqrt[3]{3t}}\,\mathrm{Ai}\left(\frac{x-\xi}{\sqrt[3]{3t}}\right)$$

是对应于 $x = \xi$ 处初始 δ – 冲激的基本解. 因此, 借助 Fourier 变换, 我们可以用线性叠加求得求解初值问题的显式公式. 即把一般的初始数据写为 δ – 函数的叠加,

$$u(0,x) = f(x) = \int_{-\infty}^{\infty} f(\xi)\delta(x-\xi)\mathrm{d}\xi,$$

我们得出结论, 最终的解是基本解的同样组合:

$$u(t,x) = \frac{1}{\sqrt[3]{3t}}\int_{-\infty}^{\infty} f(\xi)\,\mathrm{Ai}\left(\frac{x-\xi}{\sqrt[3]{3t}}\right)\mathrm{d}\xi. \tag{8.99}$$

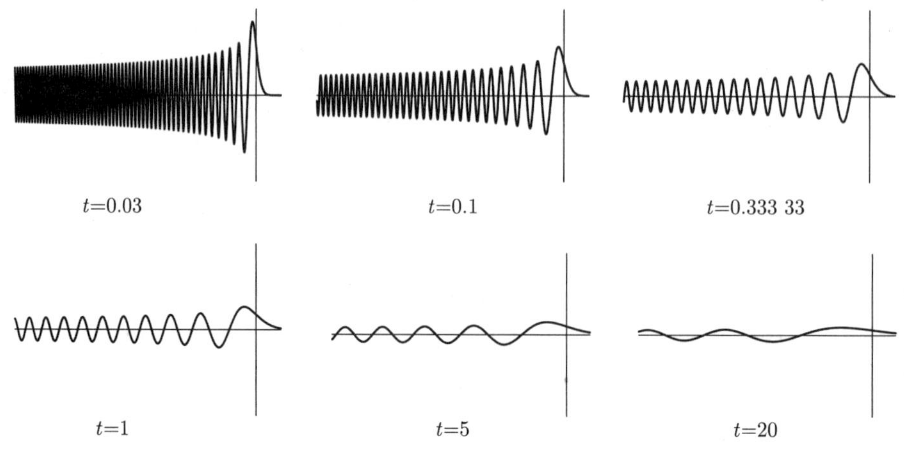

图 8.10 色散波方程的基本解 ⊎

例 8.15 色散量子化 (dispersive quantization). 我们研究区间 $-\pi \leqslant x \leqslant \pi$ 上基本线性色散方程的周期初–边值问题:

$$
\begin{aligned}
&u_t + u_{xxx} = 0, \quad u(t,-\pi) = u(t,\pi), \\
&u_{xx}(t,-\pi) = u_{xx}(t,\pi), \quad u_x(t,-\pi) = u_x(t,\pi),
\end{aligned} \tag{8.100}
$$

以及初始数据 $u(0,x) = f(x)$. 所得解的 Fourier 级数公式是直接构造的:

$$
u(t,x) = \sum_{k=-\infty}^{\infty} c_k \mathrm{e}^{\mathrm{i}\left(kx + k^3 t\right)}, \tag{8.101}
$$

其中 c_k 是初始数据 $f(x)$ 的通常 (复) Fourier 系数 (3.65).

我们取初始数据为单位阶跃函数: $u(0,x) = \sigma(x)$. 针对其 Fourier 级数 (3.67), 得到的解公式 (8.101) 成为

$$
\begin{aligned}
u(t,x) &= \frac{1}{2} - \frac{\mathrm{i}}{\pi} \sum_{l=-\infty}^{\infty} \frac{\mathrm{e}^{\mathrm{i}\left[(2l+1)x + (2l+1)^3 t\right]}}{2l+1} \\
&= \frac{1}{2} + \frac{2}{\pi} \sum_{l=0}^{\infty} \frac{\sin\left[(2l+1)x + (2l+1)^3 t\right]}{2l+1}.
\end{aligned} \tag{8.102}
$$

我们来绘制这个解的图像. 以 $\Delta t = 0.1$ 的一致时间间隔, 得到的解的剖面如图 8.11. 该解似乎有一个连续但分形的结构, 不禁让人想起 Weierstrass 的连续但无处可微函数[55; p.401-421]. 继续以这种方式进行时间演变, 直到初始数据在 $t = 2\pi$ 再次形成. 之后过程周期性地重复.

然而, 取时间间隔 $\Delta t = \dfrac{1}{30}\pi \approx 0.104\,72$, 得到解的图像却如图 8.12 所示, 惊人的不同! 事实上, 正如习题 8.5.8 要证明的, 在每个有理时间 $t = 2\pi p/q$,

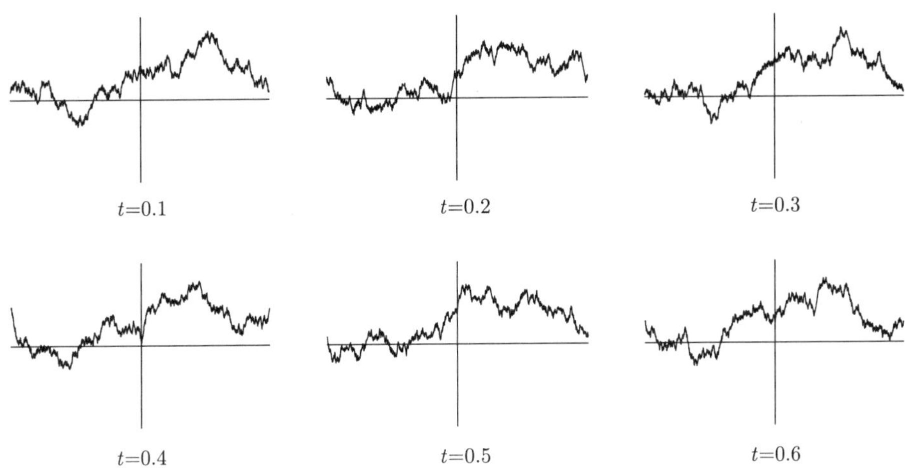

图 8.11 无理 (关于 π) 时间的周期性色散 ⊎

其中 p,q 是整数, 初–边值问题的解 (8.102) 不连续, 但在长度为 $2\pi/q$ 的子区间上是恒定的. 对 (关于 π 的) 有理时间或者无理时间, 线性色散周期边值问题解的图像行为明显不同, 1990 年代英国物理学家 Michael Berry 在光学和量子力学中第一次观察到[16,115], 并且命名为 Talbot 效应, 用摄影底片发明者 William Henry Fox Talbot进行的光学实验命名. 在写作这本书的时候, 我重新发现了它的效应, 喜欢称之为色散量子化[88], 并发现它在线性色散周期初–边值问题中广泛出现[30].

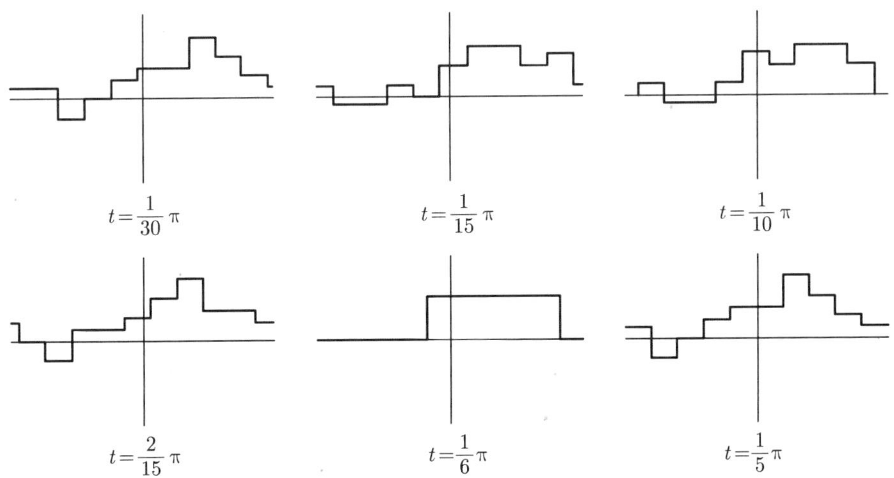

图 8.12 有理 (关于 π) 时间的周期性色散 ⊎

色散关系

如前所述, 三阶波方程 (8.90) 的一个关键特征是波的色散, 其含义是频率不同的波以不同的速度移动. 我们现在的目标是更好地了解色散过程. 为此, 考虑初始波形

$$u(0,x)=\mathrm{e}^{\mathrm{i}kx}$$

是复振荡函数. 因为初始数据当 $|x|\to\infty$ 时不衰减, 我们不能直接使用 Fourier 积分解公式 (8.94). 相反地, 预测诱发波的时间振荡, 我们尝试一个指数解拟设

$$u(t,x)=\mathrm{e}^{\mathrm{i}(kx-\omega t)} \tag{8.103}$$

表示时间频率 ω 和波数(空间频率) k 的复振荡波. 因为

$$\frac{\partial u}{\partial t}=-\mathrm{i}\omega\mathrm{e}^{\mathrm{i}(kx-\omega t)},\quad \frac{\partial^3 u}{\partial x^3}=-\mathrm{i}k^3\mathrm{e}^{\mathrm{i}(kx-\omega t)},$$

(8.103) 满足偏微分方程 (8.90) 当且仅当它的频率和波数满足*色散关系* (dispersion relation)

$$\omega=-k^3. \tag{8.104}$$

因此, 波数 k 的指数解 (8.103) 形如

$$u(t,x)=\mathrm{e}^{\mathrm{i}\left(kx+k^3 t\right)}. \tag{8.105}$$

我们的 Fourier 变换公式 (8.94) 可以看作是这些初等指数解的线性 (连续) 叠加. 通常, 为求线性常系数偏微分方程的色散关系, 用指数解拟设 (8.103) 代入, 消去共同指数因子, 结果是一个将频率 ω 表示为波数 k 的函数的方程.

任何指数解 (8.103) 自动就是行波的形式, 因为我们可以写成

$$u(t,x)=\mathrm{e}^{\mathrm{i}(kx-\omega t)}=\mathrm{e}^{\mathrm{i}k(x-c_p t)},\ \text{其中}\ c_p=\frac{\omega}{k} \tag{8.106}$$

是波速或如常称为*相速度* (phase velocity). 如果色散关系是波数的线性关系, $\omega=ck$, 像在线性输运方程 $u_t+cu_x=0$ 中那样, 那么所有的波都以相同的速度 $c_p=c$ 移动, 因此局部扰动通过介质传播时保持局部化. 在色散情形中, ω 不再是 k 的线性函数, 因此不同空间频率的波以不同的速度运动. 在特定情形 (8.90) 中, 那些波数 k 的波以速度 $c_p=\omega/k=-k^2$ 移动, 因此波数越大, 波向左传播得越快. 当各个指数分量分开时, 其整体效应是初始局部波的色散衰减, 随着 $x\to-\infty$ 幅度逐渐减小且逐渐加快的振荡.

考虑中的线性偏微分方程的通解因此是由指数解的线性叠加

$$u(t,x)=\int_{-\infty}^{\infty}\mathrm{e}^{\mathrm{i}(kx-\omega t)}g(k)\mathrm{d}k \tag{8.107}$$

建立起来的, 其中 $\omega=\omega(k)$ 由相关色散关系确定. 虽然单色波的演化是色散关系的直接结果, 但 (8.107) 所表示的局部波包的演化并不那么明显. 为了确定其传播速度, 我们通过设 $x=ct+\xi$ 切换到速度为 c 的运动坐标系. 解公式 (8.107) 则成为

$$u(t,ct+\xi)=\int_{-\infty}^{\infty}\mathrm{e}^{\mathrm{i}(ck-\omega)t}\mathrm{e}^{\mathrm{i}k\xi}g(k)\mathrm{d}k. \tag{8.108}$$

对于固定的 ξ 值而言, 积分一般是振荡形式

$$H(t)=\int_{-\infty}^{\infty}\mathrm{e}^{\mathrm{i}\varphi(k)t}h(k)\mathrm{d}k, \tag{8.109}$$

这里 $\varphi(k)=ck-\omega(k)$ 和 $h(k)=\mathrm{e}^{\mathrm{i}k\xi}g(k)$. 我们的兴趣在于理解当 $t\to\infty$ 时这种振荡积分的行为. 现在, 如果 $\varphi(k)=k$, 那么 (8.109) 只是一个 Fourier 积分 (7.9), 如我们在第 7 章已知的那样, 对任一合理的函数 $h(k)$ 而言, 当 $t\to\infty$ 时 $H(t)\to 0$. 直观上, 指数因子的快速振荡往往会在高频极限中相互抵消. 类似的结果在 $\varphi(k)$ 的非驻点即 $\varphi'(k)\neq 0$ 处成立, 因为可能作局部变量变换 $\widetilde{k}=\varphi(k)$ 将振荡积分部分转换成 Fourier 形式, 并且越来越快速的振荡导致极限为零. 以这种方式, 我们获得了 Stokes和 Kelvin的核心洞见, 导出强有力的*定常相方法* (method of stationary phase). 即对于大的 $t\gg 0$, 高度振荡积分 (8.109) 的主要贡献来自相函数驻点处, 即 $\varphi'(k)=0$ 处. 在 [85]中可以找到该方法的严格证明以及精确的误差界.

在目前的情况下, 定常相方法意味着对积分 (8.108) 最重要的贡献出现在

$$0=\frac{\mathrm{d}}{\mathrm{d}k}(\omega-ck)=\frac{\mathrm{d}\omega}{\mathrm{d}k}-c. \tag{8.110}$$

因此, 令人惊讶的是, 波数 k 分量的主要贡献是以*群速度* (group velocity)

$$c_g=\frac{\mathrm{d}\omega}{\mathrm{d}k} \tag{8.111}$$

移动时感受到的. 有趣的是, 除非色散关系关于波数是线性的, 否则群速度 (8.111) 与相速度 (8.106) 是不同的, 前者决定能量的传播速度, 后者支配着各个振荡波的传播速度. 例如, 在色散波方程 (8.90) 的情形中 $\omega=-k^3$, 所以 $c_g=-3k^2$ 比相速度 $c_p=\omega/k=-k^2$ 快三倍. 因此, 能量传播得比单色波要快. 这可以在图 8.9 中观察到: 虽然大部分扰动迅速向左方蔓延, 但个别波峰的移动还是较慢的.

另一方面, 与深水波相关的色散关系 (忽略物理常数不计) 是 $\omega=\sqrt{k}$[122]. 此时相速度是 $c_p=\omega/k=1/\sqrt{k}$, 而群速度是 $c_g=\mathrm{d}\omega/\mathrm{d}k=1/(2\sqrt{k})=\frac{1}{2}c_p$, 因此, 单色波移动速度是波能量传播速率的两倍. 为了进行实验验证, 只需向一池静水扔块石子就行. 一个单独的波峰稍后出现然后稳步增长, 当它通过扰动移动时, 最终下沉和消失在石子触发的膨胀波包前的静水中. 群速度和相速度之间的区别亦为冲浪者们所理解, 他们知道向海看去最大的波并不是在海岸上破碎时最大的浪.

习题

8.5.1. 绘制例 8.13 初值问题的解在时间 $t=-0.1,-0.5$ 和 -1 上的图像.

♠ 8.5.2. (a) 写出解初始数据为 $u(0,x)=\begin{cases}1, & 0<x<1,\\ 0, & \text{其他}\end{cases}$ 的色散波方程 (8.90) 的积分公式. (b) 使用计算机程序包绘制在几个时间上你的解的图像, 并讨论观察到的现象.

8.5.3. (a) 写出解初值问题

$$u_t+u_x+u_{xxx}=0,\quad u(0,x)=f(x)$$

的积分公式. (b) 根据例 8.13 的结果, 讨论 $u(0,x)=\mathrm{e}^{-x^2}$ 的初值问题解的行为.

8.5.4. 求以下偏微分方程的 (i) 色散关系; (ii) 相速度; (iii) 群速度. 哪些是色散的?
(a) $u_t+u_x+u_{xxx}=0$. (b) $u_t=u_{xxxxx}$. (c) $u_t+u_x-u_{xxt}=0$.
(d) $u_{tt}=c^2u_{xx}$. (e) $u_{tt}=u_{xx}-u_{xxxx}$.

8.5.5. 求出所有的群速度等于相速度的线性发展方程. 证明你的答案.

8.5.6. 证明: 相速度大于群速度, 当且仅当相速度对 $k>0$ 是 k 的递减函数且对 $k<0$ 是 k 的递增函数. 如何在物理系统中观察这个现象?

♦ 8.5.7. (a) 质量守恒律 (conservation of mass): 证明 $T=u$ 是与色散波方程 (8.90) 守恒律相关的密度. 相应的通量是多少? 在什么条件下, 总质量守恒? (b) 能量守恒律 (conservation of energy): 为能量密度 $T=u^2$ 建立相同的结果. (c) u^3 是不是守恒律的密度?

♦ 8.5.8. 证明当 $t=\pi p/q$ 时, 其中 p,q 是整数, 对于 $j\in\mathbb{Z}$ 而言, 解 (8.102) 在区间 $\pi j/q<x<\pi(j+1)/q$ 上是恒定的. 提示: 使用习题 6.1.29(d). 注记: 对于无理数时间, 解是连续分形的证明相当困难[90].

♦ 8.5.9. (a) 求表示周期初–边值问题 (8.100) 基本解 $F(t,x;\xi)$ 的复 Fourier 级数. (b) 证明在时间 $t=2\pi p/q$, 其中 p,q 是互素整数, $F(t,x;\xi)$ 是基于点 $\xi+2\pi j/q$ 的 δ–函数线性组合. 提示: 利用习题 6.1.29(c). (c) 设 $u(t,x)$ 是 (8.100) 的任一解. 证明 $u(2\pi p/q,x)$ 是初始数据有限多次平移 $f(x-x_j)$ 的线性组合.

KdV 方程

将色散性与非线性相结合最简单的波动模型是著名的 KdV *方程*(Korteweg-de Vries equation)

$$u_t + u_{xxx} + uu_x = 0. \tag{8.112}$$

它是首先由法国应用数学家 Joseph Boussinesq在 1872 年导出的, 作为浅水表面波模型[21; 式 (30)], [22; 式 (283, 291)]. 二十年后, 它被荷兰应用数学家 Diederik Korteweg 和他的学生 Gustav de Vries[65]再次发现, 现在以他们的名字命名, 尽管方程首先由 Boussinesq 建立. 1960 年代初, 美国数学物理学家 Martin Kruskal和 Norman Zabusky[125] 用 KdV 方程作为连续介质模型的非线性弹簧连接质点一维链: Fermi-Pasta-Ulam 问题[40]. 数值试验揭示了许多显著的性质并很快得以严格确立. 他们的工作激发了可积非线性偏微分方程的迅速发展, 成为当代最卓越和深远的发现之一[2,36].

KdV 方程最重要的特解是*行波* (traveling wave). 我们寻求

$$u = v(\xi) = v(x - ct),\ 其中\ \xi = x - ct$$

的解, 有以速度 c 移动的固定波形. 根据链式法则,

$$\frac{\partial u}{\partial t} = -cv'(\xi), \quad \frac{\partial u}{\partial x} = v'(\xi), \quad \frac{\partial^3 u}{\partial x^3} = v'''(\xi).$$

将这些表达式代入 KdV 方程 (8.112), 我们得出 $v(\xi)$ 必须满足的三阶非线性常微分方程

$$v''' + vv' - cv' = 0. \tag{8.113}$$

我们进一步假设, 行波是*局部化的* (localized), 表明解及其导数在很远处很小:

$$\lim_{x\to\pm\infty} u(t,x) = \lim_{x\to\pm\infty} \frac{\partial u}{\partial x}(t,x) = \lim_{x\to\pm\infty} \frac{\partial^2 u}{\partial x^2}(t,x) = 0. \tag{8.114}$$

这意味着我们应该规定边界条件

$$\lim_{\xi\to\pm\infty} v(\xi) = \lim_{\xi\to\pm\infty} v'(\xi) = \lim_{\xi\to\pm\infty} v''(\xi) = 0. \tag{8.115}$$

常微分方程 (8.113) 实际上可以用闭合形式求解. 首先, 注意它具有形式

$$\frac{\mathrm{d}}{\mathrm{d}\xi}\left(v'' + \frac{1}{2}v^2 - cv\right) = 0,\ 从而\ v'' + \frac{1}{2}v^2 - cv = a,$$

其中 a 表示积分常数. 局部化边界条件 (8.115) 意味着 $a = 0$. 用 v' 乘得到的

方程两端, 我们可以进行二次积分:

$$0 = v'\left(v'' + \frac{1}{2}v^2 - cv\right) = \frac{\mathrm{d}}{\mathrm{d}\xi}\left[\frac{1}{2}(v')^2 + \frac{1}{6}v^3 - \frac{1}{2}cv^2\right] = 0.$$

因此

$$\frac{1}{2}(v')^2 + \frac{1}{6}v^3 - \frac{1}{2}cv^2 = b,$$

其中 b 是第二积分常数, 再由边界条件 (8.115), 它也是零. 取 $b = 0$, 并解出 v', 我们得到 $v(\xi)$ 满足一阶自治常微分方程

$$\frac{\mathrm{d}v}{\mathrm{d}\xi} = v\sqrt{c - \frac{1}{3}v},$$

它可以用标准方法积分:

$$\int \frac{\mathrm{d}v}{v\sqrt{c - \frac{1}{3}v}} = \xi + \delta,$$

其中 δ 是常数. 查阅积分表, 例如 [48], 然后解出 v, 我们得出结论, 解形如

$$v(\xi) = 3c\,\mathrm{sech}^2\left(\frac{1}{2}\sqrt{c}\xi + \delta\right), \tag{8.116}$$

其中

$$\mathrm{sech}\,y = \frac{1}{\cosh y} = \frac{2}{\mathrm{e}^y + \mathrm{e}^{-y}}$$

是**双曲正割函数** (hyperbolic secant function). 该解的形状如图 8.13 所示, 该函数关于高度 $3c$ 的最大值对称, 其两侧单调按指数递减. (虽然形状有点像, 但并非 Gauss 函数) 由此产生 KdV 方程的局部化行波解

$$u(t,x) = 3c\,\mathrm{sech}^2\left[\frac{1}{2}\sqrt{c}(x - ct) + \delta\right], \tag{8.117}$$

其中 $c > 0$ 表示波速, 这必然是正的, 因而所有的这些解都向右方运行, 且 δ 表示一个整体的相移. 波幅是波速的三倍, 波宽正比于 $1/\sqrt{c}$, 因此, 波峰越高 (窄), 其运行速度就越快.

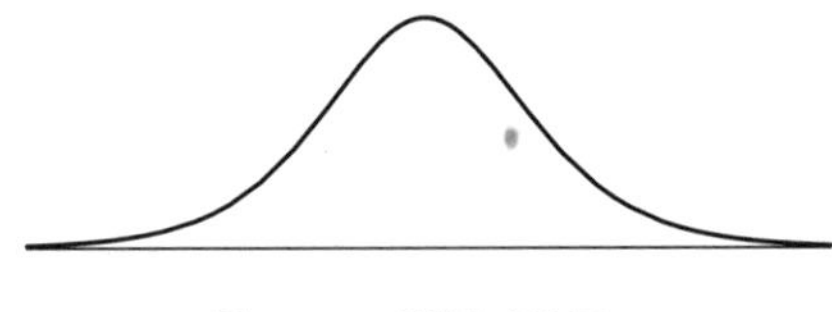

图 8.13 孤波/孤子 ⊎

局部化的行波通常称为**孤波** (solitary wave). 英国工程师 J. Scott Russell首先在自然界中观察到它们[104], 他叙述 Edinburgh 运河上驳船突然启动触发的现象. Russell 策马追逐几英里行波才告消失, 此即波形稳定的自然标志. Russell 的观察受到同时代 Airy 质疑, Airy 根据他的线性色散模型 (8.90), 断言这种局部化的行波扰动是不存在的. 很久以后, Boussinesq 导出了适当的非线性表面波模型 (8.112), 对浅水中长波及其孤波解 (8.117) 成立, 从而 Russell 的物理观察力和洞察力得到充分验证.

差不多花了近百年的光景, 这些解所有的显著特性才得以揭示. 最引人注目的是两个这样的孤波的相互作用方式. 虽然线性方程组总容许叠加原理. 但不能凭直觉将两个非线性方程的解组合起来. 然而在 KdV 方程情形, 假设初始数据表示一高个子孤波位于一矮个子孤波的左侧. 随着时间的推移, 高个子孤波移动得较快并最终赶上矮个子孤波. 如所预期的那样, 随后它们经历复杂的非线性相互作用, 但值得注意的是, 过了一段时间, 它们从相互作用中毫发无损地重现出来! 矮个子波在后而高个子波在前, 并且都速度不变、振幅不变且波形不变. 此后, 它们独立地运行, 矮个子孤波越来越滞后于较快的高个孤波之后. 它们遭遇的唯一影响是一个整体的相移, 因此, 如果它没有遇到矮个子孤波, 那么高个子孤波会稍微滞后一些, 而矮个子孤波则比它不受阻碍的位置再远一些. 图 8.14 绘制了这种相互作用的典型.

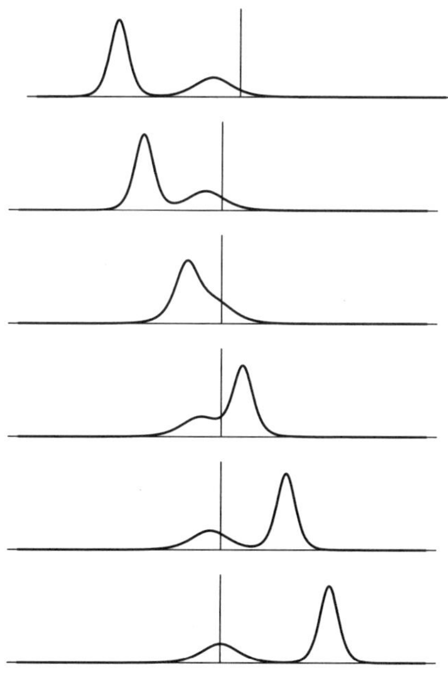

图 8.14 两个孤子的相互作用 ⊕

由于在相互作用下上述“粒子状”行为, 这些解被赋予一个特殊的名称: 孤子 (soliton). KdV 方程的双孤子解 (two-soliton solution) 的显式公式可以写成如下形式:

$$u(t,x) = 12\frac{\partial^2}{\partial x^2}\log\Delta(t,x), \tag{8.118}$$

其中

$$\Delta(t,x) = \det\begin{pmatrix} 1+\varepsilon_1(t,x) & \dfrac{2b_1}{b_1+b_2}\varepsilon_2(t,x) \\ \dfrac{2b_2}{b_1+b_2}\varepsilon_1(t,x) & 1+\varepsilon_2(t,x) \end{pmatrix}, \tag{8.119}$$

其中 $0 < b_1 < b_2$, 且

$$\varepsilon_j(t,x) = \exp\left[b_j\left(x - b_j^2 t\right) + d_j\right], \quad j = 1,2. \tag{8.120}$$

常数 $c_j = b_j^2$ 表示波速, 而 d_j 对应于各孤子的相移. 证实 (8.118) 确实是 KdV 方程的一个解是简单乏味的微分练习. 在习题 8.5.14 中, 要求读者研究当 $t \to \pm\infty$ 时解的渐近行为, 并证明确实分解成两个孤子, 在遥远的过去和未来都具有相同的波形、速度和振幅.

当孤子之间存在多次碰撞时, 也会发生类似的动态行为. 较快的孤子追上移动到它们的右边较慢的孤子. 在各个孤子完成碰撞和相互作用后, 它们从最小到最大依次排列, 每一个都以其特有的速度运动, 并与它的同行伙伴渐行渐远. $n-$孤子解的显式公式由相同的对数导数 (8.118) 提供, 其中 $\Delta(t,x)$ 现在表示 $n\times n$ 矩阵的行列式, 其第 i 个对角元是 $1+\varepsilon_i(t,x), i \neq j$ 的非对角 (i,j) 元是 $\dfrac{2b_i}{b_i+b_j}\varepsilon_j(t,x)$. 使用 ε_j 的同一公式 (8.120), 并在其中 $0 < b_1 < b_2 < \cdots < b_n$ 对应于 n 个不同的孤子波速 $c_j = b_j^2$. 此外还可以证明, 始于一个任意的 (arbitrary) 局部初始扰动 $u(0,x) = f(x)$, 且当 $|x| \to \infty$ 时 $f(x)$ 衰减得足够迅速, 得到的解最终会散发出有限多个不同高度的孤子, 以各自的速度向右移动, 依次从最小到最大顺序排列, 然后以不大的渐近自相似的色散波尾逐渐消失.

那些不是特别显然的事实和公式的出处不在本引导性教材范围之内. 在最初的数值研究不久, Gardner, Greene, Kruskal和 Miura[45] 发现 KdV 方程的解与 Sturm-Liouville 边值问题

$$-\frac{\mathrm{d}^2\psi}{\mathrm{d}x^2} + 6u(t,x)\psi = \lambda\psi, \quad -\infty < x < \infty, \text{ 当 } |x| \to \infty \text{ 时}, \psi(t,x) \to 0 \tag{8.121}$$

的本征值 λ 之间有一个深刻的联系. 他们显著的结果是, 只要 $u(t,x)$ 是 KdV

方程 (8.112) 的局部化解, 则 (8.121) 的本征值就是常数, 意味着这些本征值不随时间 t 的推移而变化, 且连续谱有非常简单的时间演变. 在定态 Schrödinger 方程 (8.121) 的物理应用中, $u(t,x)$ 表示量子力学位势, 本征值对应于束缚态, 而连续谱支配其散射行为. 所谓*逆散射问题* (inverse scattering problem) 的解由它的频谱重构位势 $u(t,x)$, 可以看成是 Fourier 变换的非线性版本, 有效地使 KdV 方程线性化, 从而揭示了它的许多卓越特性. 特别是, 本征值是多孤子解行列式公式的原因, 当连续谱存在时, 它支配色散尾波. 有关其他详细信息, 参见 [2,36].

习题

8.5.10. 证明孤子的宽度与其速度平方根的倒数成正比.

8.5.11. 证明函数 (8.116) 是对称单调递减指数函数, 其最大高度为 $3c$.

8.5.12. 设 $u(t,x)$ 是 KdV 方程的解. (a) 证明 $U(t,x)=u(t,x-ct)+c$ 也是一个解. (b) 对这种对称性作出物理解释.

8.5.13. (a) 找到 KdV 方程所有的标度对称性. (b) 为相似解写出一个拟设, 然后找到相应化简的常微分方程. (遗憾的是, 相似解不能用初等函数表示[2].)

♥ 8.5.14. (a) 设 $u(t,x)$ 是 (8.118) 定义的双孤子解. 设 $\widetilde{u}(t,\xi)=u(t,\xi+ct)$ 表示在一个以速度 c 移动的坐标系中的解, 证明对于适当的常数 δ_1,δ_2 而言, 有

$$\lim_{t\to\infty}\widetilde{u}(t,\xi)=\begin{cases}3c_1\operatorname{sech}^2\left(\dfrac{1}{2}\sqrt{c_1}\,\xi+\delta_1\right), & c=c_1,\\[2ex] 3c_2\operatorname{sech}^2\left(\dfrac{1}{2}\sqrt{c_2}\,\xi+\delta_2\right), & c=c_2,\\[2ex] 0, & \text{其他}.\end{cases}$$

解释为什么这证明当 $t\to\infty$ 时解确实分解成两个单独的孤子. (b) 解释为什么 $\widetilde{u}(t,\xi)$ 具有 $t\to-\infty$ 相似的极限行为, 但可能有不同的常数 $\widehat{\delta}_1,\widehat{\delta}_2$. (c) 使用公式讨论孤子受碰撞的影响.

8.5.15. 设 $\alpha,\beta\neq 0$, 求标度变换 KdV 方程 $u_t+\alpha u_{xxx}+\beta uu_x=0$ 的孤子解. 它们的速度、振幅和宽度如何相互关联?

8.5.16. (a) 求*修正 KdV 方程* (modified Korteweg-de Vries equation) $u_t+u_{xxx}+u^2u_x=0$ 的孤波解. (b) 讨论孤波的振幅和宽度与速度的关系. *注解*: 修正的 KdV 方程也是可积的, 其孤波解为孤子, 参见 [36].

8.5.17. 对 Benjamin-Bona-Mahony *方程* (Benjamin-Bona-Mahony equation, 简称 BBM 方程) $u_t-u_{xxt}+uu_x=0$[14], 回答习题 8.5.16. *注解*: BBM 方程不是可积的, 并且它的孤波之间的碰撞产生一个虽小但可测量的非弹性作用[1].

♦ 8.5.18. (a) 证明 $T_1 = u$ 是 KdV 方程守恒律的密度. (b) 证明 $T_2 = u^2$ 也是守恒密度. (c) 对一个适当常数 μ, 求守恒密度 $T_3 = u_x^2 + \mu u^3$. *注记*: KdV 方程实际上有无穷多个 (infinitely many) 守恒律, 守恒密度依赖于解的越来越高阶的导数[76,87]. 正是这个发现开启它著名的可积性之门[2,36].

8.5.19. 求以下方程的两个守恒律:

(a) 修正的 KdV 方程 $u_t + u_{xxx} + u^2 u_x = 0$.

(b) BBM 方程 $u_t - u_{xxt} + u u_x = 0$.

第 9 章　线性偏微分方程的一般架构

在向热方程、波方程和 Laplace/Poisson 方程的高维表现形式推进之前，有必要暂停下来，发展一般的、抽象的线性代数架构，它是许多在整个学科及其应用中产生线性偏微分方程的基础. 数学抽象的力量在于专注本质特征，而不为有时杂乱的特定细节分神，相对说来不那么费力地，能够建立起可以应用到整个学科及其扩展的非常一般的结果. 每个抽象概念都有对线性代数方程组和矩阵成立的有限维初等版本作为源头，然后推广和扩展到微分方程支配的线性边值问题以及初–边值问题. 此处所包含的全部抽象定义和结果都立即适用于物理兴趣 (physical interest) 的边值问题和初值问题，有助于加深我们对系统和求解方法之间的基本共性的理解. 然而，面向应用的读者可能会有意跳到随后几章包含的较为具体的发展，需要时再参考在这里所提供的背景资料.

大多数平衡系统模拟为与线性微分算子有关的边值问题，它满足“自伴”两个关键条件，“正定的”或者更一般地说“正半定的”. 所以，第一个任务是为达成我们的特定目的，在一般意义上引入线性函数以及线性微分算子的伴随性. 伴随性是对初等的矩阵转置意义深远的推广，它的表述依赖于算子的域空间和靶空间[①]上特定的内积，而且当涉及线性微分算子时，在容许函数空间上要加上适当的齐次边界条件. 在应用中，相关的内积通常由物理背景决定. 伴随性的一个直接应用是 Fredholm 择一律，它表征线性方程组以及线性边值问题的解存在性所需的约束.

与其自身的伴随算子相等的线性算子称为自伴的. 最简单的例子是由对称矩阵定义的线性函数. 最重要的子类是正定算子和正半定算子，它们是正 (半) 定矩阵的自然类比. 我们将学习如何以典型的方式去构造自伴正 (半) 定算子. 本书论及包括 Laplace 算子在内几乎所有的线性微分算子，在适当的边界条件下都是自伴和正定或正半定的. 关键的区别是，正定的线性方程组和边值问题容许唯一解，而正半定情形因为不满足 Fredholm 约束，要么解不存在，要么解存在不唯一. 在它们的动力学表现形式中，正定算子导致稳定的振动系统. 正半定算子包含不稳定模则可能导致灾难性物理后果.

一个非常重要的事实是，正定线性方程组的解可用极小化原理表征，由某个二次函数或无穷维函数空间中的二次泛函规定. 从物理含义上讲，函数 (泛函) 通常表示系统的势能，解使得满足给定边界条件的所有可能配置中系统势

① 译注：target space (靶空间)，在 [89] 的 2018 年新版 Olver, P. J., Shakiban, C., Applied Linear Algebra, 2nd Edition, Springer 中，原著者采纳同行建议，用 codomain (值域) 替代 target space. 然本书 target space 形象鲜明仍译为靶空间，与域空间 (domain space) 形成对仗，也见本书附录 B.7.

能极小, 从而把大自然能量守恒且寻求极小的内禀法则加以量化. 在数学中, 极小化原理成为高深泛函分析方法的基础, 该方法用于建立存在性定理以及第 10 章中提出的有限元数值方法.

对于线性动力学系统, 如热方程和波方程, 分离变量导致相应支配平衡系统线性微分算子的本征值问题. 在第 4 章论及的简单一维情形中, 本征函数是三角函数, 产生解的经典 Fourier 展开. Fourier 方法的有效性依赖于本征函数的正交性, 我们已经说过这绝非偶然. 相反地, 这是它们作为自伴线性算子本征函数的结果. 这样的本征函数不仅关于基础内积自动相互正交, 而且本征值必定是实的, 特别地, 当算子正定时本征值还是正的.

正交性是相当一般函数的 Fourier类型级数展开的基础, 其收敛性一般要求本征函数形成一个完备系. 对于有界区域上的正定边值问题, 我们将相关 Green 函数的本征函数展开与基于 Rayleigh 商本征值基本极小化原理相结合, 建立起完备性. 另一方面, 无界区域上的问题通常不容许完备的本征函数系, 并且需要更高深的连续谱和广义 Fourier 变换的分析概念, 这已超出了本书的范围.

本章最后阐述针对扩散方程、振动方程和量子力学系统一般架构的动力学, 产生这些系统按平衡算子本征函数表示的时间相关级数解. 最后两章将专门探讨如何将这些一般理论和构造, 用以分析二维的和三维的简单几何位形中的热方程、波方程和 Schrödinger 方程的初–边值问题. 更深入的发展和进一步应用可以在高级书籍中找到, 包括 [35,38,44,61,99].

9.1 伴随算子

我们从向量空间 U 映射到另一个向量空间 V 的线性算子

$$L : U \to V \tag{9.1}$$

起步, 在实向量空间中发展大部分内容, 尽管最后讨论的 Schrödinger 方程要求我们闯进复数域. 出于我们的目的, 用 L 表示线性微分算子, 域空间 U 和靶空间 V 的元素是适当的标量值函数或向量值函数. 在弹性力学中, U 的元素是变形体位移且 V 的元素是相关的应变. 在电磁学和引力论中, U 的元素表示电场位势而 V 的元素是电场或磁场或引力场. 在热力学中, U 包含温度分布而 V 包含温度梯度. 在流体力学中, U 是势函数空间而 V 是流体速度空间, 如此等等.

线性算子伴随性的抽象定义依赖于它的域空间和靶空间的内积结构. 我们把 U 和 V 的内积区分对待 (这是可能不同的, 即便 U 和 V 刚好是同一个向量空间), 使用单线括号

$$\langle u, \widetilde{u} \rangle \quad \text{表示元素 } u, \widetilde{u} \in U \text{ 之间的内积;}$$

用双线括号

$$\langle\langle v, \widetilde{v} \rangle\rangle \quad \text{表示元素 } v, \widetilde{v} \in V \text{ 之间的内积.}$$

在应用中, 适当的内积通常基于物理背景提出.

定义 9.1 设 U, V 是内积空间, 令 $L : U \to V$ 是线性算子, L 的伴随算子 (adjoint) 是唯一的线性算子 $L^* : V \to U$, 满足

$$\text{对于所有的 } u \in U \text{ 和 } v \in V, \quad \langle\langle L[u], v \rangle\rangle = \langle u, L^*[v] \rangle. \tag{9.2}$$

可以看到伴随算子是沿相反 (reverse) 方向起作用的, 即从 V 返回到 U. 要掌握这个定义, 我们先来看有限维情形.

例 9.2 根据定理 B.33, 任意一个线性函数 $L : \mathbb{R}^n \to \mathbb{R}^m$ 是由矩阵乘法给出的, 从而对于 $\boldsymbol{u} \in \mathbb{R}^n$ 有 $L[\boldsymbol{u}] = A\boldsymbol{u}$, 其中 A 是 $m \times n$ 矩阵. 伴随函数 $L^* : \mathbb{R}^m \to \mathbb{R}^n$ 也是线性的, 对于 $\boldsymbol{v} \in \mathbb{R}^m$ 也可用矩阵乘积表示为 $L^*[\boldsymbol{v}] = A^*\boldsymbol{v}$, 其中 A^* 是 $n \times m$ 矩阵.

假设首先分别采取通常的 Euclid 点积

$$\langle \boldsymbol{u}, \widetilde{\boldsymbol{u}} \rangle = \boldsymbol{u} \cdot \widetilde{\boldsymbol{u}} = \boldsymbol{u}^\top \widetilde{\boldsymbol{u}}, \quad \boldsymbol{u}, \widetilde{\boldsymbol{u}} \in \mathbb{R}^n; \quad \langle\langle \boldsymbol{v}, \widetilde{\boldsymbol{v}} \rangle\rangle = \boldsymbol{v} \cdot \widetilde{\boldsymbol{v}} = \boldsymbol{v}^\top \widetilde{\boldsymbol{v}}, \quad \boldsymbol{v}, \widetilde{\boldsymbol{v}} \in \mathbb{R}^m,$$

分别作为 $\mathbb{R}^n$ 和 $\mathbb{R}^m$ 的内积. 在伴随恒等式 (9.2) 两端计算得到

$$\begin{aligned} \langle\langle L[\boldsymbol{u}], \boldsymbol{v} \rangle\rangle &= \langle\langle A\boldsymbol{u}, \boldsymbol{v} \rangle\rangle = (A\boldsymbol{u})^\top \boldsymbol{v} = \boldsymbol{u}^\top A^\top \boldsymbol{v}, \\ \langle \boldsymbol{u}, L^*[\boldsymbol{v}] \rangle &= \langle \boldsymbol{u}, A^*\boldsymbol{v} \rangle = \boldsymbol{u}^\top A^* \boldsymbol{v}. \end{aligned} \tag{9.3}$$

既然这些表示对于所有的 $\boldsymbol{u}, \boldsymbol{v}$ 成立, 得出表示 L^* 的矩阵 A^* 就是转置矩阵 $A^\top$ 的结论 (见习题 9.1.6). 所以, *矩阵关于 Euclid 点积的伴随矩阵就是它的转置矩阵* (the adjoint of a matrix with respect to the Euclidean dot product is its transpose): $A^* = A^\top$. 由此可以把伴随算子作为矩阵转置这一初等运算的巨大推广.

更一般些, 我们假定域空间和靶空间上的加权内积取为

$$\langle \boldsymbol{u}, \widetilde{\boldsymbol{u}} \rangle = \boldsymbol{u}^\top M \widetilde{\boldsymbol{u}}, \quad \boldsymbol{u}, \widetilde{\boldsymbol{u}} \in \mathbb{R}^n; \quad \langle\langle \boldsymbol{v}, \widetilde{\boldsymbol{v}} \rangle\rangle = \boldsymbol{v}^\top C \widetilde{\boldsymbol{v}}, \quad \boldsymbol{v}, \widetilde{\boldsymbol{v}} \in \mathbb{R}^m, \tag{9.4}$$

其中, M 和 C 分别是大小为 $n \times n$ 和 $m \times m$ 的对称正定矩阵, 参照命题 B.13.

重复计算 (9.3) 得到

$$\begin{aligned}\langle\langle L[\boldsymbol{u}], \boldsymbol{v}\rangle\rangle = \langle\langle A\boldsymbol{u}, \boldsymbol{v}\rangle\rangle = (A\boldsymbol{u})^\top C\boldsymbol{v} = \boldsymbol{u}^\top A^\top C\boldsymbol{v},\\ \langle \boldsymbol{u}, L^*[\boldsymbol{v}]\rangle = \langle \boldsymbol{u}, A^*\boldsymbol{v}\rangle = \boldsymbol{u}^\top M A^*\boldsymbol{v}.\end{aligned} \tag{9.5}$$

比较这些表示式, 得到**加权伴随矩阵** (weighted adjoint matrix) 是

$$A^* = M^{-1}A^\top C \tag{9.6}$$

的结论. 因此, 伴随算子确实取决于域空间和靶空间所用的内积.

微分算子

为了应用到线性微分方程中, 我们的注意力集中在无穷维函数空间上定义的微分算子的伴随算子. 我们从最简单的例子开始.

例 9.3 考虑导数 $v = D[u] = \mathrm{d}u/\mathrm{d}x$, 它定义了一个线性算子 $D: U \to V$, 把向量空间 U 中的可微函数 $u(x)$ 映射到包含其导数 $v(x) = u'(x)$ 的向量空间 V. 我们假定所论函数是定义在固定的有界区间 $a \leqslant x \leqslant b$ 上的.

为了计算导数的伴随算子, 我们需要在域空间 U 和靶空间 V 中规定内积. 在两个空间中都采用最简单的标准 L^2 – 内积:

$$\langle u, \widetilde{u}\rangle = \int_a^b u(x)\widetilde{u}(x)\mathrm{d}x, \quad \langle\langle v, \widetilde{v}\rangle\rangle = \int_a^b v(x)\widetilde{v}(x)\mathrm{d}x. \tag{9.7}$$

根据定义式 (9.2), 伴随算子 $D^*: V \to U$ 必须满足内积恒等式

$$\text{对于所有的 } u \in U \text{ 和 } v \in V,\ \langle\langle D[u], v\rangle\rangle = \langle u, D^*[v]\rangle. \tag{9.8}$$

先计算等式左端

$$\langle\langle D[u], v\rangle\rangle = \left\langle\left\langle \frac{\mathrm{d}u}{\mathrm{d}x}, v\right\rangle\right\rangle = \int_a^b \frac{\mathrm{d}u}{\mathrm{d}x} v\mathrm{d}x, \tag{9.9}$$

而等式另一端

$$\langle u, D^*[v]\rangle = \int_a^b uD^*[v]\mathrm{d}x. \tag{9.10}$$

现在, 在后一个积分中, 我们看到将 u 与线性算子 D^* 作用到 v 的结果相乘, 要把这个被积函数与 (9.9) 中的相等, 我们需要以某种方式去掉作用在 u 上的求导. 窍门是**分部积分** (integration by parts), 它容许我们公式中的第一个积分重写为

$$\int_a^b \frac{\mathrm{d}u}{\mathrm{d}x} v\mathrm{d}x = [u(b)v(b) - u(a)v(a)] - \int_a^b u\frac{\mathrm{d}v}{\mathrm{d}x}\mathrm{d}x. \tag{9.11}$$

暂时把两个边界项放在一边, 观察到余下的积分具有内积形式

$$-\int_a^b u\frac{\mathrm{d}v}{\mathrm{d}x}\mathrm{d}x=\int_a^b u\left(-\frac{\mathrm{d}v}{\mathrm{d}x}\right)\mathrm{d}x=\left\langle u,-\frac{\mathrm{d}v}{\mathrm{d}x}\right\rangle=\langle u,-D[v]\rangle. \tag{9.12}$$

令 (9.9) 与 (9.12) 相等, 得到

$$\langle\langle D[u],v\rangle\rangle=\left\langle\left\langle\frac{\mathrm{d}u}{\mathrm{d}x},v\right\rangle\right\rangle=\left\langle u,-\frac{\mathrm{d}v}{\mathrm{d}x}\right\rangle=\langle u,-D[v]\rangle.$$

所以为了满足伴随方程 (9.8), 我们必须有

$$\text{对于所有 } u\in U \text{ 和 } v\in V,\ \langle u,D^*[v]\rangle=\langle u,-D[v]\rangle.$$

因此导数算子的伴随算子就是它的负值:

$$D^*=-D. \tag{9.13}$$

然而, 前面的论证仅当分部积分公式 (9.11) 中的边界项为零:

$$u(b)v(b)-u(a)v(a)=0 \tag{9.14}$$

时才成立. 这就要求对函数 u 和 v 给定适当的边界条件. 例如, 给定 Dirichlet 边界条件

$$u(a)=0,\quad u(b)=0, \tag{9.15}$$

将确保 (9.14) 成立, 因此 (9.13) 成立. 此时, $D:U\to V$ 的域空间是向量空间

$$U=\{u(x)\mid u(a)=u(b)=0\},$$

而对靶空间 V 中的函数 $v(x)$ 不需要给出边界条件. 显然另一种选择是要求 $v(a)=v(b)=0$. 此时靶空间

$$V=\{v(x)\mid v(a)=v(b)=0\}$$

包含所有在端点为零的函数. 由于导数 $D:U\to V$ 是要求将一函数 $u(x)\in U$ 映射成容许的 (allowable) 函数 $v(x)\in V$, 现在域空间由满足 Neumann 边界条件的函数组成:

$$U=\{u(x)\mid u'(a)=u'(b)=0\}.$$

显然不止这两种可能性. 我们将最重要的边界条件组合列出:

(a) Dirichlet 边界条件: $u(a)=u(b)=0$.

(b) 混合边界条件: $u(a)=u'(b)=0$ 或者 $u'(a)=u(b)=0$.

(c) Neumann 边界条件: $u'(a)=u'(b)=0$.

(d) 周期边界条件: $u(a)=u(b)$ 或者 $u'(a)=u'(b)$.

它们蕴含边界项 (9.14) 为零从而保证伴随方程 (9.13) 成立. 在所有的情形中, 边界条件对域空间 U 加以限制. 在情形 (b–d) 中我们有等式 $v(x)=u'(x)$, 也对靶空间 V 加以限制.

注记: 在前面的讨论中, 关于函数必需的可微性是模糊的, 在有限维情形, 任一个线性函数 $L:\mathbb{R}^n\to\mathbb{R}^m$ 是由矩阵乘法 $L[\boldsymbol{u}]=A\boldsymbol{u}$ 给定的, 因此在向量空间 $\mathbb{R}^n$ 上都有定义, 无穷维函数空间上线性算子一般不会对所有可能的函数定义. 例如, 导数算子 $L=D:U\to V$ 要求函数 $u\in U$ 可微. 但靶函数 $v=D[u]=u'$ 不一定是光滑的, 因此可能属于不同的函数空间; 例如, 若 $u\in C^1[a,b]$, 则 $v=u'\in C^0[a,b]$. 另一方面, 伴随算子 $D^*=-D$ 只对可微函数 v 定义, 所以如果 $v\in C^1[a,b]$, 那么 $u=-v'\in C^0[a,b]$. 对各种光滑性要求的详细描述很快会令人闹心.

为了规避这些技术上的烦恼, 我们将始终处理固定类别的函数, 例如, 连续函数或更一般地说 L^2–函数, 它们仅受规定的边界条件约束. 当写出 $L:U\to V$ 时, 我们容许线性算子 L 只可能定义在域空间 U 的一个 "稠密" 子空间中. 例如, 我们将写出 $D:U\to V$ 与 $U=V=C^0[a,b]$, 即便有 $D[u]=u'\in V$ 仅当 u 属于稠密子空间 $C^1[a,b]\subset U=C^0[a,b]$ 时. 同样, $D^*:V\to U$ 也只定义在稠密子空间 $C^1[a,b]\subset V=C^0[a,b]$ 上. 术语稠密 (dense) 指的是, 在整个空间 $U=C^0[a,b]$ 中的任何连续函数都可以用子空间 $C^1[a,b]$ 中的连续可微函数依范数任意逼近. 或者换句话说, 给定一个连续函数 $u\in C^0[a,b]$, 存在连续可微函数序列 $u_1,u_2,u_3,\cdots\in C^1[a,b]$, 使得当 $k\to\infty$ 时 $\|u_k-u\|\to 0$. 类似的稠密结果可以关于 $U=L^2[a,b]$ 证明; 有关详细信息参见 [37,96,98].

注意: 在更高级的处理中, 这里的伴随概念通常被称为形式伴随 (formal adjoint). 真正的伴随需要对算子及其定义域作更微妙的技术性假设, 参见 [95].

例 9.4 我们重新计算导数算子 $D:U\to V$ 的伴随算子, 这一次是关于加权 L^2–内积

$$\langle u,\widetilde{u}\rangle=\int_a^b u(x)\widetilde{u}(x)\rho(x)\mathrm{d}x,\quad \langle\langle v,\widetilde{v}\rangle\rangle=\int_a^b v(x)\widetilde{v}(x)k(x)\mathrm{d}x \tag{9.16}$$

的, 其中 $\rho(x)>0$ 和 $k(x)>0$ 都是严格正的, 物理上分别用来表示非均匀杆的密度和刚度. 现在需要比较

$$\langle\langle D[u],v\rangle\rangle=\int_a^b \frac{\mathrm{d}u}{\mathrm{d}x}v(x)k(x)\mathrm{d}x$$

和

$$\langle u,D^*[v]\rangle=\int_a^b u(x)D^*[v]\rho(x)\mathrm{d}x.$$

第一个等式分部积分, 得到

$$\begin{aligned}\int_a^b \frac{\mathrm{d}u}{\mathrm{d}x}v(x)k(x)\mathrm{d}x &= [u(b)v(b)k(b)-u(a)v(a)k(a)] - \int_a^b u\frac{\mathrm{d}(kv)}{\mathrm{d}x}\mathrm{d}x \\ &= \int_a^b u\left[-\frac{1}{\rho}\frac{\mathrm{d}(kv)}{\mathrm{d}x}\right]\rho\mathrm{d}x,\end{aligned} \tag{9.17}$$

只要选择边界条件使得

$$u(b)v(b)k(b)-u(a)v(a)k(a)=0. \tag{9.18}$$

可以验证, 这都可以从任意列出的边界条件得到: Dirichlet 条件、Neumann 条件或混合条件以及周期性条件, 只要 $k(a)=k(b)$. 我们得出结论, 这种情形的导数算子 D 的加权伴随算子是微分算子

$$D^*[v] = -\frac{1}{\rho(x)}\frac{\mathrm{d}}{\mathrm{d}x}[k(x)v(x)] = -\frac{k(x)}{\rho(x)}\frac{\mathrm{d}v}{\mathrm{d}x} - \frac{k'(x)}{\rho(x)}v(x). \tag{9.19}$$

与矩阵一样, 微分算子的伴随性主要取决于内积的指定.

以下若干基本结果留作习题. 第一个结果是转置矩阵的转置回到原矩阵事实的推广.

命题 9.5 伴随算子的伴随算子是原算子 $(L^*)^*=L$.

第二个结果是这个事实的推广, 两个矩阵乘积的转置是转置矩阵的乘积但顺序相反.

命题 9.6 若 $L:U\to V$ 和 $M:V\to W$ 是内积空间的两个线性算子, 分别有伴随算子 $L^*:V\to U$ 和 $M^*:W\to V$, 则复合算子 $M\circ L:U\to W$ 有伴随算子 $(M\circ L)^*=L^*\circ M^*:W\to U$.

例 9.7 关于域空间和靶空间的标准 L^2 – 内积, 计算二阶导数算子 $D^2=D\circ D$ 的伴随算子. 根据命题 9.6 和 (9.13), 至少在形式上,

$$\left(D^2\right)^* = D^*\circ D^* = (-D)\circ(-D) = D^2, \tag{9.20}$$

因此 D^2 的伴随算子等于它自己. 然而, (9.13) 的有效性是以在域空间和靶空间的两个 D 的函数都满足适当的边界条件为前提的. 例如对第一个 $D:U\to V$ 而言, 域空间可以是 $U=\{u(x)\mid u(a)=u(b)=0\}$, 而其靶空间 V 不受约束; 然后第二个 D 可能把 V 映射到 $W=\{w(x)\mid w(a)=w(b)=0\}$, 因此也要求 $u''(a)=u''(b)=0$ 以便 $D^2=D\circ D$ 从 U 映射到 W. 另一个选择是在第一个 D 上规定 Neumann 条件, $U=\{u'(a)=u'(b)=0\}$, 因此 $V=\{v(a)=v(b)=0\}$, 而保持 W 不受约束. 在这些或其他适当相容的制约之下, 两种伴随恒等式 $D^*=-D$ 都是成立的, 因而满足 (9.20). 根据我们前面

说的, 记住微分算子实际上只定义在包含足够光滑函数的稠密子空间中.

高维算子

梯度算子是导数自然而然的高维类推. 在二维空间中, 梯度 ∇ 定义了一个线性算子

$$\nabla u = \operatorname{grad} u = \begin{pmatrix} \partial u/\partial x \\ \partial u/\partial y \end{pmatrix},$$

将标量值函数 $u(x,y)$ 映射为它的两个一阶偏导数构成的向量值函数. 因此, 域空间 U 的组成是对 $(x,y)\in\Omega$ 定义的标量值函数 $u(x,y)$, 即**标量场** (scalar field), 假设区域 $\Omega\subset\mathbb{R}^2$ 有界连通且具有良好边界 $\partial\Omega$. (类似的考虑适用于三维以及更高维问题.) 靶空间 V 的组成是在 Ω 上定义的向量值函数 $\boldsymbol{v}(x,y)=(v_1(x,y),v_2(x,y))^\top$, 即**向量场** (vector field). 与前一小节一样, 梯度算子 $\nabla: U\to V$ 只对连续可微标量场组成的稠密子空间 $C^1(\Omega)\subset U$ 有定义.

按照一般定义 9.1 , 梯度的伴随算子必须沿反方向进行,

$$\nabla^*: V\to U$$

将向量场 $\boldsymbol{v}(x,y)$ 映射为标量场 $w(x,y)=\nabla^*\boldsymbol{v}$. 伴随算子定义式 (9.2) 即为

$$\langle\langle \nabla u,\boldsymbol{v}\rangle\rangle = \langle u,\nabla^*\boldsymbol{v}\rangle, \tag{9.21}$$

取决于两个向量空间上内积的选择. 我们从标量场之间的 L^2 – **内积** (inner product):

$$\langle u,\widetilde{u}\rangle = \iint_\Omega u(x,y)\widetilde{u}(x,y)\mathrm{d}x\mathrm{d}y \tag{9.22}$$

开始. 同样, 在 Ω 上定义的向量场之间的 L^2 – 内积由对点积的积分

$$\begin{aligned}\langle\langle \boldsymbol{v},\widetilde{\boldsymbol{v}}\rangle\rangle &= \iint_\Omega \boldsymbol{v}(x,y)\cdot\widetilde{\boldsymbol{v}}(x,y)\mathrm{d}x\mathrm{d}y \\ &= \iint_\Omega \left[v_1(x,y)\widetilde{v}_1(x,y)+v_2(x,y)\widetilde{v}_2(x,y)\right]\mathrm{d}x\mathrm{d}y\end{aligned} \tag{9.23}$$

得到. 伴随恒等式 (9.21) 应该对所有适当的标量场 u 和向量场 $\boldsymbol{v}$ 都成立. 对于 L^2 – 内积 (9.22, 23), 等式两端分别解读为

$$\begin{aligned}\langle\langle \nabla u,\boldsymbol{v}\rangle\rangle &= \iint_\Omega \nabla u\cdot\boldsymbol{v}\mathrm{d}x\mathrm{d}y = \iint_\Omega \left(\frac{\partial u}{\partial x}v_1+\frac{\partial u}{\partial y}v_2\right)\mathrm{d}x\mathrm{d}y, \\ \langle u,\nabla^*\boldsymbol{v}\rangle &= \iint_\Omega u\nabla^*\boldsymbol{v}\mathrm{d}x\mathrm{d}y.\end{aligned}$$

比较这两个二重积分, 必须用某种方式消除标量场 u 的导数. 如一维计算 (9.8) 那样, 机制是二重积分的**分部积分** (integration by parts) 公式

$$\iint_{\Omega} \nabla u \cdot \boldsymbol{v} \mathrm{d}x \mathrm{d}y = \oint_{\partial \Omega} u(\boldsymbol{v} \cdot \boldsymbol{n}) \mathrm{d}s - \iint_{\Omega} u(\nabla \cdot \boldsymbol{v}) \mathrm{d}x \mathrm{d}y, \tag{9.24}$$

已在 (6.83) 提到过. 左端刚好是 $\langle\langle \nabla u, \boldsymbol{v} \rangle\rangle$. 若边界上的线积分为零,

$$\oint_{\partial \Omega} u(\boldsymbol{v} \cdot \boldsymbol{n}) \mathrm{d}s = 0, \tag{9.25}$$

则 (9.24) 右端化简为

$$-\iint_{\Omega} u(\nabla \cdot \boldsymbol{v}) \mathrm{d}x \mathrm{d}y = -\langle u, \nabla \cdot \boldsymbol{v} \rangle = \langle u, -\nabla \cdot \boldsymbol{v} \rangle.$$

因此在边界条件 (9.25) 下, 我们导出 L^2 – 内积恒等式

$$\langle\langle \nabla u, \boldsymbol{v} \rangle\rangle = \langle u, -\nabla \cdot \boldsymbol{v} \rangle, \tag{9.26}$$

这意味着梯度算子的 L^2-伴随算子就是负的散度算子:

$$\nabla^* \boldsymbol{v} = -\nabla \cdot \boldsymbol{v}. \tag{9.27}$$

边界积分为零 (9.25) 由对标量场和向量场规定适当的齐次边界条件予以保证. 如果在边界的各点上 $u = 0$ 或 $\boldsymbol{v} \cdot \boldsymbol{n} = 0$, 显然线积分为零. 这些可能立刻导致三种类型 (齐次) 边界条件. 第一种是 Dirichlet 边界条件, 它要求

$$\text{在 } \partial \Omega \text{ 上 } u = 0. \tag{9.28}$$

或者, 可以设

$$\text{在 } \partial \Omega \text{ 上 } \boldsymbol{v} \cdot \boldsymbol{n} = 0. \tag{9.29}$$

这要求 $\boldsymbol{v}$ 处处与边界相切. 由于 ∇ 必须把标量场 $u \in U$ 映射到一个可接受的向量场 $\boldsymbol{v} = \nabla u \in V$, 边界条件 (9.29) 要求 u 满足齐次 Neumann 边界条件

$$\text{在 } \partial \Omega \text{ 上 } \frac{\partial u}{\partial \boldsymbol{n}} = \nabla u \cdot \boldsymbol{n} = 0. \tag{9.30}$$

显然可以也是混合边界条件, 在部分边界规定 Dirichlet 条件和在边界其余部分规定 Neumann 条件:

$$\text{在 } D \subset \partial \Omega \text{ 上 } u = 0, \text{ 在 } N = \partial \Omega \backslash D \text{ 上 } \boldsymbol{v} \cdot \boldsymbol{n} = \frac{\partial u}{\partial \boldsymbol{n}} = 0, \tag{9.31}$$

其中 D 和 N 都是非空的.

更一般地, 当模拟非均匀膜挠曲, 通过非均匀介质的热流以及相似的物理平衡时, 我们用下列适当的加权内积

$$\begin{aligned}\langle u,\widetilde{u}\rangle &= \iint_\Omega u(x,y)\widetilde{u}(x,y)\rho(x,y)\mathrm{d}x\mathrm{d}y,\\ \langle\langle \boldsymbol{v},\widetilde{\boldsymbol{v}}\rangle\rangle &= \iint_\Omega \left[v_1(x,y)\widetilde{v}_1(x,y)k_1(x,y)+v_2(x,y)\widetilde{v}_2(x,y)k_2(x,y)\right]\mathrm{d}x\mathrm{d}y\end{aligned}\tag{9.32}$$

替换标量场间的 L^2 – 内积 (9.22) 和向量场间的 L^2 – 内积 (9.23)[①]; 其中 $\rho(x,y)$, $k_1(x,y)$, $k_2(x,y)>0$ 对于 $(x,y)\in\Omega$ 是严格正的. 在应用中, ρ 表示密度, 而 k_1,k_2 表示刚度或热传导系数. 为了计算梯度算子的加权伴随算子, 我们应用基于 (6.83) 的类似的分部积分:

$$\begin{aligned}\langle\langle \nabla u,\boldsymbol{v}\rangle\rangle &= \iint_\Omega\left(\frac{\partial u}{\partial x}v_1k_1+\frac{\partial u}{\partial y}v_2k_2\right)\mathrm{d}x\mathrm{d}y\\ &= \oint_{\partial\Omega} u\left(-k_2v_2\mathrm{d}x+k_1v_1\mathrm{d}y\right)-\iint_\Omega u\left[\frac{\partial\left(k_1v_1\right)}{\partial x}+\frac{\partial\left(k_2v_2\right)}{\partial y}\right]\mathrm{d}x\mathrm{d}y\\ &= \iint_\Omega u\left\{-\frac{1}{\rho}\left[\frac{\partial\left(k_1v_1\right)}{\partial x}+\frac{\partial\left(k_2v_2\right)}{\partial y}\right]\right\}\rho\mathrm{d}x\mathrm{d}y,\end{aligned}\tag{9.33}$$

只要边界积分为零. 左端将等于

$$\langle u,\nabla^*\boldsymbol{v}\rangle = \iint_\Omega u\left(\nabla^*\boldsymbol{v}\right)\rho\mathrm{d}x\mathrm{d}y,$$

我们得到, 梯度算子关于加权内积 (9.32) 的伴随算子是负的 "加权散度算子":

$$\begin{aligned}\nabla^*\boldsymbol{v} &= -\frac{1}{\rho}\left[\frac{\partial\left(k_1v_1\right)}{\partial x}+\frac{\partial\left(k_2v_2\right)}{\partial y}\right]\\ &= -\frac{k_1}{\rho}\frac{\partial v_1}{\partial x}-\frac{k_2}{\rho}\frac{\partial v_2}{\partial y}-\frac{1}{\rho}\frac{\partial k_1}{\partial x}v_1-\frac{1}{\rho}\frac{\partial k_2}{\partial y}v_2.\end{aligned}\tag{9.34}$$

边界积分为零,

$$0=\oint_{\partial\Omega}u\left(-k_2v_2\mathrm{d}x+k_1v_1\mathrm{d}y\right)=\oint_{\partial\Omega}u(\widetilde{\boldsymbol{v}}\cdot\boldsymbol{n})\mathrm{d}s,\ \text{其中}\ \widetilde{\boldsymbol{v}}=\begin{pmatrix}k_1v_1\\ k_2v_2\end{pmatrix},$$

在 $\partial\Omega$ 上要么 $u=0$ 要么 $\widetilde{\boldsymbol{v}}\cdot\boldsymbol{n}=0$ 上式都可以得到保证. 前者就是通常的齐次 Dirichlet 条件, 后者是齐次 Neumann 条件的加权版本, 即要求在边界上 $\widetilde{\nabla}u\cdot\boldsymbol{n}=0$, 其中 $\widetilde{\nabla}u=(k_1u_x,k_2u_y)^\top$ 表示 "加权法向通量向量".

例 9.8 关于域空间和靶空间的 L^2 – 内积, 计算二阶 Laplace 算子 $\Delta=\partial^2/\partial x^2+\partial^2/\partial y^2$ 的伴随算子. 计算是二重积分恒等式 (6.88) 的一个简单推论. 重写为

$$\langle\Delta u,v\rangle=\iint_\Omega v\Delta u\mathrm{d}x\mathrm{d}y=\oint_{\partial\Omega}\left(u\frac{\partial u}{\partial\boldsymbol{n}}-v\frac{\partial v}{\partial\boldsymbol{n}}\right)\mathrm{d}s+\iint_\Omega u\Delta v\mathrm{d}x\mathrm{d}y=\langle u,\Delta v\rangle.$$

① 习题 9.2.14 给出更普遍的一对内积.

所以只要边界积分为零, 就可以得到 Laplace 算子等于它的伴随算子: $\Delta = \Delta^*$ 的结论. 当 $\partial\Omega$ 上每点都有 $u\partial v/\partial \boldsymbol{n} = v\partial u/\partial \boldsymbol{n}$ 时这是保证成立的. 例如, 如果在区域边界的每点上 $u = v = 0$ 或 $\partial u/\partial \boldsymbol{n} = \partial v/\partial \boldsymbol{n} = 0$, 那么伴随计算都是成立的. 记住, 如果我们需要在部分或全部 $\partial\Omega$ 上 $v = 0$, 那么这就在那里强加条件 $\Delta u = 0$ 以便 Δ 将 u 映射成一个可容许的 v; 当 $\partial v/\partial \boldsymbol{n} = 0$ 时, 同样的考虑也适用.

习题

9.1.1. 求 $A = \begin{pmatrix} 1 & 2 \\ -1 & 3 \end{pmatrix}$ 的伴随矩阵. 域空间和靶空间采用同样内积, 从下列 $\mathbb{R}^2$ 的内积中选择: (a) Euclid 点积. (b) 加权内积 $\langle \boldsymbol{v}, \boldsymbol{w} \rangle = 2v_1w_1 + 3v_2w_2$. (c) 对称正定矩阵 $C = \begin{pmatrix} 2 & -1 \\ -1 & 4 \end{pmatrix}$ 定义的内积 $\langle \boldsymbol{v}, \boldsymbol{w} \rangle = \boldsymbol{v}^\top C\boldsymbol{w}$.

9.1.2. 从习题 9.1.1 所列中, 对域空间和靶空间选择不同内积, 再求矩阵 A 的伴随矩阵.

9.1.3. 求 $A = \begin{pmatrix} 1 & 1 & 0 \\ -1 & 0 & 1 \\ 0 & -1 & 2 \end{pmatrix}$ 的伴随矩阵. 域空间和靶空间均从下面在 $\mathbb{R}^3$ 上的内积中选择一个. (a) $\mathbb{R}^3$ 上的 Euclid 点积. (b) 加权内积 $\langle \boldsymbol{v}, \boldsymbol{w} \rangle = v_1w_1 + 2v_2w_2 + 3v_3w_3$. (c) 对称正定矩阵 $C = \begin{pmatrix} 2 & 1 & 0 \\ 1 & 2 & 1 \\ 0 & 1 & 2 \end{pmatrix}$ 定义的内积 $\langle \boldsymbol{v}, \boldsymbol{w} \rangle = \boldsymbol{v}^\top C\boldsymbol{w}$.

9.1.4. 从习题 9.1.3 所列中, 对域空间和靶空间选择不同内积, 计算矩阵 A 的伴随矩阵.

9.1.5. 计算 $A = \begin{pmatrix} 1 & 3 \\ 0 & 2 \\ -1 & 1 \end{pmatrix}$ 的伴随矩阵. 从习题 9.1.1 所列中选择 $\mathbb{R}^2$ 上的一个内积, 再从习题 9.1.3 所列中选择 $\mathbb{R}^3$ 上的一个内积.

♦ 9.1.6. (a) 设 C 为 $m \times n$ 矩阵. 对所有的 $\boldsymbol{u} \in \mathbb{R}^m$ 和 $\boldsymbol{v} \in \mathbb{R}^n$ 有 $\boldsymbol{u}^\top C\boldsymbol{v} = 0$. 证明 $C = O$ 必为零矩阵. (b) 设 A, B 为 $m \times n$ 矩阵, 对所有的 $\boldsymbol{u} \in \mathbb{R}^m$ 和 $\boldsymbol{v} \in \mathbb{R}^n$ 有 $\boldsymbol{u}^\top A\boldsymbol{v} = \boldsymbol{u}^\top B\boldsymbol{v}$. 证明 $A = B$. (c) 求 $n \times n$ 矩阵 $C \neq O$, 使得对所有的 $\boldsymbol{u} \in \mathbb{R}^n$ 有 $\boldsymbol{u}^\top C\boldsymbol{u} = 0$.

9.1.7. 令 $U = C^0[0, 1]$. 在加权内积 (9.16) 下求恒同算子 $I : U \to U$ 的伴随算子 I^*.

9.1.8. 在加权内积 $\langle u, \widetilde{u} \rangle = \int_0^1 \mathrm{e}^x u(x)\widetilde{u}(x)\mathrm{d}x$, $\langle\langle v, \widetilde{v} \rangle\rangle = \int_0^1 (1 + x)v(x)\widetilde{v}(x)\mathrm{d}x$ 下, 计算导数算子 $v = D[u] = u'$ 的伴随算子. 明确说明要强加的任何边界条件.

9.1.9. 设 $L[u] = xu'(x) + u(x)$ 且 $0 < a < x < b$. 服从齐次 Dirichlet 边界条件 $u(a) = u(b) = 0$, 关于下列内积求伴随算子 $L^*[v]$: (a) L^2 – 内积 (9.7). (b) 加权内积 (9.16).

9.1.10. 给定把 $u(x) \in C^1$ 映射为向量值函数的线性算子 $L[u] = \begin{pmatrix} u' \\ u \end{pmatrix}$, 其分量由函数及其一阶导数组成. 规定边界条件 $u(0) = u(1)$, 域空间和靶空间均取 L^2 – 内积, 计算伴随算子 L^*.

9.1.11. 是/非: 散度算子 $\nabla \cdot \boldsymbol{v}$ 关于 L^2 – 内积 (9.22, 23) 的伴随算子是负的梯度算子: $(\nabla\cdot)^* u = -\nabla u$. 若是, 需要假设哪些边界条件? 若不是, 伴随算子是什么?

9.1.12. 求二维旋度算子 $\nabla \times \boldsymbol{v}$, 如 (6.73) 所定义的那样, 关于 L^2 – 内积 (9.22, 23) 的伴随算子. 仔细说明所需的边界条件.

♦ 9.1.13. 求证: (a) 线性算子的伴随算子也是线性算子. (b) 伴随算子唯一.

♦ 9.1.14. 设 $L, M : U \to V$ 为同一内积空间上的线性算子. 证明:
(a) $(L + M)^* = L^* + M^*$. (b) $(cL)^* = cL^*, c \in \mathbb{R}$.

♦ 9.1.15. 证明命题 9.5.

♦ 9.1.16. 证明命题 9.6.

9.1.17. 是/非: 如果 $L : U \to U$ 可逆, 那么 $\left(L^{-1}\right)^* = (L^*)^{-1}$.

Fredholm 择一律

给定内积空间 U, V 之间的一个线性算子 $L : U \to V$, 关于各种强迫作用函数 $f \in V$, 求解相关的非齐次线性系统

$$L[u] = f, \tag{9.35}$$

这是带有根本性的问题. 在有限维情形, 这简化为由系数矩阵 A 定义的线性代数系统, $A\boldsymbol{u} = \boldsymbol{f}$. 对于我们兴趣所在的线性常微分算子和偏微分算子, (9.35) 表示线性边值问题. 一般来说, 非齐次线性系统不可解, 除非它的右端项满足一定的约束条件确保 f 属于 L 的值域. 用伴随算子表征这些条件并不难, 需要借助所谓 Fredholm 择一律 (Fredholm alternative), 以 20 世纪早期瑞典数学家 Ivar Fredholm的名字命名. 他的主要兴趣是求解线性积分方程, 但其可解性准则可以认为是线性系统完全通用的性质, 线性系统包括线性代数方程组、线性微分方程、线性边值问题等在内.

回想一下, 线性算子的核 (kernel) 是齐次线性方程组 $L[u] = 0$ 的解集.

定义 9.9 内积空间之间的线性算子 $L: U \to V$ 的余核 (cokernel) 定义为其伴随算子的核:

$$\operatorname{coker} L = \ker L^* = \{v \in V \mid L^*[v] = 0\}. \tag{9.36}$$

我们现在叙述和证明 Fredholm 择一律.

定理 9.10 如果线性系统 $L[u] = f$ 有解, 那么右端项必须与余核正交, 即

$$对所有的\ v \in \operatorname{coker} L,\ \langle\langle v, f\rangle\rangle = 0. \tag{9.37}$$

证明 如果 $L[u] = f$. 那么给定 $v \in \operatorname{coker} L$, 伴随方程 (9.2) 意味着

$$\langle\langle v, f\rangle\rangle = \langle\langle v, L[u]\rangle\rangle = \langle L^*[v], u\rangle = 0,$$

因为由余核的定义, 有 $L^*[v] = 0$. [证毕]

注记: 在实践中, 只有当 v 使用余核基时, 才需要检查正交性约束 (9.37). 特别是, 若齐次伴随系统 $L^*[v] = 0$ 的唯一解是平凡解 $v = 0$, 则没有约束, 并且期望对于任意"合理"的强迫作用函数 f, 非齐次线性系统 (9.35) 都是可解的. 在有限维情形肯定如此[89]. 对于线性微分算子定义的边值问题, 需要确定什么是"合理"的, 然后再证明一个适当的存在性定理. 虽然对这里提出所有的边值问题都是成立的, 但对于连续甚至于分段连续的强迫作用函数 f 而言, 偏微分方程解的存在性的严格证明涉及进一步的泛函分析数学机制, 参见如 [38,44,61,99], 这已经超出本书引论性的范围.

例 9.11 考虑线性代数系统

$$u_1 - u_3 = f_1, \quad u_2 - 2u_3 = f_2, \quad u_1 - 2u_2 + 3u_3 = f_3. \tag{9.38}$$

使用 Gauss 消去法 (或者通过验证), 易知 (9.38) 有解当且仅当相容性条件

$$-f_1 + 2f_2 + f_3 = 0 \tag{9.39}$$

成立. 不仅如此, 当条件满足时解存在但不唯一. 为将此事与 Fredholm 择一律相联系, 把方程组写为矩阵形式 $L[\boldsymbol{u}] = \boldsymbol{f}$, 其中 $L[\boldsymbol{u}] = A\boldsymbol{u}$ 表示乘系数矩阵

$$A = \begin{pmatrix} 1 & 0 & -1 \\ 0 & 1 & -2 \\ 1 & -2 & 3 \end{pmatrix}.$$

应用 $\mathbb{R}^3$ 上的点积, 伴随线性函数 $L^*[\boldsymbol{v}] = A^\top \boldsymbol{v}$ 用转置矩阵

$$A^\top = \begin{pmatrix} 1 & 0 & 1 \\ 0 & 1 & -2 \\ -1 & -2 & 3 \end{pmatrix}$$

表示. 所以, 求解齐次伴随线性系统 $A^\top \boldsymbol{v} = 0$ 就可以找到余核, 即

$$v_1 + v_3 = 0, \quad v_2 - 2v_3 = 0, \quad -v_1 - 2v_2 + 3v_3 = 0,$$

解由 $\boldsymbol{v} = (-1, 2, 1)^\top$ 所有的标量倍数组成. 可将相容性条件 (9.39) 视为右端项在点积意义上与余核基向量正交,

$$\boldsymbol{v} \cdot \boldsymbol{f} = -f_1 + 2f_2 + f_3 = 0,$$

与 Fredholm 择一律约束 (9.37) 一致.

例 9.12 求解模拟两端自由长度为 ℓ 的均匀弹性杆, 外部强迫位移的边值问题

$$u'' = f(x), \quad u'(0) = 0, \quad u'(\ell) = 0. \tag{9.40}$$

直接积分, 得到

$$u(x) = ax + b + \int_0^x \left[\int_0^y f(z) \mathrm{d}z \right] \mathrm{d}y,$$

其中常数 a, b 由边值条件确定. 既然

$$u'(x) = a + \int_0^x f(z) \mathrm{d}z,$$

边值条件 $u'(0) = 0$ 意味着 $a = 0$, 第二个边值条件要求

$$u'(\ell) = \int_0^\ell f(z) \mathrm{d}z = 0. \tag{9.41}$$

如果此条件不满足. 那么边值问题无解. 另一方面, 如果强迫作用函数 $f(x)$ 满足约束 (9.41), 那么边值问题得到解, 形如

$$u(x) = b + \int_0^x \left[\int_0^y f(z) \mathrm{d}z \right] \mathrm{d}y, \tag{9.42}$$

其中常数 b 是任意的. 所以当常数存在时, 边值问题的解不唯一. 常数 b 是相应的齐次问题的解, 并且表示杆的整体刚性平移距离 b.

可解性条件 (9.41) 遵循了 Fredholm 择一律. 的确根据例 9.7, 在 L^2 – 内积和给定的边界条件下, $(D^2)^* = D^2$, 因此伴随系统是无强迫齐次边值问题

$$v'' = 0, \quad v'(0) = 0, \quad v'(\ell) = 0,$$

对于任意常数 c 有解 $v(x)=c$. 因此余核由常数函数 $v_\star(x)\equiv 1$ 的全体标量倍数组成. Fredholm 择一律要求原边值问题的强迫作用函数与余核函数正交, 所以

$$\langle 1,f\rangle=\int_0^\ell f(x)\mathrm{d}x=0,$$

这就是条件 (9.41), 为非平衡解存在所必需.

例 9.13 考虑有界区域 $\Omega\subset\mathbb{R}^2$ 上 Poisson 方程的齐次 Neumann 边值问题

$$\text{在 }\Omega\text{ 中 }-\Delta u=f,\ \text{在 }\partial\Omega\text{ 上 }\frac{\partial u}{\partial \boldsymbol{n}}=0. \tag{9.43}$$

根据例 9.8, Laplace 算子在 L^2 – 内积和给定的边界条件下是自伴的: $\Delta^*=\Delta$. 所以齐次伴随系统是

$$\text{在 }\Omega\text{ 中 }-\Delta v=0,\ \text{在 }\partial\Omega\text{ 上 }\frac{\partial v}{\partial \boldsymbol{n}}=0.$$

定理 6.15 告诉我们, 伴随问题的唯一解是常数函数, $v(x,y)\equiv c$. 于是余核的基由函数 $v(x,y)\equiv 1$ 组成. 因此 Fredholm 择一律要求 (9.43) 中强迫作用函数满足

$$\langle 1,f\rangle=\iint_\Omega f(x,y)\mathrm{d}x\mathrm{d}y=0, \tag{9.44}$$

再现我们早期对齐次 Neumann 条件情形的约束 (6.90).

习题

9.1.18. 用 Fredholm 择一律确定以下线性系统是否相容. 若相容写出通解.

(a) $\begin{aligned}2x-4y&=-2,\\ -x+2y&=3.\end{aligned}$ (b) $\begin{aligned}6x-3y+9z&=6,\\ 2x-y+3z&=2.\end{aligned}$ (c) $\begin{aligned}2x+3y&=-1,\\ 3x+7y&=1,\\ x+4y&=2,\\ -x+y&=3.\end{aligned}$

(d) $\begin{aligned}2x_1-3x_2-x_3&=-1,\\ 3x_1-x_2&=1,\\ 4x_1+x_2+x_3&=2.\end{aligned}$ (e) $\begin{aligned}2x_1+3x_2-x_4&=-1,\\ 3x_1+2x_3-x_4&=0,\\ x_1-x_2+x_3&=1.\end{aligned}$

9.1.19. 用 Fredholm 择一律求出下列线性方程组的相容性条件.

(a) $2x+y=a,\quad x+4y=b,\quad -3x+2y=c.$

(b) $x+2y+3z=a,\quad -x+5y-2z=b,\quad 2x-3y+5z=c.$

(c) $x_1+2x_2+3x_3=b_1,\quad x_2+2x_3=b_2,$
$3x_1+5x_2+7x_3=b_3,\quad -2x_1+x_2+4x_3=b_4.$

(d) $x-3y+2z+w=a,\quad 4x-2y+2z+3w=b,$
$5x-5y+4z+4w=c,\quad 2x+4y-2z+w=d.$

9.1.20. 设 A 是对称矩阵. 求证线性系统 $A\boldsymbol{x}=\boldsymbol{b}$ 有解, 当且仅当 $\boldsymbol{b}$ 与 $\ker A$ 正交.

9.1.21. 用 Fredholm 择一律确定边值问题 $xu''+u'=1-\dfrac{2}{3}x, u'(1)=u'(2)=0$ 的解是否存在. 如果是, 写出所有的解.

9.1.22. 分析周期边值问题 $-u''=f(x), u(0)=u(2\pi), u'(0)=u'(2\pi)$, 沿着例 9.12 相同思路. 描述问题有解强迫作用函数的特征. 解释为什么约束 (如果有) 符合 Fredholm 择一律. 写出所有满足你的约束的强迫作用函数 $f(x)$, 然后找到所有相应的解.

9.1.23. 回答习题 9.1.22 的边值问题:

(a) $u''''=f(x),\quad u''(0)=u'''(0)=0,\quad u''(1)=u'''(1)=0.$

(b) $u''''=f(x),\quad u''(0)=u'''(0)=0,\quad u(1)=u''(1)=0.$

♥ 9.1.24. 设 λ 为一个实参数. (a) λ 取何值可使边值问题 $u''+\lambda u=h(x)$, $u(0)=0$, $u(1)=0$ 的解唯一? (b) 对所有这样的 λ 构造 Green 函数. (c) 在解唯一的情形, 运用 Fredholm 择一律, 找到解存在强迫作用函数 $h(x)$ 所需的条件.

9.1.25. 设 $\Omega\subset\mathbb{R}^2$ 是有界连通域. 用在标量场和向量场上的 L^2 – 内积 (9.22,23) 写出 Ω 中的 $\nabla\cdot\boldsymbol{v}=f$ 边值问题 Fredholm 择一律可解性约束, 满足在 $\partial\Omega$ 上 $\boldsymbol{v}\cdot\boldsymbol{n}=0$ 的齐次边界条件.

9.1.26. 设 $\Omega\subset\mathbb{R}^2$ 是有界连通域. 利用在 $\Omega\subset\mathbb{R}^2$ 上标量场和向量场的 L^2 – 内积 (9.22, 23), 写出在 Ω 中边值问题 $\nabla u=\boldsymbol{f}$ 的 Fredholm 择一律可解性约束, 满足在 $\partial\Omega$ 上 $u=0$ 的齐次边界条件.

9.2 自伴与正定线性函数

在有限维线性代数中, 有如定义 B.12 的那两类特别重要的矩阵: 转置矩阵等于它自身的对称矩阵和正定矩阵. 本节的目标是使这两个概念适应更一般的线性算子, 尤其关注线性微分算子情形, 得到的一类自伴微分算子和正 (半) 定微分算子, 在常微分方程和偏微分方程的应用中无处不在.

自伴性

本节中 U 是一个固定的内积空间, 我们已经看到, 矩阵的转置是伴随算子的一个非常特殊的情形.

定义 9.14 线性算子 $S:U\to U$ 称为自伴的 (self-adjoint), 是指 $S^*=S$. 因此根据 (9.2), S 是自伴的当且仅当

$$\text{对所有的 } u,\widetilde{u}\in U,\ \langle S[u],\widetilde{u}\rangle=\langle u,S[\widetilde{u}]\rangle. \tag{9.45}$$

例 9.15 在有限维情形, 线性函数 $S:\mathbb{R}^n\to\mathbb{R}^n$ 是通过矩阵乘法实现的: $S[\boldsymbol{u}]=K\boldsymbol{u}$, 其中 K 是 $n\times n$ 的方阵. 如果我们使用 $\mathbb{R}^n$ 上的普通点积, 那么根据例 9.2, 伴随函数 $S^*:\mathbb{R}^n\to\mathbb{R}^n$ 是乘转置矩阵给出的: $S^*[\boldsymbol{u}]=K^\top\boldsymbol{u}$. 因此, 当且仅当线性函数可用对称矩阵 $K^\top=K$ 表示, 它就是自伴的.

另一方面, 如果采用正定对称矩阵 $C>0$ 给出的加权内积 $\langle\boldsymbol{u},\widetilde{\boldsymbol{u}}\rangle=\boldsymbol{u}^\top C\widetilde{\boldsymbol{u}}$, 那么根据 (9.6), 伴随函数 S^* 有矩阵表示 $C^{-1}K^\top C$. 因此, S 是在加权内积下的自伴算子, 当且仅当矩阵 K 满足 $K=C^{-1}K^\top C$.

例 9.16 例 9.7 中我们认为, 对于 L^2 – 内积且服从适当的齐次边界条件而言, 二阶导数算子 $S=D^2$ 是自伴的. 对这一结果的直接验证是有益的. 根据普遍的伴随方程 (9.2), 我们需要等式

$$\int_a^b S[u]\widetilde{u}\mathrm{d}x=\langle S[u],\widetilde{u}\rangle=\langle u,S^*[\widetilde{u}]\rangle=\int_a^b uS^*[\widetilde{u}]\mathrm{d}x. \tag{9.46}$$

如前, 计算依赖于 (此时两次) 分部积分

$$\begin{aligned}\langle S[u],\widetilde{u}\rangle&=\int_a^b\frac{\mathrm{d}^2u}{\mathrm{d}x^2}\widetilde{u}\mathrm{d}x=\frac{\mathrm{d}u}{\mathrm{d}x}\widetilde{u}\bigg|_{x=a}^{b}-\int_a^b\frac{\mathrm{d}u}{\mathrm{d}x}\frac{\mathrm{d}\widetilde{u}}{\mathrm{d}x}\mathrm{d}x\\&=\left[\frac{\mathrm{d}u}{\mathrm{d}x}\widetilde{u}-u\frac{\mathrm{d}\widetilde{u}}{\mathrm{d}x}\right]\bigg|_{x=a}^{b}+\int_a^b u\frac{\mathrm{d}^2\widetilde{u}}{\mathrm{d}x^2}\mathrm{d}x.\end{aligned}$$

与 (9.46) 比较, 我们得到 $S^*=D^2=S$, 只需边界项为零:

$$\left[\frac{\mathrm{d}u}{\mathrm{d}x}\widetilde{u}-u\frac{\mathrm{d}\widetilde{u}}{\mathrm{d}x}\right]\bigg|_{x=a}^{b}=[u'(b)\widetilde{u}(b)-u(b)\widetilde{u}'(b)]-[u'(a)\widetilde{u}(a)-u(a)\widetilde{u}'(a)]=0. \tag{9.47}$$

这就要求我们在端点处给定适当的边界条件, 这将有助于描述 $S=D^2$ 作用的基础向量空间 U. 一种可能是设 $U=\{u(a)=u(b)=0\}$, 从而给定齐次 Dirichlet 边界条件. 既然还有 $\widetilde{u}\in U,\widetilde{u}(a)=\widetilde{u}(b)=0$, 因此 (9.47) 成立, 自伴性得证. 另外, 还可以给定齐次 Neumann 边界条件、混合边界条件或周期边界条件, 以便给定空间 U 和类似地建立 $S=D^2$ 的自伴性.

正定性

我们转到如何表征正定算子和正半定线性算子, 对于后者稍许不大严格. 这有助于将正定矩阵和正半定矩阵的概念推广到定义边值问题的线性微分算子.

定义 9.17 内积空间上的线性算子 $S : U \to U$ 称为正定的 (positive definite), 记为 $S > 0$, 是指

$$\text{对所有的 } u \neq 0,\ \langle u, S[u] \rangle > 0. \tag{9.48}$$

算子 S 称为正半定的 (positive semi-definite), 记为 $S \geqslant 0$, 是指

$$\text{对于所有的 } u, \langle u, S[u] \rangle \geqslant 0. \tag{9.49}$$

可以观察到, 在装备点积的有限维空间 $U = \mathbb{R}^n$ 中, 根据定义 B.12, 线性函数$S[\boldsymbol{u}] = K\boldsymbol{u}$ 是正 (半) 定的, 当且仅当 K 是一个正 (半) 定矩阵. (但是, 改变 $\mathbb{R}^n$ 上的内积将导致矩阵 K 正定性的另一种概念; 参见习题 9.2.5.) 在涉及微分算子的无穷维情形, 算子的定义域可能只是整个内积空间 U 的一个稠密子空间, 而只对那些在 S 的定义域中的函数 u 规定正定条件 (9.48) 或 (9.49). 幸而, 这种技术细节对随后的发展没有多大影响.

例 9.18 对于定义在闭区间 $[a, b]$ 上的全体 C^2 – 函数组成的空间 U, 考虑作用在空间 U 上的算子 $S = -D^2$, 给定齐次 Dirichlet 条件 $u(a) = u(b) = 0$. 为了建立正定性, 求

$$\langle S[u], u \rangle = \int_a^b \left(-\frac{\mathrm{d}^2 u}{\mathrm{d}x^2} u \right) \mathrm{d}x = - \left. \frac{\mathrm{d}u}{\mathrm{d}x} u \right|_{x=a}^{b} + \int_a^b \left(\frac{\mathrm{d}u}{\mathrm{d}x} \right)^2 \mathrm{d}x = \int_a^b \left(\frac{\mathrm{d}u}{\mathrm{d}x} \right)^2 \mathrm{d}x,$$

这里我们先作分部积分, 而后利用边界条件消去边界项. 最后一个表达式显然不小于 0, 因而 S 至少是正半定的. 此外, 由于 $u'(x)$ 连续, 最后的积分可能为零的唯一方式是如果 $u'(x) \equiv 0$, 这意味着 $u(x) \equiv c$ 恒定. 然而, 满足齐次 Dirichlet 边界条件唯一的常数函数是 $u(x) \equiv 0$. 因此, 对于所有的 $0 \neq u \in U$ 而言. $\langle S[u], u \rangle > 0$. 类似的论证意味着当函数服从混合边界条件 $u(a) = u'(b) = 0$ 时的正定性. 另一方面, 任何常数函数都满足 Neumann 边界条件 $u'(a) = u'(b) = 0$, 因此在本例中, $S \geqslant 0$ 只是正半定的.

命题 9.19 *如果 $S > 0$, 那么 $\ker S = \{0\}$. 因而对于属于 S 值域的 f, 记为 $f \in \operatorname{rng} S$, 正定线性系统 $S[u] = f$ 必有唯一解.*

证明 如果 $S[u] = 0$, 那么 $\langle u, S[u] \rangle = 0$, 根据 (9.48), 仅当 $u = 0$ 时可能. 第二个论断是定理 1.6 的直接推论. [证毕]

因此, 在有限维情形, 正定性意味 $S[\boldsymbol{u}]=K\boldsymbol{u}$ 的系数矩阵是非奇异的, 所以解自动存在. 在边值问题的无穷维情形, 解的存在性通常需要进一步分析[63].

生成一个自伴正 (半) 定线性算子最常见的方法是遵循如下一般构造法. 这里, 为了区分线性算子 $L:U\to V$ 的域空间和靶空间上不同内积的诱导范数, 我们分别用①:

$$\|u\|=\sqrt{\langle u,u\rangle},\quad u\in U,\quad |||\,v\,|||=\sqrt{\langle\langle v,v\rangle\rangle},\quad v\in V \tag{9.50}$$

表示.

定理 9.20 设 $L:U\to V$ 是内积空间之间的线性映射, 且有伴随算子 $L^*:V\to U$. 那么, 复合映射 $S=L^*\circ L:U\to U$ 总是自伴的: $S=S^*$, 且是正半定的: $S\geqslant 0$, 有核 $\ker S=\ker L$. 此外, $S>0$ 是正定的当且仅当核 $\ker L=\{0\}$.

证明: 由命题 9.5 和命题 9.6,

$$S^*=(L^*\circ L)^*=L^*\circ(L^*)^*=L^*\circ L=S.$$

自伴性得证. 进一步地, 对于所有的 u,

$$\langle u,S[u]\rangle=\langle u,L^*[L[u]]\rangle=\langle\langle L[u],L[u]\rangle\rangle=|||\,L[u]\,|||^2\geqslant 0. \tag{9.51}$$

正半定性得证. 进而, 只要 $L[u]\neq 0$ 就有 $\langle u,S[u]\rangle>0$. 因此若 $\ker L=\{u\mid L[u]=0\}=\{0\}$, 则对于所有的 $u\neq 0$ 有 $\langle u,S[u]\rangle>0$, 故 S 正定. 最后, 相同计算证明 $\ker S=\ker L$. 确实若 $L[u]=0$, 则 $S[u]=L^*[L[u]]=L^*[0]=0$. 另一方面, 若 $S[u]=0$, 则有 $0=\langle u,S[u]\rangle=|||\,L[u]\,|||^2$, 因此 $L[u]=0$. [证毕]

我们对基于定理 9.20 构造的线性系统特别感兴趣, 即

$$S[u]=L^*[L[u]]=f. \tag{9.52}$$

视其算子 S 定义的状态, 我们把系统 (9.52) 称为正定的或正半定的. 因此, 当且仅当 $\ker S=\ker L=\{0\}$, 即齐次系统 $S[z]=0$ 的唯一解是平凡解 $z=0$, 系统是正定的. 此时, (9.52) 的解 (如果存在) 是唯一的. 另一方面, 如果 $S[z]=0$ 有非零解, 那么 (9.52) 仅为正半定的, 不容许唯一解. 此外, 除非 Fredholm 择一律约束条件 (9.37) 成立, 否则无解. 通过定理 9.20, 我们可以确认

$$\operatorname{coker}S=\ker S^*=\ker S=\ker L. \tag{9.53}$$

这意味着下列:

定理 9.21 设有 $S=L^*\circ L$. 如果线性系统 $S[u]=f$ 有一个解, 那么对

① 译注: 根据本书上下文判断, 著者的定义漏了开方.

于所有的 $z \in \ker L$ 而言 $\langle z, f\rangle = 0$. 此外, 如果 $S[u] = f$ 和 $S[\widetilde{u}] = f$ 是同一个线性系统的两个解, 那么 $\widetilde{u} = u + z$, 其中 $z \in \ker L$ 是 $L[z] = 0$ 的任一解.

例 9.22 在有限维情形, 任意线性函数 $L : \mathbb{R}^n \to \mathbb{R}^m$ 是通过矩阵乘法实现的: $L[\boldsymbol{u}] = A\boldsymbol{u}$. 对于域空间和靶空间上的通常点积而言, $L^*[\boldsymbol{v}] = A^\top \boldsymbol{v}$. 因此, 自伴组合 $S = L^* \circ L : \mathbb{R}^n \to \mathbb{R}^n$ 是由 $n \times n$ 的对称矩阵 $K = A^\top A$ 表示的. 根据定理 9.20, 矩阵 K 总是正半定的, 当且仅当齐次线性系统 $A\boldsymbol{z} = \boldsymbol{0}$ 有唯一平凡解 $\boldsymbol{z} = \boldsymbol{0}$ 时, 矩阵 K 是正定的. 在正半定情形, 定理 9.21 的 Fredholm 择一律表述为, 线性系统 $K\boldsymbol{u} = \boldsymbol{f}$ 有解当且仅当对于所有的 $\boldsymbol{z} \in \ker A$ 有 $\boldsymbol{z} \cdot \boldsymbol{f} = 0$. (如前所述, 在有限维情形解的存在性不是问题.) 不仅如此, 如果 $\boldsymbol{u}$ 是任意一个解, 那么对于 $\boldsymbol{z} \in \ker A$ 而言, 任意的 $\widetilde{\boldsymbol{u}} = \boldsymbol{u} + \boldsymbol{z}$ 也是一个解.

更一般地, 我们如果在域空间和靶空间都采用加权内积 (9.4), 各自分别表示为正定矩阵 $M > 0$ 和 $C > 0$, 那么伴随映射 L^* 有矩阵表示 $M^{-1}A^\top C$, 因此 $S = L^* \circ L$ 由 $n \times n$ 矩阵乘积 $K = M^{-1}A^\top CA$ 给出 (不一定是对称的). 此外, 所有的情形都有 $K \geqslant 0$, 当且仅当 $\ker A = \{\boldsymbol{0}\}$ 时有 $K > 0$. 现在 Fredholm 择一律指出, 线性系统 $K\boldsymbol{u} = M^{-1}A^\top CA\boldsymbol{u} = \boldsymbol{f}$ 有一个解, 当且仅当对于所有的 $\boldsymbol{z} \in \ker A$ 而言 $\langle \boldsymbol{z}, \boldsymbol{f}\rangle = \boldsymbol{z}^\top M\boldsymbol{f} = 0$. 这种构造在力学、电气网络和结构稳定性上的应用参见 [89,112].

例 9.23 接下来考虑微分算子 $D[u] = u'$. 根据例 9.3, 我们如果在容许函数的空间上规定合适的齐次边界条件, 如 Dirichlet 条件、Neumann 条件、混合条件或周期条件, 并在域空间和靶空间中均使用 L^2-内积, 那么有 $D^*[v] = -v'$. 因此, 定理 9.20 的自伴算子由 $S = D^* \circ D = -D^2$ 给出.

根据定理 9.20, 由此产生的边值问题

$$S[u] = -u'' = f$$

始终为正半定的. 当且仅当 $\ker D = \{0\}$, 即满足 $D[u] = u' = 0$ 以及边界条件的唯一函数为零函数, 问题才是正定的. 首先考虑边界条件 $u(a) = u(b) = 0$. 在一个连通区间上 $u' = 0$, 当且仅当 $u = c$ 是一个常数函数. 但是边界条件要求 $c = 0$, 因此核中只出现零函数. 我们得到结论, Dirichlet 边值问题是正定的, 它的解是唯一的. 类似的论证适用于混合边界条件, 例如 $u(a) = u'(b) = 0$, 因为 $x = a$ 的条件足以确保常数函数必须为零. 另一方面, 任何常数函数都满足 Neumann 边界条件 $u'(a) = u'(b) = 0$, 在这种情形里, $\ker D$ 因此由所有的常数函数组成. 因而, Neumann 边值问题只是正半定的. 正如我们所看到的, 解存在但不唯一, 因为我们可以在解上添加任意常数函数得到另一个解. 类似的论证证明, 周期边值问题 $u(a) = u(b), u'(a) = u'(b)$ 也是正半定的, 有同样的

存在性和唯一性的性质.

更一般地, 如果我们在域空间和靶空间上使用加权内积 (9.16), 然后, 再根据适合的边界条件, 给出伴随算子 (9.19), 因此自伴边值问题的 $S[u] = D^* \circ D[u] = f$ 是以更一般微分方程的[①]

$$S[u] = -\frac{1}{\rho(x)}\left(\frac{\mathrm{d}}{\mathrm{d}x}\kappa(x)\frac{\mathrm{d}u}{\mathrm{d}x}\right) = f(x) \tag{9.54}$$

为基础的. 此类边值问题是外部强迫作用函数 $f(x)$ 作用下非均匀弹性杆变形的模型, 其中 $\rho(x)$ 是杆的密度而 $\kappa(x)$ 是杆的刚度. 同样, 问题的正定性取决于是否满足 $\ker D = \{0\}$, 因此, 未加权情形完全相同的分类是: Dirichlet 和混合边值问题正定具有唯一解, 而 Neumann 和周期边值问题只是正半定的, 解的存在需要满足 Fredholm 条件.

自伴性构成相关 Green 函数对称性的基础. 作为 x 的函数, Green 函数 $G_\xi(x) = G(x;\xi)$ 满足集中在 $x = \xi$ 处 δ – 函数强迫作用的边值问题

$$S\left[G_\xi\right] = \delta_\xi,$$

或明确表示为

$$-\frac{1}{\rho(x)}\frac{\partial}{\partial x}\left(\kappa(x)\frac{\partial G}{\partial x}\right) = \delta(x-\xi), \tag{9.55}$$

以及所需的齐次边界条件. 我们假设首先在区间 $[a,b]$ 上使用 L^2 – 内积, 并取 $\rho(x) \equiv 1$. 利用 δ – 函数的定义 $\delta_\xi(x) = \delta(x-\xi)$ 和 S 的自伴性, 对于任何 $a < x, \xi < b$, 我们有

$$\begin{aligned} G(x;\xi) = G_\xi(x) &= \int_a^b G_\xi(y)\delta_x(y)\mathrm{d}y = \langle G_\xi, \delta_x\rangle = \langle G_\xi, S\left[G_x\right]\rangle \\ &= \langle S\left[G_\xi\right], G_x\rangle = \langle \delta_\xi, G_x\rangle = \int_a^b \delta_\xi(y)G_x(y)\mathrm{d}y = G_x(\xi) = G(\xi;x). \end{aligned} \tag{9.56}$$

这就建立了[②]L^2 – 内积下自伴边值问题 Green 函数的对称性方程

$$G(x;\xi) = G(\xi;x). \tag{9.57}$$

这可以看成是对称矩阵的逆也对称这一事实的微分算子版本.

另一方面, 如果我们采用一个加权内积

---

① 译注: 原书记法 $\dfrac{\mathrm{d}}{\mathrm{d}x}\kappa(x)\dfrac{\mathrm{d}u}{\mathrm{d}x}$, 通常写为 $\dfrac{\mathrm{d}}{\mathrm{d}x}\left(\kappa(x)\dfrac{\mathrm{d}u}{\mathrm{d}x}\right)$, 见本书 (9.71).

② 端点上的对称性是连续性的结果.

$$\langle u, \widetilde{u}\rangle = \int_a^b u(y)\widetilde{u}(y)\rho(y)\mathrm{d}y,$$

那么, 前面的论述须稍加修改:

$$\begin{aligned}\rho(x)G(x;\xi) &= \rho(x)G_\xi(x) = \int_a^b \rho(y)G_\xi(y)\delta_x(y)\mathrm{d}y = \langle G_\xi, \delta_x\rangle = \langle G_\xi, S\left[G_x\right]\rangle \\ &= \langle S\left[G_\xi\right], G_x\rangle = \langle \delta_\xi, G_x\rangle = \int_a^b \delta_\xi(y)G_x(y)\rho(y)\mathrm{d}y \\ &= \rho(\xi)G_x(\xi) = \rho(\xi)G(\xi;x),\end{aligned}$$

因此, 与加权自伴边值问题相关的 Green 函数满足 "加权对称条件"

$$\rho(x)G(x;\xi) = \rho(\xi)G(\xi;x). \tag{9.58}$$

注记: 等式 (9.58) 意味着修正 Green 函数 (modified Green's fuction)

$$\widehat{G}(x;\xi) = \frac{G(x;\xi)}{\rho(\xi)} \text{是真正对称的: } \widehat{G}(x;\xi) = \widehat{G}(\xi;x). \tag{9.59}$$

修正 Green 函数还有一个优点, 即在适当加权内积下重构求解边值问题 $S[u] = f$ 的叠加公式:

$$u(x) = \int_a^b G(x;\xi)f(\xi)\mathrm{d}\xi = \int_a^b \widehat{G}(x;\xi)f(\xi)\rho(\xi)\mathrm{d}\xi = \langle \widehat{G}_x, f\rangle,$$

$$\text{其中 } \widehat{G}_x(\xi) = \widehat{G}(x;\xi).$$

二维边值问题

下面我们运用自伴形式研究在二维有界连通域$\Omega \subset \mathbb{R}^2$ 上的边值问题. 我们把 $L = \nabla$ 取为梯度算子, 将标量场 u 映到向量场 $\boldsymbol{v} = \nabla u$. 我们规定一组适当的齐次边界条件, 即: Dirichlet 条件、Neumann 条件或混合条件. 根据 9.1 节的计算, 如果在标量场和向量场之间采用基本 L^2 – 内积 (9.22, 23), 则梯度的伴随算子是散度的负值: $\nabla^*\boldsymbol{v} = -\nabla\cdot\boldsymbol{v}$. 因此, 定理 9.20 的自伴组合给出

$$\nabla^*\circ\nabla[u] = -\nabla\cdot(\nabla u) = -\Delta u,$$

其中 Δ 是 Laplace 算子. 按此方式, 二维 Poisson 方程的自伴形式写为

$$-\Delta u = -\nabla\cdot(\nabla u) = \nabla^*\circ\nabla u = f, \tag{9.60}$$

一如既往地服从所给定的边界条件.

根据定理 9.20, $-\Delta = \nabla^*\circ\nabla$ 是正定的, 当且仅当梯度算子的核是平凡

的: $\ker \nabla = \{0\}$, 当然这仅限于适当的标量场空间. 因为我们假设区域 Ω 是连通的, 引理 6.16 告诉我们, 可以在 $\ker \nabla$ 中出现的唯有常数函数, 从而阻碍正定性成立. 边界条件将告诉我们这是否发生. 唯一能满足 Dirichlet 条件或齐次混合边界条件的常数函数是零函数. 因此, 像一维情形那样. Poisson 方程服从 Dirichlet 条件或混合边界条件的边值问题是正定的. 特别地, 这还意味着它的解是唯一的. 另一方面, 任何常数函数都满足齐次 Neumann 边界条件 $\partial u/\partial \boldsymbol{n} = 0$, 因此这样的边值问题只是正半定的. 解的存在性依赖于 Fredholm 择一律, 如我们在例 9.13 中所讨论的那样; 此外, 当它存在时, 解不再是唯一的, 因为可以在不影响方程或边界条件的情况下添加任何常量.

更一般地, 如果我们在标量场和向量场的空间上施以加权内积 (9.32), 回顾 (9.34), 那么相应的自伴边值问题采取更一般的形式

$$\nabla^* \circ \nabla u = -\frac{1}{\rho(x,y)}\frac{\partial}{\partial x}\left(\kappa_1(x,y)\frac{\partial u}{\partial x}\right) - \frac{1}{\rho(x,y)}\frac{\partial}{\partial y}\left(\kappa_2(x,y)\frac{\partial u}{\partial y}\right) = f(x,y), \tag{9.61}$$

以及在 $\partial\Omega$ 上选定的边界条件. 同样的, Dirichlet 边值问题和混合边值问题是正定的具有唯一解, 而 (适当加权) Neumann 问题只是正半定的.

偏微分方程 (9.61) 在不同的物理背景中出现. 例如, 考虑用矢量场 $\boldsymbol{v}$ 描述区域 $\Omega \subset \mathbb{R}^2$ 中的稳态流体流动. 流动称为*无旋的* (irrotational), 是指它有零旋度, $\nabla \times \boldsymbol{v} = \boldsymbol{0}$. 因此, 假设 Ω 是单连通的, 它是一个梯度 $\boldsymbol{v} = \nabla u$, 其中 $u(x,y)$ 称为流体*速度势* (velocity potential). *本构假设* (constitutive assumption) 将流体速度与其流量相联系 $\boldsymbol{w} = \kappa \boldsymbol{v}$, 其中 $\kappa(x,y) > 0$ 是流体的标量密度. 质量守恒提供最终方程, 即 $\nabla \cdot \boldsymbol{w} + f = 0$, 其中 $f(x,y)$ 表示流体的源 ($f > 0$) 或汇 ($f < 0$). 因此, 基本平衡方程形如

$$-\nabla \cdot (\kappa \nabla u) = f,$$

亦即

$$-\frac{\partial}{\partial x}\left(\kappa(x,y)\frac{\partial u}{\partial x}\right) - \frac{\partial}{\partial y}\left(\kappa(x,y)\frac{\partial u}{\partial y}\right) = f(x,y), \tag{9.62}$$

这就是 $\rho \to 1$ 且 $\kappa_1, \kappa_2 \to \kappa$ 的 (9.61). 均质 (恒定密度) 流体情形因而简化为 Poisson 方程 (4.84), 只需用 f/κ 替换 f.

至于 Poisson 方程以及更一般的边值问题 (9.61, 62) 的 Green 函数的对称性, 显然需要对上述一维情形的论证相应作出调整. 细节留给习题 9.2.17.

习题

9.2.1. 下列哪个矩阵关于点积定义自伴线性函数 $S:\mathbb{R}^2\to\mathbb{R}^2$?

(a) $\begin{pmatrix}1&0\\0&1\end{pmatrix}$. (b) $\begin{pmatrix}0&3\\2&2\end{pmatrix}$. (c) $\begin{pmatrix}1&0\\2&-5\end{pmatrix}$. (d) $\begin{pmatrix}3&2\\2&1\end{pmatrix}$.

9.2.2. 关于下列内积, 回答习题 9.2.1:

(i) $\langle \boldsymbol{u},\widetilde{\boldsymbol{u}}\rangle=2u_1\widetilde{u}_1+3u_2\widetilde{u}_2$; (ii) $\langle \boldsymbol{u},\widetilde{\boldsymbol{u}}\rangle=\boldsymbol{u}^\top C\widetilde{\boldsymbol{u}}$, 其中 $C=\begin{pmatrix}2&-1\\-1&3\end{pmatrix}$.

9.2.3. 是/非: 在 $\mathbb{R}^n$ 上给定一个内积 $\langle \boldsymbol{u},\boldsymbol{v}\rangle$:

(a) 非奇异自伴 $n\times n$ 矩阵的逆是自伴的.

(b) 非奇异正定 $n\times n$ 矩阵的逆是正定的.

9.2.4. 证明: $K>0$ 是正定 $n\times n$ 矩阵, 当且仅当 $J=K^\top+K$ 正定对称.

♦ 9.2.5. (a) 证明 $n\times n$ 矩阵 K 在 $\mathbb{R}^n$ 上定义关于内积 $\langle \boldsymbol{u},\widetilde{\boldsymbol{u}}\rangle=\boldsymbol{u}^\top C\widetilde{\boldsymbol{u}}$ 的自伴线性函数, C 为正定对称矩阵, 当且仅当矩阵 $J=CK$ 是对称的, 并且因此关于点积定义一个自伴线性函数. (b) 证明: 对给定内积有 $K>0$, 当且仅当关于点积有 $J>0$.

9.2.6. 令 $D[u]=u'$ 是作用于 C^2-标量函数 $u(x)$ 向量空间的导数算子, $u(x)$ 定义在 $0\leqslant x\leqslant 1$ 上且满足边界条件 $u(0)=0,u(1)=0$.

(a) 在域空间和靶空间上均给定加权内积 $\langle u,\widetilde{u}\rangle=\int_0^1 u(x)\widetilde{u}(x)\mathrm{e}^x\mathrm{d}x$, 确定相应的伴随算子 D^*.

(b) 令 $S=D^*\circ D$. 写出并求解边值问题 $S[u]=2\mathrm{e}^x$.

9.2.7. 设 $c(x)\in C^0[a,b]$ 是一个连续函数. 证明线性乘法算子 $S[u]=c(x)u(x)$ 关于 L^2–内积是自伴的. 需要规定何种边界条件呢?

9.2.8. 是/非: Neumann 边值问题 $-u''+u=x,u'(0)=u'(\pi)=0$ 有唯一解.

9.2.9. 证明: 在连续可微复值 2π–周期函数 $u(x+2\pi)=u(x)$ 空间中, 复微分算子 $L[u]=\boldsymbol{i}\dfrac{\mathrm{d}u}{\mathrm{d}x}$ 关于 L^2-Hermite 内积 $\langle u,v\rangle=\int_{-\pi}^{\pi}u(x)\overline{v(x)}\mathrm{d}x$ 是自伴的.

9.2.10. 设 $L=D^2$, 域空间和靶空间均采用 L^2–内积, 写出一组齐次边界条件使得 $L^*=D^2$. 再设 $S=L^*\circ L=D^4$. 写出边界条件使得边值问题 $S[u]=f$ (i) 是正定的; (ii) 是正半定的; 或 (iii) 两者都不是?

9.2.11. 设 β 是实常数. 是/非: 二阶导数算子 $S[u]=u''$ 关于函数空间

$$U=\{u(x)\in C^2[0,1]\mid u(0)=0,u'(1)+\beta u(1)=0\}$$

上的 L^2–内积是自伴的, 且服从左端点 Dirichlet 边界条件和右端点 Robin 边界条件.

♥ 9.2.12. 设 β 是实常数. 考虑微分算子 $S[u] = -u''$ 在函数空间

$$U = \left\{u(x) \in C^2[0,1] \mid u(0) = 0, u'(1) + \beta u(1) = 0\right\}$$

上的作用, 服从左端点 Dirichlet 边界条件和右端点 Robin 边界条件. 证明: $S > 0$ 关于 L^2 – 内积正定, 当且仅当 $\beta > -1$. 提示: 利用 (4.48) 之后的分析.

♥ 9.2.13. 环型膜(内胎) 平衡方程导致矩形 $0 < x < a, 0 < y < b$ 上的 Poisson 方程 $-u_{xx} - u_{yy} = f(x,y)$, 服从周期边界条件

$$u(x,0) = u(x,b), u_y(x,0) = u_y(x,b), u(0,y) = u(a,y), u_x(0,y) = u_x(a,y).$$

(a) 证明: 环型边值问题是自伴的.

(b) 它是正定的、正半定的, 抑或二者都不是?

(c) 问题的解存在, 是否有对强迫作用函数 $f(x,y)$ 必须规定的条件?

♦ 9.2.14. 求梯度算子 ∇ 的伴随算子, 分别关于标量场间的 L^2 – 内积 (9.22) 以及 (列) 向量场 $\boldsymbol{v} = (v_1(x,y), v_2(x,y))^\top$, $\widetilde{\boldsymbol{v}} = (\widetilde{v}_1(x,y), \widetilde{v}_2(x,y))^\top$ 的加权内积

$$\langle\langle \boldsymbol{v}, \widetilde{\boldsymbol{v}} \rangle\rangle = \iint_\Omega \boldsymbol{v}(x,y)^\top C(x,y) \widetilde{\boldsymbol{v}}(x,y) \mathrm{d}x \mathrm{d}y,$$

其中 2×2 矩阵 $C(x,y) = \begin{pmatrix} \alpha(x,y) & \beta(x,y) \\ \beta(x,y) & \gamma(x,y) \end{pmatrix} > 0$ 对于所有的点 $(x,y) \in \Omega$ 对称正定. 需要规定何种边界条件? 写出对应于平衡方程 $\nabla^* \circ \nabla u = f$ 的边值问题.

9.2.15. 设 $\Omega \subset \mathbb{R}^2$ 是有界区域. 在 $\partial\Omega$ 上构造一组齐次边界条件. 使双调和方程 (biharmonic equation) $\Delta^2 u = f$: (a) 自伴, (b) 正定. (c) 正半定但非正定.

9.2.16. 写出 (9.59) 给出的修正 Green 函数 $\widehat{G}_\xi(x) = \widehat{G}(x;\xi)$ 满足的边值问题 $\widehat{S}_\xi\left[\widehat{G}_\xi\right] = \delta_\xi$. 基础线性算子 $\widehat{S}_\xi$ 可能依赖于 ξ, 它关于适当的内积是自伴的吗?

♦ 9.2.17. 对有界区域 $\Omega \subset \mathbb{R}^2$ 中的 Poisson 方程, 服从齐次 Dirichlet 边界条件, 证明 Green 函数的对称性, $G(\boldsymbol{\xi}; \boldsymbol{x}) = G(\boldsymbol{x}; \boldsymbol{\xi})$. 提示: 看看我们是如何建立 (9.56) 的.

9.2.18. 将习题 9.2.17 的结果推广到偏微分方程 (9.61).

9.3 极小化原理

正定线性问题的最重要的一个特征是, 它们的解可以用二次极小化原理表征. 在许多物理背景中, 平衡构型足以使得系统势能极小化. 想象小球在碗里滚动, 当摩擦作用停止了它的运动后, 球将平衡留在碗底, 也就是重力势能极小化的位置. **极小化原理** (minimization principle) 用于解存在性的泛函分析证明, 并为第 10 章探究强大的有限元数值方法打下基础.

关于二次极小化原理的基本定理如下.

定理 9.24 令 $S: U \to U$ 是内积空间 U 上的自伴正定线性算子. 设线性系统

$$S[u]=f \tag{9.63}$$

有 (必须是唯一的) 解 $u_\star$. 则 $u_\star$ 使得相关二次函数 (二次泛函)

$$Q[u]=\frac{1}{2}\langle u, S[u]\rangle-\langle f, u\rangle \tag{9.64}$$

值极小, 这意味着对于 U 中所有容许的 $u \neq u_\star$ 而言, 有 $Q\left[u_\star\right]<Q[u]$.

证明 我们给定 $S\left[u_\star\right]=f$, 所以, 对于任何 $u \in U$ 而言,

$$Q[u]=\frac{1}{2}\langle u, S[u]\rangle-\left\langle u, S\left[u_\star\right]\right\rangle=\frac{1}{2}\left\langle u-u_\star, S\left[u-u_\star\right]\right\rangle-\frac{1}{2}\left\langle u_\star, S\left[u_\star\right]\right\rangle, \tag{9.65}$$

其中我们运用了线性性质以及关于 S 自伴性的假设, 发现 $\left\langle u, S\left[u_\star\right]\right\rangle=\left\langle u_\star, S[u]\right\rangle$. 既然 $S>0$, (9.65) 右端第一项总是不小于 0; 此外, 当且仅当 $u=u_\star$ 时, 它等于 0. 另一方面, 第二项根本就与 u 无关. 因此, 要使得 $Q[u]$ 尽量小, 必须使第一项尽可能小, 也就是取 $u=u_\star$ 达到. [证毕]

例 9.25 考虑二次函数 (quadratic function)

$$Q\left(u_1, u_2, \cdots, u_n\right)=\frac{1}{2} \sum_{i, j=1}^n k_{i j} u_i u_j-\sum_{i=1}^n f_i u_i+c \tag{9.66}$$

极小化的问题. 其中 n 个变量 $\boldsymbol{u}=\left(u_1, u_2, \cdots, u_n\right)^{\top} \in \mathbb{R}^n$, 实系数 $k_{i j}$, f_i 和 c 给定. 既然 $u_i u_j=u_j u_i$, 不失一般性, 我们可以假设二次项系数是对称的: $k_{i j}=k_{j i}$. (9.66) 重写为矩阵表示

$$Q(\boldsymbol{u})=\frac{1}{2} \boldsymbol{u} \cdot K \boldsymbol{u}-\boldsymbol{f} \cdot \boldsymbol{u}+c, \tag{9.67}$$

除了常数项之外与 (9.64) 是一致的, 只需取 $S(\boldsymbol{u})=K \boldsymbol{u}$ 和使用点积 $\langle\boldsymbol{u}, \widetilde{\boldsymbol{u}}\rangle=\boldsymbol{u} \cdot \widetilde{\boldsymbol{u}}$ 作为 $\mathbb{R}^n$ 中的内积. 因此, 根据定理 9.24, 若 K 是一个对称正定矩阵, 则二次函数 (9.67) 有一个唯一的极小化元 (minimizer)[①] $\boldsymbol{u}^{\star}=\left(u_1^{\star}, u_2^{\star}, \cdots, u_n^{\star}\right)^{\top}$, 这是线性方程组 $K \boldsymbol{u}^{\star}=\boldsymbol{f}$ 的解.

如果定理 9.24 中的正定线性算子来自定理 9.20 的自伴构造, 即 $S=L^* \circ L$, 那么由 (9.51), 二次项可以重新表示为 $\langle u, S[u]\rangle=|||L[u]|||^2$, 其中对 L 的靶空间 V 的范数我们使用符号约定 (9.50). 因此, 我们可以将极小化原理改写如下:

① 译注: 值得强调.

定理 9.26 令 $L : U \to V$ 是内积空间之间的线性算子，有自伴算子 $L^* : V \to U$. 假定 $\ker L = \{0\}$, 且设 $S = L^* \circ L : U \to U$ 是相关正定线性算子. 若 $f \in \operatorname{rng} S$, 则二次函数

$$Q[u] = \frac{1}{2}|||\, L[u]\, |||^2 - \langle f, u \rangle \tag{9.68}$$

有唯一的极小化元 $u^\star$, 就是线性方程组 $S[u] = f$ 的解.

注意: 在 (9.68) 中, 第一项 $|||\, L[u]\, |||^2$ 是用基于 V 内积的范数计算的, 而第二项 $\langle f, u \rangle$ 采用的是 U 上的内积.

极小化的最重要的应用之一是最小二乘法 (method of least squares)①, 广泛地应用于数据分析和逼近理论中, 对这个方向发展感兴趣的读者, 建议参考 [89]. 在这里, 我们将集中应用于微分方程.

例 9.27 考虑边值问题

$$-u'' = f(x), \quad u(a) = 0, \quad u(b) = 0. \tag{9.69}$$

当作用于满足齐次 Dirichlet 边界条件的函数空间时, 基础微分算子 $S = D^* \circ D = -D^2$ 是自伴的. 事实上它还是正定的. 因为 $\ker D = \{0\}$. 确切地说, 对于所有满足 $u(a) = u(b) = 0$ 的非零 $u(x) \not\equiv 0$ 而言, 正定性要求

$$\langle S[u], u \rangle = \int_a^b [-u''(x)u(x)]\, \mathrm{d}x = \int_a^b [u'(x)]^2\, \mathrm{d}x > 0. \tag{9.70}$$

注意我们利用了分部积分和边界条件消除了边界的贡献, 以揭示积分的正定性. 使用 (9.68), 相关的二次函数是

$$Q[u] = \frac{1}{2}|||\, u'\, |||^2 - \langle f, u \rangle = \int_a^b \left\{ \frac{1}{2}[u'(x)]^2 - f(x)u(x) \right\} \mathrm{d}x.$$

它的极小值, 遍取所有满足齐次边界条件的 C^2 – 函数, 恰好当 $u = u_\star$ 为边值问题解时发生.

Sturm-Liouville 边值问题

19 世纪法国数学家 Jacques Sturm② 和 Joseph Liouville 首次系统地研究了二阶常微分方程支配的最重要的一类边值问题. Sturm-Liouville 边值问题 (boundary value problem) 基于二阶常微分方程

---

① 译注: 值得强调.

② 译注: Jacques Sturm(1803—1855) 出生在瑞士日内瓦, 卒于巴黎. 1833 年入法国国籍, 1836 年当选巴黎科学院院士. 按本书的惯例, 他应该是瑞士–法国数学家.

$$S[u] = -\frac{\mathrm{d}}{\mathrm{d}x}\left(p(x)\frac{\mathrm{d}u}{\mathrm{d}x}\right) + q(x)u = -p(x)\frac{\mathrm{d}^2u}{\mathrm{d}x^2} - p'(x)\frac{\mathrm{d}u}{\mathrm{d}x} + q(x)u = f(x), \tag{9.71}$$

定义在有界区间 $a \leqslant x \leqslant b$ 上, 辅以 Dirichlet 边界条件、Neumann 边界条件、混合边界条件或周期边界条件. 为避免微分方程的奇点(虽然我们以后会发现, 大多数感兴趣的情形有一个或多个奇点), 对于所有的 $a \leqslant x \leqslant b$, 我们在此假设 $p(x) > 0$ 且 $q(x) > 0$ 以确保正定性. (情形 $q(x) \equiv 0$ 也可以是正定的, 当受适当的边界条件约束时, 但要根据例 9.23 中给出的加权内积结构区别对待.)

Sturm-Liouville 方程及其边值问题有非常广泛的应用, 特别是在分析偏微分方程的分离变量方法中. 此外, 大多数重要的特殊函数, 包括 Airy 函数、Bessel 函数、Legendre 函数和超几何函数等, 都是作为特定 Sturm-Liouville 方程的解自然出现的[85,86]. 在最后两章中, 我们分析曲线坐标中的基本线性偏微分方程, 无论二维还是三维, 都会求解几个特定的例子, 包括 Bessel 方程、Legendre 方程和 Laguerre 方程. 但现在专注于理解 Sturm-Liouville 边值问题是如何适应我们的自伴和正定架构的.

我们的起点是线性算子

$$L[u] = \begin{pmatrix} u' \\ u \end{pmatrix}, \tag{9.72}$$

它把标量函数 $u(x) \in U$ 映射为向量值函数 $\boldsymbol{v}(x) = (v_1(x), v_2(x))^\top \in V$, 分量为 $v_1 = u', v_2 = u$. 为了计算 $L: U \to V$ 的伴随算子, 我们在 U 上采用标准 L^2 – 内积 (9.7), 但在 V 上使用以下加权内积:

$$\langle\langle \boldsymbol{v}, \widetilde{\boldsymbol{v}} \rangle\rangle = \int_a^b [p(x)v_1(x)\widetilde{v}_1(x) + q(x)v_2(x)\widetilde{v}_2(x)]\,\mathrm{d}x, \ \boldsymbol{v} = \begin{pmatrix} v_1 \\ v_2 \end{pmatrix}, \ \widetilde{\boldsymbol{v}} = \begin{pmatrix} \widetilde{v}_1 \\ \widetilde{v}_2 \end{pmatrix}. \tag{9.73}$$

权重函数 p, q 均假设为正, 以确保上式真正是个内积. 像前面那样, 伴随计算依赖于分部积分. 这里我们只演示第一个加数:

$$\begin{aligned}\langle\langle L[u], \boldsymbol{v} \rangle\rangle &= \int_a^b (pu'v_1 + quv_2)\,\mathrm{d}x \\ &= p(b)u(b)v_1(b) - p(a)u(a)v_1(a) + \int_a^b u\left[-(pv_1)' + qv_2\right]\mathrm{d}x.\end{aligned}$$

要消去边界项的前提是在各端点上 u 或 v_1 为零. 因为对于 (9.72) 给出线性算子 $\boldsymbol{v} = L[u]$, 我们可以取 $v_1 = u'$ 得出的结论是, 通常的边界条件, 无论是

Dirichlet 条件、混合条件还是 Neumann 条件, 这里仍然有效. 在这些条件下,

$$\langle\langle L[u], \boldsymbol{v}\rangle\rangle = \int_a^b u\left[-(pv_1)' + qv_2\right] \mathrm{d}x = \langle u, L^*[\boldsymbol{v}]\rangle,$$

所以伴随算子由

$$L^*[\boldsymbol{v}] = -\frac{\mathrm{d}(pv_1)}{\mathrm{d}x} + qv_2 = -pv_1' - p'v_1 + qv_2$$

给出. 典型自伴组合算子 (self-adjoint combination)

$$S[u] = L^* \circ L[u] = L^*\begin{pmatrix} u' \\ u \end{pmatrix} = -\frac{\mathrm{d}}{\mathrm{d}x}\left(p\frac{\mathrm{d}u}{\mathrm{d}x}\right) + qu \tag{9.74}$$

则重现了 Sturm-Liouville 微分算子 (9.71). 此外, 既然 $\ker L = \{0\}$ 是平凡的 (为什么), 关于所有边界条件的边值问题都是正定的, 不仅 Dirichlet 条件和混合条件如此, Neumann 条件亦然!

以下一般存在性定理的证明可以在 [63]中找到.

定理 9.28 设对于 $a \leqslant x \leqslant b$ 而言 $p(x) > 0$ 和 $q(x) > 0$, 则对于 (包括 Neumann) 任何边界条件的选择, Sturm-Liouville 边值问题 (9.71) 有唯一解.

定理 9.26 告诉我们, Sturm-Liouville 边值问题 (9.71) 的解可以表征为二次函数

$$\begin{aligned} Q[u] &= \frac{1}{2}|||\, L[u]\, |||^2 - \langle f, u\rangle \\ &= \int_a^b \left\{\frac{1}{2}p(x)\left[u'(x)\right]^2 + \frac{1}{2}q(x)\left[u(x)\right]^2 - f(x)u(x)\right\} \mathrm{d}x, \end{aligned} \tag{9.75}$$

它是满足给定齐次边界条件的所有 C^2 – 函数中的唯一极小化元.

例 9.29 设 $\omega > 0$. 考虑常系数 Sturm-Liouville 问题

$$-u'' + \omega^2 u = f(x), \quad u(0) = u(1) = 0.$$

我们在前面的例 6.10 曾研究过. 定理 9.28 保证了唯一解的存在性. 该解在满足规定的齐次边界条件的所有 C^2 – 函数中实现了二次函数

$$Q[u] = \int_0^1 \left[\frac{1}{2}(u')^2 + \frac{1}{2}\omega^2 u^2 - fu\right] \mathrm{d}x$$

可能的极小值.

更一般些, 假设我们在域空间 U 上采用加权内积

$$\langle u, \widetilde{u}\rangle = \int_a^b u(x)\widetilde{u}(x)\rho(x)\mathrm{d}x, \tag{9.76}$$

其中在 $[a,b]$ 上 $\rho(x)>0$. 作同样的分部积分计算, 当服从齐次边界条件时,

$$L^*[\boldsymbol{v}]=\frac{1}{\rho}\left[-\frac{\mathrm{d}\,(pv_1)}{\mathrm{d}x}+qv_2\right]=-\frac{p}{\rho}v_1'-\frac{p'}{\rho}v_1+\frac{q}{\rho}v_2$$

从而加权 Sturm-Liouville 微分算子为

$$S[u]=L^*\circ L[u]=\frac{1}{\rho}\left[-\frac{\mathrm{d}}{\mathrm{d}x}\left(p\frac{\mathrm{d}u}{\mathrm{d}x}\right)+qu\right]. \tag{9.77}$$

相应的加权 Sturm-Liouville 方程 $S[u]=f$ 形如

$$\begin{aligned}S[u]&=\frac{1}{\rho(x)}\left[-\frac{\mathrm{d}}{\mathrm{d}x}\left(p(x)\frac{\mathrm{d}u}{\mathrm{d}x}\right)+q(x)u\right]\\&=-\frac{p(x)}{\rho(x)}\frac{\mathrm{d}^2u}{\mathrm{d}x^2}-\frac{p'(x)}{\rho(x)}\frac{\mathrm{d}u}{\mathrm{d}x}+\frac{q(x)}{\rho(x)}u=f(x),\end{aligned} \tag{9.78}$$

事实上, 我们用 ρf 取代 f 后, 与普通 Sturm-Liouville 方程 (9.71) 相同. 因此, 当我们研究相关本征值问题时, 加权将会变得非常重要.

例 9.30 令 m 是一个固定的正数. 考虑微分方程

$$B[u]=-u''-\frac{1}{x}u'+\frac{m^2}{x^2}u=f(x), \tag{9.79}$$

其中 B 称为 m 阶 Bessel 微分算子 (Bessel differential operator of order m). 为了表示成加权 Sturm-Liouville形式 (9.78), 必须找到满足

$$\frac{p(x)}{\rho(x)}=1,\quad \frac{p'(x)}{\rho(x)}=\frac{1}{x},\quad \frac{q(x)}{\rho(x)}=\frac{m^2}{x^2}$$

的 $p(x),q(x)$ 和 $\rho(x)$. 用第一式和第二式相除, 得到 $p'(x)/p(x)=1/x$, 所以可以取

$$p(x)=x,\quad q(x)=\frac{m^2}{x},\quad \rho(x)=x.$$

因此, 当满足区间 $0<a\leqslant x\leqslant b$ 上的 Dirichlet 边界条件、混合边界条件乃至 Neumann 边界条件时, Bessel 算子 B 关于加权内积

$$\langle u,\widetilde{u}\rangle=\int_a^b u(x)\widetilde{u}(x)x\mathrm{d}x \tag{9.80}$$

是正定和自伴的.

习题

9.3.1. 考虑边值问题 $-u''=x, u(0)=u(1)=0$. (a) 求解. (b) 写出表征解的极小化原

理. (c) 在解上极小二次泛函的值是多少? (d) 至少写出两个满足边界条件的函数, 并检查它们是否导致能量值更大.

9.3.2. 对下列边值问题回答习题 9.3.1:

(a) $\dfrac{\mathrm{d}}{\mathrm{d}x}\left(\dfrac{1}{1+x^2}\dfrac{\mathrm{d}u}{\mathrm{d}x}\right)=x^2,\ u(-1)=u(1)=0.$

(b) $-\left(\mathrm{e}^x u'\right)'=\mathrm{e}^{-x},\ u(0)=u'(1)=0.$

(c) $x^2u''+2xu'=3x^2,\ u'(1)=u(2)=0.$

(d) $xu''+3u'=1,\ u(-2)=u(-1)=0.$

9.3.3. 设 $Q[u]=\displaystyle\int_0^1\left[\frac{1}{2}\left(u'\right)^2-5u\right]\mathrm{d}x$. (a) 求在满足 $u(0)=u(1)=0$ 的全体 C^2 – 函数中使得 $Q[u]$ 极小化的函数 $u_\star(x)$. (b) 计算 $Q\left[u_\star\right]$ 检验你的答案, 然后与 $Q[u]$ 值比较, 分别取 $u(x)=$ (i) $x-x^2$; (ii) $\dfrac{3}{2}x-\dfrac{3}{2}x^3$; (iii) $\dfrac{2}{3}\sin\pi x$; (iv) x^2-x^4.

9.3.4. 对于下列各个泛函及其相关边界条件: (i) 写出极小化函数所满足的边值问题, 并 (ii) 求出极小化函数 $u_\star(x)$:

(a) $\displaystyle\int_0^1\left[\frac{1}{2}\left(u'\right)^2-3u\right]\mathrm{d}x,\ u(0)=u(1)=0.$

(b) $\displaystyle\int_0^1\left[\frac{1}{2}(x+1)\left(u'\right)^2-5u\right]\mathrm{d}x,\ u(0)=u(1)=0$.

(c) $\displaystyle\int_1^3\left[x\left(u'\right)^2+2u\right]\mathrm{d}x,\ u(1)=u(3)=0.$

(d) $\displaystyle\int_0^1\left[\frac{1}{2}\mathrm{e}^x\left(u'\right)^2-\left(1+\mathrm{e}^x\right)u\right]\mathrm{d}x,\ u(0)=u(1)=0.$

(e) $\displaystyle\int_{-1}^1\frac{\left(x^2+1\right)\left(u'\right)^2+xu}{\left(x^2+1\right)^2}\mathrm{d}x,\ u(-1)=u(1)=0.$

9.3.5. 下列哪个二次泛函在满足所述边界条件的全体 C^2 – 函数中具有唯一的极小化元? 求出极小化元, 如果它存在的话.

(a) $\displaystyle\int_1^2\left[\frac{1}{2}x\left(u'\right)^2+2(x-1)u\right]\mathrm{d}x,\ u(1)=u(2)=0.$

(b) $\displaystyle\int_{-\pi}^{\pi}\left[\frac{1}{2}x\left(u'\right)^2-u\cos x\right]\mathrm{d}x,\ u(-\pi)=u(\pi)=0.$

(c) $\displaystyle\int_{-1}^1\left[\left(u'\right)^2\cos x-u\sin x\right]\mathrm{d}x,\ u(-1)=u'(1)=0.$

(d) $\displaystyle\int_{-2}^2\left[\left(1-x^2\right)\left(u'\right)^2-u\right]\mathrm{d}x,\ u(-2)=u(2)=0.$

(e) $\displaystyle\int_0^1\left[(x+1)\left(u'\right)^2-u\right]\mathrm{d}x,\ u'(0)=u'(1)=0.$

9.3.6. 令 $D[u]=u'$ 是作用于 C^2-标量函数 $u(x)$ 向量空间的导数算子, $u(x)$ 定义在 $0\leqslant x\leqslant 1$ 上并满足边界条件 $u(0)=0, u'(1)=0$.

(a) 给定域空间和靶空间的加权内积 $\langle u,\widetilde{u}\rangle=\displaystyle\int_0^1 u(x)\widetilde{u}(x)\mathrm{e}^x\mathrm{d}x$, 确定相应的伴随算子 D^*.

(b) 设 $S = D^* \circ D$, 写出并求解边值问题 $S[u] = 3\mathrm{e}^x$.

(c) 写出在 (b) 部分中表征你求得解的极小化原理, 或者解释为什么不存在.

9.3.7. 求解 Sturm-Liouville 边值问题 $-4u'' + 9u = 1, u(0) = 0, u(2) = 0$. 你的解是否唯一?

9.3.8. 关于 Neumann 边界条件 $u'(0) = 0, u'(2) = 0$, 回答习题 9.3.7.

9.3.9① (a) 用 Sturm-Liouville 形式写出下列微分方程. (b) 如果可能, 写出极小化原理, 该原理描述了区间 [1,2] 上的 Dirichlet 边值问题的解.

(i) $-\mathrm{e}^x u'' - \mathrm{e}^x u' = \mathrm{e}^{2x}$; (ii) $-xu'' - u' + 2u = 1$;

(iii) $-u'' - 2u' + u = \mathrm{e}^x$; (iv) $-x^2u'' + 2xu' + 3u = 1$;

(v) $xu'' + (1-x)u' + u = 0$.

9.3.10. 是/非: Sturm-Liouville 算子 (9.71) 是自伴且正定的, 当服从周期边界条件 $u(a) = u(b), u'(a) = u'(b)$ 时.

9.3.11. 当 $u(x)$ 服从齐次 Neumann 边界条件 $u'(0) = u'(1) = 0$ 时, 二次泛函 $Q[u] = \int_0^1 \left[\frac{1}{2}(u')^2 - \left(x - \frac{1}{2}\right)u\right] \mathrm{d}x$ 有极小值吗? 如果有, 确定极小值并求出所有的极小化函数.

♥ 9.3.12. (a) 确定微分算子 $L[u] = u' + 2xu$ 关于 $[0,1]$ 上 L^2 – 内积的伴随算子, 当服从固定边界条件 $u(0) = u(1) = 0$ 时. (b) 自伴算子 $S = L^* \circ L$ 是正定的吗? 解释你的答案. (c) 写出由 $S[u] = f$ 表示的边值问题. (d) 当 $f(x) = \mathrm{e}^{x^2}$ 时求边值问题的解. 提示: 需要对微分方程求积分, 利用微分算子的因式分解形式. (e) 讨论如果给定 Neumann 边界条件 $u'(0) = u'(1) = 0$, 将会发生什么情况.

9.3.13. 讨论与 $m = 0$ 阶 Bessel 算子 (9.79) 相关边值问题的自伴性和正定性.

9.3.14. 设 $u_\star(x)$ 是自伴正定边值问题 $S[u_\star] = f$ 的解. 证明如果 $f(x) \not\equiv 0$, 那么相关二次函数的极小值是严格负的: $Q[u_\star] < 0$.

9.3.15. 求函数 $u(x)$ 使得 $\int_0^1 u''(x)u(x)\mathrm{d}x > 0$. 如何协调其与 (9.70) 声称的正性一致?

9.3.16. 当 $u(x) \not\equiv 0$ 服从 Neumann 边界条件 $u'(a) = u'(b) = 0$ 时, 不等式 (9.70) 成立吗?

9.3.17. 是/非: 在区间 $[a, b]$ 上服从齐次 Dirichlet 边界条件, 每个非奇异二阶线性常微分方程 $a(x)u'' + b(x)u' + c(x)u = f(x)$ 关于某个加权内积 (9.76) 为 (a) 自伴的, (b) 正定的, (c) 正半定的.

---

① 译注: 此题分节号按全书体例作了调整.

Dirichlet 原理

现在我们把这些思想运用到由 Poisson 方程

$$-\Delta u = \nabla^* \circ \nabla u = f \tag{9.81}$$

支配的边值问题. 在正定情形, 对偏微分方程还要补充上齐次 Dirichlet 边界条件或者齐次混合边界条件, 我们的一般极小化定理 9.24 意味着解可以用著名的 Dirichlet 原理 (Dirichlet principle) 表征.

定理 9.31 函数 $u(x,y)$ 使得 Dirichlet 积分 (Dirichlet integral)

$$Q[u] = \frac{1}{2}|||\nabla u|||^2 - \langle f, u\rangle = \iint_\Omega \left(\frac{1}{2}u_x^2 + \frac{1}{2}u_y^2 - fu\right)\mathrm{d}x\mathrm{d}y \tag{9.82}$$

极小, 在满足给定齐次 Dirichlet 边界条件或齐次混合边界条件的全体 C^2 - 函数中, 是 Poisson 方程 $-\Delta u = f$ 相应边值问题的解.

事实上, Dirichlet 积分 (9.82) 的极小化元满足 Poisson 方程, 是我们一般极小化定理 9.26 的一个直接推论. 另一方面, 证明 C^2-极小化函数的存在性 (existence) 可不是个平凡的问题. 确实, 存在性严格证明的必要性曾经并没有立即得到认可: Dirichlet 从有限维角度出发认为存在性不言而喻, 但直到 50 年之后, Hilbert 才给出第一个严格的证明, 这是他引入 Hilbert 空间数学机制的主要动机之一.

导出 Dirichlet 原理 (9.82) 是基于边界条件为齐次的假设, 无论纯 Dirichlet 的还是混合的. 如下文所述, 事实证明极小化原理也适用于非齐次Dirichlet 边值问题. 但是, 对于部分边界上非齐次 Neumann 条件的混合边值问题, 表征解的极小化泛函需要添加额外的边界项.

定理 9.32 对于边值问题

$$在\ \Omega\ 中\ -\Delta u = f,\ 在\ D \subset \partial\Omega\ 上\ u = h,\ 在\ N = \partial\Omega \backslash D\ 上\ \frac{\partial u}{\partial \boldsymbol{n}} = k, \tag{9.83}$$

其中 $D \neq \varnothing$, 解 $u(x,y)$ 表征为满足给定边界条件的全体 C^2 - 函数中唯一函数, 使得修正 Dirichlet 积分 (modified Dirichlet integral)

$$\widehat{Q}[u] = \iint_\Omega \left(\frac{1}{2}u_x^2 + \frac{1}{2}u_y^2 - fu\right)\mathrm{d}x\mathrm{d}y - \int_N ku\mathrm{d}s \tag{9.84}$$

极小化.

特别地, 非齐次 Dirichlet 问题有 $N = \varnothing$, 此时额外的边界积分不会出现.

证明 令 $u(x,y) = \widetilde{u}(x,y) + v(x,y)$, 其中 v 是任一满足给定边界条件的函数: 在 D 上 $v = h$, 而在 N 上 $\partial v/\partial \boldsymbol{n} = k$. (特别地, 我们不要求 v 满

足 Poisson 方程.) 它们的差 $\widetilde{u} = u - v$ 满足相应的齐次边界条件, 以及修正 Poisson 方程

$$\text{在 } \Omega \text{ 中 } -\Delta\widetilde{u} = \widetilde{f} \equiv f + \Delta v, \quad \text{在 } D \text{ 上 } \widetilde{u} = 0, \quad \text{在 } N \text{ 上 } \frac{\partial \widetilde{u}}{\partial \boldsymbol{n}} = 0.$$

定理 9.31 意味着在满足规定的边界条件的全体 C^2 – 函数中, $\widetilde{u}$ 使得 Dirichlet *泛函* (Dirichlet functional)①

$$\widetilde{Q}[\widetilde{u}] = \frac{1}{2}|||\,\nabla\widetilde{u}\,|||^2 - \langle \widetilde{f}, \widetilde{u}\rangle = \iint_{\Omega}\left(\frac{1}{2}\widetilde{u}_x^2 + \frac{1}{2}\widetilde{u}_y^2 - \widetilde{f}\widetilde{u}\right)\mathrm{d}x\mathrm{d}y$$

极小. 我们计算

$$\begin{aligned}
\widetilde{Q}[\widetilde{u}] &= \widetilde{Q}[u - v] = \frac{1}{2}|||\,\nabla(u - v)\,|||^2 - \langle f + \Delta v, u - v\rangle \\
&= \frac{1}{2}|||\,\nabla u\,|||^2 - \langle\langle \nabla u, \nabla v\rangle\rangle + \frac{1}{2}|||\,\nabla v\,|||^2 - \langle f, u\rangle - \langle \Delta v, u\rangle + \langle f + \Delta v, v\rangle \\
&= Q[u] - \iint_{\Omega}(\nabla u\cdot\nabla v + u\Delta v)\mathrm{d}x\mathrm{d}y + C_0,
\end{aligned}$$

其中

$$C_0 = \frac{1}{2}|||\,\nabla v\,|||^2 + \langle f + \Delta v, v\rangle$$

确实与 u 无关. 我们应用 (6.83) 求中间项:

$$\iint_{\Omega}(\nabla u\cdot\nabla v + u\Delta v)\mathrm{d}x\mathrm{d}y = \oint_{\partial\Omega} u\frac{\partial v}{\partial \boldsymbol{n}}\mathrm{d}s = \int_D h\frac{\partial v}{\partial \boldsymbol{n}}\mathrm{d}s + \int_N uk\mathrm{d}s.$$

因此

$$\widetilde{Q}[\widetilde{u}] = Q[u] - \int_N ku\mathrm{d}s + C_1 = \widehat{Q}[u] + C_1,$$

其中最后一项

$$C_1 = C_0 + \int_D h\frac{\partial v}{\partial \boldsymbol{n}}\mathrm{d}s$$

是由边界条件和 v 的选择方式决定的, 故当函数 u 变化时这个数值是固定不变的. 我们得出结论, $\widetilde{u}$ 极小化 $\widetilde{Q}[\widetilde{u}]$ 当且仅当 $u = \widetilde{u} + v$ 极小化 $\widehat{Q}[u]$. [证毕]

习题

♥ 9.3.18. (a) 证明: 函数 $u(x, y) = \frac{1}{2}\left(-xy + xy^2 + x^2y - x^2y^2\right)$ 是单位正方形 $S = \{0 \leqslant$

① 译注: 原书没有强调, 但是后面多次用到; 原书公式误把 $\langle \widetilde{f}, \widetilde{u}\rangle$ 写为 $\langle\langle \widetilde{f}, \widetilde{u}\rangle\rangle$, 且稍后把 $\langle\langle \nabla u, \nabla v\rangle\rangle$ 写为 $\langle \nabla u, \nabla v\rangle$, 可从上下文中看出.

$x \leqslant 1, 0 \leqslant y \leqslant 1\}$ 上 Poisson 方程 $-\Delta u = x^2 + y^2 - x - y$ 满足齐次 Dirichlet 边值问题的解. (b) 写出这个边值问题的 Dirichlet 积分 (9.82). 对于你的解, Dirichlet 积分的值多大? (c) 写出满足 S 上齐次 Dirichlet 边界条件的三个其他函数, 并检验这三个函数的 Dirichlet 积分都比较大.

9.3.19. (a) 设 $u(x,y)$ 是在 Ω 中 $-\Delta u = f$ 与 $\partial\Omega$ 上 $u = 0$ 的边值问题的解, 其中 $f(x,y) \not\equiv 0$. 证明它的 Dirichlet 积分 (9.82) 是严格负的: $Q[u] < 0$. (b) 此结果是否对 $\partial\Omega$ 上 $u = h$ 的非齐次边值问题成立?

♥ 9.3.20. 考虑边值问题 $-\Delta u = 1,\ x^2 + y^2 < 1;\ u = 0,\ x^2 + y^2 = 1$. (a) 求出所有的解. (b) 建立该问题的 Dirichlet 极小化原理. 仔细指出你作极小化所在的函数空间, 确保你的解属于该函数空间. (c) 下列哪些函数属于你的函数空间? (i) $1 - x^2 - y^2$; (ii) $1 - \frac{1}{2}x^2 - \frac{1}{2}y^2$; (iii) $x - x^3 - xy^2$; (iv) $x^4 - x^2y^2 + y^4$; (v) $\frac{1}{2}\mathrm{e}^{-x^2-y^2} - \frac{1}{2}\mathrm{e}^{-1}$. (d) 对于属于你的函数空间 (c) 部分中的每个函数, 验证其 Dirichlet 积分都比你的解取的值大.

9.3.21. 设 $\lambda > 0$. 在什么情况下满足在 Ω 中 Helmholtz 方程 $-\Delta u + \lambda u = f$ 与 $\partial\Omega$ 上 $\partial u/\partial \boldsymbol{n} = k$ 的非齐次Neumann 问题有解? 解是否唯一? 提示: 该边值问题是正定的吗?

♦ 9.3.22. 设对所有的 $a \leqslant x \leqslant b$ 都有 $\kappa(x) > 0$.

(a) 证明非齐次 Dirichlet 边值问题

$$-\frac{\mathrm{d}}{\mathrm{d}x}\left(\kappa(x)\frac{\mathrm{d}u}{\mathrm{d}x}\right) = f(x), \quad u(a) = \alpha, \quad u(b) = \beta$$

的解 $u_\star(x)$ 使得泛函 $Q[u] = \int_a^b \left\{\frac{1}{2}\kappa(x)\left(\frac{\mathrm{d}u}{\mathrm{d}x}\right)^2 - f(x)u(x)\right\}\mathrm{d}x$ 极小化. 提示: 仿照定理 9.32 的证明.

(b) 构造混合边值问题

$$-\frac{\mathrm{d}}{\mathrm{d}x}\left(\kappa(x)\frac{\mathrm{d}u}{\mathrm{d}x}\right) = f(x), \quad u(a) = \alpha, \quad u'(b) = \beta$$

的极小化原理.

9.3.23. 用习题 9.3.22 结果求 C^2 – 函数 $u_\star(x)$, 当服从边界条件 $u(1) = 0, u(2) = 1$ 时, 它将积分 $Q[u] = \int_1^2 \left[\frac{x}{2}\left(\frac{\mathrm{d}u}{\mathrm{d}x}\right)^2 + x^2 u\right]\mathrm{d}x$ 极小化.

9.3.24. 求函数 $u(x)$ 使得泛函 $Q[u] = \int_1^2 \left[x\left(u'\right)^2 + x^2 u\right]\mathrm{d}x$ 极小化, 服从边界条件 $u(1) = 1, u'(2) = 0$, 提示: 利用习题 9.3.22(b).

9.3.25. 证明泛函 $Q[u] = \int_0^1 \left(u'\right)^2 \mathrm{d}x$ 没有极小元, 当服从混合边界条件 $u(0) = 0, u'(1) = 1$ 时.

♥ 9.3.26. 设 $p_1(x,y), p_2(x,y), q(x,y) > 0$ 是有界闭连通域 $\widetilde{\Omega} \subset \mathbb{R}^2$ 上的严格正函数. 考虑二阶偏微分方程的边值问题

$$-\frac{\partial}{\partial x}\left(p_1(x,y)\frac{\partial u}{\partial x}\right) - \frac{\partial}{\partial y}\left(p_2(x,y)\frac{\partial u}{\partial y}\right) + q(x,y)u = f(x,y), \quad (x,y) \in \Omega, \tag{9.85}$$

服从 $\partial\Omega$ 上的齐次 Dirichlet 边界条件 $u=0$.

(a) 是/非: 方程 (9.85) 是椭圆型偏微分方程. (b) 将边值问题写为自伴形式 $L^*\circ L[u]=f$. 提示: 把 (9.85) 视为 "二维 Sturm-Liouville 方程". (c) 证明这个边值问题是正定的, 然后找到表征解的极小化原理. (d) 找到适合的齐次 Neumann 边界条件, 涉及在 $\partial\Omega$ 上 u 的导数值, 使得所产生的边值问题 (9.85) 是自伴的. 你的边值问题是正定的吗? 为什么?

9.4 本征值与本征函数

我们已经切实体会到, 可分离解的本征函数用于构造动力学偏微分方程的价值, 如同一维热方程和波方程那样. 在那两种情形中, 本征函数都是三角函数, 以 Fourier 级数的形式写出初值问题的解. 最重要的特点是, Fourier 本征函数关于基础 L^2 – 内积是正交的. 正如我们前面所说, 正交性绝非偶然. 相反地, 它是规定本征值方程的线性微分算子自伴性的直接结果. 本节的目的是将本征函数方法推广到更高维和更一般的*动力学问题* (dynamical problem), 以便在一般意义上建立本征函数的正交性质, 讨论正 (半) 定性对本征值的影响, 并提出本征函数级数展开的基本理论, 从而将基本 Fourier 级数大大地推广了. 作为一个应用, 我们导出正定边值问题 Green 函数作为本征函数无穷级数的一般公式, 并运用它制定保证函数完备性的一个条件. 同时, 我们还需要引入一个重要的极小化原理, 即 Rayleigh 商, 它表征着正定线性系统的本征值.

我们从实的或复的向量空间 U 上[①] 的线性算子 $S:U\to U$ 的*本征值问题* (eigenvalue problem)

$$S[v]=\lambda v \tag{9.86}$$

开始. 显然, 无论标量 λ 取何值 $v=0$ 都是本征值方程的解. 如果齐次线性方程容许*非零解* (nonzero solution) $0\neq v\in U$, 那么 $\lambda\in\mathbb{C}$ 称为算子的*本征值* (eigenvalue), 而 v 称为相应的*本征向量* (eigenvector) 或*本征函数* (eigenfunction), 依照上下文而定. 如果 λ 是一个本征值, 那么相应的*本征空间* (eigenspace) 就是子空间

$$V_\lambda=\ker(S-\lambda I)=\{v\mid S[v]=\lambda v\}\subset U, \tag{9.87}$$

由所有的本征向量/本征函数以及零元素组成. 为了避免技术上的困难, 我

① 如前述, 在无穷维的情形, 微分算子可能只定义在 U 的稠密子空间上, 该子空间由足够光滑的函数构成.

们假定所有的本征空间都是有限维的, 将以此为前提进行工作, 我们称 $1 \leqslant \dim V_\lambda < \infty$ 为本征值 λ 的几何重数 (geometric multiplicity). 维数有限几乎总是成立的. 而且以后确实会建立有界区域上的正则边值问题.

自伴算子

在这里考虑的应用中, 向量空间 U 装配内积, S 是一个自伴线性算子. 在这种情形可以迅速地建立本征向量/本征函数基本的正交.

定理 9.33 如果 $S = S^*$ 是内积空间 U 上的自伴线性算子, 那么全部本征值都是实数. 与此同时, 属于不同本征值的本征向量/本征函数自动正交.

证明 为证定理的第一部分, 假设 λ 是一个复本征值, 因此, 对某些复的本征向量/本征函数 $v \neq 0$ 有 $S[v] = \lambda v$. 然后, 使用基础 Hermite 内积的半双线性 (sesquilinearity) 性质 (B.19)① 和 S 的自伴性 (9.45), 我们发现

$$\lambda\|v\|^2 = \langle \lambda v, v\rangle = \langle S[v], v\rangle = \langle v, S[v]\rangle = \langle v, \lambda v\rangle = \overline{\lambda}\|v\|^2.$$

既然 $v \neq 0$, 立刻意味着 $\lambda = \overline{\lambda}$, 这里 $\overline{\lambda}$ 是 λ 的复共轭, 因此 λ 一定是实的.

为了证明正交性, 设 $S[u] = \lambda u$ 和 $S[v] = \mu v$. 再由自伴性,

$$\lambda\langle u, v\rangle = \langle \lambda u, v\rangle = \langle S[u], v\rangle = \langle u, S[v]\rangle = \langle u, \mu v\rangle = \mu\langle u, v\rangle,$$

其中最后的等式取决于本征值 μ 是实的这样一个事实. 因此, 由假设 $\lambda \neq \mu$ 立即推出正交性: $\langle u, v\rangle = 0$. [证毕]

因此, 自伴线性算子的本征值一定是实值的. 不仅如此, 如果算子是正定的, 那么它的本征值事实上还必须是正的.

定理 9.34 如果 $S > 0$ 是自伴正定线性算子, 那么其全部本征值都是严格正的: $\lambda > 0$. 如果 $S \geqslant 0$ 是自伴和正半定的, 那么它的本征值是非负的: $\lambda \geqslant 0$.

证明 自伴性得以保证所有的本征值都是实的. 设 $S[u] = \lambda u$ 有一个实本征函数 $u \neq 0$. 那么由正定性,

$$\lambda\|u\|^2 = \lambda\langle u, u\rangle = \langle \lambda u, u\rangle = \langle S[u], u\rangle > 0.$$

因为 $\|u\|^2 > 0$, 这立即意味着 $\lambda > 0$. 同样可论证正半定情形, $\lambda \geqslant 0$. [证毕]

本书所要考虑的所有线性算子都是实的, 至少是自伴的, 通常是正定的或正半定的. 因此, 从这里 (至少直到我们最末小节 Schrödinger 方程之前) 我们

① 我们暂在复值函数向量空间中工作, 一旦我们建立的本征值和本征函数的实值性, 我们可以转移焦点回到实函数空间.

将集中注意力在实向量空间的实算子, 由此限制, 我们事先就可以知道没有漏掉任一个本征值或本征函数.

例 9.35 在有限维情形, 如果 $U=\mathbb{R}^n$ 装配有点积, 那么任一自伴线性函数都是由 $n\times n$ 对称矩阵乘积给定: $S[\boldsymbol{u}]=K\boldsymbol{u}$, 其中 $K^\top=K$. 定理 9.33 给出对称矩阵只有实的本征值的著名结论. 不仅如此, 属于不同本征值的本征函数是相互正交的.

实际上可以证明, 对称矩阵的本征函数是完备的[89]. 换言之, 在 $\mathbb{R}^n$ 中存在一组正交基 $\boldsymbol{v}_1,\boldsymbol{v}_2,\cdots,\boldsymbol{v}_n$, 由 K 的本征向量组成, 所以对于 $j=1,2,\cdots,n$, 有 $K\boldsymbol{v}_j=\lambda_j\boldsymbol{v}_j$. 如果本征值 $\lambda_1,\lambda_2,\cdots,\lambda_n$ 都是单重的, 那么对于 $i\neq j$ 有 $\lambda_i\neq\lambda_j$, 本征向量自动正交. 当 K 具有多重本征值时, 这需要从各个相关本征空间 $V_\lambda=\ker(K-\lambda I)$ 选择正交基, 例如运用 Gram-Schmidt 过程. 完备性意味着与本征值相关的线性独立本征向量的个数, 即其几何重数, 与本征值代数重数相等. 同时, 如果矩阵 $K>0$ 是对称且正定的, 那么定理 9.34 意味着它的全部本征值是正数: $\lambda_j>0$. 此时, 由于完备性, 反过来也是成立的: 一个对称矩阵是正定的, 当且仅当它有全部正的本征值. 这些结果可以立即推广到 $\mathbb{R}^n$ 上一般内积下的自伴矩阵.

例 9.36 考虑长度 $\ell>0$ 的区间上微分算子 $S=-D^2$ 的 Dirichlet 本征值问题

$$-\frac{\mathrm{d}^2v}{\mathrm{d}x^2}=\lambda v,\quad v(0)=0,\quad v(\ell)=0.$$

如我们所知, 例如参见 4.1 节, 本征值和本征函数分别为

$$\lambda_n=\left(\frac{n\pi}{\ell}\right)^2,\quad v_n(x)=\sin\frac{n\pi x}{\ell},\quad n=1,2,3,\cdots.$$

现在我们在一般架构下理解这个例子. 本征值是实数和正的这一事实, 源于边值问题是由自伴正定算子

$$S[u]=D^*\circ D[u]=-D^2[u]=-u''$$

定义的, 该算子作用在向量空间 $U=\{u(0)=u(\ell)=0\}$ 上, 该向量空间装配 L^2-内积

$$\langle u,v\rangle=\int_0^\ell u(x)v(x)\mathrm{d}x.$$

Fourier 正弦本征函数的正交性

$$对于\ m\neq n\ 而言,\ \langle v_m,v_n\rangle=\int_0^\ell\sin\frac{m\pi x}{\ell}\sin\frac{n\pi x}{\ell}\mathrm{d}x=0,$$

也是这个自伴边值问题的本征函数的自动结果.

例 9.37 类似地, 周期边值问题

$$-v''=\lambda v,\quad v(-\pi)=v(\pi),\quad v'(-\pi)=v'(\pi) \tag{9.88}$$

有本征值 $\lambda_0=0$, 本征函数 $v_0(x)\equiv 1$ 以及对于 $n=1,2,3,\cdots$ 每个本征值 $\lambda_n=n^2$ 有两个独立无关本征函数 $v_n(x)=\cos nx$ 和 $\widetilde{v}_n(x)=\sin nx$. 此时, 出现一个零本征值, 因为 $S=D^*\circ D=-D^2$ 在周期函数空间上只是正半定的. 定理 9.33 意味着相应于不同本征值的 Fourier 本征函数极其重要的正交性: 当 $m\neq n$ 时, $\langle v_m,v_n\rangle=\langle v_m,\widetilde{v}_n\rangle=\langle\widetilde{v}_m,\widetilde{v}_n\rangle=0$, 这是关于在 $[-\pi,\pi]$ 上 L^2 – 内积的. 然而, 由于本征值相同, $v_n(x)=\cos nx$ 和 $\widetilde{v}_n(x)=\sin nx$ 的正交性因此不能保证, 必须手工检查.

例 9.38 另一方面, 实线上的自伴边值问题

$$-\frac{\mathrm{d}^2u}{\mathrm{d}x^2}=\lambda u,\quad \lim_{x\to-\infty}u(x)=0,\quad \lim_{x\to\infty}u(x)=0 \tag{9.89}$$

没有本征值: 无论 λ 的值是什么, 在两个端点 $\pm\infty$ 衰减到 0 的唯一解是零解. 事实上, 在一端衰减的指数解, 在另一端就变得无限大. 三角函数 $u(x)=\cos\omega x$ 和 $\sin\omega x$ 满足微分方程时 $\lambda=\omega^2>0$, 但当 $|x|\to\infty$ 时不趋于零, 所以不符合真正的本征函数. 相反, 因为它们在整条实线上有界, 它们表示基础自伴微分算子的 "连续谱"[95]. 在这个特定的背景下, 连续谱直接导致 Fourier 变换.

例 9.39 m 阶 Bessel 微分算子 (9.79) 的本征值问题

$$S[u]=-u''-\frac{1}{x}u'+\frac{m^2}{x^2}u=\lambda u, \tag{9.90}$$

或等价地

$$x^2u''+xu'+\left(\lambda x^2-m^2\right)u=0,$$

加之区间 $0\leqslant a<b$ 端点处的适当的齐次边界条件. 它的本征函数不是初等的, 但是正如我们将在第 11 章中学习到的, 可以用 Bessel 函数表示. 然而, 无论它们最终的公式是什么, 定理 9.33 保证了在加权内积 (9.80) 下:

$$\langle v,\widetilde{v}\rangle=\int_a^b v(x)\widetilde{v}(x)x\mathrm{d}x=0,$$

任意不同的本征值 $\lambda\neq\widetilde{\lambda}$ 连带的两个本征函数 $v,\widetilde{v}$ 的正交性.

例 9.40 根据方程 (9.60), 有界区域 $\Omega\subset\mathbb{R}^n$ 上 (负) Laplace 算子 $-\Delta$ 在 L^2 – 内积 (9.22) 下构成一个自伴正 (半) 定算子, 当服从于一组通常的齐次

边界条件时. 至于具体情形, 我们集中讨论 Dirichlet 情形. Laplace 算子的本征函数是以下边值问题的非零解:

$$\text{在 } \Omega \text{ 中 } -\Delta v = \lambda v, \text{ 在 } \partial\Omega \text{ 上 } v = 0. \tag{9.91}$$

基本偏微分方程

$$\frac{\partial^2 v}{\partial x^2} + \frac{\partial^2 v}{\partial y^2} + \lambda v = 0$$

称作 Helmholtz 方程, 以影响深远的德国应用数学家 Hermann von Helmholtz 的名字命名. 我们将看到, Helmholtz 方程对于求解二维热方程、波方程和 Schrödinger 方程起着中心作用.

只有在一些特殊情形, 如矩形和圆盘, 才能精确地确定本征函数和本征值; 详情见第 11 章. 然而, 定理 9.34 保证, 对于所有的区域, 本征值总是非负的: $\lambda \geqslant 0$, 仅在正半定情形 $\lambda_0 = 0$ 才是一个本征值, 例如 Neumann 边界条件. 此外, 定理 9.33 确保任意不同的本征值 $\lambda \neq \widetilde{\lambda}$ 连带的两个本征函数的正交性:

$$\langle v, \widetilde{v} \rangle = \iint_\Omega v(x,y)\widetilde{v}(x,y)\mathrm{d}x\mathrm{d}y = 0.$$

Rayleigh 商

我们已经学会如何用极小化原理表征正定边值问题的解. 当然也可以用极小化原理来表征它们的本征值, 以 19 世纪的英国应用数学家 Rayleigh勋爵 (John Strutt) 的名字命名.

定义 9.41 设 $S: U \to U$ 是内积空间的自伴线性算子. S 的 Rayleigh 商 (Rayleigh quotient) 定义为

$$R[u] = \frac{\langle u, S[u] \rangle}{\|u\|^2}, \text{ 对于 } 0 \neq u \in U. \tag{9.92}$$

事实上, 我们主要兴趣在于正定算子的 Rayleigh 商, 对所有的 $u \neq 0$ 有 $R[u] > 0$. 如果 $S = L^* \circ L$, 那么, 利用 (9.51) 我们可以把 Rayleigh 商重写为另一种形式

$$R[u] = \frac{|||\, L[u] \,|||^2}{\|u\|^2}. \tag{9.93}$$

记住我们关于 U 和 V 的符号约定 (9.50).

定理 9.42 设 S 是自伴线性算子. 那么它的 Rayleigh 商的最小值

$$\lambda_\star = \min\{R[u] \mid u \neq 0\} \tag{9.94}$$

是算子 S 的最小本征值. 此外, 使 $R[v_\star]=\lambda_\star$ 达到最小值的任意 $0\neq v_\star\in U$ 是连带本征向量/本征函数: $S[v_\star]=\lambda_\star v_\star$.

证明 设 $v_\star\in U$ 是极小化元, 且

$$\lambda_\star=R[v_\star]=\frac{\langle v_\star,S[v_\star]\rangle}{\|v_\star\|^2} \tag{9.95}$$

是极小值. 任给 $u\in U$, 定义标量函数①

$$\begin{aligned}g(t)=R[v_\star+tu]&=\frac{\langle v_\star+tu,S[v_\star+tu]\rangle}{\|v_\star+tu\|^2}\\&=\frac{\langle v_\star,S[v_\star]\rangle+2t\langle u,S[v_\star]\rangle+t^2\langle u,S[u]\rangle}{\|v_\star\|^2+2t\langle u,v_\star\rangle+t^2\|u\|^2},\end{aligned}$$

利用 S 的自伴性以及我们处于实内积空间的事实, 各项之间有等式

$$\langle u,S[v_\star]\rangle=\langle S[u],v_\star\rangle=\langle v_\star,S[u]\rangle.$$

既然

$$g(0)=R[v_\star]\leqslant R[v_\star+tu]=g(t),$$

函数 $g(t)$ 在 $t=0$ 达到其极小值. 初等微积分告诉我们

$$0=g'(0)=2\frac{\langle u,S[v_\star]\rangle\|v_\star\|^2-\langle v_\star,S[v_\star]\rangle\langle u,v_\star\rangle}{\|v_\star\|^4}.$$

因此, 使用 (9.95) 用 $\lambda_\star\|v_\star\|^2$ 取代 $\langle v_\star,S[v_\star]\rangle$, 我们必须有

$$\langle u,S[v_\star]\rangle-\lambda_\star\langle u,v_\star\rangle=\langle u,S[v_\star]-\lambda_\star v_\star\rangle=0. \tag{9.96}$$

对所有可能的 $u\in U$, (9.96) 内积为零的唯一方法是使得

$$S[v_\star]=\lambda_\star v_\star. \tag{9.97}$$

这意味着, $0\neq v_\star$ 是一个本征函数且 $\lambda_\star$ 是相关的本征值.

另一方面, 如果 v 是使得 $S[v]=\lambda v$ 成立的任一函数, 鉴于自伴性, 本征值 λ 必然是实数, 那么它的 Rayleigh 商的值是

$$R[v]=\frac{\langle v,S[v]\rangle}{\|v\|^2}=\frac{\langle v,\lambda v\rangle}{\|v\|^2}=\lambda. \tag{9.98}$$

根据定义, 既然 $\lambda_\star$ 是 Rayleigh 商最小可能的值, 因此必然是最小的本征值.

[证毕]

注记: 在这个结果中没有强调极小化函数的存在性, 而且确实可能没有最

---

① 如果 $v_*+tu=0$, 那么不能定义 $g(t)$, 但这不影响参数.

小的本征值; 本征值集合的下确界可以是 $-\infty$, 即使有限也不是本征值. 然而, 对于这里所考虑的正定边值问题, 本征值都是严格正的, 并且可以通过一些附加分析[44]证明极小本征函数的存在, 从而得到最小的正本征值.

我们以递增顺序排列本征值, 因此, 假设正定性, $0 < \lambda_1 < \lambda_2 < \lambda_3 < \cdots$, 其中 λ_1 是最小本征值, 从而是 Rayleigh 商的最小值. 为了表征另一个本征值, 我们需要把函数类限制成极小化的. 事实上, 由于第 n 个本征函数 v_n 必须与它的所有前趋 $v_1, v_2, \cdots, v_{n-1}$ 正交, 在这些元素上尝试极小化 Rayleigh 商是有意义的.

定理 9.43 设 $v_1, v_2, \cdots, v_{n-1}$ 是正定自伴线性算子 S 的前 $n-1$ 个本征值 $0 \leqslant \lambda_1 \leqslant \lambda_2 \leqslant \cdots \leqslant \lambda_{n-1}$ 对应的本征函数, 令函数集合

$$U_{n-1} = \{u \mid \langle u, v_1\rangle = \langle u, v_2\rangle = \cdots = \langle u, v_{n-1}\rangle = 0\} \subset U \tag{9.99}$$

与已给定的本征函数正交. 那么, 限制在子空间 U_{n-1} 上的 Rayleigh 商的函数极小值是 S 的第 n 个本征值, 即

$$\lambda_n = \min\{R[u] \mid 0 \neq u \in U_{n-1}\}, \tag{9.100}$$

并且任一极小化元都是连带本征函数 v_n.

证明 我们遵循前面的证明, 但现在限制 $v_\star$ 和 u 均属于子空间 U_{n-1}. 观察到当 $u \in U_{n-1}$ 时同样有 $S[u] \in U_{n-1}$, 由于自伴性, 对于 $j = 1, 2, \cdots, n-1$ 有

$$\langle S[u], v_j\rangle = \langle u, S[v_j]\rangle = \lambda_j \langle u, v_j\rangle = 0.$$

因此, 如果 $0 \neq v_\star \in U_{n-1}$ 使 Rayleigh 商极小化, 那么 (9.96) 对任意 $u \in U_{n-1}$ 成立. 特别是, 选择 $u = S[v_\star] - \lambda_\star v_\star$, 我们得出 $v_\star$ 满足本征值方程 (9.97) 的结论, 从而必定是一个与前 $n-1$ 个本征函数正交的本征函数. 这意味着 $\lambda_\star = \lambda_n$ 必是下一个最小本征值, 且 $v_\star = v_n$ 是其连带本征函数之一. [证毕]

例 9.44 回到例 9.36, 讨论过的区间 $[0, \ell]$ 上 (关于 L^2-内积) 自伴微分算子 $-D^2 = D^* \circ D$ 的 Dirichlet 本征值问题. 它的 Rayleigh 商可以写成

$$R[u] = \frac{\langle u, -u''\rangle}{\|u\|^2} = -\frac{\displaystyle\int_0^\ell u(x)u''(x)\mathrm{d}x}{\displaystyle\int_0^\ell u(x)^2\mathrm{d}x} = \frac{\displaystyle\int_0^\ell u'(x)^2\mathrm{d}x}{\displaystyle\int_0^\ell u(x)^2\mathrm{d}x} = \frac{|||\, u'\, |||^2}{\|u\|^2},$$

其中第二等式基于替代形式 (9.93), 可以很容易地通过分部积分从第一等式得出. (这里 $L = D$ 的域空间和靶空间都使用相同的 L^2-范数.) 根据定理 9.42, $R[u]$ 关于所有满足边界条件 $u(0) = u(\ell) = 0$ 的非零函数 $u(x) \neq 0$ 的极小值是最小本征值, 即达到

$$\lambda_1 = \frac{\pi^2}{\ell^2} = \min\{R[u] \mid u(0) = u(\ell) = 0, u(x) \neq 0\},$$

当且仅当 $u(x)$ 是 $\sin(\pi x/\ell)$ 的一个非零常数倍, 即相应的本征函数. 读者通过固定 ℓ 的值对此结果进行数值测试, 然后在满足边界条件的各种函数上求 $R[u]$ 的值, 以检验数值是否总是大于最小本征值 π^2/ℓ^2. 第二个本征值可以关于所有与第一个本征函数正交的非零函数求得:

$$\lambda_2 = \frac{4\pi^2}{\ell^2} = \min\left\{R[u] \mid u(0) = u(\ell) = 0, \int_0^\ell u(x)\sin\frac{\pi}{\ell}x\mathrm{d}x, u(x) \neq 0\right\},$$

对于更高阶的本征值, 以此类推.

例 9.45 考虑有界区域 $\Omega \subset \mathbb{R}^2$ 上 Helmholtz 本征值问题 (9.91), 但受 Dirichlet 边界条件约束. 连带的 Rayleigh 商 (9.93) 可以写成

$$R[u] = \frac{|||\nabla u|||^2}{\|u\|^2} = \frac{\displaystyle\iint_\Omega \left[\left(\frac{\partial u}{\partial x}\right)^2 + \left(\frac{\partial u}{\partial y}\right)^2\right]\mathrm{d}x\mathrm{d}y}{\displaystyle\iint_\Omega u(x,y)^2\mathrm{d}x\mathrm{d}y}. \tag{9.101}$$

关于所有满足 $\partial\Omega$ 上 $u = 0$ 边界条件的非零函数 $u(x,y) \neq 0$, 它的极小值是最小本征值 λ_1, 并且极小化函数是连带本征函数 $v_1(x,y)$ 的任意非零常数倍. 为了获得较大的本征值 λ_n, 极小化 $R[u]$, 其中 $u(x,y) \neq 0$ 仍满足边界条件而其与前 $n-1$ 个本征函数正交:

$$0 = \langle u, v_k\rangle = \iint_\Omega u(x,y)v_k(x,y)\mathrm{d}x\mathrm{d}y, \quad k = 1, 2, \cdots, n-1.$$

可以证明[34,44], 只要定义域有界且像前面那样有相当好的边界, 每个这些极小化问题就有一个解, 因此 Helmholtz 方程容许一个正本征值无穷序列 $0 < \lambda_1 \leqslant \lambda_2 \leqslant \lambda_3 \leqslant \cdots$, 当 $n \to \infty$ 时 $\lambda_n \to \infty$ 变得任意大; 也见下面的定理 9.47.

本征函数级数

对于在动力学偏微分方程中的应用, 我们特别感兴趣的是按照正交函数展开较一般的函数, 最简单的例子是经典的 Fourier 级数. 保持表示法不变, 我们像处理一维边值问题那样继续前行, 不过公式对高维问题同样有效, 例如 Helmholtz 方程支配的那些问题. 因此, 我们考虑形如 $S[v] = \lambda v$ 的本征值问题, 其中 S 是关于加权 L^2 – 内积

$$\langle v, \widetilde{v}\rangle = \int_a^b v(x)\widetilde{v}(x)\rho(x)\mathrm{d}x \tag{9.102}$$

正定或者正半定的自伴算子, 且在有界区间 $a \leqslant x \leqslant b$ 上有 $\rho(x) > 0$.

设有本征值 $0 \leqslant \lambda_1 \leqslant \lambda_2 \leqslant \lambda_3 \leqslant \cdots$ 且 $v_1, v_2, v_3, \cdots$ 是相应的本征函数. 定理 9.33 向我们保证, 那些对应于不同本征值的本征函数是相互正交的:

$$\langle v_j, v_k\rangle = 0, \quad j \neq k. \tag{9.103}$$

如果 v_j 和 v_k 属于同一本征值, 正交性不是自动的, 但可以通过选择各个本征空间 V_λ 的正交基来确保, 如果需要可以运用 Gram-Schmidt 正交化过程[89] 完成.

设 $f \in U$ 是我们内积空间中的任意函数. 根据定义, f 的本征函数级数 (eigenfunction series) 就是它的广义 Fourier 级数:

$$f \sim \sum_k c_k v_k, \text{ 其中系数 } c_k = \frac{\langle f, v_k\rangle}{\|v_k\|^2}. \tag{9.104}$$

形式上, 将 (9.104) 两端与本征函数 v_k 取内积, 并利用本征函数相互之间正交性求得. (注意, 前面我们的本征函数级数公式 (3.108) 是假设规范正交的; 在这里, 不强加条件 $\|v_k\| = 1$ 会方便些.) 比如在例 9.36 论及的情形, (9.104) 成为函数 f 的通常 Fourier 正弦级数, 在例 9.37 中它则表示为全部周期 Fourier 级数. 以类似的方式, 例 9.40 导致有界区域上服从适当齐次边界条件的 Laplace 算子本征函数级数; 后者的显式例子可以第 11 章和第 12 章中找到.

正如我们在 3.5 节中学到的, 级数 (9.104) (依范数) 收敛性要求本征函数的完备性. (逐点收敛和一致收敛意味着对函数及其定义域的限制性假设, 例如 $f \in C^1$.) 在有限维情形中, $S: \mathbb{R}^n \to \mathbb{R}^n$ 由与矩阵的乘法给定, $S[\boldsymbol{u}] = K\boldsymbol{u}$ 只有有限多个本征向量, 所以 (9.104) 的求和项只有有限多个. 故而无须考虑收敛性, 完备性是自然而然的. 对于无穷维函数空间中边值问题产生的本征函数, 其完备性是个较为微妙的问题. 在例 9.36 中, 在有界区间上 $S = -D^2$ 的本征值问题服从齐次 Dirichlet 边界条件, 导致了 Fourier 正弦的本征函数, 我们知道它们是完备的. 另一方面, 在实线上相应的本征值问题, 如例 9.38 所示, 却没有本征函数, 因此也就无须考虑完备性. 正如我们将看到的, 与有界区域上的正则 (regular) 边值问题相关的本征函数自动完备, 至于奇异问题和无界域上的问题则要另行分析.

无论本征函数是否完备, 我们总有 Bessel 不等式 (3.117)①:

① 公式 (3.117) 假定函数正交; 在这里, 我们说的是对于正交元素的类似结果. 此外, 在这里, 本征函数和系数 c_k 都是实的. 所以不需要绝对值标志.

$$\sum_k c_k^2 \|v_k\|^2 \leqslant \|f\|^2. \tag{9.105}$$

定理 3.43 指出, 本征函数完备当且仅当 Bessel 不等式的等号成立, 这也就是本征函数展开的 Plancherel 公式.

Green 函数与完备性

现在我们把最重要的两个主题结合起来. 值得注意的是, 边值问题的本征函数完备性的关键在于 Green 函数的本征函数展开. 假设 S 是自伴且正定的, 根据定理 9.34, 它的全部本征值因此都是正的. 我们以递增排序:

$$0 < \lambda_1 \leqslant \lambda_2 \leqslant \lambda_3 \leqslant \cdots, \tag{9.106}$$

各个本征值依据其重数会多次出现.

由于正定性, 边值问题 $S[u] = f$ 有唯一解①. 因此, 它容许 Green 函数 $G_\xi(x) = G(x;\xi)$ 满足边值问题

$$S\left[G_\xi\right] = \delta_\xi, \tag{9.107}$$

右端为 δ – 函数冲激. 对于每个固定的 ξ 而言, 我们把 Green 函数写成本征函数级数 (9.104):

$$G(x;\xi) = \sum_{k=1}^{\infty} c_k(\xi) v_k(x), \text{ 其中系数 } c_k(\xi) = \frac{\langle G_\xi, v_k\rangle}{\|v_k\|^2} \tag{9.108}$$

与冲激点 ξ 有关. 由于 $S\left[v_k\right] = \lambda_k v_k$, 系数可以通过以下演算显式求出:

$$\begin{aligned} \lambda_k c_k(\xi) \|v_k\|^2 &= \langle G_\xi, \lambda_k v_k\rangle = \langle G_\xi, S\left[v_k\right]\rangle = \langle S\left[G_\xi\right], v_k\rangle \\ &= \langle \delta_\xi, v_k\rangle = \int_a^b \delta(x-\xi) v_k(x)\rho(x)\mathrm{d}x = v_k(\xi)\rho(\xi), \end{aligned}$$

其中 $\rho(x)$ 是我们的内积 (9.102) 的加权函数, 而且已经援引了 S 的自伴性. 解得

$$c_k(\xi) = \frac{v_k(\xi)\rho(\xi)}{\lambda_k \|v_k\|^2}, \tag{9.109}$$

然后再代入 (9.108), 我们得到显式的 Green 函数本征函数级数

$$G(x;\xi) \sim \sum_{k=1}^{\infty} \frac{v_k(x) v_k(\xi)\rho(\xi)}{\lambda_k \|v_k\|^2}. \tag{9.110}$$

---

① 像往常一样, 我们假设解存在; 命题 9.19 保证唯一性.

可以看到, 这个表达式与加权对称条件方程 (9.58) 是相容的.

例 9.46 根据例 6.9, L^2 – 自伴边值问题

$$-u'' = f(x), \quad u(0) = 0 = u(1)$$

的 Green 函数是

$$G(x;\xi) = \begin{cases} x(1-\xi), & x \leqslant \xi, \\ \xi(1-x), & x > \xi. \end{cases} \tag{9.111}$$

另一方面,

$$-v'' = \lambda v, \quad v(0) = 0 = v(1)$$

的本征函数为 $v_k(x) = \sin k\pi x$, 相应的本征值为 $\lambda_k = k^2\pi^2$, $k = 1, 2, 3, \cdots$. 既然

$$\|v_k\|^2 = \int_0^1 \sin^2 k\pi x \mathrm{d}x = \frac{1}{2},$$

公式 (9.110) 意味着本征函数展开

$$G(x;\xi) = \sum_{k=1}^{\infty} \frac{2\sin k\pi x \sin k\pi\xi}{k^2\pi^2}. \tag{9.112}$$

这一结果可以通过直接计算 (9.111) 的 Fourier 正弦级数加以验证.

现在, 我们将 Bessel 不等式 (9.105) 应用于 Green 函数的本征函数级数 (9.108); 利用 (9.109), 结果是

$$\sum_{k=1}^{n} c_k(\xi)^2 \|v_k\|^2 = \sum_{k=1}^{n} \frac{v_k(\xi)^2 \rho(\xi)^2}{\lambda_k^2 \|v_k\|^2} \leqslant \|G_\xi\|^2 = \int_a^b G(x;\xi)^2 \rho(x) \mathrm{d}x. \tag{9.113}$$

我们除以 $\rho(\xi) > 0$, 然后对得到的不等式的两端从 a 到 b 积分. 不等式左端积分后的求和式

$$\int_a^b \frac{v_k(\xi)^2 \rho(\xi)}{\lambda_k^2 \|v_k\|^2} \mathrm{d}\xi = \frac{1}{\lambda_k^2 \|v_k\|^2} \int_a^b v_k(\xi)^2 \rho(\xi) \mathrm{d}\xi = \frac{1}{\lambda_k^2}.$$

代回 (9.113), 建立起意味深长的不等式

$$\sum_{k=1}^{n} \frac{1}{\lambda_k^2} \leqslant \int_a^b \int_a^b G(x;\xi)^2 \frac{\rho(x)}{\rho(\xi)} \mathrm{d}x \mathrm{d}\xi. \tag{9.114}$$

为使右端看起来简洁些, 可以把 $G(x;\xi)$ 替换为对称的修正 Green 函数 $\widehat{G}(x;\xi) = G(x;\xi)/\rho(\xi) = \widehat{G}(\xi;x)$, 参见 (9.59), 由此

$$\int_a^b \int_a^b G(x;\xi)^2 \frac{\rho(x)}{\rho(\xi)} \mathrm{d}x \mathrm{d}\xi = \int_a^b \int_a^b \widehat{G}(x;\xi)^2 \rho(x)\rho(\xi) \mathrm{d}x \mathrm{d}\xi \equiv \|\widehat{G}\|^2, \tag{9.115}$$

我们将之解释为修正 Green 函数 $\widehat{G}(x;\xi)$ 的 "二重加权 L^2–范数". 既然在 (9.114) 中的被加数都是正的, 我们可以令 $n \to \infty$, 并得出结论

$$\sum_{k=1}^{\infty} \frac{1}{\lambda_k^2} \leqslant \|\widehat{G}\|^2. \tag{9.116}$$

因此, 设若这个不等式的右端是有限的, 则左端求和式收敛. 这意味着它的被加数必须趋于零: 当 $k \to \infty$ 时 $\lambda_k^{-2} \to 0$. 因此, 我们已经证明了下述重要结果的第一部分.

定理 9.47 如果 $\|\widehat{G}\|^2 < \infty$, 那么自伴正定算子的本征值是无界的: 当 $k \to \infty$ 时 $0 < \lambda_k \to \infty$. 而且, 连带正交本征函数 $v_1, v_2, v_3, \cdots$ 是完备的.

证明 余下我们的任务是证明完备性, 即任一函数 $f \in U$ 的本征函数级数 (9.104) 依范数收敛. 对于 $n = 2, 3, 4, \cdots$, 考虑函数

$$g_{n-1} = f - \sum_{k=1}^{n-1} c_k v_k,$$

即函数 f 与其本征函数级数的第 $n-1$ 个部分和之差. 完备性要求

$$\text{当 } n \to \infty \text{ 时, } \|g_{n-1}\| \to 0. \tag{9.117}$$

我们可以假设 $g_{n-1} \neq 0$. 如若不然, 本征函数级数将终止, 有 $0 = g_{n-1} = g_n = g_{n+1} = \cdots$ (为什么), 因此 (9.117) 自然成立.

首先, 注意到对于任意的 $j = 1, 2, \cdots, n-1$, 将本征函数的正交性与系数 c_j 的公式 (9.104) 结合起来, 有

$$\langle g_{n-1}, v_j \rangle = \langle f, v_j \rangle - \sum_{k=1}^{n-1} c_k \langle v_k, v_j \rangle = \langle f, v_j \rangle - c_j \|v_j\|^2 = 0,$$

因此 $g_{n-1} \in V_{n-1}$, 该本征函数子空间 (9.99) 与 Rayleigh 极小化定理 9.43 用过的前 $n-1$ 个本征函数正交. 根据 (9.100), 既然 λ_n 是 V_{n-1} 中所有非零元素的 Rayleigh 商的最小值 (minimum), 我们必须有

$$\lambda_n \leqslant R[g_{n-1}] = \frac{\langle g_{n-1}, S[g_{n-1}] \rangle}{\|g_{n-1}\|^2},$$

从而

$$\begin{aligned} \lambda_n \|g_{n-1}\|^2 &\leqslant \langle g_{n-1}, S[g_{n-1}] \rangle \\ &= \left\langle f - \sum_{k=1}^{n-1} c_k v_k, S\left[f - \sum_{k=1}^{n-1} c_k v_k \right] \right\rangle \end{aligned}$$

$$= \left\langle f - \sum_{k=1}^{n-1} c_k v_k, S[f] - \sum_{k=1}^{n-1} c_k S\left[v_k\right] \right\rangle$$
$$= \left\langle f - \sum_{k=1}^{n-1} c_k v_k, S[f] - \sum_{k=1}^{n-1} c_k \lambda_k v_k \right\rangle$$
$$= \langle f, S[f]\rangle - \sum_{k=1}^{n-1} \lambda_k c_k \langle f, v_k\rangle - \sum_{k=1}^{n-1} c_k \langle v_k, S[f]\rangle + \sum_{k=1}^{n-1} \lambda_k c_k^2 \left\|v_k\right\|^2$$
$$= \langle f, S[f]\rangle - \sum_{k=1}^{n-1} \lambda_k \frac{\langle f, v_k\rangle^2}{\left\|v_k\right\|^2}.$$

最后一个等式, 我们运用了 S 的自伴性, 确定

$$\langle v_k, S[f]\rangle = \langle S\left[v_k\right], f\rangle = \lambda_k \langle v_k, f\rangle = \lambda_k \langle f, v_k\rangle,$$

并结合使用 (9.104) 中系数 c_k 的公式. 由于最后的表达式中被加数都是正的, 我们得出结论

$$\left\|g_{n-1}\right\|^2 \leqslant \frac{\langle f, S[f]\rangle}{\lambda_n}.$$

既然我们已经知道 $\lambda_n \to \infty$, 那么当 $n \to \infty$ 时上述不等式的右端趋于 0. 这意味着 (9.117), 从而完备性得以确立. [证毕]

这个定理的一个重要推论是, 既然每个本征值都是根据其几何重数重复的, 重数就不可能是无穷大的 (为什么?), 这样的 S 的各个本征空间因此都必然是有限维的.

例 9.48 在例 9.46 考虑过的本征值问题中, 因为 $\rho(x) \equiv 1$, (修正) Green 函数 $G(x;\xi) = \widehat{G}(x;\xi)$ 的二重范数为

$$\|G\|^2 = \int_0^1 \int_0^1 G(x;\xi)^2 \mathrm{d}x \mathrm{d}\xi = 2 \int_0^1 \int_0^\xi x^2 (1-\xi)^2 \mathrm{d}x \mathrm{d}\xi = \frac{1}{90} < \infty.$$

因此, 定理 9.47 重构了正弦本征函数的完备性, 这意味着本征函数级数只是 $[0,1]$ 上的普通 Fourier 正弦级数, 是依范数收敛的.

实际上, 对于任何有界区间上的正则 Sturm-Liouville 边值问题, (修正) Green 函数自动都是连续的, 因此其二重加权范数有限. 所以, 定理 9.47 意味着 Sturm-Liouville 本征函数的完备性. 在第 11 章和第 12 章中, 我们将把这个结果推广到一些重要的奇异边值问题.

例 9.49 定理 9.47 的完备性结论并不能直接用于例 9.37 的周期边值问题, 因为它不是正定的, 因此没有 Green 函数. 然而, 我们可以用一个简单技巧把它转化为一个正定问题. 正如在习题 9.4.4 中要证明的那样, 如果 $S \geqslant 0$

是任一正半定算子且 $\mu > 0$ 是任一正常数, 那么 $\widehat{S} = S + \mu I$ 是正定的, 其中 $I[u] = u$ 是恒同算子. 因此, 我们将原周期边值问题 (9.88) 替换为以下修正形式:

$$-v'' + \mu v = \lambda v, \quad v(-\pi) = v(\pi), \quad v'(-\pi) = v'(\pi). \tag{9.118}$$

这不会改变本征函数, 尽管给各本征值都加上一个 μ, 因此修正问题有本征值 $\lambda_0 = \mu$ 及其本征函数 $v_0(x) \equiv 1$, $\lambda_n = n^2 + \mu$ 及其两个独立本征函数: $v_n(x) = \cos nx$ 和 $\widetilde{v}_n(x) = \sin nx$.

对于周期边值问题

$$-v'' + \mu v = \delta(x - \xi), \quad v(-\pi) = v(\pi), \quad v'(-\pi) = v'(\pi),$$

这里 $\mu > 0$ 是固定的常数, 其 Green 函数可以沿例 6.10 的相同思路导出. 令 $\mu = \omega^2$, 结果有

$$G(x;\xi) = \frac{\cosh \omega(\pi - |x - \xi|)}{2\omega \sinh \pi\omega}. \tag{9.119}$$

它的二重 L^2–范数显然有限大, 即便不必要也可以计算出来:

$$\|G\|^2 = \int_{-\pi}^{\pi}\int_{-\pi}^{\pi} G(x;\xi)^2 \mathrm{d}x\mathrm{d}\xi = \frac{\pi(2\pi\omega + \sinh 2\pi\omega)}{4\omega^3 \sinh^2 \pi\omega} < \infty.$$

因此, 定理 9.47 重申了三角本征函数的完备性.

例 9.50 根据 (6.120), 区域 $\Omega \subset \mathbb{R}^2$ 上 Poisson 方程 Dirichlet 边值问题的 Green 函数 $G(\boldsymbol{x};\boldsymbol{\xi})$, 是对数势 (6.106) 与调和函数之和. 因此 $G(\boldsymbol{x};\boldsymbol{\xi})^2$ 是三项之和: 前两项涉及 $(\log r)^2$ 和 $\log r$, 这里 $r = \|\boldsymbol{x} - \boldsymbol{\xi}\|$, 当 $\boldsymbol{x} = \boldsymbol{\xi}$ 时有一个适度的奇点, 而最后一项处处光滑 (确实解析). 利用这些信息, 不难证明它的二重 L^2–范数

$$\|G\|^2 = \iint_\Omega \left[\iint_\Omega G(x,y;\xi,\eta)^2 \mathrm{d}x\mathrm{d}y\right] \mathrm{d}\xi\mathrm{d}\eta < \infty$$

是有限的. 事实上, 唯一的问题是在 $\boldsymbol{x} = \boldsymbol{\xi}$ 的对数奇点, 但类似定理 6.17 证明中使用极坐标的计算表明, 这种对数奇异性仍然是有限积分. 因此, 定理 9.47 意味着 Helmholtz 本征值 $\lambda_n \to \infty$ 和相应的 Helmholtz 本征函数 $v_n(x,y)$ 形成一个完备的正交系.

注记: 涉及无界区域的问题, 如 12.7 节所论的氢原子 Schrödinger 方程, 本征函数通常不完备, 并且需要引入附加解, 对应于所谓算子连续谱 (continuous spectrum). 此时函数是由本征函数的离散类 Fourier 求和 (在量子力学系统中的束缚态) 加上涉及连续谱 (散射状态) 的类 Fourier 积分项表示的[66,72]. 这种

情形下完备性和收敛性的充分讨论, 必须到分析高级课程中去找[95].

习题

9.4.1. 求以下对称矩阵的本征值和正交本征向量基:

(a) $\begin{pmatrix} 2 & 6 \\ 6 & -7 \end{pmatrix}$. (b) $\begin{pmatrix} 5 & -2 \\ -2 & 5 \end{pmatrix}$. (c) $\begin{pmatrix} 2 & -1 \\ -1 & 5 \end{pmatrix}$.

(d) $\begin{pmatrix} 1 & 0 & 4 \\ 0 & 1 & 3 \\ 4 & 3 & 1 \end{pmatrix}$. (e) $\begin{pmatrix} 6 & -4 & 1 \\ -4 & 6 & -1 \\ 1 & -1 & 11 \end{pmatrix}$.

9.4.2. 通过计算其本征值确定下列对称矩阵是否正定:

(a) $\begin{pmatrix} 2 & -2 \\ -2 & 3 \end{pmatrix}$. (b) $\begin{pmatrix} -2 & 3 \\ 3 & 6 \end{pmatrix}$. (c) $\begin{pmatrix} 1 & -1 & 0 \\ -1 & 2 & -1 \\ 0 & -1 & 1 \end{pmatrix}$. (d) $\begin{pmatrix} 4 & -1 & -2 \\ -1 & 4 & -1 \\ -2 & -1 & 4 \end{pmatrix}$.

9.4.3. 设 $S[\boldsymbol{u}] = K\boldsymbol{u}$, 这里 $K = \begin{pmatrix} 0 & 1 \\ -1 & 0 \end{pmatrix}$. (a) 证明: $S : \mathbb{R}^2 \to \mathbb{R}^2$ 关于点积是正半定的. (b) 求出 S 的本征值. (c) 解释为什么 (b) 部分结果与定理 9.34 不矛盾.

♦ 9.4.4. 设 $S : U \to U$ 是一个线性正半定算子. 令 $I : U \to U$ 是恒同算子, 因此 $I[u] = u$. (a) 证明对于任意正标量 $\mu > 0$, 算子 $S_\mu = S + \mu I$ 是正定的. (b) 证明 S 和 S_μ 有相同的本征函数. 它们的本征值是否相同呢? 如果不是, 它们的本征值关系如何?

9.4.5. 在定义于 $0 \leqslant x \leqslant 1$ 的 C^2 – 函数 $v(x)$ 空间中, 求 $R[v] = \dfrac{\int_0^1 (v')^2\,\mathrm{d}x}{\int_0^1 v^2 \mathrm{d}x}$ 的极小值, 分别服从下列成对边界条件之一:

(a) $v(0) = v(1) = 0$. (b) $v(0) = v'(1) = 0$. (c) $v'(0) = v'(1) = 0$.

9.4.6. 在定义于 $[1, \mathrm{e}]$ 的 C^2 – 函数空间中, 求出 $R[v] = \dfrac{\int_1^{\mathrm{e}} x^2 (v')^2\,\mathrm{d}x}{\int_1^{\mathrm{e}} v^2 \mathrm{d}x}$ 的极小值, 服从边界条件 $v(1) = v(\mathrm{e}) = 0$.

9.4.7. 证明: 对于所有的元素 $0 \neq v \in U$ 的非零标量倍, Rayleigh 商 $R[v]$ 的值相等, 即对所有的 $c \neq 0$ 有 $R[cv] = R[v]$.

9.4.8. 证明正半定但非正定算子的 Rayleigh 商极小值是 0 .

♥ 9.4.9. (a) 求边值问题 $-x^2 u'' - xu' = \lambda u$, $u(1) = u(\mathrm{e}) = 0$ 的本征函数和本征值.

(b) 本征函数是关于何种内积正交的? 通过直接计算来证明你的答案.

(c) 写出在 $1 \leqslant x \leqslant \mathrm{e}$ 上定义的函数 $f(x)$ 的本征函数展开.

(d) 求 $-x^2 u'' - xu' = f(x)$, $u(1) = u(\mathrm{e}) = 0$ 的 Green 函数, 写成闭合形式以及 (a) 部分求得的本征函数级数形式.

(e) 你的 Green 函数是不是对称的? 讨论之.

(f) 证明该本征函数的完备性.

9.4.10. 讨论边值问题

$$-x^2u'' - 2xu' = \lambda u, \quad |u(0)| < \infty, \quad u(1) = 0$$

本征函数的完备性.

9.4.11. 考虑本征值问题 $-u'' = \lambda u, u(0) = 0, u'(1) = 0$. (a) 该问题是自伴的吗? 正定的吗? 你指的是哪种内积? (b) 求出全体本征值和本征函数. (c) 写出定义在 $[0,1]$ 上函数 $f(x)$ 的本征函数展开的显式公式. (d) 求出 Green 函数. 并用它证明本征函数的完备性.

♥ 9.4.12. (a) 求 Chebyshev *边值问题* (Chebyshev boundary value problem)

$$\left(x^2-1\right)u'' + xu' = \lambda u, \quad u(-1) = u(1) = 0$$

的本征函数和本征值. *提示*: 令 $x = \cos\theta$.

(b) 本征函数是关于何种内积正交的? 通过直接计算来证明你的解答.

(c) 求 $\left(x^2-1\right)u'' + xu' = f(x)$, $u(-1) = u(1) = 0$ 的 Green 函数, 写成闭合形式以及 (a) 部分求得的本征函数级数形式.

(d) 证明本征函数的完备性.

9.4.13. 在对所有的 x 定义 $u(x)$ 的 C^2-函数空间中, 考虑微分算子 $S[u] = -u'' + u$, 同时服从边界条件 $\lim\limits_{x\to\infty} u(x) = \lim\limits_{x\to-\infty} u(x) = 0$. (a) 求 Green 函数 $G(x;\xi)$. (b) 计算其二重 L^2-范数 $\|G\|^2$. 这表明了 S 的本征函数的完备性吗? (c) 用 (b) 部分确定的本征函数证明你的结论.

9.4.14. 求一阶导数算子 $D = \mathrm{d}/\mathrm{d}x$ 所有的 (实的和复的) 本征值. 算子作用在区间 $[0,1]$ 上且服从周期边界条件 $v(0) = v(1)$, 相应的本征函数是正交的吗? 关于何种内积呢?

♥ 9.4.15. 考虑单位正方形上的 Poisson 方程边值问题

$$-\Delta u = h(x,y),\ u(x,0) = 0,\ u(x,1) = 0,\ u(0,y) = 0,\ u(1,y) = 0,\ 0 < x,y < 1.$$

(a) 求该问题 Green 函数的本征函数级数展开. (b) 你的级数与在习题 6.3.22 中得到的一样吗? (c) 在冲激点 $(\xi,\eta) = (0.5, 0.5)$ 和 $(0.7, 0.8)$, 分别绘制前 9, 25 和 100 项求和结果的图像, 根据对 Green 函数的期望讨论观察到的现象.

9.4.16. 求以下混合边值问题Green 函数的本征函数级数展开:

(a) $-\Delta u = h(x,y)$, $u(x,0) = 0$, $u(x,1) = 0$, $u_x(0,y) = 0$, $u_x(1,y) = 0$, $0 < x,y < 1$.

(b) $-\Delta u = h(x,y)$, $u(x,0) = 0$, $u_y(x,1) = 0$, $u(0,y) = 0$, $u_x(1,y) = 0$, $0 < x,y < 1$.

9.4.17. 求 Helmholtz 边值问题:

$$-\Delta u + u = h(x,y),\ u(x,0) = u(x,\pi) = u(0,y) = u(\pi,y) = 0,\ 0 < x,y < \pi$$

的 Green 函数的本征函数级数展开.

♦ 9.4.18. 如果自伴线性算子的本征值当 $n \to \infty$ 时 $\lambda_n \to \infty$, 解释为何每个本征空间必然是有限维的.

9.4.19. 是/非: 如果 $S : \mathbb{R}^n \to \mathbb{R}^n$ 是任一线性函数, 就可以在 $\mathbb{R}^n$ 上找到一种内积使 S 是自伴的.

9.5 关于动力学的一个一般架构

在这最后一节中, 我们阐述如何使用一般的本征函数展开分析三类重要的线性动力学系统: 抛物型扩散方程, 如热方程; 双曲型振动方程, 如波方程; 以及 Schrödinger 方程, 支配量子力学动力学过程复的发展方程. 在所有的三种情形中, 我们设定完备性, 可以将初–边值问题的通解写为系数时间相关的收敛本征函数级数. 从而建立起支配动力学的若干一般性质.

发展方程

在所有的情形中, 我们的出发点是基本*平衡方程* (equilibrium equation), 形如

$$S[u] = f \tag{9.120}$$

的线性系统, 其中 f 表示外部强迫作用. 假定线性算子 S 有通常的自伴形式

$$S = L^* \circ L, \tag{9.121}$$

要么是正定的, 当 $\ker L = \{0\}$ 时; 要么是正半定的, 其特点是存在零本征函数 $0 \neq v \in \ker L = \ker S$. 在有限维情形, (9.120) 表示一个线性代数方程组, 由 n 个未知数与正 (半) 定系数矩阵组成. 在无穷维函数空间中, 它表示未知函数 u 的自伴正 (半) 定边值问题.

对于把握的平衡算子, 存在两类作为物理模型极具重要性的主要经典动力系统. 第一类是 (强迫) *扩散过程* (diffusion process) 模型, 形如

$$\frac{\partial u}{\partial t} = -S[u] = -L^* \circ L[u] \tag{9.122}$$

的发展方程. 在离散情形, 它表示一阶常微分方程组, 称为线性*梯度流* (gradient flow). 在连续情形, S 是一个配有齐次边界条件的线性微分算子, 且 (9.122) 表示时变函数 $u = u(t, x)$ 的线性偏微分方程, 热方程是典型的例子. (如前一

节所示, 虽然以下的符号表示我们致力于一个空间维度, 但方法和结果同样适用于高维问题.) 外部强迫作用对扩散过程的作用留在习题 9.5.6 处理.

基本的分离变量求解方法在 3.1 节中已经概述了. 总的来说, 可分离解具有指数形式

$$u(t,x) = \mathrm{e}^{-\lambda t} v(x), \tag{9.123}$$

其中 $v \in U$ 是一个固定函数. 由于算子 S 是线性的, 不涉及关于 t 的微分, 我们发现

$$\frac{\partial u}{\partial t} = -\lambda \mathrm{e}^{-\lambda t} v, \text{ 且 } S[u] = \mathrm{e}^{-\lambda t} S[v].$$

代入 (9.122) 并消去共同的指数因子, 我们得到本征值问题

$$S[v] = \lambda v. \tag{9.124}$$

因此, (9.123) 定义一个解, 当且仅当 v 是线性算子 S 关于本征值 λ 的本征函数.

令 $v_k(x)$, $k = 1, 2, \cdots$ 是正交的本征函数, 且 $0 \leqslant \lambda_1 \leqslant \lambda_2 \leqslant \lambda_3 \leqslant \cdots \to \infty$ 是相应的本征值. 假定完备性, 初值问题

$$u(0,x) = f(x) \tag{9.125}$$

的解可以按照本征解展开:

$$u(t,x) = \sum_{k=1}^{\infty} \mathrm{e}^{-\lambda_k t} c_k v_k(x), \text{ 其中 } c_k = \frac{\langle f, v_k \rangle}{\|v_k\|^2} \tag{9.126}$$

是初始数据的本征函数系数. 特别地, 对于在点 ξ 处初始 δ–冲激引发的初值问题

$$u(0,x) = \delta_\xi(x), \tag{9.127}$$

它的解 $u = F(t, x; \xi)$ 定义为扩散方程的基本解 (fundamental solution), 其本征函数的系数为

$$c_k = \frac{\langle \delta_\xi, v_k \rangle}{\|v_k\|^2} = \frac{1}{\|v_k\|^2} \int_a^b \delta(x-\xi) v_k(x) \rho(x) \mathrm{d}x = \frac{v_k(\xi)\rho(\xi)}{\|v_k\|^2}.$$

所以

$$F(t,x;\xi) = \sum_{k=1}^{\infty} \mathrm{e}^{-\lambda_k t} \frac{v_k(x) v_k(\xi) \rho(\xi)}{\|v_k\|^2}, \tag{9.128}$$

其中分母表示函数的适当加权 L^2–范数:

$$\|v_k\|^2 = \int_a^b v_k(x)^2 \rho(x) \mathrm{d}x.$$

像一维热方程那样, 如果平衡算子是正定的, $S > 0$, 那么全部本征值都是严格正的. 因此, 一般地, 解衰减到 0 的指数速率由最小本征值决定, 可以用 Rayleigh 商的最小值表征. 另一方面, 如果 S 仅是正半定的, 那么解趋于一个零本征模, 即 $\ker S = \ker L$ 中的一个元素, 作为它的渐近平衡状态. 如果 $\dim \ker S = p$, 前 p 个本征值都是 $0 = \lambda_1 = \lambda_2 = \cdots = \lambda_p < \lambda_{p+1}$, 而解

$$\text{当 } t \to \infty \text{ 时}, \ u(t,x) \to \sum_{k=1}^{p} c_k v_k(x)$$

将趋于其最终的平衡构型, 其指数速率由最小正本征值 $\lambda_{p+1} > 0$ 决定. 在几乎所有的应用中, $p = 1$ 且有单一恒定的零函数. 热方程 Neumann 边值问题和周期边值问题就是原型例子.

习题

9.5.1. 区间 $0 \leqslant x \leqslant 1$ 上热方程 $u_t = \gamma u_{xx}$ 服从齐次 Dirichlet 边界条件, 求基本解的本征函数级数.

9.5.2. 解习题 9.5.1, 服从 (a) 混合边界条件 $u(t,0) = u_x(t,1) = 0$; (b) 齐次 Neumann 边界条件.

9.5.3. 令 $D[u] = u'$ 是导数算子, 作用于定义在 $0 \leqslant x \leqslant 1$ 上 C^1-标量函数 $u(x)$ 的向量空间, 且满足边界条件 $u(0) = u'(1) = 0$.

(a) 在域空间上给定 L^2 – 内积且在靶空间上给定加权内积

$$\langle v, \widetilde{v} \rangle = \int_0^1 v(x) \widetilde{v}(x) x \mathrm{d}x,$$

求伴随算子 D^*.

(b) 设 $S = D^* \circ D$. 把扩散方程 $u_t = -S[u]$ 显式写成偏微分方程辅以边界条件.

(c) 给定初始条件 $u(0,x) = x - x^2$, 所得扩散方程解的最终渐近平衡 $u_\star(x) = \lim\limits_{t\to\infty} u(t, x)$ 是什么?

9.5.4. 四阶发展方程 $u_t = -u_{xxxx}$ 的初值问题 $u(0,x) = f(x)$, 同时服从边界条件 $u(t,0) = u_{xx}(t,0) = u(t,1) = u_{xx}(t,1) = 0$. 写出该问题的本征函数级数解 $u(t,x)$. 你的解会趋于平衡状态吗? 如果是, 以什么样的速度?

9.5.5. 回答习题 9.5.4, 但边界条件取为

$$u_x(t,0) = u_{xxx}(t,0) = u_x(t,1) = u_{xxx}(t,1) = 0.$$

♦ 9.5.6. 解释如何求解服从齐次 Dirichlet 边界条件的强迫扩散方程 $u_t = -S[u]+f$, 且 $f(x)$ 不依赖时间 t. 当 $t \to \infty$ 时解趋于平衡吗? 如果是, 那么衰减的速率是多少, 平衡解又是什么样的呢?

9.5.7. 证明: 若 $u(t,x)$ 是扩散方程 (9.122) 的解, 则当 $t \leqslant s$ 时有 $\|u(t,\cdot)\| \geqslant \|u(s,\cdot)\|$.

♦ 9.5.8. 设 $S>0$ 是一个正定算子. 令 $F(t,x;\xi)$ 是扩散方程 (9.122) 的基本解. 证明 $G(x;\xi) = \int_0^\infty F(t,x;\xi)\mathrm{d}t$ 为相应平衡方程 $S[u]=f$ 的 Green 函数.

振动方程

第二类重要的动力学系统包括 (关于时间的) 二阶*振动方程* (vibration equation)

$$\frac{\partial^2 u}{\partial t^2} = -S[u], \tag{9.129}$$

我们先分析没有外部强迫作用的情形. 振动系统是作为无阻力 Newton 运动方程的结果出现的. 它们的连续模型模拟固体和流体中的波、电磁波、等离子体波的传播以及许多其他相关的物理系统中的波动.

对于一般的振动方程而言, 可分离解具有三角形式

$$u(t,x) = \cos(\omega t)v(x) \text{ 或 } \sin(\omega t)v(x). \tag{9.130}$$

将这两个拟设回代到 (9.129), 结果得到与 (9.124) 相同的 $v(x)$ 本征值问题, 其本征值 $\lambda = \omega^2$ 等于振动频率的平方. 我们的结论是, *简正模* (normal mode) 或*本征解* (eigensolution) 形如

$$u_k(t,x) = \cos(\omega_k t)\, v_k(x), \quad \widetilde{u}_k(t,x) = \sin(\omega_k t)\, v_k(x),$$

只要 $\lambda_k = \omega_k^2 > 0$ 是一个非零本征值且 v_k 是连带本征函数. 因此, 系统的固有振动频率是非零本征值的平方根, 这是在一维波方程情形我们已经观察到的事实. 在正定情形中, 本征值都是严格正的, 所以通解构建为振动本征模的线性组合:

$$\begin{aligned} u(t,x) &= \sum_{k=1}^{\infty} [c_k u_k(t,x) + d_k \widetilde{u}_k(t,x)] \\ &= \sum_{k=1}^{\infty} [c_k \cos(\omega_k t) + d_k \sin(\omega_k t)]\, v_k(x) = \sum_{k=1}^{\infty} r_k \cos(\omega_k t + \delta_k)\, v_k(x), \end{aligned} \tag{9.131}$$

其中 (r_k,δ_k) 是 (c_k,d_k) 的极坐标表示:

$$r_k=\sqrt{c_k^2+d_k^2},\quad \delta_k=\arctan\frac{d_k}{c_k}. \tag{9.132}$$

初始条件

$$g(x)=u(0,x)=\sum_{k=1}^{\infty}c_kv_k(x),\quad h(x)=u_t(0,x)=\sum_{k=1}^{\infty}d_k\omega_kv_k(x) \tag{9.133}$$

用以给定系数

$$c_k=\frac{\langle g,v_k\rangle}{\|v_k\|^2},\quad d_k=\frac{\langle h,v_k\rangle}{\omega_k\|v_k\|^2}. \tag{9.134}$$

在不稳定的正半定情形, 任意零函数 $v_0\in\ker S=\ker L$ 贡献两个非周期本征解

$$u_0(t,x)=v_0(x),\quad \widetilde{u}_0(t,x)=tv_0(x),$$

这可以很容易验证. 第一个本征解是时间恒定的; 而第二个本征解是不稳定的线性增长模, 它被激发当且仅当初始速度与零函数非正交: $\langle h,v_0\rangle\neq 0$.

如果像一维波方程中发生的那样, 固有频率恰好是一个共同频率 $\omega_k=n_k\omega_\star, n_k\in\mathbb{N}$ 的整数倍, 那么解 (9.131) 是以 $p_\star=2\pi/\omega_\star$ 为周期的关于 t 的周期函数. 另一方面, 在大多数情形中频率之间倍数并非有理数, 解只能是**拟周期的** (quasiperiodic). 虽然它也是单个周期模的总和, 但不是周期性的, 也不能完全再现其初始行为; 有关更多详细信息, 参见例 2.20.

强迫与谐振

无阻尼机械结构的周期强迫作用, 可以用常微分方程的振动系统模拟, 频率与其固有振动频率不同通常导致拟周期响应. 解是无强迫振动模总和与附加强迫频率振动模的叠加. 然而, 如果在系统的一个固有频率上施加强迫作用, 那么系统可能发生灾难性谐振. 有关详细信息, 参见 [89; §9.6].

在支配连续介质振动的偏微分方程中, 也能看到相同类型的拟周期/谐振响应. 考虑强迫振动方程

$$\frac{\partial^2u}{\partial t^2}=-S[u]+F(t,x), \tag{9.135}$$

服从给定的齐次边界条件. 外部强迫作用函数 $F(t,x)$ 可能依赖于时间 t 和位置 x. 形如

$$F(t,x)=\cos(\omega t)h(x) \tag{9.136}$$

是我们特别感兴趣的周期性变化外部强迫作用, 其中 ω 是强迫频率, 而强迫作用剖面 $h(x)$ 不随时间变化.

非齐次线性方程的解总可以写成

$$u(t,x)=u_\star(t,x)+z(t,x), \tag{9.137}$$

即非齐次强迫方程一个特解 $u_\star(t,x)$ 与齐次方程

$$\frac{\partial^2 z}{\partial t^2}=-S[z] \tag{9.138}$$

的通解 $z(t,x)$ 之和. 边界条件和初始条件将用于唯一规定解 $u(t,x)$, 但在 (9.137) 中两个组成部分有一定的灵活性, 例如, 我们可能会要求特解 $u_\star$ 满足齐次边界条件和零 (齐次) 初始条件, 因此表示系统对强迫作用的纯响应. 而齐次解 $z(t,x)$ 反映初始条件及边界条件的影响而不掺杂外部强迫作用. 最终解是两个单独响应之和.

在周期强迫 (9.136) 情形, 我们寻找一个以强迫频率振动的特解

$$u_\star(t,x)=\cos(\omega t)v_\star(x). \tag{9.139}$$

将拟设 (9.139) 代入方程 (9.135), 并消去共同的余弦因子, 我们发现 $v_\star(x)$ 必须满足强迫微分方程

$$S\left[v_\star\right]-\omega^2 v_\star=h(x) \tag{9.140}$$

规定的边值问题, 再补充以相关齐次边界条件: Dirichlet 的、Neumann 的、混合的或周期的.

在这个关键点上, 有两种可能性. 如果无强迫的齐次边值问题

$$S[v]-\omega^2 v=0 \tag{9.141}$$

仅有平凡解 $v\equiv 0$, 那么根据 Fredholm 择一律定理 9.10, 对强迫边值问题的解将对任意形式的 $h(x)$ 存在①. 换言之, 如果 ω^2 不是本征值, 那么特解 (9.139) 将以强迫频率振动, 通解是固有振动模与周期强迫振动响应的组合 (9.137), 这个组合可能是周期的或拟周期的.

另一方面, 如果 $\omega^2=\lambda_k$ 是一个本征值, 那么 $\omega=\omega_k$ 与齐次问题的某一固有振动频率巧合, 那么 (9.141) 容许非平凡解, 即本征函数 $v_k(x)$②. 此时, Fredholm 择一律告诉我们, 边值问题 (9.140) 容许一个解, 当且仅当强迫作用

① 存在性在有限维系统中是直接的. 对于边值问题, 这依赖于解析存在定理, 例如定理 9.28.

② 为了简单起见, 我们假设本征值 λ_k 是单重的, 所以有一个唯一的, 至多差一个恒定的倍数, 本征函数 v_k. 对多重本征值进行类似修改.

函数与本征函数正交:

$$\langle h, v_k \rangle = 0. \tag{9.142}$$

倘若如此, 那么产生的特解 (9.139) 仍会以强迫频率振动, 但不会发生谐振.

如果我们以谐振的方式施加强迫力, 意味着 Fredholm 条件 (9.142) 不成立, 那么解是一个谐振增长振动的形式

$$u_\star(t,x) = at\sin(\omega_k t)\, v_k(x) + \cos(\omega_k t)\, v_\star(x), \tag{9.143}$$

其中 a 是常数如下给定. 通过直接计算,

$$\begin{aligned}\frac{\partial^2 u_\star}{\partial t^2} + S[u_\star] = {} & at\sin(\omega_k t)\left\{S[v_k] - \omega_k^2 v_k(x)\right\} + \\ & \cos(\omega_k t)\left\{S[v_\star] - \omega_k^2 v_\star(x) + 2a\omega_k v_k(x)\right\}.\end{aligned}$$

第一个项为零, 因为 $v_k(x)$ 是本征值 $\lambda_k = \omega_k^2$ 的本征函数. 因此, (9.143) 满足强迫边值问题, 当且仅当 $v_\star(x)$ 满足强迫边值问题

$$S[v_\star] - \omega_k^2 v_\star(x) = h(x) - 2a\omega_k v_k(x). \tag{9.144}$$

再次, Fredholm 择一律意味着 (9.144) 容许一个解 $v_\star(x)$, 当且仅当

$$0 = \langle h - 2a\omega_k v_k, v_k \rangle = \langle h, v_k \rangle - 2a\omega_k \|v_k\|^2,$$

因此

$$a = \frac{\langle h, v_k \rangle}{2\omega_k \|v_k\|^2}. \tag{9.145}$$

它在谐振解拟设 (9.143) 中作为固定常数值. 在现实世界中, 这样大的谐振 (甚至接近谐振的) 振动, 如果不加以控制, 导致系统最终要么灾难性崩溃, 要么过渡到非线性状态.

例 9.51　作为一个具体例子, 考虑模拟两端固定的单位长度均匀弦强迫振动初–边值问题:

$$\begin{gathered} u_{tt} = c^2 u_{xx} + \cos(\omega t) h(x), \\ u(t,0) = 0 = u(t,1), \quad u(0,x) = f(x), \quad u_t(0,x) = g(x). \end{gathered} \tag{9.146}$$

特解 $u_\star(t,x)$ 将有谐振形式 (9.139), 只要边值问题

$$S[v_\star] - \omega^2 v_\star = -c^2 v_\star'' - \omega^2 v_\star = h(x), \quad v_\star(0) = 0 = v_\star(1) \tag{9.147}$$

的解 $v_\star(x)$ 存在. 无强迫 Dirichlet 边值问题的固有频率和相关本征函数分别为

$$\omega_k = kc\pi, \quad v_k(x) = \sin k\pi x, \quad k = 1, 2, 3, \cdots.$$

这样边值问题 (9.147) 容许有一个解, 强迫作用因此不是谐振的, 如果 $\omega \neq \omega_k$ 不是固有频率的话, 或者虽然对某个 k 有 $\omega = \omega_k$ 但强迫剖面与相关本征函数正交:

$$0 = \langle h, v_k \rangle = \int_0^1 h(x) \sin k\pi x \mathrm{d}x. \tag{9.148}$$

如若不然, 系统将作出谐振响应.

例如, 在呈现三角正弦剖面 $h(x) \equiv \sin k\pi x$、频率为 ω 的周期强迫作用下, 对于某个正数 k, (9.147) 的特解为

$$v_\star(x) = \frac{\sin k\pi x}{\omega^2 - k^2\pi^2c^2}, \quad 使得 \quad u_\star(t,x) = \frac{\cos \omega t \sin k\pi x}{\omega^2 - k^2\pi^2c^2} \tag{9.149}$$

成立, 只要 $\omega \neq \omega_k = k\pi c$. 可以看到, 对于 $n \neq k$ 来说, 我们可能容许强迫频率与其他固有频率之一相等, $\omega = \omega_n$, 因为正弦剖面是相互正交的, 因此非谐振条件 (9.148) 成立. 另一方面, 如果 $\omega = \omega_k = k\pi c$, 那么特解

$$u_\star(t,x) = \frac{t \sin k\pi ct \sin k\pi x}{2k\pi c} \tag{9.150}$$

是谐振的而且随时间线性增长.

为了得到初–边值问题的完整解答, 我们写为 $u = u_\star + z$, 其中 $z(t,x)$ 必须满足

$$z_{tt} - c^2 z_{xx} = 0, \qquad z(t,0) = 0 = z(t,1)$$

和修正初始条件

$$z(0,x) = f(x) - \frac{\sin k\pi x}{\omega^2 - k^2\pi^2c^2}, \qquad \frac{\partial z}{\partial t}(0,x) = g(x).$$

由于特解 (9.149) 具有非零的初始位移. (在谐振情况 (9.150) 下, 在初始数据中没有额外的项.) 注意 ω 越接近谐振频率, 对初始数据的修正越大, 因此系统对周期性强迫的响应越强烈. 与以前一样, 齐次方程的解 $z(t,x)$ 可以写成一个 Fourier 正弦级数 (4.68). 最后一个公式留给读者详细写出; 见习题 9.5.14.

习题

9.5.9. 考虑区间 $0 \leqslant x \leqslant 1$ 上的波方程 $u_{tt} = u_{xx} + F(t,x)$, 当服从齐次 Dirichlet 边界条件时, 下列哪个强迫作用函数 $F(t,x)$ 能激发谐振?

(a) $\sin 3t$. (b) $\sin 3\pi t$. (c) $\sin \dfrac{3}{2}\pi t$. (d) $\sin \pi t \sin \pi x$.

(e) $\sin\pi t\sin 2\pi x$. (f) $\sin 2\pi t\cos\pi x$. (g) $x(1-x)\sin 2\pi t$.

9.5.10. 回答习题 9.5.9, 当解服从混合边界条件 $u(t,0)=u_x(t,1)=0$ 时.

♥ 9.5.11. 令 $\omega>0$. 求解初–边值问题

$$u_{tt}=u_{xx}+\cos\omega t,\quad u(t,0)=0=u(t,1),\quad u(0,x)=0=u_t(0,x).$$

9.5.12. 回答习题 9.5.11, 服从齐次 Neumann 边界条件.

9.5.13. 长度为 1 m、波速 $c=2$ m/s 的钢琴弦绷断前能支撑最大偏移 5 cm. 设琴弦两端固定初始静止, 然后受均匀周期强迫 $F(t,x)=\dfrac{1}{10}\cos\omega t\sin\pi x$ 作用. 在什么频率范围琴弦会断裂?

♦ 9.5.14. 取 $h(x)\equiv\sin k\pi x$, 写出例 9.51 初–边值问题本征函数级数解.

9.5.15. 当不稳定模存在时, 如何修改解公式 (9.131, 134)? 明确写出防止激发不稳定的初始数据的条件.

♦ 9.5.16. 解释如何将齐次波方程与非齐次边界条件 $u(t,0)=\alpha(t), u(t,\ell)=\beta(t)$ 转换成一个强迫波方程齐次边值问题. 提示: 仿照 (4.46).

♥ 9.5.17. 两位儿童扯紧一根跳绳, 其中一位定期摇晃绳子的末端. 用非齐次边值问题

$$\frac{\partial^2 u}{\partial t^2}=\frac{\partial^2 u}{\partial x^2},\quad u(t,0)=0,\quad u(t,1)=\sin\omega t$$

模拟绳子的运动, 选取单位制使得波速 $c=1$. (a) 这个系统的谐振频率是多少? (b) 运用习题 9.5.16 的方法, 在 ω 为非谐振频率时, 求一个边值问题的特解. (c) 假定绳子开始静止. 当 ω 为非谐振频率时, 求相应初–边值问题的级数解. (d) 当 ω 为谐振频率时, 回答 (b)(c) 部分的问题. 提示: 使用拟设 (9.143).

9.5.18. 解释如何求解区间 $0\leqslant x\leqslant 1$ 上周期强迫*电报方程* (telegrapher's equation)

$$u_{tt}+au_t=c^2u_{xx}+h(x)\cos\omega t,$$

同时服从齐次 Dirichlet 边界条件. 强迫作用函数在哪个频率下激发谐振响应? 提示: 首先求解习题 4.2.9.

9.5.19. 四阶发展方程 $u_{tt}=-c^2u_{xxxx}$, 服从边界条件 $u(t,0)=u_{xx}(t,0)=u(t,1)=u_{xx}(t,1)=0$, 模拟一根简支均匀弹性梁的横向振动, $c>0$ 表示波速. 写出初值问题 $u(0,x)=f(x), u_t(0,x)=0$ 的本征函数级数的解. 解是 (a) 周期的; (b) 拟周期的; (c) 混沌的; (d) 以上都不是?

Schrödinger 方程

支配所有量子力学系统的基本动力学系统称为 Schrödinger 方程, 第一次写出来的是伟大的 20 世纪奥地利物理学家 Erwin Schrödinger, 现代量子物理

学的卓越创始人之一. 陆续达到他那基本方程的系列原始论文, 是引人入胜的读物[101].

与经典力学不同, 量子力学完全是一个线性理论, 由偏微分方程的线性系统支配. 线性 Schrödinger 方程的抽象形式是

$$\mathrm{i}\hbar\frac{\partial\psi}{\partial t}=S[\psi], \tag{9.151}$$

其中 S 是形如 (9.121) 的线性自伴算子. 在方程中, $\mathrm{i}=\sqrt{-1}$ 而 $\hbar$ 是 Planck 常数 (7.69). 算子 S 称为量子力学系统的 Hamilton 量 (Hamiltonian), 通常表示量子能量算子. 对于物理系统, 如原子和原子核, 相关的 Hamilton 算子是通过 “量子化” 这一不大容易理解的过程, 由经典能量构造而成.

在每个时刻 t, Schrödinger 方程的解 $\psi(t,x)$ 表示量子系统的含时波函数, 故而应该是一个平方可积复值函数. 有单位 L^2 – 范数: $\|\psi\|=1$. (读者可能希望重温 3.5 节和 7.1 节, 那里论及量子力学以及 Hilbert 空间的基本知识.) 我们将波函数解释为可能量子态的概率密度, 因此 Schrödinger 方程支配量子概率的动力学演化. 对物理和基础数学的全部细节感兴趣的读者, 应去参考量子力学基础书籍, 例如 [66,72,115].

命题 9.52 *如果 $\psi(t,x)$ 是 Schrödinger 方程的解, 那么, 对所有的时间而言, 它的 L^2-Hermite 范数 $\|\psi(t,\cdot)\|$ 是恒定的.*

证明: 由于解是复的, 我们利用基础 Hermite 内积的半双线性, 如在 (B.19), 计算

$$\begin{aligned}\frac{\mathrm{d}}{\mathrm{d}t}\|\psi(t,\cdot)\|^2&=\left\langle\frac{\partial\psi}{\partial t},\psi\right\rangle+\left\langle\psi,\frac{\partial\psi}{\partial t}\right\rangle=\left\langle-\frac{\mathrm{i}}{\hbar}S[\psi],\psi\right\rangle+\left\langle\psi,-\frac{\mathrm{i}}{\hbar}S[\psi]\right\rangle\\&=-\frac{\mathrm{i}}{\hbar}\langle S[\psi],\psi\rangle+\frac{\mathrm{i}}{\hbar}\langle\psi,S[\psi]\rangle=0,\end{aligned}$$

因为 S 是自伴的, 这意味着 $\|\psi(t,\cdot)\|^2$ 是恒定的. [证毕]

因此, 如果初始数据 $\psi(t_0,x)=\psi_0(x)$ 是一个量子力学波函数, 这意味着 $\|\psi_0\|=1$, 那么, Schrödinger 方程的解 $\psi(t,x)$ 在各个 t 时刻也有范数 1 , 因而在整个演化过程中仍然是波函数.

除了特别的因子 $\mathrm{i}\hbar$ 之外, Schrödinger 方程看起来很像扩散方程(9.122). 这启发我们寻求一个指数拟设的可分离解:

$$\psi(t,x)=\mathrm{e}^{\alpha t}v(x).$$

将此表达式代入 Schrödinger 方程 (9.151), 并消去共同的指数因子, 我们得到通常的本征值问题

$$S[v] = \lambda v, \text{ 具有本征值 } \lambda = \mathrm{i}\hbar\alpha.$$

借助自伴性, 本征值必然是实的. 令 v_k 表示属于第 k 个本征值 λ_k 的归一化本征函数, 故有 $\|v_k\| = 1$. Schrödinger 方程相应的本征函数是复值函数

$$\psi_k(t,x) = \mathrm{e}^{-\mathrm{i}\lambda_k t/\hbar} v_k(x).$$

可以看到, 与扩散方程的指数衰减解相比, Schrödinger 方程的本征解是周期性的, 具有与本征值成正比的振动频率 $\omega_k = -\lambda_k/\hbar$. (以及与零本征模对应的常数解, 如果有的话). 通解是一个基础本征解的 (拟) 周期级数,

$$\psi(t,x) = \sum_k c_k \psi_k(t,x) = \sum_k c_k \mathrm{e}^{-\mathrm{i}\lambda_k t/\hbar} v_k(x), \tag{9.152}$$

其系数由初始条件规定. 被加数的周期性还有额外的含义, Schrödinger 方程可以时间向后运行, 即它对过去时保持适定, 这是与扩散方程的另一个不同之处. 因此, 我们可以从当前的配置中确定一个量子系统的过去和未来的行为.

本征值表示由 Schrödinger 方程描述系统的能级, 可以通过激励系统进行实验检测. 例如, 当围绕原子核的一个电子受激跃迁回到一个较低能级, 它会发射一个光子, 观测到的电磁波谱线对应于两个量子能级的能量差. 这就给出了用谱 (spectrum) 这一术语描述线性 Hamilton 算子本征值的理由.

例 9.53 Schrödinger 方程的最简单版本基于导数算子 $L = D$, 当服从适当的边界条件时, 导致自伴组合算子 $S = L^* \circ L = -D^2$. 此时, Schrödinger 方程 (9.151) 简化为二阶偏微分方程

$$\mathrm{i}\hbar \frac{\partial \psi}{\partial t} = -\frac{\partial^2 \psi}{\partial x^2}. \tag{9.153}$$

如果我们规定条件 $\psi(t,0) = \psi(t,\ell) = 0$, 那么 Schrödinger 方程 (9.153) 支配着禁闭在区间 $0 < x < \ell$ 内量子粒子的动力学; 边界条件意味着粒子从区间内逃逸的概率是零. 根据 4.1 节, Dirichlet 本征值问题

$$v'' + \lambda v = 0, \quad v(0) = v(\ell) = 0$$

的本征函数为

$$v_k(x) = \sqrt{\frac{2}{\ell}} \sin \frac{k\pi}{\ell} x, \text{ 有本征值 } \lambda_k = \frac{k^2\pi^2}{\ell^2}, \text{ 对于 } k = 1, 2, \cdots,$$

其中第一个因子确保 v_k 有单位 L^2 – 范数, 因此是一个真实的波函数. 相应的振荡本征模是

$$\psi_k(t,x) = \sqrt{\frac{2}{\ell}} \exp\left(-\mathrm{i}\frac{k^2\pi^2}{\hbar\ell^2} t\right) \sin \frac{k\pi}{\ell} x. \tag{9.154}$$

由于时间频率 $\omega_k = -k^2\pi^2/\left(\hbar\ell^2\right)$ 非线性地依赖于波数 $k\pi/\ell$, 事实上 Schrödinger 方程是色散的 (dispersive), 与三阶线性方程 (8.90) 有许多相似之处; 例如参见习题 9.5.25, 27.

习题

9.5.20. (a) 求解下列初–边值问题:

$$\mathrm{i}\hbar\psi_t = -\psi_{xx}, \quad \psi(t,0) = \psi(t,1) = 0, \quad \psi(0,x) = 1.$$

(b) 用你的解公式, 验证所有的 t 有 $\|\psi(t,\cdot)\| = 1$.

9.5.21. 取初始条件为 $\psi(0,x) = \sqrt{30}x(1-x)$, 回答习题 9.5.20.

9.5.22. 当解服从 Neumann 边界条件 $\psi_x(t,0) = \psi_x(t,1) = 0$ 时, 回答习题 9.5.20.

9.5.23. 写出有界区间 $[0,\ell]$ 上 Schrödinger 方程的本征级数解, 当服从齐次 Neumann 边界条件时.

9.5.24. 给定解公式 (9.152), 并假定本征函数完备, 证明对所有的 t 都有 $\|\psi(t,\cdot)\|^2 = \sum\limits_k |c_k|^2$.

♦ 9.5.25. 写出一维 Schrödinger 方程 (9.153) 的色散关系、相速度和群速度.

9.5.26. 证明一维 Schrödinger 方程 (9.153) 解 $\psi(t,x) = u(t,x) + \mathrm{i}v(t,x)$ 的实部和虚部是习题 9.5.19 梁方程的解. 波速是多少?

♦ 9.5.27. *线性 Schrödinger 方程 Talbot 效应* (the Talbot effect for the linear Schrödinger equation): 设 $u(t,x)$ 是周期初–边值问题

$$\mathrm{i}u_t = u_{xx}, \quad u(t,-\pi) = u(t,\pi), \quad u_x(t,-\pi) = u_x(t,\pi)$$

的解, 初始数据 $u(0,x) = \sigma(x)$ 由单位阶跃函数给定. 证明当 $t = \pi p/q$ 时, 其中 p, q 是整数, 对于整数 $j \in \mathbb{Z}$ 而言, 解 $u(t,x)$ 在各区间 $\hbar\pi j/q < x < \hbar\pi(j+1)/q$ 中是恒定的. 提示: 使用习题 6.1.29(d).

9.5.28. 质量为 m 的自由量子粒子的一维波函数 $\psi(t,x)$ 满足实直线 $-\infty < x < \infty$ 上 Schrödinger 方程 $\mathrm{i}\psi_t = -\hbar\psi_{xx}/(2m)$. 设 ψ 及其 x 的导数随着 $|x| \to \infty$ 相当迅速地衰减到零, 证明粒子在直线上移动的期望位置为 $\langle x\rangle = \displaystyle\int_{-\infty}^{\infty} x|\psi(t,x)|^2\mathrm{d}x$. 提示: 证明 $\dfrac{\mathrm{d}^2\langle x\rangle}{\mathrm{d}t^2} = 0$.

♥ 9.5.29. 考虑区间 $0 \leqslant x \leqslant 1$ 上周期强迫的 Schrödinger 方程 $\mathrm{i}\hbar\psi_t = -\psi_{xx} + \mathrm{e}^{\mathrm{i}\omega t}$, 服从齐次 Dirichlet 边界条件. (a) 在哪个频率 ω 上强迫作用函数激发谐振响应? (b) 给出非谐振强迫频率的一般初值问题的解法. (c) 给出谐振强迫频率的一般初值问题的解法. 什么样条件的 $\hbar$, 可以确保得到的解仍是波函数?

♥ 9.5.30. 谐振子 (harmonic oscillator) 的 Schrödinger 方程是 $i\hbar\psi_t = \psi_{xx} - x^2\psi$. 在适当选择边界条件下, 用自伴形式 (9.151) 写出这个方程. 写出函数的自伴边值问题. 备注: 本征函数不是初等函数. 学过 11.3 节后, 可能希望回这里研究其解法.

第 10 章　有限元与弱解

为近似求解偏微分方程, 我们在第 5 章学习了基于有限差分逼近的数值算法, 这是最古老且在许多方面最简单的一类算法. 在本章中, 我们介绍两类主要数值范式的第二类: 有限元方法. 有限元年份较新, 第二次世界大战后不久第一次出现; 历史细节可以在 [113]找到. 由于它们能够适应复杂的几何构形, 因此在许多情况下, 有限元已经成为求解椭圆型偏微分方程平衡边值问题的首选方法. 有限元还可以适应于动力学问题, 但限于篇幅我们无法在本书中作这方面扩展.

与有限差分不同, 有限元有赖于对偏微分方程更深入的理解, 它不是用简单的数值逼近替代导数得到的. 相反地, 它们最初是基于表征正定边值问题唯一解相关的极小化原理的, 如在第 9 章中我们学过的. 基本思想是将极小化泛函限制在适当选择的有限维函数子空间上. 这种限制产生一个有限维极小化问题, 然后可以用数值线性代数求解. 以适当的公式化描述之后, 受限的有限维极小化问题有一个解能很好地近似真实的极小化元, 从而求解原边值问题. 为了熟悉这些基本原理, 我们首先在常微分方程边值问题情形中讲解基本构造过程. 接下来一节再将有限元分析扩展到与二维 Laplace 方程和 Poisson 方程相关的边值问题, 从而揭示在应用到多维平衡边值问题数值解法中使用的关键特性.

对于有限元法的另一种处理, 即使在没有最小值原理 (minimum principle) 的情形也可以应用, 建立在微分方程的弱解概念基础上, 是分析中独具重要性的构造. “弱” 一词是指能够放宽施加在经典解可微性的要求这一事实. 实际上, 正如我们将要阐述的那样, 我们在第 2 章和第 4 章中遇过波方程的间断激波解, 以及非光滑因而非经典的解, 都可以通过弱解的形式得以严格描述. 对于有限元逼近而言, 不是将弱解判据施加在整个无穷维函数空间, 而是将其限制为适当选择的有限维子空间. 对于正定边值问题而言, 必然容许极小化原理, 弱解方法导致同样的有限元方程组.

有限元逼近收敛性的严格解释和证明需要进一步的分析, 感兴趣的读者可以转向较专门的书籍, 如 [6,113,126]. 本章我们将着力于理解如何在实际情形中建立和实施有限元方法.

10.1 极小化与有限元

为了解释有限元法的主要思想,我们回到第 9 章中建立起来的边值问题抽象架构. 回顾定理 9.26, 它将正定线性方程组的唯一解表征为相关二次函数 $Q: U \to \mathbb{R}$ 的极小化元 $u_\star \in U$. 对于微分方程支配的边值问题, U 是一个无穷维函数空间, 包含满足规定齐次边界条件全部足够光滑的函数. (对非齐次边界条件的处理的修改将适时讨论.)

这个架构为有限元方法的第一个关键思想搭建起舞台. 我们并不打算在整个无穷维函数空间上使泛函 $Q[u]$ 尽量小, 而是寻求它在一个有限维子空间 (finite-dimensional subspace) $W \subset U$ 上的极小化. 其作用是将分析的微分方程边值问题简化成为一个线性代数问题, 从而能够使用计算机求解. 表面看来, 这个想法似乎很离奇: 在一个巨大的无穷维函数空间中要找的极小化元, 怎么可能指望限制在一个有限维子空间里找到? 然而, 这就是无穷维发挥魔力的地方. 实际上, 可以用属于有限维子空间的函数任意接近地逼近所有 (合理的) 函数. 这两个例子一定耳熟能详: 用三角多项式逼近一般周期函数的 Fourier 级数, 以及用普通的或如样条那样较为精致的多项式逼近函数的插值理论[89,102]. 因此, 有限元的想法也许真的不像乍看起来那么古怪.

为明确起见, 我们从实内积空间之间的线性算子$L: U \to V$ 入手, 如在 9.1 节那样, 用 $\langle u, \widetilde{u} \rangle$ 表示在 U 中的内积, 而 $\langle\langle v, \widetilde{v} \rangle\rangle$ 表示在 V 中的内积. 为了确保解的唯一性, 我们总是假定算子有一个平凡核: $\ker L = \{0\}$. 根据定理 9.26, 元素 $u_\star \in U$ 使得二次函数 (泛函)

$$Q[u] = \frac{1}{2} |||\, L[u] \,|||^2 - \langle f, u \rangle \tag{10.1}$$

极小化, 其中 $||| \cdot |||$ 表示在 V 中的范数, 元素 $u_\star$ 是线性系统

$$S[u] = f, \text{ 其中 } S = L^* \circ L \tag{10.2}$$

的解, $L^*: V \to U$ 表示伴随算子. 假设 L 有一个平凡核意味着 S 是一个自伴正定线性算子, 这就是说 (10.2) 的解因此 $Q[u]$ 的极小化元是唯一的. 在我们的应用中, L 是函数空间之间的线性微分算子, 比如梯度, 而 $Q[u]$ 表示一个二次泛函, 比如 Dirichlet 原理, 相关的线性系统 (10.2) 形成了一个正定边值问题, 比如 Poisson 方程及其适当的边界条件.

为了形成对解 $u_\star \in U$ 的有限元逼近, 现在并无企图在整个函数空间U 上尽量减小 $Q[u]$, 而是寻求在适当选择的一个有限维子空间 $W \subset U$ 使之极小化. 我们选择张成 W 的一组线性无关函数 $\varphi_1, \varphi_2, \cdots, \varphi_n \in U$. 因而

$\varphi_1, \varphi_2, \cdots, \varphi_n$形成 W 的基, 凭此 $\dim W = n$, 而 W 的一般元素是由 (唯一确定的)

$$w(x) = c_1\varphi_1(x) + c_2\varphi_2(x) + \cdots + c_n\varphi_n(x) \tag{10.3}$$

给出的基函数的线性组合. 我们的目标是对所有可能的 $w \in W$ 极小化 $Q[w]$. 换言之, 我们需要确定系数 $c_1, c_2, \cdots, c_n \in \mathbb{R}$, 使得

$$Q[w] = Q\left[c_1\varphi_1 + c_2\varphi_2 + \cdots + c_n\varphi_n\right] \tag{10.4}$$

尽可能小. 将 (10.3) 回代到 (10.1) 后展开, 利用 L 的线性性质以及内积的双线性性质, 我们发现得到的表达式是二次函数

$$P(\boldsymbol{c}) = \frac{1}{2}\sum_{i,j=1}^{n} k_{ij}c_ic_j - \sum_{i=1}^{n} b_ic_i = \frac{1}{2}\boldsymbol{c}^\top K\boldsymbol{c} - \boldsymbol{c}^\top\boldsymbol{b}, \tag{10.5}$$

其中:

- $\boldsymbol{c} = (c_1, c_2, \cdots, c_n)^\top \in \mathbb{R}^n$ 是 (10.3) 中的未知系数向量;
- $K = (k_{ij})$ 是 $n \times n$ 对称矩阵, 矩阵元素为

$$k_{ij} = \langle\langle L\left[\varphi_i\right], L\left[\varphi_j\right]\rangle\rangle, \quad i, j = 1, 2, \cdots, n; \tag{10.6}$$

- $\boldsymbol{b} = (b_1, b_2, \cdots, b_n)^\top$ 是向量, 向量元素为

$$b_i = \langle f, \varphi_i\rangle, \quad i = 1, 2, \cdots, n. \tag{10.7}$$

注意, 公式 (10.6) 使用靶空间 V 上的内积, 而 (10.7) 依赖于域空间 U 上的内积.

因此, 一旦我们给定了基函数 φ_i, 系数 k_{ij} 和 b_i 就都是已知的量. 我们已经将原问题大大简化成一个有限维问题, 即对所有可能的向量 $\boldsymbol{c} \in \mathbb{R}^n$ 求二次函数 (10.5) 极小. 实际上对称矩阵 K 是正定的, 由前面的计算, 只要 $L[w] \neq 0$ 就有

$$\boldsymbol{c}^\top K\boldsymbol{c} = \sum_{i,j=1}^{n} k_{ij}c_ic_j = |||\, L\left[c_1\varphi_1 + c_2\varphi_2 + \cdots + c_n\varphi_n\right] |||^2 = |||\, L[w]\, |||^2 > 0. \tag{10.8}$$

此外, 开始的假设告诉我们, $L[w] = 0$ 当且仅当 $w = 0$, 既然线性无关仅当 $\boldsymbol{c} = \boldsymbol{0}$ 时发生. 因此, (10.8) 对所有的 $\boldsymbol{c} \neq \boldsymbol{0}$ 确实是正的. 我们现在可以利用例 9.25 给出的有限维极小化结果, 由此得出这样的结论: (10.5) 的唯一极小化元是通过求解相关的线性系统

$$K\boldsymbol{c} = \boldsymbol{b}, \text{ 凭此 } \boldsymbol{c} = K^{-1}\boldsymbol{b} \tag{10.9}$$

得到的.

注记: 对于中等规模的线性方程组 (10.9), 可以通过基本的 Gauss 消去法求解. 当规模 (即子空间 W 的维数 n) 变得很大时, 通常在处理偏微分方程的情形, 最好借助迭代线性系统求解器 (iterative linear system solver)[①], 例如 Gauss-Seidel 方法或者逐次超松弛 (SOR); 有关详细信息参见 [89,118].

以上概括给出有限元方法基本的抽象理论. 因此, 关键问题是如何有效地选择有限维子空间 W, 很容易想到的两个候选者就是阶 $\leqslant n$ 的多项式空间和阶 $\leqslant n$ 的三角多项式 (截断 Fourier 级数) 空间. 然而, 由于种种原因, 两者都不适合有限元法. 一个约束是 W 的函数必须满足相关的边界条件, 否则 W 将不是 U 的子空间. 更重要的是, 为了得到的近似解具有足够精度, 线性代数方程组 (10.9) 的规模通常会相当大, 尤其在处理偏微分方程的时候, 因此系数矩阵 K 尽可能稀疏 (亦即大量的矩阵元是零) 才是可取的. 不然的话, 要得到实用价值较大的解需要耗费的计算时间太多.

考虑到这一点, 有限元方法的第二个创新贡献是宁愿 (有点一反常态) *扩大* (enlarge) 容许函数空间 U, 以使二次泛函 $Q[u]$ 极小化. 支配微分方程要求其 (经典) 解具有一定程度的光滑性, 而相关的极小化原理通常要求它们只需有导数阶数的一半. 因此, 对于二阶边值问题来说, 微分方程需要连续二阶导数, 而二次函数 $Q[u]$ 只涉及一阶导数. 事实上, 可以严格地证明, 在不太严厉的假设下, 泛函保留同一极小化解, 甚至当一个函数不能成为微分方程的经典解时. 我们将继续在特定且相当基本的例子中发展方法.

习题

10.1.1. 设 $U=\{u(x)\in C^2[0,\pi]\mid u(0)=u(\pi)=0\}$ 和 $V=\{v(x)\in C^1[0,\pi]\}$ 均装配 L^2-内积. 设 $L:U\to V$ 由 $L[u]=D[u]=u'$ 给定且 $f(x)=x-1$. (a) 写出由 (10.1) 给出的二次泛函 $Q[u]$. (b) 写出相关的边值问题 (10.2). (c) 求使得 $Q[u]$ 极小化的函数 $u_\star(x)\in U$. 那么 $Q[u_\star]$ 的值是多少? (d) 设 $W\subset U$ 是由 $\sin x$ 和 $\sin 2x$ 张成的子空间. 写出相应的有限维极小化问题 (10.8). (e) 求使得 $Q[w]$ 极小化的函数 $w_\star(x)\in W$, 那么 $Q[w_\star]\geqslant Q[u_\star]$ 吗? 如果不是, 为什么呢? 你的有限元极小化元 $w_\star(x)$ 与真正的极小化元 $u_\star(x)$ 相距有多近?

10.1.2. 设 $U=\{u(x)\in C^2[0,1]\mid u(0)=u(1)=0\}$ 和 $V=\{v(x)\in C^1[0,1]\}$ 均装配 L^2-内积. 设 $L:U\to V$ 由 $L[u]=u'(x)-u(x)$ 给定, 且对所有的 x 有 $f(x)=1$.

① 译注: 值得强调.

(a) 写出由 (10.1) 给定的二次泛函 $Q[u]$. (b) 写出相关的边值问题 (10.2). (c) 求使得 $Q[u]$ 极小化的函数 $u_\star(x)\in U$. 那么 $Q\left[u_\star\right]$ 的值是多少? (d) 设 $W\subset U$ 是包含所有的三次多项式 $p(x)$ 的子空间, 均满足边界条件: $p(0)=p(1)=0$. 找出 W 的基, 然后写出相应的有限维极小化问题 (10.8). (e) 对于 $p\in W$ 找到使得 $Q[p]$ 极小化的多项式 $p_\star(x)\in W$. 那么 $Q\left[p_\star\right]\geqslant Q\left[u_\star\right]$ 吗? 如果不是, 为什么呢? 你的有限元极小化元 $p_\star(x)$ 与极小化元 $u_\star(x)$ 相距有多近?

10.1.3. 设有均装配 L^2 – 内积的 $U=\left\{u(x)\in C^2[1,2]\mid u(1)=u(2)=0\right\}$ 与 $V=\left\{\left(v_1(x),v_2(x)\right)^\top\mid v_1,v_2\in C^1[1,2]\right\}$. 设 $L:U\to V$ 由 $L[u]=\begin{pmatrix}xu'(x)\\ \sqrt{2}u(x)\end{pmatrix}$ 给定, 且对所有的 $1\leqslant x\leqslant 2$ 而言 $f(x)=2$. (a) 写出由 (10.1) 给出的二次泛函 $Q[u]$. (b) 写出相关的边值问题 (10.2). (c) 求极小化 $Q[u]$ 的函数 $u_\star(x)\in U$, 且 $Q\left[u_\star\right]$ 的值是多少? (d) 设 $W\subset U$ 是包含所有的三次多项式 $p(x)$ 的子空间, 均满足边界条件: $p(1)=p(2)=0$. 找出 W 的基, 然后写出相应的有限维极小化问题 (10.8). (e) 对于 $p\in W$ 找到使得 $Q[p]$ 极小化的多项式 $p_\star(x)\in W$. 那么 $Q\left[p_\star\right]\geqslant Q\left[u_\star\right]$ 吗? 如果不是, 为什么呢? 你的有限元极小化元 $p_\star(x)$ 与极小化元 $u_\star(x)$ 相距有多近?

♥ 10.1.4. (a) 求解边值问题 $-u''=x^2-x, u(-1)=u(1)=0$. (b) 写出你的解使得二次泛函 $Q[u]$ 极小化. (c) 设 W 是两个函数 $\left(1-x^2\right), x\left(1-x^2\right)$ 张成的子空间. 求函数 $w_\star(x)\in W$, 使得你的二次泛函限制在 W 上极小化. 将 $w_\star$ 与由 (a) 部分得出的你的解作比较. (d) 对于由 $\sin\pi x, \sin 2\pi x$ 张成的子空间 W, 回答 (c) 部分. 两个逼近哪一个更好?

♥ 10.1.5. (a) 在满足 $u(0)=u(1)=0$ 的 C^2 – 函数 $u(x)$ 组成的向量空间 U 上, 求使得 $Q[u]=\displaystyle\int_0^1\left[\frac{1}{2}(x+1)u'(x)^2-u(x)\right]\mathrm{d}x$ 极小化的函数 $u_\star(x)$. (b) 令 $W_3\subset U$ 为满足相同边界条件的全体三次多项式 $w(x)$ 组成的子空间. 关于 $w\in W_3$ 求函数 $w_\star(x)$ 使得限制 $Q[w]$ 极小化. 比较 $w_\star(x)$ 和 $u_\star(x)$: 它们按照 L^2 – 范数相距多近? 对于 $0\leqslant x\leqslant 1$, 最大差 $\left|\,w_\star(x)-u_\star(x)\,\right|$ 是多少? (c) 假如你扩展有限维子空间 $W_4\subset U$ 包含所有满足边界条件的四次多项式. 你的新有限元逼近是否会更好呢? 讨论之.

♥ 10.1.6. (a) 在满足 $u(0)=u'(1)=0$ 的 C^2 – 函数 $u(x)$ 组成的向量空间 U 上, 求使得 $Q[u]=\displaystyle\int_0^1\left[\frac{1}{2}\mathrm{e}^x u'(x)^2-3u(x)\right]\mathrm{d}x$ 极小化的函数 $u_\star(x)$. (b) 令 $W\subset U$ 是满足相同边界条件的全体三次多项式 $w(x)$ 组成的子空间. 关于 $w\in W$ 求函数 $w_\star(x)$ 使得限制 $Q[w]$ 极小化. 比较 $w_\star(x)$ 和 $u_\star(x)$: 它们按照 L^2 – 范数相距多近? 对于 $0\leqslant x\leqslant 1$, 最大差 $\left|\,w_\star(x)-u_\star(x)\,\right|$ 是多少?

10.1.7. 考虑单位正方形 $\{0<x,y<1\}$ 上的 Dirichlet 边值问题

$$-\Delta u=x(1-x)+y(1-y),\quad u(x,0)=u(x,1)=u(0,y)=u(1,y)=0.$$

(a) 求精确解 $u_\star(x,y)$. 提示: 它是一个多项式.
(b) 写出表征解的极小化原理 $Q[u]$. 注意给定进行极小化的函数空间 U.

(c) $W \subset U$ 是 $\sin \pi x \sin \pi y$, $\sin 2\pi x \sin \pi y$, $\sin \pi x \sin 2\pi y$ 和 $\sin 2\pi x \sin 2\pi y$ 四个函数张成的子空间. 关于 $w \in W$ 求 $w_\star \in W$ 使得限制 $Q[w]$ 极小化. $w_\star$ 与 (a) 部分你得到的解相距多近?

♦ 10.1.8. 证明 (10.4) 与二次函数 (10.5) 之间相等.

10.2 常微分方程的有限元

为了在具体表示中理解前面的抽象公式, 我们把注意力集中在二阶常微分方程支配的边值问题上. 例如, 我们可能有兴趣求解 Sturm-Liouville 方程 (9.71), 比如服从齐次 Dirichlet 边界条件. 在这个相对简单的情形中, 一旦我们弄清楚有限元结构是如何工作的, 会有利于这些技术推广到椭圆型偏微分方程支配的更一般线性边值问题上.

对于这种一维边值问题, 采用分段连续仿射函数, 是有限维子空间 W 的普遍而有效的选择. 回想一下定义, 函数是*仿射* (affine) 的, 是指它的图像是一条直线: $f(x) = ax + b$. (该函数是*线性* (linear) 的, 按照定义 B.32, 当且仅当 $b = 0$.) 一个函数称为*分段仿射* (piecewise affine) 的, 是指它的图像由有限多条直线段组成; 图 10.1 中示意了一个典型的例子. 连续性要求将各直线段从一端到另一端连接在一起.

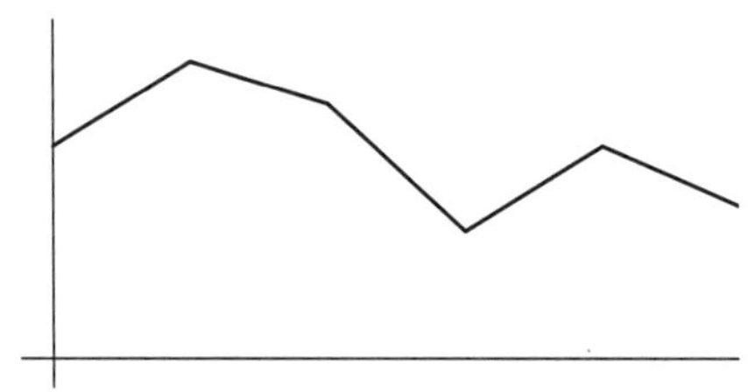

图 10.1 连续分段仿射函数

给定有界区间 $[a, b]$ 上的边值问题, 我们给定有限的结点集合

$$a = x_0 < x_1 < x_2 < \cdots < x_{n-1} < x_n = b.$$

若采用等距结点, 则公式会简化但并非必不可少. 令 W 表示由定义在区间 $a \leqslant x \leqslant b$ 上所有连续函数 $w(x)$ 组成的向量空间, 这些函数满足齐次边界条件且当限制在各子区间 $[x_j, x_{j+1}]$ 上时是仿射的. 在每个子区间上, 对某些常数 c_j, b_j, 我们可以写出

$$w(x)=c_j+b_j\left(x-x_j\right), \quad x_j \leqslant x \leqslant x_{j+1}, \quad j=0,1,\cdots,n-1.$$

$w(x)$ 的连续性要求

$$c_j=w\left(x_j^{+}\right)=w\left(x_j^{-}\right)=c_{j-1}+b_{j-1}h_{j-1}, \quad j=0,1,\cdots,n-1, \tag{10.10}$$

其中 $h_{j-1}=x_j-x_{j-1}$ 表示第 j 个子区间长度. 两个端点上的齐次 Dirichlet 边界条件要求

$$w(a)=c_0=0, \quad w(b)=c_{n-1}+b_{n-1}h_{n-1}=0. \tag{10.11}$$

可以看到函数 $w(x)$ 总共涉及 $2n$ 个待定系数 $c_0,c_1,\cdots,c_{n-1};b_0,b_1,\cdots,b_{n-1}$. 连续性条件 (10.10) 和第二个边界条件 (10.11) 唯一确定 b_j. 第一个边界条件给定 c_0, 而其余的系数 $c_1=w\left(x_1\right), c_2=w\left(x_2\right),\cdots,c_{n-1}=w\left(x_{n-1}\right)$ 是任意的, 确定 $w(x)$ 在内部结点上的值. 我们的结论是, 有限元子空间 W 的维数为 $n-1$, 也就是内部结点的个数.

注记: 在我们的子空间中每个函数 $w(x)$ 都有分段常数的一阶导数 $w'(x)$. 然而, $w'(x)$ 的跳跃间断性意味着它的二阶导数 $w''(x)$ 很可能包含结点处的 δ-函数冲激. 因此 $w(x)$ 还远不是微分方程的解. 然而, 有限元的极小化元 $w_\star(x)\in W$ 将在实践中 (在适当的假设下) 提供对真实解 $u_\star(x)$ 的一个合理逼近.

最方便的 W 的基由帽子函数 (hat function) 组成, 它们是满足

$$\varphi_j\left(x_k\right)=\begin{cases}1, & j=k,\\ 0, & j\neq k,\end{cases} \quad j=1,2,\cdots,n-1;\ k=0,1,\cdots,n \tag{10.12}$$

的连续分段仿射函数. 图 10.2 给出了典型帽子函数的图像. 显式公式易于建立:

$$\varphi_j(x)=\begin{cases}\dfrac{x-x_{j-1}}{x_j-x_{j-1}}, & x_{j-1}\leqslant x<x_j,\\ \dfrac{x_{j+1}-x}{x_{j+1}-x_j}, & x_j\leqslant x<x_{j+1},\\ 0, & x<x_{j-1} \text{ 或 } x\geqslant x_{j+1},\end{cases} \quad j=1,2,\cdots,n-1. \tag{10.13}$$

由于 (10.12), 使用这些基函数的一个优点是线性组合

$$w(x)=c_1\varphi_1(x)+c_2\varphi_2(x)+\cdots+c_n\varphi_n(x)$$

中的系数与函数的结点值相等:

$$c_j=w\left(x_j\right), \quad j=1,2,\cdots,n. \tag{10.14}$$

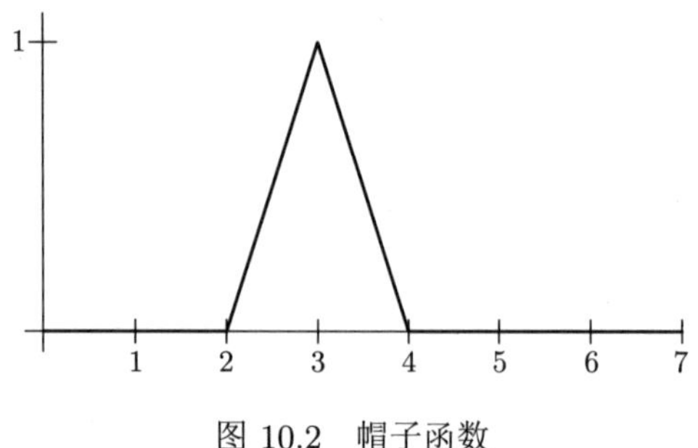

图 10.2　帽子函数

例 10.1　设在 $0 \leqslant x \leqslant \ell$ 上 $\kappa(x) > 0$. 考虑两端固定、具有变刚度 $\kappa(x)$ 的非均匀杆, 受外部强迫作用 $f(x)$, 其平衡方程为

$$S[u] = -\frac{\mathrm{d}}{\mathrm{d}x}\left(\kappa(x)\frac{\mathrm{d}u}{\mathrm{d}x}\right) = f(x), \quad 0 \leqslant x \leqslant \ell, \quad u(0) = u(\ell) = 0.$$

为了求得位移 $u(x)$ 的有限元逼近的结果, 我们从基于二次泛函

$$Q[u] = \int_0^\ell \left[\frac{1}{2}\kappa(x)u'(x)^2 - f(x)u(x)\right] \mathrm{d}x$$

的极小化原理入手. 这是 (9.75) 的一个特例. 把区间 $[0, \ell]$ 分成 n 个相等的子区间, 每个长度 $h = \ell/n$. 得到结点为

$$x_j = jh = \frac{j\ell}{n}, \quad j = 0, 1, \cdots, n$$

的均匀网格. 相应的有限元基帽子函数由显式给出:

$$\varphi_j(x) = \begin{cases} (x - x_{j-1})/h, & x_{j-1} \leqslant x \leqslant x_j, \\ (x_{j+1} - x)/h, & x_j \leqslant x \leqslant x_{j+1}, \\ 0, & \text{其他}, \end{cases} \qquad j = 1, 2, \cdots, n-1. \tag{10.15}$$

相关线性方程组 (10.9) 的系数矩阵有矩阵元

$$k_{ij} = \langle\langle \varphi_i', \varphi_j' \rangle\rangle = \int_0^\ell \varphi_i'(x)\varphi_j'(x)\kappa(x)\mathrm{d}x, \quad i, j = 1, 2, \cdots, n-1.$$

由于函数 $\varphi_i(x)$ 除在子区间 $x_{i-1} < x < x_{i+1}$ 之外均为零, 而 $\varphi_j(x)$ 除在子区间 $x_{j-1} < x < x_{j+1}$ 之外均为零, 除非 $i = j$ 或 $i = j \pm 1$, 则该积分为零. 此外

$$\varphi_i'(x) = \begin{cases} 1/h, & x_{j-1} < x < x_j, \\ -1/h, & x_j < x < x_{j+1}, \\ 0, & \text{其他}, \end{cases} \qquad j = 1, 2, \cdots, n-1.$$

因此, 有限元系数矩阵呈三对角形式

$$K=\frac{1}{h^2}\begin{pmatrix} s_0+s_1 & -s_1 & & & & \\ -s_1 & s_1+s_2 & -s_2 & & & \\ & -s_2 & s_2+s_3 & -s_3 & & \\ & & \ddots & \ddots & \ddots & \\ & & & -s_{n-3} & s_{n-3}+s_{n-2} & -s_{n-2} \\ & & & & -s_{n-2} & s_{n-2}+s_{n-1} \end{pmatrix}, \tag{10.16}$$

其中

$$s_j=\int_{x_j}^{x_{j+1}}\kappa(x)\mathrm{d}x \tag{10.17}$$

是第 j 个子区间的总刚度. 相应的右端项有元素

$$\begin{aligned} b_j=\langle f,\varphi_j\rangle &= \int_0^{\ell} f(x)\varphi_j(x)\mathrm{d}x \\ &= \frac{1}{h}\left[\int_{x_{j-1}}^{x_j}(x-x_{j-1})\,f(x)\mathrm{d}x+\int_{x_j}^{x_{j+1}}(x_{j+1}-x)\,f(x)\mathrm{d}x\right]. \end{aligned} \tag{10.18}$$

在实际中, 我们确实无法显式地计算积分 (10.17,18), 但可以用适当的数值逼近替代它们. 当步长 $h \ll 1$ 很小时在小区间上积分, 用基本的梯形法[24,108]可以得到足够精确的逼近:

$$s_j\approx\frac{h}{2}\left[\kappa\left(x_j\right)+\kappa\left(x_{j+1}\right)\right],\quad b_j\approx hf\left(x_j\right). \tag{10.19}$$

结果导致有限元系统 $K\boldsymbol{c}=\boldsymbol{b}$ 的解为 $\boldsymbol{c}$, 根据 (10.14), 它的分量与解的有限元逼近在结点上的值相等: $c_j=w\left(x_j\right)\approx u\left(x_j\right)$. 事实上, 三对角 Gauss 消去算法[89]就能迅速求得所希望的解. 由于有限元解的精度随结点数的增大而增高, 这一数值算法使我们能够很容易地计算出对边值问题解相当精确的逼近.

特别在均匀情形 $\kappa(x)\equiv 1$, 系数矩阵 (10.16) 简化为特殊形式

$$K=\frac{1}{h^2}\begin{pmatrix} 2 & -1 & & & & \\ -1 & 2 & -1 & & & \\ & -1 & 2 & -1 & & \\ & & \ddots & \ddots & \ddots & \\ & & & -1 & 2 & -1 \\ & & & & -1 & 2 \end{pmatrix}. \tag{10.20}$$

此时, 在有限元线性方程组的第 j 个方程两端, 再除以 h,

$$-\frac{c_{j+1}-2c_j+c_{j-1}}{h^2}=f\left(x_j\right). \tag{10.21}$$

既然 $c_j \approx u\left(x_j\right)$, 上式左端与负的二阶导数 $-u''\left(x_j\right)$ 在结点 x_j 处的标准有限差分逼近公式相同, 参见 (5.5). 因此, 在这个特殊情形中, 有限元和有限差分这两个数值解刚好一致.

有限元矩阵的稀疏三对角性质, 是基函数在大部分子区间上为零的结果, 或者用更数学的语言, 从下面的意义上说它们有小支撑集 (small support).

定义 10.2 函数 $f(x)$ 的支撑集 (support), 记为 $\operatorname{supp} f$, 是 $f(x) \neq 0$ 所在点集的闭包.

因此, 一点 x 属于支撑集, 一旦 f 不是零或者至少在该点的附近不是零. 例如帽子函数 (10.13) 的支撑集是 (小) 子区间 $[x_{j-1}, x_{j+1}]$. 确保稀疏性的关键是两个函数乘积的积分是零, 如果它们的支撑集有空交集, 或者稍稍一般些, 只有有限多个的共同点.

例 10.3 考虑边值问题

$$-\frac{\mathrm{d}}{\mathrm{d}x}\left[(x+1)\frac{\mathrm{d}u}{\mathrm{d}x}\right]=1, \quad u(0)=0, \quad u(1)=0. \tag{10.22}$$

直接积分可以容易地求得显式解:

$$u(x)=-x+\frac{\log(x+1)}{\log 2}. \tag{10.23}$$

在满足给定边界条件的全体 C^2 – 函数 $u(x)$ 空间中, 将相关的二次泛函

$$Q[u]=\int_0^{\ell}\left[\frac{1}{2}(x+1)u'(x)^2-u(x)\right]\mathrm{d}x \tag{10.24}$$

极小化. 有限元方程组 (10.9) 的系数矩阵由 (10.16) 给出, 右端项由 (10.18) 给出, 其中

$$s_j=\int_{x_j}^{x_{j+1}}(1+x)\mathrm{d}x=h\left(1+x_j\right)+\frac{1}{2}h^2=h+h^2\left(j+\frac{1}{2}\right),$$

$$b_j=\int_{x_j}^{x_{j+1}}1\mathrm{d}x=h.$$

由此得到对解的分段仿射逼近, 绘制在图 10.3 中. 前三图分别包含 5, 10, 20 个结点, 因此 $h=0.2, 0.1, 0.05$, 最后一图为精确解 (10.23). 结点上的最大误差分别为 0.000 298, 0.000 075, 0.000 019, 而精确解与其分段仿射有限元逼近的最大整体误差分别为 0.006 11, 0.001 66, 0.000 43. (可以通过使用三次样条对计算结点值插值[89,102]更好地拟合解的曲线, 它的作用是将前述最大整体误差缩小到

大约原来的 $\dfrac{1}{20}$.) 因此, 即便在较粗的网格上计算, 有限元逼近也能得到相当好的结果.

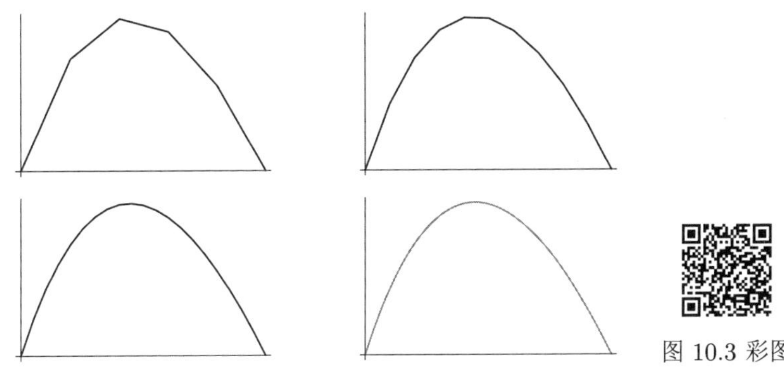

图 10.3 彩图

图 10.3 (10.22) 的有限元解

注记: 通过在结点上有限元逼近 $c_j \approx u(x_j)$ 的光滑插值, 例如使用三次样条[89, 102], 可以得到对解更光滑也更真实的逼近. 或者可以要求有限元函数本身更光滑, 例如, 借助由满足边界条件的分段三次样条组成有限元子空间.

习题

♣ 10.2.1. 用有限元方法逼近求解边值问题 $-\dfrac{\mathrm{d}}{\mathrm{d}x}\left(\mathrm{e}^{-x}\dfrac{\mathrm{d}u}{\mathrm{d}x}\right) = 1, u(0) = u(2) = 0$. 仔细说明如何完成计算. 绘制出你的解的图像, 并将答案与精确解比较. 应该使用等间距网格, 但至少尝试三种不同的网格间距, 并比较你的结果. 通过检查各种逼近的误差, 你能预测六位精度数值逼近需要多少个结点吗?

♠ 10.2.2. 对于以下各边值问题: (i) 精确求解. (ii) 使用基于 10 个等距结点的有限元方法逼近求解. (iii) 将精确解与分段仿射有限元逼近的图像比较. 在结点上近似值的最大误差是多少? 在整个区间上呢?

(a) $-u'' = \begin{cases} 1, & x > 1, \\ 0, & x < 1, \end{cases} \quad u(0) = u(2) = 0.$

(b) $-\dfrac{\mathrm{d}}{\mathrm{d}x}\left((1+x)\dfrac{\mathrm{d}u}{\mathrm{d}x}\right) = 1, u(0) = u(1) = 0.$

(c) $-\dfrac{\mathrm{d}}{\mathrm{d}x}\left(x^2\dfrac{\mathrm{d}u}{\mathrm{d}x}\right) = -x, u(1) = u(3) = 0.$

(d) $-\dfrac{\mathrm{d}}{\mathrm{d}x}\left(\mathrm{e}^x\dfrac{\mathrm{d}u}{\mathrm{d}x}\right) = \mathrm{e}^x, u(-1) = u(1) = 0.$

♣ 10.2.3. (a) 精确求解边值问题 $-u''=3x, u(0)=u(1)=0$. (b) 使用基于 5 个等距结点的有限元方法近似求解. (c) 比较精确解及其分段仿射有限元逼近的图像. (d) 结点上最大误差 (i) 是多少? (ii) 在整个区间上呢?

♣ 10.2.4. 用有限元近似求解 Sturm-Liouville 边值问题 $-u''+(x+1)u=x\mathrm{e}^x, u(0)=0, u(1)=0$, 分别使用 5,10 和 20 个等距结点.

♣ 10.2.5. (a) 设计一个数值近似混合边值问题

$$-\frac{\mathrm{d}}{\mathrm{d}x}\left(\kappa(x)\frac{\mathrm{d}u}{\mathrm{d}x}\right)=f(x), \quad a<x<b, \quad u(a)=0, \quad u'(b)=0$$

解的有限元算法.

(b) 在特定的边值问题

$$-\frac{\mathrm{d}}{\mathrm{d}x}\left((1+x)\frac{\mathrm{d}u}{\mathrm{d}x}\right)=1, \quad 0<x<1, \quad u(0)=0, \quad u'(1)=0$$

上测试你的方法, 使用 10 个等距结点. 比较你的逼近解与精确解.

♠ 10.2.6. 考虑周期边值问题

$$-u''+u=x, \quad u(0)=u(2\pi), \quad u'(0)=u'(2\pi).$$

(a) 写出解析解. (b) 写出极小化原理. (c) 将区间 $[0,2\pi]$ 划分为 $n=5$ 个相等的子区间, 并令 W_n 表示满足边界条件的全体分段仿射函数组成的子空间. W_n 的维数是多少? 写出一个基. (d) 通过将子空间上 (b) 部分的函数极小化, 构造有限元逼近求解边值问题. 绘制出结果的图像并与精确解进行比较. 区间上的最大误差是多少? (e) 对 $n=10,20$ 和 40 个子区间重复 (d) 部分, 并讨论解的收敛性.

♠ 10.2.7. 有限元子空间 W_n 由周期为 1 的全体周期分段仿射函数 $w(x+1)=w(x)$ 组成, 回答习题 10.2.6. 哪一种近似比较好?

♣ 10.2.8. 使用习题 10.2.7 的方法近似求解 Mathieu 方程 (Mathieu equation) 的周期边值问题:

$$-u''+(1+\cos x)u=1, \quad u(0)=u(2\pi), \quad u'(0)=u'(2\pi).$$

♠ 10.2.9. 考虑例 10.3 求解的边值问题. 令 W_n 是满足边界条件 $u(0)=u(1)=0$ 的全体阶 $\leqslant n$ 的多项式 $u(x)$ 组成的子空间. 在本题, 我们将试图通过极小化多项式子空间 W_n 的函数 (10.24) 近似边值问题的精确解. 对于 $n=5,10$ 和 20: (a) 首先确定一个基. (b) 将极小化问题设置为多项式极小化元关于上述基的系数的线性方程组. (c) 求解多项式极小化问题, 并将 "多项式有限元" 解与图 10.3 中的精确解和分段仿射有限元解进行比较.

♠ 10.2.10. 考虑对于边值问题 $-u''+\lambda u=x, 0<x<\pi$ 且 $u(0)=0, u(1)=0$. (a) 对于 λ 的何值, 系统有唯一解? (b) 对于 λ 的何值, 你能找到表征解的极小化原理? 对所有的这些 λ 值, 极小化元都是唯一的吗? (c) 使用 n 个等距结点, 写出有限元方程, 用于逼近边值问题的解. *注解*: 虽然有限元结构仅在有极小化原理时才能工作, 但我们会考虑任何 λ 值生成的线性代数方程组. (d) 选择一个 λ 值, 解可以用极小化原理描述, 验证 $n=10$ 时有限元逼近对精确解的近似. (e) 尝试其他 λ 值, 当精确解存在时, 你的有限元解是对精确解很好的逼近吗? 对于该解不存在或不唯一的 λ 值, 又会发生什么呢?

10.3 二维有限元

在相同的基本架构基础上, 调整有限元技术适于解边值问题的椭圆型偏微分方程的数值近似. 在这一节中, 我们集中于最简单的例子: 二维 Poisson 方程. 读者在掌握了这些之后, 应该能够很好地将此方法推广到较一般的方程和较高的维数. 与前面一样, 我们专注于有限元程序的实用设计, 分析细节和收敛性证明建议读者转向高级书籍, 例如 [6,113,126]. 多维复杂性大都不在于基础理论, 而在于数据的管理和组织.

为了确定起见, 考虑在有界区域 $\Omega \subset \mathbb{R}^2$ 上的齐次 Dirichlet 边值问题

$$\text{在 } \Omega \text{ 中 } -\Delta u = f,\ \text{在 } \partial\Omega \text{ 上 } u = 0. \tag{10.25}$$

根据定理 9.31, 在满足规定边界条件的全体 C^2 – 函数 $u(x,y)$ 中, 解 $u_\star(x,y)$ 表征为 Dirichlet 泛函

$$Q[u] = \frac{1}{2}\|\!|\, \nabla u \,|\!\|^2 - \langle u, f\rangle = \iint_\Omega \left(\frac{1}{2}u_x^2 + \frac{1}{2}u_y^2 - fu\right) \mathrm{d}x\mathrm{d}y \tag{10.26}$$

的唯一极小化元.

为了构造有限元逼近, 我们将 Dirichlet 泛函限制在一个适当的有限维子空间中. 像一维情形那样, 最有效的子空间包含的函数可能缺乏必要的光滑性, 把这些函数定为偏微分方程解的候选. 然而, 它们将为实际经典解提供良好的逼近. 另一个重要的实际考虑是使用有小支撑集的函数, 以确保有限元矩阵的稀疏性, 这意味着它们在大部分区域为零. 稀疏的好处在于, 可以相对快速地求解线性有限元方程组, 通常运用*迭代数值算法* (iterative numerical scheme), 例如在 [89,118]讨论的 Gauss-Seidel 方法或 SOR 方法.

三角剖分

第一步是引入由有限数量的*结点* (node) $\boldsymbol{x}_l = (x_l, y_l), l = 1, 2, \cdots, m$ 组成的*网格* (mesh), 通常位于区域 $\Omega \subset \mathbb{R}^2$ 内部. 与有限差分方法不同, 有限元方法并不与矩形网格绑定, 从而使它们在容许的区域离散化方面有较大的灵活性. 我们把结点看作是区域*三角剖分* (triangulation) 的*顶点*[①](vertex), 该网格由相互不重叠小三角形的集合组成, 我们记为 $T_1, T_2, \cdots, T_N$, 它们的并集 $T_\star = \bigcup_\nu T_\nu$ 逼近 Ω; 有关典型例子参见图 10.4. 结点分为*内部结点* (interior

① 译注: 在有限元方法中顶点与结点不是一回事, 应予强调, vertex 的复数形式是 vertices.

node) 和**边界结点** (boundary node) 两类, 后者应位于或接近 $\partial\Omega$. 因此, 弯曲边界由三角剖分的多边形边界 $\partial T_\star$ 逼近, 这个多边形的顶点为边界结点. 因此, 任何实际可行的有限元方法, 第一个要求是个例行程序, 以某种 "合理" 的方式将给定的区域自动三角剖分化, 如下所述.

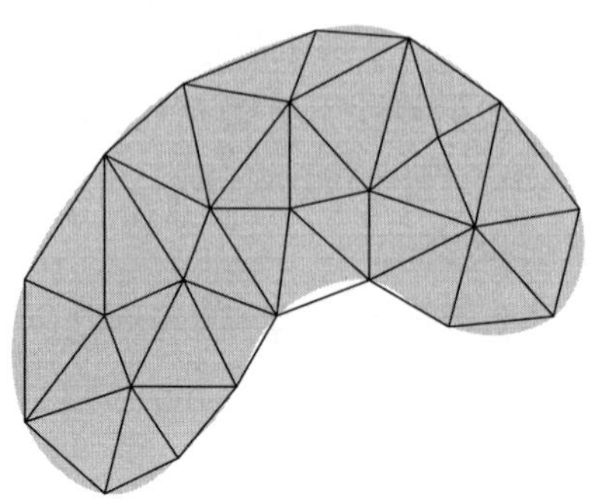

图 10.4 平面区域的三角剖分

如我们的一维构造那样, 有限维子空间中的函数 $w(x,y)$ 是连续且**分段仿射的** (piecewise affine), 这意味着, 在各个三角形上 w 的图形都是一个平面, 因此对于特定的常数 α^ν, β^ν, γ^ν 而言, 有公式①

$$w(x,y)=\alpha^\nu+\beta^\nu x+\gamma^\nu y,\quad (x,y)\in T_\nu, \tag{10.27}$$

连续性要求 w 在两个三角形之间公共边上的取值必须相等, 这对系数 α^μ, β^μ, γ^μ 和 α^ν, β^ν, γ^ν 与连带的相邻三角形 T_μ 和 T_ν 施加兼容性约束. 分段仿射函数 $z=w(x,y)$ 的整体图形构成一个连通多面体曲面, 其三角形平面位于三角形 T_ν 上; 有关示意参见图 10.5. 此外, 我们要求边界结点上的分段仿射函数 $w(x,y)$ 为零, 这意味着它在三角剖分的整个多边形边界 $\partial T_\star$ 上为零, 从而 (近似地) 满足原区域曲线边界 $\partial\Omega$ 上的齐次 Dirichlet 边界条件.

第二步是选择给定三角剖分连带的分段仿射函数子空间的基, 这些函数均服从给定的 Dirichlet 边界条件. 与一维帽子函数 (10.12) 类似的是**棱锥函数** (pyramid function) $\varphi_l(x,y)$, 它在结点 $\boldsymbol{x}_l=(x_l,y_l)$ 上取值 1, 而在所有其他的结点上取零:

$$\varphi_l\left(x_i,y_i\right)=\begin{cases}1, & i=l,\\ 0, & i\neq l.\end{cases} \tag{10.28}$$

这是因为棱锥函数 $\varphi_l(x,y)$ 是由其所在任一三角形的顶点上取值唯一确定的, 它只在那些把结点 $\boldsymbol{x}_l$ 作为一个顶点的三角形上是非零的. 顾名思义, φ_l 的图

① 由此往后, 指标 ν 是一个上标, 而不是一个幂次.

形因此是坐落在平面上一个单位高度的棱锥, 典型例子如图 10.6 所示.

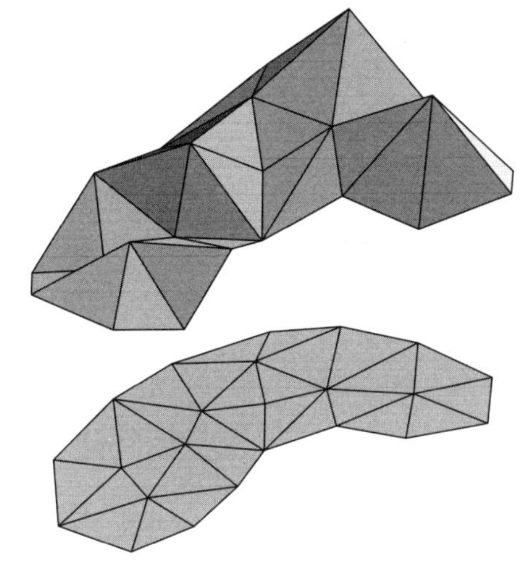

图 10.5 彩图

图 10.5 分段仿射函数

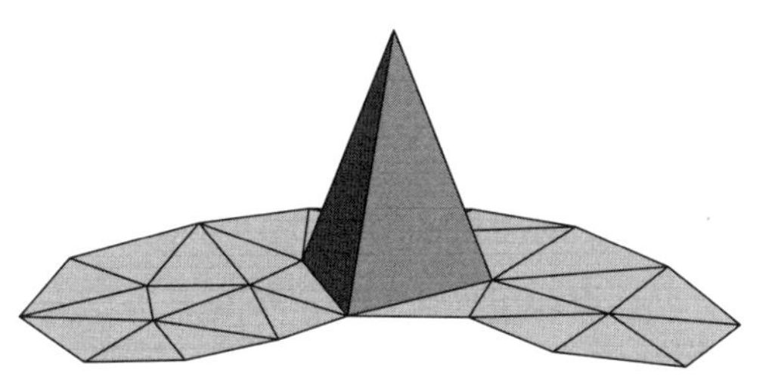

图 10.6 彩图

图 10.6 有限元棱锥函数

内部结点 $\boldsymbol{x}_l$ 连带的棱锥函数 $\varphi_l(x,y)$ 自动满足区域边界上, 或者更确切地说在三角剖分区域多边形边界上的齐次 Dirichlet 边界条件. 因此, 有限元子空间 W 是由内部结点棱锥函数张成的, 从而一般的分段仿射函数 $w \in W$ 是一个线性组合:

$$w(x,y)=\sum_{l=1}^{n} c_l\varphi_l(x,y), \tag{10.29}$$

这里对三角剖分的 n 个内部结点求和. 由于棱锥函数的定义 (10.28), 系数

$$c_l = w\left(x_l, y_l\right) \approx u\left(x_l, y_l\right), \quad l=1,2,\cdots,n \tag{10.30}$$

是与有限元逼近 $w(x,y)$ 内部结点取值相等的. 这立刻意味着棱锥函数的线性无关性, 因为在所有的结点上唯一为零的线性组合是 $c_1=c_2=\cdots=c_n=0$.

确定棱锥函数的显式公式并不困难. 在以 $\boldsymbol{x}_l$ 作为顶点的三角形 T_ν 上, 唯一的仿射函数 (10.27) 是 $\varphi_l(x,y)$, 在顶点 $\boldsymbol{x}_l$ 取 1 和在其他两个顶点 $\boldsymbol{x}_i$ 和 $\boldsymbol{x}_j$ 取 0. 因此, 我们求仿射函数或单元 (element) 的公式为

$$\omega_l^\nu(x,y)=\alpha_l^\nu+\beta_l^\nu x+\gamma_l^\nu y, \quad (x,y)\in T_\nu, \tag{10.31}$$

规定取值

$$\begin{aligned}\omega_l^\nu(x_i,y_i)&=\alpha_l^\nu+\beta_l^\nu x_i+\gamma_l^\nu y_i=0,\\ \omega_l^\nu(x_j,y_j)&=\alpha_l^\nu+\beta_l^\nu x_j+\gamma_l^\nu y_j=0,\\ \omega_l^\nu(x_l,y_l)&=\alpha_l^\nu+\beta_l^\nu x_l+\gamma_l^\nu y_l=1.\end{aligned} \tag{10.32}$$

关于系数的线性方程组可用 Cramer 法则或直接 Gauss 消去法求解, 得到显式公式

$$\alpha_l^\nu=\frac{x_iy_j-x_jy_i}{\Delta_\nu}, \quad \beta_l^\nu=\frac{y_i-y_j}{\Delta_\nu}, \quad \gamma_l^\nu=\frac{x_j-x_i}{\Delta_\nu}, \tag{10.33}$$

其中分母

$$\Delta_\nu=\det\begin{pmatrix}1 & x_i & y_i\\ 1 & x_j & y_j\\ 1 & x_l & y_l\end{pmatrix}=\pm 2\cdot T_\nu \text{ 的面积}, \tag{10.34}$$

相差一个符号, 是三角形 T_ν 的面积的两倍; 参见习题 10.3.5.

例 10.4 考虑一个直角三角形 T, 顶点为

$$\boldsymbol{x}_1=(0,0), \quad \boldsymbol{x}_2=(1,0), \quad \boldsymbol{x}_3=(0,1).$$

利用 (10.33—34) (或直接求解线性方程组 (10.32)), 我们立即得到三个相应的仿射单元

$$\omega_1(x,y)=1-x-y, \quad \omega_2(x,y)=x, \quad \omega_3(x,y)=y. \tag{10.35}$$

根据要求, 每个 ω_l 在顶点 $\boldsymbol{x}_l$ 等于 1、在其他两个顶点等于零.

然后, 通过将单个仿射单元拼接起来得到一个棱锥函数:

$$\varphi_l(x,y)=\begin{cases}\omega_l^\nu(x,y), & \text{若 } (x,y)\in T_\nu \text{ 且 } \boldsymbol{x}_l \text{ 是 } T_\nu \text{ 的顶点},\\ 0, & \text{其他}.\end{cases} \tag{10.36}$$

$\varphi_l(x,y)$ 的连续性是有保证的, 因为构成的仿射单元在共同顶点上具有相同的值, 沿着共同的边因此亦是如此. 棱锥函数的支撑集 (10.36) 是*顶点多边形* (vertex polygon)

$$\operatorname{supp}\varphi_l = P_l = \bigcup_{\nu} T_\nu \tag{10.37}$$

由所有以结点 $\boldsymbol{x}_l$ 为顶点的三角形 T_ν 组成. 换言之, 每当 $(x,y) \notin P_l$ 时 $\varphi_l(x,y)=0$. 结点 $\boldsymbol{x}_l$ 位于其顶点多边形 P_l 内部, 而 P_l 的顶点则是通过三角剖分的一边与 $\boldsymbol{x}_l$ 连接的全部结点. 在图 10.7 中, 阴影区域表示图 10.4 中三角剖分的两个顶点多边形.

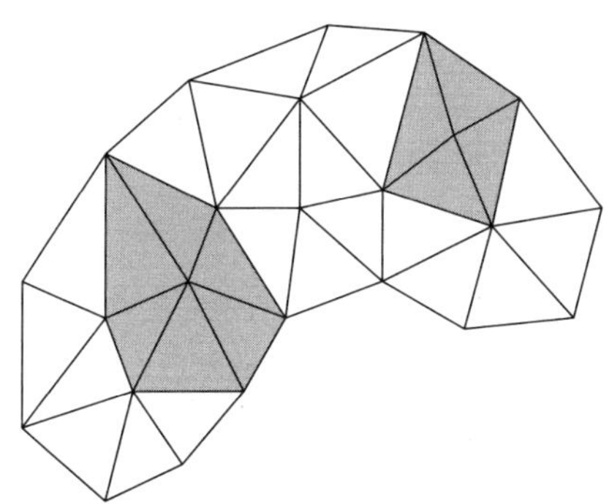

图 10.7 顶点多边形

例 10.5 最简单最常见的三角剖分是基于规则网格的. 例如, 假设结点位于正方形网格上, 所以形如 $\boldsymbol{x}_{i,j}=(ih+a, jh+b)$, 其中 (i,j) 遍取一对整数组成的集合, $h>0$ 是内部结点的间距, (a,b) 表示一个整体平移. 如果我们选择的三角形都有相同的指向, 如图 10.8 第一图所示, 那么顶点多边形都有相同的形状, 标示为阴影区域, 由总面积为 $3h^2$ 的 6 个三角形组成. 另一方面, 如果我们选择第二图中所示的另一种三角形, 那么有两种顶点多边形. 第一种包括 4 个三角形, 面积为 $2h^2$, 而第二种包括 8 个三角形, 有两倍的面积 $4h^2$. 在实践中, 有充分的理由选择前一种三角剖分.

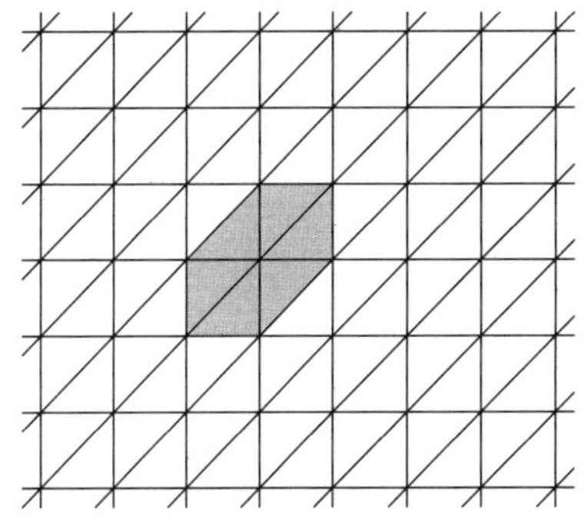

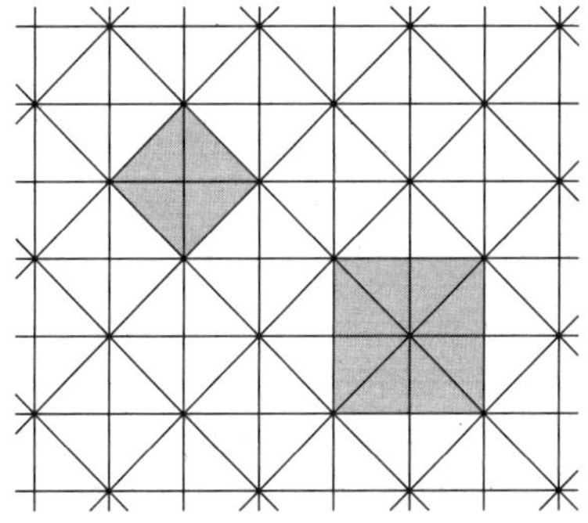

图 10.8 正方形网格的三角剖分

一般情况下, 为了保证有限元解对真实极小化元的收敛性, 应该选择满足以下属性的三角剖分:

- 任一三角形的三边应是大小可比的, 应避免使用细三角形 (skinny triangle) 和钝角三角形 (obtuse triangle).
- 相邻的三角形 T_ν 面积的变化不应太大.
- 相邻的顶点多边形 P_l 面积的变化不应太大.

虽然邻近的三角形应该大小可比, 但整个区域上可能会容许较大变化, 在解迅速变化的区域用小三角形, 而变化不太剧烈的区域用大三角形.

习题

10.3.1. 画出下列区域的三角剖分草图, 使三角形所有的边长最长为 0.5: (a) 单位正方形. (b) 顶点为 $(-0.5,0),(0.5,0)$ 和 $(0,1)$ 的等腰三角形. (c) 正方形 $\{|x|,|y|\leqslant 2\}$ 上挖去洞 $\{|x|,|y|<1\}$. (d) 单位圆盘. (e) 圆环 $1\leqslant\|\boldsymbol{x}\|\leqslant 2$.

10.3.2. 描述使用等边三角形的三角剖分的顶点多边形.

10.3.3. 对顶点多边形所能拥有的边数有什么限制吗?

10.3.4. 求出三个有限元函数 $\omega_1(x,y),\omega_2(x,y),\omega_3(x,y)$, 与之连带的

(a) 顶点为 $(1,0)$, $(0,1)$ 和 $(1,1)$ 的三角形.

(b) 顶点为 $(0,1),(1,-1)$ 和 $(-1,-1)$ 的三角形.

(c) 原点为中心、一个顶点为 $(1,0)$ 的等边三角形.

♦ 10.3.5. (a) 证明顶点为 $(a,b),(c,d),(e,f)$ 的平面三角形 T 的面积等于 $\dfrac{1}{2}|\Delta|$. 其中 $\Delta=\det\begin{pmatrix}1 & a & b\\ 1 & c & d\\ 1 & e & f\end{pmatrix}$. (b) 证明 $\Delta>0$ 当且仅当三角形顶点按逆时针排序.

♦ 10.3.6. 给出棱锥函数 (10.36) 连续性的详细论证.

♥ 10.3.7. 另一种三角元是使用分段双仿射函数 (bi-affine function), 即矩形上的 $\omega(x,y)=\alpha+\beta x+\gamma y+\delta xy$. (a) 设 R 是顶点为 $(x_1,y_1),(x_2,y_2),(x_3,y_3),(x_4,y_4)$ 的矩形, 其各边与坐标轴平行. 证明: 对于每个 $l=1,\cdots,4$, 有在 R 上定义的唯一双仿射函数 $\omega_l(x,y)$, 一个顶点取值 $\omega_l(x_l,y_l)=1$ 而其他三个顶点取值 $\omega_l(x_i,y_i)=0, i\neq l$. (b) 写出四个双仿射函数 $\omega_1(x,y),\cdots,\omega_4(x,y)$, 当 (i) $R=\{0\leqslant x,y\leqslant 1\}$; (ii) $R=\{-1\leqslant x,y\leqslant 1\}$ 时. (c) (a) 部分的结果对其两侧不与坐标轴平行的矩形成立吗? 对于一般的四边形呢?

有限元方程

为了寻求对齐次 Dirichlet 边值问题的近似解, 我们现在试图将 Dirichlet 泛函 (10.26) 限制到选定的有限元子空间 W 中. 利用 10.1 节的一般架构, 我们把 W 的一般单元公式 (10.29) 代入 (9.82). 展开, 我们得到

$$\begin{aligned} Q[w] = Q\left[\sum_{i=1}^{n} c_i\varphi_i\right] &= \iint_{\Omega}\left[\left(\sum_{i=1}^{n} c_i\nabla\varphi_i\right)^2 - f(x,y)\left(\sum_{i=1}^{n} c_i\varphi_i\right)\right]\mathrm{d}x\mathrm{d}y \\ &= \frac{1}{2}\sum_{i,j=1}^{n} k_{ij}c_ic_j - \sum_{i=1}^{n} b_ic_i = \frac{1}{2}\boldsymbol{c}^\top K\boldsymbol{c} - \boldsymbol{b}^\top\boldsymbol{c}. \end{aligned} \tag{10.38}$$

这里 $\boldsymbol{K} = (k_{ij})$ 是一个 $n\times n$ 对称矩阵, 而 $\boldsymbol{b} = (b_1, b_2, \cdots, b_n)^\top$ 是 $\mathbb{R}^n$ 中的一个向量, 其矩阵元分别为

$$\begin{aligned} k_{ij} &= \langle\langle\nabla\varphi_i, \nabla\varphi_j\rangle\rangle = \iint_{\Omega}\nabla\varphi_i\cdot\nabla\varphi_j\mathrm{d}x\mathrm{d}y, \\ b_i &= \langle f, \varphi_i\rangle = \iint_{\Omega} f\varphi_i\mathrm{d}x\mathrm{d}y, \end{aligned} \tag{10.39}$$

这也直接遵循了一般公式 (10.6—7). 因此, 对系数 $\boldsymbol{c} = (c_1, c_2, \cdots, c_n)^\top \in \mathbb{R}^n$ 的所有可能选择, 也就是在内部结点上所有可能的函数值, 有限元逼近 (10.29) 将二次函数

$$P(\boldsymbol{c}) = \frac{1}{2}\boldsymbol{c}^\top K\boldsymbol{c} - \boldsymbol{b}^\top\boldsymbol{c} \tag{10.40}$$

极小化. 如上所述, 极小化元的系数通过求解相关线性方程组

$$K\boldsymbol{c} = \boldsymbol{b} \tag{10.41}$$

得到, 可以使用 Gauss 消去或适合的迭代线性系统求解器.

为了求得 (10.39) 中矩阵系数 k_{ij} 的显式公式, 我们首先注意到仿射单元 (10.31) 的梯度等于

$$\boldsymbol{g}_l^\nu = \nabla\omega_l^\nu(x,y) = \begin{pmatrix} \partial\omega_l^\nu/\partial x \\ \partial\omega_l^\nu/\partial y \end{pmatrix} = \begin{pmatrix} \beta_l^\nu \\ \gamma_l^\nu \end{pmatrix} = \frac{1}{\Delta_\nu}\begin{pmatrix} y_i - y_j \\ x_j - x_i \end{pmatrix}, \ (x,y)\in T_\nu, \tag{10.42}$$

在三角形 T_ν 内是一个恒定向量且在 T_ν 外 $\nabla\omega_l^\nu = \mathbf{0}$. 因此

$$\nabla\varphi_l(x,y) = \begin{cases} \boldsymbol{g}_l^\nu, & \text{若 } (x,y)\in T_\nu \text{ 且 } \boldsymbol{x}_l \text{ 为其顶点}, \\ \mathbf{0}, & \text{其他}. \end{cases} \tag{10.43}$$

实际上, (10.43) 不完全正确, 因为在三角形 T_ν 的边界上梯度没有唯一定义, 但这不会给我们随后的求积分造成任何困难.

我们通过对单个三角形上相应积分求和近似区域 Ω 上的积分, 这依赖于我们选定的三角剖分多边形边界 $\partial T_\star$ 对真实边界 $\partial\Omega$ 逼近的合理程度. 特别地,

$$k_{ij} \approx \sum_\nu \iint_{T_\nu} \nabla\varphi_i \cdot \nabla\varphi_j \mathrm{d}x\mathrm{d}y = \sum_\nu k_{ij}^\nu. \tag{10.44}$$

现在, 根据 (10.43), 被积函数中总有一个梯度在整个三角形 T_ν 为零, 除非 $\boldsymbol{x}_i$ 和 $\boldsymbol{x}_j$ 均为顶点. 因此, 对总和唯一贡献是那些以 $\boldsymbol{x}_i$ 和 $\boldsymbol{x}_j$ 作为顶点的三角形 T_ν. 如果 $i \neq j$, 只有两个有一条共用边的三角形; 而如果 $i = j$, 在第 j 个顶点多边形 P_i 中的各三角形才有贡献. 由于在各个三角形上梯度是恒定的, 各个被和数容易求出. 因此, 由 (10.43),

$$k_{ij}^\nu = \iint_{T_\nu} \boldsymbol{g}_i^\nu \cdot \boldsymbol{g}_j^\nu \mathrm{d}x\mathrm{d}y = \boldsymbol{g}_i^\nu \cdot \boldsymbol{g}_j^\nu T_\nu \text{ 的面积} = \frac{1}{2}\boldsymbol{g}_i^\nu \cdot \boldsymbol{g}_j^\nu \left|\Delta_\nu\right|.$$

设 T_ν 有顶点 $\boldsymbol{x}_i, \boldsymbol{x}_j, \boldsymbol{x}_l$. 那么由 (10.34,42,44),

$$\begin{aligned} k_{ij}^\nu &= \frac{1}{2}\frac{(y_j - y_l)(y_l - y_i) + (x_l - x_j)(x_i - x_l)}{(\Delta_\nu)^2}\left|\Delta_\nu\right| \\ &= -\frac{(\boldsymbol{x}_i - \boldsymbol{x}_l)\cdot(\boldsymbol{x}_j - \boldsymbol{x}_l)}{2\left|\Delta_\nu\right|},\ i \neq j, \\ k_{ii}^\nu &= \frac{1}{2}\frac{(y_j - y_l)^2 + (x_l - x_j)^2}{(\Delta_\nu)^2}\left|\Delta_\nu\right| = \frac{\left\|\boldsymbol{x}_j - \boldsymbol{x}_l\right\|^2}{2\left|\Delta_\nu\right|} \\ &= -\frac{(\boldsymbol{x}_i - \boldsymbol{x}_l)\cdot(\boldsymbol{x}_i - \boldsymbol{x}_j) + (\boldsymbol{x}_i - \boldsymbol{x}_l)\cdot(\boldsymbol{x}_j - \boldsymbol{x}_l)}{2\Delta_\nu} = -k_{ij}^\nu - k_{il}^\nu. \end{aligned} \tag{10.45}$$

以这种方式, 每个三角形 T_ν 给定一个按其顶点索引的 6 个不同系数 $k_{ij}^\nu = k_{ji}^\nu$ 的集合, 称为 T_ν 的单元刚度 (elemental stiffness). 有意思的是, 单元刚度只依赖于三角形的三个顶点角 (vertex angle) 而不是边长. 因此, 相似的三角形有相同的单元刚度. 确实, 根据习题 10.3.13,

$$k_{ii}^\nu = \frac{1}{2}\left(\cot\theta_j^\nu + \cot\theta_l^\nu\right), \text{ 而 } k_{ij}^\nu = k_{ji}^\nu = -\frac{1}{2}\cot\theta_l^\nu,\ i \neq j, \tag{10.46}$$

其中 $0 < \theta_l^\nu < \pi$ 表示在 T_ν 中顶点 $\boldsymbol{x}_l$ 处的角度.

例 10.6 顶点为 $\boldsymbol{x}_1 = (0,0)$, $\boldsymbol{x}_2 = (1,0)$, $\boldsymbol{x}_3 = (0,1)$ 的等腰直角三角形有单元刚度

$$k_{11} = 1, k_{22} = k_{33} = \frac{1}{2}, k_{12} = k_{21} = k_{13} = k_{31} = -\frac{1}{2}, k_{23} = k_{32} = 0. \tag{10.47}$$

这同样适用于任何其他等腰直角三角形, 只要它的顶点是用同样的方式标注的. 类似地, 等边三角形各角都是 60°, 所以它的单元刚度

$$\begin{aligned} k_{11} = k_{22} = k_{33} &= \frac{1}{\sqrt{3}} \approx 0.5774, \\ k_{12} = k_{21} = k_{13} = k_{31} = k_{23} = k_{32} &= -\frac{1}{2\sqrt{3}} \approx -0.2887. \end{aligned} \tag{10.48}$$

习题

10.3.8. 写出下列三角形的单元刚度: (a) 顶点为 $(0,1),(-1,2),(0,-1)$ 的三角形. (b) 顶点为 $(1,1),(-1,1),(0,-2)$ 的三角形. (c) 角度为 $30^\circ, 60^\circ, 90^\circ$ 的直角三角形. (d) 边长为 $3,4,5$ 的直角三角形. (e) 高度为 3 和底边长为 2 的等腰三角形. (f) 角度为 $36^\circ, 72^\circ, 72^\circ$ 的“黄金”等腰三角形.

♦ 10.3.9. 矩形网格 (rectangular mesh) 有结点 $\boldsymbol{x}_{i,j} = (i\Delta x + a, j\Delta y + b)$, 其中 $\Delta x, \Delta y > 0$ 分别是水平间距和垂直间距. 求这样矩形网格连带的三角剖分单元刚度.

10.3.10. 是/非: 设有三角形 T, 由 T 转动 60° 得三角形 $\widetilde{T}$, 则 T 与 $\widetilde{T}$ 有相同的单元刚度.

10.3.11. 证明仿射单元的梯度 (10.42) 等于 $\nabla \omega_l^\nu = \|\boldsymbol{a}_l^\nu\|^{-2} \boldsymbol{a}_l^\nu$, 其中 $\boldsymbol{a}_l^\nu$ 是从顶点 $\boldsymbol{x}_l$ 到其对面一边的高度向量 (altitude vector), 如图所示.

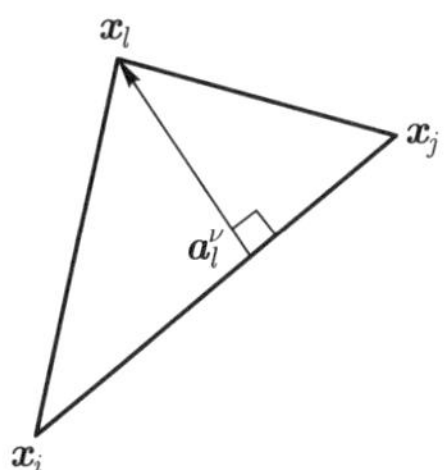

10.3.12. 解释为什么棱锥函数是线性独立的.

♦ 10.3.13. 证明公式 (10.46).

单元组装

各个三角形的单元刚度通过求和 (10.44) 贡献于有限元系数矩阵 K. 我们首先构造一个较大规模的 $m \times m$ 矩阵 $\widehat{K}$, 称为全有限元矩阵 (full finite element matrix). 其中 m 是我们三角剖分的结点总数, 包括内部结点和边界

结点在内. $\widehat{K}$ 的行和列由结点 $\boldsymbol{x}_1, \boldsymbol{x}_2, \cdots, \boldsymbol{x}_m$ 标记. 令 $K_\nu = \left(k_{ij}^\nu\right)$ 是相应的 $m \times m$ 矩阵, 包含 T_ν 的单元刚度 k_{ij}^ν, 其行和列按 T_ν 的顶点索引; 其他所有的矩阵元等于 0. 故而 K_ν (至多) 有 9 个非零元. 因此, 对所有的三角形 $T_1, T_2, \cdots, T_N$ 求和, 由此产生 $m \times m$ 矩阵

$$\widehat{K} = \sum_{\nu=1}^{N} K_\nu, \tag{10.49}$$

根据 (10.44).

全有限元矩阵 $\widehat{K}$ 过大, 因为它的行和列包括所有的结点, 而在 (10.41) 中出现的有限元矩阵 K 仅与 n 个内部结点有关. 通过删除全部边界结点索引的行和列, 只保留了 $\boldsymbol{x}_i$ 和 $\boldsymbol{x}_j$ 均为内部结点的单元 k_{ij}, 从而得到约化 $n \times n$ 有限元矩阵 (reduced $n \times n$ finite element matrix) K. 对于齐次边值问题, 这是我们所需要的. 正如随后看到的, 我们通过保留 (另一部分的) 全矩阵 $\widehat{K}$, 处理非齐次边界条件要容易些.

理解结构的最简单方法是通过一个特定的例子.

例 10.7　金属板形如卵形 (oval) 跑道, 由边长 1 m 和 2 m 的矩形及附着其短边的两个半圆盘组成, 如图 10.9 所示. 该板受热源影响而其边缘则保持固定温度. 问题是求板内平衡温度分布. 要得到平衡温度 $u(x, y)$, 数学上我们必须在 Dirichlet 边界条件的约束下求解平面 Poisson 方程.

图 10.9　卵形板

我们来阐述如何建立有限元逼近. 从对金属板的一个非常粗的三角剖分着手, 给不出特别准确的结果, 但有助于说明如何组装有限元矩阵. 我们将板的矩形部分剖分成 8 个直角三角形, 每个半圆端分别用 3 个等边三角形近似. 三角形的编号从 1 到 14, 如图 10.10 第一图所示. 共有 13 个结点, 编号为第二图所示. 只有第 1,2,3 号结点是内部的, 而边界结点从顶部以逆时针顺序标号为 4 到 13. 全有限元矩阵 $\widehat{K}$ 的规模为 13×13, 其行和列由全部结点标记, 在有限元方程 (10.41) 中出现的约化矩阵 K, 则由 $\widehat{K}$ 的 3×3 左上子矩阵构成, 它对应于三个内部结点.

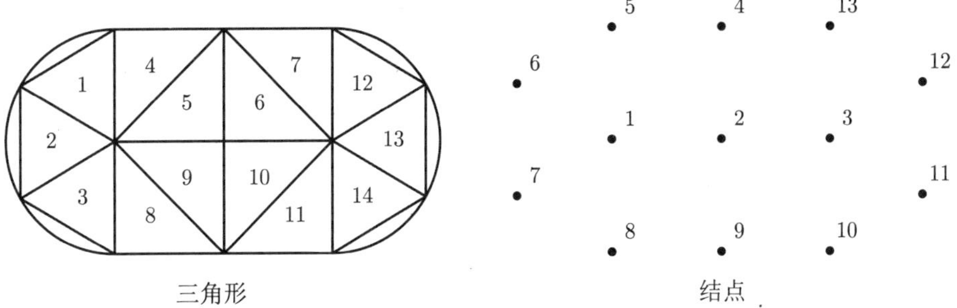

图 10.10 卵形板的粗三角剖分

对于每个 $\nu = 1, 2, \cdots, 14$ 而言, 按其顶点索引的三角形 T_ν 单元刚度, 通过加数 K_ν 为矩阵 $\widehat{K}$ 作出贡献. 例如, 第一个三角形 T_1 是顶点标号 1,5 和 6 的等边三角形, 因此有单元刚度 (10.48). 我们把刚度的行和列分别编号为 $1, 5, 6$, 因此形成矩阵加数

$$K_1 = \begin{pmatrix} 0.5774 & 0 & 0 & 0 & -0.2887 & -0.2887 & 0 & 0 & \dots \\ 0 & 0 & 0 & 0 & 0 & 0 & 0 & 0 & \dots \\ 0 & 0 & 0 & 0 & 0 & 0 & 0 & 0 & \dots \\ 0 & 0 & 0 & 0 & 0 & 0 & 0 & 0 & \dots \\ -0.2887 & 0 & 0 & 0 & 0.5774 & -0.2887 & 0 & 0 & \dots \\ -0.2887 & 0 & 0 & 0 & -0.2887 & 0.5774 & 0 & 0 & \dots \\ 0 & 0 & 0 & 0 & 0 & 0 & 0 & 0 & \dots \\ 0 & 0 & 0 & 0 & 0 & 0 & 0 & 0 & \dots \\ \vdots & \vdots & \vdots & \vdots & \vdots & \vdots & \vdots & \vdots & \end{pmatrix},$$

在完全 13×13 矩阵中所有未显示的单元值就是 0. 下一个三角形 T_2 有相同的单元刚度 (10.48), 但现在它的顶点是 $1, 6, 7$, 所以它的贡献为

$$K_2 = \begin{pmatrix} 0.5774 & 0 & 0 & 0 & 0 & -0.2887 & -0.2887 & 0 & \dots \\ 0 & 0 & 0 & 0 & 0 & 0 & 0 & 0 & \dots \\ 0 & 0 & 0 & 0 & 0 & 0 & 0 & 0 & \dots \\ 0 & 0 & 0 & 0 & 0 & 0 & 0 & 0 & \dots \\ 0 & 0 & 0 & 0 & 0 & 0 & 0 & 0 & \dots \\ -0.2887 & 0 & 0 & 0 & 0 & 0.5774 & -0.2887 & 0 & \dots \\ -0.2887 & 0 & 0 & 0 & 0 & -0.2887 & 0.5774 & 0 & \dots \\ 0 & 0 & 0 & 0 & 0 & 0 & 0 & 0 & \dots \\ \vdots & \vdots & \vdots & \vdots & \vdots & \vdots & \vdots & \vdots & \end{pmatrix}.$$

顶点 $1,7,8$ 的 K_3 与之类似. 另一方面, T_4 是一个等腰直角三角形, 所以有单元刚度 (10.47). 它的顶点标号为 1, 4 和 5, 顶点 5 位于直角处. 因此, 它的贡献是

$$K_4 = \begin{pmatrix} 0.5 & 0 & 0 & 0 & -0.5 & 0 & 0 & 0 & \cdots \\ 0 & 0 & 0 & 0 & 0 & 0 & 0 & 0 & \cdots \\ 0 & 0 & 0 & 0 & 0 & 0 & 0 & 0 & \cdots \\ 0 & 0 & 0 & 0.5 & -0.5 & 0 & 0 & 0 & \cdots \\ -0.5 & 0 & 0 & -0.5 & 1.0 & 0 & 0 & 0 & \cdots \\ 0 & 0 & 0 & 0 & 0 & 0 & 0 & 0 & \cdots \\ 0 & 0 & 0 & 0 & 0 & 0 & 0 & 0 & \cdots \\ 0 & 0 & 0 & 0 & 0 & 0 & 0 & 0 & \cdots \\ \vdots & \vdots & \vdots & \vdots & \vdots & \vdots & \vdots & \vdots & \end{pmatrix}.$$

以此类推, 我们把 14 个贡献 $K_1, K_2, \cdots, K_{14}$ 组装起来, 每个贡献均最多有 9 个非零元. 全有限元矩阵是它们的总和

$$\begin{aligned} \widehat{K} &= K_1 + K_2 + \cdots + K_{14} \\ &= \left(\begin{matrix} 3.732 & -1 & 0 & 0 & -0.7887 & -0.5774 & -0.5774 \\ -1 & 4 & -1 & -1 & 0 & 0 & 0 \\ 0 & -1 & 3.732 & 0 & 0 & 0 & 0 \\ 0 & -1 & 0 & 2 & -0.5 & 0 & 0 \\ -0.7887 & 0 & 0 & -0.5 & 1.577 & -0.2887 & 0 \\ -0.5774 & 0 & 0 & 0 & -0.2887 & 1.155 & -0.2887 \\ -0.5774 & 0 & 0 & 0 & 0 & -0.2887 & 1.155 \\ -0.7887 & 0 & 0 & 0 & 0 & 0 & -0.2887 \\ 0 & -1 & 0 & 0 & 0 & 0 & 0 \\ 0 & 0 & -0.7887 & 0 & 0 & 0 & 0 \\ 0 & 0 & -0.5774 & 0 & 0 & 0 & 0 \\ 0 & 0 & -0.5774 & 0 & 0 & 0 & 0 \\ 0 & 0 & -0.7887 & -0.5 & 0 & 0 & 0 \end{matrix}\right. \end{aligned}$$

$$\left.\begin{array}{cccccc}
-0.7887 & 0 & 0 & 0 & 0 & 0 \\
0 & -1 & 0 & 0 & 0 & 0 \\
0 & 0 & -0.7887 & -0.5774 & -0.5774 & -0.7887 \\
0 & 0 & 0 & 0 & 0 & -0.5 \\
0 & 0 & 0 & 0 & 0 & 0 \\
0 & 0 & 0 & 0 & 0 & 0 \\
-0.2887 & 0 & 0 & 0 & 0 & 0 \\
1.577 & -0.5 & 0 & 0 & 0 & 0 \\
-0.5 & 2 & -0.5 & 0 & 0 & 0 \\
0 & -0.5 & 1.577 & -0.2887 & 0 & 0 \\
0 & 0 & -0.2887 & 1.155 & -0.2887 & 0 \\
0 & 0 & 0 & -0.2887 & 1.155 & -0.2887 \\
0 & 0 & 0 & 0 & -0.2887 & 1.577
\end{array}\right). \tag{10.50}$$

既然第 1,2,3 号结点是内部的, 约化有限元矩阵

$$K = \begin{pmatrix} 3.732 & -1 & 0 \\ -1 & 4 & -1 \\ 0 & -1 & 3.732 \end{pmatrix} \tag{10.51}$$

只使用 $\widehat{K}$ 的左上角 3×3 块矩阵. 直接构造 K 显然并不难, 完全可以绕开 $\widehat{K}$.

对于更细的三角剖分, 构造过程是类似的, 但是矩阵规模变得更大. 当然程序可以自动化. 所幸的是, 如果选择一个非常规则的三角剖分, 那么我们并不需要在装配刚度矩阵上都几乎一样地细致, 因为许多单元是相同的. 最简单的情形是使用一致的正方形网格, 因此把区域三角剖分为等腰直角三角形. 这是通过在域 $\Omega\subset\mathbb{R}^2$ 上铺设一个相对稠密的正方形网格来完成的. 内部结点是位于卵形区域内的网格点, 而边界结点是总有一个内部结点与之比邻的网格点, 接近但未必准确就在边界 $\partial\Omega$ 上. 图 10.11 显示了间距 $h=0.2$ 的正方形网格中的结点. 虽然在逼近区域边界时略显粗糙, 但这一过程确实具有构造相关有限元的优点.

对于这样一个网格, 所有的三角形都是等腰直角三角形, 单元刚度如 (10.47). 将相应的矩阵 K_ν 对所有的三角形求和, 如 (10.49), 我们发现与内部结点对应的 $\widehat{K}$ 的行和列都有相同形式. 也就是说, 如果 i 标记一个内部结点, 那么相应的对角元是 $k_{ii}=4$, 而非对角元 $k_{ij}=k_{ji}, i\neq j$, 结点 i 与结点

j 在网格上相邻时等于 -1, 并在所有的其他情形下等于 0. 结点 j 可以是边界结点. (有趣的是, 结果并不取决于如何定位组成各正方形网格的一对三角形, 它只在计算有限元方程的右端项时起作用.) 可以看到, 同样的计算也适用于我们的粗三角剖分. 内部结点 2 属于所有的等腰直角三角形, 而相应的非零项 (10.50) 是 $k_{22}=4$, 且指示四个相邻结点 $k_{21}=k_{23}=k_{24}=k_{29}=-1$.

图 10.11 彩图

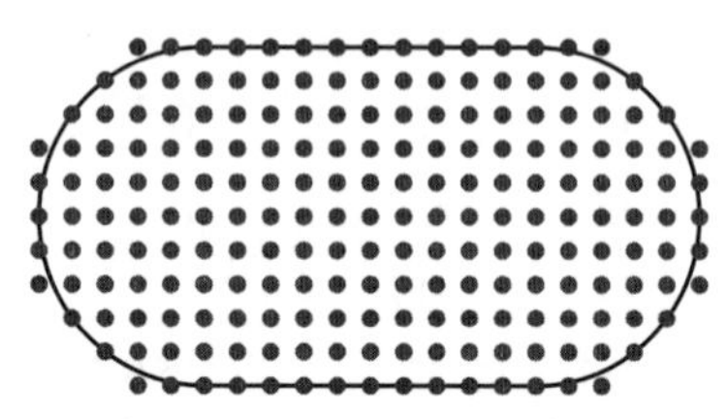

图 10.11 卵形板的正方形网格

注记: 在正方形 (甚至矩形) 网格上有限元法构造的系数矩阵与 Laplace 方程或 Poisson 方程的有限差分解法中产生的系数矩阵相同, 如例 5.7 所述. 有限元方法的优点是易于适应更一般区域的离散化, 不仅限于矩形网格.

系数向量与边界条件

到目前为止, 我们一直关注装配有限元系数矩阵 K. 我们还要计算出现在基本线性方程组 (10.41) 右端的强迫向量 $\boldsymbol{b}=(b_1,b_2,\cdots,b_n)^\top$. 根据 (10.39), 通过对强迫作用函数与有限元基函数乘积的积分求得矩阵元 b_i. 和以前一样, 我们用那些三角形上的积分近似区域 Ω 上的积分, 因此,

$$b_i=\iint_\Omega f(x,y)\varphi_i(x,y)\mathrm{d}x\mathrm{d}y\approx\sum_\nu\iint_{T_\nu} f(x,y)\omega_i^\nu(x,y)\mathrm{d}x\mathrm{d}y\equiv\sum_\nu b_i^\nu. \tag{10.52}$$

通常, 精确计算各个三角形上的二重积分并不容易, 因此我们求助于数值逼近. 由于设定每个三角形都很小, 故我们侥幸得到一个相当简单的数值积分算法. 如果函数 $f(x,y)$ 在三角形 T_ν 上的变化不大, 而且 T_ν 足够小的话肯定如此, 那么, 对于 $(x,y)\in T_\nu$ 我们可以用常量近似 $f(x,y)\approx c_i^\nu$. 因此, 积分 (10.52) 为

$$\begin{aligned} b_i^\nu&=\iint_{T_\nu} f(x,y)\omega_i^\nu(x,y)\mathrm{d}x\mathrm{d}y\\ &\approx c_i^\nu\iint_{T_\nu}\omega_i^\nu(x,y)\mathrm{d}x\mathrm{d}y=\frac{1}{3}c_i^\nu T_\nu\ \text{的面积}=\frac{1}{6}c_i^\nu\left|\Delta_\nu\right|. \end{aligned}\tag{10.53}$$

仿射单元 $\omega_i^\nu(x,y)$ 的积分公式基于立体几何: 它等于高度为 1、底面为 T_ν 的四面体图形下的体积, 如图 10.12 所示.

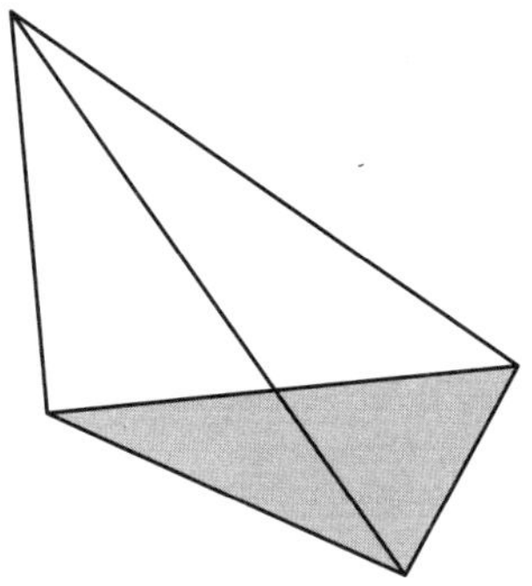

图 10.12 有限元四面体

如何选择常数 c_i^ν 呢? 在实践中, 最简单的选择是取 $c_i^\nu = f(x_i,y_i)$, 即函数在第 i 个顶点的值. 用这个选择, 总和 (10.52) 为

$$b_i \approx \sum_\nu \frac{1}{3} f(x_i,y_i)\, T_\nu \text{ 的面积} = \frac{1}{3} f(x_i,y_i)\, P_i \text{ 的面积}, \tag{10.54}$$

P_i 是对应于结点 $\boldsymbol{x}_i$ 的顶点多边形 (10.37). 特别是, 对于有清一色三角形可选的正方形网格, 如图 10.8 第一个图所示,

$$\text{对所有的 } i,\ P_i \text{ 的面积} = 3h^2, \text{ 因此 } b_i \approx f(x_i,y_i)\, h^2. \tag{10.55}$$

强迫作用函数的结点值与 h^2 的乘积是很好的近似. 这是选择正方形网格一致三角剖分的根本原因; 另外一种选择会在相邻结点上给出不等的 b_i 值, 这可能导致在最后近似中产生不必要的误差.

例 10.8 对于粗三角剖分的卵形板, 约化刚度矩阵为 (10.51). Poisson 方程

$$-\Delta u = 4$$

模拟在整块板上有恒定 4° 的外部热源. 如果我们要保持板的边缘固定在 0°, 那么就需要求解有限元方程 $K\boldsymbol{c} = \boldsymbol{b}$, 其中 K 是系数矩阵 (10.51). 由 (10.54), $\boldsymbol{b}$ 的各分量元等于 4 (微分方程的右端) 乘相应顶点多边形面积的 1/3, 对于结点 2 而言, 它是由四个面积为 1/2 的直角三角形组成的正方形; 对结点 1 和 3 而言, 它由四个面积为 1/2 的直角三角形与三个面积为 $\sqrt{3}/4$ 的等边三角形组成: 见图 10.10. 因此,

$$\boldsymbol{b}=\frac{4}{3}\left(2+\frac{3\sqrt{3}}{4},2,2+\frac{3\sqrt{3}}{4}\right)^{\top}=(4.398\,7,2.666\,7,4.398\,7)^{\top}.$$

最终线性方程组 $K\boldsymbol{c}=\boldsymbol{b}$ 的解容易求得

$$\boldsymbol{c}=(1.567\,2,1.450\,3,1.567\,2)^{\top}.$$

它的元素是三个内部结点上有限元逼近的值. 在图 10.13 的第一图中绘制了分段仿射有限元解. 较为精确的逼近基于尺寸 $h=0.1$ 的正方形网格三角剖分, 在第二图给出. 这里最大的误差集中在卵形线的拐角附近, 可以通过更复杂的三角剖分来改进.

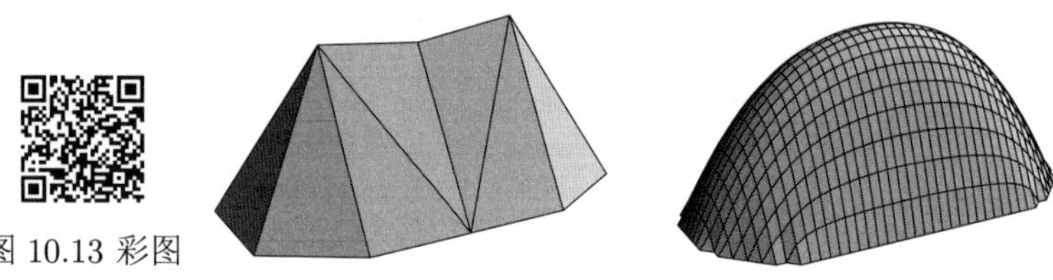

图 10.13 彩图

图 10.13　卵形板 Poisson 方程的有限元解法

非齐次边界条件

到目前为止, 我们注意力仅限于齐次边界条件的问题. 根据定理 9.32, 通过极小化 Dirichlet 泛函 (9.82), 得到非齐次 Dirichlet 问题

$$在\ \Omega\ 中\ -\Delta u=f,\ 在\ \partial\Omega\ 上\ u=h$$

的解. 然而, 现在极小化发生在满足非齐次边界条件的函数集合上. 将这一问题纳入有限元算法并不困难.

与我们三角剖分内部结点对应的单元如前, 但现在需要包含额外的单元, 以确保我们的逼近满足边界条件. 注意, 如果 $\boldsymbol{x}_l$ 是一个边界结点, 那么相应的边界元 $\varphi_l(x,y)$ 满足 (10.28), 因此具有相同的分段仿射形式 (10.36). 相应的有限元逼近

$$w(x,y)=\sum_{l=1}^{m}c_l\varphi_l(x,y) \tag{10.56}$$

与前面形式 (10.29) 相同, 但现在的总和是关于所有结点的, 既有是内部的也有边界的. 如前, 系数 $c_l=w\left(x_l,y_l\right)\approx u\left(x_l,y_l\right)$ 是结点值的有限元逼近. 因此,

为了满足边界条件, 我们要求

$$\text{当 } \boldsymbol{x}_j = (x_j, y_j) \text{ 是边界结点时, } c_j = h_j = h(x_j, y_j). \tag{10.57}$$

如果边界结点 $\boldsymbol{x}_j$ 也许不能精确地位于边界 $\partial\Omega$ 上, 那么 $h(x_j, y_j)$ 是没有定义的, 所以我们需要对值 h_j 作适当近似, 例如, 借助邻近边界点 $(x, y) \in \partial\Omega$ 的值 $h(x, y)$.

有限元方程的推导和以前一样, 但现在额外有非零边界值产生的项. 中间细节留作习题 10.3.23, 最后的结果可以写出如下. 设 $\widehat{K}$ 表示 $m \times m$ 全有限元矩阵. 通过只保留对应于内部结点的行和列, 得到规模为 $n \times n$ 的约化系数矩阵 K, 其中 n 是内部结点数. *边界系数矩阵* (boundary coefficient matrix) $\widetilde{K}$ 是 $n \times (m-n)$ 矩阵, 由在 K 中没有出现的内部行元素组成, 即那些位于按边界结点索引列中的元素. 例如, 在卵形板的粗三角剖分中, 在 (10.50) 中给出了全有限元矩阵, 上 3×3 子块是约化系数矩阵 (10.51). 前三行的其余元素形成边界系数矩阵

$$\widetilde{K} = \begin{pmatrix} 0 & -0.7887 & -0.5774 & -0.5774 & -0.7887 \\ -1 & 0 & 0 & 0 & 0 \\ 0 & 0 & 0 & 0 & 0 \end{pmatrix.$$
$$\begin{matrix} 0 & 0 & 0 & 0 & 0 \\ -1 & 0 & 0 & 0 & 0 \\ 0 & -0.7887 & -0.5774 & -0.5774 & -0.7887 \end{pmatrix}. \tag{10.58}$$

我们同样将有限元函数 (10.56) 的系数 c_i 分成两组. 令 $\boldsymbol{c} = (c_1, c_2, \cdots, c_n)^\top \in \mathbb{R}^n$ 表示内部结点 $\boldsymbol{x}_i$ 处近似值对应的未知系数, 而 $\boldsymbol{h} = (h_1, h_2, \cdots, h_{m-n})^\top \in \mathbb{R}^{m-n}$ 是包含边界值 (10.57) 的向量. 通过求解相关线性系统

$$K\boldsymbol{c} + \widetilde{K}\boldsymbol{h} = \boldsymbol{b}, \text{ 或者等价地, } K\boldsymbol{c} = \boldsymbol{f} = \boldsymbol{b} - \widetilde{K}\boldsymbol{h} \tag{10.59}$$

得到有限元逼近 (10.56) 的解.

例 10.9 对例 10.7 讨论过的卵形板, 假设右半圆边缘保持在 10°, 左半圆边缘保持在 −10°, 且在两条直边有一个线性变化的温度分布范围, 从左边的 −10° 到右边的 10°, 如图 10.14 所示. 我们的任务是计算它的平衡温度, 假设没有内部热源. 因此, 对于粗三角剖分, 我们有边界结点值

$$\boldsymbol{h} = (h_4, h_5, \cdots, h_{13})^\top = (0, -10, -10, -10, -10, 0, 10, 10, 10, 10)^\top.$$

利用前面的公式 (10.51,58), 计算内部系数矩阵 K 和边界系数矩阵 $\widetilde{K}$. 通过求解 (10.59) 逼近 Laplace 方程的解. 既然设定无外部强迫作用函数 $f(x, y) \equiv 0$,

就有 $\boldsymbol{b}=\mathbf{0}$, 所以我们必须求解 $K\boldsymbol{c}=\boldsymbol{f}=-\widetilde{K}\boldsymbol{h}=(2.1856,3.6,7.6497)^\top$. 图 10.14 第一图绘制了对应 $\boldsymbol{c}=(1.0679,1.8,2.5320)^\top$ 的有限元解①的图像. 即便如此粗糙的网格, 近似也不算太差, 第二图就是明证, 它绘制了图 10.11 精细正方形网格的有限元解的图像.

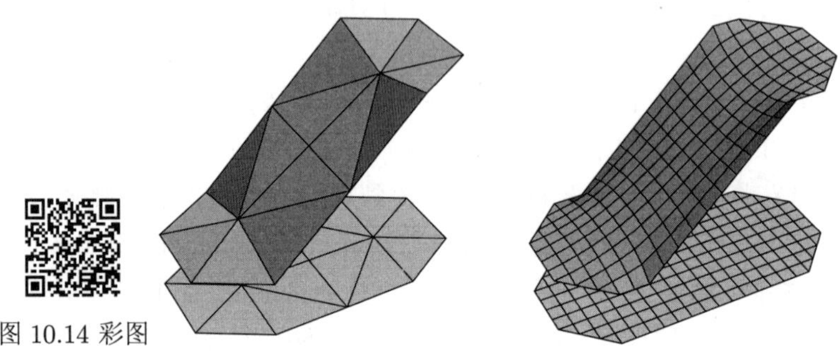

图 10.14 彩图

图 10.14　卵形板的 Dirichlet 问题的解

习题

♠ 10.3.14. 考虑正方形 $S=\{0<x,y<\pi\}$ 上 Dirichlet 边值问题 $\Delta u=0$, $u(x,0)=\sin x$, $u(x,\pi)=0$, $u(0,y)=0$, $u(\pi,y)=0$. (a) 求精确解. (b) 建立和求解基于正方形网格的有限元方程, S 的各边有 $n=2$ 个方格, 写出有限元矩阵和边界系数矩阵, 以及在单位正方形中间的逼近值. 这个值对精确解有多接近? (c) 重复 (b) 部分, 每边有 $n=4$ 个方格. 在单位正方形中心处你的逼近值更接近真实解吗? (d) 用计算机求 $\left(\frac{1}{2}\pi,\frac{1}{2}\pi\right)$ 的有限元逼近值, 每边有 $n=8$ 个方格. 当网格变得越来越细时, 你的逼近收敛到精确解了吗?

♣ 10.3.15. 近似求解 Dirichlet 问题 $\Delta u=0$, $u(x,0)=x$, $u(x,1)=1-x$, $u(0,y)=y$, $u(1,y)=1-y$, 使用网格尺寸分别为 $\Delta x=\Delta y=0.25$ 和 0.1 的有限元. 你对解的逼近与习题 4.3.12(d) 中你得到的解比较. 各种情形中结点上的最大误差是多少?

♠ 10.3.16. 单位边长的等边三角形金属板. 一边加热到 100°, 而另两边则保持在 0°. 为了近似平衡温度分布, 将该板剖分为较小的等边三角形, 每边有 n 个三角形, 然后计算相应的有限元逼近. (a) 三角剖分中共有多少个三角形? 有多少个内部结点? 有多少个边界结点? (b) 当 $n=2$ 时, 建立并求解有限元线性系统, 求出三角形中心温度的近似值. (c) 当 $n=3$ 时回答 (b) 部分. (d) 当 $n=5,10$ 和 15 时, 用计算机算出中心温度的有限元逼近. 你的值是否向实际温度收敛? (e) 绘出在前面各部分中构造的有限元逼近图像.

10.3.17. 在单位等边三角形中, 当一边加热到 100° 且另两边绝热时, 求平衡温度分布.

① 译注: 原文 function, 对照上下文显然不妥.

♠ 10.3.18. 为 3 cm 正方形金属板, 中间开有 1 cm 方形孔. 板受热于内边缘保持温度 100°, 外边缘保持温度 0°. (a) 用有限元 ($\Delta x = \Delta y = 0.5$ cm) 求 (近似) 平衡温度. 使用三维图形程序绘制你的近似解的图像. (b) 令 C 表示位于板内边缘和外边缘中间的正方形周线. 使用你的有限元逼近, C 上何点的温度 (i) 极小? (ii) 极大? (iii) 等于 50°, 即两个边界温度的平均值? (c) 使用更小网格尺寸 ($h = 0.2$) 重复 (a) 部分. 对 (b) 部分的答案有多少影响?

♣ 10.3.19. 回答习题 10.3.18, 金属板另外受到恒定热源 $f(x,y) = 600x + 800y - 2\,400$ 的作用.

♠ 10.3.20. (a) 构造有限元逼近, 用最大尺寸 0.1 的网格, 求解如下单位圆盘上的边值问题:

$$\Delta u = 0, \quad x^2 + y^2 < 1; \quad u = \begin{cases} 1, & x^2 + y^2 = 1, \quad y > 0, \\ 0, & x^2 + y^2 = 1, \quad y < 0. \end{cases}$$

(b) 将你的解与例 4.7 中给出的精确解作比较.

♣ 10.3.21. (a) 用有限元近似求解 Helmholtz[①]边值问题

$$-\Delta u + u = 0, \quad 0 < x, y < 1, \quad u(x,0) = u(x,1) = u(0,y) = 0, \quad u(1,y) = 1.$$

(b) 将你的结果与在用变量分离得到的级数解前 5 项部分和及前 10 项部分和比较.

♦ 10.3.22. (a) 论证课文中描述的正方形网格构造有限元矩阵的合理性. (b) 如何修改矩形网格的矩阵, 如在习题 10.3.9 中?

♦ 10.3.23. 论证课文中非齐次有限元结构的合理性.

♥ 10.3.24. (a) 解释有限元法如何用非齐次 Neumann 条件适应混合边值问题. (b) 把你的方法应用到问题

$$\Delta u = 0, \quad \frac{\partial u}{\partial y}(x,0) = x, \quad u(x,1) = 0, \quad u(0,y) = 0, \quad u(1,y) = 0.$$

(c) 通过分离变量求解边值问题. 与你得到的解在正方形中心值作比较.

10.4 弱解

通达有限元方法的另一种途径, 无须极小化原理要求而有赖于关于微分方程的弱解, 这是值得专门考察的概念, 因为它包括我们在本书前面遇到的许多非经典解. 特别地, 2.3 节的间断激波实际上就是非线性输运方程的弱解, 正如 d'Alembert 公式应用于非光滑初始数据时, 波方程的解虽然连续但只是分段

① 译注: 译者加的强调.

光滑的. 在偏微分方程的现代理论中, 弱解已经难以置信地成为一个强大的思想, 本书篇幅有限只能作些非常基本的引介. 它们特别适合于研究不连续非光滑的物理现象, 包括激波、弹性介质裂纹和位错、液晶中的奇点等. 在偏微分方程的数学分析中, 证明弱解存在性通常更容易, 因此可以尝试建立足够的光滑性, 以便它符合经典解. 至于一系列应用的进一步发展, 可以在较高级的书籍中找到, 包括 [38,44,61,99,107,122].

线性系统的弱形式

弱解概念背后的关键思想是从一个平凡无奇的观察开始的: 零元素是内积空间中唯一能与其他所有元素正交的元素.

引理 10.10 *设 V 是有内积*[①] $\langle\langle\cdot,\cdot\rangle\rangle$ *的内积空间. 对于所有的 $v \in V$ 而言, 元素 $v_\star \in V$ 满足 $\langle\langle v_\star, v\rangle\rangle = 0$, 当且仅当 $v_\star = 0$.*

证明 特别地, $v_\star$ 必须正交于本身, 因此 $0 = \langle\langle v_\star, v_\star\rangle\rangle = |||\, v_\star \,|||^2$, 这就意味着 $v_\star = 0$. [证毕]

因此, 求解线性方程甚至非线性方程 $F[u] = 0$ 的一种方法, 是将其写成形式

$$\text{对于所有的 } v \in V,\ \langle\langle F[u], v\rangle\rangle = 0, \tag{10.60}$$

其中 V 为 $F: U \to V$ 的靶空间. 特别地, 对于非齐次线性系统 $L[u] = f$, 其中 $L: U \to V$ 是内积空间之间的线性算子, 则 (10.60) 条件形如

$$\text{对于所有的 } v \in V,\ \langle\langle L[u] - f, v\rangle\rangle = \langle\langle L[u], v\rangle\rangle - \langle\langle f, v\rangle\rangle = 0,$$

或等价地为

$$\text{对于所有的 } v \in V,\ \langle u, L^*[v]\rangle - \langle\langle f, v\rangle\rangle = 0, \tag{10.61}$$

其中 $L^*: V \to U$ 表示算子 L 的伴随算子, 如 (9.2) 定义的那样. 我们称 (10.61) 是原线性系统的*弱形式* (weak formulation).

到目前为止, 我们尚未做有真正实质性的事情, 实际上, 对于代数方程线性系统来说, 这个对解更复杂的表征没有什么意义. 然而, 置于微分方程情形中就得另当别论, 因为多亏论证伴随算子用到的分部积分, 弱形式 (10.61) 的解 u 不受经典解的光滑性限制. 一个简单的例子用以说明基本的思路.

---

① 简短说来, 正如在第 9 章中所发展的一般架构中一样. 将 V 确定为线性算子 $L: U \to V$ 的靶空间, 因此对它的内积选定的符号.

例 10.11 在有界区间 $a \leqslant x \leqslant b$ 上, 考虑简单的边值问题

$$-\frac{\mathrm{d}^2 u}{\mathrm{d}x^2} = f(x), \quad u(a) = u(b) = 0.$$

基础向量空间为 $U = \big\{u(x) \in C^2[a,b] \mid u(a) = u(b) = 0\big\}$. 为了得到弱形式, 我们用检验函数 $v(x) \in U$ 乘微分方程并积分:

$$\int_a^b \left[-u''(x) - f(x)\right] v(x)\mathrm{d}x = 0. \tag{10.62}$$

左端的积分可视为方程 $L[u] - f = -u'' - f = 0$ 左端与检验函数 v 的 L^2-内积. 根据引理 10.10, 条件 (10.62) 对所有的 $v(x) \in U$ 成立, 当且仅当 $u(x) \in U$ 满足边值问题. 但是, 倘若我们把第一项分部积分一次, v 满足的边界条件意味着边界项为零, 因此得到

$$\int_a^b \left[u'(x)v'(x) - f(x)v(x)\right] \mathrm{d}x = 0. \tag{10.63}$$

对于所有的光滑检验函数 $v(x)$ 满足这一积分条件的函数 $u(x)$, 称为原边值问题的*弱解* (weak solution). 关键的观察是, 原始微分方程以及积分重构 (10.62), 都要求 $u(x)$ 两次可微, 而弱形式 (10.63) 只要求其一阶导数有定义.

当然不必停留在 (10.63). 在第一项中再作一次积分, 并调用 u 满足的边界条件, 得到

$$\int_a^b \left[-u(x)v''(x) - f(x)v(x)\right] \mathrm{d}x = 0. \tag{10.64}$$

现在 $u(x)$ 只需要 (分段) 连续, 以便积分有定义, 记住检验函数 $v(x)$ 仍然需要光滑性. 有时称方程 (10.64) 为边值问题的*完全弱形式* (fully weak formulation), 而把 u 和 v 的导数均匀分配的中间积分 (10.63) 称为*半弱形式* (semi-weak formulation).

注记: 回顾弱收敛的定义 6.5, 同样涉及将适当检验函数与标准收敛准则相结合. 二者均是一般弱分析架构不可或缺的部分, 在包括偏微分方程在内的所有现代高等分析中扮演着重要的角色.

基于第 9 章自伴线性系统抽象表述的一般架构, 前面的例子是其一个特殊情形. 令 $L : U \to V$ 是内积空间之间的线性映射且 $S = L^* \circ L : U \to U$ 是连带的自伴算子. 我们进一步假设 $\ker L = \{0\}$, 这意味着 $S > 0$ 是正定的, 而且倘若 $f \in \operatorname{rng} S$, 相关的线性系统

$$S[u] = L^* \circ L[u] = f \tag{10.65}$$

有唯一解.

为了构造线性系统 (10.65) 的一个弱形式, 我们从它与检验函数 $v \in U$ 的内积入手, 从而

$$0=\langle S[u]-f,v\rangle=\langle S[u],v\rangle-\langle f,v\rangle=\langle L^*\circ L[u],v\rangle-\langle f,v\rangle.$$

如前例所示, 分部积分相当于把自伴算子作用转移到检验函数 v 上, 并以这种方式得到弱形式

$$\text{对所有 } v\in U,\ \langle\langle L[u],L[v]\rangle\rangle=\langle f,v\rangle. \tag{10.66}$$

这里使用了我们关于 U 和 V 的内积符号约定.

注意: 与极小化原理 (10.1) 不同, 弱形式 (10.66) 左端没有 1/2 的因子. 因为, 这里探讨的应用中, 比如 L 是 k 阶微分算子, 弱形式只要求 $u \in C^k$ 为 k 阶可微, 而由于 S 有 $2k$ 阶, 经典公式 (10.65) 要求 $u \in C^{2k}$ 有两倍阶高的导数.

同样, 完全弱形式化还要再作一次分部积分, 把线性算子 L 对 u 的作用转移到检验函数 v 上使得抽象架构得以实施, 所以

$$\text{对所有 } v\in U,\ \langle u,L^*\circ L[v]\rangle=\langle u,S[v]\rangle=\langle f,v\rangle. \tag{10.67}$$

在实践中, 为了避免涉及光滑性和边界行为等技术性问题, 对检验函数类加以限制往往是有利的. 这就需要用一个更复杂的结果来取代用来建立引理 10.10 的简单论证, 它以 19 世纪德国分析学家 Paul du Bois-Reymond 的名字命名的.

引理 10.12 设 $f(x)$ 为 $a \leqslant x \leqslant b$ 的连续函数. 那么, 对于在开区间 (a,b) 中有紧支撑集的每个 C^1 – 函数 $v(x)$ 而言,

$$\int_a^b f(x)v(x)\mathrm{d}x=0,$$

当且仅当 $f(x)\equiv 0$.

证明 若设某点 $a<x_0<b$ 有 $f(x_0)>0$, 则对于 x_0 附近某区间 $a<x_0-\varepsilon<x<x_0+\varepsilon<b$ 内所有的 x 而言, 由于连续性, 有 $f(x)>0$. 取 $v(x)$ 是一个 C^1 – 函数, 它在这个区间内是严格正的, 并在区间外为零. 一个例子是

$$v(x)=\begin{cases}\left[(x-x_0)^2-\varepsilon^2\right]^2, & |x-x_0|\leqslant\varepsilon,\\ 0, & \text{其他}.\end{cases} \tag{10.68}$$

当 $|x-x_0|<\varepsilon$ 时, $f(x)v(x)>0$ 且在其他处为零. 这意味着

$$\int_a^b f(x)v(x)\mathrm{d}x=\int_{x_0-\varepsilon}^{x_0+\varepsilon}f(x)v(x)\mathrm{d}x>0,$$

与原始假设相矛盾. 类似论述排除对某点 $a < x_0 < b$ 而言 $f(x_0) < 0$. [证毕]

基于弱解的有限元

为了描述弱解, 给整个光滑检验函数的无穷维空间施加适当的积分准则. 因此, 显而易见的逼近策略是将准则限制到一个适当的有限维子空间, 从而寻找一个属于该子空间的近似弱解.

确切地说, 集中在上一小节末尾讨论过的自伴架构, 我们将线性系统(10.65)的弱形式 (10.66) 限制到有限维子空间 $W \subset U$ 上, 从而寻求 $w \in W$ 使得

$$\text{对所有的 } v \in W,\ \langle\langle L[w], L[v]\rangle\rangle = \langle f, v\rangle. \tag{10.69}$$

以这种方式, 我们将弱解 u 的有限元逼近表征为元素 $w \in W$, 它使得 (10.69) 对所有的 $v \in W$ 成立.

为了分析这种情形, 如在 (10.3) 那样, 我们现在给定 W 的基 $\varphi_1, \varphi_2, \cdots, \varphi_n$, 从而可以将 w 和 v 写成线性组合

$$w = c_1\varphi_1 + c_2\varphi_2 + \cdots + c_n\varphi_n, \quad v = d_1\varphi_1 + d_2\varphi_2 + \cdots + d_n\varphi_n.$$

把这些表达式代入 (10.69) 得到双线性函数

$$B(\boldsymbol{c}, \boldsymbol{d}) = \sum_{i,j=1}^{n} k_{ij} c_i d_j - \sum_{i=1}^{n} b_i d_i = \boldsymbol{c}^{\top} K \boldsymbol{d} - \boldsymbol{b}^{\top} \boldsymbol{d} = (K\boldsymbol{c} - \boldsymbol{b})^{\top} \boldsymbol{d} = 0, \tag{10.70}$$

其中

$$k_{ij} = \langle\langle L[\varphi_i], L[\varphi_j]\rangle\rangle, \quad b_i = \langle f, \varphi_i\rangle, \quad i, j = 1, 2, \cdots, n, \tag{10.71}$$

与前面的 (10.6,7) 相同, 利用了 $K^{\top} = K$ 是一个对称矩阵的事实, 我们得到最后表达式 (10.70). 条件 (10.69) 对所有的 $v \in W$ 成立, 等效于要求 (10.70) 对所有的 $\boldsymbol{d} = (d_1, d_2, \cdots, d_n)^{\top} \in \mathbb{R}^n$ 成立, 反之则意味着 $\boldsymbol{c} = (c_1, c_1, \cdots, c_n)^{\top}$ 必须满足线性系统

$$K\boldsymbol{c} = \boldsymbol{b}.$$

但我们立即认识到, 这与有限元线性系统 (10.9) 完全相同! 因此, 我们得出结论, *对于如上构造的正定线性系统, 对解的弱有限元逼近与极小化有限元逼近相同* (for a positive definite linear system constructed as above, the weak finite element approximation to the solution is the same as the minimizing finite element approximation). 换言之, 用极小化原理还是用弱形式来表征解

的特性不重要; 得到的有限元逼近完全相同. 因此, 没必要为说明这一结构再给出任何其他例子.

一般说来, 虽然弱形式具有更广泛的适用性, 但已经超出有定义明确极小化原理的边值问题的范围, 保证数值解接近真实解的严格基础很难建立且实际上并不总是有效的. 事实是, 可以找到无解析解的边值问题却具有虚假有限元数值解, 反过来, 一些有解的边值问题的有限元逼近不存在, 因为导出的系数矩阵奇异[113,126].

激波作为弱解

最后, 我们回到在早先 2.3 节对激波的分析, 但目前把它置于弱解意义. 我们首先用守恒形式写出非线性输运方程

$$\frac{\partial u}{\partial t}+\frac{\partial}{\partial x}\left(\frac{1}{2}u^2\right)=0. \tag{10.72}$$

因为激波是不连续函数, 它们作为经典解是不合格的. 然而, 它们可以严格表征为弱解, 心安理得地导致激波动力学的 Rankine-Hugoniot 等面积规则.

为了构造非线性输运方程的弱形式, 我们遵循一般架构, 因此用一个光滑的检验函数 $v(t,x)$ 乘方程 (10.72) 两端并在区域 $\Omega\subset\mathbb{R}^2$ 上①积分:

$$\iint_\Omega\left[\frac{\partial u}{\partial t}+\frac{\partial}{\partial x}\left(\frac{1}{2}u^2\right)\right]v(t,x)\mathrm{d}t\mathrm{d}x=0. \tag{10.73}$$

作为 du Bois-Reymond 引理的二元变量②版本的直接推论, 参见习题 10.4.7, 对于 Ω 中全体有紧支撑集的 C^1 – 函数 $v(t,x)$ 而言, 如果 $u(t,x)\in C^1$ 和条件 (10.73) 成立, 那么 $u(t,x)$ 必是偏微分方程 (10.72) 的一个经典解. 下一步是通过分部积分消去来自 u 的导数, 这是借助于 Green 公式 (6.82) 完成的, 我们将其重写为形式

$$\iint_\Omega\left(u_1\frac{\partial v}{\partial t}+u_2\frac{\partial v}{\partial x}\right)\mathrm{d}t\mathrm{d}x=\oint_{\partial\Omega}(\boldsymbol{u}\cdot\boldsymbol{n})v\mathrm{d}s-\iint_\Omega\left(\frac{\partial u_1}{\partial t}+\frac{\partial u_2}{\partial x}\right)v\mathrm{d}t\mathrm{d}x, \tag{10.74}$$

其中 $\boldsymbol{u}=(u_1,u_2)^\top$. 在我们的例子中, 通过置 $u_1=u, u_2=u^2/2$ 将 (10.73) 中的积分看成 (10.74) 的左端. 由于 v 具有紧支撑集而且边界积分为零, 因此我们得到方程的弱形式.

定义 10.13 函数 $u(t,x)$ 称为非线性输运方程 (10.72) 在 $\Omega\subset\mathbb{R}^2$ 上的弱

---

① 译注: 严格说是在 $\Omega\subset\mathbb{R}_+\times\mathbb{R}$, 因为 $t\in\mathbb{R}_+$.

② 译注: 这里不是著者所说的二维情形, 而是二元情形.

解 (weak solution), 是指对于有紧支撑集 $\operatorname{supp} v \subset \Omega$ 的全体 C^1 – 函数 $v(t,x)$, 都有

$$\iint_{\Omega}\left(u\frac{\partial v}{\partial t}+\frac{1}{2}u^2\frac{\partial v}{\partial x}\right)\mathrm{d}t\mathrm{d}x=0. \tag{10.75}$$

弱形式 (10.75) 的关键点在于, 求导完全作用在 $v(t,x)$ 上, 我们假设它们是光滑的, 而不是作用在我们预期的解 $u(t,x)$ 上, 现在积分甚至不需要它连续就能很好地定义.

作为弱形式的结果, 我们导出 Rankine-Hugoniot 激波条件 (2.53). 假设 $u(t,x)$ 是在区域 $\Omega\subset\mathbb{R}^2$ 上定义的一个弱解, 它沿着由 $x=\sigma(t)$ 参数化的曲线 C 有单一跳跃间断, 该曲线将 Ω 分为两个子区域, 比如说 Ω_+ 和 Ω_-, 这样把解限制到任一个子区域上, $u_+=u|_{\Omega_+}$ 和 $u_-=u|_{\Omega_-}$ 在各自的区域上都是经典解, 而分离曲线 $C=\{x=\sigma(t)\}$ 表示激波间断. 为确定起见, 假设在 (t,x) – 平面中 Ω_+ 位于 C 以上而 Ω_- 位于 C 以下: 参见图 10.15.

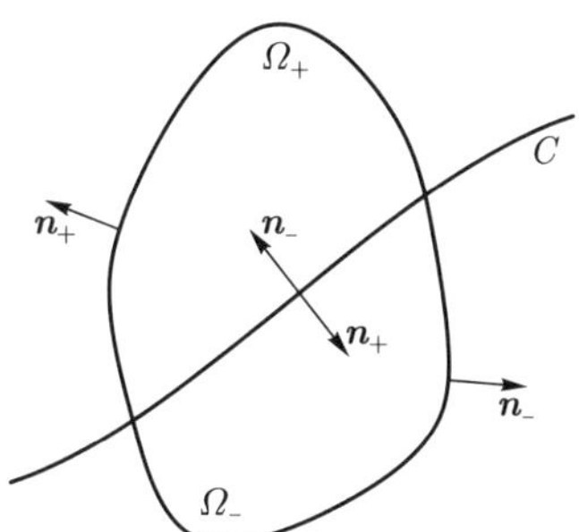

图 10.15 激波弱解的积分区域

我们研究一下前述弱形式在这种情形意味着什么. 把积分 (10.75) 分成两部分, 然后把分部积分公式 (10.74) 应用于各个二重积分, 同时记住被积函数限制到 Ω_+ 或 Ω_- 且足够光滑, 以保证公式的应用:

$$\begin{aligned}
0&=\iint_{\Omega}\left(u\frac{\partial v}{\partial t}+\frac{1}{2}u^2\frac{\partial v}{\partial x}\right)\mathrm{d}t\mathrm{d}x\\
&=\iint_{\Omega_+}\left(u_+\frac{\partial v}{\partial t}+\frac{1}{2}u_+^2\frac{\partial v}{\partial x}\right)\mathrm{d}t\mathrm{d}x+\iint_{\Omega_-}\left(u_-\frac{\partial v}{\partial t}+\frac{1}{2}u_-^2\frac{\partial v}{\partial x}\right)\mathrm{d}t\mathrm{d}x\\
&=\oint_{\partial\Omega_+}(\widetilde{\boldsymbol{u}}_+\cdot\boldsymbol{n}_+)\,v\mathrm{d}s-\iint_{\Omega_+}\left[\frac{\partial u_+}{\partial t}+\frac{\partial}{\partial x}\left(\frac{1}{2}u_+^2\right)\right]v\mathrm{d}t\mathrm{d}x+\\
&\quad\oint_{\partial\Omega_-}(\widetilde{\boldsymbol{u}}_-\cdot\boldsymbol{n}_-)\,v\mathrm{d}s-\iint_{\Omega_-}\left[\frac{\partial u_-}{\partial t}+\frac{\partial}{\partial x}\left(\frac{1}{2}u_-^2\right)\right]v\mathrm{d}t\mathrm{d}x
\end{aligned}$$

$$= \int_C \left(\widetilde{\boldsymbol{u}}_+ \cdot \boldsymbol{n}_+ + \widetilde{\boldsymbol{u}}_- \cdot \boldsymbol{n}_-\right) v \mathrm{d}s.$$

这里

$$\widetilde{\boldsymbol{u}}_+ = \begin{pmatrix} u_+ \\ \dfrac{1}{2} u_+^2 \end{pmatrix}, \quad \widetilde{\boldsymbol{u}}_- = \begin{pmatrix} u_- \\ \dfrac{1}{2} u_-^2 \end{pmatrix},$$

而 $\boldsymbol{n}_+, \boldsymbol{n}_-$ 分别是 $\partial\Omega_+$ 和 $\partial\Omega_-$ 上的单位外法向. 最后等式来自这样的事实, v 的支撑集严格地包含在 Ω 内, 因此在 Ω_+ 和 Ω_- 的边界而不在曲线 C 上的那些部分的取值为零. 特别是, 由于 C 是 $x = \sigma(t)$ 的图像, 沿 C 的单位法向分别是

$$\boldsymbol{n}_+ = \frac{1}{\sqrt{1 + (\mathrm{d}\sigma/\mathrm{d}t)^2}} \begin{pmatrix} \dfrac{\mathrm{d}\sigma}{\mathrm{d}t} \\ -1 \end{pmatrix}, \quad \boldsymbol{n}_- = -\boldsymbol{n}_+ = \frac{1}{\sqrt{1 + (\mathrm{d}\sigma/\mathrm{d}t)^2}} \begin{pmatrix} -\dfrac{\mathrm{d}\sigma}{\mathrm{d}t} \\ 1 \end{pmatrix},$$

记得我们约定 Ω_+ 和 Ω_- 分别位于 C 的上方和下方, 而且有

$$\mathrm{d}s = \sqrt{1 + \left(\frac{\mathrm{d}\sigma}{\mathrm{d}t}\right)^2} \mathrm{d}t.$$

因此, 最后的线积分化简为

$$\int_C \left[(u_- - u_+) \frac{\mathrm{d}\sigma}{\mathrm{d}t} - \frac{1}{2}\left(u_-^2 - u_+^2\right)\right] v \mathrm{d}t = 0. \tag{10.76}$$

由于 (10.76) 对紧支撑集上所有的 C^1 – 函数 $v(t,x)$ 都为零, du Bois-Reymond 引理 10.12 意味着

$$\text{在 } C \text{ 上 } (u_- - u_+) \frac{\mathrm{d}\sigma}{\mathrm{d}t} = \frac{1}{2}\left(u_-^2 - u_+^2\right),$$

从而再次建立激波状态的 Rankine-Hugoniot 条件 (2.53). 结论是, 2.3 节得到的激波解的确是一个弱解.

另一种计算表明, 稀疏波 (2.54) 也有资格作为弱解. 然而, 例 2.11 讨论的非物理的反向激波解也是如此. 因而, 虽然弱形式化重现了 Rankine-Hugoniot 条件, 仍然解决不了因果性问题, 必须另外强加以保证物理上有意义的唯一弱解. 这些思想的进一步发展可以在更高级的专著中找到, 例如 [107,122].

习题

10.4.1. 写出以下边值问题的半弱形式和完全弱形式:

(a) $-u'' + 2u = x - x^2$, $u(0) = u(1) = 0$.

(b) $e^x u'' + u = \cos x,\ u'(0) = u'(2) = 0.$

(c) $xu'' + u' + xu = 0,\ u(1) = u(2) = 0.$

10.4.2. (a) 写出边值问题 $-u'' + 3u = x, u(0) = u(1) = 0$ 的一个弱形式. (b) 基于你的弱形式, 用 $n = 10$ 个结点构造解的有限元逼近.

10.4.3. (a) 写出实线上输运方程 $u_t + 3u_x = 0$ 的弱形式. (b) 解初值问题 $u(0,x) = \begin{cases} 1-|x|, & |x| \leqslant 1, \\ 0, & \text{其他}. \end{cases}$ (c) 解释为何 (b) 部分的结果不是输运方程的经典解. 根据在 (a) 部分的形式它是一个弱解吗?

10.4.4. (a) 写出实线上波方程 $u_{tt} = 4u_{xx}$ 的半弱形式. (b) 解初值问题 $u(0,x) = \rho(x)$, $u_t(0,x) = 0$, 其中初始位移是斜坡函数 (6.25). (c) 解释为什么 (b) 部分结果不是波方程的经典解. 是否满足 (a) 部分的半弱形式? 解释你的答案.

♦ 10.4.5. (a) 从写成替代的守恒形式 (2.56) 的非线性输运方程出发, 找出相应的弱形式. (b) 证明你的弱形式产生关于激波间断运动的另一个熵条件 (2.58).

♦ 10.4.6. 证明 du Bois-Reymond 引理 10.12 仍然有效, 即使 $v(x) \in C^\infty$ 需要无限可微.

♦ 10.4.7. *二维 du Bois-Reymond 引理* (two-dimensional du Bois-Reymond Lemma): 设有区域 $\Omega \subset \mathbb{R}^2$, 定义其上的函数 $f(t,x)$ 连续. 对在 Ω 中有紧支撑集的全体 C^1 – 函数 $v(t,x)$, 证明 $\iint_\Omega f(t,x)v(t,x)\mathrm{d}t\mathrm{d}x = 0$ 成立, 当且仅当 $f(t,x) \equiv 0$.

♠ 10.4.8. (a) 研究用有限元近似求解非正定边值问题 $\Delta u + \lambda u = 0, 0 < x < \pi$, $0 < y < \pi$; $u(x,0) = 1$, $u(x,\pi) = u(0,y) = u(\pi,y) = 0$ 的能力, 当 (i) $\lambda = 1$; (ii) $\lambda = 2$. (b) 运用分离变量找到级数解, 并用它确定 (a) 部分你的有限元解的精确性.

第 11 章　平面介质动力学

前几章研究了二维 Laplace 和 Poisson 方程支配的平面介质, 如板和膜的平衡构型. 本章以二维热方程和波方程为模型分析它们的动力学. 热方程描述金属板中热能的扩散、动物种群区域内的分布, 或者在浅水湖泊中污染物的蔓延. 波方程模拟像鼓那样二维膜的小振动. 由于这两个方程都符合我们在 9.5 节中建立的动力学一般架构, 它们的解各自具有对应于一维情形的一般定性和分析的诸多性质.

虽然维数的增加会加重我们分析能力的负担, 但实际上我们已经掌握了主要的求解方法: 分离变量、本征函数级数和基本解. 当运用于较高维度偏微分方程时, 在曲线坐标系中的分离变量往往会导致新的常微分方程, 虽然仍是线性的但系数不是常数, 解也不再是初等函数. 确切地说, 它们是用各种重要的特殊函数 (special function) 表达的, 其中包括我们前面遇到过的误差函数和 Airy 函数; 在本章中扮演主角的 Bessel 函数; 三维问题中将会出现的 Legendre 函数、Ferrers 函数、球面调和函数和球 Bessel 函数. 特殊函数在物理、化学、力学和数学等领域无处不在. 在过去的 250 年中, 许多著名数学家都致力于建立它们的基本性质, 到目前为止, 它们很大程度上都得到了充分理解[86]. 为了获得对特殊函数必要的熟悉, 准备利用它们求解高维偏微分方程, 我们必须先来学习线性二阶常微分方程的基本级数求解方法.

11.1　平面介质中的扩散

正如我们在第 4 章中所学到的, 均匀各向同性薄板的平衡温度 $u(x,y)$ 由二维 Laplace 方程

$$\Delta u = u_{xx} + u_{yy} = 0$$

支配. 借以类推, 薄板的温度动力学扩散用二维热方程

$$u_t = \gamma \Delta u = \gamma\left(u_{xx} + u_{yy}\right) \tag{11.1}$$

模拟. 假定恒定系数 $\gamma > 0$ 量度热能在整个薄板中扩散的相对速度; 它的正性在物理意义上是必需的, 亦有助于避免扩散过程反向时间运行导致的不适定性. 在这个模型中, 我们假设薄板是均匀且各向同性的, 并且除在它的边缘

之外无热损失或外部热源, 这可以用绝热材料覆盖薄板的顶部和底部实现.

热方程的解 $u(t,\boldsymbol{x})=u(t,x,y)$, 量度时间 t 薄板所在 (有界) 区域 $\Omega\subset\mathbb{R}^2$ 中各点 $\boldsymbol{x}=(x,y)$ 处的温度. 要唯一地给定解 $u(t,x,y)$, 我们必须给定适当的初始条件和边界条件. 初始数据是最初时间的温度

$$u(0,x,y)=f(x,y),\quad (x,y)\in\Omega. \tag{11.2}$$

为简单起见, 我们取 $t_0=0$. 最重要的边界条件如下:

- Dirichlet 边界条件: 给定

$$\text{在 } \partial\Omega \text{ 上}\quad u=h, \tag{11.3}$$

固定沿板材边缘的温度.

- Neumann 边界条件: 令 $\boldsymbol{n}$ 是区域边界上的单位外法向. 给定温度的法向导数,

$$\text{在 } \partial\Omega \text{ 上}\quad \frac{\partial u}{\partial \boldsymbol{n}}=k, \tag{11.4}$$

等效地规定沿边界的热流. 绝热边界对应 $k=0$.

- 混合边界条件: 更一般地, 我们可以在部分边界 $D\subsetneq\partial\Omega$ 上给定 Dirichlet 条件而在其补集 $N=\partial\Omega\backslash D$ 上给定 Neumann 条件. 例如, 齐次混合边界条件

$$\text{在 } D \text{ 上 } u=0,\ \text{在 } N \text{ 上 } \frac{\partial u}{\partial \boldsymbol{n}}=0, \tag{11.5}$$

对应于部分边界上的冻结和其余边界上的绝热.

- Robin 边界条件:

$$\text{在 } \partial\Omega \text{ 上 } \frac{\partial u}{\partial \boldsymbol{n}}+\beta u=\tau, \tag{11.6}$$

板的边缘处于温度 τ 的热浴.

在关于区域、初始数据和边界数据的合理假设下, 一般定理[34,38,99]保证任一个这样的初–边值问题对所有的后续时间 $t>0$ 存在唯一解 $u(t,x,y)$. 我们的实际目标是计算和理解在特定情形中解的行为.

扩散方程与热方程的推导

二维 (和三维) 热方程的物理推导, 依赖于 4.1 节中建立一维情形时使用的相同的基本热力学定律. 第一个原理是热能从热到冷的速度尽可能快. 根据多元微积分[8,108], 负温度梯度 $-\nabla u$ 指向该点温度函数 u 的最快下降方向, 因

此热能将沿这个方向流动. 测量热能流动的大小和方向的热流矢量 $\boldsymbol{w}$ 故而应与温度梯度成正比:

$$\boldsymbol{w}(t,x,y) = -\kappa(x,y)\nabla u(t,x,y). \tag{11.7}$$

标量 $\kappa(x,y) > 0$是材料的热导率 (thermal conductivity), 因此 (11.7) 是 Fourier 冷却定律 (Fourier's law of cooling) (4.5) 的多维形式. 我们假设热导率仅依赖位置 $(x,y) \in \Omega$, 这意味着薄板的材料是

(a) 不随时间变化的.

(b) 各向同性的 (isotropic), 这意味着它的导热性质在各个方向上是相同的.

(c) 不仅如此, 其热导率不受温度变化的影响.

去除假设 (b) 或 (c) 中任一个, 都会导致一个相当复杂的非线性扩散方程.

第二个热力学原理是, 在无外部热源的情形, 热量只能通过其边界 ∂R 进入任一子区域 $R \subset \Omega$. (记住, 薄板的上面和下面都是绝热的.) 令 $\varepsilon(t,x,y)$ 表示各个时间在区域中一点的热能密度, 所有

$$H_R(t) = \iint_R \varepsilon(t,x,y)\mathrm{d}x\mathrm{d}y$$

表示包含在子区域 R 时间 t 的总热能. 在边界点 $\boldsymbol{x} \in \partial R$ 上进入 R 的额外热能量是热流矢量的法向分量, 即 $-\boldsymbol{w}\cdot\boldsymbol{n}$, 像以前那样, 这里 $\boldsymbol{n}$ 表示边界 ∂R 的单位外 (outward) 法向. 因此, 进入区域 R 的总热流是通过沿 R 边界的积分得到的, 从而导致线积分 $-\oint_{\partial R} \boldsymbol{w}\cdot\boldsymbol{n}\mathrm{d}s$. 令热能的变化率等于热流密度, 得到

$$\frac{\mathrm{d}H_R}{\mathrm{d}t} = \iint_R \frac{\partial\varepsilon}{\partial t}(t,x,y)\mathrm{d}x\mathrm{d}y = -\oint_{\partial R} \boldsymbol{w}\cdot\boldsymbol{n}\mathrm{d}s = -\iint_R \nabla\cdot\boldsymbol{w}\mathrm{d}x\mathrm{d}y,$$

这里, 我们应用了 Green 定理的散度形式 (6.80), 将通量的线积分转换为二重积分. 因此

$$\iint_R \left(\frac{\partial\varepsilon}{\partial t} + \nabla\cdot\boldsymbol{w}\right)\mathrm{d}x\mathrm{d}y = 0. \tag{11.8}$$

记住这个结果必须对任何子区域 $R \subset \Omega$ 都成立. 现在, 根据习题 11.1.13, 在所有的子区域中, 连续函数的积分为零的唯一方式是, 若被积分项恒等于零, 则

$$\frac{\partial\varepsilon}{\partial t} + \nabla\cdot\boldsymbol{w} = 0. \tag{11.9}$$

至此, 我们得出有关热能密度 ε 和热流矢量 $\boldsymbol{w}$ 基本的守恒律 (conservation law).

如同我们的一维模型那样, 参见 (4.3), 热能密度 $\varepsilon(t,x,y)$ 与温度成正比,

所以

$$\varepsilon(t,x,y)=\sigma(x,y)u(t,x,y), \tag{11.10}$$

其中 $\sigma(x,y)=\rho(x,y)\chi(x,y)$ 是点 $(x,y)\in\Omega$ 处板材的密度 ρ 与比热容 (specific heat capacity) χ 的乘积. 将此与 Fourier 冷却定律 (11.7) 和能量平衡方程 (11.10) 合并, 得到一般的二维*扩散方程* (diffusion equation)

$$\frac{\partial u}{\partial t}=\frac{1}{\sigma}\nabla\cdot(\kappa\nabla u) \tag{11.11}$$

支配无外部热源或热汇各向同性介质的热力学. 详细地写出, 这个二阶偏微分方程是

$$\frac{\partial u}{\partial t}=\frac{1}{\sigma(x,y)}\left[\frac{\partial}{\partial x}\left(\kappa(x,y)\frac{\partial u}{\partial x}\right)+\frac{\partial}{\partial y}\left(\kappa(x,y)\frac{\partial u}{\partial y}\right)\right]. \tag{11.12}$$

这一扩散方程也用于模拟种群的运动, 例如加拿大落基山脉的狼或培养皿中的细菌[81,84]. 由于个体随机运动散布于区域中, 解 $u(t,x,y)$ 表示时间 t 位于 (x,y) 的种群密度. 类似的扩散过程模拟液体中溶质的混合, 由分子碰撞引起的随机 Brown 运动的扩散. 扩散过程中存在的化学反应和流体运动引起的对流, 一般用较一般的*反应–扩散* (reaction-diffusion) 方程和*对流–扩散* (convection-diffusion) 方程模拟[107].

特别地, 如果物体 (或环境或溶剂) 是均匀的, 那么 σ 和 κ 是恒定的, 因此 (11.11) 简化成*热扩散系数* (thermal diffusivity) 为

$$\gamma=\frac{\kappa}{\sigma}=\frac{\kappa}{\rho\chi} \tag{11.13}$$

的热方程 (11.1). 热方程和较一般的扩散方程都是抛物型偏微分方程的特例, 正如我们将看到的, 改编自定义 4.12 的术语适用于两个及以上变量的偏微分方程. 一维热方程解的全部基本定性特征都会带到更高维的抛物型偏微分方程.

事实上, 一般扩散方程 (11.12) 可以很容易地融入动力学架构 9.5 节, 采取形式

$$u_t=-\nabla^*\circ\nabla u. \tag{11.14}$$

梯度算子 ∇ 将标量场映射到向量场 $\boldsymbol{v}=\nabla u$; 关于标量场和向量场之间的加权内积

$$\begin{aligned}\langle u,\widetilde{u}\rangle&=\iint_{\Omega}u(x,y)\widetilde{u}(x,y)\sigma(x,y)\mathrm{d}x\mathrm{d}y,\\ \langle\langle\boldsymbol{v},\widetilde{\boldsymbol{v}}\rangle\rangle&=\iint_{\Omega}\boldsymbol{v}(x,y)\widetilde{\boldsymbol{v}}(x,y)k(x,y)\mathrm{d}x\mathrm{d}y,\end{aligned} \tag{11.15}$$

梯度算子的伴随算子 ∇^* 在相反的方向作用. 正如 (9.33) 那样, 经过简单的分部积分, 我们得到

$$\nabla^* \boldsymbol{v} = -\frac{1}{\sigma}\nabla\cdot(\kappa\boldsymbol{v}) = -\frac{1}{\sigma}\left[\frac{\partial(\kappa v_1)}{\partial x} + \frac{\partial(\kappa v_2)}{\partial y}\right], \text{ 其中 } \boldsymbol{v} = \begin{pmatrix} v_1 \\ v_2 \end{pmatrix}. \tag{11.16}$$

因此 (11.14) 的右端等于

$$-\nabla^* \circ \nabla u = \frac{1}{\sigma}\nabla\cdot(\kappa\nabla u), \tag{11.17}$$

从而恢复成一般扩散方程 (11.11). 与以往一样, 伴随公式 (11.16) 的有效性在于给定适当齐次边界条件: Dirichlet 条件、Neumann 条件、混合条件或 Robin 条件.

特别地, 取 σ 和 κ 为恒定, 我们就得到热方程, 因此, 内积 (11.15) 简化成标量场和向量场之间通常的 L^2 – 内积, 相差一个恒定因子. 在这种情况下, 相差一个比例因子, 梯度的伴随算子是散度取负号: $\nabla^* = -\gamma\nabla\cdot$, 其中 $\gamma = \kappa/\sigma$. 此时, (11.14) 化简为二维热方程 (11.1).

分离变量

现在我们讨论分析求解方法. 根据 9.5 节, 任何线性发展方程

$$u_t = -S[u] \tag{11.18}$$

的可分离解有指数形式

$$u(t,x,y) = \mathrm{e}^{-\lambda t}v(x,y). \tag{11.19}$$

由于线性算子 S 只涉及空间变量 x, y, 我们得到

$$\frac{\partial u}{\partial t} = -\lambda\mathrm{e}^{-\lambda t}v(x,y), \text{ 而 } S[u] = \mathrm{e}^{-\lambda t}S[v].$$

将其代入扩散方程 (11.18) 并消去指数因子, 我们得出结论

$$S[v] = \lambda v. \tag{11.20}$$

因此, $v(x,y)$ 必为线性算子 S 的本征函数, 且须服从相关的齐次边界条件.

在热方程 (11.1) 情形

$$S[u] = -\gamma\Delta u,$$

因此, 如例 9.40 所示, 本征值方程 (11.20) 是二维 Helmholtz 方程

$$\gamma \Delta v + \lambda v = 0, \text{ 即 } \gamma \left(\frac{\partial^2 v}{\partial x^2} + \frac{\partial^2 v}{\partial y^2} \right) + \lambda v = 0. \tag{11.21}$$

根据定理 9.34, 自伴性表明本征值均为非负实数: $\lambda \geqslant 0$. 在 Dirichlet 条件和混合边界条件的正定情形, 本征值是严格正的, 而 Neumann 边值问题则容许对应于常数函数 $v_0(x,y) \equiv 1$ 的零本征值 $\lambda_0 = 0$. 我们对本征值递增排序:

$$0 < \lambda_1 \leqslant \lambda_2 \leqslant \lambda_3 \leqslant \cdots, \tag{11.22}$$

根据其重数重复, 其中 $\lambda_0 = 0$ 只在 Neumann 情形下才是本征值, 且当 $k \to \infty$ 时 $\lambda_k \to \infty$. 对于每个本征值 λ_k, 令 $v_k(x,y)$ 为独立的本征函数. 相应可分离解是

$$u_k(t,x,y) = \mathrm{e}^{-\lambda_k t} v_k(x,y).$$

对应于正本征值的那些解是随时间指数衰减的, 而零本征值产生一个恒定解 $u_0(t,x,y) \equiv 1$. 齐次边值问题的通解可以用这些基本本征解建立为无穷级数

$$u(t,x,y) = \sum_{k=1}^{\infty} c_k u_k(t,x,y) = \sum_{k=1}^{\infty} c_k \mathrm{e}^{-\lambda_k t} v_k(x,y). \tag{11.23}$$

系数 c_k 由初始条件给定, 要求满足

$$\sum_{k=1}^{\infty} c_k v_k(x,y) = f(x,y). \tag{11.24}$$

由于 S 是自伴的, 定理 9.33 保证在区域 Ω 上本征函数关于 L^2 – 内积的正交性[①]:

$$\langle v_j, v_k \rangle = \iint_{\Omega} v_j(x,y) v_k(x,y) \mathrm{d}x \mathrm{d}y = 0, \quad j \neq k. \tag{11.25}$$

因此, (11.24) 中的系数是由标准正交公式 (9.104) 给定的, 即

$$c_k = \frac{\langle f, v_k \rangle}{\| v_k \|^2} = \frac{\iint_{\Omega} f(x,y) v_k(x,y) \mathrm{d}x \mathrm{d}y}{\iint_{\Omega} v_k(x,y)^2 \mathrm{d}x \mathrm{d}y}. \tag{11.26}$$

(对于更一般的扩散方程 (11.11), 使用适当的加权内积.) 本征函数系数的指数衰减意味着由此产生的本征解级数 (11.23) 收敛, 从而衍生出扩散方程初 – 边值问题的解. 一般定理的确切表述和证明, 参见 [34; p.369].

① 如常, 在多重本征值情形, 选择相关本征空间的一个正交基, 以确保所有基本本征函数的正交性.

定性性质

在处理实例之前, 我们已构造出本征函数和本征值的显式公式, 看看本征函数级数解 (11.23) 可以关于一般扩散过程告诉我们些什么. 根据我们在一维杆情形的经验, 最后的结论将不会特别令人惊讶. 事实上, 它们同样适用于三维固体中的扩散过程. 若读者不耐烦见到显式公式, 不妨跳到下节需要时再回来.

记住我们仍在处理齐次边值问题的解. 第一个观察是, 级数解 (11.23) 中所有的项指数式快速趋于零, 正半定 Neumann 边界条件情形出现的一个零函数项可能是个例外. 由于多数本征值都很大, 故级数中所有的高阶项几乎瞬间可以忽略不计, 该解因此可精确地近似为前几个本征函数模的有限和. 随着时间推移, 可以忽略的模越来越多, 并以指数速度衰减到热平衡. 相对于大多数初始数据说来, 区域上的 Helmholtz 边值问题热平衡的收敛速率为最小正本征值 $\lambda_1 > 0$.

在齐次 Dirichlet 条件或混合边界条件的正定情形, 热平衡 $u(t,x,y) \to u_\star(x,y) \equiv 0$. 这里平衡温度等于零边界温度, 即使这个温度只固定在边界的一小部分. 最初的热量最终通过边界的非绝热部分消散掉. 在正半定 Neumann 边界条件情形, 对应一个完全隔热的薄板, 通解形如

$$u(t,x,y) = c_0 + \sum_{k=1}^{\infty} c_k \mathrm{e}^{-\lambda_k t} v_k(x,y), \tag{11.27}$$

其中对正本征模 $\lambda_k > 0$ 求和. 由于所有的被和数都是按指数衰减的, 最终的平衡温度 $u_\star = c_0$ 与本征函数展开的常数项相等. 所以, 我们用正交公式 (11.26) 求这一项, 当 $t \to \infty$ 时,

$$u(t,x,y) \to c_0 = \frac{\langle f, 1\rangle}{\|1\|^2} = \frac{\iint_\Omega f(x,y)\mathrm{d}x\mathrm{d}y}{\iint_\Omega \mathrm{d}x\mathrm{d}y} = \frac{1}{\Omega \text{ 的面积}} \iint_\Omega f(x,y)\mathrm{d}x\mathrm{d}y. \tag{11.28}$$

我们得出结论, 平衡温度等于平均初始温度分布. 因此, 当薄板完全隔热时, 热能无法逃逸则以均匀方式在区域内重新分布.

扩散对于初始温度分布 $f(x,y)$ 有光滑效应. 假设本征函数系数是一致有界的, 所以对于某常数 M 而言有 $|c_k| \leqslant M$. 如果 $f(x,y)$ 分段连续或者更一般些属于 L^2-空间, 那么肯定如此, 因为 Bessel 不等式 (3.117) 对一般正交系成立, 意味着当 $k \to \infty$ 时 $c_k \to 0$. 包括 δ-函数在内许多分布具有的 Fourier系数也是有界的. 那么, 在初始瞬间之后的任何时间 $t > 0$, 当 $k \to \infty$ 时本征函

数级数解 (11.23) 中的系数 $c_k e^{-\lambda_k t}$ 是指数式变小的, 这足以确保各个 $t>0$ 时刻解 $u(t,x,y)$ 的光滑度. 因此, 扩散过程有助于初始数据中跳跃、拐角及其他间断性的即刻光滑. 随着时间的推移, 解的局部变化越来越少, 因为它渐近达到恒定的平衡状态.

因此, 扩散过程可有效地用于平面图像的光滑和去噪. 初始数据 $u(0,x,y) = f(x,y)$ 表示图像位置 (x,y) 处的灰度, 因此有 $0 \leqslant f(x,y) \leqslant 1$, 其中 0 表示黑色而 1 表示白色. 随着时间的推移, 解 $u(t,x,y)$ 表示该图像一个愈加平滑的版本. 虽然这有消除不需要的高频噪声效果, 但也有使之逐渐模糊的实际功能. 因此, 需要选择 "时间" 或 "多尺度" 参数 t, 以便在两种效果之间达到最佳平衡, t 越大噪声去除得越多但模糊也越明显. 图 11.1 中给出有代表性的图示. 模糊首先影响小尺度特征, 然后, 逐渐影响越来越大的尺度, 直到整个图像最终模糊成均匀的灰色. 为了进一步抑制不良的模糊效应, 现代图像处理滤波器基于各向异性, 因而是*非线性* (nonlinear) 扩散方程; 了解这个活跃领域的最新进展参见 [100].

  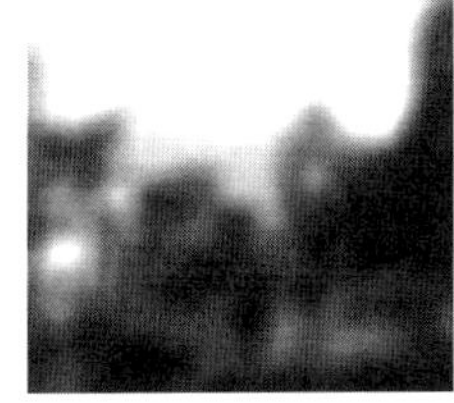 

图 11.1 光滑灰度图像

由于正向热方程有效地模糊了图像中的特征, 我们可能会试图反转 "时间" 以锐化图像. 4.1 节告诉我们向后热方程不适定, 因此不能直接用于此目的. 为了规避这一数学困难, 设计各种 "*正则化*①(regularization)" 策略, 由此制定有效的图像增强算法[46].

非齐次边界条件与强迫作用

接下来我们简要讨论如何将非齐次边界条件和外部热源纳入一般求解架构. 作为一个具体的例子, 考虑强迫热方程

$$u_t = \gamma \Delta u + F(x,y), \quad (x,y) \in \Omega, \tag{11.29}$$

① 译注: 值得强调.

其中 $F(x,y)$ 表示一个不随时间变化的外部热源或热汇, 且服从非齐次Dirichlet 边界条件

$$u(x,y) = h(x,y), \quad (x,y) \in \partial\Omega, \tag{11.30}$$

规定着薄板边界上的温度. 当外部强迫作用不随时间变化时, 我们期望当 $t \to \infty$ 时解最终为平衡态: $u(t,x,y) \to u_\star(x,y)$. 证明如下.

时间无关的平衡温度 $u_\star(x,y)$ 满足在发展方程 (11.29) 中取 $u_t = 0$ 后的方程, 从而将其简化为 Poisson 方程

$$-\gamma\Delta u_\star = F, \quad (x,y) \in \Omega. \tag{11.31}$$

平衡解服从相同的非齐次 Dirichlet 边界条件 (11.30). Dirichlet 边值问题的正定性意味着平衡解是唯一的, 可以表征为相关 Dirichlet 泛函[①]的唯一极小化元; 详情见 9.3 节.

有了平衡解, 我们可以令

$$v(t,x,y) = u(t,x,y) - u_\star(x,y)$$

量度动力学解 u 对最终平衡解的偏离. 由于线性 $v(t,x,y)$ 满足无强迫热方程且服从齐次边界条件:

$$v_t = \gamma\Delta v, \quad (x,y) \in \Omega, \quad v = 0, \quad (x,y) \in \partial\Omega. \tag{11.32}$$

因此, 可将 v 展开成本征函数级数 (11.23), 并以相关齐次 Helmholtz 边值问题最小本征值 λ_1 规定的指数速率衰减到零: $v(t,x,y) \to 0$. (特殊的初始数据可以以更快的速度衰减, 由较大的本征值规定.) 因此, 强迫非齐次问题 (11.29—30) 的解以其齐次情形完全相同的指数速率达到热平衡,

$$u(t,x,y) = v(t,x,y) + u_\star(x,y) \to u_\star(x,y).$$

最大值原理

最后, 我们陈述并证明二维热方程的 (弱) 最大值原理. 与 8.3 节所述的一维情形一样, 该原理指出, 物体无论是隔热的还是有内部热量消散, 其最大温度必须或当初始时刻时或在其边界上发生. 注意到并无对边界温度施加条件.

定理 11.1 设 $u(t,x,y)$ 是强迫热方程

$$u_t = \gamma\Delta u + F(t,x,y), \quad (x,y) \in \Omega, \quad 0 < t < c$$

① 译注: 原文为 principle, 疑为 functional 之误.

的一个解, 其中 Ω 是有界区域且 $\gamma>0$. 假设对所有的 $(x,y)\in\overline{\Omega}$ 和 $0\leqslant t\leqslant c$ 有 $F(t,x,y)\leqslant 0$. 那么, 全局最大值在集合 $\{(t,x,y)\mid(x,y)\in\overline{\Omega},0\leqslant t\leqslant c\}$ 上出现, 要么当 $t=0$ 时要么在边界点 $(x,y)\in\partial\Omega$ 处.

证明 首先, 我们证明假设处处 $F(t,x,y)<0$ 的结果. 在局部内部最大点处, $u_t=0$, 且由于解的 Hesse 矩阵 (Hessian matrix)[①] $\nabla^2 u=\begin{pmatrix}u_{xx} & u_{xy}\\ u_{xy} & u_{yy}\end{pmatrix}$ 必是负半定的, 两个对角元 $u_{xx},u_{yy}\leqslant 0$. 这意味着 $u_t-\gamma\Delta u\geqslant 0$, 导致矛盾. 如果当 $t=c$ 时最大值发生, 那么此时 $u_t\geqslant 0$, 并且也有 $u_{xx},u_{yy}\leqslant 0$, 再次导致矛盾.

然后, 推广到情形 $F(t,x,y)\leqslant 0$, 其中包括 $F(t,x,y)\equiv 0$ 的热方程, 设

$$v(t,x,y)=u(t,x,y)+\varepsilon\left(x^2+y^2\right),\quad \text{其中}\varepsilon>0.$$

那么,

$$\frac{\partial v}{\partial t}=\gamma\Delta v-4\gamma\varepsilon+F(t,x,y)=\gamma\Delta v+\widetilde{F}(t,x,y),$$

其中

$$\widetilde{F}(t,x,y)=F(t,x,y)-4\gamma\varepsilon<0.$$

因此, 依据前一段, v 的最大值或当 $t=0$ 时或在边界点 $(x,y)\in\partial\Omega$ 处发生. 然后, 我们令 $\varepsilon\to 0$ 得到关于 u 的同样结论. 更准确地说, 令当 $t=0$ 时或在边界点 $(x,y)\in\partial\Omega$ 处 $u(t,x,y)\leqslant M$. 那么

$$v(t,x,y)\leqslant M+C\varepsilon,\quad \text{其中}C=\max\left\{x^2+y^2\mid(x,y)\in\partial\Omega\right\}<\infty,$$

既然 Ω 是一个有界区域. 因此,

$$u(t,x,y)\leqslant v(t,x,y)\leqslant M+C\varepsilon.$$

令 $\varepsilon\to 0$, 对所有的 $(x,y)\in\overline{\Omega},0\leqslant t\leqslant c$, 证实 $u(t,x,y)\leqslant M$, 证明完成. [证毕]

注记: 上述证明可以很容易适用于一般扩散方程 (11.12), 假设系数 σ,k 在整个区域中保持严格正.

---

① 译注: Hesse 矩阵 (Hessian matrix) 实际定义 $\nabla^2 u\equiv\nabla(\nabla u)$, 参见 [100]; 有的中文微分几何教材不译, 直接写为 Hessian 矩阵.

习题

11.1.1. 半径 1 m、均匀、各向同性的金属圆盘整个边界绝热. 各点初始温度等于点与中心的距离. 建立支配圆盘后续温度动力学演化的初–边值问题. 圆盘最终的平衡温度是多少?

11.1.2. 半径 2 cm、均匀、各向同性的金属圆盘, 一半边界保持 100°, 另一半绝热. 给定预设的初始温度分布, 建立支配其后续温度剖面的初–边值问题. 圆盘的最终平衡温度是多少? 你的答案依赖于初始温度吗?

11.1.3. 单位正方形 $\Omega = \{0 \leqslant x, y \leqslant 1\}$ 上给定初始温度分布 $f(x,y) = xy(1-x)(1-y)$. 确定平衡温度, 分别服从齐次的 (a) Dirichlet 边界条件; (b) Neumann 边界条件.

11.1.4. 边长 1 m 的方板左右两边绝热, 上边保持 100°, 底边保持 0°. 假设方板由均匀、各向同性的材料制成, 提出描述方板温度的动力学演化适当的初–边值问题. 然后求得最终平衡温度.

11.1.5. 边长 1 m 的方板整体有初始温度 5°, 温度的动力学演化满足 Neumann 边界条件 $\partial u/\partial \boldsymbol{n} = 1$. 最终的平衡温度是多少?

♥ 11.1.6. 设 $u(t,x,y)$ 是有界区域 Ω 上热方程的解, 服从边界 $\partial\Omega$ 上的齐次 Neumann 条件. (a) 证明总热量 $H(t) = \iint_\Omega u(t,x,y)\mathrm{d}x\mathrm{d}y$ 守恒, 即在时间上是常数. (b) 使用 (a) 部分证明最终平衡解处处等于初始温度 $u(0,x,y)$ 的平均值. (c) 关于齐次 Dirichlet 边值问题总热量的行为, 能说些什么? (d) 非齐次 Dirichlet 边值问题又会怎样?

11.1.7. 设 $u(t,x,y)$ 是有界连通域 Ω 上热方程的非恒定解, 服从 $\partial\Omega$ 上的齐次 Dirichlet 边界条件. (a) 证明其 L^2–范数 $N(t) = \sqrt{\iint_\Omega u(t,x,y)^2\mathrm{d}x\mathrm{d}y}$ 是关于 t 的严格递减函数. (b) 在混合边界条件下, 这也是对的吗? (c) 对于 Neumann 边界条件呢?

11.1.8. 习题 11.1.6 和习题 11.1.7 中的结论对一般扩散方程 (11.12) 成立吗?

♦ 11.1.9. 在适当的边界条件下, 写出一般扩散方程 (11.11) 可分离解的本征值方程. 给定一个完备本征函数系, 写出初值问题 $u(0,x,y) = f(x,y)$ 的本征函数级数解, 包括求系数的公式.

11.1.10. 是/非: 完全隔热非均匀板的平衡温度, 其热力学受一般扩散方程 (11.12) 的支配, 等于平均初始温度.

11.1.11. 设 $\alpha > 0$, 考虑有界区域 $\Omega \subset \mathbb{R}^2$ 上初–边值问题 $u_t = \Delta u - \alpha u$, $u(0,x,y) = f(x,y)$, 在 $\partial\Omega$ 上边界条件为 $\partial u/\partial \mathbf{n} = 0$.

(a) 把方程写成自伴形式 (9.122). 提示: 参见习题 9.3.26.

(b) 证明该问题具有唯一的平衡解.

11.1.12. 把以下线性发展方程写成自伴形式 (9.122), 通过选择合适的内积以及一组适当的齐次边界条件, 你构造出的算子是正定的吗?

(a) $u_t = u_{xx} + u_{yy} - u$. (b) $u_t = y u_{xx} + x u_{yy}$. (c) $u_t = \Delta^2 u$.

♦ 11.1.13. 证明如果 $f(x,y)$ 连续且在整个 $R \subset \Omega$ 上有 $\iint_R f(x,y)\mathrm{d}x\mathrm{d}y = 0$, 那么对于 $(x,y) \in \Omega$ 有 $f(x,y) \equiv 0$. 提示: 采用习题 6.1.23 中的方法.

11.2 热方程的显式解

用级数方法求解二维热方程需要得知相关 Helmholtz 边值问题的本征函数. 遗憾的是, 与绝大多数偏微分方程一样, 显式解公式是罕见的. 在本节中, 我们讨论两个特定情形, 其中所需的本征函数可以找到闭合形式. 正如我们所知, 这些计算依赖于进一步地分离变量, 它只在一类非常有限的区域中行得通. 不过, 可以从这些特定的几何图形中收集到解的有趣特征.

第一个例子是矩形区域, 本征函数可以用初等函数的三角函数和指数函数表示. 然后我们研究了圆盘的加热. 此时, 本征函数不再是初等函数, 而是需要用 Bessel 函数表示. 要了解它们的基本特性, 我们得绕点远儿发展常微分方程的幂级数解的基本原理.

加热矩形

均匀矩形板

$$R = \{0 < x < a, \ 0 < y < b\}$$

加热到规定的初始温度

$$u(0,x,y) = f(x,y), \quad (x,y) \in R. \tag{11.33}$$

它的顶部和底部绝热而且其侧边温度保持为零. 我们的任务是理解板温度的热力学演化.

温度 $u(t,x,y)$ 依据二维热方程

$$u_t = \gamma\left(u_{xx} + u_{yy}\right), \quad (x,y) \in R, \quad t > 0 \tag{11.34}$$

演化, 其中 $\gamma > 0$ 是薄板的热扩散系数, 而所有的后续时间沿矩形边界有齐次

Dirichlet 条件:

$$u(t,0,y)=u(t,a,y)=u(t,x,0)=u(t,x,b)=0,\quad 0<x<a,0<y<b,t>0. \tag{11.35}$$

在 (11.19) 中, 热方程的本征函数从通常的指数拟设 $u(t,x,y)=\mathrm{e}^{-\lambda t}v(x,y)$ 得到. 将这个表达式代入热方程, 我们得到结论, 函数 $v(x,y)$ 是 Helmholtz 本征值问题

$$\gamma\left(v_{xx}+v_{yy}\right)+\lambda v=0,\quad (x,y)\in R \tag{11.36}$$

的解, 且服从同样的齐次 Dirichlet 边界条件:

$$v(0,y)=v(a,y)=v(x,0)=v(x,b)=0,\quad 0<x<a,\ 0<y<b. \tag{11.37}$$

为了求解矩形 Helmholtz 本征值问题(11.36—37), 我们如 (4.89) 那样引入进一步的分离变量, 将解表示为只依赖各自直角坐标函数的乘积

$$v(x,y)=p(x)q(y).$$

把这个表达式代入 Helmholtz 方程 (11.36), 我们发现

$$\gamma p''(x)q(y)+\gamma p(x)q''(y)+\lambda p(x)q(y)=0.$$

为了使变量分离, 我们将所有涉及 x 的项置于方程的一端, 而将所有涉及 y 的项置于方程的另一端, 这是通过除以 $v=pq$ 和重新排列各项完成的:

$$\gamma\frac{p''(x)}{p(x)}=-\gamma\frac{q''(y)}{q(y)}-\lambda=-\mu.$$

这个等式的左端仅依赖于 x, 而中间项只依赖于 y. 与以前一样, 这要求表示式等于一个共同的*分离常数* (separation constant), 用 $-\mu$ 表示. (负号是因为以后使用方便.) 以这种方式, 将我们的偏微分方程化简为两个一维本征值问题

$$\gamma\frac{\mathrm{d}^2p}{\mathrm{d}x^2}+\mu p=0,\quad \gamma\frac{\mathrm{d}^2q}{\mathrm{d}y^2}+(\lambda-\mu)q=0, \tag{11.38}$$

各自都服从由 (11.37) 得出的齐次 Dirichlet 边界条件

$$p(0)=p(a)=0,\quad q(0)=q(b)=0. \tag{11.39}$$

为了得到 Helmholtz 方程的非平凡可分离解, 我们寻求这两个互为补充的本征值问题的非零解.

我们已经多次求解过这两个特定边值问题 (11.38—39); 例如参见 (4.21). 本征函数分别是

$$p_m(x)=\sin\frac{m\pi x}{a},\quad m=1,2,3,\cdots;\quad q_n(y)=\sin\frac{n\pi y}{b},\quad n=1,2,3,\cdots;$$

以及

$$\mu=\frac{m^2\pi^2\gamma}{a^2},\quad \lambda-\mu=\frac{n^2\pi^2\gamma}{b^2}.$$

故而

$$\lambda=\frac{m^2\pi^2\gamma}{a^2}+\frac{n^2\pi^2\gamma}{b^2}.$$

因此, Helmholtz 本征值问题 (11.36—37) 的可分离函数解具有二重三角函数形式

$$v_{m,n}(x,y)=\sin\frac{m\pi x}{a}\sin\frac{n\pi y}{b},\quad m,n=1,2,3,\cdots,\tag{11.40}$$

且本征值为

$$\lambda_{m,n}=\frac{m^2\pi^2\gamma}{a^2}+\frac{n^2\pi^2\gamma}{b^2}=\left(\frac{m^2}{a^2}+\frac{n^2}{b^2}\right)\pi^2\gamma.\tag{11.41}$$

它们中的每一个都对应原矩形中热方程边值问题的一个指数衰减的本征解

$$\begin{aligned}u_{m,n}(t,x,y)&=\mathrm{e}^{-\lambda_{m,n}t}v_{m,n}(x,y)\\&=\exp\left[-\left(\frac{m^2}{a^2}+\frac{n^2}{b^2}\right)\pi^2\gamma t\right]\sin\frac{m\pi x}{a}\sin\frac{n\pi y}{b}.\end{aligned}\tag{11.42}$$

利用单变量的正弦函数形成一个完备系的事实, 不难证明[120]可分离本征函数解 (11.42) 是完备的, 所以没有不可分离的本征函数①. 作为一个结果, 一般初–边值问题的解可以表示为本征模的线性组合

$$u(t,x,y)=\sum_{m,n=1}^{\infty}c_{m,n}u_{m,n}(t,x,y)=\sum_{m,n=1}^{\infty}c_{m,n}\mathrm{e}^{-\lambda_{m,n}t}v_{m,n}(x,y).\tag{11.43}$$

系数 $c_{m,n}$ 由初始条件给定, 采用二重 Fourier 正弦级数的形式

$$f(x,y)=u(0,x,y)=\sum_{m,n=1}^{\infty}c_{m,n}v_{m,n}(x,y)=\sum_{m,n=1}^{\infty}c_{m,n}\sin\frac{m\pi x}{a}\sin\frac{n\pi y}{b}.$$

Laplace 算子的自伴性与边界条件相结合, 意味着②本征函数 $v_{m,n}(x,y)$ 在矩形上是关于 L^2–内积正交的:

① 这似乎是一个普遍的事实, 在所有已知的例子中是真实的, 但我知道没有一般的证据. 定理 9.47 可以用来建立函数的完备性, 但不能保证它们都可以通过变量的分离来构造.

② 技术上, 只有当本征值不同 $(\lambda_{m,n}\neq\lambda_{k,l})$ 时, 正交才成立. 然而, 通过直接计算可以发现, 即使当指示的本征函数与同一本征值关联时, 正交性仍然保持成立. 参见本章的最后小节, 讨论何时出现这种 “偶然简并 (accidental degeneracy)”.

$$\langle v_{k,l}, v_{m,n} \rangle = \int_0^b \int_0^a v_{k,l}(x,y) v_{m,n}(x,y) \mathrm{d}x\mathrm{d}y = 0, \quad k = m \text{ 和 } l = n \text{ 除外}.$$

(有疑义的读者可以从本征函数公式 (11.40) 中直接验证正交关系.) 因此, 我们可以借助通常的正交公式 (11.26) 求出系数

$$c_{m,n} = \frac{\langle f, v_{m,n} \rangle}{\|v_{m,n}\|^2} = \frac{4}{ab} \int_0^b \int_0^a f(x,y) \sin \frac{m\pi x}{a} \sin \frac{n\pi y}{b} \mathrm{d}x\mathrm{d}y, \tag{11.44}$$

其中本征函数范数的公式为

$$\|v_{m,n}\|^2 = \int_0^b \int_0^a v_{m,n}(x,y)^2 \mathrm{d}x\mathrm{d}y = \int_0^b \int_0^a \sin^2 \frac{m\pi x}{a} \sin^2 \frac{n\pi y}{b} \mathrm{d}x\mathrm{d}y = \frac{1}{4}ab, \tag{11.45}$$

直接计算二重积分得到. 遗憾的是, 虽然正交性 (大部分) 是自动的, 范数计算必须“手工”完成. 对于一般的初始温度分布, 矩形接近热平衡的速率等于最小的本征值:

$$\lambda_{1,1} = \left(\frac{1}{a^2} + \frac{1}{b^2} \right) \pi^2 \gamma, \tag{11.46}$$

即其两侧边长平方倒数之和乘扩散系数. 矩形越大, 扩散系数越小, $\lambda_{1,1}$ 的值越小, 因此恢复到热平衡的速度越慢. Fourier 级数的快速指数衰减率意味着, 该解立即光滑掉了初始温度剖面中的任何不连续性. 事实上, 较高阶模有大的 m 和 n, 几乎瞬间衰减到零, 因此, 解的行为很快就像几个低阶模的有限和一样. 假设 $c_{1,1} \neq 0$, Fourier 级数 (11.43) 最慢的衰减模是

$$c_{1,1} u_{1,1}(t,x,y) = c_{1,1} \exp \left[-\left(\frac{1}{a^2} + \frac{1}{b^2} \right) \pi^2 \gamma t \right] \sin \frac{\pi x}{a} \sin \frac{\pi y}{b}. \tag{11.47}$$

因此, 从长远来看, 整个矩形中的温度完全是同号的, 是正或负取决于 $c_{1,1}$ 的符号. 事实上, 这一观察表明普遍现象, 与自伴椭圆型算子最小正本征值连带的本征函数在整个区域中必然同号[34]. 在图 11.2 中在几个时间上绘制典型解的图像. 非一般初始条件 $c_{1,1} = 0$ 情形衰减更迅速, 其渐近温度剖面不是同号的.

图 11.2 彩图

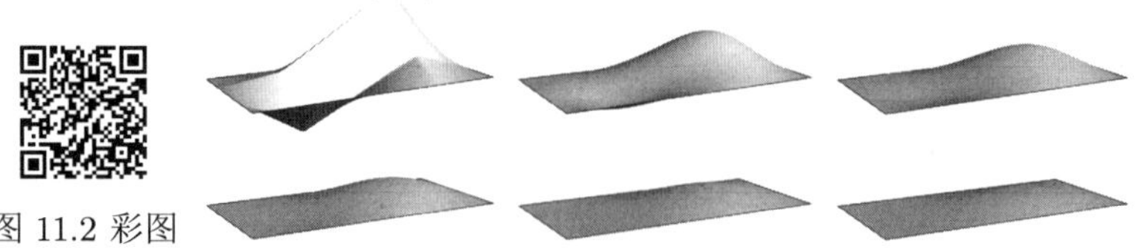

图 11.2 矩形上的热扩散 ⊎

习题

11.2.1. 尺寸为 2 cm × 1 cm 的矩形板 $0 \leqslant x \leqslant 2, 0 \leqslant y \leqslant 1$, 有初始温度 $f(x,y) = \sin \pi x \sin \pi y$, 矩形板全部四边都保持 0°. 设板的热扩散系数为 $\gamma = 1$, 为其随后的温度 $u(t,x,y)$ 写出公式. 热平衡的衰减速率是多少?

11.2.2. 解习题 11.2.1, 当初始温度 $f(x,y)$ 为

(a) xy. (b) $\begin{cases} 1, & 0 < x < 1, \\ 0 & 1 < x < 2. \end{cases}$ (c) $(1 - |1 - x|)\left(\dfrac{1}{2} - \left|\dfrac{1}{2} - y\right|\right)$.

11.2.3. 求解矩形 $-1 < x < 1, 0 < y < 1$ 中热方程 $u_t = 2\Delta u$ 的初–边值问题, 短边保持 0°, 长边绝热, 初始温度分布为 $u(0,x,y) = \begin{cases} -1, & x < 0, \\ 1 & x > 0, \end{cases} \quad 0 < y < 1$.

11.2.4. 回答习题 11.2.3, 两条长边保持 0°, 两条短边绝热.

♥ 11.2.5. 1 m × 3 m 的矩形板由单位扩散系数的金属制成. 板材从 0° 的冷冻箱取出时起, 它的长边一条加热到 100°、另一条保持 0°, 而其顶部、底部和两条短边完全隔热. (a) 建立支配板的时间相关的温度的初–边值问题. (b) 平衡温度是多少? (c) 使用从 (b) 部分得到的答案为解构建一个本征函数系. (d) 板材最终平衡到 1° 温度范围内需用多长时间? *提示*: 一旦 t 不再小, 可以用它的第一项近似级数解.

11.2.6. 在所有给定面积的矩形板之中, 当服从 Dirichlet 边界条件时, 哪一种回到热平衡最慢? 哪一种最快? 凭物理直觉来解释得到的答案, 但要在数学上证明.

11.2.7. 回答习题 11.2.6, 矩形板完全隔热, 即服从 Neumann 边界条件.

♥ 11.2.8. 一方形金属板从烤箱中取出, 然后开始冷却, 其顶部和底部绝热. 求按侧边长和热扩散系数确定的冷却速率, 如果 (a) 所有的四边都保持 0°; (b) 一边绝热, 另外三边保持 0°; (c) 相邻两边绝热, 另两边保持 0°; (d) 相对的两侧边绝热, 另两侧保持 0°; (e) 三边绝热, 一边为 0°. 将板的冷却速度从最快到最慢排序. 你的结果证实了直觉吗?

♥ 11.2.9. 两块正方形板由相同的均匀材料制成, 最初都加热到 100°. 第一块板所有的四边都保持 0°, 而第二块板的一边绝热、其余三边保持 0°. 哪块板的冷却速度最快? 快多少? 假设热扩散系数 $\gamma = 1$, 各板所有的点都达到其平衡温度的 1° 误差范围, 需要等多久? *提示*: 一旦 t 不再小, 用它的第一项就能很好地近似级数解.

♥ 11.2.10. *多项选择*: 在服从 Dirichlet 边界条件的单位正方形上, Laplace 算子的本征值 (a) 全部为单重的; (b) 最多为二重; 或 (c) 可以有任意多重.

♥ 11.2.11. 半径为 a 和高度为 h 的薄圆柱壳的热力学, 例如去除顶盖和罐底后的锡罐, 用热方程 $\dfrac{\partial u}{\partial t} = \gamma\left(\dfrac{1}{a^2}\dfrac{\partial^2 u}{\partial \theta^2} + \dfrac{\partial^2 u}{\partial z^2}\right)$ 模拟, $u(t,\theta,z)$ 是 $t > 0$ 时圆柱壳上点的温度, 其中角度 $-\pi < \theta \leqslant \pi$, 高度 $0 < z < h$. 记住 $u(t,\theta,z)$ 必须是角向坐标 θ 的 2π–周期函数. 设圆柱壳无处不隔热, 而其两个圆柱端面保持 0°. 给定时间 $t = 0$ 的初始温度分布, 写出随后时间圆柱壳温度的级数公式. 最终的平衡温度是多少? 圆柱壳恢复到平衡有多快?

♥ 11.2.12. 考虑正方形中热方程的初–边值问题

$$u_t = u_{xx} + u_{yy}, \quad u(0,x,y) = 0, \quad 0 < x,y < \pi, \quad t > 0,$$

Dirichlet 边界条件

$$u(0,y) = u(\pi,y) = 0 = u(x,0), \quad u(x,\pi) = f(x), \quad 0 < x,y < \pi.$$

对于 (a) 平衡解 $u_\star(x,y) = \lim_{t\to\infty} u(t,x,y)$; (b) 解 $u(t,x,y)$, 分别写出本征函数级数解公式.

11.2.13. 解习题 11.2.1, 板的一条长边保持 100°. 提示: 参阅习题 11.2.12.

加热圆盘: 初步

我们对圆盘的热力学进行类似的分析. 为简单起见 (或选择合适的物理单位), 假定圆盘

$$D = \left\{x^2 + y^2 \leqslant 1\right\} \subset \mathbb{R}^2$$

有单位半径和单位扩散系数 $\gamma = 1$. 我们将在 D 上求解热方程, 同时受到圆盘周界

$$\partial D = C = \left\{x^2 + y^2 = 1\right\}$$

上温度为零的齐次 Dirichlet 边界值约束. 因此, 完整的初–边值问题是

$$\begin{aligned} &\frac{\partial u}{\partial t} = \frac{\partial^2 u}{\partial x^2} + \frac{\partial^2 u}{\partial y^2}, && x^2 + y^2 < 1,\ t > 0, \\ &u(t,x,y) = 0, && x^2 + y^2 = 1,\ t > 0, \\ &u(0,x,y) = f(x,y), && x^2 + y^2 \leqslant 1. \end{aligned} \tag{11.48}$$

我们认为, 利用简单的空间和时间的标度变换, 如习题 11.4.7 所述, 可把这个特殊情形用于求得任意扩散系数和任意半径圆盘的解.

既然在一个圆形区域中解题, 我们自然要转换到极坐标 (r,θ). 考虑到 Laplace 算子的极坐标公式 (4.105), 热方程、边界条件和初始条件形如

$$\frac{\partial u}{\partial t} = \frac{\partial^2 u}{\partial r^2} + \frac{1}{r}\frac{\partial u}{\partial r} + \frac{1}{r^2}\frac{\partial^2 u}{\partial \theta^2}, \quad u(t,1,\theta) = 0, \quad u(0,r,\theta) = f(r,\theta), \tag{11.49}$$

其中解 $u(t,r,\theta)$ 对于 $t \geqslant 0$ 和全体 $0 \leqslant r \leqslant 1$ 定义. 为了确保在整个圆盘上解表示为单值函数, 它一定是角变量的 2π–周期函数:

$$u(t,r,\theta + 2\pi) = u(t,r,\theta).$$

要得到可分离的解

$$u(t,r,\theta)=\mathrm{e}^{-\lambda t}v(r,\theta), \tag{11.50}$$

我们需要求解极坐标形式的 Helmholtz 方程

$$\frac{\partial^2 v}{\partial r^2}+\frac{1}{r}\frac{\partial v}{\partial r}+\frac{1}{r^2}\frac{\partial^2 v}{\partial \theta^2}+\lambda v=0, \qquad \begin{array}{c}0\leqslant r<1,\\ -\pi<\theta\leqslant\pi,\end{array} \tag{11.51}$$

且服从边界条件

$$v(1,\theta)=0, \quad v(r,\theta+2\pi)=v(r,\theta). \tag{11.52}$$

为了求解极坐标 Helmholtz 边值问题 (11.51—52), 我们进一步分离变量

$$v(r,\theta)=p(r)q(\theta). \tag{11.53}$$

将此拟设代入 (11.51), 合并所有涉及 r 的项和所有涉及 θ 的项, 然后等同于一个共同的分离常数, 我们得到两个常微分方程

$$r^2\frac{\mathrm{d}^2 p}{\mathrm{d}r^2}+r\frac{\mathrm{d}p}{\mathrm{d}r}+\left(\lambda r^2-\mu\right)p=0, \quad \frac{\mathrm{d}^2 q}{\mathrm{d}\theta^2}+\mu q=0, \tag{11.54}$$

其中 λ 为 Helmholtz 本征值, μ 为分离常数.

我们从 $q(\theta)$ 的方程开始. (11.52) 中的第二个边界条件要求 $q(\theta)$ 是 2π–周期的. 因此, 所需的解是初等的三角函数

$$q(\theta)=\cos m\theta \text{ 或 } \sin m\theta, \text{ 其中 } \mu=m^2, \tag{11.55}$$

且 $m=0,1,2,\cdots$ 是非负整数.

代入分离常数的公式, $\mu=m^2$, 关于 $p(r)$ 的常微分方程形如

$$r^2\frac{\mathrm{d}^2 p}{\mathrm{d}r^2}+r\frac{\mathrm{d}p}{\mathrm{d}r}+\left(\lambda r^2-m^2\right)p=0, \quad 0\leqslant r\leqslant 1. \tag{11.56}$$

确定这样的二阶常微分方程的解, 通常要给出两个边界条件. 但我们的 Dirichlet 条件只是在一个端点给定其值, 即 $p(1)=0$. 另一个端点是常微分方程的一个奇点 (singular point), 因为最高阶导数的系数 r^2 在 $r=0$ 处为零. 这可能会提醒我们求解过的 Euler 微分方程 (4.111), 当时的背景是圆盘中 Laplace 方程的可分离解. 像那里一样, 我们要求解在 $r=0$ 处应是有界的, 于是我们要求的本征函数, 必须满足边界条件

$$|p(0)|<\infty, \quad p(1)=0. \tag{11.57}$$

虽然 (11.56) 出现在各种应用中, 但比我们迄今遇到的任何一个常微分方程都更具难度. 实际上, 大多数解都不能用初等函数 (有理函数、三角函数、指

数函数以及对数函数等) 写出, 这在大学一年级的微积分中就领教过了. 然而, 由于这些微分方程在物理应用上无所不在, 它们的解得到广泛研究并列表展示, 因此在某种意义上又是众所周知的[86,85,119].

为了简化后续的分析, 我们对自变量作初等标度变换, 用

$$z=\sqrt{\lambda}r$$

取代 r. (我们知道本征值 $\lambda>0$, 因为正在处理一个正定边值问题.) 注意, 按链式法则有

$$\frac{\mathrm{d}p}{\mathrm{d}r}=\sqrt{\lambda}\frac{\mathrm{d}p}{\mathrm{d}z},\quad \frac{\mathrm{d}^2p}{\mathrm{d}r^2}=\lambda\frac{\mathrm{d}^2p}{\mathrm{d}z^2}.$$

因此

$$r\frac{\mathrm{d}p}{\mathrm{d}r}=z\frac{\mathrm{d}p}{\mathrm{d}z},\quad r^2\frac{\mathrm{d}^2p}{\mathrm{d}r^2}=z^2\frac{\mathrm{d}^2p}{\mathrm{d}z^2}.$$

这样做的效果是消去了本征值参数 λ (或者说藏在变量变换中), 从而 (11.56) 具有较为简洁的形式

$$z^2\frac{\mathrm{d}^2p}{\mathrm{d}z^2}+z\frac{\mathrm{d}p}{\mathrm{d}z}+\left(z^2-m^2\right)p=0. \tag{11.58}$$

由此导出的常微分方程 (11.58) 称为 Bessel *方程*, 得名于 19 世纪早期德国天文学家 Wilhelm Bessel, 他在行星轨道的研究中首先遇到了方程的解, 现在称为 Bessel *函数*. 在 Daniel Bernoulli对悬链振动的研究以及在圆柱体热力学上的 Fourier 变换中已经出现过其特殊情形. 为了取得进一步的发展, 我们要花点时间研究它们的基本性质, 这就要求我们发展出常微分方程幂级数解的方法. 有了这个解法, 我们就可以回去完成圆盘上热方程的求解.

11.3 常微分方程的级数解

当遇到新的常微分方程时, 有几种方法可供选择来导出和理解它的解. 例如, 依赖于出版手册中 “查找” 方法. 其中最有用的一本参考是 Kamke 编纂的德语的经典手册[62]①, 其中汇集了许多微分方程的解. 两个最近英语写成的手册是 [93,127]. 此外, 若干符号计算机代数程序, 包括 Mathematica和 Maple等, 把很多种类微分方程的解按照初等函数和特殊函数表示出来.

当然, 使用数值积分求近似解[24,60,80]总是个办法. 然而, 数值方法确实有

① 译注: E. 卡姆克, 《常微分方程手册》, 科学出版社, 1977; E. 卡姆克, 《一阶偏微分方程手册》, 科学出版社, 1983.

它们的局限性, 最好还是要伴随着对基础理论的一些理解, 与对解应如何表现的定性或定量的期望结合起来. 此外, 数值方法不足以充分洞悉特殊函数的性质, 这些函数经常出现在特殊微分方程分离变量的解中. 何况数值逼近本身不能建立微分方程解的严格数学性质.

构造和近似微分方程解的比较经典的方法是基于它们的幂级数展开, 也就是 Taylor 级数. 通过将一般幂级数代入微分方程, 并把 $x-x_0$ 的各个幂次系数等同起来, 求得解在点 x_0 上的 Taylor 展开式. 在 x_0 处的初始条件用来唯一确定解的系数, 因此得到解在起点处所有的导数. 特殊函数的 Taylor 展开是个有效的工具, 得以推断它们一些关键属性, 并且提供计算该级数在收敛半径内合理数值逼近的方法. (然而, 严谨的数值计算通常更依赖于非收敛的渐近展开[85].)

在本节中, 我们简要介绍常微分方程的基本级数求解方法, 集中于二阶线性微分方程, 因为这些形式是迄今为止出现在应用中最重要的一类特例. 该方法将在一个正则点处产生解的标准 Taylor 展开, 而所谓的正则奇点需要稍微一般类型的级数展开. 至于推广到非正则奇点、高阶方程、非线性方程, 甚至线性和非线性方程组, 就要参考较为艰深的书籍, 包括 [54,59].

Γ – 函数

在深入研究级数解和特殊函数的数学机制前, 需要引入 Γ – 函数, 有效地将阶乘运算推广到非整数. 记得非负整数 $n \geqslant 0$ 的阶乘 (factorial) 是由迭代公式

$$n! = n \cdot (n-1)!, \quad 0! = 1 \tag{11.59}$$

递推定义的. 当 n 为正整数时, 迭代终止, 得到熟悉的表达式

$$n! = n(n-1)(n-2)\cdots 3 \cdot 2 \cdot 1. \tag{11.60}$$

但是, 对于更一般的 n 值, 迭代永远不会停止, 也不能用于计算其阶乘. 我们的目标是绕过这个困难, 引入一个对所有的 x 值有定义的函数 $f(x)$, 并将发挥阶乘的作用. 首先模仿 (11.59), 函数应满足泛函方程

$$f(x) = x f(x-1) \tag{11.61}$$

的定义. 另外, 如果 $f(0)=1$, 那么我们知道 $f(n)=n!$ 每当 n 为非负整数时, 这样的函数就会将阶乘的定义扩展到更一般的实数和复数.

片刻的思索应该说服读者, 有许多可能的方法构造这样一个函数; 有关非

标准例子参见习题 11.3.6. 源自 Euler 的是最重要的版本. 现代定义 Euler 的 Γ–函数依赖于 18 世纪法国数学家 Adrien-Marie Legendre发现的积分公式, 将在第 12 章中扮演主角.

定义 11.2 Γ–函数由

$$\Gamma(x)=\int_0^\infty \mathrm{e}^{-t}t^{x-1}\mathrm{d}t \tag{11.62}$$

定义.

第一个事实是, 对于实数 x 而言 Γ–函数的积分仅在 $x>0$ 时收敛; 否则在 $t=0$ 的 t^{x-1} 奇性有点太过严重. 将 Γ–函数转换为阶乘函数的替代项的关键属性取决于分部积分:

$$\Gamma(x+1)=\int_0^\infty \mathrm{e}^{-t}t^{x}\mathrm{d}t=-\mathrm{e}^{-t}t^x\Big|_{t=0}^{\infty}+x\int_0^\infty \mathrm{e}^{-t}t^{x-1}\mathrm{d}t.$$

当 $x>0$ 时, 边界条件项为零, 而最终积分仅仅是 $\Gamma(x)$. 因此, Γ–函数满足递推关系 (recurrence relation)

$$\Gamma(x+1)=x\Gamma(x). \tag{11.63}$$

如果我们令 $f(x)=\Gamma(x+1)$, 那么 (11.63) 成为 (11.61). 此外, 通过直接积分, 有

$$\Gamma(1)=\int_0^\infty \mathrm{e}^{-t}\mathrm{d}t=1.$$

再与递推关系 (11.63) 结合, 我们得到

$$\Gamma(n+1)=n!, \tag{11.64}$$

每当 $n\geqslant 0$ 是一个非负整数. 因此, 对于任何实数 $x>-1$ 我们可以将 $x!$ 与 $\Gamma(x+1)$ 的值等同.

注记: 读者自然可以质疑为什么不在 $\Gamma(x)$ 的定义中用 t^x 替换 t^{x-1}, 这将在 (11.64) 避免中 $n+1$. 这里没有好的答案; 我们只是遵循 Legendre 的既定先例, 并在所有后续的工作中得以体现.

因此, 对于整数 x 值, Γ–函数与初等阶乘等同. 可以精确计算其他几个值. 一个重要情形是在 $x=1/2$. 使用替换 $t=s^2$ 和 $\mathrm{d}t=2s\mathrm{d}s$, 我们得到

$$\Gamma(1/2)=\int_0^\infty \mathrm{e}^{-t}t^{-1/2}\mathrm{d}t=2\int_0^\infty \mathrm{e}^{-s^2}\mathrm{d}s=\sqrt{\pi}. \tag{11.65}$$

最后一步积分在 (2.100) 中已经求得. 因此, 使用阶乘函数记号, 我们确定这个值 $\left(-\dfrac{1}{2}\right)!=\sqrt{\pi}$. 然后递推关系 (11.63) 将产生 Γ–函数在所有半整数

$\frac{1}{2},\frac{3}{2},\frac{5}{2},\cdots$ 处的取值, 例如

$$\Gamma\left(\frac{3}{2}\right)=\frac{1}{2}\Gamma\left(\frac{1}{2}\right)=\frac{1}{2}\sqrt{\pi}, \tag{11.66}$$

因此 $\frac{1}{2}!=\frac{1}{2}\sqrt{\pi}$. 还可以使用递推关系将 $\Gamma(x)$ 的定义扩展到 x 的 (大部分) 负值. 例如, 在 (11.63) 中取 $x=-\frac{1}{2}$, 我们有

$$\Gamma\left(\frac{1}{2}\right)=-\frac{1}{2}\Gamma\left(-\frac{1}{2}\right),\quad \Gamma\left(-\frac{1}{2}\right)=-2\Gamma\left(\frac{1}{2}\right)=-2\sqrt{\pi}.$$

此公式失效之处唯有负整数, 当 $x=-1,-2,-3,\cdots$ 时, $\Gamma(x)$ 实际上有奇点. 图 11.3 显示了 Γ-函数的图像①.

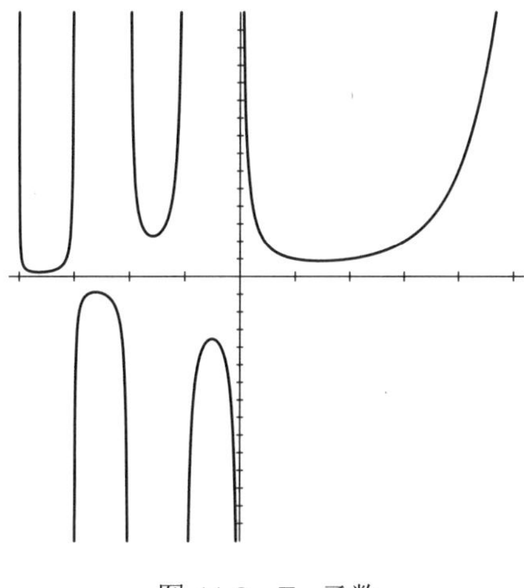

图 11.3 Γ-函数

注记: 对于应用而言, 最重要的特殊函数是相当简单常微分方程的解. Γ-函数却是一个重要的例外. 确实可以证明[11], Γ-函数不满足任何代数微分方程!

正则点

我们现在已经准备好开发一般微分方程级数解的方法. 在开始阐述一般计算方法之前, 一个基本的例子的朴素计算是富于启发性的.

① 坐标轴刻度不同; 刻度线是整数值.

例 11.3 考虑初值问题

$$\frac{\mathrm{d}^2u}{\mathrm{d}x^2}+u=0,\quad u(0)=1,\quad u'(0)=0. \tag{11.67}$$

我们研究是否可以用收敛幂级数的形式构造解析解

$$u(x)=u_0+u_1x+u_2x^2+u_3x^3+\cdots=\sum_{n=0}^{\infty}u_nx^n, \tag{11.68}$$

这是基于起点 $x_0=0$ 的. 求导产生如下级数展开:

$$\begin{aligned}\frac{\mathrm{d}u}{\mathrm{d}x}&=u_1+2u_2x+3u_3x^2+4u_4x^3+\cdots=\sum_{n=0}^{\infty}(n+1)u_{n+1}x^n,\\ \frac{\mathrm{d}^2u}{\mathrm{d}x^2}&=2u_2+6u_3x+12u_4x^2+20u_5x^3+\cdots=\sum_{n=0}^{\infty}(n+1)(n+2)u_{n+2}x^n.\end{aligned} \tag{11.69}$$

下一步是将级数 (11.68—69) 代入微分方程, 合并相同 x 幂次项:

$$\begin{aligned}\frac{\mathrm{d}^2u}{\mathrm{d}x^2}+u&=(2u_2+u_0)+(6u_3+u_1)\,x+(12u_4+u_2)\,x^2+(20u_5+u_3)x^3+\cdots\\&=0.\end{aligned}$$

在这一点上, 关注各项系数并诉诸以下基本观察:

两个收敛幂级数相等, 当且仅当它们的系数相等.

特别是, 当且仅当所有的系数为 0 , 幂级数表示零函数[①]. 在这种方式下, 我们得到系数之间以下无穷序列的代数递推关系:

$$\begin{array}{cc}1 & 2u_2+u_0=0,\\ x & 6u_3+u_1=0,\\ x^2 & 12u_4+u_2=0,\\ x^3 & 20u_5+u_3=0,\\ x^4 & 30u_6+u_4=0,\\ \vdots & \vdots\\ x^n & (n+1)(n+2)u_{n+2}+u_n=0.\end{array} \tag{11.70}$$

现在, 用初始条件给定前两个系数:

$$u(0)=u_0=1,\quad u'(0)=u_1=0.$$

① 在这里, 我们必须使用解析函数, 因为这个结果对于 C^∞ – 函数是不成立的! 例如函数 e^{-1/x^2} 在 $x_0=0$ 具有相同的零幂级数; 参阅习题 11.3.21.

运用递推关系依次确定系数: 首先 $u_2=-\frac{1}{2}u_0=-\frac{1}{2}$; 其次 $u_3=-\frac{1}{6}u_1=0$; 然后 $u_4=-\frac{1}{12}u_2=\frac{1}{24}$; $u_5=-\frac{1}{20}u_3=0$; 以此类推, 一般地不难得到

$$u_{2k}=\frac{(-1)^k}{(2k)!},\quad u_{2k+1}=0,\quad k=0,1,2,\cdots.$$

因此所求级数解为

$$u(x)=1-\frac{1}{2}x^2+\frac{1}{24}x^4-\frac{1}{720}x^6+\cdots=\sum_{k=0}^{\infty}\frac{(-1)^k}{(2k)!}x^{2k},$$

用比检验, 对所有的 x 收敛. 因此, 我们已经再现了 $\cos x$ 熟知的 Taylor 级数, 这确实是初值问题的解. 改变初始条件为 $u(0)=u_0=0,u'(0)=u_1=1$, 同样会导出通常 $\sin x$ 的 Taylor 级数. 注意, Taylor 级数的生成不依赖于任何三角函数的先验知识或线性常系数常微分方程直接解法.

在此经验的基础上, 我们来叙述一般方法. 我们集中于求解齐次线性二阶微分方程

$$p(x)\frac{\mathrm{d}^2u}{\mathrm{d}x^2}+q(x)\frac{\mathrm{d}u}{\mathrm{d}x}+r(x)u=0. \tag{11.71}$$

假设系数 $p(x),q(x),r(x)$ 是某个共同区域上的解析函数. 这就意味着在区域内某点 x_0 附近, 容许收敛的幂级数展开

$$\begin{aligned}p(x)&=p_0+p_1(x-x_0)+p_2(x-x_0)^2+\cdots,\\q(x)&=q_0+q_1(x-x_0)+q_2(x-x_0)^2+\cdots,\\r(x)&=r_0+r_1(x-x_0)+r_2(x-x_0)^2+\cdots.\end{aligned}\tag{11.72}$$

我们期望微分方程的解也是解析的. 这种预期是成立的, 只要在点 x_0 附近方程的下列意义上是*正则的* (regular).

定义 11.4 点 $x=x_0$ 是二阶线性常微分方程 (11.71) 的一个*正则点* (regular point), 是指首项系数不为零:

$$p_0=p(x_0)\neq 0.$$

使得 $p(x_0)=0$ 的点称为*奇点* (singular point).

简而言之, 在一个正则点上二阶导数项不为零, 方程是“真正”二阶的.

注记: 奇点的定义假设其他两个系数在那里也不为零, 因此既有 $q(x_0)\neq 0$ 也有 $r(x_0)\neq 0$. 如果所有的三个函数都在 x_0 处为零, 那么我们可以消去任一公共因子 $(x-x_0)^k$, 因此, 不失一般性, 假设至少有一个系数函数在 x_0 处非零.

微分方程在正则点上解的基本存在性定理的证明可以在 [18,54,59] 中找到.

定理 11.5 设 x_0 为齐次线性二阶常微分方程 (11.71) 的正则点. 那么初值问题

$$u\left(x_0\right)=a, \quad u^{\prime}\left(x_0\right)=b \tag{11.73}$$

存在唯一解析解 $u(x)$, 且在复平面中 $u(x)$ 幂级数的收敛半径, 至少与从正则点 x_0 到微分方程最近奇点的距离一样大.

因此, 所有解析微分方程在一个正则点 x_0 的解可以按收敛幂级数

$$u(x)=u_0+u_1\left(x-x_0\right)+u_2\left(x-x_0\right)^2+\cdots=\sum_{n=0}^{\infty} u_n\left(x-x_0\right)^n \tag{11.74}$$

展开由于幂级数与 $u(x)$ 的 Taylor 级数是一致的, 它的系数

$$u_n=\frac{u^{(n)}\left(x_0\right)}{n!}$$

是函数在点 x_0 处导数的倍数. 尤其是前两个系数

$$u_0=u\left(x_0\right)=a, \quad u_1=u^{\prime}\left(x_0\right)=b \tag{11.75}$$

是由初始条件确定的. 由于初值问题解的唯一性, 其余的系数将唯一确定.

在一个正则点附近, 二阶微分方程 (11.71) 容许两个线性独立的解析解, 我们用 $\widehat{u}(x)$ 和 $\widetilde{u}(x)$ 表示. 通解可以写成两个基准解 (basis solution)① 的线性组合:

$$u(x)=a \widehat{u}(x)+b \widetilde{u}(x). \tag{11.76}$$

方便的选择是第一个解满足初始条件

$$\widehat{u}\left(x_0\right)=1, \quad \widehat{u}^{\prime}\left(x_0\right)=0, \tag{11.77}$$

第二个解满足

$$\widetilde{u}\left(x_0\right)=0, \quad \widetilde{u}^{\prime}\left(x_0\right)=1, \tag{11.78}$$

虽然根据情况可用其他约定. 给定 (11.77—78), 线性组合 (11.76) 自动满足初始条件 (11.73).

构造初值问题幂级数解的基本计算策略, 是直接采用例 11.3 使用的方法. 将已知的系数函数幂级数 (11.72) 和未知解幂级数 (11.74) 代入微分方程 (11.71). 将相应的两种表示式相乘并合并 $(x-x_0)$ 同幂次项, 得到一个 (复的)

① 译注: 值得强调.

幂级数, 其各个系数必须等于零. 最低阶项是 $(x-x_0)^0=1$ 的倍数, 即恒定项. 它们产生线性关系

$$u_2=R_2(u_0,u_1)=R_2(a,b)$$

以根据初始数据 (11.75) 规定系数 u_2. $(x-x_0)$ 的系数导致关系

$$u_3=R_3(u_0,u_1,u_2)=R_3(a,b,R_2(a,b)),$$

以根据初始数据和以前规定的 u_2 计算系数 u_3 等. 在此过程的第 n 步, $(x-x_0)^n$ 的系数产生线性递推关系

$$u_{n+2}=R_n(u_0,u_1,\cdots,u_{n+1}),\quad n=0,1,2,\cdots, \tag{11.79}$$

按先前计算的系数来规定第 $n+2$ 个系数. 以这种方式, 我们将建立固定一点处的微分方程形式幂级数解. 接下来的问题是得到的幂级数是否收敛. 完整的分析可以在 [54,59]中找到, 并用来完成一般存在定理 11.5 的证明.

与其继续一般性地走下去, 不如借助另一个不那么平凡的例子, 这是学习该方法的最好方式.

Airy 方程

我们通过 Airy 方程

$$\frac{\mathrm{d}^2u}{\mathrm{d}x^2}=xu \tag{11.80}$$

说明构造幂级数解的方法. 这个线性二阶常微分方程产生于光学、彩虹和色散波的应用中, 其解不能用初等函数表示.

对于 Airy 方程 (11.80), 首项系数是常数, 所以每个点都是正则点. 为简单起见, 我们只求原点 $x_0=0$ 处的幂级数序列, 因此形如 (11.68). 令两个序列

$$u''(x)=2u_2+6u_3x+12u_4x^2+20u_5x^3+\cdots=\sum_{n=0}^{\infty}(n+1)(n+2)u_{n+2}x^n,$$

$$xu(x)=u_0x+u_1x^2+u_2x^3+\cdots=\sum_{n=1}^{\infty}u_{n-1}x^n$$

等同, 导致以下与系数相关的递推关系:

$$\begin{array}{rr} 1 & 2u_2=0, \\ x & 6u_3=u_0, \\ x^2 & 12u_4=u_1, \end{array}$$

$$\begin{array}{ll} x^3 & 20u_5 = u_2, \\ x^4 & 30u_6 = u_3, \\ \vdots & \vdots \\ x^n & (n+1)(n+2)u_{n+2} = u_{n-1}. \end{array}$$

如前依次解出: 第一个方程确定 u_2; 第二个方程按照 u_0 确定 $u_3 = \frac{1}{6}u_0$; 接着发现 $u_4 = \frac{1}{12}u_1$ 按照 u_1 表示; 再接着 $u_5 = \frac{1}{20}u_2 = 0$; 之后 $u_6 = \frac{1}{30}u_3 = \frac{1}{180}u_0$ 先按 u_3 给出, 但我们已知后者可以按 u_0 表示. 以此类推.

现在我们构建两个基准解. 第一个有初始条件

$$u_0 = \widehat{u}(0) = 1, \quad u_1 = \widehat{u}'(0) = 0.$$

递推关系意味着当 $n = 3k$ 是 3 的倍数时, 出现唯一的非零系数 u_n. 此外,

$$u_{3k} = \frac{u_{3k-3}}{3k(3k-1)}.$$

直接推得

$$u_{3k} = \frac{1}{3k(3k-1)(3k-3)(3k-4)\cdots 6\cdot 5\cdot 3\cdot 2},$$

得到解是

$$\begin{aligned} \widehat{u}(x) &= 1 + \frac{1}{6}x^3 + \frac{1}{180}x^6 + \cdots \\ &= 1 + \sum_{k=1}^{\infty} \frac{x^{3k}}{3k(3k-1)(3k-3)(3k-4)\cdots 6\cdot 5\cdot 3\cdot 2}. \end{aligned} \tag{11.81}$$

注意, 分母与阶乘相似, 除了每隔三项省去一项. 简单地应用比检验, 可以证实对所有 (复的) x 而言, 级数收敛符合一般定理 11.5 , Airy 方程没有奇点保证收敛半径无限大.

同样, 从初始条件

$$u_0 = \widetilde{u}(0) = 0, \quad u_1 = \widetilde{u}'(0) = 1$$

开始, 我们发现当 $n = 3k+1$ 时, 出现唯一的非零系数 u_n. 递推关系

$$u_{3k+1} = \frac{u_{3k-2}}{(3k+1)(3k)}$$

得到

$$u_{3k+1} = \frac{1}{(3k+1)(3k)(3k-2)(3k-3)\cdots 7\cdot 6\cdot 4\cdot 3}.$$

得到的解为

$$\begin{aligned}\widetilde{u}(x) &= x + \frac{1}{12}x^4 + \frac{1}{504}x^7 + \cdots \\ &= x + \sum_{k=1}^{\infty} \frac{x^{3k+1}}{(3k+1)(3k)(3k-2)(3k-3)\cdots 7\cdot 6\cdot 4\cdot 3}.\end{aligned} \tag{11.82}$$

同样, 分母乘积中会每三项跳过一项. Airy 方程的每个解都可以写成这两个幂级数基准解的线性组合:

$$u(x) = a\widehat{u}(x) + b\widetilde{u}(x), \quad a = u(0), \quad b = u'(0).$$

两个幂级数 (11.81, 82) 收敛得相当快, 因此, 前几项就可以给出适度 x 值一个合理的近似解.

事实上, 我们已经见识过这个问题的另一种求解方法. 根据公式 (8.97),

$$\mathrm{Ai}(x) = \frac{1}{\pi}\int_0^{\infty} \cos\left(sx + \frac{1}{3}s^3\right) \mathrm{d}s \tag{11.83}$$

定义第一类 Airy 函数 (Airy function of the first kind). 我们证明它满足 Airy 微分方程 (11.80):

$$\frac{\mathrm{d}^2}{\mathrm{d}x^2}\,\mathrm{Ai}(x) = x\,\mathrm{Ai}(x).$$

在求导之前, 我们回顾 (8.96) 中的分部积分论证, 以绝对收敛的形式表达 Airy 积分:

$$\mathrm{Ai}(x) = \frac{2}{\pi}\int_0^{\infty} \frac{s\sin\left(sx + \frac{1}{3}s^3\right)}{\left(x+s^2\right)^2}\mathrm{d}s.$$

我们现在可以在积分号下求导 (经过一些代数推导以后), 得

$$\begin{aligned}&\frac{\mathrm{d}^2}{\mathrm{d}x^2}\,\mathrm{Ai}(x) - x\,\mathrm{Ai}(x) \\ &= \frac{2}{\pi}\int_0^{\infty} \frac{\mathrm{d}}{\mathrm{d}s}\left[\frac{s\left(x+s^2\right)\cos\left(sx+\frac{1}{3}s^3\right) - \sin\left(sx+\frac{1}{3}s^3\right)}{\left(x+s^2\right)^3}\right]\mathrm{d}s = 0.\end{aligned}$$

因此, Airy 函数必须是两个基准级数解的某种线性组合:

$$\mathrm{Ai}(x) = \mathrm{Ai}(0)\widehat{u}(x) + \mathrm{Ai}'(0)\widetilde{u}(x).$$

事实上在 $x=0$ 处的值为

$$\begin{aligned}\mathrm{Ai}(0) &= \frac{1}{\pi}\int_0^{\infty}\cos\left(\frac{1}{3}s^3\right)\mathrm{d}s = \frac{\Gamma\left(\frac{1}{3}\right)}{2\pi 3^{1/6}} = \frac{1}{3^{2/3}\Gamma\left(\frac{2}{3}\right)} \approx 0.355\,028, \\ \mathrm{Ai}'(0) &= -\frac{1}{\pi}\int_0^{\infty} s\sin\left(\frac{1}{3}s^3\right)\mathrm{d}s = -\frac{3^{1/6}\Gamma\left(\frac{2}{3}\right)}{2\pi} = -\frac{1}{3^{1/3}\Gamma\left(\frac{1}{3}\right)} \approx -0.258\,819.\end{aligned} \tag{11.84}$$

第二个和第三个表示涉及 Γ – 函数 (11.62); 基于复积分的证明见 [85; p.54].

习题

11.3.1. 求值 (a) $\Gamma\left(\frac{5}{2}\right)$. (b) $\Gamma\left(\frac{7}{2}\right)$. (c) $\Gamma\left(-\frac{3}{2}\right)$. (d) $\Gamma\left(-\frac{5}{2}\right)$.

11.3.2. 证明对于每个正整数 n 都有 $\Gamma\left(n+\frac{1}{2}\right)=\frac{\sqrt{\pi}(2n)!}{2^{2n}n!}$.

11.3.3. 设 $x\in\mathbb{C}$ 是复的. (a) 证明 Γ – 函数积分 (11.62) 收敛, 只要 $\operatorname{Re} x>0$. (b) 当 x 取复数时公式 (11.63) 是否成立?

♦ 11.3.4. 证明 $\Gamma(x)=\int_0^1(-\log s)^{x-1}\mathrm{d}s$, 因此, 对于 $0\leqslant n\in\mathbb{Z}$ 而言, 我们有 $n!=\int_0^1(-\log s)^n\mathrm{d}s$. 注记: Euler 首先建立了后面这个等式, 并用它定义 Γ – 函数.

11.3.5. 求 $\int_0^\infty\sqrt{x}\mathrm{e}^{-x^3}\mathrm{d}x$.

♦ 11.3.6. 可能构造这样一个函数 $f(x)$ 吗, 它满足阶乘函数方程 (11.61), 并对 $0\leqslant x\leqslant 1$ 取值 $f(x)=1$? 如果有的话, $f(x)=\Gamma(x+1)$ 吗?

11.3.7. 解释如何通过求解微分方程 (11.67) 构造 $\sin x$ 的幂级数.

11.3.8. 构造 Euler 方程 $x^2u''-2u=0$ 基于点 $x_0=1$ 的两个独立的幂级数解.

11.3.9. 构造方程 $u''+x^2u=0$ 基于点 $x_0=0$ 的两个独立的幂级数解.

11.3.10. 考虑常微分方程 $u''+2xu'+2u=0$. (a) 求按 x 幂次表示的两个线性独立幂级数解. (b) 你的幂级数的收敛半径是多少? (c) 通过检查你的级数, 找到一个用初等函数表述的解. (d) 为第二个独立的幂级数解找到一个显式 (非级数) 的公式.

11.3.11. 回答习题 11.3.10, 方程 $u''+\frac{1}{2}xu'-\frac{1}{2}u=0$, 这是方程 (8.63) 的一个特殊情形.

11.3.12. 考虑常微分方程 $u''+xu'+2u=0$. (a) 求基于 $x_0=0$ 的两个线性独立的幂级数解. (b) 写出幂级数求解初值问题 $u(0)=1, u'(0)=-1$. (c) 在 (a) 部分中, 你的幂级数解的收敛半径是多少? 能通过直接检查得到的幂级数来证明这一点吗?

♦ 11.3.13. 设 $n\in\mathbb{N}$ 为非负整数, n 阶 Hermite *方程* (Hermite equation) 是

$$\frac{\mathrm{d}^2u}{\mathrm{d}x^2}-2x\frac{\mathrm{d}u}{\mathrm{d}x}+2nu=0. \tag{11.85}$$

(a) 求出基于 $x_0=0$ 的两个线性独立幂级数解, 然后证明, 你的解是一个 n 阶多项式. (b) 证明 (8.64) 定义的 Hermite 多项式 $H_n(x)$ 是 Hermite 方程 (11.85) 的解, 因此是你在 (a) 部分中求得多项式解的倍数. 倍数是多少? (c) 证明 Hermite 多项式关于加权内积 $\langle u,v\rangle=\int_{-\infty}^{\infty}u(x)v(x)\mathrm{e}^{-x^2}\mathrm{d}x$ 是正交的.

11.3.14. 使用比检验直接确定 Airy 方程级数解 (11.81, 82) 的收敛半径.

11.3.15. 写出以下常微分方程的通解:

(a) $u'' + (x - c)u = 0$, 其中 c 为固定常数.

(b) $u'' = \lambda x u$, 其中 $\lambda \neq 0$ 是一个固定的非零常数.

♦ 11.3.16. 第二类 Airy 函数 (Airy function of the second kind) 由

$$\mathrm{Bi}(x) = \frac{1}{\pi}\int_0^\infty \left[\exp\left(sx - \frac{1}{3}s^3\right) + \sin\left(sx + \frac{1}{3}s^3\right)\right] \mathrm{d}s \tag{11.86}$$

定义. (a) 证明 $\mathrm{Bi}(x)$ 唯一定义且是 Airy 方程的解. (b) 鉴于①

$$\mathrm{Bi}(0) = \frac{1}{3^{1/6}\Gamma\left(\frac{2}{3}\right)}, \quad \mathrm{Bi}'(0) = \frac{3^{1/6}}{\Gamma\left(\frac{1}{3}\right)}, \tag{11.87}$$

解释为什么每个 Airy 方程的解可以写成 $\mathrm{Ai}(x)$ 和 $\mathrm{Bi}(x)$ 的线性组合. (c) 按照 $\mathrm{Ai}(x)$ 和 $\mathrm{Bi}(x)$ 写出两个级数解 (11.81,82).

11.3.17. 利用 Fourier 变换构造 Airy 方程的 L^2-解. 能证明你的解吗?

♦ 11.3.18. 将分离变量应用于 Tricomi 方程 (4.137), 并写出所有的可分离解. 提示: 参见习题 11.3.15 (b) 和习题 11.3.16.

♥ 11.3.19. (a) 证明 $u(x) = \sum_{n=1}^{\infty}(n-1)!x^n$ 是一阶线性常微分方程 $x^2u' - u + x = 0$ 的幂级数解. (b) 对何种 x 而言级数收敛? (c) 找到一个方程通解的解析公式. (d) 找到一个二阶齐次线性常微分方程, 这个幂级数作为一个 (形式) 解. 注记: 本题给予的教训是, 并非所有的常微分方程的幂级数解都收敛. 定理 11.5 保证了正则点的收敛性, 但是在这个例子中, 幂级数是基于奇点 $x_0 = 0$ 的.

11.3.20. 是/非: 其 Taylor 级数恒为零的唯一函数 $f(x)$ 是零函数.

♦ 11.3.21. 定义 $f(x) = \begin{cases} \mathrm{e}^{-1/x^2}, & x \neq 0, \\ 0, & x = 0. \end{cases}$ (a) 证明对所有的 $x \in \mathbb{R}$ 而言, f 是 C^∞-函数. (b) 证明 $f(x)$ 不是解析的, 通过证明它在 $x_0 = 0$ 的 Taylor 级数并不收敛到 $x \neq 0$ 的 $f(x)$.

正则奇点

正如我们刚才所看到的, 在正则点上构造幂级数解是个相当简单的计算练习: 写出一个具有任意系数的幂级数, 代入微分方程同时给出了一对初始条件, 并递推求解系数. 找到系数的普遍公式可能是个挑战, 但得到它们的逐阶依次的数值则是件按部就班的事儿.

① 证明参见 [85; p.54].

然而, 在一个奇点处, 解通常写不成普通的幂级数, 需要动点脑筋. 当然, 这可能会遭到反对, 为什么不远离奇点求解方程, 然后用它来完成. 有多种理由不能这样做. 首先可能无法发现正则点处幂级数系数普遍公式. 其次, 最有内涵和有趣味的解常常在奇点上找到, 基于奇点的级数解因此尤其富于启发性. 最后, 要求我们要完成偏微分方程可分离解构造的边界条件之一往往就给定在奇点上.

奇点以两种外在形式出现. 比较容易处理的都称为"正则奇点", 所幸几乎出现在所有的应用中. 比较难处理的是"非正则奇点", 我们不会试图在本教材中理解它们; 好奇的读者可以参考 [54,59].

定义 11.6 齐次线性二阶常微分方程可写成形式

$$\left(x-x_0\right)^2 a(x) \frac{\mathrm{d}^2 u}{\mathrm{d} x^2}+\left(x-x_0\right) b(x) \frac{\mathrm{d} u}{\mathrm{d} x}+c(x) u=0, \tag{11.88}$$

其中 $a(x), b(x)$ 和 $c(x)$ 在 $x=x_0$ 解析, 而且 $a\left(x_0\right) \neq 0$, 就说在 x_0 有一个正则奇点 (regular singular point).

在 $x_0=0$ 有正则奇点的二阶方程最简单的例子是 Euler 方程

$$a x^2 u^{\prime \prime}+b x u^{\prime}+c u=0, \tag{11.89}$$

其中 a, b, c 都是常数且 $a \neq 0$. 注意, 其他所有的点都是正则点. Euler 方程可以用幂次拟设 $u(x)=x^r$ 求解. 我们发现

$$a x^2 u^{\prime \prime}+b x u^{\prime}+c u=a r(r-1) x^r+b r x^r+c x^r=0,$$

只要指数 r 满足指标方程 (indicial equation)

$$a r(r-1)+b r+c=0.$$

如果这个二次方程有两个不同的根 $r_1 \neq r_2$, 那么我们得到两个线性独立 (可能是复的) 解 $\widehat{u}(x)=x^{r_1}$ 和 $\widetilde{u}(x)=x^{r_2}$. 通解是其线性组合 $u(x)=c_1 x^{r_1}+c_2 x^{r_2}$. 注意, 除非 r_1 或 r_2 是非负整数, 否则所有的非零解在奇点 $x=0$ 处都有奇异性. 重根 $r_1=r_2$, 只有一个幂级数解 $\widehat{u}(x)=x^{r_1}$, 第二个独立解要增加一个对数项 $\widetilde{u}(x)=x^{r_1} \log x$. 此时, 通解形如 $u(x)=c_1 x^{r_1}+c_2 x^{r_1} \log x$.

在更为一般的正则奇点处的级数解法以 Euler 方程的简单例子为蓝本. 现在, 我们寻求一个解, 它有级数展开的形式

$$\begin{aligned}
u(x) & =\left(x-x_0\right)^r \sum_{n=0}^{\infty} u_n\left(x-x_0\right)^n \\
& =u_0\left(x-x_0\right)^r+u_1\left(x-x_0\right)^{r+1}+u_2\left(x-x_0\right)^{r+2}+\cdots .
\end{aligned} \tag{11.90}$$

指数 r 称为指标 (index). 如果 $r=0$ 或更一般些 r 是一个正整数, 那么 (11.90) 是一个普通的幂级数, 但我们容许非整数的可能, 甚至复的指标 r. 不失一般性, 我们设首项系数 $u_0 \neq 0$. 实际上, 如果 $u_k \neq 0$ 是第一个非零系数, 那么级数就从 $u_k(x-x_0)^{r+k}$ 开始, 并且我们在形式 (11.90) 仅需用 $r+k$ 替换 r 即可. 由于解的任何标量倍数都是一个解, 因此我们可以进一步假设 $u_0=1$, 在这种情况下称 (11.90) 是**规范化 Frobenius 级数** (normalized Frobenius series), 以纪念德国数学家 Georg Frobenius, 他在 1800 年代末系统地建立了在正则奇点处级数解的演算方法. 然后, 将规范化 Frobenius 级数代入微分方程 (11.88), 并令 $(x-x_0)$ 的幂的系数为零, 求得指标 r 和高次项系数 $u_1, u_2, \cdots$.

注意: 与普通幂级数展开不同的是, $u_0=1$ 和 u_1 的系数不是由 x_0 点的初始条件规定的.

既然

$$\begin{aligned}
u(x) &= (x-x_0)^r + u_1 (x-x_0)^{r+1} + \cdots, \\
(x-x_0) u'(x) &= r (x-x_0)^r + (r+1)u_1 (x-x_0)^{r+1} + \cdots, \\
(x-x_0)^2 u''(x) &= r(r-1) (x-x_0)^r + (r+1)r u_1 (x-x_0)^{r+1} + \cdots,
\end{aligned}$$

等式中的最低次项是 $(x-x_0)^r$ 的倍数. 令它们的系数为零, 得到

$$a_0 r(r-1) + b_0 r + c_0 = 0, \tag{11.91}$$

其中

$$a_0 = a(x_0) = \frac{1}{2} p''(x_0), \quad b_0 = b(x_0) = q'(x_0), \quad c_0 = c(x_0)$$

是各个系数函数幂级数展开的首项系数. 二次方程 (11.91) 称为**指标方程**, 因为它确定解的 Frobenius 展开 (11.90) 中可能的指标 r.

与 Euler 方程一样, 二次指标方程通常有两个根, 即 r_1 和 r_2, 它给出了两个容许的指标, 而我们期望找到两个独立的 Frobenius 展开. 通常, 这种期望是可以实现的, 但有一个重要的例外. 一般结果总结如下:

(i) 如果 $r_2 - r_1$ 不是一个整数, 那么有两个线性独立的解 $\widehat{u}(x)$ 和 $\widetilde{u}(x)$, 各自有收敛的规范化 Frobenius 展开形式 (11.90).

(ii) 如果 $r_2 = r_1$, 那么只有一个解 $\widehat{u}(x)$ 具有规范化 Frobenius 展开 (11.90). 可以构造第二个独立解, 形如

$$\widetilde{u}(x) = \log(x-x_0)\, \widehat{u}(x) + v(x), \text{ 其中 } v(x) = \sum_{n=1}^{\infty} v_n (x-x_0)^{n+r_1} \tag{11.92}$$

是收敛的 Frobenius 级数.

(iii) 最后, 如果 $r_1 = r_2 + k$, 其中 $k > 0$ 是整数, 那么有一个对应于较大指标 r_1 收敛的 Frobenius 展开的非零解 $\widehat{u}(x)$. 可以构造第二个独立解, 形如

$$\widetilde{u}(x) = c\log(x - x_0)\,\widehat{u}(x) + v(x),$$

其中

$$v(x) = (x - x_0)^{r_2} + \sum_{n=1}^{\infty} v_n\,(x - x_0)^{n+r_2} \tag{11.93}$$

是收敛的 Frobenius 级数. c 是一个可能为 0 的常数, 此时, 第二个解 $\widetilde{u}(x)$ 也具有 Frobenius 形式.

因此, 在任何情况下, 微分方程至少有一个非零解, 具有收敛的 Frobenius 展开. 如果第二个独立解不具有 Frobenius 展开, 那么它需要一个规定好的额外对数项形式, 我们不打算在这里更详细地发展一般理论, 通过几个特定的例子来满足我们的需要.

例 11.7 考虑二阶常微分方程

$$\frac{\mathrm{d}^2u}{\mathrm{d}x^2} + \left(\frac{1}{x} + \frac{x}{2}\right)\frac{\mathrm{d}u}{\mathrm{d}x} + u = 0, \tag{11.94}$$

求基于点 $x = 0$ 的级数解. 注意到用 x^2 乘两端, 方程形如

$$x^2u'' + x\left(1 + \frac{1}{2}x^2\right)u' + x^2u = 0,$$

因此 $x_0 = 0$ 是正则奇点, 其中 $a(x) = 1, b(x) = 1 + \dfrac{1}{2}x^2, c(x) = x^2$. 我们求一个可以用 Frobenius 展开表示的解:

$$\begin{aligned}
u(x) &= x^r + u_1x^{r+1} + \cdots + u_nx^{n+r} + \cdots,\\
xu'(x) &= rx^r + (r+1)u_1x^{r+1} + \cdots + (n+r)u_nx^{n+r} + \cdots,\\
\frac{1}{2}x^3u'(x) &= \frac{1}{2}rx^{r+2} + \frac{1}{2}(r+1)u_1x^{r+3} + \cdots + \frac{1}{2}(n+r-2)u_{n-2}x^{n+r} + \cdots,\\
x^2u''(x) &= r(r-1)x^r + (r+1)ru_1x^{r+1} + \cdots +\\
&\qquad (n+r)(n+r-1)u_nx^{n+r} + \cdots.
\end{aligned} \tag{11.95}$$

代入微分方程, 我们发现 x^r 的系数导致指标方程

$$r^2 = 0,$$

且只有一个根 $r = 0$. 因此, 即使我们是在一个奇点, Frobenius 展开简化成一个普通的幂级数. $x^{r+1} = x$ 的系数告诉我们 $u_1 = 0$. 对于 $n \geqslant 2$ 有一般的递推关系

$$n^2u_n + \frac{1}{2}nu_{n-2} = 0,$$

所以

$$u_n = -\frac{u_{n-2}}{2n}.$$

因此, 奇数系数都是零: $u_{2k+1} = 0$. 既然 $u_0 = 1$, 偶数系数是

$$u_{2k} = -\frac{u_{2k-2}}{4k} = \frac{u_{2k-4}}{4k(4k-4)} = -\frac{u_{2k-6}}{4k(4k-4)(4k-8)} = \cdots = \frac{(-1)^k}{4^k k!}.$$

得到的幂级数呈现熟悉的形式:

$$\widehat{u}(x) = \sum_{k=1}^{\infty} u_{2k}x^{2k} = \sum_{k=1}^{\infty} \frac{1}{k!}\left(-\frac{x^2}{4}\right)^k = \mathrm{e}^{-x^2/4},$$

这是常微分方程 (11.94) 的一个初等显式解.

由于指标方程只有一个根, 第二个解 $\widetilde{u}(x)$ 需要一个对数项. 它可以通过 Frobenius 方法的第二个应用来构造, 要用较复杂的形式 (11.92). 作为选择, 因为第一个解已知, 我们可以使用那个著名的简化方法①[23]. 给出线性二阶常微分方程的一个解 $\widehat{u}(x)$, 通解可以将拟设

$$u(x) = v(x)\widehat{u}(x) = v(x)\mathrm{e}^{-x^2/4} \tag{11.96}$$

代入方程得到. 此时,

$$\begin{aligned} & u'' + \left(\frac{1}{x} + \frac{x}{2}\right)u' + u \\ = {} & v\left[\widehat{u}'' + \left(\frac{1}{x} + \frac{x}{2}\right)\widehat{u}' + \widehat{u}\right] + v'\left[2\widehat{u}' + \left(\frac{1}{x} + \frac{x}{2}\right)\widehat{u}\right] + v''\widehat{u} \\ = {} & \mathrm{e}^{-x^2/4}\left[v'' + \left(\frac{1}{x} - \frac{x}{2}\right)v'\right]. \end{aligned}$$

如果 u 是一个解, v' 必须满足一个线性一阶常微分方程:

$$v'' + \left(\frac{1}{x} - \frac{x}{2}\right)v' = 0, \text{ 故而 } v' = \frac{c}{x}\mathrm{e}^{x^2/4}, \quad v = c\int \frac{\mathrm{e}^{x^2/4}}{x}\mathrm{d}x + d,$$

其中 c, d 是任意常数. 我们得出的结论是, 原微分方程的通解是

$$\widetilde{u}(x) = v(x)\widehat{u}(x) = \left(c\int \frac{\mathrm{e}^{x^2/4}}{x}\mathrm{d}x + d\right)\mathrm{e}^{-x^2/4}. \tag{11.97}$$

---

① 译注: 按上下文, 应为常数变易法 (method of variation of constant).

Bessel 方程

最重要的 “非初等” 常微分方程也许是

$$x^2u'' + xu' + (x^2 - m^2)\,u = 0, \tag{11.98}$$

称为 m 阶 Bessel 方程 (Bessel's equation of order m). 这里我们假定阶 m 是非负实数 (习题 11.3.30 探讨虚数阶 Bessel 方程.) Bessel 方程出自各种偏微分方程的分离变量, 包括在圆盘、圆柱和球体上的 Laplace 方程、热方程和波方程.

Bessel 方程不能以初等函数 (几个特定实例除外) 的方式求解, 因此使用幂级数必不可少. 首项系数 $p(x) = x^2$ 除非 $x = 0$ 都是非零的, 所以除原点外所有的点都是正则的. 因此, 在任一 $x_0 \neq 0$ 处, 标准幂级数结构可以用来得到 Bessel 方程的解. 但是, 系数的递推关系不那么容易用闭合形式解出. 此外, 运用往往要求理解奇点 $x_0 = 0$ 处解的行为.

与 (11.88) 比较表明, $x_0 = 0$ 是个正则奇点, 因此我们可以按 Frobenius形式求解. 我们将 (11.95) 中的第一、第二和第四式代入 Bessel 方程, 然后令各 x 的幂次系数等于零. 最低幂次的 x^r 给出指标方程

$$r(r-1) + r - m^2 = r^2 - m^2 = 0.$$

它有两个解 $r = \pm m$, 除了当 $m = 0$ 时唯一指标是 $r = 0$.

x 的较高幂次导出按 Frobenius 级数表示的系数 u_n 的递推关系. 用 r^2 替代 m^2 得到

$$\begin{aligned}
x^{r+1} &: \left[(r+1)^2 - r^2\right] u_1 = (2r+1)u_1 = 0, && u_1 = 0,\\
x^{r+2} &: \left[(r+2)^2 - r^2\right] u_2 + 1 = (4r+4)u_2 + 1 = 0, && u_2 = -\frac{1}{4r+4},\\
x^{r+3} &: \left[(r+3)^2 - r^2\right] u_3 + u_1 = (6r+9)u_3 + u_1 = 0, && u_3 = -\frac{u_1}{6r+9} = 0.
\end{aligned}$$

以及一般的有

$$x^{r+n} : \left[(r+n)^2 - r^2\right] u_n + u_{n-2} = n(2r+n)u_n + u_{n-2} = 0.$$

因此, 一般的递推关系是

$$u_n = -\frac{1}{n(2r+n)} u_{n-2}, \quad n = 2, 3, 4, \cdots. \tag{11.99}$$

从 $u_0 = 1, u_1 = 0$ 开始, 容易得到对于所有的奇数 $n = 2k+1$ 有 $u_n = 0$; 对所有的偶数 $n = 2k$ 有

$$u_{2k}=-\frac{u_{2k-2}}{4k(r+k)}=\frac{u_{2k-4}}{16k(k-1)(r+k)(r+k-1)}=\cdots$$
$$=\frac{(-1)^k}{2^{2k}k(k-1)\cdots3\cdot2(r+k)(r+k-1)\cdots(r+2)(r+1)}.$$

我们已经得到级数解

$$\widehat{u}(x)=\sum_{k=0}^{\infty}u_{2k}x^{r+2k}=\sum_{k=0}^{\infty}\frac{(-1)^kx^{r+2k}}{2^{2k}k!(r+k)(r+k-1)\cdots(r+2)(r+1)}.\tag{11.100}$$

到目前为止, 我们尚未关注指数恰好取值 $r=\pm m$ 的情形, 递推若要继续, 必须确保 (11.99) 中的分母不会是零. 从 $n>0$, 每当 $2r+n=0$ 分母将为零, 因此 $r=-\dfrac{1}{2}n$ 或为负整数 $-1,-2,-3,\cdots$ 或为半整数 $-1/2,-3/2,-5/2,\cdots$. 当阶 $m=-r=\dfrac{1}{2}n$ 为整数或半整数时, 这种情形就会发生. 事实上, 这正是两个指数的情形, 即 $r_1=-m$ 和 $r_2=m$, 不同的整数 $r_2-r_1=n$, 所以我们遭遇棘手的 Frobenius 方法情形 (iii).

事实上, 整数还是半整数情形有很大不同. 回想一下, 在 Frobenius 级数中奇数系数自动为零: $u_{2k+1}=0$, 所以我们只需要关注 n 取偶数的递推关系 (11.99). 当 $n=2k$ 时, 因子 $2r+n=2(r+k)=0$ 只在 $r=-k$ 是负整数时为零; 半整数实际上不会引起问题. 因此, 若阶 $m\geqslant0$ 不是整数, 则 m 阶 Bessel 方程容许两个线性独立的 Frobenius 解, 由指数 $r=-m$ 和 $r=m$ 的展开式 (11.100) 给出. 另一方面, 如果 m 是一个整数, 那么只有一个 Frobenius 解, 即正指数 $r=m$ 的展开式 (11.100). 指标 $r=-m$ 的 Frobenius 递推失败, 并且第二个独立解必须包括一个对数项; 详情见下面的叙述.

按照惯例, 将 $r=m$ 的 Frobenius 解 (11.100) 与

$$\frac{1}{2^mm!},\ \text{或者更一般地}\ \frac{1}{2^m\Gamma(m+1)}\tag{11.101}$$

相乘, 得到标准的 m 阶 Bessel 函数. 若 m 是非负整数, 则可以使用第一个阶乘形式, 而对非整数 m 值必须应用更一般的 Γ – 函数表达式. 结果是

$$\begin{aligned}J_m(x)&=\sum_{k=0}^{\infty}\frac{(-1)^kx^{m+2k}}{2^{2k+m}k!(m+k)!}\\&=\frac{1}{2^mm!}\left[x^m-\frac{x^{m+2}}{4(m+1)}+\frac{x^{m+4}}{32(m+1)(m+2)}-\right.\\&\qquad\left.\frac{x^{m+6}}{384(m+1)(m+2)(m+3)}+\cdots\right],\end{aligned}\tag{11.102}$$

当 m 是非整数时, 应把 $(m+k)!$ 替换为 $\Gamma(m+k+1)$ 且 $m!$ 替换为 $\Gamma(m+1)$. 用这个约定, 对所有实的 m, 除了当 m 取负整数时, 级数是唯一定义的. 实际上, 如果 m 是负整数, 那么级数中的第一个 m 项将为零, 因为对于负整数值 $\Gamma(-n)=\infty$, 用这个约定, 可以证明

$$J_{-m}(x)=(-1)^m J_m(x), \quad m=1,2,3,\cdots. \tag{11.103}$$

直接运用比检验, 我们得知幂级数对于全体 (复) x 值收敛, 因此 $J_m(x)$ 处处解析. 实际上, 若 x 大小适度收敛速度相当快, 因此级数求和是一种计算 Bessel 函数 $J_m(x)$ 比较有效的方法, 尽管在重要的应用中, 会使用更复杂的基于渐近展开和积分公式的数值技术[85,86]. 我们特别注意到,

$$J_0(0)=1, \quad J_m(0)=0, \quad m>0. \tag{11.104}$$

图 11.4 显示了前四个 Bessel 函数在 $0\leqslant x\leqslant 20$ 上的图像; 纵轴范围从 -0.5 到 1.0. 大多数软件包, 无论符号的还是数值的, 都包含精确求值和绘制 Bessel 函数图像的程序, 它们的性质可以认为是众所周知的.

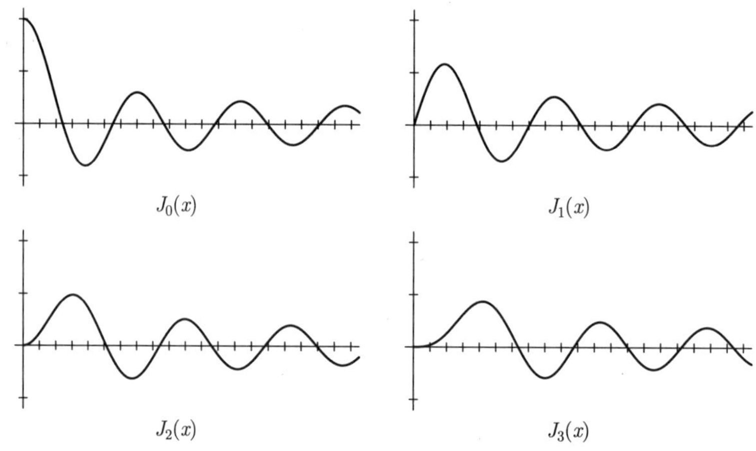

图 11.4 Bessel 函数

例 11.8 考虑 $m=\dfrac{1}{2}$ 阶 Bessel 方程. 有两个指标 $r=\pm\dfrac{1}{2}$, 而 Frobenius 方法产生两个独立的解: $J_{1/2}(x)$ 和 $J_{-1/2}(x)$. 对于 $r=\dfrac{1}{2}$ 的第一个解, 递推关系 (11.99) 形如

$$u_n=-\frac{u_{n-2}}{(n+1)n}.$$

从 $u_0 = 1$ 和 $u_1 = 0$ 开始, 很容易找到一般公式

$$u_n = \begin{cases} \dfrac{(-1)^k}{(n+1)!}, & n = 2k \text{ 为偶数}, \\ 0, & n = 2k+1 \text{ 为奇数}. \end{cases}$$

因此, 得到的解是

$$\widehat{u}(x) = \sqrt{x} \sum_{k=0}^{\infty} \frac{(-1)^k}{(2k+1)!} x^{2k} = \frac{1}{\sqrt{x}} \sum_{k=0}^{\infty} \frac{(-1)^k}{(2k+1)!} x^{2k+1} = \frac{\sin x}{\sqrt{x}}.$$

根据 (11.101), 通过

$$\sqrt{2}\Gamma\left(\frac{3}{2}\right) = \sqrt{\frac{\pi}{2}}$$

得到 $\dfrac{1}{2}$ 阶 Bessel 函数, 这里用 (11.66) 在 $\dfrac{3}{2}$ 处求 Γ – 函数. 因此,

$$J_{1/2}(x) = \sqrt{\frac{2}{\pi x}} \sin x. \tag{11.105}$$

类似地, 对于另一个指标 $r = -\dfrac{1}{2}$ 而言, 由递推关系

$$u_n = -\frac{u_{n-2}}{n(n-1)},$$

导出系数公式

$$u_n = \begin{cases} \dfrac{(-1)^k}{n!}, & n = 2k \text{ 为偶数}, \\ 0, & n = 2k+1 \text{ 为奇数}. \end{cases}$$

对应的解为

$$\widetilde{u}(x) = x^{-1/2} \sum_{k=0}^{\infty} \frac{(-1)^k}{(2k)!} x^{2k} = \frac{\cos x}{\sqrt{x}}.$$

因此, 按照 (11.101) 和 (11.65), $-\dfrac{1}{2}$ 阶 Bessel 函数为

$$J_{-1/2}(x) = \frac{\sqrt{2}}{\Gamma\left(\frac{1}{2}\right)} \frac{\cos x}{\sqrt{x}} = \sqrt{\frac{2}{\pi x}} \cos x. \tag{11.106}$$

正如我们上面提到的, 如果 m 不是一个整数, 那么 m 阶 Bessel 方程的两个独立解是 $J_m(x)$ 和 $J_{-m}(x)$. 然而, 当 m 是一个整数时, (11.103) 意味着这两个解彼此相差常量倍, 所以必须另外寻找第二个独立解. 一种方法是使用涉及一个对数项的广义 Frobenius 展开, 即当 $m = 0$ 时的 (11.92) (参见习题 11.3.33) 或当 $m > 0$ 时的 (11.93). 第二种方法是采用例 11.7 中使用的约化程

序. 另一种选择则依赖于以下极限程序 (limiting procedure); 有关详细信息参见 [85,119].

定理 11.9 如果 $m>0$ 不是整数, 那么 Bessel 函数 $J_m(x)$ 和 $J_{-m}(x)$ 给出 m 阶 Bessel 方程的两个线性独立的解. 另一方面, 如果 $m=0,1,2,3,\cdots$ 是整数, 那么第二个独立解, 习惯上用 $Y_m(x)$ 表示, 称为 m 阶第二类 Bessel 函数 (Bessel function of the second kind), 可以作为非整数 v 阶 Bessel 函数的某种线性组合的极限情形

$$Y_m(x)=\lim_{v\to m}\frac{J_v(x)\cos v\pi-J_{-v}(x)}{\sin v\pi} \tag{11.107}$$

求得.

通过进一步分析, 可以看出 m 阶第二类 Bessel 函数具有对数 Frobenius 展开

$$Y_m(x)=\frac{2}{\pi}\left(\gamma+\log\frac{x}{2}\right)J_m(x)+\sum_{k=0}^{\infty}b_k x^{2k-m},\quad m=0,1,2,\cdots, \tag{11.108}$$

系数

$$b_k=\begin{cases}-\dfrac{(m-k-1)!}{\pi\, 2^{2k-m}k!}, & 0\leqslant k\leqslant m-1,\\ \dfrac{(-1)^{k-m-1}\left(h_{k-m}+h_k\right)}{\pi\, 2^{2k-m}k!(k-m)!}, & k\geqslant m,\end{cases}$$

其中

$$h_0=0,\quad h_k=1+\frac{1}{2}+\frac{1}{3}+\cdots+\frac{1}{k},\quad k>0,$$

且称

$$\gamma=\lim_{k\to\infty}\left(h_k-\log k\right)\approx 0.577\,215\,664\,9\cdots \tag{11.109}$$

为 Euler 常数或 Euler-Mascheroni 常数 (Euler-Mascheroni constant). 全体第二类 Bessel 函数在原点 $x=0$ 都有奇性. 事实上, 通过检查 (11.108), 我们发现, 当 $x\to 0$ 时首项渐近为

$$Y_0(x)\sim\frac{2}{\pi}\log x,\quad Y_m(x)\sim-\frac{2^m(m-1)!}{\pi x^m},\quad m>0. \tag{11.110}$$

图 11.5 绘制了前四个第二类 Bessel 函数在区间 $0<x\leqslant 20$ 上的图像; 纵轴范围从 -1 到 1.

最后, 通过两个重要的递推关系说明不同阶的 Bessel 函数是如何相互联系的.

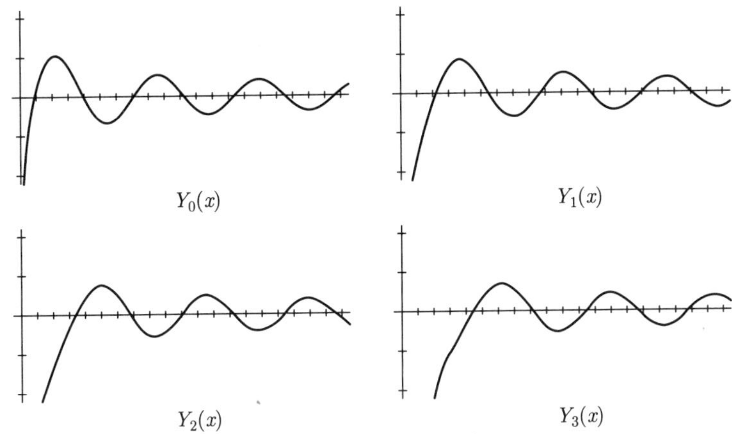

图 11.5 第二类 Bessel 函数

命题 11.10 Bessel 函数由下列公式

$$\frac{\mathrm{d}J_m}{\mathrm{d}x}+\frac{m}{x}J_m(x)=J_{m-1}(x),\quad -\frac{\mathrm{d}J_m}{\mathrm{d}x}+\frac{m}{x}J_m(x)=J_{m+1}(x) \tag{11.111}$$

相互联系.

证明 对幂级数

$$x^mJ_m(x)=\sum_{k=0}^{\infty}\frac{(-1)^kx^{2m+2k}}{2^{2k+m}k!(m+k)!}$$

求导

$$\begin{aligned}\frac{\mathrm{d}}{\mathrm{d}x}\left[x^mJ_m(x)\right]&=\sum_{k=0}^{\infty}\frac{(-1)^k2(m+k)x^{2m+2k-1}}{2^{2k+m}k!(m+k)!}\\&=x^m\sum_{k=0}^{\infty}\frac{(-1)^kx^{m-1+2k}}{2^{2k+m-1}k!(m-1+k)!}=x^mJ_{m-1}(x).\end{aligned} \tag{11.112}$$

将上式左端展开得到

$$x^m\frac{\mathrm{d}J_m}{\mathrm{d}x}+mx^{m-1}J_m(x)=\frac{\mathrm{d}}{\mathrm{d}x}\left[x^mJ_m(x)\right]=x^mJ_{m-1}(x),$$

这就建立了 (11.111) 的第一个递推公式. 第二个公式与之类似, 涉及对 $x^{-m}J_m(x)$ 的求导. [证毕]

例如, 使用 (11.111) 的第二个递推公式以及 (11.105), 可以用初等函数写出 $\frac{3}{2}$ 阶 Bessel 函数:

$$J_{3/2}(x)=-\frac{\mathrm{d}J_{1/2}(x)}{\mathrm{d}x}+\frac{1}{2x}J_{1/2}(x)$$

$$= -\sqrt{\frac{2}{\pi}}\left(\frac{\cos x}{x^{1/2}} - \frac{\sin x}{2x^{3/2}}\right) + \sqrt{\frac{2}{\pi}}\frac{\sin x}{2x^{3/2}} = \sqrt{\frac{2}{\pi}}\frac{\sin x - x\cos x}{x^{3/2}}. \tag{11.113}$$

通过迭代, 可以得到半整数 $m = \pm\frac{1}{2}, \pm\frac{3}{2}, \pm\frac{5}{2}, \cdots$ 阶 Bessel 函数都是初等函数的结论, 因为它们都可以用三角函数和 $\sqrt{x}$ 的幂次表示. 我们要用这些函数处理球面几何中三维的热方程和波方程. 另一方面, 其他 Bessel 函数都是非初等的特殊函数.

在此, 我们简要地介绍 Frobenius 方法和 Bessel 函数的基本知识. 读者有兴趣进一步钻研一般方法或 Bessel 函数的其他性质, 建议参考专门书籍, 例如 [59,85,119].

习题

11.3.22. 考虑普通微分方程 $2xu'' + u' + xu = 0$. (a) 证明 $x = 0$ 是一个正则奇点. (b) 找到两个独立的 x 幂级数解.

♥ 11.3.23. 考虑微分方程 $\frac{u''}{2-x} = \frac{u}{x^2}$. (a) 将所有的 $x_0 \in \mathbb{R}$ 归类为 (i) 正则点; (ii) 正则奇点; 和/或 (iii) 非正则奇点. 解释得到的答案. (b) 找到基于点 $x_0 = 0$ 的微分方程的级数解, 或者解释为什么不存在. 你的级数的收敛半径是多少?

11.3.24. 考虑微分方程 $u'' + \left(1 - \frac{1}{x}\right)u' + u = 0$. (a) 将所有的 $x_0 \in \mathbb{R}$ 归类为 (i) 正则点; (ii) 正则奇点; (iii) 非正则奇点; (iv) 以上均无. 解释你的答案. (b) 写出级数解中前五个非零项.

11.3.25. 考虑微分方程 $4xu'' + 2u' + u = 0$. (a) 将方程具有正则点、正则奇点和非正则奇点的 x 值分类. (b) 找到两个独立的 x 幂级数解. 得到的级数当 x 取何值时收敛? (c) 通过对级数的检验, 以初等函数的方式写出方程的通解.

♥ 11.3.26. Chebyshev *微分方程* (Chebyshev differential equation) 是 $(1-x^2)u'' - xu' + m^2u = 0$. (a) 找出所有的 (i) 正则点; (ii) 正则奇点; (iii) 非正则奇点. (b) 证明如果 m 为整数, 那么方程具有 m 次多项式解, 称为 Chebyshev *多项式* (Chebyshev polynomial), 写出一次、二次和三次 Chebyshev 多项式. (c) 对于 $m = 1$, 找到基于点 $x_0 = 1$ 的两个线性独立级数解.

11.3.27. 按照初等函数写出以下 Bessel 函数:

(a) $J_{5/2}(x)$. (b) $J_{7/2}(x)$. (c) $J_{-3/2}(x)$.

♦ 11.3.28. 证明恒等式 (11.103).

11.3.29. 设 $u(x)$ 是 Bessel 方程的解. (a) 求函数 $w(x)=\sqrt{x}u(x)$ 所满足的二阶常微分方程. (b) 使用此结果再现 $J_{1/2}(x)$ 和 $J_{-1/2}(x)$ 的公式.

♦ 11.3.30. 令 $m \geqslant 0$ 是实的, 考虑 m 阶修正 Bessel 方程 (modified Bessel equation):

$$x^2u''+xu'-\left(x^2+m^2\right)u=0. \tag{11.114}$$

(a) 解释为什么 $x_0=0$ 是一个正则奇点. (b) 使用 Frobenius 方法构造基于 $x_0=0$ 的级数解. 能把得到的解与 Bessel 函数 $J_m(x)$ 联系起来吗?

♦ 11.3.31. (a) 令 a,b,c 为常数且 $b,c\neq 0$. 证明函数 $u(x)=x^aJ_0\left(bx^c\right)$ 是常微分方程

$$x^2\frac{\mathrm{d}^2u}{\mathrm{d}x^2}+(1-2a)x\frac{\mathrm{d}u}{\mathrm{d}x}+\left(b^2c^2x^{2c}+a^2\right)u=0$$

的解. 这个方程的通解是什么? (b) 找出微分方程

$$x^2\frac{\mathrm{d}^2u}{\mathrm{d}x^2}+\alpha x\frac{\mathrm{d}u}{\mathrm{d}x}+(\beta x^{2c}+\gamma)u=0$$

的通解, 其中 α,β,γ,c 为常数且 $\beta,c\neq 0$.

♥ 11.3.32. 设 $k>0$ 是一个常数. 常微分方程 $\dfrac{\mathrm{d}^2u}{\mathrm{d}t^2}+\mathrm{e}^{-2t}u=0$ 描述弱化弹簧的振动, 其刚度 $k(t)=\mathrm{e}^{-2t}$ 随时间呈指数衰减. (a) 证明该方程可以依据 0 阶 Bessel 函数求解. 提示: 作变量变换. (b) 当 $t\to\infty$ 时该解是否趋于 0?

♥ 11.3.33. 我们知道 $\widehat{u}(x)=J_0(x)$ 是 0 阶 Bessel 方程的解, 即

$$xu''+u'+xu=0. \tag{11.115}$$

按照一般 Frobenius 方法, 构造形如

$$\widetilde{u}(x)=J_0(x)\log x+\sum_{n=1}^{\infty}v_nx^n$$

的第二个解.

11.3.34. 常微分方程在正则奇点处是否有可能所有的解都有界? 如果没有, 解释为什么不. 如果有, 举例说明此情形发生.

11.4 圆盘中的热方程 (续)

现在我们已经熟悉一般 Bessel 微分方程的解, 准备好分析在极坐标中热方程的可分离解. 在 11.2 节的末尾, 留下了求解整数 m 阶 Bessel 方程 (11.58)

的任务. 正如我们现在所知道的, 有两个独立的解, 即第一类 Bessel 函数 J_m (11.102) 以及较复杂些的第二类 Bessel 函数 Y_m (11.107), 因此通解形如

$$p(z)=c_1J_m(z)+c_2Y_m(z),$$

其中 c_1,c_2 是常数. 恢复到原来的径向坐标 $r=z/\sqrt{\lambda}$, 我们得出结论, 径向方程 (11.56) 的每个解形如

$$p(r)=c_1J_m(\sqrt{\lambda}r)+c_2Y_m(\sqrt{\lambda}r).$$

现在, 奇点 $r=0$ 表示圆盘的中心, 解必须在那里保持有界. 虽然这对 $J_m(z)$ 是成立的, 但根据 (11.110) 第二类 Bessel 函数 $Y_m(z)$ 有一个奇点在 $z=0$, 所以不适合目前的目标. (另一方面, 它在其他情形起着作用, 例如圆环上的热方程). 因此, 在 $r=0$ 处有界的各可分离解都来自 m 阶标度变换第一类 Bessel 函数:

$$p(r)=J_m(\sqrt{\lambda}r). \tag{11.116}$$

在圆盘边缘 $r=1$ 上的 Dirichlet 边界条件要求

$$p(1)=J_m(\sqrt{\lambda})=0.$$

因此, 为了使 λ 成为一个真正的本征值, $\sqrt{\lambda}$ 必须是 m 阶 Bessel 函数 J_m 的根.

注记: 由于 Dirichlet 边值问题的正定性, 我们已经知道, Helmholtz 本征值必须都是正的, $\lambda>0$, 因此在取其平方根时不会有任何困难.

$J_m(z)$ 的图像清楚地表明, 并且实际上可以严格地证明[85,119], 当 z 大于 0 增加时, 各 Bessel 函数在正负值之间摆动, 振幅慢慢地减小. 事实上, 渐近地

$$\text{当 } z\to\infty \text{ 时}, \ J_m(z)\sim\sqrt{\frac{2}{\pi z}}\cos\left[z-\left(\frac{1}{2}m+\frac{1}{4}\right)\pi\right], \tag{11.117}$$

振荡变得与 (相移) 余弦函数相同, 振幅呈 $z^{-1/2}$ 式衰减. 因此, Bessel 函数有无穷多个根, 按递增排序:

$$J_m(\zeta_{m,n})=0, \text{其中 } 0<\zeta_{m,1}<\zeta_{m,2}<\zeta_{m,3}<\cdots, \text{ 当 } n\to\infty \text{ 时, 有 } \zeta_{m,n}\to\infty. \tag{11.118}$$

需要强调指出的是, Bessel 函数是非周期的, 因此它的根不是空间均匀分布的. 然而, 作为 (11.117) 的结果, 最大 Bessel 函数的根渐近地接近空间均匀相移余弦函数的根:

$$\text{当 } n \to \infty \text{ 时}, \ \zeta_{m,n} \sim \left(n + \frac{1}{2}m - \frac{1}{4}\right)\pi. \tag{11.119}$$

由于 Bessel 根在广泛的问题中的物理重要性, 它们已被详细列表. 附表显示全部在数值上小于 12 的 Bessel 根. 表的列指标为 Bessel 函数的阶 m, 行指标为根数 n.

注记: 根据 (11.102),

$$J_m(0) = 0, \quad m > 0, \quad J_0(0) = 1.$$

但是, 我们不能把 0 作为真实的 Bessel 根, 因为它不能导致 Helmholtz 边值问题精确的本征函数.

Bessel 根 $\zeta_{m,n}$ 的表

n	m								
	0	1	2	3	4	5	6	7	$\cdots$
1	2.4048	3.8317	5.1356	6.3802	7.5883	8.7715	9.9361	11.0864	$\cdots$
2	5.5201	7.0156	8.4172	9.7610	11.0647	$\vdots$	$\vdots$	$\vdots$	
3	8.6537	10.1735	11.6198	$\vdots$	$\vdots$				
4	11.7915	$\vdots$	$\vdots$						
$\vdots$	$\vdots$								

小结一下到目前为止我们的进展, Bessel 边值问题 (11.56—57) 的本征值

$$\lambda_{m,n} = \zeta_{m,n}^2, \quad n = 1,2,3,\cdots, \quad m = 0,1,2,\cdots \tag{11.120}$$

是 m 阶 Bessel 函数根的平方. 相应的本征函数

$$w_{m,n}(r) = J_m\left(\zeta_{m,n} r\right), \quad n = 1,2,3,\cdots, \quad m = 0,1,2,\cdots \tag{11.121}$$

定义在 $0 \leqslant r \leqslant 1$ 上. 结合 (11.121) 与角向分量公式 (11.55), 我们得出结论, 极坐标 Helmholtz 边值问题 (11.51) 的可分离解 (11.53) 是

$$\begin{aligned} v_{0,n}(r) &= J_0\left(\zeta_{0,n} r\right), \\ v_{m,n}(r,\theta) &= J_m\left(\zeta_{m,n} r\right)\cos m\theta, \quad m,n = 1,2,3,\cdots. \\ \widehat{v}_{m,n}(r,\theta) &= J_m\left(\zeta_{m,n} r\right)\sin m\theta, \end{aligned} \tag{11.122}$$

这些解定义了单位圆盘的 Fourier[①]简正模 (normal mode); 图 11.6 绘制了其中前几个的图像. 本征值 $\lambda_{0,n}$ 是单重的, 贡献于径向对称函数, 而 $m>0$ 的本征值 $\lambda_{m,n}$ 是二重的, 并产生两个线性独立的可分离本征函数, 对角向变量有三角函数依赖性.

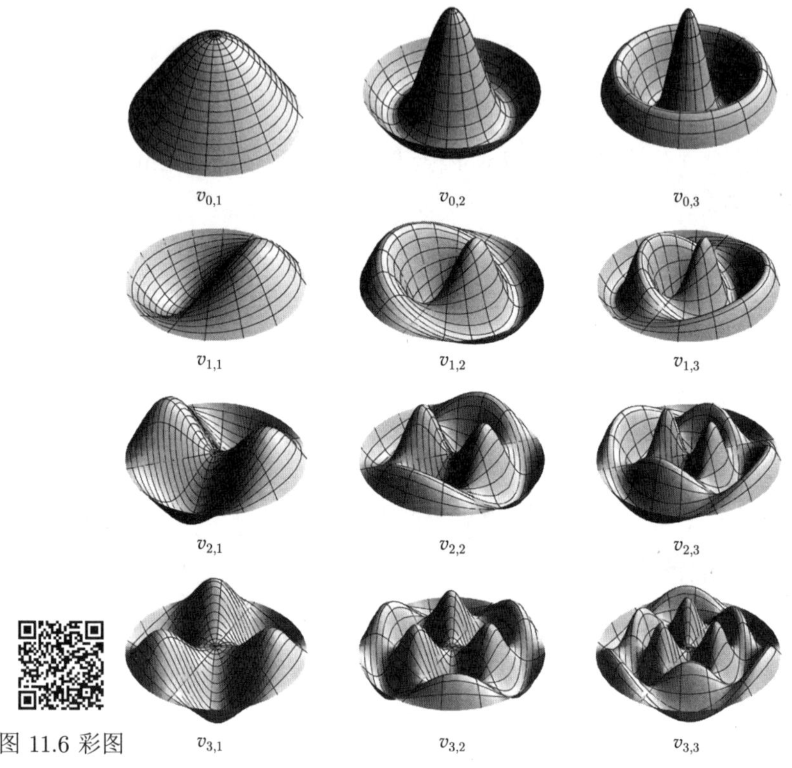

图 11.6 彩图

图 11.6 圆盘的简正模

回顾原始假定 (11.50), 我们终于得到了单位圆盘上热方程的齐次 Dirichlet 边值问题的基本可分离本征解:

$$
\begin{aligned}
&u_{0,n}(t,r)=\mathrm{e}^{-\zeta_{0,n}^2 t}v_{0,n}(r)=\mathrm{e}^{-\zeta_{0,n}^2 t}J_0\left(\zeta_{0,n}r\right),\\
&u_{m,n}(t,r,\theta)=\mathrm{e}^{-\zeta_{m,n}^2 t}v_{m,n}(r,\theta)=\mathrm{e}^{-\zeta_{m,n}^2 t}J_m\left(\zeta_{m,n}r\right)\cos m\theta, m,n=1,2,3,\cdots,\\
&\widehat{u}_{m,n}(t,r,\theta)=\mathrm{e}^{-\zeta_{m,n}^2 t}\widehat{v}_{m,n}(r,\theta)=\mathrm{e}^{-\zeta_{m,n}^2 t}J_m\left(\zeta_{m,n}r\right)\sin m\theta,
\end{aligned}
\tag{11.123}
$$

通过线性叠加得到以无穷级数形式的通解

$$
u(t,r,\theta)=\frac{1}{2}\sum_{n=1}^{\infty}a_{0,n}u_{0,n}(t,r)+\sum_{m,n=1}^{\infty}\left[a_{m,n}u_{m,n}(t,r,\theta)+b_{m,n}\widehat{u}_{m,n}(t,r,\theta)\right],
\tag{11.124}
$$

① 译注: 根据上下文加.

其中首项因子包括 $\frac{1}{2}$, 与普通 Fourier 级数类似, 为以后方便. 像往常一样, 系数 $a_{m,n}, b_{m,n}$ 是由下列初始条件确定:

$$u(0,r,\theta)=\frac{1}{2}\sum_{n=1}^{\infty}a_{0,n}v_{0,n}(r)+\sum_{m,n=1}^{\infty}\left[a_{m,n}v_{m,n}(r,\theta)+b_{m,n}\widehat{v}_{m,n}(r,\theta)\right]=f(r,\theta). \tag{11.125}$$

这就要求我们将初始数据展开成本征函数的 Fourier-Bessel 级数 (Fourier-Bessel series), 如前可以证明[34], 可分离本征函数是完备的, 即再无其他本征函数了, 而且在单位圆盘上定义的每个 (合理) 函数都可以写成一个收敛的 Bessel 本征函数级数.

定理 9.33 保证本征函数在单位圆盘上关于标准 L^2 – 内积

$$\langle u,v\rangle=\iint_D u(x,y)v(x,y)\mathrm{d}x\mathrm{d}y=\int_0^1\int_{-\pi}^{\pi}u(r,\theta)v(r,\theta)r\mathrm{d}\theta\mathrm{d}r$$

正交①. (注意额外因子 r 来自面积元极坐标形式 $\mathrm{d}x\mathrm{d}y=r\mathrm{d}r\mathrm{d}\theta$.) Fourier-Bessel 本征函数的 L^2 – 范数由下列很有意思的公式给出:

$$\|v_{0,n}\|=\sqrt{\pi}\left|J_1(\zeta_{0,n})\right|,\quad \|v_{m,n}\|=\|\widehat{v}_{m,n}\|=\sqrt{\frac{\pi}{2}}\left|J_{m+1}(\zeta_{m,n})\right|, \tag{11.126}$$

其中涉及高一阶 Bessel 函数在相应 Bessel 根上的取值. 在习题 11.4.22 中可以找到 (11.126) 的证明, 其数值在以下附表中给出.

Fourier-Bessel 本征函数的范数 $\|v_{m,n}\|=\|\widehat{v}_{m,n}\|$

n	m							
	0	1	2	3	4	5	6	7
1	0.9202	0.5048	0.4257	0.3738	0.3363	0.3076	0.2847	0.2658
2	0.6031	0.3761	0.3401	0.3126	0.2906	0.2725	0.2572	0.2441
3	0.4811	0.3130	0.2913	0.2736	0.2586	0.2458	0.2347	0.2249
4	0.4120	0.2737	0.2589	0.2462	0.2352	0.2255	0.2169	0.2092
5	0.3661	0.2462	0.2353	0.2257	0.2171	0.2095	0.2025	0.1962

本征函数的正交性意味着 Fourier-Bessel 级数 (11.125) 中的系数是由内

① 对应于一个二重本征值的两个独立的本征函数, 其正交性必须手工来验证, 但是, 在这里的情形, 从它们的三角分量的正交可以很容易地证明.

积公式

$$a_{0,n}=2\frac{\langle f,v_{0,n}\rangle}{\|v_{0,n}\|^2}=\frac{2}{\pi J_1\left(\zeta_{0,n}\right)^2}\int_0^1\int_{-\pi}^{\pi}f(r,\theta)J_0\left(\zeta_{0,n}r\right)r\mathrm{d}\theta\mathrm{d}r,$$
$$a_{m,n}=\frac{\langle f,v_{m,n}\rangle}{\|v_{m,n}\|^2}=\frac{2}{\pi J_{m+1}\left(\zeta_{m,n}\right)^2}\int_0^1\int_{-\pi}^{\pi}f(r,\theta)J_m\left(\zeta_{m,n}r\right)r\cos m\theta\mathrm{d}\theta\mathrm{d}r,$$
$$b_{m,n}=\frac{\langle f,\widehat{v}_{m,n}\rangle}{\|\widehat{v}_{m,n}\|^2}=\frac{2}{\pi J_{m+1}\left(\zeta_{m,n}\right)^2}\int_0^1\int_{-\pi}^{\pi}f(r,\theta)J_m\left(\zeta_{m,n}r\right)r\sin m\theta\mathrm{d}\theta\mathrm{d}r \tag{11.127}$$

给出的.

根据一般理论, 热方程的每个单独的可分离解 (11.123) 按指数快速衰减, 其速率 $\lambda_{m,n}=\zeta_{m,n}^2$ 由相应的 Bessel 根的平方决定. 尤其是持续最久的主导模,

$$u_{0,1}(t,r,\theta)=\mathrm{e}^{-\zeta_{0,1}^2t}J_0\left(\zeta_{0,1}r\right). \tag{11.128}$$

它的衰减率由最小正本征值

$$\zeta_{0,1}^2\approx 5.783 \tag{11.129}$$

确定, 是 Bessel 函数 $J_0(z)$ 最小根的平方. 因为对于 $0\leqslant z<\zeta_{0,1}$ 而言有 $J_0(z)>0$, 主导本征函数 $v_{0,1}(r,\theta)=J_0\left(\zeta_{0,1}r\right)>0$ 在整个圆盘上径向对称且严格为正. 因此, 对于大多数初始条件 (特别是 $a_{0,1}\neq 0$ 的那些), 圆盘的温度分布最终完全变成同号且径向对称的, 并且以 (11.129) 给定的速率指数式快速衰减到零. 有关解的典型图形, 参见图 11.7. 注意, 根据理论, 随着解衰减到热平衡, 它也很快就变为径向对称的.

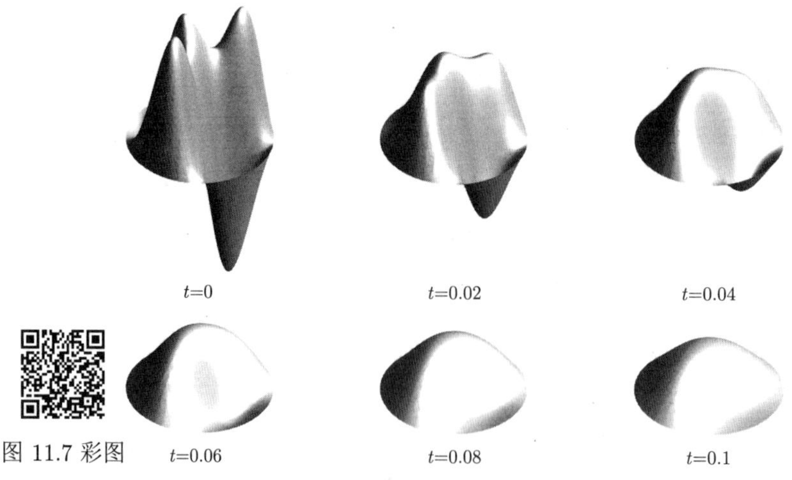

图 11.7 圆盘中的热扩散 ⊌

习题

11.4.1. 集中单位热源位于 $x=\dfrac{1}{2}, y=0$, 初始 $t_0=0$ 时刻瞬间作用于单位热扩散系数、单位半径的金属圆盘, 其圆周外缘保持 0°. 写出 $t>0$ 时间温度分布的本征函数级数. 提示: 小心处理在极坐标中的 δ – 函数; 参见习题 6.3.6.

11.4.2. 当集中单位热源瞬间作用于圆盘中心时, 解习题 11.4.1.

♥ 11.4.3. (a) 写出 $\gamma=1$ 的单位圆盘上热方程的 Fourier-Bessel 级数解, 其圆周外缘保持 0°, 并满足初始条件 $u(0,x,y)\equiv 1, x^2+y^2\leqslant 1$. 提示: 使用 (11.112) 计算系数的积分. (b) 大约多长的时间 $t_\star(\geqslant 0)$ 后, 圆盘温度处处低于 0.5°?

♣ 11.4.4. (a) 写出 $\gamma=1$ 的单位圆盘上热方程的 Fourier-Bessel 级数解的前三个非零项, 其圆周外缘保持 0°, 且满足初始条件 $u(0,r,\theta)=1-r, r\leqslant 1$. 利用数值积分计算系数. (b) 用你的逼近确定何时 $t\geqslant 0$ 圆盘温度处处低于 0.5°.

11.4.5. 证明: 单位圆盘中 Helmholtz 方程 Dirichlet 边值问题的各可分离本征函数都可以写成

$$cJ_m\left(\zeta_{m,n}r\right)\cos(m\theta-\alpha),\ \text{对固定的}\ c\neq 0\ \text{和}\ -\pi<\alpha\leqslant\pi.$$

11.4.6. 设 (11.49) 中初始数据 $f(r,\theta)$ 满足 $\displaystyle\int_0^1\int_{-\pi}^{\pi} f(r,\theta)J_0\left(\zeta_{0,1}r\right)r\,\mathrm{d}\theta\,\mathrm{d}r=0$. (a) 由此产生的热方程解 $u(t,r,\theta)$ 的衰减率是多少? (b) 证明: 一般情况下, 渐近温度分布是一半圆盘处于平衡温度以上, 另一半处于平衡温度以下. 能预测区分两个部分的直径吗? (c) 如果已知 $a_{0,1}=0$ 且长时间的温度分布是径向对称的, 那么 (普遍) 衰减率是多少? 渐近温度分布是什么?

♦ 11.4.7. 证明如何利用标度对称性, 由半径为 1 的圆盘中热方程的解得到半径为 R 的圆盘中热方程的解.

11.4.8. 如习题 11.4.7 那样使用标度变换, 求扩散系数 $\gamma=5$、半径为 2 的圆盘的初 – 边值问题的解.

11.4.9. 如果一单位半径的圆盘要 (大约)3min 达到热平衡, 那么半径为 2 的相同材料制成的圆盘且服从相同的齐次边界条件, 要多长时间达到平衡呢?

11.4.10. 假定 Dirichlet 边界条件, 面积相同的正方形和圆盘, 哪一种能更快地达到热平衡? 首先凭直觉猜猜, 然后再用显式公式验证.

11.4.11. 当正方形和圆盘有相同的周长时, 回答习题 11.4.10.

11.4.12. 哪一种达到热平衡更快: 圆盘的边缘保持 0° 或相同半径的圆盘完全隔热?

11.4.13. 金属圆盘从烤箱中取出, 然后完全隔热. 是/非:

(a) 最终平衡温度是恒定的.

(b) 对于大的 $t \gg 0$, 温度 $u(t,x,y)$ 变得越来越径向对称. 如若不真, 能说出在很久之后的温度分布吗?

♥ 11.4.14. (a) 写出有绝热边界、半径为 1 的圆盘的温度时间变化的本征函数级数公式. (b) 最终平衡温度是多少? (c) 热平衡的衰减速率与有 Dirichlet 边界条件的圆盘相比, (i) 较快; (ii) 较慢; 或 (iii) 相同吗?

♥ 11.4.15. 写出半径为 1 的半圆盘的温度级数解, 服从 (a) 在整个边界上的齐次 Dirichlet 边界条件; (b) 在边界圆形部分的 Dirichlet 条件而在直线部分的齐次 Neumann 条件. (c) 两种边界条件中哪一个会更快地恢复到平衡温度? 能快多少?

11.4.16. 一大片金属加热到 100°, 从中切割下相同半径的一个圆盘和一个半圆盘. 它们的边缘都保持在 0°, 同时上下两面都完全隔热.

(a) 是/非: 半圆盘趋于热平衡的速度是圆盘的两倍.

(b) 如果需要等待 20 min, 冷却足够长时间才能用手拿起圆盘, 那么需要等待多久才能拿得起半圆盘?

♣ 11.4.17. 两块相同的板都为圆环 $\{1<r<2\}$ 形状, 内半径为 1 , 外半径为 2. 第一块内边缘绝热、外边缘保持 0°, 而第二块外边缘绝热、内边缘保持 0°. 如果开始时两块板的温度相同, 哪一块达到热平衡更快? 写出衰减率的大小.

♥ 11.4.18. 设 $m \geqslant 0$ 是非负整数. 本题我们研究 Bessel 边值问题 (11.56—57) 本征函数的完备性. 为此, 定义 Sturm-Liouville 线性微分算子

$$S[u]=-\frac{1}{x}\frac{\mathrm{d}}{\mathrm{d}x}\left(x\frac{\mathrm{d}u}{\mathrm{d}x}\right)+\frac{m^2}{x^2}u,$$

服从 $\left|u'(0)\right|<\infty, u(1)=0$ 的边界条件, 且当 $m=0$ 时 $|u(0)|<\infty$ 或当 $m>0$ 时 $u(0)=0$.

(a) 证明 S 关于加权内积 $\langle f,g\rangle=\int_0^1 f(x)g(x)x\mathrm{d}x$ 是自伴的.

(b) 证明 S 的本征函数是关于 $n=1,2,3,\cdots$ 的标度变换 Bessel 函数 $J_m\left(\zeta_{m,n}x\right)$. 正交关系是什么?

(c) 求得 Green 函数 $G(x;\xi)$ 和修正 Green 函数 $\widehat{G}(x;\xi)$, 参见 (9.59), 关于边值问题 $S[u]=0$.

(d) 运用定理 9.47 的准则证明本征函数是完备的.

11.4.19. 求 Bessel 根 $\zeta_{1/2,n}$. 它们是否满足渐近公式 (11.119)?

♣ 11.4.20. 使用数值求根器 (numerical root finder) 计算前 10 个 Bessel 根 $\zeta_{3/2,n}, n=1,2,\cdots,10$. 将结果与渐近公式 (11.119) 比较.

♦ 11.4.21. 证明 $J_{m-1}\left(\zeta_{m,n}\right)=-J_{m+1}\left(\zeta_{m,n}\right)$.

♦ 11.4.22. 本题我们证明公式 (11.126). (a) 首先, 用递推公式 (11.111) 证明

$$\frac{\mathrm{d}}{\mathrm{d}x}\left\{x^2\left[J_m(x)^2-J_{m-1}(x)J_{m+1}(x)\right]\right\}=2xJ_m(x)^2.$$

(b) 将上式的两边从 0 到 Bessel 零点 $\zeta_{m,n}$ 积分并利用习题 11.4.21, 证明

$$\int_0^{\zeta_{m,n}} xJ_m(x)^2\mathrm{d}x = -\frac{\zeta_{m,n}^2}{2}J_{m-1}\left(\zeta_{m,n}\right)J_{m+1}\left(\zeta_{m,n}\right) = \frac{\zeta_{m,n}^2}{2}J_{m+1}\left(\zeta_{m,n}\right)^2.$$

(c) 接下来, 用变量变换建立恒等式

$$\int_0^1 zJ_m\left(\zeta_{m,n}z\right)^2\mathrm{d}z = \frac{1}{2}J_{m+1}\left(\zeta_{m,n}\right)^2.$$

(d) 最后, 使用 $v_{m,n}$ 和 $\widehat{v}_{m,n}$ 的公式完成证明 (11.126).

♦ 11.4.23. 直接证明 (11.122) 中本征函数 $v_{m,n}(r,\theta)$ 和 $\widehat{v}_{m,n}(r,\theta)$ 在单位圆盘上关于 L^2 – 内积正交.

11.4.24. 建立本征函数范数的下列替代公式:

$$\|v_{0,n}\| = \sqrt{\pi}\left|J_0'\left(\zeta_{0,n}\right)\right|, \quad \|v_{m,n}\| = \|\widehat{v}_{m,n}\| = \sqrt{\frac{\pi}{2}}\left|J_m'\left(\zeta_{m,n}\right)\right|.$$

11.5 平面热方程的基本解

正如我们在 4.1 节中学到的, 热方程基本解量度一个初始集中热源产生的温度分布, 例如, 热烙铁瞬间作用在金属板上一点. 物理问题的数学模型是以 δ – 函数作为初始数据以及相关的齐次边界条件构成的. 一旦基本解已知, 就可以利用线性叠加得到任何其他初始数据产生的解.

正如在一维分析的那样, 我们集中在最易于驾驭的情形, 所在区域是整个平面: $\Omega = \mathbb{R}^2$. 因此, 我们的第一个目标是对 $t > 0$ 和 $(x,y) \in \mathbb{R}^2$ 求解初值问题

$$u_t = \gamma\Delta u, \quad u(0,x,y) = \delta(x-\xi)\delta(y-\eta). \tag{11.130}$$

这个初值问题的解 $u = F(t,\boldsymbol{x};\boldsymbol{\xi}) = F(t,x,y;\xi,\eta)$, 称为在 $\mathbb{R}^2$ 上热方程的基本解 (fundamental solution).

求解二维热方程所需公式的最快捷路径, 依赖于以下一维热方程的解组合方法.

引理 11.11 设 $v(t,x)$ 和 $w(t,x)$ 是一维热方程 $u_t = \gamma u_{xx}$ 的两个任意解. 那么它们的乘积

$$u(t,x,y) = v(t,x)w(t,y) \tag{11.131}$$

是二维热方程 $u_t = \gamma\left(u_{xx} + u_{yy}\right)$ 的一个解.

证明 我们的假设意味着 $v_t = \gamma v_{xx}$，把 $w(t,y)$ 写为 t 和 y 的函数同时有 $w_t = \gamma w_{yy}$. 因此, 微分 (11.131), 我们发现

$$\frac{\partial u}{\partial t} = \frac{\partial v}{\partial t}w + v\frac{\partial w}{\partial t} = \gamma\frac{\partial^2 v}{\partial x^2}w + \gamma v\frac{\partial^2 w}{\partial y^2} = \gamma\left(\frac{\partial^2 u}{\partial x^2} + \frac{\partial^2 u}{\partial y^2}\right).$$

因此, $u(t,x,y)$ 是二维热方程的解. [证毕]

例如, 若

$$v(t,x) = \mathrm{e}^{-\gamma\alpha^2 t}\sin\alpha x, \quad w(t,y) = \mathrm{e}^{-\gamma\beta^2 t}\sin\beta y$$

是一维热方程的可分离解, 则

$$u(t,x,y) = \mathrm{e}^{-\gamma\left(\alpha^2+\beta^2\right)t}\sin\alpha x\sin\beta y$$

是矩形上热方程的可分离解. 一个更有趣的例子是选择

$$v(t,x) = \frac{1}{2\sqrt{\pi\gamma t}}\mathrm{e}^{-(x-\xi)^2/(4\gamma t)}, \quad w(t,y) = \frac{1}{2\sqrt{\pi\gamma t}}\mathrm{e}^{-(y-\eta)^2/(4\gamma t)} \tag{11.132}$$

分别是位于 $x = \xi$ 和 $y = \eta$ 的一维热方程的基本解 (8.14). 将这两个解相乘, 就得到二维热方程的基本解.

定理 11.12 热方程 $u_t = \gamma\Delta u$ 的基本解, 对应于初始时刻 $t_0 = 0$ 置于 $(\xi,\eta) \in \mathbb{R}^2$ 的单位 δ– 函数, 是

$$F(t,x,y;\xi,\eta) = \frac{1}{4\pi\gamma t}\mathrm{e}^{-\left[(x-\xi)^2+(y-\eta)^2\right]/(4\gamma t)}. \tag{11.133}$$

证明 因为我们已经知道, 这两个函数 (11.132) 都是一维热方程的解, 引理 11.11 保证它们的乘积等于 (11.133), 是二维热方程在 $t > 0$ 时的解. 此外, 在初始时刻

$$u(0,x,y) = v(0,x)w(0,y) = \delta(x-\xi)\delta(y-\eta)$$

是 δ– 函数的乘积, 因此得到所要的结果. 事实上, 总热量

$$\iint u(t,x,y)\mathrm{d}x\mathrm{d}y = \int_{-\infty}^{\infty} v(t,x)\mathrm{d}x \int_{-\infty}^{\infty} w(t,y)\mathrm{d}y = 1, \quad t \geqslant 0$$

保持不变, 而

$$\lim_{t\to 0^+} u(t,x,y) = \begin{cases} \infty, & (x,y) = (\xi,\eta), \\ 0, & \text{其他}, \end{cases}$$

在初始时刻有标准的 δ– 函数极限. [证毕]

图 11.8 描述了当 $\gamma = 1$ 时在指定时间的基本解演化. 可以看到, 初始集中温度以径向对称的方式扩展且保持总热量不变. 在任一点 $(x,y) \neq (0,0)$ 处, 初

始为零的温度先略有上升，但随后以与 $1/t$ 成正比的速率单调地衰减到零. 如一维情形那样, 因为对所有的 $t>0$ 基本解大于 0, 热能的传播速度是无限的.

一维和二维的基本解都有 Gauss 滤波器 (Gaussian filter) 的钟形剖面. 最重要的区别是它们前面的因子. 一维介质中基本解的衰减率为 $1/\sqrt{t}$, 而在平面上衰变速度较快, 与 $1/t$ 成正比. 物理解释是热能可以在两个独立方向上扩散, 从而远离它的初始源的扩散较为迅速. 正如我们将看到的, 因为类似的原因, 三维空间的衰减更迅速, 与 $t^{-3/2}$ 成正比; 参见 (12.120).

基本解的主要用途是求解一般初值问题. 我们把初始温度分布表示为 δ-函数冲激的叠加,

$$u(0,x,y)=f(x,y)=\iint f(\xi,\eta)\delta(x-\xi,y-\eta)\mathrm{d}\xi\mathrm{d}\eta,$$

其中冲激在点 $(\xi,\eta)\in\mathbb{R}^2$ 处幅度为 $f(\xi,\eta)$. 线性意味着该解由同样的基本解叠加给出.

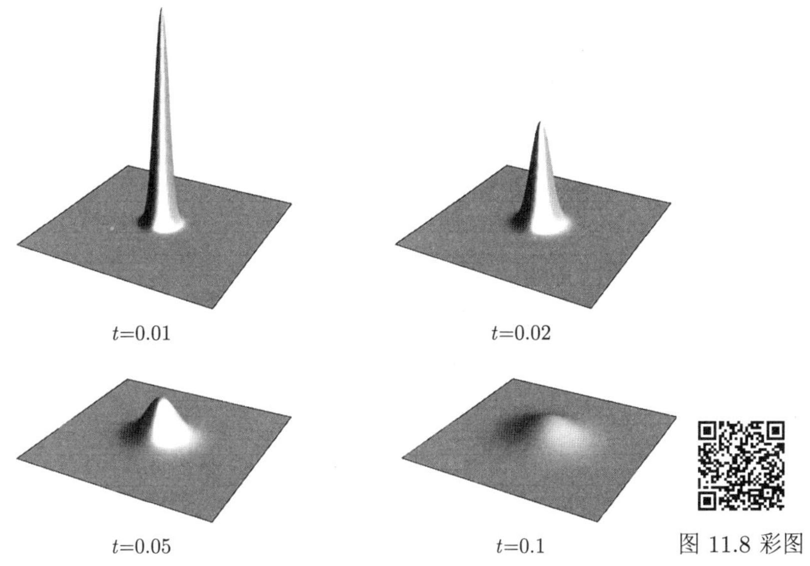

图 11.8 平面热方程的基本解 ⊎

定理 11.13 平面热方程初值问题

$$u_t=\gamma\Delta u,\quad u(0,x,y)=f(x,y),\quad (x,y)\in\mathbb{R}^2$$

的解为线性叠加公式

$$u(t,x,y)=\frac{1}{4\pi\gamma t}\iint f(\xi,\eta)\mathrm{e}^{-\left[(x-\xi)^2+(y-\eta)^2\right]/(4\gamma t)}\mathrm{d}\xi\mathrm{d}\eta. \tag{11.134}$$

我们可以把解公式 (11.134) 解释为二维卷积

$$u(t,x,y)=F(t,x,y)*f(x,y), \tag{11.135}$$

该卷积由初始数据 $f(x,y)$ 与逐步展宽变矮的 Gauss 滤波器单参数族

$$F(t,x,y)=F(t,x,y;0,0)=\frac{1}{4\pi\gamma t}\mathrm{e}^{-\left(x^2+y^2\right)/(4\gamma t)} \tag{11.136}$$

构成. 在 (7.54) 中, 这个卷积还可以解释为函数 $f(x,y)$ 的 Gauss 加权平均, 具有光滑初始数据的效果.

例 11.14 如果我们的初始温度分布在圆形区域上恒定, 即

$$u(0,x,y)=\begin{cases}1, & x^2+y^2<1;\\ 0, & 其他,\end{cases}$$

那么可以使用 (11.134) 求解, 如下所示:

$$u(t,x,y)=\frac{1}{4\pi\gamma t}\iint_D \mathrm{e}^{-\left[(x-\xi)^2+(y-\eta)^2\right]/(4\gamma t)}\mathrm{d}\xi\mathrm{d}\eta,$$

其中在单位圆盘 $D=\left\{\xi^2+\eta^2\leqslant 1\right\}$ 上积分. 遗憾的是, 积分不能用初等函数表示. 另一方面, 积分的数值计算是不难的. 图 11.9 给出了得到的径向对称解的图示. 可以把这个解释为动物种群在均匀各向同性环境的栖居, 或细菌在一个类似均匀大培养皿中的扩散, 起初都只限于一个较小的圆形区域.

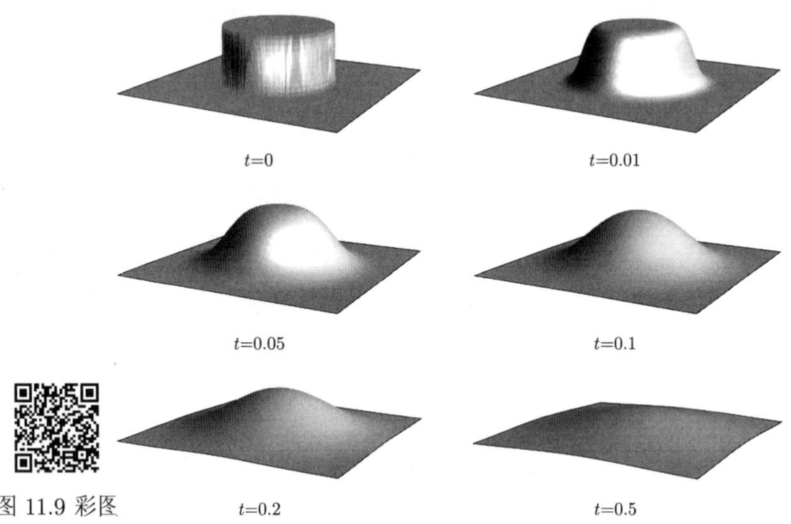

图 11.9 圆盘的扩散 ⊎

习题

11.5.1. 求解初值问题: $u_t = 5\left(u_{xx}+u_{yy}\right)$, $u(0,x,y)=\mathrm{e}^{-\left(x^2+y^2\right)}$.

11.5.2. 写出下列初值问题解的积分公式:

$$u_t = 3\left(u_{xx}+u_{yy}\right),\quad u(0,x,y)=\left(1+x^2+y^2\right)^{-2}.$$

11.5.3. 初始 $t=0$ 时单位热源瞬间作用于 (x,y)–平面的原点. 对于 $t>0$, 点 $(x,y)\neq\mathbf{0}$ 处的最高温度会是多少? 何时达到最高温度? 当 $t\to\infty$ 时温度是否接近平衡值? 如果有, 有多快?

11.5.4. (a) 求在单位正方形 $\{0\leqslant x,y\leqslant 1\}$ 上热方程 $u_t=\Delta u$ 基本解的本征函数级数表示, 服从齐次 Dirichlet 边界条件. (b) 将初值问题 $u(0,x,y)=f(x,y)$ 的解用基本解表示. (c) 讨论你的公式与 Fourier 级数解 (11.43) 的关系.

11.5.5. 设 $u(t,x,y)$ 是整个 $\mathbb{R}^2$ 上热方程的一个解, 使得当 $\|\boldsymbol{x}\|\to\infty$ 时同等迅速地有 u 和 $\|\nabla u\|\to 0$. (a) 求证: 总热量 $H(t)=\iint u(t,x,y)\mathrm{d}x\mathrm{d}y$ 恒定. (b) 解释如何与如下断言一致, 当 $t\to\infty$ 时全部点 $(x,y)\in\mathbb{R}^2$ 处都有 $u(t,x,y)\to 0$.

♦ 11.5.6. 考虑整个 (x,y)–平面上非齐次热方程的初值问题 $u_t=\gamma\Delta u+H(t,x,y)$, $u(0,x,y)=0$, 其中 $H(t,x,y)$ 表示时变的外部热源. 为其解求得一个积分公式. 提示: 模仿 8.1 节中的解法.

11.5.7. 具有单位热扩散系数的无穷大平板, 初始处于 0°. 此后单位热源不断作用于原点. 求由此产生的温度分布. 温度是否最终达到稳定状态? 提示: 使用习题 11.5.6.

♥ 11.5.8. 在例 11.14 中, 将集合 $D\subset\mathbb{R}^2$ 的 "扩散" 模拟为求热方程 $u_t=\Delta u$ 服从初始条件 $u(0,x,y)=\chi_D(x,y)$ 的解 $u(t,x,y)$, 其中 $\chi_D(x,y)=\begin{cases}1, & (x,y)\in D,\\ 0, & (x,y)\notin D\end{cases}$ 是集合 D 的特征函数 (characteristic function).

(a) 写出集合 D 的扩散公式.

(b) 是/非: 对每个 t 而言, 扩散 $u(t,x,y)$ 是集合 D 的特征函数.

(c) 求证: 对于全部 (x,y) 和 $t>0$ 都有 $0<u(t,x,y)<1$.

(d) $\lim\limits_{t\to\infty} u(t,x,y)$ 是什么?

(e) 写出单位正方形 $D=\{0\leqslant x,y\leqslant 1\}$ 的扩散公式, 然后绘制几个时间结果的图像. 讨论观察到的现象.

11.5.9. (a) 解释为什么 $\mathbb{R}^2$ 上的 δ–函数满足标度律 $\delta(x,y)=\beta^2\delta(\beta x,\beta y)$, $\beta\neq 0$. (b) 验证 $\mathbb{R}^2$ 上热方程的基本解遵循相同的标度律: $F(t,x,y)=\beta^2F\left(\beta^2t,\beta x,\beta y\right)$. (c) 基本解是相似解吗?

11.5.10. (a) 求电缆方程 $u_t=\gamma\Delta u-\alpha u$ 在 $\mathbb{R}^2$ 上的基本解, 其中 $\alpha>0$ 是常数. (b) 利用你的解为 $(x,y)\in\mathbb{R}^2$ 的一般初值问题 $u(0,x,y)=f(x,y)$ 的解写出公式.

11.5.11. (a) 证明如果 $v(t,x)$ 和 $w(t,x)$ 是色散波方程 (8.90) 的解, 那么它们的乘积 $u(t,x,y)=v(t,x)w(t,y)$ 是二维色散方程

$$u_t+u_{xxx}+u_{yyy}=0$$

的解. (b) 前述方程在 $\mathbb{R}^2$ 上的基本解是什么? (c) 写出 $(x,y)\in\mathbb{R}^2$ 的初值问题 $u(0,x,y)=f(x,y)$ 解的积分公式.

11.5.12. 定义函数 $f(x,y)$ 和 $g(x,y)$ 的二维卷积 $f*g$, 使等式 (11.135) 成立.

11.6 平面波方程

接下来, 我们考虑二维波方程

$$\frac{\partial^2 u}{\partial t^2}=c^2\Delta u=c^2\left(\frac{\partial^2 u}{\partial x^2}+\frac{\partial^2 u}{\partial y^2}\right), \tag{11.137}$$

用于模拟均匀膜的非强迫横向振动, 例如鼓. 这里 $u(t,x,y)$ 表示 t 时刻、位置 $(x,y)\in\Omega$ 处膜的垂直位移, 假定区域 $\Omega\subset\mathbb{R}^2$ 有界且表示未变形的形状. 常数 $c^2>0$ 包含膜的密度、张力、刚度等物理性质, 其平方根 c 像一维情形那样称为*波速* (wave speed), 因为它表示局部信号的传播速度.

注记: 在这个简化的模型里, 我们只容许膜有小的横向 (垂直) 位移. 大弹性振动导致弹性动力学非线性偏微分方程[7]. 特别是柔性弹性板的弯曲振动是由复杂的四阶偏微分方程支配的.

当我们规定适当的边界条件和初始条件时, 波方程的解 $u(t,x,y)$ 是唯一确定的. Dirichlet 条件

$$u(t,x,y)=h(x,y),\quad (x,y)\in\partial\Omega, \tag{11.138}$$

对应于膜附着于固定边界即边缘上; 更一般地, 我们还可以容许 h 与 t 有关, 模拟附着在移动边界上的膜. 另一方面, 齐次 Neumann 条件

$$\frac{\partial u}{\partial \boldsymbol{n}}(t,x,y)=0,\quad (x,y)\in\partial\Omega, \tag{11.139}$$

表示自由边界, 其中膜没有附着在任何支撑上, 尽管在这个模型中容许膜的边缘在垂直方向移动. 混合边界条件附着在部分边界上, 而边界其余部分自由振动:

$$u=h,\quad (x,y)\in D\subsetneq\partial\Omega;\qquad \frac{\partial u}{\partial \boldsymbol{n}}=0,\quad (x,y)\in N=\partial\Omega\setminus D. \tag{11.140}$$

由于波方程在时间上是二阶的, 唯一给定解还需要指定两个初始条件,

$$u(0,x,y)=f(x,y),\quad \frac{\partial u}{\partial t}(0,x,y)=g(x,y),\quad (x,y)\in\Omega, \tag{11.141}$$

第一条规定膜的初始位移, 而第二条规定其初始速度.

分离变量

遗憾的是, d'Alembert 解方法并不能以任何显式方式应用于二维波方程. 原因是, 与一维情形 (2.69) 不同, 平面波算子 $\Box=\partial_t^2-c^2\partial_x^2-c^2\partial_y^2$ 不能因式分解, 从而不能简化成任何类型的一阶偏微分方程. 然而, 这不是故事的结束, 我们在 12.6 节末尾再回到这个问题.

因此, 我们退回到线性偏微分方程的通用求解方法, 即分离变量. 根据 9.5 节所确立的一般架构, 波方程的可分离解有三角形式

$$u_k(t,x,y)=\cos(\omega_k t)v_k(x,y),\quad \widetilde{u}_k(t,x,y)=\sin(\omega_k t)v_k(x,y). \tag{11.142}$$

回代到波方程, 我们发现 $v_k(x,y)$ 必须是相关 Helmholtz 方程的边值问题

$$c^2\left(\frac{\partial^2 v}{\partial x^2}+\frac{\partial^2 v}{\partial y^2}\right)+\lambda_k v=0, \tag{11.143}$$

的本征函数, 其本征值 $\lambda_k=\omega_k^2$ 等于振动频率的平方. 根据定理 9.47, 在有界区域上存在无穷多个这样的简正模 (normal mode), 其振动频率随着 $k\to\infty$ 逐渐增高: $\omega_k\to\infty$. 此外, 在齐次 Neumann 边界条件下出现的正半定情形, 有单一的常数零本征函数, 导致额外的可分离解

$$u_0(t,x,y)=1,\quad \widetilde{u}_0(t,x,y)=t. \tag{11.144}$$

第一式表示膜静止在偏移的固定高度上, 而第二式表示膜在垂直方向上以恒定单位速度移开. (想象一下在外层空间中移动的膜不会受到任何外部重力的影响.) 像 9.5 节那样, 通解可以写成本征解 (11.142) 的无穷级数. 遗憾的是, 正如我们所知道的, Helmholtz 边值问题只能在相当有限类型的区域中显式求解. 这里我们只好研究两个最重要的情形: 矩形膜和圆形膜.

注记: 振动频率表示鼓膜振动时听到的音调和泛音. 一个有趣的问题是, 两个形状不同的鼓能不能发出相同的声音, 即振动频率完全相同. 或更形象地说, 能" 听到" 鼓的形状吗? 直到 1992 年答案证实不能, 但原因很微妙. 相关讨论以及一些形状不同的鼓有相同振动频率的例子, 参见 [47].

矩形鼓的振动

我们首先考虑的是一个矩形膜

$$R = \{0 < x < a,\ 0 < y < b\},$$

的振动, 其边长为 a 和 b, 膜边固定在 (x, y) – 平面上. 因此, 我们求解波方程

$$u_{tt} = c^2 \Delta u = c^2 \big(u_{xx} + u_{yy}\big), \quad 0 < x < a, \quad 0 < y < b, \tag{11.145}$$

服从边界条件和初始条件

$$\begin{aligned} &u(t,0,y) = u(t,a,y) = 0 = u(t,x,0) = u(t,x,b), \\ &u(0,x,y) = f(x,y), \quad u_t(0,x,y) = g(x,y), \end{aligned} \quad 0 < x < a, \quad 0 < y < b. \tag{11.146}$$

正如我们在 11.2 节中看到的, 在矩形区域上, 相关 Helmholtz 方程

$$c^2\left(v_{xx} + v_{yy}\right) + \lambda v = 0, \quad (x, y) \in R, \tag{11.147}$$

当服从齐次 Dirichlet 边界条件

$$v(0,y) = v(a,y) = 0 = v(x,0) = v(x,b), \quad 0 < x < a, \quad 0 < y < b \tag{11.148}$$

时, 其本征函数和本征值为

$$v_{m,n}(x,y) = \sin\frac{m\pi x}{a}\sin\frac{n\pi y}{b}, \text{ 其中 } \lambda_{m,n} = \pi^2 c^2\left(\frac{m^2}{a^2} + \frac{n^2}{b^2}\right), m, n = 1, 2, \cdots, \tag{11.149}$$

振动的基频是本征值的平方根, 所以

$$\omega_{m,n} = \sqrt{\lambda_{m,n}} = \pi c\sqrt{\frac{m^2}{a^2} + \frac{n^2}{b^2}}, \quad m, n = 1, 2, \cdots . \tag{11.150}$$

频率依赖于矩形的几何尺寸 (也就是边长) 与波速 c (它是膜密度和刚度的函数). 波速越大或矩形越小, 振动越快. 用通俗的话说, (11.150) 把用低密度材料制作的越小越硬的鼓振动越快的经验定量化了.

根据 (11.142), 我们的矩形鼓振动的简正模是

$$\begin{aligned} u_{m,n}(t,x,y) &= \cos\left(\pi c\sqrt{\frac{m^2}{a^2} + \frac{n^2}{b^2}}\,t\right)\sin\frac{m\pi x}{a}\sin\frac{n\pi y}{b}, \\ \widetilde{u}_{m,n}(t,x,y) &= \sin\left(\pi c\sqrt{\frac{m^2}{a^2} + \frac{n^2}{b^2}}\,t\right)\sin\frac{m\pi x}{a}\sin\frac{n\pi y}{b}. \end{aligned} \tag{11.151}$$

通解则可以写成简正模的二重 Fourier 级数

$$u(t,x,y)=\sum_{m,n=1}^{\infty}\left[a_{m,n}u_{m,n}(t,x,y)+b_{m,n}\widetilde{u}_{m,n}(t,x,y)\right].$$

系数 $a_{m,n},b_{m,n}$ 是由初始位移 $u(0,x,y)=f(x,y)$ 和初始速度 $u_t(0,x,y)=g(x,y)$ 确定. 事实上, 本征函数之间的通常正交关系意味着

$$\begin{aligned}a_{m,n}&=\frac{\langle v_{m,n},f\rangle}{\|v_{m,n}\|^2}=\frac{4}{ab}\int_0^b\int_0^a f(x,y)\sin\frac{m\pi x}{a}\sin\frac{n\pi y}{b}\mathrm{d}x\mathrm{d}y,\\ b_{m,n}&=\frac{\langle v_{m,n},g\rangle}{\omega_{m,n}\|v_{m,n}\|^2}=\frac{4}{\pi c\sqrt{m^2b^2+n^2a^2}}\int_0^b\int_0^a g(x,y)\sin\frac{m\pi x}{a}\sin\frac{n\pi y}{b}\mathrm{d}x\mathrm{d}y.\end{aligned}\tag{11.152}$$

因为基频之间倍数不是有理数, 通解实际上是各种简正模的拟周期叠加.

在图 11.10 中, 我们绘制初始位移

$$u(0,x,y)=f(x,y)=\mathrm{e}^{-100\left[(x-0.5)^2+(y-0.5)^2\right]}$$

集中于单位正方形中心[①]产生的解的图像, 其中 $a=b=1$ 有单位波速 $c=1$. 注意, 不像一维弦的集中位移随后所有的时间保持集中且周期性重复, 这里的初始位移以径向对称的方式传播, 并传播到矩形边缘, 在那里反射然后与自身相互作用. 此外, 由于解的拟周期性, 鼓的运动从来不会完全重复, 初始集中的位移从未停止变形.

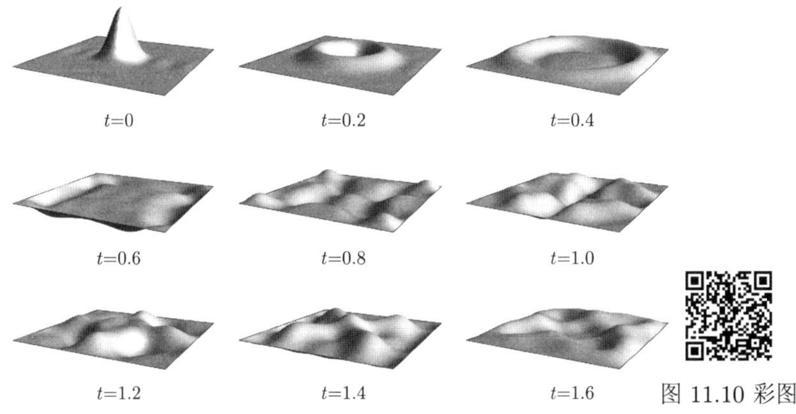

图 11.10 彩图

图 11.10 正方形膜的振动 ⊎

① 警觉的读者可能会认为初始位移 $f(x,y)$ 不完全满足矩形边缘上的 Dirichlet 边界条件, 但这并不能妨碍初值问题的唯一(弱) 解的存在, 初始边界不连续性随后将传播到正方形内部. 然而, 在这里是如此微小在解的图像中难以察觉.

圆鼓的振动

下面我们分析单位半径圆形膜的振动. 在极坐标中, 平面波方程 (11.137) 形如

$$\frac{\partial^2 u}{\partial t^2}=c^2\left(\frac{\partial^2 u}{\partial r^2}+\frac{1}{r}\frac{\partial u}{\partial r}+\frac{1}{r^2}\frac{\partial^2 u}{\partial \theta^2}\right). \tag{11.153}$$

我们再次考虑齐次 Dirichlet 边值问题

$$u(t,1,\theta)=0,\quad t\geqslant 0,\quad -\pi\leqslant\theta\leqslant\pi, \tag{11.154}$$

以及初始条件

$$u(0,r,\theta)=f(r,\theta),\quad \frac{\partial u}{\partial t}(0,r,\theta)=g(r,\theta) \tag{11.155}$$

表示膜的初始位移和初始速度. 像以前那样, 我们把通解表示为相关 Helmholtz 边值问题的本征函数确定的简正模的拟周期线性组合.

正如我们在 11.2 节中所看到的, 半径为 1 的圆盘上 Helmholtz 方程的本征函数服从齐次 Dirichlet 边界条件, 是三角函数和 Bessel 函数的乘积:

$$\begin{aligned}
&v_{0,n}(r,\theta)=J_0(\zeta_{0,n}r),\\
&v_{m,n}(r,\theta)=J_m\big(\zeta_{m,n}r\big)\cos m\theta,\quad m,n=1,2,3,\cdots;\\
&\widetilde{v}_{m,n}(r,\theta)=J_m(\zeta_{m,n}r)\sin m\theta,
\end{aligned} \tag{11.156}$$

其中 r,θ 是通常的极坐标, 而 $\zeta_{m,n}>0$ 表示 m 阶 Bessel 函数 $J_m(z)$ 的第 n 个 (正) 根, 参见 (11.118). 相应本征值是它的平方, $\lambda_{m,n}=\zeta_{m,n}^2$, 因此振动的固有频率等于用波速标度的 Bessel 根:

$$\omega_{m,n}=c\sqrt{\lambda_{m,n}}=c\zeta_{m,n}. \tag{11.157}$$

它们的 $(c=1)$ 取值表可以在前一节找到. Bessel 根没有任何容易辨识的模式可循, 彼此之间倍数也不是有理数. 这个结果称为 Bourget 假说[119; p.484], 1929 年德国纯数学家 Carl Ludwig Siegel 给出严格证明[106]. 因此, 圆鼓的振动确实也是拟周期的, 从而给出为什么鼓的声音听起来不那么和谐的一种数学解释.

频率 $\omega_{0,n}=c\zeta_{0,n}$ 对应于单重本征值以及单一径向对称本征函数 $J_0\left(\zeta_{0,n}r\right)$, 而 $m>0$ 的 "角向模" $\omega_{m,n}$ 是二重的, 每个角向模有两个线性独立的本征函数 (11.156). 根据一般公式 (11.142), 每个本征函数又产生两个独立的振动模, 显式地写出

$$\begin{aligned}
&\cos\left(c\zeta_{0,n}t\right)J_0\left(\zeta_{0,n}r\right), &&\sin\left(c\zeta_{0,n}t\right)J_0\left(\zeta_{0,n}r\right),\\
&\cos\left(c\zeta_{m,n}t\right)J_m\left(\zeta_{m,n}r\right)\cos m\theta, &&\sin\left(c\zeta_{m,n}t\right)J_m\left(\zeta_{m,n}r\right)\cos m\theta,\\
&\cos\left(c\zeta_{m,n}t\right)J_m\left(\zeta_{m,n}r\right)\sin m\theta, &&\sin\left(c\zeta_{m,n}t\right)J_m\left(\zeta_{m,n}r\right)\sin m\theta.
\end{aligned} \tag{11.158}$$

然后, (11.153 — 154) 的通解表示为一个 Fourier-Bessel 级数:

$$\begin{aligned}
u(t,r,\theta) = {} & \frac{1}{2}\sum_{n=1}^{\infty}\left[a_{0,n}\cos\left(c\zeta_{0,n}t\right)+c_{0,n}\sin\left(c\zeta_{0,n}t\right)\right]J_0\left(\zeta_{0,n}r\right)+\\
& \sum_{m,n=1}^{\infty}\left\{\left[a_{m,n}\cos\left(c\zeta_{m,n}t\right)+c_{m,n}\sin\left(c\zeta_{m,n}t\right)\right]\cos m\theta+\right.\\
& \left.\left[b_{m,n}\cos\left(c\zeta_{m,n}t\right)+d_{m,n}\sin\left(c\zeta_{m,n}t\right)\right]\sin m\theta\right\}J_m\left(\zeta_{m,n}r\right),
\end{aligned} \tag{11.159}$$

其系数 $a_{m,n}, b_{m,n}, c_{m,n}, d_{m,n}$ 如前所示, 由膜的最初的位移和速度 (11.155) 确定. 图 11.11 显示了初始偏心集中位移引起的振动; 波速为 $c = 1$, 系列图的时间间隔为 $\Delta t = 0.3$. 同样运动只是拟周期的, 无论等待多长时间, 都不会完全恢复原来的配置.

习题

11.6.1. 凭物理直觉判断下列表述的是/非. 然后证明你的答案.

(a) 增大膜的刚度会增大波速.

(b) 增加膜的密度会增大波速.

(c) 增大膜的尺寸会增大波速.

11.6.2. 两个均匀膜形状相同, 但制成材料不同. 假设它们都服从同样的齐次边界条件, 它们的振动频率有何种联系?

11.6.3. 列出服从齐次 Dirichlet 边界条件、波速 $c = 1$ 的单位正方形的六个最低振动频率. 有多少线性独立的简正模与这些频率相关联?

♥ 11.6.4. 矩形膜 $R = \{-1 < x < 1,\ 0 < y < 1\}$ 的两短边附着于 (x, y) – 平面, 而两长边自由. 最初膜右半部分向平面上方偏移一个单位, 而其左半部分向平面下方偏移一个单位, 然后以零初始速度释放. (这种不连续的初始数据用来模拟一个非常尖锐的过渡区域.) 设定物理单位使得波速 $c = 1$. (a) 写出支配膜振动的初 – 边值问题. (b) 膜振动的基频是多少? (c) 找到描述膜随后运动的本征函数级数解. (d) 运动是 (i) 周期的? (ii) 拟周期的? (iii) 不稳定的? (iv) 混沌的? 解释你的答案.

11.6.5. 确定矩形 $R = \{0 < x < 2, 0 < y < 1\}$ 中波方程的以下初 – 边值问题的解:

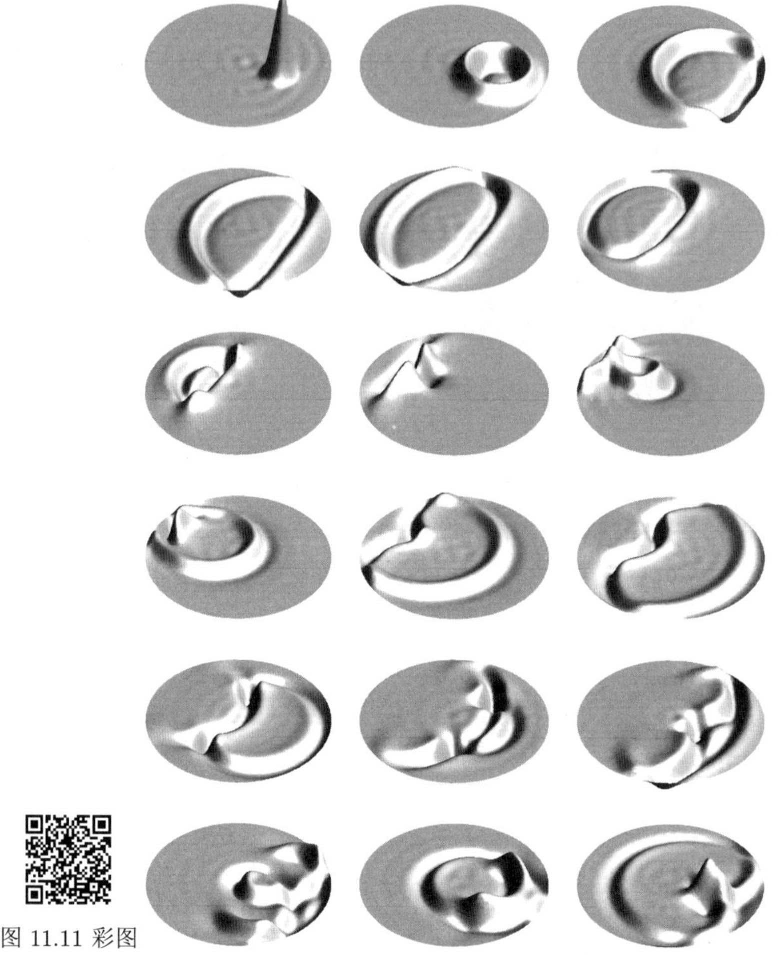

图 11.11 彩图

图 11.11 圆盘的振动 ⊎

(a) $\begin{cases} u_{tt} = u_{xx} + u_{yy}, & u(t,x,0) = u(t,x,1) = u(t,0,y) = u(t,2,y) = 0, \\ u(0,x,y) = \sin \pi y, & u_t(0,x,y) = \sin \pi y. \end{cases}$

(b) $\begin{cases} u_{tt} = u_{xx} + u_{yy}, & u(t,x,0) = u(t,x,1) = \dfrac{\partial u}{\partial x}(t,0,y) = \dfrac{\partial u}{\partial x}(t,2,y) = 0, \\ u(0,x,y) = \sin \pi y, & u_t(0,x,y) = \sin \pi y. \end{cases}$

(c) $\begin{cases} u_{tt} = u_{xx} + u_{yy}, & u(t,x,0) = u(t,x,1) = u(t,0,y) = u(t,2,y) = 0, \\ u(0,x,y) = \begin{cases} 1, & 0 < x < 1, \\ 0, & 1 < x < 2, \end{cases} & u_t(0,x,y) = 0. \end{cases}$

(d) $\begin{cases} u_{tt} = 2u_{xx} + 2u_{yy}, & u(t,x,0) = u(t,x,1) = u(t,0,y) = u(t,2,y) = 0, \\ u(0,x,y) = 0, & u_t(0,x,y) = \begin{cases} 1, & 0 < x < 1, \\ 0, & 1 < x < 2. \end{cases} \end{cases}$

11.6.6. 是/非: 矩形固定的边越多, 它振动得越快.

11.6.7. 解答习题 11.6.3, 若 (a) 正方形的两条相邻边固定而其他两边自由. (b) 正方形相对两边固定, 另两边自由. (c) 膜在外层空间自由浮动.

11.6.8. 方形鼓两边固定, 两边自由. 固定的两边和自由的两边要么相邻要么相对, 哪种鼓会振动得更快?

11.6.9. 写出单位正方形上一个周期解, 服从齐次 Dirichlet 边界条件, 这不是简正模. 它是以基频振动的吗?

11.6.10. 边长为 1 cm × 2 cm 的矩形鼓, 单位波速 $c=1$, 其边界固定于 (x,y) –平面, 同时受形如 $F(t,x,y)=\cos(\omega t)h(x,y)$ 周期性外部强迫作用. (a) 在哪个频率 ω 上强迫作用会激发鼓的谐振? (b) 如果 ω 是谐振频率, 写出 $h(x,y)$ 的条件, 以确保激发谐振模.

11.6.11. 边长为 1×2 的矩形膜最初右半部分偏移而左半部分静止. 是/非: 随后的振动只限于膜的右半部分.

♥ 11.6.12. 环面(内胎) 可以通过粘合矩形橡胶两对边制成. 环面的 (小) 振动由以下波方程周期初–边值问题描述, 其中 x,y 表示角变量:

$$
\begin{aligned}
&u_{tt}=c^2\Delta u=c^2\left(u_{xx}+u_{yy}\right), \quad u(0,x,y)=f(x,y), \quad u_t(0,x,y)=g(x,y),\\
&u(t,-\pi,y)=u(t,\pi,y), \quad u_x(t,-\pi,y)=u_x(t,\pi,y), \quad -\pi<x<\pi,\\
&u(t,x,-\pi)=u(t,x,\pi), \quad u_x(t,x,-\pi)=u_x(t,x,\pi), \quad -\pi<y<\pi.
\end{aligned}
$$

(a) 求出振动的基频和简正模. (b) 写出解的级数. (c) 讨论振动环面的稳定性. 运动 (i) 是周期的; (ii) 是拟周期的; (iii) 是混沌的; (iv) 这些都不是?

11.6.13. 有界区域 $\Omega\subset\mathbb{R}^2$ 上的*强迫波方程* (forced wave equation) $u_{tt}=c^2\Delta u+F(x,y)$ 模拟稳恒外部强迫作用函数 $F(x,y)$ 的膜, 服从齐次 Dirichlet 边界条件和初始条件 $u(0,x,y)=f(x,y), u_t(0,x,y)=g(x,y)$, 写出强迫波方程的本征函数级数解. *提示*: 用本征函数级数展开强迫作用函数.

11.6.14. 半径为 $\zeta_{0,1}\approx 2.404\,8$ 的圆鼓有初始位移和初始速度

$$
u(0,x,y)=0, \quad \frac{\partial u}{\partial t}(0,x,y)=2J_0\left(\sqrt{x^2+y^2}\right).
$$

设鼓边固定在 (x,y) 平面上, 定性地和定量地描述鼓的随后运动.

11.6.15. 写出圆盘中波方程的 Fourier-Bessel 级数解 (11.159) 中系数的积分公式, 初始数据设为 $u(0,r,\theta)=f(r,\theta), u_t(0,r,\theta)=g(r,\theta)$.

11.6.16. 集中冲激击中静止圆鼓中心. 写出描述由此引起振动的本征函数级数.

♥ 11.6.17. (a) 空间自由漂浮的单位半径均匀圆鼓振动, 建立并求解相应的初–边值问题. (b) 讨论鼓的运动是否稳定. (c) 振动速度比边缘固定在平面上的是慢还是快?

11.6.18. 半径为 1 的四分之一圆盘, 其圆弧边缘和一条直边与 (x,y)–平面相连, 而另一条直边是自由的. $t=0$ 时锤击 (单位 δ–函数) 圆盘中点, 即在半径 1/2 与在直边缘中间. (a) 建立四分之一圆盘随后振动的初–边值问题. *提示*: 注意 δ–函数的极坐标形式; 参阅习题 6.3.6. (b) 选定物理单位使得波速 $c=1$, 确定四分之一圆盘的振动频率. (c) 为以后的运动写出本征函数级数解. (d) 运动是否不稳定? 是周期的? 如果是周期的, 周期是多少?

11.6.19. 是/非: 设有齐次 Dirichlet 边界条件, 半圆盘的振动基频恰好是同一半径的完整圆盘的两倍.

♥ 11.6.20. 圆鼓的边缘周期性地上下移动, 因此 $u(t,1,\theta)=\cos\omega t$. 设鼓初始时静止, 讨论它的反应.

♣ 11.6.21. 鼓的形状为圆环, 外半径为 1 m, 内半径为 0.5 m. 求出其前三个振动基频的数值.

♥ 11.6.22. 长度为 1 和质量为 1 的均匀绳索悬挂在天花板上. 以 x 为垂向坐标, 且 $x=1$ 为固定端, $x=0$ 为自由端, 绳索的水平位移 $u(t,x)$ 满足初–边值问题

$$\frac{\partial^2 u}{\partial t^2}=\frac{\partial}{\partial x}\left(x\frac{\partial u}{\partial x}\right),\qquad \begin{array}{ll}|u(t,0)|<\infty, & u(t,1)=0,\\ u(0,x)=f(x), & \dfrac{\partial u}{\partial t}(0,x)=g(x),\end{array}\qquad t>0,\ 0<x<1.$$

(a) 求得解. 提示: 令 $y=\sqrt{x}$. (b) 振动是周期的还是拟周期的? (c) 描述绳子受均匀周期性外力 $F(t,x)=a\cos\omega t$ 外部强迫作用的行为.

标度变换与对称性

在波方程的分析中, 可以有效地利用对称性方法. 我们考虑对时间和空间同时作标度变换

$$t\mapsto\alpha t,\quad x\mapsto\beta x,\quad y\mapsto\beta y,\tag{11.160}$$

其效果是将函数 $u(t,x,y)$ 变换为标度变换函数

$$U(t,x,y)=u(\alpha t,\beta x,\beta y).\tag{11.161}$$

用链式法则联系它们的导数:

$$\frac{\partial^2 U}{\partial t^2}=\alpha^2\frac{\partial^2 u}{\partial t^2},\quad \frac{\partial^2 U}{\partial x^2}=\beta^2\frac{\partial^2 u}{\partial x^2},\quad \frac{\partial^2 U}{\partial y^2}=\beta^2\frac{\partial^2 u}{\partial y^2}.$$

因此, 如果 u 满足波方程

$$u_{tt}=c^2\Delta u,$$

那么, U 满足标度变换波方程

$$U_{tt}=\frac{\alpha^2c^2}{\beta^2}\Delta U=C^2\Delta U,\ \text{其中标度变换波速 } C=\frac{\alpha c}{\beta}.\tag{11.162}$$

特别是, 通过设 $\alpha=1/c,\beta=1$ 标度变换时间导致单位波速 $C=1$. 换言之, 我们可以自由选择时间测量单位, 使得波速固定为 1.

如果我们按相同比例取 $\alpha = \beta$ 标度变换时间和空间, 那么波速不变, $C = c$, 从而,

$$t \mapsto \beta t, \quad x \mapsto \beta x, \quad y \mapsto \beta y, \tag{11.163}$$

定义波方程的对称变换 (symmetry transformation): 如果 $u(t,x,y)$ 是波方程的任一解, 那么, 对于标度参数 $\beta \neq 0$ 而言标度变换函数

$$U(t,x,y) = u(\beta t, \beta x, \beta y) \tag{11.164}$$

也是解. 注意到, 如果 $u(t,x,y)$ 定义在区域 Ω 上, 那么标度变换解 $U(t,x,y)$ 将定义在标度变换区域

$$\widetilde{\Omega} = \frac{1}{\beta}\Omega = \left\{ \left(\frac{x}{\beta}, \frac{y}{\beta} \right) \middle| (x,y) \in \Omega \right\} = \{(x,y) \mid (\beta x, \beta y) \in \Omega\} \tag{11.165}$$

上. 例如, 设标度参数 $\beta = 2$ 会将区域的大小减半. 标度变换区域上的简正模形如

$$U_n(t,x,y) = u_n(\beta t, \beta x, \beta y) = \cos(\beta \omega_n t)\, v_n(\beta x, \beta y),$$
$$\widetilde{U}_n(t,x,y) = \widetilde{u}_n(\beta t, \beta x, \beta y) = \sin(\beta \omega_n t)\, v_n(\beta x, \beta y),$$

因此, 标度变换振动频率是 $\Omega_n = \beta \omega_n$. 因此, 当 $\beta < 1$ 时, 标度变换膜放大 $1/\beta$ 倍, 其振动减慢至 β. 例如, 两倍大的鼓振动将会慢 $\frac{1}{2}$, 因此有一个低八度音阶的整体音调. 在音乐上, 这意味着, 所有形状类似的鼓都有相同的泛音模式, 区别在于它们的整体音高不同, 音高是鼓膜大小、紧固度和密度的函数.

特别地, 选择 $\beta = 1/R$ 将单位圆盘标度变换成半径为 R 的圆盘. 标度变换圆盘的基频是

$$\Omega_{m,n} = \beta \omega_{m,n} = \frac{c}{R}\zeta_{m,n}, \tag{11.166}$$

其中 c 是波速而 $\zeta_{m,n}$ 是 (11.118) 定义的 Bessel 根. 观察振动频率之间的比值 $\omega_{m,n}/\,\omega_{m',n'}$ 保持不变, 与圆盘大小 R 和波速 c 无关. 我们定义相对振动频率 (relative vibrational frequency)

$$\rho_{m,n} = \frac{\omega_{m,n}}{\omega_{0,1}} = \frac{\zeta_{m,n}}{\zeta_{0,1}}, \quad \text{按照 } \omega_{0,1} = \frac{c}{R}\zeta_{0,1} \approx 2.4\frac{c}{R}, \tag{11.167}$$

这是鼓的振动主频率, 即最低振动频率. 相对频率 $\rho_{m,n}$ 与鼓膜尺寸、刚度或组成无关. 在下表中, 我们列出所有小于 6 的相对振动频率 (11.167). 一旦最低频率 $\omega_{0,1}$ 已经确定, 无论是理论的、数值的还是实验的, 所有的较高泛音 $\omega_{m,n} = \rho_{m,n}\omega_{0,1}$ 通过缩放简单地获得.

圆盘的相对振动频率

n	m										
	0	1	2	3	4	5	6	7	8	9	$\cdots$
1	1.000	1.593	2.136	2.653	3.155	3.647	4.132	4.610	5.084	5.553	$\cdots$
2	2.295	2.917	3.500	4.059	4.601	5.131	5.651	$\vdots$	$\vdots$	$\vdots$	
3	3.598	4.230	4.832	5.412	5.977	$\vdots$	$\vdots$				
4	4.903	5.540	$\vdots$	$\vdots$	$\vdots$						
$\vdots$	$\vdots$	$\vdots$									

习题

11.6.23. 是/非: 两个矩形膜, 材料相同且服从同样的 Dirichlet 边界条件, 具有相同的相对振动频率, 当且仅当它们形状相似.

11.6.24. 是/非: (a) 边长 $a = b = 2$ 的正方形的振动频率是边长 $a = b = 1$ 的正方形的 $\frac{1}{4}$. (b) 边长 $a = 2, b = 1$ 的矩形的振动频率是边长 $a = b = 1$ 的正方形的 $\frac{1}{2}$.

11.6.25. 尺寸未知的振动矩形波速 $c = 1$, 并且服从齐次 Dirichlet 边界条件. 为了确定矩形的大小, 需要知道多少个最低振动频率?

11.6.26. 回答习题 11.6.25, 矩形服从齐次 Neumann 边界条件.

♣ 11.6.27. 圆鼓有一个中央 C 以上的 A , 其频率为 440 Hz, 作为它的最低音调. 最接近的前五个泛音是哪些音符? 试着用钢琴或吉他演奏. 或者, 如果有一个合成器, 试着收集这些频率的音符, 看看它是如何接近地再现鼓的不和谐声音的.

11.6.28. 在管弦乐队中, 半径 1 英尺[①]的圆形小军鼓置于同一材料制成的第二只圆鼓附近. 观察到第一只鼓的振动激发起它的伙伴一个不希望发生的谐振. 第二只鼓的半径可能是多大?

11.6.29. 是/非: 服从 Dirichlet 边界条件的半圆盘的相对振动频率, 是一个完整圆盘相对振动频率的子集.

11.6.30. 是/非: 如果 $u(t,x,y) = \cos(\omega t)v(x,y)$ 是服从齐次 Dirichlet 边界条件的单位正方形的一个振动简正模, 那么函数 $\widehat{u}(t,x,y) = \cos(\omega t)v\left(\frac{1}{2}x, \frac{1}{3}y\right)$ 就是服从相同边界条件的 2×3 矩形的一个振动简正模, 但波速可能不同. 果真如此的话, 那么两个矩形的波速有何联系?

① 注: 1 英尺 = 30.48 cm.

11.6.31. 求证: 如果 $u(t,x,y)$ 是二维波方程的解, 那么对于任何常数 t_0, x_0, y_0 而言, 平移变换函数 $U(t,x,y) = u(t-t_0, x-x_0, y-y_0)$ 也是解.

♦ 11.6.32. (a) 求证: 如果 $u(t,x,y)$ 是波方程的解, 那么 $U(t,x,y) = u(-t,x,y)$ 也是解. 因此, 与热方程不同, 波方程是时间可逆的, 它的解可沿时间确定地回溯. (b) 假设 $u(t,x,y)$ 是初值问题 (11.141) 的解, 写出 $U(t,x,y)$ 所满足的初值问题.

11.6.33. (a) 证明在 $\mathbb{R}^2$ 上纯位移初值问题 $u_{tt} = c^2 \Delta u$, $u(0,x,y) = f(x,y)$, $u_t(0,x,y) = 0$ 的解是 t 的一个偶函数. (b) 证明纯速度初值问题的解 $u_{tt} = c^2 \Delta u$, $u(0,x,y) = 0$, $u_t(0,x,y) = g(x,y)$ 的解是 t 的一个奇函数. 提示: 利用习题 11.6.32 和初值问题解的唯一性.

11.6.34. 设 $v(t,x)$ 是一维波方程 $v_{tt} = v_{xx}$ 的任一解. 证明对于任何常量 $(a,b) \neq (0,0)$ 而言, $u(t,x,y) = v(t, ax+by)$ 是某个选定波速的二维波方程 $u_{tt} = c^2(u_{xx} + u_{yy})$ 的解. 描述此类解的行为.

11.6.35. 二维波方程行波解 (traveling wave solution) 形如 $u(t,x,y) = v(x-at, y-at)$, 其中 a 是常数. 写出函数 $v(\xi,\eta)$ 所满足的方程. 偏微分方程是双曲型的吗?

11.6.36. 引理 11.11 的相应结果对波方程成立吗? 换句话说, 如果 $v(t,x)$ 和 $w(t,x)$ 是一维波方程的任意两个解, 它们的乘积 $u(t,x,y) = v(t,x)w(t,y)$ 是二维波方程的一个解吗?

11.6.37. (a) 如何求解与坐标轴不平行的矩形上波方程的初–边值问题? (b) 把你的方法运用到正方形 $R = \{|x+y| < 1, |x-y| < 1\}$ 上提出并求解初–边值问题.

Chladni 图与结点曲线

当膜振动时, 其组成的各个原子通常以拟周期的方式上下移动. 照此, 它们在不同地点的运动之间几乎没有关联. 然而, 如果置膜以纯本征模振动

$$u_n(t,x,y) = \cos(\omega_n t)\, v_n(x,y), \tag{11.168}$$

那么所有的点都以一个共同的频率 $\omega_n = \sqrt{\lambda_n}$ 上下运动, 这是对应本征函数 $v_n(x,y)$ 本征值的平方根. 例外是本征函数取值为零:

$$v_n(x,y) = 0 \tag{11.169}$$

的点保持静止不动. 全体 (11.169) 的点 $(x,y) \in \Omega$ 的集合称为区域 Ω 的第 n 阶 Chladni 图 (Chladni figure), 用 18 世纪德国物理学家和音乐家 Ernst Chladni的名字命名以示纪念, 他用提琴弓激励金属板首先观察到这些图样[43]. 支配板振动的数学模型是由法国数学家 Sophie Germain在 1800 年代早期建立的. 可以证明, 一般而言, 每幅 Chladni 图由有限多条*结点曲线* (nodal curve)

系统组成[34,43], 这些曲线将膜分割成不相交的结点区域 (nodal region). 当膜振动时, 结点曲线保持静止, 而每个结点区域完全都高于或低于平衡面, 除了整个膜瞬间位移为零之外. 正如 Chladni 在最初的实验中发现的, 在膜或板上散布的小颗粒 (如细砂) 以本征模振动使我们能够将 Chladni 图可视化, 因为粒子沿常定的结点曲线累积. 位于结点曲线两侧相邻的结点区域运动方向相反, 当一个区域向上时它的比邻就是向下的, 然后膜短暂变得平坦后它们角色互换. 我们来看几个例子, 可以很容易地确定 Chladni 图.

例 11.15 圆鼓 (circular drum). 因为圆盘的本征函数 (11.156) 是角变量的三角函数与半径的 Bessel 函数的乘积, 圆膜振动简正模的结点曲线所以是以原点为中心的. 因此, 结点区域是环形区段. 图 11.12 中绘制了与前 9 个简正模相关的 Chladni 图, 并按其相对频率排序. 在以前发现的前 12 个模中, 见图 11.6, 每一个都有代表性的膜位移. 主模 (最低频率) 是唯一没有结点曲线的; 它有一个径向对称凸起的形式, 整个膜上下弯曲. 下一个最低模式以相对频率 $\rho_{1,1} \approx 1.593$ 成比例地振动得更快. 这个振动频率上最一般的解是两个本征解的线性组合 $\alpha u_{1,1} + \beta \widetilde{u}_{1,1}$. 每个这样的组合有一条直径作为结点曲线, 与水平之间角度取决于比值 β/α. 圆鼓的两个半圆在相反的方向振动, 当上半部分上升时下半部分下降, 反之亦然. 下一组模以两条正交的直径为结点曲线; 鼓的四个象限依次振动, 相对的象限在同向振动. 接下来, 在振动频率的递增顺序是个单一的模, 它有一条圆形的结点曲线, 其 (相对) 半径等于零阶 Bessel 函数前两个根之比 $\zeta_{0,2}/\zeta_{0,1} \approx 0.435\,65$; 说明理由参见习题 11.6.39. 在这种情况下, 内盘和外环在相反的方向振动. 如此等等.

例 11.16 矩形鼓 (rectangular drum). 对于大多数矩形鼓而言, Chladni 图比较乏味. 由于简正模 (11.151) 是坐标变量 x, y 中可分离三角函数的乘积, 因此结点曲线是平行于矩形两侧的等距直线. 结点之间的区域是块头较小但形状相同的矩形, 相邻的矩形在相反的方向上振动.

比较有意思的 Chladni 图出现在矩形容许多重本征值的时候, 即所谓偶然简并 (accidental degeneracy). 注意两个本征值 (11.149) 相等, $\lambda_{m,n} = \lambda_{k,l}$, 当且仅当

$$\frac{m^2}{a^2} + \frac{n^2}{b^2} = \frac{k^2}{a^2} + \frac{l^2}{b^2}, \tag{11.170}$$

其中 $(m,n) \neq (k,l)$ 是不同的正整数对. 在这种情形里, 两个本征模以共同频率 $\omega = \omega_{m,n} = \omega_{k,l}$ 振动. 因此, 本征模的任何线性组合, 例如,

$$\cos(\omega t)\left(\alpha \sin\frac{m\pi x}{a}\sin\frac{n\pi y}{b} + \beta \sin\frac{k\pi x}{a}\sin\frac{l\pi y}{b}\right), \quad \alpha, \beta \in \mathbb{R},$$

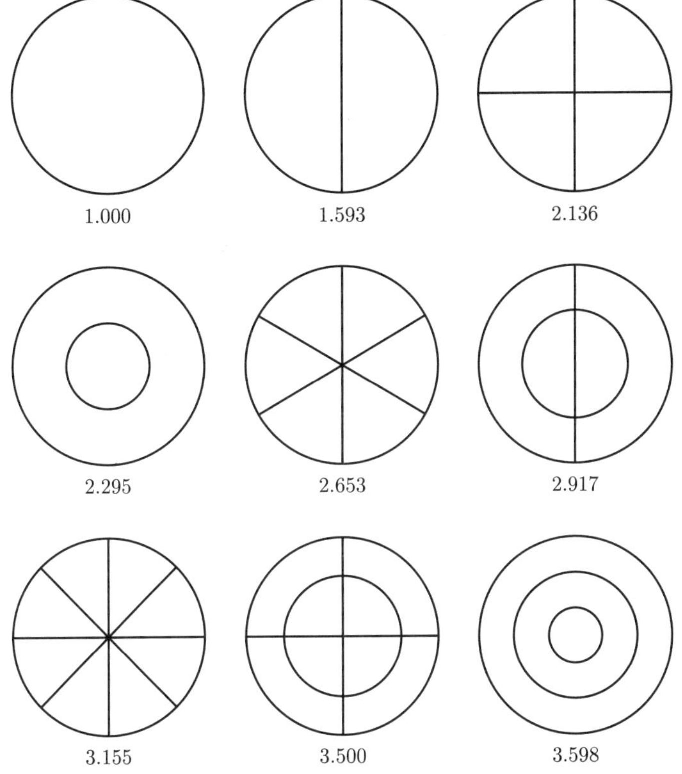

图 11.12 圆膜的结点曲线与相对振动频率

也是一个纯振动, 因此有资格作为简正模. 相关的结点曲线

$$\alpha\sin\frac{m\pi x}{a}\sin\frac{n\pi y}{b}+\beta\sin\frac{k\pi x}{a}\sin\frac{l\pi y}{b}=0,\ 0\leqslant x\leqslant a,\ 0\leqslant y\leqslant b \tag{11.171}$$

有一个很有趣的几何图案, 随着系数 α,β 变化可以发生戏剧性的改变.

例如, 在单位正方形 $R=\{0<x,y<1\}$ 上, 每当

$$m^2+n^2=k^2+l^2 \tag{11.172}$$

对于正整数对 $(m,n)\neq(k,l)$ 时发生偶然简并. 最简单的可能性当 $m\neq n$ 时出现, 此时我们可以只是颠倒顺序, 设 $k=n,l=m$. 在图 11.13 中, 我们绘制了三条样本结点曲线

$$\alpha\sin 4\pi x\sin\pi y+\beta\sin\pi x\sin 4\pi y=0,$$

对应于三个不同的 $m=l=4,n=k=1$ 本征函数的线性组合. 在所有的情况下相关的振动频率都是 $\omega_{4,1}=c\sqrt{17}\pi$, 其中 c 是波速.

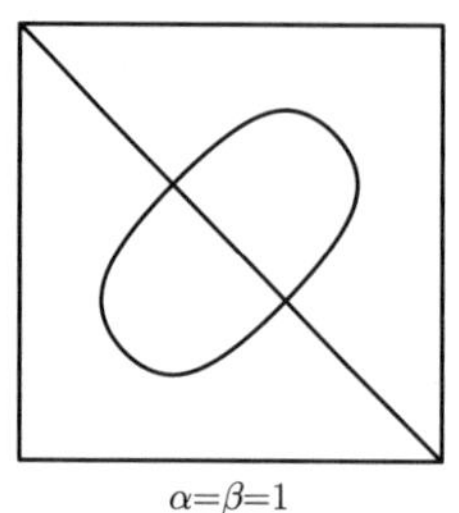

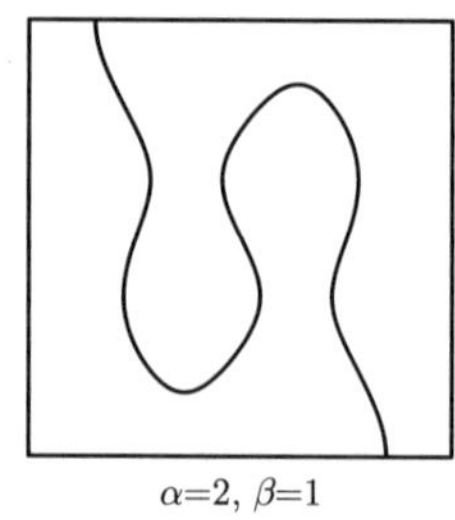

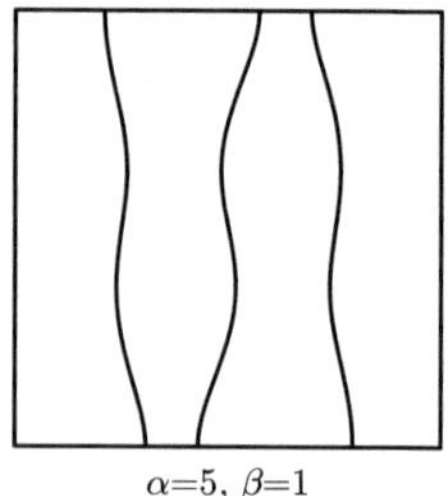

图 11.13 正方膜的一些 Chladni 图

矩形偶然简并的分类可把我们带入数论领域[9,29]. 在正方形情形, 等式 (11.172) 要求我们找到位于同一圆上所有的整数点 $(m,n)\in\mathbb{Z}^2$.

注记: Bourget 假说, 在 (11.157) 后提到过的, 意味着每当 $(m,n)\neq(k,l)$ 时 $\zeta_{m,n}\neq\zeta_{k,l}$. 这意味着圆盘没有偶然简并, 因此它的所有的结点曲线是同心圆和直径.

习题

♦ 11.6.38. 设膜以简正模振动. 证明膜在固定时间间隔内瞬间完全平坦.

♦ 11.6.39. 单位半径圆盘的振动, 确定仅高于最低圆模的圆形结点曲线半径.

11.6.40. 根据图 11.12 中的大小, 对 5 个结点圆进行排序.

11.6.41. 绘制单位圆盘对应下列振动频率的 Chladni 图. 确定任一圆形结点曲线的半径数值.

(a) $\omega_{0,4}$. (b) $\omega_{2,4}$. (c) $\omega_{4,2}$. (d) $\omega_{3,3}$. (e) $\omega_{5,1}$.

11.6.42. 是/非: 圆盘的任意直径是某一简正模的结点曲线.

11.6.43. 是/非: 半圆形圆盘结点曲线都是半圆和从中心发出的射线.

11.6.44. (a) 求满足 (11.172) 的最小正整数对 $(k,l)\neq(m,n)$, 而不是简单的反转顺序, 即由 $(k,l)\neq(n,m)$ 得到. (b) 找出下一个最小整数对的例子. (c) 绘制两三幅由此类简并函数引起的 Chladni 图.

♥ 11.6.45. 设 R 是一个矩形, 所有的侧边都固定到 (x,y) – 平面上. 假设它的所有的结点曲线都是直线. 关于它的边长 a,b 能说些什么?

11.6.46. 是/非: 振动矩形的结点区域是类似形状的矩形.

♦ 11.6.47. 证明与同一简正模相关联的两条结点曲线的任何相交点 (x_0,y_0) 都是相关本征函数的临界点: $\nabla v\,(x_0,y_0)=\mathbf{0}$.

11.6.48. 是/非: 区域上的结点曲线不依赖于边界条件的选择.

第 12 章　空间中的偏微分方程

最后, 我们已经登上维度阶梯的终极 (至少对于生活在三维宇宙中的我们): 物理空间中的偏微分方程. 正如前几章展开的一维和二维的场景一样, 主角依旧: Laplace 方程和 Poisson 方程, 模拟固体的平衡构型; 三维波方程, 支配固体、液体和电磁波的振动; 以及三维热方程, 模拟空间扩散过程. 作为本章以及本书的结束, 我们还将分析独特的三维 Schrödinger 方程, 它支配氢原子从而表征原子轨道.

所幸的是, 几乎所有重要的东西在前几章中都已经出现过, 增加第三个维度很大程度上只是个适当调整结构的问题. 我们已经阐述了主要的求解方法: 分离变量、Green 函数和基本解. 在三维问题中, 分离变量适用于各种坐标系, 包括通常的直角坐标、柱坐标和球坐标. 前两种坐标系没有导致任何根本性的新东西, 因此纳入习题之列. 球坐标系中的分离需要球 Bessel 函数和球面调和函数, 它们在既有经典的也有量子的各种物理系统中扮演着重要的角色.

空间中三维 Poisson 方程的 Green 函数可以确定为经典 Newton (Coulomb) 引力 (静电) 势 $1/r$. 三维热方程的基本解可以很容易地从它的一维和二维形式猜测到. 出乎意料的是, 三维波方程有一个解的显式公式, 以在电气学里名气很大的 Kirchhoff 的名字命名, 但最初却来自 Poisson. 与直觉相反, 处理二维波方程的最佳方法是从简单的 (!) 三维 Kirchhoff 公式中 "降维". 降维揭示了平面介质和空间介质中波的显著差异. Huygens 原理指出, 从局部初始扰动中产生的三维波在通过空间传播时仍然是局部的. 相反, 初始集中的二维扰动留下一个缓慢衰减但永远不会彻底消失的残迹.

最后一节涉及氢原子的 Schrödinger 方程, 即单电子环绕带一个正电荷的原子核空间运动的量子动力学系统. 正如我们将看到的, 球面调和本征函数解释了观测到的原子的量子能级, 诠释了周期表, 从而奠定了分子化学的基础.

12.1　三维 Laplace 方程与 Poisson 方程

像以前那样, 我们的探究从处于平衡的系统开始, 将动力学系统推晚些时候. 平衡系统原型是三维 Laplace 方程

$$\Delta u=\frac{\partial^2 u}{\partial x^2}+\frac{\partial^2 u}{\partial y^2}+\frac{\partial^2 u}{\partial z^2}=0, \tag{12.1}$$

其中 $\boldsymbol{x}=(x,y,z)^\top$ 表示 $\mathbb{R}^3$ 上的直角坐标. 解 $u(x,y,z)$ 仍称为调和函数 (harmonic function). Laplace 方程模拟无强迫作用的平衡状态, Poisson 方程

$$-\Delta u=f(x,y,z) \tag{12.2}$$

是其非齐次情形, 其右端表示某种形式的外部强迫作用.

Laplace 方程和 Poisson 方程的基本边值问题是在有界区域 $\Omega\subset\mathbb{R}^3$ 中求解, 但须服从 Dirichlet 边界条件, 规定在区域边界上的函数值:

$$\text{在 } \partial\Omega \text{ 上},\ u=h; \tag{12.3}$$

或 Neumann 边界条件, 规定其法向导数或通过边界的通量:

$$\text{在 } \partial\Omega \text{ 上},\ \frac{\partial u}{\partial \boldsymbol{n}}=k; \tag{12.4}$$

或混合边界条件, 在部分边界上强加 Dirichlet 条件且在其余边界部分上强加 Neumann 条件. 记住立体区域 Ω 的边界由一个或多个分段光滑曲面闭合构成, 使用单位外法向 $\boldsymbol{n}$, 即从区域内部指向区域外部.

三维 Laplace 方程和 Poisson 方程的边值问题支配着各种各样的物理系统, 包括:

- 热传导 (heat conduction): 解 u 表示固体内部的平衡温度. 非齐次项 f 表示某种形式的内部热源或热汇. 该条件对应于边界曲面上固定的温度, 而齐次 Neumann 条件对应于一个绝热边界, 即不容许任何热流.

- 理想流体流动 (ideal fluid flow): 在这里, Laplace 方程的解 u 表示在速度矢量场 $\boldsymbol{v}=\nabla u$ 支配的容器内不可压缩无旋稳态流体流动的速度势. 齐次 Neumann 边界条件对应于流体无法穿透固壁边界.

- 弹性力学 (elasticity): 在某些特定情形中, u 表示物体的平衡形变, 例如弹性球体的径向形变.

- 静电学 (electrostatics): 在电磁学应用中, u 是导电介质中的电势; 它的梯度 ∇u 规定了带电粒子的电动势 (electromotive force). 非齐次项 f 表示外部静电力场.

- 引力论 (gravitation): 在平坦真空 (flat empty space) 中 Newton 引力势也由 Laplace 方程规定. (相比之下, Einstein 广义相对论要求一个复杂的非线性偏微分方程组[75].)

自伴公式与最小值原理

Laplace 方程和 Poisson 方程自然适于第 9 章总结的一般的自伴平衡架构. 为定义在区域 $\Omega \subset \mathbb{R}^3$ 上的标量场 $u, \widetilde{u}$ 和向量场 $\boldsymbol{v}, \widetilde{\boldsymbol{v}}$, 我们分别引入 L^2 – 内积

$$\begin{aligned} \langle u, \widetilde{u} \rangle &= \iiint_\Omega u(x,y,z)\widetilde{u}(x,y,z)\mathrm{d}x\mathrm{d}y\mathrm{d}z, \\ \langle \boldsymbol{v}, \widetilde{\boldsymbol{v}} \rangle &= \iiint_\Omega \boldsymbol{v}(x,y,z) \cdot \widetilde{\boldsymbol{v}}(x,y,z)\mathrm{d}x\mathrm{d}y\mathrm{d}z. \end{aligned} \tag{12.5}$$

我们认为有关函数都是足够好的, 以便这些内积唯一定义; 如果 Ω 是无界的, 那么实质上要求它们在很远距离上相当迅速地衰减为零.

当服从适当的齐次边界条件时, 三维 Laplace 方程可以表示为我们的标准自伴形式

$$-\Delta u = -\nabla \cdot \nabla u = \nabla^* \circ \nabla u. \tag{12.6}$$

这依赖于一个事实, 即梯度算子关于 L^2 – 内积 (12.5) 的伴随算子是负的散度算子:

$$\nabla^* \boldsymbol{v} = -\nabla \cdot \boldsymbol{v}. \tag{12.7}$$

像以前那样, 伴随性的确立取决于分部积分公式, 在三维空间中是多元微积分散度定理的推论[8,108]:

定理 12.1 设 $\Omega \subset \mathbb{R}^3$ 是一个有界区域, 其边界 $\partial\Omega$ 由一个或多个分段光滑简单曲面闭合组成. 令 $\boldsymbol{n}$ 表示 Ω 的边界上的单位外法向. 设 $\boldsymbol{v}$ 为在 Ω 上定义的一个 C^1-向量场且直到边界都是连续的. 那么在区域边界上, $\boldsymbol{v}$ 的法向分量关于表面积的面积分等于其在该区域上散度的三重积分:

$$\iint_{\partial\Omega} \boldsymbol{v} \cdot \boldsymbol{n} \mathrm{d}S = \iiint_\Omega \nabla \cdot \boldsymbol{v} \mathrm{d}x\mathrm{d}y\mathrm{d}z. \tag{12.8}$$

用标量场 u 和向量场 $\boldsymbol{v}$ 的乘积 $u\boldsymbol{v}$ 代替 $\boldsymbol{v}$ 得到

$$\iiint_\Omega (u\nabla \cdot \boldsymbol{v} + \nabla u \cdot \boldsymbol{v})\,\mathrm{d}x\mathrm{d}y\mathrm{d}z = \iiint_\Omega \nabla \cdot (u\boldsymbol{v})\,\mathrm{d}x\mathrm{d}y\mathrm{d}z = \iint_{\partial\Omega} u\,(\boldsymbol{v} \cdot \boldsymbol{n})\,\mathrm{d}S. \tag{12.9}$$

重新排列各项就得到所需的三重积分分部积分公式 (integration by parts formula):

$$\iiint_\Omega (\nabla u \cdot \boldsymbol{v})\mathrm{d}x\mathrm{d}y\mathrm{d}z = \iint_{\partial\Omega} u(\boldsymbol{v} \cdot \boldsymbol{n})\mathrm{d}S - \iiint_\Omega u(\nabla \cdot \boldsymbol{v})\mathrm{d}x\mathrm{d}y\mathrm{d}z. \tag{12.10}$$

边界表面积分将为零, 只要在 $\partial\Omega$ 上每个点处 $u=0$ 或 $\boldsymbol{v}\cdot\boldsymbol{n}=0$. 当 $\partial\Omega$ 上所有的点处 $u=0$ 时, 我们有齐次 Dirichlet 条件. 在 $\partial\Omega$ 上处处设 $\boldsymbol{v}\cdot\boldsymbol{n}=0$, 由于 $\boldsymbol{v}=\nabla u$, 导致齐次 Neumann 边值问题. 最后, 混合边值问题在部分 $\partial\Omega$ 上 $u=0$ 和在其余部分上 $\boldsymbol{v}\cdot\boldsymbol{n}=0$. 因此, 根据这些选择之一, 分部积分公式 (12.10) 化简为

$$\langle\nabla u,\boldsymbol{v}\rangle=\langle u,-\nabla\cdot\boldsymbol{v}\rangle, \tag{12.11}$$

这足以建立起伴随公式 (12.7).

注记: 采用较为一般的加权内积, 会导出较一般的椭圆型边值问题. 有关详细信息, 参阅习题 12.1.9.

根据定理 9.20, 自伴公式 (12.6) 意味着边值问题自动具有正半定性, 如果 $\ker\nabla=\{0\}$, 那么即为正定的. 因为在连通域上, 只有常数函数是被梯度算子零化的, 参见引理 6.16, 它也适用于三维区域, Dirichlet 边值问题和混合边值问题都是正定的, 而 Neumann 边值问题只是正半定的.

最后, 在正定的情形下, 定理 9.26 意味着可以用极小化原理 (9.82) 的三维版本表征解.

定理 12.2 Poisson 方程 (12.2) 服从齐次 Dirichlet 边界条件或混合边界条件 (12.3) 的解 $u(x,y,z)$, 是满足规定边界条件的全体 C^2-函数中唯一的函数, 使得 Dirichlet 积分

$$\frac{1}{2}|||\nabla u|||^2-\langle u,f\rangle=\iiint_\Omega\left[\frac{1}{2}\left(u_x^2+u_y^2+u_z^2\right)-fu\right]\mathrm{d}x\mathrm{d}y\mathrm{d}z \tag{12.12}$$

极小化.

与第 9 章讨论的二维情形一样, 对于非齐次 Dirichlet 边值问题情形, 该极小化原理仍成立. 对非齐次混合边值问题的修正出现在习题 12.1.13 中.

习题

12.1.1. 求以下空间的基: (a) 次数不大于 2 的调和多项式 $u(x,y,z)$ 空间. (b) 齐次三次调和多项式 $u(x,y,z)$ 空间.

12.1.2. 是/非: (a) 所有调和多项式是齐次的. (b) 所有齐次多项式是调和的.

12.1.3. 求解单位球 $x^2+y^2+z^2<1$ 上满足齐次 Dirichlet 边界条件的 Poisson 边值问题 $-\Delta u=1$. 提示: 求多项式解.

♦ 12.1.4. 证明如果 $u(x,y,z)$ 是 Laplace 方程的解, 那么, 对于常数 a,b,c 而言, 平移变

换函数 $U(x,y,z)=u(x-a,y-b,z-c)$ 也是解.

♦ 12.1.5. (a) 证明如果 $u(x,y,z)$ 是 Laplace 方程的解, 那么对任何恒定的 λ 而言标度变换函数 $U(x,y,z)=u(\lambda x,\lambda y,\lambda z)$ 也是解. (b) 更普遍地说, 对任何常量 μ,λ,c 而言 $U(x,y,z)=\mu u(\lambda x,\lambda y,\lambda z)+c$ 是 Laplace 方程的解.

♦ 12.1.6. 设 A 是一个 3×3 非奇异常数矩阵, $u(\boldsymbol{x})$ 是一个 C^1-标量场, $\boldsymbol{v}(\boldsymbol{x})$ 是一个 C^1-向量场. 设 $U(\boldsymbol{x})=u(A\boldsymbol{x})$ 和 $\boldsymbol{v}(\boldsymbol{x})=\boldsymbol{v}(A\boldsymbol{x})$. 证明:

(a) $\nabla U(\boldsymbol{x})=A^{\top}\nabla u(A\boldsymbol{x})$. (b) $\nabla\cdot\boldsymbol{v}(\boldsymbol{x})=w(A\boldsymbol{x})$, 其中 $w(\boldsymbol{x})=\nabla\cdot(A\boldsymbol{v})(\boldsymbol{x})$.

♦ 12.1.7. 证明每个转动和反射都是 Laplace 方程的对称性. 换句话说, 如果 Q 是任一 3×3 正交矩阵, 使得 $Q^{\top}Q=I$ 且 $u(\boldsymbol{x})$ 是一个调和函数, 那么 $U(\boldsymbol{x})=u(Q\boldsymbol{x})$. 提示: 使用习题 12.1.6.

♦ 12.1.8. 弱最大值原理 (weak maximum principle): 设 $\Omega\subset\mathbb{R}^2$ 为有界区域. 令 $u(x,y,z)$ 是 Poisson 方程 $-\Delta u=f(x,y,z)$ 的解, 对所有的 $(x,y,z)\in\Omega$ 都有 $f(x,y,z)<0$.

(a) 证明 u 的最大值在边界 $\partial\Omega$ 上出现. 提示: 解释为什么在 Ω 的任何内点 u 不能有局部极大值.

(b) 将结果推广到 $f(x,y,z)\leqslant 0$, 提示: 考察 $v_{\varepsilon}(x,y,z)=u(x,y,z)+\varepsilon\left(x^2+y^2+z^2\right)$ 并取 $\varepsilon\to 0^+$.

♦ 12.1.9. 求服从齐次 Dirichlet 边界条件使 $|||\,\nabla u\,|||^2$ 极小化相应的平衡方程, 其中所述范数基于加权内积

$$\langle\langle \boldsymbol{v},\boldsymbol{w}\rangle\rangle=\iiint_{\Omega}\boldsymbol{v}(x,y,z)\cdot\boldsymbol{w}(x,y,z)\sigma(x,y,z)\mathrm{d}x\mathrm{d}y\mathrm{d}z,$$

且 $\sigma(x,y,z)>0$ 是一个正标量函数.

♦ 12.1.10. 证明以下向量微积分恒等式:

(a) $\nabla\cdot(u\boldsymbol{v})=\nabla u\cdot\boldsymbol{v}+u\nabla\cdot\boldsymbol{v}$. (b) $\nabla\times(u\boldsymbol{v})=\nabla u\times\boldsymbol{v}+u\nabla\times\boldsymbol{v}$.

(c) $\nabla\cdot(\boldsymbol{v}\times\boldsymbol{w})=(\nabla\times\boldsymbol{v})\cdot\boldsymbol{w}-\boldsymbol{v}\cdot(\nabla\times\boldsymbol{w})$. (d) $\nabla\times(\nabla\times\boldsymbol{v})=\nabla(\nabla\cdot\boldsymbol{v})-\Delta\boldsymbol{v}$.

(在最后等式中, Laplace 算子 Δ 作用在向量场 v 的分量上.)

♦ 12.1.11. 设 Ω 为具有分段光滑边界 $\partial\Omega$ 的有界区域. 证明以下恒等式:

(a) $\displaystyle\iiint_{\Omega}\Delta u\mathrm{d}x\mathrm{d}y\mathrm{d}z=\iint_{\partial\Omega}\frac{\partial u}{\partial\boldsymbol{n}}\mathrm{d}S$.

(b) $\displaystyle\iiint_{\Omega}u\Delta u\mathrm{d}x\mathrm{d}y\mathrm{d}z=\iint_{\partial\Omega}u\frac{\partial u}{\partial\boldsymbol{n}}\mathrm{d}S-\iiint_{\Omega}|||\,\nabla\,|||^2\mathrm{d}x\mathrm{d}y\mathrm{d}z$.

12.1.12. 设非齐次Neumann 边值问题 (12.1,4) 有一个解. (a) 证明 $\displaystyle\iint_{\partial\Omega}k\mathrm{d}S=0$. (b) 解是否唯一呢? 如果不是, 最一般的解是什么? (c) 对非齐次 Poisson 方程 $-\Delta u=f(x,y,z)$ 叙述和证明类似的结果. (d) 为你的回答给出一个物理解释.

♦ 12.1.13. 找到一个极小化原理, 表征 Ω 上非齐次混合边值问题 $-\Delta u=f$ 的解, 在 $D\subsetneq\partial\Omega$ 上 $u=g$ 和在 $N=\partial\Omega\backslash D$上$\partial u/\partial\boldsymbol{n}=h$.

♥ 12.1.14. (a) 证明在适当的边界条件下, 旋度 $\nabla\times$ 定义自伴算子, 该算子与向量场之间的 L^2-内积有关. 需要规定哪些类型的边界条件可以使得分部积分成立? 提示: 使用

习题 12.1.10 (c) 中的恒等式. (b) 向量场上的算子由自伴复合算子 $S = (\nabla\times)^* \circ (\nabla\times)$ 给出? (c) 选择一组齐次边界条件, 使其自伴. 产生的边值问题 $S[\boldsymbol{v}] = \boldsymbol{f}$ 是正定的吗? 如果没有, Fredholm 择一律对它的可解性有何说法?

12.2 Laplace 方程的分离变量

在这一节中, 我们重新讨论 Laplace 方程三维情形的分离变量方法. 像以前那样, 它的适用性很遗憾地受限于相当特殊但重要的几何构型, 最简单的是长方体区域、圆柱区域和球形区域. 由于前两个只是它们二维情形的简单扩展, 我们将只详细地讨论球形可分离解.

分离变量方法适用的最简单区域是长方体:

$$B = \{0 < x < a,\ 0 < y < b,\ 0 < z < c\}.$$

对于三个变量的函数, 通过设 $u(x,y,z) = v(x)w(y,z)$ 分解其中之一开始分离过程. 函数 $v(x)$ 满足一个简单的二阶常微分方程, 而 $w(y,z)$ 是二维 Helmholtz 方程 (11.21) 的解, 再进一步分离写为 $w(y,z) = p(y)q(z)$. 得到的完全可分离解 $u(x,y,z) = v(x)p(y)q(z)$(主要) 是三角函数和双曲函数的乘积. 实施的技术和分析的结果级数解留待习题 12.2.34 补充.

在区域是圆柱体的情形, 就要转到*柱坐标* (cylindrical coordinate) r, θ, z, 其中

$$x = r\cos\theta, \quad y = r\sin\theta, \quad z = z, \tag{12.13}$$

以便能有效分离. 写出 $u(r,\theta,z) = v(r,\theta)w(z)$, 会发现 $w(z)$ 满足一个简单的二阶常微分方程, 而 $v(r,\theta)$ 是圆盘上的二维极坐标 Helmholtz 方程 (11.51) 的解. 像第 11 章那样进一步分离 $v(r,\theta)$, 就得到完全可分离解 $u(r,\theta,z) = p(r)q(\theta)w(z)$, 是圆柱半径 r 的 Bessel 函数、极角 θ 的三角函数和 z 的双曲函数的乘积; 参见习题 12.2.40.

最有意思的情形是球坐标, 我们将在下面的小节中进行详细分析.

注记: 这些只是三维 Laplace 方程众多可分离坐标系之中的三例. 如[78,79]所述, 另外还有包括椭球坐标、环面坐标和抛物椭球坐标在内的 37 种非常见类型. 由此产生的可分离解是用新类型的特殊函数写出的, 它们解出了有意义的二阶常微分方程, 全都具有 Sturm-Liouville 方程 (9.71) 的形式.

球中的 Laplace 方程

假设一个球体 (例如地球) 服从在其球面边界上给定的稳态温度分布. 我们的任务是确定球内的平衡温度. 我们假设球体是由各向同性均匀介质组成的, 为了稍微简化分析, 选择单位使其半径等于 1.

为了求出球内的平衡温度, 必须求解 Dirichlet 边值问题

$$\begin{aligned}&\frac{\partial^2 u}{\partial x^2}+\frac{\partial^2 u}{\partial y^2}+\frac{\partial^2 u}{\partial z^2}=0, \quad x^2+y^2+z^2<1,\\ &u(x,y,z)=h(x,y,z), \qquad x^2+y^2+z^2=1,\end{aligned} \tag{12.14}$$

其中 h 在上述边界单位球面上给定. 球形几何中的问题最自然地要在球坐标 (spherical coordinate)[①] r,φ,θ 中进行分析. 我们的约定是设

$$x=r\sin\varphi\cos\theta, \quad y=r\sin\varphi\sin\theta, \quad z=r\cos\varphi, \tag{12.15}$$

在半径为 $r=\sqrt{x^2+y^2+z^2}$ 的球面上, $-\pi<\theta\leqslant\pi$ 是球面方位角 (azimuthal angle) 或经度 (longitude), $0\leqslant\varphi\leqslant\pi$ 是球面天顶角 (zenith angle) 或余纬度 (colatitude)[②]. 换言之, φ 量度向量 $(x,y,z)^\top$ 与正 z–轴间的夹角, 而 θ 量度在 (x,y)–平面上的投影 $(x,y,0)^\top$ 与正 x–轴间的夹角; 见图 12.1. 在地球上, 经度 θ 是从 Greenwich本初子午线开始测量的, 而纬度 (latitude) 是从赤道开始测量的, 所以等于 $\frac{1}{2}\pi-\varphi$ (虽然日常单位是度, 而不是弧度).

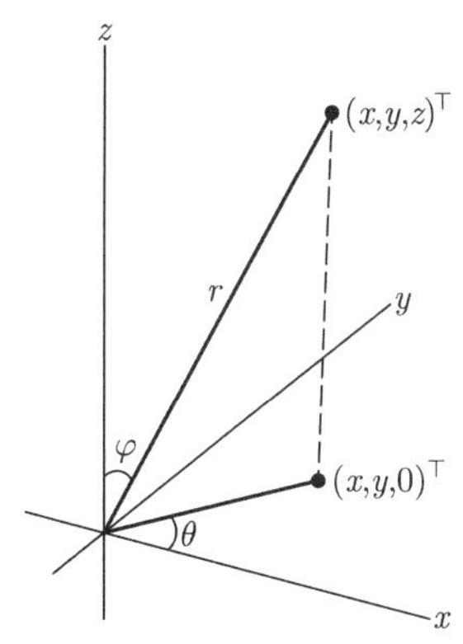

图 12.1 球坐标

注意: 在许多书中, 特别是在物理学中, θ 和 φ 是反过来使用的, 读文献

① 译注: 也称为球极坐标系 (spherical polar coordinate), 其实这个名称更确切, 因为球坐标系必须首先确定极轴的指向.

② 译注: 原文为纬度 (latitude), 实际是余纬度, 正如文后所述.

时会引起诸多混淆. 我们偏爱数学惯例, 因为方位角 θ 与柱面角向坐标 (以及 (x,y) – 平面上的极坐标) 一致, 因此从一个坐标系到另一个坐标系时, 要注意避免不必要的混淆. 在查阅任何参考资料时, 必须注意那里使用的约定!

在球坐标系中, $u(r,\varphi,\theta)$ 的 Laplace 方程形如①

$$\Delta u = \frac{\partial^2 u}{\partial r^2} + \frac{2}{r}\frac{\partial u}{\partial r} + \frac{1}{r^2}\frac{\partial^2 u}{\partial \varphi^2} + \frac{\cos\varphi}{r^2\sin\varphi}\frac{\partial u}{\partial \varphi} + \frac{1}{r^2\sin^2\varphi}\frac{\partial^2 u}{\partial \theta^2} = 0. \tag{12.16}$$

这个重要的公式是一个相当烦琐的链式法则计算的最终结果, 其细节留给有积极性的读者. (留出大量的纸张, 并随身带上橡皮!)

为了构造 Laplace 方程的球坐标形式 (12.16) 的可分离解, 我们从分离出解的径向部分开始. 设

$$u(r,\varphi,\theta) = v(r)w(\varphi,\theta). \tag{12.17}$$

把这个假定代入 (12.16), 用 $r^2/(vw)$ 乘结果方程, 然后把所有与 r 有关的项置于等式一端得到

$$\frac{1}{v}\left(r^2\frac{\mathrm{d}^2 v}{\mathrm{d}r^2} + 2r\frac{\mathrm{d}v}{\mathrm{d}r}\right) = -\frac{1}{w}\Delta_S[w], \tag{12.18}$$

其中

$$\Delta_S[w] = \frac{\partial^2 w}{\partial \varphi^2} + \frac{\cos\varphi}{\sin\varphi}\frac{\partial w}{\partial \varphi} + \frac{1}{\sin^2\varphi}\frac{\partial^2 w}{\partial \theta^2}. \tag{12.19}$$

二阶微分算子 Δ_S, 只涉及全 Laplace 算子 Δ 的角向分量, 具有特别重要的意义, 称为球面 Laplace 算子 (spherical Laplacian)②, 支配薄球壳的平衡和动力学, 见下面的例 12.15.

回到方程 (12.18), 我们通常分离的论证是适用的. 左端只依赖于 r, 而右端只依赖于角向变量 φ,θ. 只有当方程两端都等于一个共同的分离常数时, 我们用 μ 表示, 这才可能. 因此, 径向分量 $v(r)$ 满足常微分方程

$$r^2v'' + 2rv' - \mu v = 0, \tag{12.20}$$

这是 Euler 型方程 (11.89), 因此可以很容易求解. 然而, 我们暂时搁置这个方程, 把努力集中在比较复杂的角向分量上.

在 (12.18) 中的第二个方程形如

---

① 译注: 通常写法为 $\Delta u = \frac{1}{r^2}\frac{\partial u}{\partial r}\left(r^2\frac{\partial u}{\partial r}\right) + \frac{1}{r^2\sin^2\varphi}\frac{\partial}{\partial\varphi}\left(\sin^2\varphi\frac{\partial u}{\partial\varphi}\right) + \frac{1}{r^2\sin^2\varphi}\frac{\partial^2 u}{\partial\theta^2} = 0$, 或者中间加上这一步.

② 译注: 通常写法为 $\Delta_S = \frac{1}{\sin^2\varphi}\frac{\partial}{\partial\varphi}\left(\sin^2\varphi\frac{\partial}{\partial\varphi}\right) + \frac{1}{\sin^2\varphi}\frac{\partial^2}{\partial\theta^2}$. 又称 Beltrami 算子.

$$\Delta_S[w]+\mu w=\frac{\partial^2 w}{\partial\varphi^2}+\frac{\cos\varphi}{\sin\varphi}\frac{\partial w}{\partial\varphi}+\frac{1}{\sin^2\varphi}\frac{\partial^2 w}{\partial\theta^2}+\mu w=0. \tag{12.21}$$

该二阶偏微分方程可视为球面 Laplace 算子 Δ_S 的本征方程, 称为球面 Helmholtz 方程 (spherical Helmholtz equation). 为了找到显式解, 我们对角向变量作进一步分离,

$$w(\varphi,\theta)=p(\varphi)q(\theta), \tag{12.22}$$

将之代入 (12.21), 结果除以乘积 $w=pq$ 并乘 $\sin^2\varphi$, 然后重新排列各项, 我们得到分离方程组

$$\frac{1}{p}\left(\sin^2\varphi\frac{\mathrm{d}^2p}{\mathrm{d}\varphi^2}+\sin\varphi\cos\varphi\frac{\mathrm{d}p}{\mathrm{d}\varphi}\right)+\mu\sin^2\varphi=-\frac{1}{q}\frac{\mathrm{d}^2q}{\mathrm{d}\theta^2}=v.$$

按照我们的习惯说法, v 是另一个分离常数. 球面 Helmholtz 方程从而分离成一对常微分方程

$$\sin^2\varphi\frac{\mathrm{d}^2p}{\mathrm{d}\varphi^2}+\sin\varphi\cos\varphi\frac{\mathrm{d}p}{\mathrm{d}\varphi}+\left(\mu\sin^2\varphi-v\right)p=0,\qquad \frac{\mathrm{d}^2q}{\mathrm{d}\theta^2}+vq=0.$$

这里关于 $q(\theta)$ 的方程易于求解. 当环绕球面时, 方位角 θ 从 $-\pi$ 增加到 π, 所以 $q(\theta)$ 必须是一个 2π–周期函数. 因此, $q(\theta)$ 是得以透彻研究的周期边值问题解, 例如在 (4.109) 中处理过. 相差一个常数倍, 非零周期解只发生在分离常数假定为一个值 $v=m^2$, 其中 $m=0,1,2,\cdots$ 是整数, 我们有

$$q(\theta)=\cos m\theta \text{ 或 } \sin m\theta,\quad m=0,1,2,\cdots. \tag{12.23}$$

每个正 $v=m^2>0$ 容许两个线性独立的 2π–周期解, 而当 $v=0$ 时, 只有常数解是周期性的.

Legendre 方程与 Ferrers 函数

有了这些信息, 我们努力求解天顶角 (zenith) 微分方程[①]

$$\sin^2\varphi\frac{\mathrm{d}^2p}{\mathrm{d}\varphi^2}+\sin\varphi\cos\varphi\frac{\mathrm{d}p}{\mathrm{d}\varphi}+\left(\mu\sin^2\varphi-m^2\right)p=0. \tag{12.24}$$

这就不是那么容易了, 为求解构造解析公式需要一些独创性. 以下步骤背后的动机可能不那么明显; 事实上, 这是过去 200 年数学家们对这一重要微分方程的长期详细研究的结果.

① 译注: 通常写法为 $\dfrac{1}{\sin^2\varphi}\dfrac{\mathrm{d}}{\mathrm{d}\varphi}\left(\sin^2\varphi\dfrac{\mathrm{d}p}{\mathrm{d}\varphi}\right)+\left(\mu-\dfrac{m^2}{\sin^2\varphi}\right)p=0$, 或者中间加上这一步.

作为一个初步简化, 通过调用变量变换, 消去三角函数,

$$t=\cos\varphi,\quad p(\varphi)=P(\cos\varphi)=P(t). \tag{12.25}$$

既然 $0\leqslant\varphi\leqslant\pi$, 我们有 $0\leqslant\sqrt{1-t^2}=\sin\varphi\leqslant 1$. 根据链式法则,

$$\begin{aligned}\frac{\mathrm{d}p}{\mathrm{d}\varphi}&=\frac{\mathrm{d}P}{\mathrm{d}t}\frac{\mathrm{d}t}{\mathrm{d}\varphi}=-\sin\varphi\frac{\mathrm{d}P}{\mathrm{d}t}=-\sqrt{1-t^2}\frac{\mathrm{d}P}{\mathrm{d}t},\\ \frac{\mathrm{d}^2p}{\mathrm{d}\varphi^2}&=-\sin\varphi\frac{\mathrm{d}}{\mathrm{d}t}\left(-\sqrt{1-t^2}\frac{\mathrm{d}P}{\mathrm{d}t}\right)=\left(1-t^2\right)\frac{\mathrm{d}^2P}{\mathrm{d}t^2}-t\frac{\mathrm{d}P}{\mathrm{d}t}.\end{aligned}$$

将这些表达式代入 (12.24), 我们得出结论, $P(t)$ 必须满足

$$\left(1-t^2\right)^2\frac{\mathrm{d}^2P}{\mathrm{d}t^2}-2t\left(1-t^2\right)\frac{\mathrm{d}P}{\mathrm{d}t}+\left[\mu\left(1-t^2\right)-m^2\right]P=0. \tag{12.26}$$

有点遗憾, 这个微分方程仍然不是初等的, 好在它的系数是多项式. 称之为m阶 Legendre *微分方程* (Legendre differential equation of order m), 首先由 Adrien-Marie Legendre用于椭球体 (ellipsoidal body) 引力的研究. 在我们感兴趣的情形, 阶参量 m 是一个整数, 而分离常数 μ 扮演一个本征值的角色.

在 11.3 节中提出的标准技术可以构造出 Legendre 方程的幂级数解. 最一般的解答是新的一类特殊函数, 称为 Legendre *函数* (Legendre function)[86]. 然而, 事实证明, 我们真正感兴趣的解都可以用初等代数函数表示出来. 首先, 由于 $t=\cos\varphi$, 解只需要在区间 $-1\leqslant t\leqslant 1$ 上定义, 所谓*割迹* (cut locus). 割线轨迹的端点 $t=1$ 和 $t=-1$, 分别对应于球面的北极 $\varphi=0$ 和南极 $\varphi=\pi$. 这两个端点都是 Legendre 方程的奇点, 因为当 $t=\pm1$ 时方程的首阶导数系数 $\left(1-t^2\right)^2$ 为零. 事实上, 两点都是正则奇点, 如在习题 12.2.11 要求给予证明的. 因为最终我们需要可分离的解 (12.17) 是唯一定义的 x,y,z 函数 (即便在球坐标的退化点, 即 z – 轴上各点), 我们要求 $p(\varphi)$ 在 $\varphi=0$ 和 π 都要唯一定义, 从而要求 $P(t)$ 在两个奇点处

$$|P(-1)|<\infty,\quad |P(1)|<\infty. \tag{12.27}$$

我们的分析从 $m=0$ 阶 Legendre 方程

$$\left(1-t^2\right)\frac{\mathrm{d}^2P}{\mathrm{d}t^2}-2t\frac{\mathrm{d}P}{\mathrm{d}t}+\mu P=0 \tag{12.28}$$

开始. 此时, 本征函数即 Legendre 边值问题 (12.27—28) 的解, 是 Legendre *多项式* (Legendre polynomial)

$$P_n(t)=\frac{(-1)^n}{2^n n!}\frac{\mathrm{d}^n}{\mathrm{d}t^n}\left(1-t^2\right)^n. \tag{12.29}$$

对应于本征值参数 $\mu=n(n+1)$ (第一个因子是由通常惯例得到[86]; 显式公式

参见 (12.64).) 前几个多项式是

$$P_0(t)=1, \quad P_1(t)=t, \quad P_2(t)=\frac{3}{2}t^2-\frac{1}{2}, \quad P_3(t)=\frac{5}{2}t^3-\frac{3}{2}t,$$
$$P_4(t)=\frac{35}{8}t^4-\frac{15}{4}t^2+\frac{3}{8}, \quad P_5(t)=\frac{63}{8}t^5-\frac{35}{4}t^3+\frac{15}{8}t,$$

图形如图 12.2.

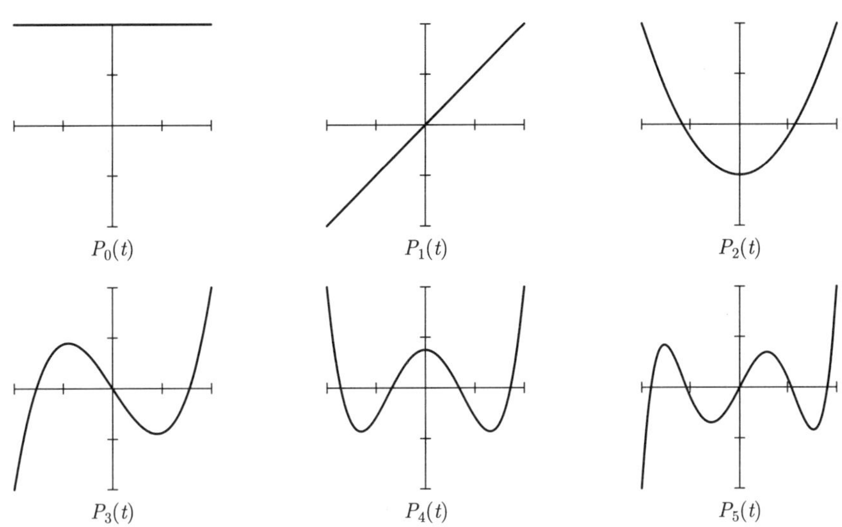

图 12.2 Legendre 多项式

各个 Legendre 多项式显然都满足边界条件 (12.27). 为了验证它们确实是微分方程 (12.28) 的解, 我们设

$$Q_n(t)=\left(1-t^2\right)^n.$$

通过链式法则, $Q_n(t)$ 的导数是

$$Q_n'=-2nt\left(1-t^2\right)^{n-1}, \text{ 因此 } \left(1-t^2\right)Q_n'=-2nt\left(1-t^2\right)^n=-2ntQ_n.$$

对后一个公式求导, 得到

$$\left(1-t^2\right)Q_n''-2tQ_n'=-2ntQ_n'-2nQ_n, \text{或} \left(1-t^2\right)Q_n''=-2(n-1)tQ_n'-2nQ_n.$$

简单的归纳证明, k 阶导数 $Q_n^{(k)}(t)=\dfrac{\mathrm{d}^kQ_n}{\mathrm{d}t^k}$ 满足

$$\begin{aligned}\left(1-t^2\right)Q_n^{(k+2)} &= -2(n-k-1)tQ_n^{(k+1)}-2[n+(n-1)+\cdots+(n-k)]Q_n^{(k)}\\ &= -2(n-k-1)tQ_n^{(k+1)}-(k+1)(2n-k)Q_n^{(k)}.\end{aligned} \tag{12.30}$$

特别当 $k=n$ 时, 化简为

$$\left(1-t^2\right) Q_n^{(n+2)} = 2tQ_n^{(n+1)} - n(n+1)Q_n^{(n)} = 0,$$

所以 $\widehat{P}_n(t) = Q_n^{(n)}(t)$ 满足

$$\left(1-t^2\right) \widehat{P}_n'' - 2t\widehat{P}_n' + n(n+1)\widehat{P}_n = 0,$$

这恰恰是本征值参数为 $\mu = n(n+1)$ 的 0 阶 Legendre 方程 (12.28). Legendre 多项式 P_n 是 $\widehat{P}_n$ 的常数倍, 因此它也满足 0 阶 Legendre 方程. 根据下面的定理 12.3, Legendre 多项式形成了 0 阶 Legendre 边值问题的一个完备本征函数系.

当阶数 $m>0$ 时, Legendre 边值问题的本征函数 (12.26—27) 并非总是多项式, 称为 Ferrers 函数, 以 19 世纪英国数学家 Norman Ferrers的名字命名, 或者更普遍地称为连带 Legendre 函数 (associated Legendre function). 它们有显式公式[①]

$$\begin{aligned} P_n^m(t) &= \left(1-t^2\right)^{m/2} \frac{\mathrm{d}^m}{\mathrm{d}t^m} P_n(t) \\ &= (-1)^n \frac{\left(1-t^2\right)^{m/2}}{2^n n!} \frac{\mathrm{d}^{n+m}}{\mathrm{d}t^{n+m}} \left(1-t^2\right)^n, \end{aligned} \qquad n = m, m+1, \cdots, \tag{12.31}$$

推广了 Legendre 多项式公式 (12.29). 特别是 $P_n^0(t) = P_n(t)$. 这里是前几个 Ferrers 函数的列表, 为完整起见, 包括 Legendre 多项式:

$$\begin{aligned} &P_0^0(t) = 1, && P_1^0(t) = t, \qquad P_1^1(t) = \sqrt{1-t^2}, \\ &P_2^0(t) = -\frac{1}{2} + \frac{3}{2}t^2, && P_2^1(t) = 3t\sqrt{1-t^2}, \quad P_2^2(t) = 3\left(1-t^2\right), \\ &P_3^0(t) = -\frac{3}{2}t + \frac{5}{2}t^3, && P_3^1(t) = \left(-\frac{3}{2} + \frac{15}{2}t^2\right)\sqrt{1-t^2}, \\ &P_3^2(t) = 15t\left(1-t^2\right), && P_3^3(t) = 15\left(1-t^2\right)^{3/2}, \\ &P_4^0(t) = \frac{3}{8} - \frac{15}{4}t^2 + \frac{35}{8}t^4, && P_4^1(t) = \left(-\frac{15}{2}t + \frac{35}{2}t^3\right)\sqrt{1-t^2}, \\ &P_4^2(t) = \left(-\frac{15}{2} + \frac{105}{2}t^2\right)\left(1-t^2\right), && P_4^3(t) = 105t\left(1-t^2\right)^{3/2}, \\ & && P_4^4(t) = 105\left(1-t^2\right)^2. \end{aligned} \tag{12.32}$$

当整数 $m = 2k \leqslant n$ 是偶数, $P_n^m(t)$ 就是一个多项式函数, 而当 $m = 2k+1 \leqslant n$

---

① 注意: 有些作者在公式中包含一个 $(-1)^m$ 因子, 在 m 为奇数时产生相反的符号. 另一个混淆的原因是, 许多定义表使用替代的初始因子 $\left(t^2-1\right)^{m/2}$ 来定义连带 Legendre 函数. 但这是不合适的, 因为我们 t 的值只对区间 $-1 \leqslant t \leqslant 1$, 而这个惯例将导致一个复值函数, 当 m 是奇数时, 道循 [86]. 我们使用术语 "Ferrers 函数" 来指连带 Legendre 函数对割迹 $-1 \leqslant t \leqslant 1$ 的限制.

是奇数, 多了一个额外的因子 $\sqrt{1-t^2}$. 记住平方根是实的和正的, 因为我们只限于关注区间 $-1 \leqslant t \leqslant 1$. 如果 $m > n$, 公式 (12.31) 化简成零函数, 所以不计入在内.

注意: 尽管一半的 Ferrers 函数是多项式, 但只有当 $m=0$ 时, 即 $P_n(t) = P_n^0(t)$ 称为 Legendre 多项式.

图 12.3 显示了 Ferrers 函数 $1 \leqslant m \leqslant n \leqslant 4$ 的 $P_n^m(t)$ 的图像. 特别要注意的是, 由于选择了规范化因子, 各图有非常不同的垂直标度, 如它们的最小值和最大值 (四舍五入到两位小数) 所示, 虽然总是有标度函数的自由, 例如, 作为规范正交的.

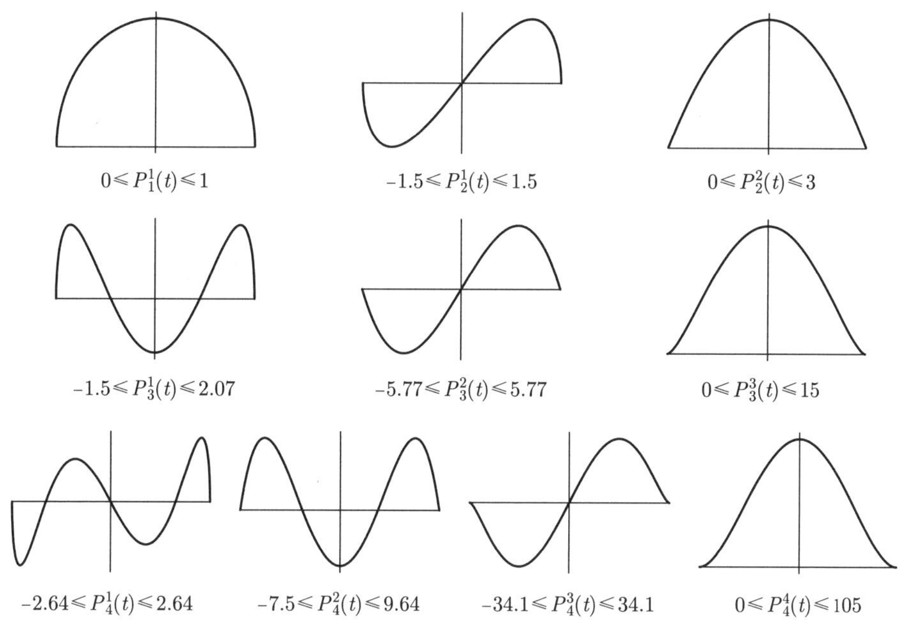

图 12.3 Ferrers 函数

为了证明 Ferrers 函数 $P_n^m(t)$ 满足 m 阶 Legendre 微分方程 (12.26), 我们在 (12.30) 中替换 $k = m + n$:

$$\left(1-t^2\right) \frac{\mathrm{d}^2 R_n^m}{\mathrm{d}t^2} - 2(m+1)t\frac{\mathrm{d}R_n^m}{\mathrm{d}t} + (m+n+1)(n-m)R_n^m = 0, \qquad (12.33)$$

其中

$$R_n^m(t) = Q_n^{(m+n)}(t).$$

这不是 m 阶 Legendre 方程, 但通过设置

$$R_n^m(t) = \left(1-t^2\right)^{-m/2} S_n^m(t)$$

可以转换成它. 求导可得

$$\begin{aligned}\frac{\mathrm{d}R_n^m}{\mathrm{d}t} &= \left(1-t^2\right)^{-m/2}\frac{\mathrm{d}S_n^m}{\mathrm{d}t} - mt\left(1-t^2\right)^{-m/2-1}S_n^m,\\ \frac{\mathrm{d}^2R_n^m}{\mathrm{d}t^2} &= \left(1-t^2\right)^{-m/2}\frac{\mathrm{d}^2S_n^m}{\mathrm{d}t^2} - 2mt\left(1-t^2\right)^{-m/2-1}\frac{\mathrm{d}S_n^m}{\mathrm{d}t} + \\ &\qquad \left[m+m(m+1)t^2\right]\left(1-t^2\right)^{-m/2-2}S_n^m.\end{aligned}$$

因此, 经过一些代数推导, 方程取另一种形式

$$\begin{aligned}&\left(1-t^2\right)^{-m/2+1}\frac{\mathrm{d}^2S_n^m}{\mathrm{d}t^2} - 2t\left(1-t^2\right)^{-m/2}\frac{\mathrm{d}S_n^m}{\mathrm{d}t} + \\ &\left[n(n+1)\left(1-t^2\right)-m^2\right]\left(1-t^2\right)^{-m/2-1}S_n^m = 0,\end{aligned}$$

用 $\left(1-t^2\right)^{m/2+1}$ 乘上式, 刚好得到本征值参数为 $\mu = n(n+1)$ 的 m 阶 Legendre 方程 (12.26). 从而

$$S_n^m(t) = \left(1-t^2\right)^{m/2}R_n^m(t) = \left(1-t^2\right)^{m/2}\frac{\mathrm{d}^{n+m}}{\mathrm{d}t^{n+m}}\left(1-t^2\right)^n,$$

这是 Ferrers 函数 $P_n^m(t)$ 的恒定倍数, 是 m 阶 Legendre 方程的一个解. 此外, 我们注意到

$$\text{当}m>0\text{时},\quad P_n^m(1) = P_n^m(-1) = 0, \tag{12.34}$$

我们得到结论 $P_n^m(t)$ 是 m 阶 Legendre 边值问题的本征函数.

下面的结果表明, Ferrers 函数完整地列出 Legendre 边值问题 (12.26—27) 的解.

定理 12.3 设有非负整数 $m \geqslant 0$. 那么, 由 (12.26—27) 给定的 m 阶 Legendre 边值问题存在本征值 $\mu_n = n(n+1), n = 0,1,2,\cdots$ 及其连带的本征函数 $P_n^m(t), m = 0,1,2,\cdots,n$. 此外, Ferrers 函数形成割迹 $[-1,1]$ 上关于 L^2 – 内积的完备正交系.

通过 (12.25) 回到天顶角变量 φ, 定理 12.3 意味着我们原来的边值问题

$$\sin^2\varphi\frac{\mathrm{d}^2p}{\mathrm{d}\varphi^2} + \cos\varphi\sin\varphi\frac{\mathrm{d}p}{\mathrm{d}\varphi} + \left(\mu\sin^2\varphi - m^2\right)p = 0, \quad |p(0)|, |p(\pi)| < \infty \tag{12.35}$$

有本征值及其表达为 Ferrers 函数的本征函数:

$$\mu_n = n(n+1), \quad p_n^m(\varphi) = P_n^m(\cos\varphi), \quad 0 \leqslant m \leqslant n. \tag{12.36}$$

因为 $P_n^m(t)$ 是一个多项式或乘 $\sqrt{1-t^2}$ 幂次的多项式, 本征函数 $p_n^m(\varphi)$ 是

一个 n 阶三角多项式, 称为三角 Ferrers 函数 (trigonometric Ferrers function). 这里列出头几项, 写成 Fourier 形式, 如 (3.38):

$$
\begin{aligned}
&p_0^0(\varphi) = 1, \qquad p_1^0(\varphi) = \cos\varphi, \qquad p_1^1(\varphi) = \sin\varphi,\\
&p_2^0(\varphi) = \frac{1}{4} + \frac{3}{4}\cos 2\varphi, \quad p_2^1(\varphi) = \frac{3}{2}\sin 2\varphi, \quad p_2^2(\varphi) = \frac{3}{2} - \frac{3}{2}\cos 2\varphi,\\
&p_3^0(\varphi) = \frac{3}{8}\cos\varphi + \frac{5}{8}\cos 3\varphi, \qquad p_3^1(\varphi) = \frac{3}{8}\sin\varphi + \frac{15}{8}\sin 3\varphi,\\
&p_3^2(\varphi) = \frac{15}{4}\cos\varphi - \frac{15}{4}\cos 3\varphi, \qquad p_3^3(\varphi) = \frac{45}{4}\sin\varphi - \frac{15}{4}\sin 3\varphi,\\
&p_4^0(\varphi) = \frac{9}{64} + \frac{5}{16}\cos 2\varphi + \frac{35}{64}\cos 4\varphi, \qquad p_4^1(\varphi) = \frac{5}{8}\sin 2\varphi + \frac{35}{16}\sin 4\varphi,\\
&p_4^2(\varphi) = \frac{45}{16} + \frac{15}{4}\cos 2\varphi - \frac{105}{16}\cos 4\varphi, \qquad p_4^3(\varphi) = \frac{105}{4}\sin 2\varphi - \frac{105}{8}\sin 4\varphi,\\
&p_4^4(\varphi) = \frac{315}{8} - \frac{105}{2}\cos 2\varphi + \frac{105}{8}\cos 4\varphi.
\end{aligned}
\tag{12.37}
$$

按天顶角 φ 绘制函数图像也有启发意义; 见图 12.4. 如图 12.3 所示那样, 垂直刻度是不同的, 注意列出的最小值和最大值.

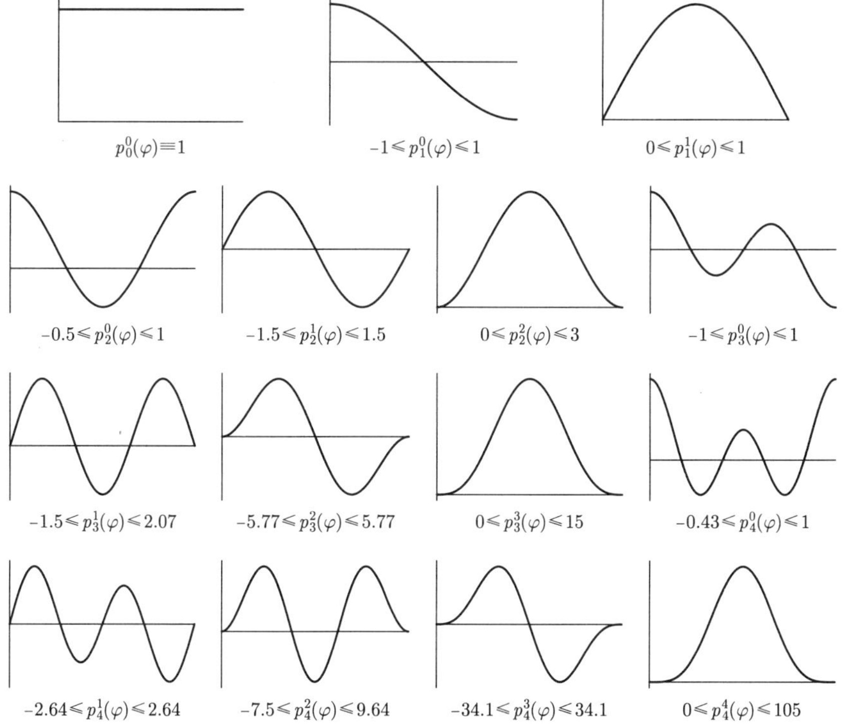

图 12.4 三角 Ferrers 函数

球面调和函数

在这个阶段, 我们已经确定了可分离解的两个角向分量 (12.22). 将两部分相乘, 结果为球面角的函数

$$\begin{aligned} Y_n^m(\varphi,\theta) &= p_n^m(\varphi)\cos m\theta, \\ \widetilde{Y}_n^m(\varphi,\theta) &= p_n^m(\varphi)\sin m\theta, \end{aligned} \qquad n=0,1,2,\cdots, \quad m=0,1,2,\cdots,n, \tag{12.38}$$

称为*球面调和函数* (spherical harmonic), 它们满足*球面 Helmholtz 方程* (spherical Helmholtz equation)

$$\Delta_S Y_n^m + n(n+1)Y_n^m = 0 = \Delta_S \widetilde{Y}_n^m + n(n+1)\widetilde{Y}_n^m, \tag{12.39}$$

从而是球面 Laplace 算子 (12.19) 的本征函数, 相关的本征值为 $\mu_n = n(n+1), n=0,1,2,\cdots$. 第 n 个本征值 μ_n 容许一个 $2n+1$ 维本征子空间, 由球面调和函数

$$Y_n^0(\varphi,\theta), \quad Y_n^1(\varphi,\theta), \quad \cdots, \quad Y_n^n(\varphi,\theta), \quad \widetilde{Y}_n^1(\varphi,\theta), \quad \cdots, \quad \widetilde{Y}_n^n(\varphi,\theta)$$

张成 (省略的函数 $\widetilde{Y}_n^0(\varphi,\theta)\equiv 0$ 是平凡的, 因而无贡献). 在图 12.5 中, 我们绘制了前几个球面调和函数 $r = Y_n^m(\varphi,\theta)$ 的图形. 在这些图中, 考虑到球坐标公式 (12.15), 带负 r 坐标的点与其正 r 对应方出现在原点的反面. 顺便说一句, 另一个球面调和函数曲面 $r=\widetilde{Y}_n^m(\varphi,\theta)$, 当 $m>0$ 时, 是通过绕 z – 轴转动 90° 角得到的; 参见习题 12.2.20. 另一方面, Y_n^0 的图是柱对称的 (为什么), 因此不受这种转动的影响.

球面 Laplace 算子的自伴性, 根据习题 12.2.21, 意味着球面调和函数是正交的, 相关的 L^2 – 内积

$$\langle f,g\rangle = \iint_{S_1} fg\,\mathrm{d}S = \int_{-\pi}^{\pi}\int_0^{\pi} f(\varphi,\theta)g(\varphi,\theta)\sin\varphi\,\mathrm{d}\varphi\,\mathrm{d}\theta \tag{12.40}$$

将函数与表面积元 $\mathrm{d}S = \sin\varphi\,\mathrm{d}\varphi\,\mathrm{d}\theta$ 的乘积在单位球面 $S_1=\{\|\boldsymbol{x}\|=1\}$ 上积分求得. 更正确地说, 自伴性只保证了对应不同本征值 $\mu_n\neq\mu_l$ 的球面调和函数的正交性. 然而, 正交关系

$$\begin{aligned} \left\langle Y_n^m, Y_l^k\right\rangle &= \iint_{S_1} Y_n^m Y_l^k\,\mathrm{d}S = 0, \quad (m,n)\neq(k,l), \\ \left\langle Y_n^m, \widetilde{Y}_l^k\right\rangle &= \iint_{S_1} Y_n^m \widetilde{Y}_l^k\,\mathrm{d}S = 0, \quad \text{所有的 } (m,n),(k,l), \\ \left\langle \widetilde{Y}_n^m, \widetilde{Y}_l^k\right\rangle &= \iint_{S_1} \widetilde{Y}_n^m \widetilde{Y}_l^k\,\mathrm{d}S = 0, \quad (m,n)\neq(k,l) \end{aligned} \tag{12.41}$$

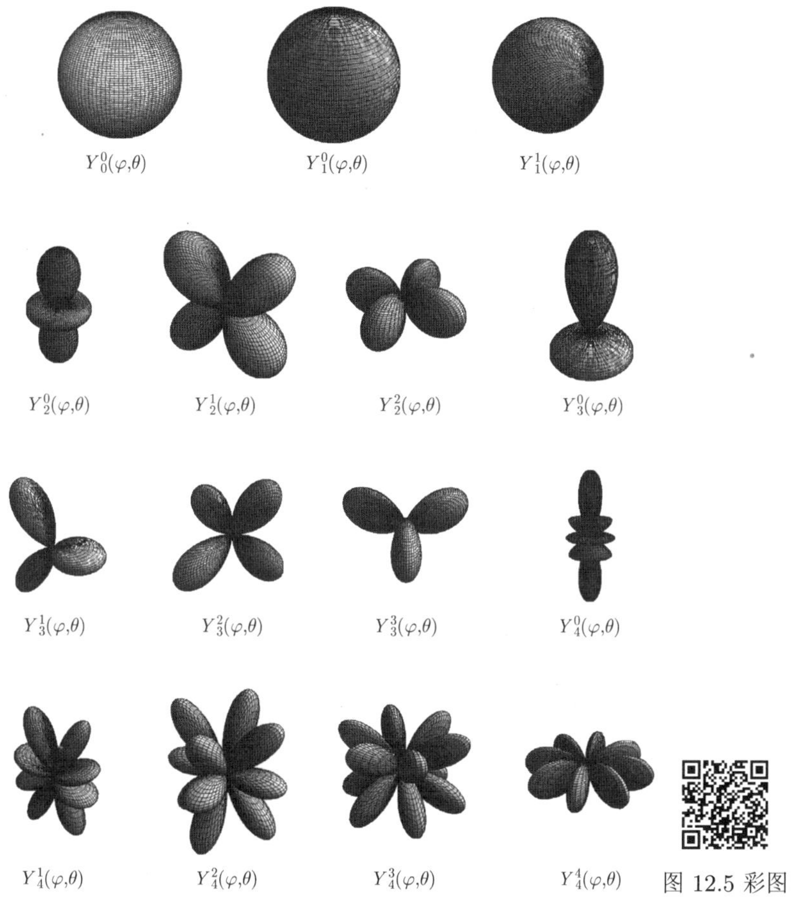

图 12.5 球面调和函数

确实在普遍意义上成立; 习题 12.2.22 要求提供细节. 此外, 它们的范数可以显式计算得到

$$\left\|Y_n^0\right\|^2=\frac{4\pi}{2n+1},\quad \|Y_n^m\|^2=\left\|\widetilde{Y}_n^m\right\|^2=\frac{2\pi(n+m)!}{(2n+1)(n-m)!},\quad m=1,2,\cdots,n. \tag{12.42}$$

习题 12.2.24 概述了后一种公式的证明.

通过进一步研究, 可以证明球面调和函数在单位球面上形成了一个完备的函数正交系. 这意味着任何合理的 (比如分段 C^1 甚至 L^2 的) 函数 $h:S_1\to\mathbb{R}$ 可以展开成收敛的**球面调和函数级数** (spherical harmonic series)

$$h(\varphi,\theta)=\frac{c_{0,0}}{2}+\sum_{n=1}^{\infty}\left\{\frac{c_{0,n}}{2}Y_n^0(\varphi)+\sum_{m=1}^{n}\left[c_{m,n}Y_n^m(\varphi,\theta)+\widetilde{c}_{m,n}\widetilde{Y}_n^m(\varphi,\theta)\right]\right\}. \tag{12.43}$$

应用正交关系 (12.41), 我们发现由内积球面调和函数系数是

$$c_{0,n}=\frac{2\left\langle h,Y_n^0\right\rangle}{\|Y_n^0\|^2},\quad c_{m,n}=\frac{\left\langle h,Y_n^m\right\rangle}{\|Y_n^m\|^2},\quad \widetilde{c}_{m,n}=\frac{\left\langle h,\widetilde{Y}_n^m\right\rangle}{\left\|\widetilde{Y}_n^m\right\|^2},\qquad \begin{array}{l}0\leqslant n,\\ 1\leqslant m\leqslant n,\end{array}$$

或使用 (12.40) 和公式 (12.42) 显式地写出范数:

$$\begin{aligned}c_{m,n}&=\frac{(2n+1)(n-m)!}{2\pi(n+m)!}\int_{-\pi}^{\pi}\int_{0}^{\pi}h(\varphi,\theta)p_n^m(\varphi)\cos m\theta\sin\varphi\,\mathrm{d}\varphi\mathrm{d}\theta,\\ \widetilde{c}_{m,n}&=\frac{(2n+1)(n-m)!}{2\pi(n+m)!}\int_{-\pi}^{\pi}\int_{0}^{\pi}h(\varphi,\theta)p_n^m(\varphi)\sin m\theta\sin\varphi\,\mathrm{d}\varphi\mathrm{d}\theta.\end{aligned}\tag{12.44}$$

与普通的 Fourier 级数一样, 额外的 1/2 附加到 (12.43) 的 $c_{0,n}$ 项中, 因此方程 (12.44) 对于所有的 m,n 值仍然成立. 特别地, 球面调和函数级数中的常数项是函数 h 在单位球面上的均值:

$$\frac{c_{0,0}}{2}=\frac{1}{4\pi}\iint_{S_1}h\mathrm{d}S=\frac{1}{4\pi}\int_{-\pi}^{\pi}\int_{0}^{\pi}h(\varphi,\theta)\sin\varphi\mathrm{d}\varphi\mathrm{d}\theta.\tag{12.45}$$

注记: 建立球面调和函数级数 (12.43) 的一致收敛性比起 Fourier 级数情形更具挑战性, 因为与三角函数不同, 正交球面调和函数不是一致有界的. 已知对这方面最近评述可以在 [10] 中找到.

注记: 另一种方法是用复指数函数代替实的三角函数, *复球面调和函数* (complex spherical harmonics)①

$$\mathcal{Y}_n^m(\varphi,\theta)=Y_n^m(\varphi,\theta)+\mathrm{i}\widetilde{Y}_n^m(\varphi,\theta)=p_n^m(\varphi)\mathrm{e}^{\mathrm{i}m\theta},\qquad \begin{array}{l}n=0,1,2,\cdots,\\ m=-n,-n+1,\cdots,n.\end{array}\tag{12.46}$$

相关的正交性和展开公式放到习题里解决.

调和多项式

为了在球体上完成 Laplace 方程的求解, 还需要求解径向分量 $v(r)$ 的常微分方程 (12.20). 鉴于我们对球面 Helmholtz 方程的分析, 原来的分离常数关于某些非负整数 $n\geqslant 0$ 是 $\mu=n(n+1)$, 所以径向方程采取形式

$$r^2v''+2rv'-n(n+1)v=0.\tag{12.47}$$

① 这里, 我们使用惯例 $Y_n^m=Y_n^{-m},\widetilde{Y}_n^m=-\widetilde{Y}_n^{-m}$ 和 $\widetilde{Y}_n^0\equiv 0$, 这与它们的定义公式 (12.38) 兼容.

为了求解这个 Euler 方程, 我们运用幂次拟设 $v(r) = r^{\alpha}$, 发现指数 α 必须满足二次指标方程

$$\alpha^2 + \alpha - n(n+1) = 0, \text{ 从而 } \alpha = n \text{ 或 } \alpha = -(n+1).$$

因此, 两个线性无关的解是

$$v_1(r) = r^n, \quad v_2(r) = r^{-n-1}. \tag{12.48}$$

由于我们目前只对在球心 $r = 0$ 仍能保持有界的解有兴趣, 在此后的分析将只保留第一个解 $v(r) = r^n$.

至此, 我们已经求得所有的三个常微分方程的可分离解. 将 (12.23, 38, 48) 结合, 以产生以下 Laplace 方程的球面可分离解:

$$\begin{aligned} H_n^m &= r^n Y_n^m(\varphi, \theta) = r^n p_n^m(\varphi) \cos m\theta, \quad n = 0, 1, 2, \cdots, \\ \widetilde{H}_n^m &= r^n \widetilde{Y}_n^m(\varphi, \theta) = r^n p_n^m(\varphi) \sin m\theta, \quad m = 0, 1, 2, \cdots, n. \end{aligned} \tag{12.49}$$

虽然看来有点复杂, 也许意想不到, 这些解是直角坐标 x, y, z 的基本多项式函数, 因此是**调和多项式** (harmonic polynomial). 前几个是

$$\begin{array}{llll} H_0^0 = 1, & H_1^0 = z, & H_2^0 = z^2 - \frac{1}{2}x^2 - \frac{1}{2}y^2, & H_3^0 = z^3 - \frac{3}{2}x^2 z - \frac{3}{2}y^2 z, \\ & H_1^1 = x, & H_2^1 = 3xz, & H_3^1 = 6xz^2 - \frac{3}{2}x^3 - \frac{3}{2}xy^2, \\ & \widetilde{H}_1^1 = y, & \widetilde{H}_2^1 = 3yz, & \widetilde{H}_3^1 = 6yz^2 - \frac{3}{2}x^2 y - \frac{3}{2}y^3, \\ & & H_2^2 = 3x^2 - 3y^2, & H_3^2 = 15x^2 z - 15y^2 z, \\ & & \widetilde{H}_2^2 = 6xy, & \widetilde{H}_3^2 = 30xyz, \\ & & & H_3^3 = 15x^3 - 45xy^2, \\ & & & \widetilde{H}_3^3 = 45x^2 y - 15y^3. \end{array} \tag{12.50}$$

多项式

$$H_n^0, H_n^1, \cdots, H_n^n, \widetilde{H}_n^1, \cdots, \widetilde{H}_n^n$$

是 n 次齐次的. 球面调和函数的正交性意味着, 它们构成由所有的 n 次齐次调和多项式组成的向量空间的基, 因此具有维数 $2n+1$.

调和多项式 (12.49) 形成一个完备系, 因此, 在单位球内的 Laplace 方程的

通解可以写成一个调和多项式级数:

$$u(x,y,z)=\frac{c_{0,0}}{2}+\sum_{n=1}^{\infty}\left\{\frac{c_{0,n}}{2}H_n^0(x,y,z)+\sum_{m=1}^{n}\left[c_{m,n}H_n^m(x,y,z)+\widetilde{c}_{m,n}\widetilde{H}_n^m(x,y,z)\right]\right\},\tag{12.51}$$

或者等价地, 按球坐标,

$$u(r,\varphi,\theta)=\frac{c_{0,0}}{2}+\sum_{n=1}^{\infty}\left\{\frac{c_{0,n}}{2}r^nY_n^0(\varphi)+\sum_{m=1}^{n}\left[c_{m,n}r^nY_n^m(\varphi,\theta)+\widetilde{c}_{m,n}r^n\widetilde{Y}_n^m(\varphi,\theta)\right]\right\}.\tag{12.52}$$

系数 $c_{m,n}$, $\widetilde{c}_{m,n}$ 是由边界条件唯一确定的. 实际上, 将 (12.52) 代入单位球面 $r=1$ 上服从的 Dirichlet 边界条件, 得到

$$u(1,\varphi,\theta)=\frac{c_{0,0}}{2}+\sum_{n=1}^{\infty}\left\{\frac{c_{0,n}}{2}Y_n^0(\varphi)+\sum_{m=1}^{n}\left[c_{m,n}Y_n^m(\varphi,\theta)+\widetilde{c}_{m,n}\widetilde{Y}_n^m(\varphi,\theta)\right]\right\}=h(\varphi,\theta).\tag{12.53}$$

因此, 系数 $c_{m,n}$, $\widetilde{c}_{m,n}$ 由内积公式 (12.44) 给出. 如果得到的级数中各项一致有界, 这对所有的分段连续函数 h, 以及所有的 L^2 – 函数和诸如 δ – 函数那样的广义函数成立, 那么调和多项式级数 (12.52) 处处收敛, 事实上, 在任何较小的球面 $\|\boldsymbol{x}\|=r\leqslant r_0<1$ 上一致收敛.

平均化、最大值原理与解析性

在直角坐标系中, 级数 (12.51) 的第 n 个被加项是一个齐次多项式. 因此, 重复在二维情形 (4.115) 中运用的论证, 我们得到的结论是, 调和多项式级数实际上是一个幂级数, 因此提供了调和函数 $u(x,y,z)$ 关于原点的 Taylor 展开! 特别是, 对所有 $r<1$ 的收敛性意味着调和函数 $u(x,y,z)$ 在 $x=y=z=0$ 处解析. 这样 Taylor 级数中的恒定项可以视同函数在原点的值: $u(0,0,0)=\dfrac{c_{0,0}}{2}$. 另一方面在 $S_1=\partial\Omega$ 上 $u=h$, 系数公式 (12.45) 告诉我们

$$u(0,0,0)=\frac{c_{0,0}}{2}=\frac{1}{4\pi}\iint_{S_1}u\mathrm{d}S.\tag{12.54}$$

我们因此建立了与定理 4.8 相对应的三维版本: 调和函数 u 在球心的值等于它在球面表面上的平均. 此外, 在相差一个因子的意义上, 每个偏导数 $\dfrac{\partial^{i+j+k}u}{\partial x^i\partial y^j\partial z^k}(0,0,0)$ 作为 Taylor 级数中项 $x^iy^jz^k$ 的系数出现, 因此可以表达为系数 $c_{m,n},\widetilde{c}_{m,n}$ 的一个线性组合, 这反过来给出积分公式 (12.44).

更一般地说, 调和函数在任一包含区域的球体中心的值等于该函数在边界球面上的平均. 就定理 4.8 的平面情形, 更好地给出一个与级数展开 (12.51) 无关的直接证明.

定理 12.4 如果 $u(\boldsymbol{x})$ 是定义在区域 $\Omega\subset\mathbb{R}^3$ 上的调和函数, 那么 u 是在 Ω 内解析的. 此外, 它在任何 $\boldsymbol{x}_0\in\Omega$ 上的值是对任一中心 $\boldsymbol{x}_0$ 的球面 $S_a=\{\|\boldsymbol{x}-\boldsymbol{x}_0\|=a\}$ 上的求平均:

$$u\left(\boldsymbol{x}_0\right)=\frac{1}{4\pi a^2}\iint_{S_a}u\mathrm{d}S, \tag{12.55}$$

只要这个闭球在它的解析区域之内: $B_a=\{\|\boldsymbol{x}-\boldsymbol{x}_0\|\leqslant a\}\subset\Omega$.

证明 记 u 在半径为 a 的球面上的平均为

$$\begin{aligned}g(a)&=\frac{1}{4\pi a^2}\iint_{S_a}u\mathrm{d}S\\&=\frac{1}{4\pi}\int_{-\pi}^{\pi}\int_0^{\pi}u\left(x_0+a\sin\varphi\cos\theta,y_0+a\sin\varphi\sin\theta,z_0+a\cos\varphi\right)\sin\varphi\,\mathrm{d}\varphi\mathrm{d}\theta.\end{aligned} \tag{12.56}$$

由连续性, 当 $a\to 0$ 时, u 在球上的平均趋于在球心处的值: $g(a)\to u\left(\boldsymbol{x}_0\right)$.

另一方面, 既然 $u\in C^2$ 且是 $B_a\subset\Omega$ 中的调和函数, 导数

$$\begin{aligned}g'(a)&=\left(\frac{1}{4\pi a^2}\iint_{S_a}u\mathrm{d}S\right)'\\&=\frac{1}{4\pi}\int_{-\pi}^{\pi}\int_0^{\pi}\left(\sin\varphi\cos\theta\frac{\partial u}{\partial x}+\sin\varphi\sin\theta\frac{\partial u}{\partial y}+\cos\varphi\frac{\partial u}{\partial z}\right)\sin\varphi\,\mathrm{d}\varphi\mathrm{d}\theta\\&=\frac{1}{4\pi}\iint_{S_a}\frac{\partial u}{\partial\boldsymbol{n}}\mathrm{d}S=\frac{1}{4\pi a^2}\iiint_{B_a}\Delta u\mathrm{d}x\mathrm{d}y\mathrm{d}z=0,\end{aligned}$$

其中 $\boldsymbol{n}$ 表示 $S_a=\partial B_a$ 的单位外法向, 我们使用了习题 12.1.11(a) 中的散度恒等式. 我们得到 $g(a)$ 是常数的结论, 因此对于 $a>0$ 而言, 只要 $B_a\subset\Omega$ 就有 $g(a)=u\left(\boldsymbol{x}_0\right)$. [证毕]

如平面情形中定理 4.9 论证的那样, 我们很容易地为三个变量的调和函数建立相应的强最大值原理 (strong maximum principle).

定理 12.5 非恒定调和函数不能在其定义域的任何内部点上有局部极大

值或极小值. 此外, 它的全局极大值或极小值 (如果有的话) 位于区域边界上.

例如, 最大值原理意味着在热平衡的固体中, 最高温度和最低温度只能在其边界上达到. 从物理上说, 由于热能必须从内部的极大值流向内部的极小值, 所以物体内的任何局部温度极值都将使它不能处于热平衡状态.

例 12.6 在本例中, 一空心球的上下半球保持不同的恒定电位, 我们将确定该空心球内部的静电势. 这个装置称为球形电容器 (spherical capacitor), 实验上通过球面赤道上一道薄绝缘环分离两个带电的半球壳实现. 作简单的自变量标度变换, 我们可以选择单位使得球体有单位半径, 且设置静电势在上半球等于 1, 在下半球等于 0 即接地. 产生的静电势满足 Laplace 方程

$$\Delta u = 0, \quad \|\boldsymbol{x}\| < 1;$$

并且服从 Dirichlet 边界条件

$$u(x,y,z) = h(x,y,z) = \begin{cases} 1, & z > 0, \\ 0, & z < 0, \end{cases} \qquad \|\boldsymbol{x}\| = 1. \tag{12.57}$$

该解由调和多项式级数 (12.51) 给定, 其系数由边界值 (12.57) 确定. 在着手所需的计算之前, 我们首先注意到, 由于边界数据不依赖于方位角 θ, 解 $u = u(r, \varphi)$ 也将独立于 θ. 因此, 我们只需要考虑与 θ 无关的那些 $m = 0$ 的球面调和多项式 (12.38). 因此

$$u(x,y,z) = \frac{1}{2}\sum_{n=0}^{\infty} c_n H_n^0(x,y,z) = \frac{1}{2}\sum_{n=0}^{\infty} c_n r^n P_n(\cos\varphi), \tag{12.58}$$

我们使用缩写 $c_n = c_{0,n}$. 边界条件 (12.57) 要求

$$u|_{r=1} = \frac{1}{2}\sum_{n=0}^{\infty} c_n P_n(\cos\varphi) = h(\varphi) = \begin{cases} 1, & 0 \leqslant \varphi < \dfrac{1}{2}\pi, \\ 0, & \dfrac{1}{2}\pi < \varphi \leqslant \pi. \end{cases}$$

系数由 (12.44) 给出, 在 $m = 0$ 的情形化简为

$$\begin{aligned} c_n &= \frac{2n+1}{2\pi}\iint_{S_1} h Y_n^0 \,\mathrm{d}S = (2n+1)\int_0^{\pi/2} P_n(\cos\varphi)\sin\varphi \,\mathrm{d}\varphi \\ &= (2n+1)\int_0^1 P_n(t)\,\mathrm{d}t, \end{aligned} \tag{12.59}$$

既然当 $\frac{1}{2}\pi < \varphi \leqslant \pi$ 时 $h = 0$. 头几个系数为

$$c_0 = 1, \quad c_1 = \frac{3}{2}, \quad c_2 = 0, \quad c_3 = -\frac{7}{8}, \quad c_4 = 0, \quad \cdots.$$

因此, 该解有显式的 Taylor 展开

$$\begin{aligned} u(x,y,z) &= \frac{1}{2}+\frac{3}{4}r\cos\varphi-\frac{21}{128}r^3\cos\varphi-\frac{35}{128}r^3\cos 3\varphi+\cdots \\ &= \frac{1}{2}+\frac{3}{4}z+\frac{21}{32}\left(x^2+y^2\right)z-\frac{7}{16}z^3+\cdots . \end{aligned} \tag{12.60}$$

特别注意在球心的值 $u(0,0,0)=\dfrac{1}{2}$ 是它的边界值的平均, 与定理 12.4 一致. 该解只依赖于柱坐标 r,z, 这个结果源于 Laplace 方程一般的转动不变性, 加之绕 z – 轴转动边界数据的不变性.

注记: 相同的解 $u(x,y,z)$ 描述实心球体中的热平衡, 其上半球保持温度 $1°$, 下半球保持 $0°$.

例 12.7 与之密切相关的问题是确定球形电容器外部 (outside) 的静电势. 如前例, 我们的电容器半径为 1, 静电电荷在上半球为 1 而在下半球为 0. 在这里, 我们要求解 Laplace 方程 $\Delta u=0$, 在单位球体外部的无界区域 $\Omega=\{\|\boldsymbol{x}\|>1\}$ 服从相同的边界条件 (12.57). 在远离电容器处: $r=\|\boldsymbol{x}\|\gg 1$, 静电势会变得非常小. 因此, 调和多项式解 (12.49) 不会帮助我们解决这个问题, 因为它们 (除了恒定情形) 远离原点会变得无穷大.

然而, 重新考虑我们最初的分离变量参数, 将产生不同类别的解, 具有所需的衰减特性. 求解径向方程 (12.47) 时我们舍弃了解 $v_2(r)=r^{-n-1}$, 因为在原点处它有奇性. 在目前的情况下, 函数在 $r=0$ 的行为是不相干的; 我们的要求是, 当 $r\to\infty$ 时解衰减, 而 $v_2(r)$ 具有此属性. 因此, 我们将利用余调和函数 (complementary harmonic function)

$$\begin{aligned} K_n^m(x,y,z) &= r^{-2n-1}H_n^m(x,y,z)=r^{-n-1}Y_n^m(\varphi,\theta)=r^{-n-1}p_n^m(\varphi)\cos m\theta, \\ \widetilde{K}_n^m(x,y,z) &= r^{-2n-1}\widetilde{H}_n^m(x,y,z)=r^{-n-1}\widetilde{Y}_n^m(\varphi,\theta)=r^{-n-1}p_n^m(\varphi)\sin m\theta, \end{aligned} \tag{12.61}$$

求解这个外部问题. 对于电容器问题, 我们只需要那些与 θ 无关即 $m=0$ 的球面调和函数. 我们将得到的解写成级数

$$u(x,y,z)=\frac{1}{2}\sum_{n=0}^{\infty}c_nK_n^0(x,y,z)=\frac{1}{2}\sum_{n=0}^{\infty}c_nr^{-n-1}P_n(\cos\varphi). \tag{12.62}$$

边界条件

$$u|_{r=1}=\frac{1}{2}\sum_{n=0}^{\infty}c_nP_n(\cos\varphi)=h(\varphi)=\begin{cases} 1, & 0\leqslant\varphi<\dfrac{1}{2}\pi, \\ 0, & \dfrac{1}{2}\pi<\varphi\leqslant\pi, \end{cases}$$

与前例相同. 因此, 系数由 (12.59) 给出, 得到级数展开

$$\begin{aligned} &u(x,y,z)\\ &=\frac{1}{2r}+\frac{3\cos\varphi}{4r^2}-\frac{21\cos\varphi+35\cos 3\varphi}{128r^4}+\cdots\\ &=\frac{1}{2\sqrt{x^2+y^2+z^2}}+\frac{3z}{4\left(x^2+y^2+z^2\right)^{3/2}}+\frac{21\left(x^2+y^2\right)z-14z^3}{32\left(x^2+y^2+z^2\right)^{7/2}}+\cdots. \end{aligned} \tag{12.63}$$

从中看出, 在远距离上高阶项可以忽略不计, 因此静电势是渐近为集中在原点的点电荷 1/2 产生的, 这是球面上边界静电势的平均. 这表明了一个普遍的事实, 留待习题 12.2.32 进一步探讨.

习题

12.2.1. 一半径为 R 的实心球, 其上半球面保持温度 T_1 而下半球面保持 T_0. 求出由此产生的平衡温度.

12.2.2. 实心球上半球面绝热, 其下半球面保持固定温度 10°. 求它的平衡温度.

12.2.3. 求半径为 R 的球形电容器内的静电势, 上半球静电势为 α 且下半球静电势为 β.

12.2.4. 求单位球形电容器内静电势 $u(x,y,z)$, 规定单位球面 $x^2+y^2+z^2=1$ 上的边界值为 (a) x; (b) x^2+y^2; (c) x^3. 提示: 静电势是一个多项式.

12.2.5. 半径为 1 的实心球的球面边界上各点温度等于其天顶角 φ. (a) 求出球心的平衡温度值. (b) 基于原点, 求出 $\varphi=3^\circ$ 处的 Taylor 多项式, 用于平衡温度分布.

12.2.6. 当边界温度等于 (a) $\cos\varphi$; (b) $\cos\theta$; (c) θ 时, 解习题 12.2.5.

12.2.7. 半径为 3 cm 的实心球形容器, 其中央有一个半径为 1 cm 的空心球腔. 内腔充满 100° 的沸水, 而整个容器浸于 0° 的冰水中. 假设容器处于热平衡. 是/非: 容器内部和外部边界之间的中点的温度是 50°. 如果是的, 解释之. 如果不是, 那么这个点的温度是多少?

12.2.8. 求得两个半径为 1.2 和 1 的同心球形金属壳之间静电势, 内壳接地, 而外壳静电势等于 1.

♦ 12.2.9. 利用链式法则建立球坐标系中 Laplace 算子公式 (12.16).

♦ 12.2.10. (a) 证明 $t=\pm1$ 是 0 阶 Legendre 微分方程 (12.28) 的两个正则奇点. (b) 证明 Legendre 本征值问题 (12.27—28) 是由关于割迹 $[-1,1]$ 上 L^2–内积的自伴算子定义的. (c) 讨论 Legendre 多项式的正交性.

♦ 12.2.11. 对 m 阶 Legendre 本征值问题 (12.26—27) 及相关的 Ferrers 函数, 解习题 12.2.10.

♦ 12.2.12. 设 $m>0$. (a) 求边值问题

$$\left(1-t^2\right)\frac{\mathrm{d}^2P}{\mathrm{d}t^2}-2t\frac{\mathrm{d}P}{\mathrm{d}t}-\frac{m^2}{1-t^2}P=f(t),\quad |P(-1)|,|P(1)|<\infty$$

的 Green 函数. 提示: 齐次微分方程有解 $\left(\dfrac{1+t}{1-t}\right)^{m/2}$ 和 $\left(\dfrac{1-t}{1+t}\right)^{m/2}$. (b) 使用 (a) 部分证明在 $[-1,1]$ 上 $m>0$ 阶 Ferrers 函数的完备性. (c) 解释为什么在阶 $m=0$ 的情况下没有 Green 函数.

注记: 当 $m=0$ 时, 可以运用例 9.49 的技巧证明完备性. 虽然修正算子的 Green 函数没有显式的初等公式, 但可以证明它在端点上具有对数奇点, 因而二重 L^2 – 范数有限. 有关详细信息, 参见 [120; §43].

12.2.13. 当 $n<m$ 时在公式 (12.31) 中会发生什么?

♦ 12.2.14. 证明 Legendre 多项式 (12.29) 有显式公式

$$P_n(t)=\sum_{0\leqslant 2m\leqslant n}(-1)^m\frac{(2n-2m)!}{2^n(n-m)!m!(n-2m)!}t^{n-2m}. \tag{12.64}$$

♦ 12.2.15. 证明 Ferrers 函数的以下递推关系:

$$P_n^{m+1}(t)=\sqrt{1-t^2}\frac{\mathrm{d}P_n^m}{\mathrm{d}t}+\frac{mt}{\sqrt{1-t^2}}P_n^m(t). \tag{12.65}$$

♥ 12.2.16. 本题我们确定 Ferrers 函数的 L^2 – 范数. (a) 首先, 证明 $\displaystyle\int_{-1}^{1}\left(1-t^2\right)^n\mathrm{d}t=\frac{2^{2n+1}(n!)^2}{(2n+1)!}$. 提示: 设 $t=\cos\theta$, 然后反复分部积分. (b) 证明 $\|P_n\|^2=\dfrac{2}{2n+1}$. 提示: 反复分部积分再使用 (a) 部分. (c) 证明 $\left\|P_n^{m+1}\right\|^2=(n-m)(n+m+1)\left\|P_n^m\right\|^2$. 提示: 使用 (12.65) 和分部积分. (d) 最后证明 $\|P_n^m\|^2=\dfrac{2}{2n+1}\dfrac{(n+m)!}{(n-m)!}$.

12.2.17. (a) 证明 $P_n^m(t)$ 是偶函数还是奇函数, 视 $m+n$ 是偶数或奇数而定. (b) 证明其 Fourier 形式 $p_n^m(\varphi)$, 若 m 是偶数只依赖于 $\cos n\varphi,\cos(n-2)\varphi,\cos(n-4)\varphi,\cdots$, 且若 m 是奇数只依赖于 $\sin n\varphi,\sin(n-2)\varphi,\sin(n-4)\varphi,\cdots$.

12.2.18. 设 m 固定. 对 $n=0,1,2,\cdots$ 而言, 函数 $p_n^m(\varphi)$ 关于 $[0,\pi]$ 上标准 L^2 – 内积相互正交吗? 如果不是, 是否有一个内积, 使它们成为正交函数?

12.2.19. 证明前三个球面调和函数 Y_0^0,Y_1^0 和 Y_1^1 定义的曲面都是球面, 如图 12.5 所示. 求它们的中心和半径.

♦ 12.2.20. 解释为什么 $r=\widetilde{Y}_n^m(\varphi,\theta)$ 定义的曲面由 $r=Y_n^m(\varphi,\theta)$ 围绕 z – 轴转动 90° 得到.

♦ 12.2.21. 直接证明球面 Laplace 算子 Δ_S 是关于内积 (12.40) 的自伴线性算子.

♦ 12.2.22. (a) 考虑到习题 12.2.21, (12.41) 中的正交关系是由它们作为球面 Laplace 本征函数产生的吗? (b) 通过直接计算证明一般正交公式.

♦ 12.2.23. 证明复球面调和函数 (12.46) 的正交性. 然后建立以下范数公式:

$$\|\mathcal{Y}_n^m\|^2 = \iint_{S_1} |\mathcal{Y}_n^m|^2 \, \mathrm{d}S = \frac{4\pi(n+m)!}{(2n+1)(n-m)!}, \quad \begin{array}{l} n = 0, 1, 2, \cdots, \\ m = -n, -n+1, \cdots, n. \end{array} \tag{12.66}$$

♦ 12.2.24. 证明球面调和函数范数公式 (12.42). 提示: 使用习题 12.2.16.

♦ 12.2.25. 证明 (12.50) 中 (a) H_1^0; (b) H_2^0; (c) $\widetilde{H}_2^1$ 的公式.

12.2.26. 在 (i) 球坐标系; (ii) 直角坐标系中, 写出以下调和多项式 (a) H_4^0; (b) H_4^4; (c) $\widetilde{H}_4^4$ 的公式.

12.2.27. 解释为什么 Laplace 方程的各多项式解都是调和多项式 (12.49) 的线性组合. 提示: 看看它的 Taylor 级数.

12.2.28. (a) 证明如果 $u(x,y,z)$ 是任一调和多项式, 那么 $u(y,x,z), u(z,x,y)$ 和所有其他的 x,y,z 变量变换获得的函数也是. (b) 讨论这种替换对 (12.50) 中基本调和多项式 $H_n^m(x,y,z)$ 的影响.

12.2.29. 求以下余调和函数在直角坐标系中的表示式: (a) K_0^0. (b) K_1^1. (c) K_2^0. (d) $\widetilde{K}_2^1$.

♦ 12.2.30. 令 $u(x,y,z)$ 是一个调和函数, 定义在单位球体 $r \leqslant 1$ 上. 证明在球心处梯度 $\nabla u(\mathbf{0})$ 等于矢量场 $\boldsymbol{v}(\boldsymbol{x}) = \boldsymbol{x} u(\boldsymbol{x})$ 在单位球面 $r = 1$ 的平均值.

♦ 12.2.31. (a) 设 $u(x,y,z)$ 是 Laplace 方程的解. 证明: 通过反演 (inversion) 得到的函数 $U(x,y,z) = r^{-1} u\left(\dfrac{x}{r^2}, \dfrac{y}{r^2}, \dfrac{z}{r^2}\right)$ 也是解. (b) 解释如何利用反演求解球外边值问题. (c) 利用反演将求解方法与例 12.6 和例 12.7 联系起来.

♦ 12.2.32. 设 $u(r,\varphi,\theta)$ 是一个单位半径的球形电容器外部的静电势.

(a) 证明 $\lim\limits_{r\to\infty} r u(r,\varphi,\theta)$ 等于 u 在球面上的平均值.

(b) 使用习题 12.2.31 推断这一结果, 作为定理 12.4 的结果.

12.2.33. (a) 在球心为原点的单位半径实心球上, 用球坐标系写出标量场 $f(r,\varphi,\theta)$ 和 $g(r,\varphi,\theta)$ 的 L^2 – 内积及其范数公式.

(b) 令 $f(x,y,z) = z$ 和 $g(x,y,z) = x^2 + y^2$. 求 $\|f\|, \|g\|$ 和 $\langle f, g\rangle$.

(c) 用这两个函数验证 Cauchy-Schwarz 不等式和三角不等式.

♦ 12.2.34. 用分离变量构造长方体 $B = \{0 < x < a, 0 < y < b, 0 < z < c\}$ 上 Laplace 方程的 Fourier 级数解, 服从 Dirichlet 边界条件

$$u(x,y,z) = \begin{cases} h(x,y), & z = 0, 0 < x < a, 0 < y < b, \\ 0, & \text{在}\partial B\text{所有的其他点}. \end{cases}$$

12.2.35. 求单位立方体内的平衡温度分布, 其顶面温度为 100° 而底面为 0°, 且所有的四个侧面绝热.

12.2.36. 解习题 12.2.35, 立方体顶面温度为 $u(x,y,1)=\cos\pi x\cos\pi y$.

♣ 12.2.37. 单位实心立方体处于热平衡, 顶面温度为 100° 而所有其他的侧面为 0°. 是/非: 中心温度等于立方体表面的平均温度.

12.2.38. 求解边值问题

$$-\frac{\partial^2 u}{\partial x^2}-\frac{\partial^2 u}{\partial y^2}-\frac{\partial^2 u}{\partial z^2}+u=\cos x\cos y,\quad 0<x,y,z<\pi,$$

$$u(x,y,0)=1,\ \frac{\partial u}{\partial z}(x,y,\pi)=\frac{\partial u}{\partial y}(x,0,z)=\frac{\partial u}{\partial y}(x,\pi,z)=\frac{\partial u}{\partial z}(0,y,z)=\frac{\partial u}{\partial x}(\pi,y,z)=0.$$

12.2.39. 令 C 表示高度为 1 和直径为 1 的圆柱, 沿 z – 轴坐落在 (x,y) – 平面中央. (a) 用柱坐标系写出 L^2 – 内积和范数的显式公式. (b) 设 $f(x,y,z)=z$ 和 $g(x,y,z)=x^2+y^2$. 求 $\|f\|,\|g\|$ 和 $\langle f,g\rangle$. (c) 用这两个函数验证 Cauchy-Schwarz 不等式和三角不等式.

♦ 12.2.40. (a) 写出柱坐标系中的 Laplace 方程. (b) 用分离变量构造一个级数解, 对于圆柱 $C=\{x^2+y^2<1, 0<z<1\}$ 上的 Laplace 方程, 服从 Dirichlet 边界条件

$$u(x,y,z)=\begin{cases} h(x,y), & z=0,\ x^2+y^2<1;\\ 0, & \text{在 } \partial C \text{ 所有的其他点}. \end{cases}$$

12.2.41. 半径为 1 和高度为 2 的圆柱, 其顶面温度为 100°, 底面温度为 0°, 而曲面完全隔热. 求其平衡温度分布.

12.2.42. 解习题 12.2.41, 如果曲面保持 0°.

12.3 Poisson 方程的 Green 函数

现在转向三维 Laplace 方程的非齐次形式: 立体区域 $\Omega\subset\mathbb{R}^3$ 上的 Poisson 方程

$$-\Delta u=f. \tag{12.67}$$

为了唯一地确定解, 我们必须规定适当的边界条件: Dirichlet 条件或混合条件. (如平面情形那样, 根据 Fredholm 择一律条件是否满足, Neumann 边值问题有无穷多个解或无解.) 我们只需要讨论齐次边界条件情形, 因为根据线性叠加原理, 非齐次边值问题可以分解成一个非齐次 Poisson 方程的齐次边值问题和一个齐次 Laplace 方程的非齐次边值问题.

在第 6 章中, 我们首先分析了集中于区域一点 δ – 函数的非齐次情形. 因此, 对于每个 $\boldsymbol{\xi}=(\xi,\eta,\zeta)\in\Omega$ 而言, Green 函数 $G(\boldsymbol{x};\boldsymbol{\xi})=G(x,y,z;\xi,\eta,\zeta)$

是 Poisson 方程

$$-\Delta u=\delta(\boldsymbol{x}-\boldsymbol{\xi})=\delta(x-\xi)\delta(y-\eta)\delta(z-\zeta),\ \text{对所有的}\ \boldsymbol{x}\in\Omega, \tag{12.68}$$

服从选定的齐次边界条件的唯一解. 一般 Poisson 方程 (12.67) 的解是通过叠加得到的: 我们把强迫作用函数

$$f(x,y,z)=\iiint_{\Omega} f(\xi,\eta,\zeta)\delta(x-\xi)\delta(y-\eta)\delta(z-\zeta)\mathrm{d}\xi\mathrm{d}\eta\mathrm{d}\zeta \tag{12.69}$$

写成 δ – 函数的线性叠加. 由线性性质, Poisson 方程 (12.67) 的齐次边值问题的解

$$u(x,y,z)=\iiint_{\Omega} f(\xi,\eta,\zeta)G(x,y,z;\xi,\eta,\zeta)\mathrm{d}\xi\mathrm{d}\eta\mathrm{d}\zeta \tag{12.70}$$

由 Green 函数解的相应叠加给出.

Green 函数还可以用于求解非齐次 Dirichlet 边值问题

$$-\Delta u=0,\quad \boldsymbol{x}\in\Omega;\quad u=h,\quad \boldsymbol{x}\in\partial\Omega. \tag{12.71}$$

运用在二维情形中同样的论证, 得到解

$$u(\boldsymbol{x})=-\iint_{\partial\Omega}\frac{\partial G}{\partial \boldsymbol{n}}(\boldsymbol{x};\boldsymbol{\xi})h(\boldsymbol{\xi})\mathrm{d}S, \tag{12.72}$$

其中法向导数是关于变量 $\boldsymbol{\xi}\in\partial\Omega$ 的. 在 Ω 为实心球的情形, 该积分公式有效地对球面调和函数级数 (12.51) 求和; 见下面的定理 12.12.

自由空间 Green 函数

仅在几个特定实例中, Green 函数的显式公式才是已知的. 然而, 可以很容易地建立某些一般的指导特性. 出发点是研究定义域为整个三维空间 $\Omega=\mathbb{R}^3$ 的 Poisson 方程 (12.68). 施以边界约束, 我们寻求在远距离处 $\|\boldsymbol{x}\|\to\infty$ 为零的解 $u(\boldsymbol{x})\to 0$. 由于 Laplace 算子关于平移不变, 不失一般性, 我们可以将 δ – 冲激置于原点, 集中求解特定情形

$$-\Delta u=\delta(\boldsymbol{x}),\quad \boldsymbol{x}\in\mathbb{R}^3.$$

既然对于所有的 $\boldsymbol{x}\neq\boldsymbol{0}$ 都有 $\delta(\boldsymbol{x})=0$, 所求的解实际上是齐次 Laplace 方程

$$\Delta u=0,\quad \boldsymbol{x}\neq\boldsymbol{0}$$

的解, 也许除了在原点的奇点外.

Laplace 方程模拟均匀各向同性介质的平衡状态, 如习题 12.1.7 所指出的,

在三维转动下也是不变的. 这表明, 在任何径向对称配置中, 解应仅仅依赖于离开原点的距离 $r = \|\boldsymbol{x}\|$. 参考 Laplace 算子的球坐标形式 (12.16), 如果 u 只是 r 的函数, 那么它关于角向坐标 φ, θ 的导数为零, 所以 $u(r)$ 是常微分方程

$$\frac{\mathrm{d}^2 u}{\mathrm{d}r^2} + \frac{2}{r}\frac{\mathrm{d}u}{\mathrm{d}r} = 0 \tag{12.73}$$

的解. 实际上, 这个方程是一阶线性常微分方程 $v = \mathrm{d}u/\mathrm{d}r$, 特别容易求解:

$$\frac{\mathrm{d}u}{\mathrm{d}r} = v(r) = -\frac{b}{r^2},$$

因此

$$u(r) = a + \frac{b}{r},$$

其中 a, b 是任意常数. 常数解 $u(r) = a$ 在很远距离上不会为零, 在原点处也不会有奇点. 因此, 如果我们的直觉是有效的, 那么所求的解应形如

$$u = \frac{b}{r} = \frac{b}{\|\boldsymbol{x}\|} = \frac{b}{\sqrt{x^2 + y^2 + z^2}}. \tag{12.74}$$

这个函数确实是调和的, 是 Laplace 方程的解, 除了在原点 $\boldsymbol{x} = \mathbf{0}$ 有一个奇点外.

相差一个恒定的倍数, 解 (12.74) 是由位于原点处质点引起的三维 Newton 引力势. 其梯度

$$\boldsymbol{f}(\boldsymbol{x}) = \nabla\left(\frac{b}{\|\boldsymbol{x}\|}\right) = -\frac{b}{\|\boldsymbol{x}\|^3}\boldsymbol{x} \tag{12.75}$$

定义在点 $\boldsymbol{x}$ 处的引力矢量. 当 $b > 0$ 时, 力 $\boldsymbol{f}(\boldsymbol{x})$ 指向原点处的质点, 其幅度

$$\|\boldsymbol{f}(\boldsymbol{x})\| = \frac{b}{\|\boldsymbol{x}\|^2} = \frac{b}{r^2}$$

与距离平方的倒数成正比, 这就是著名的三维 Newton 引力的平方反比律. 公式 (12.75) 也可以解释为静电力, 由集中在原点的电荷产生由 (12.74) 给定的相应 Coulomb 势 (Coulomb potential). 当电荷符号相反时, 常数 b 是正的, 导致吸引; 同号电荷的排斥情形, 常数 b 是负的.

回到我们的问题, 剩下的任务是确定倍数 b, 使得 Laplace 算子作用于我们候选解 (12.74) 在原点处有一个 δ – 函数奇性; 等价地, 我们必须确定 $a = 1/b$, 使得

$$-\Delta\left(r^{-1}\right) = a\delta(\boldsymbol{x}). \tag{12.76}$$

这个等式不在原点处肯定是成立的, 因当 $\boldsymbol{x} \neq \mathbf{0}$ 时 $\delta(\boldsymbol{x}) = 0$. 为了在奇点附近

探究, 我们在半径为 ε 的小实心球 $B_\varepsilon=\{\|\boldsymbol{x}\|\leqslant\varepsilon\}$ 上积分 (12.76) 两端:

$$-\iiint_{B_\varepsilon}\Delta\left(r^{-1}\right)\mathrm{d}x\mathrm{d}y\mathrm{d}z=\iiint_{B_\varepsilon}a\delta(\boldsymbol{x})\mathrm{d}x\mathrm{d}y\mathrm{d}z=a, \tag{12.77}$$

这里我们使用 δ – 函数的定义求出右端项. 另一方面, 由 $\Delta\left(r^{-1}\right)=\nabla\cdot\nabla(r^{-1})$, 我们可以使用散度定理 (12.8) 来求左端积分, 此处

$$\iiint_{B_\varepsilon}\Delta\left(r^{-1}\right)\mathrm{d}x\mathrm{d}y\mathrm{d}z=\iiint_{B_\varepsilon}\nabla\cdot\nabla(r^{-1})\mathrm{d}x\mathrm{d}y\mathrm{d}z=\oiint_{S_\varepsilon}\frac{\partial}{\partial\boldsymbol{n}}\left(\frac{1}{r}\right)\mathrm{d}S,$$

在边界球面 $S_\varepsilon=\partial B_\varepsilon=\{\|\boldsymbol{x}\|=\varepsilon\}$ 上求面积分. 球面单位法向 $\boldsymbol{n}$ 沿径向, 因此法向导数与关于 r 的导数一致; 特别地,

$$\frac{\partial}{\partial\boldsymbol{n}}\left(\frac{1}{r}\right)=\frac{\partial}{\partial r}\left(\frac{1}{r}\right)=-\frac{1}{r^2}.$$

面积分可以显式地求出

$$\oiint_{S_\varepsilon}\frac{\partial}{\partial\boldsymbol{n}}\left(\frac{1}{r}\right)\mathrm{d}S=-\oiint_{S_\varepsilon}\frac{1}{r^2}\mathrm{d}S=-\oiint_{S_\varepsilon}\frac{1}{\varepsilon^2}\mathrm{d}S=-4\pi,$$

既然 S_ε 的表面积为 $4\pi\varepsilon^2$. 将此结果代入 (12.77), 我们得到结论

$$a=4\pi,\ \text{因而}\ -\Delta\left(r^{-1}\right)=4\pi\delta(\boldsymbol{x}). \tag{12.78}$$

这是我们想要的公式! 我们的结论是, 在原点上有 δ – 函数冲激的 Poisson 方程的解为

$$G(x,y,z)=\frac{1}{4\pi r}=\frac{1}{4\pi\|\boldsymbol{x}\|}=\frac{1}{4\pi\sqrt{x^2+y^2+z^2}}. \tag{12.79}$$

这是一个位于原点的单位质点引起的三维 Newton 势 (Newtonian potential). 如果奇点集中在其他某个点 $\boldsymbol{\xi}=(\xi,\eta,\zeta)$, 那么我们只需将上面的解作平移变换, 立即得到自由空间 Green 函数 (free-space Green's function)

$$G(\boldsymbol{x};\xi)=G(\boldsymbol{x}-\boldsymbol{\xi})=\frac{1}{4\pi\|\boldsymbol{x}-\boldsymbol{\xi}\|}=\frac{1}{4\pi\sqrt{(x-\xi)^2+(y-\eta)^2+(z-\zeta)^2}}. \tag{12.80}$$

叠加原理 (12.70) 隐含在所有三维空间上的 Poisson 方程解的积分公式中.

定理 12.8 *设当 $\|\boldsymbol{x}\|\to\infty$ 时, 足够迅速地有 $f(\boldsymbol{x})\to 0$, Poisson 方程*

$$-\Delta u=f,\ \text{对于}\ \boldsymbol{x}\in\mathbb{R}^3 \tag{12.81}$$

的一个特解为

$$u_\star(\boldsymbol{x})=\frac{1}{4\pi}\iiint_{\mathbb{R}^3}\frac{f(\boldsymbol{\xi})}{\|\boldsymbol{x}-\boldsymbol{\xi}\|}\mathrm{d}\xi=\frac{1}{4\pi}\iiint_{\mathbb{R}^3}\frac{f(\xi,\eta,\zeta)\mathrm{d}\xi\mathrm{d}\eta\mathrm{d}\zeta}{\sqrt{(x-\xi)^2+(y-\eta)^2+(z-\zeta)^2}}. \tag{12.82}$$

通解是 $u(x,y,z) = u_\star(x,y,z) + w(x,y,z)$, 其中 $w(x,y,z)$ 是任意一个调和函数.

例 12.9 本例我们计算均匀实心球在三维空间中的引力 (或静电) 势, 例如地球这样的球状行星. 通过标度变换, 考虑半径为 1 的球体情形足矣, 强迫作用函数在球内等于 1, 在球外等于 0:

$$f(\boldsymbol{x}) = \begin{cases} 1, & \|\boldsymbol{x}\| < 1, \\ 0, & \|\boldsymbol{x}\| > 1. \end{cases}$$

得到的 Poisson 方程 (12.81) 的特解是积分

$$u(\boldsymbol{x}) = \frac{1}{4\pi} \iiint_{\|\boldsymbol{\xi}\|<1} \frac{1}{\|\boldsymbol{x} - \boldsymbol{\xi}\|} \mathrm{d}\xi \mathrm{d}\eta \mathrm{d}\zeta. \tag{12.83}$$

显然, 由于强迫作用函数是径向对称的, 解 $u = u(r)$ 也是径向对称的. 为了求出积分, 我们可以取位于 z-轴上的点 $\boldsymbol{x} = (0,0,z)$, 使得 $r = \|\boldsymbol{x}\| = |z|$. 利用柱坐标系 $\boldsymbol{\xi} = (\rho\cos\theta, \rho\sin\theta, \zeta)$, 因此

$$\|\boldsymbol{x} - \boldsymbol{\xi}\| = \sqrt{\rho^2 + (z-\zeta)^2}.$$

然后可以显式计算 (12.83) 中的积分:

$$\begin{aligned} \frac{1}{4\pi} \int_{-1}^{1} \int_{0}^{\sqrt{1-\zeta^2}} \int_{0}^{2\pi} \frac{\rho \mathrm{d}\theta \mathrm{d}\rho \mathrm{d}\zeta}{\sqrt{\rho^2 + (z-\zeta)^2}} &= \frac{1}{2} \int_{-1}^{1} \left(\sqrt{1 + z^2 - 2z\zeta} - |z - \zeta| \right) \mathrm{d}\zeta \\ &= \begin{cases} \dfrac{1}{3|z|}, & |z| \geqslant 1, \\ \dfrac{1}{2} - \dfrac{z^2}{6}, & |z| < 1. \end{cases} \end{aligned}$$

因此, 借助径向对称, 解是

$$u(\boldsymbol{x}) = \begin{cases} \dfrac{1}{3r}, & r = \|\boldsymbol{x}\| \geqslant 1, \\ \dfrac{1}{2} - \dfrac{r^2}{6}, & r = \|\boldsymbol{x}\| < 1. \end{cases} \tag{12.84}$$

作为 $r = \|\boldsymbol{x}\|$ 函数的图像绘制如图 12.6. 在实心球外, 解是大小为 $\dfrac{4\pi}{3}$ 的集中质点, 即行星总质量产生的 Newton 势. 我们因此证实了引力论和静电学中一个众所周知的结果: 球对称质量 (或带电体) 外部的位势与全部质量 (电荷) 集中中心的相同. 在外层空间的黑暗中, 如果看不到球形行星, 那么通过测量它的外部引力只能确定它的质量, 而不是它的大小.

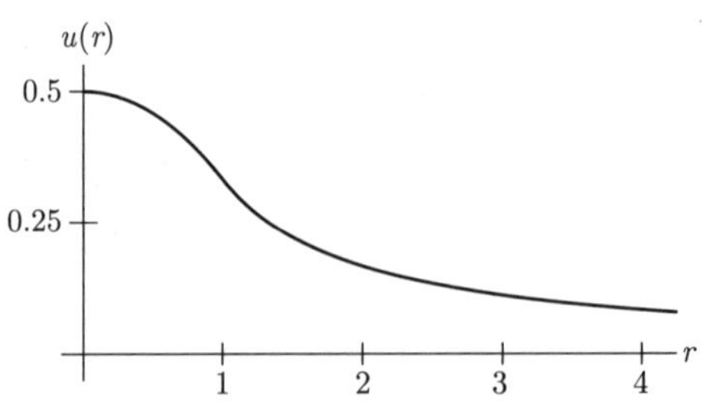

图 12.6 实心球中 Poisson 方程的解

有界区域与镜像方法

假定我们现在希望求解有界区域 $\Omega \subset \mathbb{R}^3$ 上的非齐次Poisson 方程 (12.67). 为了构建所需的 Green 函数, 我们阐述如下. Newton 势 (12.80) 是支配非齐次方程

$$-\Delta u = \delta(\boldsymbol{x} - \boldsymbol{\xi}), \quad \boldsymbol{x} \in \Omega \tag{12.85}$$

的一个特解, 但几乎可以肯定它在 $\partial\Omega$ 上没有适合的边界值. 借助线性性质, 这种非齐次线性方程的通解必须采取

$$u(\boldsymbol{x}) = \frac{1}{4\pi\|\boldsymbol{x} - \boldsymbol{\xi}\|} - v(\boldsymbol{x}), \tag{12.86}$$

其中第一项是一个特解, 而 $v(\boldsymbol{x})$ 是齐次方程 $\Delta v = 0$ 的任一解, 即任一调和函数. 该解 (12.86) 满足齐次边界条件, 只要 $v(\boldsymbol{x})$ 的边界值与 Green 函数的边界值相匹配. 我们来明确表述 Dirichlet 情形的结果.

定理 12.10 区域 $\Omega \subset \mathbb{R}^3$ 中 Poisson 方程的齐次 Dirichlet 边值问题

$$-\Delta u = f \text{ 对于 } \boldsymbol{x} \in \Omega, \quad u = 0 \text{ 对于 } \boldsymbol{x} \in \partial\Omega$$

的 Green 函数有形式

$$G(\boldsymbol{x};\boldsymbol{\xi}) = \frac{1}{4\pi\|\boldsymbol{x} - \boldsymbol{\xi}\|} - v(\boldsymbol{x};\boldsymbol{\xi}), \quad \boldsymbol{x},\boldsymbol{\xi} \in \Omega, \tag{12.87}$$

其中 $v(\boldsymbol{x};\boldsymbol{\xi})$ 是 $\boldsymbol{x} \in \Omega$ 的调和函数, 满足

$$v(\boldsymbol{x};\boldsymbol{\xi}) = \frac{1}{4\pi\|\boldsymbol{x} - \boldsymbol{\xi}\|}, \text{ 对所有的 } \boldsymbol{x} \in \partial\Omega. \tag{12.88}$$

我们以这种方式, 已经将确定 Green 函数简化成求解特定一族以点 $\boldsymbol{\xi} \in \Omega$ 为参数的 Laplace 方程边值问题. 在某些简单几何形状区域中, 可以利用镜像方法 (method of image) 为 Green 函数生成一个显式公式. 如 6.3 节所示, 想

法是自由空间 Green 函数归因于区域内一点上的 δ– 冲激, 区域外与之对应一点即 “镜像点” 上冲激额外产生一个或多个 Green 函数, 这两种 Green 函数在边界上取值应该相匹配.

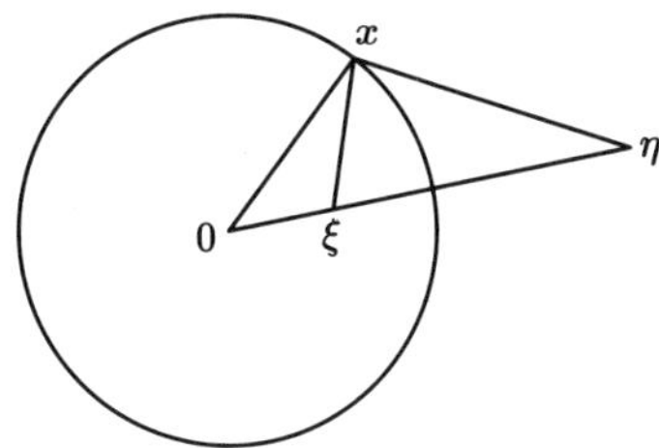

图 12.7　单位球的镜像方法

半径为 1 的实心球的边界条件是最容易处理的情形. 实际上, 我们用于平面圆盘的相同几何结构, 如图 12.7 所示, 亦适用于此处. 虽然与图 6.13 相同, 但我们将之重新作三维解释, 用圆表示单位球面, 而直线仍是直线. 所需的镜像点通过反演关系 (inversion) 给出:

$$\boldsymbol{\eta}=\frac{\boldsymbol{\xi}}{\|\boldsymbol{\xi}\|^2},\ \text{由此}\ \|\boldsymbol{\xi}\|=\frac{1}{\|\boldsymbol{\eta}\|}.$$

借助之前相似三角形论证, 我们有

$$\frac{\|\boldsymbol{\xi}\|}{\|\boldsymbol{x}\|}=\frac{\|\boldsymbol{x}\|}{\|\boldsymbol{\eta}\|}=\frac{\|\boldsymbol{x}-\boldsymbol{\xi}\|}{\|\boldsymbol{x}-\boldsymbol{\eta}\|},\ \text{因此}\ \|\boldsymbol{x}\|=1.$$

由此, 函数

$$v(\boldsymbol{x};\boldsymbol{\xi})=\frac{1}{4\pi}\frac{\|\boldsymbol{\eta}\|}{\|\boldsymbol{x}-\boldsymbol{\eta}\|}=\frac{1}{4\pi}\frac{\|\boldsymbol{\xi}\|}{\|\boldsymbol{\xi}-\|\boldsymbol{\xi}\|^2\boldsymbol{x}\|}$$

在单位球面上与 Newton 势有相同的边界取值:

$$\frac{1}{4\pi}\frac{\|\boldsymbol{\eta}\|}{\|\boldsymbol{x}-\boldsymbol{\eta}\|}=\frac{1}{4\pi\|\boldsymbol{x}-\boldsymbol{\xi}\|},\ \text{每当}\ \|\boldsymbol{x}\|=1.$$

我们得出结论, 它们的差

$$G(\boldsymbol{x};\boldsymbol{\xi})=\frac{1}{4\pi}\left(\frac{1}{\|\boldsymbol{x}-\boldsymbol{\xi}\|}-\frac{\|\boldsymbol{\xi}\|}{\|\boldsymbol{\xi}-\|\boldsymbol{\xi}\|^2\boldsymbol{x}\|}\right) \tag{12.89}$$

具有所需 Green 函数的属性: 它满足单位球体内的 Laplace 方程, 除了 δ– 函数所在奇点 $\boldsymbol{x}=\boldsymbol{\xi}$ 外, 在球面边界 $\|\boldsymbol{x}\|=1$ 上有齐次 Dirichlet 条件 $G(\boldsymbol{x};\boldsymbol{\xi})=0$.

利用 Green 函数, 我们可以应用一般叠加公式 (12.70) 求解单位球体中 Poisson 方程的 Dirichlet 边值问题.

定理 12.11 单位球体上齐次 Dirichlet 边值问题

$$-\Delta u = f \text{ 对于 } \|\boldsymbol{x}\| < 1, \quad u = 0 \text{ 对于 } \|\boldsymbol{x}\| = 1$$

的解为积分

$$u(\boldsymbol{x}) = \frac{1}{4\pi}\iiint_{\|\boldsymbol{\xi}\|\leqslant 1}\left(\frac{1}{\|\boldsymbol{x}-\boldsymbol{\xi}\|} - \frac{\|\boldsymbol{\xi}\|}{\|\boldsymbol{\xi}-\|\boldsymbol{\xi}\|^2\boldsymbol{x}\|}\right) f(\boldsymbol{\xi})\mathrm{d}\xi\mathrm{d}\eta\mathrm{d}\zeta. \tag{12.90}$$

同样, 公式 (12.72) 为球体上 Laplace 方程非齐次 Dirichlet 边值问题提供一个解.

定理 12.12 齐次 Dirichlet 边值问题

$$\Delta u = 0 \text{ 对于 } \|\boldsymbol{x}\| < 1, \quad u = h \text{ 对于 } \|\boldsymbol{x}\| = 1$$

的解由以下的面积分给出:

$$u(\boldsymbol{x}) = \frac{1}{4\pi}\oiint_{\|\boldsymbol{\xi}\|=1}\frac{1-\|\boldsymbol{x}\|^2}{\|\boldsymbol{\xi}-\boldsymbol{x}\|^3}h(\boldsymbol{\xi})\mathrm{d}S. \tag{12.91}$$

证明 我们从单位球体上 Green 函数显式公式 (12.89) 开始. 因为法向导数在单位球面 $\|\boldsymbol{\xi}\| = 1$ 上可以写成 $\partial/\partial\boldsymbol{n} = \boldsymbol{\xi}\cdot\nabla_{\boldsymbol{\xi}}$, 一个简短的计算表明

$$\frac{\partial G}{\partial \boldsymbol{n}}(\boldsymbol{x};\boldsymbol{\xi}) = \frac{1}{4\pi}\left[\frac{\boldsymbol{x}\cdot\boldsymbol{\xi}-\|\boldsymbol{\xi}\|^2}{\|\boldsymbol{x}-\boldsymbol{\xi}\|^3} - \frac{\|\boldsymbol{\xi}\|^3(\boldsymbol{x}\cdot\boldsymbol{\xi}-\|\boldsymbol{\xi}\|^2\|\boldsymbol{x}\|^2)}{\|\boldsymbol{\xi}-\|\boldsymbol{\xi}\|^2\boldsymbol{x}\|^3}\right] = \frac{1}{4\pi}\frac{\|\boldsymbol{x}\|^2-1}{\|\boldsymbol{\xi}-\boldsymbol{x}\|^3}.$$

解公式 (12.91) 因而直接从 (12.72) 得到. [证毕]

例如, 例 12.6 的球形电容器问题的级数解 (12.60) 可以重新表示为面积分:

$$\begin{aligned} u(x,y,z) &= \frac{1}{4\pi}\iint_{\{\xi^2+\eta^2+\zeta^2=1,\zeta>0\}}\frac{(1-x^2-y^2-z^2)\,\mathrm{d}S}{[(\xi-x)^2+(\eta-y)^2+(\zeta-z)^2]^{3/2}} \\ &= \frac{1}{4\pi}\int_{-\pi}^{\pi}\int_0^{\pi/2}\frac{(1-x^2-y^2-z^2)\sin\varphi\mathrm{d}\varphi\mathrm{d}\theta}{[(\cos\theta\sin\varphi-x)^2+(\sin\theta\sin\varphi-y)^2+(\cos\varphi-z)^2]^{3/2}}. \end{aligned}$$

习题

12.3.1. 求半径为 1 的球体的平衡温度, 其边界为 0°, 而集中单元热源作用于 (a) 中心; (b) 中心与边界之间的中点.

12.3.2. 热烙铁持续作用于半径为 1 的实心球的北极点. 求实心球的平衡温度.

12.3.3. 写出由密度为 ρ 的均匀材料构成的半径为 R 的球形行星外部和内部的引力势.

12.3.4. (a) 从半径为 $b(>a)$ 的球体中挖出半径为 a 的球体得到球腔, 求其引力势. 提示: 利用习题 12.3.3 的解. (b) 球腔内的引力是多少? (c) 证明在球腔外, 引力势就好像整个质量集中在原点一样.

♣ 12.3.5. (a) 对于中心在原点、单位密度的实心立方体, 写出其引力势和引力场的积分公式. (b) 用数值积分求点 $(3,0,0)$ 和 $(\sqrt{3},\sqrt{3},\sqrt{3})$ 处的引力向量. 在计算之前, 看看能否预测哪里的力会更强, 再用数值方法检验你的预测. 假设把此物体重塑成球体. 这对两点的引力有何影响? 首先预测它会增加、减少或保持不变. 再计算这些值并与 (b) 部分中你的计算结果比较, 验证你的预测.

12.3.6. 单位半径、薄壁、空心的金属球壳接地, 半径为 $\rho(<1)$ 且均匀分布单位电荷密度的小实心金属球置其中心, 求由此产生的球内静电势.

12.3.7. 长度为 2ℓ 的单位密度细直棒沿 z–轴固定, 其中心位于原点. 求由此产生的 (a) 引力势和 (b) 不在杆上的点 (x,y,z) 处的引力.

♥ 12.3.8. (a) 令习题 12.3.7 (b) 的解中 $\ell\to\infty$, 求无限长、均匀单位密度的细直杆产生的引力. (b) 证明 (a) 部分的力场具有势函数, 可以视为质量位于原点的二维引力对数势. 因此, 二维引力可以看作是无限长垂直线质量的三维引力的横截面. (c) 求得的势函数是习题 12.3.7 (a) 中发现的势函数的极限 (如 $\ell\to\infty$)? 讨论之.

12.3.9. 哪个 Laplace 方程的已知解来自 (12.61) 中取 $m=n=0$ 的结果?

12.3.10. 用 Fredholm 择一律分析有界区域 $\Omega\subset\mathbb{R}^3$ 中 Poisson 方程齐次 Neumann 边值问题解的存在唯一性.

♦ 12.3.11. 模仿定理 6.19 的证明建立解公式 (12.72).

12.3.12. 运用镜像方法, 在齐次 Dirichlet 边界条件约束下, 求单位半径实体半球的 Green 函数.

12.4 三维介质的热方程

均匀且各向同性的固体 $\Omega\subset\mathbb{R}^3$ 中的热扩散用*热方程* (heat equation)

$$\frac{\partial u}{\partial t}=\gamma\Delta u=\gamma\left(\frac{\partial^2 u}{\partial x^2}+\frac{\partial^2 u}{\partial y^2}+\frac{\partial^2 u}{\partial z^2}\right),\quad (x,y,z)\in\Omega \tag{12.92}$$

模拟. 物体的热扩散系数为正数, $\gamma>0$, 这在物理上和数学上都是必需的. 物理推导与二维情形 (11.1) 完全相同, 无须详细重复. 简单地说, Fourier 定律将热流矢量表示为温度梯度的倍数: $\boldsymbol{w}=-\kappa\nabla u$, 而且能量守恒意味着它的散度与温度变化率成正比: $\nabla\cdot\boldsymbol{w}=-\sigma u_t$. 把这两个物理定律与均匀假设结合, 由于 κ 和 σ 是恒定的, 导出 (12.92) 且 $\gamma=\kappa/\sigma$.

像以前那样, 我们必须规定适当的边界条件: 在边界上给定温度 $u=h$ 的 Dirichlet 条件; 对应于绝热边界的 (齐次)Neumann 条件 $\partial u/\partial \boldsymbol{n}=0$, 或者是两者的组合. 给定初始时刻 t_0 的物体温度

$$u\left(t_0, x, y, z\right)=f(x, y, z), \tag{12.93}$$

可以证明[38,61,99], 导出的初–边值问题是适定的, 在随后的时间 $t>t_0$ 内存在唯一的经典解.

如一维和二维情形那样, 我们首先将注意力限制在齐次边界条件上. 分离变量如常, 我们迅速地复习下基本思想. 首先假定一个指数拟设解

$$u(t, \boldsymbol{x})=\mathrm{e}^{-\lambda t} v(\boldsymbol{x}).$$

代入微分方程并消去指数函数, 得到 v 满足 Helmholtz 本征值问题

$$\gamma \Delta v+\lambda v=0,$$

但尚需满足相关边界条件. 对于 Dirichlet 边界条件和混合边界条件, Laplace 算子是一个正定算子, 因此本征值都是严格正的,

$$0<\lambda_1 \leqslant \lambda_2 \leqslant \cdots, \quad \lambda_n \rightarrow \infty, \text{ 当 } n \rightarrow \infty \text{ 时}.$$

此外, 在有界区域中 Helmholtz 本征函数是完备的, 因此线性叠加意味着解可以写成一个本征函数级数

$$u(t, \boldsymbol{x})=\sum_{n=1}^{\infty} c_n \mathrm{e}^{-\lambda_n t} v_n(\boldsymbol{x}). \tag{12.94}$$

系数 c_n 唯一地由初始条件 (12.93) 给出:

$$u\left(t_0, \boldsymbol{x}\right)=\sum_{n=1}^{\infty} c_n \mathrm{e}^{-\lambda_n t_0} v_n(\boldsymbol{x})=f(\boldsymbol{x}). \tag{12.95}$$

边值问题的自伴性意味着本征函数之间的正交性, 因此系数是通过通常内积公式得到的:

$$c_n=\mathrm{e}^{\lambda_n t_0} \frac{\left\langle f, v_n\right\rangle}{\left\|v_n\right\|^2}=\mathrm{e}^{\lambda_n t_0} \frac{\iiint_{\Omega} f(\boldsymbol{x}) v_n(\boldsymbol{x}) \mathrm{d} x \mathrm{~d} y \mathrm{~d} z}{\iiint_{\Omega} v_n(\boldsymbol{x})^2 \mathrm{~d} x \mathrm{~d} y \mathrm{~d} z}. \tag{12.96}$$

由此产生的解呈指数式快速衰减到热平衡, 当 $t \rightarrow \infty$ 时 $u(t, \boldsymbol{x}) \rightarrow 0$, 典型的以最小正本征值 λ_1 的速率, 然而对于初始级数系数为零的特解, 由较高的本征值支配的衰减速率更快. 因为项的阶数 $n \gg 0$ 越高随 t 增加越快地趋于零, 解可以用其本征函数展开的前几项很好地近似. 因此, 热方程迅速光滑掉间断性, 消除了初始数据中的高频噪声.

遗憾的是, 本征函数及其本征值的显式公式是罕见的. 大多数 Helmholtz 边值问题的显式本征解需要进一步分离变量. 在一个长方体里, 要把解分解成只依赖单一直角坐标的函数的乘积, 并且本征函数写为三角函数的乘积; 相关详细信息参阅习题 12.4.1. 在圆柱区域中, 这种分离是在柱坐标系中进行的, 这会导致本征解涉及三角函数和 Bessel 函数, 如习题 12.4.5 所述. 最有趣和有启发性的情形是球形区域, 我们在随后的小节中详细地处理这个问题.

习题

♦ 12.4.1. 设 $B = \{0 < x < a, 0 < y < b, 0 < z < c\}$ 是尺寸为 $a \times b \times c$ 的实心长方体. (a) 所有的边都保持 0° 且其初始温度为 $f(x, y, z)$. (b) 运用分离变量构造简正模解. (c) 写出表示初–边值问题通解的级数. 级数中系数的公式是什么? (d) 平衡温度是多少? 长方体里的温度衰减到平衡有多快?

12.4.2. 是/非: 在习题 12.4.1 给定体积 V 的所有的长方体中, 立方体衰减到热平衡最慢. 立方体的衰减速率是多少?

12.4.3. 回答习题 12.4.1 和习题 12.4.2, 长方体的顶部 $z = c$ 是绝热的.

12.4.4. 尺寸为 1 cm × 2 cm × 3 cm 的长方体砖块的扩散系数 $\gamma = 6$, 在五个侧面绝热, 而其一个短边侧面的温度 $u(x, y, 0) = \cos \pi x \cos 2\pi y$. (a) 求最终平衡温度分布. (b) 如果砖块最初是在烤箱中加热的, 那么它恢复到热平衡的速度有多快?

♦ 12.4.5. 设 $C = \left\{0 \leqslant \sqrt{x^2 + y^2} < a, 0 < z < h\right\}$ 是半径为 a、高度为 h 的实心圆柱. (a) 在柱坐标系中写出初–边值问题, 圆柱体的侧面、顶部和底部都保持 0°. (b) 运用分离变量写出表示初–边值问题通解的级数. 级数系数的公式是什么? (c) 最终的平衡温度是多少? (d) 圆柱内温度趋于平衡有多快?

12.4.6. 当圆柱的初始温度一致为 30° 时, 求习题 12.4.5 中初–边值问题的解. 提示: 使用 (11.112) 计算系数.

♥ 12.4.7. 从冰箱中取出盛有 355 ml 苏打水的圆柱形罐. 为这种罐找到最佳的圆筒形状使苏打水制冷时间最长. 是标准苏打罐制造的形状吗?

♥ 12.4.8. 是/非: 在给定体积的所有的实心圆柱体中, 若服从齐次 Dirichlet 边界条件, 则最慢达到热平衡的是表面积最小的. 证明你的答案.

♥ 12.4.9. 在所有完全隔热、单位体积的实心圆柱体中, 哪种冷却下来 (a) 最慢? (b) 最快?

♦ 12.4.10. 写出有界区域 $\Omega \subset \mathbb{R}^3$ 中热方程齐次 Neumann 边值问题的级数解, 对应于完全绝热物体的热力学. 物体的平衡温度是多少? 解会衰减到平衡吗? 如果是, 有多快?

♦ 12.4.11. 设 $u(t,x,y,z)$ 是完全隔热、有界区域 $\Omega \subset \mathbb{R}^3$ 上热方程的解. 使用习题 12.1.11 的恒等式证明以下内容: (a) 总热量 $H(t) = \iiint_\Omega u(t,x,y,z)\mathrm{d}x\mathrm{d}y\mathrm{d}z$ 是守恒的, 即是恒定的. 解释如何用它来确定物体的平衡温度. (b) 如果 u 是一个非平衡解, 那么它的 L^2 – 范数的平方 $E(t) = \iiint_\Omega u(t,x,y,z)^2\mathrm{d}x\mathrm{d}y\mathrm{d}z$ 是一个 t 的严格递减函数. (c) 使用 (b) 部分证明初值问题解的唯一性.

♦ 12.4.12. 叙述并证明三维热方程的最大值原理.

球体的加热

我们的目标是研究像地球[①]那样实心球体中的热传播. 为了简单起见, 我们取扩散系数 $\gamma = 1$, 考虑单位半径实心球 $B_1 = \{\|\boldsymbol{x}\| < 1\}$ 上的热方程, 服从齐次 Dirichlet 边界条件. 一旦我们知道如何求解这个特殊情形, 如习题 12.4.16 所述的简单的变量标度变换, 我们将能求得一般扩散系数和任意半径的球体的解.

如常, 在处理球面几何时, 我们采用 (12.15) 中的球坐标 r,φ,θ, 热方程形如

$$\frac{\partial u}{\partial t} = \Delta u = \frac{\partial^2 u}{\partial r^2} + \frac{2}{r}\frac{\partial u}{\partial r} + \frac{1}{r^2}\frac{\partial^2 u}{\partial \varphi^2} + \frac{\cos\varphi}{r^2\sin\varphi}\frac{\partial u}{\partial \varphi} + \frac{1}{r^2\sin^2\varphi}\frac{\partial^2 u}{\partial \theta^2}, \tag{12.97}$$

其中已经使用了 Laplace 算子的球坐标公式 (12.16). 采用标准的扩散分离变量拟设

$$u(t,r,\varphi,\theta) = \mathrm{e}^{-\lambda t} v(r,\varphi,\theta)$$

需要我们分析单位球 $\Omega = \{r < 1\}$ 上满足齐次 Dirichlet 边界条件的 Helmholtz 方程的球坐标形式

$$\Delta v + \lambda v = \frac{\partial^2 v}{\partial r^2} + \frac{2}{r}\frac{\partial v}{\partial r} + \frac{1}{r^2}\frac{\partial^2 v}{\partial \varphi^2} + \frac{\cos\varphi}{r^2\sin\varphi}\frac{\partial v}{\partial \varphi} + \frac{1}{r^2\sin^2\varphi}\frac{\partial^2 v}{\partial \theta^2} + \lambda v = 0. \tag{12.98}$$

为了取得进展, 我们运用二次分离变量, 设有

$$v(r,\varphi,\theta) = p(r)w(\varphi,\theta),$$

分离出径向坐标. 函数 w 必须关于 θ 是 2π – 周期的且在 z – 轴上 (即当 $\varphi = 0,\pi$ 时) 唯一定义. 将这个拟设代入 (12.98), 并将所有依赖 r 的项与这些依赖

① 在这个公认的简化模型中, 我们假设地球是完全由均匀、各向同性固体材料组成的.

角向变量 φ,θ 的项分离, 得到涉及表示分离常数 μ 的一对微分方程. 第一个是关于径向分量 $p(r)$ 的常微分方程

$$r^2\frac{\mathrm{d}^2p}{\mathrm{d}r^2}+2r\frac{\mathrm{d}p}{\mathrm{d}r}+\left(\lambda r^2-\mu\right)p=0, \tag{12.99}$$

而第二个是熟知的关于其角向分量 $w(\varphi,\theta)$ 的偏微分方程

$$\Delta_S w+\mu w=\frac{\partial^2 w}{\partial\varphi^2}+\frac{\cos\varphi}{\sin\varphi}\frac{\partial w}{\partial\varphi}+\frac{1}{\sin^2\varphi}\frac{\partial^2 w}{\partial\theta^2}+\mu w=0. \tag{12.100}$$

算子 Δ_S 是球面 Laplace 算子 (12.19). 在 12.2 节中, 我们已得知其本征值是

$$\mu_m=m(m+1),\quad m=0,1,2,3,\cdots.$$

第 m 个本征值容许 $2m+1$ 个线性独立的本征函数: 在 (12.38) 中定义的球面调和函数 $Y_m^0,Y_m^1,\cdots,Y_m^m,\widetilde{Y}_m^1,\widetilde{Y}_m^2,\cdots,\widetilde{Y}_m^m$.

球 Bessel 函数

径向常微分方程 (12.99) 可以通过设

$$q(r)=\sqrt{r}p(r) \tag{12.101}$$

求解. 我们运用乘积规则求 q 和 p 的导数的关系, 据此

$$p=\frac{q}{r^{1/2}},\quad \frac{\mathrm{d}p}{\mathrm{d}r}=\frac{1}{r^{1/2}}\frac{\mathrm{d}q}{\mathrm{d}r}-\frac{q}{2r^{3/2}},\quad \frac{\mathrm{d}^2p}{\mathrm{d}r^2}=\frac{1}{r^{1/2}}\frac{\mathrm{d}^2q}{\mathrm{d}r^2}-\frac{1}{r^{3/2}}\frac{\mathrm{d}q}{\mathrm{d}r}+\frac{3q}{4r^{5/2}}.$$

由 $\mu=\mu_m=m(m+1)$, 将这些表达式代回 (12.99), 并将得到的方程乘 $\sqrt{r}$, 我们发现 $q(r)$ 必须满足微分方程

$$r^2\frac{\mathrm{d}^2q}{\mathrm{d}r^2}+r\frac{\mathrm{d}q}{\mathrm{d}r}+\left[\lambda r^2-\left(m+\frac{1}{2}\right)^2\right]q=0, \tag{12.102}$$

可以认出这是半整数阶 $m+1/2$ 标度变换 Bessel 方程 (11.56). 因此, 在 $r=0$ 处 (12.102) 保持有界的解是 (最多相差一个倍数) 标度变换 Bessel 函数

$$q(r)=J_{m+1/2}(\sqrt{\lambda}r).$$

相应 (12.99) 的解为

$$p(r)=r^{-1/2}J_{m+1/2}(\sqrt{\lambda}r), \tag{12.103}$$

其重要性足以保证赋予一个专门的名称.

定义 12.13 阶 $m\geqslant 0$ 的球 Bessel 函数 (spherical Bessel function) 由

公式

$$S_m(x) = \sqrt{\frac{\pi}{2x}} J_{m+1/2}(x) \tag{12.104}$$

定义.

注记: 在定义中包含乘法因子 $\sqrt{\pi/2}$, 以避免在随后公式中出现有点啰唆的 $\sqrt{\pi}$ 和 $\sqrt{2}$ 因子.

令人惊讶的是, 与整数阶 Bessel 函数不同, 球 Bessel 函数都是初等函数! 比较 (12.104) 与 (11.105), 我们看到的 0 阶球 Bessel 函数是

$$S_0(x) = \frac{\sin x}{x}. \tag{12.105}$$

通过一般递推关系, 可以得到高阶球 Bessel 函数相应的显式公式

$$S_{m+1}(x) = -\frac{\mathrm{d}S_m}{\mathrm{d}x} + \frac{m}{x} S_m(x), \tag{12.106}$$

这是 Bessel 函数递推公式 (11.111) 的结果. 确实,

$$\begin{aligned}
\frac{\mathrm{d}S_m}{\mathrm{d}x} &= \sqrt{\frac{\pi}{2x}} \frac{\mathrm{d}J_{m+1/2}}{\mathrm{d}x} - \frac{1}{2}\sqrt{\frac{\pi}{2}} \frac{1}{x^{3/2}} J_{m+1/2}(x) \\
&= -\sqrt{\frac{\pi}{2x}} \left[J_{m+3/2}(x) + \frac{m+\frac{1}{2}}{x} J_{m+1/2}(x) \right] - \frac{1}{2}\sqrt{\frac{\pi}{2}} \frac{1}{x^{3/2}} J_{m+1/2}(x) \\
&= -\sqrt{\frac{\pi}{2x}} J_{m+3/2}(x) + \frac{m}{x}\sqrt{\frac{\pi}{2x}} J_{m+1/2}(x) = -S_{m+1}(x) + \frac{m}{x} S_m(x).
\end{aligned}$$

因此, 接下来的几个球 Bessel 函数是

$$\begin{aligned}
S_1(x) &= -\frac{\mathrm{d}S_0}{\mathrm{d}x} &&= -\frac{\cos x}{x} + \frac{\sin x}{x^2}, \\
S_2(x) &= -\frac{\mathrm{d}S_1}{\mathrm{d}x} + \frac{S_1}{x} &&= -\frac{\sin x}{x} - \frac{3\cos x}{x^2} + \frac{3\sin x}{x^3}, \\
S_3(x) &= -\frac{\mathrm{d}S_2}{\mathrm{d}x} + \frac{2S_2}{x} &&= \frac{\cos x}{x} - \frac{6\sin x}{x^2} - \frac{15\cos x}{x^3} + \frac{15\sin x}{x^4},
\end{aligned} \tag{12.107}$$

等等. 图 12.8 给出了区间 $0 \leqslant x \leqslant 20$ 上的前四个球 Bessel 函数的图像; 纵轴范围从 -0.5 到 1.0, 我们注意到

$$S_0(0) = 1; \quad \text{然而 } S_m(0) = 0, \quad m > 0, \tag{12.108}$$

证明是习题 12.4.26 的任务. 因此, 相差一个无关紧要的常数倍, 我们的径向解 (12.103) 就是标度变换 m 阶球 Bessel 函数

$$p(r) = S_m(\sqrt{\lambda} r).$$

到目前为止, 我们还没有考虑 $r = 1$ 上的 (齐次)Dirichlet 边界条件. 这

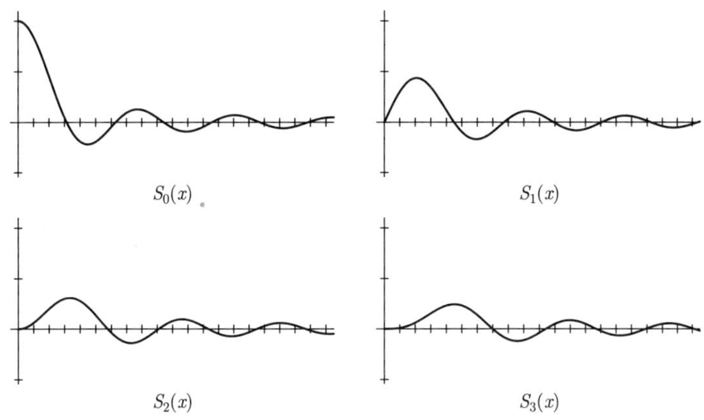

图 12.8 球 Bessel 函数

要求

$$p(1)=0, \quad \text{即 } S_m(\sqrt{\lambda})=0.$$

因此, $\sqrt{\lambda}$ 必定是半整数阶球 Bessel 函数的根. 我们引入符号

$$0<\sigma_{m,1}<\sigma_{m,2}<\sigma_{m,3}<\cdots$$

表示相继的 (正) 球 Bessel 根 (spherical Bessel root), 满足

$$S_m\left(\sigma_{m,n}\right)=0, \quad n=1,2,\cdots. \tag{12.109}$$

特别地, 零阶球 Bessel 函数 $S_0(x)=x^{-1}\sin x$ 的根是 π 的整数倍数:

$$\sigma_{0,n}=n\pi, \quad n=1,2,\cdots.$$

高阶根不能用已知常数表示. 下面列表显示了所有小于 13 的球 Bessel 根. 其中列按 (阶) m, 而行按 (根个数) n.

球 Bessel 根 $\sigma_{m,n}$

n	m									
	0	1	2	3	4	5	6	7	8	$\cdots$
1	3.1416	4.4934	5.7635	6.9879	8.1826	9.3558	10.5128	11.6570	12.7908	$\cdots$
2	6.2832	7.7253	9.0950	10.4171	11.7049	12.9665	$\vdots$	$\vdots$	$\vdots$	
3	9.4248	10.9041	12.3229	$\vdots$	$\vdots$	$\vdots$				
4	12.5664	$\vdots$	$\vdots$							
$\vdots$	$\vdots$									

重新组装各个组成部分, 我们现在已经证明, 在半径为 1 的实心球上的齐次 Dirichlet 条件下, Helmholtz 方程的可分离本征函数是球 Bessel 函数与球面调和函数的乘积,

$$\begin{aligned} v_{k,m,n}(r,\varphi,\theta) &= S_m(\sigma_{m,n}r)\,Y_m^k(\varphi,\theta), \\ \widetilde{v}_{k,m,n}(r,\varphi,\theta) &= S_m(\sigma_{m,n}r)\,\widetilde{Y}_m^k(\varphi,\theta), \end{aligned} \quad \begin{aligned} &m=0,1,2,\cdots, \\ &k=0,1,\cdots,m, \\ &n=1,2,3,\cdots. \end{aligned} \tag{12.110}$$

相对应的本征值

$$\lambda_{m,n} = \sigma_{m,n}^2, \quad m=0,1,2,\cdots, \quad n=1,2,3,\cdots \tag{12.111}$$

是球 Bessel 根的平方. 由于独立的 m 阶球面调和函数有 $2m+1$ 个, 本征值 $\lambda_{m,n}$ 容许 $2m+1$ 个线性独立函数 $v_{0,m,n},\cdots,v_{m,m,n},\widetilde{v}_{1,m,n},\cdots,\widetilde{v}_{m,m,n}$. 特别地, 径向对称解是 $k=m=0$ 的本征函数:

$$v_n(r) = v_{0,0,n}(r) = S_0(\sigma_{0,n}r) = \frac{\sin n\pi r}{n\pi r}, n=1,2,3,\cdots, \tag{12.112}$$

进一步的分析参见 [34], 证明可分离解 (12.110) 形成单位球上齐次 Dirichlet 边界条件下 Helmholtz 方程的完备本征函数系.

因此, 我们已经完全确定了单位实心球服从齐次 Dirichlet 边界条件热方程基本的可分离解. 它们是时间的指数函数、半径的球 Bessel 函数和球面调和函数的乘积:

$$\begin{aligned} u_{k,m,n}(t,r,\varphi,\theta) &= \mathrm{e}^{-\sigma_{m,n}^2 t} S_m(\sigma_{m,n}r)\,Y_m^k(\varphi,\theta), \\ \widetilde{u}_{k,m,n}(t,r,\varphi,\theta) &= \mathrm{e}^{-\sigma_{m,n}^2 t} S_m(\sigma_{m,n}r)\,\widetilde{Y}_m^k(\varphi,\theta). \end{aligned} \tag{12.113}$$

通解可以按这些基本模写成一个 “Fourier-Bessel-球面调和” 无穷级数:

$$\begin{aligned} u(t,r,\varphi,\theta) = \sum_{m=0}^{\infty}\sum_{n=1}^{\infty} & \mathrm{e}^{-\sigma_{m,n}^2 t} S_m(\sigma_{m,n}r) \times \\ & \left\{ \frac{c_{0,m,n}}{2} Y_m^0(\varphi,\theta) + \sum_{k=1}^{m} \left[c_{k,m,n} Y_m^k(\varphi,\theta) + \widetilde{c}_{k,m,n} \widetilde{Y}_m^k(\varphi,\theta) \right] \right\}. \end{aligned} \tag{12.114}$$

该级数的系数由初始数据 $u(0,r,\varphi,\theta)=f(r,\varphi,\theta)$ 唯一给定, 显式公式①为

$$\begin{aligned} c_{k,m,n} &= \frac{(2m+1)(m-k)!}{\pi(m+k)!S_{m+1}(\sigma_{m,n})^2} \int_{-\pi}^{\pi}\int_0^{\pi}\int_0^1 f(r,\varphi,\theta) v_{k,m,n}(r,\varphi,\theta) r^2 \sin\varphi \mathrm{d}r\mathrm{d}\varphi\mathrm{d}\theta, \\ \widetilde{c}_{k,m,n} &= \frac{(2m+1)(m-k)!}{\pi(m+k)!S_{m+1}(\sigma_{m,n})^2} \int_{-\pi}^{\pi}\int_0^{\pi}\int_0^1 f(r,\varphi,\theta) \widetilde{v}_{k,m,n}(r,\varphi,\theta) r^2 \sin\varphi \mathrm{d}r\mathrm{d}\varphi\mathrm{d}\theta, \end{aligned} \tag{12.115}$$

① 我们使用了球体的 L^2 – 内积的球坐标形式.

遵循本征函数之间通常的正交关系, 结合范数公式

$$\|v_{0,m,n}\| = \sqrt{\frac{2\pi}{2m+1}}S_{m+1}(\sigma_{m,n}), \qquad \|v_{k,m,n}\| = \|\widetilde{v}_{k,m,n}\| = \sqrt{\frac{\pi(m+k)!}{(2m+1)(m-k)!}}S_{m+1}(\sigma_{m,n}), \quad k>0, \tag{12.116}$$

这留给习题 12.4.29 中去建立. 特别地, 最慢衰减模是球对称函数

$$u_{0,0,1}(t,r) = \frac{\mathrm{e}^{-\pi^2 t}\sin \pi r}{\pi r}, \tag{12.117}$$

对应于最小本征值 $\lambda_{0,1} = \sigma_{0,1}^2 = \pi^2$. 因此, 通常情况下单位球体热平衡衰减指数速率为 $\pi^2 \approx 9.8696$, 或者非常粗略地近似为 10.

习题

12.4.13. 半径为 1 cm 的实心球需要 10 min 恢复到 (近似) 热平衡. 半径为 2 cm 的球体需要多长时间?

12.4.14. 如果烤箱加热一个 200 g 马铃薯需要 15 min 达到不高于 40°C 的最大温度, 那么一个相同形状的 300 g 马铃薯需要多长时间才能冷却?

♥ 12.4.15. 均匀金属实心球半径为 1 m, 扩散系数 $\gamma = 2$, 从 300° 的烤箱取出后浸在冰桶中. (a) 写出描述球体温度的初–边值问题. (b) 求温度的级数解. (c) 何时整个球体的温度不高于 50°?

♦ 12.4.16. 当服从齐次 Dirichlet 边界条件时, 求半径为 R、扩散系数为 γ 的实心球达到热平衡的衰减速率.

12.4.17. 是/非: 加热过的实心半球置于 0° 环境中的冷却速度, 是同样物质同一半径的实心球的两倍.

12.4.18. 半径为 1 的完全隔热实心球初始温度分布为 $f(r,\varphi,\theta)$. (a) 写出球的平衡温度公式. (b) 球体达到热平衡的衰减速率是多少?

12.4.19. 下面哪一个冷却到平衡更快: 一个完全隔热的实心球和一个边界保持 0° 的实心球? 快多少?

12.4.20. 实心球和实心立方体由相同的材料制成, 体积相同. 两者都在烤箱加热后淹没在一大桶水中. 哪个冷却得会更快? 解释和证明你的答案.

12.4.21. 回答习题 12.4.20, 当两个固体具有相同的表面积时.

12.4.22. 设习题 12.2.7 中的固体球壳开始处于室温下. 假设球中的水保持 100°, 求壳体趋于热平衡的速率.

♥ 12.4.23. 单位半径均匀薄球壳的热力学由*球面热方程* (spherical heat equation) 支配, 即 $u_t = \gamma \Delta_S u, u(0,\varphi,\theta) = f(\varphi,\theta)$, 其中 Δ_S 为球面 Laplace 算子 (12.19). 解 $u(t,\varphi,\theta)$ 表示单位球面上点的温度, 且 φ,θ 是角向坐标, $f(\varphi,\theta)$ 是初始温度分布. (a) 求本征解. (b) 将初值问题的解写成本征解的级数. (c) 球壳的最终平衡温度是多少? (d) 它趋于平衡的衰减速率如何? (e) 当 $f(\varphi,\theta) =$ (i) $\sin\varphi\cos\theta$; (ii) $\cos 2\varphi$ 时, 分别求出解和最终平衡温度.

12.4.24. 半径 $R = 7.5$ cm、热扩散系数 $\gamma = 0.3\ \mathrm{cm}^2/\mathrm{s}$ 的球形马铃薯, 最初从 25°C 室温中置于一壶 100°C 的沸水中. 煮熟时, 马铃薯温度已经至少达到 90°C. 这需要等待多久?

12.4.25. (a) 解释为什么球 Bessel 函数 $S_1(x)$ 在 $x = 0$ 有界. $S_1(0)$ 是多少? (b) 回答 $S_2(x)$ 的同一个问题.

♦ 12.4.26. 证明公式 (12.108).

♦ 12.4.27. (a) 求以 $S_m(x)$ 表示的球 Bessel 函数 $S_{m-1}(x)$ 的递推关系. (b) 证明

$$\frac{\mathrm{d}}{\mathrm{d}x}\left\{x^3\left[S_m(x)^2 - S_{m-1}(x)S_{m+1}(x)\right]\right\} = 2x^2 S_m(x)^2.$$

♦ 12.4.28. 设 $m \geqslant 0$ 是一个固定整数. (a) 证明标度变换球 Bessel 函数 $v_n(r) = S_m(\sigma_{m,n}r), n = 1,2,\cdots$ 在内积 $\langle f,g\rangle = \int_0^1 f(r)g(r)r^2\mathrm{d}r$ 的意义上相互正交. (b) 证明 $\|v_n\| = \dfrac{1}{\sqrt{2}}\left|S_{m+1}(\sigma_{m,n})\right|$. 提示: 模仿习题 11.4.22 中概述的方法, 使用习题 12.4.27 (b) 中的恒等式.

♦ 12.4.29. (a) 利用习题 12.4.28 的结果证明本征函数 (12.110) 的 L^2 – 范数公式 (12.116). (b) 证明公式 (12.115).

热方程的基本解

对于热方程 (以及更一般的扩散方程), 基本解量度物体对瞬时施加集中热源的响应. 因此, 给定物体内一点 $\boldsymbol{\xi} = (\xi,\eta,\zeta) \in \Omega$, 基本解

$$u(t,\boldsymbol{x}) = F(t,\boldsymbol{x};\boldsymbol{\xi}) = F(t,x,y,z;\xi,\eta,\zeta)$$

是初 – 边值问题

$$u_t = \Delta u, \quad u(0,\boldsymbol{x}) = \delta(\boldsymbol{x}-\boldsymbol{\xi}), \quad \boldsymbol{x}\in\Omega, \quad t>0 \tag{12.118}$$

的解, 需要服从给定的齐次边界条件, 如 Dirichlet 条件、Neumann 条件或者混合条件.

基本解的显式公式鲜见, 尽管在有界区域中可以将其构造为本征函数级数, 如 9.5 节所述. 一个可以完全分析的特例是全三维空间 $\Omega = \mathbb{R}^3$ 中的热量

分布. 我们记得引理 11.11 显示了如何将二维热方程的解构造为一维解的乘积. 以类似的方式, 如果 $p(t,x), q(t,x), r(t,x)$ 是一维热方程 $u_t = \gamma u_{xx}$ 的任意三个解, 那么它们的乘积

$$u(t,x,y,z) = p(t,x)q(t,y)r(t,z) \tag{12.119}$$

就是三维热方程

$$u_t = \gamma\left(u_{xx} + u_{yy} + u_{zz}\right)$$

的一个解. 特别地, 选择所有的一维基本解形如

$$p(t,x) = \frac{\mathrm{e}^{-(x-\xi)^2/(4\gamma t)}}{2\sqrt{\pi\gamma t}}, \quad q(t,y) = \frac{\mathrm{e}^{-(y-\eta)^2/(4\gamma t)}}{2\sqrt{\pi\gamma t}}, \quad r(t,z) = \frac{\mathrm{e}^{-(z-\zeta)^2/(4\gamma t)}}{2\sqrt{\pi\gamma t}},$$

我们立即得到形如三维 Gauss 滤波器的基本解.

定理 12.14 基本解

$$F(t,\boldsymbol{x};\boldsymbol{\xi}) = F(t,\boldsymbol{x}-\boldsymbol{\xi}) = \frac{\mathrm{e}^{-\|\boldsymbol{x}-\boldsymbol{\xi}\|^2/(4\gamma t)}}{8(\pi\gamma t)^{3/2}} \tag{12.120}$$

是 $\mathbb{R}^3$ 上三维热方程 $u_t = \gamma\Delta u$ 当 $t > 0$ 时的解, 初始温度为集中在点 $\boldsymbol{x} = \boldsymbol{\xi}$ 的 δ – 函数.

因此, 最初集中的热能立即开始以球对称的方式扩展, 任意远离初始温度的地方立即感受到很小但非零的效应. 在每个单独的点 $\boldsymbol{x} \in \mathbb{R}^3$ 处, 在最初的加热之后温度以与 $t^{-3/2}$ 成正比的速度衰减到零, 比二维情形更快, 因为直观上热能可以有更多的消散方向.

为了解决初始温度在整个空间上分布的更一般初值问题, 我们首先把它写为 δ – 函数的线性叠加:

$$u(0,\boldsymbol{x}) = f(\boldsymbol{x}) = \iiint f(\xi)\delta(\boldsymbol{x}-\boldsymbol{\xi})\mathrm{d}\xi\mathrm{d}\eta\mathrm{d}\zeta.$$

通过线性性质, 初值问题的解由相应基本解的叠加给出:

$$u(t,\boldsymbol{x}) = \frac{1}{8(\pi\gamma t)^{3/2}}\iiint f(\boldsymbol{\xi})\mathrm{e}^{-\|\boldsymbol{x}-\boldsymbol{\xi}\|^2/(4\gamma t)}\mathrm{d}\xi\mathrm{d}\eta\mathrm{d}\zeta. \tag{12.121}$$

由于基本解随 $\|\boldsymbol{x}\| \to \infty$ 指数衰减, 叠加公式是有效的, 即便初始温度分布在较大的距离是适度增加的. 我们注意到积分 (12.121) 形如

$$u(t,\boldsymbol{x}) = F(t,\boldsymbol{x}) * f(\boldsymbol{x}) = \iiint f(\boldsymbol{\xi})F(t,\boldsymbol{x}-\boldsymbol{\xi})\mathrm{d}\xi\mathrm{d}\eta\mathrm{d}\zeta \tag{12.122}$$

是初始数据与逐渐展布的 Gauss 滤波器单参数族的三维卷积. 因此, 与以前一样, 与 Gauss 滤波器的卷积, 有光滑初始温度分布的影响.

习题

12.4.30. 是/非: 在三维介质中, 热能以无穷大速度传播.

12.4.31. 半径为 1 的实心球加热到 100°, 并插入填充三维介质的 $\mathbb{R}^3$ 中, 其余部分温度一致为 0°. (a) 假设 $\mathbb{R}^3$ 有共同的扩散系数 $\gamma=1$, 写出积分公式来计算随后的温度分布. (b) 利用球坐标计算得到的积分.

12.4.32. (a) 证明 $u(t,r)$ 是三维球对称热方程的一个解, 当且仅当 $w(t,r)=ru(t,r)$ 是一维热方程 $w_t=w_{rr}$ 的解. (b) 是/非: 如果 $w(t,r)$ 是基于 $r=0$ 的一维热方程的基本解, 那么 $u(t,r)=w(t,r)/r$ 是基于原点的三维热方程的基本解.

12.4.33. 利用径向对称和习题 12.4.32, 构造习题 12.4.31 初值问题的解.

♥ 12.4.34. 当地球绕太阳公转时, 假设地球表面受到年周期性 $a\cos\omega t$ 温度变化作用, 频率 ω 由 (4.56) 给出. (a) 为简单起见, 假设地球是一个半径为 R 的均匀实心球, 建立支配在太阳轨道上地球内部温度波动的初–边值问题. (b) 多大深度上的温度与地表温度的相位相反, 即冬季最暖夏季最凉? 将答案与 4.1 节末尾的地窖计算进行比较. 提示: 使用习题 12.4.32.

12.4.35. (a) 证明如果 $u(t,x)$ 是热方程的任一 (足够光滑的) 解, 那么它的时间导数 $v=\partial u/\partial t$ 也是解. (b) 写出基本解的时间导数以及它所满足的初值问题.

12.4.36. 将热扩散系数 $\gamma=1$ 的单位立方体中热方程的基本解 $F(t,\boldsymbol{x};\boldsymbol{\xi})$ 写为显式本征函数级数, 且服从 Dirichlet 边界条件.

12.4.37. 将热扩散系数 $\gamma=1$、半径为 1 的球体中热方程的基本解 $F(t,\boldsymbol{x};\boldsymbol{\xi})$ 写成显式本征函数级数, 且服从 Dirichlet 边界条件.

♦ 12.4.38. 证明公式 (12.119) 是三维热方程的解这个说法的合理性.

12.4.39. 写出定理 12.14 的证明的细节.

12.5 三维介质的波方程

三维波方程 (three-dimensional wave equation)

$$u_{tt}=c^2\Delta u=c^2\left(u_{xx}+u_{yy}+u_{zz}\right), \tag{12.123}$$

其中 $c>0$ 表示光速, 支配均匀且各向同性三维介质中波的传播, 比如真空中的电磁波(光波、X–射线、无线电波等). 在这方面, 电场矢量和磁场矢量 $\boldsymbol{E},\boldsymbol{B}$

内在地由较为复杂的 Maxwell 方程组耦合起来, 每个组成部分又都单独满足波方程; 有关详细信息参阅习题 12.5.14.

波方程还用于模拟均匀固体的某些约束类振动. 解 $u(t,\boldsymbol{x}) = u(t,x,y,z)$ 表示时间 t、位置 $\boldsymbol{x} = (x,y,z) \in \Omega \subset \mathbb{R}^3$ 处物体的标量位移值. 例如, $u(t,\boldsymbol{x})$ 可能表示固体的径向位移. 规定适当的边界条件, 例如在 $\partial\Omega$ 上的 Dirichlet 边界条件、Neumann 条件或者混合条件, 一对初始条件

$$u(0,\boldsymbol{x}) = f(\boldsymbol{x}), \quad \frac{\partial u}{\partial t}(0,\boldsymbol{x}) = g(\boldsymbol{x}), \quad \boldsymbol{x} \in \Omega \tag{12.124}$$

给定物体的初始位移和初始速度. 只要初始数据和边界数据足够好, 对于所有的 $-\infty < t < \infty$ 而言初–边值问题就有唯一的经典解, 参见 [38,61,99]. 因此, 与热方程不一样的是, 在时间上无论向前还是向后都可以遵循波方程的解.

我们把注意力集中在齐次边值问题. 可以通过采用通常的三角函数拟设

$$u(t,x,y,z) = \cos(\omega t)v(x,y,z) \text{ 或 } \sin(\omega t)v(x,y,z)$$

得到基本振动模. 将之代入波方程 (12.123), 我们 (再次) 发现, $v(x,y,z)$ 必须是相关 Helmholtz 本征值问题

$$\Delta v + \lambda v = 0, \text{ 其中 } \lambda = \frac{\omega^2}{c^2} \tag{12.125}$$

满足相关边界条件的一个本征函数. 在正定情形, 即 Dirichlet 条件和混合边界条件, 本征值 $\lambda_k = \omega_k^2/c^2 > 0$ 都是正的. 每个本征函数 $v_k(x,y,z)$ 导致两个振动简正模

$$u_k(t,x,y,z) = \cos(\omega_k t)v_k(x,y,z), \ \tilde{u}_k(t,x,y,z) = \sin(\omega_k t)v_k(x,y,z),$$

频率 $\omega_k = c\sqrt{\lambda_k}$ 等于相应本征值的平方根乘波速. 通解是拟周期本征模的线性组合

$$u(t,x,y,z) = \sum_{k=1}^{\infty} \left[a_k \cos(\omega_k t) + b_k \sin(\omega_k t)\right] v_k(x,y,z), \tag{12.126}$$

系数 a_k, b_k 由初始条件 (12.124) 唯一确定. 所以

$$u(0,x,y,z) = \sum_{k=1}^{\infty} a_k v_k(x,y,z) = f(x,y,z),$$

$$\frac{\partial u}{\partial t}(0,x,y,z) = \sum_{k=1}^{\infty} \omega_k b_k v_k(x,y,z) = g(x,y,z).$$

它们的显式公式可由本征函数的正交性立即得到:

$$a_k = \frac{\langle f, v_k \rangle}{\|v_k\|^2} = \frac{\displaystyle\iiint_\Omega f v_k \mathrm{d}x\mathrm{d}y\mathrm{d}z}{\displaystyle\iiint_\Omega v_k^2 \mathrm{d}x\mathrm{d}y\mathrm{d}z}, \quad b_k = \frac{1}{\omega_k}\frac{\langle g, v_k \rangle}{\|v_k\|^2} = \frac{\displaystyle\iiint_\Omega g v_k \mathrm{d}x\mathrm{d}y\mathrm{d}z}{\omega_k \displaystyle\iiint_\Omega v_k^2 \mathrm{d}x\mathrm{d}y\mathrm{d}z}. \tag{12.127}$$

在正半定Neumann 情形, 额外的零本征值 $\lambda_0 = 0$ 对应于常数零本征函数 $v_0(x,y,z) \equiv 1$. 这会在本征函数展开中增加两项[①], 一个是常量项

$$a_0 = \frac{1}{\operatorname{vol}\Omega}\iiint_\Omega f(x,y,z)\mathrm{d}x\mathrm{d}y\mathrm{d}z,$$

它等于平均初始位移, 另一项是随时间线性增长的不稳定模 $b_0 t$, 其速度

$$b_0 = \frac{1}{\operatorname{vol}\Omega}\iiint_\Omega g(x,y,z)\mathrm{d}x\mathrm{d}y\mathrm{d}z$$

是整个物体的平均初始速度. 因此, 不稳定模受到激发, 当且仅当有非零净初始速度时: $b_0 \neq 0$.

在二维情形中我们学到的大多数基本求解方法都适用于这里, 不再详述细节. 长方体情形是分离变量方法一个特别简单的应用, 并在习题中加以概述. 在柱坐标系的类似分析, 可以适用于一个振动圆柱体情形. 最有趣的情形是一个实心球, 这是下一个小节的主题.

球体与球面的振动

我们专注于实心球的径向振动, 作为三维波方程 (12.123) 的模型. 解 $u(t,x,y,z)$ 表示当球静止时位于位置 (x,y,z) 的"原子"的径向位移.

为了简单起见, 我们研究单位球 $B_1 = \{\|\boldsymbol{x}\| < 1\}$ 上的 Dirichlet 边值问题. 振动的简正模受 Helmholtz 方程 (12.125) 支配以及齐次 Dirichlet 边界条件的约束. 根据 (12.110), 本征函数是

$$\begin{aligned} v_{0,m,n}(r,\varphi,\theta) &= S_m(\sigma_{m,n} r)\, Y_m^0(\varphi,\theta), & n &= 1,2,3,\cdots, \\ v_{k,m,n}(r,\varphi,\theta) &= S_n(\sigma_{n,m} r)\, Y_m^k(\varphi,\theta), & m &= 0,1,2,\cdots, \\ \widetilde{v}_{k,m,n}(r,\varphi,\theta) &= S_m(\sigma_{m,n} r)\, \widetilde{Y}_m^k(\varphi,\theta), & k &= 1,2,\cdots,m, \end{aligned} \tag{12.128}$$

这里 S_m 表示 m 阶球 Bessel 函数 (12.104), $\sigma_{m,n}$ 是它的第 n 个根, 如在 (12.109), 而 Y_n^m , $\widetilde{Y}_n^m$ 是球面调和函数 (12.38). 每个本征值

$$\lambda_{m,n} = \sigma_{m,n}^2, \quad m = 0,1,2,\cdots, \quad n = 1,2,3,\cdots$$

---

① 译注: 符号 $\operatorname{vol}\Omega$ 是区域 Ω 的体积. 即 $\operatorname{vol}\Omega = \iiint_\Omega \mathrm{d}x\mathrm{d}y\mathrm{d}z$.

对应于 $2m+1$ 个独立的本征函数, 即

$$v_{k,m,0}(r,\varphi,\theta), v_{k,m,1}(r,\varphi,\theta), \cdots, v_{k,m,m}(r,\varphi,\theta), \widetilde{v}_{k,m,1}(r,\varphi,\theta), \cdots, \widetilde{v}_{k,m,m}(r,\varphi,\theta).$$

因此, 实心球振动的基频为

$$\omega_{m,n} = c\sqrt{\lambda_{m,n}} = c\sigma_{m,n}, \quad m = 0,1,2,\cdots, \quad n = 1,2,3,\cdots \tag{12.129}$$

等于球 Bessel 根 $\sigma_{m,n}$ 乘波速. 对于每一个不同的频率 (12.129) 共有 $2(2m+1)$ 个独立振动模, 即

$$\begin{aligned}
u_{0,m,n}(t,r,\varphi,\theta) &= \cos(c\sigma_{m,n}t)\, S_m(\sigma_{m,n}r)\, Y_m^0(\varphi,\theta), \\
\widehat{u}_{0,m,n}(t,r,\varphi,\theta) &= \sin(c\sigma_{m,n}t)\, S_m(\sigma_{m,n}r)\, Y_m^0(\varphi,\theta), \\
u_{k,m,n}(t,r,\varphi,\theta) &= \cos(c\sigma_{m,n}t)\, S_m(\sigma_{m,n}r)\, Y_m^k(\varphi,\theta), \\
\widehat{u}_{k,m,n}(t,r,\varphi,\theta) &= \sin(c\sigma_{m,n}t)\, S_m(\sigma_{m,n}r)\, Y_m^k(\varphi,\theta), \\
\widetilde{u}_{k,m,n}(t,r,\varphi,\theta) &= \cos(c\sigma_{m,n}t)\, S_m(\sigma_{m,n}r)\, \widetilde{Y}_m^k(\varphi,\theta), \\
\widehat{\widetilde{u}}_{k,m,n}(t,r,\varphi,\theta) &= \sin(c\sigma_{m,n}t)\, S_m(\sigma_{m,n}r)\, \widetilde{Y}_m^k(\varphi,\theta),
\end{aligned} \quad \begin{aligned} &n = 1,2,3,\cdots, \\ &m = 0,1,2\cdots, \\ &k = 1,2,\cdots,m. \end{aligned} \tag{12.130}$$

特别地, 根据 (12.105), 径向对称的振动模具有基本形式

$$\begin{aligned}
u_{0,0,n}(t,r,\varphi,\theta) &= \cos(cn\pi t)S_0(n\pi r) = \frac{\cos(cn\pi t)\sin(n\pi r)}{n\pi r}, \\
\widehat{u}_{0,0,n}(t,r,\varphi,\theta) &= \sin(cn\pi t)S_0(n\pi r) = \frac{\sin(cn\pi t)\sin(n\pi r)}{n\pi r},
\end{aligned} \quad n = 1,2,3,\cdots. \tag{12.131}$$

它们的振动频率 $\omega_{0,n} = cn\pi$ 是最低频率 $\omega_{0,1} = c\pi$ 的整数倍. 因此, 有趣的是, 如果只激发径向对称模, 将导致球的运动是周期的. 然而, 更一般的振动只是拟周期的.

采用相同的标度参数, 如 (11.166), 我们得出半径为 R、波速为 c 的实心球的基频是 $\omega_{m,n} = c\sigma_{m,n}/R$. 相对振动频率

$$\frac{\omega_{m,n}}{\omega_{0,1}} = \frac{\sigma_{m,n}}{\sigma_{0,1}} = \frac{\sigma_{m,n}}{\pi} \tag{12.132}$$

与球的大小 R 或波速 c 是独立无关的. 在所附的表中, 我们给出了所有小于 4 的相对振动频率.

相对球 Bessel 根 $\sigma_{m,n}/\sigma_{0,1}$

n	m								
	0	1	2	3	4	6	7	8	⋯
1	1.0000	1.4303	1.8346	2.2243	2.6046	2.9780	3.3463	3.7105	⋯
2	2.0000	2.4590	2.8950	3.3159	3.7258	⋮	⋮	⋮	
3	3.0000	3.4709	3.9225	⋮	⋮				
4	4.0000	⋮	⋮						
⋮	⋮								

纯径向振动模 (12.131) 有单独的频率

$$\omega_{0,n} = \frac{n\pi c}{R}, \text{ 所以 } \frac{\omega_{0,n}}{\omega_{0,1}} = n,$$

出现在表的第一列. 最低频率是 $\omega_{0,1} = \pi c/R$, 对应振动周期为 $2\pi/\omega_{0,1} = 2R/c$. 特别对于地球而言, 半径 $R \approx 6\,000$ km, 平均岩石波速为 $c \approx 5$ km/s, 致使基本振型有周期 $2R/c \approx 2\,400$ s 或 40 min. 当然, 用这个过于粗略的近似我们已经打压了几乎全部有趣的地质学, 这里基于地球是一个均匀球体的假设, 全球振荡只在其径向方向. 对地球振荡的更真实的模拟需要了解线性和非线性弹性动力学的基本偏微分方程[7,49]. 地球的非均匀性导致了振动波的散射, 然后用于定位地下地质结构. 例如, 石油和天然气矿床. 地球的局部振动也称为*地震波* (seismic wave), 当然, 地震是它们最严重的表现. 感兴趣的读者可参考 [5], 介绍数学地震学. 了解地球振动是地球物理和土木工程中至关重要的问题, 包括结构、建筑物和桥梁的设计, 需要避免潜在的灾难性谐振频率.

例 12.15 空心薄壁球壳 (如弹性气球) 的径向振动, 是由微分方程

$$\frac{\partial^2 u}{\partial t^2} = c^2 \Delta_S[u] = c^2 \left(\frac{\partial^2 u}{\partial \varphi^2} + \frac{\cos\varphi}{\sin\varphi}\frac{\partial u}{\partial \varphi} + \frac{1}{\sin^2\varphi}\frac{\partial^2 u}{\partial \theta^2} \right) \tag{12.133}$$

支配的, 其中 Δ_S 表示球面 Laplace 算子 (12.19). 球面上一个点的径向位移 $u(t,\varphi,\theta)$ 仅取决于时间 t 和角向坐标 φ,θ. 解 $u(t,\varphi,\theta)$ 要求关于方位角 θ 是 $2\pi-$周期的, 且在极点 $\varphi = 0$ 和 π 有界.

根据 (12.38), 球面 Laplace 算子的第 n 个本征值 $\lambda_n = n(n+1)$, 具有 $2n+1$ 个线性无关的本征函数, 即球面调和函数

$$Y_n^0(\varphi,\theta) \quad Y_n^1(\varphi,\theta), \quad \cdots, \quad Y_n^n(\varphi,\theta), \quad \widetilde{Y}_n^1(\varphi,\theta), \quad \cdots, \quad \widetilde{Y}_n^n(\varphi,\theta).$$

因此, 球壳振动的基频为

$$\omega_n = c\sqrt{\lambda_n} = c\sqrt{n(n+1)}, \quad n = 1, 2, 3, \cdots. \tag{12.134}$$

振动解是基本球面调和模

$$\begin{aligned} &\cos(\sqrt{n(n+1)}t)Y_n^m(\varphi,\theta), \quad \sin(\sqrt{n(n+1)}t)Y_n^m(\varphi,\theta), \\ &\cos(\sqrt{n(n+1)}t)\widetilde{Y}_n^m(\varphi,\theta), \quad \sin(\sqrt{n(n+1)}t)\widetilde{Y}_n^m(\varphi,\theta) \end{aligned} \tag{12.135}$$

的拟周期组合. 图 12.5 中可以看到有代表性的图形. 最小正本征值是 $\lambda_1 = 2$, 产生最低频率 $\omega_1 = c\sqrt{2}$. 高阶频率是基频的无理数倍数, 这意味着我们耳朵听到的球形钟振动不那么和谐.

还有一句话要说. 球面 Laplace 算子仅为正半定, 因为最低模具有本征值 $\lambda_0 = 0$, 它对应于常数空本征函数 $v_0(\varphi,\theta) = Y_0^0(\varphi,\theta) \equiv 1$. 因此, 波方程 (12.133) 容许不稳定模 $b_{0,0}t$, 对应于一致的径向膨胀; 其系数

$$b_{0,0} = \frac{3}{4\pi}\iint_{S_1} \frac{\partial u}{\partial t}(0,\varphi,\theta)\mathrm{d}S$$

表示球壳的平均初始速度. 这种不稳定模的存在是我们使用的简化线性模型的人为性所致, 它无法解释约束球形气球膨胀的非线性弹性效应.

习题

12.5.1. 用本征函数级数求解单位立方体 $C = \{0 < x, y, z < 1\}$ 上波方程 $u_{tt} = \Delta u$ 的初–边值问题, 服从下列齐次 Dirichlet 边界条件和初始条件之一:

(a) $u(0,x,y,z) = 1, \quad u_t(0,x,y,z) = 0$.

(b) $u(0,x,y,z) = 0, \quad u_t(0,x,y,z) = 1$.

(c) $u(0,x,y,z) = \sin\pi x \sin\pi y \sin\pi z, \quad u_t(0,x,y,z) = 0$.

(d) $u(0,x,y,z) = \sin 3\pi x, \quad u_t(0,x,y,z) = \sin 2\pi y$.

(e) $u(0,x,y,z) = 0, \quad u_t(0,x,y,z) = xyz(1-x)(1-y)(1-z)$.

12.5.2. 设习题 12.5.1 中的立方体服从同一 Neumann 边界条件. 前面哪一个初值问题导致立方体的不稳定运动?

12.5.3. (a) 求单位立方体的可分离周期振动, 但须服从齐次 Dirichlet 边界条件. (b) 能找到一个周期模是不可分离的吗?

12.5.4. 回答习题 12.5.3, 立方体的一个侧面自由, 而其他五个侧面固定.

12.5.5. 给定材料波速 $c = 1.5$ cm/s, 求大小为 1 cm × 2 cm × 3 cm 的实心长方体的固有振动频率, 其各个侧面固定. 按顺序列出最低的五个频率. 这个长方体会周期性振动吗?

12.5.6. 求高度为 2、半径为 1 和波速 $c=1$ 的实心圆柱体的固有振动频率, (a) 所有的侧面固定; (b) 圆柱体顶部和底部自由, 弯曲面固定; (c) 圆柱体的弯曲面自由, 顶部和底部固定.

12.5.7. 在所有固定边界的单位容积实心圆柱中, 找到振动最慢的一种.

12.5.8. 实心球服从齐次 Neumann 边界条件的振动与服从齐次 Dirichlet 条件的振动相比 (i) 较快; (ii) 较慢; 或 (iii) 波速相同. 如果你的答案是 (i) 或 (ii), 估计快或慢了多少.

12.5.9. 实心立方体和实心球体由相同材料制成, 体积相等. 服从齐次 Dirichlet 边界条件时, 哪个振动更快?

12.5.10. 设实心球或同一半径的圆形膜都有相同波速和固定边界, 哪个振动更快?

12.5.11. 均匀实心球行星在外层空间自由浮动. 求它最慢的三个谐振频率.

12.5.12. 是/非: 假设我们有两个由相同材料均匀组成的实体. 如果第一块冷却到热平衡最快, 那么它也振动得最快. 解释你的答案.

12.5.13. (a) 确立振动薄球壳上的结点曲线和结点区域的含义. (b) 是/非: 所有的结点曲线都是圆弧.

♥ 12.5.14. 电磁波 (包括光) 的传播是由电场 $\boldsymbol{E}(t,\boldsymbol{x})$ 和磁场 $\boldsymbol{B}(t,\boldsymbol{x})$ 支配的, 它们都是区域 $\Omega\subset\mathbb{R}^3$ 中 $\boldsymbol{x}=(x,y,z)$ 处的时变矢量场. 在真空中, Maxwell 方程组 (由 Heaviside 制定) 是

$$\nabla\cdot\boldsymbol{E}=0,\quad \nabla\cdot\boldsymbol{B}=0,\quad \frac{\partial\boldsymbol{B}}{\partial t}=-\nabla\times\boldsymbol{E},\quad \frac{\partial\boldsymbol{E}}{\partial t}=\frac{1}{\mu_0\varepsilon_0}\nabla\times\boldsymbol{B}, \tag{12.136}$$

其中 μ_0, ε_0 分别为磁导率 (permeability) 常数和电容率 (permittivity) 常数. 证明 $\boldsymbol{E}$ 和 $\boldsymbol{B}$ 的各个分量都满足标量波方程. 波速是多少, 即真空光速吗?

12.6 球面波与 Huygens 原理

对于任何动力学偏微分方程, 基本解都是量度瞬时集中单位冲激在单点上作用的. 要记住的两个具有代表性的物理效应是: 突然密集爆炸产生的光波, 如闪电或恒星超新星, 以及由爆炸或霹雳发出的声波, 在空气中传播的速度要慢得多. 利用基本解线性叠加建立更一般初值问题的解. 对于波方程和其他二阶振动方程, 脉冲既可以作用于初始位移也可以作用于初始速度, 从而产生两种截然不同的基本解. 初值问题的通解将通过二重叠加得到. 在这一节中, 我们导出全空间三维波方程两个基本解的显式公式, 从而得出求解一般初值问题的 Kirchhoff 公式. Huygens 原理的一个重要推论是, 在三维空间中, 局部初始

扰动在传播时保持局部化. 在最后的小节中, 将降维方法应用到我们的三维解公式中, 以求解二维波方程, 令人惊讶的是 Huygens 原理不再成立.

球面波

在均匀各向同性介质中, 初始集中的爆炸产生球形膨胀波, 在所有的方向上以光速 (或声速) 移动. 由于平移不变性, 我们可假定扰动源在原点, 因此解 $u(t,\boldsymbol{x})$ 只依赖于离开源的距离 $r=\|\boldsymbol{x}\|$. 我们采用球坐标寻求与角向无关的三维波方程 (12.123) 的解 $u=u(t,r)$. 代入球面 Laplace 算子公式 (12.16), 并且将两个角向导数取为 0, 我们得到偏微分方程

$$\frac{\partial^2 u}{\partial t^2}=c^2\left(\frac{\partial^2 u}{\partial r^2}+\frac{2}{r}\frac{\partial u}{\partial r}\right) \tag{12.137}$$

支配球对称波在三维空间中的传播. 出乎意料的是, 我们可以显式求解 (12.137). 窍门是用 r 乘等式两边:

$$\frac{\partial^2(ru)}{\partial t^2}=r\frac{\partial^2 u}{\partial t^2}=c^2\left(r\frac{\partial^2 u}{\partial r^2}+2\frac{\partial u}{\partial r}\right)=c^2\frac{\partial^2}{\partial r^2}(ru).$$

从而, 函数

$$w(t,r)=ru(t,r)$$

满足一维波方程

$$\frac{\partial^2 w}{\partial t^2}=c^2\frac{\partial^2 w}{\partial r^2}. \tag{12.138}$$

根据定理 2.14, 一维波方程 (12.138) 的通解可以写成 d'Alembert 形式

$$w(t,r)=p(r-ct)+q(r+ct),$$

其中 $p(\xi)$ 和 $q(\eta)$ 是单一特征变量的任意函数. 因此, 三维波方程球对称解假设形如

$$u(t,r)=\frac{p(r-ct)}{r}+\frac{q(r+ct)}{r}. \tag{12.139}$$

第一项

$$u(t,r)=\frac{p(r-ct)}{r} \tag{12.140}$$

表示波以速度 c 在 r 增大的方向移动, 因此描述在原点处有一个集中可变光源的照明物, 例如星际空间中一个脉动类星体 (pulsating quasar). 为了突出这一解释, 我们集中讨论 $p(\xi)=\delta(\xi-a)$ 是一个 δ – 函数的情形, 同时记住, 可以

通过线性叠加构造更一般的解. 得到

$$u(t,r)=\frac{\delta(r-ct-a)}{r}=\frac{\delta\left(r-c\left(t-t_0\right)\right)}{r},\quad t_0=-\frac{a}{c},\tag{12.141}$$

表示通过空间传播的球面波. 在瞬时 $t=t_0$, 光完全集中于原点 $r=0$. 此后信号以速度 c 从原点向所有的方向移动. 此后的各个时间 $t>t_0$, 波仍然集中在半径为 $r=c(t-t_0)$ 的球面上. 但是它在球面各点上的强度已经减小到原来的 $1/r$. 所以离光源越远的光线变得越暗. 位于空间固定点的静止观察者, 当 $t=t_0+r/c$ 时球面波通过时只会看到一个强度 $1/r$ 的瞬时闪光, 这里 r 是观察者离开光源的距离. 一个类似的解释对声波也成立, 对观察者而言, 远处爆炸的声音将短暂地持续. 雷鸣电闪是这种日常现象中最常见的例子.

另一方面, 对 $t<t_0$ 而言, 脉冲集中在一个负半径 $r=c(t-t_0)<0$ 处. 要解释这一点, 注意对于球坐标 (12.15), 用 $-r$ 替换 r 具有将 $\boldsymbol{x}$ 转换为对心点 $-\boldsymbol{x}$ 的相同效果. 因此, 解 (12.141) 表示从宇宙边缘以速度 c 到达的球对称光波, 当 $t=t_0$ 时原点坍缩强度增强. 坍缩后它会立即再现并膨胀返回到宇宙中.

d'Alembert 公式 (12.139) 中的第二项实际上与对心点的物理形式完全相同. 的确, 如果我们设

$$\widetilde{r}=-r,\quad \widetilde{p}(\xi)=-q(-\xi),\ \text{则}\ \frac{q(r+ct)}{r}=\frac{\widetilde{p}(\widetilde{r}-ct)}{\widetilde{r}}.$$

因此, d'Alembert 的第二解是多余的, 从现在起我们只需要考虑形式 (12.140) 的解.

为了有效地利用这种球面波解, 我们需要了解它们的本原奇性 (originating singularity). 为简单起见, 我们在 (12.141) 取 $t_0=0$ 并专注于特解

$$u(t,r)=\frac{\delta(r-ct)}{r},\tag{12.142}$$

在初始时刻 $t=0$, 原点 $r=0$ 显然是一个坏奇点. 我们需要精确地确定它表示的是哪种分布 (广义函数). 借助极限定义有点棘手, 而将一个分布的对偶性作为线性泛函来处理会容易一些. 因此, 在固定时间 $t\geqslant 0$ 处, 我们必须求光滑检验函数 $f(\boldsymbol{x})=f(x,y,z)$ 与解之间的内积①

$$\langle u(t,\cdot),f\rangle=\iiint u(t,x,y,z)f(x,y,z)\mathrm{d}x\mathrm{d}y\mathrm{d}z.$$

我们重新写为球坐标中的三重积分, 据此

$$\langle u(t,\cdot),f\rangle=\int_{-\pi}^{\pi}\int_0^{\pi}\int_0^{\infty}\frac{\delta(r-ct)}{r}f(r,\varphi,\theta)r^2\sin\varphi\mathrm{d}r\mathrm{d}\varphi\mathrm{d}\theta.$$

① 对于固定的 t, 我们使用 $u(t,\cdot)$ 来表示 $\mathbb{R}^3$ 上的实值函数 $(x,y,z)\mapsto u(t,x,y,z)$.

当 $t \neq 0$ 时, 关于 r 的积分可以立即求出, 所以

$$\langle u(t,\cdot), f\rangle = ct\int_{-\pi}^{\pi}\int_{0}^{\pi} f(ct,\varphi,\theta)\sin\varphi \mathrm{d}\varphi\mathrm{d}\theta = 4\pi ct\mathrm{M}_{ct}[f] \tag{12.143}$$

其中

$$\mathrm{M}_{ct}[f] = \frac{1}{4\pi}\int_{-\pi}^{\pi}\int_{0}^{\pi} f(ct,\varphi,\theta)\sin\varphi \mathrm{d}\varphi\mathrm{d}\theta = \frac{1}{4\pi c^2t^2}\iint_{S_{ct}} f\mathrm{d}S \tag{12.144}$$

是函数 f 在半径为 $r = ct$ 的球面 $S_{ct} = \{\|\boldsymbol{x}\| = ct\}$ 上的均值 (mean) 或平均值 (average value), 球面的表面积因此为 $4\pi c^2t^2$. 特别地, 当球面半径极限 $ct \to 0$ 时, 由连续性, 平均值刚好简化为函数在原点的值:

$$\lim_{t\to 0}\mathrm{M}_{ct}[f] = \mathrm{M}_0[f] = f(\mathbf{0}). \tag{12.145}$$

因此 (12.143) 意味着

$$\lim_{t\to 0}\langle u(t,\cdot), f\rangle = \langle u(0,\cdot), f\rangle = 0, \text{ 对所有的函数 } f.$$

因此 $u(0,x,y,z) \equiv 0$ 表示零初始位移. 换言之, 在 $t = 0$ 的解实际上无奇性 (no singularity).

在没有任何初始位移的情形, 解 (12.142) 如何才能是非零的? 显然, 这必须是非零初始速度的结果. 要求出 $\partial u/\partial t$, 我们对 (12.143) 求导, 由此

$$\begin{aligned}\left\langle \frac{\partial u}{\partial t}, f\right\rangle &= \frac{\partial}{\partial t}\langle u(t,\cdot), f\rangle = \frac{\partial}{\partial t}\left(ct\int_{-\pi}^{\pi}\int_{0}^{\pi} f(ct,\varphi,\theta)\sin\varphi \mathrm{d}\varphi\mathrm{d}\theta\right)\\ &= c\int_{-\pi}^{\pi}\int_{0}^{\pi} f(ct,\varphi,\theta)\sin\varphi \mathrm{d}\varphi\mathrm{d}\theta + c^2t\int_{-\pi}^{\pi}\int_{0}^{\pi}\frac{\partial f}{\partial r}(ct,\varphi,\theta)\sin\varphi \mathrm{d}\varphi\mathrm{d}\theta\\ &= 4\pi c\mathrm{M}_{ct}[f] + 4\pi c^2t\mathrm{M}_{ct}\left[\frac{\partial f}{\partial r}\right].\end{aligned} \tag{12.146}$$

结果是 f 及其径向导数 f_r 在半径为 ct 的球面上的线性组合. 在极限下第二项趋于 0, 因此, 由 (12.145),

$$\lim_{t\to 0}\langle u_t, f\rangle = 4\pi c\mathrm{M}_0[f] = 4\pi cf(\mathbf{0}).$$

既然适用于所有的检验函数 f, 我们得出结论, 我们的解的初始速度是在原点的 δ-函数的倍数:

$$u_t(0,r) = 4\pi c\delta(\boldsymbol{x}).$$

除以 $4\pi c$, 我们发现膨胀球面波

$$u(t,r) = \frac{\delta(r-ct)}{4\pi cr} \tag{12.147}$$

是初始单位速度脉冲集中在原点的初值问题

$$u(0,\boldsymbol{x})\equiv 0,\quad \frac{\partial u}{\partial t}(0,\boldsymbol{x})=\delta(\boldsymbol{x})$$

的解. 这一解可以视为习题 6.3.28 讨论的一维波方程锤击解的三维版本.

较为一般地, 我们借助波方程的平移对称性推断, 函数

$$G(t,\boldsymbol{x};\boldsymbol{\xi})=\frac{\delta(\|\boldsymbol{x}-\boldsymbol{\xi}\|-ct)}{4\pi c\|\boldsymbol{x}-\boldsymbol{\xi}\|},\quad t\geqslant 0 \tag{12.148}$$

是初始时刻 $t=0$ 的集中在点 $\boldsymbol{\xi}$ 的单位速度脉冲

$$G(0,\boldsymbol{x};\boldsymbol{\xi})=0,\quad \frac{\partial G}{\partial t}(0,\boldsymbol{x};\boldsymbol{\xi})=\delta(\boldsymbol{x}-\boldsymbol{\xi}) \tag{12.149}$$

引起的波方程的*基本解* (fundamental solution). 由此, 我们可以应用线性叠加来解决零初始位移初值问题

$$u(0,x,y,z)=0,\quad \frac{\partial u}{\partial t}(0,x,y,z)=g(x,y,z). \tag{12.150}$$

即, 我们把初始速度

$$g(\boldsymbol{x})=\iiint g(\boldsymbol{\xi})\delta(\boldsymbol{x}-\boldsymbol{\xi})\mathrm{d}\xi\mathrm{d}\eta\mathrm{d}\zeta$$

表示为脉冲的叠加, 并立即得出结论, 有关的解是同样叠加的球面波:

$$\begin{aligned}u(t,\boldsymbol{x})&=\frac{1}{4\pi c}\iiint g(\boldsymbol{\xi})\frac{\delta(\|\boldsymbol{x}-\boldsymbol{\xi}\|-ct)}{\|\boldsymbol{x}-\boldsymbol{\xi}\|}\mathrm{d}\boldsymbol{\xi}\mathrm{d}\eta\mathrm{d}\zeta\\&=\frac{1}{4\pi c^2t}\iint_{\|\boldsymbol{\xi}-\boldsymbol{x}\|=ct}g(\boldsymbol{\xi})\mathrm{d}S=t\mathrm{M}_{ct}^{\boldsymbol{x}}[g],\end{aligned} \tag{12.151}$$

其中 $\mathrm{M}_{ct}^{\boldsymbol{x}}[g]$ 表示初始速度函数 g 在中心为 $\boldsymbol{x}$、半径为 ct 的球面 $S_{ct}^{\boldsymbol{x}}=\{\|\boldsymbol{\xi}-\boldsymbol{x}\|=ct\}$ 上的均值 (mean). 因此, 我们的解在位置 $\boldsymbol{x}$ 和时间 $t>0$ 的取值等于 t 乘初始速度函数 g 在中心为 $\boldsymbol{x}$、半径 $r=ct$ 的球面上的均值.

例 12.16 我们取波速 $c=1$. 假设初始速度

$$g(\boldsymbol{x})=\begin{cases}1, & \|\boldsymbol{x}\|<1,\\ 0, & \|\boldsymbol{x}\|>1\end{cases}$$

在中心为原点的单位球 B_1 内是 1 并且在球外是 0. 为了解决相应的初始速度问题, 必须计算 g 在中心为点 $\boldsymbol{x}\in\mathbb{R}^3$、半径 $t>0$ 的球面

$$S_t^{\boldsymbol{x}}=\{\boldsymbol{\xi}\mid\|\boldsymbol{\xi}-\boldsymbol{x}\|=t\}$$

上的平均值. 因为在单位球外 $g=0$, 它的平均将等于包含在单位球之内球面那部分区域的, 即 $S_t^{\boldsymbol{x}}\cap B_1$, 除以 $S_t^{\boldsymbol{x}}$ 的总表面积, 即 $4\pi t^2$.

要计算这个量, 令 $r=\|\boldsymbol{x}\|$. 如果 $t>r+1$ 或 $0<t<r-1$, 则半径为 t 的球面完全处于单位球外, 因此平均值是 0; 如果 $0<t<1-r$, 这需要 $r<1$, 所以 $\boldsymbol{x}\in B_1$, 那么球面完全处于单位球内, 所以平均值是 1. 否则, 参照图 12.9 和习题 12.6.7, 我们看到球冠区域 $S_t^{\boldsymbol{x}}\cap B_1$ 的面积由下式给出:

$$2\pi t^2(1-\cos\alpha)=2\pi t^2\left(1-\frac{r^2+t^2-1}{2rt}\right)=\frac{\pi t}{r}\left[1-(t-r)^2\right], \qquad (12.152)$$

其中 α 表示连接两个球心的直线与由其相交形成的圆弧之间的夹角, 其值由余弦定律确定. 研究不同的情形之后, 我们得出结论

$$\mathrm{M}_{ct}^{\boldsymbol{x}}[g]=\begin{cases}1, & 0\leqslant t\leqslant 1-r,\\ \dfrac{1-(t-r)^2}{4rt}, & |r-1|\leqslant t<r+1,\\ 0, & 0\leqslant t\leqslant r-1 \text{ 或 } t\geqslant r+1.\end{cases} \qquad (12.153)$$

乘上 t 得到解 (12.151), 对于 $t\geqslant 0$ 因此有

$$u(t,\boldsymbol{x})=\begin{cases}t, & 0\leqslant t\leqslant 1-\|\boldsymbol{x}\|,\\ \dfrac{1-(t-\|\boldsymbol{x}\|)^2}{4\|\boldsymbol{x}\|}, & \big|\|\boldsymbol{x}\|-1\big|\leqslant t<\|\boldsymbol{x}\|+1,\\ 0, & 0\leqslant t\leqslant \|\boldsymbol{x}\|-1 \text{ 或 } t\geqslant \|\boldsymbol{x}\|+1.\end{cases} \qquad (12.154)$$

结果使得函数在界面 $t=\big|\|\boldsymbol{x}\|-1\big|$ 和 $\|\boldsymbol{x}\|+1$ 上不光滑, 因此不符合经典解的要求. 然而, 可以证明 (12.154) 是初值问题的一个真正的弱解.

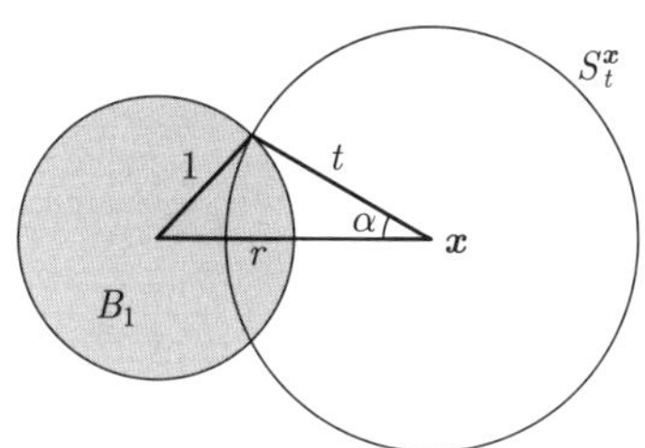

图 12.9　球面与球体相交的截面

图 12.10 的前两行对若干固定 $r=\|\boldsymbol{x}\|$ 绘制解作为时间函数的图像. 原点处观察者会看到光强的线性增加然后突然变得黑暗. 在球面内的其他点, 有类似的线性增加, 之后跟随一个抛物弧式变暗; 如果观察者远离球心而更接近球的边缘, 抛物线部分继续增加一段时间后, 最终逐渐变暗. 另一方面, 球面外的观察者在最初的黑暗时期之后, 会经历一个对称抛物线式地先增加到最大亮度后减小直到在总时间 2 后变暗. 第二行绘制不同的固定时间解作为 r 函数的图像. 注意, 直到时间 $t=1$, 强度在原点附近增加光的扩散, 之后的解逐渐减

小幅度, 维持在两个半径为 $t-1$ 和 $t+1$ 的同心球面间的区域中.

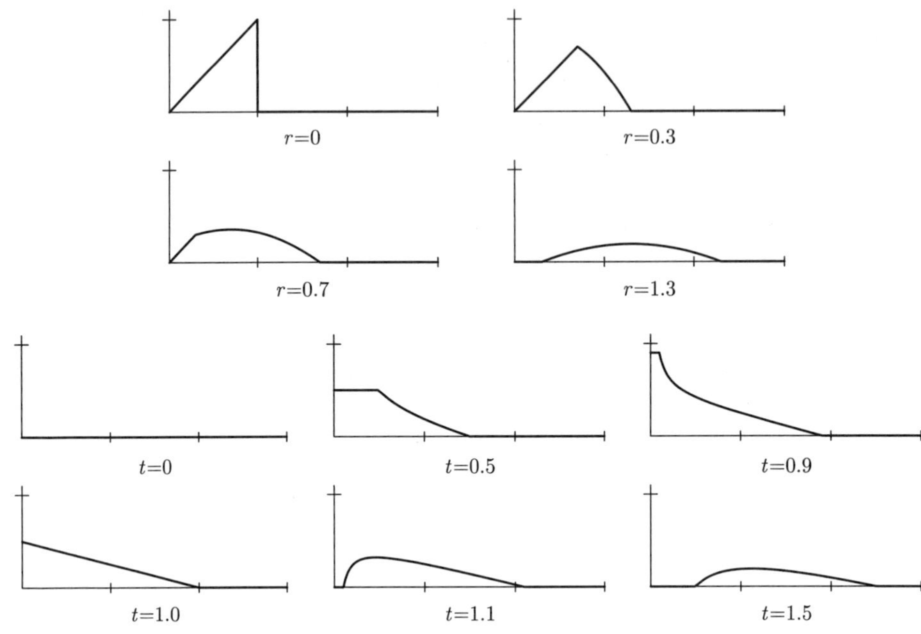

图 12.10 关于单位球的初始速度的波方程解 $u(t,r)$ ⊎

回到一般情况, 我们注意到, 解公式 (12.151) 只处理非零初始速度. 非零初始位移产生的解呢? 令人惊讶的是答案来自微分! 关键的观察是, 如果 $u(t,\boldsymbol{x})$ 是波方程任一 (足够光滑) 的解, 那么它的时间导数

$$v(t,\boldsymbol{x})=\frac{\partial u}{\partial t}(t,\boldsymbol{x}) \tag{12.155}$$

也是波方程的解. 这可以对波方程两边关于 t 求导并且利用混合偏导数的相等性直接得到. 物理上, 这意味着波动速度与波动本身遵循相同的演化原理①, 这是方程的线性性质和与时间无关 (自治) 性质的表现.

现在假设 u 有初始条件

$$u(0,\boldsymbol{x})=f(\boldsymbol{x}),\quad u_t(0,\boldsymbol{x})=g(\boldsymbol{x}). \tag{12.156}$$

它的导数 $v=u_t$ 的初始条件是什么? 显然, 它的初始位移

$$v(0,\boldsymbol{x})=u_t(0,\boldsymbol{x})=g(\boldsymbol{x}) \tag{12.157}$$

① 译注: 容易混淆的表述. 实际是位移与位移的时间导数满足同样的演化原理.

等于 u 的初始速度. 对于它的初始速度, 我们有

$$\frac{\partial v}{\partial t}=\frac{\partial^2 u}{\partial t^2}=c^2\Delta u,$$

因为我们假设 u 是波方程的解. 因此, 在最初时刻, 速度

$$\frac{\partial v}{\partial t}(0,\boldsymbol{x})=c^2\Delta u(0,\boldsymbol{x})=c^2\Delta f(\boldsymbol{x}) \tag{12.158}$$

等于 c^2 乘 Laplace 算子作用于初始位移 f. 特别是, 如果 u 满足初始条件

$$u(0,\boldsymbol{x})=0,\quad u_t(0,\boldsymbol{x})=g(\boldsymbol{x}), \tag{12.159}$$

那么 $v=u_t$ 满足初始条件

$$v(0,\boldsymbol{x})=g(\boldsymbol{x}),\quad v_t(0,\boldsymbol{x})=0. \tag{12.160}$$

因此自相矛盾的是, 为了解决初始位移的问题, 我们对初始速度解 (12.151) 关于 t 求导, 所以

$$v(t,\boldsymbol{x})=\frac{\partial u}{\partial t}(t,\boldsymbol{x})=\frac{\partial}{\partial t}\left(t\mathrm{M}_{ct}^{\boldsymbol{x}}[g]\right)=\mathrm{M}_{ct}^{\boldsymbol{x}}[g]+ct\mathrm{M}_{ct}^{\boldsymbol{x}}\left[\frac{\partial g}{\partial \boldsymbol{n}}\right], \tag{12.161}$$

这里我们利用了 (12.146) 中的计算. 因此, $v(t,\boldsymbol{x})$ 是以 $\boldsymbol{x}$ 为中心、半径为 ct 的球面上, 函数 g 的均值和其法向 (即径向) 导数 $\partial g/\partial\boldsymbol{n}=\partial g/\partial r$ 的均值的线性组合. 特别是, 得到对应于集中初始位移

$$F(0,\boldsymbol{x};\boldsymbol{\xi})=\delta(\boldsymbol{x}-\boldsymbol{\xi}),\quad \frac{\partial F}{\partial t}(0,\boldsymbol{x};\boldsymbol{\xi})=0 \tag{12.162}$$

的解. 我们对解 (12.148) 求导, 得到

$$F(t,\boldsymbol{x};\boldsymbol{\xi})=\frac{\partial G}{\partial t}(t,\boldsymbol{x};\boldsymbol{\xi})=-\frac{\delta'(\|\boldsymbol{x}-\boldsymbol{\xi}\|-ct)}{4\pi\|\boldsymbol{\xi}-\boldsymbol{x}\|}, \tag{12.163}$$

这是初始位移问题的基本解. 因此, 有趣的是, 集中初始位移产生一个球形膨胀的双峰, 参见图 6.6, 而集中初始速度产生一个膨胀的球面单峰或 δ-波.

例 12.17 令 $c=1$. 考虑初始条件

$$u(0,\boldsymbol{x})=f(\boldsymbol{x})=\begin{cases}1, & \|\boldsymbol{x}\|<1,\\ 0, & \|\boldsymbol{x}\|>1,\end{cases}\quad \frac{\partial u}{\partial t}(0,\boldsymbol{x})=0, \tag{12.164}$$

模拟实心球瞬间发光的效果. 为了得到解, 我们对 (12.154) 关于 t 求导, 得到

$$u(t,\boldsymbol{x})=\begin{cases}1, & 0\leqslant t<1-\|\boldsymbol{x}\|,\\ \dfrac{\|\boldsymbol{x}\|-t}{2\|\boldsymbol{x}\|}, & \big|\|\boldsymbol{x}\|-1\big|\leqslant t\leqslant\|\boldsymbol{x}\|+1,\\ 0, & 0\leqslant t<\|\boldsymbol{x}\|-1 \text{ 或 } t>1+\|\boldsymbol{x}\|.\end{cases} \tag{12.165}$$

如图 12.11 的前两行所示, 在球心的观察者, 会看到一个恒定的光强直到 $t=1$, 这时解突然变暗. 在球内 $0<r<1$ 的其他点, 强度的下跳更早到达, 随后进一步线性减退, 并且最后跳回平静. 在球外半径 $r=\|\boldsymbol{x}\|>1$ 处的观察者. 经历最初的黑暗后, 光强度在时间 $t=r-1$ 突然增加, 随后线性减退到负值, 跟随跳跃在时间 $t=r+1$ 回到黑暗. 离光源越远, 光线越微弱. 在第二行中, 我们对不同的 t 值将相同的解作为 r 的函数绘制. 注意到时间 $t=1$ 在原点处 $1/r$ 奇性的突然出现, 这是 $u(0,\boldsymbol{x})=f(\boldsymbol{x})$ 的初始间断性在单位球面表面上聚焦的结果. 随后, 残余的径向对称扰动向 ∞ 移动, 强度逐渐减小. 同样, 不连续性意味着 (12.165) 不是一个经典解, 但它确实是初值问题的一个弱解.

Kirchhoff 公式与 Huygens 原理

两个解公式 (12.151) 和 (12.161) 的线性组合建立起 Kirchhoff 公式 (第一次发现的是 Poisson), 这是波方程d'Alembert解公式的三维对应.

定理 12.18　三维空间中的波方程初值问题

$$u_{tt}=c^2\Delta u,\quad u(0,\boldsymbol{x})=f(\boldsymbol{x}),\quad \frac{\partial u}{\partial t}(0,\boldsymbol{x})=g(\boldsymbol{x}),\quad \boldsymbol{x}\in\mathbb{R}^3 \tag{12.166}$$

的解为

$$u(t,\boldsymbol{x})=\frac{\partial}{\partial t}\left(t\mathrm{M}_{ct}^{\boldsymbol{x}}[f]\right)+t\mathrm{M}_{ct}^{\boldsymbol{x}}[g]=\mathrm{M}_{ct}^{\boldsymbol{x}}[f]+ct\mathrm{M}_{ct}^{\boldsymbol{x}}\left[\frac{\partial f}{\partial \boldsymbol{n}}\right]+t\mathrm{M}_{ct}^{\boldsymbol{x}}[g], \tag{12.167}$$

其中 $\mathrm{M}_{ct}^{\boldsymbol{x}}[f]$ 表示函数 f 在中心为 $\boldsymbol{x}$、半径为 ct 的球面 $S_{ct}^{\boldsymbol{x}}=\{\boldsymbol{\xi}\mid\|\boldsymbol{\xi}-\boldsymbol{x}\|=ct\}$ 上的平均.

Kirchhoff 解公式的一个重要推论就是著名的物理原理, 由 17 世纪荷兰科学家 Christiaan Huygens① 建立. 大致说来, Huygens 原理 (Huygens' principle) 指出, 三维空间波方程的局部解仍是局部化的. 更具体地说, (12.167) 意味着在点 $\boldsymbol{x}$ 和时间 t 上的解值只依赖于距离 ct 的初始位移和初始速度的值. 因此, 所有的信号沿着四维 Minkowski 时空中的相对论光锥

$$c^2t^2=x^2+y^2+z^2$$

传播. 在物理上, Huygens 原理向我们保证, 我们在时间 t 目击到的任何光确切地说是早先时间 $t_0<t$ 从距离 $d=c\,(t-t_0)$ 的点发来的. 特别是, 在一点附近集中的一个局部化初始信号, 无论是初始位移还是初始速度, 都会产生一个仍然集中在围绕着这个点不断膨胀的球面上的响应. 在三维宇宙中, 我们看到

① 除非你是荷兰人, 否则不要费心尝试正确的发音.

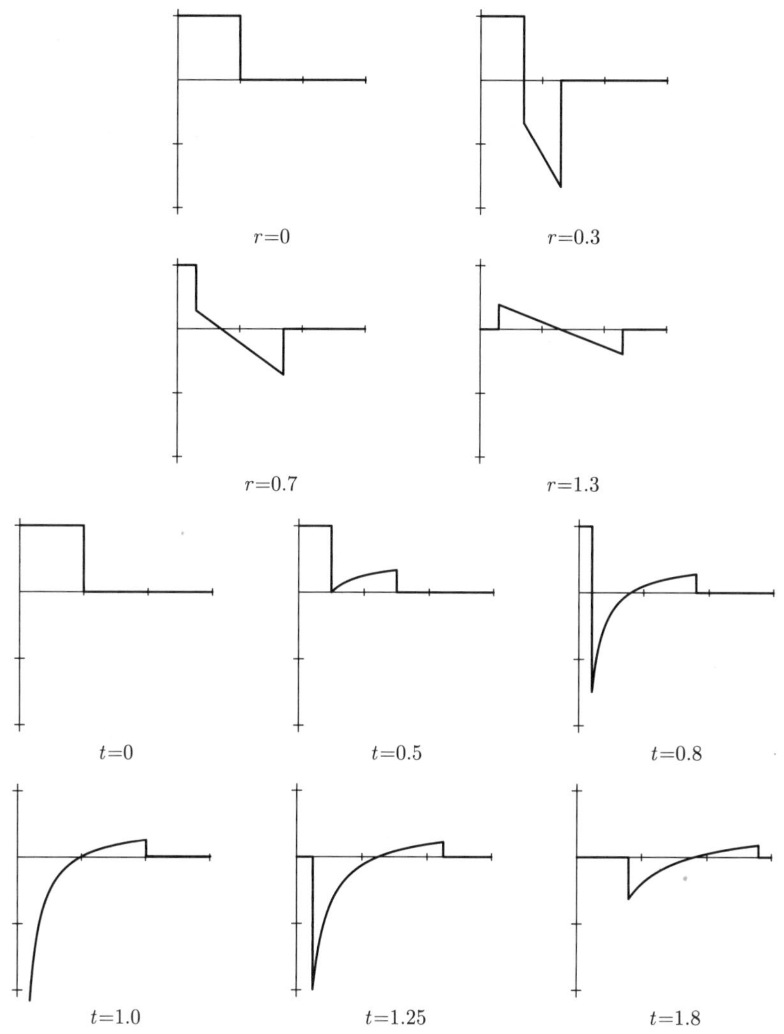

图 12.11 关于单位球的初始位移的波方程解 $u(t,r)$ ⊎

的是突然爆炸或闪电的光, 仅仅在片刻之后景色又回到黑暗. 同样, 一个尖锐的声音, 如霹雳, 在空间传播的时候, 仍然急剧地集中并随传播强度逐渐减小. Huygens 原理是重要天文事实的原因, 我们现在观察的光是由一个遥远恒星在过去的直接正比于从地球到恒星的距离的时间产生的. 值得注意的是, 正如我们将在下一小节中提到的, Huygens 原理在二维宇宙中不再成立! 在那里, 最初集中的光和声的脉冲随着时间的推移而扩展, 并且它们的作用将在延伸的时间范围内被感受到; 详见下面的阐述.

习题

12.6.1. 在三维空间中求解波方程, 初始条件如下:

(a) $u(0,x,y,z)=x+z,\quad u_t(0,x,y,z)=0.$

(b) $u(0,x,y,z)=0,\quad u_t(0,x,y,z)=y.$

(c) $u(0,x,y,z)=1/\left(1+x^2+y^2+z^2\right),\quad u_t(0,x,y,z)=0.$

(d) $u(0,x,y,z)=0,\quad u_t(0,x,y,z)=1/\left(1+x^2+y^2+z^2\right).$

12.6.2. 如果三维波当初始时刻 $t=0$ 时在半径为 R 的球体外为零, 那么在哪个时空点上它会为零?

12.6.3. 考虑初值问题

$$\frac{\partial^2 u}{\partial t^2}=\frac{\partial^2 u}{\partial x^2}+\frac{\partial^2 u}{\partial y^2}+\frac{\partial^2 u}{\partial z^2},$$

$$u(0,x,y,z)=0,\quad \frac{\partial u}{\partial t}(0,x,y,z)=\begin{cases}1, & 0<x,y,z<1,\\ 0, & \text{其他},\end{cases}$$

即初始速度在单位立方体内为 1, 在立方体外为 0. 我们将解 $u(t,x,y,z)$ 解释为在时空中给定点的光强度, 选择单位制使光速 $c=1$. (a) 写出 $u(t,x,y,z)$ 的积分公式. (b) 设有光敏传感器置于点 (2,2,1), 对于哪些时刻 $t>0$, 传感器记录到非零信号? 绘制传感器测量的示意图. (不需要找到精确的公式, 而需解释如何获得图表). (c) 是/非: 在所有的时空点上, 解 $u(t,x,y,z)\geqslant 0$.

12.6.4. (12.151) 是 $t<0$ 时波方程的解吗? 如果不是, 写出对负 t 成立的解的公式.

12.6.5. 是/非: (12.154) 定义的函数 $u(t,x,y,z)$ 到处都是连续的.

12.6.6. 热核爆炸发生在地球中心. 首先感觉到效果是通过地面运动还是地面温度变化? 讨论之.

♦ 12.6.7. 证明球冠 $S_t^{\boldsymbol{x}}\cap B_1$ 的面积由公式 (12.152) 给出.

降到二维

到目前为止, 我们已经找到了波方程在一维直线上和三维空间中解的显式公式. 二维情形

$$u_{tt}=c^2\Delta u=c^2\left(u_{xx}+u_{yy}\right) \tag{12.168}$$

直觉上有点复杂! 例如, 寻找径向对称解 $u(t,r)$ 需要求解偏微分方程

$$\frac{\partial^2 u}{\partial t^2}=c^2\left(\frac{\partial^2 u}{\partial r^2}+\frac{1}{r}\frac{\partial u}{\partial r}\right), \tag{12.169}$$

与它的三维情形 (12.137) 不同, 积分它可不容易.

然而, 我们可以通过运用所谓*降维方法* (method of descent), 从三维问题的解构造二维问题的解. 观察到二维波方程 (12.168) 的任何解 $u(t,x,y)$ 可以看作三维波方程 (12.123) 一个不依赖垂直坐标 z 的解, 处处有 $\partial u/\partial z = 0$. 显然, 如果三维初始数据不依赖于 z, 那么得到的解 $u(t,x,y)$ 也将独立于 z.

首先考虑零位移初始条件

$$u(0,x,y) = 0, \quad \frac{\partial u}{\partial t}(0,x,y) = g(x,y). \tag{12.170}$$

在三维解公式 (12.151) 中, 如果 $g(x,y)$ 不依赖于 z–坐标, 那么在上半球面和下半球面上的积分

$$S_{ct}^{+} = \{\|\boldsymbol{\xi} - \boldsymbol{x}\| = ct, \zeta \geqslant z\}, \quad S_{ct}^{-} = \{\|\boldsymbol{\xi} - \boldsymbol{x}\| = ct, \zeta \leqslant z\}$$

是相等的. 为求这些积分, 我们将上半球面参量化为圆盘

$$D_{ct}^{x} = \left\{(\xi - x)^2 + (\eta - y)^2 \leqslant c^2t^2, \zeta \geqslant z\right\}$$

上的图

$$\zeta = z + \sqrt{c^2t^2 - (\xi - x)^2 - (\eta - y)^2},$$

得到初值问题 (12.170) 的解

$$\begin{aligned} u(t,x,y) &= \frac{1}{4\pi c^2 t} \iint_{S_{ct}} g(\xi,\eta)\mathrm{d}S = \frac{1}{2\pi c^2 t} \iint_{S_{ct}^{+}} g(\xi,\eta)\mathrm{d}S \\ &= \frac{1}{2\pi c} \iint_{D_{ct}^{\boldsymbol{x}}} \frac{g(\xi,\eta)}{\sqrt{c^2t^2 - (\xi - x)^2 - (\eta - y)^2}} \mathrm{d}\xi\mathrm{d}\eta. \end{aligned} \tag{12.171}$$

特别地, 如果我们取初始速度

$$\frac{\partial u}{\partial t}(0,x,y) = g(x,y) = \delta(x)\delta(y)$$

为集中在原点的单位冲激, 那么得到的解是

$$u(t,x,y) = \begin{cases} \dfrac{1}{2\pi c\sqrt{c^2t^2 - x^2 - y^2}}, & x^2 + y^2 < c^2t^2, \\ 0, & x^2 + y^2 > c^2t^2. \end{cases} \tag{12.172}$$

距原点 $r = \|\boldsymbol{x}\| = \sqrt{x^2 + y^2}$ 处的观察者, 首先在时间 $t = r/c$ 目击一个集中的位移奇性. 然而与三维解相比, 即使在冲激经过后, 仍然会有一个递减但非零的信号, 其幅度大致与 $1/t$ 成正比. 在图 12.12 中, 我们对单位波速 $c = 1$ 绘制解 (12.172) 的图像. 第一行绘制三个不同矢径处强度作为 t 的函数的图像; 注意, 图中尖峰表示最初的奇性, 接着是一个逐渐变小但永远不会完全消失的

残余位移. 第二行显示三个不同时间位移作为 $r = \|\boldsymbol{x}\|$ 的函数的图像.

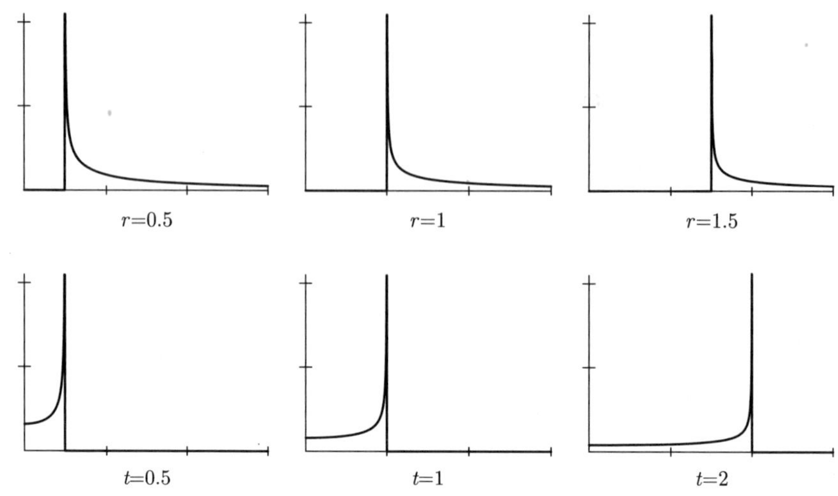

图 12.12　集中冲激的二维波方程解 ⊎

如同三维情形, 初始位移条件

$$u(0,x,y) = f(x,y), \quad \frac{\partial u}{\partial t}(0,x,y) = 0 \tag{12.173}$$

的解可以对 (12.171) 关于 t 求导得到, 所以

$$u(t,x,y) = \frac{1}{2\pi c}\frac{\partial}{\partial t}\iint_{D_{ct}^{\boldsymbol{x}}} \frac{f(\xi,\eta)}{\sqrt{c^2t^2-(\xi-x)^2-(\eta-y)^2}}\mathrm{d}\xi\mathrm{d}\eta. \tag{12.174}$$

像以前那样, 从一个集中的冲激开始, 观察者将见证, 经过时间 $t = r/c$ 之后, 突然的冲激经过之后跟随着逐渐减小残余的波. 对全 $\mathbb{R}^2$ 上二维波方程的通解是这两类解 (12.171, 174) 的线性组合.

作为这些考虑的结果, 我们发现 Huygens 原理在二维宇宙中不成立. 二维波方程在点 $\boldsymbol{x}$ 和 t 时的解依赖于中心在此点、半径为 ct 的整个圆盘上的初始位移和初始速度, 而不是仅仅在距离 ct 的点上的. 因此, 一个二维的生物不仅会经历一个集中的声音或光波的初始效果, 而且还会感受到一个缓慢递减的 "余晖". 这就像生活在一个永久性的回声室中, 所以对感官现象的理解和行动都会遭遇相当大的挑战. 一般情况下, 可以证明, 波方程的 Huygens 原理仅在奇数维 $n = 2k+1 \geqslant 3$ 的空间内成立; 容许 Huygens 原理的微分方程分类的最近进展, 参见 [15].

注记: 既然二维波方程的解可以解释为不依赖 z 的三维解, 二维波方程的集中 δ – 冲激对应于一个集中在整条垂直线上的三维初始脉冲, 例如一条无限

长直线瞬间闪电的形式. 固定在空间的观察者将首先遇到从直线上最近的点到达的闪光, 但随后会体验逐渐减弱的光的作用, 这些点沿着直线逐渐远离. 这就解释了公式 (12.172) 中的二维余晖.

习题

12.6.8. 用以下初始数据求解二维波方程初值问题: (a) $u(0,x,y)=x-y$, $u_t(0,x,y)=0$. (b) $u(0,x,y)=0, u_t(0,x,y)=y$.

12.6.9. (a) 证明 $u(t,x,y)=1/\sqrt{x^2+y^2-c^2t^2}$ 是二维波方程过原点光锥体外部区域 $\Omega=\left\{x^2+y^2>c^2t^2\right\}$ 的解. $t=0$ 对应的初始数据是什么? (b) 用 (a) 部分求解 Ω 上的初值问题 $u(0,x,y)=0, u_t(0,x,y)=1/\sqrt{x^2+y^2}$.

12.6.10. 考虑 $\mathbb{R}^2$ 上波速 $c=1$ 的二维波方程. 写出以下初值问题解的积分公式. 你不必求出积分.

(a) $u(0,x,y)=x^3-y^3, u_t(0,x,y)=0$.

(b) $u(0,x,y)=0, u_t(0,x,y)=y^2$.

(c) $u(0,x,y)=x^2+y^2, u_t(0,x,y)=-x^2-y^2$.

12.6.11. (a) 求解二维波方程, 其初始位移是集中于原点的 δ – 冲激且初始速度为零. (b) 当 $t>0$ 时得到的表示式是经典解吗? (c) 是/非: 该解当 $t\to\infty$ 时一致趋于 0.

12.6.12. 用分离变量写出偏微分方程 (12.169) 的本征函数级数解, 服从 $r=1$ 处的齐次 Dirichlet 边界条件和 $r=0$ 处的有界条件.

♦ 12.6.13. 写出具有下列条件的一维波方程的基本解: (a) 原点集中初始位移; (b) 原点集中初始速度. (c) 讨论 Huygens 原理在一维宇宙中的有效性.

12.6.14. 讨论如何通过降维方法由三维波方程构造一维波方程的解.

12.7 氢原子

氢原子 (hydrogen atom) 由一个电子环绕着含有单一质子的原子核组成, 由于原子核体积相对较小, 可以认为完全集中在原点. 由于相应的经典 Coulomb 问题量子化的结果, Schrödinger 方程[①]支配环绕原子核运动的电子的动力学行为, 采取显式

① 读者参见 (9.151) 及之后关于 Schrödinger 方程和量子力学的概略性讨论.

$$\mathrm{i}\hbar\frac{\partial\psi}{\partial t}=-\frac{\hbar^2}{2M}\Delta\psi-\frac{\alpha^2}{r}\psi=-\frac{\hbar^2}{2M}\left(\frac{\partial^2\psi}{\partial x^2}+\frac{\partial^2\psi}{\partial y^2}+\frac{\partial^2\psi}{\partial z^2}\right)-\frac{\alpha^2\psi}{\sqrt{x^2+y^2+z^2}}. \tag{12.175}$$

这里 $\psi(t,x,y,z)$ 表示电子的含时波函数, 描述时刻 t 围绕原子核的量子概率密度. 在量子化 Hamilton 算子 $K=-\frac{1}{2}\left(\hbar^2/M\right)\Delta-\alpha^2/r$ 中, Laplace 算子的系数依赖于 Planck 常数 $\hbar$ 和电子质量 M. 最后一项表示原子核吸引电子的三维电磁(Coulomb) 势函数 $V(\boldsymbol{x})=\alpha^2/r$, α 表示电子(和质子) 的电荷, 而 $r=\|\boldsymbol{x}\|$ 是它与原子核间的距离. 顺便说一句, 多原子乃至分子的量子力学Schrödinger 方程写出并不难, 但它的求解要难很多, 比方说即使是氦原子, 其数值模拟仍然是一个主要的挑战, 甚而对今日的超级计算机也是如此[116]. 因此, 为了使事情尽可能简单, 在这里我们只考虑单电子的氢原子情况.

束缚态

根据 9.5 节中的分析, Schrödinger 方程的简正模解形如

$$\psi(t,x,y,z)=\mathrm{e}^{\mathrm{i}\lambda t/\hbar}v(x,y,z),$$

其中 v 是 Hamilton 算子具有本征值 λ 的本征函数, 从而满足

$$\frac{\hbar^2}{2M}\Delta v+\left(\lambda+\frac{\alpha^2}{r}\right)v=0. \tag{12.176}$$

原子的*束缚态* (bound state), 电子为原子核所俘获, 是用单位 L^2 – 范数的本征值问题 (12.176) 的非零解表示:

$$\|v\|^2=\iiint|v(x,y,z)|^2\mathrm{d}x\mathrm{d}y\mathrm{d}z=1.$$

本征值 λ 给定束缚态的能量, 并且必然为负: $\lambda<0$. 因为我们探究的是一个无界区域, 束缚态不能形成一个本征函数的完备系, 所以不是每个波函数 $\varphi\in L^2(\mathbb{R}^3)$ 都可以用本征函数级数近似. 缺失的数据是 Schrödinger 算子的*连续谱* (continuous spectrum) 导致的所谓*散射态* (scattering state); 这些电子在原子核上发生散射, 所以不会在轨道上停留. (对于行星绕太阳转动的经典 Kepler 问题而言, 束缚态对应于行星的有界椭圆轨道, 而散射态对应星际彗星和类似天体沿无界双曲轨道或抛物轨道的运动.) 有关量子力学散射态及其连带连续谱的讨论, 我们把它留给进一步的研究[72,95].

为了理解束缚态, 我们采用分离变量的方法. 首先把本征值问题 (12.176) 在球坐标中重新写出:

$$\frac{\hbar^2}{2M}\left(\frac{\partial^2 v}{\partial r^2}+\frac{2}{r}\frac{\partial v}{\partial r}+\frac{1}{r^2}\frac{\partial^2 v}{\partial \varphi^2}+\frac{\cos\varphi}{r^2\sin\varphi}\frac{\partial v}{\partial \varphi}+\frac{1}{r^2\sin^2\varphi}\frac{\partial^2 v}{\partial \theta^2}\right)+\left(\lambda+\frac{\alpha^2}{r}\right)v=0. \tag{12.177}$$

然后分离出径向坐标, 设

$$v(r,\varphi,\theta)=p(r)w(\varphi,\theta).$$

角向分量满足我们已经求解过的球面 Helmholtz 方程

$$\Delta_S w+\mu w=\frac{\partial^2 w}{\partial \varphi^2}+\frac{\cos\varphi}{\sin\varphi}\frac{\partial w}{\partial \varphi}+\frac{1}{\sin^2\varphi}\frac{\partial^2 w}{\partial \theta^2}+\mu w=0,$$

参见 (12.21) 及随后的讨论. 本征解是球面调和函数, 因为量子力学解本质上是复值的, 我们采用它们的复数形式 (12.46). 相关联的本征值

$$\mu=l(l+1),\ \text{其中整数}\ l=0,1,2,\cdots \tag{12.178}$$

称为*角量子数* (angular quantum number), 容许总数为 $2l+1$ 的独立本征函数

$$y_l^m(\varphi,\theta)=P_l^m(\cos\varphi)\mathrm{e}^{\mathrm{i}m\theta},\quad m=-l,-l+1,\cdots,l-1,l. \tag{12.179}$$

具有分离常数 (12.178) 的径向方程是

$$\frac{\hbar^2}{2M}\left(\frac{\mathrm{d}^2 p}{\mathrm{d}r^2}+\frac{2}{r}\frac{\mathrm{d}p}{\mathrm{d}r}\right)+\left[\lambda+\frac{\alpha^2}{r}-\frac{l(l+1)}{r^2}\right]p=0. \tag{12.180}$$

为了消去物理参数, 对于给定的 $\lambda<0$, 我们令

$$s=\sigma r,\ \text{其中}\ \sigma=\frac{2\sqrt{-2M\lambda}}{\hbar}. \tag{12.181}$$

为标度变换径向坐标, 得到关于标度变换函数

$$P(s)=p\left(\frac{s}{\sigma}\right)$$

的常微分方程

$$\frac{\mathrm{d}^2 P}{\mathrm{d}s^2}+\frac{2}{s}\frac{\mathrm{d}P}{\mathrm{d}s}-\left[\frac{1}{4}-\frac{n}{s}+\frac{l(l+1)}{s^2}\right]P=0, \tag{12.182}$$

其中

$$n=\frac{2M\alpha^2}{\sigma\hbar^2}=\frac{\alpha^2}{\hbar}\sqrt{-\frac{M}{2\lambda}}. \tag{12.183}$$

方程 (12.182) 是*广义 Laguerre 微分方程* (generalized Laguerre differential equation) 的一种形式, 参见下面的习题 12.7.4, 以 19 世纪法国数学家 Edmond Laguerre的名字命名, 量子力学出现之前他就研究了该方程的解. 既然我们要求解束缚态, 有关的解就应该定义在 $0\leqslant s<\infty$ 上且在 $s=0$ 处保持有界, 当 $s\to\infty$ 时趋于零:

$$\lim_{s\to 0^+}P(s)<\infty,\quad \lim_{s\to\infty}P(s)=0. \tag{12.184}$$

在习题 12.7.4—5 中概述了以下关键结果的证明.

定理 12.19 对于每一对非负整数 $0 \leqslant l < n$, 边值问题 (12.182,184) 有本征解

$$P_l^n(s) = s^l \mathrm{e}^{-s/2} L_{n-l-1}^{2l+1}(s), \tag{12.185}$$

其中

$$L_k^j(s) = \frac{s^{-j}\mathrm{e}^s}{k!}\frac{\mathrm{d}^k}{\mathrm{d}s^k}\left[s^{j+k}\mathrm{e}^{-s}\right] = \sum_{i=0}^{k}\frac{(-1)^i}{i!}\binom{j+k}{j+i}s^i, \quad j,k=0,1,2,\cdots \tag{12.186}$$

称为广义[①] Laguerre 多项式 (generalized Laguerre polynomial).

前几个广义 Laguerre 多项式是

$$L_0^0(s)=1,\quad L_1^0(s)=1-s,\quad L_2^0(s)=1-2s+\frac{1}{2}s^2,\quad L_3^0(s)=1-3s+\frac{3}{2}s^2-\frac{1}{6}s^3,$$

$$L_0^1(s)=1,\quad L_1^1(s)=2-s,\quad L_2^1(s)=3-3s+\frac{1}{2}s^2,\quad L_3^1(s)=4-6s+2s^2-\frac{1}{6}s^3,$$

$$L_0^2(s)=1,\quad L_1^2(s)=3-s,\quad L_2^2(s)=6-4s+\frac{1}{2}s^2,\quad L_3^2(s)=10-10s+\frac{5}{2}s^2-\frac{1}{6}s^3.$$

注意, $L_k^j(s)$ 是 k 次的. 在图 12.13 中给出区间 $0 \leqslant t \leqslant 6$ 上的几个图像. 有关其性质的详细信息参见 [86].

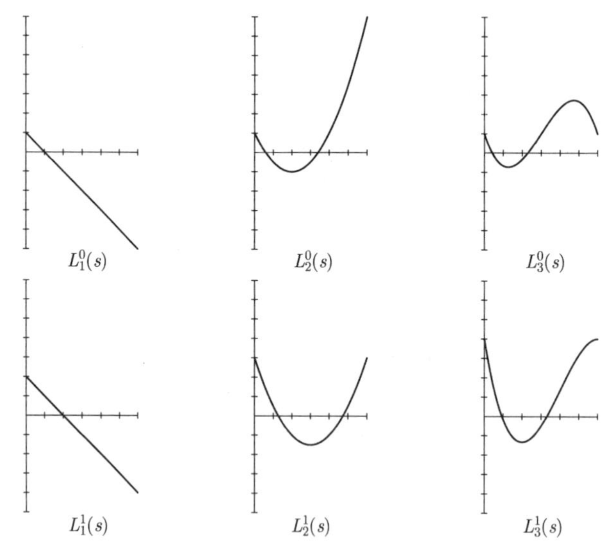

图 12.13 广义 Laguerre 多项式

① 普通 Laguerre 多项式是 $L_k(s) = L_k^0(s)$.

原子本征态与量子数

(12.183) 中注明物理意义的整数 n, 称为主量子数 (principal quantum number). 我们还注意到 (12.181) 中的比例因子可以写成

$$\sigma=\frac{2M\alpha^2}{n\hbar^2}=\frac{2}{na}, \text{其中 } a=\frac{\hbar^2}{M\alpha^2}\approx 0.529\times 10^{-10}\ \mathrm{m}$$

近似为电子最低能级的半径, 称为 Bohr 半径 (Bohr radius), 以纪念丹麦量子物理学家 Niels Bohr. 回到物理坐标, 相差一个无关紧要的常数, 束缚态解 (12.185) 变为径向波函数 (radial wave function)

$$\beta_l^n(r)=\left(\frac{2r}{na}\right)^l \mathrm{e}^{-r/(na)}L_{n-l-1}^{2l+1}\left(\frac{2r}{na}\right). \tag{12.187}$$

将它们与球面调和函数 (12.179) 相结合, 得到原子本征函数 (atomic eigenfunction) 或本征态 (eigenstate)

$$v_{lmn}(r,\varphi,\theta)=\sqrt{\frac{(2l+1)(l-m)!(n-l-1)!}{\pi a^3n^4(l+m)!(l+n)!}}\beta_l^n(r)y_l^m(\varphi,\theta), \tag{12.188}$$

其中首因子的选择是为了 $\|v_{lmn}\|=1$, 因此是一个真实的波函数. (在习题 12.7.8 中概述了这一事实的证明.) 本征态取决于三个整数, 有如下物理名称:

- $n=1,2,3,\cdots$: 主量子数 (principal quantum number);
- $l=0,1,2,\cdots,n-1$: 角量子数 (angular quantum number);
- $m=-l,-l+1,\cdots,l-1,l$: 磁量子数 (magnetic quantum number).

能量是相关的本征值:

$$\lambda_n=-\frac{\alpha^4M}{2\hbar^2}\frac{1}{n^2}=-\frac{\alpha^2}{2a}\frac{1}{n^2},\quad n=1,2,3,\cdots. \tag{12.189}$$

原子能级之间比值 $\lambda_n/\lambda_1=1/n^2$ 与整数的平方成反比, 是促成量子力学发现的关键实验发现之一. 观察到第 n 能级总共有

$$\sum_{l=0}^{n-1}(2l+1)=n^2 \tag{12.190}$$

个线性独立的束缚态 (12.188). 本征空间的维数对应于相应能级的原子轨道的亚壳层数. 壳层用角量子数排序, 即球面调和函数的阶 $l=0,1,2,\cdots$, 传统记为字母序列 $s,p,d,f,g,\cdots$. 相继各壳层包含 $2l+1$ 个亚壳层, 由磁量子数 m 排序.

这个简单模型忽略的一个要素是电子的自旋 (spin). 由于电子只能具有两种可能自旋之一, 奥地利物理学家 Wolfgang Pauli 首先建立的 Pauli 不相容原

理 (Pauli exclusion principle) 告诉我们, 每一个原子能量壳层至多可由两个电子占据. 因此, 角量子数 l 的原子壳层可以包含多达 $2(2l+1)$ 个电子. 记住, 由于 $0 \leqslant l < n$, 第 l 壳只在 n 足够大时出现, 因此根据 (12.190), 第 n 能级包含 $2n^2$ 个电子.

由此产生的电子能量壳层的原子构型是对 Mendeleev 周期表 (Mendeleev's periodic table)[①]的解释. 其行由主量子数 n 排序, 而列则由角量子数和磁量子数 l, m 以及自旋排序. 当沿周期表向上移动时, 每个相继的元素原子中的电子逐渐地填满较低的能级, 每个新的壳层首先包含一个电子, 然后是两个反向自旋的电子. 因此, 氢 (在其基态) 在 $1s$ 壳层有单个电子. 氦在 $1s$ 壳层有两个电子. 锂有三个电子, 其中两个在 $1s$ 壳层, 第三个填充 $2s$ 壳层. 氖有十个电子填充前两个能级, 两个电子在 $1s$ 壳层, 两个在 $2s$ 壳层而六个在 $2p$ 壳层, 等等. 一个复杂的原因是, 由于轨道的几何, 正如相关的球面调和函数所描述的, 角量子数以及磁量子数在较小程度上也会影响物理观测到的能量, 这可能会导致壳层填充晚于最初预期的. 例如, 在钾和钙, $4s$ 壳层依次填充, 其次是钪, 这开始于填充 $3d$ 壳层过程. 元素的化学性质在很大程度上取决于电子在其原子最外层能级中的位置. 对进一步细节感兴趣的读者可以参考例如 [67,79].

习题

12.7.1. 如果含 Z 个质子的原子核被单电子环绕, 那么它的原子势 (atomic potential) $V(\boldsymbol{x})$ 就相应地作标度变换, 用 $Z\alpha^2/r$ 取代 α^2/r. 讨论这种原子离子 (atomic ion) 对能级产生的影响.

♥ 12.7.2. (a) 设电子处于基态, 即最低能级, 写出单电子原子的时间相关的波函数. (b) 电子的概率密度是多少? (c) 在原子的 1 个 Bohr 半径内找到电子的概率是多少? (d) 求 (用 Bohr 半径度量的) 距离 d, 使得在原子核的距离 d 中发现电子的概率为 95%.

♦ 12.7.3. 证明 Laguerre 多项式 (12.186) 中的两个表达式成立.

♦ 12.7.4. (a) 设 $k = 0, 1, 2, \cdots$ 是非负整数. k 阶 Laguerre 微分方程 (Laguerre differential equation of order k) 为

$$xu'' + (1-x)u' + ku = 0. \tag{12.191}$$

证明 $x=0$ 是一个正则奇点. 然后证明基于 $x=0$ 的 Frobenius 级数解是与 Laguerre 多项式 $L_k^0(x)$ 一致的 j 次多项式. (b) 给定非负整数 $j, k \geqslant 0$, 用 Frobenius 方法证明广义

① 译注: 值得强调.

Laguerre 微分方程 (generalized Laguerre differential equation)

$$xu'' + (j+1-x)u' + ku = 0 \tag{12.192}$$

有一个多项式解, 可以视同 (12.186) 中的广义 Laguerre 多项式 $L_k^j(x)$.

♦ 12.7.5. 设 $P(s)$ 是常微分方程 (12.182) 的解. 证明 $Q(s) = s^{-l}\mathrm{e}^{s/2}P(s)$ 是微分方程

$$s\frac{\mathrm{d}^2Q}{\mathrm{d}s^2} + [2(l+1)-s]\frac{\mathrm{d}Q}{\mathrm{d}s} + (n-l-1)Q = 0 \tag{12.193}$$

的解, 然后运用习题 12.7.4 的结果完成定理 12.19 的证明.

♥ 12.7.6. 假设 $f(x)$ 是一个多项式, 并令 $L_k^j(s)$ 表示广义 Laguerre 多项式 (12.186).

(a) 证明: 对于 $j, k \geqslant 0$.

$$\int_0^\infty f(s)L_k^j(s)s^j\mathrm{e}^{-s}\mathrm{d}s = \frac{(-1)^k}{k!}\int_0^\infty f^{(k)}(s)s^{j+k}\mathrm{e}^{-s}\mathrm{d}s.$$

(b) 对于固定的 j, 证明广义 Laguerre 多项式 $L_k^j(s), k = 0,1,2,\cdots$ 关于加权内积 $\langle f,g\rangle = \displaystyle\int_0^\infty f(s)g(s)s^j\mathrm{e}^{-s}\mathrm{d}s$ 正交.

(c) 证明其相应的范数公式: $\left\|L_k^j\right\| = \sqrt{\dfrac{(j+k)!}{k!}}$.

♦ 12.7.7. (a) 证明广义 Laguerre 多项式满足以下递推关系:

$$(k+1)L_{k+1}^j(s) - (j+2k+1-s)L_k^j(s) + (j+k)L_{k-1}^j(s) = 0. \tag{12.194}$$

(b) 证明

$$\int_0^\infty s^{j+1}\mathrm{e}^{-s}\left[L_k^j(s)\right]^2\mathrm{d}s = \frac{(j+2k+1)(j+k)!}{k!}. \tag{12.195}$$

提示: 使用 (a) 部分和习题 12.7.6.

♥ 12.7.8. 证明原子本征函数 (12.188) 形成 $\mathbb{R}^3$ 上关于 L^2 – 内积的波函数的一个规范正交系. 提示: 使用定理 9.33 和方程 (12.195).

附录 A　复数

这个简短附录的目的是回顾复数和复算术的基本知识, 贯穿于课文中使用.

复数表达形式为 $z = x + \mathrm{i}y$, 其中 $x, y \in \mathbb{R}$ 是实的, $\mathrm{i} = \sqrt{-1}$ 是虚数单位. 全体复数的集合用 $\mathbb{C}$ 表示. 我们称 $z = x + \mathrm{i}y$ 的 $x = \operatorname{Re} z$ 为*实部* (real part) 而 $y = \operatorname{Im} z$ 为*虚部* (imaginary part). (注解: 虚部是实数 y, 而不是 $\mathrm{i}y$.) 实数 x 是一个零虚部的复数, $\operatorname{Im} z = 0$, 因此可以认为 $\mathbb{R} \subset \mathbb{C}$. 复数的加法和乘法是基于实数算术规则的简单改造, 以包含恒等式 $\mathrm{i}^2 = -1$, 所以

$$\begin{aligned}(x + \mathrm{i}y) + (u + \mathrm{i}v) &= (x + u) + \mathrm{i}(y + v),\\(x + \mathrm{i}y)(u + \mathrm{i}v) &= (xu - yv) + \mathrm{i}(xv + yu).\end{aligned} \tag{A.1}$$

复数包含了所有通常的加法和乘法的规律, 包括*交换律* (commutativity) $zw = wz$ 在内.

我们可以把一个复数 $x + \mathrm{i}y$ 看作实二维平面上的一个向量 $(x, y) \in \mathbb{R}^2$. 由于这个原因, $\mathbb{C}$ 有时称为*复平面* (complex plane). (尽管要记住, 作为一个复向量空间, $\mathbb{C}$ 只是一维的.) 基于这种认同, 我们采用平面向量微积分的标准术语, 区域、曲线等, 而不作改动. 复数加法 (A.1) 对应于向量加法, 但复乘法的向量解释就比较模糊.

$z = x + \mathrm{i}y$ 的*复共轭* (complex conjugate) 是 $\overline{z} = x - \mathrm{i}y$, 且 $\operatorname{Re}\overline{z} = \operatorname{Re} z$, $\operatorname{Im}\overline{z} = -\operatorname{Im} z$. 几何上, z 的复共轭是通过相应向量关于实轴反射得到的, 如图 A.1 所示. 特别是 $z = \overline{z}$, 当且仅当 z 为实的. 一般地,

$$\operatorname{Re} z = \frac{z + \overline{z}}{2}, \quad \operatorname{Im} z = \frac{z - \overline{z}}{2\mathrm{i}}. \tag{A.2}$$

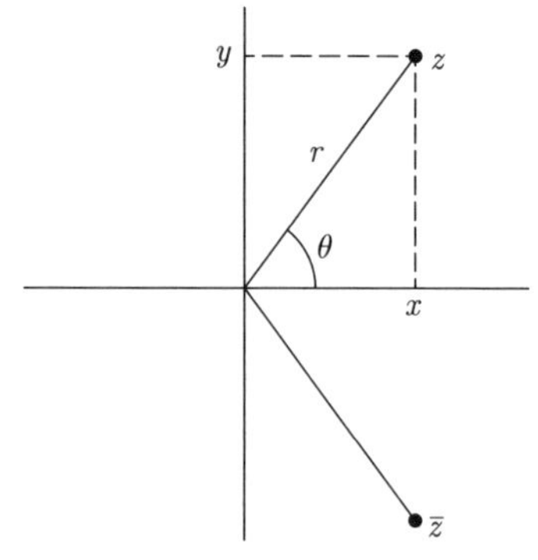

图 A.1　复数

复共轭与复算术相容:

$$\overline{z+w}=\overline{z}+\overline{w},\quad \overline{zw}=\overline{z}\,\overline{w}.$$

特别地, 复数与其共轭的乘积

$$z\overline{z}=(x+\mathrm{i}y)(x-\mathrm{i}y)=x^2+y^2 \tag{A.3}$$

是实数且非负. 它的平方根称为复数 $z=x+\mathrm{i}y$ 的模 (modulus) 或范数 (norm), 并写为

$$|z|=\sqrt{x^2+y^2}. \tag{A.4}$$

注意 $|z|\geqslant 0$, $|z|=0$ 当且仅当 $z=0$. 模 $|z|$ 是实数绝对值的推广, 与 (x,y) – 平面中的标准 Euclid 范数一致. 这意味着三角不等式

$$|z+w|\leqslant |z|+|w| \tag{A.5}$$

的有效性. 等式 (A.3) 可以按照模重写为

$$z\overline{z}=|z|^2. \tag{A.6}$$

重新排列这些因素, 我们得到非零复数的倒数公式:

$$\frac{1}{z}=\frac{\overline{z}}{|z|^2},\ z\neq 0,\ \text{或等价地}\ \frac{1}{x+\mathrm{i}y}=\frac{x-\mathrm{i}y}{x^2+y^2}\ . \tag{A.7}$$

复除法的一般公式

$$\frac{w}{z}=\frac{w\overline{z}}{|z|^2}\ \text{或}\ \frac{u+\mathrm{i}v}{x+\mathrm{i}y}=\frac{(xu+yv)+\mathrm{i}(xv-yu)}{x^2+y^2} \tag{A.8}$$

是直接的推论. 复数的模,

$$r=|z|=\sqrt{x^2+y^2},$$

是它的极坐标表示

$$x=r\cos\theta,\ y=r\sin\theta\ \text{或}\ z=r(\cos\theta+\mathrm{i}\sin\theta) \tag{A.9}$$

的一个组成部分. 极角 θ 量度连接 z 到原点的直线与水平轴的夹角, 称为相位 (phase), 并写成

$$\theta=\mathrm{ph}\,z. \tag{A.10}$$

相位定义因此相差 2π 的整数倍. 唯一的相位主值 (principal value) $\mathrm{ph}\,z\in(-\pi,\pi]$. 极角还有一个较普遍的名称是 z 的辐角, 记为 $\arg z=\mathrm{ph}\,z$. 然而, 按照 [85,86], 在这里我们更喜欢使用 "相位", 部分原因是为了避免与函数 $f(z)$

的自变量 z 混淆.

著名的复指数 Euler 公式

$$e^{i\theta} = \cos\theta + i\sin\theta \tag{A.11}$$

可用复数的极坐标形式 (A.9) 紧凑地重写为

$$z = re^{i\theta}, \text{ 这里 } r = |z|,\ \theta = \operatorname{ph} z. \tag{A.12}$$

因此, 复对数形如

$$\log z = \log\left(re^{i\theta}\right) = \log r + \log e^{i\theta} = \log r + i\theta = \log|z| + i\operatorname{ph} z. \tag{A.13}$$

更一般地, 复指数由

$$e^z = e^x\cos y + ie^x\sin y, \quad z = x + iy \tag{A.14}$$

给出.

我们注意到复数乘积的模和相位容易计算:

$$|zw| = |z||w|, \quad \operatorname{ph}(zw) = \operatorname{ph} z + \operatorname{ph} w, \tag{A.15}$$

后一公式要求我们容许多值相位; 当使用该相位的主值时, 公式不对所有的 z, w 成立. 同样, 非零复数倒数的模和相位是

$$\left|\frac{1}{z}\right| = \frac{1}{|z|}, \quad \operatorname{ph}\left(\frac{1}{z}\right) = -\operatorname{ph} z. \tag{A.16}$$

另一方面, 复共轭保留模量, 但相位变号:

$$|\overline{z}| = |z|, \quad \operatorname{ph}\overline{z} = -\operatorname{ph} z. \tag{A.17}$$

当 z 位于负实轴上时, 后一公式对于相位主值不成立.

附录 B 线性代数

本附录中, 我们收集线性代数的基本结果和定义, 用于偏微分方程的研究. 证明和进一步细节, 读者可参考 [89].

B.1 向量空间与子空间

向量空间及其附属结构提供了线性代数的公共语言. 基本定义是仿照有限维原型例子: Euclid 空间 $\mathbb{R}^n$, 它是全体有 n 个元素的实 (列) 向量的集合, 配置有向量加法和标量乘法运算. 更一般地:

定义 B.1 一个 (实) 向量空间 (vector space) 是一个集合 V, 配置两种运算:

(i) *加法* (addition): 任意一对元素 $\boldsymbol{v}, \boldsymbol{w} \in V$ 相加, 产生另一个向量 $\boldsymbol{v} + \boldsymbol{w} \in V$.

(ii) *标量乘法* (scalar multiplication): 元素 $\boldsymbol{v} \in V$ 乘标量 $c \in \mathbb{R}$ 产生向量 $c\boldsymbol{v} \in V$.

这些运算服从以下公理: 对于所有的 $\boldsymbol{u}, \boldsymbol{v}, \boldsymbol{w} \in V$ 和所有的标量 $c, d \in \mathbb{R}$ 而言,

(a) *加法交换律* (commutativity of addition): $\boldsymbol{v} + \boldsymbol{w} = \boldsymbol{w} + \boldsymbol{v}$.

(b) *加法结合律* (associativity of addition): $(\boldsymbol{u} + \boldsymbol{v}) + \boldsymbol{w} = \boldsymbol{u} + (\boldsymbol{v} + \boldsymbol{w})$.

(c) *加法单位元* (additive identity): 有一个零元素 $\mathbf{0} \in V$ 满足 $\mathbf{0} + \boldsymbol{v} = \boldsymbol{v} = \boldsymbol{v} + \mathbf{0}$.

(d) *加法逆元* (additive inverse): 对每个 $\boldsymbol{v} \in V$ 有一个元素 $-\boldsymbol{v} \in V$, 使得 $\boldsymbol{v} + (-\boldsymbol{v}) = \mathbf{0} = (-\boldsymbol{v}) + \boldsymbol{v}$.

(e) *分配律* (distributivity): $(c+d)\boldsymbol{v} = (c\boldsymbol{v}) + (d\boldsymbol{v})$ 和 $c(\boldsymbol{v} + \boldsymbol{w}) = (c\boldsymbol{v}) + (c\boldsymbol{w})$.

(f) *标量乘法的结合律* (associativity of scalar multiplication): $c(d\boldsymbol{v}) = (cd)\boldsymbol{v}$.

(g) *标量乘法单位* (unit for scalar multiplication): 标量 $1 \in \mathbb{R}$ 满足 $1\boldsymbol{v} = \boldsymbol{v}$.

复向量空间以相同的方式定义, 唯一区别是标量可以是复数. 在此情形, 原型是由具有 n 个复数项的列向量组成的空间 $\mathbb{C}^n$.

固然有限维向量空间在偏微分方程的研究中起着重要的作用, 特别是在

数值求解算法的设计中，对我们来说，更重要的例子是无穷维向量空间的元素 (“向量”) 是函数. 主要例子如下:

例 B.2 设 $I \subset \mathbb{R}$ 是一个区间. 函数空间 (function space) $\mathcal{F} = \mathcal{F}(I)$, 其元素都是关于 $x \in I$ 定义的实值函数 $f(x)$, 具有向量空间的结构. $\mathcal{F}$ 中的函数加法以通常的方式定义: 对所有的 $x \in I$ 而言, $(f+g)(x) = f(x) + g(x)$. 与标量 $c \in \mathbb{R}$ 的乘积等同于乘常数, $(cf)(x) = cf(x)$. 零元素是对所有的 $x \in I$ 而言, 其作用均等于 0 的常数函数. 在这些运算中, 定义 B.1 中列出所有的向量空间公理都成立, 因此 $\mathcal{F}(I)$ 是一个实向量空间.

更一般地, 如果 $\Omega \subset \mathbb{R}^n$ 是 n 维 Euclid 空间的任意子集, 函数空间 $\mathcal{F}(\Omega)$ 定义为全体对所有的 $x = (x_1, x_2, \cdots, x_n) \in \Omega$ 定义的实值函数 $f(x_1, x_2, \cdots, x_n)$ 的集合. 函数的加法和标量 (常数) 乘法以同样的方式定义.

向量空间 V 的子空间 (subspace) 是一个子集 $W \subset V$, 它本身就是一个向量空间. 特别地, 一个子空间 W 必须包含零元素.

命题 B.3 *向量空间的一个非空子集 $W \subset V$ 是一个子空间, 当且仅当*

(a) 对所有的 $\boldsymbol{v}, \boldsymbol{w} \in W$, 和式 $\boldsymbol{v} + \boldsymbol{w} \in W$, 以及

(b) 对所有的 $\boldsymbol{v} \in W$ 和所有的 $c \in \mathbb{R}$, 标量积 $c\boldsymbol{v} \in W$.

例如, $V = \mathbb{R}^3$ 的子空间可以完全列出: (i) 原点 $\{\mathbf{0}\}$; (ii) 过原点的任一直线; (iii) 过原点的任一平面; (iv) $\mathbb{R}^3$ 的全体.

例 B.4 下面是函数空间 $\mathcal{F}(I)$ 的一些例子.

(a) 次数不大于 n 的多项式的空间 $\mathcal{P}^{(n)}$.

(b) 区间 I 上全体连续函数组成的空间 $C^0(I)$.

(c) 空间 $C^n(I)$ 由区间 I 上[①]全体具有 n 阶连续导数 $f'(x), f''(x), \cdots, f^{(n)}(x)$ 的函数 $f(x)$ 组成.

(d) 无穷可微或光滑 (smooth) 函数的空间 $C^\infty(I) = \bigcap\limits_{n \geqslant 0} C^n(I)$ 也是一个子空间.

(e) 解析函数空间 $\mathcal{A}(I)$. 回想一下, 称函数 $f(x)$ 在一个点 a 解析 (analytic), 是指它是光滑的, 而且它的 Taylor 级数

$$f(a) + f'(a)(x-a) + \frac{1}{2} f''(a)(x-a)^2 + \cdots = \sum_{n=0}^{\infty} \frac{f^{(n)}(a)}{n!}(x-a)^n \tag{B.1}$$

对所有足够接近 a 的 x 收敛到 $f(x)$. (级数不需要在整个区间 I 上收敛.) 并非每个光滑函数都是解析的, 所以 $\mathcal{A}(I) \subsetneqq C^\infty(I)$; 显然的例子可参见习题 11.3.21.

① 我们在任何属于区间的端点上使用单侧导数.

B.2 基与维数

定义 B.5 令 $\boldsymbol{v}_1, \boldsymbol{v}_2, \cdots, \boldsymbol{v}_k$ 属于向量空间 V, 形如

$$c_1\boldsymbol{v}_1 + c_2\boldsymbol{v}_2 + \cdots + c_k\boldsymbol{v}_k = \sum_{i=1}^{k} c_i\boldsymbol{v}_i \tag{B.2}$$

的和式, 其中系数 $c_1, c_2, \cdots, c_k$ 是任意标量, 称为元素 $\boldsymbol{v}_1$, $\boldsymbol{v}_2$, $\cdots$, $\boldsymbol{v}_k$ 的线性组合 (linear combination). 它们的张成 (span) 是由所有可能的线性组合组成的子空间 $W = \operatorname{span}\{\boldsymbol{v}_1, \boldsymbol{v}_2, \cdots, \boldsymbol{v}_k\} \subset V$.

定义 B.6 元素 $\boldsymbol{v}_1, \boldsymbol{v}_2, \cdots, \boldsymbol{v}_k \in V$ 称为线性相关的 (linearly dependent), 是指存在标量 c_1, c_2, $\cdots$, c_k 不全为零 (not all zero), 使得

$$c_1\boldsymbol{v}_1 + c_2\boldsymbol{v}_2 + \cdots + c_k\boldsymbol{v}_k = \mathbf{0}. \tag{B.3}$$

非线性相关的元素称为线性无关的 (linearly independent).

特别地, 函数集合 $f_1(x), f_2(x), \cdots, f_n(x)$ 是线性相关的, 当且仅当存在不全为零的 (not all zero) 常数 c_1, c_2, $\cdots$, c_n, 使得线性组合

$$c_1f_1(x) + c_2f_2(x) + \cdots + c_nf_n(x) \equiv 0 \tag{B.4}$$

恒为零. 反之, 如果 (B.4) 的唯一选择是常量 $c_1 = c_2 = \cdots = c_n = 0$, 那么函数是线性无关的.

定义 B.7 向量空间 V 的一个基 (basis) 是元素 $\boldsymbol{v}_1, \boldsymbol{v}_2, \cdots, \boldsymbol{v}_n \in V$ 的有限集合, 使得 (a) 张成 V; (b) 是线性无关的.

最简单的例子是 $\mathbb{R}^n$ 的标准基 (standard basis), 由 n 个向量

$$\boldsymbol{e}_1 = \begin{pmatrix} 1 \\ 0 \\ 0 \\ \vdots \\ 0 \\ 0 \end{pmatrix}, \quad \boldsymbol{e}_2 = \begin{pmatrix} 0 \\ 1 \\ 0 \\ \vdots \\ 0 \\ 0 \end{pmatrix}, \quad \cdots, \quad \boldsymbol{e}_n = \begin{pmatrix} 0 \\ 0 \\ 0 \\ \vdots \\ 0 \\ 1 \end{pmatrix} \tag{B.5}$$

组成. 所以, 向量 $\boldsymbol{e}_i$ 的第 i 行是 1 且其他行是 0. 然而, $\mathbb{R}^n$ 有许多其他基; 事实上, 任意 n 个线性无关的向量 $\boldsymbol{v}_1$, $\boldsymbol{v}_2$, $\cdots$, $\boldsymbol{v}_n \in \mathbb{R}^n$ 都形成一个基.

引理 B.8 *元素 $\boldsymbol{v}_1, \boldsymbol{v}_2, \cdots, \boldsymbol{v}_n$ 形成 V 的一个基, 当且仅当所有的 $\boldsymbol{v} \in V$ 可以唯一地表示为基的线性组合:*

$$\boldsymbol{v} = c_1\boldsymbol{v}_1 + c_2\boldsymbol{v}_2 + \cdots + c_n\boldsymbol{v}_n = \sum_{i=1}^{n} c_i\boldsymbol{v}_i. \tag{B.6}$$

系数 $(c_1, c_2, \cdots, c_n)$ 称为向量 $\boldsymbol{v}$ 在给定基上的坐标 (coordinate).

定理 B.9 设向量空间 V 有一个基 $\boldsymbol{v}_1, \boldsymbol{v}_2, \cdots, \boldsymbol{v}_n$. 那么, V 的每一个其他基都有相同数量的元素. 这个数量称为 V 的维数 (dimension), 并记 $\dim V = n$.

另一方面, 如果向量空间包含无穷多的线性无关元素, 那么在定义 B.7 的意义上它没有一个基, 因此是无穷维的 (infinite dimensional). 上面列出的所有函数空间及其子空间都是无穷维向量空间. 有限维函数空间的一个例子是由所有次数不大于 n 的多项式 $p(x) = a_0 + a_1x + \cdots + a_nx^n$ 组成的空间 $\mathcal{P}^{(n)} \subset \mathcal{F}(\mathbb{R})$. 单项式 $1, x, x^2, \cdots, x^n$ 形成一个基, 因此 $\mathcal{P}^{(n)}$ 具有维数 $n+1$. (另一方面, 包含所有多项式的向量空间是无穷维的.)

B.3 内积与范数

Euclid 空间 $\mathbb{R}^n$ 上的点积在几何学、分析学和力学中起着至关重要的作用. 它的基本特性启发了向量空间内积的普遍定义.

定义 B.10 实向量空间 V 上的一个内积 (inner product) 是一个配对, 取两个元素 $\boldsymbol{v}, \boldsymbol{w} \in V$ 生成一个实数 $\langle \boldsymbol{v}, \boldsymbol{w} \rangle \in \mathbb{R}$, 对所有的 $\boldsymbol{u}, \boldsymbol{v}, \boldsymbol{w} \in V$ 和标量 $c, d \in \mathbb{R}$ 而言, 服从以下三条公理:

(i) 双线性 (bilinearity):

$$\begin{aligned} \langle c\boldsymbol{u} + d\boldsymbol{v}, \boldsymbol{w} \rangle &= c\langle \boldsymbol{u}, \boldsymbol{w} \rangle + d\langle \boldsymbol{v}, \boldsymbol{w} \rangle, \\ \langle \boldsymbol{u}, c\boldsymbol{v} + d\boldsymbol{w} \rangle &= c\langle \boldsymbol{u}, \boldsymbol{v} \rangle + d\langle \boldsymbol{u}, \boldsymbol{w} \rangle. \end{aligned} \tag{B.7}$$

(ii) 对称性 (symmetry):

$$\langle \boldsymbol{v}, \boldsymbol{w} \rangle = \langle \boldsymbol{w}, \boldsymbol{v} \rangle. \tag{B.8}$$

(iii) 正定性 (positivity):

$$\langle \boldsymbol{v}, \boldsymbol{v} \rangle > 0 \text{ 每当 } \boldsymbol{v} \neq \boldsymbol{0}, \text{ 且 } \langle \boldsymbol{0}, \boldsymbol{0} \rangle = 0\ . \tag{B.9}$$

给定一个内积, 元素 $\boldsymbol{v} \in V$ 的连带范数 (norm) 定义为其内积的正平方根:

$$\|\boldsymbol{v}\| = \sqrt{\langle \boldsymbol{v}, \boldsymbol{v} \rangle}. \tag{B.10}$$

内积的双线性意味着对于任一标量 c 而言, 有

$$\|c\boldsymbol{v}\| = |c|\|\boldsymbol{v}\|.$$

正定性公理意味着 $\|\boldsymbol{v}\| \geqslant 0$ 是非负实数, 等于 0 当且仅当 $\boldsymbol{v} = \mathbf{0}$ 是零元素. 向量空间的范数诱导了元素 $\boldsymbol{v}, \boldsymbol{w} \in V$ 之间距离 (distance) 的概念, $\operatorname{dist}(\boldsymbol{v}, \boldsymbol{w}) = \|\boldsymbol{v} - \boldsymbol{w}\|$. 特别地, $\operatorname{dist}(\boldsymbol{v}, \boldsymbol{w}) = 0$ 当且仅当 $\boldsymbol{v} = \boldsymbol{w}$.

例 B.11 内积最常见的例子是 Euclid 空间 $\mathbb{R}^n$ 上的点积 (dot product)[①]

$$\langle \boldsymbol{v}, \boldsymbol{w} \rangle = \boldsymbol{v} \cdot \boldsymbol{w} = \boldsymbol{v}^\top \boldsymbol{w} = v_1 w_1 + v_2 w_2 + \cdots + v_n w_n. \tag{B.11}$$

相应的 Euclid *范数* (Euclidean norm)

$$\|\boldsymbol{v}\| = \sqrt{\boldsymbol{v} \cdot \boldsymbol{v}} = \sqrt{v_1^2 + v_2^2 + \cdots + v_n^2} \tag{B.12}$$

符合通常 Euclid 空间两点间距离的概念.

为了找到 $\mathbb{R}^n$ 上最一般的内积, 我们需要引入一类重要的正定矩阵.

定义 B.12 称 $n \times n$ 矩阵 C 为*正定的* (positive definite), 是指它满足正定性条件

$$\boldsymbol{v}^\top C \boldsymbol{v} > 0, \text{ 对所有的 } \mathbf{0} \neq \boldsymbol{v} \in \mathbb{R}^n . \tag{B.13}$$

我们有时记 $C > 0$, 意味着 C 是一个正定矩阵.

注意: 条件 $C > 0$ 并不意味着 C 的所有的元素都是正数. 例如 $\begin{pmatrix} 3 & -1 \\ -1 & 1 \end{pmatrix}$ 是正定的, 但 $\begin{pmatrix} 1 & 2 \\ 2 & 1 \end{pmatrix}$ 不是.

包括 [89] 的作者在内的许多作者, 要求一个正定矩阵也是对称的. 我们不会先验地强加这个条件. 但是, 我们在运用中遇到的大多数正定矩阵都是对称的 (或者更一般的是自伴的, 如例 9.15 所示). 对于对称矩阵而言, 最有用的正定性检验是对矩阵 C 执行 Gauss 消去法, 当且仅当无须行互换且所有的主元都是正的, 则是正定的.[89]

命题 B.13 *$\mathbb{R}^n$ 上所有的内积由*

$$\langle \boldsymbol{v}, \boldsymbol{w} \rangle = \boldsymbol{v}^\top C \boldsymbol{w}, \text{ 对于 } \boldsymbol{v}, \boldsymbol{w} \in \mathbb{R}^n \tag{B.14}$$

给定, 其中 $C > 0$ 是一个对称正定矩阵.

下例在 Fourier 分析和偏微分方程中具有特殊的意义.

① 元素 $\boldsymbol{v} \in \mathbb{R}^n$ 视为列向量, 其转置记为 $\boldsymbol{v}^\top$ 是相应的行向量.

例 B.14 设 $[a,b]\subset\mathbb{R}$ 是一个有界闭区间. 积分

$$\langle f,g\rangle=\int_a^b f(x)g(x)\mathrm{d}x \tag{B.15}$$

定义了连续函数空间 $C^0[a,b]$ 上的内积. 连带范数

$$\|f\|=\sqrt{\int_a^b f(x)^2\mathrm{d}x} \tag{B.16}$$

称为函数 f 在区间 $[a,b]$ 上的 L^2-范数. 范数的正定性: 由于满足 $\int_a^b g(x)\mathrm{d}x=0$ 的非负连续函数 $g(x)\geqslant 0$, 唯有 $g(x)\equiv 0$, 遵循这一事实, 故对 $f\neq 0$, $\|f\|>0$. 将此构造推广到包含不连续函数的空间很困难, 因为有不连续函数不恒等于零但有零范数积分. 除了一点外都是零的函数就是一个例子. 进一步讨论可在 3.5 节中找到.

数学分析中最重要的两个不等式适用于任何内积空间.

定理 B.15 *所有的内积都满足 Cauchy-Schwarz 不等式和三角不等式:*

$$|\langle\boldsymbol{v},\boldsymbol{w}\rangle|\leqslant\|\boldsymbol{v}\|\|\boldsymbol{w}\|,\ \|\boldsymbol{v}+\boldsymbol{w}\|\leqslant\|\boldsymbol{v}\|+\|\boldsymbol{w}\|,\ \text{对所有的 }\boldsymbol{v},\boldsymbol{w}\in V. \tag{B.17}$$

等号成立, 当且仅当 $\boldsymbol{v}$ 和 $\boldsymbol{w}$ 是平行的, 即彼此相差一个标量倍数.

证明 我们从 Cauchy-Schwarz 不等式 $|\langle\boldsymbol{v},\boldsymbol{w}\rangle|\leqslant\|\boldsymbol{v}\|\|\boldsymbol{w}\|$ 开始: $\boldsymbol{w}=\mathbf{0}$ 的情形是平凡的, 故我们假设 $\boldsymbol{w}\neq\mathbf{0}$. 设 $t\in\mathbb{R}$ 是任一标量. 使用内积公理, 我们有

$$0\leqslant\|\boldsymbol{v}+t\boldsymbol{w}\|^2=\langle\boldsymbol{v}+t\boldsymbol{w},\boldsymbol{v}+t\boldsymbol{w}\rangle=\|\boldsymbol{v}\|^2+2t\langle\boldsymbol{v},\boldsymbol{w}\rangle+t^2\|\boldsymbol{w}\|^2, \tag{B.18}$$

等号成立当且仅当 $\boldsymbol{v}=-t\boldsymbol{w}$, 这要求 $\boldsymbol{v}$ 和 $\boldsymbol{w}$ 是相互平行的向量. 我们固定 $\boldsymbol{v}$ 和 $\boldsymbol{w}$, 把 (B.18) 右端视为 t 的二次函数. 它的最小值出现在当 $t=\|\boldsymbol{w}\|^{-2}\langle\boldsymbol{v},\boldsymbol{w}\rangle$ 时. 将此值代入 (B.18), 我们得到

$$0\leqslant\|\boldsymbol{v}\|^2-2\frac{\langle\boldsymbol{v},\boldsymbol{w}\rangle^2}{\|\boldsymbol{w}\|^2}+\frac{\langle\boldsymbol{v},\boldsymbol{w}\rangle^2}{\|\boldsymbol{w}\|^2}=\|\boldsymbol{v}\|^2-\frac{\langle\boldsymbol{v},\boldsymbol{w}\rangle^2}{\|\boldsymbol{w}\|^2},$$

因此, $\langle\boldsymbol{v},\boldsymbol{w}\rangle^2\leqslant\|\boldsymbol{v}\|^2\|\boldsymbol{w}\|^2$, 两端取平方根后, Cauchy-Schwarz 不等式建立. 同样, 如上所述, 当且仅当 $\boldsymbol{v}$ 和 $\boldsymbol{w}$ 平行时, 等号成立.

为建立三角不等式, 我们计算

$$\begin{aligned}\|\boldsymbol{v}+\boldsymbol{w}\|^2&=\langle\boldsymbol{v}+\boldsymbol{w},\boldsymbol{v}+\boldsymbol{w}\rangle=\|\boldsymbol{v}\|^2+2\langle\boldsymbol{v},\boldsymbol{w}\rangle+\|\boldsymbol{w}\|^2\\&\leqslant\|\boldsymbol{v}\|^2+2\|\boldsymbol{v}\|\|\boldsymbol{w}\|+\|\boldsymbol{w}\|^2=(\|\boldsymbol{v}\|+\|\boldsymbol{w}\|)^2,\end{aligned}$$

中间的不等式利用了 Cauchy-Schwarz 不等式 (如果绝对值去掉, 显然也成立).

两边取平方根完成证明. [证毕]

我们有时还会使用复向量空间的内积. 为了确保连带范数保持为正数, 必须修改实数的定义. 对于 $a, b \in \mathbb{R}$, 复标量 $c = a + ib$ 的复共轭用上加短横线表示: $\overline{c} = a - ib$. 在处理复内积空间时, 必须仔细注意复共轭.

定义 B.16 复向量空间 V 的内积 (inner product) 是一个配对, 取两个向量 $\boldsymbol{v}, \boldsymbol{w} \in V$ 生成复数 $\langle \boldsymbol{v}, \boldsymbol{w} \rangle \in \mathbb{C}$, 但须符合以下要求. 对所有的 $\boldsymbol{u}, \boldsymbol{v}, \boldsymbol{w} \in V$ 和标量 $c, d \in \mathbb{C}$:

(i) 半双线性 (sesquilinearity):

$$\begin{aligned} \langle c\boldsymbol{u} + d\boldsymbol{v}, \boldsymbol{w} \rangle &= c\langle \boldsymbol{u}, \boldsymbol{w} \rangle + d\langle \boldsymbol{v}, \boldsymbol{w} \rangle, \\ \langle \boldsymbol{u}, c\boldsymbol{v} + d\boldsymbol{w} \rangle &= \overline{c}\langle \boldsymbol{u}, \boldsymbol{v} \rangle + \overline{d}\langle \boldsymbol{u}, \boldsymbol{w} \rangle. \end{aligned} \tag{B.19}$$

(ii) 共轭对称性 (conjugate symmetry):

$$\langle \boldsymbol{v}, \boldsymbol{w} \rangle = \overline{\langle \boldsymbol{w}, \boldsymbol{v} \rangle}. \tag{B.20}$$

(iii) 正定性 (positivity):

$$\|\boldsymbol{v}\|^2 = \langle \boldsymbol{v}, \boldsymbol{v} \rangle \geqslant 0, \text{ 且 } \langle \boldsymbol{v}, \boldsymbol{v} \rangle = 0 \text{ 当且仅当 } \boldsymbol{v} = \boldsymbol{0}. \tag{B.21}$$

例 B.17 内积最简单的例子是 $\boldsymbol{z}, \boldsymbol{w} \in \mathbb{C}^n$ 的 Hermite 点积 (Hermitian dot product)

$$\boldsymbol{z} \cdot \boldsymbol{w} = \boldsymbol{z}^\top \overline{\boldsymbol{w}} = z_1\overline{w}_1 + z_2\overline{w}_2 + \cdots + z_n\overline{w}_n, \text{ 对于 } \boldsymbol{z} = \begin{pmatrix} z_1 \\ z_2 \\ \vdots \\ z_n \end{pmatrix}, \boldsymbol{w} = \begin{pmatrix} w_1 \\ w_2 \\ \vdots \\ w_n \end{pmatrix}. \tag{B.22}$$

例 B.18 设 $C^0[-\pi, \pi]$ 表示由全体复值连续函数 $f(x) = u(x) + \mathrm{i}v(x)$ 组成的复向量空间, 依赖于实变量 $-\pi \leqslant x \leqslant \pi$, 空间 $C^0[-\pi, \pi]$ 上的 L^2-Hermite 内积定义为

$$\langle f, g \rangle = \int_{-\pi}^{\pi} f(x)\overline{g(x)}\mathrm{d}x, \tag{B.23}$$

即对 f 乘 g 的复共轭的积分, 有相应的范数

$$\|f\| = \sqrt{\int_{-\pi}^{\pi} |f(x)|^2 \mathrm{d}x} = \sqrt{\int_{-\pi}^{\pi} \left[u(x)^2 + v(x)^2\right] \mathrm{d}x}. \tag{B.24}$$

复向量空间的内积也满足 Cauchy-Schwarz 不等式和三角不等式(B.17).

证明留给读者作为习题; 参见 [89; 习题 3.6.46].

B.4 正交性

定义 B.19 内积空间 V 的两个元素 $\boldsymbol{v}, \boldsymbol{w} \in V$ 称为正交的 (orthogonal), 是指它们的内积为零: $\langle \boldsymbol{v}, \boldsymbol{w} \rangle = 0$.

对于装配有点积的普通 Euclid 空间, 两个向量正交, 当且仅当它们是相互垂直的, 即在直角处相交.

定义 B.20 内积空间 V 的一个基 $\boldsymbol{u}_1, \boldsymbol{u}_2, \cdots, \boldsymbol{u}_n$ 称为正交的 (orthogonal), 是指对所有的 $i \neq j$, 都有 $\langle \boldsymbol{u}_i, \boldsymbol{u}_j \rangle = 0$. 另外, 基称为规范正交的 (orthonormal), 是指对所有的 $i = 1, 2, \cdots, n$, 各向量均有单位长度: $\|\boldsymbol{u}_i\| = 1$.

例如, 标准基向量 (B.5) 构成 $\mathbb{R}^n$ 关于点积的规范正交基, 但关于任何其他内积, 它们不是.

定理 B.21 如果 $\boldsymbol{v}_1, \boldsymbol{v}_2, \cdots, \boldsymbol{v}_n$ 构成一个正交基, 那么向量 $\boldsymbol{v}$ 及其坐标 a_i 由

$$\boldsymbol{v} = a_1 \boldsymbol{v}_1 + a_2 \boldsymbol{v}_2 + \cdots + a_n \boldsymbol{v}_n, \text{ 其中 } a_i = \frac{\langle \boldsymbol{v}, \boldsymbol{v}_i \rangle}{\|\boldsymbol{v}_i\|^2} \tag{B.25}$$

给出. 此外, 向量的范数可以用公式

$$\|\boldsymbol{v}\|^2 = \sum_{i=1}^{n} a_i^2 \|\boldsymbol{v}_i\|^2 = \sum_{i=1}^{n} \left(\frac{\langle \boldsymbol{v}, \boldsymbol{v}_i \rangle}{\|\boldsymbol{v}_i\|} \right)^2 \tag{B.26}$$

计算.

证明 我们用一个基向量计算 (B.25) 的内积. 由正交性,

$$\langle \boldsymbol{v}, \boldsymbol{v}_i \rangle = \left\langle \sum_{j=1}^{n} a_j \boldsymbol{v}_j, \boldsymbol{v}_i \right\rangle = \sum_{j=1}^{n} a_j \langle \boldsymbol{v}_j, \boldsymbol{v}_i \rangle = a_i \|\boldsymbol{v}_i\|^2 .$$

为了证明公式 (B.26), 我们同样展开

$$\|\boldsymbol{v}\|^2 = \langle \boldsymbol{v}, \boldsymbol{v} \rangle = \sum_{i,j=1}^{n} a_i a_j \langle \boldsymbol{v}_i, \boldsymbol{v}_j \rangle = \sum_{i=1}^{n} a_i^2 \|\boldsymbol{v}_i\|^2 .$$

[证毕]

在规范正交基下, 公式 (B.25—26) 简化为

$$\boldsymbol{v} = c_1 \boldsymbol{u}_1 + c_2 \boldsymbol{u}_2 + \cdots + c_n \boldsymbol{u}_n, \text{ 其中 } c_i = \langle \boldsymbol{v}, \boldsymbol{u}_i \rangle, \ \|\boldsymbol{v}\|^2 = c_1^2 + c_2^2 + \cdots + c_n^2. \tag{B.27}$$

例 B.22 一个特别重要的正交基由 $\mathbb{C}^n$ 中的向量

$$\begin{aligned}\boldsymbol{\omega}_k &= \left(1, \zeta^k, \zeta^{2k}, \zeta^{3k}, \cdots, \zeta^{(n-1)k}\right)^\top \\ &= \left(1, \mathrm{e}^{2k\pi\mathrm{i}/n}, \mathrm{e}^{4k\pi\mathrm{i}/n}, \cdots, \mathrm{e}^{2(n-1)k\pi\mathrm{i}/n}\right)^\top,\end{aligned} \qquad k = 0, 1, \cdots, n-1 \tag{B.28}$$

给出, 其中

$$\zeta = \mathrm{e}^{2\pi\mathrm{i}/n}. \tag{B.29}$$

正交性依赖于其幂次 $\zeta^k = \mathrm{e}^{2k\pi\mathrm{i}/n}$, $k = 0, 1, \cdots, n-1$, 它是基本多项式

$$z^n - 1 = (z-1)\left(1 + z + z^2 + \cdots + z^{n-1}\right) \tag{B.30}$$

的复根, 而且

$$\overline{\zeta} = \mathrm{e}^{-2\pi\mathrm{i}/n} = \zeta^{-1}.$$

因为当 $0 < k \leqslant n-1$ 时, 复数 $\zeta^k \neq 1$ 是多项式 (B.30) 的根, 也必为第二个因式的根. 由此可得

$$1 + \zeta^k + \zeta^{2k} + \cdots + \zeta^{(n-1)k} = \begin{cases} n, & k \equiv 0 \bmod n, \\ 0, & k \not\equiv 0 \bmod n, \end{cases}$$

其中, 直接代入 $\zeta^k = 1$ 可以得到前者 $k \equiv 0 \bmod n$ 的情形. 因此, 向量 (B.28) 的 Hermite 内积等于

$$\langle \boldsymbol{\omega}_k, \boldsymbol{\omega}_\ell \rangle = \sum_{j=0}^{n-1} \zeta^{jk} \overline{\zeta}^{jl} = \sum_{j=0}^{n-1} \zeta^{j(k-l)} = \begin{cases} n, & k = l, \\ 0, & k \neq l, \end{cases} \tag{B.31}$$

只要 $0 \leqslant k, \ell \leqslant n-1$, 从而建立正交性. 这些向量是用于构造复 Fourier 级数的正交复指数函数的离散类比. 它们是离散 Fourier 变换的基础[89;§5.7], 其正交性是现代信号处理的关键.

B.5 本征值与本征向量

矩阵的本征值与本征向量, 首先在求解常微分方程的线性系统时出现. 但它们的重要意义扩展到全部数学及其在诸多方面的应用中. 本征值方法向函数空间上线性算子的扩展, 对于偏微分方程的分析是至关重要的.

定义 B.23 设有 $n \times n$ 矩阵 A. 标量 λ 称为 A 的本征值 (eigenvalue),

是指有非零向量 $\boldsymbol{v} \neq \mathbf{0}$, 称为一个连带本征向量 (eigenvector), 使得

$$A\boldsymbol{v} = \lambda \boldsymbol{v}. \tag{B.32}$$

特别地, 矩阵有零本征值 (null eigenvalue) $\lambda = 0$, 当且仅当它有零本征向量 (null eigenvector) $\boldsymbol{v} \neq \mathbf{0}$, 满足 $A\boldsymbol{v} = \mathbf{0}$, 因此它是一个奇异 (非可逆) 矩阵, 具有零行列式: $\det A = 0$. 若本征值只有一个线性无关的本征向量, 则称为单重的 (simple). 更普遍地, 本征值重数 (multiplicity) 定义为本征方程 (B. 32) 的全体解组成的本征空间 (eigenspace) 的维数, 包括向量 $\mathbf{0}$ 在内. 因此, 单重本征值具有重数 1.

即使 A 是一个实矩阵, 我们也必须容许复本征向量的可能. 具有本征向量 "完备" 集的矩阵是最常见的, 也容易处理.

定义 B.24 一个 $n \times n$ 的实或复矩阵 A 称为完备的 (complete), 是指存在由其 (复) 本征向量组成的 $\mathbb{C}^n$ 的基.

不难证明, 对应不同本征值的本征向量必然是线性无关的. 这意味着, 所有本征值都不相同 (因此是单重的) 的矩阵必是完备的:

命题 B.25 有 n 个不同本征值的 $n \times n$ 矩阵是完备的.

遗憾的是, 并非所有具有多重本征值的矩阵都是完备的. 例如, $\begin{pmatrix} 1 & 0 \\ 0 & 1 \end{pmatrix}$ 是完备的, 因为 $\begin{pmatrix} 1 \\ 0 \end{pmatrix}$ 和 $\begin{pmatrix} 0 \\ 1 \end{pmatrix}$ 构成 $\mathbb{C}^2$ 的一个本征向量基. 而 $\begin{pmatrix} 1 & 1 \\ 0 & 1 \end{pmatrix}$ 不是完备的, 因为只有一个独立的本征向量 $\begin{pmatrix} 1 \\ 0 \end{pmatrix}$. 不完备矩阵在理论上和数值上都具有更大的挑战性. 所幸我们可以安全地忽略本书中的不完备例子.

生成正交基的最常用方法是对称矩阵的本征向量基. (正交性是关于 $\mathbb{R}^n$ 上标准点积的.) 将此结果推广到 "自伴" 算子的函数空间, 将构成 Fourier 分析及其推广的基础.

定理 B.26 设 $A = A^\top$ 是一个实对称 $n \times n$ 矩阵. 那么

(a) 全体本征值都是实的.

(b) 对应于不同本征值的本征向量是正交的.

(c) 有 $\mathbb{R}^n$ 的一个规范正交基, 由 A 的 n 个本征向量组成.

我们证明正交性, 其余证明步骤参见 [89; 定理 8.20]. 如果

$$A\boldsymbol{v} = \lambda \boldsymbol{v}, \quad A\boldsymbol{w} = \mu \boldsymbol{w},$$

其中 $\lambda \neq \mu$ 是不同的实本征值, 那么, 由 A 的对称性,

$$\lambda \boldsymbol{v} \cdot \boldsymbol{w} = (A\boldsymbol{v}) \cdot \boldsymbol{w} = (A\boldsymbol{v})^\top \boldsymbol{w} = \boldsymbol{v}^\top A\boldsymbol{w} = \boldsymbol{v} \cdot (A\boldsymbol{w}) = \boldsymbol{v} \cdot (\mu\boldsymbol{w}) = \mu\boldsymbol{v} \cdot \boldsymbol{w},$$

因此

$$(\lambda - \mu)\boldsymbol{v} \cdot \boldsymbol{w} = 0.$$

既然 $\lambda \neq \mu$, 这意味着本征向量 $\boldsymbol{v}, \boldsymbol{w}$ 一定是正交的.

B.6 线性迭代

我们需要一些关于迭代线性系统的基本结果. 首先考虑一个形如

$$\boldsymbol{u}^{(k+1)} = A\boldsymbol{u}^{(k)}, \quad \boldsymbol{u}^{(0)} = \boldsymbol{u}_0 \tag{B.33}$$

的*齐次线性迭代系统* (homogeneous linear iterative system), 其中 A 是 $n \times n$ 矩阵且 $\boldsymbol{u}_0 \in \mathbb{R}^n$ 或 $\mathbb{C}^n$. 通过将初始向量 $\boldsymbol{u}_0$ 与矩阵 A 重复相乘, 从而

$$\boldsymbol{u}^{(k)} = A^k \boldsymbol{u}_0, \tag{B.34}$$

显然可以得到该系统的解.

定义 B.27 矩阵 A 称为*收敛的* (convergent), 是指齐次线性迭代系统 (B.33) 所有的解当 $k \to \infty$ 时极限趋于零: $\boldsymbol{u}^{(k)} \to \mathbf{0}$. 等价地, A 是收敛的当且仅当其幂次收敛于零矩阵: 当 $k \to \infty$ 时, $A^k \to O$.

解 (B.34) 虽然基本但并不特别具有启发性. 另一种方法是, 认识到如果 λ_j 是 A 的本征值, $\boldsymbol{v}_j$ 是相应的本征向量, 那么

$$\boldsymbol{u}_j^{(k)} = \lambda_j^k \boldsymbol{v}_j \tag{B.35}$$

是 (B.33) 的[①]一个解, 因为

$$A\boldsymbol{u}_j^{(k)} = \lambda_j^k A\boldsymbol{v}_j = \lambda_j^{k+1}\boldsymbol{v}_j = \boldsymbol{u}_j^{(k+1)}.$$

此外, 这种本征解的线性组合也是解. 特别地, 如果 A 是完备的, 那么我们可以把 (B.33) 的通解写为独立本征解的一个线性组合:

$$\boldsymbol{u}^{(k)} = c_1\lambda_1^k\boldsymbol{v}_1 + c_2\lambda_2^k\boldsymbol{v}_2 + \cdots + c_n\lambda_n^k\boldsymbol{v}_n, \tag{B.36}$$

① 译注: 原书漏掉 equation(B.33), 虽然上下文可以推测出来.

其中 $\{\boldsymbol{v}_1, \boldsymbol{v}_2, \cdots, \boldsymbol{v}_n\}$ 是本征向量基. 系数 $c_1, c_2, \cdots, c_n$ 由初始条件

$$\boldsymbol{u}^{(0)} = c_1\boldsymbol{v}_1 + c_2\boldsymbol{v}_2 + \cdots + c_n\boldsymbol{v}_n = \boldsymbol{u}_0$$

唯一确定. 这依赖于本征向量 $\boldsymbol{v}_1, \boldsymbol{v}_2, \cdots, \boldsymbol{v}_n$ 形成一个基的事实. 现在, A 是收敛的, 当且仅当所有的解 $\boldsymbol{u}^{(k)} \to 0$. 单一本征解 (B.35) 趋于零, 当且仅当其关联的本征值的绝对值严格小于 1: $|\lambda_j| < 1$. 这就证明了完备矩阵的以下结果. 不完备矩阵情形的证明要依靠 Jordan 典范形式[89; 第 10 章].

定理 B.28 矩阵 A 是收敛的, 当且仅当所有的本征值满足 $|\lambda| < 1$.

定义 B.29 矩阵 A 的谱半径 (spectral radius), 定义为其实的和复的本征值的最大模: $\rho(A) = \max\{|\lambda_1|, |\lambda_2|, \cdots, |\lambda_k|\}$.

推论 B.30 矩阵 A 是收敛的, 当且仅当 $\rho(A) < 1$.

实际上, 谱半径从根本上支配了迭代系统的收敛速度, 它离 0 越近则收敛速度越快.

接下来, 考虑非齐次线性迭代系统 (inhomogeneous linear iterative system)

$$\boldsymbol{v}^{(k+1)} = A\boldsymbol{v}^{(k)} + \boldsymbol{b}, \quad \boldsymbol{v}^{(0)} = \boldsymbol{v}_0, \tag{B.37}$$

这里 $\boldsymbol{b}$ 是一固定向量. 不动点 (fixed point) 是一个向量 $\boldsymbol{v}^\star$, 它满足

$$\boldsymbol{v}^\star = A\boldsymbol{v}^\star + \boldsymbol{b} \quad \Leftrightarrow \quad (I - A)\boldsymbol{v}^\star = \boldsymbol{b}, \tag{B.38}$$

其中 I 是与 A 相同规模的恒同矩阵. 因此, 如果 1 不是 A 的本征值 (当 A 收敛时不可能发生), 那么 $I - A$ 是非奇异的, 因此迭代系统有唯一的不动点.

定理 B.31 假设 1 不是 A 的本征值. 那么, 所有 (B.37) 的解当 $k \to \infty$ 时收敛到不动点, $\boldsymbol{v}^{(k)} \to \boldsymbol{v}^\star$, 当且仅当 A 是一个收敛矩阵.

证明 令 $\boldsymbol{u}^{(k)} = \boldsymbol{v}^{(k)} - \boldsymbol{v}^\star$, 因此 $\boldsymbol{v}^{(k)} \to \boldsymbol{v}^\star$ 当且仅当 $\boldsymbol{u}^{(k)} \to 0$. 现在

$$\boldsymbol{u}^{(k+1)} = \boldsymbol{v}^{(k+1)} - \boldsymbol{v}^\star = \left(A\boldsymbol{v}^{(k)} + \boldsymbol{b}\right) - (A\boldsymbol{v}^\star + \boldsymbol{b}) = A\left(\boldsymbol{v}^{(k)} - \boldsymbol{v}^\star\right) = A\boldsymbol{u}^{(k)},$$

所以 $\boldsymbol{u}^{(k)}$ 是齐次情形 (B.33) 的解. 因此, 结论是定义 B.27 的直接结果.

[证毕]

B.7 线性函数与线性系统

微分方程的最基本的结构特征, 无论是常微分方程的还是偏微分方程的线性边值问题, 都建立在向量空间之间的线性函数的概念之上.

定义 B.32 设 U 和 V 是实向量空间. 称函数 $L: U \to V$ 为线性的 (linear), 是指对于所有的 $\boldsymbol{u}, \boldsymbol{v} \in U$ 和所有的标量 c 而言, 遵循两个基本规则:

$$L[\boldsymbol{u}+\boldsymbol{v}] = L[\boldsymbol{u}] + L[\boldsymbol{v}], \quad L[c\boldsymbol{u}] = cL[\boldsymbol{u}]. \tag{B.39}$$

我们把 U 称作函数 L 的域空间 (domain space), 把 V 称作函数 L 的靶空间 (target space). 后者是强调 L 的值域 (range) 这样一个事实, 即

$$\operatorname{rng} L = \{\boldsymbol{v} \in V \mid \boldsymbol{v} = L[\boldsymbol{u}], \text{对某一 } \boldsymbol{u} \in U\} \tag{B.40}$$

很可能只是靶空间 V 的一个真子空间.

定理 B.33 所有的线性函数 $L: \mathbb{R}^n \to \mathbb{R}^m$ 由矩阵乘法 $L[\boldsymbol{v}] = A\boldsymbol{v}$ 给出, 其中 A 是 $m \times n$ 矩阵.

证明矩阵乘法满足线性条件 (B.39) 是容易的. 考察线性函数对 $\mathbb{R}^n$ 的基向量的作用, 可建立逆定理; 参见 [89; 定理 7.5].

推论 B.34 所有的线性函数 $L: \mathbb{R}^n \to \mathbb{R}$ 是通过与固定向量 $\boldsymbol{a} \in \mathbb{R}^n$ 取点积:

$$L[\boldsymbol{v}] = \boldsymbol{a} \cdot \boldsymbol{v} \tag{B.41}$$

给定的.

当 U 为函数空间时, 线性函数也称为线性算子 (linear operator), 以免与 U 的元素混淆. 若靶空间 $V = \mathbb{R}$, 则术语线性泛函 (linear functional) 也常用于 $L: U \to \mathbb{R}$.

以下是在应用程序中出现的一些具有代表性的例子.

例 B.35 (a) 关于一点求函数, 即 $L[f] = f(x_0)$, 定义线性算子 $L: C^0[a, b] \to \mathbb{R}$.

(b) 积分

$$I[f] = \int_a^b f(x)\mathrm{d}x \tag{B.42}$$

定义一个线性泛函 $I: C^0[a,b] \to \mathbb{R}$.

(c) 连续函数 a 的乘法算子 $M_a[f(x)] = a(x)f(x)$, 定义一个线性算子 M_a: $C^0[a,b] \to C^0[a,b]$.

(d) 函数的微分 $D[f] = f'$, 定义一个线性算子 $D: C^1[a,b] \to C^0[a,b]$.

(e) 一般 n 阶线性常微分算子 (linear ordinary differential operator),

$$L = a_n(x)D^n + a_{n-1}(x)D^{n-1} + \cdots + a_1(x)D + a_0(x), \tag{B.43}$$

是对这些算子求和得到的. 若系数函数 $a_n(x), a_{n-1}(x), \cdots, a_1(x), a_0(x)$ 连

续, 则

$$L[u] = a_n(x)\frac{\mathrm{d}^n u}{\mathrm{d}x^n} + a_{n-1}(x)\frac{\mathrm{d}^{n-1}u}{\mathrm{d}x^{n-1}} + \cdots + a_1(x)\frac{\mathrm{d}u}{\mathrm{d}x} + a_0(x)u \tag{B.44}$$

定义一个从 $C^n[a,b]$ 到 $C^0[a,b]$ 的线性算子.

线性偏微分方程是以线性偏微分算子为基础的, 已在第 1 章中讨论. 它们是线性系统一般概念的特殊例子.

定义 B.36 线性系统 (linear system) 是形如

$$L[\boldsymbol{u}] = \boldsymbol{f} \tag{B.45}$$

的方程, 其中 $L: U \to V$ 是线性函数, $\boldsymbol{f} \in V$, 而要求的解 $\boldsymbol{u} \in U$. 系统是齐次的 (homogeneous), 是指 $\boldsymbol{f} = \boldsymbol{0}$; 否则称为非齐次的 (inhomogeneous).

注意, 根据 L 值域的定义 (B.40), 线性系统 (B.45) 有一个解, 当且仅当 $\boldsymbol{f} \in \operatorname{rng} L$. 特别地, 齐次线性系统总有一个解, 即 $\boldsymbol{u} = \boldsymbol{0}$. 但是, 它可能有其他非零解.

定理 B.37 如果 $\boldsymbol{z}_1, \boldsymbol{z}_2, \cdots, \boldsymbol{z}_k$ 都是同一个齐次线性系统

$$L[\boldsymbol{z}] = \boldsymbol{0} \tag{B.46}$$

的解, 那么对任意的标量 $c_1, c_2, \cdots, c_k$, 所有的线性组合 $c_1\boldsymbol{z}_1 + c_2\boldsymbol{z}_2 + \cdots + c_n\boldsymbol{z}_n$ 也是一个解.

换言之, 齐次线性系统的解集 (B.46) 构成域空间 U 的一个子空间, 称为线性函数 L 的核 (kernel):

$$\ker L = \{\boldsymbol{z} \in U \mid L[\boldsymbol{z}] = \boldsymbol{0}\}. \tag{B.47}$$

定理 B.38 如果非齐次线性系统 $L[\boldsymbol{u}] = \boldsymbol{f}$ 有要求 $\boldsymbol{f} \in \operatorname{rng} L$ 的一个特解 $\boldsymbol{u}^\star$, 那么通解是 $\boldsymbol{u} = \boldsymbol{u}^\star + \boldsymbol{z}$, 其中 $\boldsymbol{z} \in \ker L$ 是相应齐次系统 $L[\boldsymbol{z}] = \boldsymbol{0}$ 的任一解.

非齐次线性系统的叠加原理 (superposition principle) 使我们能将对应于不同右端项的解结合起来.

定理 B.39 假设对每个 $i = 1, 2, \cdots, k$, 我们知道 $\boldsymbol{f}_i \in \operatorname{rng} L$ 的非齐次线性系统 $L[\boldsymbol{u}] = \boldsymbol{f}_i$ 的一个特解 $\boldsymbol{u}_i^\star$, 那么, 给定标量 $c_1, c_2, \cdots, c_k$, 非齐次系统

$$L[\boldsymbol{u}] = c_1\boldsymbol{f}_1 + c_2\boldsymbol{f}_2 + \cdots + c_k\boldsymbol{f}_k \tag{B.48}$$

的特解是相应特解的线性组合:

$$\boldsymbol{u}^\star = c_1\boldsymbol{u}_1^\star + c_2\boldsymbol{u}_2^\star + \cdots + c_k\boldsymbol{u}_k^\star. \tag{B.49}$$

非齐次系统 (B.48) 的通解是

$$\boldsymbol{u} = \boldsymbol{u}^\star + \boldsymbol{z} = c_1\boldsymbol{u}_1^\star + c_2\boldsymbol{u}_2^\star + \cdots + c_k\boldsymbol{u}_k^\star + \boldsymbol{z}, \tag{B.50}$$

这里 $\boldsymbol{z} \in \ker L$ 是相应齐次系统 $L[\boldsymbol{z}] = \mathbf{0}$ 的任一解.

参考文献①

[1] Abdulloev, K. O., Bogolubsky, I. L., and Makhankov, V. G., One more example of inelastic soliton interaction, Phys. Lett. A 56 (1976), 427-428.

[2] Ablowitz, M. J., and Clarkson, P. A., Solitons, Nonlinear Evolution Equations and the Inverse Scattering Transform, L. M. S. Lecture Notes in Math., vol. 149, Cambridge University Press, Cambridge, 1991.

[3] Abraham, R., Marsden, J. E., and Ratiu, T., Manifolds, Tensor Analysis, and Applications, Springer-Verlag, New York, 1988.

[4] Airy, G. B., On the intensity of light in the neighborhood of a caustic, Trans. Cambridge Phil. Soc. 6 (1838), 379-402.

[5] Aki, K., and Richards, P. G., Quantitative Seismology, W. H. Freeman, San Francisco, 1980.

[6] Ames, W. F., Numerical Methods for Partial Differential Equations, 3rd ed., Academic Press, New York, 1992.

[7] Antman, S. S., Nonlinear Problems of Elasticity, Appl. Math. Sci., vol. 107, Springer-Verlag, New York, 1995.

[8] Apostol, T. M., Calculus, Blaisdell Publishing Co., Waltham, Mass., 1967-1969.

[9] Apostol, T. M., Introduction to Analytic Number Theory, Springer-Verlag, New York, 1976.

*[10] Atkinson, K., and Han, W., Spherical Harmonics and Approximations on the Unit Sphere: An Introduction, Lecture Notes in Math., vol. 2044, Springer, Berlin, 2012.

[11] Bank, S. B., and Kaufman, R. P., A note on Hölder's theorem concerning the gamma function, Math. Ann. 232 (1978), 115-120.

*[12] Batchelor, G. K., An Introduction to Fluid Dynamics, Cambridge University Press, Cambridge, 1967.

[13] Bateman, H., Some recent researches on the motion of fluids, Monthly Weather Rev. 43 (1915), 63-170.

[14] Benjamin, T. B., Bona, J. L., and Mahony, J. J., Model equations for long waves in nonlinear dispersive systems, Phil. Trans. Roy. Soc. London A 272 (1972), 47-78.

[15] Berest, Y., and Winternitz, P., Huygens' principle and separation of variables, Rev. Math. Phys. 12 (2000), 159-180.

[16] Berry, M. V., Marzoli, I., and Schleich, W., Quantum carpets, carpets of light, Physics World 14(6) (2001), 39-44.

[17] Birkhoff, G., Hydrodynamics — A Study in Logic, Fact and Similitude, 2nd ed.,

① 译注: 推介必读加 * 者.

Princeton University Press, Princeton, 1960.

*[18] Birkhoff, G., and Rota, G.-C., Ordinary Differential Equations, Blaisdell Publ. Co., Waltham, Mass., 1962.

[19] Black, F., and Scholes, M., The pricing of options and corporate liabilities, J. Political Economy 81 (1973), 637-654.

[20] Blanchard, P., Devaney, R. L., and Hall, G. R., Differential Equations, Brooks-Cole Publ. Co., Pacific Grove, Calif., 1998.

[21] Boussinesq, J., Théorie des ondes et des remous qui se propagent le long d'uncanal rectangulaire horizontal, en communiquant au liquide contenu dans ce canal des vitesses sensiblement pareilles de la surface au fond, J. Math. Pures Appl. 17 (2) (1872), 55-108.

[22] Boussinesq, J., Essai sur la théorie des eaux courants, Mém. Acad. Sci. Inst. Nat. France 23 (1) (1877), 1-680.

[23] Boyce, W. E., and DiPrima, R. C., Elementary Differential Equations and Boundary Value Problems, 7th ed., John Wiley & Sons, Inc., New York, 2001.

[24] Bradie, B., A Friendly Introduction to Numerical Analysis, Prentice-Hall, Inc., Upper Saddle River, N. J., 2006.

[25] Bronstein, M., Symbolic integration I: Transcendental Functions, Springer-Verlag, New York, 1997.

[26] Burgers, J. M., A mathematical model illustrating the theory of turbulence, Adv. Appl. Mech. 1 (1948), 171-199.

*[27] Cantwell, B. J., Introduction to Symmetry Analysis, Cambridge University Press, Cambridge, 2003.

[28] Carleson, L., On the convergence and growth of partial sums of Fourier series, Acta Math. 116 (1966), 135-157.

[29] Carmichael, R., The Theory of Numbers, Dover Publ., New York, 1959.

[30] Chen, G., and Olver, P. J., Dispersion of discontinuous periodic waves, Proc. Roy. Soc. London 469 (2012), 20120407.

*[31] Coddington, E. A., and Levinson, N., Theory of Ordinary Differential Equations, McGraw-Hill, New York, 1955.

[32] Cole, J. D., On a quasilinear parabolic equation occurring in aerodynamics, Q. Appl. Math. 9 (1951), 225-236.

[33] Courant, R., Friedrichs, K. O., and Lewy, H., Über die partiellen Differenzengleichungen der mathematischen Physik, Math. Ann. 100 (1928), 32-74.

*[34] Courant, R., and Hilbert, D., Methods of Mathematical Physics, vol. I, Interscience Publ., New York, 1953.

*[35] Courant, R., and Hilbert, D., Methods of Mathematical Physics, vol. II, Interscience Publ., New York, 1953.

[36] Drazin, P. G., and Johnson, R. S., Solitons: An Introduction, Cambridge Univer-

sity Press, Cambridge, 1989.

[37] Dym, H., and McKean, H. P., Fourier Series and Integrals, Academic Press, New York, 1972.

*[38] Evans, L. C., Partial Differential Equations, Grad. Studies Math. vol. 19, Amer. Math. Soc., Providence, R. I., 1998.

[39] Feller, W., An Introduction to Probability Theory and Its Applications, 3rd ed., J. Wiley & Sons, New York, 1968.

[40] Fermi, E., Pasta, J., and Ulam, S., Studies of nonlinear problems. I., preprint, Los Alamos Report LA 1940, 1955; in: Nonlinear Wave Motion, A. C. Newell, ed., Lectures in Applied Math., vol. 15, American Math. Soc., Providence, R. I., 1974, pp. 143-156.

[41] Forsyth, A. R., The Theory of Differential Equations, Cambridge University Press, Cambridge, 1890, 1900, 1902, 1906.

[42] Fourier, J., The Analytical Theory of Heat, Dover Publ., New York, 1955.

[43] Gander, M. J., and Kwok, F., Chladni figures and the Tacoma bridge: motivating PDE eigenvalue problems via vibrating plates, SIAM Review 54 (2012), 573-596.

[44] Garabedian, P., Partial Differential Equations, 2nd ed., Chelsea Publ. Co., New York, 1986.

[45] Gardner, C. S., Greene, J. M., Kruskal, M. D., and Miura, R. M., Method for solving the Korteweg-deVries equation, Phys. Rev. Lett. 19 (1967), 1095-1097.

[46] Gonzalez, R. C., and Woods, R. E., Digital Image Processing, 2nd ed., Prentice-Hall, Inc., Upper Saddle River, N. J., 2002.

[47] Gordon, C., Webb, D. L., and Wolpert, S., One cannot hear the shape of a drum, Bull. Amer. Math. Soc. 27 (1992), 134-138.

[48] Gradshteyn, I. S., and Ryzhik, I. W., Table of Integrals, Series and Products, Academic Press, New York, 1965.

[49] Gurtin, M. E., An Introduction to Continuum Mechanics, Academic Press, New York, 1981.

[50] Haberman, R., Elementary Applied Partial Differential Equations, 3rd ed., Prentice-Hall, Inc., Upper Saddle River, NJ, 1998.

[51] Hairer, E., Lubich, C., and Wanner, G., Geometric Numerical Integration, Springer-Verlag, New York, 2002.

*[52] Hale, J. K., Ordinary Differential Equations, 2nd ed., R. E. Krieger Pub. Co., Huntington, N. Y., 1980.

[53] Henrici, P., Applied and Computational Complex Analysis, vol. 1, J. Wiley & Sons, New York, 1974.

*[54] Hille, E., Ordinary Differential Equations in the Complex Domain, John Wiley & Sons, New York, 1976.

[55] Hobson, E. W., The Theory of Functions of a Real Variable and the Theory of

Fourier's Series, Dover Publ., New York, 1957.

[56] Hopf, E., The partial differential equation ut + uux = μu, Commun. Pure Appl. Math. 3 (1950), 201-230.

[57] Howison, S., Practical Applied Mathematics: Modelling, Analysis, Approximation, Cambridge University Press, Cambridge, 2005.

[58] Hydon, P. E., Symmetry Methods for Differential Equations, Cambridge Texts in Appl. Math., Cambridge University Press, Cambridge, 2000.

[59] Ince, E. L., Ordinary Differential Equations, Dover Publ., New York, 1956.

*[60] Iserles, A., A First Course in the Numerical Analysis of Differential Equations, Cambridge University Press, Cambridge, 1996.

[61] Jost, J., Partial Differential Equations, Graduate Texts in Mathematics, vol. 214, Springer-Verlag, New York, 2007.

[62] Kamke, E., Differentialgleichungen Lösungsmethoden und Lösungen, vol. 1, Chelsea, New York, 1971.

[63] Keller, H. B., Numerical Methods for Two-Point Boundary-Value Problems, Blaisdell, Waltham, MA, 1968.

[64] Knobel, R., An Introduction to the Mathematical Theory of Waves, American Mathematical Society, Providence, RI, 2000.

[65] Korteweg, D. J., and de Vries, G., On the change of form of long waves advancing in a rectangular channel, and on a new type of long stationary waves, Phil. Mag. (5) 39 (1895), 422-443.

[66] Landau, L. D., and Lifshitz, E. M., Quantum Mechanics (Non-relativistic Theory), Course of Theoretical Physics, vol. 3, Pergamon Press, New York, 1977.

[67] Levine, I. N., Quantum Chemistry, 5th ed., Prentice-Hall, Inc., Upper Saddle River, N. J., 2000.

[68] Lighthill, M. J., Introduction to Fourier Analysis and Generalised Functions, Cambridge University Press, Cambridge, 1970.

*[69] Lin, C. C., and Segel, L. A., Mathematics Applied to Deterministic Problems in the Natural Sciences, SIAM, Philadelphia, 1988.

[70] McOwen, R. C., Partial Differential Equations: Methods and Applications, Prentice-Hall, Inc., Upper Saddle River, N. J., 2002.

[71] Merton, R. C., Theory of rational option pricing, Bell J. Econ. Management Sci. 4 (1973), 141-183.

[72] Messiah, A., Quantum Mechanics, John Wiley & Sons, New York, 1976.

[73] Miller, W., Jr., Symmetry and Separation of Variables, Encyclopedia of Mathematics and Its Applications, vol. 4, Addison-Wesley Publ. Co., Reading, Mass., 1977.

[74] Milne-Thompson, L. M., The Calculus of Finite Differences, Macmillan and Co., Ltd., London, 1951.

[75] Misner, C. W., Thorne, K. S., and Wheeler, J. A., Gravitation, W. H. Freeman, San Francisco, 1973.

[76] Miura, R. M., Gardner, C. S., and Kruskal, M. D., Korteweg-deVries equation and generalizations. II. Existence of conservation laws and constants of the motion, J. Math. Phys. 9 (1968), 1204-1209.

[77] Moon, F. C., Chaotic Vibrations, John Wiley & Sons, New York, 1987.

[78] Moon, P., and Spencer, D. E., Field Theory Handbook, Springer-Verlag, New York, 1971.

*[79] Morse, P. M., and Feshbach, H., Methods of Theoretical Physics, McGraw-Hill, New, 1953.

*[80] Morton, K. W., and Mayers, D. F., Numerical Solution of Partial Differential Equations, 2nd ed., Cambridge University Press, Cambridge, 2005.

*[81] Murray, J. D., Mathematical Biology, 3rd ed., Springer-Verlag, New York, 2002-2003.

[82] Oberhettinger, F., Tables of Fourier Transforms and Fourier Transforms of Distributions, Springer-Verlag, New York, 1990.

*[83] Øksendal, B., Stochastic Differential Equations: An Introduction with Applications, Springer-Verlag, New York, 1985.

[84] Okubo, A., Diffusion and Ecological Problems: Mathematical Models, Springer-Verlag, New York, 1980.

[85] Olver, F. W. J., Asymptotics and Special Functions, Academic Press, New York, 1974.

*[86] Olver, F. W. J., Lozier, D. W., Boisvert, R. F., and Clark, C. W., eds., NIST Handbook of Mathematical Functions, Cambridge University Press, Cambridge, 2010.

*[87] Olver, P. J., Applications of Lie Groups to Differential Equations, 2nd ed., Graduate Texts in Mathematics, vol. 107, Springer-Verlag, New York, 1993.

[88] Olver, P. J., Dispersive quantization, Amer. Math. Monthly 117 (2010), 599-610.

*[89] Olver, P. J., and Shakiban, C., Applied Linear Algebra, Prentice-Hall, Inc., Upper Saddle River, N. J., 2005.

[90] Oskolkov, K. I., A class of I. M. Vinogradov's series and its applications in harmonic analysis, in: Progress in Approximation Theory, Springer Ser. Comput. Math., 19, Springer, New York, 1992, pp. 353-402.

[91] Pinchover, Y., and Rubinstein, J., An Introduction to Partial Differential Equations, Cambridge University Press, Cambridge, 2005.

[92] Pinsky, M. A., Partial Differential Equations and Boundary-Value Problems with Applications, 3rd ed., McGraw-Hill, New York, 1998.

[93] Polyanin, A. D., and Zaitsev, V. F., Handbook of Exact Solutions for Ordinary Differential Equations, 2nd ed., Chapman & Hall/CRC, Boca Raton, Fl., 2003.

[94] Press, W. H., Teukolsky, S. A., Vetterling, W. T., and Flannery, B. P., Numerical Recipes: The Art of Scientific Computing, 3rd ed., Cambridge University Press, Cambridge, 2007.

[95] Reed, M., and Simon, B., Methods of Modern Mathematical Physics, Academic Press, New York, 1972.

[96] Royden, H. L., and Fitzpatrick, P. M., Real Analysis, 4th ed., Pearson Education Inc., Boston, MA, 2010.

[97] Rudin, W., Principles of Mathematical Analysis, 3rd ed., McGraw-Hill, New York, 1976.

[98] Rudin, W., Real and Complex Analysis, 3rd ed., McGraw-Hill, New York, 1987.

*[99] Salsa, S., Partial Differential Equations in Action: From Modelling to Theory, Springer-Verlag, New York, 2008.

*[100] Sapiro, G., Geometric Partial Differential Equations and Image Analysis, Cambridge University Press, Cambridge, 2001.

[101] Schrödinger, E., Collected Papers on Wave Mechanics, Chelsea Publ. Co., New York, 1982.

[102] Schumaker, L. L., Spline Functions: Basic Theory, John Wiley & Sons, New York, 1981.

[103] Schwartz, L., Théorie des distributions, Hermann, Paris, 1957.

[104] Scott Russell, J., On waves, in: Report of the 14th Meeting, British Assoc. Adv. Sci., 1845, pp. 311-390.

[105] Sethares, W. A., Tuning, Timbre, Spectrum, Scale, Springer-Verlag, New York, 1999.

[106] Siegel, C. L., Über einige Anwendungen diophantischer Approximationen, in: Gesammelte Abhandlungen, vol. 1, Springer-Verlag, New York, 1966, pp. 209-266.

[107] Smoller, J., Shock Waves and Reaction-Diffusion Equations, 2nd ed., Springer-Verlag, New York, 1994.

[108] Stewart, J., Calculus: Early Transcendentals, vols. 1 & 2, 7th ed., Cengage Learning, Mason, OH, 2012.

[109] Stokes, G. G., On a difficulty in the theory of sound, Phil. Mag. 33(3) (1848), 349-356.

[110] Stokes, G. G., Mathematical and Physical Papers, Cambridge University Press, Cambridge, 1880-1905.

[111] Stokes, G. G., Mathematical and Physical Papers, 2nd ed., Johnson Reprint Corp., New York, 1966.

[112] Strang, G., Introduction to Applied Mathematics, Wellesley Cambridge Press, Wellesley, Mass., 1986.

*[113] Strang, G., and Fix, G. J., An Analysis of the Finite Element Method, Prentice-Hall, Inc., Englewood Cliffs, N. J., 1973.

*[114] Strauss, W. A., Partial Differential Equations: An Introduction, John Wiley & Sons, New York, 1992.

[115] Thaller, B., Visual Quantum Mechanics, Springer-Verlag, New York, 2000.

[116] Thijssen, J., Computational Physics, Cambridge University Press, Cambridge, 1999.

[117] Titchmarsh, E. C., Theory of Functions, Oxford University Press, London, 1968.

[118] Varga, R. S., Matrix Iterative Analysis, 2nd ed., Springer-Verlag, New York, 2000.

*[119] Watson, G. N., A Treatise on the Theory of Bessel Functions, Cambridge University Press, Cambridge, 1952.

[120] Weinberger, H. F., A First Course in Partial Differential Equations, Dover Publ., New York, 1995.

[121] Wiener, N., I Am a Mathematician, Doubleday, Garden City, N. Y., 1956.

*[122] Whitham, G. B., Linear and Nonlinear Waves, John Wiley & Sons, New York, 1974.

[123] Wilmott, P., Howison, S., and Dewynne, J., The Mathematics of Financial Derivatives, Cambridge University Press, Cambridge, 1995.

[124] Yong, D., Strings, chains, and ropes, SIAM Review 48 (2006), 771-781.

[125] Zabusky, N. J., and Kruskal, M. D., Interaction of "solitons" in a collisionless plasma and the recurrence of initial states, Phys. Rev. Lett. 15 (1965), 240-243.

[126] Zienkiewicz, O. C., and Taylor, R. L., The Finite Element Method, 4th ed., McGraw-Hill, New York, 1989.

[127] Zwillinger, D., Handbook of Differential Equations, Academic Press, Boston, 1992.

[128] Zygmund, A., Trigonometric Series, 3rd ed., Cambridge University Press, Cambridge, 2002.

符号索引

续表

符号	含义	页码
$\{f \mid C\}$	集合	X
$\in$	属于	X
$\notin$	不属于	X
$\subset, \subsetneqq$	子集	X
$\cup$	并	X
$\cap$	交	X
$\setminus$	集合论的差	X
$:=$	符号定义为	X
$\equiv$	函数恒等	X
$\equiv$	模数算术等价	X
$\circ$	复合	X
$*$	卷积	99, 298
L^*	伴随算子	359
$\sim$	Fourier 级数表示	76
$\sim$	渐近等式	316
$f: X \to Y$	函数	X
$x_n \to x$	收敛序列	X
$f_n \rightharpoonup f$	弱收敛	245
$u', u'', \cdots$	空间导数	XI
$\dot{u}, \ddot{u}, \cdots$	时间导数	XI
$u_x, u_{xx}, u_{tx}, \cdots$	偏导数	XI
$\dfrac{\mathrm{d}u}{\mathrm{d}x}, \dfrac{\mathrm{d}^2u}{\mathrm{d}x^2}, \cdots$	通常导数	XI
∂	偏导数	XI, 1
∂	区域边界	5, 160, 258, 530
$\dfrac{\partial u}{\partial x}, \dfrac{\partial^2 u}{\partial x^2}, \dfrac{\partial^2 u}{\partial t \partial x}, \cdots$	偏导数	XI
$\partial_x, \dfrac{\partial}{\partial x}$	偏导数算子	1
$\dfrac{\partial}{\partial \boldsymbol{n}}$	法向导数	260, 530
∇	梯度	257, 364, 531
$\nabla \cdot$	散度	257, 365, 531
$\nabla \times$	旋度	258

续表

续表

符号	含义	页码
c_k	复 Fourier 系数	92, 400
c_k	本征函数级数系数	400
c_p	相速度	348
C^0	连续函数空间	112, 604
C^n	可微函数空间	604
C^∞	光滑函数空间	604
$\mathbb{C}^n$	n – 维复空间	IX, 603
coker	余核	369
cos	余弦	6, 92
cosh	双曲余弦	91
coth	双曲余切	94, 340
csc	余割	245
curl	旋度 (也见 $\nabla\times$)	258
d	通常导数	1
D	求导算子	615
D	区域	5, 360
det	行列式	612
dim	维数	606
div	散度 (也见 $\nabla\cdot$)	257
$\mathrm{d}s$	弧长元	259
$\mathrm{d}S$	面积元	531
e	自然对数的底	X
E	能量	63, 137, 159
$\boldsymbol{E}$	电场	574, 580
e^x	指数	6
e^z	复指数	602
$\boldsymbol{e}_i$	标准基向量	230
erf	误差函数	56
erfc	余误差函数	318
$\widetilde{f}$	周期延拓	79
$\mathcal{F}$	函数空间	604

续表

符号	含义	页码
$\mathcal{F}$	Fourier 变换	279
$\mathcal{F}^{-1}$	Fourier 逆变换	280
$F(t,x;\xi)$	基本解	308, 409, 509, 572
$G(x;\xi),G_\xi(x)$	Green 函数	249, 255, 264, 555
$G(t,x;\tau,\xi)$	广义基本解	313
h	步长	192
$\hbar$	Planck 常数	6, 304, 417
H_n	Hermite 多项式	328
$H_n^m,\widetilde{H}_n^m$	调和多项式	547
$\mathrm{i}=\sqrt{-1}$	虚数单位	600
I	恒同矩阵	614
Im	虚部	600
J_m	Bessel 函数	495
k	频率变量	279
k	波数	348
K	有限元矩阵	423
$K[u]$	发展方程右端	307
k_{ij}^ν	单元刚度	440
$K_n^m,\widetilde{K}_n^m$	余调和函数	551
$\ker$	核	369, 616
l	角量子数	597
L^2	Hilbert 空间	111, 301
L_k	Laguerre 多项式	596
L_k^j	广义 Laguerre 多项式	596
$L[u]$	线性函数/线性算子①	10, 65, 615
$\lim\limits_{x\to a},\ \lim\limits_{n\to\infty}$	极限	XI
$\lim\limits_{x\to a^-},\ \lim\limits_{x\to a^+}$	单侧极限	XI
$\log$	自然对数或复对数	X, 602
m	质量	6
m	磁量子数	597
M	电子质量	594

① 译者注: 疑为线性泛函/线性算子 (linear functional/operator).

续表

符号	含义	页码
$\mathrm{M}_r, \mathrm{M}_r^{\boldsymbol{x}}$	球面均值	584
max	最大值	X
min	最小值	X
mod	模数运算	X
n	主量子数	597
$\boldsymbol{n}$	单位法向	161, 259, 531
$\mathbb{N}$	自然数集	IX
O	零矩阵	613
$O(h)$	大 O 记号	193
p	压强	3
p	期权行权价格	315
P	Péclet 数	328
P_n	Legendre 多项式	538, 553
p_n^m	三角 Ferrers 函数	540
P_n^m	Ferrers (连带 Legendre) 函数	540
$\mathcal{P}^{(n)}$	次数不大于 n 的多项式空间	604
ph	相位（辐角）	601
$Q[u]$	二次函数 (二次泛函)	382
r	径向坐标	IX, 3, 169, 601
r	柱半径	IX, 3, 534
r	球半径	IX, 3, 535
r	利率	315
$\mathbb{R}$	实数	IX
$\mathbb{R}^n$	n 维 Euclid 空间	IX, 603
$R[u]$	Rayleigh 商	396
Re	实部	600
rng	值域	615
s	弧长	259
S	表面面积	531
S_m	球 Bessel 函数	568
s_n	部分和	77

续表

符号	含义	页码
$S_r, S_r^{\boldsymbol{x}}$	半径为 r 的球面	583, 584
sech	双曲正割	352
sign	符号函数	98, 239
sin	正弦	6, 92
sinh	双曲正弦	91
span	张成	605
supp	支撑集	430
t	时间	IX, 3
T	守恒密度	39, 272
$A^\top$	矩阵转置	359, 607
T_ν	有限元三角形	433
tan	正切	1
tanh	双曲正切	141
u	因变量	IX, 3
v	因变量	IX
v	本征向量/本征函数	392
$\boldsymbol{v}$	向量	67, 603
$\boldsymbol{v}$	本征向量	612
$\boldsymbol{v}$	向量场/矢量场	3, 257
V	向量空间	603
V	势函数	6
$\boldsymbol{v}^\perp$	垂直向量	259
v_{lmn}	原子本征函数	597
V_λ	本征空间	392
w	因变量	IX
w	热流	3, 127
$\boldsymbol{w}$	热流矢量	462
x	空间直角坐标	3
x	复数的实部	600
X	通量	39, 272
y	空间直角坐标	3

续表

续表

符号	含义	页码
κ	刚度或张力	50
λ	本征值	67, 392, 611
λ	放大因子	200
μ_0	磁导率常数	580
ν	黏性	3
ξ	特征变量	20, 25, 32, 52
π	单位圆面积	6
ρ	密度	50, 127, 463
ρ	谱半径	614
ρ, ρ_ξ	斜坡函数	237
$\rho_n, \rho_{n,\xi}$	n 阶斜坡函数	237
$\rho_{m,n}$	相对振动频率	523
σ	激波位置	42
σ	热容量	66, 82
σ	波动性	315
σ, σ_ξ	单位阶跃函数	236
$\sigma_{m,n}$	球 Bessel 根	569
φ	天顶角	IX, 3, 535
φ	波函数	304
φ_k	正交系或规范正交系	114
φ_k	有限元子空间的基	423
χ	比热容	127, 463
χ_D	特征函数	513
ψ	含时波函数	594
ω	频率	60, 348
Ω	区域	160, 258, 530

作者索引

名词索引①

① 译注: 拉丁字母为序, 中英文对照, 比原作有所增减.

A

B

C

D

E

F

G

H

J

K

L

M

N

O

P

Q

R

T

W

X

Y

Z

郑重声明

高等教育出版社依法对本书享有专有出版权。任何未经许可的复制、销售行为均违反《中华人民共和国著作权法》，其行为人将承担相应的民事责任和行政责任；构成犯罪的，将被依法追究刑事责任。为了维护市场秩序，保护读者的合法权益，避免读者误用盗版书造成不良后果，我社将配合行政执法部门和司法机关对违法犯罪的单位和个人进行严厉打击。社会各界人士如发现上述侵权行为，希望及时举报，我社将奖励举报有功人员。

反盗版举报电话 (010) 58581999 58582371

反盗版举报邮箱 dd@hep.com.cn

通信地址 北京市西城区德外大街 4 号 高等教育出版社知识产权与法律事务部

邮政编码 100120

读者意见反馈

为收集对教材的意见建议，进一步完善教材编写并做好服务工作，读者可将对本教材的意见建议通过如下渠道反馈至我社。

咨询电话 400－810－0598

反馈邮箱 hepsci@pub.hep.cn

通信地址 北京市朝阳区惠新东街 4 号富盛大厦 1 座 高等教育出版社理科事业部

邮政编码 100029